Texte und Materialien zur Zeitgeschichte

Texte und Materialien zur Zeitgeschichte

Band 16

Herausgegeben vom
Institut für Zeitgeschichte

Redaktion:
Hartmut Mehringer und Udo Wengst

Michael Buddrus · Sigrid Fritzlar

Die Professoren der Universität Rostock im Dritten Reich

Ein biographisches Lexikon

Im Auftrag des Instituts für Zeitgeschichte

K · G · Saur München 2007

Bibliografische Information der Deutschen Nationalbibliothek
Die Deutsche Nationalbibliothek verzeichnet diese Publikation
in der Deutschen Nationalbibliografie; detaillierte bibliografische Daten
sind im Internet über *http://dnb.d-nb.de* abrufbar.

∞

Gedruckt auf säurefreiem Papier

Ein Imprint der Walter de Gruyter GmbH & Co. KG
Printed in Germany

Druck & Bindung: Strauss GmbH, Mörlenbach

ISBN 978-3-598-11755-6

Inhaltsverzeichnis

Einleitung

Die im Jahre 1419 gegründete Universität Rostock war nicht nur die erste Universität Norddeutschlands, sondern auch die älteste des gesamten Ostseeraumes und Nordeuropas.[1] Neben dieser oft herausgestellten, traditionalistische Singularität andeutenden und akademisch-ehrwürdige Exklusivität beanspruchenden Vorreiterrolle geriet die Rostocker Hochschule in der Wissenschaftspolitik des 20. Jahrhunderts erneut in eine Pioniersituation: So liegt eine weitere, bislang kaum beachtete Besonderheit der *alma mater rostochiensis* darin, daß sie die einzige deutsche Universität war, die in einem Land lag, das bereits seit Juli 1932, also sieben Monate vor der Machtübernahme der NSDAP im Deutschen Reich, von einer nationalsozialistischen Alleinregierung geführt wurde.[2]

Obwohl wesentliche Aspekte der nationalsozialistischen Gesetzgebung auf Reichsebene in der Anfangszeit der mecklenburgischen NS-Landesregierung noch nicht zur Geltung gebracht werden konnten, bildete die mecklenburgische Landesuniversität dennoch das erste Testfeld, auf dem die Nationalsozialisten die Gestaltung einer nach ihren Vorstellungen auszurichtenden Hochschul- und Wissenschaftspolitik erproben konnten. Ob und wie diese – für Mecklenburgs Anteil an der deutschen Gesellschaftspolitik eher untypische – Avantgardefunktion genutzt wurde, ob und wie die mecklenburgischen Nationalsozialisten versuchten, unter den Bedingungen einer Alleinregierung erste Akzente einer NS-Wissenschaftspolitik zu setzen, ist bislang ebensowenig untersucht wie die Rolle der Universität Rostock im Dritten Reich; und auch mehr als ein Fachgebiet betreffende Studien oder Analysen zur Zusammensetzung und Tätigkeit des die Wissenschaftslandschaft Mecklenburgs im Nationalsozialismus prägenden Personals sucht man vergebens. Diese Desiderata sind mit einem biographisches Lexikon, das allenfalls Anregungen für weiterführende Forschungen geben kann, nicht zu beheben.

Eine detaillierte Untersuchung zur Geschichte der Universität Rostock in der Zeit des Nationalsozialismus existiert bislang nicht, und auch die **Forschungslage** zum Lehrkörper der Rostocker Universität im Dritten Reich ist seit vielen Jahren unbefriedigend. Während an einer Reihe von deutschen Hochschulen und von zahlreichen Wissenschaftlern allein in den vergangenen fünfzehn Jahren intensive Forschungen unternommen und innovative Veröffentlichungen zur Geschichte einzelner Universitäten im Nationalsozialismus vorgelegt worden sind[3] – was zugleich zu einer erheblichen Zunahme der For-

---

1 Von den 23 im Jahre 1933 im Deutschen Reich bestehenden Universitäten wurden nur die Hochschulen in Heidelberg, Köln und Leipzig früher errichtet als die Rostocker Universität.

2 Zwar gab es in Thüringen seit Januar 1930 mit Wilhelm Frick den ersten nationalsozialistischen Minister (für Inneres und Volksbildung) eines deutschen Landes, in Anhalt ab Mai 1932 den ersten NSDAP-Ministerpräsidenten in Deutschland (Alfred Freyberg) und in Oldenburg unter Gauleiter Carl Röver ab Mai 1932 die erste, mit absoluter Mehrheit herrschende nationalsozialistische Regierung vor dem 30.1.1933; aber mit der Machtübernahme in Mecklenburg(-Schwerin) regierte die NSDAP ab Juli 1932 das erste Mal in einem Land, das über eine Universität verfügte.

3 Vgl. etwa Die **Berliner** Universität in der NS-Zeit. Bd. 1. Strukturen und Personen, hrsg. von Christoph Jahr; Bd. 2. Fachbereiche und Fakultäten, hrsg. von Rüdiger von dem Bruch, Stuttgart 2005; Höpfner, Hans-Paul: Die Universität **Bonn** im Dritten Reich. Akademische Biographien unter nationalsozialistischer Herrschaft, Bonn 1999; Stuchlik, Gerda: Goethe im Braunhemd. Universität **Frankfurt** 1933 – 1945, Frankfurt/M. 1984; Die **Freiburger**

schungen zur Geschichte der Wissenschafts- und Hochschulpolitik im Dritten Reich und der deutschen Universitätsgeschichtsschreibung geführt hat[4] –, sind für die Universität Rostock bislang kaum entsprechende Aktivitäten zu beobachten. An der Archiv- und Quellensituation kann das nicht gelegen haben; sowohl das Universitätsarchiv und die Archive der verschiedenen Fakultäten und Institute der Universität Rostock als auch das Mecklenburgische Landeshauptarchiv und das Bundesarchiv verfügen über umfangreiche Bestände mit einer vergleichsweise guten Überlieferungssituation.

In dem ersten größeren Versuch einer Gesamtdarstellung der Geschichte der Universität Rostock, der 1961 begonnenen und 1969 erschienenen Jubiläumsschrift zum 550. Jahrestag der Gründung der Universität, sind der Zeit der „faschistischen Diktatur" und einigen im Dritten Reich an der Rostocker Hochschule wirkenden Professoren immerhin 68 von 674 Seiten gewidmet.[5] Ungeachtet aller aus heutiger Sicht zu erhebenden Einwendungen, die etwa den restriktiven Archivzugang, die Auswahl der und den Umgang mit den Quellen, die nicht selten ideologisch motivierten, mit gewissen teleologischen Vorgaben verbundenen Denk- und Schreibbeschränkungen, aber auch den damaligen Forschungsstand im Bereich der NS- und Hochschulgeschichtsschreibung im allgemeinen und die politische Situation der Blockkonfrontation im besonderen betreffen, ist zu konstatieren, daß diese Universitätsgeschichte hinsichtlich der Darstellung der Geschichte der Rostocker Universität im Dritten Reich noch immer die materialreichste und aussagekräftigste Studie zur Thematik darstellt. Dies ist zumindest erstaunlich. Denn die zweite größere Jubiläumsschrift, eine im Jahre 1994 zum 575. Gründungsjubiläum der Universität Rostock vorgelegte Veröffentlichung[6], die in einer Zeit ohne politische

---

Universität in der Zeit des Nationalsozialismus, hrsg. von Eckhard John, Bernd Martin, Marc Mück und Hugo Ott, Freiburg u.a. 1991; Chroust, Peter: **Gießener** Universität und Faschismus. Studenten und Hochschullehrer 1918 – 1945, Münster u.a. 1994; Die Universität **Göttingen** unter dem Nationalsozialismus, hrsg. von Heinrich Becker, Hans-Joachim Dahms und Cornelia Wegeler, München 1998; Eberle, Henrik: Die Martin-Luther Universität **[Halle]** in der Zeit des Nationalsozialismus 1933 – 1945, Halle 2002; „Im Dienst an Volk und Vaterland". Die **Jenaer** Universität in der NS-Zeit, hrsg. von Uwe Hoßfeld, Köln 2005; „Kämpferische Wissenschaft". Studien zur Universität **Jena** im Nationalsozialismus, hrsg. von Uwe Hoßfeld, Köln u.a. 2005; Die Philipps-Universität **Marburg** im Nationalsozialismus. Dokumente zu ihrer Geschichte, hrsg. von Anne Christine Nagel, Stuttgart 2000; Parak, Michael: Hochschule und Wissenschaft in zwei deutschen Diktaturen. Elitenaustausch an **sächsischen** Hochschulen 1933 – 1952, Köln u.a. 2004.

4 Vgl. den Forschungsüberblick zur deutschen Hochschulgeschichte bei Woelk, Wolfgang/ Sparing, Frank: Forschungsergebnisse und Desiderate der deutschen Universitätsgeschichtsschreibung. Impulse einer Tagung, in: Universitäten und Hochschulen im Nationalsozialismus und in der frühen Nachkriegszeit, hrsg. von Karen Bayer, Frank Sparing und Wolfgang Woelk, Stuttgart 2004, S. 7 – 32; vgl. auch das vorläufige Resümee mit internationaler Perspektive in: Zwischen Autonomie und Anpassung. Universitäten in den Diktaturen des 20. Jahrhunderts, hrsg. von John Connelly und Michael Grüttner, Paderborn u.a. 2003.

5 Vgl. Geschichte der Universität Rostock 1419 – 1969. Festschrift zur Fünfhundertfünfzig-Jahr-Feier der Universität. Im Auftrage des Rektors und des Wissenschaftlichen Rates verfaßt und herausgegeben von der Forschungsgruppe Universitätsgeschichte unter der Leitung von Günter Heidorn, Gerhard Heitz, Johannes Kalisch, Karl-Friedrich Olechnowitz, Ulrich Seemann. 2 Bde., Berlin 1969; die Geschichte der Universität Rostock in der SBZ und der DDR wurde dagegen auf 283 Seiten behandelt.

6 Mögen viele Lehrmeinungen um die eine Wahrheit ringen. 575 Universität Rostock, hrsg. vom Rektor der Universität Rostock, Rostock 1994.

Reglementierungen, ohne Denk- und Archivbeschränkungen, unter politisch und wissenschaftlich freien, pluralistischen Verhältnissen, mit modernen technischen Hilfsmitteln entstanden ist, fällt – zumindest was den Erkenntnisgewinn zur Rolle der Universität Rostock in der nationalsozialistischen Diktatur betrifft – weit hinter den Erkenntnisstand der '69er Darstellung zurück; neben erheblichen Monita hinsichtlich der reinen Wissenschafts- und Hochschulgeschichte überrascht hier die weitgehende Abwesenheit des realen Nationalsozialismus, als hätte es das Dritte Reich als einschneidende Zäsur in der Geschichte der Universität Rostock und seine professoralen Repräsentanten nicht gegeben.

Parallel zu und nach diesen beiden 'Groß-' bzw. 'Gesamtdarstellungen' erscheinen seit den 50er/60er Jahren und bis heute anhaltend in universitären Schriftenreihen zahlreiche Artikel und Aufsätze[7], aber auch eine Reihe von Studien und monographischen Arbeiten über einzelne Institute, Forschungs- und Fachbereiche, Fakultäten oder Hochschullehrer, die wichtige vertiefende Einsichten zur Disziplin- und Strukturgeschichte vermitteln; hinsichtlich des Dritten Reiches besteht ein entscheidendes Manko vieler dieser Arbeiten jedoch in einer fehlenden 'Kontextualisierung', einer mangelnden Interdisziplinarität, einer nur unzureichenden Einbettung der Universität Rostock in die Wissenschaftslandschaft des Dritten Reiches. Weil in einer Reihe dieser Untersuchungen zu Disziplin-, Instituts- oder Fakultätsgeschichten aber auch in biographischen Aufsätzen Forschungen zum Dritten Reich und zur NS-Wissenschaftspolitik vielfach ignoriert werden, führt dies gelegentlich zu trivialisierenden Darstellungen der nationalsozialistischen Diktatur und einer nebulösen Abwesenheit der Lebenswirklichkeit des NS-Regimes.[8]

Als wenig ergiebig – weil teilweise fehler- und vielfach lückenhaft – erwies sich für das vorliegende Lexikon auch der *catalogus professorum*, der unter der Ägide der Historischen Kommission der Universität Rostock ins Internet gestellt wurde; bislang sind dort lediglich 26 der hier behandelten 189 Professoren aus der Zeit des Dritten Reiches erfaßt. Auch die nützliche Übersicht zu den „Rostocker Rektoren" ist nicht immer zuverlässig und bedarf einer Überarbeitung.[9]

---

7 Vgl. dazu besonders die entsprechenden, in den beiden weitgehend periodisch erscheinenden Organen der Universität Rostock: *Wissenschaftliche Zeitschrift der* [Wilhelm-Pieck-]*Universität Rostock* [(Mathematisch-)Naturwissenschaftliche Reihe und Gesellschafts(- und sprach) wissenschaftliche Reihe], Rostock 1951 ff., und *Beiträge zur Geschichte der* [Wilhelm-Pieck-] *Universität Rostock*, Rostock 1981 ff., erschienenen Aufsätze und Studien, deren detaillierte Dokumentation hier zu umfangreich wäre.

8 In zentralen Überblicksdarstellungen zur Geschichte der nationalsozialistischen Hochschulpolitik und zur Geschichte der Universitäten im Dritten Reich ist die Rostocker Hochschule kaum vertreten; vgl. etwa Erziehung und Schulung im Dritten Reich, hrsg. von Manfred Heinemann. Teil 2. Hochschule, Erwachsenenbildung, Stuttgart 1980, oder Heiber, Helmut: Universität unterm Hakenkreuz. Teil I: Der Professor im Dritten Reich. Bilder aus der akademischen Provinz, München u.a. 1991; Teil II: Die Kapitulation der Hohen Schulen. Das Jahr 1933 und seine Folgen. Bd. II/1, München u.a. 1992, Bd. II/2, München u.a. 1994; auch in Spezialstudien zur Entwicklung einzelner Wissenschaftsdisziplinen im Dritten Reich sucht man Ausführungen zur Universität Rostock vergebens, vgl. etwa Berater der braunen Macht. Wissenschaft und Wissenschaftler im NS-Staat, hrsg. von Renate Knigge-Tesche, Frankfurt/M. 1999; Meier, Kurt: Die Theologischen Fakultäten im Dritten Reich, Berlin u.a. 1996 oder Leaman, George: Heidegger im Kontext. Gesamtüberblick zum NS-Engagement der Universitätsphilosophen, Hamburg/Berlin 1993; vgl. auch Hochschulen 1933 – 1945. Bibliographie, hrsg. vom AStA der Universität Mannheim, Mannheim 1998.

Mit dem vorliegenden biographischen Lexikon wird erstmals der Versuch unternommen, die Hauptakteure der Geschichte der Universität Rostock in der NS-Zeit namhaft zu machen und zu porträtieren; zum ersten Mal werden alle Professoren, die in der Zeit der nationalsozialistischen Herrschaft an der Universität Rostock geforscht und gelehrt haben, aber auch die führenden Repräsentanten der mecklenburgischen Wissenschaftsverwaltung sowie die Führer des NS-Studenten- und des NS-Dozentenbundes des Gaues Mecklenburg in einer zusammenhängenden Darstellung biographisch erfaßt.[10] Von einem biographischen Lexikon ist weder eine Geschichte der Universität Rostock im Nationalsozialismus noch auch nur eine annähernd komplexe und stringente gruppenbiographische Studie zur Kerngruppe der Rostocker Hochschullehrer im Dritten Reich zu erwarten; und mit den nachfolgenden einleitenden Bemerkungen wird lediglich versucht, einige Besonderheiten der Rostocker Professorenschaft zu skizzieren und einige Aspekte der Universitätsentwicklung in den Kontext der schon jetzt sehr differenzierten und heterogenen Wissenschafts- und Forschungslandschaft zu stellen. Auch im Hinblick auf das 600jährige Gründungsjubiläum im Jahre 2019 soll damit eine weitere Voraussetzung geschaffen werden, sich stärker als bislang mit der Geschichte der Universität Rostock in der Zeit der nationalsozialistischen Diktatur zu befassen.

Unter den im Dritten Reich bestehenden reichsdeutschen Universitäten[11] gehörte die Universität Rostock hinsichtlich der Studentenzahlen zu den eher kleineren Hochschulen,[12] in bezug auf den Umfang des professoralen Lehrkörpers war sie mit Abstand die kleinste.[13] Nach bisherigen Erkenntnissen waren an der Universität Rostock vom Juli

9 Vgl. Die Rektoren der Universität Rostock. 1419 – 2000, hrsg. von Angela Hartwig und Tilmann Schmidt, Rostock 2000 (=Beiträge zur Geschichte der Universität Rostock 23). Als weitgehend unzuverlässig erwiesen sich auch die über verschiedene Internetseiten erreichbaren biographischen Angaben, die zwar nie 'ganz falsch', aber auch niemals 'ganz richtig' waren.

10 Mit Ausnahme der auf Halle und Greifswald gerichteten Bemühungen ist bislang noch für keine deutsche Universität der Versuch unternommen worden, die gesamte Professorenschaft der Hochschule in biographischen Einzelstudien zu erfassen: Die im Anhang der Studie von Eberle, Die Martin-Luther-Universität, S. 269 ff., publizierten Kurzbiographien Hallenser Professoren stellen einen ersten Versuch dar, Karriereverläufe der Hochschullehrer einer Universität in komprimierter Form zu präsentieren. Eine weitere mögliche Ausnahme bildet das von Werner Buchholz hrsg. Lexikon Greifswalder Hochschullehrer 1775 bis 2006, dessen Band 4, der die zwischen 1933 und 1949 an der Universität Greifswald tätigen Professoren enthalten soll, jedoch noch nicht erschienen ist.

11 Ohne dies künftig in jedem Einzelfall anzumerken, ist zu betonen, daß die nachfolgenden, auf die Entwicklung der NS-Hochschulpolitik im Reichsmaßstab bezogenen Angaben vor allem auf dem differenzierte Forschungsergebnisse instruktiv und prägnant zusammenfassenden Aufsatz von Grüttner, Michael: Die deutschen Universitäten unter dem Hakenkreuz, in: Zwischen Autonomie und Anpassung. Universitäten in den Diktaturen des 20. Jahrhunderts, hrsg. von John Connelly und Michael Grüttner, Paderborn u.a. 2003, S. 67 – 100, basieren und sich ebenso auf die Studie von Jessen, Ralph: Akademische Elite und kommunistische Diktatur. Die ostdeutsche Hochschullehrerschaft in der Ulbricht-Ära, Göttingen 1999, stützen, deren Thematik wesentlich breiter ist, als der Titel andeutet, und mit der aufschlußreiche Erkenntnisse auch zur NS-Zeit vorgelegt werden.

12 Zahlenmäßig vergleichbar etwa mit den Universitäten Erlangen, Gießen, Greifswald, Halle, Kiel und Marburg.

13 Gefolgt von den ebenfalls mit wenigen Professoren ausgestatteten Universitäten Erlangen, Köln, Heidelberg, Würzburg und Hamburg. Von den 23 im Jahre 1933 im Deutschen Reich

1932 bis zum Mai 1945, der Zeit der nationalsozialistischen Herrschaft in Mecklenburg, mindestens 189 Professoren tätig; die hier erstmals in dieser Komplexität und Vollständigkeit vorgestellten biographischen Skizzen der Angehörigen der höchsten Statusgruppe der bedeutendsten mecklenburgischen Lehr- und Forschungseinrichtung machen den Hauptinhalt der vorliegenden Publikation aus.[14]

Wenngleich für diese erste, biographisch angelegte Gesamtbetrachtung des Lehrkörpers der Universität Rostock im Dritten Reich die Gruppe der Professoren ausgewählt wurde,[15] ist zu beachten, daß diese Statusgruppe ein nur scheinbar homogener und monolithischer Kreis war. Zu den wenigen objektiv übereinstimmenden Merkmalen der hier porträtierten Gruppe der 'Rostocker Professorenschaft' gehörte das männliche Geschlecht und die unter der Funktionsbezeichnung 'Professor' in der Zeit der NS-Herrschaft an der Universität Rostock ausgeübte Tätigkeit als Hochschullehrer. Hinzu kam das – subjektive – Selbstverständnis, Repräsentanten einer geistigen bzw. intellektuellen Elite des Landes zu sein, und einer bildungsbürgerlichen, wertelitären, forschungsprägenden, leistungsorientierten und sozial privilegierten Elite mit gesellschaftlicher Deutungsmacht und Sinnstiftungskompetenz anzugehören.[16] In dieser gemeinschaftsstiftenden Auffassung wurde die Professorenschaft von der staatlichen Verwaltung, den Dienststellen der NSDAP und ihrer Gliederungen sowie den zeitgenössischen Medien einerseits bestärkt; mit der Ausprägung der nationalsozialistischen Wissenschaftspolitik (die in dieser Stringenz suggerierenden Bezeichnung allerdings nie als eigenständiges Politikfeld existierte) sind 'die Wissenschaften' und der sie medial und funktional repräsentierende Professorenstand von den unteren bis zu den höchsten Dienststellen der NSDAP und ihren Gliederungen andererseits gelegentlich stigmatisiert und marginalisiert worden, was unter der Professorenschaft wiederum zu Solidarisierungseffekten führte.

Im Unterschied zu diesen wenigen gleichartigen Eigenschaften des retrospektiven Konstruktes der 'Professorenschaft' der Universität Rostock überwiegen die differenzierenden Kennzeichen dieses in Wahrheit sehr heterogenen Kreises. Im vorliegenden Lexikon wurden alle Hochschullehrer erfaßt, die unter der Funktionsbezeichnung 'Professor' in der Zeit zwischen Juli 1932 und Mai 1945 an der Universität Rostock tätig waren, dort geforscht oder gelehrt haben, dorthin berufen oder versetzt worden sind. Das formale Kriterium 'Professor' wurde vor allem zur Abgrenzung von den anderen Mitglie-

---

bestehenden Universitäten gab es zwölf preußische Hochschulen, auf die der Großteil der Studenten und des Lehrkörpers entfiel, und elf nichtpreußische Landesuniversitäten; ab 1938 kamen im Kontext der territorialen Expansionspolitik des Dritten Reiches weitere sechs Universitäten hinzu (Graz, Innsbruck und Wien sowie Posen, Prag und Straßburg), so daß 'Großdeutschland' schließlich über 29 Universitäten verfügte.

14 Daneben werden im Anhang auch die maßgeblichen Amtsträger der die mecklenburgische Hochschulpolitk prägenden staatlichen Kultusverwaltung sowie die die NS-Hochschulpolitik im Gau Mecklenburg repräsentierenden Funktionäre des NS-Studentenbundes und des NS-Dozentenbundes erwähnt und biographisch skizziert.

15 Ergänzend dazu erscheint es notwendig und sinnvoll, den anderen, zahlenmäßig etwas größeren Teil des Lehrkörpers der Universität Rostock – Dozenten, Assistenten und Lehrbeauftragte – im Dritten Reich zu identifizieren und zu porträtieren.

16 Zu den einzelnen Aspekten der Elite-Eigenschaften und -funktionen der deutschen Hochschullehrer als Funktions-, Leistungs-, Positions-, Wert-, Herkunfts- und Geschlechtselite vgl. die Überlegungen von Jessen, Akademische Elite, S. 28 ff.

dern des Lehrkörpers gewählt, wissend, daß die Angehörigen der 'Professorenschaft' nur einen – den kleineren – Teil der Lehrkräfte der Universität Rostock ausmachten, allerdings durch ihre wirkungsmächtige Präsenz in wichtigen Gremien der Universität – Rektorat, Senat, Konzil, Fakultäten, Beiräte, Ausschüsse etc. – zur entscheidenden, die innere Politik und Verfassung der Hochschule bestimmenden Gruppe gehörten, während die zahlenmäßig umfangreicher vertretenen Dozenten, Assistenten, Lehrbeauftragten und Lektoren, die oft einen Großteil der universitären Lehr- und Forschungsaufgaben erfüllten, deutlich weniger in den entsprechenden Schaltstellen vertreten waren.

Zu beachten ist auch, daß die generalisierende Amtsbezeichnung 'Professor' geeignet sein könnte, tatsächlich bestehende tiefe soziale, administrative, funktionale Unterschiede zu überdecken, weshalb die starke Binnendifferenzierung dieser Statusgruppe hier zumindest angedeutet werden soll und darauf hinzuweisen ist, daß innerhalb der formalen universitären Statusgruppe 'Professor' eine starke Hierarchisierung existierte. Unabhängig davon werden im vorliegenden Lexikon die ordentlichen Professoren – die Ordinarien – als die eigentlich mächtige Gruppe der Hochschullehrer ebenso betrachtet wie die in verschiedenen status-, etat- und dienstrechtlich relevanten Kombinationen und Kategorien agierenden planmäßigen, nichtbeamteten, außerordentlichen und außerplanmäßigen Professoren, aber auch die Titular- und Honorarprofessoren, die von den amtlichen Pflichten entbundenen und aus dem Ruhestand teilweise reaktivierten Hochschullehrer sowie die zahlenmäßig nicht unbedeutende Gruppe von Professoren anderer Universitäten, die an der Rostocker Hochschule einen Vertretungs- bzw. Lehrauftrag wahrnahmen, der unter Umständen länger dauern konnte und deshalb 'wirkungsmächtiger' war als die Tätigkeit mancher 'originär Rostocker' Professoren.

Unter den in Rostock wirkenden Professoren befanden sich hochkarätige Wissenschaftler, die – wie etwa Pascual Jordan, Otto Körner, Paul Kunze, Heinrich Mitteis oder Paul Walden – auf ihren jeweiligen Forschungsgebieten zu den führenden Forschern Deutschlands, manchmal sogar der Welt zählten, aber auch Hochschullehrer, die – wissenschaftlich gesehen – schon zeitgenössisch lediglich Mittelmaß verkörperten. Neben der Position in der Hierarchie der Professorenschaft und neben dem häufig durch außerwissenschaftliche Kriterien bestimmten Ansehen eines Wissenschaftszweiges hatten sowohl der Zeitpunkt und die Dauer des Wirkens der Hochschullehrer an der Universität, aber auch deren aktives oder verweigertes politisches Engagement signifikante Auswirkungen auf die Stellung, die Wirksamkeit und das Gewicht einzelner Professoren im Gefüge der nationalsozialistisch transformierten Universität Rostock.

Die kleine Universität Rostock war für manche, vor allem jüngere Hochschullehrer Sprungbrett und Karrierebeginn, für andere lediglich Durchgangsstation auf dem Weg zu vermeintlich oder tatsächlich besseren Positionen an renommierteren Universitäten; während einige Hochschullehrer hier ihre wissenschaftliche Karriere begannen, kamen manche Professoren erst in hohem Alter an die mecklenburgische Landesuniversität, andere wiederum beendeten hier ihre akademische Karriere. Manche Professoren wirkten nur ein Semester, andere blieben viele Jahre, und nicht wenige weilten die gesamte Zeit ihres professoralen Lebens in Rostock. Derartige Verweildauern hingen von verschiedenen Faktoren ab, so der individuellen Lebensplanung, den sich eröffnenden oder verschlossen bleibenden Karrieremöglichkeiten, aber auch von den mit der Installierung des Nationalsozialismus immer stärker werdenden Eingriffen der staatlichen Wissenschaftsverwaltung in die Berufungspolitik, den hemmenden oder fördernden Einflußnahmen der verschiedenen NS-Dienststellen, der Anziehungskraft und Attraktivität anderer Hochschulorte, dem Wandel der Bedeutung und des fachspezifischen Gewichts der verschiedenen Wissenschaftsdisziplinen.

Betrachtet man die **Dauer der Universitätszugehörigkeit**, fällt auf, daß eine Reihe von Hochschullehrern – zumindest als Professoren – nur eine recht kurze Zeit an der Universität Rostock amtierten, wenngleich nicht wenige von ihnen vorher zum Teil mehrere Jahre an der Hochschule tätig gewesen waren, zumeist jedoch im Status eines Dozenten. Zu den am kürzesten als Professor in Rostock tätigen Hochschullehrern gehörten der Dermatologe Hermann Nagell (10/1933), der Pädiater Egon Unshelm (10-11/1942), der Wirtschaftswissenschaftler Walter Weddigen (10/1933 – 3/1934) und der Tierzuchtexperte Gustav Frölich (1-8/1940); hinzu kamen die erst 1944 zum Professor berufenen Hochschullehrer, die nach 1945 nicht mehr in Rostock tätig waren.[17] Zu den zeitlich am längsten – und auch in der NS-Zeit – an der Universität Rostock tätigen Hochschullehrern gehörten der Jurist Franz Bernhöft, der 55 Jahre im Dienst der mecklenburgischen Landesuniversität stand, der Altertumswissenschaftler Gottfried von Lücken, der 50 Jahre an der Universität tätig war, und der Literaturwissenschaftler und Germanist Wolfgang Golther mit 49jähriger Dienstzeit.[18]

Auch hinsichtlich des **Berufungsalters** ergeben sich differenzierte Befunde: Von den 189 hier betrachteten Professoren der Universität Rostock waren 22 Hochschullehrer zum Zeitpunkt ihrer Erstberufung zum Professor älter als 45 Jahre[19], während elf Professoren bei ihrer Erstberufung das 31. Lebensjahr noch nicht vollendet hatten[20]. Interessanterweise waren unter diesen elf jungberufenen Professoren immerhin zehn Hochschullehrer, die ihre Erstberufung nach Rostock erhielten.[21] Elf Hochschullehrer waren bei ihrer Berufung nach oder ihrer Ernennung zum Professor in Rostock bereits älter als 55 Jahre.[22]

Die Analyse des **Zeitpunktes der Berufung** nach oder in Rostock hat ein indifferentes Bild zur Folge: So sind von den Professoren, die in der Zeit der NS-Herrschaft in Mecklenburg an der Universität Rostock tätig waren, immerhin zehn Hochschullehrer be-

17 Alexander Mutén (8/1944 – 1945), Albert Anthony und Hans Grebe (10/1944 – 1945) sowie Erich Benecke und Günther Gerlach (11/1944 – 1945).

18 Zu den ebenfalls langjährig in Rostock tätigen Hochschullehrerern gehörten Ludwig Will und Richard Stoermer (mit je 36 Jahren Dienstzeit), Otto Körner (35), Hermann von Guttenberg und Hermann Teuchert (je 34), Otto Büttner, Albert Peters und Kurt Poppe (je 32) sowie Gottfried Quell (31) und Hermann Brüning (30).

19 Unter diesen 22 'alt-' oder 'spätberufenen' Hochschullehrern waren zehn, die erst nach dem 50. Lebensjahr ihre Erstberufung erhielten: Wilhelm Burkamp und Hans Nieland (mit 50 Jahren), Otto Pohrt (51), Hans Spangenberg (53), Hermann Boehm und Werner Schulze (54), Gustav Kohfeldt (56), Gustav Frölich (61) Arthur Boehm-Tettelbach und Ernst Krause (62).

20 Zu den 'früh-' bzw. 'jungberufenen' gehörten Franz Bernhöft (mit 25 Jahren), Pascual Jordan und Matthäus Reinmöller (27), Hans-Jürgen Seraphim und Leo Weisgerber (28), Walter Hallstein, Kurt Schmieden und Richard Stoermer (29); Wilhelm Ebel, Gerhard Thomsen und Max Trautz waren zum Zeitpunkt ihrer Erstberufung 30 Jahre alt.

21 Von diesen elf Rostocker 'Jung'-Professoren erhielt lediglich Max Trautz seine Erstberufung nach Heidelberg.

22 Hans Nieland (mit 55 Jahren Professor in Rostock), Gustav Kohfeldt und Paul Walden (56), Viktor Schilling (58), Hans Jensen, Friedrich v. Krüger und Jonas Schmidt (59), Gustav Frölich (61), Ernst Krause (62), Arthur Boehm-Tettelbach (63), Otto Pohrt (64).

reits in den Jahren von 1877 bis 1906 berufen worden[23], dagegen erhielten 13 Professoren ihre Berufung allein in den Jahren 1944/45[24]. Ein generalisierender Überblick macht deutlich: Von den 189 zwischen 1932 und 1945 an der Universität Rostock wirkenden Hochschullehrern wurden zu Professoren berufen im Zeitraum

1877 – 1918 22 Professoren = 11,6 Prozent,
1919 – 1931 65 Professoren = 34,4 Prozent,
1932 – 1939 57 Professoren = 30,2 Prozent,
1940 – 1945 45 Professoren = 23,8 Prozent.

Das bedeutet, daß 87 Professoren (46 Prozent) ihre Berufung in den 55 Jahren vor 1932 erlangt haben, während 102 der 189 Professoren (54 Prozent), die in der Zeit der nationalsozialistischen Herrschaft in Mecklenburg an der Universität Rostock tätig gewesen sind, erst nach der Machtübernahme der NSDAP zu Professoren berufen worden sind. Diese Neuberufungen in der 13jährigen mecklenburgischen NS-Zeit hatten nur in wenigen Fällen einen direkten politischen oder rassistischen Hintergrund, sondern waren zumeist durch die Emeritierung bzw. das Ableben von Professoren und durch die Wiederbesetzung von Planstellen nach auswärtigen Berufungen ehemals Rostocker Hochschullehrer notwendig geworden, wenngleich zu berücksichtigen ist, daß die nunmehr neu zu Berufenden a priori einer 'rassischen' Überprüfung und einer politischen Begutachtung unterlagen, so daß etwa als Juden klassifizierte oder als offensichtliche Gegner des Regimes angesehene Wissenschaftler keine Chance besaßen, einen Lehrstuhl zu erhalten. Nur ein kleiner Teil der Rostocker Neuberufungen in der NS-Zeit erfolgte nach der nationalsozialistisch intendierten Neueinrichtung von Lehrstühlen oder der Aufwertung bisheriger außerordentlicher oder außerplanmäßiger Professuren zu Ordinariaten,[25] die dann allerdings im Kontext der NS-Wissenschaftspolitik standen bzw. durch die Expansions-, Kriegs- und Wirtschaftspolitik des Dritten Reiches notwendig und möglich geworden waren.[26]

---

23 Franz Bernhöft (Berufung 1877), Otto Körner und Ludwig Will (1894), Wolfgang Golther (1895), Rudolf Zenker (1897), Richard Stoermer (1899), Albert Peters und Wilhelm Müller (1901), Otto Büttner und Otto Sarwey (1906).

24 Albert Anthony, Erich Benecke, Werner Böhme, Günther Gerlach, Hans Grebe, Hermann Kleinknecht, Karl Klinke, Alexander Mutén, Ernst Reinmuth, Karl Schiller, Jonas Schmidt, Werner Schulze (1944) und Hans Löwe (1945).

25 Zu den in Rostock nach 1933 neu eingerichteten Ordinariaten oder Extraordinariaten gehörten etwa die Lehrstühle für Rassenkunde und Vererbungslehre (1933), Neuere deutsche Literaturgeschichte und systematische Literaturwissenschaft sowie Deutsche Sprache und ältere deutsche Literatur (beide 1934), Wirtschaftswissenschaften/Volkswirtschaftslehre sowie Geologie (beide 1936), Physiologische Chemie (1938), Betriebswirtschaftslehre, Innere Medizin und Vorgeschichte (alle 1939), Physikalische Chemie und Nordische Sprachen (beide 1942) sowie insgesamt fünf Lehrstühle an der ab 1943 neugeschaffenen Landwirtschaftlichen Fakultät; ersatzlos gestrichen wurden dagegen 1933 die Lehrstühle für Semitische und Ägyptische Philologie sowie für Experimentelle Psychologie und Pädagogik. Eine Reihe von Lehrstühlen wurde thematisch umgewandelt bzw. im Status auf- oder abgewertet, wie etwa der Lehrstuhl für Praktische Theologie, der zunächst zu einem Extraordinariat herabgestuft wurde und dann für den neu eingerichteten Lehrstuhl für Erbbiologie und Rassenhygiene verwandt wurde; auch die Klassische Philologie erhielt den Rang eines außerordentlichen Lehrstuhls, während etwa die Organische Chemie (1942/43) oder die Englische Philologie (1943) zu ordentlichen Lehrstühlen aufgewertet wurden. Vgl. dazu die Übersicht auf S. 478 ff. im Anhang.

Aus zahlreichen Berufungsunterlagen der Fakultäten wird deutlich, daß die regionale und gelegentlich auch die soziale Herkunft der in Rostock wirkenden Professoren sowie deren konfessionelle Prägungen eine nicht unerhebliche Rolle bei den Berufungsentscheidungen spielten; und eine Reihe professoraler Lebenserinnerungen und biographischer Notizen[27] machen sichtbar, daß es manchem Hochschullehrer in dem gegenüber Landesfremden und Katholiken eher reservierten Agrarland Mecklenburg, dem auch die Intellektuellen eher fremd blieben, schwer fiel, sich in die gelegentlich kleingeistigen, beengten und intoleranten Verhältnisse der Provinzuniversität einzuleben und sich in der von Kultur- und Geselligkeitsangeboten nicht gerade überbordenden Hansestadt zu verankern und zu verwurzeln. Nur wenige der in Rostock tätigen Professoren hatten eine längerwährende Bindung an diese Stadt und verbrachten einen Großteil, zumindest aber die entscheidenden Anfangsjahre ihres akademischen Lebens ausschließlich in der einzigen mecklenburgischen Großstadt: Von den 189 Professoren der Rostocker Universität erlebten lediglich zwölf (6,3 Prozent) das gesamte 'akademische Prozedere' – Studium, Promotion, Habilitation und Berufung – an der Universität Rostock,[28] was signalisiert, daß Hausberufungen damals eher unüblich waren.

Betrachtet man die **regionale Herkunft** der Rostocker Hochschullehrer, so fällt auf, daß die Mehrzahl der 189 zwischen 1932 und 1945 in Rostock tätigen Professoren aus dem süd- bzw. mitteldeutschen Raum stammte; 18 der späteren Rostocker Hochschullehrer sind außerhalb der damaligen deutschen Reichsgrenzen geboren worden, und lediglich elf waren gebürtige Mecklenburger.[29]

Ihrer **sozialen Herkunft** nach entstammten die meisten der zwischen 1932 und 1945 an der Universität Rostock tätigen Professoren den Schichten des Bildungsbürgertums,

26 Zwar wurden von den 18 ordentlichen Lehrstühlen der Medizinischen Fakultät in Rostock allein in den Jahren 1933/34 sieben neu besetzt, was jedoch nur in seltenen Fällen auf politische Einflußnahmen zurückzuführen war. Im Unterschied zur weitgehend personalkonstanten Praxis der Universität Rostock, an der auch eher wissenschaftbezogene Lehrstuhlwechsel stattfanden, seien, wie Oberregierungsrat Hans Huber vom Reichserziehungsministerium 1939 feststellte, in den Jahren 1933 – 1937/38 reichsweit „durchschnittlich 45% aller beamteten wissenschaftlichen Stellen innerhalb der deutschen Hochschulen neu besetzt worden", diese „Bereinigung und Verjüngung der Lehrkörper" sei mit „Sorgfalt und Genauigkeit" erfolgt; Der Aufbau des deutschen Hochschulwesens. Vortrag, gehalten auf der dritten fachwissenschaftlichen Woche für Universitätsbeamte der Verwaltungsakademie, hrsg. von der Deutschen Forschungsgemeinschaft, Berlin 1939, S. 7 f.

27 Vgl. etwa die entsprechenden Aufzeichnungen von Elze, Curschmann, Körner, Walden.

28 Franz Bachér, Werner Böhme, Walter von Brunn, Albrecht Burchard, Karl Friederichs, Johannes Lehmann, Richard Mans, Matthäus Reinmöller, Ernst Reinmuth, Egbert Schwarz, Richard Stoermer und Hermann Ulich; hinzu kommen mit Günther Gerlach, Heinrich Gißel und Hermann Nagell drei Professoren, die zwar nicht in Rostock studiert haben, dort aber promoviert wurden, sich habilitierten und als Professor an die Universität Rostock berufen worden sind.

29 Regionale Herkunft der zwischen 1932 und 1945 an der Universität Rostock tätigen Professoren (nach Geburtsländern bzw. -provinzen): Berlin 14, Sachsen 14, Württemberg 12, Hannover 11, Mecklenburg-Schwerin 11, Baden 9, Hessen-Nassau 9, Bayern 8, Westfalen 8, Rheinland 7, Provinz Sachsen 7, Pommern 6, Lettland 6, Österreich(-Ungarn) 6, Bremen 5, Schlesien 5, Brandenburg 4, Elsaß-Lothringen 4, Hamburg 4, Ostpreußen 4, Sachsen-Weimar 4, Hessen(-Darmstadt) 3, Rußland 3, Sachsen-Coburg-Gotha 3, Posen 2, Sachsen-Meiningen 2, Westpreußen 2, Braunschweig 1, Italien 1, Mexiko 1, Rheinhessen 1, Sachsen-Altenburg 1, USA 1.

dem Kaufmannsstand, den besitzenden Kreisen aus Landwirtschaft und Industrie sowie der Beamtenschaft und der Justiz.[30] 14 von 189 Professoren der Rostocker Universität waren adliger Herkunft (7,4 Prozent).[31] 163 der 189 Professoren waren nach ihrer **Religionszugehörigkeit** bzw. ihrem konfessionellen Bekenntnis evangelisch (86,2 Prozent), 13 katholisch (6,9 Prozent) und drei jüdisch (1,6 Prozent).[32]

I. Rostocker Professoren beim Übergang zum und im Nationalsozialismus

An den Schnittstellen – am Anfang und am Ende unseres Untersuchungszeitraumes (1932/33 und 1945/46) –, ist ein jeweils radikaler Systemwechsel zu konstatieren und damit Gelegenheit gegeben, zu beobachten, ob sich die im jeweiligen Vorgängersystem sozialisierte Professorenschaft auch als paßfähig für die nachfolgende Gesellschaft erwies, wie sie sich in diese integrieren konnte bzw. eingebunden wurde.

In Analogie zum allseits akzeptierten und kaum noch hinterfragten Begriff der 'Entnazifizierung', der hinsichtlich der Personalpolitik auch im Hochschulbereich für die ab Sommer 1945 erfolgten Überprüfungen und den – gelegentlich temporären – Austausch NS-belasteter Personen steht – ein Komplex der weiter unten betrachtet wird –, könnte man versucht sein, den Wechsel von der Weimarer Republik zur nationalsozialistischen Diktatur als Prozeß der 'Entdemokratisierung' zu bezeichnen; dies würde voraussetzen, daß man die Weimarer Republik uneingeschränkt als Demokratie charakterisieren könnte und die Professorenschaft des republikanischen Reiches vorbehaltlos als

30 Soziale Herkunft (Berufe der Väter) der zwischen 1932 und 1945 an der Universität Rostock tätigen Professoren; zur einfacheren Übersicht wurden Berufsgruppen gebildet; damit die nicht immer unproblematische Einordnung der Berufe der Väter nachvollzogen werden kann, sind innerhalb der Berufsgruppen alle in den Personalbögen der Professoren angegebenen Berufe der Väter einzeln aufgeführt: *Schulwesen* 23 (Lehrer 18, Schuldirektor 5) =12,2%; *kaufmännische Berufe* 21 (Kaufmann 20, kaufmännischer Beamter 1) =11,1%; *medizinische Berufe* 20 (Arzt 19, Sanitätsrat 1) =10,6%; *Landwirtschaft* 18 (Landwirt 14, Gutspächter 2, Erbpächter 1, Domänenpächter 1) =9,5%; *Fabrikanten/Direktoren* 18 (Fabrikant/Betriebsdirektor 11, Hüttendirektor/-inspektor 2, Bankdirektor 4, Zinngießereibesitzer 1) =9,5%; *Landesbeamte* 16 (Abteilungsleiter im Ministerium 1, Bergassessor 1, Kreisdirektor 1, Landbauinspektor 1, Landesforstinspektor 1, Landessekretär 1, Oberamtmann 1, Oberbaurat 1, Oberpräsident 1, Obstbauinspektor 1, Regierungsbaumeister 1, Regierungsbaurat 2, Senator 1, Steuersekretär 1, Zollassistent 1) =8,5%; *Hochschulwesen* 15 (Universitätsprofessor 13, Privatdozent 1, Privatgelehrter 1) =7,9%; *Kirchen* 11 (Pfarrer/Pastor 8, Konsistorialrat 1, Oberkonsistorialrat 1, Oberkirchenrat 1) =5,8%; *freie Berufe* 11 (Apotheker 3, Buchhändler 1, Konditor 1, Maler 1, Pensionsbesitzer 1, Rechtsanwalt/Notar 3, Versteigerer 1) =5,8%; *Justiz* 9 (Amtsrichter 1, Gerichtsassessor 2, Gerichtsvollzieher 1, Landgerichtsdirektor 1, Landgerichtspräsident 1, Rechtsrat 1, Richter 1, Senatspräsident 1) =4,8%; *Angestellte* 7 (Buchhalter 1, Chemiker 1, Ingenieur 3, Kapitän 1, Schriftleiter 1) =3,7%; *Militär* 6 (Berufssoldat/Offizier 5, Militärtrigonometer 1) =3,2%; *Handwerk* 3 (Färbermeister 1, Nadlermeister 1, Zimmergeselle 1) =3,2%; *Eisenbahnbeamte* 2 (Lokführer 1, Eisenbahninspektor 1) =1,1%; *Postbeamte* 2 (Postinspektor 1, Postmeister 1) =1,1%; *unbekannt* 7 =3,7%.

31 Walter von Brunn, Sergius von Bubnoff, Kurd von Bülow, Kurt von Fritz, Wilhelm von Gazen, Hermann von Guttenberg, Heinrich von Hayek, Friedrich von Krüger, Ulrich von Lübtow, Gottfried von Lücken, Hermann Schultze-von Lasaulx, Otto zu Stolberg-Wernigerode, Johannes von Walter, Theodor von Wasielewski.

32 Die Auswertung der Religionszugehörigkeit basiert auf den Selbstzuschreibungen der Professoren in ihren Personalunterlagen; hinzu kommen drei Professoren, die sich als konfessionslos bezeichneten, einer firmierte als gottgläubig; bei sechs Professoren ließ sich die Religionszugehörigkeit nicht ermitteln.

'demokratisch' zu bezeichnen wäre. Im Kontext der oft kolportierten Sequenz, wonach der 'Staat von Weimar' eine 'Republik ohne Republikaner' war, ist jedoch zu konstatieren, daß die Wissenschaftselite der Weimarer Republik lediglich zu geringen Teilen aus 'Demokraten' bestand. Dieser Befund gilt nach Auswertung aller gesichteten Unterlagen auch für die an der Universität Rostock tätigen Professoren.

Zu den biographischen Konstanten zahlreicher Rostocker Hochschullehrer gehörte ihr **Kriegseinsatz** im Ersten Weltkrieg; 'der Krieg' hatte viele Karriereverläufe bestimmt (diejenigen, deren akademische Entwicklung er überhaupt verhinderte, kommen in diesem Lexikon naturgemäß nicht vor)[33], in ihm wurden Mentalitäten und Weltsichten geprägt, die mit den politischen Gründungsintentionen der auf das Kriegsende folgenden Weimarer Republik erheblich kollidierten. Von den 189 in der NS-Zeit an der Universität Rostock tätigen Professoren gehörten 147 zu den Geburtsjahrgängen bis einschließlich 1900, also zu den im Ersten Weltkrieg potentiell wehrpflichtigen Männern, und von diesen 147 kriegsdienstpflichtigen Hochschullehrern, damaligen Nachwuchswissenschaftlern oder Studenten standen mindestens 122 im aktiven Kriegs- bzw. Fronteinsatz (83 Prozent).[34]

Wie aus zahlreichen Lebensläufen und Schriften der hier untersuchten Hochschullehrer sichtbar wird, erwies sich die – in vielen Fällen als Frontsoldat selbsterlebte – Kriegsniederlage Deutschlands im Ersten Weltkrieg im Zusammenhang mit dem 'Schmachfrieden von Versailles' in einer Reihe von Fällen als entscheidendes Sozialisationselement und konservierte die in diesem Kontext erzeugten Mentalitäten bis weit in die 30er und 40er Jahre.

Zwar hatte der Kriegseinsatz im Ersten Weltkrieg zur Folge gehabt, daß viele der späteren Hochschullehrer erst verzögert ihr Studium beginnen konnten oder es kriegsbedingt unterbrechen mußten, was zu teilweise erheblichen Verzögerungen ihrer akademischen Karriere führte; zu einer Hinterfragung seines Sinns kam es jedoch weder im Kriege noch danach. Die Masse der späteren Professoren waren begeisterte Kriegsfreiwillige, deren Denkstrukturen und Handlungsmuster zunächst der allgemeinen Kriegshysterie entsprachen und auch nach dem 'Dolchstoß' und dem 'Diktat von Versailles' auf der Linie des großdeutschen Revisionismus lagen. Mindestens 14 der hier betrachteten Professoren waren ab 1919 auch aktive Angehörige von Freikorps. Nicht wenige, wie etwa der Pädiater Karl Klinke, der Anglist Herbert Huscher oder der Historiker Heinz Maybaum, überlebten den Krieg mit schweren körperlichen Beschädigungen, konnten jedoch ihr Studium weiterführen; für den Mediziner Walter von Brunn bedeutete der Krieg nach einer verletzungsbedingten Armamputation hingegen das Ende seiner Karriere als Chirurg, die er – nach einer 'Umschulung' – allerdings als erfolgreicher Medizinhistoriker weiterführen konnte. Auch bei den älteren, schon vor Kriegsbeginn als Professoren berufenen Wissenschaftlern hat der Erste Weltkrieg vorhandene Denkweisen und Handlungsmuster verfestigt, vor allem die Form seines Endes: Der die deutsche Niederlage besiegelnde Versailler Vertrag ließ die mehrheitlich kaisertreu und monarchistisch eingestellte Profes-

33 Im Ersten Weltkrieg sind mindestens 16 Dozenten und 228 Studenten der Universität Rostock ums Leben gekommen.

34 Von diesen 122 schon im Ersten Weltkrieg kriegsdienstleistenden Wissenschaftlern waren 24 auch noch im Zweiten Weltkrieg im Einsatz. Von den hier betrachteten 189 Professoren der Universität Rostock waren 51 in beiden Weltkriegen eingesetzt, 27 an der Universität Rostock tätige Professoren kamen nur im Zweiten Weltkrieg zum Einsatz.

sorenschaft ebenso wie das Gros der vielfach nationalistisch und völkisch geprägten Nachwuchswissenschaftler und Studenten zu teils erbitterten Gegnern der Weimarer Republik werden.

Als sich im Gefolge des Ersten Weltkriegs und der Novemberrevolution erhebliche Verwerfungen des bisherigen Gesellschaftsgefüges herausbildeten, die auch gesellschaftspolitische Polarisierungen zur Folge hatten, entwickelte sich im Selbstverständnis der wertelitären Hochschullehrerschaft eine Krise des professoralen Eliteanspruchs, die auch mit dem drohenden Verlust ihrer bisherigen Deutungsmacht und ihres gesellschaftlichen Status verbunden war. Derlei Entwicklungen verstärkten bei der ohnehin weitgehend obrigkeitsstaatlich orientierten Professorenschaft die demokratieskeptischen und revisionistischen Einstellungen. Die vermeintlich von gesellschaftlicher Entwurzelung bedrohten Professoren nutzten ihre 'Barrikaden', die universitären Gremien, Lehrstühle und Katheder, um sich von der deutschen Republik – deren Beamte sie waren und die sie bezahlte – zu distanzieren.[35]

Wie die Kapp-Putsch-Aktivisten Franz Bachér, Rudolf Helm, Edwin Lauprecht oder Egon Unshelm entwickelten sich auch andere Angehörige der damaligen oder späteren Rostocker Professorenschaft von Vertretern einer bürgerlichen Wertelite zu Protagonisten einer antidemokratisch eingestellten und antirepublikanisch agierenden Gegenelite; ihre deutschnationalen Phrasen, ihre weitgehend monarchistischen Grundüberzeugungen, ihr ressentimentgeladener Antiliberalismus trugen zur weiteren Entliberalisierung der Institution Universität bei, eine Entwicklung, die von der professoralen Unterstützung der antidemokratischen Radikalisierungsbestrebungen großer Teile der Studentenschaft begleitet war.

Zwar bestanden nicht unerhebliche Unterschiede zwischen den geisteswissenschaftlich orientierten intellektuellen Trägern dieser Haltung und den Naturwissenschaftlern, die sich eher als hochspezialisierte, weitgehend unpolitische professionelle Experten begriffen und sich vorrangig an wissenschaftlichen Einzelfragen versuchten als gesellschaftspolitische Welterklärungsversuche zu unternehmen; doch ungeachtet eines durchaus noch mehrheitlich distanzierten Verhältnisses zur NSDAP und deren antiintellektuellen Habitus existierte in beiden universitären Großgruppen eine Affinität zu den revisionsverheißenden, antidemokratisch-diktatorischen gesellschaftspolitischen Ordnungsversprechen der Nationalsozialisten, noch ohne sich in der Mehrheit bewußt für diese zu engagieren. Auch deshalb gab es kaum Widerstand gegen die nationalsozialistischen Durchdringungsversuche der akademischen Hochschuleinrichtungen, die von einer zunächst noch verhaltenen Sympathie für die nationalsozialistischen Bestrebungen zur Eroberung der Universität getragen waren und überwiegend von der Studentenschaft ausgingen.

Analog zum Verhalten der Professorenschaft der anderen 22 Universitäten des Deutschen Reiches haben auch die Hochschullehrer der mecklenburgischen Landesuniversität Rostock in ihrer Mehrheit im Prozeß der Machtübernahme der NSDAP keine ernsthaften

35 Deutlich wird dies in der zufällig zeitnah stattfindenden 500-Jahr-Feier der Gründung der Universität Rostock im November 1919, auf der die universitären Gremien, Rektor und Senat, aber auch die Korporationen die anwesenden Vertreter der neuen, demokratisch gewählten Landesregierung düpierten. Vgl. dazu Geschichte der Universität Rostock, Bd. I, S. 165 ff., und den Bericht eines Teilnehmers, Schreiber, Hans Henning: Die 500-Jahrfeier der Rostocker Universität 1919, in: Carolinum, 35 (Nr. 52), S. 53 – 59.

Versuche gemacht, parteipolitisch und ideologisch motivierten Eingriffen des nationalsozialistischen Staates und Einflußnahmen zentraler und regionaler NS-Dienststellen entgegenzutreten. Nicht schon im Sommer 1932, im Zusammenhang mit der nationalsozialistischen Machtübernahme in Mecklenburg, sondern erst nach der Auslösung reichsweiter antijüdischer Aktionen und nach dem Erlaß der 'Säuberung des Beamtenkörpers' dienender reichsgesetzlicher Vorschriften, ging auch die – von der NS-Studentenschaft getriebene – mecklenburgische Kultusverwaltung daran, die beamteten Hochschullehrer ihrer Landesuniversität hinsichtlich ihrer Kompatibilität mit den Richtlinien des neu etablierten NS-Staates zu überprüfen.[36]

In dieser **ersten Phase der nationalsozialistischen Hochschulpolitik** (1933-1935/36), die auch durch die Umstellung der Universitätsverfassungen auf die Rektor-/Führeruniversität,[37] durch Bestrebungen zur Aufhebung der Hochschulautonomie und Versuche zur Reduzierung des Einflusses der Ordinarien und der Fakultäten zugunsten der neuen Staatsbürokratien und Parteidienststellen gekennzeichnet war, ging es in erster Linie um die Durchsetzung einer nationalsozialistischen Personalpolitik. Mit deren Etablierung begann – nachdem rassistischer Antisemitismus in den Rang einer Staatsdoktrin erhoben und politische Betätigung neben und vor allem 'links' der NSDAP in den Status des Hoch- und Landesverrats gerückt worden war – eine Säuberung des Lehrkörpers nach politischen und rassistischen Kriterien. Im gesamten Deutschen Reich fielen etwa 15 Prozent der Hochschullehrer diesen Säuberungswellen zum Opfer, wurden vertrieben und von den Universitäten entlassen – mehr als zwei Drittel von ihnen aus rassistischen, antisemitisch motivierten, der geringere Teil aus politischen Gründen.

Während relativ liberale Großuniversitäten wie etwa Berlin oder Frankfurt/M. rund ein Drittel, und Hochschulen wie Heidelberg oder Breslau immerhin noch ein Viertel ihres Lehrkörpers durch antisemitisch motivierte oder politisch intendierte Maßnahmen verloren,[38] blieb die Universität Rostock von derartigen Massensäuberungen verschont. In dem traditionell junkerlich-deutschnational geprägten und 'judenarmen' Land Mecklenburg[39] hatten die 'deutschbewußten' universitären Gremien und die deutschnational-konservativ geprägte Berufungspolitik der Schweriner Kultusverwaltung lange vor der Machtübernahme der NSDAP dafür gesorgt, daß an der Universität Rostock keine liberal

36 Zu den verschiedenen beamtenrechtlichen Gesetzgebungsmaßnahmen des NS-Staates vgl. Mühl-Benninghaus, Sigrun: Das Beamtentum in der NS-Diktatur bis zum Ausbruch des Zweiten Weltkrieges. Zu Entstehung, Inhalt und Durchführung der einschlägigen Beamtengesetze, Düsseldorf 1996.

37 In Rostock ist der Rektor im Dezember 1933 zum „Führer der Landesuniversität" ernannt worden, der wiederum Prorektor, Dekane und Senatsmitglieder ernennen durfte; der Senat stand dem Rektor künftig lediglich „als beratende Körperschaft ... zur Seite". Universitätsarchiv Rostock (UAR), R4/B2, Bd. VI (Mecklenburgisches Ministerium für Unterricht an Rektor und Konzil der Universität, 20.11.1933, mit neuer Universitätssatzung).

38 Vgl. dazu die Übersicht bei Grüttner, Die deutschen Universitäten, S. 83.

39 Mecklenburg war das deutsche Land, in dem sowohl absolut als auch relativ die wenigsten Juden Deutschlands lebten. Unter der ständigen Wohnbevölkerung von 805.213 Menschen gab es 1933 insgesamt 1.003 Juden (=0,1%; Reichsdurchschnitt: 0,8%); die 1.003 Juden in Mecklenburg machten 1933 lediglich 0,2% der in Deutschland lebenden Juden aus. 1939 hatten die nur noch 359 Mecklenburger Juden einen Anteil von 0,04% an der nunmehrigen mecklenburgischen Wohnbevölkerung von 876.416 Einwohnern (Reichsdurchschnitt 0,4%). Vgl. Statistisches Jahrbuch für das Deutsche Reich 1935, hrsg. vom Statistischen Reichsamt,

oder gar sozialdemokratisch eingestellten Hochschullehrer und nur wenige jüdische Professoren vorhanden waren.

Beim Machtantritt der Nationalsozialisten in Mecklenburg im Juli 1932 gab es an der Universität Rostock nur drei **jüdische Professoren**: den Physiologen Friedrich Wilhelm Fröhlich, der jedoch im Alter von 53 Jahren bereits im November 1932 gestorben ist, den Professor für Pädagogik und experimentelle Psychologie David Katz, der Ende 1933 als 49jähriger emigrierte, und den Zahnmediziner Hans Moral, der im 47. Lebensjahr im August 1933 Selbstmord beging. Alle drei waren zeitweise Dekan ihrer jeweiligen Fakultät. Darüber hinaus galten zwei Hochschullehrer wegen ihrer als „jüdisch" klassifizierten Ehefrauen als „jüdisch versippt": der Professor für Augenheilkunde Albert Peters, der im März 1933 als 70jähriger aus Altersgründen emeritiert wurde, noch im August 1934 den Eid auf Hitler leistete und im Mai 1938 gestorben ist, und der Philologe Rudolf Helm, der im März 1937 nach Erreichen der Altersgrenze mit 65 Jahren emeritiert wurde und 1966 starb; beide waren zeitweise Rektoren der Universität Rostock. Dafür, daß auch der Anatomieprofessor Günter Hertwig mit einer jüdischen Frau verheiratet war, deshalb als „jüdisch versippt" galt und – wie gelegentlich behauptet – aus diesem Grunde beruflich behindert worden ist, finden sich in den überlieferten Unterlagen keine Belege; Hertwigs offenkundige Benachteiligung hatte andere Ursachen.

Daneben gab es drei Professoren, die nach den NS-Rassegesetzen als „jüdische Mischlinge" zu gelten hatten, ohne daß dies zu ihrer Ablösung oder Entlassung geführt hatte: Der Professor für Innere Medizin Hans Curschmann wurde nach einer Untersuchung der Reichsstelle für Sippenforschung ab 1934/35 als „nichtarisch, Mischling II. Grades" eingestuft, da eine seiner Großmütter jüdischer Abstammung war; seit 1935 andauernde Versuche, Curschmann in den Ruhestand zu versetzen, scheiterten sowohl an dessen Widerstand als auch an der Protektion durch namhafte, von Curschmann medizinisch behandelte NS-Funktionäre. Curschmann wurde nach Erreichen des Pensionsalters 1940 emeritiert, führte sein Amt jedoch bis 1941 weiter und starb 1950. Auch der Jurist Rudolf Henle galt wegen der jüdischen Abstammung eines seiner Großväter ab Mai 1933 als „Vierteljude", konnte jedoch bis zu seinem Tode im Amt bleiben und starb als fast 62jähriger im Juni 1941 nach einer Krankheit. Der Historiker Hans Spangenberg, dessen Mutter nach seinem Bekunden von jüdischen Eltern abstammte, wurde als 66jähriger im Oktober 1934 auf eigenen Antrag aus gesundheitlichen Gründen emeritiert und starb nach einer Krankheit zwei Jahre später.

Festzuhalten bleibt: Zwei Professoren jüdischen Glaubens wurden von den Nationalsozialisten 1933 aus dem Amt gedrängt; David Katz konnte emigrieren und seine wissenschaftliche Laufbahn fortsetzen, während Hans Moral den ursprünglich antijüdischen Anfeindungen, die sich später auch auf andere Gebiete verlagerten, nichts mehr entgegenzusetzen hatte und auch auf Grund einer möglichen suizidalen Prädisposition Selbstmord beging. Die anderen fünf Professoren, die nach NS-Definition als „jüdische Mischlinge" bzw. „Vierteljuden" zu gelten hatten oder mit einer als „jüdisch" klassifizierten Ehefrau verheiratet waren, konnten ihre Hochschullaufbahn dagegen fortsetzen und schieden erst nach regulärer Pensionierung oder krankheitsbedingtem Tod aus ihrer Stellung.

Berlin 1935, S. 14 f.; Statistisches Jahrbuch für das Deutsche Reich 1941/42, hrsg. vom Statistischen Reichsamt, Berlin 1942, S. 26 f. Im Vergleich zu anderen deutschen Hochschulen lehrten an der Universität Rostock absolut und relativ die wenigsten jüdischen Hochschullehrer.

Neben die direkt-eliminatorische Komponente der NS-Personalpolitik im Hochschulbereich (die politisch und rassistisch motivierten Säuberungen) trat ab 1933/34 auch ein vermittelt selektierend wirkendes Prozedere, in dem alle universitären Karriereschritte mit politschen Überprüfungen und Beurteilungen verbunden wurden. Habilitationen und Berufungen, aber auch schon Promotionen oder die Einstellung von Assistenten hingen neben der fachlichen Qualifikation nunmehr auch von der attestierten 'politischen Zuverlässigkeit' der Kandidaten ab, für deren Bescheinigung die Fakultäten und der Rektor, vor allem aber der jeweilige Gaudozentenbundführer und Führer der Dozentenschaft der Universität, der NS-Studentenbundführer und Leiter der Studentenschaft der Hochschule, die NSDAP-Kreisleitung und das Personalamt der Gauleitung der NSDAP zuständig waren.[40]

Derartige Beurteilungsverfahren verstärkten bei den verbliebenen und neuberufenen Professoren die bestehenden Anpassungszwänge[41]; in Rostock versicherten bis auf einen 34jährigen außerordentlichen Professor alle der nach den rassistischen Säuberungen verbliebenen Hochschullehrer dem neuen Regime umgehend ihre Loyalität, was ihnen durch ihre zumeist antidemokratische, teils NS-affine Grundstimmung erleichtert wurde. Diskussionen über eine mögliche Verweigerung der Ablegung des ab August 1934 obligatorischen Eides auf Hitler haben allenfalls im internen Kreis stattgefunden;[42] bis auf Kurt von Fritz haben alle Rostocker Hochschullehrer den Eid auf Hitler geleistet, auch diejenigen, die nach 1945 reklamierten, sie seien NS-Gegner gewesen oder hätten gar Widerstand geleistet. Zusammenfassend kann festgestellt werden, daß es aus Sicht der Nationalsozialisten an der weitgehend 'judenfreien' und 'deutschkonservativen' Universität Rostock nach 1933 also kaum etwas zu 'säubern' gab. Lediglich drei Professoren verloren zwischen 1933 und 1935 ihre Stellung: Hans Moral und David Katz aus antisemitischen und der Philologe Kurt von Fritz aus politischen Gründen; das waren 3,5 Prozent des Rostocker Professorenbestandes, der in diesen Jahren durchschnittlich 85 Hochschullehrer umfaßte.

Ein nicht unwesentliches Indiz für das gesellschaftspolitische Engagement der Professorenschaft stellte deren **Parteizugehörigkeit,** die Mitgliedschaft in politischen Organisationen und Verbänden dar. Von den hier betrachteten 189 Professoren, die in der Zeit von 1932 bis 1945 an der Universität Rostock tätig waren, hatten *vor* 1933 insgesamt 44 Hochschullehrer einer politischen Partei angehört (23,3 Prozent); darunter waren 26 Professoren Angehörige verschiedener großbürgerlicher oder bürgerlich-demokratischer Parteien[43], acht waren Mitglied extrem rechter Verbände bzw. völkischer Organisationen[44], und mindestens zehn der späteren Rostocker Professoren gehörten bereits vor 1933 der NSDAP an[45]; 145 Professoren (76,7 Prozent) waren bis 1932 parteilos.

40 Auch die unter Landeshoheit stehenden Universitäten waren ab Juli 1934 verpflichtet, für jede personelle und strukturelle Veränderung, also etwa bei Berufungen oder Institutsumbildungen, die Zustimmung des Reichserziehungsministeriums einzuholen.

41 Weit stärker als die Professoren sahen sich die Nachwuchswissenschaftler einem Anpassungsdruck ausgesetzt, was diese oft veranlaßte, mindestens einer NS-Organisation beizutreten; nicht wenige Nichtordinarien nutzten diese Dokumentation ihres echten oder geschickt instrumentalisierten NS-Engagements auch gezielt zur Erreichung bestimmter Karrierestufen.

42 Der laut Reichsgesetz vom 20.8.1934, RGBl., T. I, S. 785, zu leistende Diensteid hatte folgenden Wortlaut: „Ich schwöre: Ich werde dem Führer des Deutschen Reiches und Volkes Adolf Hitler treu und gehorsam sein, die Gesetze beachten und meine Amtspflichten gewissenhaft erfüllen, so wahr mir Gott helfe.“

Die mit einer forcierten Politisierung einhergehende und stetig wachsende Zustimmung, die die Rostocker Hochschullehrerschaft dem sich etablierenden NS-Regime entgegenbrachte, manifestierte sich auch in einer zunehmenden Mitgliedschaft in zentralen NS-Organisationen, besonders in der NSDAP. Während also zehn der in der NS-Zeit an der Universität Rostock tätigen Professoren bereits vor 1932 der NSDAP beigetreten waren,[46] traten allein 1933, im Kontext der Machtübernahme der Nationalsozialisten im Reich, 24 Professoren des untersuchten Personenkreises in die NS-Partei ein. Weitere 51 Professoren wurden im Mai 1937, nach der Aufhebung der offiziellen Aufnahmesperre,[47] Mitglied der NSDAP, obgleich der Druck für bereits verbeamtete Professoren, der NSDAP oder einer ihrer Gliederungen beizutreten, ab 1936/37 erheblich geringer geworden war, zumal bei Neu- und Umberufungen wieder stärker auf fachliche Kompetenz geachtet und weniger nach politischen Kriterien geurteilt wurde.[48] Die letzten Parteibeitritte sind 1941/42 zu verzeichnen.[49] Von den hier betrachteten 189 Rostocker Professoren waren nach 1933 also insgesamt 97 Hochschullehrer Mitglied der NSDAP (51,3 Prozent)[50], 92 Professoren (48,7 Prozent) waren parteilos, wenngleich vielfach Mitglied in einer Reihe von NS-Organisationen, so etwa in der SS und der SA,[51] oder auch in den in ihrer disziplinierenden und indoktrinierenden Wirkung vielfach unterschätzten Verbänden wie

43 15 der zwischen 1932 und 1945 in Rostock tätigen Professoren gehörten der Deutschnationalen Volkspartei (DNVP) und acht der Deutschen Volkspartei (DVP) an; jeweils ein Hochschullehrer war Mitglied der Deutsch-Hannoverschen Partei/Welfen (DHP), der Bayerischen Volkspartei (BVP) und der Deutschen Demokratischen Partei (DDP).

44 Drei der späteren Rostocker Professoren waren Mitglied der Deutschvölkischen Freiheitspartei bzw. der Deutschvölkischen Freiheitsbewegung (DVFP), drei gehörten dem Alldeutschen Verband (ADV) an, und jeweils einer war Mitglied im Deutschbund sowie im Deutschvölkischen Schutz- und Trutzbund.

45 Franz Bachér, Hermann Boehm, Günther Gerlach, Wilhelm Kolz, Edwin Lauprecht, Hans Löwe, Ernst Petersen, Hans Reiter, Friedrich Schuh, Egon Unshelm.

46 Von den vor der Machtübernahme der Nationalsozialisten an der Universität Rostock tätigen Professoren waren jedoch nur zwei Mitglied der NSDAP, die Honorarprofessoren Hans Reiter und Wilhelm Kolz. Die anderen waren entweder noch nicht Professor oder zu diesem Zeitpunkt noch nicht in Rostock tätig.

47 Zwischen Mai 1933 und Mai 1937 bestand in der NSDAP zwar eine formale Aufnahmesperre für neue Mitglieder, die in begründeten Ausnahmefällen – etwa wenn die NS-Partei an in wichtigen Positionen tätigen Personen als Mitglied interessiert war – aber durchbrochen werden konnte, was mehrere zehntausend Mal vorgekommen ist.

48 Nach den ersten vielfach nichtakademisch motivierten, sondern aus parteipolitischen und ideologischen Gründen häufig gegen den Willen der Universitäten durchgesetzten Berufungen unmittelbar nach der nationalsozialistischen Machtübernahme hatte sich in den Schaltstellen der NS-Wissenschaftspolitik allmählich die Erkenntnis durchgesetzt, daß zahlreiche der ab 1933 aus vorwiegend politischen Gründen auf einen Lehrstuhl gelangten Wissenschaftler sowohl von den Studenten abgelehnt wurden als auch durch fachliche Inkompetenz die Leistungsfähigkeit der jeweiligen Wissenschaftsdisziplin schädigten und somit deren Gebrauchswert für das NS-Regime insgesamt beeinträchtigten.

49 Zu den letzten in die NSDAP eingetretenen Professoren gehörten Hans Diller (1/1941), Edgar Tatarin-Tarnheyden (10/1941) und Asmus Petersen (1/1942).

50 Von den 97 NSDAP-Mitgliedern unter der Rostocker Professorenschaft sind in die Partei eingetreten: vor 1933 – 10 (10,3%), 1933 – 24 (24,7%), 1937 – 51 (52,6%) und zwischen 1938 und 1942 – 12 Professoren (12,4%). Zwar ist die Mitgliedschaft in der NSDAP als ein deutliches Kriterium der eigenen Zuordnung zum NS-Staat und seiner Partei zu bewerten, keinesfalls jedoch als einziges; wie ein Blick in die vorliegenden Biographien zeigt, erwiesen

dem NS-Lehrerbund, dem 1935 gebildeten NS-Dozentenbund, dem ein Viertel aller deutschen Hochschullehrer angehörte,[52] oder dem NS-Ärztebund.

Während sich im Reichsmaßstab etwa 40 Prozent der Universitätsprofessoren der NSDAP angeschlossen hatten, waren es an der Universität Rostock mehr als die Hälfte. Auch dieser Befund verweist die nach 1945 gern kolportierte Mär vom 'unpolitischen Professor' ins Reich der Legende; andererseits zeigen diese Zahlen, daß ein erheblicher Teil der Professorenschaft trotz des Anpassungsdrucks nicht der NS-Partei beitrat, womit die gegenläufige und ebenso häufig strapazierte Legende demontiert wird, es habe keine Alternative zu einer demonstrativen NS-Zuordnung gegeben.

Generalisierende, disziplin- bzw. fakultätsspezifische Einschätzungen zum Grad des NS-Engagements sind schwer zu treffen; im Reichsmaßstab wird jedoch die ungleich höhere NS-Zuordnung bei den Medizinern, Naturwissenschaftlern und Juristen deutlich, während sie bei den klassischen Philosophischen und Theologischen Fakultäten deutlich geringer ausfiel. Betrachtet man die Zugehörigkeit der der NSDAP angehörenden Professoren zu den einzelnen Fakultäten der Universität Rostock, so hatten die Theologische und die Landwirtschaftliche Fakultät jeweils zwei, die Rechts- und Wirtschaftswissenschaftliche Fakultät 14 professorale NSDAP-Mitglieder. Der Medizinischen Fakultät gehörten 38 'NS-Professoren' an, während in der Philosophischen Fakultät 41 Professoren mit NSDAP-Mitgliedschaft tätig waren (davon 19 in geisteswissenschaftlichen und 22 in naturwissenschaftlichen Bereichen). Neben diesen absoluten Zahlen zeigt ein Blick auf die prozentuale Durchsetzung der einzelnen Fakultäten mit professoralen NSDAP-Mitgliedern, daß in der Rechts- und Wirtschaftswissenschaftlichen und in der Medizinischen Fakultät 58,3 bzw. 58,5 Prozent der Professoren der NSDAP angehörten; die Philosophische Fakultät hatte unter ihren Professoren 48,8 Prozent und die (allerdings nur mit vier Professoren besetzte) Landwirtschaftliche Fakultät 50 Prozent NSDAP-Mitglieder; zwei der elf Professoren (18,2 Prozent) der Theologischen Fakultät waren Angehörige der NSDAP.

Die Motive, sich durch den Beitritt zu einer NS-Organisation auch äußerlich dem NS-Regime zuzuordnen, waren vielfältig; ängstlicher Opportunismus und Karrieredenken korrespondierten mit traditionell obrigkeitsstaatlichen Mentalitäten, die in vielen Fällen durch antirepublikanische, deutlich antidemokratische Geisteshaltungen ergänzt und

---

sich die meisten Rostocker Professoren als NS-konform und systemloyal und gehörten zumindest einer der Suborganisationen der Partei an, andere hatten durch ihr vielfältiges praktisches Engagement für den NS-Staat wesentlich mehr Nutzen für das Dritte Reich gebracht als ein 'nominelles' Parteimitglied.

51 Von den Professoren der Universität gehörten 60 Hochschullehrer der SA, 12 der SS, 7 dem NS-Kraftfahrerkorps und 6 dem NS-Fliegerkorps an; 18 waren Fördernde Mitglieder der SS. Nicht extra aufgeführt werden hier Mitgliedschaften in Organisationen wie etwa der NS-Volkswohlfahrt, der Deutschen Arbeitsfront, dem NS-Lehrerbund, dem NS-Rechtswahrerbund, der NS-Kriegsopferversorgung, dem NS-Bund Deutscher Technik, dem NS-Beamtenbund, dem Reichsluftschutzbund, der NS-Gemeinschaft „Kraft durch Freude“, dem NS-Altherrenbund u.ä.

52 Dem NS-Dozentenbund des Gaues Mecklenburg gehörten 1942/43 rund 100 Mitglieder an, von denen zu diesem Zeitpunkt etwa 20 Hochschullehrer im militärischen Kriegseinsatz standen; zu Struktur und Umfang der Einsätze des mecklenburgischen NS-Dozentenbundes an der Heimatfront, die sich zumeist auf Vorträge, die Betreuung von Studenten in den militärischen Formationen und „wehrwissenschaftliche Untersuchungen“ erstreckten, vgl. den Bericht in BA, NS 26/150.

gelegentlich von eindeutiger NS-Gesinnung, gepaart mit ideologischem Fanatismus, überlagert wurden. Hinzu traten Chancen, die neuen politischen Bedingungen für eigene, auch wissenschaftliche Interessen zu nutzen, und das nicht nur in den Natur- und Technikwissenschaften. Auch in zahlreichen Bereichen der Geisteswissenschaften und der Medizin bot die Professionalisierung bisher eher unbeachteter und marginalisierter Fächer und deren Etablierung zu eigenständigen wissenschaftlichen Disziplinen analog den Bedürfnissen des NS-Staates, der Wirtschaft und der Wehrmacht ungeahnte Aufstiegs-, Forschungs- und Publikationsmöglichkeiten; und selbst auf politikfernen oder für das NS-Regime eher unbedeutend erscheinenden Forschungsfeldern beteiligten sich Universitätsprofessoren an der Zuordnung und Auslieferung ihrer Forschungsgebiete an die gelegentlich schnell wechselnden Bedürfnisse des NS-Staates.

Erheblich früher und weit stärker als die Professoren hatte sich ein Großteil der **Studenten** nicht nur der Rostocker Universität zum Nationalsozialismus bekannt; als ursprünglicher und anfänglich wirkungsmächtiger Protagonist einer nationalsozialistischen Umformung der Hochschulen hatte der 1925/26 gebildete NS-Studentenbund bereits 1931 die absolute Mehrheit in den Studentenvertretungen der Mehrzahl der deutschen Universitäten errungen. 1930 gehörten dem NS-Studentenbund an der Universität Rostock erst 38 Studenten an (darunter sechs weibliche), im Juni 1931 hatte der NS-Studentenbund 47 Mitglieder und im Januar 1933 bereits 169 (darunter 37 weibliche). Im Zuge der Etablierung des Dritten Reiches und der Durchsetzung des Nationalsozialismus an der Universität Rostock verfügte der NS-Studentenbund an der mecklenburgischen Landesuniversität im Dezember 1933 über eine Mitgliedschaft von 844 Mitgliedern, das waren immerhin 44 Prozent der 1.917 Studierenden.[53] Der NS-Studentenbund, über den die NSDAP einen neuen, ideologisch ausgerichteten, körperlich gestählten, opferbereiten und vielfältig mobilisierbaren Studententyp schaffen wollte, war nach Ausschaltung der Korporationen ab 1937 quasi studentische Monopolorganisation.[54] Obwohl die vom NS-Studentenbund ausgehenden Aktivitäten einen nicht unerheblichen Teil studentischer Kraft und Zeit erforderten, sein zunehmend militarisierter, weltanschaulich-ideologischer Habitus und seine normierende Einmischung in individuelle Lebensplanungen gelegentlich auf Ablehnung stießen, wurde der Beitritt zur und ein Engagement in der NS-Studentenorganisation von vielen als karrierefördernd betrachtet.

Parallel zum Anlaufen des Vierjahresplanes, mit dem die deutsche Wirtschaft durch die forcierte Erweiterung des rüstungswirtschaftlichen Potentials in vier Jahren kriegsfähig gemacht werden sollte, veränderten sich in einer **zweiten Phase der NS-Hochschulpolitik** (1936/37 – 1939) auch die Rahmenbedingungen für die personalpoliti-

53 Von den zu diesem Zeitpunkt in Rostock eingeschriebenen 188 Theologiestudenten waren 85 Mitglied im NSDStB (45,2%), von den 494 Studenten an der Philosophischen Fakultät gehörten dagegen lediglich 191 (38,7%) dem NS-Studentenbund an, und von den 244 zur Rechts- und Wirtschaftswissenschaftlichen Fakultät gehörigen Studenten waren 102 Angehörige der NS-Studentenorganisation (41,8%). Den höchsten Organisierungsgrad konnte der NS-Studentenbund unter den Medizinstudenten verbuchen; von den 991 Studenten im Bereich der Medizinischen Fakultät waren 460 (46,4%) Mitglied des NS-Studentenbundes. Zu den Mitgliederzahlen des NS-Studentenbundes an der Universität Rostock vgl. UAR, R 13/N8. Bei einer Studentenzahl von 1.484 Studenten im Wintersemester 1934/35 gehörten 1.461 'arische' Studenten zwangsweise der Deutschen Studentenschaft an (98,5 Prozent).

54 Vgl. die biographischen Skizzen zu den Führern des NS-Studentenbundes und den NS-Hochschulgruppenführern der Universität Rostock auf S. 455 ff. im Anhang.

schen Aspekte in der NS-Wissenschaftslandschaft. Zeitlich gleichlaufend mit den beständig sinkenden Studentenzahlen wurde ab 1936 ein fühlbarer Mangel an qualifizierten Nachwuchskräften deutlich, der sich zu einer Konstante nationalsozialistischer Hochschul- und Wissenschaftspolitik entwickelte und sich weiter verschärfte, als zu Kriegsbeginn zunächst zahlreiche jüngere Wissenschaftler, später auch ältere Hochschullehrer eingezogen wurden.

Aber nicht nur der Personalbedarf der Wehrmacht führte zu einer Verknappung der personellen Ressourcen im universitären Wissenschaftsbetrieb, auch die vielfach besseren Arbeitsbedingungen und die ungleich höheren Verdienstmöglichkeiten in Teilen der Industrie und der Privatwirtschaft, die oft weit bessere Forschungsvoraussetzungen als die beständig unter Geldmangel leidenden Universitäten boten, verlockten immer mehr Jungakademiker, aber auch bereits bestallte Professoren, ihre Karrieremöglichkeiten außerhalb des Hochschulbetriebs zu suchen; hinzu kamen die abstoßende Wirkung der an den Hochschulen praktizierten politischen Überwachung und Kontrolle, aber auch die Überlegungen zahlreicher Nachwuchswissenschaftler nach dem Sinn, sich den Mühen und Unwägbarkeiten einer Habilitation zu unterziehen, der dann doch oft genug die entwürdigenden Rituale und das jahrelange Warten auf eine Berufung folgten. Zu den Motiven zahlreicher Jungakademiker, sich dem universitären Wissenschaftsbereich zu entziehen, gehörten ebenso die gelegentlich auch öffentlich geäußerte Mißachtung der bislang in der gesellschaftlichen Werteskala weit oben rangierenden Universitätsakademiker durch die Parteistellen aller Ebenen, ein Mangel an gesellschaftlicher Anerkennung, das Fehlen öffentlicher Förderung sowie die nicht selten demonstrierte Wissenschaftsfeindlichkeit und Intellektuellenverachtung selbst durch führende Vertreter des NS-Regimes. Die Versuche einiger Vertreter der NS-Wissenschaftsbehörden zur Verbesserung der materiellen Lage der Hochschullehrer und zur Steigerung ihrer gesamtgesellschaftlichen und NS-bezogenen Reputation stellten dagegen weitgehend isolierte und vielfach erfolglose Aktionen dar.[55]

Diese und andere Faktoren eines beständig eskalierenden Nachwuchsmangels, der sich besonders in den rechts-, wirtschafts- und naturwissenschaftlichen Fächern manifestierte, trugen dazu bei, daß sich eine stringente, lediglich nach originär nationalsozialistischen Kriterien erfolgende Berufungspolitik kaum noch durchsetzen ließ, wollte man die wissenschaftlichen Anforderungen und die Verwertbarkeit der Forschungsergebnisse für den NS-Staat nicht völlig vernachlässigen. Die Bemühungen zu einer wenigstens teilweisen Bewahrung der überkommenen universitären Standards und einer Rückkehr zur wissenschaftlichen 'Professionalität', die auch gewisse Resistenz-

55 Nach den im Dezember 1934 erlassenen Bestimmungen für die Habilitation war sowohl die wissenschaftliche Befähigung des Kandidaten nachzuweisen als auch eine „Beurteilung der Eignung zum Lehrer, vor allem auch der persönlichen und charakterlichen Eigenschaften [erforderlich], die von einem Lehrer an den wissenschaftlichen Hochschulen des nationalsozialistischen Staates gefordert werden müssen“. Auch angesichts der „wirtschaftlichen Lage“ und des „Mangel[s] an Hochschullehrernachwuchs“ hatte der Reichserziehungsminister im Oktober 1938 eine neue Habilitationsordnung in Kraft gesetzt, mit der nunmehr wieder den Fakultäten das Recht zur Entscheidung über die Verleihung des wissenschaftlichen Grades Dr. habil. übertragen wurde und die Dozenten mit der Erteilung der Lehrbefugnis in das Beamtenverhältnis berufen, also wirtschaftlich besser gestellt werden sollten. Vgl. dazu Reichs-Habilitations-Ordnung. Amtliche Bestimmungen über den Erwerb des Dr. habil. und der Lehrbefugnis an den deutschen wissenschaftlichen Hochschulen, hrsg. von Franz Senger, Berlin 1939, hier S. 5 f.

möglichkeiten gegenüber einer vollständigen nationalsozialistischen Durchdringung der Universität boten, kristallisierten sich um die Bestrebungen zur Aufrechterhaltung traditioneller Qualitätsstandards und Qualifikationskriterien, deren Gewicht umso bedeutender wurde, als sich in der zweiten Hälfte der 30er Jahre der Bedarf an hochspezialisierten Fachkräften erhöht hatte. Die Bestrebungen der arrivierten Professorenschaft, durch die Mitbestimmung in der Berufungspolitik eine begrenzte Autonomie der Institution Universität zu wahren und der weiteren eigenen Marginalisierung vorzubeugen, manifestierten sich in den Bemühungen, die Einhaltung wissenschaftlicher Standards bei akademischen Qualifikationen – zumeist der Habilitation[56] – und damit karrierefördernden Berufungen zu überwachen und möglichst unabhängig von der politischen Ausrichtung der Kandidaten und der Einmischung durch Partei- oder ministerielle Wissenschaftsfunktionäre entscheiden zu können.

Im Ergebnis deratiger Bestrebungen konnten gelegentlich auch als 'politisch unzuverlässig' bewertete, fachlich jedoch geeignete Wissenschaftler berufen oder weiterbeschäftigt werden, solange sie nicht offen als Gegner des Nationalsozialismus in Erscheinung traten und sich kein wissenschaftlich gleichwertiger Ersatz für sie fand, was in Rostock etwa auf den Juristen und Rechtshistoriker Heinrich Mitteis, den Philosophen Walter Bröcker oder den Philologen Wolf-Hartmut Friedrich zutraf. Obgleich rein politisch motivierte Berufungen ohne wissenschaftliche Standards unter den Fachkollegen zumeist einhellig abgelehnt wurden und ab der zweiten Hälfte der 30er Jahre eher die Ausnahme darstellten, wird in der Affäre um die oktroyierte Berufung des NS-Historikers Heinz Maybaum, der kurz nach seiner Ernennung in Rostock auch zum Dekan aufstieg, sichtbar, daß es nicht gelang, die parteipolitisch und weltanschaulich-ideologisch motivierten Eingriffe der NS-dominierten Wissenschaftsbürokratie gänzlich abzuwehren.

Die seit 1933 andauernden, vielfach erfolgreichen Bestrebungen der Nationalsozialisten zu einer weitgehenden Paralysierung der bisherigen 'demokratischen' Universitätsverfassungen, die mit einer Marginalisierung der Rolle der Senate und zunächst auch der Fakultäten verbunden war, hatten zur Durchsetzung des durch den Rektor verkörperten Führerprinzips geführt, das allerdings – wie in Rostock durch den Regierungsbevollmächtigten bzw. den Kurator – durch diverse Nebenregierungen konterkariert wurde.[57] Mit der tendenziellen Ausschaltung der klassischen Ordinarienuniversität und der durch sie geprägten Gremien einher ging die Steigerung der Rolle der Nichtordinarien, der bislang eher unterprivilegierten Angehörigen des Lehrkörpers. Privatdozenten und außerordentliche Professoren rückten in der universitären Hierarchie auf; sie bekamen größere

56 Insgesamt 15 der hier vorgestellten 189 Rostocker Hochschullehrer (7,9 Prozent) sind aus verschiedenen Gründen auch ohne Habilitation zu Professoren ernannt worden, entweder unter Berücksichtigung einer zweiten Dissertation, der Anerkennnung ihrer Veröffentlichungen als Habilitationsäquivalent oder durch eine entsprechende praktische Tätigkeit auf dem durch sie nun wissenschaftlich zu vertretenden Gebiet, aber auch durch parteipolitisch motivierte Einflußnahmen seitens der NS-Behörden. Nach bisherigen Erkenntnissen sind folgende Hochschullehrer ohne reguläre Habilitation zu Professoren ernannt worden: Hermann Boehm, Arthur Boehm-Tettelbach, Gustav Frölich, Johannes Geffcken, Oskar Gehrig, Heinrich Hertel, Johannes Heyde, Franz Honcamp, Gustav Kohfeldt, Wilhelm Kolz, Kurt Poppe, Heinrich Rendtorff, Helmuth Schreiner, Werner Schulze und Hermann Teuchert.

57 Anstelle des bisherigen Regierungsbevollmächtigten für die Universität ist im April 1938 die von einem Kurator geleitete Verwaltungsstelle 'Kuratorium' eingeführt worden, das dem Mecklenburgischen Staatsministerium „unmittelbar unterstellt“ war. UAR, R1/C3 (Geschäftsanweisung des Kuratoriums).

Rechte in Fakultäten und Senaten, und über die Gründung der NS-Dozentenschaft als Interessenvertretung der Nichtordinarien, die zugleich als Kontroll- und Bewertungsinstanz des Lehrkörpers fungierte, erlangten sie ebenso größere Kompetenzen und Mitspracherechte als bislang wie über die Besetzung der mitunter einflußreichen Posten als Leiter der Dozentenschaften und als Dozentenbundführer.

Die Auslösung des Zweiten Weltkrieges, mit dem zugleich die **dritte Phase der NS-Hochschulpolitik** (1939 – 1941/42) begann, hatte zunächst die von Oktober bis Dezember 1939 andauernde Schließung der Universität Rostock zur Folge. Noch im Sommer 1933 hatte der mecklenburgische Gauleiter Friedrich Hildebrandt in seiner Eigenschaft als Reichsstatthalter erklärt, er wolle „die Universität Rostock zu der führenden Universität Deutschlands machen".[58] Diese ehrgeizige, hinsichtlich der bisherigen Bilanzen mecklenburgischer Wissenschaftspolitik jedoch völlig überzogene und vermessene Zielsetzung schlug bekanntlich fehl. Für das Scheitern dieses ambitionierten Vorhabens waren viele Faktoren verantwortlich: neben den generellen Schwerpunktsetzungen der nationalsozialistischen Wissenschaftspolitik auch das Unvermögen und die an kleingeistiger Borniertheit kaum zu überbietende Provinzialität der mecklenburgischen Kultusverwaltung sowie die fehlenden materiellen und finanziellen Ressourcen des Landes, das in vielen Fällen die am geringsten dotierten Professorenstellen des Reiches anbot. Bis auf wenige Teilbereiche gelang es nicht, die Universität Rostock nennenswert auszubauen und für Studenten und akademische Leistungsträger attraktiver zu machen, zumal es durch den immer stärkeren Übergang ehemals landesrechtlicher Kompetenzen auf die Reichsbehörden nahezu aussichtslos wurde, eine eigenständige mecklenburgische Hochschulpolitik zu betreiben; das Land bekam – vor allem im Kriege – in den meisten Fällen nur das, was ihm durch die Berliner Zentralverwaltungen nach langwierigen Verhandlungen zugestanden wurde.

Hinzu kam das mechanistisch-funktionalistische Wissenschaftsverständnis des mecklenburgischen Parteiführers, der als einziger Gauleiter des Dritten Reiches über einen Volksschulabschluß nicht hinausgekommen war. Hildebrandts Auffassung über die Rolle 'seiner' Universität kulminierte in der Forderung, es sei die „Aufgabe der Wissenschaft, Hilfsmittel und Wege zu suchen, um das deutsche Volk in seiner Stellung unter den anderen Völkern der Welt zu fördern und dem Volk für seinen Daseinskampf die technischen und wissenschaftlichen Waffen zur Verfügung zu stellen, damit es sich unter den Völkern besser behaupten" könne.[59]

Nur sechs Jahre nach Hildebrandts ehrgeizigem Postulat vom Sommer 1933 – und noch vor Beginn des Krieges – forderte die Abteilung Unterricht des Mecklenburgischen Staatsministeriums auch angesichts des gravierenden Mangels an wissenschaftlichen Nachwuchskräften und dramatisch sinkender Studentenzahlen im Januar 1939 von ihrem Reichsstatthalter, es müsse „alles getan werden, um die Universität Rostock über die allgemeine Krise ... hinwegzubringen"; es sei berechtigt, „anzunehmen, daß dem jetzigen Tiefstand im Besuch der Universitäten wieder ein Aufstieg folgen wird, sobald das Heer seinen jetzigen besonders hohen Bedarf an Offizieren gedeckt haben wird"; dazu müßten aber auch die geisteswissenschaftlichen Fächer gestärkt werden und nicht nur die 'Zugpferde' wie die Medizin, „denn der Ruf einer Universität ... ist oft für Jahre gestört, wenn

58 Landeshauptarchiv Schwerin (LHAS), 5.12-7/1, Nr. 2556 (Aktennotiz Bergholter, 5.8.1933).

59 Ebenda, Nr. 1253 (Hildebrandt an Mecklenburgisches Staatsministerium, Abteilung Unterricht, 5.1.1935).

es einmal berechtigterweise heißt, daß die Einrichtungen dort für das Studium unzureichend seien"; außerdem sollten „alle Fakultäten" gefördert werden, „da erfahrungsgemäß das Verkümmern einzelner auch Rückwirkungen auf die übrigen ausübt".[60]

Die universitäre Landschaft Deutschlands hatte sich seit 1938/39 erheblich verändert. Zahlreiche, zunächst jüngere Hochschullehrer wurden zur Wehrmacht einberufen, was eine erhebliche Beeinträchtigung von Forschung und Lehre zur Folge hatte. Mit den jüngeren Professoren, Dozenten, Assistenten ging zugleich ein Großteil der männlichen Studenten an die Front, wodurch sich die Zusammensetzung der Studentenschaft veränderte und nunmehr mehr junge Frauen ein Studium begannen. Neubildungen von Universitäten in den besetzten Gebieten, die von Anfang an nach nationalsozialistischen Gesichtspunkten konzipiert und ausgerichtet wurden und zu NS-Musteruniversitäten entwickelt werden sollten (Posen, Prag, Straßburg), beanspruchten ebenso die ohnehin geringen Reserven an wissenschaftlichem Nachwuchs wie die neuen Universitäten, die mit dem 'Anschluß' Österreichs zum nunmehrigen Großdeutschen Reich gehörten (Graz, Innsbruck, Wien). Hinzu kam die Einrichtung neuer Lehrstühle und die Vergabe neuer Lehraufträge für eine Reihe von NS-relevanten Fächern wie etwa Wehrwissenschaften, Rassenkunde, Erbbiologie und Eugenik, und die NS-kompatible Transformation traditioneller Disziplinen wie Ur- und Frühgeschichte oder Volkskunde.[61]

Zwar wurde der Kriegsbeginn in Kreisen des universitären Lehrkörpers zunächst eher besorgt-verhalten registriert, aber nach der militärischen Niederlage Frankreichs im Juni 1940 kulminierte die anfänglich skeptische Loyalität in einem fast grenzenlosen Enthusiasmus. Wenn diese auch die Professorenschaft erfassende Euphorie nicht in eine kritiklose Zustimmung, in eine vorbehaltlose Identifikation mit dem Nationalsozialismus umschlug, so lag dies auch an dessen aggresivem Antiintellektualismus, an der nach wie vor virulenten Unterschätzung und Mißachtung der Wissenschaften und ihrer universitären Repräsentanten durch führende Vertreter des NS-Regimes.

Das NS-Regime hatte mit seiner vielfältigen Expansionspolitik zwar zahlreiche restaurative Bedürfnisse der konservativen, wertelitären Professorenschaft erfüllt, nicht jedoch die nach Wiederherstellung ihrer traditionell herausgehobenen gesellschaftlichen Stellung, ihrer gesellschaftspolitischen Deutungshoheit und ihrer politisch-moralischen

60 Ebenda, Nr. 1442 (Bergholter an Hildebrandt, 10.1.1939).

61 In Mecklenburg hatte Landesbischof Walther Schultz dem Reichsstatthalter Hildebrandt schon im Juli 1934 den Vorschlag unterbreitet, an der Theologischen Fakultät der Universität Rostock einen Lehrstuhl für „Germanenkunde" einzurichten. In Greifswald habe man bereits einen solchen Lehrstuhl geschaffen, und Bischof Schultz meinte, es wäre „im Interesse der Weiterentwicklung der religiösen Kräfte auch innerhalb der Kirche nur zu begrüßen, wenn unseren Studenten in der theologischen Fakultät die Möglichkeit gegeben würde, einmal aus neuen Quellen zu schöpfen", denn „die Kräfte der kirchlichen Reaktion" seien immer noch stark und verstünden es, „die Seelen unseres jungen Nachwuchses der Sache unseres Führers, unseres Volkes und des nationalsozialistischen Aufbaus zu stehlen. Heute gehören die besten völkischen Kämpfer auf unsere akademischen Lehrstühle, um in rechter Weise weltanschaulich schulen zu können". Zwei Jahre später erklärte der Landesbischof dem Leiter der mecklenburgischen Kultusbehörde, daß er „im Augenblick auf die weitere Verfolgung der Angelegenheit keinen Wert" mehr lege, denn der für die Professur vorgesehene Germanist Bernhard Kummer sei zu den Deutschen Christen übergetreten, und die Errichtung eines Lehrstuhls für Germanenkunde würde an der Theologischen Fakultät derzeit nur „Beunruhigung" hervorrufen. Vgl. den Vorgang in LHAS, 5.12-7/1, Nr. 1370 (Schultz an Hildebrandt, 30.7.1934; Schultz an Bergholter, Juli 1936).

Vorbildfunktion. Wenn sich auch zahlreiche Professoren auf den professionellen Kern ihres Berufs zurückzogen, schlossen sich das Beharren auf fachlichen Standards und politische Kollaboration nicht aus, im Gegenteil: Gerade unter den Bedingungen des Krieges entwickelte sich auch unter der Rostocker Hochschullehrerschaft ein scheinbar wertindifferentes Spezialistentum, das sich bereitwillig von den jeweiligen politischen Zielsetzungen in den Dienst nehmen ließ oder sich ihnen vorbehaltlos andiente.

Mit dem Beginn des Zweiten Weltkrieges wurde die bisher eher latent verlaufende Entwicklung der Universität Rostock in die Bedeutungslosigkeit, zu einem in der Hochschulpolitik des Reiches fast zu vernachlässigenden Faktor immer signifikanter, was sich neben vielen anderen Indizien auch an der **Entwicklung der Studentenzahlen** offenbarte. Im Sommersemester 1932 studierten an den 23 reichsdeutschen Universitäten insgesamt 98.852 männliche und weibliche Studenten; nach erheblichen staatlichen Interventionen, mit denen der Zugang zu den Hochschulen wegen einer angeblich drohenden Überfüllung der akademischen Berufe gedrosselt wurde, hatte sich diese Zahl bereits im Wintersemester 1936/37 auf 48.688 Studenten mehr als halbiert (-50,7 Prozent), und im 1. Trimester 1941 studierten mit 37.093 Hochschülern lediglich etwas mehr als ein Drittel des Ausgangswertes von 1932 (37,5 Prozent). Dieser rückläufige Trend ist auch für die Universität Rostock zu beobachten,[62] wenngleich der Rückgang dort viel drastischer ausfiel: So studierten im Sommersemester 1932 an der Universität Rostock insgesamt 2.686 männliche und weibliche Studenten; im Wintersemester 1936/37 hatte sich diese Zahl auf 790 Studenten verringert, was einem Rückgang um 70,6 Prozent entsprach, und im 1. Trimester 1941 waren in Rostock nur noch 493 Studenten vorhanden, das waren lediglich 18,4 Prozent der Studentenzahlen von 1932.[63] Das heißt, daß noch vor den großen Bombenangriffen des Jahres 1942, durch die neben großen Teilen der Stadt auch wichtige Bereiche der universitären Infrastruktur zerstört und wesentliche Elemente der Lehr- und Forschungsmöglichkeiten der Hochschule paralysiert wurden, die Akzeptanz und Attraktivität des Hochschulortes Rostock weitgehend verschwunden war. Hinzu kam die schon 1941 als katastrophal eingeschätzte Wohnraumsituation für Studenten[64], die sich nach den Zerstörungen durch die Luftangriffe vom April 1942 weiter verschlechterte[65]

62 Generalisierende Aussagen zur Entwicklung der Studentenzahl an der Universität Rostock sind auch deshalb schwierig, weil die mecklenburgische Landesuniversität eine typische 'Sommerhochschule' war, an der vor allem wegen der verlockenden Lage am Meer im Sommer schon immer erheblich mehr Studenten immatrikuliert waren als in den Wintersemestern. Bei der zwar generell-kontinuierlichen Abnahme der Studentenzahlen ist bis in die Kriegszeit hinein eine ständige Ab- und Zunahme zwischen Sommer- und Wintersemestern zu beobachten, so daß am ehesten die jeweils für ein Jahr zusammengefaßten Studentenzahlen aussagefähig sein dürften.

63 Während die Zahl der Studierenden an den 23 reichsdeutschen Universitäten zwischen 1932 (98.852) und 1941 (37.093) um 62,5 Prozent zurückgegangen ist, verringerte sich die Zahl der an der Universität Rostock Studierenden im gleichen Zeitraum von 2.686 auf 493 um 81,6 Prozent, sank also erheblich stärker. Vgl. dazu die Übersicht auf S. 497 im Anhang.

64 Wie der SD schon im Frühjahr 1941 feststellte, seien „die Wohnverhältnisse in Rostock so schwierig geworden, daß von der Partei die Blockleiter von Wohnung zu Wohnung gehen, um geeignete Zimmer für Studenten sicherzustellen"; aber „selbst durch diese Maßnahme könne das Angebot die Nachfrage nicht befriedigen, trotzdem [bereits] ziemlich viel Studenten aus Rostock abgewandert seien". Meldungen aus dem Reich 1938 – 1945. Die geheimen Lageberichte des Sicherheitsdienstes der SS, hrsg. und eingeleitet von Heinz Boberach, Herrsching 1984, S. 2140 (Bericht vom 25.3.1941).

und viele Studenten veranlaßte, ihr Studium nicht in Rostock zu beginnen bzw. fortzusetzen. An der im Verlaufe des Krieges wieder größer werdenden Zulasssungszahl von Studenten hatte die Universität Rostock nur einen minimalen Anteil; im Wintersemester 1943/44 studierten lediglich 638 Studenten in Rostock, das waren zwar genauso viele wie im Wintersemester 1937, jedoch nur 23,8 Prozent der Studenten, die zu Beginn der NS-Herrschaft an der mecklenburgischen Landesuniversität eingeschrieben waren.

Der **Anteil der Studentinnen** an der Gesamtzahl der Studierenden der Universität Rostock bewegte sich in den Jahren zwischen 1932 und 1939 immer zwischen 14,6 und 19,6 Prozent, wobei auffällig ist, daß diese Schwankungen nicht etwa den gelegentlich behaupteten Rückgang der Zahl der weiblichen Studierenden im Dritten Reich belegen können, diese Schwankungen waren vorwiegend jahreszeitlich bedingt: Der Anteil der weiblichen Studenten an der Gesamtzahl der Rostocker Studenten lag im Sommer stets höher als im Winter, Studentinnen waren in den Sommersemestern prozentual stets stärker an der Ostsee-Universität vertreten als in den Wintersemestern. Erst im Krieg ist der Anteil der Studentinnen signifikant gestiegen, aber auch hier war die Universität Rostock erneut vom Reichstrend abgekoppelt. Während der Anteil der weiblichen Studierenden an der Gesamtstudentenzahl 1943 bei historisch beispiellosen 47 Prozent lag, bewegte sich der Anteil der Studentinnen in Rostock von Mitte 1940 bis zur letzten amtlich belegten Statistik für das Wintersemester 1943/44 zwischen 23,2 und 27,6 Prozent, für Rostock immerhin ein Spitzenwert.[66]

Der Weg der Universität Rostock in die faktische hochschulpolitische Bedeutungslosigkeit wird besonders deutlich, wenn man die Studentenzahlen der mecklenburgischen Landesuniversität nicht nur absolut und auf Rostock bezogen betrachtet, sondern sie ins Verhältnis zur Gesamtstudentenzahl des Reiches setzt. Obwohl das Land Mecklenburg über lediglich 1,2 Prozent der Bevölkerung des Deutschen Reiches verfügte, hatten im Sommersemester 1932 mit 2.686 Studenten immerhin 2,7 Prozent aller im Deutschen Reich immatrikulierten Studenten (98.952) an der Mecklenburgischen Landesuniversität studiert. Diese Momentaufnahme vom Beginn des Untersuchungszeitraumes verbesserte sich in den Sommersemestern 1933 und 1934 noch auf jeweils drei Prozent; von da an ging es kontinuierlich abwärts. 1941 studierten mit 493 Studenten nur noch 1,3 Prozent von nunmehr insgesamt 37.093 Studenten an altreichsdeutschen Universitäten in Rostock.

Betrachtet man die Rostocker Studentenzahlen hinsichtlich der Verteilung auf die einzelnen Wissenschaftsgebiete, so ist parallel zum generellen Rückgang der Zahl der Studierenden natürlich auch innerhalb der jeweiligen Großdisziplinen eine deutliche Reduzierung der Studentenzahlen zu beobachten, die allerdings in den einzelnen Fakul-

65 Zwischen Sommer 1940 und August 1944 war Rostock 21mal Ziel von allierten Bombenangriffen; dabei wurden 2.611 Wohnhäuser völlig zerstört (24,7% des Vorkriegsbestandes), 6.735 Wohnhäuser wurden erheblich beschädigt (60,5%). Von den gewerblich genutzten Gebäuden wurden 156 Opfer des Bombenkrieges (42,2%), und von den 256 öffentlichen Gebäuden der Stadt wurden 50 zerstört, darunter die Medizinische Universitätsklinik. Hatte die Stadt Rostock im Dezember 1942 noch 135.000 Einwohner, waren es im Mai 1945 nur noch 68.900, darunter bereits zahlreiche Flüchtlinge aus den deutschen Ostgebieten; vgl. dazu Bomben auf Rostock. Krieg und Kriegsende in Berichten, Dokumenten, Erinnerungen und Fotos 1940 – 1945, hrsg. von Hans-Werner Bohl, Bodo Keipke und Karsten Schröder, Rostock 1995, S. 188 f.

66 Vgl. dazu die Übersichten auf S. 498 f. und S. 500 f. im Anhang.

täten jeweils unterschiedlich ausfiel: Hatte es im Sommersemester 1932 noch 225 Theologiestudenten in Rostock gegeben, so waren es im 1. Trimester 1941, dem letzten Zeitpunkt, für den verläßliche Zahlen vorliegen, noch lediglich fünf Studenten, was einem Rückgang um 97,8 Prozent entsprach. Studierten 1932 noch 442 Studenten im Bereich der Rechts- und Wirtschaftswissenschaftlichen Fakultät, so waren es 1941 nur noch 43 (Rückgang um 90,3 Prozent). Den 627 im Jahre 1932 in der Rostocker Philosophischen Fakultät zusammengefaßten Studenten standen 1941 lediglich 87 Studierende gegenüber (Rückgang um 86,1 Prozent).[67] Den geringsten Rückgang hatte die Medizinische Fakultät zu verzeichnen: Gab es an der Universität Rostock 1932 noch insgesamt 1.391 Medizinstudenten, so waren es 1941 immerhin noch 358 (Rückgang um 74,2 Prozent).

Anteil der Studenten der einzelnen Fakultäten an der Gesamtstudentenzahl der Universität Rostock[68]

	Studenten gesamt	Theologische Fakultät	Rechts- und Wirtschaftswiss. Fakultät	Medizinische Fakultät	Philosophische Fakultät
SS 1932 (Beginn der Untersuchung)	2.686	225 8,4	442 16,5	1.391 51,8	627 23,3
SS 1937 (zum letzten Mal mehr als 1.000 Studenten)	1.015	133 13,1	118 11,6	631 62,2	133 13,1
1.TM 1941 (zum letzten Mal verläßliche Zahlen)	493	5 1,0	43 8,7	358 72,6	87 17,6

Das heißt: Die Mecklenburgische Landesuniversität, an der 1943 insgesamt weniger Studenten vorhanden waren als Gymnasiasten in der Stadt Rostock, entwickelte sich im Dritten Reich hinsichtlich ihrer Studentenzahlen immer mehr zu einer medizinischen Hochschule; waren 1932 immerhin schon mehr als die Hälfte aller Studierenden in Rostock Studenten der Medizin, so waren es 1937 fast zwei Drittel und 1941 nahezu drei Viertel aller Studenten. Diese Entwicklung entsprach der generellen Entwicklung im Reich. Während sich die Studentenzahlen etwa in den Theologischen Fakultäten marginalisierten,[69] stieg die – absolut zwar ebenfalls sinkende – Zahl der Medizinstudenten im

67 Innerhalb dieser Großfakultät bestanden Unterschiede; während im Bereich der Geisteswissenschaften ein Rückgang um 89,8 Prozent (von 371 auf 38 Studenten) zu verzeichnen war, betrug der Rückgang der Studentenzahlen im Bereich der Mathematik und Naturwissenschaften 'nur' 80,9 Prozent (von 256 auf 49 Studenten).

68 Der linke Wert in den Fakultätsspalten bezeichnet die absolute Zahl, der rechte Wert den Anteil an der Gesamtstudentenzahl der Universität Rostock in Prozent.

69 Im Bereich der evangelischen Fakultäten hatte der SD für das 1. Trimester 1941 registriert, daß an einer Reihe von Universitäten „die Zahl der Theologiestudenten bereits kleiner geworden [sei] als die der Theologiedozenten"; und auch im inneruniversitären Vergleich nehme die Zahl der Theologiestudenten nur „einen verschwindend kleinen Prozentsatz gegenüber der

Vergleich mit den übrigen Studierenden dramatisch an und veränderte das innere Universitätsgefüge erheblich. Schon im 1. Trimester 1941 stellte der SD fest, „daß die Mediziner bei weitem den größten Prozentsatz aller Studenten einnehmen"; während sie im ganzen Deutschen Reich durchschnittlich „über die Hälfte aller Studierenden" stellten, würden unter den 424 Rostocker Studenten allein 315 Medizin studieren (74,3 Prozent).[70]

Die zunehmende Dominanz des Faches Medizin spiegelte sich auch in der Besetzung des Rostocker Rektorats wider: Während die ersten beiden Rektoren des Untersuchungszeitraumes, Poppe (Tierpathologie/Tierhygiene) und Schulze (Zoologie/Vergleichende Anatomie), Lehrstühle aus dem Bereich der Tierkunde innehatten, kamen alle nachfolgenden Rektoren der Jahre 1936 bis 1945 aus dem medizinischen Bereich (Brill – Dermatologie, Ruickoldt – Pharmakologie/Toxikologie, Steurer – HNO-Krankheiten und Wachholder – Physiologie).

Aus der Entwicklung der Studentenzahlen und ihrer Korrelation mit dem Umfang des professoralen Lehrkörpers resultierte ein bislang wenig beachtetes **Paradoxon:** Ungeachtet der für einige Fraktionen der Führungszirkel des NS-Regimes durchaus zutreffend konstatierten Geringschätzung der Wissenschaften und ihres Potentials, die bis in die Kriegszeit auch mit einer deutlichen Mißachtung und Unterschätzung der universitären Ausbildung verbunden war, ist etwa für die Universität Rostock festzustellen, daß sich im Verlauf des Dritten Reiches – und auch im Krieg – aus unterschiedlichen Gründen zwar die Zahl der Studenten drastisch verringerte, die des professoralen Lehrkörpers jedoch auf dem gleichen Niveau erhalten blieb. Dies bedeutet im Umkehrschluß, daß sich – zumindest theoretisch und formal – für die immer weniger werdenden Studenten, die an der Universität verbleiben konnten, die Ausbildungssituation insofern verbesserte, als in der Kriegszeit wesentlich mehr Professoren für die studentische Ausbildung zur Verfügung standen als am Beginn des NS-Regimes. Waren an der Universität Rostock im Sommersemester 1932, unmittelbar vor der Machtübernahme der Nationalsozialisten in Mecklenburg, 79 Hochschullehrer mit Professorenstatus[71] für die 2.686 Studenten zuständig (was einem Verhältnis von 1 : 34 entsprach), und standen im letzten Friedenssemester des Dritten Reiches, im Frühjahr/Sommer 1939, noch immerhin 66 Professoren für lediglich 613 Studenten zur Verfügung (etwa 1 : 9), so hatten im 1. Trimester des Jahres 1941 die mittlerweile 75 Professoren nunmehr nur noch 493 Studenten zu betreuen (1 : 6,5); und selbst im Wintersemester 1943/44, als durch den Bombenkrieg große Teile der universitären Infrastrukturen zerstört waren, entfielen auf die immerhin 80 Ro-

Gesamtzahl der Studenten" ein. So kämen auf die 5.000 bis 6.000 Studenten der Universität Berlin nur etwa 70 Studenten der Theologie, in Göttingen betrage das Verhältnis etwa 1.400 zu 30, in Erlangen 900 zu 50 und in Jena 1.100 zu 10; von den jeweils etwa 500 Studenten an den Universitäten Rostock und Kiel widmeten sich nur fünf bzw. drei Studenten dem Fach Theologie, und an der Universität Gießen käme auf 600 Studenten sogar nur ein Student der Theologie. Meldungen aus dem Reich, S. 2167 ff. (Bericht vom 31.3.1941).

70 Ebenda, S. 726 (Bericht vom 5.2.1940). Diese Zahl stellt eine Momentaufnahme vom Anfang des 1. Trimesters 1940 dar, zu den Abschlußzahlen vgl. dazu die Übersicht auf S. 498 f. im Anhang. Dieser Trend bestand auch an anderen Universitäten: so studierten von den 404 Greifswalder Studenten 329 Medizin, und von den 5.273 Studenten der Universität Berlin waren immerhin 3.178 Medizinstudenten.

71 Nicht mitgerechnet sind hier und bei den folgenden Gegenüberstellungen die von den amtlichen Pflichten zur Lehre entbundenen Professoren; vgl. dazu S. 500 f. im Anhang.

stocker Professoren lediglich 638 Studenten (1 : 8).[72] In manchen Fachbereichen hatte diese scheinbar paradoxe Entwicklung zu dramatischen Akzentverschiebungen geführt, in der Theologischen Fakultät etwa zu der schon im Dritten Reich als grotesk bezeichneten Situation, daß in der gesamten Zeit des Zweiten Weltkrieges der professorale Lehrkörper beständig größer war als die Zahl der Rostocker Theologiestudenten.[73]

Die **Zahl der** in der NS-Zeit an der Universität Rostock tätigen **Professoren** war 1932/33 und 1944/45, also am Beginn und am Ende der NS-Herrschaft, mit 82 bzw. 83 Professoren relativ gleich, im Zeitraum dazwischen jedoch einigen Schwankungen unterworfen; 1936/37 ist ein Tiefststand von 70 Professoren, 1933/34 und 1943/44 dagegen ein Höchststand von 86 Professoren zu konstatieren.[74] Generell ist eine zwar schwanken-

72 So teilte die mecklenburgische Kultusverwaltung dem mecklenburgischen Gauleiter, der sich über die angeblich schlechte Förderung der Universität durch das Ministerium und deren mangelnde Personalausstattung beklagt hatte, im Oktober 1943 mit, daß es keineswegs zutreffend sei, „daß die Universität vollständig von Lehrkräften entblößt werde. Die Universität Rostock ist mit Lehrkräften mindestens ebenso gut, teilweise sogar noch besser besetzt als andere Universitäten. Wenn man die Größe und den Umfang der Institute, Kliniken und sonstigen Einrichtungen in Betracht zieht, dann steht fest, daß die Universität Rostock in verschiedenen Disziplinen eine erheblich bessere Besetzung aufzuweisen hat als andere Universitäten". LHAS, 5.12-7/1, Nr. 2344 (Abteilung Wissenschaft, Erziehung und Volksbildung beim Mecklenburgischen Staatsminister an Gauleiter Hildebrandt, 21.10.1943). Selbst im Wintersemester 1944/45 waren an der Universität Rostock noch 77 Professoren im Einsatz, weshalb sich für die wenigen noch an der Universität verbliebenen Studenten die Ausbildungssituation zumindest hinsichtlich der Größe des professoralen Lehrkörpers nicht verschlechtert hatte. Zu beachten ist allerdings, daß längst nicht alle dieser Professoren auch tatsächlich dauerhaft an der Universität präsent waren, sondern sich gelegentlich im Kriegseinsatz befanden, was jedoch an der generellen Tendenz, der paradoxen Situation einer 'besseren Versorgung' der Studentenschaft mit Lehrkräften nichts ändert, je weiter der Krieg fortschritt. Vgl. dazu die Übersicht auf S. 500 f. im Anhang.

73 In einem diesbezüglichen SD-Bericht hieß es, daß die seit mehreren Semestern beständig rückläufige Zahl der Theologiestudenten im 1. Trimester 1940 „einen Tiefstand erreicht" habe, „der in hochschulpolitischen Kreisen erneut die Frage aufwirft, ob die sehr schwach besuchten Theologischen Fakultäten überhaupt noch eine Existenzberechtigung haben". Während sich die Studentenzahlen dramatisch verringert hätten, sei der Umfang des Lehrkörpers im wesentlichen gleich geblieben, so daß „der groteske Zustand einer höheren Zahl an Lehrkräften als Studierenden bereits an mehreren Theologischen Fakultäten eingetreten" sei. An der Universität Rostock etwa stünden den vier Theologiestudenten immerhin sieben Lehrkräfte an der Theologischen Fakultät gegenüber. (Auch an der Universität Bonn kämen 18 Lehrkräfte auf fünf Studenten, in Heidelberg 17 Lehrkräfte auf elf Studenten und in Kiel elf Lehrkräfte auf fünf Studenten.); In „nationalsozialistischen Hochschulkreisen" einer Reihe von Universitäten bestehe daher „keineswegs mehr Verständnis dafür, daß für solche Restbestände ehemaliger historischer Größen heute noch auf Staatskosten 'Hochschulfakultäten' mit dem umfassenden Apparat von Dekanen, Ordinarien, ordentlichen und außerordentlichen Professuren, Seminaren und dergleichen aufrechterhalten" würden. Der „Aufwand für diese Fakultäten [scheine] in keiner Weise mehr gerechtfertigt", zumal „für eine Reihe anderer, volks- und staatspolitisch wichtiger Forschungs- und Wissenschaftsaufgaben die Mittel außerordentlich beschränkt" seien, und man solle sich vor Augen führen, „was ein solcher Theologiestudent ... dem Staate praktisch koste". Meldungen aus dem Reich, S. 835 f. (Bericht vom 5.2.1940).

74 Vgl. dazu die Übersicht auf S. 500 f. im Anhang. Hinsichtlich ihrer Fakultätszugehörigkeit ist zu konstatieren, daß von den 189 zwischen 1932 und 1945 an der Universität Rostock tätigen Professoren insgesamt elf Hochschullehrer zur Theologischen Fakultät gehörten (5,8 %), 24 Professoren zur Rechts- und Wirtschaftswissenschaftlichen Fakultät (12,7 %), 65 Professoren zur Medizinischen Fakultät (34,4 %), 84 Professoren zur Philosophischen Fakultät (44,4 %)

de, in der Substanz jedoch kontinuierliche Abnahme der Zahl der ordentlichen Professoren zu verzeichnen; der Höchststand von 52 ordentlichen Professoren im Sommersemester 1932 wurde nie wieder erreicht, und am Ende des Dritten Reiches bestanden an der Universität Rostock 47 Planstellen für ordentliche Professoren, während in den Jahren 1937 bis 1939 nur 40 Ordinariate vorhanden waren. Im Ergebnis der spezifischen Bestrebungen der mecklenburgischen Hochschulpolitik, deren Repräsentanten zumeist aus Kostengründen bemüht waren, etwa bei Neubesetzungen die ordentlichen Lehrstühle vielfach mit außerordentlichen Professoren zu besetzen,[75] erhöhte sich dagegen die Zahl der beamteten außerordentlichen Professoren von drei (1932) auf elf (1944/35), was fast einer Vervierfachung entsprach; demgegenüber wies die Zahl der nichtbeamteten außerordentlichen Professoren bei ebenfalls starken Schwankungen in der NS-Zeit (1933/34 – 25, 1936/37 – elf nichtplanmäßige außerordentliche Professoren) am Anfang und Ende des Dritten Reiches mit 20 bzw. 18 eine geringe Schwankungsbreite auf.[76]

Erst ab der Mitte des Krieges, zu Beginn der **vierten Phase der Hochschulpolitik** des Dritten Reiches (1942 – 1945), werden Bemühungen sichtbar, die Wissenschaft stärker als bislang zunächst für die Rüstungsanstrengungen des Regimes, dann für umfassendere Zwecke der Kriegführung auch an der Heimatfront nutzbar zu machen. Bis dahin ist die retrospektiv eher erstaunliche Tatsache zu konstatieren, daß es den Nationalsozialisten weder gelungen war, eine stringente und kohärente NS-originäre Forschungslandschaft zu formieren, noch eine einheitliche, an den Grundzielsetzungen des Regimes ausgerichtete staatliche Forschungsförderung zu etablieren. Wegen des Unvermögens des NS-Regimes, 'die Wissenschaft' und ihre Protagonisten frühzeitig als potentiell kriegsentscheidenden Faktor zu erkennen und adäquat einzusetzen, ist in vielen Bereichen erst relativ spät auf die Innovationskraft der Hochschulprofessoren zurückgegriffen worden. So sind zu Beginn des Krieges zahlreiche jüngere Hochschullehrer aus den Bereichen Naturwissenschaft und Technik zur Wehrmacht einberufen worden, in der sie dann vielfach fachfremd eingesetzt wurden; noch 1942 waren bis zu drei Viertel des rüstungswirtschaftlich und militärisch relevanten Forschungspotentials des Reiches ungenutzt. Erst 1942/43 begannen die nunmehr hektischen Versuche, Wissenschaftler und Hochschullehrer gezielt für die Zwecke der Rüstungswirtschaft und der Kriegführung einzusetzen. So wurden 1942 die Finanz- und Sachmittel für rüstungsrelevante Forschungen erheblich aufgestockt und 1943/44 mehrere tausend Wissenschaftler aus der Wehrmacht entlassen, uk gestellt und zu Kriegsforschungen eingesetzt.

---

und vier Professoren zur erst 1943/44 errichteten Landwirtschaftlichen Fakultät (2,1 %); ein Professor war faktischer Leiter der Universitätsbibliothek. Diese Fakultätszuordnung des professoralen Lehrkörpers dokumentiert einen in der Tendenz zwar richtigen, das spezifische Gewicht der Rostocker universitären Großdisziplinen zutreffend abbildenden, letztlich jedoch harmonisierten Zustand, denn zu beachten ist, daß gelegentlich Lehrstühle, Seminare und Institute – und damit deren Inhaber und Leiter – aus organisatorischen und fachlichen Gründen zwischen verschiedenen Fakultäten hin- und hergeschoben wurden.

75 So teilte die Abteilung Unterricht des Mecklenburgischen Staatsministeriums dem Reichserziehungsministerium am 11.2.1942, daß „seit einigen Jahren bei Neubesetzungen von Lehrstühlen dazu übergegangen [worden sei], jüngere Dozenten, die auf einen ordentlichen Lehrstuhl berufen wurden, zunächst als Extraordinarien zu berufen. Dafür werden dann Inhaber eines außerordentlichen Lehrstuhls zu Ordinarien ernannt". LHAS, 5.12-7/1, Nr. 2344.

76 Vgl. auch dazu die Übersicht auf S. 500 f. im Anhang.

Nicht alle Hochschullehrer haben so lange gewartet; während einzelne Professoren resignierten und sich in die Industrie zurückgezogen hatten (Heinrich Hertel), sich als Ärzte niederließen oder die Leitung von nichtuniversitären Kliniken übernahmen (Günther Gerlach, Hermann Nagell, Richard Mans) oder in der Wehrmacht ihr Glück suchten – und dort in Besatzungsverbrechen verwickelt wurden (Friedrich Winkler) –, beklagten nicht wenige aus dem Gros der an den Universitäten verbliebenen Professoren weiterhin den gesellschaftlichen Bedeutungs-, Status- und Autoritätsverlust ihres Amtes (und damit ihrer Person), andere wiederum versuchten, durch erhöhten Einsatz in ihren Fachdisziplinen, die politische Führung von der Unentbehrlichkeit und Brauchbarkeit ihrer Arbeit zu überzeugen. Hier trafen sich im Kriege die Interessen beider Protagonisten.

Im Kontext dieser tendenziellen 'Entideologisierung' und zunehmenden 'Pragmatisierung' der NS-Wissenschaftspolitik und deren immer stärkerer Ausrichtung auf die Belange der Kriegswirtschaft und der Kriegführung verstärkten sich bei den Universitätsprofessoren die Bemühungen – nunmehr mit einem größeren Realitätsbezug als zu Beginn der NS-Herrschaft –, Eingriffe der NSDAP-Instanzen in das Hochschulleben abzuwehren und wenigstens eine begrenzte, teils fiktionale Autonomie des Universitätsbetriebes zu erhalten, auch, um eigene Machtpositionen zu bewahren. Dies fiel umso leichter, als mit der Instrumentalisierung der Wissenschaft für immer neue 'Endkämpfe' und mit der Mobilisierung und Materialisierung der Wissenschaftspotentiale sich die Bestrebungen der NS-Wissenschaftsfunktionäre zur ideologischen Durchdringung der Universitäten, einzelner Disziplinen und der Personalpolitik notwendigerweise verrringern mußten. Dennoch avancierten die Universitäten auch im Totalen Krieg keineswegs zu ideologiefreien Räumen. So blieben die Bemühungen zur Zurückdrängung und die Absichten zur Auflösung der Theologischen Fakultäten weiter bestehen, ging es den Nationalsozialisten nach der weitgehenden Ausschaltung aller anderen politisch konkurrierenden Kräfte hier doch um die Ausschaltung einer zweiten Weltanschauung, die durch ihren Allgemeingültigkeitsanspruch geeignet war, die NS-Ideologeme zumindest potentiell in Frage zu stellen.

Da in den offiziellen Verlautbarungen der NSDAP und ihrer maßgeblichen Führerschaft keine klare Definition dessen fixiert worden ist, was unter nationalsozialistischer Wissenschaft zu verstehen sei, sondern lediglich postuliert worden war, daß – wie die anderen Lebensbereiche – auch die Wissenschaft nach nationalsozialistischen Ideologiekonstrukten und Erfordernissen ausgerichtet werden müsse, hatten die mit Wissenschaftspolitik und -verwaltung befaßten NS-Dienststellen seit 1933 versucht, eine gültige und tragfähige Wissenschaftskonzeption zu entwickeln. Diese Versuche waren bislang stets an der teilweise heftigen Konkurrenz der beteiligten Institutionen wie an der sprunghaften und abenteuerlichen, zielführende Planungen erschwerenden Gesamtpolitik gescheitert.

Auch unter zahlreichen Vertretern der Professorenschaft entbrannte ein Kampf um die Neuausrichtung ihrer Wissenschaftsdisziplinen wie um deren effektive Nutzbarmachung für das Dritte Reich, wobei manche Hochschullehrer in vorauseilendem Gehorsam oder in dem Bestreben, zu erahnen, was gewünscht war, sich in ihren Disziplinen Deutungshoheit und Definitionsmacht zu verschaffen suchten. In diesem bis in die Kriegsjahre andauernden Prozeß kristallisierten sich ungeachtet aller – auch disziplingebundenen – Verschiedenheiten Fixpunkte heraus, die konstitutiv für ein nationalsozialistisches Wissenschaftsverständnis wurden. Weitgehende Einigkeit erzielten Professorenschaft und Vertreter der NS-Wissenschaftsbürokratie unter- und miteinander darüber, daß die bislang für den Wissenschaftsbetrieb grundlegenden Topoi wie Zweck- und Wertfreiheit, Voraussetzungslosigkeit und politische Ungebundenheit abzulehnen seien und forderten stattdessen, daß jegliche Wissenschaft Dienst am Nationalsozialismus, am Volk, am Staat zu sein habe; künftig müsse Wissenschaft vor allem unter Nützlichkeitsaspekten für die Volksgemeinschaft bewertet werden, und wissenschaftliche Betätigung habe sich zu zweckgerichteten Dienstleistungsbemühungen für die jeweiligen Belange des Staates zu entwickeln.

Neben Disziplinen, die anfällig oder sogar prädestiniert dafür waren, in derartige NS-Wissenschaftskonzepte eingegliedert zu werden, auch, weil sie ideologienah und ihre Gegenstände definitionsmächtig für bestimmte NS-originäre Ideologie- und Politikbestandteile waren, gab es Fachgebiete, deren Objekte und Thematiken sich einer eindeutigen Indienstnahme bzw. Funktionalisierung für ein nationalsozialistisches Wissenschaftskonzept eher verschlossen. Während etwa Bereiche wie Rassenkunde, Eugenik und Erbbiologie, Volkskunde, Vor- und Frühgeschichte grundlegend für die NS-Ideologie und daraus resultierende Herrschaftspraktiken waren, und sich philologische Disziplinen, aber auch Fächer wie Geschichte, Philosophie, Kunst-, Kultur-, Rechts- und Wirtschaftswissenschaften relativ erfolgreich für NS-spezifische Belange funktionalisieren ließen, bedurfte es in den naturwissenschaftlichen Sparten erheblicher argumentativer Mühen, um Neuschöpfungen wie etwa eine 'deutsche Physik' oder eine 'deutsche Mathematik' hoffähig und akzeptabel zu gestalten. Dennoch versuchten nicht wenige Ordinarien, darunter auch Mediziner, Geologen oder Agrarwissenschaftler, wenigstens Teilbereiche ihrer Disziplinen NS-konform auszurichten und pragmatisch den jeweils wechselnden Bedürfnissen des NS-Staates anzupassen, nicht zuletzt deshalb, weil damit die eigene Reputation stieg und Forschungsgelder mobilisiert werden konnten.

Ungeachtet des weitgehenden Fehlens konkreter Vorgaben der NS-Wissenschaftsbürokratie und der ideologienahen Parteidienststellen für eine jeweils nationalsozialistisch ausgerichtete Umgestaltung der einzelnen Wissenschaftsdisziplinen, stand die Professorenschaft unter dem generellen Druck, die nationalsozialistische Weltanschauung oder zumindest Bestandteile daraus in ihre Fachgebiete zu übernehmen; nicht wenige Hochschullehrer kamen diesen Anforderungen in hektischer Gefügigkeit nach. Während einerseits die Anpassung bestimmter Hochschullehrer, selbst ganzer Fachrichtungen an das NS-Regime nicht zu übersehen ist und gelegentlich geradezu konstitutiv für die Weiterentwicklung bestimmter Wissenschaftsdisziplinen war, sind selbst in der Zeit des Totalen Krieges Arbeiten auch aus dem geisteswissenschaftlichen Bereich zu ermitteln, die von nur geringen Konzessionen gegenüber nationalsozialistischen Ideologiebestandteilen gekennzeichnet waren.

Auch an der Universität Rostock läßt sich die ganze Bandbreite des 'kreativen Umgangs' der Professorenschaft mit den nationalsozialistischen Erwartungshaltungen und eine breite Palette der Formen der Integration nationalsozialistischer Vorgaben in das eigene Wissenschaftshandeln besichtigen; dabei wird für eine Vielzahl der akademischen Hochschulfächer und für die Mehrheit ihrer professoralen Repräsentanten hinsichtlich des Umgangs mit zentralen Aspekten nationalsozialistischer Wissenschafts- und Hochschulpolitik ein vielfarbiges Handlungsspektrum sichtbar, das von partieller Integration und berechnender Übernahme nationalsozialistischer Vorgaben gekennzeichnet war, von bereitwilliger Anpassung bis zur kritiklosen Unterwerfung reichte, gelegentlich auch initiativreiche Mitgestaltung und 'konstruktive' Weiterentwicklung einschloß, ein differenzierter Prozeß, in dessen Verlauf nicht wenige Professoren zu geistigen Wegbereitern,

Planern und Exekutoren nationalsozialistischer Kriegs-, Besatzungs- und Vernichtungspolitik avancierten. Dabei ist zu beobachten, daß es oft – aber keineswegs immer – die jüngeren Professoren waren, die stärker als ihre älteren Kollegen oder Lehrstuhlvorgänger nationalsozialistisch indoktriniert waren und den NS-Politikvorgaben in ihrer wissenschaftlichen Tätigkeit zu entsprechen suchten.[77]

Dagegen gab es nur wenige Hochschullehrer, die – ohne auch nur im entferntesten mit 'dem Widerstand' in Verbindung gebracht werden zu können – der Übernahme nationalsozialistischer Vorgaben in ihre Forschungen widerstanden. Während sich etwa der Romanist Fritz Schalk einer „nationalsozialistischen Ausrichtung“ und einer „weltanschaulichen Neuorientierung“ seines Fachs verweigerte und nicht an der geforderten philologisch untersetzen Delegitimierung des 'Erbfeindes' Frankreich mitwirkte, sich der Anglist Herbert Huscher auch dann noch mit englischer Romantik und Naturdichtung befaßte, als sich Deutschland längst im Kriegszustand mit Großbritannien befand und von ihm eigentlich eher Kämpferisches gegen das 'perfide Albion' erwartet wurde, stellte der Sprachwissenschaftler Leo Weisgerber seine Forschungen wenigstens zum Teil in den Dienst der 'deutschen Germanistik' und – inzwischen nach Marburg gewechselt – seine Kenntnisse der Wehrmachtspropaganda zur Verfügung. Und während etwa der führende Rostocker Rechtswissenschaftler Walter Hallstein zu Fragen des Aktienrechts arbeitete und daneben eine umfangreiche Lehrtätigkeit absolvierte, gab es Juristenkollegen wie den V-Mann des SD Wilhelm Ebel, der sich im Auftrag des Rasse- und Siedlungshauptamtes der SS mit der Ausarbeitung eines „Erbhandwerkerrechtes“ beschäftigte, Studien zum Siedlerrecht und Forschungen zum germanischen Eherecht anstellte, die Himmler für „außerordentlich wichtig“ hielt und in den von der SS konzipierten Wehrbauernsiedlungen einführen wollte. Der Althistoriker Ernst Hohl verweigerte sich der Funktionalisierung seiner Disziplin und dem 'Kriegseinsatz der Geisteswissenschaften', dagegen gehörte der Bismarckforscher Wilhelm Schüßler zu den Historikern, die dazu beitrugen, die nationalsozialistische Ostexpansion und den rassenideologischen Vernichtungskrieg 'wissenschaftlich' vorzubereiten, zu begleiten und zu legitimieren.

Das Bestreben, die Potenzen 'der Wissenschaften' für die Zwecke der Kriegführung des Regimes zu instrumentalisieren, wird in der Endphase des Krieges auch an der Mecklenburgischen Landesuniversität sichtbar; Gauleiter Hildebrandt, der sich seit Kriegsbeginn allenfalls am Rande für die Entwicklung der Universität Rostock interessiert hatte, griff auf einer eigens anberaumten Vollversammlung der Studenten und Lehrkräfte der Hochschule im Januar 1944 die 'neuen Tendenzen' zur 'endkampffokussierten' Mobilisierung des Faktors Wissenschaft auf. Dabei offenbarte der Gauleiter, dessen eingeschränkte geistige Fähigkeiten es ihm allenfalls erlaubten, populärwissenschaftlichen Sachverhalten und Schöpfungen der Trivialkultur zu folgen, jedoch erneut sein rein mechanistisches Verständnis von Wissenschaft, die er ausschließlich als 'Magd der Politik und der Kriegführung' begreifen konnte. Die „deutsche Wissenschaft“, so Hildebrandt, habe „im Kriege eine Leistung vollbracht, die einzigartig [dastehe] in der Welt“;

77 Die Bewertung des jeweiligen Grades der *'Kohabitation'* einzelner Fachdisziplinen mit nationalsozialistischen Vorgaben ist eine Aufgabe der Wissenschaftsgeschichtsschreibung, die sich in vielen Fragen stärker als bislang um eine adäquate Kontextualisierung rein wissenschaftsbezogener Fragestellungen mit den Ergebnissen etwa der Politik-, Militär- und Alltagsgeschichtsschreibung des Dritten Reiches bemühen sollte, sollen die Ergebnisse wissenschaftshistorischer Betrachtungen nicht wie bislang vielfach im Ungefähren steckenbleiben.

gemeint waren etwa „die Leistungen der Ärzte und der medizinischen Wissenschaft“, denen es gelungen sei, „über viereinhalb Kriegsjahre die Volkskraft zu erhalten“, wodurch „das deutsche Volk unbelastet [von Fleckfieber, Diphterie oder Tuberkulose] seine ganze Kraft den Kriegsaufgaben zuwenden“ konnte, und „in Mecklenburg nur ein ganz geringer Ausfall in den Betrieben“ zu verzeichnen sei. Auch die „Landwirtschaftswissenschaft“ habe „uns in ernährungsmäßiger Hinsicht Fehlschläge wie im ersten Weltkrieg ... erspart“, hinzu komme „die Hilfe der Wissenschaft auf technischem Gebiet, die für die Kriegführung von großer Bedeutung“ sei. Zwar stehe der Wissenschaftler „nicht im Rampenlicht der Öffentlichkeit“, die Partei aber wisse, „welchen Wert die deutsche Wissenschaft im Kriege [!] besitzt, deren Forschungsarbeit ... mitbestimmend für den günstigen [!] Ausgang des Krieges sein“ werde. Nach dieser „rückhaltlosen Anerkennung der wissenschaftlichen Leistung“ erinnerte der Gauleiter nachdrücklich an „die Pflichten“, die „jeder Akademiker heute im Kriege zu erfüllen“ habe; besonders die „Jungakademiker“ trügen „eine große Verantwortung“, sie müßten „gläubig voranstürmen und sich zum Führer und zu seinem idealistischen Kampf bekennen“. Die Gefahr sei groß: Wenn Deutschland nicht siege, herrsche in Europa bald „der Bolschewismus“, denn „der Jude“ habe für seinen Kampf „das Untermenschentum mobilisiert“. Der Gaustudentenführer Hans-Joachim Theil dankte „der Führung“, die auch 1944 entschieden habe, „daß das Studium an den deutschen Hochschulen fortgesetzt“ werde; damit sei „die Bedeutung der Hochschule klar herausgestellt. Studium und Hochschule sind damit unter Kriegsgesetz getreten“.[78]

Zugleich ist zu konstatieren, daß manchen Bestrebungen von Vertretern der Geisteswissenschaften, ihre Fächer für den Nationalsozialismus produktiv zu machen, nur deshalb der Erfolg versagt geblieben ist, weil einfach nicht genügend finanzielle und materielle Mittel zur Verfügung standen. So hatte sich der mecklenburgische Gauleiter im Frühjahr 1944 über die Partei-Kanzlei an das Reichserziehungs- und das Reichsfinanzministerium gewandt und die seiner Ansicht nach mangelhafte Ausstattung der geisteswissenschaftlichen Institute der Universität Rostock beklagt. Der Partei-Kanzlei machte sich Hildebrandts Argumentation zu eigen, benannte einzelne „Notstände“, konstatierte, daß auch in Rostock „gegenüber der Systemzeit kaum ein grundsätzlicher Wandel eingetreten“ sei, und forderte beide Ministerien zu einer Stellungnahme auf.[79] Im Reichserziehungsministerium gestand man zwar zu, daß „die Institute der außerpreußischen Länder weitgehend unzureichend dotiert“ seien, da für diese im Reichshaushalt „keine Mittel zur Verfügung“ stünden; gleichzeitig konterte man die Finanzierungswünsche aus der Provinz, die lediglich aus dem landesegoistischen Bestreben zur Erhaltung eigener Landesuniversitäten resultierten: „Wären alle Länderhochschulen verreichlicht worden, wie ich das angestrebt habe, so wären die Dotierungen auch dieser Institute er-

78 NSG. Nationalsozialistischer Gaudienst. Gau Mecklenburg, 13.1.1944.

79 So kritisierte die Partei-Kanzlei anhand des Jahresetats der geisteswissenschaftlichen Institute der Universität Rostock, „daß keines [dieser Institute] einen Betrag von nur 1.000 RM jährlich“ erhalte, etwa das Kunstgeschichtliche Seminar „überhaupt keine Photoabteilung“ besitze, das Psychologische Institut „nicht einmal in der Lage sei, alle psychologischen Zeitschriften zu halten“, und generell „den dauernden Mangel an Hilfskräften“ in den geisteswissenschaftlichen Instituten. Akten der Partei-Kanzlei der NSDAP. Rekonstruktion eines verlorengegangenen Bestandes. hrsg. vom Institut für Zeitgeschichte, München u.a. 1983 ff., MF 103.07545 ff. (Partei-Kanzlei an Reichserziehungsministerium, 27.3.1944), MF 103.07549 (Jahresetat der geisteswissenschaftlichen Institute der Universität Rostock, 1943/44).

heblich aufgebessert und an die der Reichshochschulen angeglichen worden". An den preußischen Universitäten könne sehr wohl eine „Besserung gegenüber der Systemzeit festgestellt" werden. Im übrigen war man im Reichserziehungsministerium keineswegs der Auffassung, daß etwa eine „mangelnde finanzielle Unterstützung der geisteswissenschaftlichen Institute das Absinken der deutschen Geisteswissenschaften verursacht habe", denn deren Leistungsfähigkeit hänge „vor allem von den Forscherpersönlichkeiten, die sie pflegen, und ihren Impulsen ab, erst in zweiter Linie von der materiellen Hilfe, die der Staat zur Verfügung" stelle.[80]

In einem „Schlußappell am Ende des Sommersemesters" hatte der Gauleiter auf einer weiteren Vollversammlung von Rostocker Studenten und Hochschullehrern Anfang August 1944 hervorgehoben, daß „die Wissenschaft nicht ausschließlich der Ausbildung von Fachkräften zu dienen" habe. Angesichts der immer prekärer werdenden militärischen Lage an der Ostfront, die durch die Invasion der Westalliierten in der Normandie noch verschärft wurde, müsse der Student als „leidenschaftlicher Vorkämpfer der Idee seines Volkes ... seinen Mann wie immer in den Schicksalsstunden der Nation stehen" und dort wirken, wo „der deutsche Student hingestellt werde, wie auch Zehntausende Studenten an der Front heute beweisen". Nachdem Friedrich Hildebrandt „angesichts der Ereignisse des 20. Juli ... ungeschminkt die Hintergründe des ehrlosesten Verrates in der Geschichte enthüllt" hatte – worauf sich die Rostocker Universitätsangehörigen „in einer öffentlichen Treuekundgebung spontan zu dem Mann" bekannten, „der auch für die deutsche Wissenschaft und alle, die ihr dienen, erst den Weg der Wahrheit ... in der Zielsetzung ihrer wahrhaft politischen Aufgaben ebnete" –, suchte der Gauleiter die politische Mobilisierung der Studenten und des Lehrkörpers noch zu forcieren: Der Nationalsozialismus würde jetzt, „mitten im Krieg, die Fortsetzung seiner Revolution verkünden", und „der Student, der seine Fronterfahrung hinter sich habe, im Führerleben des Volkes eine ungeheure Aufgabe" finden: Die aus Hildebrandts Perspektive konstitutiven Elemente wissenschaftlicher Arbeit – „der Zweifel des bohrenden Intellekts, das schwankende Wägen widerstreitender Möglichkeiten" – seien „dabei wie weggebrannt von der Glut des gläubigen Herzens, ... weil es um das Vaterland geht".[81]

Diese Tendenz zur Politisierung der Hochschulangehörigen, zur Ausnutzung ihrer Arbeitskraft für die Belange der Kriegführung offenbarte sich auch in der „mitreißenden Rede über die Aufgaben der deutschen Hochschulen", die Reichsamtsleiter Reinhold Bäßler, Leiter des Amtes für Politische Erziehung in der Reichsstudentenführung, Anfang Dezember 1944 – offensichtlich aus Anlaß der 525-Jahr-Feier der Gründung der Hochschule – an der Universität Rostock gehalten hat. Die „Stellung der deutschen Universitäten als wissenschaftliche Lehr- und Forschungsstätten" werde „im nationalsozialistischen Staat immer mehr aus dem Gesichtspunkt einer politischen Erziehungsaufgabe zu werten" sein. Der „Anteil des deutschen akademischen Nachwuchses in der politischen Führung des Volkes" werde „von der Haltung und Bewährung des Studenten ...

80 „Alles in allem" sei man im Reichserziehungsministerium „nicht in der Lage, von 'Notständen' innerhalb der geisteswissenschaftlichen Institute – wenigstens der Reichs- und Preußischen Universitäten – zu sprechen", zumal „Anträge auf Sonderbewilligungen bei mir stets auf Verständnis gestoßen" seien. Ebenda, MF 103.0754 (Reichserziehungsministerium an Reichsfinanzministerium und Partei-Kanzlei, 30.5.1944). Im Reichsfinanzministerium schloß man sich im Juli 1944 der Auffassung der Kultusbehörde an; ebenda, MF 103.07556 f.

81 Zitiert nach NSG. Nationalsozialistischer Gaudienst. Gau Mecklenburg, 9.8.1944.

in diesem entscheidenden Kampf um unser völkisches Schicksal abhängen". Der einstmals geachtete Status eines Wissenschaftlers und Hochschullehrers sei nunmehr nur über die 'soldatisch-politische Bewährung' der Nachwuchskräfte zu erlangen. Das „gesamte Studentenleben" könne „also nur nach dem Maßstab gemessen werden, wie es sich als Dienst an der Nation und den tragenden Werten unseres Volkes" gestalte. Die „geistige Überwindung eines Jahrtausends mit den verschiedenen, dem germanisch-deutschen Wesen fremden, teils dogmatisch eingeengten, teils liberal-demokratischen Ideen" sei die Voraussetzung dafür, „daß der nationalsozialistische Student den Weg aus der unfruchtbaren theoretischen Diskussion in die praktische Auseinandersetzung mit den Problemen des politischen Alltags" finde. „Wahres Führertum" verlange vom Akademiker, „daß er sich nicht auf seine geistigen Werte zurückziehe, sondern die Fülle seiner Erkenntnisse mitten im Volk stehend allen zugute kommen" lasse: „Der junge Akademiker gehöre deshalb als aktiver Kämpfer in die Parteiarbeit hinein."

Wie Bäßler meinte, hänge „die Bedeutung der völkischen Hochschule unserer Zeit ... einzig und allein davon" ab, „ob sie auf dem Standpunkt der fachwissenschaftlich lehrenden Schule stehenbleibe oder zu einer politischen Führerschule der Nation werde".[82]

In dieser Zeit, in der Deutschland immer heftiger vom alliierten Bombenkrieg betroffen wurde, in dem zahlreiche Universitätseinrichtungen wie Hörsäle, Seminare, Labore und Kliniken aber auch Wohnungen der Professoren und Studentenbuden zerstört wurden – in Rostock seit April 1942 – und ein Großteil der Aktivitäten darauf gerichtet werden mußte, die Funktionsfähigkeit der universitären Infrastruktur und die Hochschulsubstanz überhaupt aufrechtzuerhalten, haben auch die meisten **Rostocker Hochschullehrer** wesentliche Aspekte ihrer Wissenschaftsdisziplinen und ihres akademischen Wirkens in den Dienst des Machterhalts des Nationalsozialismus gestellt, sich und ihre Kenntnisse in die **materielle und geistige Kriegführung** an den militärischen Fronten und im Heimatkriegsgebiet eingebracht.

Ungeachtet der sich im Kontext der Wissenschafts- und Hochschulpolitik des Dritten Reiches zwischen 1932 und 1945 beständig marginalisierenden Stellung der Universität Rostock, waren zahlreiche Rostocker Hochschullehrer auf verschiedenartigen Forschungs-, Wissenschafts- und Politikfeldern und in zahlreichen außeruniversitären Bereichen des NS-Regimes aktiv an der Etablierung der NS-Gesellschaft, am Ausbau ihres Organisationsgefüges, ihrer Wissenschaftsstrukturen, an der Kriegs- und Rüstungsforschung beteiligt und haben sich so in differenzierter Weise in den Dienst der direkten Kriegführung des Regimes gestellt oder an der Stabilisierung der NS-Gesellschaft an der Heimatfront mitgewirkt.

Während eine Minderheit der Professoren direkt in die verschiedenartigen Verbrechenskategorien des NS-Regimes verwickelt war, unterstützte eine beträchtliche Zahl die Eroberungs-, Expansions- und Kriegspolitik des Dritten Reiches im Bereich der Rüstungsforschung. Dies erschien auch Hochschullehrern, die nicht der NSDAP angehörten, als 'nationale Pflicht', zumal die in die Kriegsforschung einbezogenen vom militärischen Kriegseinsatz freigestellten Professoren ab 1942 erhebliche Forschungsmittel zugeteilt bekamen; davon profitierten auch die Rostocker Naturwissenschaftler. So waren etwa der Physiker Paul Kunze, die Chemiker Günther Rienäcker und Kurt Maurer oder die für die Ernst-Heinkel-Flugzeugwerke arbeitenden Mathematiker Robert Furch, Curt Schmieden und Friedrich Lösch direkt in die Rüstungsforschung des Dritten Reiches ein-

82 Zitiert nach ebenda, 9.12.1944.

gebunden; bislang völlig unbeachtet blieb die Rolle des Tierpathologen und Mikrobiologen Kurt Poppe, der im Rahmen seines Universitätsinstitutes kriegstaugliche mikrobiologische und biochemische Wehr- und Zweckforschung betrieb.

Der Hygieniker Werner Kollath und der Physiologe Kurt Wachholder beteiligten sich führend an der Vitamin- und Ernährungsforschung für die Wehrmacht und die Waffen-SS; andere Mediziner wie die Internisten Albert Anthony und Friedrich Meythaler, der Ophthalmologe Wilhelm Comberg oder der Pharmakologe Peter Holtz wirkten im Kriege auf den verschiedensten Gebieten an den damals wissenschaftsüblichen 'Humanversuchen' mit, wobei deren Versuchspersonen zumeist nicht die Möglichkeit hatten, ihr Einverständnis zu versagen. Weitere Universitätsmediziner waren führend an den Sterilisierungen nach den Vorgaben des Gesetzes zur Verhütung erbkranken Nachwuchses beteiligt, so der Gynäkologe Gustav Haselhorst, die Chirurgen Wilhelm von Gaza, Johann Carl Lehmann und Heinrich Gißel sowie die Neurologen Max Rosenfeld, Ernst Braun und Wolf Skalweit; zumindest die beiden letztgenannten waren auch Propagandisten und Akteure im Bereich der Euthanasiemorde. Die Tierzuchtexperten Gustav Frölich und Jonas Schmidt errichteten und betrieben das der Universität Rostock angegliederte Kaiser-Wilhelm-Institut für Tierzuchtforschung mit Hilfe von Zwangsarbeitern und Kriegsgefangenen, während mit Forschungsgeldern ausreichend versorgte Agrarwissenschaftler wie Kurt Nehring oder Ernst Reinmuth ihren Beitrag zur Kriegsernährungswirtschaft des Deutschen Reiches leisteten.

Als einer der Mitplaner der NS-Besatzungspolitik untersuchte der Wirtschaftsraumforscher Wilhelm Kromphardt ab 1940 die „Aussiedlungsmöglichkeiten zugunsten des deutschen Ostens“, und die Staats- und Völkerrechtsjuristen Edgar Tatarin-Tarnheyden und Wilhelm Troitzsch wirkten argumentativ an der rechtlichen Absicherung der deutschen Großraumpolitik mit. Während der Mediävist Heinz Maybaum „das Bauerntum nordischer Rasse als bestimmend für die Sinngebung deutscher Geschichte“ propagierte und der Neuzeitler Otto zu Stolberg-Wernigerode bestrebt war, mit einer Analyse des Anteils Mecklenburgs an der historischen deutschen Ostkolonisation nunmehr die gegenwärtige mecklenburgische Bevölkerung auf künftige, analoge Aufgaben einzustimmen, waren andere Historikerkollegen dort schon praktisch aktiv: Hier, im 'neuen deutschen Osten' und in den besetzten Gebieten der Sowjetunion, agierten die Rostocker Professoren für Vor- und Frühgeschichte Herbert Jankuhn, Ernst Petersen und Peter Paulsen im Auftrag der SS als Kunsträuber. Rostocker Professoren beteiligten sich auch an der „Aktion Ritterbusch“, dem „Kriegseinsatz der Geisteswissenschaften“,[83] so etwa der Philologe Hans Diller, der Literaturwissenschaftler Willi Flemming, der Geograph Otto Jessen oder der Rechtshistoriker Heinrich Mitteis.

Während die – im Kriege weitgehend lehrfreien, weil studentenlosen – Rostocker Universitätstheologen eher immateriell systemstabilisierend gewirkt, die zunehmende Agonie des Dritten Reiches im Krieg vor allem 'geistig' begleitet und sich, wie Friedrich Brunstäd oder Friedrich Büchsel, lediglich an den vom Oberkommando der Wehrmacht organisierten Rednereinsätzen von Wissenschaftlern zur Truppenbetreuung beteiligt haben, haben nicht wenige Rostocker Professoren wie etwa Franz Bachér, Ernst-Heinrich Brill, Wilhelm Ebel, Willi Flemming, Johannes Gerhardt, Heinrich Gißel, Hans Grebe,

83 Vgl. dazu die ausführliche Studie von Hausmann, Frank-Rutger: „Deutsche Geisteswissenschaft“ im Zweiten Weltkrieg. Die „Aktion Ritterbusch“ (1940 – 1945), Dresden/München 1998.

Rolf Hansen, Georg Kriegsmann, Kurt Neubert, Hans Reiter oder Egon Unshelm das NS-Regime auch durch die Übernahme von Funktionen in der NSDAP und ihren Gliederungen auf der Ortsgruppen-, Kreis-, Gau-, oder Reichsebene gestützt und damit ermöglicht.

II. Rostocker Professoren am Ende des Dritten Reiches – die Entnazifizierung

Sieht man von den sich an der Universität Rostock etablierenden und dort wirkenden NS-Organisationen wie der NSDAP, der SA, dem NS-Studentenbund oder dem NS-Dozentenbund ab, ergibt sich mit Blick auf die statistischen Befunde die Frage, war die Universität **Rostock eine nationalsozialistisch geführte Universität?** Natürlich bewegte sich die Universität im Dritten Reich in einer NS-dominierten Gesellschaft, und auch die Wissenschaftsbehörden auf Reichs- und Landesebene sind von führenden Nationalsozialisten dirigiert worden.

Betrachtet man die Besetzung wesentlicher Leitungsfunktionen der Universität mit NSDAP-Mitgliedern, ergibt sich ein ambivalenter Eindruck, der geeignet ist, das Bild einer zumindest in der Führungsebene durchweg nationalsozialistisch dominierten Hochschule zu relativieren: Von den 46 Stelleninhabern, die zwischen 1932 und 1945 die Funktion des Rektors, des Prorektors oder eines Dekans ausgebübt hatten, waren lediglich 21 Professoren während dieser Amtszeiten Mitglieder der NSDAP (46 Prozent), 25 dagegen nicht (54 Prozent), was zu belegen scheint, daß die bloße Parteimitgliedschaft also weder Voraussetzung für die Funktionsübernahme noch alleiniges karriereförderndes Moment gewesen ist.[84] Im einzelnen: Während der erste und der letzte Rektor der NS-Zeit in Rostock (Poppe und Wachholder) nicht der NSDAP angehört hatten, waren die vier anderen Rektoren Mitglied der NS-Partei, Schulze allerdings erst nach Beendigung seines Rektoramtes. Ein ähnliches Bild ergibt sich bei der Betrachtung der Prorektoren: Von den zehn Prorektoren des Untersuchungszeitraumes waren drei nicht Mitglied der NSDAP (Poppe, Wachholder, Seraphim); dagegen gehörten sieben der NS-Partei an, allerdings sind sowohl Elze als auch Schultze-von Lasaulx erst nach ihrer Prorektorenzeit in die NSDAP eingetreten. Von den fünf Dekanen der Theologischen Fakultät gehörte keiner der NSDAP an, unter den neun Dekanen der Rechts- und Wirtschaftswissenschaftlichen Fakultät waren fünf NSDAP-Mitglieder, von denen Wolgast, Schultze-von Lasaulx und Tatarin-Tarnheyden jedoch erst nach ihrem Dekanat der NSDAP beigetreten sind. Die Medizinische Fakultät wurde von insgesamt acht Dekanen geführt, von denen fünf der NSDAP angehörten, Steurer allerdings erst nach seiner Amtszeit, und von den sieben Dekanen der Philosophischen Fakultät waren drei Mitglieder der NSDAP, Maurer jedoch erst nach der Amtsübernahme. Der Dekan der Landwirtschaftlichen Fakultät gehörte der NS-Partei nicht an.

Vergleicht man die nachfolgend skizzierten **Ergebnisse der Entnazifizierung** an den Hochschulen der Sowjetischen Besatzungszone[85] mit den Resultaten der politischen und

84 Zur Abrundung dieses Bildes ist jedoch zu bemerken, daß wenigstens acht der bislang nicht der Partei angehörenden Professoren nach Beendigung ihres Amtes als Rektor, Prorektor oder Dekan der NSDAP beigetreten sind, möglicherweise also die Amtsführung zur Annäherung an die NS-Partei beigetragen hat.

85 Mit Ausnahme der die Universität Rostock direkt betreffenden Zahlenangaben und Analysen entstammen die hier präsentierten und für die gesamte SBZ/DDR erhobenen Zahlenwerte und Einschätzungen der Studie von Jessen, Akademische Elite.

rassistischen Säuberungen in den ersten Jahren der Etablierung des NS-Regimes, ergibt sich ein reziprokes Verhältnis: Während sich die akademische Elite der Universitäten der Weimarer Republik als weitgehend paßfähig für ein Weiterwirken an den nationalsozialistisch transformierten Hochschulen des Dritten Reiches erwiesen hatte und lediglich 15 Prozent der Hochschullehrer aus politischen, zumeist jedoch rassistischen Gründen von einer Weiterverwendung ausgeschlossen wurde, befanden sich nach einem mehrstufigen Entnazifizierungsprozeß 1947 lediglich rund 16 Prozent der Hochschullehrer, die noch 1944/45 an den Universitäten Rostock, Greifswald, Berlin, Halle, Leipzig und Jena gelehrt hatten, an diesen nunmehr zu Vergleichszweken heranzuziehenden Universitäten der Sowjetischen Besatzungszone, 83 Prozent sind aus zumeist politischen Gründen aus dem Hochschulbetrieb ausgeschlossen worden. Wie schon 1932/33, als an der Universität Rostock im Kontext der Errichtung der NS-Diktatur absolut und relativ erheblich weniger Professoren aus dem Hochschuldienst entlassen worden sind als im Reichsdurchschnitt, nahm die Rostocker Universität auch im Prozeß der Entnazifizierung 1945 – 1947 eine Sonderstellung ein. Die Ergebnisse der Säuberungen unter der Professorenschaft in Rostock entsprachen dem nunmehr die Vergleichsfolie bildenden Gesamtbild der Universitäten in der SBZ zwar in der Tendenz, waren aber keinesfalls deckungsgleich mit den Durchschnittswerten der ostdeutschen Hochschullandschaft.[86]

Die Resultate der universitären Entnazifizierungspraktiken sind einheitlich und generalisierend nur schwer zu bewerten, zum einen, weil in dem mehrphasigen, sich über zwei Jahre erstreckenden und von unterschiedlichen Vorgaben und Rahmenbedingungen geprägten Entnazifizierungsprozeß ein Stichjahr gewählt werden muß, um zu vergleichbaren Ergebnissen zu gelangen; zu SBZ-internen Vergleichszwecken wird hier der Sommer 1947 gewählt, als mit dem SMAD-Befehl 201 das formale Ende der Entnazifizierung eingeleitet und nicht wenige NS-belastete Personen wieder eingestellt wurden.[87]

86 Die Zahlen der dauerhaften oder zeitweisen Entlassungen nach Entnazifizierungsverfahren bewegten sich in den westlichen Besatzungszonen anfänglich durchschnittlich auf demselben Niveau wie in der SBZ, wenngleich die 'Säuberungen' in der amerikanischen Zone anfänglich erheblich stärker ausfielen als in der britischen.

87 In der SBZ lassen sich vier Entnazifizierungsphasen ausmachen, die sich auch in den biographischen Skizzen einiger der hier porträtierten Professoren widerspiegeln. Zunächst begannen akademische Gremien und universitäre Untersuchungsausschüsse mit der 'Selbstreinigung' des Lehrkörpers, die sich vor allem an professionellen, politikfernen Kriterien orientierten und die ihre Grenzen da zogen, wo sich politisches Verhalten auf die Regeln der Wissenschaft ausgewirkt hatte, weshalb die Zahl der zu Entlassenden nach diesen Untersuchungen nicht allzu groß war. Auf Anordnung der sowjetischen Besatzungsbehörden erließen die Landesbehörden in einer zweiten Phase ab Herbst 1945 deshalb länderspezifische Entnazifizierungsverordnungen, wodurch der Säuberungsdruck erhöht wurde, wenngleich zahlreiche Ausnahme- und Unentbehrlichkeitsklauseln das Verbleiben Belasteter ermöglichten, obwohl die SMA ab Herbst 1945 darauf gedrängt hatte, alle ehemaligen NSDAP-Mitglieder zu entlassen. Daraufhin kam es – in einer dritten Phase – gegen den hinhaltenden Widerstand der Universitäten bis zum Frühjahr 1946 zu einer weitgehenden Entlassung aller irgendwie Belasteten durch die Landesverwaltungen, was die Wiedereröffnung der Universitäten zwar ermöglichte, deren Wirken aber in Frage stellte; unentbehrliche, aber belastete Wissenschaftler wurden zu Wiedergutmachungszwecken mit Forschungsaufträgen beschäftigt, durften aber nicht in der Lehre aktiv werden. Wegen der Auswirkungen des Kalten Krieges und der Übersiedlung zahlreicher Professoren in die westlichen Besatzungszonen wirkte dieser radikale Säuberungsprozeß immer destruktiver, weshalb die SMA mit dem Befehl 201 ab August 1947 das formale Ende der Entnazifizierungen verfügte.

Bei Betrachtung der Resultate der Entnazifizierung in der SBZ ist zum anderen – eigentlich – zu berücksichtigen, inwieweit es sich bei den im Entnazifizierungskontext erfolgenden Entlassungen um direkte oder indirekte Entnazifizierungsfolgen handelt, also darum, ob die Entnazifizierungsgremien der Universität, der Stadt, des Kreises, des Landes oder der SMA aus politischen Gründen Entlassungen aussprachen und Suspendierungen vornahmen, oder ob die belasteten, politisch kompromittierten Professoren die Universität selbst verlassen hatten bzw. nach Kriegseinsatz oder Gefangenschaft nicht wieder an diese zurückkehrten.[88] Schließlich wird die Beurteilung der Entnazifizierungsfolgen auch deshalb kompliziert, weil in einer Reihe von zeitgenössischen Unterlagen und retrospektiven Studien die Bezugsgrößen uneinheitlich sind und mitunter der gesamte Lehrkörper betrachtet wird, also Professoren (mit Emeriti), Dozenten, Assistenten, Lehrbeauftragte und Lektoren, gelegentlich nur die Professoren und Dozenten, und bisweilen nur die Ordinarien.

Wie Ralph Jessen herausgearbeitet hat, waren von den 1.633 Hochschullehrern, die noch im Wintersemester 1944/45 an den sechs Universitäten auf dem Gebiet der späteren SBZ lehrten, im Sommer 1947 nur noch 266 im Amt (16,3 Prozent); von diesen brachten es die Ordinarien noch auf die größte Kontinuität, denn immerhin lehrten 26,7 Prozent aller 1944/45 amtierenden ordentlichen Professoren auch nach dem der Kriegsniederlage folgenden Systembruch an ihrer angestammten Universität.[89] Wie gestalteten sich nun die Personalverhältnisse an der Universität Rostock im Vergleich zu den anderen Hochschulen der SBZ?

Während von den 461 Ordinarien, die im Wintersemester 1944/45 an den sechs ostdeutschen Universitäten gelehrt hatten, nach Abschluß der Entnazifizierung 1947 noch 123 dort beschäftigt waren (26,7 Prozent), gab es von den 42 Ordinarien der Universität Rostock des Wintersemesters 1944/45 im Jahre 1947 immerhin noch 14 Professoren (33,3 Prozent); damit hatte Rostock nach Halle (39,1 Prozent) den höchsten 'Bleibegrad'.

Von den 635 außerordentlichen und außerplanmäßigen Professoren, über die die sechs späteren SBZ-Universitäten im Wintersemester 1944/45 verfügten, waren im Sommer

88 Diese für eine Betrachtung der Entnazifizierungspraxis wichtigen Aspekte können im vorliegenden Kontext eines biographischen Lexikons vernachlässigt werden; hier geht es vorrangig um summarische Werte, die das Wirken der Professoren in der Endphase des Untersuchungszeitraumes (1945) dokumentieren sollen. Generell ist zu konstatieren, daß lediglich der geringere Teil der Entlassungen auf direkte Entnazifizierungsmaßnahmen nach entsprechenden Verfahren zurückzuführen ist; ein weit größerer Teil resultierte aus eher mittelbaren Begleiterscheinungen und Rahmenbedingungen der Entnazifizierung, also aus der deutschen Kapitulation, dem Charakter der Besatzungsmacht, den sich im Osten herausbildenden neuen politischen Verhältnissen, die oft ein Absetzen in die westlichen Besatzungszonen zur Folge hatten, weil betroffene Hochschullehrer die Konsequenzen ihres nationalsozialistischen Engagements fürchteten oder sie dem sowjetischen Besatzungsregime mißtrauten, obwohl sie politisch unbelastet waren.

89 Von den außerordentlichen und außerplanmäßigen Professoren waren es dagegen nur 12,6%, die ihre Tätigkeit ohne Unterbrechung fortsetzen konnten, von den Dozenten sogar nur acht Prozent. Gelegentlich unterscheiden sich die von Jessen für Rostock herangezogenen Zahlen von den in der vorliegenden Darstellung präsentierten Werten; vgl. dazu die Übersicht auf S. 500 f. im Anhang. Während Jessen, Akademische Elite, sich bei seinen Statistiken auf die Vorlesungsverzeichnisse gestützt hat, die oft schon zum Zeitpunkt der Drucklegung nicht mehr aktuell waren, haben wir uns an den durch die Aktenlage dokumentierten Verhältnissen orientiert, die genauere Zahlen liefern. An der generellen Tendenz der von Jessen dargelegten Statistiken ändert sich dadurch jedoch kaum etwas.

1947 noch 80 dort vorhanden (12,6 Prozent). Von den 29 außerordentlichen und außerplanmäßigen Professoren, die zu Kriegsende der Universität Rostock angehörten, waren im Sommer 1947 noch sechs im Amt (20,7 Prozent); damit hatte Rostock mit Abstand die höchste Weiterbeschäftigungsrate aller ostdeutschen Universitäten in dieser Statusgruppe.[90]

Insgesamt: Von den 91 Professoren und Dozenten des Lehrkörpers der Universität Rostock aus dem Wintersemester 1944/45 befanden sich im Sommer 1947 noch 24 an der Universität (26,4 Prozent); damit wies Rostock den höchsten 'Altbestand' aller ostdeutschen/SBZ-Universitäten auf, dort lag das Verhältnis bei durchschnittlich 16,3 Prozent.[91]

Verändert man die Blickrichtung und schaut vom Jahr 1947 zurück, ergeben sich neue Einsichten: Von den 256 außerordentlichen und außerplanmäßigen Professoren sowie Dozenten, die 1947 zum Lehrkörper der Universitäten der SBZ gehörten, waren 93 bereits 1944/45 an den sechs ostdeutschen Universitäten tätig (36,3 Prozent);[92] dagegen hatten von den 279 Ordinarien, die 1947 an den SBZ-Hochschulen tätig waren, immerhin noch 162 (58,1 Prozent) schon 1944/45 an diesen Universitäten gelehrt. Deutlich wird: Trotz der durch den Gesamtkomplex der Entnazifizierung (Entlassung nach Verfahren, Flucht, Abwanderung etc.) entstandenen Personalverluste stellten die aus der NS-Zeit verbliebenen Professoren und Dozenten 1947 immer noch die Hälfte des Lehrkörpers der sechs Universitäten der SBZ, dies aber auch deshalb, weil die Zahl der (Plan-)Stellen gegenüber der Vorkriegszeit um ein Drittel reduziert worden ist.

Betrachtet man allein die Universität Rostock, so waren von den 39 im Jahre 1947 dort vorhandenen Ordinarien immerhin 18 als Hochschullehrer bereits im Wintersemester 1944/45 an dieser Universität tätig gewesen (46,2 Prozent); von den 24 außerordentlichen und außerplanmäßigen Professoren des Jahres 1947 hatten fünf bereits 1944/45 eine Stelle in Rostock (20,8 Prozent), und von den 14 Dozenten des Jahres 1947 war nur einer schon 1944/45 an der Universität Rostock tätig gewesen (7,1 Prozent). Von den 77 Angehörigen des Gesamtlehrkörpers der Universität Rostock im Jahre 1947 hatten also

90 Dies galt auch für die – in absoluten Zahlen allerdings gering vertretenen – Emeriti und die Dozenten: Von den 123 Emeriti der sechs ostdeutschen Universitäten des WS 1944/45 waren im Sommer 1947 noch 30 vorhanden (24,4%); von den fünf Emeriti der Universität Rostock waren 1947 dagegen noch zwei präsent (40%, Höchstwert der SBZ); und von den 414 Dozenten der sechs ostdeutschen Universitäten des WS 1944/45 gab es im Sommer 1947 noch 33 (8%), von den 15 Dozenten der Universität Rostock waren 1947 immerhin noch zwei vorhanden (13,3%).

91 Die entnazifizierungsbedingt geringsten Personalverluste hatten die Theologischen Fakultäten hinzunehmen, die an den ostdeutschen Universitäten 39,2% ihres Personalbestandes behalten konnten; dagegen lagen die Philosophischen und Landwirtschaftlichen Fakultäten bei 20,7 bzw. 21,7%, und während die Naturwissenschaftlichen und die Medizinischen Fakultäten nur jeweils 15,8% ihres Lehrkörpers behalten durften, konnten die Rechts- und Wirtschaftswissenschaftlichen Fakultäten lediglich 7,2% ihres Lehrkörpers retten. Die Unterschiede zwischen den Disziplinen und Statusgruppen entsprachen im wesentlichen den spezifischen Schwerpunkten der NS-Belastung und den damit korrelierenden Säuberungen der Nachkriegszeit; die jüngeren Hochschullehrer waren weit stärker in das Organisationsgeflecht der NSDAP integriert gewesen und unterlagen demnach auch stärker den Säuberungen; unter fachspezifischen Gesichtspunkten galt dies für die besonders NS-nahen Mediziner und Juristen.

92 Im einzelnen: 43% der außerordentlichen und außerplanmäßigen Professoren sowie 18,6% der Dozenten des Jahres 1947 hatten ihre Stelle bereits seit 1944/45 inne.

24 Wissenschaftler bereits im Wintersemester 1944/45 an der Universität Rostock gewirkt (31,2 Prozent).[93]

Als Tendenz schon 1945/46 beginnend, als Bewegung wenig später manifestiert, verfolgten die Hochschulpolitiker der SBZ und der SMAD ab 1947/48 eine Doppelstrategie, die den Komplex der Entnazifizierung erst komplettierte. Dieses komplementäre Vorgehen beinhaltete auf der einen Seite die Verdrängung, Vertreibung oder Zwangsemeritierung selbst NS-unbelasteter, integerer, loyaler, aber ideologisch mißliebiger 'bürgerlicher' Geisteswissenschaftler, die einer forcierten 'antifaschistisch-demokratischen' Neuausrichtung ihrer Disziplinen im Wege standen;[94] parallel dazu kam es auf der anderen Seite zu einer Reintegration erheblicher Teile NS-belasteter Naturwissenschaftler, Techniker und Mediziner, die in der ersten Phase der Entnazifizierung aufgrund eben dieser Belastungen entlassen bzw. mit lehrfernen Forschungsaufträgen versehen worden waren. Zu den Auslösern dieses Kurswechsels gehörten auch die teilweise katastrophalen Zustände in der medizinischen Versorgung der Bevölkerung, die mit dem Personalnotstand an den nunmehr lebenswichtigen, aber am stärksten NS-belasteten Medizinischen Fakultäten einhergingen. Hatte Anton Ackermann bereits im Februar 1946 auf der Zentralen Kulturkonferenz der KPD herausgestellt, daß bei aller Notwendigkeit einer radikalen Säuberung der Hochschulen „die formelle Mitgliedschaft in der NSDAP für die Beurteilung des einzelnen Intellektuellen nicht für alle Zukunft der einzige Maßstab sein“[95] dürfe, leitete die SMA ab 1947 – zum Teil gegen erhebliche Widerstände der ostdeutschen Kultusbehörden – die Trendwende ein. Auch angesichts zunehmender Westmigration von immer mehr Hochschullehrern infolge vorheriger ausgrenzender Entnazifizierungspraktiken ging es von nun ab weniger um die 'Bewältigung der Vergangenheit' und die 'Reinigung von faschistischem Ungeist', als vielmehr um die Mobilisierung personeller akademischer Ressourcen in der Systemauseinandersetzung des beginnenden Kalten Krieges.[96]

Der seit Ende 1942 in Rostock lehrende, von führenden Gremien der NSDAP und dem SD durchweg positiv beurteilte Chemiker Günther Rienäcker, der noch bis zum

93 Erst 1968 erreichte die Zahl der Professoren und Dozenten an den sechs DDR-Universitäten das zahlenmäßige Niveau von 1944/45; die Professorenzahl allein erreichte den Stand von 1944/45 erst im Jahre 1972.

94 Zu den von der mecklenburgischen Kultusbehörde und der Zentralverwaltung für Volksbildung oft gegen den Willen der Universitätsleitung aus Rostock verdrängten Wissenschaftlern gehörten zunächst u.a. die Professoren Walter Bröcker, Johannes Erich Heyde, Herbert Huscher und Heinrich Mitteis, andere folgten.

95 Zitiert nach Jessen, Akademische Elite, S. 301.

96 Scheinbar paradox: Durch die Reintegration von dringend benötigten Spezialisten mit NS-Vergangenheit kam es beim 'Aufbau des Sozialismus' zu einer retrospektiven 'Nazifizierung' der akademischen Elite der DDR: Während im Dritten Reich die NS-Aktivisten eher in den unteren Ebenen der universitären Statusgruppen zu finden waren, kehrte sich dieses Verhältnis in der SBZ/DDR um: Bereits 1951 hatten 20,1 Prozent der Professoren und 18,1 Prozent der Dozenten einmal der NSDAP angehört; schon 1954 waren 28,4 Prozent der Professoren ehemalige NSDAP-Mitglieder und 15,6 Prozent aller Dozenten; und 1961 hatten 29,5 Prozent aller Universitätsprofessoren der DDR der NSDAP angehört, dagegen nur noch 9,8 Prozent der Dozenten. Noch zu Beginn der 60er Jahre gab es in der Professorenschaft der DDR ebensoviele ehemalige NSDAP-Angehörige wie nunmehrige SED-Mitglieder, wobei zwischen diesen beiden Gruppen nicht unerhebliche personelle Überschneidungen bestanden. Vgl. ebenda, S. 301 ff.

Frühjahr 1945 voller Elan für die NS-Rüstungsindustrie gearbeitet hatte, schon im Herbst 1945 als Antifaschist galt und zum Rektor der Rostocker Universität ernannt wurde, avancierte nach dem Ende der NS-Diktatur zu einer der Zentralfiguren in den sich unter dem Druck der Verhältnisse herausbildenden vielgestaltigen 'Entnazifizierungskartellen' und Entlastungsnetzwerken; die Angehörigen dieser informellen Zirkel bescheinigten sich untereinander und gegenseitig über die Zonengrenzen hinweg in 'Persilscheinen', daß sie dem Nationalsozialismus schon immer ablehnend gegenüber gestanden bzw. ihn sogar aktiv bekämpft hätten.

Sowohl der letzte 'NS-Rektor' Kurt Wachholder, der die Universität auch in der ersten Nachkriegszeit führte, als auch der erste 'SBZ-Rektor' Günther Rienäcker betrieben eine sehr moderate Entnazifizierungspolitik, die auf ein Bewahren des Personalbestandes der Rostocker Universität hinauslief und eigentlich eher eine Verhinderung der mit der 'Säuberung' intendierten Absichten darstellte. Bei konsequenter Anwendung der Entnazifizierungskriterien wäre die Universität Rostock noch mehr in die akademische Bedeutungslosigkeit abgerutscht, als sie es im Kontext der NS-Wissenschaftspolitik und im Verlauf des Zweiten Weltkrieges ohnehin schon war. Für die Versuche Wachholders, 'die alten Faschisten' an der Universität zu halten, wurde er, der die DDR nach dem 17. Juni 1953 verlassen hatte, gebrandmarkt und zur Unperson erklärt, während Rienäcker, der dasselbe tat, aber in der DDR geblieben ist, verklärt wurde.[97]

Günther Rienäcker, der zu den wenigen aus der Gruppe der alten 'bürgerlichen' Wissenschaftler gehörte, die nach Kriegsende in die SED eintraten, und der als Chemiker der einzige Naturwissenschaftler unter den sechs Nachkriegsrektoren der SBZ-Universitäten war[98], attestierte fast jedem Professor der nun von ihm geleiteten Universität eine weitgehend unbelastete Vergangenheit. Eines der sich in den Personalakten beständig wiederfindenden argumentativen Muster bei NS-belasteten Personen lautete, sie seien zwar „Mitglied der NSDAP", aber „Gegner des Nationalsozialismus" gewesen; die Mitgliedschaft und Betätigung in NS-Organisationen sei stets gegen die eigene Überzeugung

97 Aus den Akten der mecklenburgischen Kultusverwaltung sowie aus Personalunterlagen Rienäckers, der in der DDR seine im Dritten Reich begonnenen, auch jetzt wieder wichtigen Forschungen zu Mischkatalysatoren fortsetzen konnte, lassen sich die Fixpunkte der biographischen Legendenbildung rekonstruieren. Während ihm vor 1945 die NSDAP-Dienststellen attestiert hatten, daß er „jederzeit rückhaltlos für den nationalsozialistischen Staat" eintrete, galt unmittelbar nach Kriegsende, daß Rienäcker „schon immer Antifaschist" gewesen sei, der „mit Juden und Kommunisten" verkehrt habe. Bei der Auswahl Rienäckers und seiner Ernennung zum Rektor spielte offensichtlich eine Rolle, daß er – wie die Philosophische Fakultät hervorhob – „einer der wenigen jüngeren Hochschullehrer" war, „der nie derartige [NS-]Mitgliedschaften aufzuweisen hatte"; so wurde behauptet, daß seine Habilitation und die Ernennung sowohl zum außerordentlichen als auch zum ordentlichen Professor von Seiten des NS-Staates verzögert wurde und nur „mit größten Schwierigkeiten" – „gegen ungünstige Gutachten" – durchgesetzt werden konnte, von denen sich keines in den überlieferten Unterlagen befindet; außerdem reklamierte die [sich nun als schon immer „antifaschistisch" präsentierende] Rostocker Philosophische Fakultät, sie habe Rienäcker gerade in Kenntnis seiner „antifaschistischen Haltung", die sie „billigte", 1942 nach Rostock geholt und gerettet, quasi um Mitstreiter für ihren antinationalsozialistischen Kurs zu finden. So in UAR, PA Günther Rienäcker.

98 Die anderen fünf Universitäten der SBZ wurden von Vertretern geisteswissenschaftlicher Fächer geleitet: Berlin – Eduard Spranger (Philosoph); Greifswald – Ernst Lohmeyer (Theologe); Halle – Otto Eißfeldt (Theologe); Jena – Friedrich Zucker (Altphilologe); Leipzig – Bernhard Schweitzer (Archäologe).

und nur unter dem Zwang der Verhältnisse erfolgt, ein Nichtbeitritt hätte der Karriere geschadet. Daraufhin wurden zahlreiche zumindest formal, aber auch tatsächlich NS-belastete Professoren weitgehend problemlos 'entnazifiziert', weil sie – nunmehr wieder – gebraucht wurden; andere, nicht- oder minderbelastete Hochschullehrer wie Ulrich von Lübtow wurden schikaniert und von einer Weiterverwendung ausgeschlossen. Als Komplement zu den zeitgenössischen Entnazifizierungspraktiken der 40er Jahre finden sich in einer Reihe von Darstellungen aus der DDR und dem vereinigten Deutschland über professorales Agieren im Dritten Reich ein vielfach von Unkenntnis bzw. Trivialverständnis von NS-Herrschaftspraktiken geprägtes Herunterspielen der Bedeutung etwa von nationalsozialistischen Organisationen oder eine Marginalisierung des NS-Engagements einzelner Hochschullehrer; im Kontext derartiger belletristischer 'Aufarbeitungs'bemühungen, die auch durch eine Entpersonalisierung bzw. Anonymisierung der Vorgänge des nationalsozialistischen Funktionierens der Universität und einer Exkulpierung seiner Akteure gekennzeichnet sind, kommt es nicht selten zu 'Heldenverehrungs'-Tendenzen.

Betrachtet man die Professorenschaft der Universität Rostock im Wintersemester 1944/45 und verfolgt ihren Weg über das Ende des Dritten Reiches bis zur 'Entnazifizierung', so fällt zunächst auf, daß noch 1944/45 elf Professoren durch Tod oder Wegberufung aus dem Lehrkörper der Universität Rostock ausgeschieden sind, sechs wurden neu berufen.[99] Von den im Mai 1945 zum Lehrkörper der Universität Rostock gehörenden 72 Professoren wurden 17 Hochschullehrer (23,6 Prozent) nach einem Entnazifizierungsverfahren ohne Unterbrechung an der Universität Rostock weiterbeschäftigt, 36 Professoren (50 Prozent) wurden wegen NS-Belastung zunächst entlassen. Von diesen 36 gekündigten Professoren wurden im Laufe der nächsten Monate bzw. Jahre 15 Hochschullehrer wieder an der Universität Rostock eingestellt. Das heißt, daß von den 72 zu Kriegsende in Rostock vorhandenen Professoren nach 1945 zunächst wieder 32 Hochschullehrer an der Universität Rostock forschten und lehrten (44,4 Prozent).[100] Zwei Professoren sind im Mai 1945 verstorben, einer hat nach dem Entnazifizierungsverfahren selbst gekündigt, einer ist unmittelbar 1945/46 an eine andere Universität der SBZ gewechselt.

Mindestens acht Rostocker Professoren sind nach ihrem Kriegseinsatz bzw. Kriegsgefangenschaft nicht an die Universität Rostock zurückgekehrt, sondern wahrscheinlich gleich in die Westzonen gegangen.[101] Generell ist zu konstatieren, daß von den 72 Professoren, die 1945 den Kern des Lehrkörpers der Universität Rostock ausmachten, später 34 Professoren in den Westzonen bzw. der Bundesrepublik tätig waren (47,2 Prozent); darunter waren solche Hochschullehrer, die sich nach Kriegsende sofort in den Westzonen niederließen, Professoren, die nach negativ verlaufenem Entnazifizierungsverfahren entlassen wurden und erst dann in den Westen gewechselt sind, aber auch solche Hochschullehrer, die nach ungekündigter Weiterbeschäftigung oder nach Wiedereinstellung

99 1944/45 ausgeschieden: R. Braun, Brunstäd, Bubnoff, Jordan, Löwe, Maurer, W. Schulze, Steurer, Troitzsch, Wagenmann, Werdermann; 1944/45 neu berufen: Anthony, Benecke, Gerlach, Grebe, Reinmuth, S. Schulze.

100 Ein Teil dieser Rostocker Professoren wechselte in den Folgejahren an eine andere ostdeutsche Universität (nach Jena oder Greifswald, vor allem nach Berlin) und ging von dort aus in die Westzonen bzw. die Bundesrepublik.

101 Für diese Hochschullehrer waren bislang keine Entnazifizierungs- bzw. Entlassungsunterlagen zu ermitteln.

zunächst in Rostock tätig waren, dann aber – zumeist aus politischen Gründen – die SBZ bzw. die DDR verließen. Von den 34 in den Westzonen bzw. der Bundesrepublik tätigen ehemaligen Rostocker Professoren amtierten 28 wieder als Hochschullehrer, fünf waren als Ärzte tätig (darunter zwei mit Lehraufträgen an einer Universität), einer gründete ein Wirtschaftsunternehmen.

Festzuhalten bleibt: Widerstandsaktivitäten, die auf den Sturz des Dritten Reiches abzielten, hat es unter der Professorenschaft der Rostocker Universität nicht gegeben. Obwohl die Universität Rostock in ihrer Professorenschaft kaum über 'antifaschistisches' Potential und noch weniger über antinationalsozialistische Akteure verfügte, sind in den Darstellungen der DDR eine Reihe von Legenden aufgebaut, verfestigt und schließlich in den Rang von Tatsachen erhoben worden, mit denen etwa für die von den Nationalsozialisten gemaßregelten, inzwischen jedoch zumeist verstorbenen Professoren eine kaum zu hinterfragende Opferrolle konstruiert wurde, und für andere, nach 1945 zumeist in der DDR aktive Hochschullehrer, 'antifaschistische' Einstellungen oder sogar entsprechende Aktivitäten unterstellt wurden. Diese hinsichtlich des Opferstatus in unterschiedlichem Ausmaß und in verschiedener Akzentuierung konstruierten Legenden, Mutmaßungen und Spekulationen konzentrierten sich etwa auf die Professoren Hans Moral, Kurt von Fritz, Rudolf Helm, Arno Poebel, Gerhard Thomsen, Günther Hertwig oder Georg Ganter; sie betrafen aber auch in der NS-Zeit angeblich als Antifaschisten aufgetretene nunmehrige DDR-Professoren wie Hermann von Guttenberg, Peter Holtz, Paul Kunze, Kurt Nehring, Asmus Petersen, Matthäus Reinmöller, Ernst Reinmuth, Günther Rienäkker, Ernst Ruickoldt oder Viktor Schilling, wenigstens solange sie in der DDR blieben oder dort politisch nicht in Mißkredit gerieten.

Der Hang zu Legendenbildungen überdauerte das Ende der DDR und scheint sich als ein vermeintlich notwendiges, konstitutives Element bei der Schaffung eines universitären Selbstverständnisses manifestiert zu haben: Auch nach der 'Wende' werden zum Beispiel beim komplizierten Umgang mit den nicht immer eindeutigen, zum Teil widersprüchlichen Momenten des Lebens von Hans Moral nur selten weitergehende Überlegungen angestellt. Ausgehend von einer scheinbar logischen Indizienkette (jüdischer Professor, NS-Machtergreifung, Selbstmord) wirkt hier ein reflexartiger, von volkspädagogischen Implikationen geleiteter und von mangelnder Sachkenntnis beeinflußter kurzschlüssiger Trivialantifaschismus, der sich in einer im Hauptgebäude der Universität angebrachten Alibi-Gedenktafel finalisierte, die Moral ausschließlich in seiner Rolle als prominentes „Opfer des nationalsozialistischen Terrors an der Universität Rostock" präsentiert. Analoges gilt auch für den reduktionistischen Umgang mit Kurt von Fritz, der als einziger Rostocker Professor und (neben Karl Barth) als einziger deutscher Hochschullehrer gefeiert wird, der den Eid auf Hitler verweigerte, zumeist jedoch ohne die konkreten Umstände und Motive dieser Eidesverweigerung zu beleuchten.[102]

Im Unterschied zum Philologen Kurt von Fritz haben die Rostocker Universitätstheologen als Beamte des nationalsozialistischen Staates 1934 ausnahmslos den Diensteid auf Hitler und die Gesetze des NS-Regimes geleistet. Auch deshalb irritieren die angesichts der Aktenlage zumindest widersprüchlich erscheinenden Versuche, die Rostocker Theo-

102 Eine gewisse Ausnahme bildet der Aufsatz von Sven Müller: Der nicht geleistete Eid des Rostocker Griechisch-Professors Kurt von Fritz auf Adolf Hitler – „preußisch-starre" Haltung oder staatsbürgerliche Verantwortung von Wissenschaft, in: Zeitgeschichte regional, 9 (2/ 2005), S. 67 – 77.

logische Fakultät retrospektiv zu einer Stätte des Widerstandes umzudeuten. Zwar ist im Kontext der sich radikalisierenden nationalsozialistischen Kirchenpolitik ernsthaft erwogen worden, die Theologischen Fakultäten der Universitäten zu schließen, was für die Zeit nach dem 'Endsieg' auch vorgesehen war; für die Universität Rostock stellten der mecklenburgische Staatsminister und das Reichserziehungsministerium zumindest seit April 1939 entsprechend dokumentierte Überlegungen an. Neben die weltanschaulich und ideologisch motivierte Absicht führender Nationalsozialisten zur Ausschaltung des kirchlichen Einflusses im Dritten Reich traten bei den Erwägungen zur Weiterführung oder Schließung der Theologischen Fakultäten jedoch immer mehr auch ökonomische Betrachtungen, ein Aspekt, der in den retrospektiv gelegentlich zur Apotheose gerinnenden Darstellungen des Wirkens der Rostocker Universitätstheologen kaum berücksichtigt wird.

Klerus und Theologische Fakultäten, die die Bestrebungen des NS-Staates zur Zurückdrängung des kirchlichen Einflusses mit Sorge betrachteten, entfalteten laut Beobachtung des SD jedoch keine Widerstandsaktivitäten gegen die antikirchlichen Maßnahmen des NS-Staates, sondern entfesselten „eine lebhafte Propaganda für das Verbleiben der evangelischen theologischen Fakultäten an den deutschen Universitäten"; wie die V-Leute des SD feststellten, suchten sich die Theologischen Fakultäten einen „äußeren Anstrich der Gegenwartsverbundenheit" zu geben und dem NS-Staat zu suggerieren, „daß allein die Einordnung [der Theologischen Fakultäten] in die nationalsozialistische Hochschule dem Staat sowohl politisch wie bildungsmäßig die Gewähr gebe, daß nicht ein engstirniger und fanatischer Klerus" heranwachse, „sondern Geistliche, die im engen Kontakt mit den Erfordernissen des nationalsozialistischen Staates" stünden.[103]

Als sich in der DDR die Auffassung verfestigt hatte, daß man die Theologischen Fakultäten werde behalten müssen – nachdem man noch in der SBZ die Möglichkeiten zu deren Nichteröffnung nach 1945 zunächst kritisch geprüft hatte –, sah sich die DDR-Geschichtsschreibung aus 'bündnispolitischen' Erwägungen zu einer vorsichtigen Würdigung einzelner Theologen veranlaßt, zumal wenn diese von den Nationalsozialisten gemaßregelt worden waren. Mit dem Ende der DDR kam es auch hier zu einem Paradigmenwechsel: Mit der zwar wenig erklärenden, aber kritische Nachfragen zunächst ausschließenden Subsumtion der Rostocker Theologen unter die Kategorie 'Bekennende Kirche' wurde die Rostocker Theologische Fakultät von der Geschichtsschreibung retrospektiv in „eine Stätte des Widerstandes gegen den Nationalsozialismus" umgedeutet.[104]

Zu dieser selektiven, interessengeleiteten Geschichtsbetrachtung gehört die im Kontext des vorliegenden Lexikons beachtenswerte unhistorische Ausblendung nunmehr unangenehmer Kollegen und Fakultätsmitglieder; betrachtet man die entsprechenden 'Nachwende'-Darstellungen über die Rostocker Theologische Fakultät, so scheinen dieser lediglich die Professoren Brunstäd, Büchsel, Jepsen, Quell, Schreiner und von Walter angehört zu haben.[105] Zwar unterschieden sich diese sechs Theologen von der Mehrzahl der mecklenburgischen Pastoren, Pröpste und Mitglieder des Oberkirchenrates, die mehrheitlich Sympathien für den Nationalsozialismus hatten oder vielfach selbst Nationalso-

103 Meldungen aus dem Reich, S. 2169 (Bericht vom 31.3.1941).

104 So etwa bei Pettke, Sabine: Die Theologische Fakultät von 1933 bis 1945, in: Die Theologische Fakultät Rostock unter zwei Diktaturen. Studien zur Geschichte 1933 – 1989. Festschrift für Gert Haendler zum 80. Geburtstag, hrsg. von Heinrich Holze, Münster 2004, S. 35 – 60, hier S. 44.

zialisten waren. Aber ein 'Widerstand' der Rostocker Universitätstheologen hatte sich nicht gegen den Nationalsozialismus als solchen entwickelt; statt dessen resultierten die verschiedenen Formen der Resistenz und des Nonkonformismus gegenüber einzelnen Maßnahmen der NS-Herrschaftspolitik vielfach aus dem – innersystemar betrachtet – ungeschickten kirchenpolitischen Agieren der Nationalsozialisten im allgemeinen und der mecklenburgischen NS-Funktionäre im besonderen. Insgesamt haben auch die Rostocker Universitätstheologen durch ihr Verbleiben im Amt und ihren Rückzug auf 'die Schrift' und 'das Bekenntnis', aber auch aufgrund ihres Staatsverständnisses nach außen eher systemstabilisierend gewirkt; ihre Interventionen betrafen auch nie den NS-Staat als Ganzes, sondern vor allem dessen restriktives kirchenpolitisches Agieren in einem Raum, der bislang den Kirchen allein vorbehalten geblieben war.

Eine Reihe der von der DDR zur 'antifaschistischen' Identifikationsstiftung und Legitimierung entwickelten (Opfer- und Antifa-)Legenden werden nunmehr auch von der 'gesamtdeutschen' Geschichtsschreibung übernommen und vor allem von mecklenburgischen Regional- und Rostocker Universitätshistorikern bis in die Gegenwart tradiert und perpetuiert, mit dem Ziel, zur Traditionsbildung nunmehr auch für das vereinigte Deutschland demokratisches, antitotalitäres Potential unter der Professorenschaft der 'braunen Universität' Rostock zu suchen, entdecken und zu popularisieren – Versuche, die einer realistischen Prüfung oft nicht standhalten.

Es ergibt sich gelegentlich eine merkwürdige Gemengelage; während in der DDR das NS-konforme Handeln mancher Professoren verschwiegen, beschönigt oder uminterpretiert wurde, um in der DDR aktive Professoren nicht zu beschädigen und die eigene, zunächst opportunistische Wissenschaftspolitik nicht in Verruf zu bringen, wurden die nach dem Krieg in der Bundesrepublik tätigen ehemaligen Rostocker Professoren vielfach als 'Naziaktivisten' gebrandmarkt, was sie gelegentlich auch waren, jedoch kaum in größerem Ausmaß als die 'Zurückgebliebenen'. Und in der heutigen auf die Universität Rostock bezogenen oder von dieser initiierten und tradierten Geschichtsschreibung finden sich wiederum das NS-Engagement der Rostocker Professorenschaft marginalsierende Momente, um die – gelegentlich überzogenen und teilweise einseitigen, im Kern jedoch nicht selten zutreffenden – Darstellungen der DDR-Forschung nicht übernehmen zu müssen.

III. Zu den nachfolgend präsentierten Biographien

Das Datenmaterial für die hier veröffentlichten biographischen Artikel wurde fast ausschließlich aus archivalischen Überlieferungen gewonnen. Die **Material- und Quellengrundlage** für die nachfolgend präsentierten Kurzbiographien bildeten die einschlägigen Überlieferungen aus dem Bundesarchiv (vor allem Reichsministerium für Wissenschaft, Erziehung und Volksbildung sowie personenbezogenes Schriftgut aus dem ehemaligen Berlin Document Center), aus dem Mecklenburgischen Landeshauptarchiv in Schwerin (dort besonders Ministerium für Unterricht, Kunst, geistliche und Medizinalangelegenheiten), aus dem Universitätsarchiv und dem Stadtarchiv Rostock sowie dem Landeskirchenarchiv Schwerin und der Deutschen Dienststelle (WASt) in Berlin.

---

105 Demgegenüber werden die ebenfalls als Theologen in Rostock wirkenden Professoren Rendtorff, Werdermann, Knevels, Pohrt und Wagenmann zumeist ausgeblendet, offensichtlich auch deshalb, weil einige von ihnen über einen manifesten 'NS-Hintergrund' verfügten.

Zwar existieren für einige der hier behandelten Professoren verschieden umfangreiche biographische Abhandlungen in Form von Monographien, Dissertationen, Aufsätzen, Artikeln in Übersichtsdarstellungen oder in Festschriften; diese wurden zwar zur Kenntnis genommen und ausgewertet, aber auch aus Gründen der Materialgleichgewichtigkeit im Vergleich mit anderen, biographisch bislang nicht behandelten Personen nur in eingeschränktem Maße verwandt.[106] Zur Ergänzung der in den Aktenüberlieferungen vorhandenen Unterlagen wurden gelegentlich Lexika und Enzyklopädien herangezogen, vor allem das Deutsche Biographische Archiv I-III, das über den Deutschen Biographischen Index erschlossen ist und in dem biographische Artikel aus mehr als 900 Nachschlagewerken und Speziallexika kompiliert sind[107], die die gelegentlich unzuverlässigen Angaben etwa im *Kürschner* oder im *Munzinger* kompensieren können. Aber der Umfang der auch dort zu registrierenden Lücken und Fehlstellen, die nicht geringe Zahl der auch in Speziallexika vorhandenen Ungenauigkeiten, Irrtümer und Fehler, und die Beobachtung, daß neuere Lexikoneinträge vielfach von älteren abgeschrieben und – gelegentlich falsch – ergänzt wurden, waren Veranlassung, die hier vorgestellten Kurzbiographien weitgehend aus den Akten zu erarbeiten, wobei uns natürlich bewußt ist, daß auch dort nicht immer 'die Wahrheit' überliefert ist.[108]

Zu **einigen Editionsprinzipien**: Neben den konkreten Geburtsorten der in Rostock lehrenden Professoren sind zur genaueren territorialen Herkunftsbestimmung auch die Kreise, Regierungsbezirke, Provinzen bzw. Länder erwähnt; dies ermöglicht eine deutlichere geographische Zuordnung. Die erwähnten Religionsbezeichnungen bzw. konfessionellen Bekenntnisse basieren ausschließlich auf zeitgenössischen Selbstzuschreibungen der betreffenden Professoren.

Es wurde versucht, die Berufe der Väter, die vor allem die soziale Herkunft der späteren Professoren beleuchten sollen, mit dem konkreten Status zum Zeitpunkt der Geburt der hier vorgestellten späteren Hochschullehrer zu erfassen. Diese hatten in ihren Lebensläufen nicht selten das Bestreben, sich durch die noch nach ihrer Geburt erfolgte berufliche Karriere ihrer Väter gesellschaftlich aufzuwerten.[109]

Anders als viele Lexika, in denen Karrieredaten zumeist nur mit Jahreszahlen angegeben werden, wodurch oft Ungenauigkeiten und Unklarheiten entstehen, sind in der vorliegenden Veröffentlichung – wenn ermittelbar – auch die Monatsdaten der jeweiligen Karrierestationen angeführt, was konkretere Vorstellungen und detailliertere Zuordnungen ermöglicht.[110]

Erfaßt wurden – wenn vorhanden – auch die Heiratsdaten der Professoren, die Namen und Geburtsdaten der Ehefrauen sowie die Anzahl der gemeinsamen Kinder. Bis auf sie-

106 Durch die Verwendung bereits gedruckter Materialien hätte sich zudem nicht selten die Notwendigkeit einer detaillierten Auseinandersetzung, von inhaltlichen und qualitativen Diskussionen sowie gelegentlich notwendigen Richtigstellungen ergeben, die im Rahmen dieser Arbeit schon quantitativ nicht zu leisten waren.

107 Vgl. Deutscher Bigraphischer Index. 8 Bde., bearb. von Victor Herrero Mediavilla, [3]München 2004.

108 Am Ende eines jeden biographischen Artikels werden lediglich die verwandten archivalischen Quellen angegeben, nicht jedoch die gelegentlich sehr zahlreichen Fundstellen aus der Literatur, die für einzelbiographische Arbeiten zu den hier vorgestellten Professoren natürlich ermittelt und herangezogen werden müssen.

109 So präsentierten sich Söhne von Assessoren als Kinder von Landgerichtspräsidenten; damalige Abteilungsleiter erscheinen nun als Minister, niedergelassene Ärzte als Medizinalräte usw.

ben Fälle konnten – auch durch die hilfreichen Bemühungen der zuständigen Standesämter – die Todesdaten der hier porträtierten Professoren ermittelt werden.

Bei militärischen Auszeichnungen wurden – vor allem für den Ersten Weltkrieg – lediglich zentrale, vom Reich verliehene Orden und Ehrenzeichen wie etwa das Eiserne Kreuz (EK), das Ehrenkreuz für Frontkämpfer (EKFK) oder das Kriegsverdienstkreuz (KVK) erwähnt, dagegen keine regionalen, von den deutschen Bundesländern oder von ausländischen Staaten verliehenen (Kriegs-)Auszeichnungen.

Die angeführten Hauptforschungsrichtungen und wissenschaftlichen Arbeitsgebiete der hier porträtierten Professoren sind deren zeitgenössischen Selbstauskünften entnommen. Von der zuweilen großen Zahl der Veröffentlichungen der Professoren wurden im vorliegenden Lexikon in den meisten Fällen nur eigenständige monographische Arbeiten angeführt, die sowohl die wissenschaftlichen Forschungsgebiete als auch die oft erstaunliche Breite der bearbeiteten Themen dokumentieren und darüber hinaus auch zeitgenössische Erkenntnisinteressen und Forschungsrichtungen illustrieren; dagegen wurde die kaum zu überschauende Zahl der in zahlreichen wissenschaftlichen Zeitschriften, Sammelbänden und Jahrbüchern veröffentlichten Aufsätze und Studien in der Regel nicht mit erfaßt.[111]

Um in den biographischen Artikeln zu möglichst eindeutigen Aussagen zu gelangen, mit denen auch Mißverständnisse oder falsche Zuordnungen ausgeschlossen werden sollen, war es unumgänglich, etwa bei Statusveränderungen, Qualifikationen, Hochschulzugehörigkeiten, Funktionsbezeichnungen u.ä. präzise Formulierungen zu verwenden, die gelegentlich redundant erscheinen können, zur genauen Bezeichnung eines Sachverhaltes aber notwendig waren.

Unser besonderer **Dank** gilt allen Leiterinnen und Leitern, Mitarbeiterinnen und Mitarbeitern der benutzten Archive, die mit sachkundigen Hinweisen, unbürokratischen Hilfestellungen, oft mühevollen Recherchen und umfangreichen Kopierarbeiten unsere Materialsammlung wesentlich erleichtert und bereichert haben.

Der Großteil der hier teilweise erstmals veröffentlichen Photographien stammt aus dem Universitätsarchiv Rostock, für deren Reproduktion wir Herrn Dr. Gunther Viereck (Rostock) zu Dank verpflichtet sind. Darüber hinaus haben die Archive der Universitäten Berlin (Humboldt), Bonn, Göttingen, Greifswald, Halle, Hamburg, Heidelberg, Hohenheim, Köln, Leipzig, Mainz, München, Münster, Tübingen und Würzburg sowie das Stadtarchiv Rostock schnell und unproblematisch zur Bildbeschaffung beigetragen und gelegentlich auch Aktenmaterial zur Verfügung gestellt; dafür möchten wir uns an dieser Stelle ausdrücklich bedanken.

Die Herren Professoren Dr. Michael Grüttner (Berlin) und Dr. Rudolf Morsey (Speyer) haben durch eine über das 'übliche Maß' hinausgehende wohlwollend-kritische Begutachtung des Manuskripts dieser Arbeit und durch eine Reihe von konstruktiven Hinweisen sowohl zur Qualifizierung der Einleitung als auch zur Präzisierung der biographi-

110 Danach bedeutet 2/1935 etwa Februar 1935, und mit 11/1926 ist der November 1926 gemeint. Lediglich die Geburtsdaten und – wenn ermittelbar – auch der Todeszeitpunkt sowie der Zeitpunkt des Eintritts in die NSDAP sind mit konkreten Tagesdaten angegeben.

111 Die Dokumentation des wissenschaftlichen Gesamtwerkes muß jeweiligen einzelbiographischen Arbeiten vorbehalten bleiben. Ebenfalls aus Platzgründen mußte auf die Nennung der von den hier porträtierten Professoren betreuten Dissertationen verzichtet werden, die das jeweilige Forschungsspektrum ihrer Lehrstühle und Institute noch deutlicher sichtbar gemacht hätte.

schen Artikel beigetragen, wofür wir uns herzlich bedanken. Ungeachtet dessen sind die Autoren für jeden einzelnen – der hoffentlich wenigen – Fehler selbst verantwortlich; Ergänzungen und Berichtigungen nehmen wir gern entgegen.

Ein spezieller Dank für umfangreiche logistische Arbeiten im Gesamtzusammenhang des Projekts gebührt Frau Dana Schieck (Berlin), die als studentische Hilfskraft am Institut für Zeitgeschichte an diesem Projekt mitgewirkt hat.

Anthony, Albert Johann

geboren am 23.10.1901 in Hamburg; evangelisch; Sohn eines Kaufmanns; Heinrich-Hertz-Realgymnasium in Hamburg; als Freiwilliger 1919 Freikorpseinsatz im Jäger-Bataillon Bahrenfeld; 1920 Abitur in Hamburg; zunächst drei Semester Studium der Anthropologie und Völkerkunde, anschließend der Medizin an den Universitäten Hamburg, Rostock und Freiburg; als Student in Hamburg mehrere Jahre Leiter des Amtes für sozialstudentische Arbeit und Mitarbeit im Hamburger 'Volksheim'; 4/1925 medizinisches Staatsexamen; 5/1925 – 4/1926 Medizinalpraktikant an der Chirurgischen Klinik und an der I. Medizinischen Klinik der Universität Hamburg; dort 4/1926 Promotion;[1] 7/1926 Approbation; 5/1926 – 10/1927 Assistent an der Chirurgischen und Medizinischen Universitätsklinik in Hamburg-Eppendorf und zugleich Mitarbeiter am Institut für Luftfahrtmedizin in Hamburg-Eppendorf; zur Fortsetzung der wissenschaftlichen Ausbildung beurlaubt und Studien am Institut für Pharmakotherapie in Leiden/Holland; 11/1927 – 6/1928 Volontärassistent am Pathologischen Institut der Universität Freiburg; 7/1928 – 1/1930 Assistenzarzt an der I. Medizinischen Klinik der Universität Hamburg; dort 1929 Habilitation[2] und seitdem Privatdozent für Innere Medizin an der Universität Hamburg; 2-7/1930 Assistant étranger an der Neurologischen Klinik der Salpétriêre/Paris; 8/1930 – 8/1931 Assistent am Rockefeller Institute for Medical Research in New York/USA; 9/1931 – 2/1932 wieder Assistent an der I. Medizinischen Universitätsklinik in Hamburg, ab 1931 Facharzt für Innere Krankheiten; 3-8/1932 Volontärassistent am Physiologischen Institut der Universität Heidelberg; als Privatdozent 9-12/1932 erneut Assistent an der I. Medizinischen Universitätsklinik in Hamburg, dort 1/1933 – 12/1936 Oberarzt, 10/1934 – 1/1935 auch stellvertretender Klinikdirektor; 3/1933 Heirat,[3] später vier Kinder; in Hamburg Eintritt in die NSDAP am 1.5.1933, Mitgliedsnummer 3.279.259; ab 10/1933 Mitglied des Deutschen Luftsport-Verbandes; an der Universität Hamburg 4/1936 zum nichtbeamteten außerordentlichen Professor ernannt; 1/1937 – 8/1939 Oberarzt der Medizinischen und Nervenklinik der Universität Gießen, dort ab 1938 Mitglied des NS-Dozentenbundes, des NS-Ärztebundes und als NSFK-Hauptsturmführer auch Sturmarzt im NS-Fliegerkorps; an der Universität Gießen 1/1939 zum außerplanmäßigen außerordentlichen Professor ernannt; ab 9/1939 Direktor der Medizinischen Klinik des Stadtkrankenhauses Offenbach/M., daneben auch außerplanmäßiger Professor an der Universität Frankfurt/M.; dort zuletzt auch NSFK-Sturmbannführer und Beratender Arzt im NSFK; daneben ab 1939 Leiter der Fliegeruntersuchungsstelle; ab 2/1940 zunächst Kriegseinsatz als Assistenzarzt im Reservelazarett Offenbach/M.; 6/1940 – 5/1944 Referent für Luftfahrtmedizinische Forschung und Sachbearbeiter für alle ärztlichen Sondermaßnahmen für fliegendes Personal beim Chef

1 Mit der Arbeit: Über einen Fall von Spätfolgen nach subcutaner Paraffin-Injektion, Hamburg 1926.

2 Mit der Arbeit: Untersuchungen über Lungenvolumina und Lungenventilation, Leipzig 1930.

3 Mit Elisabeth Moeller, geb. am 2.1.1907 in Minden/Westfalen; Tochter eines Majors; noch 1948 technische Assistentin am Hygiene-Institut der Universität Rostock.

des Sanitätswesens der Luftwaffe in Berlin;[4] nach Einsatz in Norwegen 9/1940 zum Oberarzt, nach Einsatz in Frankreich 4/1942 KVK II. Kl. und 7/1942 zum Stabsarzt befördert; 10/1942 Leiter der Tagung „Seenot" (Dachau-Versuche); 9/1943 KVK I. Kl.; 6-10/1944 Kriegseinsatz als Stabsarzt und Beratender Internist beim Luftflottenkommando I an der Ostfront (Lettland/Estland); 10/1944 zur Lehrgruppe Wissenschaft und Forschung der Akademie der Luftwaffe versetzt und von dort 10/1944 an die Medizinische Universitäts-Poliklinik Rostock kommandiert; 10/1944 zum außerordentlichen Professor für Innere Medizin an der Universität Rostock ernannt und zunächst vertretungsweise mit der Wahrnehmung des Lehrstuhls für Innere Medizin beauftragt und zum Leiter der Medizinischen Poliklinik bestellt;[5] 5-6/1945 in sowjetischer Kriegsgefangenschaft im Gerichtsgefängnis in Rostock; nach Entlassung dort 7-12/1945 als Gefängnisarzt eingesetzt; wegen NS-Belastung 1/1946 als Hochschullehrer entlassen; 1946 Intervention der Medizinischen Fakultät der Universität Rostock und des Vizepräsidenten des Landes Mecklenburg-Vorpommern auf Wiedereinstellung Anthonys;[6] die bereits vorgesehene

4 Wie Anthony 1944 hervorhob, hatte er dort „alle luftfahrtmedizinischen Fragen zu bearbeiten und die Ergebnisse der Forschung für die Truppe auszuwerten;" daneben auch Leiter der vom Reichsforschungsrat finanzierten Untersuchungen über den „Einfluß kurzdauernder Sauerstoffatmung auf Hämoglobingehalt und Erythrocytenzahl des menschlichen Blutes" an nicht näher bezeichneten Personen.

5 Die Medizinische Fakultät der Universität Rostock hatte sich bei 52 potentiellen Bewerbern mit großer Mehrheit für Anthonys Berufung ausgesprochen; dessen „langjährige Tätigkeit als Arzt und Oberarzt an Kliniken mit besonders reichem empirischem Krankengut verbürg[t]en eine große klinische Erfahrung"; gelobt wurden seine wissenschaftlichen Arbeiten, die sich „mit Fragen des Kreislaufes und der Atmung unter besonderer Berücksichtigung luftfahrtmedizinischer Belange" befassen und „über Deutschlands Grenzen hinaus Anerkennung gefunden" hätten. Auch als Luftfahrtmediziner habe sich Anthony „eine sehr geachtete Stellung geschaffen"; bei der Sanitätsinspektion der Luftwaffe gehe „ein ungewöhnlich reichhaltiges und interessantes Beobachtungsmaterial durch seine Hände". Anthonys Hauptarbeitsgebiete waren die Atmungs- und Kreislaufphysiologie, die pathologische Physiologie der Lungen sowie die Luftfahrtmedizin.

6 Die Medizinische Fakultät der Universität Rostock hatte 7/1946 den Antrag gestellt, „den ao. Professor Dr. Anthony wieder für das Fach der Inneren Poliklinik zu berufen", da sich „nach der durchgeführten Untersuchung des Antifa-Blockes in Rostock ergeben" habe, „daß seine Zugehörigkeit zum NSFK rein formaler Natur war"; und 10/1946 beantragte der Vizepräsident des Landes Mecklenburg-Vorpommern, Gottfried Grünberg, beim Chef der SMA für Mecklenburg die Wiederberufung Anthonys auf den vakanten Lehrstuhl für Innere Medizin mit der Begründung, Anthony sei „nicht nur ein sehr bedeutender Arzt und vorzüglicher Lehrer, sondern auch weit über die Grenzen Deutschlands hinaus als Forscher auf dem Gebiete der Atmung und des Kreislaufs bekannt", und seine Wiedereinstellung würde „einen unschätzbaren Gewinn für die Medizinische Fakultät bedeuten". In einem von Karl Klinke, Dekan der Medizinischen Fakultät der Universität Rostock, verfaßten „Politischen Gutachten" hieß es 10/1946, Anthony sei „als reiner Wissenschaftler zu werten, dem politische Probleme von jeher ferngelegen haben"; seine Mitgliedschaft im NSFK sei lediglich durch ein Interesse „an der Wissenschaft" motiviert gewesen; „politisch im Sinne des Dritten Reiches" sei Anthony „niemals hervorgetreten", er habe immerhin im Mai 1945 „im engen Kreise die Unsinnigkeit des Hitlerregimes zugegeben und sich vollauf zur demokratischen Volksführung bekannt". Anthony selbst führte 1947 an, daß den Assistenten der Hamburger Universitätskliniken 4/1933 „der Eintritt in die NSDAP nahegelegt" worden sei; er habe die Aufnahme „in dem Glauben [beantragt], daß der Zusammenschluß aller Deutschen in einer Partei für Deutschlands Zukunft zweckmäßig sei"; darüber hinaus ließ „das Parteiprogramm damals nicht erkennen, daß die Rassenfrage zu einem Kernproblem der Partei gemacht wurde und daß die Partei zur

Wiedereinsetzung in sein früheres Lehramt kam nicht zustande: Anthony wurde bei einem Einbruch in seine Wohnung am 9.8.1947 durch den von ihm überraschten Täter angeschossen und starb an den Folgen dieser Schußverletzung am 11.8.1947 in Rostock[7]

Quellen: UAR: PA Anthony; LHAS: 5.12-7/1, Nr. 1503, 1506; BA/BDC: REM, PK; BA/BDC-Karteien: NSDAP, NSLB, NSDÄB, RFR.

Durchführung ihrer Ziele Methoden anwendet, die den Grundsätzen der Menschlichkeit widersprechen"; er habe durch seine NSDAP-Mitgliedschaft „weder berufliche noch politische Vorteile gehabt".

7 Veröffentlichte mehr als 70 wissenschaftliche Arbeiten, u.a.: Funktionsprüfung der Atmung, Leipzig 1937; Innere Wehrmedizin, unter Mitarbeit von A. Anthony hrsg. von S. Handloser, Dresden 1944.

Bachér, Franz Hermann Theodor Niels

geboren am 21.5.1894 in Kassel/Hessen-Nassau; evangelisch; Sohn eines Chemikers und Betriebsdirektors;[1] Herzogliche Vorschule und Herzogliches Friedrichs-Gymnasium in Dessau, dort 4/1912 Abitur; ab 4/1912 Studium der Chemie an den Universitäten Marburg und Kiel; als Freiwilliger ab 8/1914 zunächst Militärausbildung im Feldartillerie-Regiment 4 in Magdeburg, ab 12/1914 Kriegseinsatz im Feldartillerie-Regiment 49; 10/1916 – 2/1917 Ausbildung zum Flugzeugführer, ab 1916 Kampfflieger in der Fliegerabteilung A 224 und der Jagdstaffel 3; als Leutnant 11/1918 aus dem Heer entlassen, EK II, EK I; Weiterführung des Chemiestudiums in Kiel, und – „abgestoßen von dem revolutionären Treiben in Kiel" – ab 1/1919 an der Universität Rostock; neben dem Chemiestudium hier auch Ausbildung in physikalischer Chemie, Physik, Botanik und Volkswirtschaftslehre; 3/1920 Beteiligung am Kapp-Putsch; ab 4/1920 Vorlesungsassistent, ab 1922 1. Assistent in der organischen Abteilung des Chemischen Instituts der Universität Rostock; dort 5/1921 Promotion;[2] 4/1925 – 9/1934 Oberassistent am Chemischen Institut der Universität Rostock; 1926 Heirat,[3] später zwei Kinder; 7/1928 Habilitation in Rostock[4] und seitdem Privatdozent für organische Chemie an der Universität Rostock; dort Eintritt in die NSDAP am 1.3.1932, Mitgliedsnummer 985.130; ab 1932 auch Dozent an der Nationalsozialistischen Führer- und Fortbildungsschule des Gaues Mecklenburg-Lübeck der NSDAP[5] in Schwerin und Rostock; erster Vorsitzender des Mecklenburgischen Aeroklubs und der Akademischen Fliegergruppe und ab 1933 Leiter der Fliegerortsgruppe Rostock-Warnemünde des Deutschen Luftsportverbandes; ab 1932 maßgeblicher Akteur der nationalsozialistischen Sammlungsbewegung und Kristallisationspunkt einer informellen NS-Arbeitsgemeinschaft der Lehrkräfte an der Universität Rostock;[6] daneben Sekretär des Hochschulobmannes der Reichsfachschaft I (Hochschullehrer und Wissenschaftler) des NS-Lehrerbundes sowie Vertrauensmann für Wehrfragen und Referent der Gesellschaft für Wehrpolitik und Wehrwissenschaft an der Universität Rostock; dort 7/1933 zum nichtplanmäßigen außerordentlichen Professor ernannt;[7] 1934 Führer der Dozentenschaft an der Universität Ro-

1 Bachér war mütterlicherseits ein Enkel Theodor Storms.

2 Mit der Arbeit: Beitrag zur Stereochemie der Truxinsäuren, Rostock 1921. Beteiligte sich mit dieser Arbeit an der von der Philosophischen Fakultät für das Jahr 1920 gestellten Preisaufgabe und erhielt dafür 2/1921 den vollen Preis.

3 Mit Elisabeth Buck; Tochter eines Kaufmanns.

4 Mit der Arbeit: Studien zur Truxin- und Truxillsäure-Synthese, Rostock 1928.

5 Referierte dort u.a. über „Rüstungsfragen", „Probleme des Luftschutzes" sowie über die „Chemische Industrie Deutschlands und ihre Bedeutung für Wirtschaft und Krieg".

6 Dort auch Mitorganisator und Hauptredner der im Kontext der Bücherverbrennung am 5.5.1933 vor dem Hauptgebäude der Universität durchgeführten Kundgebung „Wider den undeutschen Geist", die mit der Aufstellung eines Bücher-Schandpfahls verbunden war; Initiator des Konzilbeschlusses am 21.6.1933 zur Durchsetzung einer autoritären Rektoratsverfassung.

7 Bachérs Hauptarbeitsgebiet war die experimentelle Arbeit im Bereich der organischen Chemie, hier besonders die Synthese der Truxill- und Truxinsäuren.

stock;[8] ab 7/1934 zunächst Vertretung des Lehrstuhls für Organische Chemie, 10/1934 – 5/1945 dann ordentlicher Professor für Organische Chemie und Leiter des Organisch-Chemischen Instituts an der Technischen Hochschule in Berlin; daneben ab 1934 kommissarischer, 4/1935 – 4/1937 regulärer Leiter der Hochschulabteilung im Amt Wissenschaft des Reichsministeriums für Wissenschaft, Erziehung und Volksbildung;[9] 1945 aus dem Hochschuldienst entlassen, lebte anschließend in Bad Reichenhall und in München; nach Abschluß des Entnazifizierungsverfahrens 2/1950 als entlastet eingestuft;[10] 1953/54 Lehrbeauftragter, ab 1954 wieder ordentlicher Professor für Organische Chemie an der Technischen Universität Berlin; am 15.10.1987 in Berlin gestorben[11]

Quellen: UAR: PA Bachér; LHAS: 5.12-7/1, Nr. 2394; BA/BDC: REM, PK; BA/BDC-Karteien: NSDAP, NSLB, RFR.

8 Rektor Paul Schulze teilte dem Reichsminister für Luftfahrt 5/1934 mit, daß er Bachér „in jeder Hinsicht das beste Zeugnis ausstellen“ könne; weil dieser sein Vertrauen genieße, habe er ihn „zum Führer der Dozentenschaft an unserer Universität ernannt“. Bachér sei „überzeugter Nationalsozialist und begeisterter Deutscher. Ein frischer Mensch von geradem offenen Charakter, von großen geistigen Fähigkeiten. Er ist ein sehr guter Redner und Organisator und besitzt eine bewundernswerte Arbeitskraft“, Bachér sei „eine geborene Führernatur“.

9 Hier maßgeblicher Einfluß auf die Lehrstuhlbesetzungen und die Durchsetzung des Führerprinzips in den Satzungen der deutschen Universitäten.

10 Bachér konnte seine Entlastung auch mit aktiver Hilfe ebenfalls NS-belasteter ehemaliger Rostocker Kollegen durchsetzen (etwa Pascual Jordan und Paul Kunze), die ihm die notwendigen eidesstattlichen Erklärungen ('Persilscheine') ausstellten; so wollte der sich nunmehr als Widerständler gerierende Bachér von Kunze 12/1949 belegt haben, daß er „nie ein wilder oder prononcierter Parteimann [gewesen sei], sondern im Gegenteil Vieles vertrat und verfocht, was der Parteipraxis entgegen war“; gerade wegen dieser Haltung sei er „von der Partei“ aus seiner „nebenberuflichen und ehrenamtlichen ... Tätigkeit im Ministerium herausmanövriert“ worden. So habe er „in der Mehrzahl aller Berufungen“ vielen „nach der Parteidoktrin [von Berufungen] Ausgeschlossenen zu ihrem Recht verholfen“ und „eigentlich nie [!] die Partei, vertreten durch den NS-Doz.bund, die hineinredenden Gauleiter, den SD und wer sonst noch mitsprechen wollte, zum Zuge kommen“ lassen. Statt dessen habe er „in voller Kenntnis der inneren Gegnerschaft zum Regime trotzdem die fachlich gerechtfertigte Berufung durchgesetzt“, in Rostock etwa bei Wilhelm Schüßler oder eben bei Paul Kunze. Und die alten Netzwerke funktionierten: Der gerade wieder mit einem Lehrstuhl für Physik installierte Kunze meinte 3/1950, daß er zwar an der Rostocker Universität für Bachér „natürlich ... gar nichts tun“ könne, dieser aber „in der Ostzone bei chemischen Großfirmen sofort angenommen werden“ würde; der einstmals begeisterte SA-Unterführer bescheinigte Bachér eidesstattlich, daß dieser im Reichserziehungsministerium „zweifellos alles bei der gegebenen Sachlage mögliche getan [habe], um die extremen nazistischen Tendenzen von anderer Seite zu hemmen“. Obwohl er, Kunze, wegen früherer Logenmitgliedschaft als „politisch unzuverlässig“ aus der SA entlassen worden sei, habe Bachér seine Berufung „gegen jede Parteidoktrin“ auf den Rostocker Lehrstuhl dennoch durchgesetzt. Bachér sei „den bekannten wilden Auswüchsen der Nazi-Ideologie stets offen und mutig entgegengetreten, so daß er deshalb von den extremen Nazis mit Mißtrauen beobachtet“ worden sei.

11 Veröffentlichte u.a. in dem von Emil Abderhalden hrsg. Handbuch der biologischen Arbeitsmethoden die folgenden, jeweils mehrere hundert Seiten umfassenden Arbeiten: Die Veresterung der Carboxylgruppe, 1925; Chemische Reaktionen organischer Körper im ultravioletten Licht und im Licht der Sonne, 1927; Die Verseifung, 1930.

Baier, Ernst Otto

geboren am 26.10.1898 in Weinsberg/Neckarkreis (Württemberg); evangelisch; Sohn eines Oberamtmannes; Realgymnasium in Stuttgart, dort 12/1916 Kriegsabitur; ab 1/1917 Militärdienst, ab 7/1917 Kriegseinsatz im Infanterie-Regiment 120 und als MG-Schütze im württembergischen Gebirgs-Regiment; Herbst 1918 verwundet, bis 2/1919 im Lazarett, EK II; 1919 – 1924 Studium der Chemie an den Universitäten Tübingen und Würzburg; während des Studiums „als Freikorpskämpfer Teilnahme an der Niederwerfung der Räteregierung in München und des Ruhrgebietskommunismus"; während des Studiums auch 1923/24 Hilfsassistent im Laboratorium für angewandte Chemie an der Universität Würzburg; dort 6/1924 Promotion;[1] 1924 – 1925 Studium der Mineralogie an der Universität Zürich; ab 1926 Assistent am Mineralogischen Institut der Universität Tübingen; dort 7/1929 Habilitation[2] und seitdem Privatdozent für Mineralogie und Petrographie an der Universität Tübingen; ab 1931 Privatdozent für Bergbau und Hüttenwesen sowie Oberassistent am Institut für Mineralogie und Petrographie der Technischen Hochschule Berlin-Charlottenburg; ab 1934 Mitglied des NS-Lehrerbundes; von der Technischen Hochschule Berlin 5/1935 – 4/1936 für Geologische Forschungsarbeiten im Iran beurlaubt;[3] verheiratet, ein Kind; Mitglied im NS-Dozentenbund; 5/1936 zum nichtbeamteten außerordentlichen Professor am Institut für Lagerstättenkunde bzw. für Mineralogie und Petrographie der Technischen Hochschule in Berlin ernannt; dort 3/1937 zum Oberingenieur ernannt, 9/1939 zum außerplanmäßigen Professor berufen;[4] 4-11/1940 Lehrstuhlvertretung für Mineralogie an der Bergakademie in Freiberg, ab 5/1940 auch Lehrstuhlvertretung für Mineralogie und Petrographie an der Technischen Hochschule Berlin; ab 5/1941 zunächst ein Semester und erneut ab 3/1942 – 1/1944 Lehrstuhlvertretung für Mineralogie, Geologie und Petrographie (Hans Nieland) an der Universität Rostock;[5] daneben weiterhin Lehrstuhlvertretung an der Technischen Hochschule Berlin; ab 1/1944 „kriegswichtige Forschungsarbeiten höchster Dringlichkeit" bei der Physikalisch-Technischen Reichsanstalt in Berlin;[6] 1945/46 ordentlicher Professor für

1 Mit der Arbeit: Über Verbindungen von Blei- und Barium-Acetat (Propionat) mit Natrium-, Strontium- und Magnesium-Salzen, sowie über Strontium- und Kalzium-Acetato-Kationen, Würzburg 1924.

2 Mit der Arbeit: Lamellenbau und Entmischungsstruktur der Feldspäte.

3 Laut Baier war beabsichtigt, „in einem der großen asiatischen Gebirge [Elbrus] vergleichende tektonische Untersuchungen zu den Alpen vorzunehmen". Das Reichs- und Preußische Ministerium des Innern drängte 7/1937, die Veröffentlichung der Ergebnisse des von Baier gewonnenen Materials abzulehnen, was auch geschah.

4 Baiers Hauptarbeitsgebiet waren kristalloptische Methoden und ihre Anwendung zur Untersuchung von Gesteinen, Erzen und kristallinen Werkstoffen sowie der Gebirgsbergbau und die Lagerstättenerkundung auf dem Balkan und im Iran.

5 Der ursprünglich erteilte Lehrauftrag für das WS 1941/1942 wurde wieder zurückgezogen, da es in Rostock keine Hörer für diese Disziplin gab.

6 In Ermangelung geeigneter männlicher Hochschullehrer wurde der Lehrstuhlvertreter Baier in Rostock ab 1944 von „Fräulein Dr.phil.habil Ingeborg Schaacke" von der Universität Kiel vertreten.

Mineralogie und Petrographie an der Technischen Universität in Berlin; ab 1946 Direktor des Instituts für Mineralogie und Petrographie an der Universität Mainz; 1974 in Mainz gestorben[7]

Quellen: UAR: PA Baier; BA/BDC: REM; BA/BDC-Karteien: NSLB, RFR.

7 Veröffentlichte u.a.: Lehrbuch der Mineralogie, Berlin 1935 (mit W. Schmidt).

Bauch, Robert Alwin Leopold

geboren am 21.3.1897 in Berlin/Preußen; evangelisch; Sohn eines Fabrikanten; Andreas-Realgymnasium in Berlin, dort 12/1914 Notabitur; ab 12/1914 Studium der Naturwissenschaften und Medizin an der Universität Berlin; als Freiwilliger ab 2/1915 Kriegseinsatz, zunächst als Hilfskraft im bakteriologischen Laboratorium der Kaiser-Wilhelm-Akademie für das Militärärztliche Bildungswesen in Berlin, dann als Bakteriologe beim bakteriologischen Seuchendienst im Reservelazarett Bartenstein, bei den bakteriologischen Untersuchungsstellen in Wilna und in Siedlce, im bakteriologischen Labor in Bialystok sowie in mehreren Seuchenlazaretten des Roten Kreuzes an der Ostfront, Rote-Kreuz-Medaille; 11/1918 Wiederaufnahme des Studiums der Medizin an den Universitäten Berlin und Würzburg; dort 5/1921 Promotion;[1] 10/1921 – 6/1923 Assistent am Gärungsphysiologischen Institut der Landwirtschaftlichen Hochschule Weihenstephan in Freising/München; ab 6/1923 Assistent am Botanischen Institut der Universität Rostock; hier 12/1924 Habilitation[2] und seitdem Privatdozent für Botanik; 5/1926 Verleihung der Medaille zur Rettung aus Lebensgefahr durch das Mecklenburg-Schwerinsche Staatsministerium;[3] 1928/29 vertretungsweise Leitung des Botanischen Instituts der Universität Rostock; 5/1931 Heirat,[4] später zwei Kinder (beide vor 1945 verstorben); ab 10/1931 Oberassistent am Botanischen Institut der Universität Rostock; dort 2/1932 Verleihung der Amtsbezeichnung eines außerplanmäßigen außerordentlichen Professors; 4/1933 Boykottversuch durch den NS-Studentenbund;[5] ab 8/1933 Förderndes Mitglied der SS; 10/1933 als Oberassistent am Botanischen Institut der Universität Rostock unter Berufung auf §§ 3, 7 und 15 des Gesetzes zur Wiederherstellung des Berufsbeamtentums gekündigt;[6] nach Einspruch Bauchs beim Reichsinnenministerium

---

1 Mit der Arbeit: Kopulationsbedingungen und sekundäre Geschlechtsmerkmale bei Ustilago violacea, Leipzig 1922; galt seitdem als Entdecker der multipolaren Sexualität bei Brandpilzen.

2 Mit der Arbeit: Beiträge zur Entwicklungsgeschichte der Ustilago Bromovira und Ustilago Grandis zur Physiologie der Sporidienkopulation der Brandpilze, 1925.

3 Bauch hatte ein Kind vor dem Ertrinken gerettet.

4 Mit Hedwig Brömse, geb. am 18.1.1900 in Bad Sülze/Rostock-Land; Tochter eines Zollinspektors.

5 Am 1.4.1933 wurde Bauch vom Jurastudenten Werner Trumpf, Führer des NS-Studentenbundes an der Universität Rostock und zugleich Vorsitzender des Vorstands der Rostocker Studentenschaft, in Begleitung weiterer NS-Studenten im Botanischen Institut Rostock aufgesucht und unter Hinweis auf die „Boykotterklärung gegen das Judentum" aufgefordert, seine Tätigkeit am Institut einzustellen. Nach Vermittlung durch die ebenfalls dem NS-Studentenbund angehörenden Doktoranden des Botanischen Instituts wurde der Boykott gegen Bauch von seiten des NS-Studentenschaft aufgehoben. Bauch legte Wert auf seine „rein christliche und deutschstämmige" Herkunft und erklärte, „daß einzig mein Urgroßvater mütterlicherseits als getaufter Jude in diese rein deutschstämmige Familie hineingeheiratet" habe. Dieser Großvater sei aber immerhin „über 25 Jahre Gemeindekirchenvertreter der evangel. St.Andreas-Gemeinde zu Berlin" gewesen. Am 6.4.1933 entschuldigte sich Trumpf bei Bauch für diese Aktion mit dem Hinweis, daß ihm „die Verhältnisse nicht richtig bekannt gewesen" seien.

6 Nach Prüfung aller Akten, polizeilichen Meldeunterlagen und der Matrikellisten bis 1633 bescheinigte der Regierungsbevollmächtigte an der Universität Rostock, Paul Siegfried, 9/1933

11/1933 Rücknahme der Kündigung durch den mecklenburgischen Reichsstatthalter;[7] 4/1934 erneute Kündigung,[8] 3/1935 Rücknahme der Kündigung und Weiterbeschäftigung am Botanischen Institut der Universität Rostock;[9] ab 7/1934 Mitglied des NS-Lehrerbundes; 3/1940 zum nichtbeamteten außerplanmäßigen Professor für Botanik an der Universität Rostock ernannt;[10] 11/1941 erneute Kündigung als Oberassistent; mit Unter-

---

dem Ministerium für Unterricht in Schwerin, daß wegen Bauchs Abstammung „die Anwendbarkeit des Gesetzes zur Wiederherstellung des Berufsbeamtentums in Frage kommen" könne. Siegfried hatte in Eigeninitiative sogar geprüft, ob der Name „Bauch" aus dem „jüdischen *Baruch*" stammen könne. Lediglich in Hinblick auf die Verleihung der mecklenburgische Lebensrettungsmedaille – das von Bauch gerettete Kind sei nunmehr Angehöriger des Musikerkorps der SA-Standarte 90 – und seinen Kriegseinsatz – Bauch war immerhin „im bakteriologischen Seuchendienst des östlichen Kriegsschauplatzes" eingesetzt gewesen und hatte dort „bei der Leichenöffnung choleraverdächtiger Russen Untersuchungsmaterial zu entnehmen" – sei zu prüfen, ob nicht von Ausnahmebestimmungen des Berufsbeamtengesetzes Gebrauch gemacht und Bauch im Dienst belassen werden könne.

7 Bauch hatte dem Reichsinnenministerium seine Familiengeschichte detailliert dargelegt und u.a. darauf hingewiesen, daß im Hause seines Ururgroßvaters „im Jahre 1842 der damalige Prinz von Preußen, der nachmalige Kaiser Wilhelm I." übernachtet habe. Als „einziger Nichtarier" habe sein Urgroßvater in diese Familie „hineingeheiratet", der aber als Jugendlicher getauft worden, ab 1874 als Kirchgemeindevertreter tätig gewesen und nach seinem Tode „in der St. Andreas-Kirche selbst aufgebahrt" worden sei. „Andere nichtarische Vorfahren" seien „in allen vorhergehenden Generationen nachweisbar nicht vorhanden". Daraufhin klärte das Reichsinnenministerium die mecklenburgischen Behörden darüber auf, daß von einer „nichtarischen Abstammung von Großeltern" nur dann auszugehen sei, „wenn *beide* Eltern des einen oder anderen Großelternteils nichtarischer Abstammung seien".

8 Die Universität Rostock versuchte seit 1933, Bauch durch wiederholt ausgesprochene Kündigungen zu zermürben und ihn aus dem Lehrkörper zu entfernen. Bauch legte gegen diese Kündigungen stets Widerspruch ein und erreichte deren Rücknahme. Nachdem es auf dem Weg der Kündigung nicht möglich war, sich seiner zu entledigen, bemühte sich die Universität ab 11/1933 um Bauchs Versetzung an eine andere Universität, an Forschungseinrichtungen der Industrie oder an die Biologische Reichsanstalt für Land- und Forstwirtschaft und richtete u.a. Anfragen an die Universitäten Würzburg, Berlin, Tübingen, Jena, Leipzig, Kiel und Hamburg, ob diese bereit wären, Bauch zu übernehmen; dies war wegen der wissenschaftlichen Schmalspurigkeit Bauchs regelmäßig nicht der Fall. Während die Kündigung von 4/1933 noch eher rassenpolitisch motiviert war, scheinen bei der 4/1934 durch Institutsdirektor v.Guttenberg ausgesprochenen Kündigung nachvollziehbare fachliche Überlegungen zugrunde gelegen zu haben. v.Guttenberg meinte, daß wegen der wissenschaftlich einseitigen Ausrichtung Bauchs kaum mehr eine Chance bestünde, diesem ein eigenständiges Ordinariat zu verschaffen; zwar seien dessen Leistungen „auf seinem Spezialgebiet allseitig anerkannt", aber Lehrstühle „für Pilzkunde und ... Vererbung bei niederen Pflanzengruppen ... existieren an den deutschen Universitäten nicht". Bauchs Beschäftigung mit „botanisch-vorgeschichtlichen und heimatkundlichen Problemen" seien zwar „sehr begrüßenswert", jedoch handele es sich hier um Fragen, „die jeder botanisch vorgebildete Studienrat ebenso bearbeiten" könne. Angesichts des derzeit „sehr reichlichen und ausgezeichneten Nachwuchses" in Botanik sei festzustellen, daß der höchst einseitig orientierte Bauch kaum eine Chance auf ein Ordinariat habe. Bauch wäre besser im staatlichen Schuldienst an einem Gymnasium untergebracht, dort hätte er „dann eine sichere Stelle und könnte auch seine floristisch-volkskundlichen Arbeiten fortsetzen".

9 Der zuständige Referent des Reichserziehungsministeriums bemerkte zu den Wünschen der mecklenburgischen Regierung und ihrer Landesuniversität „grundsätzlich", daß es „nicht seiner Auffassung [entspräche], Assistenten nach langer Dienstzeit ohne weiteres zu entlassen" und empfahl der Universität nachdrücklich, Bauchs Dienstzeit einstweilen zu verlängern und ihm eine andere Stelle zu verschaffen.

10 Diese Ernennung geschah, obwohl sich Hermann v. Guttenberg, Leiter des Botanischen Instituts

stützung des mecklenburgischen Landesbeauftragten für Naturschutz, Georg von Arnswaldt, zum Kreisbeauftragten für den Naturschutz im östlichen Teil des Kreises Rostock ernannt;[11] ab 12/1941 als außerplanmäßiger Professor an die Naturwissenschaftliche Fakultät der Reichsuniversität Posen versetzt; da dort keine Arbeitsmöglichkeiten bestanden, gegen den Willen der Universitätsleitung 12/1942 Rückversetzung an die Universität Rostock mit Befristung seiner Lehrtätigkeit bis 3/1943;[12] danach gastweise Leiter der Mykologischen Abteilung des von Kurt Poppe geleiteten Instituts für Mikrobiologie an der Universität Rostock; 3/1943 Verfügung des Reichserziehungsministeriums, daß über Bauchs weitere Verwendung erst nach Kriegsende entschieden werden könne;[13] vom Ausschuß 'Opfer des Faschismus' in Rostock 1/1946 zunächst als „Opfer der Nürnberger Gesetzgebung" anerkannt, jedoch bereits 2/1946 „aus grundsätzlichen Erwägungen" (wegen seiner Eigenschaft als Förderndes Mitglied der SS) wieder aberkannt;[14] ab 1946 Mitglied des Kulturbundes zur demokratischen Erneuerung Deutschlands; 6/1947 zum Professor mit vollem Lehrauftrag für Botanik und zum Direktor des Instituts für Pflanzenökologie und Pflanzengeographie der Universität Greifswald ernannt, dane-

---

der Universität Rostock, deutlich gegen eine Übernahme Bauchs als außerplanmäßiger Professor gewandt hatte; nach seinem Gutachten von 7/1939 habe Bauch zwar seinerzeit „wertvolle Arbeiten über die Sexualität der Pilze veröffentlicht, die ihn bekannt machten"; aber „nach Erschöpfung dieses Themas" sei es Bauch „nicht gelungen, weitere Fragen der Botanik erfolgreich in Angriff zu nehmen", obwohl die Arbeiten am Botanischen Institut hierzu „immer wieder Anregungen geboten hätten". Statt dessen habe sich Bauch „mehr und mehr volkskundlichen botanischen Untersuchungen ... [und] dem Pflanzenschutz in Mecklenburg" zugewandt; zwar wolle er, Guttenberg, „die Nützlichkeit solcher Arbeiten nicht bezweifeln", „aber als wissenschaftlich können sie m.E. nicht gewertet werden". Diese Meinung teilten alle um Gutachten gebetenen Ordinarien der Botanik.

11 Mit der Begründung, Bauch habe sich in seiner neueren Forschungsarbeit auf die Flora der mecklenburgischen Burgwälle konzentriert und darüber hinaus die Schaffung von Naturschutzgebieten angeregt, die er, „seitdem Kraftwagen nicht mehr zur Verfügung stehen, zu Fuß und mit dem Fahrrad aufsuche"; es sei festzustellen, daß Bauch „in vorbildlicher Weise in der vom Führer geforderten und immer aufs Neue für unser deutsches Volkstum als wesentlich betonten Naturschutzorganisation sehr erfolgreich gearbeitet" habe.

12 Die Rückversetzung Bauchs an die Universität Rostock war mit der deutlich formulierten Erwartung verbunden, daß Bauch bis 4/1943 selbst ein Entlassungsgesuch einzureichen habe. Sollte dies unterbleiben, so würde ihm unter Berufung auf § 61 des Beamtengesetzes gekündigt werden. Bauch beantragte 3/1943 beim Reichsministerium für Wissenschaft, Erziehung und Volksbildung erfolgreich die Aussetzung einer Entscheidung über seine weitere Verwendung bis Kriegsende.

13 Ungeachtet aller Querelen erhielt Bauch vom Reichsforschungsrat zwischen 1941 und 1945 mehrere zehntausend Reichsmark für als kriegswichtig betrachtete Forschungen zur „experimentellen Auslösung von Mutationen bei Hefen und Pilzen im Hinblick auf das Krebsproblem".

14 Bauch 12/1949: „Während der NS-Zeit wurde ich auf Grund meiner antifaschistischen Einstellung und auf Grund der Tatsache, daß sich unter meinen Vorfahren ein nichtarischer Großvater befindet, dauernd verfolgt." Das mecklenburgische Ministerium habe immer wieder versucht, ihn zu entlassen, und er sei in den zwölf Jahren der NS-Herrschaft sechsmal seiner Stellung enthoben worden; er aber, so Bauch, habe sich „jedesmal angesichts der juristischen Haltlosigkeit der Kündigungsgründe in schweren Kämpfen durchsetzen" können. „Diese Verfolgungen haben mein berufliches Fortkommen und jede Erweiterung meiner wissenschaftlichen und unterrichtlichen Arbeitsmöglichkeiten in der NS-Zeit vollkommen unterbunden." Tatsächlich hat Bauch zwischen 1933 und 1945 mindestens 23 wissenschaftliche Arbeiten veröffentlicht und vier Dissertationen betreut.

ben auch Leiter der Biologischen Forschungsanstalt in Kloster auf Hiddensee; von der SMA 7/1947 als außerplanmäßiger Professor an der Philosophischen Fakultät der Universität Rostock bestätigt, seitdem auch Gastvorlesungen an der Universität Rostock; 2/1950 zum Professor mit Lehrstuhl für Botanik und Pharmakognosie an der Universiät Greifswald ernannt;[15] daneben ständiger wissenschaftlicher Berater und 1947 – 1952 Leiter der Landestelle für Naturschutz Mecklenburg-Vorpommern in Schwerin; am 21.6.1957 in Greifswald gestorben[16]

Quellen: UAR: PA Bauch; LHAS: 5.12-7/1, Nr. 2382, 2384, 4521; 6.11-21, Nr. 4521; BA/BDC-Karteien: NSLB, RFR.

15 Laut Urteil des Dekans der Philosophischen Fakultät der Universität Greifswald galt Bauch seit 1/1950 „auf Grund mehrerer wissenschaftlicher Gutachten“ als „ein ausgezeichneter Forscher und Lehrer“; außerdem habe er sich „mit dem Wiederaufbau der Biologischen Forschungsanstalt und der Vogelwarte auf Hiddensee und durch die Pflege der Naturschutzgebiete besondere Verdienste erworben“, und „sämtliche Studierenden der Botanik und der Zoologie an den Universitäten der Deutschen Demokratischen Republik“ würden „in den Ferien an den praktischen Kursen auf Hiddensee unter Leitung von Herrn Professor Bauch teilnehmen“.

16 Veröffentlichte neben einer Reihe von Arbeiten zur Bakteriologie und Serologie, zur Zytologie, Genetik und Systematik der Pize, zur Pflanzengeographie, Morphologie, Ökologie, Algologie, und Zellphysiologie sowie mecklenburgbezogenen Untersuchungen u.a.: Vorzeitliche und frühzeitliche Kulturrelikte in der Pflanzenwelt Mecklenburgs, 1937; 25 Jahre Biologische Forschungsanstalt Hiddensee, Greifswald 1956; vgl. auch: Hiddensee war seine wirkliche Heimat. Zum 100. Geburtstag von Robert Bauch, hrsg. von der Universität Greifswald, Greifswald 1998.

Beenken, Hermann Daniel Theodor

geboren am 2.2.1896 in Bremen; evangelisch; Sohn eines Kaufmanns; humanistisches Reformgymnasium in Bremen, dort Abitur; 1914 – 1920 Studium der Kunstgeschichte an den Universitäten München und Freiburg; dazwischen Kriegseinsatz im 1. bayerischen Feldartillerie-Regiment; 7/1920 Promotion in München;[1] 12/1922 Habilitation in Leipzig,[2] dann dort jüngster deutscher Privatdozent; 1925/26 erster Stipendiat des Deutschen Reiches am Institut für Kunstgeschichte in Florenz; ab 8/1927 nichtbeamteter außerordentlicher Professor für Kunstgeschichte an der Universität Leipzig; 5/1929 Heirat,[3] später drei Kinder; 1933/34 in Italien; ab 10/1934 Mitglied des NS-Lehrerbundes; 1939 Lehrstuhlvertretung für Kunstgeschichte an der Universität Hamburg; Eintritt in die NSDAP am 1.1.1940, Mitgliedsnummer 7.937.701; 4/1940 zum außerplanmäßigen Professor an der Universität Leipzig ernannt;[4] 4/1940 – 3/1941 Lehrstuhlvertretung für Kunstgeschichte und Leiter des Instituts für Kunstgeschichte an der Universität Rostock;[5] ab 1/1944 Kriegseinsatz als Angehöriger von Wachmannschaften von Kriegsgefangenenlagern; 1945 verhaftet, Einleitung eines Kriegsgerichtsverfahrens, 11/1945 entlassen; ab 11/1948 Lehrstuhlvertretung, ab 1949 Professor für Kunstgeschichte an der Rheinisch-Westfälischen Technischen Hochschule in Aachen; während einer Studienreise am 6.4.1952 in Madrid gestorben[6]

Quellen:UAR: PA Beenken; LHAS: 5.12-7/1, Nr. 2349.

---

1 Mit der Arbeit: Das allgemeine Gestaltungsproblem in der Baukunst des deutschen Klassizismus, Freiburg 1920.

2 Mit der Arbeit: Die Rottweiler, eine deutsche Bildhauerschule des 14. Jahrhunderts. Strömungen vom Mittelrhein in der Plastik des 14. Jahrhunderts, o.O. 1923.

3 Mit Liselotte von Bredow.

4 Die Führung der Dozentenschaft der Universität Leipzig stellte 5/1936 fest, daß „von verschiedenen Seiten übereinstimmend versichert" werde, daß Beenken „positiv zum Nationalsozialismus eingestellt" sei; „praktische Mitarbeit an der Förderung des nationalsozialistischen Gedankens" habe er jedoch „bisher nicht geleistet". Beenken versuchte sich statt dessen in einem neuen, universalen Denkansatz der Kunstgeschichte und erweiterte die überkommenen Stilbegriffe der „Personal-, National-, Regional- [und] Schulstile, über denen als allem Übergeordnetes der Stil der Rasse und der von ihr getragenen Kulturwelt als Ganzes steht" (Beenken 1939).

5 Beenken war von der Universität Rostock ursprünglich für die reguläre Übernahme des Lehrstuhls vorgesehen; man hatte auf seine Nominierung nur deshalb verzichtet, weil man glaubte, Beenken würde nach seiner Lehrstuhlvertretung in Hamburg bleiben. Eine eilig angestrebte Nachnominierung hatte jedoch keinen Erfolg, weil der anstelle Beenkens inzwischen berufene Clasen – nach einem Intermezzo an der im Aufbau befindlichen Reichsuniversität Posen – wieder nach Rostock zurückkehrte.

6 Veröffentlichte neben mehr als 50 Aufsätzen u.a.: Bildwerke Westfalens, 1923; Romanische Skulptur in Deutschland, 1924; Bildwerke des Bamberger Doms aus dem 13. Jahrhundert, 1925; Bildhauer des 14. Jahrhunderts am Rhein und in Schwaben, 1927; Der Meister von Naumburg, 1939; Hubert und Jahn van Eick, 1940; Rogier van der Weyden, München 1941; Schöpferische Bauideen der deutschen Romantik, Mainz 1952.

Benecke, Erich-Emil

geboren am 12.5.1907 in Kiel/Schleswig-Holstein; evangelisch; Sohn eines Universitätsprofessors; Staatliches Auguste-Victoria-Progymnasium und Gymnasium in Berlin-Charlottenburg sowie humanistisches Schiller-Gymnasium in Münster, dort 2/1925 Abitur; ab 1925 Medizinstudium an den Universitäten Tübingen, Berlin, München und Münster; dort 6/1930 Staatsexamen; 8/1930 – 7/1931 Medizinalpraktikant an der Universitäts-Augenklinik in Münster, den Städtischen Krankenanstalten in Bremen und dem Pathologischen Institut der Universität Münster; 8/1931 Approbation; 8/1931 – 10/1932 Volontärassistent an den Pathologischen Instituten der Universitäten Münster und Würzburg; 9/1932 Promotion in Münster;[1] ab 10/1932 Assistent, ab 5/1933 beauftragter Oberassistent am Pathologischen Institut der Universität Münster; dort Eintritt in die NSDAP am 1.5.1933, Mitgliedsnummer 2.464.876; ab 11/1933 auch Mitglied der SA, dort Dienst als SA-Sturmarzt; daneben später Mitglied im NS-Lehrerbund, im NS-Dozentenbund, im NS-Ärztebund, im NS-Beamtenbund, im NS-Altherrenbund/NS-Studentenkamphilfe und der NS-Volkswohlfahrt; 9-11/1933 auch stellvertretender Leiter des Pathologischen Instituts der Universität Münster; 1-5/1934 Volontärassistent am Pathologischen Institut der Universitätsfrauenklinik in Berlin, dort Sonderausbildung in gynäkologischer Pathologie; 5/1934 – 3/1935 von der Notgemeinschaft der Deutschen Wissenschaft finanzierter wissenschaftlicher Assistent am Pathologischen Institut der Universität Greifswald; 4/1935 – 12/1937 Vollassistent am Pathologischen Institut der Universität Rostock; dazwischen 3-5/1937 militärische Ausbildung im Artillerie-Regiment 48 in Güstrow; ab 8/1935 Facharzt für Pathologie; 12/1937 Habilitation in Rostock;[2] ab 1/1938 Oberassistent, ab 1/1939 Dozent für Allgemeine Pathologie und Pathologische Anatomie an der Universität Rostock;[3] ab 9/1939 Kriegseinsatz, 1-4/1940 zur Abhaltung von Vorlesungen an der Universität Rostock zunächst beurlaubt; dort 3/1940 zum Dozenten neuer Ordnung ernannt; erneuter Kriegseinsatz, so 11/1940 – 3/1941 Dienststellenleiter der Feldprosektur in Orleans, 4-12/1941 Beratender Pathologe beim Armeeoberkommando I, 12/1941 – 12/1942 Stabsarzt und Beratender Pathologe beim Armeeoberkommando XII in Kroatien, Serbien, Griechenland, ab 1/1943 Beratender Pathologe beim Heeresgruppenarzt des Oberkommando Südost/Hee-

1 Mit der Arbeit: Über Epitheliome auf Atheromen (Epidermoide) und Dermoidcysten der Haut, Münster 1931.

2 Mit der Arbeit: Über Resorption und Speicherung im fetalen Organismus. Untersuchungen an Hand der Vitalfärbung, Jena 1938.

3 Der Führer des NS-Dozentenschaft der Universität Rostock, Heinrich Gißel, hatte die Ernennung 6/1938 befürwortet; Beneckes wissenschaftliche Leistungen liegen „weit über dem Durchschnitt", er besitze „hervorragende diagnostische Fähigkeiten" und habe „sowohl im Rahmen der Partei als auch der SA stets seine Pflicht getan"; auch „charakterlich und kameradschaftlich sei" ihm „das beste Zeugnis" auszustellen. Beneckes wissenschaftliche Forschungen umfaßten neben der Pathologischen Anatomie auch die Gebiete der gynäkologischen Pathologie, der pathologischen Anatomie von Neugeborenen, Säuglingserkrankungen sowie experimentelle Geschwulsterkrankungen.

resgruppe E;[4] KVK II. Kl. m.S.; 8/1944 Heirat in Athen;[5] nach Entlassung aus der Wehrmacht ab 1944 Leiter des Amtes Personal und Nachwuchs beim NS-Dozentenbund in Rostock; dort 11/1944 zum außerplanmäßigen Professor für Pathologie ernannt[6]

Quellen: UAR: PA Benecke; LHAS: 5.12-7/1, Nr. 2382, 2384, 2459; BA/BDC: REM/Wiss.; BA/BDC-Karteien: NSDAP, NSDÄB.

4 Nach dem Urteil des Leitenden Sanitätsoffiziers und Heeresgruppenarztes beim Oberbefehlshaber Südost habe Benecke in dieser Stellung „die Organisation der pathologisch-anatomischen Untersuchungsstellen im Bereich der Heeresgruppe vorbildlich aufgebaut, ihre Arbeit richtunggebend geleitet und in wissenschaftlicher Hinsicht fördernd auf die ihm unterstehenden Pathologen eingewirkt"; darüber hinaus habe Benecke „während des jetzigen Krieges auf dem Gebiet der Wehrpathologie und der pathologischen Anatomie der Hepatitis und Malaria durch seine Forschung grundlegende Erfolge erzielt".

5 Mit Annemarie Boguschewski, geb. am 29.8.1912 in Oberhausen; medizinisch-technische Assistentin.

6 Im Eignungsbericht von Max de Crinis, Mitglied des wissenschaftlichen Beirats des Bevollmächtigten für das Gesundheitswesen, hieß es 11/1944, Benecke sei „einer der erfolgreichsten Kriegspathologen", und seine wissenschaftlichen Ergebnisse könnten „als wertvoll bezeichnet" werden.

Bernhöft, Franz Alwin Friedrich August

geboren am 25.6.1852 auf Gut Karlikow/Lauenburg (Pommern); evangelisch; Gymnasium, 4/1870 Abitur; Studium der Rechtswissenschaft an den Universitäten Berlin und Würzburg; 5/1873 erste juristische Staatsprüfung, dann 5/1873 – 12/1874 Referendar; 12/1873 Promotion in Greifswald[1]; 4/1875 Habilitation in Heidelberg,[2] 4/1875 – 9/1877 dort Privatdozent und Assistent am juristischen Seminar der Universität Heidelberg; ab 10/1877 ordentlicher Professor für Römisches Recht an der Universität Rostock;[3] 12/1879 Heirat,[4] später vier Kinder; 1887/88, 1892/93 und 1896/97 Dekan der Rechts- und Wirtschaftswissenschaftlichen Fakultät, 7/1899 – 6/1900 Rektor der Universität Rostock; Begründer und Mitherausgeber der *Zeitschrift für vergleichende Rechtswissenschaft* und des *Jahrbuchs der internationalen Vereinigung für vergleichende Rechtswissenschaft*; 1902/03 und 1907 – 1909 erneut Dekan der Rechts- und Wirtschaftswissenschaftlichen Fakultät der Universität Rostock; 4/1912 zum Geheimen Justizrat ernannt; 1913/14 und 1918/19 erneut Dekan der Rechts- und Wirtschaftswissenschaftlichen Fakultät der Universität Rostock; 4/1922 Emeritierung; als Emeritus bis 1933 Lehrveranstaltungen an der Universität Rostock, galt als „Lehrer der mecklenburgischen Juristenschaft"; am 27.3.1933 in Rostock gestorben[5]

Quellen: UAR: PA Bernhöft; LHAS: 5.12-7/1, Nr. 1414.

---

1 Mit der Arbeit: Titulus iustus und Titulis putativus im Justinianischen Rechte, Greifswald 1873.

2 Mit der Arbeit: Der Besitztitel im römischen Recht, Halle 1875.

3 Bernhöfts Forschungsschwerpunkte waren zunächst das Römische Recht, dann das romanische und germanische Frührecht und der Vergleich der Rechtsordnungen sowie – nach Inkrafttreten des BGB am 1.1.1900 – das Bürgerliche Gesetzbuch.

4 Mit Martha Hinrichsen.

5 Veröffentlichte u.a.: Beitrag zur Lehre vom Kaufe, Jena 1875; Staat und Recht der römischen Königszeit im Verhältnis zu verwandten Rechten, Stuttgart 1882; Die Inschrift von Gortyn, Stuttgart 1886; Verwandtschaftsnamen und Eheformen der nordamerikanischen Volksstämme. Ein Beitrag zur Vorgeschichte der Ehe, Rostock 1888; Kauf, Miete und verwandte Verträge in dem Entwurf eines bürgerlichen Gesetzbuches für das Deutsche Reich, Berlin 1889; Die Rechtsstellung des Nießbrauchers und der Hypothekengläubiger bei der Feuerversicherung nach gemeinem und Mecklenburgischen Recht, Rostock 1891; Das Frauenleben in der Vorzeit, Wismar 1893; Zur Reform des Erbrechts, Berlin 1894; Das 19. Jahrhundert als Vorläufer einer neuen Bildungsstufe, Rostock 1900; Das neue bürgerliche Recht in gemeinverständlicher Darstellung mit Beispielen aus dem praktischen Leben. 6 Bde., Stuttgart 1902 – 1907; Zur Lehre von den Fiktionen, Weimar 1907; Rechtsfragen des täglichen Lebens für Gebildete aller Stände an Beispielen erörtert, Stuttgart 1908 ff.

Bischoff, Hans Ernst Heinrich Oskar

geboren am 5.8.1894 in Schweina/Sachsen-Meiningen; evangelisch; Sohn eines Arztes; Königstädtisches Gymnasium in Berlin, dort 11/1912 Abitur; 11/1912 – 3/1914 Studium der Theologie, Philosophie und Geschichte an der Universität Berlin; 4/1914 – 4/1919 Studium der Medizin an den Universitäten Heidelberg und Berlin, dort jeweils Mitglied des Vereins Deutscher Studenten und später in dessen Altherrenverband; während des Studiums als nicht feldverwendungsfähig 8/1917 – 12/1918 Kriegseinsatz als Hilfsassistenzarzt und als Stationsarzt im Lazarett Bethanien in Berlin; 4/1919 medizinisches Staatsexamen; anschließend Medizinalpraktikant und Volontärassistent am Pathologischen Institut des Krankenhauses Berlin-Friedrichshain, an der 1. Medizinischen Klinik der Charité und in einer gynäkologischen Privatpoliklinik in Berlin; dort 7/1920 Promotion;[1] 9/1920 – 11/1921 Assistenz- und Stationsarzt an der Inneren und Geburtshilflichen Abteilung des Städtischen Krankenhauses in Solingen; 1921/22 praktischer Arzt in Berlin; dann sechs Monate Gast am Universitäts-Kinderkrankenhaus in Leipzig; ab 7/1922 Assistenzarzt an der Universitäts-Kinderklinik in Rostock, dort ab 4/1923 Oberarzt; 8/1925 Habilitation in Rostock,[2] dort ab 8/1925 Privatdozent für Kinderheilkunde, später Oberarzt an der Universitäts-Kinderklinik in Rostock; 1928/29 erneute wissenschaftliche Fortbildung an den Kinderkliniken der Universitäten Leipzig und Berlin; Mitbegründer und Mitglied der Arbeitsgemeinschaft Rostocker Dozenten zum Studium der Hochschulreform auf nationalsozialistischer Grundlage; unter Verweis auf die von ihm etablierte und als besondere Leistung bewertete Bestimmung der Hämoglobinresistenz und deren Einführung in die klinische Medizin 12/1930 vorzeitig zum nichtbeamteten außerordentlichen Professor für Kinderheilkunde an der Universität Rostock ernannt; als HJ-Gefolgschaftsführer ab 2/1934 mit der ärztlichen Führung des Bannes Rostock des Deutschen Jungvolks beauftragt; ab 7/1934 Mitglied des NS-Lehrerbundes; als Dozent für Kinderheilkunde 7/1935 an die Medizinische Akademie nach Düsseldorf versetzt, dort auch stellvertretender Leiter der Klinik für Kinderheilkunde; ab 10/1935 ordentlicher Professor für Kinderheilkunde und Direktor der Kinderklinik an der Universität Greifswald; dort Eintritt in die NSDAP am 1.5.1937, Mitgliedsnummer 3.963.754; daneben 1938 – 1942 Mitherausgeber des *Archivs für Kinderheilkunde*; ab 11/1939 auch Dekan der Medizinischen Fakultät der Universität Greifswald; dort am 16.1.1943 gestorben[3]

Quellen: UAR: PA Bischoff; LHAS: 5.12-7/1, Nr. 2462; BA/BDC-Karteien: NSDAP, NSLB.

1 Mit der Arbeit: Über eitrige Meningitis nach Schädelverletzungen, insbesondere über die Spätmeningitis: Aus dem pathologischen Institut des Krankenhauses im Friedrichshain, Leipzig 1920.

2 Mit der Arbeit: Untersuchungen über die Resistenz des Hämoglobins des Menschenblutes mit besonderer Berücksichtigung des Säuglingsalters, Rostock 1926.

3 Bischoffs Forschungen richteten sich vor allem auf die physiologische Chemie des Blutes und die Ernährungsphysiologie; Mitarbeiter am von M.v.Pfaundler und A. Schloßmann hrsg. Handbuch für Kinderheilkunde (dort Beiträge über tierische Darmparasiten); veröffentlichte daneben u.a.: Krämpfe im Kindesalter, Stuttgart 1937.

Boehm, Hermann Alois

geboren am 27.10.1884 in Fürth/Mittelfranken (Bayern); bis 11/1938 katholisch; Sohn eines Arztes; Volksschule, humanistisches Gymnasium, Abitur; 1903 – 1910 Medizinstudium u.a. an der Universität München; als Einjährig-Freiwilliger dazwischen 10/1903 – 3/1904 Militärdienst im 3. bayerischen Feldartillerie-Regiment; 6/1910 Approbation; 1911 Promotion in München;[1] dann Assistenzarzt an den Pathologischen Instituten der Universitäten München, Jena und Göttingen; ab 1/1915 Kriegseinsatz als landsturmpflichtiger Lazarett-, Truppen- und Zivilarzt, 1/1919 aus dem Heer entlassen, EK II, EKFK; 6/1919 Heirat,[2] später vier Kinder; zunächst Mitglied im Alldeutschen Verband und im Völkischen Rechtsblock, 1923 – 1928 Mitglied im Deutschvölkischen Offiziersbund; am 2.7.1923 erster Eintritt in die NSDAP, Mitgliedsnummer 32.366; ab 7/1923 auch Mitglied der SA; 11/1923 Beteiligung am Hitler-Putsch in München; als Assistenzarzt am Pathologischen Institut der Universität München erneuter Eintritt in die NSDAP am 24.3.1925, Mitgliedsnummer 120; ab 1930 Mitglied des NS-Ärztebundes, Mitgliedsnummer 190; ab 6/1931 erneut Mitglied der SA und sofort Untergruppenarzt der SA-Untergruppe München-Oberbayern, dort 7/1931 zum SA-Sanitäts-Oberführer befördert; Gründungsmitglied und 10/1931 – 6/1933 Referent für Rassenhygiene in der Reichsleitung des NS-Ärztebundes; ab 1933 Leiter der Abteilung für Vererbungslehre und Rassenhygiene beim Reichsausschuß für Volksgesundheitsdienst, ab 1934 auch Mitglied des Sachverständigenbeirates für Bevölkerungs- und Rassenpolitik beim Reichsministerium des Innern in Berlin;[3] 7/1932 – 8/1934 Mitglied des NSKK, Mitgliedsnummer 3.738, dann auch der NS-Volkswohlfahrt; 2/1934 Goldenes Ehrenzeichen, später auch Blutorden der NSDAP; ab 11/1934 ordentlicher Honorarprofessor für Rassenpflege an der Universität Leipzig und Direktor des Pathologisch-anatomischen Instituts des Rudolf-Hess-Krankenhauses in Dresden, einer Ausbildungsstätte für NS-Ärzte und Mutterhaus der Braunen Schwestern; 1934 – 1937 auch Vorsitzender des Disziplinargerichtshofes des NS-Ärztebundes des Gaues Sachsen der NSDAP sowie Mitglied des Erbgesundheitsobergerichtes Dresden; ab 7/1935 Reichsamtsleiter im Hauptamt für Volksgesundheit der Reichsleitung der NSDAP sowie Mitglied des Ehrenführerringes des Reichsbundes der Kinderreichen; als Referent der Reichsärztekammer und Beauftragter des Reichsärzteführers ab 3/1937 Schulungsleiter für Erb- und Rassefragen sowie Rassenhygiene an der Führerschule der Deutschen Ärzteschaft in Alt Rehse/Waren; dort auch Aufbau, dann Vorstand/Leiter des Erbbiologischen Forschungsinstituts;[4] 5/1937

---

1 Mit der Arbeit: Über einen Fall von akuter hämorrhagischer disseminierter Myelitis im Anschluß an einen paranephritischen Abszeß, München 1909.

2 Mit Katharina Tietje, geb. am 14.9.1897 in Linden/Hannover; Ärztin; Eintritt in die NSDAP am 24.3.1925, Mitgliedsnummer 121.

3 Boehm trat für einen weitgefaßten rassenhygienischen Maßnahmekatalog („Familienlastenausgleich, Reform des Schulwesens, Wanderung, Siedlung") ein und betonte 1/1933, daß sich „Rassenhygiene ja doch nicht nur auf Sterilisierung" erstrecke.

4 Nach einer Denkschrift Boehms bestand das erbbiologische Forschungsinstitut in Alt Rehse aus einem 2.000 m^2 großen „Vererbungsgarten", in dem „mit Löwenmäulchen, Mais, Mirabilis jalapa, Urtica, Batura und anderen Pflanzen im Kreuzungsschema die wichtigsten Grundlagen der Vererbungslehre" demonstriert wurden. Der „eigentliche Lehrbetrieb" erstreckte sich auf die „Drosophila-Genetik", d.h., in den vier Wochen dauernden Jungärztekursen nahmen diese Kreuzungsversuche an dieser Taufliegen-Gattung vor. Damit verband Boehm allen Ernstes den

zum SA-Sanitäts-Brigadeführer befördert; 4/1938 – 1/1943 zugleich ordentlicher Honorarprofessor für Erb- und Rassenpflege bzw. Vererbungslehre an der Universität Rostock;[5] neben seiner Schulungs- und Forschungstätigkeit in Alt Rehse und Rostock auch kommissarischer Leiter der Ortsgruppe Alt Rehse der NSDAP; auf Vorschlag des Kreisleiters des Kreises Waren der NSDAP, Robert Hinkel, 9/1942 KVK II. Kl. o.S.;[6] nach Abwicklung des erbbiologischen Forschungsinstituts in Alt Rehse, das das Land Mecklenburg nicht übernehmen wollte, ab 1/1943 ordentlicher Professor für Erb- und Rassenpflege sowie Direktor des Instituts für Erb- und Rassenpflege der Universität Gießen; Mitherausgeber der 1939 vom SS-Ahnenerbe übernommenen Zeitschrift *Der Biologe*; 11/1942 zum SA-Sanitäts-Gruppenführer befördert; nach 1945 Betrieb einer ärztlichen Privatpraxis in Gießen; am 7.6.1962 gestorben[7]

Quellen: UAR: PA Boehm; BA/BDC: SA, PK, OPG, REM; BA/BDC-Karteien: NSDAP, NSDÄB.

„Plan, in dem Institut Nachwuchs auf dem Gebiete der Erbbiologie und Rassenhygiene heranzuziehen"; denn es könne nicht sein, daß „in einem Staat, der auf dem Rassengedanken aufbaut, der also mit Rassenhygiene aufs engste verknüpft ist, noch fünf Jahre nach der Machtergreifung dieses wichtige Fach überhaupt erst an 6 Universitäten gelehrt" werde.

5 Als der neue Reichsärzteführer Leonardo Conti das erbbiologische Forschungsinstitut in Alt Rehse auflösen wollte, bemühte sich Boehm um dessen Angliederung an die Universität Rostock, die das Institut mieten sollte: „Rostock hätte den Vorteil, daß es ... auf verhältnismäßig billige Weise zu einem Institut kommt", die „deutsche Ärzteschaft hätte den Vorteil, daß die [bisherige] finanzielle Belastung in Fortfall kommt", der „Hauptvorteil aber wäre eben der, daß ein nun einmal bestehendes Institut nicht wieder verloren geht". Boehm bezifferte die jährlichen Kosten seines Instituts (ohne sein Gehalt) auf mindestens 35.000 RM.

6 Mit der Begründung, Boehm habe „während seiner Tätigkeit bei allen kriegswichtigen Einsätzen Hervorragendes geleistet. Er hat seine Parteigenossen zu erhöhten Leistungen auf allen Gebieten durch sein persönliches Beispiel mitgerissen. Seiner persönlichen Haltung ist es zu verdanken, daß die Stimmung unter den Volksgenossen gut ist".

7 Veröffentlichte u.a.: Erbkunde und Rasse, 1934; Erbpflege, 1934; Darf ich meine Base heiraten?, Berlin 1935; Erbkunde, Berlin 1936; Erbgesundheit – Volksgesundheit. Das Gesetz zur Verhütung erbkranken Nachwuchses im Grundsatz und Anwendung. Eine Einführung für Ärzte, Berlin/Wien 1939.

Boehm-Tettelbach[1], Arthur Georg

geboren am 21.5.1875 in Erstein/Elsaß-Lothringen; evangelisch; Sohn eines Kreisdirektors; humanistisches Gymnasium in Kolmar; als Fahnenjunker im Herbst 1893 Eintritt in das 1. Unter-Elsässische Infanterie-Regiment 132 in Straßburg; daneben 1894 Besuch der Kriegsschule in Kassel; nach bestandenem Offiziersexamen 1/1895 zum Leutnant ernannt; anschließend Truppendienst, 7/1899 zum Bataillonsadjutant ernannt, nebenbei Beschäftigung mit Burgenkunde sowie mittelalterlichem Befestigungs- und Waffenwesen; im Winter 1902/03 Zulassungsexamen für die Kriegsakademie; 10/1903 – 3/1908 Militärstudent der Kriegsakademie Berlin, dort 1904 zum Oberleutnant befördert; 4/1908 zum Großen Generalstab kommandiert;[2] anschließend Ausbildungsoffizier in Straßburg, dort auch Gerichtsoffizier; 12/1910 zum Hauptmann befördert und bis 9/1913 Adjutant der 61. Infanterie-Brigade in Straßburg, daneben 1912/13 Gasthörer in Philosophie und Kunstgeschichte an der Universität Straßburg, außerdem „langjähriges Selbststudium in den Wehrwissenschaften"; ab 10/1913 Kompaniechef im Infanterie-Regiment 78 in Osnabrück; 8/1914 Heirat,[3] später zwei Kinder; ab 8/1914 Kriegseinsatz im Infanterie-Regiment 78; nach Verwundung zunächst zum Ersatzbataillon versetzt, 11/1914 zum Großen Generalstab nach Berlin kommandiert; ab 10/1915 Führer der Vermessungsabteilung 5 im Oberkommando der 12. Armee an der Ostfront, ab 8/1916 Stabsoffizier für Vermessungswesen in Oberkommando der Heeresgruppe des Feldmarschalls Eichhorn; 11/1916 zum Major befördert; ab Herbst 1917 Leiter des Vermessungswesens der 1. Armee an der Westfront, dann zur Landesaufnahme in den Preußischen Generalstab versetzt; ab Anfang 1918 Kommandeur des Vermessungsstabes Litauen, dort u.a. mit der litauischen Landesaufnahme und bis 11/1918 mit der Einrichtung von Vermessungsschulen in Warschau und Wilna beauftragt; nach Entlassung aus dem Heer[4] 12/1918 Ansiedlung in Gotha/Thüringen, um sich hier im „Deutschbund, der ältesten völkischen Vereinigung, und an einem der Brennpunkte der völkischen Bewegung, ganz dem Kampfe gegen Marxismus, Pazifismus und jüdische Kulturzersetzung zu widmen";[5] 1919/20 Bundeskanzler des Deutschbundes, daneben Mitglied im Deutschvölkischen Schutz- und Trutzbund, in der Fichte-Gesellschaft, dann im Stahlhelm; in Gotha völkischer Redner, Organisator, Schriftsteller und Schriftleiter für die Organe des Deutschbundes, des Deutschvölkischen Schutz- und Trutzbundes und

1 1926 Beilegung des Zweitnamens Tettelbach.

2 Bearbeitete dort die „Befestigungen der Westmächte" und war Bürosachbearbeiter für Verschlußsachen.

3 Mit Irmgard Gersie, geb. am 18.9.1894 in Osnabrück; Tochter eines Kaufmanns.

4 Der offizielle Abschied erfolgte 2/1920 als charakterisierter Oberstleutnant, EK II und EK I, Verwundetenabzeichen in Schwarz.

5 Boehm: „Mein Ziel war die Bekämpfung des drohenden Kulturbolschewismus, der alles zerstören zu wollen schien, was uns Deutschen heilig war: Religion, Vaterland, Familie, Sittenreinheit, Heldentum, Kunst. In der maßlosen Hetze gegen das alte Offizierskorps sah ich nicht nur den Willen, das Gebäude der Armee seiner Pfeiler zu berauben, sondern, dahinter, das Bestreben, die heldische Weltanschauung in ihren sichtbarsten Vertretern zu bekämpfen ... Meine Hauptsorge galt aber der Erhaltung des Wehrwillens".

der Deutschvölkischen Freiheitsbewegung;[6] ab Frühjahr 1922 Leiter des Landesverbandes Thüringen des Kyffhäuserbundes in Gotha; ab Ende 1922 in Lübeck, hier bis 4/1927 Leiter einer Bankzweigstelle, daneben Fortsetzung seiner Schreib- und Rednertätigkeit „gegen Marxismus und Judenherrschaft"[7] und Mitglied des Lübecker Heimatschutzes; im Auftrag des Mecklenburgischen Ministeriums für Unterricht und „unterstützt von nationalsozialistischen Professoren und Studenten",[8] 3/1932 – 1943 mehrfach verlängerte Lehraufträge für Kriegsgeschichte, Wehrkunde und Wehrpolitik an der Universität Rostock;[9] ab 9/1932 Mitglied in der Deutschen Gesellschaft für Wehrpolitik und Wehrwissenschaft; 1932/33 zugleich auch Lehrauftrag an der Universität Hamburg; in Lübeck Eintritt in die NSDAP am 1.5.1933, Mitgliedsnummer 2.805.133; ab 5/1933 auch Mit-

6 Verfaßte in dieser Eigensschaft u.a.: Der neue Kulturkampf, Leipzig 1919; Die Offiziershetze als politisches Kampfmittel und Kulturerscheinung, München 1922.

7 Boehm-Tettelbach war nebenamtlicher Presseberichterstatter von Manövern und Militärveranstaltungen; veröffentlichte daneben u.a. die vom NS-Kampfbund für Deutsche Kultur in fünf Auflagen verbreitete Broschüre: Planmäßige Entsittlichung. Auch eine Revue, 1927.

8 Die vom damaligen Dekan Paul Schulze geführte Philosophische Fakultät hatte nach einem einstimmigen Beschluß 2/1932 einen Antrag an das mecklenburgische Unterrichtsministerium gestellt, Boehm einen Lehrauftrag zu erteilen, und wider besseres Wissen behauptet, daß „Herr Oberstleutnant Boehm jede Parteipolitik bei seinen Vorlesungen ausschließen" werde. Im Wintersemester 1933 wollten sich die Professoren und Dozenten mit thematischen Rahmenvorlesungen zum Thema Wehrpolitik beteiligen, um die „Randgebiete der Wehrwissenschaft" abzudecken; so wollte Ernst Wolgast über Kriegsrecht referieren, Theodor v. Wasielewski über Kriegsgeographie und Kriegshygiene, Christian Füchtbauer und Paul Kunze über Kriegsphysik, Franz Bachér über Kriegschemie, Otto Jessen über Kriegsgeographie, Pascual Jordan und Gerhard Thomsen über Ballistik, Friedrich Schuh über Kriegslogistik, Wilhelm v. Gaza über Kriegsmedizin und Sanitätswesen, Walter v. Brunn über Kriegsseuchen. Der Wehramtsleiter der Studentenschaft Hans-Joachim Theil hielt es angesichts der Ballung dieser Thematik für notwendig, „daß in irgendeiner Weise Zwang auf die Studierenden zur Teilnahme an diesen Vorlesungen ausgeübt" werde.

9 Mit dem von ihm „als Rettung begrüßten Erstarken des Nationalsozialismus" rückte Boehms „Abwehrkampf" in den Hintergrund, und er „beschloß, für die Durchdringung der Nation mit wehrhaftem Geist zu wirken"; Boehm-Tettelbach empfahl sich der Universität Rostock mit dem Credo, mit seinen Mitteln „dazu beizutragen, um den Geist der Wehrhaftigkeit in unserer Jugend ... zu erhalten und zu stärken und ihm unter Hinweis auf die kriegsgeschichtlichen Großtaten aller Länder und Zeiten einen weltanschaulichen Hintergrund zu geben". In der als „Wehrheft" konzipierten Juni-Ausgabe 1933 der *Rostocker Universitäts-Zeitung*, die den Trend zur Militarisierung der Studenten, Lehrkräfte und Lehrinhalte begleitete, analysierte Boehm-Tettelbach aus seiner Sicht die Ursachen für den von Deutschland verlorenen Ersten Weltkrieg; so habe „die seelische Vorbereitung der Nation auf den Krieg" gefehlt und „die Wehrkraft der Nation war [nur] unzureichend ausgenutzt"; außerdem habe „die wirtschaftliche Vorbereitung auf den Krieg ... fast ganz" gefehlt, und auch „die politische Vorbereitung des Krieges war ungenügend". Hier nun brachte Boehm sein Fachgebiet ins Spiel: Weil „das deutsche Volk 1914 infolge fehlender Wehrpolitik geistig und materiell unzureichend auf das große Ringen vorbereitet" war, dessen Wiederholung Boehm nach der Machtübernahme der Nationalsozialisten schon Anfang 1933 heraufziehen sah, seien „die Folgerungen für die Zukunft einfach: Die künftige deutsche Politik muß ihrem innersten Wesen nach wehrhaft sein, genau so, wie in Zukunft die Wehrmacht politisch sein muß. Wehrhaftmachung der ganzen Nation ist das erste, Macht nach außen das zweite Ziel. Das deutsche Volk will sein Recht. Man hat nur soviel Recht, als man Macht hat". Und Boehm forderte „nach der Erringung der Gewalt in Deutschland durch den Nationalsozialismus" eine „Politisierung der gesamten Nation im Sinne des überzeugten Nationalismus"; denn „65 Millionen Menschen, die für ihr Vaterland und für ihren Führer begeistert" seien, bildeten „auch bei unterlegener Bewaffnung eine Macht, mit der jeder Gegner zu rechnen" habe.

glied der NS-Volkswohlfahrt, ab 7/1933 im Kampfbund für Deutsche Kultur/NS-Kulturgemeinde, ab 10/1933 der NS-Kriegsopferversorgung, ab 2/1934 im NS-Lehrerbund, ab 7/1934 im Reichsbund ehemaliger Berufssoldaten, ab 7/1934 Mitglied der SA, später auch im NS-Dozentenbund; als bislang 'beauftragter Dozent' auf Antrag der von Heinz Maybaum geführten Philosophischen Fakultät 12/1937 zum Honorarprofessor für Wehrwissenschaft an der Universität Rostock ernannt;[10] ab 9/1939 Kriegseinsatz und bis 7/1940 zunächst keine Vorlesungen in Rostock mehr; 9/1942 KVK II. Kl. m.S.; 9/1943 aus der Wehrmacht entlassen; 1/1944 freiwillig als Honorarprofessor der Universität Rostock ausgeschieden[11]

Quellen: UAR: PA Boehm-Tettelbach; LHAS: 5.12-7/1, Nr. 1290; BA/BDC: PK; BA/BDC-Karteien: NSDAP.

10 Ab Sommersemester 1937 sind „auf Wunsch der Rostocker Studentenschaft" Boehms Vorlesungen „als Pflichtvorlesungen" etabliert worden. Bereits im Frühjahr 1934 hatte Boehm eine Denkschrift mit „Vorschlägen für die Organisation einer wehrgeistigen Erziehung der ganzen Nation verfaßt"; diese erschien im Herbst 1934 in der *Reichszeitschrift der deutschen Erzieher* und Ende 1937 in der Zeitschrift *Der Student in Mecklenburg*. Die Hauptstelle Kulturpolitik der Reichsleitung der NSDAP teilte dem Beauftragten des Führers für die gesamte geistige und weltanschauliche Erziehung der NSDAP 8/1938 mit, daß Boehm-Tettelbach als „alter Offizier stets im vaterländischen Sinne tätig gewesen" sei und sich „von jeher gegen jüdisch-marxistische Einflüsse gewehrt" habe; er habe „die Jugend immer zum aktiven Wehrwillen erzogen, wenn er auch hierin oft andere Wege zu gehen versuchte als der Nationalsozialismus". Er habe sich aber „seit 1933 voll und ganz in den Dienst der Bewegung gestellt" und bemühe sich in seinen „zahlreichen Vorlesungen und Vorträgen, das nationalsozialistische Ideengut zu vertreten". 6/1939 schätzte Boehm, der seine Vorlesungen mittlerweile auf die Hochschule für Lehrerbildung in Rostock, die Ingenieurakademie in Wismar, die Ingenieurschule in Neustrelitz und auf zahlreiche mecklenburgische Städte ausgedehnt hatte, ein, daß das „wehrkundliche Vortragswesen im Gau Mecklenburg schon jetzt weiter entwickelt [sei], als in den meisten, vielleicht in allen anderen deutschen Gauen". Mecklenburg stelle gewissermaßen „ein Muster für die Organisation der wehrgeistigen Belehrung unseres Volkes" dar.

11 Rektor Otto Steurer empfahl dem Oberkommando der Wehrmacht, Boehm-Tettlbach zum Oberst zu befördern.

Böhme, Werner Reinhold Gottlieb

geboren am 23.4.1902 in Meerane/Sachsen; evangelisch; Sohn eines Realschullehrers; Grundschule und Reformrealgymnasium in Dresden, ab 1918 Realgymnasium in Döbeln, dort 1921 Abitur; 1921 – 1926 Medizinstudium an den Universitäten Jena, Leipzig, München und Rostock; während des Studiums Arbeit als Werkstudent im Steinkohlebergbau bei Bochum, in Jena Mitglied der Deutschen Burschenschaft Germania, 1921/22 auch Mitglied der Deutschnationalen Volkspartei; 1924 zwei Monate Militärdienst in der Schwarzen Reichswehr in Wolfenbüttel; 1926 Staatsexamen, anschließend Medizinalpraktikant an der Medizinischen Universitätsklinik in Rostock; 12/1927 Approbation in Schwerin; 1-3/1928 Volontärassistent, ab 4/1928 etatmäßiger Assistenzarzt in der Röntgenabteilung der Medizinischen Universitätsklinik in Rostock; dort 6/1928 Promotion;[1] 11/1928 Heirat,[2] später drei Kinder; ab 6/1930 Leiter der Röntgenabteilung, 5/1932 – 3/1936 auch Oberarzt der Medizinischen Universitätsklinik in Rostock, hier ab 1934 Facharzt für Innere Medizin, Röntgendiagnostik und Lichtheilkunde; ab 11/1933 Mitglied der SA, ab 5/1934 Mitglied der NS-Volkswohlfahrt, ab 7/1934 Mitglied des NS-Lehrerbundes, ab 8/1934 des Reichsluftschutzbundes, ab 4/1936 des NS-Ärztebundes und ab 8/1936 der NS-Studentenkampfhilfe; Eintritt in die NSDAP am 1.5.1937, Mitgliedsnummer 4.073.157; wegen karrieristisch motivierter denunziatorischer Angriffe auf den Oberarzt Arthur Jores 7/1935 „ernste Mißbilligung" durch die Universität und das Reichserziehungsministerium;[3] nach institutioneller Trennung beider Funktionen und Einrichtung einer eigenständigen Röntgenabteilung ab 4/1936 leitender Oberarzt der Röntgenabteilung der Medizinischen Universitätsklinik;[4] 1935/36 erneut denunziatorische Vorwürfe gegen Prof. Georg Ganter, die 1937 zu dessen Pensionierung

1 Mit der Arbeit: Über den Gehalt an Vitamin C in verschieden vorbehandelter Milch, nach Versuchen mit der Milch der Universitätskinderklinik zu Rostock, Rostock 1928.

2 Mit Charlotte Sorgenfrei, geb. am 20.2.1901 in Stendal.

3 Böhme und Jores, der bereits seit 1933 Dozent an der Medizinischen Universitätsklinik in Rostock war, dort Lehraufträge für Luftfahrtmedizin wahrnahm und die Fliegeruntersuchungsstelle leitete, waren wegen ihrer weiteren beruflichen Perspektive und der Besetzung der Oberarztstelle in eine Auseinandersetzung geraten, in der beide versuchten, den jeweils anderen herabzusetzen; Jores wurde von Böhme der politischen Unzuverlässigkeit beschuldigt, auch, weil er nach wie vor Kontakte zu seinem 1933 emigrierten jüdischen Lehrer Leopold Lichtwitz unterhielt. Im Gefolge dieser Auseinandersetzung mußte der von Böhme bespitzelte Jores 1936 die Medizinische Universitätsklinik verlassen und wechselte nach Hamburg. Das Reichserziehungsministerium rügte, daß Böhme eine von Jores „an Professor Lichtwitz gerichtete Drucksache unberechtigterweise an sich genommen und die Widmung ... photographiert" habe, die er dann den zuständigen NS-Stellen zur Kenntnis gab; zu dieser „eigenmächtigen Handlung" sei Böhme „nicht berechtigt" gewesen.

4 Zu Böhmes Forschungsgebieten gehörten die Physiologie und Pathologie des Herzens, des Kreislaufs und der Speiseröhre sowie Studien über die Vogelatmung, die nach Einschätzung der Medizinischen Fakultät „von weittragender Bedeutung für die Luftfahrtmedizin geworden" seien; hinzu kamen neue Ansätze in der Röntgentherapie und Röntgenkinematographie (Kontrastmitteluntersuchungen), die auch eine Beteiligung an der Herstellung von Unterrichtsfilmen bei der Reichsanstalt für Film und Bild zur Folge hatten. Außerdem war Böhme führend an der Volks-Röntgenaktion der mecklenburgischen Bevölkerung beteiligt.

führten;[5] 10-12/1936 militärische Grundausbildung beim Ersatz-Bataillon 57 in Heide und 11/1937 bei der Luftwaffen-Sanitätsstaffel in Deep; dazwischen 6/1937 Habilitation in Rostock,[6] ab 5/1938 Privatdozent für Medizinische Strahlenkunde; ab 7/1938 Mitglied des NS-Dozentenbundes und des Reichskolonialbundes; 11/1938 zum SA-Sanitätssturmführer befördert und Dienst als 2. Sturmbannarzt des SA-Sturmbannes I/90 in Rostock; ab 8/1939 militärische Übung, ab 9/1939 Kriegseinsatz als Assistenzarzt der Luftwaffe; 1/1940 zum Dozenten neuer Ordnung ernannt; als Stabsarzt noch 9/1943 Abteilungsarzt in einem Luftwaffenlazarett in Greifswald, KVK II. Kl. m.S.; 5/1944 zum außerplanmäßigen Professor für Röntgenologie an der Universität Rostock ernannt;[7] am 24.8.1973 in Göttingen gestorben

Quellen: UAR: PA Böhme; LHAS: 5.12-7/1, Nr. 2346, 2382, 2464; BA/BDC: REM; BA/BDC-Karteien: NSDAP, NSLB, NSDÄB, REM.

5 Böhme hatte Ganter wegen der ärztlichen Behandlung von Juden in dessen universitärer Privatpraxis und wegen der von Ganter verweigerten Teilnahme an den Betriebsappellen der DAF an der Universitätsklinik und seiner Nichtanwesenheit bei Appellen anläßlich nationalsozialistischer Feiertage bei der Universitätsleitung denunziert.

6 Mit der Arbeit: Weitere Untersuchungen über die Wirkungen der Ventrikelsystole auf die Förderung des Venenblutes, Berlin/München 1936; vollständig u.d.T.: Über den aktiven Anteil des Herzens an der Förderung des Venenblutes, München 1936; nach Absolvierung des NS-Dozentenlagers wurde Böhme 7/1937 als „nicht sonderlich liebenswürdig“ eingeschätzt; er zeige „Ausdauer und Beharrlichkeit, obwohl er in seinem Temperament gemäßigt ... und kleinlich erscheint“; Böhme sei „diszipliniert, überzeugungstreu und gutmütig“, es mangele ihm „an einer allgemeinen politischen Begabung“, und „Anzeichen einer Führernatur [habe] er nicht gezeigt“. Dagegen meinte der Gaudozentenbundführer und Leiter der NS-Dozentenschaft der Universität Rostock 4/1938, Böhme habe sich „seit der Machtergreifung voll und ganz in den Dienst der Bewegung gestellt“; er habe „besonders im Rahmen der SA außerordentlich erfolgreich an der Ausgestaltung ... der ärztlichen Untersuchungen mitgearbeitet“; es sei ihm „von politischer Seite unter allen Umständen die unbedingte Zuverlässigkeit zuzusprechen“.

7 Der Dekan der Medizinischen Fakultät, Gustav Haselhorst, hatte 8/1943 einen Antrag auf eine vorzeitige Ernennung Böhmes zum außerplanmäßigen Professor mit der Begründung gestellt: „Böhme ist ein interessierender Redner und guter Lehrer. Seine Vorlesungen erfreuen sich großer Beliebtheit und sind stets recht gut besucht. Seine politische Haltung ist einwandfrei, seit 1933 aktives Mitglied der SA, seit 1937 Parteimitglied. Wegen seiner hervorragenden wissenschaftlichen Leistungen halte ich eine vorzeitige Ernennung ... für berechtigt und angezeigt.“

Böhmig, Richard Gustav Hermann

geboren am 6.4.1898 in Dresden/Sachsen; evangelisch; Sohn eines Arztes; Bürgerschule und König-Georg-Gymnasium in Dresden; 11/1914 – 12/1918 Kriegseinsatz im 2. Königlich-Sächsischen Feldartillerie-Regiment 28 und im Ersatz-Feldartillerie-Regiment 45, zuletzt Leutnant, EK II; ab 1/1919 wieder Gymnasium in Dresden, dort 10/1919 Abitur; 1919 – 1923 Medizinstudium an den Universitäten Freiburg, München und Leipzig; im Herbst 1923 Staatsexamen und Promotion in Leipzig;[1] anschließend Medizinalpraktikant an der Medizinischen Universitätsklinik in Leipzig und an der Dermatologischen Abteilung des Stadtkrankenhauses Dresden-Friedrichstadt; 7/1924 Approbation; 7/1924 – 3/1925 unbesoldeter Volontärassistent am Pathologisch-anatomischen Institut des Stadtkrankenhauses Dresden-Friedrichstadt; 4/1925 – 6/1926 etatmäßiger Assistenzarzt am Pathologischen Institut des Stadtkrankenhauses in Mainz; 7/1926 – 3/1928 Oberarzt am Pathologisch-anatomischen Institut in Dresden-Friedrichstadt; 4/1928 – 9/1930 1. Assistent, dann Oberarzt am Pathologischen Institut der Universität Rostock; dort 2/1929 Habilitation[2] und seitdem Privatdozent für Allgemeine Pathologie; 10/1930 – 3/1932 Stipendiat am Rockefeller Institute for Medical Research in New York/USA;[3] 4/1932 – 10/1933 wieder Assistenz- bzw. Oberarzt am Pathologischen Institut der Universität Rostock; 11/1933 – 3/1934 Lehrstuhlvertreter für Pathologie in Tübingen, dort auch Vertretung des Oberarztes sowie des zum Rektor ernannten Direktors des Pathologischen Instituts; ab 4/1934 Oberarzt am Pathologischen Institut der Universität Rostock, dort bis 9/1935 auch Lehrstuhlvertretung für Pathologie und vertretungsweise Direktor des Pathologischen Instituts (für den nach China beurlaubten Walther Fischer); ab 7/1934 Mitglied des NS-Lehrerbundes, der NS-Volkswohlfahrt, des NS-Ärztebundes des Reichsluftschutz- und des Reichskolonialbundes; 3/1935 Heirat,[4] später zwei Kinder; 5/1935 zum nichtbeamteten außerordentlichen Professor für Allgemeine Pathologie und Pathologische Anatomie an der Universität Rostock ernannt;[5] dort 2/1940 zum außerplanmäßigen Professor ernannt, tatsächlich bereits 1/1938 zur Übernahme des Direktorats des Pathologischen und Bakteriologischen Instituts des Städtischen Krankenhauses in Karlsruhe beurlaubt; dort Eintritt in die NSDAP am 1.1.1940, Mitgliedsnummer 7.865.027; 3/1939 verwitwet; ab 9/1939 Kriegseinsatz; als Leiter des Pathologischen Instituts des Stadtkrankenhauses in Karlsruhe ab 6/1943 als außerplanmäßiger Professor der Univer-

1 Mit der Arbeit: Über das Primordialcranium eines menschlichen Embryos aus dem zweiten Monat mit Cranio-Rhachischisis, Berlin/München 1922.

2 Mit der Arbeit: Das Krebsstroma und seine morphologischen Reaktionsformen, Jena 1929.

3 Dem Stipendium ging 1930 ein Angebot voraus, die Leitung des Pathologischen Instituts in Concepcion/Chile zu übernehmen, das Böhmig zu diesem Zeitpunkt aus privaten Gründen nicht annehmen konnte.

4 Mit Ursula Müller, geb. am 23.9.1911; am 30.3.1939 gestorben.

5 Der Direktor des Pathologischen Instituts, Walther Fischer, hob in seinem Antrag auf Ernennung Böhmes zum außerordentlichen Professor dessen wissenschaftliche Arbeiten zur Pathologie und Röntgenologie der Wirbelsäule hervor, die „für die Weiterarbeit auf diesem Gebiet geradezu grundlegend" seien, lobte dessen „Untersuchungen über die Gewebsveränderungen bei den verschiedenen Stadien der Immunisierung ..., die zum ersten Male neue und sicher ferner grundlegende Gesichtspunkte ... von Seiten der pathologischen Anatomie bringen"; es könne „ohne Übertreibung gesagt werden, daß von den Dozenten der medizinischen Fakultät in Rostock Böhmig sicher der begabteste ist".

sität Heidelberg zugewiesen; tatsächlich jedoch bis mind. 10/1944 Kriegseinsatz als Oberfeldarzt und Beratender Pathologe einer Armee,[6] KVK II. und I. Kl. m.S., Ostmedaille; 1944 der Universität Straßburg zugewiesen; am 17.10.1972 in Freiburg gestorben[7]

Quellen: UAR: PA Böhmig; LHAS: 5.12-7/1, Nr. 2346, 2382, 2465; BA/BDC: PK; BA/BDC-Karteien: NSDAP, NSLB, NSDÄB, REM.

6 In einem Schreiben an den Bevollmächtigten für das Sanitäts- und Gesundheitswesen teilte Böhmig 1/1944 u.a. mit: „Die Verhältnisse an unserem Frontabschnitt sind unruhig, mein Arbeitsgebiet ist groß. Ich führe auf Hauptverbandsplätzen und in Feldlazaretten monatlich 40-50 Obduktionen durch", dazu waren „im Dezember [1943] allein 2.800 km im Wagen zurückzulegen". Seine Frau sei kurz vor Kriegsbeginn verstorben, „meine Kinder evakuiert, ich selbst seit dem 1. Mobilmachungstag im Feld, mein Institut in Karlsruhe bombengeschädigt". Böhmig wurde 10/1944 von der Armee-Sanitätsabteilung 601 zur Sanitäts-Ersatz- und Ausbildungsabteilung 5 versetzt.

7 Veröffentlichte u.a.: Form- und Wachstumsgesetze drüsenbildender Karzinome, Stuttgart 1950; Pathologie und Bakteriologie der Endokarditis, Berlin u.a. 1953 (mit P. Klein).

Braun, Ernst Karl Friedrich August

geboren am 9.1.1893 auf dem Rittergut Mohrin/Königsberg (Brandenburg); evangelisch; Sohn eines Landwirts; Auguste-Viktoria-Gymnasium in Freienwalde/Posen, dort Abitur; ab 1911 Medizinstudium an den Universitäten Lausanne, Freiburg, München, Kiel, Greifswald und Rostock; als Freiwilliger dazwischen 8/1914 – 11/1918 Kriegseinsatz als Feldhilfsarzt im Feldartillerie-Regiment 20; 4/1920 Approbation und Promotion in Rostock; 5/1920 – 2/1921 Kriegsvolontärarzt am Pathologischen Institut der Universität Rostock; 2-9/1921 Volontärarzt am Städtischen Krankenhaus in Landsberg/Warthe; 10/1921 – 3/1924 Assistenzarzt an der Nervenklinik der Universität Rostock; 4/1924 – 9/1926 Assistenzarzt an der Universitäts-Nervenklinik München; ab 9/1924 Facharzt für Psychiatrie und Neurologie; 10/1926 – 4/1928 Oberarzt an der Nervenklinik der Universität Freiburg; 5/1928 – 9/1936 Oberarzt an der Universitäts-Nervenklinik in Kiel; dort 7/1928 Habilitation,[1] dann Privatdozent; 11/1930 Heirat,[2] später ein Kind; ab 1934 Mitglied der SA, zuletzt SA-Sanitätstruppführer; Mitglied im NS-Ärztebund; ab 9/1934 nichtbeamteter außerordentlicher Professor für Psychiatrie und Neurologie an der Universität Kiel; dort 1934 – 1936 finanzielle Förderung seiner Forschungen zur „erbbiologischen Bestandsaufnahme" der Bevölkerung Schleswig-Holsteins durch den Reichsforschungsrat; 10/1936 mit der Vertretung des Lehrstuhls für Psychiatrie und Neurologie der Universität Rostock sowie der Leitung der Heil- und Pflegeanstalt Rostock-Gehlsdorf und der Poliklinik für Nerven- und Gemütskranke beauftragt; dort Eintritt in die NSDAP am 1.5.1937, Mitgliedsnummer 4.202.058; 8/1937 – 1/1946 ordentlicher Professor für Psychiatrie und Neurologie an der Universität Rostock, dort außerdem Direktor der Psychiatrischen und Nervenklinik und Direktor der Heil- und Pflegeanstalt Rostock-Gehlsdorf;[3] 1939 – 1940 Kriegseinsatz bei der Sanitätsstaffel in Rostock, 10/1943 uk gestellt; 1/1944 KVK II. Kl. o.S.; ab 4/1944 Dekan der Medizinischen Fakultät der Universität Rostock; 10/1944 – 4/1945 Kriegseinsatz als Bataillonsarzt und Arzt einer Volkssturm-Einheit in Rostock; ab 5/1945 kurzzeitig in sowjetischer Kriegsgefangenschaft, dann wieder als Klinikdirektor eingesetzt; 1/1946 aus dem Universitätsdienst entlassen; nach Untersuchungshaft 10/1950 von der Großen Strafkammer am Landgericht Schwerin vom Vorwurf der aktiven Beihilfe zur Euthanasie aus Mangel an Beweisen freigesprochen;[4] nach 1950 Medizinaldirektor des Niedersächsischen Landes-

1 Mit der Arbeit: Der Aufbau der psychogenen Reaktion, Berlin 1928.

2 Mit Veronica Bertels, geb. am 27.8.1904 in Riga; Tochter eines Arztes; Eintritt in die NSDAP am 1.6.1940, Mitgliedsnummer 7.632.762.

3 Diese Anstalt hatte im Herbst 1938 insgesamt 222 männliche und 183 weibliche Insassen. Die von Braun geleitete Psychiatrische und Nervenklinik gehörte wie die Heil- und Pflegeanstalt zu den größeren der insgesamt 22 medizinischen Einrichtungen in Mecklenburg, an denen nach dem 7/1933 erlassenen Gesetz zur Verhütung erbkranken Nachwuchses bis mindestens 1944 Sterilisierungen vorgenommen wurden.

4 Braun wurde vorgeworfen, „als Leiter der Heil- und Pflegeanstalt Gehlsheim in den Jahren 1937 – 1945 Kranke ausgesucht, sie zu Transporten zusammengestellt und der Vergasung zugeführt zu haben". Im Verfahren wurde festgestellt, daß Braun Euthanasie an unheilbar Kranken durchaus bejaht habe, aber nur dann, „wenn alles ordnungsgemäß vor sich gehe und ein dementsprechendes Gesetz erlassen sei": Braun wurde nachgewiesen, daß er 1940 von der zu

krankenhauses Königslutter und ordentlicher Professor für Psychiatrie und Neurologie an der Universität Göttingen; am 10.5.1963 in Karlstadt/Main gestorben[5]

Quellen: UAR: PA E. Braun; LHAS: 5.12-7/1, Nr. 579, 2384, 10402; BA/BDC-Karteien: NSDAP, NSLB, NSDÄB, REM, RFR.

Tarnzwecken gebildeten 'Gemeinnützigen Transportgesellschaft' Listenvordrucke mit der Aufforderung erhalten hatte, darin alle Kranken der von ihm geleiteten Heil- und Pflegeanstalt zu erfassen; schon damals hatte er den Verdacht, „daß es sich um eine [Aktion der] sogenannten Sterbehilfe handeln könne"; diese Listen wurden nach seiner Anweisung von den Stations- und Assistenzärzten ausgefüllt und der 'Gemeinnützigen Transportgesellschaft' übersandt. In der Folgezeit kamen mehrfach Aufforderungen, die von ihm benannten Kranken zu Transporten zusammenzustellen, die dann in die Anstalten Üchtspringe, Domjüch, Sachsenberg und Ueckermünde verlegt wurden; diesen Aufforderungen sei Braun bereitwillig gefolgt, auch, um seine beständig überbelegte Klinik von derartigen Patienten zu entlasten. Erst 1944 will Braun davon erfahren haben, daß von ihm zur Verlegung bestimmte Kranke, die körperlich gesund waren, in der Anstalt Sachsenberg von Dr. Alfred Leu getötet wurden; nachgewiesen werden konnte Braun (und seinen Assistenzärzten) auch, daß ihnen etwa bekannt war, daß von Braun zur Verlegung in die scheinbar unverdächtige Anstalt Domjüch bestimmte Kranke von dort nach Bernburg weiterverlegt und dann dort getötet worden sind. Unverständlich erscheint die Argumentation des Gerichts, das Braun in der Überzeugung freisprach, „daß niemand wußte, daß die Verlegung von Kranken erfolgte, um sie der Euthanasie zuzuführen". Nachgewiesen wurde zwar, „daß der Angeklagte der Euthanasie bejahend gegenüberstand, ... daß er die Listen zur Ausfüllung erhalten und sie seinen Abteilungsärzten zur weiteren Bearbeitung übergeben hatte", daß er „auf Anforderung der 'Gemeinnützigen Transportgesellschaft' ... die benannten Kranken auch dieser übergeben" hatte, „daß von ihm Verlegungen nach Sachsenberg, Domjüch, Ueckermünde und Neustadt angeordnet" wurden und daß er wußte, daß von ihm zur Verlegung freigegebene Patienten „kurz darauf als verstorben gemeldet wurden". Es konnte – so das Gericht – Braun jedoch „nicht mit Sicherheit" nachgewiesen werden, daß er „die Verlegungen durchgeführt hat, um sie der Euthanasieaktion zu übergeben"; einerseits folgte es Brauns Vorbringungen, er habe Verlegungen nur angeordnet, um den Raummangel in Gehlsheim zu beheben; andererseits hielt das Gericht Braun tatsächlich zugute, daß er, nachdem er von den Krankenmorden erfahren hatte, „nach Möglichkeit" nur noch solche Kranke zur Verlegung freigegeben hatte, bei denen nach NS-Kriterien „die Voraussetzungen der Euthanasie nicht gegeben" waren. Brauns Tätigkeit als Gutachter in erbbiologischen Entscheidungen und seine Verantwortung als Leiter einer Klinik, in der seit 1934 und bis mindestens 1944 Sterilisierungen nach dem Gesetz zur Verhütung erbkranken Nachwuchses durchgeführt wurden, ist nicht einmal thematisiert worden.

5 Veröffentlichte u.a.: Die vitale Person, Leipzig 1933.

Braun, Reinhard Wilhelm Max Johannes

geboren am 5.1.1902 in Berlin/Preußen; evangelisch; Sohn eines Medizinprofessors; Königstädtisches Gymnasium in Berlin, dort 4/1920 Abitur; 4/1920 – 1926 Medizinstudium an den Universitäten in Marburg, Göttingen und Berlin; 11/1926 Staatsexamen; anschließend Medizinalpraktikant am Waldsanatorium in Davos und am Krankenhaus Berlin-Friedrichshain; 11/1927 Approbation und Promotion in Berlin;[1] 11/1927 – 8/1928 Volontärassistent und Assistenzarzt am Deutschen Krieger-Kurhaus in Davos-Dorf, 10/1928 am Städtischen Krankenhaus in Berlin-Moabit, 11/1928 – 4/1929 am Krankenhaus Berlin-Friedrichshain; 4/1929 – 3/1930 Volontärarzt an der Universitäts-Augenklinik Berlin; 4/1930 – 9/1932 Volontärarzt und außerplanmäßiger Assistent an der Universitäts-Augenklinik in Würzburg, 10/1932 – 3/1933 außerplanmäßiger Assistent an der Augenklinik der Medizinischen Akademie in Düsseldorf; 4/1933 Heirat,[2] später fünf Kinder; 4/1933 – 7/1935 planmäßiger Assistent an der Universitäts-Augenklinik in Berlin; dort 12/1933 Habilitation,[3] dann Privatdozent der Augenheilkunde; ab 12/1933 Mitglied der HJ und als HJ-Scharführer 12/1933 – 5/1935 HJ-Bannarzt in Berlin; ab 8/1935 Dozent und Oberarzt an der Universitäts-Augenklinik in Rostock; dort auch HJ-Arzt im Jungstamm 1/90 des Deutschen Jungvolks in Rostock, daneben auch Mitglied der NS-Volkswohlfahrt und der NS-Studentenkampfhilfe; 2-3/1937 Wehrdienst bei der Flieger-Ersatz-Abteilung 16 in Schleswig; in Rostock Eintritt in die NSDAP am 1.5.1937, Mitgliedsnummer 4.518.964; als Stabsarzt ab 9/1939 Kriegseinsatz im Luftwaffenlazarett in Wismar; 12/1939 – mind. 1944 außerplanmäßiger Professor für Augenheilkunde an der Universität Rostock; neben der nunmehr eingeschränkten Tätigkeit als Hochschullehrer und im Klinikbetrieb ab 9/1940 auch Führer einer Luftwaffen-Schülerkompanie in Rostock; nach 1945 zunächst außerplanmäßiger Professor für Augenheilkunde an der Universität Lübeck; ab 1953 leitender Arzt der Augenabteilung des Städtischen Krankenhauses Bremerhaven; am 7.11.1981 in Bremerhaven gestorben[4]

Quellen: UAR: PA R. Braun; LHAS: 5.12-7/1, Nr. 2346, 2382, 2467; BA/BDC: PK; BA/BDC-Karteien: NSDAP, REM.

1 Mit der Arbeit: Beitrag zur Frage der Wirkung unspezifischer Reize auf die Kapillaren und das weiße Blutbild bei Tuberkulösen, Berlin 1928.

2 Mit Katharina Stege, geb. am 11.10.1904.

3 Mit der Arbeit: Weitere Untersuchungen über die primäre Giftigkeit der Linsensubstanz (Histamin und Acethylcholin), München 1934.

4 Forschungsschwerpunkte Brauns waren neben der allgemeinen Augenheilkunde auch krankhafte Veränderungen des Auges durch Diabetes und Rheumatismus; veröffentlichte u.a.: Vitamine und Hormone in ihren Beziehungen zur Augenheilkunde, Basel/Leipzig 1938 (mit K. Wachholder und W. Kyrieleis).

Brill, Ernst-Heinrich

geboren am 6.8.1892 in Darmstadt/Hessen; evangelisch; Sohn eines Gerichtsassessors; Gymnasien in Darmstadt und Worms, dort 4/1912 Abitur; anschließend Medizinstudium an den Universitäten Jena und Heidelberg; als Kriegsfreiwilliger 8-10/1914 zunächst Militärausbildung im Feldartillerie-Regiment 61, ab 10/1914 Kriegseinsatz im medizinischen Dienst der Sanitätskompanie 238 der Infanterie-Division 35; als Feldhilfsarzt 1/1919 aus dem Heer entlassen, EK II, EKFK; ab 2/1919 Fortsetzung des Medizinstudiums an der Universität Jena; 8/1919 Heirat,[1] später zwei Kinder; nach Staatsexamen 6/1920 Approbation und Promotion in Jena;[2] 7/1920 – 1/1921 Volontärarzt am Pathologischen Institut und ab 2/1921 – 3/1922 Assistenzarzt an der Medizinischen Poliklinik der Universität Jena; anschließend praktischer Arzt und Fürsorgearzt für Lungenkranke in Jena; dazwischen im Wintersemester 1922/23 Ausbildung an der Sozialhygienischen Akademie in Berlin-Charlottenburg; ab Frühjahr 1923 Volontärassistent an der Psychiatrischen Klinik, ab 4/1924 planmäßiger Assistent an der Hautklinik der Universität Jena; ab 1925 Mitglied des Stahlhelm; 9/1926 Habilitation,[3] dann Oberarzt und Privatdozent für Dermatologie und Venerologie an der Hautklinik der Universität Jena; dort 3/1930 zum außerordentlichen Professor ernannt;[4] Eintritt in die NSDAP am 1.3.1933, Mitgliedsnummer 1.546.909; 3/1933 – 10/1934 auch Mitglied der SA, zunächst Dienst im SA-Sturmbann I/235 in Jena, dort maßgeblich am Aufbau des SA-Sanitätswesens beteiligt, 6/1933 zum SA-Sanitätssturmbannführer befördert; gegen den Willen der Medizinischen Fakultät ab 10/1933 ordentlicher Professor für Haut- und Geschlechtskrankheiten an der Universität Rostock, dort auch Mitdirektor (ab 1936 geschäftsführender Direktor) des Universitäts-Krankenhauses;[5] ab 10/1933 zunächst auch Chefarzt, dann Direktor der Dermatologischen Universitätsklinik und -Poliklinik; ab 1/1934 außerdem Vertrauensmann der Reichsleitung der NSDAP an der Medizinischen Fakultät der Universität Rostock; ab 2/1934 Vertreter des Kreismedizinalrats des Kreises Rostock für den Bereich der Erbgesundheitspflege und ab 2/1934 zugleich Beisitzer des dem Oberlandesgericht Rostock angegliederten mecklenburgischen Erbgesundheitsobergerichts in Rostock;[6] 1934 – 1945 auch Mitglied des Senats der Universität Rostock; als SA-Sanitätssturmbannführer zbV-Führer in der SA-Brigade 111 in Rostock; ab 11/1934 Mitglied des NS-Lehrerbundes, außerdem Mitglied des NS-Dozentenbundes und des

1 Mit Alice Anschütz, geb. am 24.10.1900 in Berlin; Tochter eines Senatspräsidenten am ehemaligen Reichsmilitärgerichtshof in Berlin.

2 Mit der Arbeit: Epilepsie bei endokriner Fettsucht, Jena 1920/23.

3 Mit der Arbeit: Die experimentellen und klinischen Grundlagen zum neuropathischen Typ des Ekzems, Berlin 1926.

4 Brill gehörte hier zu den 50 deutschen Professoren, die in einem im *Völkischen Beobachter* veröffentlichten Aufruf am 29.7.1932 zur Wahl der NSDAP aufforderten.

5 Zu Brills Forschungsschwerpunkten gehörten Stoffwechseluntersuchungen und Untersuchungen des vegetativen Systems bei Hautkrankheiten sowie die allgemeine Dermatologie und Venerologie.

6 Das vom Präsidenten des Oberlandesgerichts, Heinrich Burmeister, geleitete Erbgesundheitsobergericht Rostock war letzte Instanz zur Entscheidung jener Fälle, in denen Personen nach dem Gesetz zur Verhütung erbkranken Nachwuchses sterilisiert werden sollten.

NS-Ärztebundes; 12/1935 – 4/1937 zunächst kommissarischer, dann regulärer Führer des NS-Dozentenbundes des Gaues Mecklenburg-Lübeck der NSDAP[7] und Leiter der Fachschaft I (Hochschulen) im NS-Lehrerbund des Gaues Mecklenburg; daneben Bezirksbeauftragter der Arbeitsgemeinschaft zur Bekämpfung der Geschlechtskrankheiten im Reichsausschuß für Volksgesundheitsdienst beim Reichsministerium des Innern sowie Bezirksleiter für Mecklenburg der Deutschen Gesellschaft zur Bekämpfung der Geschlechtskrankheiten, Schatzmeister der Deutschen Dermatologischen Gesellschaft, Vorsitzender des Schulvorstandes der Großen Stadtschule (Gymnasium) in Rostock, Mitherausgeber des *Archivs für Dermatologie und Syphilis* sowie des *Zentralblatts für Haut- und Geschlechtskrankheiten* und Mitglied der Arbeitsgemeinschaft Mecklenburg für Krebsforschung; 10/1935 – 3/1936 Prorektor, 4/1936 – 10/1937 Rektor der Universität Rostock;[8] wegen Arbeitsüberlastung 4/1937 auf eigenen Wunsch als Gauführer des NS-Dozentenbundes und als Hauptstellenleiter in der Gauleitung Mecklenburg der NSDAP entbunden; 8-9/1937 Militärausbildung im Standortlazarett Berlin; seit 9/1937 Mitglied der SS, Nr. 284.121;[9] Aufnahme als SS-Hauptsturmführer und seitdem Führer beim Stab des SS-Abschnitts XXXIII;[10] 9/1938 Einsatz bei der SS-Totenkopfstandarte „Brandenburg" in Oranienburg; 9/1939 zum SS-Sturmbannführer befördert; 9/1939 – 11/1940 Kriegseinsatz, zunächst als Stabsarzt im Reservelazarett Ia in Rostock, dann beim Oberbaustab I und zuletzt im Kriegslazarett der Abteilung Mot. 531, dort 1/1940 zum Oberstabsarzt befördert; 12/1940 uk gestellt; 3/1941 KVK II. Kl. m.S.; 5-6/1941 Teilnehmer der deutschen Delegation am 33. Kongreß der Italienischen Dermatologischen Gesellschaft in Rom, dort Vortrag, 5-6/1942 weitere Vorträge auf der Tagung der Dermatologischen Gesellschaft an den Universitäten Padua und Venedig; ab 1943 Nebentätigkeit als ärztlicher Leiter der 12/1943 errichteten, dem Staatlichen Gesundheitsamt des Kreises Rostock-Stadt angegliederten geschlossenen Krankenanstalt für geschlechtskranke Frauen in Rostock; 1944 Beratender Dermatologe (Chefarzt der Dermatologie) im Wehrkreis II (Mecklenburg und Pommern); ab 1944 auch Lupus-Beauftragter für Mecklenburg;

---

7 Die Abteilung Unterricht des Mecklenburgischen Staatsministeriums hatte 10/1936 angewiesen, „aus Anlaß der Mehrbelastung des Professors Brill durch die nationalsozialistische Ausrichtung der Universität Rostock" diesem monatlich eine kürzungsfreie Sonderzahlung von 300 RM als Besoldungszulage zu gewähren.

8 Obwohl die überwiegende Mehrheit des Lehrkörpers der Universität 2/1936 den auch vom amtierenden Rektor Paul Schulze vorgeschlagenen Hermann Schultze-von Lasaulx zum Rektor gewählt hatte, ist – u.a. nach Intervention durch den Gauleiter Friedrich Hildebrandt – vom Reichserziehungsministerium Ernst-Heinrich Brill zum Rektor ernannt worden. Brill wurde auf eigenen Antrag – den er bereits 2/1937 gestellt hatte und der zunächst jedoch abgelehnt worden ist – wegen Arbeitsüberlastung in seiner Klinik als Rektor der Universität abgelöst; Amtsnachfolger wurde der von Brill vorgeschlagene Ernst Ruickoldt.

9 Laut Schreiben des Führers des SS-Abschnitts XXXIII, Rudolf Lohse, an den SS-Oberabschnitt Nord von 6/1937 habe „der geradlinige weltanschauliche Kampf der Schutzstaffel Prof. Dr. Brill veranlaßt, sich näher mit der SS zu befassen. Er hat daraufhin die Bitte ausgesprochen, sich nach seinen Kräften für die SS einsetzen zu dürfen. B. genießt das volle Vertrauen des SS-Gruppenführers Hildebrandt, Gauleiter und Reichsstatthalter von Mecklenburg, der auch die Einsetzung des B. als Rektor der Universität in Rostock seinerzeit durchgesetzt hat". Auch laut Auskunftstelle der Stabskanzlei beim Chef des Sicherheitshauptamtes der SS von 8/1937 bestanden keine Bedenken, Brill in die SS aufzunehmen.

10 Im Personalbericht des Führers des SS-Abschnittts XXXIII, Waldemar Wappenhans, hieß es 6/1939, Brill sei „in seinem Beruf eine 'Persönlichkeit' und hängt mit Liebe und Begeisterung an der SS."

nach der Zerstörung der Privatwohnung durch Bombenangriff 4/1944 Umzug nach Graal-Müritz, dort auch Betreuung der nach Graal verlegten Ausweichklinik, da auch die Rostocker Hautklinik weitgehend zerstört war; 5/1944 Tod des Sohnes an der Front; 1944 Kriegseinsatz als Oberstabsarzt im Reservelazarett in Rostock, dort 11/1944 zum Oberfeldarzt der Wehrmacht befördert; am 2.5.1945 Selbstmord in Rostock[11]

Quellen: UAR: PA Brill; LHAS: 5.12-7/1, Nr. 579, 1195, 2338, 2349; BA/BDC: PK, SSO, RuS-HA, REM; BA/BDC-Karteien: NSDAP, NSLB, NSDÄB.

11 Veröffentlichte u.a.: Von den Aufgaben deutscher Wissenschaft. Ansprache, gehalten am 30. Januar 1937 in der Aula der Universität Rostock aus Anlaß des Gedenktages der 4. Wiederkehr der nationalsozialistischen Machtergreifung (=Rostocker Universitäts-Reden, 21), Rostock 1937.

Bröcker, Walter Hans Franz

geboren am 19.7.1902 in Itzehoe/Holstein (Schleswig-Holstein); gottgläubig; Sohn eines Fabrikdirektors; Grundschule und Kaiser-Karl-Realgymnasium in Itzehoe, dort 9/1920 Abitur; 1920/21 Studium der Naturwissenschaften an der Universität Hamburg; ab 1921 Studium der Philosophie und Geschichte an der Universität Freiburg, dort Schüler Martin Heideggers; folgte diesem 1923 als Student an die Universität Marburg, dort 11/1928 Promotion;[1] 1928/29 Studium der Naturwissenschaften in Berlin, dort „Einblick in die Probleme der modernen Atomphysik"; 1929 Rückkehr nach Freiburg zu Heidegger, dort ab 11/1933 Assistent, ab 4/1934 ordentlicher Assistent am Philosophischen Seminar der Universität Freiburg; 11/1933 – 3/1935 Mitglied der SA; 2/1934 Heirat,[2] später vier Kinder; 12/1934 Habilitation in Freiburg[3] und ab 7/1937 Privatdozent an der Universität Freiburg, dort 9/1939 zum Dozenten neuer Ordnung ernannt; Eintritt in die NSDAP am 1.1.1940, Mitgliedsnummer 8.367.438; ab 9/1939 Kriegseinsatz in der Baukompanie 4/64 als „Abwehrbereitschaft an der Oberrheinfront" und im Bau-Ersatz-Bataillon 5, 2/1940 aus der Wehrmacht entlassen; ab 1939 Mitglied der NS-Volkswohlfahrt, ab 1940 Mitglied des NS-Dozentenbundes; ab 3. Trimester 1940 Lehrstuhlvertretung für Philosophie an der Universität Rostock (Julius Ebbinghaus); ab 8/1941 ordentlicher Professor für Philosophie an der Universität Rostock und Direktor des Philosophischen Seminars;[4] 1942 – 5/1945 auch Dekan der Philosophischen Fakultät der Universität Rostock; 12/1945 zunächst aus dem Universitätsdienst entlassen; ab 1945 Mitglied des Kulturbundes zur demokratischen Erneuerung Deutschlands; vom 'Block der antifaschistischen Parteien in Rostock' wurden 2/1946 „keine Bedenken" gegen eine Wiedereinstellung Bröckers als Universitätsprofessor erhoben; zur formalen Rehabilitierung 4/1946 Antrag auf Erteilung eines Forschungsauftrages;[5] ab 6/1946 Anwärter der SED; ab 6/1946 wieder ordentlicher Professor für Philosophie an der Universität Rostock;[6] 7/1947 von der SMA

1 Mit der Arbeit: Kants „Kritik der ästhetischen Urteilskraft". Versuch einer phänomenologischen Interpretation und Kritik des 1. Teils der „Kritik der Urteilskraft", Glückstadt/Hamburg 1928.

2 Mit Käte Oltmanns, geb. am 20.9.1906 in Berlin; Tochter eines Diplomingenieurs.

3 Mit der Arbeit: Aristoteles, Freiburg 1934; veröffentlicht u.d.T.: Die aristotelische Philosophie als Frage nach der Bewegung, Frankfurt/M. 1935; diese Arbeit wurde nach Befürwortung durch Heidegger durch den Reichsforschungsrat mit einem Druckkostenzuschuß gefördert.

4 Bröckers Hauptforschungsgebiete waren die griechische Philosophie, die Sprachphilosophie und die Geschichte der neueren Philosophie. Die Universität Rostock hatte im Berufungsvorschlag vor allem Bröckers „gesunde Einfachheit des Denkens" hervorgehoben, „das bei aller Nüchternheit von der Größe philosophischer Gegenstände ergriffen" sei und „durch diese Nüchternheit alles Überreizte und Verstiegene von sich fern" halte. Auffallend sei Bröckers „bemerkenswertes Talent, aus einer schwer entwirrbaren Problemverknotung durch scharfsinnige Beobachtungen und Kombinationen neue Anregungen und Lösungen herauszuholen".

5 Bröcker beantragte einen „Forschungsauftrag zur Geschichte des dialektischen Materialismus", wobei er „zunächst das Gebiet der antiken Philosophie bearbeiten" wollte, insbesondere die vorsokratischen Philosophen, die „alle Materialisten" seien. Der Bedeutendste unter ihnen sei Heraklit, was schon daraus hervorgehe, daß auch Stalin „in seiner bekannten Schrift 'Über dialektischen und historischen Materialismus'" Heraklit zitiert habe. Die gesamte Forschungsliteratur sei an der Universität vorhanden, „mit einer Ausnahme: Es fehlt die vollständige Marx-Engels-Gesamtausgabe ... Vielleicht läßt sich diesem Mangel nächstens abhelfen".

6 Es sei, wie Rektor Günther Rienäcker 2/1946 hervorhob, „dokumentarisch und durch Zeugenaussagen" belegt, daß Bröcker „aktiv im antifaschistischen Sinne auch vor dem 1.

als ordentlicher Professor der Philosophischen Fakultät bestätigt; 4/1948 aus dem Dienst der Universität Rostock entpflichtet; ab 7/1948 ordentlicher Professor für Philosophie an der Universität Kiel;[7] am 3.8.1992 in Kiel gestorben[8]

Quellen: UAR: PA Bröcker; LHAS: 5.12-7/1, Nr. 1244; BA/BDC-Karteien: NSDAP, REM, RFR.

Mai 1945 gewirkt“ und eine „nachweisbar prokommunistische Einstellung“ gehabt habe und „jetzt als politisch völlig zuverlässig und unbedenklich der Mitarbeit für würdig gehalten“ werde; Bröcker sei – wie Rienäcker 4/1947 ausführte – „vor und während der Nazizeit linksradikal eingestellt“ gewesen. Seine Nichtmitgliedschaft in der NSDAP habe seine Habilitation und Dozentur gefährdet; weil Bröcker „Frau und vier Kinder hatte und als Dozent der Philosophie keine Möglichkeit sah, einen anderen Beruf zu ergreifen“, habe er „um der Existenz seiner Familie wegen nachgegeben“ und sei in die Partei eingetreten. „Ausschlaggebend“ für seine Berufung nach Rostock sei aber gewesen, daß Bröcker „gesinnungsmäßig Nazigegner“ war; auch als Dekan der Philosophischen Fakultät habe er „sein Amt in ausgesprochen antifaschistischem Geiste“ geführt, und mit einem „Kreis vertrauter entschieden antifaschistischer Kollegen [gemeint waren Rienäcker!, Maurer, Furch, Jessen, Gerstenberg] das Ziel“ verfolgt, „bei Neuberufungen keine Nazis und keine Reaktionäre in die Fakultät hineinzulassen“ und habe sich so „die größten Verdienste um die Philosophische Fakultät erworben“. Bröcker sei vor 1945 „ein überzeugter und aktiver Antifaschist gewesen, der radikaler und aktiver war als mancher, der zu seinem Glück der NSDAP nicht aus wirtschaftlichen Gründen beizutreten brauchte“. Außerdem arbeite Bröcker derzeit (1946/47) „an einer Ausgabe des griechischen Philosophen Heraklit“, die sowohl dessen Texte, deren Übersetzung und „einen ausführlichen Kommentar“ enthalten solle; gerade ein solcher Kommentar sei „heute erwünschter als je, da Heraklit der erste Dialektiker der Geschichte der Philosophie“ und „sein Studium daher eine unerläßliche Voraussetzung für ein historisches Verständnis des Dialektischen Materialismus von Marx, Engels und Lenin“ sei.

7 Rektor Günther Rienäcker bedauerte den Weggang Bröckers, „zumal die Zahl der fachlich und persönlich qualifizierten Vertreter dieses Faches in unserer Zone äußerst gering“ sei.

8 Veröffentlichte u.a.: Dialektik, Positivismus, Mythologie, Frankfurt/M. 1958; Platos Gespräche, Frankfurt/M. 1964; Kant über Metaphysik und Erfahrung, Frankfurt/M. 1970.

Brüning, Hermann

geboren am 16.4.1873 in Sprockhövel/Schwelm (Westfalen); katholisch; Sohn eines Poststellenverwalters; Volks- und Rektoratsschule in Sprockhövel, humanistisches Gymnasium in München-Gladbach, dort 4/1894 Abitur; 1894 – 1898 Studium der Medizin an den Universitäten Würzburg, Kiel, München, Bonn und Leipzig; als Einjährig-Freiwilliger dazwischen 4-9/1894 erster Teil des Militärdienstes im 9. bayerischen Infanterie-Regiment; 2/1898 Promotion in Bonn;[1] 2/1899 Staatsexamen und Approbation; 4-9/1899 zweiter Teil des Militärdienstes als Unterarzt im hessischen Train-Bataillon 11 in Kassel; ab 10/1899 Volontärassistent, 4/1900 – 3/1901 etatmäßiger Assistent und Prosektor am Pathologischen Institut der Universität Bonn; 4/1901 – 3/1905 Assistenz- und Stationsarzt an der Universitäts-Kinderklinik und Poliklinik der Universität Leipzig, ab 1904 dort auch Prosektor und Laboratoriumsassistent; 4/1905 Habilitation in Rostock[2] und ab 5/1905 Privatdozent für Kinderheilkunde; 4/1905 – 3/1909 Assistenzarzt der Kinderabteilung der Medizinischen Universitätsklinik Rostock; 1905 – 1920 Mitglied und zeitweise Schriftführer des Mecklenburgischen Ärztevereinsbundes; ab 1906 Lehrauftrag für Kinderheilkunde an der Universität Rostock; dort 7/1909 zum außerordentlichen Professor für Kinderheilkunde ernannt; daneben 11/1909 zum städtischen Kostkinderarzt bestellt; 3/1914 Heirat,[3] später vier Kinder; 8/1914 – 11/1918 Kriegseinsatz als Stabsarzt im Brigade-Ersatz-Bataillon 34 und einem Reserve-Lazarett, EK II, EKFK; 10/1919 – 9/1938 ordentlicher Professor für Kinderheilkunde an der Universität Rostock, dort auch Direktor der Universitäts-Kinderklinik;[4] 1920 – 1930 Mitglied der Deutschen Volkspartei; 1921/22 Dekan der Medizinischen Fakultät der Universität Rostock; ab 7/1934 Mitglied des NS-Lehrerbundes; 9/1938 aus Altersgründen in den Ruhestand versetzt; als Emeritus vom Mecklenburgischen Staatsministerium 11/1938 – 7/1939 mit der vertretungsweisen Weiterführung seines bisherigen Lehrstuhls und der Leitung der Kinderklinik der Universität Rostock beauftragt; ab 8/1939 niedergelassener Kinderarzt in Rostock; als Oberstabsarzt 5/1940 – 8/1944 Kriegseinsatz als Chefarzt des Reserve-Lazaretts in Kühlungsborn, später in Graal; dazwischen 1-4/1943 Lehrstuhlvertretung für Kinderheilkunde und kommissarischer Direktor der Kinderklinik der Universität Greifswald; als „Nachfolger seines Nachfolgers" (Otto Ullrich) 10/1943 – 3/1944 erneut Professor für Kinderheilkunde und kommissarischer Direktor der Universitäts-Kinderklinik in Rostock, dafür Freistellung vom Kriegseinsatz, 9/1944 zum Oberfeldarzt befördert und aus der Wehrmacht entlassen, KVK II. Kl. m.S.; während des Kriegseinsatzes seines zweiten Nachfolgers (Karl Klinke) im Herbst 1944 erneut mit der kommissarischen Leitung der Universitäts-Kinderklinik Rostock beauftragt; als Emeritus

1 Mit der Arbeit: Gastrostomieen, Bonn 1897.

2 Mit der Arbeit: Beiträge zur Lehre der natürlichen und künstlichen Säuglingsernährung, letztere unter besonderer Berücksichtigung der Überlegenheit der rohen oder der gekochten Milch, Jena 1906.

3 Mit Luise Niewerth, geb. am 18.1.1889 in Rostock; Tochter eines Apothekers.

4 Brünings Hauptforschungsgebiete waren zum einen die Neugeborenen- und Säuglingserkrankungen, die Säuglingssterblichkeit sowie die Kinder- und Säuglingsernährung, zum anderen die Balneologie und die Medizingeschichte.

7/1947 von der SMA als Professor an der Medizinischen Fakultät der Universität Rostock bestätigt; 4/1948 erneute Emeritierung; dann erneut niedergelassener Kinderarzt in eigener Praxis in Rostock, daneben als städtischer Bezirksarzt mit der Seuchenbekämpfung beauftragt; als 79jähriger 10/1951 – 5/1953 wiederum mit der kommissarischen Leitung der Kinderklinik der Universität Rostock beauftragt, 6/1953 erneut emeritiert; am 30.4.1955 in Rostock gestorben[5]

Quellen: UAR: PA Brüning; LHAS: 5.12-7/1, Nr. 1507; BA/BDC-Karteien: NSDÄB, NSLB, REM.

5 Brüning konnte 4/1955 auf eine 50-jährige Zugehörigkeit zur Medizinischen Fakultät der Universität Rostock zurückblicken. Veröffentlichte neben mehr als 200 wissenschaftlichen Artikeln u.a.: Die Ernährung des Kindes, Halle 1904; Die Säuglingssterblichkeit im Großherzogtum Mecklenburg-Schwerin, ihre Ursache und ihre Bekämpfung, Wiesbaden 1909; Handbuch der allgemeinen Pathologie und der pathologischen Anatomie des Kindesalters, Wiesbaden 1912 (mit E. Schwalbe); Therapeutisches Vademekum für die Kinderpraxis, Stuttgart 1919; Kurzgefaßtes Lehrbuch der Untersuchung am Krankenbette des Kindes, Stuttgart 1921; Bäder- und Kurortlehre für das Kindesalter, Stuttgart 1930.

Brunn, Walter Albert Ferdinand **von**

geboren am 2.9.1876 in Göttingen/Hannover; evangelisch; Sohn eines Privatdozenten; Privatschule und Große Stadtschule (Gymnasium) in Rostock, dort 9/1894 Abitur; Medizinstudium an den Universitäten Rostock und Göttingen; als Einjährig-Freiwilliger daneben 1894/95 Militärdienst beim Füsilier-Regiment 90 in Rostock; 5/1899 medizinisches Staatsexamen und Approbation; 5/1899 – 2/1900 Assistent am Anatomischen Institut der Universität Greifswald; 11/1899 Promotion in Rostock;[1] 3-10/1900 Volontärassistent am Bakteriologisch-Hygienischen Institut und am Anatomisch-Pathologischen Institut der Universität Göttingen; 11/1900 – 3/1903 zunächst Volontärassistent, dann etatmäßiger Assistent am Königlich-Chirurgischen Klinikum in Berlin, 4/1903 – 5/1905 Assistent an der Chirurgischen Klinik der Universität Marburg; daneben ab 1901 ständiger Referent für das *Zentralblatt für Bakteriologie*, ab 1903 für das *Zentralblatt für Chirurgie*; ab 7/1905 niedergelassener Chirurg und ab 1908 Inhaber einer chirurgischen Privatklinik in Rostock; daneben Unterricht in Gesundheitslehre an der städtischen Fortbildungsschule; 1909 Prüfung als Kreisarzt; 6/1910 Heirat,[2] später zwei Kinder; ab 8/1914 Kriegseinsatz als Stabsarzt in verschiedenen Feldlazaretten, als Regiments- und Bataillonsarzt, zuletzt als Chefarzt und Kommandeur der Sanitäts-Kompanie 250, EK II und EK I; nach einer septischen Infektion 8/1918 Amputation des rechten Armes; 9/1918 – 2/1919 im Militärlazarett in Singen, dann Aufgabe der chirurgischen Privatpraxis in Rostock; 2-10/1919 Studium am Institut für Geschichte der Medizin der Universität Leipzig; 11/1919 Habilitation[3] und seitdem Privatdozent für Medizingeschichte an der Universität Rostock; 1/1920 – 9/1934 hauptberuflich Stadtschularzt in Rostock;[4] daneben ab 10/1921 Lehrauftrag für Geschichte der Medizin an der Universität Rostock; 1/1924 Verleihung der Amtsbezeichnung eines außerplanmäßigen außerordentlichen Professors für Medizingeschichte an der Universität Rostock;[5] ab 12/1930

---

1 Mit der Arbeit: Ein Beitrag zur Kenntnis von den ersten Resorptionsvorgängen, Rostock 1899.

2 Mit Elsa Range, geb. am 14.2.1884 in Ribnitz; Tochter eines Kaufmanns; am 17.11.1959 in Leipzig gestorben.

3 Mit der Arbeit: Die Stellung des Guy de Chauliac in der Chirurgie des Mittelalters, Leipzig 1921.

4 Damit war v.Brunn, der in dieser Eigenschaft auch dem Verein für Schulgesundheitspflege, der Vereinigung deutscher Schul-, Kommunal- und Fürsorgeärzte, der Gesellschaft zur Bekämpfung der Geschlechtskrankheiten und dem Verein gegen den Alkoholismus angehörte, formal für die Betreuung der etwa 12.000 Rostocker Schulkinder zuständig; im Kontext der zeitgenössischen Überlegungen zur sozialen und erbbiologischen Eugenik entwarf er bereits 1924 ein Sterilisierungs-Gesetz und 1933 ein Reichs-Schularzt-Gesetz, die beide nicht verwirklicht wurden.

5 Nachdem v.Brunn sich schon in der klinischen Forschung und Praxis verdient gemacht und etwa 1902 den Lymphknoten in der Speicheldrüse des Unterkiefers entdeckt und 1907 eine verbesserte Schnittechnik für Brustkrebsoperationen entwickelt hatte, begründete die Medizinischen Fakultät ihren Antrag auf vorzeitige Berufung v.Brunns zum außeretatmäßigen außerordentlichen Professor 11/1923 damit, daß v.Brunn bereits „in einer Anzahl von Publikationen [eine] ausgesprochene Befähigung für wissenschaftliche Fragestellungen und kritisch-geschlossene Durcharbeitung der ihm gestellten Themen und eigner Untersuchungen gezeigt“ habe; die „Reife seiner wissenschaftlichen Persönlichkeit hat sich auch in all seinen

korrespondierendes Mitglied der Königlich-Ungarischen Gesellschaft der Ärzte; 7/1934 – 3/1935 Mitglied des NS-Lehrerbundes; ab 10/1934 ordentlicher Professor für Medizingeschichte und Direktor des Medizinhistorischen Instituts der Universität Leipzig; ab 1935 Mitglied der Akademie der Naturforscher Leopoldina, ab 1937 dort Adjunkt; 1941 Ehrenmitglied der Königlich-Rumänischen Akademie der Naturwissenschaften, Assoziiertes Mitglied der Historischen Klasse der Schwedischen Ärztegesellschaft; ab 1947 Vizepräsident der Leopoldina; 7/1950 in Leipzig emeritiert; ab 1951 Ehrenmitglied der Leipziger Chirurgisch-Medizinischen Wissenschaftlichen Gesellschaft und der Allgemein-Deutschen Vereinigung für Geschichte der Medizin, Naturwissenschaften und Technik; am 21.12.1952 in Leipzig gestorben[6]

Quellen: UAR: PA Brunn; LHAS: 5.12-7/1, Nr. 2470; BD/BDC: REM; BA/BDC-Karteien: NSDÄB, NSLB.

---

medicohistorischen Arbeiten gezeigt, die nicht nur von emsigsten Fleiß zeugen, sondern eine große, z.T. erstaunliche Sachkenntnis beweisen und auch die trockenste Materie in einer organisch gebundenen, anregenden Form wiedergeben".

6 Aus Anlaß des Todes v.Brunns stellte der Rektor der Universität Leipzig, Georg Maurer, heraus, daß sich das von v.Brunn geleitete „Karl-Sudhoff-Institut zum bedeutendsten europäischen Institut für Medizingeschichte" entwickelt habe. Veröffentlichte u.a.: Von den Gilden der Barbiere und Chirurgen in den Hansestädten, Leipzig 1921; Das deutsche medizinische Zeitschriftenwesen seit der Mitte des 19. Jahrhunderts, Berlin 1925; Kurze Geschichte der Chirurgie, Leipzig 1928; Neues über eine sehr alte Wohnungs- und Städtekultur in Indien, Berlin 1936; Hufeland, Leibarzt und Volkserzieher. Selbstbiographie von Christoph Wilhelm, hrsg. von W.v.Brunn, Stuttgart 1937; Untersuchungen über Blutstillungsmittel, Leipzig 1939; Jugendbriefe Theodor Billroths an Georg Meissner, hrsg. von W.v.Brunn, Leipzig 1941; Paracelsus und seine Schwindsuchtlehre, Leipzig 1941; Geschichte der Chirurgie, Bonn 1948.

Brunstäd, Friedrich Hermann Theodor

geboren am 22.7.1883 in Hannover; evangelisch; Sohn eines Möbelfabrikanten; Lyceum II und Goethe-Gymnasium in Hannover, dort 4/1901 Abitur; 1901 – 1909 Studium der Philosophie, Geschichte, neueren Sprachen, Staatswissenschaften und Theologie an den Universitäten Heidelberg und Berlin; 7/1909 Promotion in Berlin;[1] 3/1911 Heirat,[2] später ein Kind; 1/1912 Habilitation[3] und ab 3/1912 Privatdozent für Philosophie an der Universität Erlangen; 3/1915 – 2/1918 Kriegseinsatz im Bayerischen Heereslazarettzug 3 und in der Kriegslazarett-Abteilung 24 des Heeres, EK II; 11/1917 zum nichtplanmäßigen außerordentlichen Professor für Philosophie an der Universität Erlangen ernannt, dort ab 1/1922 planmäßiger Assistent; 1/1919 – 6/1930 Mitglied und 1920 – 1928 Mitglied des Hauptvorstandes der Deutschnationalen Volkspartei; 1922 – 1934 Leiter der Evangelisch-Sozialen Schule des Johannes-Stifts in Berlin-Spandau, daneben auch Präsident des Kirchlich-Sozialen Bundes; 10/1925 Ehrenpromotion an der Theologischen Fakultät der Universität Göttingen; 10/1925 – 11/1944 ordentlicher Professor für Systematische Theologie an der Universität Rostock und Leiter des Seminars für Systematische Theologie;[4] 1928/29 auch Dekan der Theologischen Fakultät, 3/1930 – 2/1931 auch Rektor[5] und 1931/32 Prorektor der Universität Rostock; 1932/33 und 1936 – 12/1937 erneut Dekan der Theologischen Fakultät; 1932 – 1933 Mitglied der Volkskonservativen Vereinigung; ab 1933 Mitglied der NS-Volkswohlfahrt und des Reichsluftschutzbundes, ab 1/1934 auch Mitglied des NS-Lehrerbundes; Angehöriger des engeren Führungskreises der sich in Mecklenburg 1934/35 herausbildenden Bekennenden Kirche;[6] 12/1937 vom Amt des Dekans entbunden;[7] 1943/44 Beteiligung an den vom Oberkommando der Wehrmacht/Allgemeines Wehrmachtsamt, Abteilung In-

---

1 Mit der Arbeit: Untersuchungen zu Hegels Geschichtstheorie, Berlin 1909.

2 Mit Aline Ibach, geb. am 9.6.1886; Tochter eines Kaufmanns.

3 Mit der Arbeit: Beiträge zum kritischen Erkenntnisbegriffe, Erlangen 1911.

4 Brunstäds Hauptforschungsgebiete waren die Philosophie und systematische Theologie, Religionsphilosophie, politische und soziale Geschichte.

5 Unter Brunstäds Rektorat wurde eine neue Universitätsverfassung ausgearbeitet und 1932 eingeführt, die dem Senat und den Fakultäten mehr Eigenständigkeit als bislang gewährte, jedoch 1933 bereits wieder außer Kraft gesetzt wurde.

6 Brunstäd hatte mit den anderen Professoren der Theologischen Fakultät der Universität Rostock 11/1934 einen Aufruf zum Rücktritt des von den Nationalsozialisten als Reichsbischof eingesetzten Führers der Deutschen Christen, Ludwig Müller, unterzeichnet. Anläßlich seiner 12/1937 erfolgten Ablösung als Dekan betonte Brunstäd 2/1938, daß er schon 1936 im Gespräch mit dem damaligen Rektor Ernst-Heinrich Brill „keine Zweifel gelassen" habe über seine „entschlossene Zugehörigkeit zur Bekennenden Kirche", aber „auch nicht" über seine „Treue zum nationalsozialistischen Staate und zu den innerlich verpflichtenden Grundsätzen des Nationalsozialismus".

7 Brunstäd wurde vorgeworfen, seine Kompetenzen als Dekan überschritten zu haben, indem er eigene Ermittlungen zu den Vorgängen und Hintergründen der zwangsweisen Emeritierung von Helmuth Schreiner anstellte, der durch den Reichsstatthalter Hildebrandt 6/1937 in den vorzeitigen Ruhestand versetzt worden ist. So hatte Brunstäd u.a. den Standortältesten des Standortes Rostock, Oberst Mieth, um Auskunft über dessen Auffassung zu einem von Schreiner im Kasino des Rostocker Offizierskorps gehaltenen Vortrag gebeten. Brunstäd und

land, organisierten Rednereinsätzen von Wissenschaftlern zur Truppenbetreuung[8]; am 2./3.11.1944 in Willershagen bei Gelbensande/Rostock-Land gestorben[9]

Quellen: UAR: PA Brunstäd; LHAS: 5.12-7/1, Nr. 579, 1195, 1359, 1359a, 2346; BA/BDC-Karteien: NSLB, REM.

Schreiner kannten sich seit ihrer gemeinsamen Tätigkeit am Johannes-Stift Berlin. Reichsstatthalter Hildebrandt hatte nicht Brunstäds Eintreten für Schreiner an sich für kritikwürdig gehalten, dies sei legitim, sondern lediglich Brunstäds Befragungen als „Eingriff in ein schwebendes Verfahren" und als „disziplinloses Verhalten" gerügt, seine „schärfste Mißbilligung" ausgedrückt und ihm nahegelegt, als Dekan zurückzutreten; als Brunstäd sich weigerte, sein Amt aufzugeben, hat Rektor Ernst Ruickoldt in vorauseilendem Gehorsam Brunstäd aus eigener Initiative von seiner Funktion als Dekan entbunden.

8 Brunstäd hatte sich dort mit den Themen „Freiheit und Verantwortung", „Volk, Nation und Staat in der Philosophie des deutschen Idealismus" sowie „Das Eigentum und seine Ordnung" zur Teilnahme gemeldet.

9 Veröffentlichte u.a.: Die Staatsideen der politischen Parteien, Berlin 1920; Die Idee der Religion. Prinzipien der Religionsphilosophie, Halle 1922; Deutschland und der Sozialismus, Berlin 1924; Reformation und Idealismus, Berlin 1925; Eigengesetzlichkeit des Wirtschaftslebens?, Leipzig/Erlangen 1925; Geistesnot und Gewissensfreiheit, Berlin 1927 (mit M. Spahn); Zum zehnjährigen Gedenktage von Versailles (Rostocker Universitätsreden, 9), Rostock 1929; Das Eigentum und seine Ordnung, Berlin 1930; Theologie als Problem (Rostocker Universitätsreden, 11), Rostock 1930; Logik, München 1933; Allgemeine Offenbarung. Zum Streit um die 'natürliche Theologie', Halle 1935; Die Kirche und ihr Recht, Halle 1935; Adolf Stoecker. Wille und Schicksal, Berlin 1935. Theologie der lutherischen Bekenntnisschriften, Gütersloh 1951.

Bubnoff, Sergius von[1]

geboren am 15.7.1888 in St.Petersburg/Rußland; evangelisch; Sohn eines Arztes; Gymnasium in St.Petersburg, dort 1906 Abitur; 1906 – 1910 Studium der Geologie an der Universität Freiburg; 1910 – 1911 Hilfsassistent am Geologischen Institut der Universität Freiburg; 1911 – 1913 Assistent an der Badischen Geologischen Landesanstalt in Freiburg; dort 2/1912 Promotion;[2] 1913 – 1914 ausgedehnte Studienreisen u.a. nach Italien, Rußland und Schweden; bei Kriegsbeginn zunächst interniert, 1914 – 1920 als Privatassistent und wissenschaftlicher Mitarbeiter am Geologischen Institut der Universität Heidelberg private Studien, und wegen starker Schwerhörigkeit kein Militärdienst und Kriegseinsatz;[3] 5/1921 Habilitation in Breslau;[4] 1921 – 1929 Referent der Bergbauabteilung am Osteuropa-Institut in Breslau; daneben Privatdozent für Geologie und Paläontologie der Universität Breslau; 12/1921 Heirat,[5] später ein Kind; 4/1922 Lehrauftrag für Paläontologie an der Universität Breslau; dort 4/1925 zum außerplanmäßigen außerordentlichen Professor für Geologie und Paläontologie ernannt; gegen den Willen der Philosophischen Fakultät ab 4/1929 persönlicher ordentlicher Professor für Geologie und Direktor des Geologisch-Paläontologischen Instituts der Universität Greifswald;[6] daneben auch Direktor der Geologischen Landessammlung von Pommern und ab 4/1933 Staatlicher Vertrauensmann für die naturgeschichtlichen Bodenaltertümer Pommerns;[7] ab 8/1934 planmäßiger ordentlicher Professor für Geologie und Paläontologie an der Universität Greifswald; seit 1931 Mitherausgeber der *Geologischen Rundschau*, Begründer und 1938 – 1943 Herausgeber der *Geologischen Jahresberichte*, ab 1949 der Schriftenreihe *Geologica*; ab 6/1935 Mitglied der Akademie der Naturforscher Leopoldina; ab 2/1941 korrespondierendes Mitglied der Preußischen Akademie der Wissenschaften; 1943 – 10/1944 Lehrstuhlvertretung und Lehrauftrag für Geologie und Paläontologie an der Universität Rostock (für Kurd von Bülow); ab 1945 Mitglied der CDU und des Kulturbundes zur demokratischen Erneuerung Deutschlands; ab 7/1946 er-

---

1 In einer besonderen Erklärung wies Bubnoff 4/1933 darauf hin, daß seine „Familie dem Kaiserlich-zaristischen Erbadel angehört“ – sein Vater sei Leibarzt des russischen Zaren gewesen und von diesem zum „Kaiserlich-russischen Wirklichen Staatsrat“ mit dem Titel Excellenz ernannt worden -, und er „auf das Prädikat 'von' nur auf Veranlassung des Preußischen Innenministeriums bei der Einbürgerung verzichten mußte“. Spätestens ab 1941 durfte Bubnoff sein Adelsprädikat wieder führen.

2 Mit der Arbeit: Die Tektonik der Dinkelberge bei Basel, Heidelberg 1912.

3 Bubnoff 4/1933: „Ich lege Wert auf die Feststellung, daß ich zwar nicht auf deutscher Seite kämpfen konnte, da ich damals noch nominell russischer Staatsangehöriger war, daß ich aber den ganzen Krieg in Deutschland mit wissenschaftlichen Arbeiten zugebracht habe und daß ein Kämpfen gegen Deutschland für mich nicht in Betracht kam.“

4 Mit der Arbeit: Die hercynischen Brüche im Schwarzwald, ihre Beziehung zur carbonischen Faltung und ihre Posthumität, Stuttgart 1921.

5 Mit Eleonore Schmitt; geb. am 22.1.1893 in Braunschweig; Tochter eines Gymnasialdirektors.

6 Zu Bubnoffs Forschungsschwerpunkten gehörten die allgemeine, historische, regionale und tektonische Geologie, insbesondere die Geologie Europas, die Magmatektonik, die Geomorphologie, die Lagerstättenkunde und Grundwasserforschung.

7 Der Reichsforschungsrat bezuschußte 1935 – 1944 Bubnoffs Forschungen zu den pommerschen Böden und den hydrologischen Verhältnissen Pommerns mit mehreren tausend RM.

neut ordentlicher Professor für Geologie an der Universität Greifswald, dort bis 1950 auch Direktor des Geologisch-Paläontologischen Instituts; ab 8/1948 korrespondierendes Mitglied der Geological Society of America, ab 7/1949 ordentliches Mitglied der Deutschen Akademie der Wissenschaften, ab 10/1948 Ehrenmitglied der Deutschen Geologischen Gesellschaft; ab 5/1950 Professor mit Lehrstuhl für Geologie und Direktor des Geologisch-Paläontologischen Instituts der Humboldt-Universität in Berlin; daneben 1951 – 1957 Direktor des Geotektonischen Instituts der Deutschen Akademie der Wissenschaften; 1953 Nationalpreis I. Klasse der DDR; ab 1955 Mitglied, später Ehrenvorsitzender der Geologischen Gesellschaft der DDR; 1956 Ehrenpromotion der Technischen Hochschule in Hannover; 10-11/1956 Gastprofessur für Geologie an der Universität Moskau; nach mehrfacher Verlängerung 9/1957 emeritiert; am 16.11.1957 in Berlin gestorben[8]

Quellen: UAR: PA Bubnoff; LHAS: 5.12-7/1, Nr. 2349; 6.11-21, Nr. 4527; BD/BDC: REM; BA/BDC-Karteien: RFR.

8 Veröffentlichte u.a.: Die Grundlagen der Deckentheorie in den Alpen, Stuttgart 1921; Die Gliederung der Erdrinde, Berlin 1923; Die Kohlenlagerstätten Rußlands und Sibiriens und ihre Bedeutung für die Weltwirtschaft, Berlin 1923; Grundlagen der russischen Schwerindustrie, Berlin 1925; Geologie der Erde. Bd. 1. Osteuropa und Baltischer Schild, Berlin 1926; Deutschlands Steinkohlenfelder, Stuttgart 1926; Der russische Bergbau, Berlin 1927; Die Erbohrung der Heidelberger Radium-Sol-Therme und ihre geologischen Verhältnisse, Berlin/Leipzig 1927; Grundprobleme der Geologie. Eine Einführung, Berlin 1931; Tabellen zur Einführung in die Paläontologie der Wirbellosen für Anfänger, Greifswald 1935; Geschichte und Bau des deutschen Bodens, Berlin 1936; Geologische Auswertung einer erdmagnetischen Vermessung in Vorpommern, Greifswald 1937; Einführung in die Erdgeschichte, 2 Bde., Berlin 1941/49; Fennosarmatia. Geologische Analyse des europäischen Kerngebietes, Berlin 1952; Beiträge zur Tektonik des Thüringer Beckens, Berlin 1955.

Büchsel, Friedrich Hermann Martin

geboren am 2.7.1883 in Stücken/Zauche-Belzig (Brandenburg); evangelisch; Sohn eines Pfarrers; zunächst Unterricht im Elternhaus, dann Vorschule und Gymnasium in Cottbus sowie Gymnasium Paulinum in Münster, dort 1901 Abitur; 1901 – 1904 Studium der Theologie an den Universitäten Tübingen und Halle; 4/1905 erste theologische Prüfung in Stettin; 1905 – 8/1907 Studium der Theologie an der Universität Halle; 8/1907 Promotion (lic. theol.) in Halle;[1] 9/1907 zweite theologische Prüfung in Stettin; ab 11/1907 Studieninspektor am Predigerseminar in Soest/Westfalen und ab 4/1910 Konviktsinspektor am Tholuck-Konvikt in Halle; dort 6/1911 Habilitation[2] und seitdem Privatdozent an der Universität Halle; nach Ordination zum Pfarramt 10/1914 – 10/1916 Kriegseinsatz als Garnisonspfarrer in Stettin; 10/1915 Heirat,[3] später vier Kinder; ab 7/1916 außerordentlicher Professor für Theologie an der Universität Greifswald; 10/1916 – 8/1918 Kriegseinsatz als Felddivisionspfarrer bei der Infanterie-Division 202, EK II; 4/1918 – 5/1945 ordentlicher Professor für Neues Testament und Leiter des Neutestamentlichen Seminars der Universität Rostock;[4] 6/1919 Ehrendoktorwürde der Theologischen Fakultät der Universität Halle; 1920/21, 1924/25 sowie 1930/31 Dekan der Theologischen Fakultät der Universität Rostock; bis 1933 Mitglied der Deutschnationalen Volkspartei; nach 1933 Mitglied der NS-Volkswohlfahrt und ab 1934 des NS-Lehrerbundes; 1935 – 1938/39 auch Direktor des Seminars für Allgemeine und Vergleichende Religionswissenschaft; 1/1938 – 5/1945 erneut Dekan der Theologischen Fakultät der Universität Rostock;[5] 11/1941 – 1945 mit der Leitung des Kirchengeschichtlichen Seminars beauftragt; 1943/44 Beteiligung an den vom Oberkommando der Wehrmacht/Allgemeines Wehrmachtsamt, Abteilung Inland, organisierten Rednereinsät-

1 Mit der Arbeit: Die Christologie der Offenbarung Johannis, Halle 1907.

2 Mit der Arbeit: Der Begriff der Wahrheit in dem Evangelium und den Briefen des Johannes, Gütersloh 1911.

3 Mit Dr. Marie-Luise Hoppe, geb. am 3.11.1890 in Markoldendorf/Hannover; Tochter eines Generalsuperintendenten; Lehrerin.

4 Büchsels wissenschaftliche Arbeit konzentrierte sich vor allem auf das Neue Testament und die Schriften des Johannes.

5 Der Führer des NS-Dozentenbundes an der Universität Rostock, Heinrich Gißel, hob 12/1936 in einer amtlichen Beurteilung hervor, daß Büchsel „unter allen Umständen zu den positiven Mitgliedern der Theologischen Fakultät" gehöre, und auch „charakterlich" müsse er „positiv beurteilt werden". In den „verschiedenen [kirchenpolitischen] Streitfragen" habe Büchsel „in jeder Weise Zurückhaltung" geübt, und „von einer ablehnenden Haltung dem nationalsozialistischen Staat gegenüber ist nichts bekannt geworden", wenngleich Büchsel „durch seine religiöse Einstellung sicher gewisse Hemmungen aufgelegt" seien; insgesamt sei Büchsel „in wissenschaftlicher und menschlicher und auch in politischer Hinsicht ein positives Mitglied der Universität". In einem Antrag auf Hinterbliebenenversorgung seiner Familie hob die Theologische Fakultät 11/1951 hervor, Büchsel habe neben seinen Forschungen, Publikationen und den von ihm erstellten didaktischen Hilfsmitteln als Dekan gerade „in den letzten Kriegsjahren die Last und Verantwortung für die Sicherung der Institutsbibliothek und das Archiv der Fakultät" getragen, und es sei ihm „zu verdanken, daß bei Wiederbeginn des Unterrichts im Jahre 1946 die Theologischen Institute wieder voll arbeitsfähig waren".

zen von Wissenschaftlern zur Truppenbetreuung;[6] am 6.5.1945 an den Folgen einer durch einen Unbekannten am Tag zuvor beigebrachten Schußverletzung in Rostock gestorben[7]

Quellen: UAR: PA Büchsel; LHAS: 5.12-7/1, Nr. 579, 1195, 2346.

6 Büchsel hatte sich dort mit den Themen „Schicksal oder Vorsehung“ sowie „Johann Gottlieb Fichte und die Gegenwart“ zur Teilnahme gemeldet, und war „bei kurzen Reisen auch in der Zeit der Vorlesungen bereit“, vor den Soldaten zu sprechen.

7 Veröffentlichte u.a.: Kirche und Sozialdemokratie, Gütersloh 1921; Die Christologie des Hebräerbriefes, Gütersloh 1922; Wie studiert man das Neue Testament. Eine praktische Anweisung für Studenten, Gütersloh 1922; Der Geist Gottes im Neuen Testament, Gütersloh 1926; Johannes und der hellenistische Synkretismus, Gütersloh 1928; Schicksal und Aufgabe 1432 – 1932 (Rostocker Universitätsreden, 16), Rostock 1932; Die Johannesbriefe, Leipzig 1933; Die artgemäße Religion der Deutschen, Schwerin 1934; Theologie des Neuen Testaments. Geschichte des Wortes Gottes im Neuen Testament, Gütersloh 1935; Die Offenbarung Gottes, Gütersloh 1938; Die Entstehung unseres Neuen Testamentes, Gütersloh 1938; Die Hauptfragen der Synoptikerkritik, Gütersloh 1939; Jesus. Verkündigung und Geschichte, Gütersloh 1947.

Bülow, Kurd Edgar Bodo **von**

geboren am 20.7.1899 in Allenstein/Ostpreußen; evangelisch; Sohn eines Berufsoffiziers; Volksschulen in Allenstein und Bensberg/Köln, humanistische Gymnasien in Fraustadt und Schweidnitz/Schlesien, dort 6/1917 Notabitur; ab 6/1917 Kriegseinsatz als Hilfsgeologe in der Vermessungsabteilung des Jäger-Bataillons 6, EK II; 12/1918 – 4/1921 Studium der Geologie an den Universitäten Breslau, Berlin und Greifswald; dort 3/1921 Promotion;[1] ab 4/1921 zunächst Probegeologe, ab 1923 außerplanmäßiger Geologe, ab 7/1930 planmäßiger Bezirksgeologe an der Preußischen Geologischen Landesanstalt (später Reichsamt für Bodenforschung) in Berlin, dort Spezialist für Moorgeologie und bodenkundlichen Fragen sowie Dienst als Wehrgeologe bei der Reichswehr; dazwischen 4/1922 erstes und 5/1923 zweites geologisches Staatsexamen, sowie Abschluß als Diplom-Geologe; 8/1927 Heirat,[2] später vier Kinder; 2/1935 Habilitation; nach Beurlaubung durch die Preußische Geologische Landesanstalt ab 5/1935 zunächst kommissarischer Leiter der Mecklenburgischen Geologischen Landesanstalt in Rostock, verbunden mit einem Lehrauftrag für Geologie, und bis 10/1936 kommissarischer Verwalter des neu eingerichteten Lehrstuhls für Geologie an der Universität Rostock; 4/1936 Verleihung der Amtsbezeichnung Bezirksgeologe und Professor durch die Preußische Geologische Landesanstalt; 11/1936 – 1/1946 planmäßiger außerordentlicher Professor für Geologie an der Universität Rostock[3] und nunmehr nebenamtlicher Leiter der Mecklenburgischen Geologischen Landesanstalt; Eintritt in die NSDAP am 1.5.1937, Mitgliedsnummer 5.082.018, ab 1938 auch Blockleiter der NSDAP in Rostock; dort auch Mitglied des NS-Dozentenbundes, der NS-Volkswohlfahrt und des NS-Beamtenbundes; 3-5/1937 Wehrdienst bei einer Artillerie-Einheit in Güstrow; ab 1938 mit der Leitung des neu gegründeten Geologisch-Paläontologischen Instituts der Universität Rostock beauftragt; 10/1939 – 12/1940 Kriegseinsatz als Wehrgeologe in Belgien und Frankreich; 1/1941 – 4/1943 uk gestellt; als außerordentlicher Professor für Geologie weiterhin Leiter der Mecklenburgischen Geologischen Landesanstalt und ab 11/1941 nunmehr auch regulärer Direktor des Geologisch-Paläontologischen Instituts der Universität Rostock;[4] 5/1943 – 5/1945 Kriegseinsatz als Kriegsverwaltungsrat

1 Mit der Arbeit: Das Kieshofer Moor bei Greifswald, Greifswald 1921 (Preisarbeit der Philosophischen Fakultät der Universität Greifswald).

2 Mit Liselotte Wendt, geb. am 25.1.1906 in Eydtkuhnen; Tochter eines Zollrates.

3 8/1937 stellte v.Bülow einen Antrag auf Erweiterung seiner Lehrverpflichtungen auf das Fach Wehrgeologie mit der Begründung, daß er „bereits im Jahre 1930 – wohl als einziger deutscher Geologe – mit militärischen Dienststellen an Aufgaben der Landesverteidigung zusammengearbeitet“ habe. „Diese Zusammenarbeit fand ihre Krönung in dem Auftrag des Reichskriegsministeriums ..., ein Lehrbuch der Wehrgeologie zu verfassen, mit dessen Erscheinen in nächster Zeit zu rechnen ist“; außerdem halte er in Rostock „bereits eine Vorlesung über dieses Thema, an der auch Vertreter hiesiger militärischer Dienststellen dienstlich teilnahmen“. Rektor Ernst-Heinrich Brill unterstützte diesen Antrag nachdrücklich, denn es sei „dringend notwendig, den Studenten Wehrgeologie in jeder nur möglichen Form nahezubringen“.

4 v.Bülows Hauptforschungsgebiete waren die Diluvial- und Alluvialgeologie, die typologische Bodenkunde des norddeutschen Tieflandes, die angewandte Geologie (mit Erschließung von Grundwasser und Bodenschätzen), vor allem die Moor- und Torfgeologie und die geologisch-agronomische Kartierung, zuletzt auch die Geologie des Mondes. Bülow erhielt allein 1939

im Wehrgeologenstab in Berlin, dort zuletzt Regierungsbaurat; 4/1944 KVK II. Kl.; 5-8/1945 zunächst im Lazarett in Lübeck, dann dort bis 11/1945 in britischer Kriegsgefangenschaft; 12/1945 Rückkehr nach Rostock; hier wegen NSDAP-Mitgliedschaft 1/1946 aus dem mecklenburgischen Landesdienst entlassen; 2/1946 – 6/1947 Tätigkeit als Moorsachverständiger bei der Rostocker Moorverwertungs GmbH; ab 5/1947 Mitglied des Kulturbundes zur demokratischen Erneuerung Deutschlands; nach Intervention des Rektors der Universität[5] 3/1947 Forschungsauftrag zur politischen Rehabilitierung über „Die Bodenschätze Mecklenburg-Vorpommerns und ihre Erforschung"; ab 7/1947 Landesgeologe und kommissarischer Leiter der Zweigstelle Mecklenburg der Deutschen Geologischen Landesanstalt (später Geologischer Dienst der DDR); ab Sommersemester 1950 Lehrauftrag für Geologie an der Universität Rostock; ab 4/1951 Mitglied der Gesellschaft für Deutsch-Sowjetische Freundschaft; 4/1952 – 9/1964 wieder Professor mit Lehrstuhl für Geologie und Direktor des Geologisch-Paläontologischen Instituts der Universität Rostock; ab 9/1952 Mitglied und 4/1956 – 3/1961 Vorsitzender des Wissenschaftlichen Beirates für Geologie beim Staatssekretariat für das Hochschulwesen der DDR; ab 6/1955 Mitglied der Sektion für praktische Geologie und angewandte Geophysik der Deutschen Akademie der Wisssenschaften in Berlin; ab 5/1957 Mitglied des Senats der Universität Rostock; 10/1954 Nationalpreis III. Klasse für Wissenschaft und Technik; ab 11/1961 Mitglied der Deutschen Akademie der Naturforscher Leopoldina, dort ab 6/1963 Mitglied des Senats; 9/1964 emeritiert, dann bis 8/1967 mit der kommissarischen Leitung des Geologisch-Paläontologischen Instituts und 9/1966 – 10/1967 auch mit der kommissarischen Leitung der Fachrichtung Geologie an der Universität Rostock beauftragt; ab 1968 Vizepräsident der International Association of Paleontology; am 30.5.1971 in Rostock gestorben[6]

---

vom Reichsforschungsrat mehrere tausend RM für „geologische Geländearbeiten in Mecklenburg". In einer „politischen Beurteilung" durch das Personalamt der Gauleitung Mecklenburg der NSDAP hieß es 2/1942, v.Bülow verfüge über „einen guten Charakter und Leumund"; seine „heutige Einstellung ist nat.soz.", er sei „aktiv als Blockleiter für die Bewegung tätig" und „bei Spenden und Sammlungen zeigt er sich gebefreudig", so daß anzunehmen sei, daß sich „Parteigenosse von Bülow auch in Zukunft für Bewegung und Staat einsetzen" werde.

5 Rektor Kurt Wachholder setzte sich für v.Bülow ein und teilte der Abteilung Kultur und Volksbildung der Landesregierung 1/1946 mit, daß es „bei der großen Bedeutung der Geologie für die Verwertung der Bodenschätze unseres Landes und bei seiner [Bülows] genauen Kenntnis der lokalen Verhältnisse sowie schließlich bei der Tatsache, daß ... kein anderer Geologe für unser Land zur Verfügung steht, dringend ratsam" erscheine, Bülow „gegen entsprechende Bezahlung als Landesgeologen weiter zu beschäftigen". Die mecklenburgische Kultusverwaltung meinte jedoch, daß eine Verwendung v.Bülows „z.Zt. nicht in Frage" komme.

6 Veröffentlichte neben mehr als 100 wissenschaftlichen und 200 populärwissenschaftlichen Aufsätzen u.a.: Boden und Landschaft im Kreise Lauenburg/Pommern. Eine geologische Heimatkunde, Lauenburg 1924; Geologische Heimatkunde von Pommern, Greifswald 1924; Moorkunde, Berlin 1925; Grundlagen der angewandten Moorgeologie, Halle 1928; Rügens erdgeschichtlicher Werdegang, Bergen 1928; Allgemeine Moorgeologie, Berlin 1929; Alluvium. Grundsätzliches und Programmatisches zur Geologie der jüngsten erdgeschichtlichen Epoche, Berlin 1930; Denkschrift über den volkswirtschaftlichen Wert der deutschen Torfmoore, Berlin 1930; Erdgeschichte und Landschaftsgestaltung im Kreise Stolp/Pommern. Eine geologische Heimatkunde, Stolp 1930; Grundzüge der Geologie und Bodenkunde Pommerns, Berlin 1932; Deutsche Moore, Berlin 1932; Wie unsere Heimat wohnlich wurde, Stuttgart 1933; Boden und Landschaft um Rostock, Rostock 1935; Deutschlands Wald- und Ackerböden, Berlin 1936; Wehrgeologie, Leipzig 1938; Poel. Eine geologische und

Quellen: UAR: PA Bülow; LHAS: 5.12-7/1, Nr. 1130, 1329, 1330; 5.12-3/1, Nr. 11815; BA/BDC: PK; BA/BDC-Karteien: NSDAP, REM, RFR.

bodenkundliche Inselstudie, Rostock 1938; Ziele und Wege der Wissenschaft vom deutschen Boden (Rostocker Universitätsreden, 23), Rostock 1939; Erdgeschichte am Wege, Stuttgart 1941; Geologie für Jedermann. Erste Einführung in geologisches Denken, Arbeiten und Wissen, Stuttgart 1941 (^{9}1968); Erdgeschichte daheim, Stuttgart 1943; Entstehung der alluvialen Eisenerzlagerstätten Mecklenburgs, Berlin 1949; Schwermineralseifen an der mecklenburgischen Ostseeküste, Berlin 1951; Abriß der Geologie von Mecklenburg, Berlin 1952; Allgemeine Küstendynamik und Küstenschutz an der südlichen Ostsee zwischen Trave und Swine, Berlin 1954; Der Mensch leitet einen neuen Abschnitt der Erdgeschichte ein, Leipzig 1956; Erd- und Lebensgeschichte in Wechselwirkung, Leipzig/Jena 1956; Die Entstehung der Kontinente und Meere, Stuttgart 1963; Die Mondlandschaften, Mannheim u.a. 1969.

Burchard, Albrecht Carl Martin

geboren am 30.8.1873 in Todenhagen/Franzburg (Pommern); evangelisch; Sohn eines Rittergutspächters; Gymnasium in Rostock, dort 3/1893 Abitur; 1893 – 1899 Medizinstudium an den Universitäten Freiburg und Rostock; dort 1/1899 medizinisches Staatsexamen, Approbation und Promotion[1]; Frühjahr – Herbst 1899 Assistenzarzt an der Medizinischen Universitätsklinik in Halle, Herbst 1899 – Herbst 1900 Assistent an der Medizinischen Klinik der Universität Rostock; ab Herbst 1900 niedergelassener Allgemeinpraktiker in Rostock; 10/1900 Heirat,[2] später ein Kind; 1904 Gründung und Betrieb eines privaten Röntgenlaboratoriums und einer Klinik für elektrisch-physikalische Heilmethoden in Rostock; ab 1906 Facharzt für Röntgenologie; 2/1913 Habilitation in Rostock[3] und ab 2/1913 Privatdozent für Röntgenologie an der Universität Rostock; 12/1914 – 11/1918 Kriegseinsatz, zunächst als Leiter einer Militär-Röntgenstation in Frankreich, zuletzt Stabsarzt in einer Landsturmeinheit, EK II; 5/1918 Verleihung des Titels eines Professors/Titularprofessors an der Universität Rostock; nach dem Krieg Weiterbetrieb seiner privaten Röntgenpraxis in Rostock; daneben 6/1921 zum außerplanmäßigen außerordentlichen Professor ernannt und Lehraufträge für Röntgenologie an der Universität Rostock;[4] 1921 – 1933 Mitglied der Vereinten Freimaurerloge in Rostock; 4/1922 verwitwet, 7/1923 erneute Heirat[5]; ab 1933 Mitglied des Opferringes der NSDAP, der NS-Volkswohlfahrt und ab 1934 des NS-Lehrerbundes; nach dem Erreichen der Pensionsgrenze ab 8/1938 keine weiteren Lehraufträge und aus dem Hochschuldienst der Universität Rostock entlassen; bis mindestens 10/1947 Tätigkeit als Röntgenfacharzt in Rostock; am 4.9.1948 in Rostock gestorben[6]

Quellen: UAR: PA Burchard; LHAS: 5.12-7/1, Nr. 2471; BA/BDC-Karteien: NSDÄB.

---

1 Mit der Arbeit: Beiträge zur Kenntnis des Ablaufs und der Größe der durch Mikrococcus ureae liquefaciens bewirkten Harnstoffzersetzung, München 1899.

2 Mit Else Werther, geb. am 17.12.1876 in Rostock; Tochter eines Buchhändlers; am 1.4.1922 gestorben.

3 Mit der Arbeit: Die röntgenologische Nierendiagnostik, Hamburg 1913.

4 Burchards Hauptarbeitsgebiet waren die verschiedenen Zweige der Röntgendiagnostik.

5 Mit Margarethe Günther, geb. am 27.1.1890 in Braunschweig; Tochter eines Schneidermeisters; Röntgenassistentin.

6 Veröffentlichte u.a.: Die zahnärztliche Röntgenologie. Ein Lehrbuch und Atlas für Zahnärzte und Studierende, Leipzig 1914 (mit J. Reinmöller).

Burkamp, Wilhelm Theodor

geboren am 20.1.1879 in Stöckte/Winsen (Hannover); evangelisch; Sohn eines Landwirts; Vorschule und Realschule Vor dem Lübecker Tore in Hamburg; 1894 – 1899 praktische landwirtschaftliche Tätigkeit und Besuch der Landwirtschaftsschule in Hildesheim; als Einjährig-Freiwilliger 1899/1900 Militärdienst beim Infanterie-Regiment 74 in Hannover; 1900 – 1904 Übernahme der Leitung des väterlichen Bauernhofes in Vierlanden/Hamburg; daneben 9/1903 – 4/1904 zunächst Hospitant, 9/1904 – 1906 Studium der Biologie und der Philosophie an der Universität Berlin; 1906 – 1909 zur Unterstützung des erkrankten Vaters wieder Landwirt auf dem elterlichen Hof; als Externer 4/1909 Abitur an der Oberrealschule Vor dem Holstentore in Hamburg; 4/1909 – 1913 Studium der Philosophie, der Naturwissenschaften, der Geschichte und Kunstgeschichte an den Universitäten Berlin und Kiel, in den Semesterferien Privatunterricht in Griechisch und Latein in Hamburg; 7/1913 Promotion in Kiel;[1] 4/1913 – 4/1914 Assistent am Psychologischen Institut der Universität Hamburg; 3/1914 Heirat,[2] später zwei Kinder; ab 8/1914 Kriegseinsatz im Reserve-Infanterie-Regiment 91 und im Infanterie-Regiment 381; 12/1918 als Leutnant aus dem Heer entlassen, EK II, EK I, Verwundetenabzeichen in Schwarz; 1919 – 1922 Studium der Philosophie, Psychologie und Naturwissenschaften an der Universität Göttingen; 12/1922 Habilitation in Rostock;[3] dort ab 1/1923 Privatdozent für Philosophie; ab 1/1929 außerplanmäßiger außerordentlicher Professor für Philosophie an der Universität Rostock;[4] 1932 Preis der durch die Sächsische Akademie der Wissenschaften verliehenen Avenariusstiftung; ab 1/1934 Mitglied des NS-Lehrerbundes; 4/1939 mit der Vertretung des Lehrstuhls für Philosophie an der Universität Königsberg beauftragt; am 26.8.1939 gestorben[5]

Quellen: UAR: PA Burkamp; LHAS: 5.12-7/1, Nr. 2384, 2399; BA/BDC-Karteien: NSLB, REM.

1 Mit der Arbeit: Die Entwicklung des Substanzbegriffs bei Ostwald, Leipzig 1913.

2 Mit Elise Schoer, geb. am 26.5.1882 in Segeberg; Tochter eines Lederfabrikbesitzers.

3 Mit der Arbeit: Die Kausalität des psychischen Prozesses und der unbewußten Aktionsregulationen, Berlin 1922.

4 Burkamps Forschungsschwerpunkte waren die Logik, die Philosophie der Naturwissenschaften und die Geschichte der Philosophie ab 1600.

5 Veröffentlichte u.a.: Begriff und Beziehung. Studien zur Grundlegung der Logik, Leipzig 1927; Die Struktur der Ganzheiten, Berlin 1929; Naturphilosophie der Gegenwart, Berlin 1930; Logik, Berlin 1932; Wirklichkeit und Sinn, Berlin 1938.

Büttner, Otto Alfred

geboren am 31.10.1868 in Riga/Lettland; evangelisch; Sohn eines Gymnasiallehrers; Gymnasium in Golding/Kurland, dort 1887 Abitur; 1887 – 1889 Studium der Rechtswissenschaft an der Universität Dorpat; 1889 – 1894 Medizinstudium an den Universitäten in Freiburg, Breslau und Leipzig; 6/1894 Staatsexamen und Approbation in Leipzig, dort 11/1894 Promotion;[1] 10/1894 – 4/1897 Assistenzarzt an der Universitäts-Frauenklinik in Rostock, 5/1897 – 8/1898 am Pathologischen Institut der Universität Rostock, 9/1898 – 4/1900 an der Großherzoglichen Landesirrenanstalt/Universitäts-Nervenklinik in Rostock-Gehlsheim; ab 5/1900 zunächst 1. Assistenzarzt an der Universitäts-Frauenklinik in Rostock; dort 4/1901 Habilitation[2] und seitdem Privatdozent für Gynäkologie und Geburtshilfe, später auch Oberarzt an der Universitäts-Frauenklinik in Rostock; 9/1904 Heirat,[3] später fünf Kinder; 5/1906 Verleihung des Titels eines Professors (Titularprofessor) und Lehrstuhlvertretung für Geburtshilfe und Gynäkologie an der Universität Rostock; daneben ab 5/1906 auch kurzzeitig kommissarischer Leiter der in der Universitäts-Frauenklinik vereinigten Gynäkologischen und der Geburtshilflichen Klinik sowie der Hebammenlehranstalt; bis 7/1912 Oberarzt an der Universitäts-Frauenklinik; ab 8/1912 niedergelassener Facharzt für Frauenheilkunde sowie Inhaber und Leiter einer gynäkologischen Privatklinik in Rostock; daneben Weiterführung der Lehrtätigkeit an der Universität Rostock; als vertraglich verpflichteter Zivilarzt 9/1914 – 6/1915 Kriegseinsatz als Stationsarzt am Hilfslazarett St.Georgschule in Rostock; 1919 – 1933 Mitglied der Deutschnationalen Volkspartei; neben der privatärztlichen Praxis 6/1921 zum außerplanmäßigen außerordentlichen Professor für Gynäkologie und Geburtshilfe an der Universität Rostock ernannt; ab 7/1934 Mitglied im NS-Lehrerbund; mit 68 Jahren Eintritt in die NSDAP am 1.5.1937, Mitgliedsnummer 6.034.796; erst weit nach Erreichen der Altersgrenze (1940) Einstellung der Vorlesungen und Lehraufträge, dann Erlöschen der Lehrbefugnis;[4] durch Bombenangriff auf Rostock 4/1942 Zerstörung seiner Klinik und seines Wohnhauses; ab 10/1942 niedergelassener Facharzt für Gynäkologie in Waren/Mecklenburg; 1943 verwitwet; unmittelbar nach 5/1945 Leiter der Gynäkologischen Abteilung am Stadtkrankenhaus in Waren, dort noch 1950 (mit 82 Jahren) Facharzt für Frauenkrankheiten; am 22.2.1955 in Bad Godesberg gestorben

Quellen: UAR: PA Büttner; LHAS: 5.12-7/1, Nr. 2352; BA/BDC-Karteien: NSDAP, NSLB.

1 Mit der Arbeit: Über retroperitoneale Lipome, Leipzig 1894.

2 Mit der Arbeit: Die Eklampsie im Großherzogtum Mecklenburg-Schwerin während der Zeit vom 1.7.1885 bis zum 31.12.1891, Berlin 1902.

3 Mit Betty Volck, geb. am 21.6.1879 in Dorpat; Tochter eines Theologie-Professors; 1943 gestorben.

4 Büttner forschte und veröffentlichte vor allem über die Nierenfunktion in der Schwangerschaft, Eklampsie, Endometrium-Histologie und Uterus-Karzinome.

Clasen, Karl Heinz

geboren am 9.7.1893 in Remscheid/Düsseldorf; konfessionslos; Sohn eines Ingenieurs und Fabrikbesitzers; Volksschule und Scharnhorst-Realgymnasium in Düsseldorf, dort 4/1913 Abitur; 4/1913 – 8/1914 sowie 11/1918 – 1921 Studium der Kunstgeschichte und der Architektur an den Universitäten München, Berlin und Kiel; dazwischen ab 8/1914 Kriegseinsatz zunächst bei der Marine, zuletzt im Sanitätsdienst des Jäger-Bataillons 10, 11/1918 aus dem Heer entlassen, EK II; 1918 Heirat,[1] später ein Kind; 1921 Promotion in Kiel;[2] 1921 – 1923 Lehrtätigkeit an der Kunstakademie in Königsberg; 1923 Habilitation an der Universität Königsberg,[3] dann dort Privatdozent für Mittelalterliche und Neuere Kunstgeschichte; 10/1930 zum nichtbeamteten außerordentlichen, 12/1939 zum außerplanmäßigen Professor an der Universität Königsberg ernannt;[4] ab 6/1933 Mitglied des NS-Lehrerbundes, ab 11/1933 Mitglied der Motor-SA, später des NS-Kraftfahrerkorps, dort zuletzt NSKK-Truppführer, ab 1934 Mitglied der NS-Volkswohlfahrt; Eintritt in die NSDAP am 1.5.1937, Mitgliedsnummer 4.926.519; trotz des Angebotes einer Professur in Rostock[5] 1/1940 zunächst Annahme des Auftrages zum Aufbau eines Lehrstuhls für Kunstgeschichte an der Reichsuniversität Posen[6]; dort ab 10/1940 auch Mitarbeit in der SS-gesteuerten Behörde des 'Generaltreuhänders für die Sicherstellung deutschen Kulturgutes in den ehemals polnischen Gebieten' und kulturpolitischer Gutachter für die Dienststelle des 'Reichskommissars für die Festigung deutschen Volkstums';[7] 11/1940 zum ordentlichen Professor für

1 Mit Käthe Sandt, geb. am 2.4.1891 in Prostken/Lyck.

2 Mit der Arbeit: Wehrbau und Kirchenbau des Mittelalters, Kiel 1923.

3 Mit der Arbeit: Der Hochmeisterpalast der Marienburg, Königsberg 1924.

4 Zu den Hauptforschungsgebieten Clasens zählten zu dieser Zeit die deutschgotische Architektur und Plastik sowie die Bau- und Volkskunst Ostpreußens; in den 20er und 30er Jahren mehrfache Unterbrechungen seiner Königsberger Lehrtätigkeit durch umfangreiche Studienreisen, u.a. nach Italien, Frankreich, England, Schweden, Dänemark, Norwegen, Österreich, Ungarn, Tschechoslowakei, Polen und in die baltischen Staaten. Clasen rühmte sich für seine Königsberger Zeit seines „starken Einsatzes für den Osten"; so hätten seine „zahlreichen photographischen Aufnahmen ... wesentlich dazu beigetragen, die Kulturleistung des Ordensstaates und des gesamten Ostens bekannt zu machen".

5 Schon die Verleihung des Titels eines außerordentlichen Professors, so die Berufungskommission der Universität Rostock, sei „zugleich die verdiente Anerkennung seiner ganzen im ostdeutschen Grenzland geleisteten kulturpolitischen Arbeit" gewesen; Clasen galt der Rostokker Kommission als „der beste Kenner der Deutschordensbaukunst und [als] einer der besten Kenner des mittelalterlichen Wehrbaus überhaupt", er stehe „in der vordersten Reihe unserer Architekturhistoriker" und habe sich „die Erforschung der deutschen Kunst des Ostseeraumes zur Lebensaufgabe gemacht"; und angesichts seiner umfangreichen Reisetätigkeit dürfte es „nur wenige deutsche Kunsthistoriker geben, die einen so erheblichen Teil der europäischen Denkmäler aus eigener Anschauung kennen".

6 Clasen meinte, daß er „dem Staate besser dienen" könne, wenn er seine „besondere Kenntnis der Kunst des norddeutschen Ostens dem Aufbau in Posen zur Verfügung stellen" würde; hierzu trügen sein „Pflichtgefühl, Liebe zum Osten und opferwillige Einsatzbereitschaft" bei.

7 In diesen Funktionen aktive Betätigung an Kunstraubaktionen, so „bei der Aktion zur Erfassung der Bronzeglocken" im Warthegau oder bei der „Sicherstellung von Kulturgut und Büchern aus Schloß Goldenau". Von seiten der SS wurde 2/1941 bedauert, daß es Clasen durch seine

Mittlere und Neuere Kunstgeschichte sowie zum Direktor des Instituts für Kunstgeschichte der Universität Rostock ernannt, jedoch für die Dauer seines Sonderauftrages in Posen von den Lehrverpflichtung in Rostock befreit; 3/1941 unter dem – offensichtlich falschen – Vorwurf der Inaktivität aus Posen abberufen;[8] 4/1941 Aufnahme seiner Lehrtätigkeit an der Universität in Rostock; ab 6/1941 Mitglied im NS-Dozentenbund; neben seiner Rostocker Lehrtätigkeit 1942/43 auch Lehrstuhlvertretung für Kunstgeschichte und kommissarischer Direktor des Caspar-David-Friedrich-Instituts an der Universität Greifswald; 1942 – 1945 auch Beauftragter für die Denkmalpflege in Mecklenburg; 1945 Kriegseinsatz im Volkssturm; 10/1945 wegen NSDAP-Mitgliedschaft und NSKK-Tätigkeit zunächst aus dem Dienst der Universität Rostock entlassen; nach umfassenden persönlichen Rechtfertigungsversuchen[9] , einer SED-Anwärterschaft ab 6/1946 und der Erteilung von besoldeten Forschungsaufträgen zur Rehabilitierung[10] ab 6/1949

universitären Aufgaben in Posen „unmöglich gemacht wurde, [auch] bei der Erfassung und Sicherstellung von Kulturgut in Westpreußen und im Warthegau im selben Ausmaß wie bisher mitzuarbeiten".

8 Hintergrund von Clasens Abberufung waren politische, fachliche und persönliche Kontroversen in der SS-Forschungs- und Lehrgemeinschaft Ahnenerbe, die ihre eigenen Leute auf die Posener Lehrstühle bringen wollte; so urteilte SS-Obersturmführer Dr. Hans Schneider vom Stab des Höheren SS- und Polizeiführers in Den Haag 3/1941, daß Clasen zwar einige Fachkenntnisse auf dem Gebiet der Architekturgeschichte habe, jedoch „weltanschaulich und menschlich vollkommen unbrauchbar" sei; Clasen verstehe es „ausgezeichnet, die gewünschten 'großen Stichworte' überall anzubringen. Dahinter steckt in Wirklichkeit nichts", und Clasen sollte „in die wirklich allerletzte Reserve" versetzt werden.

9 So teilte Clasen der mecklenburgischen Kultusverwaltung 1/1946 mit der ihm eigenen Bescheidenheit mit, daß seine „unerwartete" Entlassung „abgesehen von der persönlichen Härte ... auch für die Kunstgeschichtsforschung in Mecklenburg-Vorpommern, in Deutschland und für die gesamte internationale Fachwissenschaft ein fühlbarer Verlust sein" dürfte. Clasen: „Ich gehöre zu den ganz wenigen ... international bedeutenden Architekturforschern", und sein Ausscheiden könnte „für lange Zeit kaum ausreichend ersetzt werden". Zum Beitritt in die NS-Organisationen habe er sich lediglich angemeldet, um seine „sozialistische Einstellung", seinen „Einsatz für die moderne expressionistische Kunst" und seinen „Verkehr in kommunistischen und jüdischen Kreisen" zu tarnen; im NSKK habe er „in erster Linie einen Motorklub zur Befriedigung meiner starken sportlichen Interessen" gesehen, und in die NSDAP gelangte er 1937 „fast ohne mein Zutun", eine Weigerung zum Beitritt „hätte die Vernichtung meiner wissenschaftlichen Existenz bedeutet". Im Unterschied zu seinem Engagement für die meisten anderen NS-belasteten Professoren der Universität Rostock setzte sich Rektor Günther Rienäkker erst spät und nur halbherzig für Clasen ein. Dieser verschwieg in seinen Personalangaben nach 1945 sowohl seine tatsächliche Tätigkeit an der Reichsuniversität Posen – hier sei er nur „in der Denkmalpflege tätig" gewesen und habe „kunstgeschichtliche Interessen bei der Verwaltung" des besetzten Landes wahrgenommen – als auch seine Dienstleistung beim 'Generaltreuhänder für die Sicherstellung deutschen Kulturgutes in den ehemals polnischen Gebieten'. Statt dessen stilisierte sich Clasen zum erfolgreichen Widerständler; er habe seinen Aufenthalt in Posen genutzt, „um mehreren Polen zu helfen"; so habe er „den Professor für Kunstgeschichte an der Universität Posen, [Szczesny] Dethloff, mit einem Gewaltstreich aus dem Gefängnis geholt" und damit „aus der Gefahr, erschossen zu werden", außerdem verhalf er „mehreren [Polen] zur Flucht aus Posen". Wegen seiner Hilfe für die Polen habe er als „politisch unzuverlässig" gegolten und sei nach Rostock gewissermaßen strafversetzt worden. Dort habe er, der in klarer Erkenntnis seiner wissenschaftlichen Verantwortung 1945 nicht in den Westen gegangen sei, „als einziger Angehöriger des Lehrkörpers vor dem Hauptgebäude der Universität den Einzug der Roten Armee erwartet", um „den Truppen gegebenenfalls zu Auskünften über die wissenschaftliche Bedeutung der Universität zur Verfügung" zu stehen. Die mecklenburgische Kultusverwaltung meinte 2/1946 jedoch, daß „z.Zt. nicht damit gerechnet werden"

Lehrauftrag über „Gesellschaft und Kunst" an der Universität Greifswald; dort ab 9/1949 zunächst auch kommissarischer, später regulärer Leiter des Caspar-David-Friedrich-Instituts für Kunstwissenschaft und ab 11/1949 auch Lehrstuhlvertreter für Kunstwissenschaft; ab 8/1950 Professor mit vollem Lehrauftrag für das Fach Kunstwissenschaft an der Universität Greifswald; nach dem Ruhestand Gastprofessur an der Humboldt-Universität Berlin; ab 1951 Mitbegründer und Mitglied der Deutschen Bauakademie sowie Mitglied der Burgenkommission der DDR; 1974 Umzug in die Bundesrepublik; am 16.4.1979 in Mettmann gestorben[11]

Quellen: UAR: PA Clasen; LHAS: 5.12-7/1, Nr. 1284, 2349; 6.1-21, Nr. 4527; BA/BDC: Ahnenerbe; BA/BDC-Karteien: NSDAP, NSLB, REM, RFR.

könne, daß Clasen „wieder einen Lehrstuhl für Kunstgeschichte erhält", und die Deutsche Zentralverwaltung für Volksbildung lehnte noch 5/1947 eine Wiederberufung Clasens „grundsätzlich ab, da er menschlich wie politisch untragbar" sei.

10 Clasen bearbeitete ab Sommer 1948 das Thema „Arbeit und Arbeiter in der Bildenden Kunst" und auf Antrag der Landwirtschaftlichen Fakultät ab 12/1948 die Thematik „Ländliches Bau- und Siedlungswesen".

11 Veröffentlichte u.a.: Kantbildnisse, Königsberg 1924; Der Hochmeisterpalast der Marienburg, Königsberg 1924; Führer zur Heimatkunst, Königsberg 1927; Die mittelalterliche Kunst im Gebiete des Deutschordensstaates Preußen. Bd. 1. Die Burgbauten, Königsberg 1927; Die Deutschordensburg Lochstedt, Königsberg 1927; Ostpreußen. Text und Bildersammlung, München 1928; Die gotische Baukunst, Potsdam 1930; Marienburg und Marienwerder, Berlin 1931; Zehn deutsche Dome, Berlin 1939 (mit P. Metz); Schloß Beynuhnen und seine Kunstsammlungen, Insterburg 1939; auf Vorschlag des Deutschen Vereins für Kunstwissenschaft wurden vom Reichsforschungsrat 4.000 RM Druckkostenzuschuß bewilligt für die Arbeit: Die mittelalterliche Bildhauerkunst im Deutschordensland Preußen. Die Bildwerke bis zur Mitte des 15. Jahrhunderts, Berlin 1939; Die Baukunst an der Ostseeküste zwischen Elbe und Oder, Dresden 1956; Deutsche Gewölbe der Spätgotik, Berlin 1958; Die Gemäldegalerie des Louvre, Leipzig 1965; Aspekte zur Kunstgeschichte von Mittelalter und Neuzeit, Weimar 1971; Der Meister der schönen Madonnen. Herkunft, Entfaltung und Umkreis, Berlin 1974.

Comberg, Wilhelm

geboren am 19.5.1885 in Neviges/Rheinprovinz; evangelisch; Sohn eines Landwirts; Volks- und Bürgerschule in Neviges, Gymnasium in Mörs, dort 4/1904 Abitur; ab 4/1904 zunächst zwei Semester Studium der Chemie, dann bis 1909 Medizinstudium an den Universitäten Marburg, Greifswald, Münster, München und Würzburg; als Einjährig-Freiwilliger dazwischen 10/1907 – 3/1908 Militärdienst im II. Bayerischen Feldartillerie-Regiment in Würzburg; 12/1909 medizinisches Staatsexamen in Würzburg; 1-12/1910 Medizinalpraktikant in Karlsruhe und Heidelberg; 1-3/1911 Volontär an der Universitäts-Augenklinik in Heidelberg; 3/1911 Approbation, 4/1911 Promotion in Heidelberg[1]; 5-11/1911 zweiter Teil des Militärdienstes als Arzt im Pionier-Bataillon III in Berlin-Spandau; 1-4/1912 Schiffsarzt bei der Hamburg-Amerika-Linie in Hamburg; ab 5/1912 Volontärarzt an der Universitäts-Augenklinik in Berlin, dort ab 4/1913 planmäßiger Assistenzarzt; 8/1914 – 11/1918 Kriegseinsatz im Feldlazarett 11 des Garde-Reserve-Korps, in den Kriegslazaretten 14, 54 und 181 sowie im Reserve-Infanterie-Regiment 59, zuletzt Oberarzt, EK II; ab 1/1919 wieder Assistent an der Universitäts-Augenklinik in Berlin; dort 6/1921 Habilitation[2] und zum Dozenten für Augenheilkunde ernannt; 5/1920 Heirat,[3] später drei Kinder; 8/1924 – 3/1933 Oberarzt der Universitäts-Augenklinik in Berlin, dort 11/1925 zum nichtbeamteten außerordentlichen Professor ernannt; 4/1933 – 4/1958 ordentlicher Professor für Augenheilkunde an der Universität Rostock, dort auch Direktor der Universitäts-Augenklinik und Poliklinik;[4] seit 1/1934 Mitglied des NS-Lehrerbundes und Förderndes Mitglied der SS; 1934 – 4/1937 Dekan der Medizinischen Fakultät der Universität Rostock;[5] ab 1940 Mitglied des NS-Dozentenbundes; ab 1/1940 Leiter der Vereinigung der Klinikdirektoren der Universität Rostock; 10/1941 zu Forschungen am 'lebenden Objekt' beurlaubt;[6] Herausgeber

1 Mit der Arbeit: Über natürliche Gallenweg-Darmfisteln. Mit Fällen der Heidelberger Chirurgischen Klinik 1903 – 1910, Heidelberg 1911.

2 Mit der Arbeit: Untersuchungen zur Frage der „Periodizität“ bei lang dauernden Nachbildern, 1922.

3 Mit Käte-Emilie Ruhnke, geb. am 29.10.1887 in Stettin.

4 Combergs Hauptarbeitsgebiete waren die Physiologie, die physikalische Therapie und die Röntgenmessung des Auges; er beschäftigte sich mit dem Farbensinn, der Tiefenauffassung und der Dysmorphopsie sowie – wehrmedizinisch von Bedeutung – mit dem Sehvermögen von Kraftfahrern und Piloten; hinzu kamen Entwicklungen von augenärztlichen Apparaten, so etwa der Combergsche Augenspiegel, die Spaltlampe, Nyktometer und Blickperimeter; von Bedeutung war auch die Combergsche Methode zur Lokalisation von Fremdkörpern und zur Lichtsinnuntersuchung.

5 Comberg bat 3/1937, von diesem Amt entbunden zu werden: „Ich habe das Dekanat jetzt 3 Jahre lang geführt. Durch die zeitraubenden Amtsgeschäfte bin ich in meinen übrigen Verpflichtungen, vor allen Dingen auch in der wissenschaftlichen Tätigkeit stark behindert worden.“

6 Comberg hatte diese Forschungsreise beantragt, um mit einem neuentwickelten Gerät neue Verfahren zur Fremdkörperentfernung aus dem Auge testen zu können, und erläuterte den notwendigen Ortswechsel mit der Begründung: „Da hier kein [Menschen- bzw. Patienten-] Material vorhanden ist, habe ich mich durch die Heeres-Sanitäts-Inspektion in Berlin um Erlaubnis bemüht, an Lazaretten mit gutem Zuzug aus dem Osten das Verfahren ausprobieren zu

des *Zentralblattes für die gesamte Ophtalmologie*; als Hochschullehrer der Universität Rostock 1945 zunächst entlassen, jedoch Weiterbeschäftigung als Klinikdirektor; Ende 1946 erneute Berufung als Professor in Rostock;[7] 7/1947 auch von der SMA als ordentlicher Professor an der Medizinischen Fakultät der Universität Rostock bestätigt; ab 1946 Mitglied des Kulturbundes zur demokratischen Erneuerung Deutschlands, ab 1949 Mitglied der Gesellschaft für Deutsch-Sowjetische Freundschaft;[8] 1951 Einzelvertrag; 1955 als Hervorragender Wissenschaftler des Volkes ausgezeichnet; außerdem Mitglied der Internationalen Tonometer-Kommission und Ehrenmitglied der Deutschen Ophtalmologi-

---

dürfen. Es ist mir daraufhin die Arbeit an Königsberger Lazaretten erlaubt worden." Hier waren seit kurzem zahlreiche sowjetische Kriegsgefangene vorhanden. Als Comberg 1944 für die Wiederbesetzung des Lehrstuhls für Augenheilkunde der Universität Wien beim Bevollmächtigten für das Sanitäts- und Gesundheitswesen an erster Stelle genannt wurde, geschah dies unter Verweis auf seine besonderen Leistungen bei der „Entwicklung exakter Untersuchungsmethodik ... und deren Übertragung aus dem rein Theoretischen in die praktische Anwendung". Comberg sei „die heute anerkannt beste Lokalisation von Fremdkörpern des Auges im Röntgenverfahren" zu verdanken, „eine gerade jetzt während des Krieges sehr wertvoll gewordene Untersuchungsmethode".

7 Rektor Günther Rienäcker meinte 7/1946 „mit gutem Gewissen" bescheinigen zu können, daß Comberg „weder mit der NSDAP noch mit dem Nationalsozialismus überhaupt jemals das Geringste zu tun" hatte; seine „geringe formelle Belastung durch die zeitweilige Beitragszahlung an eine Formation", die SS, sei „nur in dem Sinne zu werten", daß Comberg sich „von weiteren Belästigungen seitens der Nazipartei und ihrer Gliederungen loskaufte". In einer „Unbedenklichkeitsbescheinigung" attestierte der SED-geführte 'Ausschuß des Antifa-Blocks' in Rostock „dem ehemaligen fördernden Mitglied der SS" Comberg 7/1946, „daß er politisch so einwandfrei" sei, daß er „unbedenklich weiterbeschäftigt werden" könne. Der Vizepräsident des Landes Mecklenburg-Vorpommern, Gottfried Grünberg, teilte der SMA Mecklenburg 10/1946 mit, daß Comberg „weit gediehene Forschungen über die Nachtblindheit angestellt" habe und daß eine „Wiederberufung dieses namhaften Forschers und Wissenschaftlers eine wesentliche Bereicherung der Dozentenschaft" der Universität Rostock bedeuten würde. Der Dekan der Medizinischen Fakultät, Karl Klinke, deutete Combergs „Zahlungen" an die SS 10/1946 als eine „reine Schreck-Reaktion"; „in der ganzen Zeit des Nationalsozialismus" habe Comberg „jegliche Stellungnahme zu den Ideen des Dritten Reiches bewußt vermieden", jetzt trete „seine antifaschistische Einstellung deutlich hervor", und gegenwärtig „begünstige" Comberg „die herrschende Staatsform". Im Entlastungsschreiben der eine Weiterbeschäftigung empfehlenden Entnazifizierungskommission der Universität Rostock hieß es, Comberg sei „kein aktives Mitglied der SS [gewesen und habe] nur geldliche Zuwendungen [an die SS] geleistet; [er sei] entlastet durch den Antifa-Block"; die mecklenburgische Landesentnazifizierungskommission empfahl 1/1948, Comberg „in seinen Rechten als Hochschullehrer" zu belassen. Comberg, der sich im Dritten Reich mehrfach als „national orientiert", als „stets rechtsstehend" präsentiert und sich mit Vorliebe als „rein arisch" und „von rein germanischem Blut" bezeichnet hatte, meinte 10/1947, seine „antifaschistische Einstellung" könne „von drei beweiskräftigen Zeugen bescheinigt" werden.

8 Die Hauptabteilung Hochschulen der mecklenburgischen Landesregierung meinte in einer „politischen Charakteristik" 4/1950, Combergs „politische Einstellung zu dem Geschehen in unserer Republik" sei „ausgesprochen bürgerlich-unklar", daran ändere auch seine Mitgliedschaft in der Gesellschaft für Deutsch-Sowjetische Freundschaft nichts: „Bei dem schwankenden Charakter Prof. Combergs ist dieser Beitritt wohl ähnlich zu werten wie der seinerzeit erfolgte Beitritt zum NS-Dozentenbund und seine Zugehörigkeit zur SS als förderndes Mitglied".

schen Gesellschaft; nach Emeritierung ab 1/1958 noch kommissarischer Direktor der Universitäts-Augenklinik; am 23.5.1958 in Rostock gestorben[9]

Quellen: UAR: PA Comberg; LHAS: 5.12-7/1, Nr. 579, 1195, 1484, 2339, 2346; 6.1-21, Nr. 4527; BA/BDC: PK; BA/BDC-Karteien: NSLB, NSDÄB, REM.

9 Veröffentlichte neben mehr als 140 Beiträgen zu verschiedenen Gebieten der Augenheilkunde u.a.: Der Augenarzt, Leipzig 1969.

Correns, Carl Wilhelm Erich

geboren am 19.5.1893 in Tübingen/Württemberg; evangelisch; Sohn eines Universitätsprofessors; humanistisches Nicolai-Gymnasium in Leipzig, Schiller-Gymnasium in Münster, dort 4/1912 Abitur; ab 4/1912 Studium der Chemie, Physik, Geologie und Mineralogie an den Universitäten Tübingen, Münster und Berlin; als Einjährig-Freiwilliger dazwischen 10/1912 – 9/1913 Militärdienst beim Feldartillerie-Regiment 22; 8/1914 – 11/1918 Kriegseinsatz in der Infanterie-Munitionskolonne des VII. Armeekorps, im Feldartillerie-Regiment 7, Infanterie-Regiment 57, Fußartillerie-Bataillon 626 sowie in den Artillerie-Meßtrupps 31 und 4, zuletzt Leutnant, EK II, EK I, Verwundetenabzeichen; 1919 – 1920 Fortsetzung des Studiums an der Universität Berlin; dort 8/1920 Promotion;[1] 11/1920 – 6/1921 Assistent am Lehrstuhl für Geologie der Universität München; 12/1921 erstes geologisches Staatsexamen; 12/1921 Heirat,[2] später zwei Kinder; ab 1/1922 Probegeologe, 10/1924 – 8/1927 etatmäßiger außerplanmäßiger Geologe an der Preußischen Geologischen Landesanstalt in Berlin; daneben Assistent am Kaiser-Wilhelm-Institut für Physikalische Chemie in Berlin; 1/1924 zweites geologisches Staatsexamen; 3/1925 Habilitation und seitdem Privatdozent für Mineralogie und Petrographie an der Universität Berlin; als Mineraloge 10/1925 – 5/1926 Teilnahme an der deutschen atlantischen Expedition auf dem Forschungs- und Vermessungsschiff „Meteor"; ab 9/1927 planmäßiger außerordentlicher Professor für Mineralogie und Geologie, daneben Neuaufbau und Leitung des Mineralogisch-Petrographischen Instituts der Universität Rostock; ab 11/1927 auch Leiter der Mecklenburgischen Geologischen Landesanstalt in Rostock; ab 3/1930 ordentlicher Professor für Mineralogie und Geologie an der Universität Rostock, dort auch Direktor des Mineralogisch-Geologischen Instituts und Direktor des nunmehrigen Mecklenburgischen Geologischen Landesmuseums;[3] 7-10/1930 Forschungsreise nach Brasilien zur Fortsetzung der auf der „Meteor"-Expedition begonnenen Untersuchungen; ab Herbst 1933 Mitglied der NS-Volkswohlfahrt, dort ab 1938 Blockwalter; ab 2/1934 Mitglied des NS-Lehrerbundes und des Reichsluftschutzbundes; ab 4/1934 Mitglied der Schwedischen-Geologischen Vereinigung und der Mineralogical Society of America, ab 1936 Mitglied der Schweizer Mineralogisch-Petrographischen Gesellschaft; Eintritt in die NSDAP am 1.5.1937, Mitgliedsnummer 6.034.797; 11/1937 – 1/1939 Prorektor der Universität Rostock; daneben 11/1938 – 3/1939 noch kommissarischer Direktor des Mineralogisch-Petrographischen Instituts der Universität Rostock; bereits ab 11/1938 ordentlicher Professor für Mineralogie und Sedimentpetrographie an der Universität Göttingen; dort mit umfangreichen Finanz- und Sachmitteln des Reichsforschungsrates Aufbau eines Instituts für Sedimentforschung und ab 1942 Leiter des Mineralogisch-Petrographischen und Sedimentpetrographischen Instituts der Universität Göttingen und Erweiterung des Lehrauftrages auf Kristallographie,

1 Mit der Arbeit: Der Odershäuser Kalk im oberen Mitteldevon. Ein Beitrag zur Deutung fossilreiner Kalkinseln in Tonschiefern, Stuttgart 1920.

2 Mit Agnes Ballowitz, geb. am 12.9.1895 in Greifswald.

3 Combergs Forschungsschwerpunkte waren die Kristallographie und die Mineralogie, zudem gehörte er zu den Begründern der Sedimentpetrographie in Deutschland.

Mineralogie, Petrographie und Lagerstättenkunde;[4] ab 12/1938 Mitglied des Commitee on Sedementation in Washington/USA; Mitglied der Akademie der Naturforscher Leopoldina und der Akademie der Wissenschaften in Göttingen, ab 1942 Vizepräsident; 1939 – 1945 Herausgeber von *Chemie der Erde*; ab 1951 Leiter des Max-Planck-Instituts für Silikatforschung in Würzburg; 1959 Gründung und Leiter des Zentrallabors für Geochemie stabiler Isotope in Göttingen; Ehrendoktorwürde der Universitäten Tübingen und Clausthal; am 29.8.1980 in Göttingen gestorben[5]

Quellen: UAR: PA Correns; LHAS: 5.12-7/1, Nr. 579, 1327, 2346; BA/BDC: PK, REM; BA/BDC-Karteien: NSDAP, NSLB, REM, RFR.

4 Correns erhielt von der Deutschen Forschungsgemeinschaft bis 4/1945 mehrere zehntausend RM für seine Forschungen zur hydrothermalen Synthese von Silikaten/Glimmersynthese, zur Züchtung von Quarzkristallen und für „Arbeiten am Mineralölprogramm".

5 Veröffentlichte neben mehr als 120 wissenschaftlichen Beiträgen u.a.: Das Tiefseebuch. Ein Querschnitt durch die neuere Tiefseeforschung, Berlin 1934; Die Verfahren der Gewinnung und Untersuchung der Sedimente/Die Sedimente des äquatorialen atlantischen Ozeans, in: Wissenschaftliche Ergebnisse der deutschen atlantischen Expedition auf dem Forschungs- und Vermessungsschiff „Meteor" 1925 – 1927, Berlin/Leipzig 1935/37; Die Entstehung der Gesteine, Berlin 1939 (mit T. Barth und P. Eskola); Die Tone und ihre Bedeutung für Technik und Landwirtschaft (Rostocker Universitätsreden, 22), Rostock 1939; Einführung in die Mineralogie. Kristallographie und Petrologie, Berlin/Göttingen/Heidelberg 1949; Einführung in die Mineralogie, Berlin/Heidelberg/New York 1968.

Curschmann, Hans Heinrich

geboren am 14.8.1875 in Berlin/Preußen; evangelisch; Sohn eines Arztes; Privatschule in Harvestehude, Vorschule und Gymnasium in Hamburg, Nicolaigymnasium in Leipzig, dort 4/1895 Abitur; 4/1895 – 1900 Medizinstudium an den Universitäten Freiburg, München und Leipzig; dort 2/1900 Staatsexamen und Approbation, 7/1900 Promotion;[1] 4-9/1900 Volontärassistent am Pathologisch-Anatomischen Institut der Universität Leipzig; als Einjährig-Freiwilliger 10/1900 – 9/1901 Militärdienst in den Feldartillerie-Regimentern 48 und 77; 10/1901 – 3/1904 Assistenzarzt an der Medizinischen Klinik der Universität Heidelberg; 4-9/1904 Volontärassistent an der II. Medizinischen Klinik der Charité in Berlin; 10/1904 – 3/1907 Assistenzarzt an der Medizinischen Klinik der Universität Tübingen; dort 7/1906 Habilitation[2] und seitdem Privatdozent für Innere Medizin; 4/1907 – 9/1916 zunächst Leitender Arzt, dann Direktor der Medizinischen Abteilung des Städtischen St.Rochus-Hospitals in Mainz, dort zugleich Direktor des Städtischen Invaliden- und Seuchenhauses; 6/1907 Heirat,[3] später fünf Kinder; 8/1914 – 10/1916 auch Heimatkriegseinsatz als fachärztlicher Beirat für Innere Medizin und Neurologie für die Lazarette Rheinhessens und der Rheinprovinz; 1914 – mind. 1934 Mitglied des Alldeutschen Verbandes; 10/1916 – 9/1921 außerordentlicher Professor des neu eingerichteten Lehrstuhls für Medizinische Poliklinik und Klinische Propädeutik und Direktor der Medizinischen Poliklinik der Universität Rostock; ab 10/1916 daneben auch Heimatkriegseinsatz als Beratender Internist für die Lazarette in Schleswig-Holstein und Mecklenburg sowie fachärztlicher Beirat für Nervenkrankheiten im Bereich des 9. Armeekorps für die Provinz Schleswig-Holstein und Mitglied der Korpsuntersuchungskommission in Rostock; ab 1917 Mitglied des Vorstandes, später 2. Vorsitzender der Gesellschaft Deutscher Nervenärzte, ab 1918 Mitglied des Vorstandes des Landesvereins Mecklenburg zur Bekämpfung der Tuberkulose und ab 1918 auch Initiator und ehrenamtlicher Leiter der Tuberkulosefürsorgestelle Rostock; 8-12/1918 Kriegseinsatz zunächst als Stabsarzt und ordinierender Arzt im Garnisonslazarett in Leipzig, dann im Lazarett des sächsischen Feldartillerie-Regiments 506 an der Westfront, ab 9/1918 in der XIX. Ersatz-Division in Dresden, EK II; 1920 – 1931 Mitglied der Deutschnationalen Volkspartei, ab 1922 im Vorstand, später Vorsitzender der Ortsgruppe Rostock und Mitglied des Landesvorstandes Mecklenburg der DNVP; ab 7/1921 stellvertretender Vorsitzender des ärztlichen Vereins in Rostock; ab 10/1921 ordentlicher Professor für Innere Medizin an der Universität Rostock,[4] Direktor der Medizini-

1 Mit der Arbeit: Über Cystitis typhosa, Leipzig 1900.

2 Mit der Arbeit: Beiträge zur Physiologie und Pathologie der kontralateralen Mitbewegungen, Leipzig 1906.

3 Mit Helene Wendt, geb. am 10.7.1884 in Jena; Tochter eines Universitätsprofessors; am 17.7.1972 in Lärz gestorben.

4 Curschmann hatte schon 10/1919 gegenüber der Medizinischen Fakultät und der Mecklenburgischen Landesregierung selbstbewußt zum Ausdruck gebracht, daß seine Nicht-Ernennung zum Ordinarius „lebhaftes Befremden hervorgerufen“ habe und geeignet sei, „das Ansehen des von mir geleiteten Institutes ... herabzusetzen“; außerdem würden medizinische Polikliniker an anderen Universitäten schneller zu Ordinarien ernannt als etwa die Vertreter der Kinderheilkunde, der Dermatologie oder anderer „Nebenfächer“. Zu den Hauptforschungsgebieten

schen Universitätsklinik und 1921 – 1940 Mitdirektor (bis 1936 geschäftsführend) des Universitäts-Krankenhauses; daneben auch ehrenamtlicher Kurator des Friedrich-Franz-Hospizes in Müritz, wissenschaftlicher Berater und Mitglied des Aufsichtsrates des Sol- und Moorbades in Bad Sülze und wissenschaftlicher Beirat des Landesverkehrsverbandes Mecklenburg; 6/1924 Mitbegründer und später geschäftsführender Vorsitzender der Nordwestdeutschen Gesellschaft für Innere Medizin; 3/1925 – 2/1926 auch Dekan der Medizinischen Fakultät der Universität Rostock; ab 1926 Mitglied des Deutschen Offiziersbundes, ab 1928 Mitglied im Stahlhelm/Bund der Frontsoldaten, dann des NS-Frontkämpferbundes und der SA-Reserve, ab 1933 auch Kreisarzt des Kreises Rostock des NS-Frontkämpferbundes; 1931 Gründung der ersten heilklimatischen Forschungsstation an der Ostsee in Warnemünde; 2/1933 zum Vorsitzenden der Vereinigung der Klinikdirektoren der Universität Rostock gewählt;[5] Korrespondierendes Mitglied der Medizinischen Gesellschaft München; ab 7/1934 Mitglied des NS-Lehrerbundes; galt nach einer Untersuchung der Reichsstelle für Sippenforschung ab 1934/35 als „nichtarisch, Mischling II. Grades“, da eine seiner Großmütter jüdischer Abstammung war;[6] seit 1935 andauernde Versuche, Curschmann in den Ruhestand zu versetzen, scheiterten sowohl an dessen Widerstand als auch an der Fürsprache Generalfeldmarschalls August von Mackensen und des mecklenburgischen Reichsstatthalters[7]; nach Erreichen des Pen-

Curschmanns gehörten die Innere Medizin und die organische Neurologie, insbesondere Konstitutionspathologie, Neurosen, Hypothyreosen, Myopathien, Erkrankungen des Rükkenmarks, des endokrinen Systems, Blut- und Stoffwechselkrankheiten, die allgemeine und spezielle Therapie sowie die Balneologie.

5 Neben seiner Lehrtätigkeit wirkte Curschmann auch als Operndichter und Verfasser von Balladen, Musikdramen sowie Märchenbüchern; zwei seiner von Carl Friedrich Pistor vertonten Operndichtungen, „Die Geige Amadei“ und „Der Alchimist“, sowie mindestens ein Theaterstück, „Veit sucht Vater“, wurden am Rostocker Theater aufgeführt; veröffentlichte u.a.: Neue Märchen, Rostock 1926.

6 Auf Antrag des Mecklenburgischen Staatsministeriums wurde von der Reichsstelle für Sippenforschung 1935 eine „Nachprüfung der arischen Abstammug“ der Professoren Curschmann, Ebbinghaus, Elze, Mayer, Rosenfeld, Seraphim und Teuchert vorgenommen; lediglich Curschmann galt ab 7/1935 als „nichtarisch“. Dies war ihm unterschwellig auch immer bewußt gewesen, und er hatte die ’NS-Rassefahnder’ selbst auf diese Spur gebracht: Curschmann erwähnte 1934 in dem obligatorischen Fragebogen – neben der deutlichen Herausstellung seines seit 1914 andauernden Engagements im „nationalen Lager“ -, daß „sämtliche Großeltern und Urgroßeltern ev. Religion“ waren und „aus rein arischen Bauern-, Beamten- und Soldatenfamilien“ stammten. Lediglich „die Großmutter mütterlicherseits, Emilie Lohde, geb. Oppert, war nicht rein arisch“; denn deren Vater, „Julius Oppert, war evangel. Bekenntnisses, aber nicht arischen Ursprunges“. Um diesen ’Makel’ zu relativieren, fügte Curschmann „wie schon anderen Orts hinzu“, daß dieser Urgroßvater immerhin „Kriegsteilnehmer 1813 war (Lützower Jäger oder Leibhusar), in der Schlacht bei Bautzen schwer verwundet und als Gemeiner mit dem EK II ... dekoriert wurde“; außerdem stellte Curschmann deutlich heraus, „daß wir laut Familientradition die Großmutter Emilie Lohde niemals als rein nichtarisch angesehen haben“.

7 In einem Privatschreiben teilte der Reichsstatthalter Friedrich Hildebrandt dem Rektor der Universität Rostock, Ernst-Heinrich Brill, „in der Angelegenheit Curschmann“ 4/1937 mit, daß er auch die Akten von dessen Sohn, dem Forstassessor [Otto Heinrich] Curschmann, „nachgeprüft“ habe; daraus ergebe sich zwar, „daß dieser durch die Urgroßmutter Judenblut“ habe, „aber im Sinne des Gesetzes als Deutscher zu betrachten“ sei und „infolgedessen angestellt werden“ müsse. „Wenn man nun aber dem Sohn des Professors Curschmann die vollen Rechte einräumt und ihn sogar zum Forstmeister macht, dann ist es nicht gut möglich, daß man den Vater geringer schätzt und gewissermaßen diffamiert ... Auf Grund der ganzen

sionsalters 10/1940 emeritiert, bis 3/1941 jedoch kommissarische Weiterführung seines bisherigen Amtes;[8] 1941 nebenamtliche Leitung des Hilfskrankenhauses Augustenschule in Rostock; 4/1942 ausgebombt, dann zunächst Tätigkeit als Arztvertreter (in der internistischen Praxis seines ehemaligen Assistenten Dr. Franz Bachmann) und Leiter der inneren Abteilung des Städtischen Krankenhauses in Güstrow; noch 1942 Übersiedlung nach Ahrenshoop; dann niedergelassener Internist und medizinischer Gutachter in Rostock; 5-8/1945 Leiter der Rostocker Ärzteschaft und des kommunalen Gesundheitswesens; anschließend niedergelassener Facharzt für Innere Krankheiten in Rostock; ab 1946 Mitglied der CDU; als Emeritus 7/1947 von der SMA als Professor an der Medizinischen Fakultät der Universität Rostock bestätigt; 1946/47 – 1948 erneut Direktor der Medizinischen Universitätsklinik; 12/1947 Ehrenmitglied der Gesellschaft für Innere Medizin und Kinderheilkunde in Rostock; ab 10/1948 Ehrenpräsident der Nordwestdeutschen Gesellschaft für Innere Medizin; am 10.3.1950 an Grippe-Pneumonie in Rostock gestorben[9]

Quellen: UAR: PA Curschmann; LHAS: 5.12-7/1, Nr. 1481, 1504, 2339; BA/BDC-Karteien: NSDÄB, NSLB, REM.

Haltung der Familie und der Tatsache, daß der Sohn jetzt vom Reichsforstministerium [Göring] als Forstassessor in die Beamtenkarriere übernommen" worden ist, war Hildebrandt „dafür, daß man hier im Interesse der Universität eine Ausnahme" mache.

8 Curschmann nach seinem Ausscheiden nach 24jähriger Dozententätigkeit in Rostock: „Ich war nicht mehr allein der Sohn des bekannten Leipziger Klinikers, sondern selbst eine Kapazität von einigem Ruf im In- und Auslande geworden."

9 Veröffentlichte neben mehr als 200 wissenschaftlichen Aufsätzen u.a.: Lehrbuch der Nervenkrankheiten, Berlin 1909 (mit F. Kramer); Neuere Anschauungen über Entstehung, Vorbeugung und Behandlung der Arteriosklerose, Halle 1920; Nervenkrankheiten. Die wichtigsten Kapitel für die Praxis, München 1924; Endokrine Krankheiten, Dresden/Leipzig 1927; Lehrbuch der speziellen Prognostik innerer Krankheiten, Stuttgart 1942; Lehrbuch der speziellen Therapie innerer Krankheiten, Berlin/Heidelberg 1947 (mit A. Jores). Mitherausgeber medizinischer Fachzeitschriften: ab 1914 *Therapeutische Monatshefte*, ab 1917 *Medizinische Klinik*, ab 1918 *Zeitschrift für Nervenheilkunde*, ab 1920 *Deutsche medizinische Wochenschrift*, ab 1921 *Deutsches Archiv für klinische Medizin*, ab 1927 *Klinische Wochenschrift*, ab 1928 *Medizinische Welt*, ab 1946 *Ärztliche Wochenschrift*, ab 1946 *Deutsche medizinische Rundschau*.

Diller, Hans Julius Gustav

geboren am 8.9.1905 in Worms/Hessen; evangelisch; Sohn eines Kaufmanns; Knabenvorschule, Gelehrtenschule des Johanneums in Hamburg, dort 3/1924 Abitur; 1924/25 zwei Semester Studium der Rechtswissenschaft an der Universität Frankfurt/M.; 4/1925 – 1930 Studium der Klassischen Philologie und Geschichte an den Universitäten Hamburg, München und Florenz; 7/1930 Promotion in Hamburg;[1] 1930/31 Studienreisen nach Italien; 8/1931 Prüfung für das höhere Lehramt in den Fächern Klassische Philologie und Geschichte; ab 10/1931 zunächst Hilfskraft in der Bibliothek des Philologischen Instituts der Universität Leipzig; 9/1932 Heirat,[2] später zwei Kinder; 10/1932 Habilitation[3] und bis 5/1933 Privatdozent an der Universität Leipzig; ab 5/1933 Privatdozent und wissenschaftlicher Assistent am Seminar für klassische Philologie der Universität Hamburg; dort seit 10/1933 Mitglied des NS-Lehrerbundes; ab 1935 Lehrstuhlvertreter für Klassische Philologie an der Universität Hamburg, ab 5/1935 auch an der Universität in Rostock (für Kurt von Fritz); 9-10/1936 und 9-10/1938 Militärdienst im Ersatz-Bataillon des Infanterie-Regiments 69; 10/1937 – 10/1941 planmäßiger außerordentlicher Professor für Klassische Philologie und Griechisch sowie Direktor des Klassisch-Philologischen Seminars an der Universität Rostock;[4] 1939/40 Kriegseinsatz; in Rostock Eintritt in die NSDAP am 1.1.1941, Mitgliedsnummer 8.833.496; 10/1941 mit der Lehrstuhlvertretung für Klassische Philologie an der Universität Kiel beauftragt; zunächst jedoch ab 10/1941 Kriegseinsatz; ab 1941/42 publizistische Beteiligung am 'Kriegseinsatz der Geisteswissenschaften'; 1/1942 zum ordentlichen Professor für Klassische Philologie an der Universität Kiel ernannt; ab 4/1944 auch vertretungsweise Übernahme des Lehrstuhls für Klassische Philologie an der Universität Rostock und ab 10/1944 auch an der Universität Hamburg; nach Leugnung seiner Parteimitgliedschaft ab 1945 wieder ordentlicher Professor der klassischen Philologie an der Universität Kiel, dort 3/1947 – 3/1949 auch Dekan der Philosophischen Fakultät, 3/1950 – 3/1951 Rektor der Universität Kiel; wissenschaftlicher Leiter der Schleswig-Holsteinischen Universitäts-Gesellschaft; ab 1952 ordentliches Mitglied der Akademie der Wissenschaften und

1 Mit der Arbeit: Die Überlieferung der Hippokratischen Schrift peri aeron hydaton topon, Leipzig 1932.

2 Mit Ines Sellschopp.

3 Mit der Arbeit: Wanderarzt und Aitiologie. Studien zur hippokratischen Schrift peri aeron hydaton topon, Leipzig 1934.

4 Der Leiter der Dozentenschaft der Universität Rostock, Heinrich Gißel, begrüßte 9/1936 die endgültige Berufung Dillers nach Rostock; dieser sei „wohl keine kämpferische Persönlichkeit, wie wir sie im Rahmen der Hochschule dringend benötigen", aber nach den „erhobenen Erkundigungen" lasse sich sagen, daß Diller sich „politisch trotz mancher Unbeholfenheiten voll und ganz in den Gedanken des nationalsozialistischen Staates eingeordnet" habe. Forschungsschwerpunkte Dillers waren Untersuchungen zur griechischen Geistesgeschichte, vor allem zu den Bereichen Philosophie, Medizin, Naturwissenschaft und Dichtung.

der Literatur in Mainz; ab 1952 Mitherausgeber der Zeitschrift *Hermes*; 1973 emeritiert; am 15.12.1977 in Kiel gestorben[5]

Quellen: UAR: PA Diller; LHAS: 5.12-7/1, Nr. 1248, 1254; BA/BDC-Karteien: NSDAP, NSLB, REM.

5 Veröffentlichte u.a.: Göttliches und menschliches Wissen bei Sophokles, Kiel 1950; Die Bakchen und ihre Stellung im Spätwerk des Euripides, Mainz 1955; Die dichterische Form von Hesiods Erga, Mainz 1962; Sophokles, Darmstadt 1967; Ausgewählte Schriften, Berlin 1968; Hippokrates: Über die Umwelt, Berlin 1970; Kleine Schriften zur antiken Literatur, München 1971; Studien zur Periodisierung und zum Epochebegriff, Mainz/Wiesbaden 1972 (mit F. Schalk); Mitherausgeber der Zemata. Monographien zur klassischen Altertumswissenschaft, München 1951 ff.

Ebbinghaus, Julius Karl Ludwig

geboren am 9.11.1885 in Berlin/Preußen; evangelisch; Sohn eines Universitätsprofessors; St.Maria-Magdalena-Gymnasium in Breslau, dort 3/1904 Abitur; 1904 – 1909 zunächst Studium der Psychologie und der Naturwissenschaften, dann der Philosophie und Kunstgeschichte an den Universitäten Lausanne, Grenoble, Berlin, Halle und Heidelberg; als Einjährig-Freiwilliger 10/1909 – 9/1910 Militärdienst im Feldartillerie-Regiment 24 in Güstrow; 1/1910 Promotion in Heidelberg;[1] ab 8/1914 Kriegseinsatz, zuletzt als Leutnant Abteilungsadjutant und Batterieführer in einer Artillerie-Einheit und im Stab der Infanterie-Division 117; 12/1918 aus dem Heer entlassen, EK II und EK I, EKFK; 2/1921 Habilitation in Freiburg[2] und seitdem Privatdozent an der Universität Freiburg; 3/1922 Heirat,[3] später ein Kind; 1923 – 9/1930 Mitglied der Deutschnationalen Volkspartei, 1925 auch Mitglied des Jungdeutschen Ordens; ab 3/ 1926 außerplanmäßiger außerordentlicher Professor für Philosophie an der Universität Freiburg; 9/1930 verwitwet; 10/1930 – 8/1940 ordentlicher Professor für Historische und Systematische Philosophie an der Universität Rostock,[4] dort auch Leiter des Philosophischen Seminars und (nach der Entlassung von David Katz und dem Wechsel Hans Kellers nach Berlin) 5/1934 – 1/1939 auch Direktor des Psychologischen Instituts;[5] ab 7/ 1934 Mitglied des NS-Lehrerbundes, des NS-Dozentenbundes und des NS-Reichskriegerbundes; 4/1935 erneute Heirat,[6] später zwei weitere Kinder; ab 1935 auch als Heerespsychologe tätig; ab 9/1939 Kriegseinsatz; ab 9/1940 ordentlicher Professor für Philosophie und Direktor des Philosophischen Seminars der Universität Marburg, dort 1941 –

1 Mit der Arbeit: Kants Philosophie und ihr Verhältnis zum relativen und absoluten Idealismus, veröffentlicht u.d.T. Relativer und absoluter Idealismus. Historisch-systematische Untersuchung über den Weg von Kant zu Hegel, Leipzig 1910.

2 Mit der Arbeit: Die Grundlagen der Philosophie Hegels 1793 – 1803; ungedruckt, zurückgezogen, dann vernichtet.

3 Mit Franziska Schragmüller, geb. am 17.11.1891; am 10.9.1930 gestorben.

4 Ebbinghaus habe sich, so hieß es 1930 im Berufungsvorschlag der Philosophischen Fakultät der Universität Rostock – damit auch das Fehlen einer klassischen Habilitationsschrift begründend-, „mit dem Mut seiner philosopischen Überzeugung rücksichtslos für Hegel eingesetzt", zu einer Zeit, „wo Hegel an den deutschen Universitäten noch in Verruf war"; dann aber habe „die Entwicklung, die Ebbinghaus seit etwa 1924 genommen hat, ihn von Hegel auf Kant zurückgeführt und hat ihn in Kant die solide Grundlage aller wahrhaft wissenschaftlichen Philosophie erkennen lassen. Sein schon fertiges und in Druck gegebenes Hegelbuch, auf das man in philosophischen Kreisen allgemein mit Ungeduld gewartet hatte, hat er unter dem Einfluß dieser inneren Wandlung aus dem Druck zurückgezogen und seine ganze philosophische Gedankenarbeit nunmehr auf die Erfassung der Kantischen Philosophie konzentriert"; Ebbinghaus werde „als die stärkste zurzeit vorhandene philosophische Potenz betrachtet", und Martin Heidegger habe ihn als seinen Nachfolger an der Universität Marburg vorgeschlagen.

5 Ebbinghaus' Hauptarbeitsgebiete waren die Metaphysik und die systematische Philosophie, insbesondere die Weiterentwicklung der Hegelschen Denkansätze sowie die Rechts-, Staats-, Moral- und Sozialphilosophie Kants.

6 Mit Wilhelmine Graf, geb. am 15.9.1908.

1945 auch Dekan der Philosophischen Fakultät;[7] dazwischen Kriegseinsatz als Hauptmann der Landwehr und Kriegsverwaltungsrat; von der amerikanischen Besatzungsmacht 1945/46 als Rektor der Universität Marburg eingesetzt;[8] ab 1946 Präsident der Hobbes-Gesellschaft und Kuratoriumsmitglied der Internationalen Vereinigung für Rechts- und Sozialphilosophie; 4/1954 Emeritierung; Herausgeber des *Archivs für Philosophie* und der *Revue internationale de la philosophie*; 1954 – 1956 Vertretung seines ehemaligen Lehrstuhls für Philosophie in Marburg; ab 1955 Vizepräsident des Instituts International de Philosophie in Paris; am 16.6.1981 in Marburg gestorben[9]

Quellen: UAR: PA Ebbinghaus; LHAS: 5.12-7/1, Nr. 1242, 1243, 1481, 2346; BA/BDC: REM; BA/BDC-Karteien: NSLB, REM.

7 Der Rektor der Universität Marburg, Theodor Mayer, hatte Ebbinghaus 1942 als seinen Amtsnachfolger vorgeschlagen; dieser ist jedoch von der Partei-Kanzlei abgelehnt worden, da er nicht Mitglied der NSDAP war.

8 Rektor Günther Rienäcker hatte Ebbinghaus in dessen Eigenschaft als Rostocker Hochschullehrer 1946 als „entschiedenen Antifaschisten“ charakterisiert.

9 Veröffentlichte u.a.: Kants Lehre vom ewigen Frieden und die Kriegsschuldfrage, Tübingen 1929; Über die Fortschritte der Metaphysik, Tübingen 1931; Zu Deutschlands Schicksalswende, Frankfurt/M. 1946; Die Atombombe und die Zukunft des Menschen, 1957. Die Strafen für die Tötung eines Menschen nach Prinzipien einer Rechtsphilosophie der Freiheit, Bonn 1968; Wozu Rechtsphilosophie?, Berlin 1972; Gesammelte Schriften. 4 Bde., Bonn 1986 – 1994.

Ebel, Wilhelm

geboren am 7.6.1908 in Garsuche/Ohlau (Schlesien); katholisch/später gottgläubig; Sohn eines Zimmergesellen; Volksschule, Gymnasium in Rößel/Ostpreußen, dort 3/1927 Abitur; ab 4/1927 von der Studienstiftung des Deutschen Volkes gefördertes Studium der Rechtswissenschaft, Geschichte und Philologie an den Universitäten Königsberg, Heidelberg und Bonn; anschließend zunächst Mitarbeiter in der Heidelberger Forschungsstelle des Deutschen Rechtswörterbuchs; 1/1931 erstes juristisches Staatsexamen, danach Gerichtsreferendar an verschiedenen Gerichten des Oberlandesgerichtsbezirks Köln; daneben 4/1932 – 3/1937 Assistent an der Juristischen Fakultät der Universität Bonn; hier 1/1933 Promotion;[1] Eintritt in die NSDAP am 1.5.1933, Mitgliedsnummer 3.144.638; zunächst Blockleiter, dann auch Leiter einer Ortsgruppe der NSDAP in Bonn; 10/1934 zweites juristisches Staatsexamen und zum Gerichtsassessor ernannt, jedoch für die Tätigkeit als Assistent an der Universität Bonn vom Justizdienst beurlaubt; dort NS-Dozentenbundführer; 6/1935 Habilitation in Bonn;[2] danach Lehrstuhlvertretung für Deutsches Recht und Rechtsgeschichte an der Universität Marburg; ab 7/1936 Dozent für Deutsches Recht an der Universität Bonn; 1936/37 Lehrstuhlvertretung für Deutsches Recht an der Universität Königsberg; 10/1936 Heirat,[3] später fünf Kinder; seit 1935 in Bonn für den SD tätig, ab 1937 bestätigter V-Mann für den SD; ab 4/1937 Lehrstuhlvertretung, 9/1938 – 9/1939 planmäßiger außerordentlicher Professor für Bürgerliches Recht, Deutsches Privatrecht, Deutsche Rechtsgeschichte und Kirchenrecht an der Universität Rostock,[4] mit dieser Berufung zugleich Ausscheiden aus dem Reichsjustizdienst;[5] 6/1937 – 9/1939 auch Leiter der Hauptstelle Rechtspolitik im

1 Mit der Arbeit: Gewerbliches Arbeitsvertragsrecht im deutschen Mittelalter, Weimar 1934.

2 Mit der Arbeit: Obligation und Leistungsgegenstand im älteren deutschen Recht.

3 Mit Elisabeth Nix, geb. am 26.10.1912 in Düsseldorf.

4 Hier Nachfolger von Hermann Schultze-von Lasaulx. Der Lehrstuhl war seit dessen Weggang ab 10/1935 unbesetzt geblieben und wurde nur vertretungsweise wahrgenommen. Ausschlaggebend für die Ernennung Ebels war das Votum der Rostocker Rechts- und Wirtschaftswissenschaftlichen Fakultät, die meinte, daß Ebel „die Forschungen an den Quellen germanischen Rechts verbürgt", als „der jüngere der auf diesem Gebiet entwicklungsfähigere Gelehrte" und „auch den jungen Kräften des nationalsozialistischen Deutschland nahe verbunden" sei; und Dekan Walter Hallstein stellte 10/1936 heraus, daß „der Nationalsozialismus, der sich die Aufgabe gestellt" habe, „ein artgemäßes Recht zu schaffen, in der Erforschung der ursprünglichen germanischen Rechtszustände eine besonders dringende wissenschaftliche Aufgabe sehen" müsse. Dafür sei – wie auch Rektor Ernst-Heinrich Brill meinte – Ebel der richtige Mann; dieser sei „sowohl vom wissenschaftlichen wie vom weltanschaulichen Standpunkt aus der aktivere der in Vorschlag gebrachten Dozenten".

5 Auf die Beschwerden des Mecklenburgischen Staatsministeriums, daß der ehemals von Hermann Schultze-von Lasaulx innegehabte Lehrstuhl für Rechtsgeschichte nach dessen Wegberufung zunächst nicht, dann immer nur kommissarisch besetzt wurde, und nun auch Wilhelm Ebels Abberufung schon vorauszusehen sei, teilte das Reichserziehungsministerium 1/1939 lapidar mit, daß Ebels „vorzeitige Wegberufung aus dienstlichen Gründen ausnahmsweise geboten" und die „Überweisung eines Nachfolgers ohne weiteres möglich" sei. Dahinter stand das Drängen der SS, den SD-Mann Ebel nach dessen Ernennung zum Professor als Mann der SS-Forschungsgemeinschaft Ahnenerbe schnell an die SS-infiltrierte Universität Göttingen zu versetzen.

Rechtsamt der Gauleitung Mecklenburg der NSDAP sowie Gaubeauftragter für wissenschaftliche Arbeit und Gaugruppenwalter für Hochschullehrer im Gau Mecklenburg des NS-Rechtswahrerbundes; daneben ab 6/1937 Vertrauensmann der NSDAP in der Staats- und Rechtswissenschaftlichen Fakultät der Universität Rostock; ab 8/1938 außerdem Lektor im Amt für Rechtsschrifttum im Reichsrechtsamt der NSDAP und später Lektor im Amt des Beauftragten des Führers für die Überwachung der gesamten geistigen und weltanschaulichen Schulung der NSDAP; ab 10/1938 Mitarbeiter in der SS-Lehr- und Forschungsgemeinschaft Ahnenerbe;[6] ab 4/1939 bereits Lehrstuhlvertretung, 10/1939 – 5/1945 ordentlicher Professor für Deutsche Rechtsgeschichte, Bürgerliches und Handelsrecht, Landwirtschafts- und Privatversicherungsrecht an der Universität Göttingen; tatsächlich jedoch freiwillige Meldung für die Waffen-SS und, nach Ausbildung an der SS-Unterführerschule in Lublinitz, ab 4/1940 Kriegseinsatz in der 5. Kompanie des SS-Totenkopf-Regiments 1 in Frankreich, 8/1940 aus der Waffen-SS entlassen; seitdem wieder Professor und SD-Mitarbeiter in Göttingen,[7] dort auch Leiter des Amtes Nachwuchsförderung im NS-Dozentenbund; ab 1941 Mitglied der Allgemeinen SS, Nr. 412.188; als SS-Untersturmführer ab 8/1941 erneut Kriegseinsatz, vom Ersatz-Bataillon der SS-Division „Deutschland" zunächst zur Stabsabteilung des SS-Führungshauptamtes versetzt, von dort zum Rasse- und Siedlungshauptamt SS kommandiert; als Abteilungsleiter für indogermanisch-deutsche Rechtsgeschichte hier mit der „Ausarbeitung eines Erbhandwerkerrechtes", Studien zum Siedlerrecht und Forschungen zum germanischen Eherecht beauftragt, die Himmler für „außerordentlich wichtig" hielt und in seinen geplanten Wehrbauernsiedlungen einführen wollte; 11/1941 zum Fachführer der Waffen-SS für Rasse- und Siedlungswesen ernannt;[8] 10/1942 als Abteilungsleiter zum Amt Ahnenerbe beim Persönlichen Stab des Reichsführers SS kommandiert,[9] dort 1943 zum SS-Hauptsturmführer befördert; dann wieder Universitätsprofessor; 5/1945

6 Ebel hatte sich selbst zur Mitarbeit beim Ahnenerbe angeboten und vorgeschlagen, am „Forschungswerk" des vom Führer des NS-Dozentenbundes des Gaues Mecklenburg initiierten Projekts „Wald und Baum in der arisch-germanischen Geistes- und Kulturgeschichte" mitzuarbeiten; dies sei eine „ebenso umfassende wie schöne Aufgabe, der ich mich unter Zurückstellung aller übrigen wissenschaftlichen Arbeiten vollends zu widmen bereit wäre".

7 SS-Obersturmbannführer Horst Bartholomeyczik teilte dem Rasse- und Siedlungshauptamt 8/1941 mit, daß Ebel ein „großer Gewinn für das RuS-HA" sei, und es sei anzustreben, sich „seine Arbeitskraft für die wichtigen Fragen, die mit der Ostsiedlung zusammenhängen, für dauernd zu sichern"; Ebel gehöre nicht „zu den leider zahlreichen Parteigenossen, die ... jedes Ehrenamt übernehmen, um es als willkommenes Aushängeschild zu benutzen"; so habe „der SD in Göttingen als Dienststelle der SS mit ihm immer die besten Erfahrungen gemacht und vor allem seine kompromißlose politische und weltanschauliche Ausrichtung hervorgehoben".

8 Der Chef des Rasse- und Siedlungshauptamtes Otto Hofmann hielt 11/1943 in einem Dienstleistungszeugnis fest, daß Ebel wichtige „Ausarbeitungen für das Rassenamt und für das Siedlungsamt vorgenommen" habe; „Ebel hat dem RuS-Hauptamt-SS durch seine große Kenntnis wertvolle Dienste geleistet"; er verstehe es, „sich gegenüber Untergebenen durchzusetzen. Er hat sich stets für die Belange der SS eingesetzt".

9 Ebel war dort mit Arbeiten zur „Rechtsgeschichte der Deutschen im Osten", vor allem in Rußland befaßt; hier habe die „Volkstums- und Rechtsgeschichtswissenschaft von diesen vergessenen Inseln des Deutschtums ... einen unschätzbaren Beitrag zu erwarten. Politische Gesichtspunkte treten hinzu"; Ebel sah es „als Aufgabe der mir übertragenen Ostrechtforschung an, die Rechtsquellen der deutschen Volksgruppen im Osten zu erforschen, zu sammeln, herauszugeben"; daraus sollten „ebenso deutsches Recht wie politisches Heldentum der Volksdeutschen hervorgehen".

Amtsenthebung durch die Besatzungsmacht, bis 8/1947 in Kriegsgefangenschaft, bis 1948 in Internierungshaft; anschließend zunächst wissenschaftlicher Hilfsarbeiter für die Gothaer Versicherungsgruppe; im Entnazifizierungsverfahren 3/1949 als Mitläufer eingestuft, 9/1950 Wiedergewährung der Beamtenrechte; 4/1952 – 2/1954 Professor mit Lehrauftrag für Rechtsgeschichte an der Universität Göttingen; dort ab 3/1954 wieder ordentlicher Professor für Rechtsgeschichte, Bürgerliches, Handels- und Privatrecht in Göttingen; ab 1959 Mitglied der Historischen Kommission für Niedersachsen und Westfalen; auf eigenen Antrag 4/1965 aus Gesundheitsgründen als Professor emeritiert, aber noch bis 1978 Direktor des Universitätsarchivs; 1967 Goldene Ehrenmedaille der Stadt Lübeck, 1973 der Stadt Goslar und der Universität Kiel; 1973 Brüder-Grimm-Preis der Stadt Marburg; am 22.6.1980 in Göttingen gestorben[10]

Quellen: UAR: PA Ebel; LHAS: 5.12-7/1, Nr. 1424, 1427, 2349; BA/BDC: PK, SSO, RuSHA, Ahnenerbe, REM; BA/BDC-Karteien: NSDAP, REM.

10 Veröffentlichte u.a.: Die Hamburger Feuerkontrakte und die Anfänge des deutschen Feuerversicherungsrechts, Weimar 1936; Die Rostocker Urfehden. Untersuchungen zur Geschichte des deutschen Strafrechts, Rostock 1938; Deutsches Recht im Osten. Sachsenspiegel, Lübisches und Magdeburgisches Recht, Kitzingen 1952; Die Willkür. Eine Studie zu den Denkformen des älteren deutschen Rechts, Göttingen 1953; Geschichte der Gesetzgebung in Deutschland. Eine staatsbürgerliche Einführung, Hannover 1956; Das Ende des friesischen Rechts in Ostfriesland, Aurich 1961; Quellen zur Geschichte des deutschen Arbeitsrechts, Göttingen 1964; Lübisches Recht im Ostseeraum, Göttingen 1968; Curiosa iuris Germanici, Göttingen 1968; Rechtsgeschichtliches aus Niederdeutschland, Göttingen 1978; Probleme der deutschen Rechtsgeschichte, Göttingen 1978; Göttinger Universitätsreden aus zwei Jahrhunderten. 1737 – 1934, Göttingen 1978; Alte deutsche Gerichtsformeln, Göttingen 1981.

Elze, Curt

geboren am 16.2.1885 in Halle/Merseburg (Provinz Sachsen); evangelisch; Sohn eines Rechtsanwalts und Notars;[1] Stadtgymnasium in Halle, dort 1902 Abitur; als Einjährig-Freiwilliger 10/1902 – 3/1903 erste Hälfte des Militärdienstes als Feldarzt im Infanterie-Regiment 75; 1903 – 1907 Studium der Medizin an den Universitäten Freiburg und Halle, dort 12/1907 Staatsexamen; 1-12/1908 Medizinalpraktikant an der Medizinischen Universitätsklinik und am Anatomischen Institut der Universität Freiburg; dort 12/1908 Promotion;[2] 1/1909 Approbation; 2-7/1909 zweiter Teil des Militärdienstes als Feldarzt in Freiburg; 10/1909 – 9/1912 Ausbildung in anatomischer Präparierkunst und 1. Prosektor am II. Anatomischen Institut der Universität Wien; 10/1912 – 3/1921 1. Prosektor am Anatomischen Institut der Universität Heidelberg, dort 12/1912 Habilitation[3] und zum Privatdozenten ernannt; dazwischen 8/1914 – 11/1916 Kriegseinsatz, zunächst als Truppenarzt an der Front, ab 1916 Oberarzt; 2/1916 Heirat,[4] später fünf Kinder, davon eins gestorben; 1916 – 1918 Heimatkriegseinsatz als Stabsarzt im Reservelazarett Heidelberg, EK II, EKFK; an der Universität Heidelberg 10/1918 zum außerordentlichen Professor ernannt; hier ab 4/1920 etatmäßiger wissenschaftlicher Hilfsarbeiter und Prosektor; als ordentlicher Honorarprofessor ab 4/1921 planmäßiger außerordentlicher Professor für Anatomie und Prosektor am Anatomischen Institut der Universität Gießen; ab 10/1921 ordentlicher Professor der Anatomie und Direktor des Anatomischen Instituts der Universität Rostock;[5] 1926/27 auch Dekan der Medizinischen Fakultät, 3/1931 – 2/1932 Rektor, 1932/33 Prorektor der Universität Rostock; dort seit 7/1934 Mitglied des NS-Lehrerbundes, daneben Mitglied der NS-Volkswohlfahrt und des Reichsluftschutzbundes; 1934 – 1967 Herausgeber der *Zeitschrift für Anatomie und Entwicklungsgeschichte*, ab 1938 auch der *Ergebnisse der Anatomie und Entwicklungsgeschichte;* ab 11/1936 Professor für Anatomie an der Universität Gießen,[6] hier ab 7/1938 Dekan der Medizinischen Fakultät; in Gießen Eintritt in die NSDAP am 1.4.1940, Mitgliedsnummer 8.007.883; ab 4/1940 Professor für Anatomie und Direktor des Anatomischen Instituts an der Universität Würzburg, hier zeitweise auch Leiter des Rassen-

1 Elze bemerkte in seinem Personalfragebogen „zu dem verdächtig klingenden Geburtsnamen" seiner Mutter, daß „diese Familie Frenkel vollkommen judenrein ist" und der „Stammbaum einschließlich Frauen lückenlos bis 1409 verfolgt" sei.

2 Mit der Arbeit: Beitrag zur Histologie des embryonalen Säugetierdarmes, Freiburg 1909.

3 Mit der Arbeit: Studien zur allgemeinen Entwicklungsgeschichte des Blutgefäßsystems, Bonn 1913.

4 Mit Annemarie Keil, geb. am 22.1.1892 in Halle/Saale; Tochter eines Rechtsanwalts.

5 Zu Elzes Hauptforschungsgebieten gehörten die makroskopische Anatomie, die anatomische Präparierkunst und die Medizingeschichte.

6 In der Beurteilung des Leiters der Dozentenschaft der Universität Gießen hieß es, Elze habe „früher dem Nationalsozialismus in ablehnender Weise gegenübergestanden, ich habe jedoch den Eindruck gewonnen, daß er in klarer Weise erkannt hat, was der Nationalsozialismus für Deutschland und die Welt bedeutet".

biologischen Instituts; nach Wiedereröffnung ab 1947 erneut Professor für Anatomie an der Universität Würzburg; 1952 emeritiert; am 9.4.1972 in Kassel gestorben[7]

Quellen: UAR: PA Elze; LHAS: 5.12-7/1, Nr. 1480, 1481, 2346; BA/BDC-Karteien: NSDAP, NSLB, REM.

7 Veröffentlichte u.a.: Beschreibung eines menschlichen Embryos von zirka 7 mm größter Länge unter besonderer Berücksichtigung der Frage nach der Entwicklung der Extremitätenarterien und nach der morphologischen Bedeutung der lateralen Schilddrüsenanlage, Wiesbaden 1907; Normentafel zur Entwicklungsgeschichte des Menschen, Jena 1908 (mit F. Keibel); Über Form und Bau des menschlichen Magens, Heidelberg 1919; Die Krankheiten der Speiseröhre und des äußeren Halses, Berlin u.a. 1929 (mit E. Glas); Vergleichende funktionelle Pathologie, Radebeul 1929; Anatomie des Menschen. Ein Lehrbuch für Studierende und Ärzte. 4 Bde., Berlin 1929 ff. (Fortführung der von H. Braus begonnenen Arbeit); Die erzieherische Aufgabe der Anatomie (Rostocker Universitätsreden, 13), Rostock 1931; Der menschliche Körper, Berlin u.a. 1966.

Falckenberg, Günther

geboren am 4.7.1879 in Lagardesmühlen/Küstrin (Pommern); evangelisch; Sohn eines Fabrik- und Gutsbesitzers; Realgymnasien in Berlin und Perleberg, dort 9/1901 Abitur; ab 10/1901 Studium des Maschinenbaus an der Technischen Hochschule Berlin-Charlottenburg, daneben praktische Tätigkeit in der Borsig-Maschinenbaufabrik in Berlin-Tegel; 4/1902 – 1906 Studium der Mathematik, Chemie und Physik an den Universitäten Zürich und Berlin; dort 10/1903 – Frühjahr 1906 auch Hilfsassistent am Physikalischen Institut; 7/1906 Promotion in Berlin;[1] 11/1906 – 6/1910 Vorlesungsassistent am Physikalischen Institut der Universität Greifswald; 7/1910 zunächst Tätigkeit in der Industrie;[2] ab 11/1910 Volontärassistent, ab 1912 planmäßiger Vollassistent am Physikalischen Institut der Universität Rostock; als Freiwilliger ab 8/1914 Einsatz an der Marine-Funkstation in Tondern, dort Weiterentwicklung der Hochfrequenz-Funktechnik für Marine-Seeflieger; ab 9/1918 als Spezialist für drahtlose Telegraphie zur Inspektion des Torpedowesens nach Kiel kommandiert, dort Verbesserung der Funksysteme für U-Boote, zuletzt Funk-Maat, EK II; ab 12/1918 wieder Assistent am Physikalischen Institut der Universität Rostock; dort 1919 Habilitation[3] und ab 10/1919 Privatdozent für Angewandte Physik; 11/1922 – 1945 Leiter/Direktor der Rostocker Universitäts-Luftwarte, daneben Lehrauftrag für Geophysik an der Universität Rostock; ab 1926 auch Herausgeber der *Wissenschaftlichen Abhandlungen der Luftwarte der Universität Rostock*; in Zusammenarbeit mit dem Deutschen Luftflottenverein ab 4/1923 Lehrauftrag für Aeronautische Praktika an der Universität Rostock; dort 6/1924 zum nichtbeamteten außerordentlichen Professor für Angewandte und Geophysik ernannt;[4] ab 1933 Mitglied der Flieger-Landessportgruppe Mecklenburg des deutschen Luftsportverbandes, ab 1/1934 Mitglied des NS-Lehrerbundes und 1934 – 1945 Mitglied des Akademischen Seglervereins in Rostock; als Direktor der Rostocker Luftwarte 3/1940 zum außerplanmäßigen Professor für Geophysik ernannt; 10/1943 Auftrag zur „Wetterbeobachtung“ durch den Reichsforschungsrat; 5/1945 – 6/1946 kommissarischer Leiter des Physikalischen Instituts der Universität Rostock; ab 1945 Leiter der Landeswetterwarte, ab 3/1946 Leiter des Landeswetterdienstes Mecklenburg, dann des Meteorologischen Netzes Mecklenburg-Vorpommern und Direktor des Meteorologischen Observatoriums in Warnemünde, dort zum Ministerialrat ernannt; ab 12/1945 Mitglied der SPD, ab 4/1946 der SED;[5] 7/1947 von der SMA als außerplanmäßiger Professor an der Universität Rostock bestätigt; ab 1947 Mitherausgeber der *Zeitschrift für Meteorologie*; aus Altersgründen 9/1951 Ausscheiden aus dem Dienst des von Warnemünde nach Küh-

1 Mit der Arbeit: Über die Bildung und Zersetzung von Ammoniak durch stille elektrische Entladung aus metallenen Spitzen, Berlin 1906.

2 Falckenberg: „Nachdem ich jedoch dort Einblick genommen hatte, nahm ich hiervon Abstand.“

3 Mit der Arbeit: Abhängigkeit der Dielektrizitätskonstante des Wassers, Äthylalkohols, Methylalkohols und Acetons vom Druck, nebst einem Anhang, Rostock 1914.

4 Falckenbergs Forschungen befaßten sich vor allem mit dem Strahlungshaushalt der Erde und der Atmosphäre und den Auswirkungen der Strahlung auf das Klima bodennaher Luftschichten.

5 Er habe sich der SED angeschlossen, so Falckenberg, „da nur eine disziplinierte Arbeiterpartei ein neues Deutschland aufbauen kann, so wie ich es mir wünschte“.

lungsborn verlegten Meteorologischen Observatoriums; ab 10/1951 Leiter einer meteorologischen Fachabteilung beim Meteorologischen Dienst der DDR; weiterhin freier Mitarbeiter der Universität Rostock mit Praktika am Geophysikalischen Seminar; am 19.7.1963 in Rostock gestorben

Quellen: UAR: PA Falckenberg; LHAS: 5.12-7/1, Nr. 2382, 2403; 6.11-21, Nr. 4526; BA/BDC-Karteien: NSLB, REM, RFR.

Fischer, Walther Conrad Johann

geboren am 27.12.1882 in Stuttgart/Württemberg; evangelisch; Sohn eines Universitätsprofessors; humanistisches Gymnasium in Tübingen, dort 4/1900 Abitur; ab Herbst 1900 Medizinstudium an den Universitäten Tübingen, Leipzig und Kiel; dazwischen als Einjährig-Freiwilliger 10/1900 – 4/1901 sowie 4/1907 – 9/1907 Militärdienst im Infanterie-Regiment 180, zuletzt als Arzt; 2/1906 medizinisches Staatsexamen in Tübingen; zunächst Medizinalpraktikant, 9/1906 – 3/1907 2. Assistent am Pathologischen Institut der Universität Königsberg; 5/1907 Approbation und Promotion in Tübingen;[1] 10/1907 – 2/1908 1. Assistent am Pathologischen Institut der Universität Königsberg, 3/1908 – 9/1908 Assistent am Pathologischen Institut der Universität Tübingen, 10/1908 – 9/1910 Assistent am Pathologischen Institut der Universität Freiburg, 10/1910 – 10/1912 1. Assistent am Pathologischen Institut der Universität Göttingen; dort 2/1911 Habilitation und seitdem dort Privatdozent; 10/1912 als Dozent in Göttingen beurlaubt, 2/1913 – 3/1919 Dozent für Pathologie an der Deutschen Medizinschule der Tung-Chi-Universität in Shanghai/China; dazwischen 8-11/1914 Kriegseinsatz als Oberarzt beim 3. See-Bataillon bei der Belagerung von Tsingtau/China, EK II; 9/1915 Heirat;[2] 7/1918 Titularprofessor an der Tung-Chi-Universität in Shanghai; nach der von England erzwungenen Ausweisung aus China ab 5/1919 wieder Volontärassistent und Dozent mit Lehrauftrag für Tropenkrankheiten an der Universität Göttingen; 4/1921 – 3/1922 Lehrstuhlvertretung für Pathologie sowie kommissarischer Direktor des Pathologischen Instituts der Universität Bonn; dort 8/1921 zum außerordentlichen Professor ernannt; 4/1922 – 1946 ordentlicher Professor für Pathologische Anatomie an der Universität Rostock, daneben auch Direktor des unter seiner Leitung aufgebauten Pathologischen Instituts und des Gerichtsärztlichen Museums;[3] 3/1926 – 2/1927 auch Rektor, 1927/28 Prorektor der Universität Rostock und 1928/29 Dekan der Medizinischen Fakultät; bis 1933 Mitglied der Deutschen Volkspartei; seit 7/1934 Mitglied des NS-Lehrerbundes; 1-10/1935 erneute Lehrstuhlvertretung an der Tung-Chi-Universität in Shanghai,[4] dann wieder in Rostock; ab 9/1939 vertretungsweise als Professor für Allgemeine Pathologie und pathologische Anatomie sowie als Direktor der Pathologischen-

1 Mit der Arbeit: Über großknotige tumorähnliche Tuberkulose der Leber, wahrscheinlich kombiniert mit Syphilis, Berlin 1907.

2 Mit Johanna Smend, geb. am 15.11.1891 in Göttingen; Tochter eines Universitätsprofessors.

3 Zu Fischers Hauptforschungsgebieten gehörten parasitologische und tropenpathologische Fragestellungen, die Onkologie, die Pathogenese von Infektionen, die Nieren- und Gefäßpathologie, Thrombosen, Geschwulstforschung, pathomorphologische Probleme der Zahn-, Mund- und Kieferheilkunde; in den 20er Jahren auch Veröffentlichungen zu 'rassenspezifischen' Fragestellungen, wie etwa: Einfluß der Rasse in der Pathologie, oder: Bösartige Geschwülste bei farbigen Rassen, 1927.

4 In seinem Antrag an das Mecklenburgische Staatsministerium, diesen Lehrstuhl bei Gehaltsfortzahlung zu übernehmen, hielt Fischer 11/1934 fest, daß es „im Interesse des deutschen Einflusses in China" liege, „daß dieser wichtige Lehrstuhl nicht unbesetzt bleibe, weil sonst die Gefahr besteht, daß diese Stelle dem deutschen Einfluß entzogen ... und durch Chinesen besetzt wird"; auch „angesichts der immer schärferen Konkurrenz von amerikanischer und englischer Seite" müsse alles unternommen werden, „was irgend geeignet sein kann, den Ruf der deutschen Wissenschaftsvertreter in China" zu fördern.

Anatomischen Anstalt und Sammlung an die Universität Jena abgeordnet, dann wieder in Rostock; dort ab mindestens 1941 auch Leiter der mecklenburgischen Bezirksarbeitsgemeinschaft für Krebsbekämpfung des Reichsausschusses für Volksgesundheitsdienst beim Reichsministerium des Innern e.V.; vom Reichsministerium für Wissenschaft, Erziehung und Volksbildung „im Einvernehmen mit dem Auswärtigen Amt und dem Leiter der Partei-Kanzlei" ab 6/1941 für ein Jahr als Gastprofessor nach Tokio entsandt; dann wieder in Rostock; anschließend Kriegseinsatz im Reservelazarett in Rostock, dort 2/1944 zum Oberstabsarzt, 11/1944 zum Oberfeldarzt befördert; 11/1945 – 3/1946 erneut Dekan der Medizinischen Fakultät der Universität Rostock; 4/1946 – 1953 ordentlicher Professor für Pathologie an der Universität Jena, dort auch Direktor des Pathologisch-Anatomischen Instituts, des Gerichtsmedizinischen Instituts und des Instituts für Geschichte der Medizin;[5] ab 1952 Mitglied der Deutschen Akademie der Naturforscher Leopoldina, später auch korrespondierendes Mitglied der Akademie der Wissenschaften der DDR; nach Emeritierung ab 9/1953 wissenschaftlicher Mitarbeiter im VEB Jenapharm in Jena; 1955 – 1961 Leiter der Abteilung Histopathologie am Zentralinstitut für Mikrobiologie und experimentelle Therapie der Akademie der Wissenschaften in Jena; 12/1952 medizinische und 6/1965 zahnmedizinische Ehrendoktorwürde der Universität Rostock; 1957 als Hervorragender Wissenschaftler des Volkes ausgezeichnet; am 27.7.1969 in Göttingen gestorben[6]

Quellen: UAR: PA Fischer; LHAS: 5.12-7/1, Nr. 1513, 1514; BA/BDC-Karteien: NSLB, REM, RFR.

5 Rektor Günther Rienäcker teilte der Abteilung Kultur und Volksbildung der mecklenburgischen Landesregierung 3/1946 mit, daß die Rostocker Universität „sich besonders große Mühe gegeben" habe, „diesen hochverdienten Forscher und Lehrer zu halten", jedoch „leider erfolglos"; mit einem deutlichen Seitenhieb auf die unbewegliche mecklenburgische Kultusverwaltung bemerkte Rienäcker, Fischers Berufungsbedingungen seien in Jena „sofort angenommen worden, obwohl sie sehr weitreichend waren"; die „Universität Rostock und das Land Mecklenburg" erlitten durch Fischers Wechsel „einen großen Verlust".

6 Veröffentlichte u.a.: Die Ausbildung des Mediziners. Eine vergleichende Untersuchung, Berlin 1927; Ernährung als Krankheitsursache, Halle 1931; Die Krebsforschung in den letzten 100 Jahren, Jena 1947; Fünfzig Jahre Pathologie in Deutschland, Stuttgart 1949 (mit G. Gruber); außerdem die Beiträge „Speiseröhre" und „Die Kreislaufstörungen des Magen-Darm-Kanals", in: Handbuch der pathologischen Anatomie, Bd. 4.1, Berlin 1926; „Ruhr und asiatische Cholera" und „Die tierischen Parasiten des Darmes", in: ebenda, Bd. 4.3, Berlin 1929; „Die tropischen Infektionen der Leber", „Tierische Parasiten der Leber und Gallenblase", in: ebenda, Bd. 5.1, Berlin 1930; „Die parasitären Erkrankungen der Atmungswege", in: ebenda, Bd. 3.2, Berlin 1930.

Flemming, Willi Carl Max

geboren am 22.1.1888 in Berlin/Preußen; evangelisch; Sohn eines Lederwarenfabrikanten; Vorschule, dann Luisenstädtisches Realgymnasium in Berlin, dort 9/1906 Abitur; 10/1906 – 1912 Studium der Germanistik, Anglistik, der dänischen, holländischen und altnordischen Sprachen, der Kunst- und Literaturgeschichte sowie der Philosophie an den Universitäten Berlin, Freiburg und Marburg; 7/1912 Promotion in Marburg;[1] 1912/13 Sprachstudien in England; 1913 Staatsexamen für das Höhere Lehramt in Deutsch, Englisch und philosophischer Propädeutik; 8/1912 – 8/1914 Forschungsarbeiten für Habilitation; als Freiwilliger ab 8/1914 Kriegseinsatz, schon 9/1914 psychisch „zusammengebrochen“; als „Kriegshilfsdienst“ 11/1914 – 4/1919 Vertretung einer Oberlehrerstelle am Städtischen Schiller-Lyzeum in Berlin; 9/1919 Heirat;[2] 10/1919 Habilitation in Rostock;[3] 1919 – 1924 Privatdozent, ab 1922 auch Lehrauftrag für Deutsche Sprache und Literatur und Theaterwissenschaft an der Universität Rostock; dort 6/1924 zum nichtplanmäßigen außerordentlichen Professor ernannt; 1924 – 1927 auch Theaterkritiker für den *Rostocker Anzeiger*; 9/1927 – 9/1929 außerordentlicher Professor an der Universität Amsterdam; 10/1929 – 3/1934 wieder nichtbeamteter außerordentlicher Professor mit Lehrauftrag für Neuere und Neueste Literatur an der Universität Rostock; dort ab 1933 Mitglied der NS-Volkswohlfahrt, ab 7/1933 Förderndes Mitglied der SS; als Teilnachfolger Wolfgang Golthers ab 3/1934 ordentlicher Professor für Neuere deutsche Literaturgeschichte, Systematische Literatur- und Theaterwissenschaften an der Universität Rostock, dort auch Direktor des 1934 eingerichteten Seminars für Deutsche und Allgemeine Literaturwissenschaft;[4] ab 4/1934 auch Leiter der Abteilung Schrifttum im Kampfbund für deutsche Kultur, Landesteil Mecklenburg, und zugleich Reichslektor und Leiter des Landesreferats Mecklenburg der Reichsstelle zur Förderung des deutschen Schrifttums, daneben Abteilungsleiter für Schrifttum im Kampfbund für deutsche Kultur; ab 7/1934 Mitglied, später Redner des NS-Lehrerbunds; Eintritt in die NSDAP am 1.5.1937, Mitgliedsnummer 6.034.803; ab 1/1938 zunächst kommissarischer Leiter der zu diesem Zeitpunkt neu eingerichteten Stelle für Büchereiwesen (bzw. Buchwesen und Schrifttum) in der Abteilung Volksbildung des Schulungsamtes der Gauleitung Mecklenburg der NSDAP, ab 12/1938 Leiter der Hauptstelle Büchereiwesen im Gauschulungsamt Mecklenburg der NSDAP; außerdem Gauschrifttumsbeauftragter des Amtes Rosenberg für Mecklenburg; ab 1940/41 auch publizistische Beteiligung am 'Kriegseinsatz der Geisteswissenschaften'; neben seiner Rostocker Lehrtätigkeit 4/1943 – 4/1944 Lehrstuhlvertretung für neuere deutsche Literaturgeschichte an der Universität Kiel; 4/1945 Flucht nach Schleswig-Holstein, erst 6/1946 offiziell aus dem Dienst der Universität Rostock entlassen; schon ab 5/1946 ordentlicher Professor

1 Mit der Arbeit: Andreas Gryphius und die Bühne, Marburg 1914.

2 Mit Auguste Fennel, geb. 30.5.1892 in Altona.

3 Mit der Arbeit: Geschichte des Jesuitentheaters in den Landen deutscher Zunge, Berlin 1923.

4 Der ursprünglich erteilte Lehrauftrag für neue und neueste deutsche Literatur und allgemeine Literaturwissenschaft wurde auf Antrag von Willi Flemming 5/1936 um das Lehrgebiet Theaterwissenschaft erweitert. Zu Flemmings bevorzugten Forschungsgebieten zählte die neuere deutsche Literatur-, Kultur- und Theatergeschichte des 16. und 17. Jahrhunderts.

für Deutsche Philologie und Theaterwissenschaften an der Universität Mainz, dort auch Direktor des Deutschen Instituts und des Theaterwissenschaftlichen Seminars; 1956 emeritiert; am 17.12.1980 in Budenheim/Mainz gestorben[5]

Quellen: UAR: PA Flemming; LHAS: 5.12-7/1, Nr. 1258, 2349; BA/BDC: PK; BA/BDC-Karteien: NSDAP, NSLB, REM.

5 Veröffentlichte u.a.: Die Begründung der modernen Ästhetik und Kunstwissenschaft durch Leon Battista Alberti, Leipzig 1916; Über Geschmacksbildung an Mädchenschulen, Leipzig 1919; Jesus und Judas, Rostock 1924; Sturmwind im Westen, Rostock 1924; Epik und Dramatik, Karlsruhe 1925/Bern 1955; Das Wesen der Schauspielkunst, Rostock 1927; Das schlesische Kunstdrama, Leipzig 1930; Das Ordensdrama, Leipzig 1930; Die deutsche Barockkomödie, Leipzig 1931; Das Schauspiel der Wanderbühne Leipzig 1931; Barlach der Dichter, Berlin 1933; Die Oper, Leipzig 1933; Oratorium und Festspiel, Leipzig 1934; Deutsche Kultur im Zeitalter des Barock, Potsdam 1939/Konstanz 1960; Die deutsche Barockzeit, Köln 1942; Wesen und Aufgaben volkhafter Literaturgeschichtsschreibung, Breslau 1944; Das Werden des Menschenbildes der deutschen Klassik, Mainz 1947; Goethes Gestaltung des klassischen Theaters, Köln 1949; Ernst Barlach. Wesen und Werk, Bern 1958; Andreas Gryphius. Eine Monographie, Stuttgart 1965; Bausteine zur systematischen Literaturwissenschaft, Meisenheim 1965; Goethe und das Theater seiner Zeit, Stuttgart 1968.

Franke, Ernst-August

geboren am 17.7.1875 in Hannover; evangelisch; Sohn eines Kaufmanns; Realschule und Lyzeum in Hannover, dort 2/1896 Abitur; als Einjährig-Freiwilliger 4-10/1896 Militärdienst in Göttingen; 10/1896 – 1901 Medizinstudium an den Universitäten Göttingen, München und Berlin; 3/1901 medizinisches Staatsexamen und zugleich Approbation; 3-7/1901 Volontärassistent an der Chirurgischen Universitätsklinik in Berlin; dort 6/1901 Promotion;[1] 8-12/1901 Schiffsarzt; 1/1902 – 3/1903 Volontärassistent an den Pathologischen Instituten der Universitäten Göttingen und Berlin; dazwischen 4-10/1902 zweiter Teil des Militärdienstes als Einjährig-Freiwilliger, zunächst als Unter-, dann als Assistenzarzt in Göttingen; 4-7/1903 Assistenzarzt an der Chirurgischen Universitätsklinik in Berlin; 7/1903 – 9/1905 Assistenzarzt an der Chirurgischen Abteilung des Stadtkrankenhauses in Altona; 10/1905 – 12/1910 Assistenzarzt an der Chirurgischen Universitätsklinik in Rostock; dort 1908 Habilitation,[2] ab 8/1908 Privatdozent für Chirurgie; 8/1908 Heirat,[3] später vier Kinder; 3/1914 Verleihung der Dienstbezeichnung eines Professors (Titularprofessor); 4/1912 – 1919 Oberarzt an der Chirurgischen Universitätsklinik in Rostock; 9/1914 – 10/1918 auch kommissarischer Direktor der Klinik und Kriegseinsatz als Leiter des Lazaretts „Rotes Kreuz"; ab 1918 Facharzt für Chirurgie; 1919 – 1948 Leiter einer chirurgischen Privatklinik in Rostock; 6/1921 zum außerplanmäßigen außerordentlichen Professor für Chirurgie an der Universität Rostock ernannt; vor 1933 Mitglied der Deutschnationalen Volkspartei, ab 4/1933 Mitglied des Stahlhelm; 9/1939 – 12/1940 Kriegseinsatz als Leiter des Lazaretts der Chirurgischen Universitätsklinik Rostock; 10/1945 Vorschlag des Rostocker Oberbürgermeisters und des Vizepräsidenten des Landes Mecklenburg, Gottfried Grünberg, Franke zum ordentlichen Professor und anstelle des NS-belasteten Johann Carl Lehmann zum Direktor der Chirurgischen Universitätsklinik zu bestellen,[4] von der Leitung der mecklenburgischen Medizinalverwaltung (Hermann Redetzky) mit dem Argument „zu alt" abgelehnt;[5] 7/1947 von der SMA als außerplanmäßiger außerordentlicher Professor an

---

1 Mit der Arbeit: Behandlung und Ausgänge von 44 Depressionsfrakturen am Schädel aus der Chirurgischen Universitätsklinik zu Berlin, Berlin 1901.

2 Mit der Arbeit: Zur Bakteriologie der akuten und chronischen Appendicitis mit besonderer Berücksichtigung des peritonealen Exsudats, Leipzig 1908.

3 Mit Julia Kindermann, geb. am 6.4.1884 in Leipzig; Tochter eines Kaufmanns.

4 Der Rostocker Oberbürgermeister stellte 10/1945 fest, Franke sei „wegen seiner antifaschistischen Gesinnung während der Naziherrschaft verfolgt" worden. Franke 10/1945: „Einer politischen Partei habe ich nie angehört, insbesondere nicht der zerflossenen NSDAP, deren Gegner ich stets war, und von der ich genügend gepeinigt, verfolgt und angeprangert worden bin."

5 Auch der Dekan der Medizinischen Fakultät der Universität Rostock, der sich stark für eine Wiederberufung Johann Carl Lehmanns einsetzte, meinte 8/1947, daß die Teilung der Klinikleitung zwischen dem den Unterricht vermittelnden Franke, „der in Folge seines Alters nicht mehr in der Lage" sei, „die Klinik zu leiten", und Lehmann, der die praktische Leitung der Chirurgischen Klinik innehabe, „vom Unterrichtsstandpunkt aus für längere Zeit untragbar" sei.

der Medizinischen Fakultät der Universität Rostock bestätigt; am 17.11.1948 an Herzschlag in Rostock gestorben

Quellen: UAR: PA Franke; LHAS: 5.12-7/1, Nr. 2346, 2477; BA/BDC-Karteien: NSDÄB, REM.

Frieboes, Walter Martin Egon Oswald

geboren am 22.12.1880 in Gotha/Sachsen-Coburg-Gotha; evangelisch; Sohn eines Bankdirektors; humanistisches Gymnasium in Freienwalde/Oder, dort 1901 Abitur; 1901 – 1906 Studium der Medizin an den Universitäten Rostock, Berlin und Würzburg; 1907 medizinisches Staatsexamen, 2/1907 Approbation, 3/1907 Promotion in Rostock;[1] anschließend drei Semester Studium der Philologie und Geschichte an der Universität Berlin, daneben praktizierender Arzt und weitere medizinische Studien; 6/1909 Heirat,[2] später zwei Kinder; zur Facharztausbildung ab 1909 Volontärassistent bzw. Assistenzarzt an der Universitäts-Hautklinik in Berlin, 1909 – 1910 Assistenzarzt an der Dermatologischen Klinik der Universität Rostock und 1910 wieder in Berlin; ab 1/1911 Assistenzarzt, später Oberarzt an der Dermatologischen Klinik der Universität Bonn; dort 2/1912 Habilitation[3] und seitdem Privatdozent; ab 1913 Lehrauftrag für Dermatologie und 1913/14 zugleich stellvertretender Direktor der Dermatologischen Klinik der Universität Rostock; dort 10/1914 zum außerordentlichen Professor, 10/1919 zum ordentlichen Professor für Dermatologie und Histologie ernannt, daneben nunmehr Direktor der Dermatologischen Klinik und Poliklinik sowie Mitdirektor des Universitätskrankenhauses;[4] 1923/24 Dekan der Medizinischen Fakultät, 3/1927 – 2/1928 Rektor, 1928 – 1930 Prorektor der Universität Rostock; ab 10/1932 ordentlicher Professor für Dermatologie an der Universität Berlin und bis 5/1945 auch Direktor der Universitäts-Hautklinik der Charité;[5] ab 1933 Mitglied der Deutschen Akademie der Naturforscher Leopoldina; Mitglied und Ehrenmitglied der Deutschen Dermatologischen Gesellschaft; Ehrenmitglied der Dermatologischen Gesellschaft Athen; ab 1939 Korrespondierendes Mitglied der American Dermatological Association; am 2.5.1945 in Berlin ums Leben gekommen[6]

---

1 Mit der Arbeit: Beiträge zur Kenntnis der Jute, Rostock 1907.

2 Mit Hedwig Gümbel, geb. am 22.12.1884 in Speyer; Tochter eines Arztes.

3 Mit der Arbeit: Beitrag zur Kenntnis der Klinik und Histopathologie der gutartigen Hautepitheliome, Berlin 1912.

4 Frieboes' Hauptforschungsgebiete waren die Anatomie und Biologie der Haut.

5 Reichspropagandaminister Joseph Goebbels, der etwa an Forschungen von Hans Auler zur Krebsbekämpfung erheblichen Anteil nahm und diese „mit großen Geldsummen und stärkstem persönlichen Interesse“ unterstützte, empfing im März 1942 auch Aulers Kollegen Walter Frieboes. „Auch von Professor Frieboes lasse ich mir im einzelnen Vortrag halten über seine neuen Methoden zur Bekämpfung von Frostschäden. Professor Auler hat mit ihm zusammen ein zwar sehr einfach anmutendes, aber doch geniales Verfahren erfunden.“ Goebbels, Tagebücher, T. II, Bd. 3, S. 419 (Eintragung vom 5.3.1942).

6 In einigen Quellen heißt es, daß Frieboes glaubte, die Niederlage Deutschlands nicht überleben zu können, und er auf dem Gelände der Charité in Berlin Selbstmord begangen habe; der Rostocker Professor Hans Curschmann vermerkte in seinen Lebenserinnerungen hingegen, diesen „gänzlich unpolitischen, nicht fanatischen Mann“ habe „kurz vor dem Einmarsch der Gegner im April 1945 eine Art Furor“ gepackt, und Frieboes sei Anfang Mai 1945 „mit einer Panzerfaust bewaffnet durch die Straßen“ von Berlin gelaufen, „bei den darauffolgenden Kämpfen hat er den Tod gefunden“. Veröffentlichte u.a.: Beiträge zur Kenntnis der Guajakpräparate. Von der Medizinischen Fakultät der Landesuniversität Rostock gekrönte

Quellen: UAR: PA Frieboes; LHAS: 5.12-7/1, Nr. 2384; BA/BDC: REM.

Preisschrift, Stuttgart 1903; Grundriß der Histopathologie der Hautkrankheiten, Leipzig 1921; Atlas der Mundkrankheiten, Leipzig 1924 (mit H. Moral); Aus Problemen und Streitfragen in der Medizin der Gegenwart (Rostocker Universitätsreden, 4), Rostock 1927; Atlas der Haut- und Geschlechtskrankheiten. Zugleich ein Lehrbuch, Stuttgart 1928; Lehrbuch der Haut- und Geschlechtskrankheiten, Leipzig 1930; Atlas der Haut- und Geschlechtskrankheiten, Stuttgart 1949 (mit W. Schönfeld).

Friederichs, Karl Paul Theodor

geboren am 13.10.1878 in Wismar/Mecklenburg-Schwerin; evangelisch; Sohn eines Kaufmanns; Gymnasium in Wismar, dort 9/1896 Abitur; 10/1896 – 11/1900 Studium der Rechtswissenschaft an den Universitäten München, Berlin und Rostock, 11/1900 erste juristische Staatsprüfung; als Einjährig-Freiwilliger 11/1900 – 10/1901 Militärdienst; ab 10/1901 Studium der Naturwissenschaften an den Universitäten Straßburg und Rostock; dort 10/1905 Promotion;[1] 11/1905 – 8/1906 Volontär an der Biologischen Reichsanstalt für Land- und Forstwirtschaft in Berlin-Dahlem; 9/1906 – 4/1907 1. Assistent am Zoologischen Institut der Universität Tübingen, 4/1907 – 3/1908 am Zoologischen Institut der Landwirtschaftlichen Hochschule in Berlin; 1908 – 1911 Generalsekretär des Fischerei-Vereins für die Provinz Brandenburg; 1911 – 8/1912 Entomologe am Tropen-Institut in Hamburg; ab 8/1912 Pflanzenpathologe im Reichskolonialdienst; als Kolonialbeamter 10/1912 – 10/1913 zunächst in Samoa eingesetzt;[2] 3/1913 Heirat,[3] später vier Kinder, davon drei gefallen/gestorben; im Auftrage des Reichskolonialamtes 1913/14 Studien- und Forschungsreisen in „fast alle zwischen der Südsee und Afrika herum gelegenen Küstenländer"; 7/1914 – 1916 in Madagaskar interniert; Herbst 1916 – 1917 Gefangenschaft in Südfrankreich; Ende 1917 an die Schweiz ausgeliefert, nach „Gefangenschaftspsychose" 6/1918 nach Deutschland entlassen;[4] 1918 – 1920 formale Beschäftigung beim Reichskolonialamt in Berlin, jedoch ohne Pflichttätigkeit; daneben 12/1918 Habilitation in Rostock;[5] ab 2/1919 Lehrbefugnis und erster Privatdozent für Angewandte Zoologie an der Universität Rostock; vom Reichskolonialamt 1920 zum Regierungs- und Ökonomierat befördert, 1921 mit kleiner Pension entlassen; 6/1921 – 9/1924 von der Universität Rostock beurlaubt, in dieser Zeit Schädlingsforschung und -bekämpfung auf den Kaffeeplantagen in Java; dazu auf eigenen Antrag und mit Unterstützung des Reichskolonialministeriums 6/1921 zum nichtbeamteten außerordentlichen Professor/Titularprofessor mit Lehrauftrag für Angewandte Zoologie ernannt;[6] ab 4/1925 wiederholt verlängerte Lehraufträge für Angewandte Zoologie an der Universität Rostock; ab Herbst 1927 Mitdirektor, 1939 – 1941 Direktor des von ihm aufgebauten und mit Reichsmitteln unterhaltenen Entomologischen Seminars der Universität Rostock;[7] ab

1 Mit der Arbeit: Untersuchungen über die Entstehung der Keimblätter und Bildung des Mitteldarms bei Käfern, Leipzig 1906 (Preisarbeit der Universität).

2 Hatte dort nach eigenen Angaben „die nicht geringe Aufgabe der Untersuchung und praktischen Bekämpfung zweier für die Pflanzungswirtschaft äußerst gefährlicher Schädlinge: des Nashornkäfers der Kokospalme und des Kakaokrebses, einer Krankheit des Kakaos".

3 Mit Karla Bastmann, geb. am 20.2.1892 in Fahrenhaupt; Tochter eines Domänenpächters.

4 Friederichs: „Das Diktat von Versailles, das uns auch unsere Kolonien raubte, warf mich aus meiner Laufbahn".

5 Mit der Arbeit: Studien über Nashornkäfer als Schädlinge der Kokospalme, Berlin 1919.

6 Friederichs meinte, daß es für sein „Fortkommen [im Ausland] von der größten Bedeutung" sei, wenn er sich „dort als Professor einführen könnte", weil der Titel Professor „im Auslande noch immer hoch im Kurse" stehe.

7 Dieses sei nach Friederichs „das einzige Institut auf dem europäischen Festland, in dem das Gesamtgebiet der Entomologie speziell gelehrt wird mit dem Ziel der Ausbildung des entomologischen Nachwuchses".

1927 Mitglied des Beirates des Internationalen Landwirtschaftlichen Instituts in Rom und gewähltes auswärtiges Mitglied der Russischen Entomologischen Gesellschaft; 9/1928 – 3/1929 Lehrtätigkeit an der Universität Minneapolis/USA; eine von der Universität Rostock 1930 beantragte persönliche Professur wurde von der mecklenburgischen Kultusverwaltung aus finanziellen Gründen abgelehnt;[8] ab 7/1934 Mitglied des NS-Lehrerbundes und des Opferringes der NSDAP; ab 1935 Mitglied der Akademie der Naturforscher Leopoldina; ab 1937 Ehrenmitglied der Vereinigung amerikanischer Wirtschaftsentomologen; 9/1939 durch den Reichsforschungsrat mit „kriegs- und staatswichtigen" Forschungen beauftragt;[9] an der Universität Rostock 2/1940 zum außerplanmäßigen Professor ernannt; 11/1940 zum Aufbau eines Instituts für Angewandte Zoologie und Entomologie an die Reichsuniversität Posen abgeordnet; 12/1941 – 1945 ordentlicher Professor für Angewandte Zoologie und Direktor des Instituts für Angewandte Zoologie an der Reichsuniversität Posen; nach 1945 als Professor im Ruhestand in Eschwege und Göttingen; ab 1952 Mitglied der Deutschen Gesellschaft für angewandte Entomologie; im Juni 1969 in Göttingen gestorben[10]

Quellen: UAR: PA Friederichs; LHAS: 5.12-7/1, Nr. 2382, 2404; BA/BDC-Karteien: NSLB, REM.

8 Friederichs, der sich in zahlreichen wissenschaftlichen Beiträgen mit der „Einheit der Natur" beschäftigte und die Ökologie als Wissenschaft von der Gesamtnatur zu begründen suchte, meinte, daß er „angesichts der immerhin nur mäßigen Behandlung", die er in Deutschland erleben müsse, zumindest feststellen sollte, daß er „zur Grundlegung zweier junger Wissenschaften wesentlich beigetragen [habe]: der angewandten Entomologie in Deutschland und der Ökologie überhaupt".

9 Dazu zählten Themen wie: Die Kronenfauna der Kiefer in phänologischer Bearbeitung; Die Feuchtigkeitsansprüche der Kiefernspannerpuppe im Walde und im Labor; Die Naturgeschichte der Buschhornblattwespe; Untersuchungen über Parasiten des Kiefernspanners.

10 Veröffentlichte u.a.: Zur Biologie der Embiiden, Berlin 1906; Beiträge zur Entwicklungsgeschichte und Histologie von Arthropoden, Halle/Leipzig 1906; Der Fischereipachtvertrag. Muster nebst Erläuterungen und Ratschlägen für Fischereipächter, Neudamm 1911; Bericht über den staatlichen Pflanzenschutzdienst in Deutsch-Samoa 1912 – 1914, Berlin 1918; Ökologische Betrachtungen über Embiidinen, Haag 1923; Der Kaffeebeerenkäfer in Niederländisch-Indien, Berlin 1926; Grundfragen und Gesetzmäßigkeiten der land- und forstwirtschaftlichen Zoologie, insbesondere der Entomologie, Berlin 1930; Ökologie als Wissenschaft von der Natur oder biologische Raumforschung, Leipzig 1937; Lebensdauer, Altern und Tod in der Natur und im Menschenleben, Frankfurt/M. 1959.

Friedrich, Wolf-Hartmut

geboren am 25.3.1907 in Frankfurt/O. (Brandenburg); evangelisch; Sohn eines Gymnasialprofessors; Friedrichs-Gymnasium in Frankfurt/O., dort 4/1925 Abitur; 1924/25 Studium der Rechtswissenschaft an der Universität München; mit finanzieller Unterstützung durch die Studienstiftung des Deutschen Volkes ab 1926 Studium der Klassischen Philologie an den Universitäten Leipzig, Kiel, Göttingen und Freiburg; dort 1931 Promotion;[1] zunächst als Stipendiat der Notgemeinschaft der Deutschen Wissenschaft, dann als Angestellter 10/1931 – 9/1935 Mitarbeiter am Thesaurus linguae Latinae in München; dort seit 3/1935 Mitglied des NS-Lehrerbundes; 10-11/1935 freiwilliger Wehrdienst bei der Infanterie in Eichstätt; 12/1935 – 1937 Lektor am Institut für Altertumskunde in Köln; seit 1936 Mitglied der NS-Volkswohlfahrt; 1937 – 1939 Lehrstuhlvertreter für klassische (lateinische) Philologie an der Universität Hamburg; dort Eintritt in die NSDAP am 1.5.1937, Mitgliedsnummer 5.269.109, zunächst Blockhelfer in der Ortsgruppe Hamburg-Dammtor der NSDAP; 1/1938 – 2/1939 Dienst in der Gaulehrabteilung, Kreis 2, der Gauleitung Hamburg der NSDAP, daneben 7/1938 Besuch der Gauschulungsburg des Gaues Hamburg der NSDAP in Barsbüttel; 4/1938 Habilitation in Hamburg,[2] dort 4/1939 zum Dozenten ernannt und ab 10/1939 Assistent am Seminar für Klassische Philologie; ab 1/1941 mit der Vertretung des Lehrstuhls für Klassische Philologie (Andreas Thierfelder) an der Universität Rostock beauftragt; dort 11/1941 zum außerordentlichen Professor für Klassische Philologie und Latein ernannt und zum Mitdirektor des Seminars für Klassische Philologie berufen;[3] verheiratet; ab

1 Mit der Arbeit: Untersuchungen zu Senecas dramatischer Technik, Borna/Leipzig 1933.

2 Mit der Arbeit: Cato, Caesar und Fortuna bei Lucan (1. Teil), und Exkurse zur Äneis (2. Teil).

3 Friedrichs Forschungsschwerpunkte waren die Dichtung der späten römischen Kaiserzeit sowie die römischen Tragödien der republikanischen Zeit und die griechischen Dramen. Die Philosophische Fakultät der Universität Rostock hatte Friedrich an die erste Stelle der Berufungsliste gesetzt; seine „Art der Behandlung wissenschaftlicher Probleme" wirke „bestechend klar, reif und im besten Sinne des Wortes 'elegant'". Der Reichsdozentenführer sprach sich in einer Stellungnahme vom 19.11.1941 an die Partei-Kanzlei der NSDAP vehement gegen die Berufung Friedrichs aus, da dieser als „in keiner Weise nationalsozialistisch ausgerichteter Dozent" diese Berufung „nicht verdient" habe. Bei Friedrich sei „in wissenschaftlicher Hinsicht mindestens das Fehlen einer nationalsozialistischen Wissenschaftshaltung nicht berücksichtigt" worden. Das Reichserziehungsministerium habe bei dieser und anderen Berufungen „eine Taktik angewandt, auf ... deren Gefahren" deutlich hingewiesen wurde: Es betraue „nämlich Dozenten, gegen die Einwände bestehen, zunächst mit der Vertretung eines freien Lehrstuhls"; dadurch habe „der Betreffende als der am Ort Anwesende vor dem evtl. besseren, aber dort persönlich unbekannten Kandidaten von vornherein schon die größeren Chancen", wodurch der Fakultät und der örtlichen Dozentenführung „die menschliche Verpflichtung auferlegt [werde], den bewährten Vertreter auch an bevorzugter Stelle auf die Berufungsliste zu setzen". In Rostock seien auf diese Weise sowohl Friedrich als auch der ebenfalls von der Reichsdozentenführung abgelehnte Philosoph Walter Bröcker zum Zuge gekommen. „Eine solche Berufungspolitik, die man besser als Versorgungspolitik nennen" sollte, sei „aber unter nationalsozialistischen Gesichtspunkten und mit Hinblick auf die politische Eroberung der Universität unbedingt abzulehnen. Sie bedeutet nämlich, daß eine politische Aktivierung der Universität gerade in wissenschaftlicher Hinsicht immer weiter hinausgezögert wird, wenn weiter Dozenten eines wissenschaftlich neutralen Typs ... statt

1943 Kriegseinsatz, dann bis 1946 Kriegsgefangenschaft; ab 1946 Lehrstuhlvertretung und Lehrauftrag an der Universität Hamburg; ab 1948 ordentlicher Professor für Klassische Philologie in Göttingen; dort Mitherausgeber der Zeitschrift *Antike und Abendland*; 1972 emeritiert; am 5.7.2000 in Göttingen gestorben[4]

Quellen: UAR: PA Friedrich; BA, NS 15/244; BA/BDC: PK; BA/BDC-Karteien: NSDAP, NSLB, REM.

vorhandener politischer und wissenschaftlicher Aktivisten berufen werden. In Rostock ist die Gelegenheit dazu also in kurzer Zeit zum zweitenmal versäumt worden". Angeregt wurde, die Partei-Kanzlei „in Zukunft nicht nur bei der Berufung noch nicht beamteter Professoren, sondern auch bei der Berufung (Versetzung oder Vertretung) beamteter Professoren" einzuschalten.

4 Veröffentlichte u.a.: Das Frühlingsgestirn. Französische Lyrik, 1948; Euripides und Diphylos. Zur Dramaturgie der Spätformen, München 1953; Verwundung und Tod in der Illias. Homerische Darstellungsweisen, Göttingen 1956; Hrsg. von: Literatur, Frankfurt/M. 1964 ff. (mit W. Killy), später unter dem Titel: Das Fischer-Lexikon Literatur.

Fritz, Kurt Fritz **von**

geboren am 25.8.1900 in Metz/Elsaß-Lothringen; evangelisch; Sohn eines Berufssoldaten (Oberstleutnant); humanistisches Bertholdsgymnasium in Freiburg, Kadettencorps in Karlsruhe, Hauptkadettenanstalt in Berlin-Lichterfelde, dort aus gesundheitlichen Gründen ausgeschieden; Erziehungsanstalt in Echtell/ Hessen, Bertholdsgymnasium in Freiburg, dort 5/1918 Notabitur und 9/1919 Ergänzungsabitur für Griechisch; 6-12/1918 Kriegseinsatz als Fahnenjunker im Feldartillerie-Regiment 50, 1/1919 aus dem Heer entlassen; 1/1919 – 2/1923 Studium der klassischen Philologie, Philosophie, Mathematik und Arabisch an den Universitäten Freiburg und München; dort 2/1923 Promotion;[1] anschließend kurzzeitig Hauslehrer beim Reichsgrafen Hochberg in Schlesien; 4/1923 – 2/1924 erneut Studium an der Universität Freiburg, daneben Nachtarbeit in einer Druckerei; 3/1924 Staatsexamen; 4/1925 – 12/1927 formal Lehramtsreferendar im Badischen Schuldienst, für wissenschaftliche Arbeit jedoch ab 4/ 1926 unbefristet beurlaubt; 3/1927 Prüfung für das höhere Lehramt; 12/1927 Habilitation in München[2] und seitdem bis 3/1931 Privatdozent für Klassische Philologie an der Universität München; 4/1931 – 3/1933 ordentlicher Assistent und zugleich Privatdozent am Seminar für Klassische Philologie der Universität Hamburg; 11/1931 Heirat,[3] ein Stiefsohn; ab 4/1933 planmäßiger außerordentlicher Professor für Klassische Philologie an der Universität Rostock,[4] dort auch Direktor des Klassisch-Philologischen Seminars und bis 2/1935 auch Direktor des Seminars für Allgemeine und Vergleichende Religionswissenschaft; 8-9/1933 Studienreise nach Cambridge; aus der 10/1934 bekundeten Position, den seit 8/1934 obligatorischen Eid auf Hitler nur nach authentischer Erklärung der Bedeutung des Eides durch die Regierung und nur mit der Zusicherung leisten zu wollen, daß nicht verlangt werden könne, etwas zu lehren, was seiner Überzeugung widerspreche, entwickelte sich eine beständig eskalierende Situation, in deren Gefolge von Fritz mit der Einleitung eines Disziplinarverfahrens 2/1935 zunächst von seiner Lehrtätigkeit suspendiert, dann unter Berufung auf § 6 des Gesetzes zur Wiederherstellung des Berufsbeamtentums 4/1935 in den dauernden Ruhestand versetzt wurde;[5] 5/1935 Übersiedlung nach Pöcking/Starnberger See und bis 12/1935 private wissen-

1 Mit der Arbeit: Quellenuntersuchungen zu Leben und Philosophie des Diogenes von Sinope, Leipzig 1926.

2 Mit einer ungedruckten Arbeit über die Erkenntnistheorie und Ethik Demokrits.

3 Mit Luise Eickemeyer, geb. am 26.6.1900; 12/1972 gestorben.

4 Im Fragebogen zum Gesetz zur Wiederherstellung des Berufsbeamtentums hielt v.Fritz 5/1934 u.a. fest: „Juden haben sich, soweit ich meinen Stammbaum zurückverfolgen kann, auch vor meinen Großeltern nicht unter meinen Vorfahren befunden. Ich glaube daher, abgesehen von der schwedischen Herkunft meiner Vorfahren väterlicherseits, deutscher, jedenfalls aber rein germanischer Stammeszugehörigkeit zu sein. Für die Beurteilung der Rassezugehörigkeit meiner Vorfahren im eigentlichen Sinne fehlen mir die Kenntnisse".

5 Die in der Literatur beständig anzutreffende Darstellung, v.Fritz sei – neben dem Theologen Karl Barth – der einzige deutsche Hochschullehrer gewesen, der den Eid auf Hitler verweigert habe und sei deshalb aus dem Dienst der Universität entlassen worden, entspricht in dieser Kurzschlüssigkeit nicht den Tatsachen. Von einer Verweigerung des Eides läßt sich formalrechtlich nicht sprechen. Von Fritz bemühte sich, scheinbar auf die Forderung zur Eidesleistung

eingehend, in ausgefeilter Argumentation – dabei die Möglichkeiten des Mißbrauchs dieses Eides unter den realen Verhältnissen an der Universität in entlarvender Weise darstellend -, die Behörden zu dem Zugeständnis zu veranlassen, den Eid in der Weise zu kommentieren bzw. eine solche Kommentierung durch den Unterzeichner zu akzeptieren, daß ein Mißbrauch ausgeschlossen wäre. Damit ließ er sich auf eine langwierige Auseinandersetzung ein, in der er seinen Standpunkt immer wieder differenziert darstellte, die er aber nicht gewinnen konnte. Am 8.10.1934 teilte v.Fritz dem Regierungsbevollmächtigten der Universität Rostock, Otto Dehns, mit, daß er es für seine Pflicht halte, „vor der Ablegung des Eides der den Eid abnehmenden Behörde mitzuteilen, daß der dem Staatsoberhaupt geleistete Eid, meiner Auffassung nach, sinngemäß keine Verpflichtung enthalten kann, die mit der Pflicht des Hochschullehrers, nach bestem Wissen und Gewissen nur die Wahrheit zu lehren, in Widerspruch stünde. Ich bin der Meinung, daß dies auch der Meinung des Führers und der Reichsregierung bei Erlaß des Gesetzes entspricht", so daß „ein Konflikt der Pflichten nicht entstehen" könne; da aber von einigen „Mitgliedern der Partei die entgegengesetzte Auffassung vertreten" werde, hielt v.Fritz es für seine „Pflicht, vor Ableistung dieses Eides meine Auffassung zur authentischen Feststellung mitzuteilen". Vom Regierungsbevollmächtigten aufgefordert, dem Mecklenburgischen Unterrichtsministerium „den Sinn" seines Schreibens darzulegen, suchte v.Fritz unter Bezugnahme auf die „in der letzten Zeit immer wieder ... gegen die Professorenschaft [erhobenen] Vorwürfe ... eines Mangels an loyaler Mitarbeit im gegenwärtigen nationalsozialistischen Staat" dem Unterrichtsministerium am 7.11.1934 zu verdeutlichen, daß dabei „aufs Schwerste die freudige Loyalität [verkannt werde], mit der die Hochschullehrerschaft jederzeit ihre Arbeit in den Dienst des Volkes gestellt hat und den Richtlinien und Anregungen zu folgen bemüht war, die ihr von der Leitung des Staates dazu gegeben worden" seien; hierbei schloß er sich in den Kreis der Hochschullehrer ein. Zwar sei es selbstverständlich, „daß der Staat von seinen Hochschullehrern fordern" könne, „daß sie bestimmte Gebiete, die bisher nicht genügend berücksichtigt worden sind, eifriger pflegen", und es verstehe sich von selbst, daß die Hochschullehrer „ihre Forschung und Lehre den Bedürfnissen des gegenwärtigen Lebens und des heutigen Staates anpassen", und v.Fritz hielt es auch nicht für abwegig, daß „für den Staat die Notwendigkeit entstehen" könne, „einem Dozenten den Vortrag von Lehren zu verbieten, die dieser für richtig halten mag, die verantwortlichen Leiter des Staates aber für falsch oder schädlich". Aber es widerspräche dem Sinn des Amtes eines Hochschullehrers, „wenn von ihm die bedingungslose Vertretung bestimmt formulierter Lehren gefordert würde". Die „Treue gegenüber Staat und Volk und dem vom Volke gewählten Staatsoberhaupt" könne „nur darin bestehen, daß der Forscher sich mit allen Kräften um die Erkenntnis des wahren Sachverhalts bemüht". Zwar sei „eine entgegengesetzte Meinung von einer autoritativen Persönlichkeit des nationalsozialistischen Staates" bislang auch nicht vertreten worden, aber es gebe immer wieder Fälle, „in denen der Versuch gemacht wird, auf Grund einer falschen Auffassung von der Treuepflicht eines Hochschullehrers diesen in der Achtung der Studenten herabzusetzen". Ohne dies namhaft zu machen, bezog sich v.Fritz in seiner Begründung auf die von subalternen Parteikreisen und NS-Studenten ausgehenden Angriffe gegen seine Freunde und Rostocker Professorenkollegen Fritz Schalk und Ernst Hohl, denen die mangelnde Instrumentalisierung ihrer Disziplinen für die aktuelle NS-Politik vorgeworfen wurde. Er hoffte vergeblich auf eine Solidarisierung, selbst die angegriffenen und drangsalierten Professoren Schalk und Hohl, deren Maßregelung seine Initiative entsprang, hatten den Eid vorbehaltlos unterzeichnet. Am 27.11.1934 informierte das mecklenburgische Unterrichtsministerium das Reichserziehungsministerium, daß v.Fritz „die Ableistung des Eides auf den Führer von gewissen Voraussetzungen abhängig gemacht" habe; in Schwerin war man der Ansicht, daß sich aus dessen Argumentation „eine Einstellung des Professors von Fritz" ergebe, „die ihn nicht mehr würdig erscheinen läßt, als Professor an einer Universität im Dritten Reich weiter zu wirken"; das mecklenburgische Ministerium wolle in diesem Fall „den § 6 des BBG zur Anwendung bringen", erbat jedoch vorher eine Stellungnahme des Reichserziehungsministeriums. Dieses teilte am 5.12.1934 zwar die Schweriner Auffassung, „daß die Haltung des Prof. von Fritz in der Eidesfrage zu den stärksten Zweifeln an seiner Brauchbarkeit für das von ihm bekleidete Staatsamt Anlaß" gebe, und in Berlin würde man auch „der Anwendung des § 6 BBG auf den

Genannten nicht widersprechen", wenn, und dies war entscheidend für die deutlich abwiegelnde Haltung des Reichserziehungsministeriums, „wenn nicht zu befürchten wäre, daß eine derartige Behandlung des Falles in weiteren Kreisen der gänzlich unbegründeten Besorgnis Raum geben könnte, als sei durch die unbedingte Treuepflicht gegenüber dem Führer und Reichskanzler ernstlich die Wahrhaftigkeit der wissenschaftlichen Forschung und Lehre gefährdet". Das Reichsministerium bat die mecklenburgische Kultusbehörde, „unter diesen Umständen von der beabsichtigten Maßnahme ausnahmsweise abzusehen" und statt dessen „dem Prof. von Fritz die ernsthafteste Mißbilligung für sein Verhalten zum Ausdruck zu bringen, das einem Zweifel an den Grundlagen nationalsozialistischer Staatsauffassung" gleichkomme; v.Fritz sei „mit aller Deutlichkeit zu erklären, daß eine 'authentische Interpretation' der in ihrer Bedeutung zweifelsfreien Eidesformel gar nicht in Betracht kommen" könne, und er sei aufzufordern, sich zu erklären, „ob er den von absolutem Vertrauen zu dem Wollen des Führers getragenen Treueschwur gemäß dem Wortlaut des Gesetzes leisten" wolle „oder nicht". Im letzteren Fall sei ihm nahezulegen, „seine Entbindung von den amtlichen Pflichten zu beantragen". Von einer Forderung nach Entlassung war nicht die Rede. In Schwerin war man mit diesem weichen Standpunkt nicht zufrieden und informierte am 28.12.1934 den mecklenburgischen Reichsstatthalter, dessen Einstellung zum Geistesleben im allgemeinen und zur Professorenschaft im besonderen bekannt war. Hildebrandt reagierte wie geplant und stellte sich gegen das Reichserziehungsministerium; wie er der mecklenburgischen Kultusverwaltung am 5.1.1935 mitteilte, würden beim Befolgen der Linie des Reichsministeriums „an der Universität Rostock damit Prestige und Autorität der nationalsozialistischen Regierung vollständig untergraben". Hildebrandt ordnete an, v.Fritz „sofort seiner Stellung zu entheben und zu beurlauben" und „sofort ein Disziplinarverfahren mit dem Ziele der Dienstenthebung durchzuführen". Nachdem Hildebrandt am 30.1.1935 in einer Rede in Schwerin v.Fritz auch öffentlich angegriffen hatte, wandte sich dieser am 5.2.1935 direkt an den Gauleiter und erklärte, daß ihm bereits am 5.3.1933 „von der nationalsozialistischen Regierung" der Eid abgenommen worden sei, der allerdings ein Eid auf die Verfassung, nicht auf eine Regierung oder einen Führer gewesen sei. Sein Bedürfnis zur Klärung der Bedeutung der Eidesformel sei „nicht in einem Mißtrauen gegen die Regierung zu suchen", sondern resultiere aus der Tatsache – und hier hob v.Fritz wieder unausgesprochen auf die Rostocker Vorgänge ab –, daß „von nicht der Regierung angehörigen Personen, die sich als Träger des neuen Staatsgedankens fühlen, aus diesem Eide Folgen gezogen werden, die keinesfalls im Sinne der Regierung selbst gelegen sind", und es müsse „im Interesse der Regierung selbst gelegen sein, ihre Beamten ... durch offizielle Auslegung des Eides" gegen solche unautorisierten Angriffe untergeordneter Dienststellen „zu schützen". Es sei keineswegs sein „Bestreben, das segensreiche Werk des Führers ... zu hindern", dann hätte er sich nicht an die Regierung gewandt, sondern versucht, „möglichst im Verborgenen zu bleiben." Er habe deshalb um eine regierungsamtliche Definition des Eides gebeten, „weil mir die Arbeit des Hochschullehrers im Dienste seines Volkes durch unbegründete Vorwürfe, die immer wieder gegen den ganzen Stand erhoben wurden, gefährdet zu sein schien". Zum untersuchungsführenden Beamten des am 11.2.1935 von der Abteilung Unterricht des Mecklenburgischen Staatsministeriums angeordneten Disziplinarverfahrens wurde der am Landratsamt Rostock tätige Gerichtsassessor Franz Rademacher ernannt; Rademacher, der fünf Jahre später als Leiter des Judenreferats in der Deutschlandabteilung des Auswärtigen Amtes Konzepte zur Vertreibung der Juden aus Deutschland und Europa entwarf und mit Adolf Eichmann im Sommer 1940 den „Madagaskar-Plan" zur Aussiedlung von mehr als sechs Millionen Juden entwickelte, war mit der Vernehmung des eloquenten v.Fritz sichtlich überfordert. Aus dem überlieferten Protokoll geht immerhin hervor, daß v.Fritz den Eid nicht prinzipiell verweigern wollte, er aber darauf bestand, daß die Regierung entweder die Bedeutung des Eides erläutere oder seine dazu formulierte Erklärung entgegennahm, denn nach seiner Auffassung bestehe „ein öffentliches Interesse daran, den genauen Sinn des Eides objektiv festzulegen". Rademacher wußte, was von ihm erwartet wurde; in der Zusammenfassung seiner Ermittlungen bezeichnete er v.Fritz als „ein Kind liberalistisch-formalistischen Denkens", der sich „mit der ihm eigenen Wortgewandtheit den ihm bedenklichen Fragen zu entziehen" wußte. Nach Rademacher sei v. Fritz „in seinen Anschauungen derart weit vom Boden der staatstragenden nationalsozialistischaftliche Tätigkeit in der Universitätsbibliothek in München;[6] ein in Aussicht gestellter Ruf an die Universität Freiburg kam nicht zustande, nachdem der Philosophischen Fakultät bedeutet worden war, daß von Fritz „politisch untragbar" sei; 1-9/1936 Dozent mit befristetem Lehrauftrag für Griechische Mathematik am Corpus Christi College in Oxford; ab 9/1936 Gastprofessor am Reed College in Portland/Oregon; anschließend Gastprofessur an der Columbia University/New York; dort 9/1938 – 5/1954 ordentlicher Professor für Griechisch und Latein, zeitweise auch Dekan der Fakultät für Griechisch und Latein;[7] 6/1954 Rückkehr nach Deutschland und ordentlicher Professor der Klassischen Philologie an der Freien Universität Berlin; ab 3/1958 ordentlicher Professor der Klassischen Philologie an der Universität München, dort 9/1968 emeritiert; ab 1958 Ehrenmitglied der International Pythagorean Philosophical Society; ab 1959 Ordentliches Mitglied der Bayerischen Akademie der Wissenschaften; 1960 – 1966 Vorsitzender/Präsident der Mommsen-Gesellschaft; ab 1962 Korrespondierendes Mitglied der Österreichischen Akademie der Wissenschaften; 1964 – 1974 Vize-Präsident der Fédération Internationale des Associations pour les Études Classiques; 4/1965 Mitunterzeichner eines von 215 westdeutschen Professoren unterzeichneten Protestes gegen die von der Bundesregierung geplante Notstandsgesetzgebung; 12/1972 verwitwet; ab 1973 korrespondierendes, ab 1979 Ehrenmitglied der British Academy; 1-5/1973 Gastprofessor an der Universität Austin/Texas; 1976 erneute Heirat;[8] ab 1979 Ehrenmitglied der Society for the Promotion of Hellenic Studies; 1981 Sigmund-Freud-Preis für Wissenschaftliche Prosa der Deutschen Akademie für Sprache und Dichtung in Darmstadt; am 16.7.1985 in Feldafing/Starnberg gestorben[9]

---

schen Weltanschauung entfernt, daß er m.E. ungeeignet ist, weiterhin als Hochschullehrer die Ausbildung der heranwachsenden akademischen Jugend zu leiten". Am 16.4.1935 wurde Kurt von Fritz vom Reichsstatthalter Hildebrandt „in den dauernden Ruhestand" versetzt. Dieser Entscheidung waren eine Reihe von Abstimmungen zwischen dem Mecklenburgischen Staatsministerium und dem Reichserziehungsministerium vorausgegangen – die von Interventionen Hildebrandts begleitet waren, der auch den Stellvertreter des Führers, Rudolf Heß, informiert hatte -, aus denen das Bemühen ersichtlich ist, eine von v.Fritz selbst ausgehende Niederlegung der Professur zu vermeiden. So wurde das von der Abteilung Unterricht des Mecklenburgischen Staatsministeriums eingeleitete Disziplinarverfahren auch aus Furcht vor unerwünschten propagandistischen Auswirkungen nicht zu Ende geführt und v.Fritz ohne Angabe von Gründen unter Bezugnahme auf § 6 BBG in den Ruhestand versetzt. Dieser Paragraph sah vor, daß ein Beamter entlassen werden könne, wenn die von ihm besetzte Stelle nicht mehr benötigt werde und wegfalle. Dies war hier offensichtlich nicht der Fall, denn schon 5/1935 wurde Hans Diller als Nachfolger von Kurt von Fritz berufen.

6 Nach einer Denunziation wurde vom Bibliotheksdirektor 12/1935 ein Zutrittsverbot gegen v. Fritz verhängt; dieser soll „mit einem jüdischen Kollegen zusammen in eine französische Zeitung gesehen und dabei gelacht haben", worauf der Dekan der Philosophischen Fakultät v. Fritz die weitere Benutzung der Universitätsbibliothek verbot, was weitere Forschungen unmöglich machte. Bei dem „jüdischen Kollegen" handelte es sich um den Leipziger Historiker und Philologen Siegmund Hellmann, der 1942 in Auschwitz ermordet wurde.

7 Die Hauptarbeitsgebiete v.Fritz' waren zunächst die antike Philosophie und die Geschichte der Mathematik im Altertum, später auch die griechische und römische Geschichte, besonders die Bereiche Staatsphilosophie, Gesellschafts- und Verfassungsgeschichte sowie die griechische Tragödie.

8 Mit Hildegard Wagner, verwitwete Barténief, verwitwete Talhoff; geb. 1906 in Breslau.

9 Veröffentlichte u.a.: Curtius. 3. und 4. Buch, München 1928; Caesar. Bell. civ. Buch 1, 2, München 1929; Herodotus and the growth of greek historiography, Hartford 1936; Philosophie

Quellen: UAR: PA Fritz; LHAS: 5.12-7/1, Nr. 1253, 2346, 2349; BA, Kleine Erwerbungen, Nr. 829; BA/BDC-Karteien: REM.

---

und sprachlicher Ausdruck bei Demokrit, Plato und Aristoteles, New York u.a. 1938; Pythagorean Politics in Southern Italy. An analysis of the sources, New York 1940; Aristotle: Constitution of Athens and related texts, New York 1950; The theory of the mixed constitution in antiquity. A critical analysis of Polybius' political ideas, New York 1954; Aristotle's contribution to the practice and theory of historiography, Berkeley 1958; Mathematiker und Akusmatiker bei den alten Pythagoreern, München 1960; Hésiode et son influence, Genf 1960; Antike und moderne Tragödie. Neun Abhandlungen, Berlin 1962; Die griechische Geschichtsschreibung, Bd. 1, Berlin 1967; Platon in Sizilien und das Problem der Philosophenherrschaft, Berlin 1968; Platon, Theaetet und die antike Mathematik, Darmstadt 1969; Grundprobleme der Geschichte der antiken Wissenschaft, Berlin 1971; The Relevance of ancient social and political philosophy for our times. A short introduction to the problem, Berlin u.a. 1974; Schriften zur griechischen und römischen Verfassungsgeschichte und Verfassungstheorie, Berlin u.a. 1976; Schriften zur griechischen Logik. 2 Bde., Stuttgart u.a. 1978; Beiträge zu Aristoteles, Berlin u.a. 1984; Aparchai. Untersuchungen zur klassischen Philosophie und Geschichte des Altertums, Tübingen 1957 (mit F. Altheim und G. Rohde).

Fröhlich, Friedrich Wilhelm

geboren am 28.5.1879 in Wien/Österreich; jüdisch; Sohn eines Kaufmanns; humanistisches Gymnasium in Wien und Meran, dort 1899 Abitur; 1899 – 1906 Medizinstudium an den Universitäten in Göttingen und Wien; 1905 Approbation und 1906 Promotion in Wien;[1] ab 1906 Assistent am Physiologischen Institut der Universität Göttingen; dort 1907 Habilitation[2] und seitdem Privatdozent in Göttingen; ab 1911 außerordentlicher Professor für Physiologie an der Universität Bonn; dazwischen 1909, 1913, 1914 Forschungsaufenthalte an der Zoologischen Station in Neapel; 1911 Heirat,[3] später ein Kind; ab 1914 Kriegseinsatz als Militärarzt, ab 1915 in russischer Kriegsgefangenschaft; nach Flucht über Indien nach Persien ab 1916 erneut in russischer Kriegsgefangenschaft, dort bis 1920 in Turkestan und Ostsibirien als Arzt tätig; ab 1921 Lehrauftrag für allgemeine Physiologie an der Universität Bonn; ab 5/1927 ordentlicher Professor für Physiologie und Direktor des Physiologischen Instituts der Universität Rostock;[4] daneben 1931/32 auch Dekan der Medizinischen Fakultät; am 8.11.1932 an Angina pectoris in Rostock gestorben[5]

Quellen: UAR: PA Fröhlich.

1 Mit der Arbeit: Zur Kenntnis der Narkose des Nerven, Jena 1903.

2 Mit der Arbeit: Der Mechanismus der nervösen Hemmungsvorgänge, Göttingen 1907.

3 Mit Elisabeth Ruhmann, geb. am 26.3.1891 in Cottbus; Tochter eines Kaufmanns.

4 Fröhlichs Hauptforschungsgebiete waren die allgemeine Physiologie des zentralen und peripheren Nervensystems und der Muskeln sowie die Sinnesphysiologie.

5 Veröffentlichte u.a.: Das Sauerstoffbedürfnis des Nerven, Jena 1902; Erregbarkeit und Leitfähigkeit des Nerven, Jena 1903; Beiträge zur Analyse der Reflexe des Rückenmarks mit besonderer Berücksichtigung von Tonus, Bahnung und Hemmung, Jena 1909; Grundzüge einer Lehre von Licht- und Farbensinn. Ein Beitrag zur allgemeinen Physiologie der Sinne, Jena 1921; Grundzüge der Physiologie, Leipzig 1922; Die Empfindungszeit. Ein Beitrag zur Lehre von der Zeit-, Raum- und Bewegungsempfindung, Jena 1929; ab 7. Aufl. Neubearb. und Hrsg. des von M. Verworn verfaßten Werkes: Allgemeine Physiologie. Ein Grundriß der Lehre vom Leben, Jena 1922; ab 7. Aufl. Neubearb. und Hrsg. des von M. Verworn verfaßten Werkes: Physiologisches Praktikum für Mediziner, Jena 1932.

Frölich, Gustav Gerhard Adolf

geboren am 2.2.1879 in Oker/Wolfenbüttel (Braunschweig); evangelisch; Sohn eines Hütteninspektors und Bergassessors; Volksschule in Oker, humanistisches Gymnasium in Goslar, dort 1897 Abitur; 1897 – 1901 Studium der Naturwissenschaften und der Landwirtschaft an der Technischen Hochschule in Braunschweig, an der Universität Göttingen und der Landwirtschaftlichen Hochschule in Bonn-Poppelsdorf; daneben ab 1899 Besuch der Molkereischule Hameln und ab 1900 Assistent auf dem Versuchsfeld der Universität Göttingen; 1901 Prüfung für das landwirtschaftliche Lehramt, 1903 Tierzuchtinspektorprüfung; 1904 Promotion in Göttingen;[1] als Einjährig-Freiwilliger 1904/05 Militärdienst in Goslar; 1905 – 1909 Leiter der Saatzucht-Abteilung auf der Domäne Friedrichswerth/Thüringen; 3/1906 Heirat,[2] später zwei Kinder; 1908 Studienreise zur Erforschung der Edelschweinzucht in die USA; 1909/10 Generalsekretär des Land-und Forstwirtschaftlichen Hauptvereins in Göttingen; 1910 – 1912 außerordentlicher Professor für Tierzucht und Taxationslehre an der Universität Jena; 1910 Mitglied des Alldeutschen Verbandes; ab 10/1912 ordentlicher Professor für landwirtschaftliche Betriebslehre in Göttingen, hier auch Lehre an der Forstakademie in Hannoversch-Münden; ab 10/1915 ordentlicher Professor für Tierzucht und Fütterungslehre an der Universität Halle; ab 1916 Kriegseinsatz als Mitarbeiter beim Landesfleischamt Berlin; anschließend wieder Professor in Halle, dort auch Direktor des Instituts für Tierzucht und Molkereiwesen und zeitweise geschäftsführender Direktor der inneren Verwaltung der landwirtschaftlichen Institute der Universität Halle;[3] daneben Herausgeber des *Kühn-Archivs (Abteilung Tierzucht)* und Mitherausgeber der *Deutschen Landwirtschaftlichen Rundschau*; ab 1924 Mitglied der Akademie der Naturforscher Leopoldina, später der Deutschen Gesellschaft für Züchtungskunde sowie Präsident der Deutschen Landwirtschaftlichen Gesellschaft; 1928 Studienreisen zur Karakulschafzucht nach Turkestan, 1930 nach Süd- und Südwestafrika; 7/1932 – 6/1933 auch Rektor der Universität Halle, als solcher auch Vorsitzender der Deutschen Rektorenkonferenz; bis 1933 Mitglied der Deutschnationalen Volkspartei; ab 1933 Förderndes Mitglied der SS und ab 4/1934 Mitglied des NS-Lehrerbundes, der NS-Volkswohlfahrt und des Reichsluftschutzbundes; ab 1934 massive Förderung seiner Forschungen durch verschiedene Instanzen des Reiches;[4] Eintritt in die NSDAP am 1.5.1937, Mitgliedsnummer 4.047.588; ab 1938 Mitglied des Reichsbauernrates; ab 7/1939 Direktor des neu gegründeten Kaiser-Wilhelm-Instituts für

1 Mit der Arbeit: Über das sogenannte umlaufende Betriebskapital. Ein Beitrag zur Wirtschaftslehre des Landbaues, Göttingen 1904.

2 Mit Berta Funke; Tochter eines Rittergutspächters; 11/1939 gestorben.

3 Frölichs Forschungsschwerpunkte waren zunächst der Ackerbau – hier etwa Züchtung der Fiedrichswerther Berg-Wintergerste –, dann die Tierzucht, hier vornehmlich die Schweine- und Schafzucht, später auch Rinder- und Pferdezucht sowie die Tierfütterung und Futterkonservierung.

4 Frölich, zu dessen Schülern auch der spätere Reichslandwirtschaftsminister Richard Walther Darré gehört hatte, erhielt allein von der Deutschen Forschungsgemeinschaft/Reichsforschungsrat und dem Reichsernährungsministerium zwischen 1934 und 1939 mehrere zehntausend RM für Forschungen zum Vererbungsgang bei Karakulschafen, zum Eiweißeinsatz bei der Tierfütterung, zur Fettgewinnung durch Schweine- und Hammelmastoptimierung, zur Ein-

Tierzuchtforschung in Rostock-Dummerstorf,[5] eine Funktion, die ab 1940 mit einer ordentlicher Professor für Tierzuchtforschung an der Universität Rostock verbunden wurde; 11/1939 verwitwet; am 23.8.1940 in Dummerstorf gestorben[6]

Quellen: UAR: PA Frölich; BA/BDC: Reichsnährstand; BA/BDC-Karteien: NSDAP, NSLB, REM, RFR.

säuerung von Grünfutter und zu allgemeinen Tierzuchtfragen; ab 1939 kamen mehrere hunderttausend RM von der Kaiser-Wilhelm-Gesellschaft und vom Reichsernährungsministerium hinzu.

5 Bereits unter Frölichs Leitung war das Institut in Dummerstorf als „zentrale Forschungsstelle für die gesamte deutsche Tierzucht" konzipiert worden; es entwickelte sich unter dem Direktorat von Jonas Schmidt zum größten Forschungsinstitut dieser Art in Europa. Nach Frölichs Konzeption, die sich im Einklang mit der Autarkiepolitik des Reiches befand, gehörte es zu den Aufgaben des Instituts für Tierzuchtforschung, „den Fettgehalt der deutschen Rinderrassen tunlichst schnell zu steigern, um die Fettlücke zu schließen"; dazu waren „die Leistungen der deutschen Haustierrassen zu steigern", um somit „die Auslandsabhängigkeit der Ernährungswirtschaft zu mindern".

6 Veröffentlichte u.a.: Der Hackfruchtbau, Friedrichswerth 1912/13; Anleitung zur Pferdezucht im landwirtschaftlichen Betriebe, Berlin 1917; Handbuch der gesamten Landwirtschaft. Bd. 4. Tierzucht, Leipzig 1921; Lehrbuch der Pferdezucht. Des Pferdes Rassen, Körperbau, Züchtung, Ernährung und Haltung, Berlin 1926; Das Institut für Tierzucht und Molkereiwesen an der Universität Halle/Saale, der Haustiergarten, die Sammlungen, das Molkereilaboratorium und das Versuchsgut Domäne Lettin. Ein Überblick über die der Tierzucht dienenden Unterrichts- und Forschungsmittel, Halle 1927; Der akademisch gebildete Landwirt, Berlin 1929; Die wirtschaftlichen Voraussetzungen der Tierzucht, Leipzig 1930; Das Karakulschaf und seine Zucht, München 1931; Organisation und Förderung der Pferdezucht, Berlin 1938; Neuzeitliche Zucht, Haltung und Fütterung der Haustiere, Berlin 1944.

Füchtbauer, Christian Georg Konrad

geboren am 24.2.1877 in Nürnberg/Mittelfranken (Bayern); evangelisch; Sohn eines Schuldirektors; humanistisches Neues Gymnasium in Nürnberg, dort 1895 Abitur; 9/1895 – 4/1902 Studium der Physik, Chemie, Botanik, Mathematik an den Universitäten München und Leipzig; 5/1902 – 4/1903 Hilfsassistent am Physikalisch-Chemischen Institut der Universität Leipzig; dort 7/1904 Promotion;[1] 4/1904 – 10/1908 Assistent am Physikalischen Institut der Universität Würzburg, dort 3/1907 Habilitation;[2] 3/1907 – 9/1916 Privatdozent und Assistent an den Physikalisch-Chemischen Instituten der Universitäten Würzburg und Leipzig; als Freiwilliger dazwischen ab 12/1914 Kriegseinsatz, zunächst in einer Feldwetterstation, zuletzt als Führer der Schallmeßtrupps 55 und 101; an der Universität Tübingen 10/1916 zum planmäßigen außerordentlichen Professor ernannt; 12/1918 als Leutnant aus dem Heer entlassen, EK II; 2/1919 – 3/1922 außerordentlicher Professor für Theoretische Physik an der Universität Tübingen; 8/1920 Heirat,[3] später vier Kinder; 4/1922 – 7/1935 ordentlicher Professor für Experimentalphysik an der Universität Rostock und bis 1932 Direktor des Physikalischen Seminars;[4] 3/1925 – 2/1926 auch Dekan der Philosophischen Fakultät; ab 6/1933 Mitglied des Kampfbundes für deutsche Kultur, 7/1934 Mitglied des NS-Lehrerbundes; ab 8/1935 ordentlicher Professor für Experimentalphysik und Direktor des Physikalischen Instituts der Universität Bonn;[5] nach Erreichen der Altersgrenze 4/1942 Verlängerung des Lehrauftrages; 12/1945 emeritiert; am 12.9.1959 in Gauting/München gestorben

Quellen: UAR: PA Füchtbauer; LHAS: 5.12-7/1, Nr. 1305, 2344, 2346; BA/BDC: REM; BA/BDC-Karteien: NSLB, REM, RFR.

---

1 Mit der Arbeit: Die freiwillige Erstarrung unterkühlter Flüssigkeiten, 1904.

2 Mit der Arbeit: Erzeugung von Sekundärstrahlen durch Kanalstrahlen und Reflexion von Kanalstrahlen, 1907.

3 Mit Erika Blank, geb. am 20.5.1896; Tochter des Direktors der Leverkusener Farbenwerke.

4 Hauptarbeitsgebiet Füchtbauers waren die Kanalstrahlen, die Spektroskopie der Lichtstrahlen und Fluoreszenzen.

5 Im Eignungsbericht des Reichserziehungsministeriums hieß es 1935, Füchtbauer sei der „bedeutendste deutsche Spektroskopiker“, dem es gelungen sei, das unzulängliche Rostocker Institut „durch große Energie und Schaffenskraft ... auf die Höhe zu bringen“; Füchtbauer habe hier „eine Reihe von sehr wertvollen Arbeiten“ durchgeführt und „viele neue Probleme in Angriff genommen“; er stehe „weltanschaulich und politisch schon seit vielen Jahren auf dem Boden des Nationalsozialismus“.

Furch, Robert Otto

geboren am 15.3.1894 in Unterreichenbach/Calw (Württemberg); evangelisch; Sohn eines Pfarrers; humanistisches Gymnasium, Realgymnasium und Oberrealschule in Tübingen, dort 1911 Abitur; 1911 ein Semester Studium der Chemie an der Universität Straßburg; als Einjährig-Freiwilliger 10/1911 – 9/1912 Militärdienst im Fußartillerie-Regiment 14 in Straßburg; 1913 – 1920 Studium der Mathematik an den Universitäten Tübingen und Göttingen; dazwischen 9/1914 – 11/1918 Kriegseinsatz in den Fußartillerie-Regimentern 13 und 2 und nach einer Verwundung in einer Frontwetterwarte, zuletzt Leutnant, EK II und EK I, EKFK, Verwundetenabzeichen in Schwarz; 4/1920 erstes Staatsexamen/Dienstprüfung für das höhere württembergische Lehramt; 4-8/1920 Studienreferendar in Elringen/Donau; 10/1920 zweite Lehramtsprüfung für das höhere Lehramt für Mathematik und Physik; 10/1920 Promotion in Tübingen;[1] Herbst 1920 – Sommer 1921 erneut Studium der Mathematik in Göttingen; 10/1921 – 3/1925 Assistent am Mathematischen Seminar der Universität Hamburg, dort 3/1923 Habilitation[2] und seitdem Privatdozent an der Universität Hamburg; 10/1923 Heirat,[3] später fünf Kinder; als Dozent ab 4/1925 Lehrauftrag für Darstellende Geometrie an der Technischen Hochschule in Karlsruhe; ab 4/1926 zunächst planmäßiger außerordentlicher Professor, 10/1928 – 2/1945 ordentlicher Professor für Analytik und Geometrie sowie Reine und Angewandte Mathematik an der Universität Rostock,[4] dort ab 1928 auch Mitdirektor des Seminars für Angewandte Mathematik und zusammen mit Friedrich Lösch ab 1939 Direktor des Instituts für Angewandte Mathematik; ab 1933 Mitglied des Reichsluftschutzbundes und ab 7/1934 des NS-Lehrerbundes; daneben bis 2/1935 Mitglied der Anthroposophischen Gesellschaft; 1935/36 Dekan der Philosophischen Fakultät der Universität Rostock;[5] schuf und hielt enge Verbindungen zu den Ernst-Heinkel-Flugzeugwerken, für deren Mitarbeiter er spezielle Vorlesungen anbot, so über die Tragflügeltheorie; nach Zerstörung seines Wohnhauses während der Bombardierung Rostocks 4/1942 Umzug der Familie nach Tübingen; ab 2/1945 selbst in Tübingen, dort 5/1945 – 4/1946 kommissarischer Bürgermeister in Tübingen-Lustnau sowie Mitglied der Zentralen Entnazifizierungskommission für Justiz und Kultus von Württemberg-Süd; ab 6/1946 ordentlicher Professor für Mathematik und Direktor des Mathematischen Instituts der Universität Mainz; dort 1953 – 1954 auch Dekan der Naturwissenschaftlichen Fakultät; 1961 emeritiert; nach einem Herzinfarkt am 7.11.1967 in Tübingen gestorben

Quellen: UAR: PA Furch; LHAS: 5.12-7/1, Nr. 579, 1294, 1295; BA/BDC-Karteien: NSLB, REM.

---

1 Mit der Arbeit: Über das elektrostatische Potential von Rotationsflächen, Tübingen 1920.

2 Mit der Arbeit: Zur Grundlegung der kombinatorischen Topologie, Hamburg 1923.

3 Mit Hildegard Schmidt, geb. am 11.4.1893; Tochter eines Superintendenten.

4 Zu Furchs Forschungsgebieten gehörten die verschiedenen Gebiete der Geometrie, die Potentialtheorie und die Topologie.

5 Heinrich Gißel, Leiter der Dozentenschaft und Führer des NS-Dozentenbundes an der Universität Rostock, stimmte der Ernennung Furchs mit der Bemerkung zu, dieser sei „politisch und charakterlich einwandfrei“.

Ganter, Georg

geboren am 18.4.1885 in Unterschönmattenwag/Heppenheim (Hessen); katholisch; Sohn eines Landwirts; Gymnasium in Aarau/Schweiz, dort 4/1905 Abitur; als Einjährig-Freiwilliger 4-9/1905 erster Teil des Militärdienstes im Infanterie-Regiment 113; 10/1905 – 1910 Medizinstudium an den Universitäten Freiburg und München; dazwischen 4/1907 – 3/1908 bereits Assistent am Physiologischen Institut der Universität Freiburg; 5/1910 medizinisches Staatsexamen; 5/1910 – 9/1911 erneut Assistent und Medizinalpraktikant am Physiologischen Institut der Universität Freiburg; 5/1911 Approbation; als Einjährig-Freiwilliger 10/1911 – 3/1912 zweiter Teil des Militärdienstes als Unterarzt im Artillerie-Regiment 76 in Freiburg; 4/1912 Promotion in Freiburg;[1] 4-6/1912 und 10/1912 – 9/1916 Assistenzarzt an der Medizinischen Klinik der Universität Tübingen; dazwischen 8/1914 – 9/1915 Kriegseinsatz als Truppenarzt im Reserve-Infanterie-Regiment 110 und im Infanterie-Regiment 185, EK II; 10/1916 – 7/1918 Dienstleistung als Militärarzt in Heimatlazaretten in Karlsruhe, Heidelberg und ab 3/1918 in Greifswald;[2] dort 7/1918 Habilitation[3] und 7/1918 – 10/1921 Privatdozent für Innere Medizin sowie 4/1919 – 10/1921 Assistenzarzt an der Medizinischen Klinik der Universität Greifswald; 4/1920 Heirat,[4] später ein Kind; 11/1921 – 9/1925 zunächst Assistenzarzt, dann Oberarzt und Leiter der Ambulanz der Medizinischen Klinik der Universität Würzburg; dort 12/1921 Titel und Rang eines außerordentlichen Professors; 10/1925 zum planmäßigen außerordentlichen Professor für Balneologie und physikalische Therapie ernannt, ab 3/1926 auch Professor für pathologische Physiologie an der Universität Würzburg; ab 4/1926 planmäßiger außerordentlicher Professor für Innere Medizin (für medizinische Poliklinik und medizinische Propädeutik) und Direktor der Medizinischen Poliklinik der Universität Rostock,[5] dort ab 12/1928 Titel und Rang eines ordentlichen Professors; ab 7/1934 Mitglied des NS-Lehrerbundes; nach Denunziationen durch den Oberarzt Werner Böhme ab 12/1935 mehrmonatiges Amtsenthebungsverfahren;[6] unter Bezugnahme auf den § 6 des Gesetzes zur Wiederherstellung des

1 Mit der Arbeit: Über den Temperaturkoeffizienten der Erregungsleitung im motorischen Froschnerven, Altenburg 1912.

2 Offiziell erst 3/1919 als Oberarzt aus dem Heer entlassen.

3 Mit der Arbeit: Experimentelle Beiträge zur Kenntnis des Vorhofelektrokardiogramms.

4 Mit Gertrud Bartning, geb. am 20.7.1885 in Chemnitz; Tochter eines Fabrikbesitzers.

5 Ganter, dessen Forschungen sich auf die pathologischen Physiologie der Verdauungsorgane und des Herzens sowie auf die entsprechende Pharmakologie konzentrierten, galt der Medizinischen Fakultät der Universität Rostock 1926 als „überaus originelle und für die Zukunft das Beste versprechende Forschernatur", als „guter Arzt" und Leiter des Würzburger Ambulatoriums, „das unter ihm rasch aufblühte", als „gründlich, kenntnisreich, zuverlässig und absolut wahrhaft".

6 Ab 12/1935 wurden vom Oberarzt und späteren Professor Werner Böhme zunächst interne, von der Kreisleitung Rostock-Stadt der NSDAP später auch öffentlich Vorwürfe gegen Ganter erhoben; Böhme hatte in denunziatorischer Absicht Material gesammelt, um Ganter zu diskreditieren und vor allem seine „politische Zuverlässigkeit" in Zweifel zu ziehen. Ganter wurde u.a vorgeworfen, sich nicht an Betriebsapellen der DAF und Versammlungen aus Anlaß nationalsozialistischer Feiertage zu beteiligen, bei Sammlungen nicht für die NS-Organisationen zu spenden und ausländische Zeitungen zu lesen. Der Hauptvorwurf Böhmes, der letztlich zu

Berufsbeamtentums vom Reichsstatthalter Friedrich Hildebrandt am 31.5.1937 in den einstweiligen Ruhestand, zum 31.10.1937 in den endgültigen Ruhestand versetzt;[7] am 5.5.1940 an Angina pectoris in Rostock gestorben[8]

Quellen: UAR: PA Ganter; LHAS: 5.12-7/1, Nr. 1503, 1504, 2346, 2352; BA/BDC-Karteien: NSLB, REM.

Ganters Pensionierung führte, war, daß Ganter in seiner universitären Privatpraxis Juden behandelte, was nach geltender Gesetzeslage zwar nicht verboten, Böhme aber unangenehm und „gegen sein inneres Gefühl" gerichtet war. Hinzu kamen Behauptungen von durchs Examen gefallenen, möglicherweise von Böhme inspirierten Studenten, „daß die Prüfungsart des Professors Ganter nicht als unparteiisch und seine Prüfungsurteile als parteiisch und voreingenommen gewertet werden" müßten, wofür die Medizinalabteilung des Mecklenburgischen Staatsministeriums nach entsprechenden Untersuchungen 6/1936 jedoch „keine Anhaltspunkte" finden konnte. Rektor Ernst-Heinrich Brill teilte dem Mecklenburgischen Staatsministerium 8/1936 mit, daß er „ein freimütiges Bekenntnis Ganters zum Nationalsozialismus noch nicht erlebt" habe; „weder aus Kollegen- noch aus Studentenkreisen" sei zu hören, daß Ganter „in politischem Sinne zu den Unseren zu zählen" sei; dies habe dazu geführt, daß Ganter „von Parteiseite stark angegriffen" worden sei. Brill: „Wenn ich ... vom Standpunkt des Nationalsozialisten urteile, so ist für die Universität Rostock die Persönlichkeit Ganters abzulehnen, da ich ihn als einen inneren Gegner der nationalsozialistischen Weltanschauung stets empfunden habe." 11/1936 informierte das Reichserziehungsministerium die mecklenburgischen Behörden darüber, daß eine bis dahin erwogene Versetzung Ganters an eine andere Universität „leider nicht möglich" sei und regte statt dessen an, „ihm die Erlaunis zur Ausübung der Privatpraxis zu entziehen". Die Abteilung Unterricht des Mecklenburgischen Staatsministeriums meinte dagegen, daß zwar der „unmittelbare Anlaß zur Prüfung der gegen Professor Ganter zu ergreifenden Maßnahmen die Behandlung von Juden in seiner Privatpraxis" gewesen sei, aber der „tiefere Grund" für ein Vorgehen gegen Ganter liege in der „Einstellung Ganters gegen die nationalsozialistische Weltanschauung"; deshalb solle man sich „nicht auf eine Maßregelung beschränken, die Ganter nur in seiner wirtschaftlichen Stellung" treffe, und man regte erneut seine Versetzung bzw. Entlassung aus dem Hochschuldienst an.

7 Der Rektor der Universität Rostock, Ernst-Heinrich Brill, hatte sein Urteil in einem Schreiben an den mecklenburgischen Reichsstatthalter Friedrich Hildebrandt am 24.5.1937 in den Worten zusammengefaßt, „daß er ihn [Ganter] als einen inneren Gegner des Nationalsozialismus ansehen müsse". Mit Ganters Vertretung als Klinikleiter und Hochschullehrer wurde 6/1937 der Dozent und spätere Professor Friedrich Meythaler beauftragt.

8 Veröffentlichte u.a.: Experimentelle Untersuchungen am Säugetierherzen über Reizbildung und Reizleitung in ihrer Beziehung zum spezifischen Muskelgewebe, Bonn 1912.

Gazen (gen. Gaza), **Wilhelm** Philipp Immanuel **von**

geboren am 3.2.1883 in Koserow/Usedom (Pommern); evangelisch; Sohn eines Pfarrers; Gymnasium in Greifswald, dort 1902 Abitur; als Einjährig-Freiwilliger 1902/03 Militärdienst; 1903 – 1907 Medizinstudium an der Universität Greifswald; 1906 Examen als Turnlehrer; 6/1907 medizinisches Staatsexamen und Approbation; 1907 – 1908 Assistent am Pathologisch-Anatomischen und am Bakteriologischen Institut der Universität Greifswald; dort 1908 Promotion;[1] ab 7/1908 Assistent an der Chirurgischen Universitätsklinik in Leipzig, dort zuletzt Oberarzt; 1911/12 Volontärassistent an der Universitäts-Frauenklinik in Leipzig; ab 10/1912 niedergelassener Facharzt für Chirurgie und Frauenheilkunde in Leipzig; 2/1913 Heirat,[2] später drei Kinder; als Freiwilliger ab 8/1914 Kriegseinsatz als Chirurg und Oberarzt in Feldlazaretten und Sanitätskompanien; 12/1918 aus dem Heer entlassen, EK II, EK I; ab 12/1918 Assistenzarzt an der Chirurgischen Universitätsklinik in Göttingen, dort 6/1919 Habilitation[3] und Privatdozent für Chirurgie; dort 8/1923 zum nichtbeamteten außerordentlichen Professor ernannt, ab 11/1923 1. Oberarzt der Chirurgischen Universitätsklinik in Göttingen; daneben auch Schriftführer der Göttinger Medizinischen Gesellschaft und Mitarbeiter im Hochschulamt für Leibesübungen;[4] ab 4/1928 ordentlicher Professor für Chirurgie und Direktor der Chirurgischen Klinik und Poliklinik der Universität Rostock;[5] dort 1932/33 auch Dekan der Medizinischen Fakultät; ab 7/1933 Mitglied der Flieger-SA, dort auch 1933 Pilotenschein als Kunstflieger und Untergruppenarzt der SA-Fliegerlandesgruppe Nordmark; ab 7/1934 Mitglied des NS-Lehrerbundes; zunächst 1929, ab 10/1934 erneut Bedenken gegen die Fortführung seiner Tätigkeit in der Chirurgischen Klinik auf Grund auftretender epileptischer Anfälle;[6] 1/1936 Anregung des Mecklenburgischen Staatsministeriums, v.Gaza zu pensionieren bzw. zu emeritieren; nach Beurteilung u.a. durch Ferdinand Sauerbruch 3/1936 Entscheidung, „keine Versetzung in den Ruhe-

1 Mit der Arbeit: Über die sogenannten Endotheliome der Haut- und Speicheldrüsen und über die Zahnkeimkystome, Greifswald 1912.

2 Mit Hertha Schmidt, geb. am 18.12.1889 in Angermünde; Tochter eines Justizrates.

3 Mit der Arbeit: Über die Unterbindung der Arterien und über neuere Unterbindungsverfahren, Göttingen 1920.

4 v.Gaza besaß neben dem Kfz-Führerschein auch das Allgemeine Deutsche Skilehrerzeugnis und unternahm mit seinen Studenten jährlich Skikurse im Harz.

5 Die Forschungsschwerpunkte v.Gazas waren die allgemeine Chirurgie und die Chirurgie der Arterien und Venen sowie die Wundversorgung, Wundbehandlung und Wundheilung; die seit 1924 nach ihm benannte „Gazasche Operation“ (mit Durchschneidung der Rami communicantes etwa bei gastritischen Krisen) gilt als Vorstufe der späteren Ganzstrang-Resektion.

6 v.Gaza wurde nach einem 3/1927 erlittenen Motoradunfall mit Schädelbruch, Gehirnerschütterung und daraus resultierenden epileptischen Anfällen 1929 die Fahrerlaubnis entzogen. Nach langwierigen Krankheiten, bereits seit 1929 beobachteten deutlichen Ausfallerscheinungen bei Vorlesungen und Operationen und einem erneuten, 8/1934 durch einen epileptischen Anfall verursachten Autounfall legten 11/1934 führende Mediziner des Landes Mecklenburg ein Gutachten vor, nachdem v.Gaza kein Fahrzeug mehr führen und nur noch unter Aufsicht operieren durfte. Schon nach dem Tode der 2/1934 von v.Gaza operierten Tochter des Landesbauernführers Karl Seemann war es zu einer Anzeige wegen fahrlässiger Tötung gekommen; diese wurde niedergeschlagen. Die von Wilhelm v. Gaza geleitete Chirurgische

stand"; nach einem Verkehrsunfall (v.Gaza wurde am 24.4.1936 von einem Omnibus überfahren) noch am 24.4.1936 in Rostock gestorben[7]

Quellen: UAR: PA Gaza; LHAS: 5.12-7/1, Nr. 1486, 1487, 2346; BA/BDC-Karteien: NSLB, REM.

Universitätsklinik gehörte zu den größeren der insgesamt 22 medizinischen Einrichtungen in Mecklenburg, an denen nach dem 7/1933 erlassenen Gesetz zur Verhütung erbkranken Nachwuchses Sterilisierungen vorgenommen wurden.

7 Veröffentlichte nach zahlreichen militärmedizinischen Aufsätzen im Ersten Weltkrieg u.a.: Grundriß der Wundversorgung und Wundbehandlung, Berlin 1921.

Geffcken, Johannes Karl Heinrich

geboren am 2.5.1861 in Berlin/Preußen; evangelisch; Sohn eines Senators; protestantisches Gymnasium in Straßburg, dort 9/1881 Abitur; als Einjährig-Freiwilliger 10/1881 – 9/1882 Militärdienst; ab 10/1881 zunächst Studium der Rechtswissenschaft, dann Studium der Klassischen Philologie an den Universitäten Straßburg, Göttingen und Bonn; 5/1886 Promotion in Göttingen;[1] 1887 Staatsexamen; ab 8/1887 pädagogisches Probejahr, dann Hilfslehrer, ab 1/1889 Oberlehrer am Johanneum-Gymnasium in Hamburg; 1888 Heirat,[2] später drei Kinder; 1889 – 3/1907 zunächst Oberlehrer, dann Gymnasialprofessor am Wilhelms-Gymnasium in Hamburg; daneben mehrere Jahre Vorlesungstätigkeit an der Universität Hamburg über griechische Literaturgeschichte sowie Forschungs- und Editionsaufträge der Preußischen Akademie der Wissenschaften; 1903 verwitwet; ab 4/1907 ordentlicher Professor für Klassische Philologie an der Universität Rostock,[3] dort auch Mitdirektor des Klassisch-Philologischen Seminars und ab 1922 Direktor des Seminars für Allgemeine und Vergleichende Religionswissenschaft; 1915/16 auch Dekan der Philosophischen Fakultät, 7/1916 – 6/1917 Rektor und 1917/18 Prorektor der Universität Rostock; 1919 Ehrenpromotion der Theologischen Fakultät der Universität Rostock;[4] 1924/25 Mitbegründer der Landes-Universitäts-Gesellschaft; 7/1924 – 6/1925 erneut Rektor, 1925/26 erneut Prorektor der Universität Rostock; auf eigenen Antrag 4/1933 von Vorlesungen, Lehrveranstaltungen und der Mitleitung des Philologischen Seminars entbunden und emeritiert; 10/1933 Dienstunfall;[5] ab 1/1934 Mitglied des NS-Lehrerbundes; am 11.6.1935 in Rostock gestorben[6]

1 Mit der Arbeit: De Stephano Byzantio capita duo, Göttingen 1886.

2 Mit Antonie Schultz, geb. am 17.12.1863 in Göttingen; Tochter eines Universitätsprofessors; 1903 gestorben.

3 Die Philosophische Fakultät hatte Geffcken auf Platz 1 der Berufungsliste gesetzt und meinte, daß man mit ihm „eine Kraft allerersten Ranges erhalten würde"; angesichts seiner Veröffentlichungen könne „über seine hervorragende wissenschaftliche Bedeutung nicht der geringste Zweifel obwalten". Geffckens Hauptforschungsgebiete waren die gesamte griechische Literatur und Literaturgeschichte sowie das Verhältnis der christlichen Literatur zum Heidentum.

4 Für die Veröffentlichung: Der Ausgang des griechisch-römischen Heidentums, Heidelberg 1920.

5 Geffcken brach sich nach Teilnahme an einer Veranstaltung des NS-Beamtenbundes auf der Treppe im Hauptgebäude der Universität die Kniescheibe (Patellafraktur).

6 Veröffentlichte u.a.: Timaios' Geographie des Westens, Berlin 1892; Stimmen der Griechen am Grabe, Hamburg 1893; Studien zu Menander, Hamburg 1898; Komposition und Entstehungszeit der Oracula Sibyllina, Leipzig 1902; Die Oracula Sibyllina, Leipzig 1902; Das griechische Drama, Gera 1904; Aus der Werdezeit des Christentums. Studien und Charakteristiken, Leipzig 1904; Zwei griechische Apologeten, Leipzig 1907; Sophokles' Antigone, Leipzig/Berlin 1907 (als Übers.); Christliche Apokryphen, Tübingen 1908; Sokrates und das alte Christentum, Heidelberg 1908; Kynika und Verwandtes, Heidelberg 1909; Friedrich Lübkers Reallexikon des klassischen Altertums, Leipzig 1914 (als Neubearb. und Hrsg); Kaiser Julianus, Leipzig 1914; Griechische Epigramme, Heidelberg 1916; Deutschlands akademische Jugend 1813, 1870,

Quellen: UAR: PA Geffcken; LHAS: 5.12-7/1, Nr. 2386; BA/BDC-Karteien: NSLB.

1914 (Rektoratsrede), Rostock 1917; Die griechische Tragödie, Leipzig 1918; Griechische Menschen, Leipzig 1919; Der Ausgang der Antike, Berlin 1921; Religiöse Strömungen im 1. Jahrhundert n.Chr., Gütersloh 1922; Aus der griechischen Gedankenwelt des 5. Jahrhunderts v. Chr. (Rektoratsrede), Rostock 1924; Nationaler Niedergang und Aufstieg, Rostock 1924; Griechische Literaturgeschichte. 2 Bde., Heidelberg 1926/1934.

Gehrig, Oskar Hermann

geboren am 5.4.1890 in Inzlingen/Lörrach (Baden); katholisch; Sohn eines Zollassistenten; Volksschule, Gymnasien in Mannheim und Karlsruhe, dort 1908 Abitur; 1908 – 1909 Studium der Architektur und Kunstgeschichte an der Technischen Hochschule in Karlsruhe; anschließend Studium der Kunstgeschichte, Philosophie, Geschichte, Archäologie, Sprach- und Literaturkunde an den Universitäten München und Freiburg; daneben Ausbildung als Zeichner und Dekorationsmaler an der Akademie der Künste in Karlsruhe; ab 8/1914 Kriegseinsatz in verschiedenen Nachrichten-Abteilungen des Heeres, dann bis 4/1919 Freikorpseinsatz im Grenzschutz Ost, zuletzt Leutnant, EK II, EKFK; 1919 – 1920 Studium der Malerei, Kunstgeschichte, Pädagogik Volkswirtschaftslehre und Rechtswissenschaft an den Universitäten Berlin und Rostock; 1919 – 1921 Kunstreferent der Zentrums-Zeitung *Germania* und der *Kölnischen Volkszeitung* in Berlin; 3/1919 Heirat,[1] später ein Kind; 2/1921 Promotion in Rostock;[2] ab 4/1921 Lektor für Zeichnen und Malen an der Universität Rostock, dort auch Direktor des Atelierraumes; 1925 Mitbegründer, dann einer der Hauptautoren und 1931 – 1936 Herausgeber der *Mecklenburgischen Monatshefte;* außerdem Vorstandsmitglied der Gesellschaft für christliche Kunst und der Deutschen Gesellschaft für Goldschmiedekunst; ab 1926 Lehrer für Kunstunterricht am neugegründeten Pädagogischen Institut in Rostock; dort 6/1929 zum etatmäßigen Professor für Kunstgeschichte und Didaktik des Zeichnens ernannt und bis 1945 hauptamtlicher Dozent am Pädagogischen Institut und der aus diesem gebildeten Hochschule für Lehrerbildung in Rostock; daneben 11/1929 – 1945 nunmehr unbesoldete Lehraufträge und Lektor für wissenschaftliches und künstlerisches Zeichnen an der Universität Rostock;[3] seit 1931 Mitglied der Kameradschaft der Deutschen Nachrichtentruppe, nach deren Überführung in den Reichskriegerbund/Kyffhäuser ab 12/1937 Landesführer Mecklenburg der Kameradschaft Mecklenburg-Ost des Kyffhäuserbundes; außerdem Mitglied des Reichsbundes für Volkstum und Heimat und des Vorstandes des Rostocker Kunstvereins; ab 10/1933 Mitglied des NS-Lehrerbundes,[4] des Reichsluftschutzbundes und der SA-Reserve, ab 7/1934 Mitglied des Opferringes der NSDAP, ab 9/1934 der NS-Volkswohlfahrt und ab 5/1937 Mitglied des Reichskolonialbundes; neben der Hochschultätigkeit vielseitige Aktivitäten im mecklenburgischen Kunstbetrieb;[5] 6/1936 Militärdienst in der Heeres-Nachrichtenschule; ab 8/1940 Kriegs-

---

1 Mit Emmy Menges, geb. am 10.11.1887; Lektorin für Französisch an der Universität Rostock.

2 Mit der Arbeit: Philipp Brandin. Eine biographische Studie über den 1563 – 1594 tätigen Hauptbaumeister der Renaissance, Rostock 1921.

3 Gehrigs Hauptarbeitsgebiete waren die Didaktik des Zeichnens, Graphik und Buchkunde, sowie die Kunst der Renaissance und des 19. Jahrhunderts in Mecklenburg, religiöse und kirchliche sowie Heimat- und Volkskunst und Werbung.

4 Gehörte 11/1933 zu den Mitunterzeichnern der Proklamation 'Bekenntnis der Professoren an den deutschen Universitäten und Hochschulen zu Adolf Hitler und dem nationalsozialistischen Staat'.

5 Gehrig entwickelte sich ab den 20er Jahren zu einem der besten Kenner und Vermittler der zeitgenössischen bildenden Kunst in Mecklenburg und zu einem der Inspiratoren im Rostocker Kunstverein; er protegierte regionale Maler, organisierte Ausstellungen auch überregional bedeutender Künstler (u.a. Ernst Barlach, Emil Nolde, Max Slevogt, Käthe Kollwitz, Alfred

einsatz, zunächst Hauptmann in der Adjutantur der Inspektion der Nachrichten-Truppe beim Oberkommando des Heeres, 1941 EK II; 7/1944 in Alt-Schönau/Waren, ab 9/1944 Major in einer Nachrichten-Einheit in Berlin; dort 9/1944 KVK I. Kl. m.S.; ab Herbst 1945 zunächst Professor an der Pädagogischen Akademie/Lehrerseminar in Kiel; ab 1947 Direktor der Staatlichen Kunstakademie in Karlsruhe; dort am 18.12.1948 an den Folgen eines Autounfalls gestorben

Quellen: UAR: PA Gehrig; LHAS: 5.12-7/1, Nr. 2558; BA/BDC-Karteien: NSLB, REM.

Partikel, Christian Rohlfs, Paul Klee, Wassili Kandinsky), machte neue Stilformen der zeitgenössischen Kunst wie etwa Photographie, Film, Collagen, Reklame und Design im eher traditionell-konservativen und provinziellen Rostocker und Mecklenburger Kunst- und Ausstellungsmilieu bekannt und populär; veröffentlichte neben zahlreichen Artikeln für die *Mecklenburgischen Monatshefte* und das Allgemeine Deutsche Künstlerlexikon (Thieme-Becker) sowie Ausstellungskatalogen u.a.: Plakatkunst und Revolution, Berlin 1919; Das Schloß zu Güstrow, ein Hauptwerk der Renaissance in Deutschland, Güstrow 1921; Frans Hals. Der Maler holländischer Lebenslust, München 1923; Otto Hitzberger. Der Bildhauer, Berlin 1925; Josef Wilm. Der Gold- und Silberschmied, Berlin 1925; Die bürgerliche Baukunst Wismars, Rostock 1925; Der Vatican in Kunst und Geschichte, Berlin 1925; Der Dom zu Güstrow in Geschichte und Kunst, Güstrow 1926 (mit K. Schmaltz); Vereinigung Rostocker Künstler, Berlin 1927; Alte und neue Baukunst in Rostock, 1927; Das Chorfenster der St. Bonifatiuskirche zu Berlin, Rostock 1928; Georg Friedrich Kersting. Ein mecklenburgischer Maler aus der Zeit der Freiheitskriege, Schwerin 1932; Guido Joseph Kern. Der Maler und Graphiker, München 1933; Das Bildnis in Mecklenburg von etwa 1850 bis zur Gegenwart, Rostock 1934; Hg. von Vicke Schorlers 'Wahrhaftiger Abcontrafactur der hochloblichen und weitberümten alten See- und Hansestadt Rostock, Haubtstadt im Land zu Mecklenburgh', Rostock 1939; Lübeck und Rostock, Berlin 1942; Deutschland, ewiger Hort der Kunst, Bremen 1942 (=Tornisterschrift des OKW, 74); Unsere Akademie. Tradition und Verpflichtung, Ziele und Wege, Karlsruhe 1948.

Gerhardt, Johannes Robert Gotthold

geboren am 3.1.1895 in Gera/Ohrdruf (Sachsen-Coburg-Gotha); evangelisch; Sohn eines Fabrikanten; Realgymnasium in Gera, dort 1914 Abitur; 1/1915 – 12/1916 Kriegseinsatz zunächst im II. bayerischen Infanterie-Regiment, dann als Telegraphist im Telegraphen-Bataillon VII und bei den Armee-Telegraphenabteilungen 6 und 3; 1/1917 wegen einer Nervenkrankheit aus dem Heer entlassen, EKFK; 1918 – 1924 Studium der Volkswirtschaftslehre, Soziologie, Philosophie und Gesellschaftslehre an den Universitäten München und Bonn; 7/1924 Promotion in München;[1] anschließend Tätigkeit im väterlichen Unternehmen, daneben wissenschaftliche Arbeit am Staatswissenschaftlichen Seminar der Universität München; 12/1929 Habilitation in München[2] und anschließend Privatdozent für Volkswirtschaftslehre und Soziologie an der Universität München[3]; dort seit 1933 Mitglied des NS-Rechtswahrerbundes, ab 6/1934 des NS-Lehrerbundes; 11/1934 – 7/1935 Lehrstuhlvertretung für Volkswirtschaftslehre an der Universität Bonn;[4] 4/1936 zum nichtbeamteten außerordentlichen Professor für Wirtschaftswissenschaft an der Universität München ernannt; dort ab 1936 auch Leiter der sozialpolitischen Arbeitsgemeinschaft des NS-Studentenbundes und der Gauamtsleitung der NS-Volkswohlfahrt;[5] Eintritt in die NSDAP am 1.5.1937, Mitgliedsnummer 5.153.476 und Dienst als NSDAP-Blockleiter; ab mindestens 1939 Mitarbeiter und Pressereferent des Dozentenbundführers der Universität München; ab 1939 auch Vorsitzender des Ausschusses für Sozialpolitik der Akademie für Deutsches Recht; 9/1939 – 1/1941 Lehrstuhlvertretung für Politische Ökonomie und Finanzwissenschaft an der Deutschen Karls-Universität in Prag,[6] dort auch Ausbilder an der Kreisschule der NSDAP in Prag-

1 Mit der Arbeit: Arbeitsrationalisierung und persönliche Abhängigkeit. Ein Beitrag zur Wirtschaftspsychologie, Tübingen 1925.

2 Mit der Arbeit: Unternehmertum und Wirtschaftsführung, Tübingen 1930.

3 Von seinen Lehrveranstaltungen waren die Vorlesungen zum Thema „Sozialismus, Bolschewismus und Faschismus“ in den Jahren 1930 bis 1934 mit einer Hörerzahl zwischen 144 bis 278 durchgängig am stärksten besucht.

4 Hier habe es Gerhardt „durch eine fruchtbare Verbindung von theoretischen und politischen Gedankengängen“, so das Urteil des Dekans, „sehr gut verstanden, die Studierenden nicht nur mit den Tatsachen der Volkswirtschaftspolitik des Dritten Reiches vertraut zu machen, sondern vor allem lebendig in deren Sinn und Geist einzuführen“.

5 Gerhardt wurde vom Leiter der Dozentenschaft der Universität München als „politisch unauffälliger“ Wissenschaftler beschrieben, der bei der „Winterhilfswerk-Sammlung einsatzbereit“ sei; ansonsten sei Gerhardt „alles andere als ein mitreißender jugendlicher Lehrer“ und „zum kämpferischen Einsatz also ungeeignet“; dennoch sei er „eine der erfreulichsten Erscheinungen der Fakultät“; er sei nunmehr Leiter einer Arbeitsgemeinschaft der Dozentenschaft, die ausländische Zeitungen sichte, um deren „Stellung zum Nationalsozialismus aufzudecken“; politisch sei Gerhardt „unbedingt zuverlässig“ und trotz seiner Kriegsverletzung „bei jeder Gelegenheit einsatzbereit“; an „Sammlungen und Kundgebungen“ nehme Gerhardt „mit großem Eifer teil“. Und der Dekan der Staatswissenschaftlichen Fakultät der Universität München meinte 5/1937, Gerhardt habe „in seiner wissenschaftlichen Arbeit ... schon vor der Machtergreifung ausgesprochenen Anklang an Forderungen des nationalsozialistischen Programms“ gezeigt.

6 Der Dozentenbundführer der Universität München informierte 9/1939 seinen Prager Kollegen über Gerhardt und teilte mit, daß dieser „in Vorlesungen und Übungen restlos die

Tschebotau; 11/1939 zum außerplanmäßigen Professor an der Universität München ernannt; ab 1/1941 Lehrstuhlvertretung für Volkswirtschaft an der Universität Rostock;[7] 6/1941 zum außerordentlichen Professor für Wirtschaftswissenschaften/Volkswirtschaftslehre an der Universität Rostock ernannt;[8] 1/1943 mit der Begründung uk gestellt, Gerhardt sei neben der universitären Lehrtätigkeit auch als Vorsitzender des Ausschusses für Sozialpolitik an der Akademie für Deutsches Recht „mit wichtigen wehrwissenschaftlichen Aufgaben betraut"; 4/1944 ausgebombt; 6/1944 – 6/1945 mit der Wahrnehmung der Geschäfte des Dekan der Rechts- und Wirtschaftswissenschaftlichen Fakultät der Universität Rostock beauftragt, dann zurückgetreten; 2/1945 Antrag der Rechts- und wirtschaftswissenschaftlichen Fakultät der Universität Rostock auf Ernennung Gerhardts zum ordentlichen Professor für Volkswirtschaftslehre;[9] vom Präsidenten des Landes Mecklenburg-Vorpommern 10/1945 aus dem Universitätsdienst entlassen;[10] 7/1946 An-

---

nationalsozialistische Weltanschauung vertreten und auch durch tätige Mitarbeit in der Bewegung seine Einsatzbereitschaft bekundet" habe; in seiner Veröffentlichung „Deutsche Arbeits- und Sozialpolitik, Berlin 1939" präsentiere Gerhardt „eine erste systematische Darstellung der Grundsätze und Maßnahmen der nationalsozialistischen Sozialpolitik. Das Buch ist nicht nur fachlich eine Leistung, sondern auch politisch wertvoll".

7 Der Dekan der Rechts- und wirtschaftswissenschaftlichen Fakultät der Universität Rostock, Walter Hallstein, setzte sich in Kenntnis der „Lehrerfolge" Gerhardts in Prag und in Rostock für dessen endgültige Berufung nach Rostock mit der Begründung ein, Gerhardts Arbeiten „betreffen in erster Linie sozialpolitische Fragen, die er stets in ihrer Einheit mit den wirtschaftlichen Vorgängen und den sozialen Ideen zu sehen" versuche, was eine „fruchtbare Auseinandersetzung mit den gestaltenden Kräften der Gegenwart, insbesondere auf sozialpolitischem Gebiet" zur Folge habe. Sein Buch über Deutsche Arbeits- und Sozialpolitik stehe „auf hohem wissenschaftlichen Niveau" und sei „das einzige einschlägige Lehrbuch, das den neuesten Entwicklungen in wissenschaftlicher Weise voll gerecht" werde.

8 Gerhardts Hauptarbeitsgebiete waren die allgemeine Volkswirtschaftslehre, die Gewerbepolitik, Sozialpolitik, Sozialverwaltung und Arbeitslehre.

9 In dem von Ulrich von Lübtow begründeten Antrag hieß es, Gerhardt habe „eine durch die Kriegsumstände besonders ausgedehnte Lehrtätigkeit mit Erfolg ausgeübt und sich zugleich durch wertvolle Publikationen an der wirtschaftswissenschaftlichen Forschung beteiligt", zudem habe er „bis zur kriegsbedingten Stillegung der Arbeitsausschüsse der Akademie für Deutsches Recht als Leiter der sozialpolitischen Arbeitsgemeinschaft dieser Akademie ... fruchtbare Tagungen veranstaltet". Da „z.Zt. aber keine Verbindung nach Berlin besteht", wurde der Antrag 4/1945 „zunächst einen Monat zurückgestellt".

10 In seinen Rechtfertigungsversuchen präsentierte sich Gerhardt nunmehr als Vorkämpfer des wahren Sozialismus und als Widerständler. Schon als Student in München sei er Mitglied der von den Sozialisten Landauer und Birnbaum geführten Freistudentenschaft und des Sozialistisch-Republikanischen Studentenbundes gewesen, und sein Entschluß, sich der „wissenschaftlichen Erforschung der sozialen Fragen zu widmen", sei durch „die Vorlesungen und die überragende Persönlichkeit Max Webers" bestimmt gewesen; und bereits in seiner Promotionsschrift habe er „die unheilvollen sozialpsychologischen Auswirkungen" gezeigt, denen „der heutige Industriearbeiter in der kapitalistischen Wirtschaft unterworfen" sei, und „die Notwendigkeit der Beteiligung der Arbeiter und besonders der Gewerkschaften an den Führungsaufgaben der Wirtschaft" hervorgehoben. In seinen Vorlesungen habe er nach „Kritik der frühsozialistischen Lehren besonders eingehend den wissenschaftlichen Sozialismus" behandelt und sei „der Ideologie des Nationalsozialismus", der „mit dem Wesen des echten Sozialismus nichts gemein" habe, „scharf entgegengetreten", so daß ihm „die Studenten der Linksparteien 'Saalschutz' angeboten" hätten. Zudem habe er „mit Rudolf Heß, der damals in München studierte, ... in den Seminaren manche Fehde ausgetragen". Er habe „als Student wie als Dozent in bewußt betontem Gegensatz zu den Lehren der Nazis gestanden"; er habe immer

trag zur Gewährung von Forschungsaufträgen zur politischen Rehabilitierung,[11] 12/1946 jedoch Einstellung dieser Arbeiten und Stornierung der Bezüge durch die Universität; 1972 in Unterschwarzbach gestorben[12]

Quellen: UAR: PA Gerhardt; LHAS: 5.12-7/1, Nr. 1195, 1442, 1445, 2344; BA/BDC: PK, REM; BA/BDC-Karteien: NSDAP, NSLB, REM.

„persönliche und wissenschaftliche Beziehungen zu nichtarischen Wissenschaftlern" unterhalten, sei deshalb „durch die Gestapo überwacht" worden, „die auch Haussuchungen bei mir vornahm". Als angeblich „die Mitgliedschaft bei der NSDAP Zwang wurde", sei er „auf Drängen des Dozentenbundes Mitglied der Partei" geworden – „nicht aus persönlichen Gründen", er habe „keinerlei Vorteile davon gehabt" -, um „die Nazis mit ihren eigenen Waffen zu schlagen". Während seiner Lehrstuhlvertretung in Prag habe er „keinerlei Beziehung zur NSDAP" gehabt, und während seiner Professur in Rostock habe er sich „bei Berufungen für ausgesprochen antinationalsozialistische Lehrkräfte eingesetzt", die „NS-Ideologie ... stets abgelehnt" und „den Rassenwahn niemals mitgemacht".

11 Gerhardt wollte die Themen „Entwicklung der Volkswirtschaftslehre und des Sozialismus unter Anwendung der dialektischen Methode", wie sie schon „Karl Marx für die kapitalistische Epoche aufgezeigt" habe, sowie „Die Bedeutung der Rationalisierung für den Wiederaufbau der deutschen Wirtschaft (insbesondere in der sowjetrussischen Zone)" untersuchen.

12 Veröffentlichte neben einer Reihe von Artikeln im Handwörterbuch der Staatswissenschaften und im Handwörterbuch für Arbeitswissenschaft u.a.: Liberalismus und Wirtschaftsdemokratie, Berlin 1930; Hauptrichtungen der Soziologie, Leipzig 1932; Arbeit und Arbeiter in der deutschen Volkswirtschaft, 1939; Deutsche Arbeits- und Sozialpolitik, Berlin 1939.

Gerlach, Günther Emil Franz Gustav

geboren am 17.6.1901 in Rostock/Mecklenburg-Schwerin; evangelisch; Sohn eines Arztes; Realgymnasium in Bützow, dort Abitur; Medizinstudium an den Universitäten Rostock und München; 12/1927 Approbation und Promotion in Rostock;[1] zunächst Volontärarzt am Pathologisch-Anatomischen Institut der Universität Hamburg; ab 1929 Assistenzarzt am Pathologisch-Anatomischen Institut der Universität Rostock; dort Eintritt in die NSDAP am 1.3.1932, Mitgliedsnummer 985.070; dort auch Mitglied der SA; ab 3/1934 Facharzt für Chirurgie; verheiratet; 11/1935 – 12/1937 Oberarzt an der Chirurgischen Universitätsklinik in Rostock; dort 1/1936 Habilitation;[2] ab 1/1937 Privatdozent für Chirurgie und Lehrauftrag an der Universität Rostock; dort auch NSKK-Sanitätsstandartenführer; ab 8/1938 Chefarzt des Stadtkrankenhauses in Schwerin; 1/1940 zum Dozenten neuer Ordnung ernannt; ab 8/1942 Kriegseinsatz als Wehrmachtsarzt in Schwerin; 11/1944 zum außerplanmäßigen Professor an der Universität Rostock ernannt; letzte militärische Meldung: als Stabsarzt 8/1945 zum Hospital 17 in die Pionierkaserne nach Lübeck versetzt; 1983 in Ratzeburg gestorben

Quellen: UAR: PA Gerlach; BA/BDC: PK, REM; BA/BDC-Karteien: NSDAP, NSLB, REM.

1 Mit der Arbeit: Kritische Beiträge zur Nierenfunktionsprüfung nach Pregl und von Haberer, Rostock 1928.

2 Mit der Arbeit: Mikroskopische Gewebsuntersuchungen im ultravioletten Licht, Schwerin 1942.

Gerstenberg, Walter Erich Bruno

geboren am 26.12.1904 in Hildesheim/Hannover; evangelisch; Sohn eines Lehrers; humanistisches Gymnasium in Hildesheim, dort 10/1923 Abitur; 10/1925 – 1929 Studium der Musik und Musikwissenschaften an den Universitäten Berlin und Leipzig; dort 3/1929 Promotion;[1] 9/1929 – 3/1932 Hilfsassistent am Musikwissenschaftlichen Institut sowie am Instrumenten-Museum der Universität Leipzig; 4/1932 – 9/1938 Assistent am Musikwissenschaftlichen Institut der Universität Köln; dort seit 6/1934 Mitglied des NS-Lehrerbundes; 2/1935 Habilitation in Köln;[2] anschließend Privatdozent und ab 1937 Lehrauftrag für Deutsche Musikgeschichte und historische Musizierpraxis an der Universität Köln; dort Eintritt in die NSDAP am 1.5.1937, Mitgliedsnummer 5.617.746; 8/1937 Heirat,[3] später zwei Kinder; 10/1938 – 3/1940 Dozent, ab 9/1939 Dozent neuer Ordnung und Lehrbeauftragter an der Universität Köln; ab 4/1940 Lehrstuhlvertretung und Dozent für Musikwissenschaft sowie Leiter des Musikwissenschaftlichen Seminars an der Universität Rostock; ab 3/1941 nichtbeamteter außerplanmäßiger Professor für Musikwissenschaft[4] und Direktor des Instituts für Musikwissenschaf der Universität Rostock, dort auch Leiter des *Collegium musicum*; 7/1941 – 1943 Kriegseinsatz als Sanitäts-Obergefreiter in der Heeres-Sanitätsstaffel in Rostock, dann uk gestellt; ab 11/1945 Mitglied der SPD, dann der SED; 1/1946 zunächst aus dem Universitätsdienst entlassen; vom 'Block der antifaschistischen Parteien in Rostock' wurden 2/1946 gegen eine Wiedereinstellung Gerstenbergs als Universitätsprofessor „keine Bedenken" erhoben; ab 3/1946 Anträge des Rektors auf Wiedereinstellung Gerstenbergs als Universitätsprofessor;[5] 5/1946 Antrag auf einen besoldeten For-

---

1 Mit der Arbeit: Die Klavierkompositionen Domenico Scarlattis, Regensburg 1933.

2 Mit der Arbeit: Beiträge zur Problemgeschichte der evangelischen Kirchenmusik.

3 Mit Irmgard Progasky, geb. am 4.2.1907 in Crossen/Oder.

4 Da das Fach Musikwissenschaft seit 1923 nur noch durch eine Dozentur vertreten wurde, bemühte sich die Universitätsleitung mehrfach um eine Aufwertung der Musikwissenschaften durch die Schaffung wenigstens einer außerordentlichen Professur; so teilte Dekan Walter Bröcker dem Reichsministerium für Wissenschaft, Erziehung und Volksbildung 12/1942 mit, daß die anderen beiden Gattungen der Kunst – Dichtung und bildende Kunst – in Rostock gut repräsentiert, die Musikwissenschaften dagegen völlig unterbesetzt seien. Dies sei umso unverständlicher, als „die Bedeutung der Musikwissenschaft besonders seit 1933, seitdem Aufgaben wie Volksliedforschung und Landschaftsforschung in diese Wissenschaft aufgenommen worden sind, ständig im Steigen" sei. Auch für die Neubelebung des Kulturlebens der durch Bombenangriffe weitgehend zerstörten Stadt Rostock – so sei etwa das Theater zerstört – sei die Forcierung der musikwissenschaftlichen und musikpraktizierenden Arbeit von großer Bedeutung; auch der Gauleiter würde sich für die Wiederbelebung des geistig-kulturellen Lebens einsetzen. Bröcker verwies darüber hinaus auf die besondere Stellung des Seminars, das dieses durch die Übertragung der Leitung der Landschaftsarbeit, d.h. die Edition und Inventarisierung von mecklenburgischen und pommerschen Musikdenkmälern, vom Staatlichen Institut für deutsche Musikforschung in Berlin auf das Musikwissenschaftliche Seminar der Universität Rostock erlangt habe. Bis 1/1945 konnte diese Frage jedoch nicht geklärt werden.

5 Es sei, wie Rektor Günther Rienäcker hervorhob, „dokumentarisch und durch Zeugenaussagen" belegt, daß Gerstenberg „aktiv im antifaschistischen Sinne auch vor dem 1. Mai 1945 gewirkt habe" und er „jetzt als politisch völlig zuverlässig und unbedenklich der Mitarbeit für würdig gehalten" werde; außerdem sei Gerstenberg „nur Anwärter" der NSDAP gewesen und nunmehr

schungsauftrag über „Musik und Musikauffassung der französischen Revolutionszeit“; ab 6/1946 planmäßiger außerordentlicher Professor für Musikwissenschaft/Musikerziehung, Lehrbeauftragter auch an der Pädagogischen Fakultät und Direktor des Instituts für Musikwissenschaft der Universität Rostock;[6] ab 1946 auch Direktor bzw. stellvertretender Direktor der Staatlichen Hochschule für Musik in Rostock; 1/1947 Berufung in den Ausschuß der Deutschen Volksbühne für Mecklenburg-Vorpommern; 7/1947 von der SMA als ordentlicher Professor an der Universität Rostock bestätigt; wegen beständiger, politisch bedingter Verzögerung der Aufwertung seines Lehrstuhls in ein ordentliches Ordinariat 10/1948 Weggang aus Rostock; ab 10/1948 ordentlicher Professor für Musikwissenschaft an der Freien Universität Berlin; ab 1952 ordentlicher Professor für Musikwissenschaft an der Universität Tübingen; ab 1965 auch Rektor der Universität Tübingen; am 26.10.1988 in Tübingen gestorben[7]

Quellen: UAR: PA Gerstenberg; LHAS: 5.12-7/1, Nr. 2407, 2554, 2555; 6.11-21, Nr. 2420; BA/BDC: REM; BA/BDC-Karteien: NSDAP, NSLB, REM.

Mitglied der SPD. Rienäcker übernahm für die „einwandfreie politische Haltung“ Gerstenbergs „persönlich die Verantwortung“. Dieser Antrag wurde vom Vizepräsidenten des Landes Mecklenburg-Vorpommern 4/1946 unterstützt; laut Gottfried Grünberg habe Gerstenberg „vor 1933 als Mitglied der ’Liga für Menschenrechte’ und als Anhänger des ’Bundes entschiedener Schulreformer’ aktiv gegen den Faschismus gekämpft“; als Mitglied der SPD arbeite Gerstenberg „aktiv in der Partei, bei allen Kulturveranstaltungen der Stadt Rostock und im Kulturbund mit“.

6 Rektor Rienäcker formulierte 4/1947 in einer politischen Beurteilung, Gerstenberg sei „als alter Sozialist jetzt Mitglied der SED“; er habe vor 1945 „aktive antinazistische Politik“ betrieben, indem er „jener Gruppe von Professoren angehört“ habe, „die das Eindringen von NS-Parteielementen und Parteieinflüssen, auch von Parteiberufungen verhindert haben“; außerdem seien „alle seine musikalischen Veranstaltungen völlig nazirein“ gewesen. Gerstenberg sei „einer der wertvollsten antifaschistischen Hochschullehrer der Philosophischen Fakultät“ der Universität Rostock. 1/1948 entschied auch die Landesentnazifizierungskommission, daß Gerstenberg weiterhin als Professor tätig sein könne.

7 Veröffentlichte u.a.: Edition der Motetten von Ludwig Senfl, 1. Bd. 1939/1940, später acht weitere Bände; Das Tempo der Barockmusik, 1949; Zur Erkenntnis der Bachschen Musik, Berlin/München 1950; Die Zeitmaße und ihre Ordnung in Bachs Musik, Einbeck 1951; Musikerhandschriften von Palestrina bis Beethoven, Zürich 1960; Hrsg. der Tübinger Bach-Studien, 1957 ff.; Numerus und Affectus. Studien zur Musikgeschichte, Kassel u.a. 1959 (als Hg.).

Gißel, Heinrich Georg Karl

geboren am 17.5.1902 in Kassel/Hessen-Nassau; evangelisch; Sohn eines Landessekretärs; Städtische Vorschule und Realgymnasium in Kassel, dort 2/1921 Abitur; während der Schulzeit zwei Jahre als Bäckergehilfe und 1918 für sechs Monate als Landarbeiter im Vaterländischen Hilfsdienst tätig; 1919/20 Angehöriger der Stadtwehr und der Offizierskompanie in Kassel; ab 10/1922 Medizinstudium an den Universitäten Göttingen und Berlin; zur Finanzierung des Studiums daneben 3/1921 – 1924 zunächst Apothekerpraktikant, dann Apothekerassistent in Kassel; 1924 – 1926 auch Studium der Pharmazie an der Universität Göttingen; 4/1926 pharmazeutisches und 1/1928 medizinisches Staatsexamen in Göttingen; 2-4/1928 Medizinalpraktikant an der Chirurgischen Universitätsklinik in Göttingen; mit Professor von Gaza 4/1928 Wechsel an die Universität Rostock, hier bis 9/1928 Medizinalpraktikant an der Chirurgischen Universitätsklinik; 9/1928 Promotion in Rostock;[1] 10/1928 – 1/1929 Medizinalpraktikant und nach der Approbation 2/1929 – 2/1930 Volontärassistent an der II. Medizinischen Klinik der Universität München; 3/1930 – 5/1934 Assistenzarzt an der Chirurgischen Universitätsklinik in Rostock; 9/1930 Heirat,[2] später vier Kinder, davon eins gestorben; 1932/33 Leiter der vom Wehramt der Studentenschaft und vom NS-Studentenbund Rostock mit der Reichswehr durchgeführten Wehrsport- und Sanitätskurse; ab 1933 Facharzt für Chirurgie; Eintritt in die NSDAP am 1.5.1933, Mitgliedsnummer 2.808.498; ab 7/1933 auch Mitglied der SA, als SA-Sanitäts-Obertruppführer zunächst 1. Sturmbannarzt im Sanitätssturm der SA-Brigade 111; 3-9/1934 auch ärztlicher Referent beim SA-Hochschulamt Rostock und Lagerarzt in der dem Chef des Ausbildungswesens der SA unterstehenden SA-Sportschule in Serrahn; 5/1934 Habilitation in Rostock,[3] dort ab 1/1935 Privatdozent für Chirurgie; ab 7/1934 Mitglied des NS-Lehrerbundes; ab 4/1935 Oberarzt, später 1. Oberarzt an der Chirurgischen Klinik der Universität Rostock, dort ab 3/1938 auch Dozent für Orthopädie; 11/1934 – 7/1944 Führer der Dozentenschaft der Universität Rostock und bis 10/1935 auch Leiter der Hochschulgruppe Rostock des NS-Dozentenbundes;[4] 8-10/1935, 3/1937 und 9/1938 militärische Übungen in der Heeres-Sanitätsstaffel 12 sowie 3/1939 Besuch der Militärärztlichen Akademie in Berlin; auf Vorschlag von Amtsvorgänger Brill ab 4/1937 auch Gauführer des NS-Dozentenbundes des Gaues Mecklenburg der NSDAP in Rostock,[5]

1 Mit der Arbeit: Ein Beitrag zur Frage der Lokalanästhesie. Über die Abhängigkeit der Novokainwirkung von der Art und Reaktion des Lösungsmittels, Berlin 1928.

2 Mit Wera Körting, geb. am 13.9.1903 in Moskau; Tochter eines Ingenieurs.

3 Mit der Arbeit: Über vegetative Störungen bei traumatischen Hirnschädigungen, insbesondere der Commotio cerebri, Rostock 1935.

4 Nahm in diesen Funktionen maßgeblichen Einfluß auf die Zulassung zu Habilitationen sowie auf die Berufung von Professoren und Dozenten.

5 Der nunmehrige Rektor Ernst-Heinrich Brill teilte dem Mecklenburgischen Staatsministerium kurz vor dem Auslaufen des Assistentenvertrages Gißels mit, daß es „für die Universität Rostock vom politischen Standpunkt aus unerläßlich" sei, daß Gißel „in Rostock gehalten" werde, worauf dieser zum Gaudozentenbundführer ernannt und sein Dienstvertrag verlängert wurde. Außerdem war Gißel „als anerkannter Chirurg" von Gauleiter Hildebrandt beauftragt, „sich um die an ihn herantretenden Parteigenossen zu kümmern und besonders die führenden

zunächst im Range eines Gauhauptstellenleiters, ab 11/1943 als Gauamtsleiter in der Gauleitung Mecklenburg der NSDAP; 4/1937 zum SA-Sanitätsobersturmführer befördert und Führer des Sanitätssturms der SA-Standarte 90 in Rostock, dort 11/1938 zum SA-Sanitätshauptsturmführer befördert; 10/1939 – 7/1944 Kriegseinsatz als Arzt in Front- und Feldlazaretten im Osten, im Frankreichfeldzug, als Beratender Chirurg im Afrika-Korps und in Italien; 5/1941 EK II und KVK I. Kl. m.S.; 10/1942 zum Stabsarzt befördert, 12/1942 EK I; währenddessen 2/1940 zum außerplanmäßigen Professor für Chirurgie und Orthopädie an der Universität Rostock ernannt;[6] 1/1943 Goldenes Ehrenzeichen der NSDAP ehrenhalber; 4/1943 zum SA-Sanitätssturmbannführer befördert; 6/1943 zum planmäßigen außerordentlichen Professor an der Universität Rostock ernannt; als Oberstabsarzt am 24.7.1944 bei einem Partisanenangriff in Italien ums Leben gekommen;[7] 8/1944 Antrag der Universität Rostock und des Mecklenburgischen Staatsministeriums, Gißel postum zum ordentlichen Professor zu ernennen[8]

Quellen: UAR: PA Gißel; LHAS: 5.12-7/1, Nr. 2382, 2480; BA/BDC: SA, PK, REM; BA/BDC-Karteien: NSLB, NSDÄB.

Parteigenossen ärztlich zu beraten". Als Oberarzt der Chirurgischen Universitätsklinik, die zu den größeren der insgesamt 22 medizinischen Einrichtungen in Mecklenburg gehörte, an denen nach dem 7/1933 erlassenen Gesetz zur Verhütung erbkranken Nachwuchses Sterilisierungen vorgenommen wurden, hat Gißel selbst zahlreiche „Unfruchtbarmachungen" durchgeführt.

6 Gißels Berufung war schon für 1938 vorgesehen, kam aber infolge von Intrigen anderer Oberärzte, die durch seinen Chef, den Direktor der Chirurgischen Klinik, Johann Carl Lehmann, weiter geschürt wurden, nicht zustande, was schließlich zu einem Verfahren vor dem Gaugericht Mecklenburg der NSDAP führte, in dem der von Lehmann angeschuldigte Gißel 11/1940 in allen Punkten freigesprochen und rehabilitiert wurde. Nachdem sich Gauleiter Hildebrandt bereits 11/1939 persönlich beim Reichserziehungsminister Rust für die Ernennung Gißels zum außerplanmäßigen Professor stark gemacht hatte – und damit Erfolg hatte -, intervenierte Hildebrandt 11/1940 beim Mecklenburgischen Staatsministerium, Gißel nun endlich auch zum beamteten Professor zu ernennen; dieser habe „nunmehr den ganzen Krieg mitgemacht und auch als Soldat seine Pflicht erfüllt"; es müsse „aber den einzelnen Soldaten an der Front ... außerordentlich bedrücken, wenn er, der immer für die Parteiarbeit zur Verfügung stand, nun ... nicht einmal Beamter wird", und Hildebrandt forderte, daß „nunmehr endlich das Versprechen eingelöst wird und das, was im Jahre 1938 zugesagt" worden sei, „im Jahre 1941 erfüllt" werde. Zu Gißels Hauptforschungsgebieten gehörten der Stoffwechsel bei Heilungsprozessen, Krebsstoffwechsel, Transplantation, Urologie, Geschwulstbildung, Hirnchirurgie und Lungentuberkulose sowie die Unfallchirurgie und Wundchemie.

7 In der von der Ehefrau aufgegebenen Todesanzeige hieß es, daß Gißel „nach fünfjährigem ununterbrochenem begeistertem Fronteinsatz am 24.7.1944 in Italien sein Leben voll hingebungsvoller Arbeit mit dem Tode für Deutschland krönte". Gauleiter Hildebrandt beklagte, daß er mit Gißel „einen hervorragenden Mitarbeiter" im Gau verloren habe, der „sowohl als Arzt wie als Mensch einzigartige Qualitäten besaß"; Gißels Hauptverdienst liege darin, „daß er nach der Machtübernahme die Grundlage für die Zusammenarbeit zwischen Partei und Dozentenschaft" geschaffen und „in hervorragender Weise viele der Partei bisher unbekannte Persönlichkeiten der nationalsozialistischen Idee nahegebracht und ihnen den Weg zur politischen Auswirkung geebnet" habe. Seit seinem Eintritt in die NSDAP sei Gißel „unermüdlich tätig" gewesen, „um an der Universität Rostock die nationalsozialistische Idee kompromißlos zum Durchbruch zu bringen".

8 Veröffentlichte u.a.: Die Lungentuberkulose, Leipzig 1933 (mit P.G. Schmidt).

Golther, Wolfgang Karl

geboren am 25.5.1863 in Stuttgart/Württemberg; evangelisch; Sohn eines Abteilungsleiters im württembergischen Kultusministerium; Gymnasium in Stuttgart, dort 9/1881 Abitur; 1882 – 1886 Studium der Germanischen Philologie, der altromanischen Sprachen und Literatur an der Universität München; als Einjährig-Freiwilliger dazwischen 10/1882 – 10/1883 Militärdienst; 7/1886 Promotion in München,[1] 5/1888 Habilitation in München[2]; 6/1888 Heirat,[3] später drei Kinder; 5/1888 – 1895 Privatdozent für Germanische Philologie an der Universität München; 4/1895 – 3/1934 ordentlicher Professor für Deutsche und Neuere Literatur und Direktor des Deutsch-Philologischen Seminars der Universität Rostock;[4] daneben zwischen 1895 und 1944 breites Engagement in der Erwachsenenbildung sowie Opernrezensent für verschiedene Zeitungen; 1902/03 auch Dekan der Philosophischen Fakultät der Universität Rostock; 1907 – 1933 zunächst auch nebenamtlicher Leiter, dann Direktor der Universitätsbibliothek Rostock; 1909/10 Rektor und 1910/11 Prorektor der Universität Rostock; 1913 zum Geheimen Hofrat ernannt; langjähriger Berater und seit 5/1933 Ehrenmitglied des Stadttheaters in Rostock; 4/1933 aus Altersgründen pensioniert,[5] zunächst jedoch mit der Vertretung seines Lehrstuhls und der Leitung des Germanistischen Seminars beauftragt; 4/1934 emeritiert; ab 7/1934 Mitglied des NS-Lehrerbundes; als Emeritus 1934 – 1944 Honorarprofessor für Deutsche Philologie an der Universität Rostock; auf Anregung von Winifred Wagner 1/1939 Goethe-Medaille für Kunst und Wissenschaft durch Hitler verliehen; 1942 verwitwet; 1942 Ehrenbürger der Stadt Bayreuth; 1943 Beteiligung am 'Kriegseinsatz der Geisteswissenschaften';[6] 4/1944 Zerstörung seines Hauses

1 Mit der Arbeit: Das Rolandslied des Pfaffen Konrad. Ein Beitrag zur Literaturgeschichte des XII. Jahrhunderts, München 1887.

2 Mit der Arbeit: Die Sage von Tristan und Isolde. Studie über ihre Entstehung und Entwicklung im Mittelalter, München 1888.

3 Mit Lilly Kohler, geb. am 26.4.1867 in Genf; Tochter eines Bankiers; 1942 gestorben.

4 Golthers Forschungsschwerpunkte waren die altnordische und deutsche Literatur des Mittelalters und der Goethezeit, die germanische Mythologie, die vergleichende Sagen- und Motivforschung, die Romanistik und Nordistik, die Theatergeschichte sowie – durch persönliche Bekanntschaft initiiert – Leben und Werk Richard Wagners; Golther entwickelte sich zwischen 1902 und dem Ende des Dritten Reiches zum führenden Wagner-Forscher Deutschlands.

5 Der Führer der Hochschulgruppe Rostock des NS-Studentenbundes, Werner Trumpf, hatte sich 3/1933 beim damaligen Staatskommissar und späteren Reichsstatthalter von Mecklenburg-Lübeck, Friedrich Hildebrandt, dafür verwandt, sowohl den faktischen Leiter der Universitätsbibliothek, Gustav Kohfeldt, als auch deren nominellen Direktor, Wolfgang Golther, abzulösen; nach Trumpf sei es nunmehr „dringend notwendig, daß die Direktion der Universitätsbibliothek in jüngeren, streng nationalen Händen“ liege, damit „bei der Anschaffung von wissenschaftlichen Werken die Schriftsteller nationalsozialistischer Gesinnung auf der Hochschule Eingang finden“. Kohfeldt und Golther sollten „durch eine jüngere, möglichst nationalsozialistische Kraft ersetzt“ werden, zumal Golther „schon 71 Jahre alt“ sei und „eine recht unzeitgemäße Anschauung von der Wissenschaft“ habe.

6 So wurde die von Golther verfaßte Arbeit 'Island, die Sagainsel und die Grundlagen ihres Rechts' vom Mecklenburgischen Staatsministerium nach der amerikanischen Besetzung Islands 5/1943 mit der Begründung als „kriegswichtig“ eingestuft und „vordringlich“ zum Druck

und Totalverlust seiner Bibliothek durch Bombenschaden, Umzug nach Bad Doberan; am 14.12.1945 an Entkräftung und Herzschwäche in Rostock gestorben[7]

Quellen: UAR: PA Golther; LHAS: 5.12-7/1, Nr. 1258; BA/BDC: RKK; BA/BDC-Karteien: NSLB, REM.

empfohlen, daß „das schwere Schicksal der von den Feinden Deutschlands besetzten und mißhandelten Insel ... nicht nur im Norden, sondern auch in Deutschland umso größere Teilnahme [erwecken könne], als die Insel von einer rein nordisch-germanischen Bevölkerung besiedelt“ sei. Im Kontext der Bemühungen des NS-Staates, 'nach Stalingrad' sowohl ein breites antibolschewistische Bündnis zu schmieden und die Kriegsanstrengungen der 'germanischen' Länder zu forcieren als auch die Heimatfront mental zu stabilisieren, erhielt auch Golthers Schaffen eine gewisse Bedeutung: „Der inneren Verbundenheit mit dieser Insel, ihrer Geschichte und Kultur Ausdruck zu geben, liegt im dringenden Interesse der Zusammenarbeit mit den nordischen Völkern ... Aus diesem Grund wird ein neues Werk des Professors Dr. Golther wiederum ein wirksames Zeugnis ablegen von dem Gefühl der Bluts- und Geschichtsverbundenheit, das vom deutschen Volke für die Isländer empfunden“ werde.

7 Veröffentlichte u.a.: Tristan und Isolde. Flore und Blanschflur, Stuttgart 1888; Studien zur germanischen Sagengeschichte, München 1898; Geschichte der deutschen Literatur. 2 Bde., Stuttgart 1892/93; Götterglaube und Göttersagen der Germanen, Dresden 1894; Handbuch der germanischen Mythologie, Leipzig 1895; Richard Wagner als Dichter, Berlin 1904; Nordische Literaturgeschichte, Leipzig 1905; Tristan und Isolde in den Dichtungen des Mittelalters und der neuen Zeit, Leipzig 1907; Religion und Mythus der Germanen, Leipzig 1909; Die deutsche Literatur im Mittelalter 800 – 1500, Stuttgart 1912; Richard Wagner. Gesammelte Schriften und Dichtungen in zehn Bänden, Berlin 1914; Das Nibelungenlied, Bielefeld 1923; Schiller, Leipzig 1925; Richard Wagner. Leben und Lebenswerk, Leipzig 1926; Richard Wagner. Leben und Werke in urkundlichen Zeugnissen, Briefen, Schriften und Berichten, Ebenhausen 1936; Richard Wagner. Musikdramen, Berlin 1940.

Gottschalk, Walter Karl Gustav

geboren am 27.10.1894 in Stift Berg/Herford (Westfalen); evangelisch; Sohn eines Lehrers; Volksschulen in Münster und in Dortmund, Realschule in Gronau und Realgymnasium in Siegen, dort 4/1914 Abitur; 4/1914 – 12/1916 Studium der Neueren Philologie an den Universitäten Lausanne, Leipzig und Gießen; ab 1/1917 Kriegseinsatz, zunächst im Armierungs-Bataillon 165, anschließend Militärdolmetscher „im Dienste des Nachrichtenoffiziers der Obersten Heeresleitung und der Spanischen Botschaft" im Kriegsgefangenenlager Gießen; 12/1918 aus dem Heer entlassen, EKFK; 1-3/1919 Leiter der Abwicklungsstelle der deutschen Waffenstillstandskommission in Spa ab 4/1919 Fortsetzung des Studiums der Neueren Sprachen an der Universität Gießen, dort 10/1920 Promotion[1] und 2/1921 erstes Staatsexamen für Französisch, Englisch und Deutsch; 4/1921 Heirat,[2] später zwei Kinder; 4/1921 – 10/1922 Assistent am Romanischen Seminar der Universität Gießen; 10/1922 – 10/1937 Lektor für französische Sprache an der Universität Gießen; 4/1924 zweites philologisches Staatsexamen; 7/1927 Habilitation in Gießen[3] und seitdem dort Privatdozent; daneben auch Studienassessor an der Oberrealschule in Gießen, dort 2/1931 zum außerplanmäßigen, 4/1936 zum planmäßigen Studienrat ernannt; an der Universität Gießen 8/1933 zum nichtplanmäßigen außerordentlichen Professor ernannt; seit 8/1933 Mitglied des NS-Lehrerbundes; ab 1933 sporadische Tätigkeit für das Reichsministerium für Volksaufklärung und Propaganda in Berlin sowie die Landesstelle Hessen-Nassau des Reichspropagandaministeriums in Frankfurt/M. zur Gewinnung französischer Intellektueller, „zuletzt im Falle des vom Führer empfangenen franz. Schriftstellers Alphonse de Châteaubriant"; ab 5/1934 Mitglied des Opferringes der NSDAP, ab 6/1934 des Reichsluftschutzbundes, ab 9/1934 der NS-Volkswohlfahrt und der NS-Kriegsopferversorgung; 1935 – 1945 auch Schriftleiter/Herausgeber des *Literaturblattes für germanische und romanische Philologie*; in Gießen Eintritt in die NSDAP am 1.5.1937, Mitgliedsnummer 5.863.202; 11/1937 – 12/1945 planmäßiger außerordentlicher Professor für Romanische Literatur bzw. Philologie sowie Direktor des Romanischen Seminars der Universität Rostock; 12/1945 aus dem Dienst der Universität Rostock entlassen; ab 1946 in Leverkusen, dort bis mindestens 1968 Inhaber und Geschäftsführer der Gottschalk'schen Verlagsbuchhandlung GmbH; am 29.8.1969 in Leverkusen gestorben[4]

Quellen: UAR: PA Gottschalk; LHAS: 5.12-7/1, Nr. 1262; BA/BDC: RKK; BA/BDC-Karteien: NSDAP, NSLB, REM.

---

1 Mit der Arbeit: Das lateinische Verbum „audire" in den Mundarten des Französischen, Gießen 1921; diese Studie wurde 7/1920 mit dem Diez-Preis der Universität Gießen ausgezeichnet.

2 Mit Margarete Deutsch, geb. am 23.4.1900 in Siegen; Tochter eines Apothekers.

3 Mit der Arbeit: Die humoristische Gestalt in der französischen Literatur, Heidelberg 1928.

4 Veröffentlichte u.a.: Französische Synonymik. Für Studierende und Lehrer, Heidelberg 1925; Die sprichwörtlichen Redensarten in der französischen Literatur, Heidelberg 1930; Französische Schülersprache, Heidelberg 1931; Die bildhaften Sprichwörter der Romanen, 3 Bde., Heidelberg 1935 – 1938; Langenscheidts Großwörterbuch Französisch. Teil II: Deutsch-Französisch, Berlin u.a. 1968.

Grebe, Hans Werner Eduard

geboren am 25.8.1913 in Frankfurt/M.(Hessen-Nassau); evangelisch; Sohn eines Schulrektors; Volksschule in Immenhausen, Realgymnasium in Frankfurt/M., dort 3/1931 Abitur; ab 1931 Studium der Medizin und der Sportwissenschaften/Turnphilologie an den Universitäten Berlin und Frankfurt/M.; dort ab 1931 Mitglied des NS-Studentenbundes, ab 1933 Wehrsportführer der Medizinischen Fakultät der Universität Frankfurt/M.; als Student Eintritt in die NSDAP am 1.4.1933, Mitgliedsnummer 1.808.677; an der Universität Angehöriger eines SA-Sanitätssturms; 1934 Staatsexamen in Sportwissenschaft; 1934 – 1935 freiwilliger Wehrdienst; 1936 medizinisches Staatsexamen, 4/1937 Promotion[1] in Frankfurt/M.; nach Tätigkeit als Medizinalpraktikant am Pathologischen Institut der Universität Frankfurt/M. und in der II. Inneren Abteilung des Horst-Wessel-Krankenhauses in Berlin 10/1937 Approbation; (zusammen mit Josef Mengele) ab 3/1938 Assistent, dann Assistenzarzt am Institut für Erbbiologie und Rassenhygiene der Universität Frankfurt/M. (bei Otmar von Verschuer);[2] verheiratet, ein Kind; ab 12/1939 Mitglied des NS-Ärztebundes; 9/1939 – 12/1941 Kriegseinsatz als Truppenarzt bei der Infanterie, zuletzt Bataillons- und Regimentsarzt, im Westfeldzug EK II und EK I, im Ostfeldzug Infanteriesturmabzeichen und Verwundetenabzeichen in Silber; nach Verwundung 1/1942 uk gestellt und wieder Tätigkeit am Institut für Erbbiologie und Rassenhygiene der Universität Frankfurt/M.; dort 7/1942 Habilitation,[3] ab 10/1942 Privatdozent für Humangenetik und bis 11/1942 stellvertretender Leiter des Instituts für Erbbiologie und Rassenhygiene der Universität Frankfurt/M. sowie Gutachter für das Reichssippenamt; 12/1942 – 9/1944 Dozent für Erbbiologie und Rassenhygiene an der Universität Berlin und zugleich Abteilungsleiter für Anthropologie am Kaiser-Wilhelm-Institut für Anthropologie, menschliche Erblehre und Eugenik in Berlin; 1942 – 1945 auch Leiter der Abteilung Wissenschaft im Amt für weltanschauliche Schulung der Reichsjugendführung, in Zusammenarbeit mit dem Rassenpolitischen Amt der NSDAP hier Ausbildung von HJ-Führern und NS-Führungsoffizieren in erbbiologischen und rassenhygienischen Fragen; ab 1/1943 Vertretung des Lehrstuhls für Erbbiologie und Rassenhygiene an der Universität Rostock;[4] ab 1944 mit der Wahrnehmung des Lehrfaches Eugenik an der Universität Rostock beauftragt; ab 10/1944 planmäßiger außerordentlicher Professor für Erbbiologie, Rassenhygiene und Eugenik und zugleich Direktor des neugegründeten Instituts für Erbbiologie der Universität Rostock; 4/1945 Flucht aus Rostock; ab Sommer

---

1 Mit der Arbeit: Die Häufigkeit der erblichen und nichterblichen Blindheitsursachen, Frankfurt/M. 1938; für diese Arbeit wurde Grebe bereits 1936 mit einem Preis der Universität Frankfurt/M. ausgezeichnet.

2 Dort 1938 im Auftrag des Reichsarbeitsministeriums Zwillingsuntersuchungen zur Klärung des Erbeinflusses bei Berufskrankheiten. Schon ab 1937 Forschungen zur Erblichkeit von Zwergwüchsigkeit (Chondrodysplasie).

3 Mit der Arbeit: Die Chondrodysplasie, ihre Klinik, Differentialdiagnose und Erbpathologie; nicht veröffentlicht, das Manuskript ist bei einem Bombenangriff zerstört worden.

4 Grebe hatte sich nach seinen Angaben von 7/1944 in seinen Forschungen bis dahin „ganz besonders mit erbpathologischen Fragestellungen und da vor allem mit Mißbildungen, in erster Linie Wachstumsanomalien (Minderwuchs)" beschäftigt; daneben sei er dem „Totgeburtenproblem nachgegangen" und hatte „im Auftrag des Reichsarbeitsministeriums schon 1938 größere Zwillingsuntersuchungen zur Klärung des Erbeinflusses bei Berufskrankheiten, in erster Linie bei Staublunge, übernommen".

1945 praktischer Arzt in Frankenberg-Eder/Hessen, von der dortigen Spruchkammer 1948 als entlastet eingestuft; 1953 – 1957 Lehrauftrag für Humangenetik an der Universität Marburg, daneben auch als Sportarzt tätig; 1954 – 1974 Präsident des Hessischen Sportärzte-Verbandes; ab 1955 Mitglied im Weltrat für Sport- und Leibeserziehung der UNESCO; 1957 – 1961 Präsident des Deutschen Sportärzte-Verbandes; ab 1958 Vizepräsident der Ärztekommission des Internationalen Amateur-Box-Verbandes, 1958 – 1976 auch Präsident der Ärztekommission des Deutschen Amateur-Box-Verbandes; ab 1970 Mitglied des Aufsichtsrates des Herz- und Kreislaufzentrums in Rotenburg/Fulda; am 22.12.1999 gestorben[5]

Quellen: UAR: PA Grebe; LHAS: 5.12-7/1, Nr. 1526, 2349; BA/BDC: PK; BA/BDC-Karteien: NSDAP, NSDÄB.

5 Veröffentlichte allein zwischen 1942 und 1944 mindestens 20 Artikel zur Erbpathologie bei Chondrodysplasie, später u.a.: Die biologischen Grundlagen der sportlichen Leistungsfähigkeit, Frankfurt 1956; Als Sportarzt dabei. Erfahrungen und Erlebnisse, Frankenberg 1993.

Gutenberg, Erich

geboren am 13.12.1897 in Herford/Westfalen; evangelisch; Sohn eines Fabrikbesitzers; Gymnasium; 1916 – 1918 Kriegseinsatz, zuletzt Vizefeldwebel im Reserve-Infanterie-Regiment 218; nach Verwundung 1918 Abitur in einem Lazarett; ab 1/1919 zunächst Studium der Naturwissenschaften an der Technischen Hochschule in Hannover; ab 6/1919 Studium der Volkswirtschaftslehre an den Universitäten Würzburg und Halle; dort 12/1921 Promotion;[1] anschließend dreijährige Tätigkeit im Kalkulationsbüro einer Maschinenfabrik und in der Revisionsabteilung der Deutschen Bank in Hirschberg/Schlesien; 11/1924 – 1929 wissenschaftlicher Assistent am Institut für Wirtschafts- und Sozialwissenschaften der Universität Münster; daneben ab 4/1925 Studium der Betriebswirtschaftslehre, 3/1926 Examen als Diplomkaufmann an der Handelshochschule in Frankfurt/M.; 5/1928 Habilitation in Münster[2], dann dort Dozent für Betriebswirtschaftslehre; ab 4/1929 Mitarbeiter bei der Deutschen Genossenschafts-, Revisions- und Treuhand GmbH/Deutsche Zentralgenossenschaft in Berlin; 1/1932 Heirat,[3] später ein Kind; ab 4/1932 Mitarbeiter bei der Deutschen Wirtschaftsprüfungs AG in Essen, dann Leiter von deren Dortmunder Filiale; ab 6/1932 Lehrstuhlvertretung für Betriebswirtschaftslehre an der Universität Münster; 1/1933 Examen als Wirtschaftsprüfer; ab 4/1933 Vorstandsmitglied der Deutschen Wirtschaftsprüfungs AG in Essen und seitdem Angehöriger der Reichskammer der Wirtschaftstreuhänder; ab 1933 Mitglied des NS-Rechtswahrerbundes, ab 7/1934 des NS-Lehrerbundes, ab 1935 des NS-Dozentenbundes; Eintritt in die NSDAP am 1.5.1937, Mitgliedsnummer 5.605.215; daneben auch Mitglied der SA, der NS-Volkswohlfahrt, des Reichsluftschutzbundes und des Volksbundes für das Deutschtum im Ausland; 4/1936 zum nichtbeamteten außerordentlichen Professor für Wirtschaftswissenschaften an der Universität Münster ernannt;[4] ab 11/1937 Lehrstuhlvertretung für Betriebswirtschaftslehre an der Universität Rostock; ab 11/1938 planmäßiger außerordentlicher Professor für Betriebswirtschaftslehre an der Bergakademie in Clausthal-Zellerfeld, daneben weiterhin Lehrstuhlvertretung an der Universität Rostock;[5] ab 9/1939 Kriegseinsatz, zuletzt Hauptmann und Kompaniechef, 1940

---

1 Mit der Arbeit: Thünens isolierter Staat als Fiktion, München 1922.

2 Mit der Arbeit: Die Unternehmung als Gegenstand betriebswirtschaftlicher Theorie, Berlin/Wien 1929.

3 Mit Magdalene Busse, geb. am 11.12.1904 in Bielefeld.

4 Zu Gutenbergs Hauptarbeitsgebieten zählte das industrielle Rechnungswesen, das Revisions- und Treuhandwesen sowie das Steuerrecht; er gilt als Begründer der modernen deutschen Betriebswirtschaftslehre, die den Betrieb als Gesamtheit seiner Teilfunktionen (Produktion, Absatz, Finanzen) betrachtet.

5 Die Rechts- und Wirtschaftswissenschaftliche Fakultät der Universität Rostock hatte 7/1938 die Einrichtung eines außerordentlichen Lehrstuhls für Betriebswirtschaft beantragt, der mit Gutenberg besetzt werden sollte; 11/1938 setzte sich auch Gauleiter Hildebrandt in der Erkenntnis, daß „die Wirtschaftswissenschaft heute eine ungeheure Bedeutung hat“, beim Mecklenburgischen Staatsministerium intensiv für eine feste Berufung Gutenbergs ein, der „die beste Kapazität auf dem Gebiete darstellt“; Hildebrandt: „Will Mecklenburg in der großen Entwicklung mit der Universität nicht hintan bleiben, dann gebe ich als Gauleiter den dringenden Rat, der mir von höchster Stelle unseres Reiches gegeben wurde, einen Agrar-Lehrstuhl ... zu entwickeln und darüber hinaus die Wirtschaftswissenschaft ebenfalls stark zu

EK I; 3/1940 zum ordentlichen Professor für Betriebswirtschaft an der Universität Jena ernannt; dazu 12/1942 aus der Wehrmacht entlassen; 1944 Lehrstuhlvertretung an der Universität Breslau; 1/1945 Flucht aus Breslau, Ende 1945 Weggang aus Jena, dort 1946 als NS-belastet entlassen;[6] 1948 – 1951 mit der Vertretung einer ordentlichen Professor für Betriebswirtschaftslehre an der Universität Frankfurt/M. beauftragt; 1951 – 1966 ordentlicher Professor für Betriebswirtschaftslehre und Spezielle Betriebswirtschaftslehre der Wirtschaftsprüfung und des Treuhandwesens an der Universität Köln; 1954 – 1966 Mitglied des wissenschaftlichen Beirats beim Bundeswirtschaftsministerium; 2/1957 Ehrendoktorwürde der Freien Universität Berlin, 12/1962 der Universität Münster, 11/ 1967 der Universität München, 5/1968 der Universität Saarbrücken, 12/1977 der Universität Göttingen, 2/1978 der Universität Frankfurt/M.; 7/1968 Großes Bundesverdienstkreuz 1. Klasse am Bande; 1966 emeritiert; am 22.5.1984 in Köln gestorben[7]

Quellen: UAR: PA Gutenberg; LHAS: 5.12-7/1, Nr. 1449; BA/BDC: PK, REM; BA/BDC-Karteien: NSLB, REM.

---

entwickeln und zu einem Voll-Lehrstuhl auszubauen"; ihm, Hildebrandt, sei „dringend geraten worden, lieber den theologischen Lehrstuhl dafür aufzugeben". Als die Universität 1940 die Möglichkeit erhielt, Gutenberg zu berufen, und ihn schon 7/1939 als einzigen Kandidaten auf ihre Berufungsliste gesetzt hat, folgte dieser einem gleichzeitig ergangenen Ruf an die Universität Jena.

6 Die drei ehemaligen Rostocker Professoren Gutenberg, Preiser und Schultze-von Lasaulx hatten im Herbst 1945 gemeinsam mit dem Ordinarius für Straf- und Rasserecht Richard Lange eine Denkschrift „Zur Haltung der deutschen Intelligenz gegenüber dem Nationalsozialismus und ihre Bedeutung für die Zukunft Deutschlands" verfaßt, in der sie behaupteten, die – vor allem durch die Professorenschaft repräsentierte – deutsche Intelligenz sei am Aufstieg und Sieg der NS-Bewegung schuldlos gewesen und habe sich – von wenigen Ausnahmen abgesehen – dem NS-System verweigert, in und außerhalb der NS-Organisationen aktiven und passiven Widerstand geleistet und sei deshalb zur geistigen Führung des Neuaufbaus legitimiert.

7 Veröffentlichte u.a.: Grundlagen der Betriebswirtschaftslehre. Bd. 1. Die Produktion; Bd. 2. Der Absatz; Bd. 3. Die Finanzen, Berlin/Heidelberg 1951 – 1969; Betriebswirtschaftslehre als Wissenschaft, Krefeld 1957; Einführung in die Betriebswirtschaftslehre, Wiesbaden 1958. Untersuchungen über die Investitionsentscheidungen industrieller Unternehmen, Köln/Opladen 1959; Über japanische Unternehmungen, Wiesbaden 1960; Unternehmensführung. Organisation und Entscheidungen, Wiesbaden 1962; Absatzplanung in der Praxis, Wiesbaden 1974; ab 1970 Hg. der Schriftenreihe der Zeitschrift für Betriebswirtschaft; Zur Theorie der Unternehmung. Schriften und Reden, Aus dem Nachlaß, Berlin u.a. 1989 (hrsg. von H. Albach).

Guttenberg, Hermann Franz Josef Ritter **von**

geboren am 13.1.1881 in Triest/Österreich; katholisch; Sohn eines Landesforstinspektors; Volksschule in Triest, humanistische Staatsgymnasien in Triest und Graz, dort 7/1899 Abitur; als Einjährig-Freiwilliger 10/1899 – 9/1900 Militärdienst im Corps-Artillerie-Regiment 3 in Graz; 10/1900 – 1904 Studium der Naturwissenschaften und der allgemeinen Botanik an den Universitäten Wien, Graz und Leipzig; 6/1904 Staatsexamen; 7/1904 Promotion in Graz;[1] 10/1904 – 9/1906 planmäßiger Assistent am Botanischen Institut der Universität Graz, 10/1906 – 12/1907 unbesoldeter Assistent an den Botanischen Instituten der Universitäten Leipzig und Graz; dort 1/1908 Habilitation[2] und seitdem Privatdozent an der Hochschule für Bodenkultur in Wien; ab 1905 Mitglied der Deutschen Botanischen Gesellschaft; 4/1908 Heirat,[3] später zwei Kinder; 8/1909 – 9/1910 Privatdozent und Assistent am Botanischen Institut der Universität Graz; 11/1910 – 11/1919 Assistent und Privatdozent für Botanik an der Universität Berlin, hier Aufbau des Pflanzenphysiologischen Instituts in Berlin-Dahlem; an der Universität Berlin 10/1912 zum Titularprofessor ernannt; 7/1915 – 11/1918 Kriegseinsatz im Feldhaubitzen-Regiment 6 der österreichischen Armee, zuletzt Oberleutnant, EKFK; ab 12/1918 wieder Privatdozent und Assistent am Pflanzenphysiologischen Institut der Universität in Berlin-Dahlem; dort 11/1919 zum planmäßigen außerordentlichen Professor für Pflanzenphysiologie ernannt; 1920 Scheidung; 11/1922 erneute Heirat,[4] später ein weiteres Kind; 7/1923 – 1945 ordentlicher Professor für Botanik und Direktor des Botanischen Instituts und Leiter des Botanischen Gartens der Universität Rostock;[5] ab 1926 Mitherausgeber der Zeitschrift *Planta. Archiv für wissenschaftliche Botanik*; 9/1928 – 4/1929 Studienreise nach Ceylon, Java, Sumatra und Bali; 1929/30 Dekan der Philosophischen Fakultät der Universität Rostock; ab 6/1933 Förderndes Mitglied der SS; ab 1/1934 Mitglied des NS-Lehrerbundes, der HJ und der NS-Volkswohlfahrt; 1935 – 1939 großzüger Ausbau und dann Direktor des Botanischen Gartens der Universität Rostock; ab 1936 Mitglied der Deutschen Akademie der Naturforscher Leopoldina; ab 1938 Mitglied der American Society of Plant Physiologists und korrespon-

---

1 Mit der Arbeit: Beiträge zur physiologischen Anatomie der Pilzgallen, Leipzig 1905.

2 Mit der Arbeit: Anatomisch-physiologische Untersuchungen über das immergrüne Laubblatt der Mediterranflora, Leipzig 1908.

3 Mit Margarethe Dimmer, geb. am 30.6.1888; 1920 Scheidung.

4 Mit Hertha Cornilsen; geb. 22.2.1896/98 in Berlin; Bildhauerin; 1991 gestorben.

5 Die Ausstattung des Lehrstuhles und der Zustand des Botanischen Instituts waren zum Zeitpunkt des Amtsantritts durch v.Guttenberg 1923 in einem derart desolaten Zustand, daß die Universität aus diesem Grund mehrere Ablehnungen von bereits Berufenen erhalten hatte. In einem Antrag des Mecklenburgischen Unterrichts- an das Mecklenburgische Finanzministerium wurde 9/1923 – basierend auf einem Forderungskatalog v.Guttenbergs – ein Finanzbedarf in Höhe von 15 Millionen RM zur Ergänzung der Institutseinrichtung und von weiteren 5 Millionen RM für die bauliche Instandsetzung des Institutsgebäudes geltend gemacht. v. Guttenbergs Hauptforschungsgebiete waren die Allgemeine Botanik, insbesondere die Pflanzenanatomie, Morphologie und Pflanzenphysiologie, vor allem die Bewegungsphysiologie, Bewegungsmechanik, Ernährungsphysiologie, Embryologie, Histogenese, Cytologie, Blütenbiologie, Ökologie sowie die Wuchs- und Wirkstofforschung.

dierendes Mitglied der Wiener Biologischen Gesellschaft; ab 1940 Mitglied des Reichsluftschutzbundes; 1945 zunächst aus dem Universitätsdienst entlassen;[6] 11/1945 zum Dekan der Philosophischen Fakultät gewählt und 6/1946 auf den Lehrstuhl für Botanik der Universität Rostock und als Direktor des Botanischen Instituts und des Botanischen Gartens wiederberufen; 7/1947 von der SMA als ordentlicher Professor der Philosophischen Fakultät bestätigt; ab 1945 Mitglied der LDPD; ab 1954 Mitherausgeber der *Botanischen Studien*; 10/1956 Nationalpreis II. Klasse der DDR; 9/1957 Emeritierung; ab 1959 Vizepräsident der Biologischen Gesellschaft der DDR, ab 1960 Mitglied der New York Academy of Sciences; ab 1/1961 Ehrensenator der Universität Rostock; 1/1965 Ehrendoktorwürde der Universität Rostock; am 8.6.1969 in Rostock gestorben[7]

Quellen: UAR: PA Guttenberg; LHAS: 5.12-7/1, Nr. 1323, 2346; BA/BDC-Karteien: NSLB, REM, RFR.

6 v.Guttenberg dokumentierte gegenüber dem Rektor und der Landesentnazifizierungskommission seine „antifaschistische Einstellung" und seine „nationalsozialistische Verfolgung"; so habe er schon seit den 20er Jahren „in freundschaftlicher Verbindung mit Juden gestanden", außerdem sei seine „in Italien lebende Schwester an einen Juden verheiratet", so daß er bei Bekanntwerden dieser Tatsache als „jüdisch versippt" gegolten hätte; der NSV sei er nur wegen der Drohung beigetreten, ihn in der Zeitung anzuprangern, und Förderndes Mitglied der SS sei er geworden, weil er zwei von der SS protegierte Bewerber nicht in seinem Institut angestellt hatte und daraufhin den Förderbeitrag „gewissermaßen als 'Sühnegeld'" zahlen mußte. Seine Verfolgung habe darin bestanden, daß er im Dritten Reich „nie zum Rektor gewählt" und „bei Berufungen systematisch übergangen" worden sei und zudem zwei universitäre Ehrenämter abgeben mußte.

7 Veröffentlichte mehr als 120 wissenschaftliche Arbeiten, u.a.: Lehrbuch der allgemeinen Botanik, Berlin 1951; Handbuch für Pflanzenanatomie. 7 Bde., Berlin 1926, 1940, 1941, 1943, 1960, 1961, 1966.

Hallstein, Walter

geboren am 17.11.1901 in Mainz/Hessen; evangelisch; Sohn eines Regierungsbaurates; humanistische Gymnasien in Darmstadt und Mainz, dort 3/1920 Abitur; 4/1920 – 1923 Studium der Staats- und Rechtswissenschaft an den Universitäten Bonn, München und Berlin; 7/1923 erste juristische Staatsprüfung, ab 11/1923 Referendar in Berlin; als Assistent an der Juristischen Fakultät der Universität Berlin 7/1925 Promotion;[1] 9/1927 zweite juristische Staatsprüfung, Ernennung zum Gerichtsassessor und eine Woche stellvertretender Amtsrichter in Berlin-Schöneberg; 11/1927 – 3/1929 Referent am Institut für ausländisches und internationales Privatrecht der Kaiser-Wilhelm-Gesellschaft in Berlin; ab 4/1929 Fakultätsassistent an der Universität Berlin; dort 11/1929 Habilitation,[2] dann Privatdozent an der Universität Berlin; ab 10/1930 außerordentlicher Professor, 4/1932 – 3/1941 ordentlicher Professor für Deutsches Recht, Bürgerliches Recht, Handels-, See- und Wirtschaftsrecht, Arbeitsrecht, Bauernrecht, Internationales Privatrecht und Mecklenburgisches Landesrecht an der Universität Rostock, dort ab 1935 auch Mitdirektor des Rechtshistorischen Seminars;[3] seit 7/1934 Mitglied des NS-Lehrerbundes, später auch des NS-Rechtswahrerbundes, der NS-Volkswohlfahrt und des NS-Dozentenbundes; ab 4/1935 Prodekan[4] und 4/1936 – 3/1941 Dekan der Rechts- und Wirtschaftswissenschaftlichen Fakultät der Universität Rostock;[5]

---

1 Mit der Arbeit: Der Lebensversicherungsvertrag im Versailler Vertrag, Marburg 1926.

2 Mit der nicht veröffentlichten Arbeit: Studien zum italienischen Aktienrecht.

3 Vom Reichsamtsleiter des NS-Dozentenbundes wurde Hallstein 10/1938 als „kein schlechter Jurist" bezeichnet, der jedoch „stark formal-juristisch eingestellt" sei und „formal-juristische befriedigende Konstruktionen" liebe; seine Vorlesungen seien „etwas trocken" und deshalb bei den Studenten „nicht so beliebt". Politisch müsse er „mit einer gewissen Vorsicht beurteilt" werden; „in geeigneter Umgebung" werde er sich „den nationalsozialistischen Ideen einordnen, jedoch kein selbständiger Kämpfer und keine führende Persönlichkeit im nationalsozialistischen Sinne sein. Er ist ein Typ, der unserer heutigen Jugend fernsteht"; zwar habe sich Hallstein „nun einmal auf den Boden des neuen Deutschlands gestellt, wenn auch immer wieder seine äußerst kritische Einstellung zum Nationalsozialismus und seinen Ideen zu Tage" träten; Hallstein werde „nichts besonders Fruchtbares für den Aufbau eines nationalsozialistischen Rechts leisten" und sich „in weltanschaulichen und politischen Dingen niemals festlegen".

4 Heinrich Gißel, Leiter der Dozentenschaft und Führer des NS-Dozentenbundes an der Universität Rostock, stimmte der Ernennung mit der Bemerkung zu, über Hallstein sei „politisch nichts Nachteiliges bekannt", er sei „charakterlich einwandfrei, [und] stets aktiv für die Hochschule tätig".

5 Hallstein wurde 1-3/1940 von Edgar Tatarin-Tarnheyden als Dekan vertreten. Die bis in die Gegenwart erhobene Behauptung, gegen Hallstein sei in Rostock wegen angeblicher „politischer Unzuverlässigkeit" eine Berufungssperre verhängt worden, gehört zu den permanent perpetuierten Legenden. Nachdem Hallstein schon 1938 für eine Berufung nach München vorgesehen war, erhielt er 4/1939 einen Ruf an die Universität Königsberg. Die Universität Rostock setzte sich beim Reichserziehungsministerium nachdrücklich für den Verbleib Hallsteins in Rostock ein und machte „gegen die Wegberufung schwerwiegende Bedenken" geltend. Hallstein habe „als Dekan die Fakultät seit 4/1936 geleitet und er würde als solcher schwer zu ersetzen sein, da es unter den jetzigen Verhältnissen ausschlaggebend für das Leben der Fakultät" sei, „daß ein nicht zu alter, auf die Bedürfnisse der Umbildung der Fakultät eingestellter Dozent die Leitung in Händen" habe und „der Fortgang Professor Hallsteins als akademischer Lehrer und Forscher auch eine schwer zu schließende Lücke im Lehrkörper der

1935 freiwilliger Wehrdienst bei einer Artillerie-Einheit in Güstrow,[6] dann bis 1939 mehrere militärische Ausbildungslehrgänge; 1940 – 1941 auch Direktor der Juristischen Handbibliothek der Universität Rostock; ab 4/1941 Professor für Handels-, Wirtschafts- und Arbeitsrecht an der Universität Frankfurt/M., dort auch Dekan und Leiter des Instituts für Rechtsvergleichung, Wirtschaftsbeziehungen und Gesellschaftsrecht;[7] ab 8/1942 Kriegseinsatz, 1944 meldete die Universität Hallstein dem NS-Dozentenbund als NS-Führungsoffizier; als Flakoffizier 1944 bei Cherbourg in amerikanische Kriegsgefangenschaft, nach Überstellung in die USA dort Organisator der Lagerhochschule in Camp Como/Mississipi; 11/1945 aus amerikanischer Kriegsgefangenschaft entlassen; ab 1946 wieder ordentlicher Professor für Bürgerliches, Handels-, Arbeits- und Wirtschaftsrecht, Rechtsvergleichung und internationales Privatrecht, 4/1946 – 9/1948 auch Rektor der Universität Frankfurt/M.,[8] und 1946 – 1948 Vorsitzender des Ständigen Ausschusses des Süddeutschen Hochschultages in der amerikanischen Besatzungszone (=Süddeutsche Rektorenkonferenz); ab 1946 Mitherausgeber der *Deutschen Juristenzeitung*, ab 1948 der *Süddeutschen Juristen-Zeitung*; 1948/49 Gastprofessor an der Georgetown University in Washington/USA; 1949/50 Präsident der Deutschen UNESCO-National-Kommission; 1950 – 1958 Mitglied des Wissenschaftlichen Beirats beim Bundesministerium für Wirtschaft; 6/1950 – 3/1951 Leiter der deutschen Delegation für die Verhandlungen über den Schuman-Plan, ab 8/1950 für Außenpolitik zuständiger Staatssekretär im Bundeskanzleramt; 3/1951 – 12/1957 Staatssekretär im neugeschaffenen Auswärtigen Amt in Bonn;[9] 1954 Verzicht auf den Lehrstuhl an der Universität Frankfurt/M., dafür in Hessen erneut zum ordentlichen Professor im Beamtenverhältnis als Ehrenbeamter ernannt, 1969 offizielle Emeritierung; Mitglied des Vorstandes der Deutschen Gesellschaft für Rechtsvergleichung und der Deutschen Vereinigung für Internationales Recht; 1953 Ehrendok-

---

Fakultät verursachen würde". Die Entscheidung über einen Wechsel nach Königsberg wurde Hallstein vom Reichserziehungsministerium letztlich freigestellt, er blieb in Rostock, nachdem ihm die mecklenburgische Kultusverwaltung ein höheres Grundgehalt zugesichert hatte. Zwischen 1939 und 1941 stand Hallstein dann auf mindestens vier weiteren Berufungslisten, so für die Universitäten Marburg, Frankfurt/M., Göttingen und Tübingen.

6 Hallstein sah darin „eine der ganz seltenen Möglichkeiten", bei der Artillerie zu dienen; außerdem sei der noch 1935 abzuleistende Militärdienst „im Interesse meiner militärischen Laufbahn eine zwingende Notwendigkeit".

7 Hallsteins Rostocker Lehrstuhl konnte bis 1945 aus Mangel an geeigneten Bewerbern nicht mehr besetzt werden; entweder waren die wenigen Aspiranten vom Reichserziehungsministerium für eine andere Universität vorgesehen oder kamen wie die fachlich als durchaus geeignet anerkannten habilitierten Bewerberinnen Sybille von Bolla oder Margarete Fuhrmann wegen ihres Geschlechts nicht in Frage.

8 Rektor Günther Rienäcker stellte 6/1946 in einem Schreiben an die mecklenburgische Kultusverwaltung den Antrag, zu versuchen, Hallstein auf Grund seiner engen Bindungen an Rostock zumindest zu Gastvorlesungen in Rostock zu bewegen, wodurch „eine sehr wertvolle Bereicherung des Vorlesungsplanes möglich" wäre und eine „Wiederbelebung der Rechtswissenschaften" erreicht werden könnte; Rienäcker meinte, „daß dies auch zweifellos für unsere Zone politisch sehr werbend wirken würde".

9 Der dort von Wilhelm Grewe und Hallstein entwickelte, 12/1955 als „Hallstein-Doktrin" proklamierte Grundsatz (=Alleinvertretungsanspruch) hatte die Nichtanerkennung der DDR auf internationaler Ebene zum Ziel und beinhaltete, daß die Bundesrepublik (mit Ausnahme der Sowjetunion) keine diplomatische Beziehungen zu Staaten unterhalte, die die DDR politisch anerkannten.

torwürde der Georgetown-Universität in Washington;[10] 1954 korrespondierendes Mitglied des Hellenic Institute of International and Foreign Law in Athen; 1954 Großes Bundesverdienstkreuz mit Stern und Schulterband des Verdienstordens, Orden der Athener Stadtgemeinde, Großkreuz des griechischen Ordens Georg I. und des argentinischen Verdienstordens, Großkreuz des Ordens des Heiligen Papstes Sylvester, Großkreuz des italienischen Verdienstordens, Großkreuz des brasilianischen Kreuz des Südens; 1/1958 – 1967 Präsident der Kommission der Europäischen Wirtschaftsgemeinschaft in Brüssel, dort 9/1959 Entwicklung des „Hallstein-Planes" für einen Gemeinsamen Markt; 1968 – 1974 Präsident des Rates der Europäischen Bewegung; für die CDU 1969 – 1972 Mitglied des Deutschen Bundstages; nach längerer Krankheit am 29.3.1982 in Stuttgart gestorben[11]

Quellen: UAR: PA Hallstein; LHAS: 5.12-7/1, Nr. 579, 1406, 1420, 1423, 2344, 2346; BA, NS 15/244; BA/BDC: REM; BA/BDC-Karteien: NSLB, REM.

10 Insgesamt erhielt Hallstein neun europäische und neun amerikanische Ehrendoktorwürden.

11 Veröffentlichte u.a.: Die Aktienrechte der Gegenwart. Gesetze und Entwürfe in rechtsvergleichender Darstellung, hrsg. vom Reichsjustizministerium und vom Institut für ausländisches und internationales Privatrecht, bearb. im Institut unter Benutzung amtlichen Materials von Walter Hallstein, Berlin 1931; Die Berichtigung des Gesellschaftskapitals, Frankfurt/M. 1942 (mit W. Kalveram); Wiederherstellung des Privatrechts (Rede bei Übernahme des Rektorats der Goethe-Universität Frankfurt/M.), Heidelberg 1946; Richtlinien für die Reform der Hochschulverfassung in den Ländern des amerikanischen Besatzungsgebietes, Darmstadt 1948 (Mit-Hg.); Wissenschaft und Politik (Frankfurter Universitätsreden, 1), Frankfurt/M. 1949; Der Schuman-Plan, Frankfurt/Main, 1951; Für und wider. Lebensfragen der deutschen Politik, Frankfurt/M. u. a. 1952; Wege nach Europa, Andernach 1967; Der unvollendete Bundesstaat. Europäische Erfahrungen und Erkenntnisse, Düsseldorf 1969; Europäische Reden, hrsg. von T. Oppermann, Stuttgart 1979; Hg. der Schriften des Instituts für ausländisches und internationales Wirtschaftsrecht 1952 ff.

Hansen, Rolf

geboren am 23.3.1901 in Hamburg; evangelisch; Sohn eines Amtsrichters; Vor- und Privatschule sowie Realgymnasium in Hamburg; als Jungmann 7-11/1918 Kriegshilfsdienst beim Westfälischen Jungmannenkommando, mit diesem zu Erntearbeiten in Frankreich eingesetzt; 4/1919 Abitur; 7-10/1919 Freiwilliger im Freikorps Hamburg-Bahrenfeld; 11/1919 – 3/1925 Medizinstudium an den Universitäten Freiburg und Hamburg; anschließend Medizinalpraktikant und Volontärassistent am Krankenhaus in Hamburg-Eppendorf; 4/1926 Approbation und 7/1926 Promotion in Hamburg;[1] 9/1926 – 1927 Assistenzarzt am Physiologischen Institut der Universität Freiburg und 1927 – 1928 am Physiologischen Institut der Universität Jena; 1928 – 1929 Assistenzarzt an der 3. Medizinischen Klinik Hamburg-Eppendorf und 1929 – 1930 an der Chirurgischen Universitätsklinik in Frankfurt/M.; 1930 – 1/1931 Assistenzarzt in der Chirurgischen Abteilung des Elisabethstifts in Darmstadt und 2/1931 – 2/1934 Assistenzarzt an der Universitäts-Frauenklinik in Hamburg-Eppendorf; hier Eintritt in die NSDAP am 1.5.1933, Mitgliedsnummer 3.279.017; seit 11/1933 Mitglied der SS, Nr. 174.569, zunächst Dienst als Anwärter im 3. Sturm des I. Sturmbannes der 28. SS-Standarte in Hamburg; dort 2/1934 Habilitation[2] und danach Dozent für Frauenheilkunde und Geburtshilfe; 3/1934 Heirat,[3] später drei Kinder; ab 4/1934 Oberarzt an der Universitäts-Frauenklinik in Rostock, ab 1934 auch Dozent an der universitären Hebammmenlehranstalt; Mitglied des NS-Ärztebundes, des NS-Dozentenbundes und ab 1937 Vertreter der Dozentenschaft an der Medizinischen Fakultät der Universität Rostock; 8-10/1935 militärischer Ausbildungskurs bei der Wehrmacht in Stettin; als SS-Oberscharführer ab 1935 nebenamtlicher Sturmbannarzt des III. Sturmbannes der 22. SS-Standarte in Rostock; bis 2/1937 auch nebenamtlicher Führer des SS-Sanitätssturmes XXXIII; als SS-Hauptscharführer 2-7/1937 nebenamtlicher Führer des Ausbildungsstabes der SS-Sanitätsabteilung XXXIII; 7/1937 – 1/1941 nebenamtlicher Führer der Sanitäts-Abteilung bzw. Abschnittsarzt des SS-Abschnitts XXXIII in Schwerin bzw. Rostock, dort 9/1937 zum SS-Untersturmführer, 9/1939 zum SS-Obersturmführer befördert; ab 1939 alleiniger Oberarzt und Dozent der Universitäts-Frauenklinik Rostock; ab 9/1939 Kriegseinsatz als Abteilungsarzt und Oberarzt, u.a. in der SS-Division „Nord“, der SS-Division „Nordland“ und in der SS-Panzerjäger-Abteilung 11 im Polen- und Frankreichfeldzug, 1940 EK II; 12/1939 zum außerplanmäßigen Professor für Frauenheilkunde an der Universität Rostock ernannt;[4] als Vertretung für Gustav Haselhorst 1940 für die Leitung der Universitäts-Frauenklinik Rostock und der mecklenburgischen Landeshebammenlehranstalt uk-gestellt und aus der Waffen-SS entlassen; ab 12/1940 Vertreter des Gaudozentenbundführers; auf Drängen des Senators Ofterdinger, Beigeordneter für die Gesundheitsverwaltung in Hamburg, 12/1941 von der Universität Rostock beurlaubt und als zunächst kommissarischer Direktor an die (593 Betten umfassende)

1 Mit der Arbeit: Neuere Methoden in der Behandlung der Lepra, Hamburg 1925.

2 Mit der Arbeit: Atmung und Kreislauf bei Lungen- und Thoraxkranken in der Schwangerschaft.

3 Mit Ilse Ratje, geb. am 19.3.1910 in Hamburg; Eintritt in die NSDAP am 1.1.1940, Mitgliedsnummer 7.919.176.

4 Hansens Hauptforschungsgebiet war die Physiologie der Schwangerschaft.

Frauenklinik Finkenau nach Hamburg versetzt, dort auch Leiter der Hebammmenlehranstalt; ab 1/1942 SS-Führer im SS-Abschnitt XV Hamburg, dort 4/1943 zum SS-Hauptsturmführer befördert; 7/1944 KVK II. Kl. m.S.; 7/1944 als Oberarzt der Universitätsklinik Rostock ausgeschieden und aus dem Dienst der Universität Rostock entlassen; nach Intervention durch den Hamburger Reichsstatthalter Karl Kaufmann 12/1944 zum regulären Direktor der Frauenklinik Finkenau ernannt; ab 1/1945 auch Dozent an der Medizinischen Fakultät der Universität Hamburg; am 9.6.1953 in Hamburg gestorben

Quellen: UAR: PA Hansen; LHAS: 5.12-7/1, Nr. 2338, 2382, 2483; BA/BDC: PK, REM SSO, RuSHA; BA/BDC-Karteien: NSDAP, NSDÄB, REM.

Haselhorst, Gustav Heinrich Friedrich

geboren am 28.3.1893 in Westkilver/Herford (Westfalen); evangelisch; Sohn eines Landwirts; Realgymnasium in Bielefeld, dort 4/1912 Abitur; 1912 – 1920 Studium der Medizin an den Universitäten Kiel, Heidelberg, Freiburg und Göttingen; als Freiwilliger dazwischen ab 8/1914 Kriegseinsatz als Feldhilfsarzt und Heeressanitäter beim Dragoner-Regiment 19 und im Reserve-Infanterie-Regiment 78; 2/1919 aus dem Heer entlassen, EK II, EK I; nach medizinischem Staatsexamen zunächst Medizinalpraktikant bzw. Volontärassistent an der Chirurgischen und Gynäkologischen Abteilung des Clementinenhauses in Hannover; 3/1920 Approbation; 4-9/1920 Assistenzarzt an der Universitäts-Frauenklinik in Hamburg; dort 10/1920 Promotion;[1] anschließend bis 2/1922 Assistenzarzt an der Medizinischen Klinik der Universität Hamburg, 3/1922 – 5/1924 wieder an der Universitäts-Frauenklinik und 6/1924 – 4/1926 an der Chirurgischen Universitätsklinik in Hamburg; 5/1926 – 9/1933 Oberarzt an der Hamburger Universitäts-Frauenklinik; dort 7/1926 Habilitation[2] und seitdem Privatdozent für Gynäkologie und Geburtshilfe; ab 7/1930 nichtplanmäßiger außerordentlicher Professor an der Universitäts-Frauenklinik in Hamburg; 12/1930 Heirat,[3] später zwei Kinder; Eintritt in die NSDAP am 1.5.1933, Mitgliedsnummer 3.030.100; Mitglied der Deutschen Gesellschaft für Gynäkologie; 10/1933 – 6/1945 ordentlicher Professor für Gynäkologie und Geburtshilfe an der Universität Rostock, dort auch Direktor der Universitäts-Frauenklinik, der Poliklinik für Geburtshilfe und Frauenkrankheiten sowie der Landeshebammenlehranstalt;[4] 1933/34 Führer der Rostocker Dozentenschaft; seit 7/1934 auch Mitglied des NS-Lehrerbundes, seit 7/1938 des NS-Altherrenbundes und des NS-Ärztebundes; 6/1941 – 4/1944 Dekan der Medizinischen Fakultät der Universität Rostock;[5] 6/1945 kurzzeitig suspendiert, dann kommissarischer Leiter der Universitäts-

1 Mit der Arbeit: Eine neue quantitative Bestimmungsmethode von Bilirubin im Blutserum, Hamburg 1922.

2 Mit der Arbeit: Untersuchungen mit einer selbsttätigen fortlaufenden Registrierung der Körpertemperatur des Menschen und ihre klinische Bedeutung, besonders für das Gebiet der Gynäkologie und Geburtshilfe.

3 Mit Sigrid Lindau, geb. am 17.11.1907/08 in Magdeburg.

4 Zu Haselhorsts Hauptarbeitsgebieten in der Gynäkologie und Geburtshilfe gehörten Forschungen zu Embolien und Blutgruppen, zu Pathologie und Histologie der Genitalien, zu Kreislauf und Atmung während des intrauterinen Lebens und post partum, Endometriose, weibliche Sterilität sowie häusliche und klinische Geburtshilfe; schon in seiner Dissertation hatte Haselhorst eine Methode zur Bestimmung des im Blut oder Harn des Menschen vorhandenen Gallefarbstoffes mit Hilfe eines Bilirubinometers entwickelt. Die von Gustav Haselhorst geleitete Universitäts-Frauenklinik gehörte zu den größeren der insgesamt 22 medizinischen Einrichtungen in Mecklenburg, an denen nach dem 7/1933 erlassenen Gesetz zur Verhütung erbkranken Nachwuchses bis mindestens 1944 Sterilisierungen vorgenommen wurden, unter Haselhorsts Leitung allein bis 1937 in 402 Fällen. Auch in der Fachpresse hatte sich Haselhorst aktiv an der Perfektionierung des nationalsozialistischen 'Auslese'wahns beteiligt, so etwa mit den 1934 und 1935 in der *Deutschen Medizinischen Wochenschrift* und im *Zentralblatt für Gynäkologie* veröffentlichten Aufsätzen: Zur Sterilisierung der Frau aus eugenischer Indikation; Unsere Erfahrungen mit der eugenischen Sterilisierung der Frau; Über ein einfaches Verfahren zur Sterilisierung der Frau.

Frauenklinik;[6] 11/1945 auf eigenen Antrag als Professor und Klinikdirektor entlassen;[7] ab 1947 Direktor der Städtischen Frauenklinik in Wiesbaden; am 27.10.1955 in Mainz gestorben[8]

Quellen: UAR: PA Haselhorst; LHAS: 5.12-7/1, Nr. 579, 1495; BA/BDC: PK; BA/BDC-Karteien: NSDAP, NSLB, NSDÄB, REM, RFR.

5 Auf eigenen Wunsch von diesem Amt entbunden.

6 Haselhorst war einer der ersten Rostocker Professoren, deren Verhalten und NS-Belastung von der Entnazifizierungskommission untersucht wurden; im Unterschied zu erheblich milderen Bewertungen in späteren Verfahren, ist Haselhorst vom Untersuchungsausschuß seiner Stellung als Klinikdirektor und Ordinarius enthoben worden. Er wurde als Oberarzt mit der kommissarischen Leitung seiner ehemaligen Klinik beauftragt, wobei ihm Privatliquidationen untersagt wurden; als sich diese Strafmaßnahme „schon aus Gründen der Finanzierung der Klinik" nicht aufrechterhalten ließ, durfte Haselhorst wieder Privatpatienten behandeln, hatte aber drei Viertel seiner Einnahmen an die Universitätskasse abzuführen. Während nach der Wiedereröffnung der Universität die verbliebenen und aus pragmatischen Gründen weit milder beurteilten und von den Rektoren Wachholder und Rienäcker zumeist entlasteten Professoren ohne Einschränkung wieder in ihre Lehrstühle einrücken konnten, galt dies für Haselhorst nicht, weil er bereits aus dem Lehrkörper entfernt worden war.

7 Vor allem zwei Gründe mögen Haselhorst zu einem Verzicht auf seine Rostocker Stelle bewogen haben; zum einen die mit dem Entzug des Ordinariats und der Klinikleitung verbundene Demütigung und die angesichts der aktuellen Entnazifizierungspraktiken scheinbare Aussichtslosigkeit, Klinik und Professur je wieder zu erlangen, was – und das war wesentlich – auch mit dem Verlust der Möglichkeiten zur Erlangung von Zusatzeinnahmen gekoppelt war. Haselhorsts umfängliche Privatliquidationen hatten seit langen Jahren den Neid der Kollegen, das Mißtrauen der Universitätsleitung und den Unwillen der Landesverwaltung erregt. Haselhorst hatte sein Bankguthaben in der NS-Zeit um mehr als das Vierzehnfache gesteigert; hatten sich nach seinen eigenen Angaben 1933 etwa 20.000 RM auf seinen Konten befunden, waren es 1945 immerhin schon 290.000 RM. Neben Statusverlust und sinkenden Einnahmen waren es zum anderen die beginnenden Untersuchungen zur Beteiligung mecklenburgischer Mediziner an den nationalsozialistischen Euthanasie- und Sterilisierungsverbrechen, die Haselhorst zum Verlassen der sowjetischen Besatzungszone veranlaßten.

8 Veröffentlichte neben zahlreichen wissenschaftlichen Beiträge v.a. in medizinischen Fachzeitschriften u.a.: Die Bluttransfusion in der Gynäkologie und Geburtshilfe, 1928; Blutgruppen und Vaterschaft, 1928; Blutgruppenuntersuchung bei Vater, Mutter und Kind in 1000 Fällen, bei Mutter und Kind in 2.300 Fällen, 1930; Ergebnisse der Geburtshilfe in Praxis und Klinik unter Berücksichtigung der Frühgeburten, 1939.

Hayek, Heinrich Franz Felix Edler **von**

geboren am 29.10.1900 in Wien/Österreich; katholisch; Sohn eines Arztes; Volksschule und Realgymnasium in Wien, dort 1918 Abitur; wegen Unterernährung und Körperschwäche kein Kriegseinsatz; 1918 – 1923 Studium der Medizin und der Naturwissenschaften an der Universität Wien; 10/1923 – 3/1924 Hilfsassistent am II. Anatomischen Institut der Universität Wien; dort 3/1924 medizinische Promotion[1] und Approbation; 4/1924 – 3/1929 Vollassistent am II. Anatomischen Institut der Universität Wien; daneben dort Studium der Zoologie; 1929 zoologische (philosophische) Promotion in Wien;[2] ab 5/1929 Vollassistent am Anatomischen Institut der Universität Rostock; dort 11/1930 Habilitation[3] und seitdem Privatdozent für Anatomie und 2. Prosektor am Anatomischen Institut der Universität Rostock; 3/1933 Heirat,[4] später zwei Kinder; ab 11/1933 Mitglied der SA, ab 12/1934 des NS-Lehrerbundes; 10/1935 – 9/1938 Direktor des Anatomischen Instituts an der Tung-Chi-Universität (Deutsche Medizinschule) in Shanghai/China; für diesen dreijährigen Lehrauftrag von der Universität Rostock beurlaubt, von dieser noch 1935 zum außerplanmäßigen Professor,[5] 4/1936 zum nichtbeamteten außerordentlichen Professor für Anatomie ernannt;[6] in Tientsin/China Eintritt in die NSDAP am 1.3.1938, Mitgliedsnummer 5.518.677;[7] 10/1938 – 1945 zunächst nichtplanmäßiger außerordentlicher Professor, Oberarzt und 1. Prosektor, dann ordentlicher Professor für Anatomie an der Universität Würzburg;[8] nach Wiedereröffnung 1947 – 1952 erneut Professor für Anatomie an der Universität Würzburg; ab 1952 Professor für Anatomie an der Universität Wien; ab 1956 korrespondierendes, ab 1957 ordentliches Mitglied der Österreichischen Akademie der Wissenschaften, 1957 Mitglied, später Ehrenmitglied der Österreichischen Tbc-Gesellschaft, ab 1959 Mitglied der Deutschen Akademie für Naturforscher Leopoldina, Mitglied der Royal Society of Medicine in London, der Königlich-Flämischen Aka-

1 Mit der Arbeit: Über den Proatlas und über die Entwicklung der Kopfgelenke beim Menschen und bei einigen Säugetieren, Wien 1923.

2 Mit der Arbeit: Über das Schicksal des Proatlas und über die Entwicklung der Kopfgelenke bei Reptilien und Vögeln.

3 Mit der Arbeit: Darmdach, Chorda und Hypochorda, Bursa pharyngea und ähnliche Bildungen in der Reihe der Wirbeltiere, Berlin 1931.

4 Mit Erika Saß, geb. am 18.11.1905 in Swinemünde.

5 Der Dekan der Medizinischen Fakultät, Wilhelm Comberg, hielt es 11/1935 für „wünschenswert“, v.Hayek „den deutschen Professorentitel zu verleihen“, um ihm „in China auch als deutschem Dozenten das notwendige Ansehen zu verschaffen“; auch der Führer der Dozentenschaft der Universität Rostock, Heinrich Gißel, meinte 12/1935, daß „für die Vertretung Deutschlands im Auslande die äußere Kennzeichnung unter allen Umständen erforderlich“ sei.

6 Forschungsgebiete v.Hayeks waren vor allem die Entwicklung, Bau und Funktion menschlicher Arterien sowie die Anatomie und Histologie der Lunge und ihrer Gefäße.

7 Die Tung-Chi-Universität und mit ihr das Anatomische Institut wurden im Sommer 1937 im chinesisch-japanischen Krieg zerstört; das Institut wurde ins Landesinnere verlegt und die Ausbildung und Forschung dort unter erschwerten Bedingungen fortgeführt.

8 Anläßlich seiner Ernennung zum ordentlichen Professor bescheinigten die Ortsgruppenleitung Würzburg-Nikolausberg und die Kreisleitung Würzburg der NSDAP 1939, daß v.Hayeks „Charakter und politische Einstellung einwandfrei“ seien, „sie entsprechen der nat.soz. Weltanschauung“; v.Hayeks „sittliche und moralische Führung sind ohne Tadel“, so daß „mit seinem rückhaltlosen Einsatz für den nat.soz. Staat zu rechnen“ sei.

demie der Heilkunde und Ehrenmitglied der Sociedad Mexicana de Anatomia; am 28.9.1969 in Wien gestorben[9]

Quellen: UAR: PA Hayek; BA/BDC: SA, PK; BA/BDC-Karteien: NSDAP, NSLB, NSDÄB, REM.

9 Veröffentlichte u.a.: Die menschliche Lunge, Berlin u.a. 1953; Die Lunge der Säugetiere, 1955; Die Lunge, Berlin 1956; Anatomie des Thorax und der Brustorgane, 1957; Die Lunge und Pleura der Primaten, 1960; ab der 23. Auflage Bearbeiter des von C. Toldt und F. Hochstetter begründeten Anatomischen Atlas für Studierende und Ärzte, München u.a. 1957 – 1961.

Heine, Josef Maria

geboren am 10.5.1895 in Ellwangen/Württemberg; konfessionslos; Sohn eines Gymnasialprofessors; Volksschule, humanistische Gymnasien in Ellwangen und Tübingen, dort 9/1913 Abitur; ab 10/1913 Medizinstudium an der Universität Tübingen; als Kriegsfreiwilliger ab 8/1914 Militärausbildung, 1/1915 – 10/1918 Kriegseinsatz in verschiedenen Feldartillerie-Einheiten; nach Verwundung 12/1918 als Leutnant aus dem Heer entlassen, EK II; 1919 – 1920 Weiterführung des Medizinstudiums an der Universität Tübingen, dort 12/1920 Staatsexamen und Promotion;[1] als Freiwilliger hier 3-5/1919 Angehöriger der Studentenkompanie Stuttgart, mit dieser „Unterdrückung der Spartakisten"; 2-9/1921 Medizinalpraktikant und Volontärassistent am Kreiskrankenhaus Salzwedel/Altmark; 5/1921 Approbation; 9-12/1921 Arztvertretung in Wickrath/Niederrhein; 1/1922 – 3/1925 Volontär- und Assistenzarzt am Pathologisch-Anatomischen Institut des Stadtkrankenhauses Dresden-Friedrichstadt; ab 4/1925 Assistent am Pathologischen Institut der Universität Rostock; hier 5/1926 Habilitation,[2] dann Privatdozent für Pathologische Anatomie; 1/1928 Beurlaubung von der Universität und bis 1931 Leiter des Pathologischen Instituts der Tung-Chi-Universität (Deutsche Medizinschule) in Shanghai/China; nach der Rückkehr ab 7/1931 1. Assistent sowie Prosektor am Pathologischen Institut der Universität Rostock, dort 7/1931 Verleihung der Amtsbezeichnung eines außerplanmäßigen außerordentlichen Professors;[3] ab 12/1933 für Tätigkeit als Prosektor und Leitender Oberarzt am Pathologischen Institut des St.-Georg-Krankenhauses in Hamburg von der Universität Rostock beurlaubt, 12/1934 in Hamburg fest angestellt;[4] dort 1962 in den Ruhestand getreten; am 16.9.1966 in Hamburg gestorben[5]

Quellen: UAR: PA Heine; LHAS: 5.12-7/1, Nr. 2348, 2486; BA/BDC-Karteien: NSDÄB.

1 Mit der Arbeit: Vorkommen von Diphteriebazillen ohne klinische Erscheinung, Tübingen 1921.

2 Mit der Arbeit: Über die Arthritis deformans, 1926.

3 Die vorzeitige Verleihung des Professorentitels geschah unter Verweis auf Heines „wissenschaftliche Leistungen und seine Lehrbefähigung", die „im Inland und nachweislich auch im Ausland voll anerkannt" worden sei; die Medizinische Fakultät der Universität Rostock war der Ansicht, Heine habe sich „als Vertreter der deutschen Wissenschaft im Ausland aufs beste bewährt".

4 Heine stellte 1/1935 den Antrag, ihn aus der Dozentenliste der Universität Rostock zu streichen; damit endete seine Beurlaubung und er schied aus dem Lehrkörper der Universität aus.

5 Veröffentlichte u.a.: Über die Appendicitis bei Chinesen, Leipzig 1930.

Helm, Rudolf Wilhelm Oskar

geboren am 2.3.1872 in Berlin/Preußen; evangelisch; Sohn eines Militärtrigonometers; Königliches Wilhelms-Gymnasium in Berlin, hier 3/1889 Abitur; 1889 – 1892 Studium der Philologie, Archäologie und Germanistik an der Universität Berlin; hier 8/1892 Promotion;[1] 6/1893 Staatsexamen für Lateinisch, Griechisch, Deutsch und Religion; 10/1893 – 9/1894 als Stipendiat des Reiches Studienreisen nach Italien und Griechenland; 10/1894 – 9/1895 Seminarkandidat am Königlichen Wilhelms-Gymnasium in Berlin, 10/1895 – 9/1896 Probandus am Friedrich-Werderschen-Gymnasium in Berlin; 10/1896 – 4/1897 Hilfslehrer am Berliner Friedrichs-Gymnasium; 3/1897 Heirat,[2] später drei Kinder; 4/1897 – 9/1909 zunächst Bibliothekar, dann Assistent am neugegründeten Institut für Altertumskunde der Universität Berlin; dort 3/1899 Habilitation und seitdem Privatdozent für Klassische Philologie; am Wilhelms-Gymnasium in Berlin 6/1904 zum Oberlehrer ernannt und zugleich für die Lehrtätigkeit an der Universität Berlin beurlaubt; hier 5/1907 zum außerordentlichen Professor ernannt; 10/1909 – 3/1937 ordentlicher Professor für Klassische Philologie an der Universität Rostock, dort auch Mitdirektor des Klassisch-Philologischen Seminars;[3] 1916/17 Dekan der Philosophischen Fakultät der Universität Rostock; 11/1916 uk gestellt, daneben Kriegshilfsdienst als Lateinlehrer am Rostocker Realgymnasium und der Gymnasialen Studienanstalt für Mädchen; als Zeitfreiwilliger 3/1920 Beteiligung am Kapp-Putsch, hier u.a. Besetzung des Rostocker Telegraphenamtes; deswegen 4-5/1920 Ermittlungsverfahren wegen Hochverrats;[4] 7/1920 – 6/1922 auch Rektor der Universität Rostock; Mitglied im Bund Deutscher Bodenreformer (wahrscheinlich bis 1945); neben der Hochschullehrertätigkeit ab etwa 1923 Vorsitzender des Vereins Studentenheim e.V. des Wirtschaftskörpers der Rostocker Studentenschaft; dort seit 1929 andauernde Beschuldigungen wegen angeblicher Veruntreuungen, die sich 1933 zuspitzten und sich 5/1933 in tumultartigen Störungen seiner Vorlesung entluden, zu einer Hausdurchsuchung durch die Kriminalpolizei und einer kurzzeitigen „Inschutzhaftnahme" führten; 5-11/1933 Suspendierung von der Lehrtätigkeit und Einleitung eines Untersuchungs- und Disziplinarverfahrens wegen finanzieller Unregelmäßigkeiten in der Geschäftstätigkeit des Vereins Studentenheim e.V., 12/1933 eingestellt;[5] ab 7/1934 Mitglied des NS-Lehrerbundes; nach

1 Mit der Arbeit: De P. Papinii Statii Thebaide, Berlin 1892.

2 Mit Alice Bauer, geb. am 9.8.1873 in Frankfurt/M.; am 19.11.1947 in Berlin gestorben.

3 Helms Hauptforschungsgebiet war die Literatur der spätrömischen und frühchristlichen Zeit.

4 Neben der aktiven Teilnahme am Kapp-Putsch wurde Helm beschuldigt, 3/1920 einen Aufruf der Rostocker Reichswehr zum Eintritt von Akademikern als Zeitfreiwillige in die Putschistenformation in der Universität ausgehängt zu haben. Das Verfahren wurde durch Verfügung des Oberreichsanwalts 5/1920 eingestellt.

5 Neben den obligatorischen staatsanwaltschaftlichen Ermittlungen und der Prüfungstätigkeit des Regierungsbevollmächtigten an der Universität Rostock hatte das Mecklenburgische Staatsministerium den Rostocker Rechtsanwalt David Thormann sowie den Regierungsrat im Landratsamt Rostock und späteren Oberkirchenrat Hermann Schmidt zur Nedden, beide eifrige Nationalsozialisten, mit der Untersuchung der gegen Helm erhobenen Vorwürfe betraut und sie beauftragt zu prüfen, ob sich neben strafrechtlichen Aspekten auch Tatsachen ermitteln ließen, die zu einem Disziplinarverfahren führen könnten. Hinsichtlich der randalierenden Studenten

Erreichen der Altersgrenze 3/1937 von den amtlichen Verpflichtungen als Hochschullehrer entbunden und emeritiert;[6] anschließend Rückkehr nach Berlin, hier weitere wissenschaftliche Tätigkeit; mit Wiedereröffnung der Universität Rostock ab 1945 Aufnahme einer Vortrags- und Lehrtätigkeit; noch 1945 Rehabilitierung; ab 1947 Professor mit Lehrstuhl für Latinistik in Rostock, daneben auch Lehrstuhlvertretung an der Universität Greifswald; 11/1947 verwitwet; 4/1948 erneut emeritiert, dennoch weitere Vorlesungstätigkeit an der Universität Rostock; 1953 Übersiedlung nach Berlin-Charlottenburg, auch jetzt Fortsetzung der Vorlesungstätigkeit an der Universität Rostock; 4/1959 als Emeritus von der Freien Universität Berlin aufgenommen; 5/1962 Verdienstkreuz 1. Klasse des Verdienstordens der Bundesrepublik; am 29.11.1966 in Berlin gestorben[7]

Quellen: UAR: PA Helm; LHAS: 5.12-7/1, Nr. 627, 1252, 2352.

---

hatte das Mecklenburgische Unterrichtsministerium Rektor und Senat 6/1933 angewiesen, daß „von der Durchführung eines Disziplinarverfahrens gegen die schuldigen Studenten ... trotz der Schwere der Verfehlungen“ abzusehen sei; der Führer der Rostocker Studentenschaft, Werner Trumpf, wurde aufgefordert, in Zukunft „Ausschreitungen wie im Falle Helm zu verhindern“; derartige „Vorkommnisse“ seien geeignet, „dem Ansehen der Universität ... schweren Schaden zuzufügen“. Obwohl in der staatsanwaltschaftlichen Untersuchung wie im ministeriell angeregten Prüfungsverfahren eine gewisse Teilschuld Helms festgestellt wurde, der, zwar nicht in Bereicherungsabsicht, aber unbefugt und kaufmännisch unkorrekt, über Finanzmittel des studentischen Wirtschaftskörpers verfügt, Darlehen vergeben und Bilanzen gefälscht hatte, ist das Verfahren gegen Helm ohne disziplinarische Strafen 12/1933 eingestellt worden. Wie Helm 1948 hervorhob, sei er wegen seiner jüdischen Frau von der Studentenschaft „auf Veranlassung des Studentenführers beschimpft, an der Vorlesung gehindert, in Schutzhaft genommen [und 1937] aus den Universitätslisten gestrichen“ worden; außerdem wurden seine Töchter an der Ausübung ihrer Berufe gehindert.

6 Verbunden mit einer von Hitler unterzeichneten Urkunde, in der Helm der Dank des Führers und Reichskanzlers für seine „akademische Wirksamkeit und die dem Reich geleisteten Dienste“ ausgesprochen wurde. Nach Helms Angaben wurde er wegen seiner als „jüdisch“ eingestuften Ehefrau sofort nach der Emeritierung aus der Dozentenliste der Universität Rostock gestrichen und galt als „jüdisch versippt“.

7 Veröffentlichte u.a.: Lateinisches Übungsbuch für die volkstümlichen Kurse von Hochschullehrern, Berlin 1900; Griechischer Anfangskursus. Übungsbuch zur ersten Einführung Erwachsener ins Griechische, Leipzig/Berlin 1902; Lucian und Menipp, Leipzig/Berlin 1906; Ausgewählte Schriften des Lucian, 2 Bde., 1907; Lateinbuch für Oberrealschüler, Leipzig/Berlin 1910; Hugo Grotius (Rektoratsrede), Rostock 1920; Der Lyriker Horaz (Rektoratsrede), Rostock 1921; Utopia, Rostock 1921; Cicero. Seine Werke im Rahmen seines Lebens, Rostock 1922; Hieronymus' Zusätze in Eusebius' Chronik und ihr Wert für die Literaturgeschichte, Leipzig 1929; Die Gedichte des Horaz, lateinisch und deutsch, Stuttgart 1938; Die Pseudo-Virgilische Ciris, Heidelberg 1937; Der antike Roman, Berlin 1948; Metamorphosen oder Der goldene Esel, lateinisch und deutsch, Berlin 1956; Epigramme des Marcus Valerius, Zürich/Stuttgart 1957; Gedichte des Albius Tibullus, lateinisch und deutsch, Darmstadt 1958; Satiren und Briefe des Quintus Horatius Flaccus, Zürich/Stuttgart 1962; Gedichte des Catull, lateinisch und deutsch, Berlin 1963; Gedichte des Properz, lateinisch und deutsch, Berlin 1965.

Henle, Rudolf

geboren am 7.7.1879 in Hameln/Hannover; evangelisch; Sohn eines Gerichtsassessors; Vorschule in Bonn und Trier, Friedrich-Wilhelm-Gymnasium in Trier, dort 4/1898 Abitur; anschließend Studium der Rechtswissenschaft an den Universitäten Göttingen, Straßburg, München, Berlin und Bonn; 9/1901 erstes juristisches Staatsexamen und Vorbereitungsdienst als Referendar in Köln; 11/1902 Promotion in Bonn;[1] 4/1906 zweite juristische Staatsprüfung; 5/1906 – 7/1909 Gerichtsassessor im preußischen Justizdienst; 7/1909 Habilitation in Bonn,[2] dann Privatdozent und 10/1909 – 1912 Assistent an der Universität Bonn; dort 12/1913 Verleihung des preußischen Prädikats Professor (Titularprofessor); 3/1916 – 1/1917 Kriegseinsatz im Heimatgebiet, Dienst im Flak-Zug 72 auf der Inselfestung Borkum, zuletzt Unteroffizier; ab 1/1919 außerordentlicher Professor für Römisches und Bürgerliches Recht an der Universität Gießen; 12/1920 Heirat;[3] 10/1923 – 6/1941 ordentlicher Professor für Römisches und Bürgerliches Recht an der Universität Rostock, dort auch Mitdirektor des Rechtshistorischen Seminars;[4] ab 1913 Mitglied der Deutsch-Hannoverschen Partei/Welfen, für diese auch Reichstagskandidat;[5] 1926/27 sowie 1931/32 Dekan der Rechts- und Wirtschaftswissenschaftlichen Fakultät der Universität Rostock; 1933 Kandidat für die Wahl des Kirchenältesten der St.Nikolai-Gemeinde in Rostock;[6] im Rahmen der Überprüfungen

---

1 Mit der Arbeit: Grenzbestimmung zwischen Kauf- und Werkvertrag nach allgemeinen Grundsätzen und nach gemeinem Rechte, Trier 1902.

2 Mit der Arbeit: Vorstellungs- und Willenstheorie in der Lehre von der juristischen Willenserklärung, Leipzig 1910.

3 Mit Ellen Hensell, geb. am 30.9.1881; Tochter eines Gymnasialdirektors.

4 Henles Forschungsschwerpunkte waren die Rechtsgeschichte, hier besonders das römische Recht, und die Dogmatik des bürgerlichen und modernen Rechts, insbesondere des Ehe- und Scheidungsrechts.

5 Als politischer Anhänger der großdeutsch-föderalistischen Bewegung und aktiver Publizist der Deutsch-Hannoverschen Partei (Welfen) erregte Henle den Unwillen einer Reihe von konservativen Rostocker Hochschullehrern, die sich 2/1925 an den Rektor der Universität wandten und ihn aufforderten, „mit allen zu Gebote stehenden Mitteln" Henle von weiteren Aufsätzen in der Tagespresse abzuhalten. So nahmen etwa Curschmann, Falckenberg, Füchtbauer, Geffcken, Hohl, Huscher, Spangenberg, v.Wasielewski und Zenker „schwersten Anstoß an der Verunglimpfung des alten Reiches, an der Beschimpfung seines Gründers [Bismarck] und der Herabsetzung unserer Nationalheroen wie Friedrich des Großen"; sie fürchteten, daß „bei Bekanntwerden dieser Äußerungen im Lande und bei der Studentenschaft eine schwere Schädigung des Ansehens der Universität und des inneren Friedens zu erwarten" sei; außerdem hielten sie die von Henle mit „Professor der Rechte" unterzeichneten Aufsätze „in Tageszeitungen zu demagogischen Zwecken der Stellung eines Professors für unwürdig"; Henle verpflichtete sich 7/1925, seine in Mecklenburg erscheinenden Aufsätze „einer besonderen Durchsicht zu unterziehen".

6 In einem Schreiben an den Rektor Paul Schulze verdeutlichte Henle 7/1933, daß er sich mit dieser Kandidatur in einen Gegensatz zu der von der Reichsregierung präferierten Glaubensbewegung der Deutschen Christen begeben werde; dennoch müsse er nach seinem „evangelischen Gewissen" entscheiden. Den möglichen „Vorhalt, daß man durch solche Entscheidung gegebenenfalls in Gegensatz zu dem Willen des Führers und zum Dritten Reich trete", wies Henle „als Entstellung der klaren Willensmeinung des Führers" zurück, habe dieser

im Zusammenhang mit dem Gesetz zur Wiederherstellung des Berufsbeamtentums 5/1933 erfolgreiche Abwehr möglicher Bestrebungen, als „Vierteljude" eingestuft zu werden;[7] ab 1934 Mitglied des NS-Rechtswahrerbundes, der NS-Volkswohlfahrt, ab 7/1934 des NS-Lehrerbundes und ab 12/1934 des Reichsluftschutzbundes; am 20.6.1941 nach Krankheit in Rostock gestorben[8]

Quellen: UAR: PA Henle; LHAS: 5.12-7/1, Nr. 1415, 1418, 2349; BA/BDC-Karteien: NSLB, REM.

doch bekundet, „den Kirchenfrieden mittels unparteiisch durchgeführter Neuwahlen hergestellt zu wissen". Für seine Kandidatur, so Henle, sei entscheidend, „ob im Falle eines Obsiegens der Glaubensbewegung deutscher Christen die Verkündigung des Evangeliums von Jesus Christus ungetrübt bleiben werde".

7 Henle bekannte zwar, daß sein „Großvater väterlicherseits ... jüdischer Abstammung" gewesen sei, hob aber hervor, das schon dessen Vater 1821 „mit seiner ganzen Familie zum evangelisch-christlichen Bekenntnis übergetreten" und dieser Urgroßvater „als langjähriger Kirchenältester der evangelischen Gemeinde zu Koblenz gestorben" sei. Das von seinem Großvater „überkommene Erbgut", so Henle, sei „frei von der liberalistischen Zersetzung des spezifischen Judentums"; schließlich sei sein Vater als „Kgl. preußischer Landgerichtspräsident" gestorben, und ein Großvater mütterlicherseits sei „braunschweigischer Staatsminister" gewesen. Er selbst stehe seit 1911 „im Kampf gegen die liberalistische Zersetzung als einer Gefahr für das deutsche Volk"; so habe er das von der Deutschen Staatspartei und der Zentrumspartei „unterstützte Bestreben des Marxismus, die Verbundenheit mit Heimat und Geschichte im deutschen Volke ... zu entwurzeln, in einer großen Anzahl von Schriften und Aufsätzen bekämpft"; im übrigen verwies Henle zur Dokumentation seiner Einstellung auf die von ihm im *Niederdeutschen Beobachter*, dem Organ der mecklenburgischen NSDAP, veröffentlichten Aufsätze.

8 Veröffentlichte u.a.: Irrtum über die Rechtsfolgen, Berlin 1911; Treu und Glauben im Rechtsverkehr, Berlin 1912; Nicht-Ehe. Ein Beitrag zu den Grundbegriffen des deutschen bürgerlichen Eherechts, Stuttgart 1915; Unus casus. Eine Studie zu Justinians Institutionen, Leipzig 1915; Unterstellung und Versicherung. Untersuchungen zum bürgerlichen Recht, Versicherungsrecht und Methodenlehre, Mannheim u.a. 1922; Mark gleich Mark? Ein Wort zur Geldentwertung und zum 'Bankerott' des bürgerlichen Rechts, Gießen 1923; Lehrbuch des bürgerlichen Rechts. Allgemeiner Teil, Berlin 1926; Erleichterung der Ehescheidung?, Rostock 1927; Der Weg zum Großdeutschen Reich. Ein Wort zur Verständigung über die deutsche Frage, München 1927; Zerrüttung der Ehe, Rostock 1928; Das Recht auf Besitz, Rostock 1928; Die Aufgaben deutscher Zukunft und die Revision der deutschen Geschichtsauffassung. Eine großdeutsche Antwort, Hannover 1929; Kleindeutscher Einheitsstaat oder großdeutsches Reich, Köln 1929; Großpreußische oder großdeutsche Lösung? Worte zur Reichsreform, Rostock 1930; Reichsreform und Länderstaat, Rostock 1931. Der Lehrstuhl Henles konnte wegen Mangels an geeigneten Bewerbern nicht wieder besetzt werden; die Berufung einer qualifizierten Frau – Dr. Sibylle von Bolla – scheiterte an dem Diktum des Reichserziehungsministeriums, wonach „die Berufung von Frauen auf planmäßige Lehrstühle der Rechtswissenschaft nicht beabsichtigt" sei.

Hertel, Heinrich

geboren am 13.11.1901 in Düsseldorf/Rheinland; evangelisch; Sohn eines Oberingenieurs; Gymnasium, Abitur; bis 1923 Mitglied des Wandervogel; 1921 – 1926 Studium des Ingenieurwesens an den Technischen Hochschulen München und Berlin, dort 2/1926 Examen als Diplomingenieur; 1926 – 1932 zunächst Assistent, dann Versuchsleiter an der Deutschen Versuchsanstalt für Luftfahrt in Berlin-Adlershof; 11/1930 Promotion in Berlin;[1] 1931 Heirat, später vier Kinder; ab 9/1933 technischer Hauptassistent von Ernst Heinkel; 1934 – 1939 Technischer Direktor der Ernst-Heinkel-Flugzeugwerke in Rostock, als Leiter der Forschungs- und Entwicklungsarbeiten dort maßgeblich an der Entwicklung der modernen Flugzeugtypen He 111 und der He 100 beteiligt; als Ingenieur in Rostock Eintritt in die NSDAP am 1.5.1937, Mitgliedsnummer 5.084.115; außerdem Mitglied und Leiter der Ortsgruppe Rostock des NS-Fliegerkorps sowie Förderndes Mitglied der SS; 11/1938 zum Wehrwirtschaftsführer ernannt; auf Druck Ernst Heinkels 11/1938 – 12/1941 auch Honorarprofessor für Elastizitäts- und Festigkeitslehre an der Universität Rostock;[2] nach Auseinandersetzungen mit Heinkel ab 1939 Mitglied des Vorstandes und Chefkonstrukteur der Junkers-Flugzeug- und -Motorenwerke in Dessau, dort maßgeblich an der Entwicklung der JU 287 beteiligt; daneben ab 1/1942 Honorarprofessor für Luftfahrzeugbau an der Technischen Hochschule Braunschweig; 1945 – 1949 Entwicklung strahlgetriebener Transatlantikflugzeuge und Entwicklung der Senkrechtstarttechnik in Frankreich; ab 1949 Ingenieur in einem Werk für Kohle- und Erzaufbereitung; ab 1953 Professor und nach Wegfall des alliierten Verbots der deutschen Luftfahrtforschung ab 1955 erster Inhaber des Lehrstuhls sowie Direktor des Instituts für Luftfahrzeugbau an der Technischen Universität Berlin, dort auch

1 Mit der Arbeit: Die Verdrehsteifigkeit und Verdrehfestigkeit von Flugzeugbauteilen, München 1931.

2 Nachdem bereits seit 1936 zwischen dem von Kurt Schmieden geleiteten Lehrstuhl und den Heinkel-Werken enge Verbindungen bestanden, deren Ergebnisse direkt und indirekt in die Flugzeugentwicklung und die Ausbildung der Firmeningenieure einflossen, beabsichtigte die Universität Rostock – wie es 6/1937 in einem Schreiben der Philosophischen Fakultät an die mecklenburgische Hochschulverwaltung hieß -, „im Einvernehmen mit der Firma Heinkel und unter deren Beihilfe den Unterricht und die Forschung in der angewandten Mathematik auszubauen und dabei insbesondere die Erfordernisse des Flugzeugbaus zu berücksichtigen“. Es liege der Universität „am Herzen, die wissenschaftliche Forschung auf dem einschlägigen Gebiet zum Besten des großen Ganzen zu fördern [und] den wissenschaftlichen Austausch zwischen den Fachleuten der Heinkelwerke und den einschlägigen Fachvertretern der Universität enger zu gestalten“. Dabei verknüpfte Ernst Heinkel mit der Zusage von Stiftungen für die Universität die Bedingung, daß nur ein Hochschullehrer für angewandte Mathematik berufen werde, „der den wissenschaftlichen Bedürfnissen des Flugzeugbaus gerecht“ werde. Obwohl Hertel nach Auskunft der Kreisleitung Rostock-Stadt der NSDAP „bisher in politischer Beziehung in keiner Weise hervorgetreten“ und „kein politischer Aktivist“ sei, bestanden seitens des NS-Dozentenbundes „keine Bedenken gegen die politische Zuverlässigkeit“ Hertels; schon allein wegen seines fachlichen Ansehens sei Hertels Berufung „ein großer Gewinn“ für die Universität Rostock.

einer der Vordenker des neuen Fachs Bionik;[3] ab 1959 auch wissenschaftlicher Berater der Fokker-Flugzeugwerke; 1962/63 auch Dekan der Fakultät für Maschinenwesen der Technischen Universität Berlin; 1970 emeritiert; 4/1970 Ehrendoktorwürde der Technischen Hochschule Aachen; am 5.12.1982 in Berlin gestorben[4]

Quellen: UAR: PA Hertel; LHAS: 5.12-7/1, Nr. 1298, 2343; BA/BDC-Karteien: NSDAP, REM.

3 Hertel plante nach dem Studium verschiedener Fischarten, die Flugzeugrümpfe spindelförmig und nicht mehr zylinderförmig zu konstruieren, was einen größeren Nutzraum und geringeren Luftwiderstand zur Folge hätte.

4 Veröffentlichte u.a.: Leichtbau. Bauelemente, Bemessungen und Konstruktionen von Flugzeugen und anderen Leichtbauwerken, Berlin u.a. 1960; Überschall- und Hyperschall-Verkehrsflugzeuge. Senkrecht startende und landende Verkehrsflugzeuge. Grundsätzliche Betrachtungen zur Vertikal- und Steil-Technik, Wiesbaden 1961; Die zukünftigen Verkehrsflugzeuge, Hamburg 1961; Grundlagenforschung für Entwurf und Konstruktion von Flugzeugen, Köln/Opladen 1962; Struktur, Form, Bewegung, Mainz 1963; Wandströmungen und Aufströme aus der Umlenkung von Freistrahlgruppen, Düsseldorf 1966; Ermüdungsfestigkeit der Konstruktionen, Berlin u.a. 1969.

Hertwig, Günther Karl Wilhelm

geboren am 10.3.1888 in Jena/Sachsen-Weimar; evangelisch; Sohn eines Universitätsprofessors; humanistisches Joachimsthal-Gymnasium in Berlin, dort 4/1906 Abitur; Medizinstudium an den Universitäten in Berlin, Freiburg und München; 6/1911 medizinisches Staatsexamen, anschließend Medizinalpraktikant an der Charité in Berlin; 7/1912 Approbation und Promotion in Berlin;[1] 1912 – 1913 chemische und serologische Ausbildung, 1913 Volontärassistent am Anatomischen Institut der Universität Berlin; 1914 Forschungsaufenthalt an der Zoologischen Station Neapel; ab 10/1914 1. Assistent am Anatomischen Institut der Universität Frankfurt/M.; tatsächlich jedoch 10/1914 – 8/1915 Kriegsassistenzarzt in der Verwundetenabteilung der Chirurgischen Klinik der Charité in Berlin, ab 10/1915 – 9/1916 Hilfsarzt in einem Lazarettzug des Johanniterordens; 10/1916 – 3/1917 wieder 1. Assistent am Anatomischen Institut der Universität Frankfurt/M.; 4/1917 – 11/1918 Kriegseinsatz als Bataillonsarzt sowie als Stationsarzt an der Chirurgischen Abteilung in einem Kriegslazarett bei Sedan, EK II, Rote-Kreuz-Medaille; 12/1918 Habilitation in Frankfurt/M.[2] und ab 1/1919 Privatdozent für Normale Anatomie und Entwicklungsgeschichte an der Universität Frankfurt/M.; 1919 – 1922 Mitglied der Deutschen Volkspartei; 9/1922 Verleihung der Dienstbezeichnung eines nichtplanmäßigen außerordentlichen Professors (Titularprofessor) der Universität Frankfurt/M.; 10/1922 – 10/1937 Oberassistent und 1. Prosektor am Anatomischen Institut der Universität Rostock, dort 11/1922 zum außerplanmäßigen außerordentlichen Professor für Anatomie ernannt;[3] 3/1925 Heirat;[4] ab 7/1934 Mitglied des NS-Lehrerbundes und der NS-Volkswohlfahrt; 1936/37 mit der kommissarischen Leitung des Anatomischen Instituts der Universität Rostock beauftragt;[5] ab 11/1937 vergüteter Forschungsauftrag am

1 Mit der Arbeit: Das Schicksal des mit Radium bestrahlten Spermachromantis im Seeigel: eine experimentell-cytologische Untersuchung, Berlin 1912.

2 Mit der Arbeit: Kreuzungsversuche an Amphibien. T.1.: Wahre und falsche Bastarde, Bonn 1918.

3 Hertwigs Hauptarbeitsgebiete waren die Zytologie der Vererbung, quantitative Zellenlehre und vor allem entwicklungsphysiologische Untersuchungen über die Beeinflussung der Keimzellenbildung und Frühentwicklung durch äußere Faktoren, die Vererbungslehre, die Befruchtungs- und Zeugungslehre sowie die Einwirkung der Radium- und Röntgenstrahlen auf tierische Keimzellen.

4 Mit Lida Hondru, geb. am 9.5.1903 in Bessarabien; Tochter eines Gymnasialprofessors.

5 Hertwig hatte nach 15jähriger Tätigkeit in Rostock 9/1937 selbst gekündigt, weil er sich im Besetzungsverfahren der Direktorenstelle des Instituts sowie auch im Berufungsverfahren der Professur für Anatomie übergangen fühlte und keine weitere Perspektive für sich in Rostock sah. Zudem hatte er andauernde Differenzen mit dem neuen Direktor des Anatomischen Instituts, Kurt Neubert. Eine gelegentlich behauptete Benachteiligung Hertwigs wegen seiner Ehe mit einer angeblich jüdischen Frau spiegelt sich in den überlieferten Verwaltungsunterlagen nicht stringent wider, in denen seine Frau zudem ständig als griechisch-katholisch bezeichnet wurde. Als 1935/36 die Leitung des Anatomischen Instituts neu besetzt werden mußte, konzedierte der Führer der Dozentenschaft an der Universität Rostock, Heinrich Gißel, daß Hertwig zwar die erforderlichen wissenschaftlichen Leistungen aufweise, er stelle „jedoch rein äußerlich betrachtet schon nicht die Persönlichkeit dar, wie man sie von einem Hochschullehrer fordern“ müsse; Hertwigs Vorlesungen seien rhetorisch schlecht, und politisch habe er sich „nie hervorgetan und versucht, sich den Ideen des Nationalsozialismus einzuordnen“, so daß Hertwig „für den Direktorenposten eines Anatomischen Instituts nicht geeignet“ sei. Als es 2/1937 um die Wiederbesetzung des anatomischen Lehrstuhls ging, ist von der Rostocker

Anatomischen und Anatomisch-Biologischen Institut der Universität Berlin, daneben dort ab 4/1938 Lehrauftrag für Systematische Anatomie; an der Universität Berlin 9/1939 zum außerplanmäßigen Professor ernannt; 12/1945 Vorschlag des Rektors Kurt Wachholder, Hertwig als Ordinarius für Anatomie nach Rostock zu berufen;[6] ab 5/1946 Professor mit Lehrstuhl für Normale Anatomie und Entwicklungsgeschichte und Direktor des Anatomischen Instituts der Universität Halle; 1955 emeritiert; Mitherausgeber des Morphologischen Jahrbuchs und der *Zeitschrift für mikroskopisch-anatomische Forschung*; ab 1956 Mitglied der Akademie der Naturforscher Leopoldina, ab 1957 der Anatomischen Gesellschaft und der Deutschen Gesellschaft für Naturforscher und Ärzte; am 4.8.1970 in Halle gestorben[7]

Quellen: UAR: PA Hertwig; LHAS: 5.12-7/1, Nr. 1480; BA/BDC: PK; BA/BDC-Karteien: NSDÄB, NSLB, REM.

Medizinischen Fakultät der spätere Lehrstuhlinhaber Neubert an zweiter, Hertwig an dritter Stelle genannt worden; Hertwig, so hieß es, sei „allgemein als ausgezeichneter wissenschaftlicher Forscher bekannt" und von „vielen seiner Fachkollegen in ihren Vorschlägen genannt worden"; wenn Hertwig nicht auf dem ersten Listenplatz erscheine, liege das daran, so Dekan Wilhelm Comberg, daß Hertwigs „Eignung mehr auf dem Gebiet der rein wissenschaftlichen Forschung" und weniger auf dem der studentischen Lehre liege; alle seien sich darin einig, daß Hertwig „vor allem befähigt" sei, „als Leiter eines wissenschaftlichen Forschungsinstitutes ausgezeichnetes zu leisten". In den 3/1937 dem Reichserziehungsministerium übersandten konkreten Besetzungsvorschlägen ist Neubert jedoch nunmehr auf den 1. und Hertwig auf den 4. Platz gesetzt worden; auch jetzt hieß es, daß Hertwig „in Deutschland und auch über die Grenzen hinaus als ausgezeichneter Wissenschaftler bekannt" sei; er sei für den Rostocker Anatomielehrstuhl deshalb nicht bevorzugt nominiert worden, „weil er als Lehrer nicht genügend dem entspricht, was wir ... für unsere Fakultät als notwendig bezeichnet" haben; als „Leiter eines [nur]wissenschaftlichen Forschungsinstituts" könne er „ausgezeichnetes leisten", weshalb die Fakultät begrüßen würde, wenn Hertwig „in absehbarer Zeit eine andere Stelle erhalten könnte".

6 Wie Wachholder 12/1945 der mecklenburgischen Kultusverwaltung mitteilte, sei Hertwig „der einzige in der sowjetischen Besatzungszone zur Verfügung stehende Anatom, der nicht Mitglied der NSDAP war"; Hertwigs Bedingung für eine Annahme des Rufes nach Rostock sei jedoch eine gleichzeitige Berufung seiner Schwester, von der er sich „aus wirtschaftlichen Gründen nicht trennen" könne; Paula Hertwig, die „auch im Auslande, speziell auch in Rußland, einen ganz besonderen Ruf als Forscherin auf ihrem Gebiet", genieße, sollte der außerordentliche Lehrstuhl für Entwicklungsgeschichte und Vererbungslehre übertragen werden, der unter der Firmierung 'Lehrstuhl für Erbbiologie, Rassenhygiene und Eugenik' bis 4/1945 von Hans Grebe wahrgenommen wurde. Da sich die Wiedereröffnung der Medizinischen Fakultät in Rostock jedoch verzögerte, nahmen Günther und Paula Hertwig einen Ruf an die Universität Halle an.

7 Veröffentlichte u.a.: Allgemeine Biologie, Jena 1923 (mit O. Hertwig); Physiologie der embryonalen Entwicklung, Berlin 1926; Strahleneinwirkung auf Wachstum und Entwicklung, München 1928; Allgemeine mikroskopische Anatomie der lebenden Masse, Berlin 1929 (mit P. Hertwig); Regulation von Wachstum, Entwicklung und Regeneration durch Umweltfaktoren, Berlin 1930.

Heyde, Johannes Erich

geboren am 22.5.1892 in Polkenberg/Döbeln (Sachsen); evangelisch; Sohn eines Volksschullehrers; Progymnasium und Fürstenschule/Gymnasium in Grimma, dort 4/1912 Abitur; 1912 – 1915 Studium der Philosophie und klassischen Philologie an der Universität Greifswald; dort 4/1915 Promotion[1] und Staatsprüfung für das Lehramt an höheren Schulen in Griechisch, Latein und philosophischer Propädeutik; 12/1915 – 11/1916 Militärdienst beim Feldartillerie-Regiment 68 in Riesa; ab 1916 zunächst Studienreferendar, dann Studienassessor in Greifswald, Pasewalk und Stettin, dort 1921 zum Studienrat ernannt; 1919 Heirat;[2] 1924 – 1928 Studienrat in Greifswald; 1919 – 1937 Vorsitzender der Johannes-Rehmke-Gesellschaft und Schriftleiter der von ihr herausgegebenen philosophischen Zeitschrift *Grundwissenschaft*; 1928 – 1940 Professor für Philosophie, Pädagogik, pädagogische Psychologie und Charakterologie am neugegründeten Pädagogischen Institut, der späteren Hochschule für Lehrerbildung in Rostock;[3] ab 2/1934 Mitglied des NS-Lehrerbundes; während der vorübergehenden Schließung der Hochschule für Lehrerbildung zu Kriegsbeginn 1939/40 vertretungsweise Schulrat in Wismar; ab 1939 Mitherausgeber der *Abhandlungen zur begründenden Philosophie*; nach Auflösung der Hochschule für Lehrerbildung ab 2/1941 zunächst als Nachfolger von Julius Ebbinghaus (Lehrstuhl für Philosophie) vorgesehen; dann jedoch Lehrer im höheren Schuldienst in Rostock; daneben 4/1942 – 5/1945 Lehrauftrag für Philosophie und Pädagogik an der Universität Greifswald; dort auch Mitglied des Wissenschaftlichen Prüfungsamtes der Provinz Pommern für Philosophie und Weltanschauung; 4/1943 – 5/1945 Lehrauftrag für Pädagogik an der Universität Rostock; 8/1944 Habilitation in Innsbruck;[4] 3/1945 zum Dozenten für Philosophie und Pädagogik ernannt und Lehrauftrag für Philosophie an der Universität Rostock;[5] ab 1945 Mitherausgeber der *Zeitschrift für philosophische Forschung*; 8/1945 Lehrbefugnis für Philo-

1 Mit der Arbeit: Über den Wertbegriff, veröffentlicht u.d.T. Grundlegung der Wertlehre, Leipzig 1916.

2 Mit Frieda Fehrmann, geb. am 18.10.1884 in Seebad Ahlbeck; Tochter eines Baumeisters.

3 Gehörte dort 11/1933 zu den Mitunterzeichnern der Proklamation 'Bekenntnis der Professoren an den deutschen Universitäten und Hochschulen zu Adolf Hitler und dem nationalsozialistischen Staat'.

4 Die Philosophische Fakultät der Universität Innsbruck hatte Heyde von der Vorlage einer Habilitationsschrift befreit; als „konsequenter Vertreter der Philosophie von [Johannes] Rehmke" – dessen „scharfsinnige, logische" Philosophie sich an „den Lehrstühlen der Hochschulen keine Freunde" habe erwerben können, auch weil sie „isoliert, ohne Berührung mit anderen Richtungen in der Gegenwart" agierte und Rehmke „sich nicht der üblichen Terminologie ... sondern nur einer rein deutschen Ausdrucksweise bediente" – habe dessen Schüler Heyde, so das Innsbrucker Gutachten, mehr als 63 Veröffentlichungen mit über 1.600 Seiten Umfang vorgelegt, die es in Kumulation wert seien, als Habilitation anerkannt zu werden.

5 Der geschäftsführende Gaudozentenbundführer Kurt Neubert meinte 1/1945, Heyde sei „ein national gesinnter, im Grunde aber völlig unpolitischer Mensch, der vorwiegend seinen fachlichen Interessen lebt und wenig Fühlung mit seiner Umwelt" habe; er sei ein guter Pädagoge, „gutmütig und hilfsbereit", stehe aber „Fragen des politischen Einsatzes ziemlich verständnislos gegenüber". Obwohl die Kreisleitung Rostock-Stadt der NSDAP es aus diesem

sophie und Pädagogik, ab 10/1946 ordentlicher Professor für Philosophie und Erziehungswissenschaften sowie Direktor des Psychologischen Instituts der Universität Rostock;[6] dort auch Pressereferent, Redakteur des Vorlesungsverzeichnisses, Mitglied des Senats und ab 11/1945 erster Dekan der neu zu errichtenden Pädagogischen Fakultät der Universität Rostock; ab 4/1950 ordentlicher Professor für Philosophie an der Technischen Universität in Berlin-Charlottenburg;[7] am 6.4.1979 in Berlin gestorben[8]

Quellen: UAR: PA Heyde; BA/BDC-Karteien: NSLB, REM.

Grunde abgelehnt habe, „eine Gewähr für die politische Zuverlässigkeit Heydes zu übernehmen", befürwortete Neubert dessen Dozentur in Hinblick auf Heydes „gute fachliche Befähigung und die schwierige Nachwuchslage".

6 Heydes Hauptforschungsgebiete waren die systematische Philosophie, vor allem Erkenntnistheorie und Logik, Methaphysik und Ontologie, Ethik und Wertphilosophie sowie die philosophischen Grundlagen der Allgemeinen Psychologie bzw. Charakterologie und Erziehungslehre. Die Rektoren Kurt Wachholder und Günther Rienäker urteilten 1945/46, Heyde habe sich gegenüber dem „Nationalsozialismus von Anfang an ablehnend" verhalten; Versuche, ihn zum Eintritt in die NSDAP zu bewegen, habe er „abgewehrt" und „gegen die Verunglimpfung der Wissenschaft und ihrer Vertreter durch die Nationalsozialisten Stellung" genommen.

7 Heyde hatte Rostock überstürzt verlassen, weil er den Eindruck hatte, daß auf sein „Verbleiben im Lehrkörper der Universität weder von der Pädagogischen noch von der Philosophischen Fakultät Gewicht gelegt" würde; sein fluchtartiger Wechsel nach Berlin stehe – so Heyde 4/1950 – „nicht in einem ursächlichen Zusammenhang mit den in letzter Zeit gegen mich gerichteten Äußerungen und Maßnahmen".

8 Veröffentlichte u.a.: Wissen und Denken. Festschrift für Johannes Rehmke, Leipzig 1923; Grundwissenschaftliche Philosophie, Leipzig 1924; Realismus oder Idealismus, Leipzig 1924; Wert. Eine philosophische Grundlegung, Erfurt 1926; Technik des wissenschaftlichen Arbeitens. Zeitgemäße Mittel und Verfahrensweisen. Eine Anleitung, besonders für Studierende, Berlin 1931 ([10]1970); Johannes Rehmke, Leipzig 1931; Johannes Rehmke und unsere Zeit, Berlin 1935; Grundlage und Gestalt ganzheitlicher Unterrichtsweise, Langensalza 1937 (mit H. Martin); Das Wesen des Charakters, Langensalza 1939; Entwertung und Kausalität? Für und Wider den Positivismus, Stuttgart 1957; Wege zur Klarheit. Gesammelte Aufsätze, Berlin 1960; Die Objektivität des Allgemeinen, Köln 1965; Die Unlogik der sogenannten Begriffspyramide, Frankfurt/M. 1973.

Hofmann, Ulrich

geboren am 22.1.1903 in München/Bayern; evangelisch; Sohn eines Universitätsprofessors; Luisen-Volksschule in München, Vorschule und Kaiserin-Augusta-Gymnasium in Berlin-Charlottenburg, dort 3/1921 Abitur; 1921 – 1925 Studium der Chemie an der Technischen Hochschule in Berlin, dort ab 11/1923 Hilfsassistent und – nach dem Abschluß als Diplomingenieur – 11/1925 – 3/1934 planmäßiger Assistent am Anorganischen Laboratorium; 12/1926 Promotion[1] und 1/1931 Habilitation[2] an der Technischen Hochschule in Berlin und seitdem bis 12/1936 Privatdozent für Chemie an der TH Berlin; ab 11/1933 Mitglied des NS-Lehrerbundes, ab 11/1933 auch Mitglied der SA, zuletzt 1942 SA-Scharführer; als Privatdozent 4/1934 – 12/1936 Oberassistent im Anorganischen Laboratorium der Technischen Hochschule Berlin; dazwischen 11/1935 – 9/1936 Lehrvertretung für Anorganische Chemie an der Universität Münster; 4/1935 Heirat[3], später drei Kinder; als beurlaubter Oberassistent 10/1936 – 1/1937 Lehrstuhlvertretung, ab 12/1936 außerordentlicher Professor und 2/1937 – 3/1942 ordentlicher Professor für Anorganische und Physikalische Chemie an der Universität Rostock;[4] dort ab 1938 auch Mitdirektor des Chemischen Instituts und zunächst stellvertretender Direktor, dann bis 1942 Direktor der Anorganischen Abteilung sowie der Physikalisch-Chemischen Abteilung des Chemischen Instituts der Universität Rostock; dort Eintritt in die NSDAP am 1.5.1937, Mitgliedsnummer 4.073.375; als SA-Rottenführer Dienst im Nachrichtensturmbann der SA-Standarte 90 in Rostock; obwohl mit kriegs- und rüstungswissenschaftlichen Forschungen beauftragt, ab 10/1939 Kriegseinsatz in einer Heeresbäckerei; 1/1940 uk gestellt und Weiterführung seiner Forschungen[5]; 4/1942 – 5/1945 Professor für Anorganische und Analytische Chemie an der Technischen Hochschule Wien, dort auch Direktor des Chemischen Instituts; nach Ausweisung aus Österreich 1946 – 1948 Gärtner für die Süd-Chemie-Gesellschaft in Moosburg/Bayern; ab 1948 Professor für Anorganische, Physikalische und Technische Chemie an der Philosophisch-Theologischen Hochschule in Regensburg; ab 1951 Professor für Anorganische und Physikalische Chemie an der Technischen Hochschule in Darmstadt; 1952 Präsident der Deutschen Gesellschaft für Elektronenmikroskopie; 1960 – 1971 ordentlicher Professor für Anorganische Chemie an der Universität Heidelberg; ab 1962 Mitglied der Deut-

1 Mit der Arbeit: Glanzkohlenstoff und die Reihe des schwarzen kristallinen Kohlenstoffs, Berlin 1926.

2 Mit der Arbeit: Die Bildung und Konstitution der Graphitsäure.

3 Mit Renate Schiebeler, geb. am 27.11.1909.

4 Hofmanns Hauptforschungsgegenstände waren die anorganische und physikalische Chemie sowie die Kolloidchemie, insbesondere die Tone und Tonmineralien; er gilt als Entdecker der eindimensionalen innerkristallinen Quellung (Bentonitforschung).

5 Hofmann erhielt zwischen 1/1936 und 3/1945 mehrere zehntausend RM für Forschungen zu Tonmineralien, Bentoniten und Kohlenstoff; allein 1941 bewilligte ihm der Reichsforschungsrat eine Beihilfe von 70.000 RM zum Erwerb eines der ersten Elektronenmikroskope.

schen Akademie der Naturforscher Leopoldina; 1968 Ehrenpromotion der Universität München; 1971 emeritiert; am 5.7.1986 in Heidelberg gestorben[6]

Quellen: UAR: PA Hofmann; LHAS: 5.12-7/1, Nr. 1307, 1311; BA/BDC: REM; BA/BDC-Karteien: NSDAP, NSLB, RFR.

6 Neben zahlreichen wissenschaftlichen Aufsätzen wiederholte Hrsg., Neubearbeitung und Erweiterung der ursprünglich von seinem Vater, K.A. Hofmann, verfaßten Darstellung: Anorganische Chemie, Braunschweig [21]1973.

Hohl, Ernst Heinrich

geboren am 18.4.1886 in Stuttgart/Württemberg; evangelisch; Sohn eines stellvertretenden Hofbankdirektors; Hayersche Elementarschule und Karls-Gymnasium in Stuttgart, dort 1904 Abitur; als Einjährig-Freiwilliger 1904 – 1905 Militärdienst im Feldartillerie-Regiment 65 in Ludwigsburg; 1905 – 1910 Studium der Geschichte und der Klassischen Philologie an den Universitäten Tübingen, München und Berlin; nach erster humanistischer Dienstprüfung 1910 – 1911 Studienreferendar am Karls-Gymnasium in Stuttgart; 3/1911 Promotion in Tübingen;[1] 10/1911 zweite humanistische Dienstprüfung; 1911/12 Hörer an der Universität Leipzig, anschließend 1912/13 Studienaufenthalte in Griechenland, Italien und Frankreich, hier u.a. Handschriftenstudien in der Bibliothèque nationale in Paris und in der Vaticana; 4-7/1913 mit der Verwaltung einer Lehrerstelle/Amtsverweser am Eberhard-Ludwigs-Gymnasium in Stuttgart beauftragt; 3/1914 Habilitation in Straßburg und 5/1914 – 1918 Privatdozent für Alte Geschichte und Assistent am Klassisch-Philologischen Seminar der Universität Straßburg; als beauftragter Dozent dazwischen 1915/16 Lehrstuhlvertretung für Alte Geschichte an der Universität Tübingen und 1917/18 Lehrstuhlvertretung an der Universität Straßburg; als Beauftragter Dozent 1918 – 9/1919 Lehrstuhlvertretung für Alte Geschichte an den Universitäten Greifswald und Rostock; dort 9/1919 zum planmäßigen außerordentlichen Professor für Alte Geschichte ernannt; ab 9/1920 ordentliches Mitglied der Straßburger Wissenschaftlichen Gesellschaft in Heidelberg; 8/1922 Heirat,[2] später drei Kinder; 7/1923 Verleihung der Amtsbezeichnung und der akademischen Rechte eines ordentlichen Professors der Universität Rostock; 3/1929 – 12/1949 ordentlicher Professor für Alte Geschichte an der Universität Rostock, dort auch Direktor des Historischen Seminars II für Alte Geschichte;[3] 1930/31 auch Dekan der Philosophischen Fakultät der Universität Rostock; ab 10/1933 Mitglied des Reichsluftschutzbundes, ab 1/1934 des NS-Lehrerbundes, ab 6/1934 Mitglied der NS-Volkswohlfahrt; ab 1935 Blokkierung der weiteren akademischen Karriere durch Rektor und Dozentenschaft der Universität Rostock;[4] ab 1945 Mitglied des Kulturbundes zur demokratischen Erneuerung

1 Mit der Arbeit: Vopiscus und die Biographie des Kaisers Tacitus, Tübingen 1911.

2 Mit Sophie Charlotte Sohm, geb. am 1.1.1900 in Rostock; Tochter eines Rechtsanwalts.

3 Hohls Hauptforschungsgebiet war die römische Geschichte mit besonderer Berücksichtigung der Quellenkunde und Quellenforschung.

4 Hohl wurde angeblich wegen seiner antinationalsozialistischen Einstellung von weiteren Lehrstuhlberufungen im Dritten Reich ausgeschlossen. Wie Rektor Günther Rienäcker 10/1947 behauptete, sei Hohl 1936 „von der Fachgruppe Historiker des NSDStB wegen seiner ablehnenden Haltung den Lehren des Nationalsozialismus, namentlich dem Rassenschwindel gegenüber, heftig angegriffen" worden; schon 1935 hätten Rektor, Dozentenbund- und Studentenschaftsführer der Universität Rostock in ihren politischen Gutachten übereinstimmend festgestellt, Hohl „sei und werde kein Nationalsozialist. Seitdem galt er als untragbar und war, abgesehen von seiner Lehrtätigkeit, völlig kaltgestellt". Tatsächlich hatte der Führer der Rostocker Dozentenschaft, Heinrich Gißel, 11/1935 lediglich festgestellt, daß Hohl „politisch außerordentlich vorsichtig zu beurteilen" sei; bis 1933 sei er „weitgehend rechts eingestellt und Anhänger der Deutschnationalen gewesen", und nach der Machtübernahme habe er „den Eindruck eines typischen Reaktionärs" gemacht. Allerdings habe Hohl sich in den letzten anderthalb Jahren bemüht, „sich mit den Ideen des Nationalsozialismus auseinanderzusetzen

Deutschlands; ab 7/1945 Prodekan, 2/1946 – 2/1948 Dekan und ab 3/1948 erneut Prodekan der Philosophischen Fakultät der Universität Rostock; 7/1947 von der SMA als ordentlicher Professor bestätigt; ab 1/1949 Gastvorlesungen für das Fachgebiet Alte Geschichte an der Humboldt-Universität in Berlin; ab 2/1949 ordentliches Mitglied der Deutschen Akademie der Wissenschaften; ab 1/1950 ordentlicher Professor für Alte Geschichte an der Humboldt-Universität in Berlin; 1953 emeritiert; am 24.2.1957 in Berlin gestorben[5]

Quellen: UAR: PA Hohl; LHAS: 5.12-7/1, Nr. 1273, 1274, 2346; BA/BDC-Karteien: NSLB, REM.

---

und vor allem auch versucht, sich ihnen anzuschließen". Gißel habe jedoch den Eindruck, Hohl sei nicht „innerlich Nationalsozialist" geworden, „wenn ich auch an der Ehrlichkeit seiner Absichten nicht zweifle". Hohls „nationalsozialistische Tätigkeit" erschöpfe sich in Äußerlichkeiten, „die er mit dem inneren Wert der Bewegung" verwechsele; er werde „niemals ein Kämpfer sein können, so wie heute der nationalsozialistische Geschichtswissenschaftler es sein muß". Der Historiker Hermann Löffler, zunächst Abteilungsleiter für mittlere und neuere Geschichte im Ahnenerbe, dann vom Persönlichen Stab des Reichsführers SS zum SD abgeordnet, um die Lage der deutschen Geschichtswissenschaft zu analysieren und die deutschen Historiker für die SS zu begutachten, meinte 3/1941, Ernst Hohl sei „seit Jahren unproduktiv" und für den NS-Staat kaum zu gebrauchen.

5 Veröffentlichte neben mehr als 190 Rezensionen u.a.: Grundriß der römischen Geschichte nebst Quellenkunde, München ^{5}1923 (Neubearb. der von B. Niese verfaßten Darstellung); Scriptores historiae Augustae, Leipzig 1927; Caesar (Rostocker Universitätsreden, 10), Rostock 1930; Augustus (Menschen, die Geschichte machten I), 1933; Die römische Kaiserzeit, 1933; Um Arminius. Biographie oder Legende, Berlin 1951; Die Siegesfeiern des Tiberius und das Datum der Schlacht im Teutoburger Wald, Berlin 1952; Über die Glaubwürdigkeit der Historia Augusta, Berlin 1953; Kaiser Commodus und Herodian, Berlin 1954; Kaiser Pertinax und die Thronbesteigung seines Nachfolgers im Lichte der Herodiankritik, Berlin 1956.

Holtz, Peter Wilhelm Joseph

geboren am 6.2.1902 in Stolberg/Rheinland; katholisch; Sohn eines Textilkaufmanns; humanistisches Gymnasium in Stolberg, dort 1920 Abitur; 1920 – 3/1929 Studium der Medizin und der Chemie an den Universitäten Bonn, Heidelberg, Würzburg, Freiburg und München; 1926 erstes chemisches Verbandsexamen, 2/1929 medizinisches Staatsexamen, 1929 Promotion in Bonn[1] und 4/1930 Approbation; 4/1929 – 11/1930 zunächst Medizinalpraktikant an der Medizinischen Klinik, dann Assistent und Stipendiat der Notgemeinschaft der Deutschen Wissenschaft am Pharmakologischen Institut an der Universität Greifswald; 11/1930 – 5/1932 Rockefeller-Stipendiat am Pharmakologischen Institut der Universität Cambridge, am National Institute for Medical Research sowie am University College in London; ab 5/1932 planmäßiger Assistent am Pharmakologischen Institut der Universität Greifswald; dort Eintritt in die NSDAP am 1.5.1933, Mitgliedsnummer 2.147.061; ab mindestens 1933 auch Mitglied der SA, ab 8/1934 Mitglied des NS-Lehrerbundes; 4/1935 Habilitation in Greifswald,[2] ab 4/1936 dort Dozent für Pharmakologie und Toxikologie; daneben auch HJ-Arzt; nunmehr auch Mitglied des NS-Dozentenbundes und des NS-Ärztebundes,[3] 11/1938 – 1945 planmäßiger außerordentlicher Professor für Physiologische Chemie und Direktor des Physiologisch-Chemischen Instituts an der Universität Rostock;[4] 1939 Heirat;[5] neben der Professur für Physiologische Chemie 1/1940 – 4/1945 auch Lehrstuhlvertretung für Pharmakologie und Toxikologie (für Ernst Ruickoldt) sowie kommissarischer Direktor des Pharmakologischen Instituts der Universität Rostock;[6] dazwischen 8-11/1942 wissenschaftlicher Mitarbeiter am Kaiser-Wilhelm-Institut für Zellphysiologie Berlin-Dahlem;

1 Mit der Arbeit: Versuche zur Entgiftung des Chloroforms, Leipzig 1929.

2 Mit der Arbeit: Über Reduktions- und Oxydationswirkungen bestrahlter Zucker, Berlin 1936.

3 In einer Beurteilung des stellvertretenden Führers des NS-Dozentenbundes der Universität Greifswald hieß es 1/1938, Holtz sei „ein junger Forscher, der nach seinen bisherigen Leistungen für eine ordentliche Professur ... schon jetzt in Frage" komme, ein „glänzender Redner" mit „anerkannter Lehrbefähigung"; er sei „menschlich wie auch politisch zuverlässig", er wirke unter den jüngeren Mitgliedern der Greifswalder Medizinischen Fakultät „in jeder Richtung positiv".

4 Dieser Lehrstuhl wurde erst 1938 neu eingerichtet; das zugehörige Institut für Pysiologische Chemie wurde unter Holtz' Leitung aufgebaut, ist jedoch bei der Bombardierung Rostocks 4/1942 vollständig zerstört worden. Holtz' Forschungsschwerpunkte waren die Verbindungen pharmakologischer und physiologisch-chemischer Prozesse, die Erforschung neurohumoraler Mechanismen und körpereigener Wirkstoffe (Fermente und Hormone) und ihrer Beziehungen zu Krankheiten; Holtz lieferte Funktionserklärungen für das Wirken von Adrenalin und Renin, entdeckte das Hormon Noradrenalin (Artenerol) im Nebennierenmark und das Enzym Dopa-Decarboxylase und erkannte dessen Bedeutung für die Synthese von Adrenalin und Noradrenalin.

5 Mit Dorothea Schümann, geb. am 25.2.1912 in Stralsund; Zahnärztin.

6 Holtz war über Kontakte zur SS-Lehr- und Forschungsgemeinschaft Ahnenerbe auch an Humanversuchen zur Entwicklung eines pflanzlichen Krebsheilextrakts beteiligt. Er war 1942 Trauzeuge und seitdem Schwager des SS-Obergruppenführers Oswald Pohl, der als Leiter des SS-Wirtschafts- und Verwaltungshauptamtes u.a. für die wirtschaftliche Ausbeutung der KZ-Häftlinge zuständig war.

1944 von Eicken-Preis für Pharmakologie; ab 1945 Mitglied der SPD, ab 1946 der SED; 1/1946 aus dem Dienst der Universität Rostock entlassen;[7] ab 6/1946 Lehrauftrag für Pharmakologie an der Universität Greifswald; ab 10/1946 ordentlicher Professor mit Lehrstuhl für Pharmakologie und Physiologische Chemie sowie Direktor des Pharmakologischen und Physiologisch-Chemischen Instituts der Universität Rostock; 7/1947 von der SMA als ordentlicher Professor an der Medizinischen Fakultät der Universität Rostock bestätigt; 10/1952 Nationalpreis III. Klasse der DDR;[8] ab 1952 Mitglied der Deutschen Akademie der Naturforscher Leopoldina; 1953 Prodekan der Medizinischen Fakultät der Universität Rostock; ab 2/1953 ordentliches Mitglied der Akademie der Wissenschaften; anläßlich einer Dienstreise 4/1953 „Republikflucht" und seitdem Professor für Pharmakologie und Direktor des Pharmakologischen Instituts der Universität Frankfurt/M., dort 1956 Dekan; ab 1957 Vorsitzender der Deutschen Pharmakologischen Gesellschaft; 1965 Schmiedeberg-Plakette der Deutschen Pharmakologischen Gesellschaft, 1967 Stouffer-Preis; am 9.11.1970 an Bronchialkarzinom in Frankfurt/M. gestorben[9]

Quellen: UAR: PA Holtz; LHAS: 5.12-7/1, Nr. 1515, 1519; BA/BDC: PK, REM; BA/BDC-Karteien: NSDAP, NSLB, NSDÄB.

7 Vom 'Block der antifaschistischen Parteien in Rostock' wurden 2/1946 gegen eine Wiedereinstellung von Holtz als Universitätsprofessor „keine Bedenken" erhoben. Auch die Universitätsleitung wollte Holtz behalten; dieser sei „nicht nur Physiologe, sondern vor allem auch Pharmakologe und zwar ein besonders hervorragender Fachmann und ausgezeichneter Lehrer auf diesem Gebiet"; es sei, wie Rektor Günther Rienäcker hervorhob, „dokumentarisch und durch Zeugenaussagen" belegt, daß Holtz „aktiv im antifaschistischen Sinne auch vor dem 1. Mai 1945 gewirkt habe" und „jetzt als politisch völlig zuverlässig und unbedenklich der Mitarbeit für würdig gehalten" werde. Holtz selbst, der zumindest seine SA-Mitgliedschaft und seine Kontakte zur SS verschwieg, betonte 1946, daß seine „antifaschistische Einstellung und ihre Dokumentierung vor Studenten und Mitarbeitern ... durch den Untersuchungsausschuß der Universität festgestellt" worden sei; auch sei er 3/1945 von zwei Parteifunktionären „mit Konzentrationslager bedroht" worden. Als Mitglied der NSDAP sei er „innerlich stets Gegner des Nationalsozialismus" und „von der Gestapo als Antifaschist mit Verhaftung bedroht" gewesen; er sei zwar Parteimitglied, aber „niemals Nationalsozialist gewesen, sondern habe vielmehr jede Gelegenheit genutzt, den Nationalsozialismus – vor allem im Hochschulbereich – zu bekämpfen".

8 Die mit dem Nationalpreis verbundene Geldprämie in Höhe von 25.000 M hatte Holtz nach seinem Verbleiben in der Bundesrepublik der Medizinischen Fakultät der Universität Rostock für Forschungszwecke überlassen. 1957 wurde die Universität Rostock vom Staatssekretariat für Hochschulwesen um Stellungnahme zu einem Antrag des Staatssekretariats auf Aberkennung des Nationalpreises wegen illegalen Verlassens der DDR gebeten. Sowohl die Medizinische Fakultät als auch der Senat der Universität sahen dafür jedoch auf Grund der wissenschaftlichen Leistungen von Holtz keine Veranlassung.

9 Veröffentlichte u.a.: Brenzkatechinamine und andere sympathicomimetische Amine. Biosynthese und Inaktivierung, Freisetzung und Wirkung, Berlin 1966 (mit D. Palm).

Honcamp, Franz

geboren am 25.7.1875 in Erfurt (Provinz Sachsen); Sohn eines Kaufmanns; Volksschule, Königliches Realgymnasium, Abitur; ab 1893 Studium der Naturwissenschaften, besonders der Chemie an den Technischen Hochschulen in Berlin-Charlottenburg und Stuttgart sowie an den Universitäten Berlin, Göttingen, Erlangen und Leipzig; 7/1899 Promotion in Erlangen;[1] als Einjährig-Freiwilliger 10/1899 – 9/1900 Militärdienst im Infanterie-Regiment 71; 10/1900 – 9/1901 Assistent an der Agrikulturchemischen Versuchsstation der Universität Marburg; 10/1901 – 3/1907 Assistent an der Kaiserlichen Landwirtschaftlichen Versuchsstation Leipzig-Möckern; dazwischen 1903 – 1904 Studium der Landwirtschaft an der Technischen Hochschule in München, 7/1904 Abschluß als Diplomlandwirt; 4-6/1907 Assistent an der Landwirtschaftlichen Versuchsstation der Universität Marburg; 9/1907 – 10/1908 Vorsteher der agrikulturchemischen Kontroll- und Versuchsstation in Oldenburg; etwa 1908 Heirat,[2] später ein Kind; 11/1908 – 3/1934 zunächst Dirigent, dann Leiter, schließlich Direktor der Landwirtschaftlichen Versuchsstation Rostock; 10/1908 zum nichtbeamteten außerordentlichen Professor an der Universität Rostock ernannt und mit Vorlesungen über Allgemeine Landwirtschaftslehre und Agrikulturchemie sowie der Durchführung agrikulturchemischer Praktika beauftragt; ab 8/1914 Kriegseinsatz, zunächst Hauptmann und Kompanieführer in den Reserve-Infanterie-Regimentern 214 und 216 und im Stab der 8. Landwehr-Division; 1915 – 12/1918 Militärdienst als Leiter der Versorgungsabteilung im Ersatz-Bataillon des Füsilier-Regiments 90 in Rostock, daneben Weiterführung der Geschäfte als Leiter der Landwirtschaftlichen Versuchsstation Rostock; 7/1923 Verleihung der Amtsbezeichnung und der akademischen Rechte eines ordentlichen Professors an der Universität Rostock; dort 1925 zum ordentlichen Professor für Agrikulturchemie ernannt und damit „das einzige landwirtschaftliche Mitglied des [universitären] Lehrkörpers ... in unserem Agrarstaat“;[3] 3/1928 – 2/1929 sowie 10/1929 – 2/1930 Rektor der Universität Rostock; dazwischen 3-10/1929 Dekan der Philosophischen Fakultät und 1930/31 Prorektor der Universität Rostock; daneben Staatskommissar für das Thünen-Institut; ab 4/1931 Herausgeber von *Biedermanns Zentralblatt für Agrikulturchemie*; ab 1932 Mitglied des wissenschaftlichen Ausschusses der Gesellschaft Deutscher Naturforscher und Ärzte, ab 9/1933 1. Vorsitzender des Verbandes Deutscher Landwirtschaftlicher Untersuchungs-

1 Mit der Arbeit: Beiträge zur Atmung und Wärmeentwicklung der Schimmelpilze unter Berücksichtigung der Pflanzenatmung im Allgemeinen, Erfurt 1900.

2 Mit Suse Kern.

3 An der mecklenburgischen Landesuniversität ist seit etwa 1880 kaum noch landwirtschaftliche Forschung und Lehre betrieben worden; entsprechende und nur halbherzig verfolgte Pläne scheiterten stets an den nicht vorhandenen Staatsfinanzen und der mangelnden Bereitschaft der Großagrarier, durch private Spenden zur Schaffung von Lehrstühlen und Instituten beizutragen. Noch kurz vor seinem Tode beklagte Honcamp 6/1932 gegenüber dem Mecklenburgischen Staatsministerium sowohl den „großen Rückgang des Landwirtschaftsstudiums im allgemeinen“ als auch die Tatsache, daß angesichts seines einsamen – zudem nur teilbesoldeten – Ordinariats „in Rostock ein regelmäßiges Studium der Landwirtschaft überhaupt nicht möglich ist“. Honcamps Forschungsschwerpunkte waren die anwendungsorientierte Fütterungslehre und die Düngungsforschung.

und Forschungsanstalten; Mitglied und zuletzt Hauptsekretär des Mecklenburgischen Patriotischen Vereins; ab 10/1933 Mitglied der NS-Volkswohlfahrt, ab 1/1934 Mitglied des NS-Lehrerbundes; nach kurzer Krankheit am 4.3.1934 in Rostock gestorben[4]

Quellen: UAR: PA Honcamp; LHAS: 5.12-7/1, Nr. 1326, 2343; 5.12-2/4, Nr. 47/1.

4 Veröffentlichte u.a.: Über die Konservierung und Düngewirkung des Jauchestickstoffes, Berlin 1916; Wie ergänzt man am besten die Magermilch bei der Aufzucht der Kälber, Berlin 1919; Die Stickstoffdünger, ihre wirtschaftliche Bedeutung, Gewinnung und Zusammensetzung sowie ihre Anwendung in der Landwirtschaft, Berlin 1920; Düngung und Düngemittel, Leipzig 1920; Landwirtschaftliche Fütterungslehre und Futtermittelkunde, Stuttgart 1921; Dünger-ABC. Ein Ratgeber für die Anwendung von künstlichen Düngemitteln in Frage und Antwort, Berlin 1922; Wie können billigst eiweißreiche Futtermittel angebaut und hergestellt werden?, Berlin 1922; Agrikulturchemie, Dresden u.a. 1924; Die landwirtschaftliche Versuchsstation Rostock 1875 – 1925, Rostock 1925; Kartoffel und Lupine in ihrem Wert und in ihrer Bedeutung als einheimisches Kraftfuttermittel, Berlin 1926; Justus von Liebig und sein Einfluß auf die Entwicklung der Landwirtschaft (Rostocker Universitätsreden, 6), Rostock 1928; Ergebnisse der Agrikulturchemie. Ein Jahrbuch für landwirtschaftliche Chemie, Berlin 1929 (als Hg.); Verwendung und Verwertung von Futterzucker, Melasse und zuckerhaltigen Schnitzeln in der Landwirtschaftlichen Nutzviehhaltung, Berlin 1930; Handbuch der Pflanzenernährung und Düngerlehre, Berlin 1931 (als Hg.); Die tierischen Abfallstoffe Blutmehl, Fleischmehl, Tierkörpermehl und Waltiermehl, Berlin 1932; Über die Gewinnung, Zersetzung und Verdaulichkeit von Fischmehl und über den Futterwert desselben für Jung- und Milchvieh, Berlin 1933; Fischmehl als eiweißreiches Beifutter in der Schweinemast mit besonderer Berücksichtigung des Einflusses auf die Lebendgewichtzunahme und die Güte der Schlachtware, Berlin 1935.

Huscher, Herbert Otto

geboren am 23.4.1893 in Dresden/Sachsen; evangelisch; Sohn eines Postmeisters; Volksschule in Neustadt, Progymnasium in Tharandt, König-Georg-Gymnasium in Dresden, dort 3/1912 Abitur; 4/1912 – 8/1914 Studium der Germanistik, Anglistik, Geschichte und Kunstgeschichte an den Universitäten München, Oxford und London; 8/1914 – 5/1915 Kriegseinsatz im Reserve-Infanterie-Regiment 241, EK II; nach schwerer Verwundung (Verlust eines Auges) als 60 Prozent erwerbsbeschränkt aus dem Heeresdienst entlassen und Weiterführung des Studiums der Anglistik, Germanistik sowie der Romanistik an der Universität Leipzig; dort 5/1919 Promotion[1] und 6/1920 Staatsexamen für das höhere Lehramt für Deutsch, Englisch und Französisch; anschließend Mitarbeit an Meyers Konversationslexikon, dort Lieferung bzw. Neubearbeitung sämtlicher Beiträge über englische und nordamerikanische Literatur; daneben weitere Sprachstudien in Sanskrit und keltischer Philologie in Leipzig sowie mehrere Studienaufenthalte und Sprachstudien für Keltisch und Kymrisch in England, Wales, Schottland und Irland; in Leipzig 1922 – 1926 Mitglied der Deutschen Demokratischen Partei; 7/1926 Habilitation in Köln,[2] dann 10/1926 – 3/1929 Privatdozent für Englische Philologie sowie Assistent am Englischen Seminar der Universität Köln; ab 4/1929 außerordentlicher Professor für Alt- und neuenglische Sprache und Literatur an der Universität Rostock sowie Leiter des Englischen Seminars; 8/1932 Heirat;[3] bis 1933 Mitglied der Deutsch-Französischen Gesellschaft und Mitglied der Deutschen Shakespeare-Gesellschaft; ab 1933 Mitglied der NS-Volkswohlfahrt; 9/1933 – 9/1950 ordentlicher Professor für Englische Philologie an der Universität Rostock;[4] 10/1939 verwitwet; von der SMA 10/1946 als ordentlicher Professor für Anglistik bestätigt; eine Berufung an die Humboldt-Universität nach Berlin wurde 4/1950 vom Ministerium für Volksbildung verweigert; anläßlich einer Dienstreise 9/1950 in der Bundesrepublik geblieben;[5] ab 10/

1 Mit der Arbeit: Studien zu Shelleys Lyrik, Leipzig 1919.

2 Mit der Arbeit: John Page's Siège of Rouen. Kritische Textausgabe nebst Einleitung, Leipzig 1927.

3 Mit Gwen Evans, geb. am 19.6.1901 in Bowden/England; am 4.10.1939 in Manchester gestorben.

4 Huschers Forschungsgebiete waren die vergleichende Literaturgeschichte, die Literatur der englischen Romantik, die Entwicklung der englischen Naturdichtung, anglo-keltische Beziehungen und die Symbolforschung. Der Führer des NS-Dozentenbundes und Leiter der Dozentenschaft an der Universität Rostock, Heinrich Gißel, hielt Huscher 4/1938 für einen „weltfremden, fast ganz zurückgezogenen Menschen", der „auf geselligen Veranstaltungen der Universität kaum irgendwie in Erscheinung" trete; dennoch hielt ihn Gißel „für einen aufrechten geraden Menschen, der charakterlich zuverlässig ist". Huschers Mitgliedschaft in der DDP sei lediglich „auf die seinerzeitigen Zeitströmungen zurückzuführen", „ohne daß er eine innere Bindung zur demokratischen Partei gehabt" habe, und es sei nicht zu vermuten, daß Huscher „dem Nationalsozialismus irgendwie ablehnend" gegenüberstehe.

5 Huscher teilte dem Dekan der Philosophischen Fakultät, dem Rektor der Universität Rostock sowie dem Ministerium für Volksbildung 10/1950 mit, daß er „mit allergrößtem Bedauern" aus seiner Rostocker Stellung scheide; er „folge dem Ruf [an die Universität Würzburg] wegen der bedrohten Existenz der Anglistik als Wissenschaft in der DDR durch Abschnürung vom englisch-amerikanisch-westdeutschen Büchermarkt, wegen Mangels an ausreichenden Lehr-

1950 ordentlicher Professor für Englische Philologie an der Universität Würzburg[6]

Quellen: UAR: PA Huscher; LHAS: 5.12-7/1, Nr. 1264, 2346; BA/BDC-Karteien: REM.

mitteln für die Studierenden, wegen deren ständig weiter abnehmender Vorbildung in Englisch und Französisch, und der Unmöglichkeit von Englandreisen, auch aus dem persönlichen Grund, infolge Paßverweigerung nächste englische Angehörige nie mehr sehen zu können".

6 Veröffentlichte u.a.: Über Eigenart und Ursprung des englischen Naturgefühls, Leipzig 1929; Das Anglo-Irische und seine Bedeutung als sprachkünstlerisches Ausdrucksmittel, Leipzig 1936; Die englische Naturdichtung im Spiegel der vergleichenden Literaturbetrachtung und der jüngsten Kritik, Halle 1938; Hg. von Poems of Robert Browning, Leipzig 1941; Hg. von Poems of William Wordsworth, Leipzig 1942; Charles und Claire Clairmont, Leipzig 1944.

Jankuhn, Herbert

geboren am 8.8.1905 in Angerburg/Gumbinnen (Ostpreußen); evangelisch; Sohn eines Seminarlehrers; Volksschulen in Mitau/Kurland und Waldau/Ostpreußen, Gymnasium in Tilsit, dort 1924 Abitur; 1924 – 1931 Studium der Vorgeschichte, Geschichte, Germanistik, Philosophie und Leibesübungen an den Universitäten Königsberg, Jena und Berlin; dazwischen 8-9/1924 militärische Ausbildung beim 1. Preußischen Infanterie-Regiment und 1927 bei der Flieger-Abteilung der Reichswehr in Königsberg; seit 1930 Assistent, ab 1931 Leiter der Ausgrabungen des Handelsplatzes Haithabu bei Schleswig, dazwischen Grabungsbeteiligung in Oppeln, Oldenburg und Ägypten; 3/1931 – 4/1938 Assistent am Museum vorgeschichtlicher Altertümer der Universität Kiel; 7/1932 Promotion in Berlin;[1] 12/1932 – 8/1933 für Studienreisen nach Skandinavien und ans östliche Mittelmeer beurlaubt; 11/1933 – 12/1936 Mitglied der SA, dort Dienst im SA-Sturm I/48 in Kiel; seit 6/1934 Mitglied des NS-Lehrerbundes; 8/1935 Habilitation in Kiel;[2] 12/1935 Heirat,[3] später zwei Kinder; ab 4/1936 Dozent für Europäische Vorgeschichte an der Universität Kiel; 1/1937 Vorschlag zur Ernennung zum außerordentlichen Professor,[4] wegen zu kurzer Dienstzeit als Dozent abgelehnt; seit 3/1937 Mitglied der SS, Nr. 294.689; Eintritt in die NSDAP am 1.5.1937, Mitgliedsnummer 3.970.135; ab 5/1938 Direktor des Schleswig-Holsteinischen Museums vorgeschichtlicher Altertümer; 9/1938 zum SS-Untersturmführer, 12/1938 zum SS-Obersturmführer befördert; ab 1939 Leiter der Außenstelle Nord sowie der Forschungsstelle Ausgrabungen bei der Forschungsgemeinschaft Ahnenerbe der SS; 11/1939 zum SS-Hauptsturmführer befördert; 4-11/1940 sicherheitspolizeilicher Sondereinsatz bei der SD-Gruppe Oslo in Norwegen, dafür 11/1940 zum SS-Sturmbannführer befördert; dann wieder Museumsdirektor in Kiel; dazwischen 5/1940 zum außerplanmäßigen Professor an der Universität Kiel ernannt; hier Mitglied der wissenschaftlichen Akademie des NS-Dozentenbundes Kiel, Vertreter der Dozentenschaft in der engeren Fakultät und ab 5/1941 Mitglied des Senats der Universität Kiel; daneben Schriftleiter der *Kieler Blätter*; 4-5/1941 sowie 6-7/1941 im Sonderauftrag des Reichsführers SS in der Normandie eingesetzt, dort Analyse und Aufnahme des Teppichs von Bayeux[5]; ab 4/1942 Lehrstuhlvertretung für Vorgeschichte, 6/

1 Mit der Arbeit: Gürtelgarnituren der älteren römischen Kaiserzeit im Samland, Königsberg 1932.

2 Mit der Arbeit: Die Wehranlagen der Wikingerzeit zwischen Schlei und Treene, Neumünster 1937.

3 Mit Ilse Kröger, geb. am 17.12.1912 in Meldorf; Tochter eines Pastors.

4 Der Rektor der Universität Kiel, Paul Ritterbusch, befürwortete diesen Vorschlag „auf das wärmste“, weil Jankuhn „neben seinen wissenschaftlich ganz hervorragenden Leistungen auf dem Gebiete der Vorgeschichte sich ganz besondere Verdienste um die Durchführung der nationalsozialistischen Aufgaben von Dozentenbund und Dozentenschaft an der hiesigen Universität erworben“ habe.

5 Im Museum der im Departement Calvados gelegenen Arrondissementshauptstadt Bayeux befand sich ein 70 Meter langer und 0,5 Meter breiter Teppich, auf dem die Eroberung Englands durch Wilhelm den Eroberer dargestellt ist und der von dessen Frau Mathilde 1066 gestickt worden sein soll. Das Motiv der Englanderoberung durch den zu einem der geistigen Stammväter der SS erklärten Wilhelm stellten den Anlaß für die durch Himmler angeregte Analyse dar.

1942 – formal 1945 außerordentlicher Professor für Vor- und Frühgeschichte und Direktor des Instituts für Vorgeschichte der Universität Rostock,[6] wegen zahlreicher Kriegseinsätze tatsächlich jedoch nur wenige Lehrveranstaltungen; ab 1942 auch publizistische Beteiligung am 'Kriegseinsatz der Geisteswissenschaft'; nach militärischer Grundausbildung 5/1942 zum SS-Fachführer für Presse und Kriegswirtschaft bei der Stabsabteilung der Waffen-SS beim Persönlichen Stab des Reichsführers SS ernannt und 6/1942 – 12/1943 Leiter des „Sonderkommandos Jankuhn“, das der SS-Panzer-Division „Wiking“ unterstellt war und den Raub prähistorischer Gegenstände in den besetzten Ostgebieten organisierte,[7] dafür 12/1943 EK II, 1/1944 zum SS-Obersturmbannführer befördert; 1944 – 1945 erneuter Kriegseinsatz, zunächst als Ic (Nachrichtenoffizier) der SS-Panzer-Division „Wiking“, ab 8/1944 als Ic des Generalkommandos des IV. SS-Panzerkorps;[8] 6/1945 aus dem Rostocker Universitätsdienst entlassen;[9] 1945 – 1948 in Internierungshaft; 11/1948 Antrag Jankuhns auf Wiedereinstellung in den Rostocker Universitätsdienst; 1949 Forschungsauftrag der schleswig-holsteinischen Landesregierung, 1949 – 1962 erneut Leiter der Ausgrabungen in Haithabu; ab 1951 Mitglied der Akademie der Wissenschaften in Göttingen; 1951/52 Lehrauftrag an der Universität Hamburg; ab 10/1952

6 Die Rostocker Berufungskommission bezeichnete Jankuhn als „einen der tüchtigsten und vielversprechendsten jüngeren deutschen Vorgeschichtsforscher“, der sich u.a. durch seine „epochemachenden Untersuchungen in die erste Reihe der Fachleute für Ausgrabungswesen vorgeschoben“ habe; seine Berufung würde „eine wesentliche Bereicherung des Rostocker Lehrkörpers darstellen“ und „für die Geltung der hiesigen Universität im öffentlichen Leben ... segensreich wirken“. Die Philosophische Fakultät hatte Jankuhn bereits im Berufungsverfahren 1939 favorisiert, doch der hatte sich damals geweigert, seinen Kieler Wirkungskreis zu verlassen; die Universität Rostock berief daraufhin zunächst Ernst Petersen.

7 Wie der Geschäftsführer der SS-Forschungsgemeinschaft Ahnenerbe dem Stabschef des SS-Führungshauptamtes, Hans Jüttner, 6/1942 mitteilte, habe „der Reichsführer SS angeordnet, daß für die Sicherstellung und Erforschung der vorgeschichtlichen Sammlungen und Fundstätten in Südrußland ein Einsatzkommando aufgestellt“ werden solle und Jankuhn zu dessen Leiter bestimmt sei. Jankuhns Auftrag war es, „im Einsatzbereich der an der Südfront eingesetzten Verbände der Waffen-SS die Sicherstellung wertvoller vorgeschichtlicher Funde und Museen durchzuführen“; Jankuhn war berechtigt, „auch außerhalb des Einsatzgebietes der Division Wiking Maßnahmen zum Schutz wichtiger Fundstellen und wertvoller Sammlungen durchzuführen, sofern er das im Sinne seines Auftrages für notwendig“ hielt. In einer Beurteilung formulierte der Chef des Amtes Ahnenerbe 2/1945, Jankuhn sei „einer der bedeutendsten deutschen Vorgeschichtler“, auch deshalb sei er „vom Reichsführer SS mit einer Reihe verantwortungsvoller Sonderaufgaben betraut“ worden; waren schon „seinen Einsätzen in Norwegen und Frankreich ... wertvolle Ergebnisse zu verdanken“, so habe Jankuhn als „Leiter des Einsatzkommandos Südrußland ... die Sicherstellung von Kulturgütern, vorgeschichtlichen Sammlungen und Funden im Bereich der Hauptkampflinie mit bestem Erfolg“ durchgeführt. Jankuhn sei „ein überzeugter Nationalsozialist von klarer weltanschaulicher Haltung und fähig, sie überzeugend in Wort und Schrift mitzuteilen“; seine „Führereigenschaften befähigen ihn zur Durchführung großer, auch schwieriger verantwortungsvoller Aufgaben“.

8 In einer Beurteilungsnotiz hieß es 10/1944, Jankuhn habe sich als Divisions-Ic und als Ic des Panzerkorps „ausgezeichnet bewährt“ und fülle „diese Dienststellung voll aus“; er sei „selten passioniert für sein Sachgebiet, guter Organisator und Praktiker“, habe sich „die erforderlichen taktischen Grundlagen erarbeitet und zeichnet sich durch klare, logische Gedankengänge besonders aus“.

9 Rektor Kurt Wachholder teilte der mecklenburgischen Kultusverwaltung 10/1945 mit, daß er es „für richtig halte, im Wintersemester 1945/46 von vorgeschichtlichen Vorlesungen abzusehen, da die Vorgeschichte stark mit dem Nationalsozialismus in Verbindung gebracht“ werde und deshalb „besser eine Klärung abgewartet“ werden solle.

Gastprofessur für Frühgeschichte des Nord- und Ostsseeraumes an der Universität Kiel; ab 1956 außerordentlicher Professor, ab 1958 ordentlicher Professor für Ur- und Frühgeschichte an der Universität Göttingen; außerdem Herausgeber der *Nachrichten aus Niedersachsens Urgeschichte*, ab 1961 der *Göttinger Schriften zur Vor- und Frühgeschichte*; 1968 Großes Verdienstkreuz des Niedersächsischen Verdienstordens; ab 1968 korrespondierendes Mitglied der Österreichischen Akademie der Wissenschaften in Wien; 1973 emeritiert; am 30.4.1990 in Göttingen gestorben[10]

Quellen: UAR: PA Jankuhn; LHAS: 5.12-7/1, Nr. 1268, 1270; BA/BDC: SSO, RuSHA, Ahnenerbe; BA/BDC-Karteien: NSDAP, NSLB, REM, RFR.

---

10 Veröffentlichte u.a.: Haithabu. Eine germanische Stadt der Frühzeit, Neumünster 1937 (^{8}1986); Gemeinschaftsform und Herrschaftsbildung in frühgermanischer Zeit, Neumünster 1939; Ausgrabungen in Haithabu 1937 – 1939. Vorläufiger Grabungsbericht, Neumünster 1943; Völker und Stämme Südostschleswigs im frühen Mittelalter, Schleswig 1952 (mit S. Gutenbrunner, W. Laur); Die Frühgeschichte. Vom Ausgang der Völkerwanderung bis zum Ende der Wikingerzeit, Neumünster 1955; Denkmäler der Vorzeit zwischen Nord- und Ostsee. Kulturströmungen und Völkerbewegungen im alten Norden, Schleswig 1957; Probleme und Ergebnisse heutiger Vorgeschichtsforschung, Göttingen 1961; Vor- und Frühgeschichte vom Neolithikum bis zur Völkerwanderungszeit, Stuttgart 1969; Archäologie und Geschichte. Beiträge zur siedlungsgeschichtlichen Forschung, Berlin u.a. 1976; Einführung in die Siedlungsarchäologie, Berlin 1977; Hg. von Geschichtswissenschaft und Archäologie. Untersuchungen zur Siedlungs-, Wirtschafts- und Kirchengeschichte, Sigmaringen 1979 (mit R. Wenskus).

Jensen, Hans Mathias Detlef

geboren am 28.8.1884 in Struvenhütten/Segeberg (Schleswig-Holstein); konfessionslos; Sohn eines Volksschullehrers; Volksschule in Rethwisch/Itzehoe, humanistisches Gymnasium in Flensburg, dort 2/1905 Abitur; 1905 – 1909 Studium der Klassischen und neuzeitlichen Philologie an den Universitäten München, Berlin und Kiel; dort 7/1908 Promotion;[1] 3/1909 Staatsexamen für klassische und neuere Philologie in Kiel; 8/1910 Heirat;[2] zunächst Studienreferendar, dann Studienassessor; ab 4/1911 Studienrat in Odenkirchen/Rheinland; ab 3/1915 militärische Ausbildung, 8/1915 – 10/1916 Kriegseinsatz als Militärdolmetscher und Postzensor in einem Kriegsgefangenenlager in Celle, zuletzt Gefreiter; nach Reklamation durch die Schulbehörde uk gestellt und ab 11/1916 Studienrat am Oberlyzeum in Hildesheim, ab 1918 an der staatlichen Oberrealschule in Kiel-Wellingdorf; 7/1921 Habilitation in Kiel;[3] neben weiterer Lehrertätigkeit nunmehr auch Privatdozent für Allgemeine Sprachwissenschaft an der Universität Kiel; ab 1924 Mitglied der Freimaurerloge „Aufgehende Sonne" in Kiel; ab 9/1927 nichtbeamteter außerordentlicher Professor für Allgemeine Sprachwissenschaft mit einem ab 2/1936 auf Indogermanistik erweiterten Lehrauftrag an der Universität Kiel; ab 10/1927 als Studienrat beurlaubt; in dieser Zeit Forschungsreisen nach England, Frankreich, Ungarn, Dänemark, Schweden, Norwegen, Holland und in die Schweiz; ab 1930 Mitglied des Volksbundes für das Deutschtum im Ausland; Eintritt in die NSDAP am 1.5.1933, Mitgliedsnummer 2.729.894; ab 10/1933 auch Mitglied des NS-Lehrerbundes, ab 11/1933 des Reichsluftschutzbundes, ab 7/1934 der NS-Volkswohlfahrt und ab 1/1937 des Reichskolonialbundes; 1938 – 1940 Block- und Zellenwalter der NSV; ab 8/1939 außerplanmäßiger Professor für Allgemeine Sprachwissenschaft und Indogermanische Sprachvergleichung an der Universität Kiel; 1940 Kriegseinsatz als Zensor in einer Auslandspostüberwachungsstelle in Berlin; ab 10/1943 außerordentlicher Professor für Allgemeine, besonders Vergleichende indogermanische Sprachwissenschaft an der Universität Rostock,[4] dort auch vertretungsweise Direktor des Seminars für Vergleichende Sprachwissenschaft; 1944 ausgebombt; ab 10/1945 Mitglied des Kulturbundes zur demokratischen Erneuerung Deutschlands; wegen NS-Belastung 1/1946 aus dem Universitätsdienst entlassen;[5] 1946 – 1947 Dozent für russische Sprache an der Volkshochschule Rostock, daneben Deutschunterricht für sowjetische Offiziere; 10/1946

1 Mit der Arbeit: Die Verbalreflexion im Ayenbite of Inwyt, Kiel 1908.

2 Mit Hedwig Seumenicht, geb. am 24.7.1886 in Hamburg; Tochter eines Zementfabrikanten; 1965 gestorben.

3 Mit der Arbeit: Studien zur Morphologie der polynesischen Sprache, insbesondere des Samoanischen, Kiel/Hannover 1923.

4 Jensens Hauptforschungsgebiet war die allgemeine und vergleichende Sprachwissenschaft mit besonderer Berücksichtigung indogermanischer Sprachen. Er beherrschte u.a. Latein, Griechisch, Hebräisch, Sanskrit, Englisch, Französisch, Dänisch, Schwedisch, Isländisch, Spanisch, Suaheli, Russisch und Italienisch, daneben weitere semitische, slawische, baltische, vorderasiatische, polynesische und austronesische, orientalische und afrikanische Sprachen.

5 Jensen meinte 1952, er sei 1933 als unbesoldeter Dozent „aus Selbsterhaltungsgründen" der NSDAP beigetreten, in der er „nie eine Funktionärsstellung bekleidet" habe; seit 1945 beschäftige er sich „eingehend mit den Lehren von Marx und Engels" und habe gelernt, sie „als

– 1948 Anwärter der SED; ab 12/1946 Forschungsauftrag der Universität Rostock; ab 10/1947 Mitglied der Gesellschaft für Deutsch-Sowjetische Freundschaft; wegen „Mangel an Kräften auf dem Gebiet“ ab 4/1948 zunächst Dozent, ab 5/1950 Professor mit vollem Lehrauftrag für Vergleichende Sprachwissenschaft an der Universität Rostock; 1948 – 1957 auch Direktor des Instituts für Vergleichende Sprachwissenschaft sowie kommissarischer Direktor des Slawistischen Instituts der Universität Rostock; ab 1950 stellvertretender Vorsitzender des Studienkreises für deutsch-chinesische Freundschaft; ab 1/1952 Mitglied des Kreisfriedenskomitees Rostock; 5/1952 – 9/1957 Professor mit Lehrstuhl für Vergleichende Sprachgeschichte und Sprachwissenschaft an der Universität Rostock; 1951 – 1953 Senator der Universität Rostock; ab 9/1952 Mitglied des wissenschaftlichen Beirates für die Fachrichtung Allgemeine Sprachwissenschaft beim Staatssekretariat für Hochschulwesen; 9/1957 emeritiert; 8/1959 als Hervorragender Wissenschaftler des Volkes ausgezeichnet und Verleihung der Max-Planck-Medaille; 11/1964 Ehrendoktorwürde der Philosophischen Fakultät der Universität Rostock; 1965 verwitwet, 10/1965 erneute Heirat;[6] bis 9/1968 kommissarischer Direktor des Instituts für Vergleichende Sprachwissenschaft der Universität Rostock; am 4.8.1973 in Rostock gestorben[7]

Quellen: UAR: PA Jensen; LHAS: 5.12-7/1, Nr. 1266; BA/BDC-Karteien: NSDAP, NSLB, REM.

die Grundlagen unserer modernen Wissenschaft anzusehen“; da er im Dritten Reich in keiner seiner Veröffentlichungen „Konzessionen an die NSDAP gemacht“ habe, sei ihm „das Einleben in die Lehren des Marxismus nicht schwer gefallen“.

6 Mit Christa Brüdigam, geb. am 14.9.1930; Sekretärin.

7 Veröffentlichte u.a.: Über die Aussprache erdkundlicher Fremdnamen im Unterricht der höheren Schulen, Odenkirchen 1912; Neudänische Laut- und Formenlehre, Heidelberg 1922; Neudänische Syntax, Heidelberg 1923; Sprachwissenschaftliche Abhandlungen, Kiel 1923; Geschichte der Schrift, Hannover 1925; Neupersische Grammatik. Mit Berücksichtigung der historischen Entwicklung, Heidelberg 1931; Finnische Grammatik, Glückstadt/Hamburg 1934; Die Schrift in Vergangenheit und Gegenwart, Glückstadt/Hamburg 1935; Kalidasa. Indiens größter Dichter und sein Drama Sakuntala, Rostock 1958; Altarmenische Grammatik, Heidelberg 1959; Altarmenische Chrestomathie, Heidelberg 1964; Grammatik der kanaresischen Schriftsprache, Leipzig 1969.

Jepsen, Alfred Thomas Christian

geboren am 28.3.1900 in Hamburg; evangelisch; Sohn eines Kapitäns; Knabenvorschule und Wilhelm-Gymnasium in Hamburg, dort 1/1918 Abitur; ab 3/1918 Studium der Theologie und Philosophie an der Universität Kiel; als Student Mitglied des Wandervogel und der Deutsch-christlichen Studentenvereinigung; 5-11/1918 Heeresdienst als Musketier im Reserve-Infanterie-Regiment 76 in Hamburg; ab 1/1919 Weiterführung des Studiums der Theologie, der Geschichte und der semitischen Sprachen an den Universitäten Hamburg, Kiel und Leipzig; dort ab 3/1921 Mitglied, ab 1922 Kreisleiter des Kreises Leipzig der Deutschen Christlichen Studenten-Vereinigung; 5/1923 Promotion in Leipzig;[1] ab 7/1923 Repetent für griechischen und hebräischen Sprachunterricht an der theologischen Fakultät der Universität Rostock; 9/1923 erste theologische Prüfung; 1924/25 Hilfsprediger in Gehlsdorf/Rostock; 5/1925 Lic.theol, 10/1925 Habilitation in Rostock;[2] als Privatdozent 10/1925 – 1928 Lehrauftrag für alt- und neutestamentliche Seminare und Sprachausbildung in Hebräisch an der Universität Rostock; 4/1926 zweite theologische Prüfung; 1928 und 1931 jeweils Verlängerung des Lehrauftrages; 1930/31 Mitbegründer des Christlich-sozialen Volksdienstes in Mecklenburg; 12/1931 zum nichtbeamteten außerordentlichen Professor für Alt- und Neutestamentliche Wissenschaft und Hebräisch an der Universität Rostock ernannt; bis 1933 Mitglied der Deutschnationalen Volkspartei; 10/1934 theologische Ehrenpromotion; 1934, 1936 und 1938 jeweils erneuerte Lehraufträge für alt- und neutestamentliche Proseminare sowie Sprachausbildung in Griechisch und Hebräisch, ab 1938 auf das Lehrgebiet der Allgemeinen und Vergleichenden Religionswissenschaft erweitert, nunmehr auch Direktor des Seminars für Allgemeine und Vergleichende Religionswissenschaft;[3] daneben auch Prediger in der Universitätskirche in Rostock; 2/1940 zum außerplanmäßigen Professor für Alttestamentliche Wissenschaft an der Universität Rostock ernannt; ab 1946 Professor mit Lehrstuhl für Altes Testament an der Universität Greifswald; 7/1947 von der SMA als außerordentlicher Professor an der Theologischen Fakultät bestätigt; 1979 gestorben[4]

Quellen: UAR: PA Jepsen; LHAS: 5.12-7/1, Nr. 2382, 2539; BA/DH, ZB II, Nr. 1867/4; BA/BDC-Karteien: REM.

1 Mit der Arbeit: Die Lethes idifiantes als Quelle für die allgemeine Religionsgeschichte. Für diese Arbeit hatte Jepsen 1921 den 1. Preis der Theologischen Fakultät der Universität Leipzig erhalten.

2 Mit der Arbeit: Untersuchungen zum Bundesbuch, Hamburg 1925/Stuttgart 1927.

3 Der NS-Dozentenbund und der Leiter der Dozentenschaft an der Universität Rostock, Heinrich Gißel, befürworteten die jeweiligen Verlängerungen der Lehraufträge mit der Begründung, daß Jepsen „den an ihn gestellten Anforderungen [fachlich] in jeder Weise gerecht" werde und „politisch Bedenken gegen ihn nicht vorzubringen" seien.

4 Veröffentlichte u.a.: Untersuchungen zum Bundesbuch, Stuttgart 1927; Hg. und Neubearb. der von H. Strack verfaßten Hebräischen Grammatik, [14]München 1930; Nabi. Soziologische Studien zur alttestamentlichen Literatur und Religionsgeschichte, München 1934; Das Zwölfprophetenbuch, Leipzig/Hamburg 1937; Auslegung der kleinen Propheten, 1937; Die Quellen des Königsbuches, Halle 1953; Wissenschaft vom Alten Testament, Berlin 1958; Das Buch Hiob und seine Deutung, Berlin 1963; Untersuchungen zur israelitisch-jüdischen Chronologie, Berlin 1964 (mit R. Hanhart); Der Herr ist Gott. Aufsätze zur Wissenschaft vom Alten Testament, Berlin 1978.

Jessen, Otto

geboren am 18.2.1891 in Sophienkoog/Süderdithmarschen (Schleswig-Holstein); evangelisch; Sohn eines Landwirts; Realschule in Marne, Holsten-Oberrealschule in Neumünster, dort 3/1910 Abitur; 1910 – 2/1914 Studium der Geographie, Geologie, Petrographie, Anthropologie, Biologie, Physik und Meteorologie an den Universitäten Freiburg, München, Hamburg und Rostock; 1913/14 Assistent am Geographischen Seminar des Kolonialinstituts in Hamburg; 2/1914 Promotion in München;[1] als Einjährig-Freiwilliger ab 4/1914 Militärdienst im Füsilier-Regiment 90 in Rostock, mit diesem ab 8/1914 Kriegseinsatz; nach schwerer Verwundung 9/1916 – 3/1917 im Lazarett, 3/1917 – 11/1918 Dienst als Kriegsgeologe in der Vermessungs-Abteilung 8 der 4. Armee in Elsaß-Lothringen, zuletzt Leutnant, EK II, Verwundetenabzeichen in Schwarz; ab 12/1918 Weiterführung des geographischen Studiums an der Universität München; dort im „Widerstand gegen den roten Terror tätig"; 5/1919 – 3/1928 Assistent am Geographischen Institut der Universität Tübingen; dort 5/1921 Habilitation,[2] seitdem Privatdozent; 2/1925 Verleihung der Dienstbezeichnung eines nichtbeamteten außerordentlichen Professors; 3/1926 Heirat,[3] später zwei Kinder; 1922, 1924, 1926 Forschungsreisen auf die Pyrenäenhalbinsel und nach Marokko; ab 3/1928 Lehrauftrag für geographische Auslandskunde, Wirtschaftsgeographie und Kartographie an der Universität Tübingen; ab 11/1928 Lehrauftrag für Physische Geographie an der Universität Köln; 1930/31 Forschungsreise nach Angola; 4/1933 – 6/1946 ordentlicher Professor für Geographie und Leiter des Geographischen Instituts der Universität Rostock;[4] dort seit 6/1934 Mitglied der SA, ab 7/1934 Mitglied des NS-Lehrerbundes, dann des NS-Dozentenbundes und ab 1936 des Reichskolonialbundes; ab 1937 Mitglied der Akademie der Naturforscher Leopoldina; ab 1940 Vorsitzender der Geographischen Gesellschaft in Rostock; ab 1940/41 publizistische Beteiligung am 'Kriegseinsatz der Geisteswissenschaften'; 1941 Forschungsreise nach Spanien; ab 6/1941 Kriegseinsatz im Landesschützen-Ersatz-Bataillon 2 sowie im Landesschützen-Bataillon 267 in Güstrow-Primerwald, 6/1942 als Oberleutnant aus der Wehrmacht entlassen; ab 1944 Mitherausgeber der *Zeitschrift der Gesellschaft für Erdkunde*; 1944 Erich-von-Drygalski-Medaille der Geographischen Gesellschaft München; als Forschungsbeauftragter der Marinegeographischen Abteilung im Reichsforschungsrat 8/1944 mit der Durchführung eines vom Oberkommando der Kriegsmarine initiierten, vom Reichsforschungsrat vergebenen „kriegswichtigen Forschungsauftrages" unter dem

---

1 Mit der Arbeit: Morphologische Beobachtungen an den Dünen von Amrum, Sylt und Röm, Erlangen 1914.

2 Mit der Arbeit: Die Verlegung der Flußmündungen und Gezeitentiefs an der festländischen Nordseeküste in jungalluvialer Zeit, Stuttgart 1922.

3 Mit Hedwig Müller, geb. am 5.11.1899 in Stuttgart; am 3.2.1956 in München gestorben.

4 Jessens Hauptforschungsrichtung waren geomorphologische Untersuchungen, daneben auch landschaftskundliche und kulturgeographische Studien. Nach einer 1938 vom Leiter der Dozentenschaft der Universität Rostock, Heinrich Gißel, verfaßten Beurteilung war Jessen „eine unbedingt zuverlässige und aufrechte Persönlichkeit", und auch „politisch" galt er als „unbedingt zuverlässig".

Kennwort „Ancylus" betraut;[5] bei Kriegsende Aufenthalt in Oberbayern, für Rückkehr nach Rostock bis 4/1946 keinen Passierschein erhalten; ab 10/1946 ordentlicher Professor für Geographie an der Universität Würzburg; ab 1947 Mitglied der Bayerischen Akademie der Wissenschaften; ab 1/1948 ordentlicher Professor für Geographie an der Universität München, dort auch Direktor des Geographischen Instituts; Vorsitzender der Geographischen Gesellschaft München; am 9.6.1951 in München gestorben[6]

Quellen: UAR: PA Jessen; LHAS: 5.12-7/1, Nr. 2382, 2539; BA/DH, ZB II, Nr. 1902/3; BA/BDC-Karteien: NSLB, REM, RFR.

5 Hinter dem Kennwort „Ancylus" verbargen sich „Küstenmorphologische Untersuchungen über die deutsche Ostseeküste und Kartierung der Ergebnisse". Jessen befand sich nach Beurlaubung von seiner Lehrtätigkeit ab 11/1944 in der Marine-Geographischen Stelle in Würzburg und hatte karthographische Arbeiten zu leisten, die „von den Führungsstellen der Kriegsmarine vordringlich angefordert" wurden. Die „Entwicklung der Kriegslage" mache es erforderlich, diese Arbeiten „mit größter Beschleunigung zum Abschluß" zu bringen.

6 Veröffentlichte u.a.: Über die ehemalige Verbreitung der Weiher in Württemberg. Eine wirtschaftsgeographische Studie, Oehringen 1923; Eine Gletscherwanderung, Stuttgart 1924; Südwest-Andalusien. Beiträge zur Entwicklungsgeschichte, Landschaftskunde und antiken Topographie Südspaniens, Gotha 1924; Die Straße von Gibraltar, Berlin 1927; Spanische Stadtlandschaften, 1929; La Mancha. Ein Beitrag zur Landeskunde Neu-Kastiliens, Hamburg 1930; Reisen und Forschungen in Angola, Berlin 1936; Dorf und Dünen von Pillkoppen an der Kurischen Nehrung, Rostock 1937; Die portugiesischen Kolonien in Afrika, Leipzig 1941; Die Randschwellen der Kontinente, Gotha 1943; Das Wesen der Kontinente, München 1948; Fernwirkung der Alpen, München 1950.

Jordan, Pascual Ernst

geboren am 18.10.1902 in Hannover; evangelisch; Sohn eines Malers; Bismarck-Reformrealgymnasium in Hannover, dort 4/1921 Abitur; ab 4/1921 Studium der Physik, Mathematik und Zoologie an der Technischen Hochschule Hannover, ab 4/1922 an der Universität Göttingen; dort 2/1925 Promotion[1]; 1925 – 1927 Assistent an der Universität Göttingen; dort im Herbst 1926 Habilitation und seitdem Privatdozent an der Universität Göttingen; 1927 Stipendiat des International Education Board in Kopenhagen (bei Niels Bohr); 4/1928 – 9/1929 Privatdozent mit Lehrauftrag für theoretische Physik an der Universität Hamburg, dort 4/1929 Verleihung des Professorentitels; ab 10/1929 außerordentlicher Professor für Theoretische Physik an der Universität Rostock und Mitdirektor des Physikalischen Seminars;[2] 4/1930 Heirat,[3] später zwei Kinder; vor 1933 Mitglied der Deutschnationalen Volkspartei; Eintritt in die NSDAP am 1.5.1933, Mitgliedsnummer 2.810.642;[4] bis 1933 Mitglied des Stahlhelm, ab 11/1933 Mitglied der SA, zuletzt SA-Truppführer im 1. Sturm der SA-Standarte 90 in Rostock; ab 1/1934 Mitglied des NS-Lehrerbundes, später des NS-Dozentenbundes; 10/1935 – 9/1944 ordentlicher Professor für Theoretische Physik an der Universität Rostock;[5] ab 5/1937 Mitglied der NS-Studentenkampfhilfe; ab 9/1939 Kriegseinsatz in der

1 Mit der Arbeit: Zur Theorie der Quantenstrahlung, Braunschweig/Berlin 1925.

2 Die Rostocker Berufungskommission erklärte, daß Jordan „nach völlig übereinstimmendem Urteil von Hund, Born und Heisenberg hinsichtlich der wissenschaftlichen Produktivität und Begabung unbedingt an der Spitze“ stehe, ein „Mann von überragender Bedeutung“ sei und nach Franck „der Berufenste wäre, die schöne Tradition der theoretischen Physik in Rostock fortzusetzen ... [und] auf ein noch höheres Niveau zu heben“.

3 Mit Hertha Stahn.

4 Zum Zeitpunkt seines NSDAP-Beitritts hatte Jordan in der Rostocker Universitätszeitung 5/1933 eine „Wandlung der Universität“, ihre konsequente Einbindung in den NS-Staat, ihre weitgehende Funktionalisierung für künftige Kriege und „die nachdrückliche Umstellung der gesamten Universitätsarbeit auf die wehrpolitischen Aufgaben der Gegenwart“ gefordert; es müsse „geradezu als die Grundaufgabe des neuen Staates bezeichnet werden, das deutsche Volk derart in Form zu bringen, daß es den Ereignissen entgegensehen kann, auf welche die stärksten Militärmächte der heutigen Welt bereits hinarbeiten“. Zu den „dringlichsten Aufgaben studentischer Wehrarbeit“ gehöre „einerseits die Vermittlung ... einer praktischen Geländeausbildung“, und „andererseits eine vorbereitende geistige Durchdringung“ der aktuellen, auch wissenschaftlichen Problemlagen: „Uns Akademikern von heute fällt die Aufgabe zu, diese Notwendigkeiten wissenschaftlicher Forschung aus dem Sinn des neuen Staates heraus neu zu begreifen, und sie in lebendige Beziehung zu den Inhalten und Aufgaben dieses neuen Staates zu setzen“. Da der „moderne Krieg ein technischer“ sei, der „mit vollem Einsatz auch aller wirtschaftlichen Kampfmittel geführt“ werde, habe „im Zeitalter der 'totalen Mobilmachung' jedes Lebensgebiet und fast jedes Wissenschaftsgebiet irgendwie Beziehungen zum Kriege, und fast jedes Wissenschaftsgebiet hat Möglichkeiten seinerseits beizusteuern zur geistigen Vorbereitung“ auf die künftigen „explosiven Entwicklungen“. Dazu müssen „Form, Haltung und Stil der neuen Studentenschaft im neuen Staate das freudige Bewußtsein erkennen lassen, daß das Ziel unseres Lebens nicht in der Pensionsberechtigung liegt, sondern im Trichterfelde des Niemandslandes“.

5 Im Antrag der Philosophischen Fakultät zur Ernennung Jordans hieß es 4/1935 u.a.: „Von dem Nobelpreisträger Heisenberg abgesehen, ist unter allen jüngeren Theoretikern Deutschlands Prof. Jordan nach der allgemeinen Ansicht des In- und Auslandes derjenige, der den tiefsten

Gruppe Wetterdienst der Fliegerhorstkommandantur in Schwerin-Görries, dann bis 11/1942 Luftfahrtmeteorologe auf dem Flugstützpunktkommandos Hamburg-Fuhlsbüttel und Bremen-Neulanderfeld;[6] 1942 Max-Planck-Medaille; 11/1942 – 1/1943 Luftfahrtmeteorologe im Kampfschulgeschwader 1 in Greifswald, 1-10/1943 im Aerodynamischen Institut der Heeresversuchsanstalt in Peenemünde/Usedom; als „Physiker zur Bearbeitung von Sonderfragen" 10-12/1943 in der Flakversuchsstelle der Luftwaffe in Karlshagen, hier zum Regierungsrat auf Kriegsdauer ernannt; 12/1943 von der Luftwaffe zur Kriegsmarine versetzt und als Hilfsregierungsrat 12/1943 – 3/1945 Referent in der Amtsgruppe Forschung, Erfindungs- und Patentwesen des Oberkommandos der Kriegsmarine in Berlin-Wannsee;[7] daneben ab 4/1944 Lehrstuhlvertretung, ab 10/1944 ordentlicher Professor für Theoretische Physik an der Universität Berlin; ab 3/1945 Kriegseinsatz in

---

Einblick in die theoretische Physik besitzt"; seine „Beförderung" zum Ordinarius würde „nur der hervorragenden Stellung" entsprechen, die Jordan „im Rahmen unserer Hochschule längst einnehme". Jordans Hauptarbeitsgebiete waren die Atomphysik, die Quantenmechanik, die Quantenelektrodynamik, die Relativitätstheorie und Probleme der Allgemeinen Physik sowie die Kosmologie und besonders nach 1945 auch erkenntnistheoretisch-philosophische Probleme der Naturwissenschaft; er formulierte mit Max Born und Werner Heisenberg die Matrizenmechanik und war Mitbegründer und Hauptverfechter der Quantenmechanik. Außerdem experimentierte Jordan im Bereich der Biophysik und untersuchte die Wirkung radioaktiver Strahlen auf lebende Zellen und Organismen. In seiner Darstellung: Physikalisches Denken in der neuen Zeit, Hamburg 1935, S. 9, hatte Jordan nach dem Postulat „Wie leben im Zeitalter des technischen Krieges" gefordert, daß „ein Versuch der Sabotage an Deutschlands führender Stellung auf dem Gebiete der mathematisch-physikalisch-chemischen Forschung nach denselben Grundsätzen beurteilt werden [müsse], die auch für die Beurteilung jeder anderen gegen die Wehrkraft des nationalsozialistischen Staates gerichteten Zersetzungsarbeit maßgebend" seien.

6 Während seines Kriegseinsatzes hielt Jordan 1941 in einem Aufsatz fest, daß „die beherrschenden Geschehnisse im Ringen des jungen Großdeutschen Reiches – Vierjahresplan, Aufrüstung und Krieg – der naturwissenschaftlichen Arbeit ihren festen Platz im völkischen Leben angewiesen" haben; und „die deutsche Naturwissenschaft – deutsche Chemie, deutsche Physik, deutsche Geologie usf." – habe „diesen Platz auszufüllen gewußt". Jordan voller Stolz: „Hinter den wunderbaren Siegen der nationalsozialistischen Wehrmacht steht als eine der gestaltenden Voraussetzungen deutscher Waffenüberlegenheit neben dem deutschen Arbeiter die Weltmacht 'Deutsche Wissenschaft'". Dabei habe sich der Nationalsozialismus nicht damit begnügt, „die deutsche naturwissenschaftliche Forschung in seinen Dienst zu stellen", er habe auch „aus seiner eigenen Kraft und Idee der deutschen Naturforschung Antriebe gegeben, die den Anbruch einer neuen, großen Entwicklungsepoche erwarten lassen", und von weit „größerer Bedeutung und Tragweite" als die Bereitstellung von materiellen Forschungsmitteln werde „die Kraftzufuhr sein, welche die wissenschaftliche Arbeit aus Wesen und Geist des Nationalsozialismus heraus empfangen" werde. Naturwissenschaft im Umbruch, in: Deutschlands Erneuerung, 25 (1941), S. 452, 455.

7 Der in Berlin-Wannsee residierenden Forschungsabteilung der Amtsgruppe Forschung, Erfindungs- und Patentwesen, die direkt dem Hauptamt der Marinewaffenämter/Chef der Kriegsmarine-Rüstung nachgeordnet war, unterstanden die Marineforschungsstelle für Höchstdruckphysik in Göttingen, das Phonolabor für Unterwasserakustik am Starnberger See und die Marineversuchsstelle Neukrug bei Swinemünde, in der an der Fernsteuerung von Raketen mittels Hochfrequenz- und Infrarot-Technik gearbeitet wurde.

der Chemisch-Physikalischen Versuchsanstalt der Kriegsmarine in Berlin;[8] 1945 als NS-belastet aus dem Universitätsdienst entlassen, bis 1948 Entnazifizierungsverfahren;[9] 1947 – 1953 Gastprofessor am Physikalischen Staatsinstitut, 1953 – 1971 ordentlicher Professor für Theoretische Physik an der Universität Hamburg; dort auch Verfechter der Nutzung der Atomenergie und der Einführung von Kernwaffen als Abschreckungspotential;[10] 1955 Gauß-Medaille; 1957 – 1961 Mitglied des Deutschen Bundestages (für die CDU); 1963 – 1967 Präsident der Mainzer Akademie der Wissenschaften und Literatur; am 31.7.1980 in Hamburg gestorben[11]

---

8 Die zunächst der Inspektion des Torpedowesens in Kiel, ab 6/1944 der Amtsgruppe Forschung, Erfindungs- und Patentwesen des Oberkommandos der Kriegsmarine unterstehende Chemisch-Physikalische Versuchsanstalt war zuständig für experimentelle Aufgaben auf den Gebieten der Physik, der Chemie und des Sprengstoffwesens.

9 Im Rahmen seines Entnazifizierungsverfahrens bat Jordan 7/1948 seinen Lehrer Max Born, mit „irgendeiner positiven gutachterlichen Bemerkung“ zu seiner vollständigen Entlastung beizutragen, denn sein „offizielles Entnazifizierungsverfahren“ habe schon „zu einem 90%ig ... befriedigenden Ergebnis geführt“; als Formulierungshilfe für Born legte Jordan einen von ihm verfaßten „Politischen Lebenslauf“ bei, in dem es u.a. hieß, daß er, nachdem er „die Möglichkeit einer Emigration in Betracht gezogen“ habe, es für richtiger hielt, sich „durch Beitritt zur Partei und SA die Möglichkeit einer entschiedenen Opposition gegen diese radikal wissenschaftsfeindlichen Tendenzen zu verschaffen“. Seine Beteiligung an den „Bestrebungen der Partei und SA“ habe er „auf dasjenige Minimum beschränkt, das für die Aufrechterhaltung meiner Berufsarbeit und Fortführung meiner Opposition erforderlich“ gewesen sei; so habe er etwa „das einzige im Dritten Reich erschienene allgemeinverständliche Buch zugunsten der Einsteinschen Relativitätstheorie geschrieben“ [das die Nationalsozialisten für so 'gefährlich' hielten, daß es noch 1943 in 5. Auflage erscheinen konnte] und sich in „schwierigen Auseinandersetzungen mit vorgesetzten militärischen Stellen der Mitarbeit an V-Waffen oder Atomenergie entzogen“. Born weigerte sich jedoch, Jordan zu entlasten.

10 Jordan wandte sich 1957 als einziger prominenter Physiker gegen das Manifest der 'Göttinger Achtzehn', mit dem eine Wiederaufrüstung und Atombewaffnung der Bundesrepublik verhindert werden sollte – und damit auch gegen seinen Lehrer Max Born und seinen Kollegen Werner Heisenberg.

11 Veröffentlichte u.a.: Das Bild der modernen Physik, Hamburg 1918; Anregung von Quantensprüngen durch Stöße, Berlin 1926 (mit J. Franck); Die Lichtquantenhypothese. Entwicklung und gegenwärtiger Stand, 1928; Elementare Quantenmechanik, Berlin 1930 (mit M. Born); Statistische Mechanik auf quantentheoretischer Grundlage, Braunschweig 1933; Physikalisches Denken in der neuen Zeit, Hamburg 1935; Anschauliche Quantentheorie. Eine Einführung in die moderne Auffassung der Quantenerscheinungen, Berlin 1936; Die Physik des 20. Jahrhunderts. Einführung in den Gedankeninhalt der modernen Physik, Braunschweig 1936 ([5]1943); Atomvorgänge im biologischen Geschehen, Bremen 1939; Die Physik und das Geheimnis des organischen Lebens, Braunschweig 1941; Eiweißmoleküle. Ein Kapitel moderner Naturwissenschaft, Stuttgart 1947; Das Bild der modernen Physik, Hamburg 1947; Die Herkunft der Sterne, Stuttgart, 1947; Verdrängung und Komplementarität. Eine philosophische Untersuchung, Hamburg 1947; Die Wandlung unseres Naturbildes, Lüneburg 1948; Physik im Vordringen, Braunschweig 1949; Die weltanschauliche Bedeutung der modernen Physik, Frankfurt/M. 1950; Vierdimensionale Begründung der erweiterten Gravitationstheorie, Mainz 1950; Das Plancksche Wirkungsquantum, Berlin 1950; Schwerkraft und Weltall. Grundlagen der theoretischen Kosmologie, Braunschweig 1952; Atomkraft. Drohung und Versprechen, München 1954; Forschung macht Geschichte, Frankfurt/M. 1954; Atom und Weltall. Einführung in den Gedankeninhalt der modernen Physik, Braunschweig 1956 ([10]1960); Der gescheiterte Aufstand. Betrachtungen zur Gegenwart, Frankfurt/M. 1956; Wie sieht die Welt von morgen aus?, München 1958; Der Naturwissenschaftler vor der religiösen Frage. Abbruch einer Mauer, Oldenburg/Hamburg 1963; Die Expansion der Erde. Folgerungen aus der

Quellen: UAR: PA Jordan; LHAS: 5.12-7/1, Nr. 1300, 1302, 2349; BA/BDC: PK, REM; BA/BDC-Karteien: NSDAP, NSLB, REM.

Diracschen Gravitätshypothese, Braunschweig 1966; Albert Einstein. Sein Lebenswerk und die Zukunft der Physik, Stuttgart 1969; Schöpfung und Geheimnis, Oldenburg/Hamburg 1970; Begegnungen mit Albert Einstein, Oldenburg/Hamburg 1971; Begegnungen. Werner Heisenberg, Wolfgang Pauly, Max Born u.a., Oldenburg 1971; Erkenntnis und Besinnung. Grenzbetrachtungen aus naturwissenschaftlicher Sicht, Oldenburg/Hamburg 1972; Aufbruch zur Vernunft. Ein Naturforscher zur deutschen Besinnung, Zürich 1976.

Kahlstorf, Adolf Wilhelm Heinrich

geboren am 25.4.1902 in Grabau/Uelzen (Hannover); Sohn eines Versteigerers; Volksschule in Dalldorf, Realgymnasium in Uelzen, dort 1920 Abitur; 1920 – 1925 Medizinstudium an den Universitäten Freiburg, Göttingen, Rostock und Berlin; 7/1926 Approbation und Promotion in Berlin;[1] 10/1926 – 3/1928 Assistent am Pathologischen Institut der Universität Rostock; 4-10/1928 Assistent an der Röntgenabteilung des Städtischen Krankenhauses in Bremen; 1-9/1929 Assistent an der Medizinischen Universitäts-Poliklinik in Würzburg; 10/1929 – 9/1930 Assistent am Röntgeninstitut der Universität Zürich; ab 10/1930 Assistent an der Medizinischen Universitäts-Poliklinik in Würzburg; 10/1931 Heirat,[2] später ein Kind; 3/1932 Habilitation in Würzburg[3] und seitdem Privatdozent für Innere Medizin und Röntgenkunde an der Medizinischen Universitäts-Poliklinik in Würzburg; dort Eintritt in die NSDAP am 1.5.1933, Mitgliedsnummer 3.439.770; ab 1934 Förderndes Mitglied des NS-Fliegerkorps, ab 5/1934 Mitglied des Reichsluftschutzbundes; ab 5/1934 Mitherausgeber der Zeitschrift *Strahlentherapie*; 6/1934 – 8/1936 Amtsleiter der NS-Volkswohlfahrt in der Ortsgruppe Würzburg-Nikolausberg[4] und Mitglied des NS-Dozentenbundes; 1935/36 auch kommissarischer Leiter der Medizinischen Poliklinik der Universität Würzburg; ab 9/1936 Oberarzt an der Städtischen Krankenanstalt in Königsberg und Dozent an der Universität Königsberg; ab 6/1937 Mitglied der SS und des NS-Altherrenbundes der Deutschen Studenten (NS-Studentenkampfhilfe); ab 3/1938 ständiger Vertreter des Kreisführers und des Leiters der Führungsabteilung der Kreisstelle Königsberg-Stadt des DRK; ab 7/1938 Mitglied des NS-Ärztebundes; ab 10/1938 nichtbeamteter außerordentlicher Professor für Innere Medizin und Röntgenkunde an der Universität Königsberg; ab 4/1939 Leiter der Inneren Abteilung am Krankenhaus Bethanien in Stettin; ab 9/1939 Kriegseinsatz; 1939 Antrag auf Umhabilitierung an die Universität Rostock; gegen den Willen der Medizinischen Fakultät der Universität Rostock und der Gaudozentenbundführung 7/1940 zum außerplanmäßigen Professor für Innere Medizin und Röntgenkunde an der Universität Rostock ernannt,[5] jedoch kein Dienstantritt; statt dessen mindestens 1940 – 1943

1 Mit der Arbeit: Ein Beitrag zur Ätiologie und Anatomie der Chondrodystrophia fetalis, Berlin 1925.

2 Mit Luise Hohenstein, geb. am 5.10.1907 in Rostock; Tochter eines Buchhalters.

3 Mit der Arbeit: Über eine orthodiagraphische Herzvolumenbestimmung, Leipzig 1932.

4 Der NSDAP-Ortsgruppenleiter hielt in einer politischen Beurteilung für die Gauleitung Mainfranken der NSDAP 7/1938 fest, Kahlstorf habe sein Amt als Ortsgruppenamtsleiter NSV „in vorbildlicher Weise" ausgeübt; er sei „ein Mann mit gutem Charakter, guter Gesinnung" und verfüge „über ein großes Fachwissen. Weltanschaulich ist er auf der Höhe" und werde „seine Person voll und ganz für die Bewegung einsetzen".

5 Sowohl die Medizinische Fakultät als auch die Führung der Rostocker Dozentenschaft stimmten der Umhabilitierung nur sehr widerstrebend und mit der Einschränkung zu, daß mit Kahlstorfs möglicher Berufung keine Anrechte auf das Abhalten von Pflichtvorlesungen verbunden würden. Gründe für diese ablehnende Haltung waren zum einen die Entfernung zwischen Stettin und Rostock, die eine regelmäßige Vorlesungstätigkeit verhindern würde, zum anderen die Tatsache, daß in Rostock genügend Dozenten für Innere Medizin vorhanden wären, für die durch Kahlstorfs Berufung eine Benachteiligung entstehen könnte.

Kriegseinsatz als Leitender Arzt der Inneren Abteilung am Reservelazarett II in Stettin; zuletzt Einsatz im Kriegslazarett Abteilung 591; im Jahre 1945 in einer britischen Entlassungsstelle registriert; 1947 Arzt in Lüneburg; am 16.2.1992 in Armelinghausen gestorben[6]

Quellen: UAR: PA Kahlstorf; LHAS: 5.12-7/1, Nr. 2490; BA/BDC: PK, REM, RuSHA; BA/BDC-Karteien: NSDAP, NSLB, NSDÄB, REM, RFR.

6 Veröffentlichte u.a.: Über die biologische Wirkung der Röntgenstrahlen, München 1932.

Katz, David

geboren am 1.10.1884 in Kassel/Hessen-Nassau; jüdisch; Sohn eines Kaufmanns; Realgymnasium in Kassel, dort 3/1902 Abitur; ab 3/1902 zunächst Studium der Mathematik und Naturwissenschaften, dann der Psychologie und Philosophie an den Universitäten Göttingen, Berlin, München und Würzburg; als Einjährig-Freiwilliger dazwischen 1906 – 1907 Militärdienst; 8/1906 Promotion in Göttingen;[1] 4/1907 – 9/1919 Assistent am Psychologischen Institut der Universität Göttingen; dort 5/1911 Habilitation[2] und seitdem Privatdozent für Pädagogik an der Universität Göttingen; dazwischen 8/1914 – 7/1918 Kriegseinsatz, so 8-12/1914 als Sanitäter in einem Lazarettzug, hier wegen Krankheit ausgeschieden; ab 2/1915 Kriegseinsatz als Landsturmmann; 4/1916 – 4/1917 ins Kriegsgefangenenlager Holzminden zur Erteilung des mathematisch-naturwissenschaftlichen Unterrichts im dortigen Landschulheim abkommandiert; 4/1917 – 5/1918 Kriegseinsatz in einem Schallmeßtrupp, zuletzt Vize-Wachtmeister, EK II; 5-7/1918 Einsatz als Psychologe in einer Forschungsstelle für Amputierte an der Technischen Hochschule in Hannover; 7/1918 – 9/1919 wieder Assistent am Psychologischen Institut der Universität Göttingen, dort 1918 Titularprofessor; 1919 Heirat,[3] später zwei Kinder; ab 10/1919 außerordentlicher Professor für Pädagogik sowie Begründer und Leiter des neu errichteten Psychologischen Instituts der Universität Rostock; dort ab 4/1923 ordentlicher Professor für Pädagogik und experimentelle Psychologie sowie Direktor des Psychologischen Instituts; 1927/28 auch Dekan der Philosophischen Fakultät der Universität Rostock;[4] Vorstandsmitglied der Deutschen Gesellschaft für Psychologie sowie der Internationalen Gesellschaft für Psychologie und Fachvertreter für Psychologie in der Notgemeinschaft der Deutschen Wissenschaft; 1929 Gastprofessor an der State University of Maine/USA; 1930 – 1933 Mitherausgeber der *Zeitschrift für Psychologie*; nach dem vom NS-Studentenbund 3/1933 forcierten „Judenboykott" gegen jüdische Professoren und Dozenten an der Universität Rostock ab 4/1933 Ruhen der Lehrtätigkeit;[5] unter Berufung auf den § 3 des Gesetzes zur Wiederherstellung

1 Mit der Arbeit: Experimentelle Beiträge zur Psychologie des Vergleichs im Gebiete des Zeitsinns, Leipzig 1906.

2 Mit der Arbeit: Die Erscheinungsweisen der Farben und ihre Beeinflussung durch die individuelle Erfahrung, Leipzig 1911.

3 Mit Rosa Heine, geb. 1885 in Odessa/Rußland.

4 Katz' bevorzugte Forschungsgebiete waren die Sinnespsychologie, die pädagogische und Kinderpsychologie, Tierpsychologie sowie medizinische und experimentelle Psychologie; daneben auch Entwicklung von Beobachtungsmitteln wie des Skriptochronographen.

5 Am 30.3.1933 bat der Leiter der Hochschulgruppe Rostock des NS-Studentenbundes, Werner Trumpf, den mecklenburgischen Staatskommissar und späteren Reichsstatthalter Friedrich Hildebrandt „ergebenst um sofortige Entfernung des Herrn Prof. Dr. David Katz von der Landesuniversität Rostock", mit der Begründung: „Katz ist Jude und Mitglied des Konsumvereins. Seine Frau ist ebenfalls Jüdin und scheint der KPD sehr nahe zu stehen. Auf jeden Fall ist er durchaus marxistischer Einstellung. Es erscheint unmöglich, daß ein jüdisch-marxistischer Professor die zukünftigen Lehrer der höheren mecklenburgischen Schulen in Pädagogik lehrt". Hildebrandt forderte daraufhin den mecklenburgischen Kultusminister und späteren Staatsminister, Friedrich Scharf, am 3.4.1933 auf, „entsprechend vorzugehen, damit endlich einmal bei der Universität klare Verhältnisse geschaffen werden und diese ständigen

des Berufsbeamtentums 9/1933 Verfügung des mecklenburgischen Reichsstatthalters über die Versetzung in den dauernden Ruhestand ab 1/1934;[6] Ende 1933 – 1935 Honorary Research Fellow/Honorarprofessor an der Universität Manchester,[7] dort 1935 Mitglied des Academic Assistance Council; 1933 – 1949 Mitherausgeber der *Acta Psychologica*; 1935 – 1937 Honorary Research Fellow an der Universität London, dort zusammen mit seiner Ehefrau Forschungsarbeiten im Londoner Zoologischen Garten; ab 1937 in Stockholm, dort ab 1940 erster Professor für Psychologie (und Pädagogik) an der Universität Stockholm; 7/1948 Ablehnung eines als halbherzige Rehabilitierung empfundenen Rufs an die Universität Rostock; ab 1950 Gastprofessor an der Universität Berkeley/USA; Mitglied zahlreicher europäischer Psychologischer Gesellschaften; 1952 korrespondierendes Mitglied der Bayerischen Akademie der Wissenschaften; 1952 Honorarprofessur an der Universität Hamburg; mehrmaliges Angebot einer Professur für Psychologie an der Universität Jerusalem aus gesundheitlichen Gründen abgelehnt; am 2.2.1953 nach einem Herzinfarkt in Stockholm gestorben[8]

---

jüdischen und kommunistischen Machenschaften unterbunden werden"; Katz sei „sofort zu beurlauben". Parallel dazu wurden David Katz und seine Ehefrau am 4.4. und am 5.4.1933 vom *Niederdeutschen Beobachter* im Zusammenhang mit Hetzartikeln gegen jüdische Hochschullehrer und den Rechtsanwalt Rubensohn als Kommunisten und Verschwörer verleumdet. Am 6.4.1933 bat Katz das mecklenburgische Unterrichtsministerium, ihn „für das kommende Semester zu beurlauben". Zugleich fühlte sich Katz genötigt, am 6.4.1933 vor dem Regierungsbevollmächtigten Paul Siegfried und dem Rektor Paul Schulze eine eidesstattliche Versicherung abzugeben; danach habe er „nie einer zionistischen Loge Esra oder sonst irgendeiner Loge angehört"; seine Frau sei nicht Polin, sondern Russin; sie habe „durch das bolschewistische Regime zwei ihrer Brüder verloren", ein dritter wurde „als Fabrikbesitzer enteignet"; seine Frau lebe bereits seit 1907 in Deutschland und sei seitdem nie wieder in Rußland gewesen; sie habe in Göttingen studiert und dort 1913 promoviert; Katz selber habe als Kriegsfreiwilliger am Ersten Weltkrieg teilgenommen; weder er noch seine Frau „haben jemals der kommunistischen, sozialdemokratischen oder einer anderen politischen Partei angehört" oder sich in einer solchen betätigt. Am 8.4.1933 wurde Katz vom mecklenburgischen Unterrichtsministerium „bis auf weiteres" beurlaubt.

6 Nach § 3 des Gesetzes über die Wiederherstellung des Berufsbeamtentums waren Beamte nichtarischer Abstammung in den Ruhestand zu versetzen; von der für jüdische Frontkämpfer vorgesehenen Ausnahme machte die mecklenburgische Regierung mit dem Argument keinen Gebrauch, daß ein Lehrstuhl für Psychologie an der Universität Rostock künftig überflüssig sei. Nach dem erzwungenen Ausscheiden Katz' und dem Wechsel seines kommissarischen Nachfolgers Hans Keller nach Berlin wurde der Lehrstuhl für Psychologie nicht wieder besetzt, und das Psychologiestudium konnte bis 1945 nur fragmentarisch durchgeführt werden; zunächst führte der Philosoph Julius Ebbinghaus und ab 1/1939 der Rassenpsychologe Hans Koch das Psychologische Institut.

7 Rektor Paul Schulze hatte 8/1933 die Ausreise von Katz befürwortet; „die Unmöglichkeit, in Rostock seine Forschungsarbeiten fortzusetzen", würden „seelisch sehr schwer" auf Katz lasten; dieser sei ihm „als bedeutender Wissenschaftler und ruhige, sachliche Persönlichkeit bekannt", so daß Schulze überzeugt war, daß Katz „weder öffentlich noch privat irgendwelche Äußerungen gegen das neue Deutschland machen" werde.

8 Veröffentlichte u.a.: Psychologie und mathematischer Unterricht, Leipzig/Berlin 1913; Studien zur Kinderpsychologie, Leipzig 1913; Die pädagogische Ausbildung des Oberlehrers an der Universität, Göttingen 1914; War Greco astigmatisch? Eine psychologische Studie zur Kunstwissenschaft, Leipzig 1914; Zur Psychologie des Amputierten und seiner Prothese, Leipzig 1921; Der Aufbau der Tastwelt, Leipzig 1925; Die Erziehung im vorschulpflichtigen Alter, Leipzig 1925 (mit seiner Frau); Musikgenuß bei Gehörlosen, Leipzig 1926 (mit G. Révész); Gespräche mit Kindern: Untersuchungen zur Sozialpsychologie und Pädagogik, Berlin

Quellen: UAR: PA Katz; LHAS: 5.12-7/1, Nr. 627, 1287, 2349, 2352, 2409.

1928 (mit seiner Frau); Der Aufbau der Farbwelt, Leipzig 1930; Hunger und Appetit. Untersuchungen zur medizinischen Psychologie, Leipzig 1932; Gestaltspsychologie, Basel 1944; Psychologischer Atlas, Basel 1945; Mensch und Tier, Zürich 1948; Handbuch der Psychologie, Basel 1951; Studien zur experimentellen Psychologie, Basel 1953; Psychologie in Selbstdarstellungen, 1972. In der Emigration zahlreiche Veröffentlichungen in schwedischer und englischer Sprache.

Keeser, Eduard Theodor

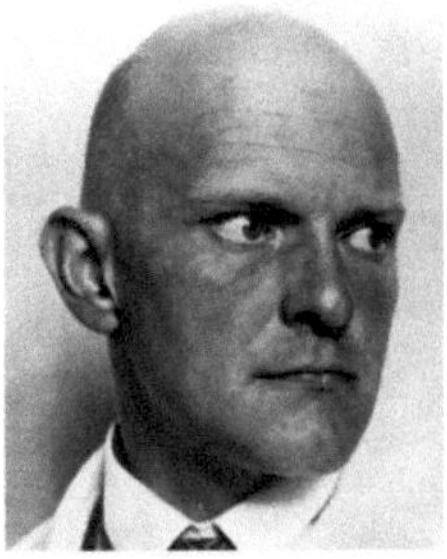

geboren am 27.6.1892 in Elberfeld/Württemberg; evangelisch; Sohn eines Pfarrers; Städtisches Gymnasium in Elberfeld, Kloster-Gymnasium in Düsseldorf, dort 3/1911 Abitur; ab 4/1911 Medizinstudium an den Universitäten Tübingen und Bonn sowie an der Kaiser-Wilhelm-Akademie für das Militärärztliche Bildungswesen in Berlin; als Einjährig-Freiwilliger daneben und dazwischen 4-9/1911 und 4-9/1912 Militärdienst im Infanterie-Regiment 160; 8/1914 – 9/1918 Kriegseinsatz als Feldunterarzt in der Kriegslazarett-Abteilung II des Garde-Reserve-Corps, als Adjutant beim Gouvernements-Arzt in Warschau, in der Heeres-Gasschule, zuletzt Feldhilfsarzt im Feldlazarett 287 der I. Armee, EK II; anschließend Wiederaufnahme des Studiums in Berlin; Frühjahr 1919 medizinisches Staatsexamen und 7/1919 Approbation; 7/1919 – 3/1921 Volontärassistent, 4/1921 – 12/1922 außerplanmäßiger Assistent an der I. Medizinischen Klinik der Universität Berlin/Charité; daneben Forschungstätigkeit am Physiologischen Institut der Universität Berlin und am Kaiser-Wilhelm-Institut für physikalische Chemie und Elektrochemie; 3/1920 Promotion in Berlin;[1] 3/1922 Heirat;[2] 1/1923 – 9/1927 Assistent am Pharmakologischen Institut der Universität Berlin, daneben 7-10/1927 auch Leiter der Privatstation der I. Medizinischen Universitätsklinik/Charité; hier 12/1927 Habilitation; 11/1927 – 4/1928 zunächst wissenschaftlicher Angestellter, 5/1928 – 3/1930 Regierungsrat in der Pharmakologischen Abteilung des Reichsgesundheitsamtes Berlin; daneben ab 1929 Privatdozent für Pharmakologie an der Universität und an der Technischen Hochschule Berlin; ab 4/1930 außerordentlicher Professor mit der Amtsbezeichnung und den akademischen Rechten eines ordentlichen Professors und Direktor des Pharmakologischen Instituts der Universität Rostock; dort 4/1933 zum ordentlichen Professor für Pharmakologie und Pharmakognosie ernannt;[3] ab 11/1933 Professor für Pharmakologie und Toxikologie sowie Direktor des Pharmakologischen Instituts der Universität Hamburg;[4] dort Eintritt in die NSDAP am 1.5.1937, Mitgliedsnummer 4.484.622; 1934 – 1938 sowie 1940/41 Dekan der Medizinischen Fakultät der Universität Hamburg; ab 9/1939 Kriegseinsatz als Fachmann für chemische Kampfstoffe; ab 10/1940 auch Mitglied des Senats der Kolonialärztlichen Akademie der NSDAP; ab 1940 vom Reichsforschungsrat geförderte Forschungsarbeiten über „die Giftwirkung von Sprengstoffen", ab 1942 Untersuchungen über die „Einwirkungen moderner Sprengstoffe auf den Menschen"; 5/1941 – 6/1945 Rektor der Universität Hamburg; 6/1945 von der britischen Militärregierung entlassen; ab 4/1946 wieder ordentlicher Professor für Phar-

1 Mit der Arbeit: Über die Pharmakodynamik des Jods mit Untersuchungen über Monojoddihydroxypropan (Alival) und Rizinstearolsäuredijodid (Dijodyl), Berlin 1921.

2 Mit Irmgard Homeyer, geb. in Berlin; Tochter eines Justizrates.

3 Keesers Hauptforschungsgebiete waren Untersuchungen zur Wirkungsweise der Arzneimittel und Giftstoffe, der Mechanismen und Bedingungen für deren Wirkung und Verteilung.

4 Dort noch 11/1933 Mitunterzeichner der Proklamation 'Bekenntnis der Professoren an den deutschen Universitäten und Hochschulen zu Adolf Hitler und dem nationalsozialistischen Staat'.

makologie und Direktor des Pharmakologischen Instituts der Universität Hamburg; am 29.1.1956 in Hamburg gestorben[5]

Quellen: UAR: PA Keeser; LHAS: 5.12-7/1, Nr. 1424, 1515, 1517, 2346, 2349; BA/BDC-Karteien: NSDAP, NSDÄB, REM, RFR.

5 Veröffentlichte u.a.: Toxikologie und Hygiene des Kraftfahrwesens (Auspuffgase und Benzine), Berlin 1930 (mit V. Froboese und R. Turnau); Wirkungsart und therapeutische Anwendung neuerer Arzneimittel, Berlin 1933 (mit K. Rintelen); Klinische Pharmakologie für Zahnärzte, Leipzig 1936 (mit E. Precht); Pharmakotherapie akuter Erkrankungen und Vergiftungen, Hamburg 1946; Penicillin und andere Arzneimittel in ihrer Wirkung gegen Infektionskrankheiten, Hamburg 1952.

Keining, Egon

geboren am 23.11.1892 in Soest/Arnsberg (Westfalen); evangelisch; Sohn eines Arztes; Gymnasium, Abitur; wegen langwieriger Unfallverletzung kein Militärdienst und kein Kriegseinsatz; Medizinstudium an den Universitäten Bonn und Marburg; Medizinalpraktikant an der Medizinischen und Dermatologischen Klinik der Universität Bonn; 8/1921 Promotion[1] und Approbation in Marburg; 8/1921 – 6/1924 Assistent an der Hautklinik der Universität Marburg, 7/1924 – 3/1927 an der Hautklinik der Charité in Berlin und ab 3/1927 an der Universitäts-Hautklinik in Hamburg; dort 1/1929 Habilitation[2] und seitdem Privatdozent für Dermatologie und Venerologie, ab 10/1930 Oberarzt an der Universitäts-Hautklinik in Hamburg; dort 3/1933 zum nichtbeamteten außerordentlichen Professor für Haut- und Geschlechtskrankheiten ernannt; Eintritt in die NSDAP am 1.5.1933, Mitgliedsnummer 3.030.196;[3] ab 10/1933 auch Mitglied des NS-Lehrerbundes, des NS-Kraftfahrerkorps und später des NS-Ärztebundes und des NS-Dozentenbundes; ab 1/1934 Mitherausgeber der *Dermatologischen Wochenschrift* und Schriftführer der Dermatologischen Vereinigung Groß-Hamburg; 1935 Heirat,[4] später ein Kind; ab 1937 korrespondierendes Mitglied der Ungarischen Dermatologischen Gesellschaft, ab 1939 auch der Griechischen Vereinigung für Dermatologie und Venerologie; ab 5/1939 vom Reichsforschungsrat finanzierte Forschungen zur „Behandlung von Kampfgasschäden der Haut“; an der Universität Hamburg 9/1939 zum außerplanmäßigen Professor für Dermatologie ernannt;[5] 9-10/1939 Kriegseinsatz als Leiter einer Rettungsstelle bei der Hamburger Schutzpolizei; 1/1940 – 2/1941 Lehrstuhlvertretung für Haut- und Geschlechtskrankheiten an der Universität Rostock und Leitender Arzt der Dermatologischen Universitätsklinik Rostock;[6] 1941 – 1944 wieder Oberarzt an der Universitäts-Hautklinik in Hamburg-Eppendorf;[7] ab 1944 Mitglied des Wissenschaftlichen Beirates

1 Mit der Arbeit: Über den serologischen Luesnachweis durch Ausflockung nach der Methode von Sachs und Georgi, Berlin 1920.

2 Mit einer Arbeit über das atypische Myxödem der Haut.

3 Keining war 11/1933 Mitunterzeichner der Proklamation 'Bekenntnis der Professoren an den deutschen Universitäten und Hochschulen zu Adolf Hitler und dem nationalsozialistischen Staat'.

4 Mit Margot Alberts.

5 Keinings Hauptarbeitsgebiete waren neben der allgemeinen Dermatologie und Venerologie die Serologie, hier Entwickler der Sachs-Georgi-Wassermann-Rektion zum Lues-Nachweis, die spezifischen und unspezifischen Therapien der Haut- und Geschlechtskrankheiten, hier Entwicklung der Impfmalaria zur Behandlung der Syphilis, Studien zur Hauttuberkulose, zur Lepra und zu Kampfgasverletzungen.

6 Nach einem alarmierenden Bericht des Kuratoriums der Universität Rostock war die ärztliche Versorgung an der Dermatologischen Klinik durch Einberufungen „schwer gefährdet“. Für den gesamten Klinikbetrieb standen 12/1939 lediglich ein Assistenzarzt und eine Medizinalpraktikantin zur Verfügung, während für die 140 Betten der Klinik etatmäßig ein Oberarzt, drei Assistenzärzte und drei Medizinalpraktikanten vorgesehen waren. Kurt Wachhholder, Dekan der Medizinischen Fakultät der Universität Rostock, bedankte sich 12/1940 beim Direktor der Hamburger Universitäts-Hautklinik für die Entsendung Keinings; dieser habe in Rostock für seine Leistung als Klinikleiter und Dozent „von allen Seiten nur höchste Anerkennung“ erfahren, und man betrachte Keining „auf Grund seiner hiesigen Tätigkeit als einen der allerersten Anwärter auf eines der nächsten freiwerdenden Ordinariate“.

7 Von der Abteilung Gesundheitswesen der Regierung des Generalgouvernements wurde Keining

des Bevollmächtigten für das Gesundheitswesen (Karl Brandt); ab 10/1944 zunächst Lehrstuhlvertretung, dann bis 1946 ordentlicher Professor für Dermatologie und Leiter der Universitäts-Hautklinik Greifswald; 11/1946 – 1961 Professor für Dermatologie und Direktor der Hautklinik der Universität Mainz, dort auch Landesvenerologe, Lupusbeauftragter und Mitglied des Gesundheitsrates Rheinland-Pfalz; 1961 emeritiert; am 6.4.1971 in Mainz gestorben[8]

Quellen: UAR: PA Keining; BA/BDC: REM, NSLB; BA/BDC-Karteien: NSDAP, NSLB, NSDÄB, REM, RFR.

4/1941 zunächst das Angebot unterbreitet, an dem in Krakau neu zu errichtenden 'Forschungs-Institut für Ostkrankheiten' die Leitung der dermatologischen Abteilung zu übernehmen; an diesem Institut sollten „Krankheiten, die im Reich nicht oder nur selten vorkommen, wissenschaftlich erforscht und der deutschen Wissenschaft nutzbar gemacht" werden; wie der Leiter der Abteilung Gesundheitswesen der Regierung des Generalgouvernements betonte, waren damit die „typischen Ostkrankheiten Fleckfieber, Trachom, Malaria" gemeint. Trotz erheblich besserer Besoldung als im Altreich – zum normalen Ordinariengehalt kamen allein 400 RM „Ost-Zulage" im Monat und unbegrenzte private Liquidationsmöglichkeiten – lehnte Keining eine Berufung nach Krakau ab, da dies für ihn „die Aufgabe sehr vieler an sich lebenswichtiger Imponderabilien, die zum wesentlichen Bestandteil der Lebensgüter eines Deutschen gehören, bedeuten" würde. Daraufhin wurde Keining vom Staatssekretariat der Regierung des Generalgouvernements 10/1941 das Ordinariat für Dermatologie und die Leitung der Universitäts-Hautklinik an der – an Stelle der „ehemaligen polnischen Universität Krakau" – neu zu errichtenden deutschen „Kopernikus-Universität" angetragen; auch diese Stelle lehnte Keining ab.

8 Veröffentlichte u.a.: Mesenchymale Reiztherapie bei Infektionskrankheiten, München 1924; Dermatologie und Venerologie. Ein Lehrbuch für Studierende und Ärzte, München 1961 (mit O. Braun-Falco).

Keller, Hans Hugo

geboren am 4.8.1887 in Altenburg/Sachsen-Altenburg; evangelisch; Sohn eines Bankdirektors; Bürgerschule und König-Albert-Gymnasium in Leipzig, dort 2/1907 Abitur; 3/1907 - 1911 Studium der Rechtswissenschaft an den Universitäten Freiburg, Berlin, München und Leipzig; dort 1911 erste juristische Staatsprüfung; als Einjährig-Freiwilliger 1911/12 Militärdienst beim Feldartillerie-Regiment 64 in Pirna; 1912 - 1914 Referendar an den Amtsgerichten Borna und Oschatz sowie Amtsanwalt in Wildenfels; ab 8/1914 Kriegseinsatz als Abteilungsadjutant, Batterieführer und stellvertretender Abteilungsführer bei den Feldartillerie-Regimentern 64 und 115; 12/1918 als Leutnant aus dem Heer entlassen, EK II, EK I, Verwundetenabzeichen in Schwarz; 4/1919 Promotion in Leipzig;[1] 1919 - 1921 Studium der Psychologie und Philosophie an der Universität Göttingen; dort 1922 erneute Promotion;[2] ab 1922 Hilfsassistent am Psychologischen Institut der Universität Rostock; dort 2/1924 Habilitation[3] und seitdem Privatdozent; ab 4/1924 planmäßiger, ab 4/1931 Vollassistent am Psychologischen Institut der Universität Rostock; dort 2/1932 zum außerplanmäßigen außerordentlichen Professor für angewandte und pädagogische Psychologie ernannt; 4/1933 – 5/1934 mit der Vertretung des zwangspensionierten Direktors des Psychologischen Instituts der Universität Rostock (David Katz) beauftragt, dort auch Vorlesungen über Pädagogik und experimentelle Psychologie; ab 11/1933 Mitglied der SA und Dienst in den SA-Stürmen 12/90, 13/90 und 1/R 90 in Rostock; ab 1/1934 Mitglied des NS-Lehrerbundes; ab 11/1934 für die Wahrnehmung eines Lehrauftrages für angewandte Psychologie an der Universität Berlin von der Universität Rostock zunächst beurlaubt, ab 2/1936 hier ausgeschieden und Übertritt zur Universität Berlin; dort Eintritt in die NSDAP am 1.5.1937, Mitgliedsnummer 4.577.816; an der Universität Berlin 9/1939 zum außerordentlichen Professor mit Diäten ernannt; am 18.4.1944 gestorben[4]

Quellen: UAR: PA Keller; LHAS: 5.12-7/1, Nr. 1287, 2384, 2409; BA/BDC-Karteien: NSDAP, NSLB, REM.

1 Mit der Arbeit: Die Rechtsbelehrung der Geschworenen, Leipzig 1919.

2 Mit der Arbeit: Experimentelle Beiträge zur Lehre vom Wiedererkennen, Göttingen 1921.

3 Mit der Arbeit: Über den Bekanntheits- und Fremdheitseindruck, Leipzig 1924.

4 Veröffentlichte u.a.: Phänomenologie des Zukunftsbewußtseins. Eine psychologische Untersuchung, 1931.

Klähn, Hans

geboren am 19.5.1884 in Mülhausen/Elsaß-Lothringen; Oberrealschule in Mülhausen, dort Abitur; Studium der Geographie, Geologie und Naturwissenschaften an den Universitäten Freiburg und Straßburg; dort 1908 Oberlehrerexamen für Geographie, Chemie, Mineralogie und Physik; anschließend Studienreferendar an der Realschule Straßburg, dann wissenschaftlicher Hilfslehrer und ab 1914 Oberlehrer an der Oberrealschule in Colmar/Elsaß; 11/1910 Promotion in Straßburg;[1] nach dem Ersten Weltkrieg 1/1919 aus dem Elsaß ausgewiesen, seitdem Assistent am Geologisch-Paläontologischen Institut der Universität Freiburg; 7/1921 Habilitation in Rostock[2] und ab 10/1921 Privatdozent zunächst für Bodenkunde und Petrographie, ab 10/1926 für Paläontologie, Paläogeographie und Sedimentkunde an der Universität Rostock; 3/1928 Verleihung der Amtsbezeichnung eines außerplanmäßigen außerordentlichen Professors für Paläontologie und Sedimentkunde;[3] 10/1932 Erneuerung seines Lehrauftrages für Erdgeschichte und Paläontologie bis 1934; in der Nacht vom 4./5.12.1933 in Rostock gestorben[4]

Quellen: UAR: PA Klähn; LHAS: 5.12-7/1, Nr. 2384, 2410.

---

1 Mit der Arbeit: Die Brachiopoden der Frasne-Stufe bei Aachen, Berlin 1912.

2 Mit der Arbeit: Die Foraminiferengeschlechter Rhabdogonium, Frondicularia und Cristellaria der elsässischen und badischen Juraschichten, Freiburg 1921.

3 Klähn beschäftigte sich mit wissenschaftlichen Untersuchungen über Ablagerungen im Süßwasser, Paläontologie der Säugetiere und sediment-petrographischen Untersuchungen in Süddeutschland, Mecklenburg, Bornholm und Schonen, daneben auch Forschungen über die Entstehung der Kalke.

4 Veröffentlichte u.a.: Die badischen Mastodonten und ihre süddeutschen Verwandten, Berlin 1922; Paläontologische Methoden und ihre Anwendung auf die paläobiologischen Verhältnisse des Steinheimer Beckens, Berlin 1923; Das Problem der Rechtshändigkeit vom geologisch-paläontologischen Gesichtspunkt betrachtet, Berlin 1925; Die Mastodonten des Sarmatikum von Steinheim-Alb, Stuttgart 1931; Rheinhessisches Pliozän, besonders Unterpliozän, im Rahmen des mitteleuropäischen Pliozäns, Jena 1931.

Kleinknecht, Hermann Martin

geboren am 12.1.1907 in Marbach/Neckarkreis (Württemberg); evangelisch; Sohn eines Gymnasialdirektors; Elementarschule und Progymnasium in Öhringen, dort 1921 württembergisches Landexamen; Niedere Evangelisch-theologische Seminare in Maulbronn und Blaubeuren, dort 1925 Abitur; 1925 – 1930 Studium der klassischen Philologie, Geschichte und Archäologie an den Universitäten Tübingen und Berlin; 7/1929 Promotion in Tübingen;[1] 5-11/1930 Hilfslehrer am Eberhard-Ludwigs-Gymnasium in Stuttgart; 2/1931 erste Staatsprüfung für das höhere Lehramt, anschließend bis 1932 Studienreferendar am Karls-Gymnasium in Stuttgart; dort 2/1932 zweite Staatsprüfung; 5/1932 – 10/1935 Lektor für Griechisch an der Evangelisch-Theologischen Fakultät der Universität Tübingen, dort auch Mitarbeiter der Redaktion des von G. Kittel herausgegebenen *Theologischen Wörterbuches*; daneben 4/1934 – 10/1935 zugleich Studienassessor am Gymnasium in Tübingen; ab 9/1933 Mitglied des NS-Lehrerbundes und Mitarbeiter in der Arbeitsgemeinschaft Alte Sprachen in der Gauwaltung Württemberg des NS-Lehrerbundes in Stuttgart; ab 11/1933 Mitglied der SA und Dienst im SA-Sturm I/219 in Tübingen; ab 1934 Mitglied der NS-Volkswohlfahrt; 11/1935 – 6/1937 kommissarischer, ab 7/1937 regulärer Oberassistent am Institut für Altertumswissenschaften der Universität in Halle; dort ab 1938 Blockwalter der NS-Volkswohlfahrt; 6/1939 Habilitation in Halle[2] und 12/1939 – 3/1943 Privatdozent und Lehrstuhlvertretung für Klassische Philologie (Griechisch und Latein) an der Universität Halle; 8/1939 Heirat,[3] später zwei Kinder; 9/1940 – 11/1941 Kriegseinsatz als Funker im Nachrichten-Regiment 4 in Dresden, dann uk gestellt; ab 12/1941 wieder Lehrstuhlvertretung der Klassischen Philologie in Halle und kommissarischer Leiter des Philologischen Instituts; daneben 1941/42 Lehrstuhlvertretung für Griechisch an der Universität Leipzig; 4/1943 – 2/1944 Lehrstuhlvertretung für Klassische Philologie an der Universität Rostock, auch dort Blockwalter der NS-Volkswohlfahrt; ab 3/1944 planmäßiger außerordentlicher Professor für Klassische Philologie (Griechisch und antike Religionsgeschichte) und Mitdirektor des Klassisch-Philologischen Seminars an der Universität Rostock;[4] tatsächlich jedoch 3/1944 – 5/1945 Kriegseinsatz im Nachrichten-Regiment 251 der Wehrmacht; 8/1945 Entlassung aus amerikanischer Kriegsgefangenschaft; 10/1945 – 1/1946 Studienrat am Gymnasium in Ellwangen/Württemberg; ab 3/1946 – 1/1947 wieder außerordentlicher Professor, ab 2/1947 ordentlicher Professor für Klassische Philologie an der Universität Rostock und Direktor des Klassisch-Philologischen Seminars, 7/

1 Mit der Arbeit: Die Gebetsparodie in der Antike, Stuttgart 1927.

2 Mit einer Arbeit über den Athena-Hymnus des Kallimachios: Lutra tes Pallados, Halle 1939.

3 Mit Christiane Schmidt, geb. am 10.9.1915 in Breslau; Tochter eines Studienrates.

4 Die Reichsdozentenführung hatte sich seit 1942 stark für Kleinknechts Berufung eingesetzt; nachdem gerade die als unpolitisch eingeschätzten und „in keiner Weise nationalsozialistisch ausgerichteten“ Dozenten Wolf-Hartmut Friedrich und Walter Bröcker nach Rostock berufen worden sind, brauche man dort wieder politisch zuverlässige Hochschullehrer, und Kleinknecht – so hieß es in einem Schreiben an die Partei-Kanzlei 2/1942 – werde von der Reichsdozentenführung „wissenschaftlich, charakterlich und politisch positiv beurteilt“. Kleinknechts Hauptforschungsgebiete waren die Klassische Philologie (besonders Griechisch) und die antike Religionsgeschichte.

1947 von der SMA bestätigt; schon ab 3/1947 Prodekan, 2/1948 – 2/1949 Dekan der Philosophischen Fakultät der Universität Rostock; 3/1951 aus dem Dienst der Universität Rostock ausgeschieden; 4/1951 – 1953 ordentlicher Professor für Klassische Philologie an der Humboldt-Universität in Berlin; 1953 – 1960 ordentlicher Professor für Klassische Philologie an der Universität Münster, dort auch Dekan der Philosophischen Fakultät und Mitdirektor des Instituts für Altertumskunde; am 13.3.1960 in Münster gestorben[5]

Quellen: UAR: PA Kleinknecht; LHAS: 5.12-7/1, Nr. 1248; BA, NS 15/244; BA/BDC-Karteien: NSLB, REM.

5 Veröffentlichte u.a.: Pantheion. Religiöse Texte des Griechentums, Stuttgart 1929 (mit G. Kittel).

Klinke, Karl Franz

geboren am 11.9.1897 in Breslau/Schlesien; katholisch; Sohn eines Volksschulrektors; Volksschule, humanistisches Johannes-Gymnasium in Breslau, dort 1916 Abitur; ab 1916 Kriegseinsatz als Fahnenjunker im Pionier-Bataillon 6; 11/1918 als Leutnant aus dem Heer entlassen, EK II, EKFK, zehn Prozent kriegsbeschädigt; 12/1918 – 1922 Medizinstudium an den Universitäten Jena und Breslau; dort 1922 Staatsexamen und 1923 Approbation; Ende 1922 – 1926 Assistenzarzt an der Kinderklinik der Universität Breslau; dort 6/1923 Promotion;[1] als Rockefeller-Stipendiat 1926 – 1927 Assistent an der Physiologisch-chemischen Anstalt der Universität Basel; 7/1926 Heirat,[2] später zwei Kinder; 1/1928 Habilitation in Breslau[3] und 1928 – 1934 erneut Assistent an der Universitäts-Kinderklinik Breslau; 4/1933 aus dem Hochschuldienst entlassen;[4] 1933 – 1944 niedergelassener Facharzt für Kinderkrankheiten in Breslau, daneben 1935 – 3/1944 Primärarzt/Direktor der Kinderabteilung des St.Anna-Krankenhauses in Breslau; bis 1939 Versuche, einen Lehrstuhl in England, den USA oder im Irak zu erhalten; 9/1939 zum Dozenten neuer Ordnung ernannt und nunmehr Wiederaufnahme der Lehrtätigkeit an der Universität Breslau; Mitglied der NS-Kriegsopferversorgung; 9/1939 – 12/1940 Kriegseinsatz als Truppenarzt in einem Pionier-Bataillon der Wehrmacht, 8/1940 Spange zum EK II; ab 1/1941 Kriegseinsatz als Kinderarzt in den Reservelazaretten des Wehrkreises VIII (Breslau), dann Abteilungsarzt der Inneren Abteilung eines Reservelazaretts in Breslau; 5/1941 – 4/1943 auch Führer der Studenten-Kompanien in Breslau; daneben ab 1941 Lehrauftrag für Pathologische Physiologie und Vorlesungen über Kinderheilkunde an der Universität Breslau; dort 5/1942 zum außerplanmäßigen Professor für Pathologische Physiologie ernannt; 4/1944 zunächst Lehrstuhlvertretung für Kinderheilkunde und Leiter der Universitäts-Kinderklinik in Rostock;[5] 4/1944 – 9/

1 Mit der Arbeit: Chemische Untersuchungen über einen Fall von Ringelhaar, Breslau 1923.

2 Mit Stefanie Schloms, geb. am 29.11.1896 in Hindenburg/Schlesien; Tochter eines Diplomingenieurs; Chemie-Diplomingenieurin.

3 Mit der Arbeit: Neuere Ergebnisse der Calciumforschung, München 1927.

4 In einem etwa 1947 verfaßten Lebenslauf gab Klinke an, daß er „im April 1933 nach § 2-4 des Beamtengesetzes als politisch unzuverlässig beurlaubt, später entlassen“ worden sei; Klinke: „Ich gehörte damals weder einer Partei an noch hatte ich überhaupt politische Interessen.“ In einem Schreiben des Leiters des Amtes Wissenschaft der Dienststelle des Reichsleiters Rosenberg an die Partei-Kanzlei der NSDAP hieß es im Zusammenhang mit der geplanten Berufung Klinkes zum ordentlicher Professor an die Universität Rostock 1/1944, Klinke habe schon 1932 auf einer Berufungsliste gestanden, „er ist aber dann bei weiteren Listen nicht mehr aufgetaucht und auch erst im Jahre 1942 mit großer Verspätung zum apl. Professor ernannt“ worden; Klinkes „Dozentenlaufbahn wurde jäh unterbrochen, weil er aus politischen Gründen aus der Breslauer Kinderklinik auszuscheiden gezwungen wurde. Diese Gründe haben sich aber später als nicht stichhaltig erwiesen“.

5 Die ab 1932 vorgesehene Berufung Klinkes zum Professor hatte sich aus politischen Gründen bis 1944 verzögert, als kaum noch geeignetes Personal für die Besetzung von Lehrstühlen vorhanden war und man auf Klinke zurückgreifen mußte. In einer Einschätzung des Bevollmächtigten des Führers für das Sanitäts- und Gesundheitswesen hieß es noch 3/1944, daß Klinke 1933 „als Oberarzt der Breslauer Klinik abgesetzt“ worden sei, „und zwar auf Grund seiner politischen Gesamteinstellung, die mindestens weitgehend nach einer kommunistischen

1947 ordentlicher Professor für Kinderheilkunde an der Universität Rostock,[6] dort zugleich Direktor der Universitäts-Kinder- und Poliklinik sowie nebenamtlicher Fürsorge- und Tuberkulosearzt; zunächst 4-6/1944 Kriegseinsatz als Oberstabsarzt der Wehrmacht (vertreten von Hermann Brüning), 7/1944 uk gestellt; ab 7/1945 Vorstandsmitglied der Ortsgruppe Rostock der CDU; 4/1946 – 9/1947 Dekan der Medizinischen Fakultät der Universität Rostock;[7] 7/1947 von der SMA als ordentlicher Professor für Kinderheilkunde bestätigt; 10/1947 – 1951 Professor für Kinderheilkunde an der Universität Berlin und Direktor der Kinderklinik der Charité; ab 1946 Herausgeber der Fachzeitschriften *Innere Medizin*, ab 1947 *Archiv für Kinderheilkunde*, ab 1948 *Kinderärztliche Praxis*; ab 1951 Professor für Kinderheilkunde an der Medizinischen Akademie Düsseldorf; Mitglied der Akademie der Naturforscher Leopoldina; am 19.3.1972 in Düsseldorf gestorben[8]

Quellen: UAR: PA Klinke; LHAS: 5.12-7/1, Nr. 1507, 1508; BA, NS 15/244; BA/BDC: PK, REM.

Seite hinüberreichte". Von Enno Freerksen, 1933/34 Führer des NS-Studentenbundes in Mecklenburg und 1936 Dozentenbundführer an der Universität Rostock, nunmehr Anatomie-Professor in Kiel und Gaudozentenbundführer Schleswig-Holsteins, wurde die Berufung Klinkes 2/1944 außerordentlich unterstützt; Klinke sei „ein hervorragender Kliniker", auch „in persönlicher und politischer Hinsicht" sei er „untadelig".

6 Klinkes Hauptforschungsgebiete waren die verschiedenen Gebiete der Pädiatrie, vor allem physiologisch-chemische Fragen des Säuglings- und Kleinkindalters, die Kolloidchemie, Diagnostik und Klinik angeborener Herzfehler, Tuberkulose, Blutkrankheiten, Allergien, Ernährungslehre und Mineralstoffwechsel.

7 In einer von Rektor Günther Rienäcker verfaßten Charakteristik hieß es 1946, Klinke habe bis 1933 „keiner politischen Partei angehört", er sei „nie irgendwie politisch hervorgetreten" und sei „1933 wegen seiner gegnerischen Haltung zur Partei aus seiner Dozentur entlassen" worden; „wiederholte Berufungen an die Universitäten" seien „von der Partei vereitelt" worden. Heute sei Klinke „einer der aktivsten Professoren der Univ. Rostock" und auf dem Gebiet der Kinderheilkunde „einer der hervorragendsten Forscher".

8 Veröffentlichte u.a.: Der Mineralstoffwechsel. Psychologie und Pathologie, Leipzig/Wien 1931; Ernährungsstörungen im Kindesalter, Berlin/Wien 1934; Lehrbuch für Kinderheilkunde, 1949; Diagnose und Klinik der angeborenen Herzfehler, Leipzig 1950; Lehrbuch der Geburtshilfe, Jena 1951 (ab der 11. Aufl. Bearb. des ursprünglich von W. Stöckel hrsg. Werks); Almanach für Kinderkrankheiten, München 1959 (mit H. Bickel); Probleme der ersten Lebenstage, Stuttgart 1961 (als Hg.).

Knevels, Wilhelm Bernhard Arnold

geboren am 3.7.1897 in Mannheim/Baden; evangelisch; Sohn eines kaufmännischen Beamten; humanistisches Karl-Friedrich-Gymnasium in Mannheim, dort 1915 Abitur; 1915 – 1919 Studium der Theologie und Philosophie an der Universität Heidelberg; dort 1919 Licentiat der Theologie;[1] 1920 theologische Hauptprüfung der evangelisch-protestantischen Landeskirche Baden; 1920 – 1929 Vikar in Heidelberg; 8/1922 Heirat;[2] 1923 – 1933 Herausgeber des *Landeskirchlichen Blattes für Baden;* 1928 Verleihung des Dr. theol. durch die Universität Heidelberg; ab 1929 Religionslehrer im staatlichen Schuldienst an Höheren Schulen in Heidelberg; 1930 – 1943 Herausgeber und Hauptautor der Zeitschrift *Christentum und Leben*; als Religionslehrer vom Land Baden 1931 zum planmäßigen Professor für Religion in Heidelberg ernannt; ab 1933 Angehöriger der Glaubensgemeinschaft Deutsche Christen, dort als Redner aktiv; daneben Gutachter im Finanzausschuß der badischen Landeskirche; ab 1933 Mitglied des NS-Lehrerbundes, der NS-Volkswohlfahrt, seit 1934 des Reichsluftschutzbundes; 7/1935 Verhängung eines Redeverbots durch die Bayerische Politische Polizei als „Haupt- und Diskussionsredner in öffentlichen und geschlossenen Versammlungen" für das Land Bayern, daneben Veröffentlichungsverbot, 9/1935 aufgehoben; wegen politischer Differenzen mit der NSDAP und seiner Position in den Auseinandersetzungen zwischen Staat und Kirche 1935 aus dem badischen Staatsdienst entlassen; als nunmehriger Kirchenangestellter 1935 – 1938 Religionslehrer an Höheren Schulen in Heidelberg; daneben Tätigkeit als Luftschutzlehrer und – nach Klärung der politischen Differenzen – „für die NSDAP im Bereich des religiösen Lebens als Redner" tätig;[3] nach Rücknahme der politischen Bedenken[4] ab 10/1938 Lehrstuhlvertretung für Praktische Theologie an der Universität Rostock; dort 1/1939 – 4/1942 auch Direktor des Praktisch-Theologischen Seminars und daneben ab 1/1939 mit der Wahrnehmung des Universitäts-Predigeramtes beauftragt;[5] 4/1942 – 1/1945 Lehrauftrag für Praktische Theologie und für Neuere deutsche Literatur an der Universität Breslau; dort auch Direktor des Praktisch-Theologischen Seminars sowie Abhaltung des akademischen Gottes-

1 Mit der Arbeit: Das religiöse Problem mit besonderer Beziehung auf Simmels Religionsphilosophie; veröffentlicht u.d.T. Simmels Religionstheorie. Ein Beitrag zum religiösen Problem der Gegenwart, Leipzig 1920.

2 Mit Elfriede Hoffmann, geb. am 12.2.1896 in Mannheim.

3 Knevels bedauerte 1938, daß eine „Mitgliedschaft bei der NSDAP bisher in Baden meines Berufs wegen nicht möglich" sei.

4 Der mecklenburgische Gaudozentenbundführer Heinrich Gißel teilte dem Rektor Ernst Ruikkoldt 8/1938 mit, daß eine „eingehende genaue Nachprüfung der Persönlichkeit des Prof. Knevels" ergeben habe, „daß die früheren Bedenken nicht mehr aufrechterhalten werden können", daß nunmehr „auch die Reichsleitung ... Knevels in jeder Weise positiv" beurteile „und mit einer Berufung nach Rostock einverstanden" sei.

5 Knevels Hauptarbeitsgebiete waren neben der praktischen Theologie die Psychologie, die Philosophie, die neuere deutsche Literaturgeschichte sowie die Grenzgebiete der Religionswissenschaft. Er vertrat eine theologische Position „zwischen der 'rechten' Fundamentaltheologie und der 'linken' Existentialtheologie", die er die „Theologie des Dritten Weges" nannte, mit der „der christliche Glaube in seiner Substanz erhalten, aber in einer der modernen Zeit angepaßten Weise" praktiziert werden sollte.

dienstes; daneben 1944 zum Kreispfarrer für Breslau ernannt; 2/1945 – 9/1947 Pfarrer und Verwalter der Superintendentur in Glatz/Schlesien, dann aus Polen ausgewiesen; ab 1948 – 1957 Pfarrer an der Christuskirche in Berlin (West); ab 1948 Herausgeber der *Waldhofblätter*; neben der Pfarrtätigkeit in Berlin 1950 – 1952 als Professor mit Lehrauftrag Lehrstuhlvertretung für Praktische Theologie an der Universität Halle, nach politischen Auseinandersetzungen 1952 Beendigung des Lehrauftrages; ab 1957 Provinzialpfarrer für kirchlichen Öffentlichkeitsdienst in Berlin (West), dort mit Abhaltung von Kursen und Vorlesungen an Volkshochschulen in Berlin beauftragt; daneben Wahrnehmung eines Predigtauftrages an der neu erbauten Kaiser-Friedrich-Gedächtniskirche Berlin; ab 1964 ordentlicher Professor (em.) für Praktische Theologie an der Freien Universität Berlin; am 24.12.1978 in Berlin gestorben[6]

Quellen: UAR: PA Knevels; LHAS: 5.12-7/1, Nr. 1194, 1364, 2349; BA/BDC: Schutzhaft.

6 Veröffentlichte u.a.: Expressionismus und Religion, gezeigt an der neuesten deutschen expressionistischen Lyrik, Tübingen 1927; Das Religiöse in der neuesten lyrischen Dichtung, Gießen 1927; Brücken zum Ewigen. Die religiöse Dichtung der Gegenwart, Braunschweig 1927; Gustav Schüler als religiöser Dichter, Stuttgart 1928; Fritz Philippi als religiöser Dichter, Leipzig 1929; Buch der Väter, Leipzig 1929; Das moderne Drama – Gesicht unserer Zeit. Darstellung, Deutung, Wertung, Braunschweig 1930; Der Nationalsozialismus am Scheidewege, Dresden 1932; Deutsches Wesen und christlicher Glaube, Frankfurt/M. 1933; Deutschtum und Christentum, Frankfurt/M. 1933; Funken aus Gottes Brand. Lyrik der Gegenwart, Heilbronn 1935; Die Wirklichkeit Gottes. Ein Weg zur Überwindung der Orthodoxie und des Existentialismus, Stuttgart 1964; Euthanasie. Hilfe beim Sterben, Hilfe zum Sterben, Hamburg 1975; Das unheilige Leid, Hamburg 1975.

Kohfeldt, Gustav

geboren am 25.2.1861 in Neukalen/Malchin (Mecklenburg-Schwerin); evangelisch; Gymnasium, Abitur; ab 1887 Studium der Philosophie und Geschichte an den Universitäten Berlin und Jena; danach Wehrdienst als Einjährig-Freiwilliger; anschließend Hauslehrer bei den Rittergutsbesitzern Eggers in Landsdorf/Rostock-Land und beim Grafen von Wachtmeister in Baxendorf; ab 1891 Philologiestudium an der Universität Rostock, dort 3/1892 Promotion;[1] 5-10/1892 zunächst Volontär an der Universitätsbibliothek Rostock; aus materiellen Gründen Hauslehrer für den Sohn des Eisenwerksbesitzers Buderus in Lollar/Gießen, daneben Studien an den Universitäten Gießen und Marburg; ab 8/1893 Lektor für Altsprachen, Geschichte und deutsche Literatur am Collège International in Genf; ab 4/1894 Zweiter Kustos bzw. Bibliothekar an der Universität Rostock; ab 6/1905 Erster Bibliothekar, ab 3/1910 Oberbibliothekar und Vertreter des Direktors (Wolfgang Golther) der Universitätsbibliothek Rostock; nach massiver Fürsprache durch Golther 1917 zum Professor[2] und später zum Ersten Bibliotheksrat ernannt; bis 1933 Mitglied der Deutschen Demokratischen bzw. der Deutschen Staatspartei; 5/1932 zunächst in den Ruhestand versetzt, auf Wunsch der Universitätsleitung jedoch zweimalige Verlängerung der Amtszeit bis 3/1934;[3] am 11./12.1.1934 in Rostock gestorben[4]

---

1 Mit der Arbeit: Zur Ästhetik der Metapher, Rostock/Leipzig 1892.

2 Der etatmäßige Direktor der Universitätsbibliothek, Wolfgang Golther, stellte 1/1917 heraus, daß nach einem in Mecklenburg bestehenden „Verwaltungsgrundsatz die oberste Leitung der Univ.Bibliothek stets einem ordentlichen Professor übertragen" werde, „den nachgeordneten Bibliothekaren daher ein Aufrücken in die leitende Stelle verschlossen" bleibe. Der ordentliche Professor, der die Leitung der Universitätsbibliothek „nur im Nebenamt ausübt", könne sich „nur auf allgemeine Verwaltungsgeschäfte beschränken", während „die laufenden Geschäfte des ganzen inneren Dienstes von dem Oberbibliothekar" ausgeführt und von Kohfeldt „seit einer Reihe von Jahren in mustergültiger Weise besorgt" würden; dieser habe sich als „ein hervorragender pflichtgetreuer und zuverlässiger Beamter bewährt". Da nach der mecklenburgischen Regelung „das Amt des Bibliotheksdirektors niemals für ihn in Frage kommen" könne, solle ihm eine „Anerkennung seiner treu geleisteten Dienste durch [die] Verleihung des Professorentitels" gewährt werden. Zwar habe Kohfeldt „wissenschaftliche Schriften größeren Umfangs ... nicht veröffentlicht", sondern lediglich „Notizen in Fachzeitschriften, die aber an und für sich die Verleihung des Titels nicht begründen würden". Da aber die von Kohfeldt geleistete Leitung der Bibliothek eine „stetige wissenschaftliche Weiterarbeit" darstelle und dieser sich nicht – wie sein Vorgänger – „rein akademischen Nebenarbeiten" widme, solle seine „Beschränkung auf seine Pflicht ... durch besondere Anerkennung belohnt" werden, zumal die „zeitgemäße Verwaltung und Einrichtung einer Bibliothek ... eine wissenschaftliche Leistung an und für sich" darstelle. Kohfeldt verwalte „sein Amt mit rühmenswertem Eifer und größter Sorgfalt", und daß der „Bibliotheksbetrieb trotz der ganzen Unzulänglichkeiten überhaupt noch ordnungsgemäß aufrecht erhalten werden" könne, sei Kohfeldts „persönliches Verdienst"; außerdem sei die Verleihung des Professorentitels an verdiente Bibliothekare „eine an den staatlichen Bibliotheken Deutschlands übliche Auszeichnung für verdiente Beamte".

3 Der Führer der Hochschulgruppe Rostock des NS-Studentenbundes, Werner Trumpf, hatte sich 3/1933 beim damaligen Staatskommissar und späteren Reichsstatthalter von Mecklenburg-Lübeck, Friedrich Hildebrandt, dafür verwandt, Kohfeldt in den Ruhestand zu versetzen; dieser sei „Angehöriger der Deutschen Staatspartei" und habe „das pensionsfähige Alter nahezu erreicht". Kohfeldt habe als stellvertretender Leiter der Universitätsbibliothek „maßgeblichen Einfluß, da der Leiter der Universitätsbibliothek [Wolfgang Golther] ein vollamtlicher Hochschullehrer" sei, „der nur nebenamtlich die Bibliothek" leite; nunmehr sei es „dringend

Quellen: UAR: PA Kohfeldt; LHAS: 5.12-7/1, Nr. 627.

---

notwendig, daß die Direktion der Universitätsbibliothek in jüngeren, streng nationalen Händen" liege, damit „bei der Anschaffung von wissenschaftlichen Werken die Schriftsteller nationalsozialistischer Gesinnung auf der Hochschule Eingang finden". Hildebrandt möge sich dafür einsetzen, daß Kohfeldt „durch eine jüngere, möglichst nationalsozialistische Kraft ersetzt" werde.

4 Kohfeldt, der sich nach der Einschätzung des Bibliotheksdirektors Golther „in der Bibliothekswissenschaft stets auf dem Laufenden" hielt und „deren Ergebnisse soweit als irgend möglich für die Einrichtung und Verwaltung der UB nutzbar zu machen" suchte, beschäftigte sich wissenschaftlich in zahlreichen Aufsätzen mit der deutschen und mecklenburgischen Kultur- und Bildungsgeschichte auf philosophischer, philologischer und historischer Grundlage; veröffentlichte u.a.: Zur Geschichte der Büchersammlungen und des Bücherbesitzes in Deutschland, Berlin 1900; Eine akademische Ferienreise von Rostock bis Königsberg im Jahre 1694, Stettin 1905; Plattdeutsche und Mecklenburgische Hochzeitsgedichte aus dem 17. und 18. Jahrhundert, Rostock 1908; Aus der 200jährigen Geschichte der *Rostocker Zeitung*, Rostock 1911; Rostock und seine Universität, in: Illustrierte Zeitung, 137 (1911), S. 17 ff.; Rostock im Jahrzehnt 1780/90. Stadtkarte des Hospitalmeisters J.M. Tarnow, Rostock 1918 (als Hg.); Ein Rostocker Studenten-Stammbuch von 1736/37, Rostock 1919 (als Hg., mit W. Ahrens); Rostocker Professoren und Studenten im 18. Jahrhundert, Rostock 1919; Die philomatische Gesellschaft, Rostock 1924; ab 1902 Mitarbeiter bzw. Hrsg. des Literaturberichts über Mecklenburg und Pommern für die Jahresberichte der Geschichtswissenschaft sowie ständiger Mitarbeiter für den Bereich „Epos und Didaktik des 15./16. Jahrhunderts" in den Jahresberichten für neuere deutsche Literaturgeschichte.

Kollath, Werner Georg

geboren am 11.6.1892 in Gollnow/Naugard (Pommern); evangelisch; Sohn eines Arztes; Höhere Knabenschule in Gollnow und Marienstift-Gymnasium in Stettin, dort 1911 Abitur; ab 1911 Studium der Medizin an den Universitäten Leipzig, Freiburg, Berlin und Kiel; ab 8/1914 Kriegseinsatz zunächst als Kanonier im Feldartillerie-Regiment 2, ab 1915 als Feldunterarzt im Jäger-Bataillon 2 und im Telegraphen-Bataillon der 5. Garde-Division; 1915 – 1917 Mitglied der Nationalliberalen Partei; 1/1919 aus dem Heer entlassen, EK II; ab 1/1919 Fortführung des Medizinstudiums an der Universität Marburg; 2/1920 Staatsexamen und Approbation; 4/1920 – 11/1922 Assistent an der Psychiatrischen und Nervenklinik der Universität Marburg; dort 7/1920 Promotion;[1] 11/1922 – 2/1923 Assistent an der Sozialhygienischen Akademie in Berlin-Charlottenburg; 3-5/1923 selbständige wissenschaftliche Arbeit in Leipzig; ab 6/1923 Assistent am Hygienischen Institut der Universität Breslau; 12/1923 Preußisches Kreisarztexamen in Berlin; 7/1926 Habilitation in Breslau,[2] dann dort Privatdozent für Hygiene und Bakteriologie; an der Universität Breslau 7/1932 zum nichtbeamteten außerordentlichen Professor ernannt; dort Eintritt in die NSDAP am 1.5.1933, Mitgliedsnummer 3.522.586; ab 10/1933 auch Mitglied des NS-Lehrerbundes; 11/1933 – 8/1934 stellvertretender Direktor des Hygienischen Instituts der Universität Breslau, dort 12/ 1934 zum Oberassistenten ernannt und Lehrauftrag für Bakteriologie und Hygiene für Zahnmediziner; ab 1934 Förderndes Mitglied der SS, später auch Mitglied des NS-Dozentenbundes, der NS-Volkswohlfahrt und des Reichsluftschutzbundes; ab 4/1935 außerordentlicher Professor, ab 10/1935 ordentlicher Professor für Hygiene und Direktor des Hygiene-Instituts der Universität Rostock; ab 4/1935 auch Direktor des Mecklenburgischen Landesgesundheitsamtes, des späteren Medizinaluntersuchungsamtes des Landes Mecklenburg; 5/1935 Heirat;[3] ab 8/1936 auch stellvertretender Beisitzer am Erbgesundheitsgericht Rostock;[4] Ende 1936 Studienreise nach Island, anschließend Denunziation eines Berufskollegen beim Reichserziehungsministerium;[5] ab 1937 Mitglied des Fachausschusses für Wasserwirtschaft und Landeskultur bei der Landespla-

1 Mit der Arbeit: Beiträge zur Pathogenese der Dystrophia adiposo-genitalis, Marburg 1921.

2 Mit der Arbeit: Vitaminsubstanz oder Vitaminwirkung. Eine Studie über Zusammenhänge zwischen Mineral- und Sauerstoffwechsel, Phosphatiden und ultraviolettem Licht, geprüft an den Wachstumsbedingungen des Influenzabazillus (Bazillus Pfeiffer), Jena 1926.

3 Mit Elisabeth Rossdeutscher, geb. am 27.10.1899; Tochter eines Friseurmeisters; Kunstgewerblerin; 1990 gestorben.

4 1936/37 auch Leiter der Gemeinschaftsvorlesung über Erb- und Rassefragen für Mediziner, dort Vorlesungen über „Nationalsozialistische Rassengesetzgebung" und über „Ursachen der Rasseverschlechterung".

5 Nach einem Vortrag in Kopenhagen gab Kollath 11/1936 eine vom Chemiker Ottar Rygh vom Staatlichen Vitamin-Institut in Oslo erhaltene Mitteilung weiter, wonach der „dortige Pharmakologe, Professor Klaus Hansen ... einen jüdischen Emigranten ... als amtlichen Assistenten eingestellt" habe und – als „Vorsitzender des Norwegisch-Deutschen Vereins" – darüber hinaus einer Loge angehöre; auch der 2. Vorsitzende des Deutsch-Norwegischen Vereins, Mehle, sei Freimaurer und würde mit Hansen „das Dritte Reich im Logensinne bekämpfen".

nungsgemeinschaft Mecklenburg; 5-11/1937 Dekan der Medizinischen Fakultät der Universität Rostock;[6] 9-10/1939 Kriegseinsatz als Arzt des Reservelazaretts IV in Rostock-Gehlsheim, ab 11/1939 Angehöriger der Führer-Reserve des stellvertretenden Generalkommandos des II. Armee-Korps, dort Beratender Hygieniker des Korpsarztes; als nebenamtlicher Maler und Graphiker ab 6/1940 Mitglied der Reichskulturkammer; massive Unterstützung der NSDAP bei Veröffentlichung seiner Werke;[7] 2/1943 KVK II. Kl. o.S.; 4/1944 ausgebombt; parallel zur wissenschaftlichen Tätigkeit anhaltende Versuche zu deren kommerzieller Verwertung und Einbindung in die NS-Kriegswirtschaft, so 9/1944 „wissenschaftliche Versuche und geschäftliche Besprechungen für die Herstellung besserer Fruchtsäfte und Marmeladen für das Heer“ in Prag; nach langjährigen Forschungen Begründer der Vollwerternährung und Erfinder des Frischkornmüslis;[8] noch 3/1945 uk

6 Kollath plädierte 1937 gegen eine „Humanität in falscher Auslegung“, und hielt dazu in seinem Standardlehrbuch fest: „Eine höhere und edlere Form der Humanität ist erst jetzt durch die nationalsozialistische Gesetzgebung in Deutschland eingeführt durch die Sterilisationsgesetze“; Kollath weiter: „Unsere Zukunft als Volk hängt von zwei Grundbedingungen ab: der Erhaltung der Erbmasse und des Lebensraums unseres Volkes ... Die für uns maßgebende Grundlage ist die Rassenfrage ... Die Schwierigkeiten auf hygienischem Gebiet lagen bisher darin, daß eine ausreichende Gesetzgebung, die z.B. die Ausschaltung Minderwertiger von der Fortpflanzung ermöglichte, in der Vergangenheit nicht bestanden hat“, so daß „die Hygiene einen großen Teil ihres Gebietes der Fürsorge für die Minderwertigen eingeräumt“ habe. „Diese blieben zeugungsfähig und führten zu fortdauernder Verschlechterung des Volkes.“ (Grundlagen, Methoden und Ziele der Hygiene. Eine Einführung für Mediziner und Naturwissenschaftler, Volkswirtschaftler und Techniker, Leipzig 1937, S. 8 ff.); Auch auf einem Empfang des mecklenburgischen Staatsministers Scharf sprach sich Kollath 2/1937 für die „Sterilisierung Erbkranker“ aus, und äußerte die Hoffnung, „daß bei ausreichender Erfassung aller erbkranken Familien von Jahr zu Jahr die Zahl dieser Erbkranken geringer wird“, schließlich könne man es sich „nicht mehr leisten, Unsummen für völkisch Minderwertige auszugeben“.

7 So veranlaßte der Leiter des Reichspropagandaamtes Mecklenburg und Gaupropagandaleiter Fred Wilke über das Mecklenburgische Staatsministerium 8/1942 die Bereitstellung von Papier für den Druck des Kollathschen Werkes „Die Ordnung unserer Nahrung“; er, Wilke, habe „nach Rücksprache mit dem Professor Kollath“ die „Überzeugung [gewonnen], daß es sich in diesem Fall um ein wertvolles, gerade auch durch den Krieg besonders aktuell im Vordergrund stehendes Werk“ handele; diese Arbeit habe für die nächsten 50 Jahre „grundlegende Bedeutung“.

8 Kollath teilte dem mecklenburgischen Gauleiter Friedrich Hildebrandt 1/1945 mit, daß „angesichts der augenblicklichen Notlage infolge des Kohlenmangels die Gefahr“ bestehe, „daß die Volksgenossen ungenügend ernährt werden, weil die Mehrzahl nur an gekochte Kost gewöhnt ist und weil die Herstellung hochwertiger Nahrung aus ungekochtem Material unbekannt“ sei. Er, Kollath, habe „in Zusammenarbeit mit dem Amt Gesundheit und Volksschutz der DAF seit Jahren nach Verfahren gesucht, mit denen die Ernährung der Bevölkerung sowohl hinsichtlich der Menge wie der Vollwertigkeit gesichert“ werden könne und „dabei festgestellt, daß frisch gemahlenes, am besten geschrotetes Getreide (Roggen, Weizen) sich ausgezeichnet zur Ernährung eignet, wenn man das Schrot etwa 10 Std. bei Zimmertemperatur angefeuchtet stehen läßt, sodann mit Milch, Buttermilch unter Zusatz von etwas Zucker oder Marmelade usw. zu Brei verrührt und alsbald ißt“; dieser „Frischbrei“ sei „klinisch erprobt“, und auch bei gesunden Menschen höre die „sonst so verbreitete Ermüdung auf, die Leistungsfähigkeit steigt. Der so hergestellte Brei sättigt und hält stundenlang vor“. Selbst der norwegische „Ministerpräsident Quisling“ sei „persönlich zu dieser Ernährungsform übergegangen“, und Kollath habe „zum Zweck der Soldatenernährung“ auch einen entsprechenden Vorschlag „an den Reichsführer SS eingereicht“, der „z.Z. der Begutachtung“ unterliege. Für Mecklenburg schlug Kollath vor, daß „die Mühlen unseres Gaues veranlaßt werden, täglich frisch grobes Schrot herzustellen und dem Kleinhandel zuzuleiten“, wo dieses

gestellt; 7/1945 universitäres Disziplinarverfahren mit Verweis;[9] vom Präsidenten des Landes Mecklenburg-Vorpommen 10/1945 wegen NSDAP-Mitgliedschaft als Universitätsprofessor und als Direktor des Hygiene-Instituts entlassen, als Direktor des Medizinaluntersuchungsamtes dagegen weiterbeschäftigt;[10] als „Bewährungseinsatz" daneben ab 8/1945 zunächst Seuchenkommissar, später Oberseuchenkommissar für die Kreise Rostock, Wismar und Güstrow;[11] 12/1945 Antrag auf Aufnahme in die KPD; 1946 Leiter der Hygienischen-Epidemiologischen Station, später der Hygienischen Zentralstelle in Rostock; ab 6/1946 Mitglied der SED;[12] 7/1946 Antrag des Rektors Günther Rienäcker auf Wiedereinstellung von Kollath;[13] 8/1946 auch als Direktor des mecklenburgischen

„gegen Brotmarken in gleicher Menge abgegeben [werde könne] wie Mehl", und „durch Zeitung und Drahtfunk" müsse „die Herstellung des Breis bekannt gemacht" werden, der auch in den Werkküchen verabreicht werden solle. Dagegen meinte – allerdings erst 11/1945 – Kollaths universitärer Konkurrent, der Physiologe und nunmehrige Rektor der Universität Rostock, Kurt Wachholder, Kollaths Ideen zur Ernährung „entbehren der exakten wissenschaftlichen Durchuntersuchung; seine Ernährungsvorschläge sind bereits von der deutschen Wehrmacht abgelehnt worden".

9 Die von Rektor Kurt Wachholder geleitete Disziplinarkommission hatte Kollath vorgeworfen, „bis in den Beginn des Jahres 1945 hinein regelmäßig von der im Rahmen des Hygienischen Instituts für Tierversuche angeschafften Milch getrunken" und „die Milch dadurch dem eigentlichen Forschungszweck entfremdet" zu haben; außerdem habe Kollath einen „für den Transport von Institutsinventar nach der Ausweichstelle Ludwigslust gestellten Möbelwagen zum allergrößten Teile mit ihm persönlich gehörenden Möbeln beladen lassen" und den Transport der Universität in Rechnung gestellt; damit habe er „das Ansehen des Standes, dem er angehört, gefährdet".

10 Kollath protestierte energisch beim Vizepräsidenten des Landes Mecklenburg-Vorpommern, Gottfried Grünberg; so sei es „stadtbekannt", daß er „nicht nur nicht ein aktiver Faschist" gewesen sei, sondern daß er „als einziger Professor der Medizinischen Fakultät Rostock das von den faschistischen Rektoren, Dekanen und dem Dozentenführer vertretene Prinzip mit schärfsten Mitteln und unter Gefährdung meiner Existenz bekämpft" habe; und daß er „heute der Feindschaft der noch amtierenden, aus der faschistischen Ära stammenden Universitätsmitglieder ausgesetzt" sei, könne er nur „als Folge" seiner „jahrelangen antifaschistischen Tätigkeit betrachten". Seine Entlassung könne er nur als fehlgelaufene Maßnahmen einer falsch unterrichteten Landesverwaltung und der durch diese informierten russischen Administration auffassen, die beide „einer getarnten faschistischen Beeinflussung ausgesetzt" gewesen seien.

11 Der leitende mecklenburgische Medizinalbeamte Hermann Redetzky meinte noch 8/1945, Kollath sei ein „Wissenschaftler von Rang mit großem Erfolg", der auch deshalb zum Seuchenkommissar ernannt worden sei, weil „in unserem Lande nur ganz vereinzelt derartige Wissenschaftler zur Verfügung" stünden; „wir können nicht auf die Mitarbeit dieser Männer in der jetzigen großen Seuchengefahr des Landes verzichten". Wie Redetzky dem Vizepräsidenten des Landes Mecklenburg-Vorpommern, Gottfried Grünberg, 11/1945 mitteilte, habe er „nicht mehr den Eindruck, daß das politische Moment ... zur Entlassung von Prof. K. führte"; statt dessen habe er „die Überzeugung gewonnen, daß – wie so oft an kleinen Universitäten – unter den Professoren Neid, Mißgunst und z.T. auch persönliche Feindschaft bestehen", die sich „in der Angelegenheit Kollath-Wachholder politisch auszuwirken" scheinen. „Wachholder ist offenbar menschlich und fachlich der Feind von Kollath." So gebe etwa Kollaths Lehre von den Auxonen (Wachstumsstoffe) „der ganzen Vitaminlehre einen starken Stoß, stellt sie z.T. sogar in den Schatten. Eben diese Vitaminlehre verficht Wachholder aber sehr energisch, besonders das Vitamin C".

12 Der Kreisvorstand Rostock der SED bestätigte 6/1946, daß „diese Aufnahme zugleich als Entnazifizierung" gelte.

13 Rienäcker meinte, Kollath gehöre „zweifellos zu den eigenwilligsten und produktivsten Forscherpersönlichkeiten seines Fachs", und außerdem seien „irgendwelche verfügbaren

Medizinaluntersuchungsamtes entlassen;[14] 10/1946 Antrag auf Niederlassung als Facharzt für Hygiene und Gesundheitsberatung, 11/1946 durch die Abteilung Gesundheitswesen des Landes Mecklenburg-Vorpommern abgelehnt, weil eine derartige Disziplin „bisher nicht als Fachgebiet anerkannt“ sei sowie „aufgrund politischer Belastung“; 3/1947 Flucht aus Rostock, ab 10/1947 Lebensmittelchemiker der Bahlsen-Keksfabrik KG in Hannover, für die er bereits vor 1945 „Fliegerabwurfnahrung“ begutachtet hatte; galt im britisch geleiteten Entnazifizierungsverfahren dort 10/1947 als „belastet“, womit ein Hochschulamt unerreichbar war; nach Einspruch vom Berufungsausschuß beim Niedersächsischen Ministerium für die Entnazifizierung 9/1948 als „entlastet“ eingestuft;[15] 1948/49 Forschungsarbeiten zur Mesotrophie (Fehlernährung) am Pathologischen Institut der Universität Stockholm; 1949 Lehrauftrag an der Universität Freiburg; daneben intensive Kontakte zu Gesundheits- und Ernährungsgremien sowie Tätigkeit als Unter-

Vertreter seines Faches in der sowjetischen Besatzungszone ... nicht vorhanden“; zudem sei ein Großteil der Vorwürfe gegen Kollath „offenbar mehr auf persönliche als auf politische Motive zurückzuführen“, namentlich der alte Rektor Kurt Wachholder, der auf ähnlichen Gebieten forsche, habe Kollath ausschalten wollen. Dagegen äußerten sich Kollaths engere Mitarbeiter 6/1945 eindeutig ablehnend, da er „in schwierigen Lagen versage“; so habe er „bei den schweren Luftangriffen im April 1942-44 seine Gefolgschaft im Stich gelassen und ist nachts mit dem Dienstwagen aufs Land gefahren“, er habe „die vielen wertvollen Apparate im Hygienischen Institut in der Buchbinderstr. nicht in den bombensicheren Keller bringen lassen“, weshalb diese völlig zerstört wurden. Bei „allen Löscharbeiten nach Bombenangriffen haben wir unseren Chef stets vermißt“, während dieser „mit dem Dienstwagen Hamsterfahrten aufs Land“ unternahm, obwohl „nicht einmal genug Benzin da war, um Kranke in die Klinik zu fahren“.

14 Der Leiter der Abteilung Gesundheitswesen in der mecklenburgischen Landesregierung Hermann Redetzky, 1948 selbst Professor für Sozialhygiene an der Universität Rostock, begründete die Entlassung Kollaths damit, daß dieser als Seuchenkommissar und Amtsleiter versagt und Impfstoffe verschoben habe; außerdem sei Kollath – wie die Überprüfung seiner Nebeneinnahmen gezeigt habe – sehr „merkantil und egoistisch eingestellt“. Kollath wehrte sich 9/1946 gegen erneut auftauchende Vorwürfe zu seiner NS-Belastung; so hätten der Kreisleiter des Kreises Rostock-Stadt der NSDAP, Otto Dettmann, und Gaudozentenführer Heinrich Gißel gegen ihn ein Parteiverfahren eingeleitet, weil er „dem jüdischen Doktoranden Benjamin Hochmann eine Doktorarbeit gegeben“ habe, die wichtigsten NS-Funktionsträger der Universität, so die Rektoren Brill, Ruickoldt, Steurer und Wachholder, die Dekane Lehmann und Haselhorst, die Dozentenführer Gißel und Neubert, seien gegen ihn gewesen, und der Reichsärzteführer Conti und dessen Stellvertreter Blome und Wirz hätten ihn „abgelehnt“, weil er „die Rassenhygiene nicht vertrat, sondern eine reine Umwelt-Hygiene lehrte“; seine Kollegs seien „frei von der geringsten NS-Tendenz“ gewesen, und die Teilnahme an den Verhandlungen des Erbgesundheitsgerichts habe er abgelehnt, seine Auslandsreisen seien nicht von der Partei gefördert und die Drucklegung seiner Schriften sei von der NSDAP verhindert worden. Zum Beitritt zur SS-Förderorganisation sei er „genötigt“ worden, „die spätere Entwicklung der SS war damals in keiner Weise vorherzusehen“, und auch sein Parteieintritt habe nur der Wissenschaft gedient: „Hätte ich diese Konzession damals nicht gemacht, so wäre meine gesamte spätere wissenschaftliche Arbeit unmöglich geworden“; ein von ihm 1944 erwogener Parteiaustritt erfolgte nicht, denn dies wäre „gleichbedeutend gewesen mit dem vorzeitigen Ende meiner wissenschaftlichen Arbeit, und ich hätte damit gegen mein Pflicht der Wissenschaft gegenüber verstoßen“.

15 Diese Entlastung wurde durch eine Reihe von Falschaussagen erreicht. Danach gelangte die Berufungskommission zu der Ansicht, daß Kollath nur Parteimitglied wurde, „weil ohne diesen Beitritt sein berufliches und wissenschaftliches Vorwärtskommen gefährdet war“; sicher sei, daß er „allgemein als völlig unpolitischer Mensch galt und jedenfalls mit dem Nationalsozialismus innerlich nicht einherging. Durch Parteistellen wurde er auch in seiner beruflichen Arbeit wiederholt erheblich gehemmt“.

nehmensberater in der Lebensmittelindustrie; 1951 wegen Dienstunfähigkeit (Bleivergiftung) pensioniert; 1951 Angebot einer Professur für Hygiene in Santiago de Chile, nach Ablehnung dort Ehrenmitglied der Medizinischen Fakultät; ab 1951 Vermarktung seiner Ernährungsforschungen als 'Kollath-Frühstück' über Reformhäuser, daneben Herstellung und Vertrieb von Tierfutter und Probiotika; ab 1954 korrespondierendes Mitglied der Deutschen Gesellschaft für Zahn-, Mund- und Kieferheilkunde; 1956 – 1970 Mitglied des wissenschaftlichen Beirats der Internationalen Gesellschaft für Nahrungs- und Vitalstoff-Forschung; 1957 Goldene Bircher-Benner-Medaille der Internationalen Gesellschaft für Vitalstoff- und Ernährungsforschung; ab 1964 Mitglied des wissenschaftlichen Beirats des Arbeitskreises Gesundheitskunde; 1966 Hufeland-Medaille des Zentralverbandes der Ärzte für Naturheilverfahren; am 19.11.1970 in Porza/Tessin (Italien) gestorben[16]

Quellen: UAR: PA Kollath; LHAS: 5.12-7/1, Nr. 579, 1499, 1500, 9740; BA/DH, ZB II, Nr. 1996/4; BA/BDC-Karteien: NSDAP, NSLB, NSDÄB, REM, RFR.

16 Veröffentlichte mehr als 300 Arbeiten, u.a.: Grundlagen, Methoden und Ziele der Hygiene. Eine Einführung für Mediziner und Naturwissenschaftler, Volkswirtschaftler und Techniker, Leipzig 1937; Zur Einheit der Heilkunde, Stuttgart 1942; Die Ordnung unserer Nahrung. Grundlagen einer dauerhaften Ernährungslehre, Stuttgart 1942/[16]2001; Unser Körper. Sein Leben, seine Gesundheit, seine Ernährung, St. Ingbert 1949; Ernährungswirkungen, Stuttgart 1950; Der Vollwert der Nahrung und seine Bedeutung für Wachstum und Zellersatz, Stuttgart 1950/[3]1988; Die Epidemien in der Geschichte der Menschheit, Wiesbaden 1951; Zivilisationsbedingte Krankheiten und Todesursachen, ein medizinisches und politisches Problem, Ulm 1958; Der Mensch oder das Atom, Freiburg 1959; Getreide und Mensch – eine Lebensgemeinschaft. Das Getreide als unentbehrliche Grundlage für eine vollwertige Ernährung. Mit einer Studie über die Ursachen des Gebißverfalls, Bad Homburg 1964; Die Ernährung als Naturwissenschaft, Heidelberg 1967; Regulatoren des Lebens. Vom Wesen der Redox-Systeme, Heidelberg 1968; Leben, Wachstum und Gesundheit, Heidelberg 1971.

Kolz, Wilhelm

geboren am 27.2.1887 in Bützow/Güstrow (Mecklenburg-Schwerin); evangelisch; Sohn eines Erbpächters; Realgymnasien in Schönberg und Bützow, dort Abitur; Studium der modernen Philologie, Germanistik und Geschichte an den Universitäten Berlin und Rostock; 1910 Prüfung für das Lehramt an Höheren Schulen; ab 1913 wissenschaftlicher Hilfslehrer an den Oberlyzeen in Spandau und Luckenwalde; 6/1913 Promotion in Rostock;[1] Kriegseinsatz im Ersten Weltkrieg; ab 1918 Oberlehrer in Rostock; verheiratet; 1926 – 1942 Leiter/Direktor des neugegründeten Pädagogischen Instituts, der späteren Pädagogischen Hochschule bzw. Hochschule für Lehrerbildung in Rostock; hier 1928 zum Professor ernannt; ab 3/1929 auch Honorarprofessor an der Philosophischen Fakultät der Universität Rostock,[2] hier Vorlesungen über theoretische und praktische Pädagogik; Eintritt in die NSDAP am 1.10.1931, Mitgliedsnummer 700.023, und bis 1/1942 Ortsgruppenamtsleiter in der Ortsgruppe Rostock-Dierkow der NSDAP; seit 11/1931 auch Mitglied des NS-Lehrerbundes, Mitgliedsnummer 1.924; ab 1932 auch Dozent an der Nationalsozialistischen Führer- und Fortbildungsschule des Gaues Mecklenburg-Lübeck der NSDAP, referierte dort u.a. über „Die Erziehung zum politischen Menschen“, „Neue Jugend – neue Erziehung!“;[3] 10/1934 auf eigenen Wunsch von der Honorarprofessur an der Universität Rostock entbunden;[4] 6/1940 Dienstauszeichnung der NSDAP in Bronze; am 9.1.1942 in Rostock gestorben[5]

Quellen: UAR: PA Kolz; LHAS: 5.12-7/1, Nr. 1210, 2343; BA/BDC-Karteien: NSDAP, NSLB.

---

1 Mit der Arbeit: Das Lautsystem der haupttonigen Silben des Westmecklenburgischen Dialektes, Schönberg 1914.

2 Während das mecklenburgische Unterrichtsministerium sehr für eine Ernennung von Kolz zum Honorarprofessor eintrat und ihn „besonders auf dem Gebiete der Pädagogik zu den wissenschaftlich bewährten Personen“ zählte, hatte die Philosophische Fakultät zunächst Bedenken gegen eine Berufung von Kolz geäußert, da sie „nichts weiter an Veröffentlichung von ihm finden“ konnte; auch die „von hervorragenden auswärtigen Fachvertretern eingeholten Gutachten“ hätten „keine Empfehlung für den Vorgeschlagenen ergeben“, sondern „mehr oder minder scharf ablehnend“ Stellung genommen. Bei Kolz seien „selbst die bei der Habilitation zur Erteilung der venia legendi für Pädagogik selbstverständlichen Ansprüche ... nicht erfüllt“. Im Interesse weiterer guter Beziehungen zur Landesregierung stellte die Fakultät nach Einflußnahme durch Rektor und Konzil jedoch ihre Bedenken zurück, weil es sich bei Kolz „um den Organisator und Leiter des Pädagogischen Instituts in Rostock“ handelte und man „in der Eignung für diese leitende Stellung“ eine gewisse „Bewährung wissenschaftlichen Sinnes und wissenschaftlicher Fähigkeiten“ sehen könne, „die als Ersatz für mangelnde wissenschaftliche Veröffentlichungen zu dienen geeignet“ sei.

3 Gehörte 11/1933 zu den Mitunterzeichnern der Proklamation 'Bekenntnis der Professoren an den deutschen Universitäten und Hochschulen zu Adolf Hitler und dem nationalsozialistischen Staat'.

4 Mit der Begründung, daß seine Schulverwaltungs- und Dozententätigkeit es ihm unmöglich mache, die Stellung als Honorarprofessor so auszufüllen, wie es nötig wäre.

5 Veröffentlichte u.a.: Die mecklenburgische Lehrerbildung, in: Mecklenburgische Schulzeitung, 66 (1935), S. 453 – 458.

Körner, Otto Maximilian Ferdinand

geboren am 10.5.1858 in Frankfurt/M. (Hessen-Nassau); evangelisch; Sohn eines Landgerichtsdirektors; Privatunterricht, Gymnasium in Frankfurt/M., dort 1878 Abitur; Medizinstudium an den Universitäten Marburg, Freiburg und Straßburg; dort 11/1882 Promotion;[1] 1/1883 Staatsexamen und Approbation; 10/1883 – 6/1885 Assistenzarzt an der Medizinischen Klinik und der Ohrenpoliklinik der Universität Straßburg; ab 7/1885 Assistenzarzt des Laryngologen Moritz Schmidt in Frankfurt/M.; 11/1886 – 10/1894 niedergelassener praktischer Arzt und Facharzt für Otologie in Frankfurt/M.; 5/1887 Heirat,[2] später drei Kinder; ab 10/1894 außerordentlicher Professor für Otologie in Rostock; 1895 – 1935 Herausgeber der *Zeitschrift für Ohrenheilkunde*, später *Zeitschrift für Hals-, Nasen- und Ohrenheilkunde*; seit 2/1897 ordentlicher Honorarprofessor und ab 10/1899 Direktor der von ihm aufgebauten ersten deutschen Universitätsklinik für Ohren-, Nasen- und Kehlkopfkrankheiten an der Universität Rostock: dort 3/1901 zum ersten deutschen ordentlichen Professor für Ohren- und Kehlkopfheilkunde ernannt; 1904/05 Dekan der Medizinischen Fakultät der Universität Rostock; 4/1913 zum Geheimen Medizinalrat ernannt; 1913/14 Rektor, 1914/15 Prorektor und 1915/16 erneut Dekan der Medizinischen Fakultät der Universität Rostock; Kriegseinsatz als Chefarzt der Lazarett-Abteilung der HNO-Klinik der Universität Rostock und fachärztlicher Beirat für die Lazarette beider Mecklenburg, EK I, EKFK; ab 1926 Mitglied der Akademie der Naturforscher Leopoldina; 3/1929 auf eigenen Antrag von der Leitung der Hals-, Nasen- und Ohrenklinik der Universität Rostock entbunden, jedoch bis mindestens 1933 weiterhin Lehrtätigkeit und Mitglied der verschiedenen universitären Prüfungsausschüsse; daneben weiterhin als praktizierender HNO-Arzt in Rostock tätig; 2/1929 Ehrenpromotion der Philosophischen Fakultät der Universität Rostock; korrespondierendes Mitglied der Laryngologisch-rhinologischen Gesellschaft in Wien, der Oto-laryngologischen Gesellschaft in Kopenhagen, Ehrenmitglied der Oto-laryngologischen Gesellschaften in Moskau und Budapest; nach einem Schlaganfall am 9.10.1935 in Rostock gestorben[3]

Quellen: UAR: PA Körner.

---

1 Mit der Arbeit: Beiträge zur vergleichenden Anatomie und Physiologie des Kehlkopfes der Säugetiere und des Menschen, Straßburg 1882.

2 Mit Luise Ebert, geb. am 26.1.1861 in Kassel; Tochter eines Konsistorialrates.

3 Veröffentlichte u.a.: Die otitischen Erkrankungen des Hirns, der Hirnhäute und der Blutleiter, Frankfurt/M. 1894; Die Ohrenheilkundes des Hippokrates, Wiesbaden 1895; Die Hygiene des Ohres, Wiesbaden 1898; Die eitrigen Erkrankungen des Schläfenbeins, Wiesbaden 1899; Die Hygiene der Stimme, Wiesbaden 1899; Wesen und Wert der homerischen Heilkunde, Wiesbaden 1904; Lehrbuch der Ohrenheilkunde und ihrer Grenzgebiete, Wiesbaden 1906; Lehrbuch der Ohren-, Hals- und Kehlkopfkrankheiten. Nach klinischen Vorträgen für Studierende und Ärzte, Wiesbaden/München 1909 (^{16}1969); Brauchen wir neue Universitäten?, Rostock 1913; Erinnerungen eines deutschen Arztes und Hochschullehrers 1858 – 1914, München/Wiesbaden 1920; Der Eid des Hippokrates, München/Wiesbaden 1921; Die ärztlichen Kenntnisse in Ilias und Odyssee, München 1929; Die Sinnesempfindungen in Ilias und Odyssee, Jena 1932.

Krause, Ernst Hans Ludwig

geboren am 27.7.1859 in Stade/Hannover; evangelisch; Sohn eines Lehrers; Gymnasium in Rostock, dort 3/1877 Abitur; 4/1877 – 1881 Medizinstudium an den Militärärztlichen Bildungsanstalten in Berlin sowie Studium der Botanik an der Universität Berlin; dort 3/1881 Promotion;[1] 1882 Approbation und bis 1893 zunächst Marinearzt; 2/1891 Heirat;[2] 1893 – 1904 aktiver Militärarzt, zuletzt Regimentsarzt eines Infanterie-Regiments, als Oberstabsarzt pensioniert; 1904 Habilitation in Straßburg,[3] dann dort Privatdozent für Botanische Systematik und Pflanzengeographie; 8/1914 – 9/1918 Kriegseinsatz, zuletzt Generaloberarzt und Direktor des Reservelazaretts in Rastatt/Baden, EK II, EKFK; nach Umhabilitation ab 1/1919 Privatdozent für Pflanzengeographie und Botanische Systematik an der Universität Rostock, dort 1921 außerplanmäßiger außerordentlicher Professor für Botanik; nach Verzicht auf die venia legendi 10/1933 als Professor entlastet; anschließend bis etwa 1940 als praktischer Arzt in Rostock tätig; bei Bombenangriff auf Rostock 4/1942 verwundet, am 1.6.1942 in der Heil- und Pflegeanstalt Domjüch/Neustrelitz gestorben[4]

Quellen: UAR: PA Krause; BA/BDC-Karteien: REM.

1 Mit der Arbeit: Die Regio olfactoria des Schafes, Berlin 1881.

2 Mit Marie Schumacher, geb. am 11.9.1864 in Neustadt; Tochter eines Oberamtsrichters.

3 Mit der Arbeit: Nova synopsis ruborium germaniae et virginiae. Monographische Beiträge zur Kenntnis der Gattung Rubus, insbesondere der Brombeeren Deutschlands und Virginiens, Saarlouis 1899.

4 Veröffentlichte u.a.: Flora von Rostock und Umgegend, Rostock 1879; Pflanzengeographische Übersicht der Flora von Mecklenburg, Güstrow 1884; Kritische Flora von Schleswig-Holstein, Kiel 1888 (mit P. Prahl und R.v.Fischer-Benzon); Flora der Insel St.Vincent in der Capverdengruppe, 1891; Die indogermanischen Namen der Birke und Buche, 1892; Mecklenburgische Flora, Rostock 1893; Die Steppenfrage, Braunschweig 1894; Die Kiefer als Wahrzeichen der brandenburgischen Hegemonie in Deutschland, 1895; Geschichte des Weihnachtsbaumes, 1895; Über die Gattungsgrenzen im Pflanzenreich, 1903; Beiträge zum natürlichen System der Gräser, 1903; Exkursionsflora. Taschenbuch zum vorläufigen Bestimmen von Blütenpflanzen und Gefäßkryptogamen auf Ausflügen in Deutschland, Stuttgart 1908; Veränderungen des Klimas seit der letzten Eiszeit, 1910; Entwicklung deutscher Gras- und Getreidenamen, 1911; Deutsche Bäume, 1912; Beiträge zur Flora von Amerika, 1914; Bruchstücke einer Landesflora, Rastatt 1918; Basidiomycetes Rostochiensis. Verzeichnis der 1922 – 1927 in und bei Rostock gesammelten Großpilze, Rostock 1928; Mecklenburgs Basidiomyceten, Rostock 1934.

Kriegsmann, Georg Konrad Albrecht

geboren am 22.3.1902 in Hildesheim/Hannover; evangelisch; Sohn eines Kaufmanns; Knabenmittelschule und humanistisches Gymnasium Andreanum in Hildesheim, dort 1920 Abitur; dazwischen 1917 landwirtschaftlicher Hilfsdienst als Kriegseinsatz; 1920 – 1925 Medizinstudium an den Universitäten Kiel, Innsbruck, Freiburg und Göttingen; dazwischen drei Monate des Jahres 1923 Tiefbauarbeiter am Mittellandkanal; 1925 medizinisches Staatsexamen; 1925 – 1926 Medizinalpraktikant an der Universitäts-Nervenklinik in Göttingen und der Medizinischen Klinik der Universität Hamburg; 9/1926 Approbation; 9/1926 – 5/1927 Volontärassistent an den Universitätskliniken für Innere Medizin, Frauenheilkunde und Chirurgie in Hamburg-Eppendorf; ab 5-6/1927 Vertretung eines praktischen Arztes in Ebstorf/Lüneburger Heide; 7-10/1927 Schiffsarzt auf der Indien-Route der Hapag-Lloyd; 11/1927 – 5/1929 Assistenzarzt an der Städtischen HNO-Klinik in Magdeburg-Sudenburg; 12/1927 Promotion in Göttingen;[1] ab 6/1929 Assistenzarzt, ab 1/1931 Oberarzt an der HNO-Klinik der Universität Rostock; dort Eintritt in die NSDAP am 1.5.1933, Mitgliedsnummer 2.812.443; ab 10/1933 Mitglied der SS, Nr. 136.633; als SS-Rottenführer ab 1934 Dienst in der SS-Sanitätsstaffel 22; seit 7/1934 Mitglied des NS-Lehrerbundes, später auch des Reichsluftschutzbundes, des NS-Ärztebundes und der NS-Volkswohlfahrt; 1/1935 Habilitation in Rostock[2] und seitdem Privatdozent für HNO-Heilkunde; 12/1935 Heirat,[3] später vier Kinder; 1936 SS-Unterscharführer im Stab des III. Sturmbannes der 22. SS-Standarte in Rostock; dort 4/1939 zum SS-Untersturmführer befördert und Sturmbannarzt des III. Sturmbannes der 22. SS-Standarte; 9/1939 – 9/1941 Kriegseinsatz, zunächst Leiter der Ohrenstation des Wehrmachts-Standortlazaretts in Belgard/Pommern, dann leitender Abteilungsarzt von HNO-Abteilungen in verschiedenen Frontlazaretten, zuletzt in der Sanitäts-Ersatzabteilung 2; 2/1941 KVK II. Kl. m.S.; 3/1940 zum Dozenten für Hals-, Nasen- und Ohrenkrankheiten ernannt; 10/1941 uk gestellt und seitdem wieder Oberarzt an der HNO-Klinik der Universität Rostock; dort 6/1942 zum außerplanmäßigen Professor für Hals-, Nasen- und Ohrenkrankheiten ernannt;[4] daneben auch Leiter des Amtes für Volksgesundheit der Kreisleitung Rostock-Stadt der NSDAP; ab 3/1944 auch unbe-

---

1 Mit der Arbeit: Über primäre Polymyositis, Berlin 1927.

2 Mit der Arbeit: Experimentelle Untersuchungen über die Funktion und Histologie des Säugetierlabyrinthes.

3 Mit Ilse Hellich, geb. am 11.8.1900 in Glogau/Schlesien; Ärztin.

4 Die Ernennung Kriegsmanns zum Professor war von der Medizinischen Fakultät bereits 1/1941 beantragt, vom Mecklenburgischen Staatsministerium jedoch abgelehnt worden. Der Leiter der Rostocker HNO-Klinik, Otto Steurer, hielt Kriegsmann 1/1942 für einen „ausgezeichneten Diagnostiker, glänzenden Operateur und überaus gewissenhaften Arzt“; durch „Operationsversuche an Leichen versuchte Kriegsmann, die den besten Erfolg versprechenden Operationsmethoden herauszuarbeiten“. Der Gaudozentenbundführer Kurt Neubert hielt 1/1942 fest, daß Kriegsmann „eine gute wissenschaftliche Befähigung“ aufweise, „ein ausgezeichneter Arzt und Operateur“ und politisch „absolut einwandfrei“ sei; er gehöre zu den „stets einsatzbereiten Mitgliedern des NS-Dozentenbundes“. Kriegsmanns Hauptarbeitsgebiet war die pathologische Histologie des Ohres.

soldeter Stadtrat der Stadt Rostock; 6/1945 aus dem Universitätsdienst entlassen; 1972 erneute Heirat in Hannover; am 17.8.1982 in Hannover gestorben

Quellen: UAR: PA Kriegsmann; LHAS: 5.12-7/1, Nr. 1497, 2382; BA/BDC: SSO, RuSHA, REM; BA/BDC-Karteien: NSDAP, NSLB, NSDÄB, REM.

Kromphardt, Wilhelm Martin Justin

geboren am 30.5.1897 in Schönebeck/Elbe (Provinz Sachsen); evangelisch; Sohn eines Pastors; Volksschule, humanistisches Gymnasium 'Zum Kloster Unserer Lieben Frauen' in Magdeburg, dort 11/1916 Abitur; ab 11/1916 Militärausbildung, 4/1917 – 11/1918 Kriegseinsatz, zunächst in der Maschinengewehr-Scharfschützen-Abteilung 2, später in einer Feldpolizeieinheit im Straßensicherungsdienst des rückwärtigen Heeresgebietes, zuletzt Unteroffizier, EK II, EKFK; ab 1/1919 Studium der Geschichte, Germanistik und Philosophie an der Universität Greifswald, dann Studium der Wirtschaftswissenschaft an den Universitäten Marburg, Halle, Bonn und Kiel; dort 3/1924 Abschluß als Diplomvolkswirt, 6/1924 Promotion[1]; 12/1924 Heirat,[2] später drei Kinder; 10/1924 – 7/1931 Assistent am Institut für Wirtschafts- und Sozialwissenschaften der Universität Münster; dort 10/1926 Habilitation[3] und als Privatdozent der Wirtschaftlichen Staatswissenschaften 10/1926 – 1932 Lehraufträge über Allgemeine Wirtschaftstheorie einschließlich Geld- und Kreditwesen, Konjunktur- und Standortstheorie sowie Deutsche Wirtschaftskunde an der Universität Münster; dort 9/1931 zum nichtbeamteten außerordentlichen Professor für Wirtschaftswissenschaften ernannt; als Rockefeller-Stipendiat 1/1932- 12/1933 Studienaufenthalt in den USA, u.a. an den Universitäten von Harvard, Chicago, Washington, Amherst, Stanford, Columbia;[4] 1/1934 – 10/1937 Lehrauftrag für Theoretische Wirtschaftswissenschaft und Konjunkturforschung an der Universität Münster; ab 2/1934 Mitglied des NS-Lehrerbundes; 9/1935 – 4/1936 denunziatorische Vorwürfe gegen Kromphardt, während seiner Studienzeit in den USA 3/1933 Mitunterzeichner eines Telegramms an Adolf Hitler gewesen zu sein, in dem sich die Unterzeichner u.a. gegen die Entlassung Albert Einsteins gewandt haben sollen;[5] ab 1936 Zellenwalter der NS-Kulturgemeinde in Münster; Eintritt in die NSDAP am 1.5.1937, Mitgliedsnummer 5.650.695; daneben Unterführer in der NS-Dozentenschaft der Universität, zunächst Mitglied, dann Gaugruppenwalter des NS-Rechtswahrerbundes, der NS-Kriegsopferversorgung, des Reichsluftschutzbundes, der NS-Volkswohlfahrt und des Volksbundes für das Deutschtum im Ausland; ab 11/1937 Lehrstuhlvertretung für Wirtschaftswissenschaft, ab 11/1938 planmäßiger außerordentlicher Professor an der Universität Rostock;[6] dort ab 6/1939 zunächst auch stellvertretender Direktor, ab 1941

---

1 Mit der Arbeit: Probleme der statischen Lohntheorie, Kiel 1924.

2 Mit Ilse Tetzner, geb. am 20.1.1902 in Schönau/Chemnitz; Tochter eines Färbereibesitzers.

3 Mit der Arbeit: Die Systemidee im Aufbau der Casselschen Theorie, Leipzig 1927.

4 Kromphardt hatte nach eigenen Worten dort die „großartige Gelegenheit [gehabt], in Muße das Wirtschaftsleben Amerikas in seiner tiefsten Krise und im Umbruch zum Wiederaufstieg aus unmittelbarer Nähe aufs sorgfältigste beobachten zu können".

5 Dieses Telegramm soll, wie der Leiter des Geheimen Staatspolizeiamtes, Reinhard Heydrich, 9/1935 dem Reichserziehungsminister Bernhard Rust mitteilte, in der *Washington Times* abgedruckt worden sein. Kromphardt bestritt diese Unterschriftsleistung und wandte sich zwecks Aufklärung an den Chefredakteur der Zeitung. Im Ergebnis der Nachforschungen wurde Kromphardt 4/1936 bestätigt, „daß eine Nachprüfung der Ausgaben der *Washington Times* vom 21. März 1933 und einer beträchtlichen Zeitspanne vor und nach diesem Datum" ergeben habe, daß „Sie niemals durch unsere Zeitung einen 'Offenen Brief' an Adolf Hitler gerichtet haben".

6 Kromphardts Hauptarbeitsgebiete waren Volkswirtschaftslehre und Wirtschaftstheorie, Kon-

Direktor des Wirtschaftswissenschaftlichen Seminars sowie des Instituts für Wirtschaftsraumforschung und Statistik; ab 9/1939 Kriegseinsatz, zuletzt Unteroffizier in der 1. Schützen-Ersatzkompanie des Infanterie-Ersatz-Bataillons 27 in Rostock; 8/1940 aus der Wehrmacht entlassen und uk gestellt für den Forschungsauftrag „Über die Aussiedlungsmöglichkeiten zugunsten des deutschen Ostens“; 10/1941 – 10/1945 ordentlicher Professor für Volkswirtschaftslehre an der Universität Rostock, dort ab 11/1941 nunmehr Direktor des Wirtschaftswissenschaftlichen Seminars und ab 1/1942 des Instituts für Wirtschaftsraumforschung und Statistik; für seinen „Vortragseinsatz im Rahmen der Wehrmachtsbetreuung“ 1943 KVK II. Kl.; 3/1944 zum Wehrmachtsgefolge einberufen, dort Vorträge „im Rahmen der NS-Truppenführung (Geistige Wehrmachtsbetreuung)“; 3/ 1945 zum 1. Aufgebot des Volkssturms als Adjutant des Nachrichten-Bataillons 17/42 versetzt; Ende 1945 aus dem Dienst der Universität Rostock entlassen;[7] ab 4/1946 ordentlicher Professor für Volkswirtschaftslehre an der Technischen Hochschule Hannover; ab 4/1949 Professor an der Universität Göttingen; 1949 – 1977 Mitglied des Wissenschaftlichen Beirats beim Bundesministerium für Wirtschaft und ab 1/1950 Mitglied des Wissenschaftlichen Beirats beim Bundesministerium für Ernährung, Landwirtschaft und Forsten; 1956 – etwa 1967/68 Professor der Volkswirtschaftslehre und Direktor des Alfred-Weber-Instituts für Sozial- und Staatswissenschaft an der Universität Heidelberg; Mitglied der Gesellschaft für Wirtschafts- und Sozialwissenschaft, Mitglied der Akademie der Wissenschaften Heidelberg, der Deutschen Gesellschaft für Soziologie, der Deutschen Statistischen Gesellschaft, der Royal Economic Society und der Econometric Society in Colorado Springs; am 26.2.1977 in Heidelberg gestorben[8]

Quellen: UAR: PA Kromphardt; LHAS: 5.12-7/1, Nr. 1442, 1443, 2346; BA/DH, ZB II, Nr. 4533/5; BA/BDC-Karteien: NSDAP, NSLB, REM.

---

junkturforschung, Statistik, Finanzwirtschaft, Außenwirtschaft, Geld- und Kreditwesen, Standorttheorie; in seinen eigenen Worten: „Quantitative und qualitative Analyse des Wirtschaftsgeschehens auf empirisch-statistischer Grundlage unter Beachtung der synthetischen Einbettung des Ökonomischen in den Gesamtstrom der Sozialerscheinungen und in die fortschrittliche Entwicklung des Stoffwechsels zwischen Mensch und Natur“.

7 Im Zusammenhang mit dem gegen Kromphardt angestrengten Entnazifizierungsverfahren behauptete Dekan Heinrich Mitteis Ende 1945, Kromphardt „war niemals Faschist. Schon seine Kenntnis des Auslands bewahrte ihn vor dem Wahn des Nationalsozialismus“, Kromphardt habe „niemals irgend eine Tätigkeit in der Partei ausgeübt, sich auch nie zu ihr bekannt“, und in seiner „Kritik an der deutschen Politik“ sei Kromphardt „bis zur Grenze des Möglichen gegangen“. Zur Untersetzung des Kromphardtschen 'Antifaschismus' perpetuierte Mitteis ebenso wahrheitswidrig die – von Kromphardt selbst vehement und deutlich widerlegte – Telegrammangelegenheit von 1933/36: „Während seines Studienaufenthaltes in Amerika [1933] unterschrieb K. mit anderen ein Telegramm an den damaligen Reichspräsidenten Hindenburg [nicht mehr Hitler!], das sich gegen die Entlassung Albert Einsteins aussprach. Dieses Telegramm wurde in der amerikan. Presse veröffentlicht und auch in Nazideutschland bekannt.“ Seinen Eintritt in die NSDAP habe Kromphardt „wider Willen vollziehen“ müssen, da ihm bedeutet worden war, „daß er niemals eine akademische Tätigkeit werde ausüben dürfen“.

8 Veröffentlichte u.a.: Der logische Emanatismus und die Systematisierungsform bei Marx, Tübingen 1926; Cassels Gründe zur Ablehnung der Wertlehre, 1932; Marktspaltung und Kernplanung in der Volkswirtschaft, Hamburg 1947; Entwurf zu einem Gesetz zur Sicherung des Leistungswettbewerbes und zu einem Gesetz über das Monopolamt, Frankfurt/M. 1952 (mit F. Böhm und B. Pfister); Das Problem der wirtschaftlichen Integration Europas, 1953; Probleme der Wirtschaftskonjunktur, Bonn 1956; Steuerungsprobleme der Konjunkturbewegung, Bonn 1960; Lineare Entscheidungsmodelle, Berlin u.a. 1962 (mit R. Henn und K. Förstner).

Krüger, Friedrich Karl von

geboren am 6.5.1862 in St.Petersburg/Rußland; evangelisch; Sohn eines Kaufmanns; nach häuslichem Unterricht deutsche Reformierte Kirchenschule in St.Petersburg, dort 5/1879 Abitur; 8/1979 – 1885 Medizinstudium an der Universität Dorpat/Estland; 1885 medizinisches Staatsexamen und Approbation; 5/1886 Promotion in Dorpat;[1] 2/1887 – 1/1893 Assistent am Physiologischen Institut der Universität Dorpat im russischen Staatsdienst; 7/1886 Heirat,[2] später neun Kinder; 3/1888 Habilitation, dann Privatdozent für Physiologie und physiologische Chemie an der Universität Dorpat, dort 2/1893 – 1895 etatmäßiger Dozent; dazwischen 1893 Studienaufenthalt an den Universitäten Heidelberg und Rostock; ab 2/1895 planmäßiger außerordentlicher Professor für Physiologische Chemie an der Universität Tomsk/Rußland, dort ab 10/1903 ordentlicher Professor für Medizinische Chemie; 1908 – 1912 Sekretär der ärztlichen Staatsprüfungskommission, 1909 – 1913 auch Sekretär der Medizinischen Fakultät der Universität Tomsk; 1909 Verleihung des Charakters eines Wirklichen Staatsrates mit dem Titel „Exzellenz" und Gewährung des Anrechts auf den erblichen Adelsstand; nach Beendigung der Lehrtätigkeit an der Universität Tomsk ab 1914 Niederlassung als Privatgelehrter in Pernau/Livland; 1916 Erhebung in den Adelsstand; ab 1916 Ratsherr der Stadt Pernau;[3] während der revolutionären Ereignisse dort 1917 verhaftet, dann Flucht nach Dorpat; ab 1917 Lehrtätigkeit für Physiologie an der privaten medizinischen Hochschule und an der Zahnärztlichen Schule in Dorpat; ab 1918 Lehrauftrag für Physiologie und physiologische Chemie und Leiter des Physiologischen Instituts der neu eröffneten deutschen Universität Dorpat; nach deren Schließung 12/1918 Flucht und Übersiedlung nach Deutschland; 2/1919 Approbation für Deutschland; ab 2/1919 Privatdozent für Physiologie und 1. Assistent am Physiologischen Institut der Universität Rostock; ab 10/1919 dort Lehrauftrag; 6/1921 zum außerplanmäßigen außerordentlichen Professor für Physiologische Chemie ernannt;[4] 7/1927 Verleihung der Amtsbezeichnung eines Vor-

1 Mit der Arbeit: Über das Verhalten des fötalen Blutes im Momente der Geburt, Dorpat 1886.

2 Mit Mathilde von Weltzien, geb. am 20.3.1864 in Dorpat/Estland; Tochter eines Gutsbesitzers.

3 Zwischen 1914 und 1916 Verleihung des St.Anna-Ordens 3. und 2. Klasse, des St.Wladimir-Ordens 4. und 3. Klasse, des St.Stanislaus-Ordens 2. und 1. Klasse, der Erinnerungsmedaille an die Regierung Kaiser Alexanders III. und an die 300jährige Regierung des Hauses Romanow.

4 Zwischen 1921 und 1927 bemühte sich die Medizinische Fakultät intensiv um die Verleihung eines persönlichen planmäßigen Extraordinariats an v.Krüger; die vier dazu gestellten Anträge wurden vom mecklenburgischen Unterrichtsministerium jedoch stets abgelehnt. Als v.Krüger 1936 nach 17 Jahren Tätigkeit im mecklenburgischen Landesdienst ausschied, stand ihm als Oberassistent mit dem Charakter eines nichtplanmäßigen Professors nicht einmal eine Pension zu; er erhielt nach starkem Drängen der Universität lediglich eine Altersbeihilfe von 300 RM. Schon Anfang der 30er Jahre hatte ein Mitglied der Medizinischen Fakultät die dortigen Ordinarien auf die Notlage v.Krügers aufmerksam gemacht: Wer dessen Wohnung betrete, „spürt sofort die feuchte Kellerluft und bemerkt den dicken Schimmel an den Wänden. Solche Räume werden sonst polizeilich als untauglich erklärt für menschliches Wohnen, und in diesen Räumen haust unser Kollege mit seiner recht kranken Frau, drei Töchtern und einem Sohn seit Monaten! Wegen des geringen Platzes können auch nicht genügend Möbel aufgestellt werden"; die Ordinarien und Dozenten wurden aufgefordert, nach einer angemessenen Wohnung Ausschau zu halten und Krüger dann einige Möbel zu leihen.

stehers der Physiologisch-Chemischen Abteilung des Physiologischen Instituts der Universität Rostock; ab etwa 1930 auch Aufsichtsarzt in der Herrenabteilung des Alexandra-Pflegehauses des Roten Kreuzes in Rostock; daneben auch Mitglied der Deutschen Physiologischen Gesellschaft und der Naturforschenden und Medizinischen Gesellschaft Rostock; ab 1933 Mitglied des Reichsluftschutzbundes, ab 5/1933 Förderndes Mitglied der SS, ab 1/1934 Mitglied der NS-Volkswohlfahrt und des Vereins für das Deutschtum im Ausland; 9/1936 als außerplanmäßiger außerordentlicher Professor und Oberassistent der Universität ausgeschieden und 10/1936 Übersiedlung nach Braunschweig;[5] am 13.1.1938 an einer Lungenentzündung in Braunschweig gestorben[6]

Quellen: UAR: PA Krüger; BA/BDC-Karteien: NSDÄB.

5 v.Krüger, der bis zu seinem Tode drei chronisch kranke und arbeitsunfähige Kinder zu versorgen hatte, mußte nach seiner Dienstzeit die teure Stadt Rostock verlassen, in der Hoffnung, in Braunschweig günstiger leben zu können.

6 Veröffentlichte u.a.: Verdauungsfermente beim Embryo und Neugeborenen, 1891; Kurzes Lehrbuch der medizinischen Chemie, 1897 (russ.)/Leipzig 1898 (deutsch); Grundzüge/ Leitfaden der Chemie, Moskau 1910 (russ.).

Kunze, Paul Julius

geboren am 2.11.1897 in Chemnitz/Sachsen; evangelisch; Sohn eines Kaufmanns; Vorschule und Realgymnasium in Chemnitz, dort 9/1916 Notabitur; ab 10/1916 Militärausbildung in den Feldartillerie-Regimentern 77 und 78, 1-4/1917 Kriegseinsatz im Reserve-Feldartillerie-Regiment 24; nach schwerer Verwundung (Verkrüppelung der rechten Hand) 4-10/1917 Lazarettaufenthalt, dann Garnisonsdienst in Leipzig; als Gefreiter 5/1918 aus dem Heer entlassen, EK II, EKFK, Verwundetenabzeichen in Schwarz; 6/1918 – 1919 zunächst Studium der Medizin an den Universitäten Leipzig und München; 1919 Studium des Maschinenbaus an der Technischen Hochschule München und 1920 – 1925 Studium der Physik an der Universität München; dort 11/1924 – 1/1932 Mitglied der Freimaurerloge „Freundschaft im Hochland"; ab 1924 auch Leiter der Ski-Abteilung des Deutschen Alpenvereins; 7/1925 Promotion in München;[1] als Stipendiat der Notgemeinschaft der Deutschen Wissenschaft ab 1/1926 Assistent am Physikalischen Institut der Universität Rostock; hier 8/1928 Habilitation,[2] seitdem Privatdozent für Physik mit einem Lehrauftrag für theoretische Optik; ab 8/1929 mehrfach verlängerte Lehraufträge für theoretische Optik sowie technische und allgemeine Physik an der Universität Rostock, daneben zuständig für die Anleitung und technische Kontrolle der Institutswerkstatt; ab 1930 Leiter des Tennis-Ausschusses des Rostokker Tennis- und Hockeyclubs; ab 5/1933 Mitglied des Opferringes der NSDAP; 9/1933 zum nichtbeamteten außerordentlichen Professor an der Universität Rostock ernannt; 11/1933 – 8/1935 und ab 12/1935 Mitglied der SA,[3] als SA-Scharführer Dienst im SA-Nachrichtensturm R 90 in Rostock; ab 4/1934 Leiter des Hauptamtes für Wissenschaft der Dozentenschaft bzw. des NS-Dozentenbundes an der Universität Rostock; ab 7/1934 auch Mitglied des NS-Lehrerbundes und des Reichsluftschutzbundes; ab 10/1935 zunächst Lehrstuhlvertretung für Physik und kommissarischer Leiter des Physikalischen Instituts der Universität Rostock;[4] 4/1936 – 10/1945 ordentlicher Professor für Experimen-

---

1 Mit der Arbeit: Funkenlinie 4686 von He^+, München 1925.

2 Mit der Arbeit: Absolute Intensität der Hg-Linie 2537.

3 Kunze hielt es 12/1935 für seine weitere Karriere für wichtig, dem Leiter der Hochschulabteilung des Reichsministeriums für Wissenschaft, Erziehung und Volksbildung, Franz Bachér, bis 4/1934 Professor an der Universität Rostock, die kurzzeitige Unterbrechung seiner SA-Mitgliedschaft zu erläutern: „Am 20.8.35 wurde ich mit einer großen Anzahl von SA-Angehörigen durch Standartenbefehl aus der SA entlassen. Ein Grund für die Entlassung wurde mir nicht gesagt; man sagte mir lediglich, es handle sich 'um eine ehrenvolle Entlassung im Zuge der Verminderung der SA, welche keine Folgen habe' ... Zwei Monate später, am 26.10.35 wurde ich aber vom Sturm telephonisch aufgefordert, ein Gesuch um Rückgängigmachung der Entlassung einzureichen, da man bei einer Nachprüfung der bisherigen Entlassung bei mir eine Revision für angebracht halte. Ich reichte darauf ein solches Gesuch ein mit der Bitte um Nachprüfung meines Falles. Am 10.12.35 ist daraufhin durch einen Standartenbefehl meine Entlassung zurückgenommen worden. Aus diesem Befehl geht hervor, daß von den damals ausgesprochenen Entlassungen der Standarte nur drei wieder aufgehoben wurden; ich befinde mich unter diesen drei. Ich erlaube mir, dies bekannt zu geben für den Fall, daß diese Mitteilung für meine staatspolitische Beurteilung von Interesse ist."

4 In der Beurteilung des Führers der Dozentenschaft der Universität Rostock, Heinrich Gißel, hieß es 7/1935, Kunze sei als „strebsamer Wissenschaftler geschätzt", werde als Lehrer „von den

talphysik sowie Direktor des Physikalischen Instituts der Universität Rostock;[5] 1937 Antrag auf Aufnahme in die NSDAP abgelehnt; 1943 – 1944 Förderndes Mitglied des NSKK; ab 12/1943 Vertrauensmann des Reichsforschungsrates,[6] und nach Vorschlag des Leiters der Wehrforschungs-Gemeinschaft ab 10/1944 Leiter der Außenstelle Rostock des Reichsforschungsrates;[7] dort KVK II. Kl.; 12/1944 Erfüllung eines „Kriegsauftrages" bei Zeiss Ikon in Dresden und in Chemnitz; 3/1945 Beratertätigkeit bei der Deutschen Waffen- und Munitionsfabrik in Lübeck sowie im Planungsamt des Reichsforschungsrates; 4/1945 Ausbilder in Rostocker Volkssturm-Einheiten; „im Zuge der Räumungsaktion" im Auftrag der Rüstungsinspektion Stettin 4-5/1945 „Ausführung eines Sicherstellungsauftrages" zur Verbringung von wertvollen Apparaturen und Instrumenten des Physikalischen Instituts der Universität Rostock nach Hamburg; ab 5/1945 Forschungsarbeiten am Physikalischen Staatsinstitut in Hamburg; wegen nicht genehmigten Verlassens der Universität und NS-Belastung 10/1945 aus dem mecklenburgischen Landesdienst entlassen;[8] 11/1945 – 9/1946 Hilfsarbeiter bei der Firma Seifert & Co. in Ham-

---

Studenten geschätzt", und „menschlich" sei ihm „das beste Zeugnis auszustellen", in politischer Hinsicht habe sich Kunze „stets zurückgehalten, sich jedoch immer im nationalen Sinne betätigt" und werde „von der Dozentenschaft als Nationalsozialist anerkannt". Der Führer der Studentenschaft, Günther Roch, lobte die „hervorragenden pädagogischen Fähigkeiten" Kunzes und erinnerte daran, daß dieser mit der Naturwissenschaftlichen Fachschaft „einen Fernmeldekurs" eingerichtet habe, „dessen praktischer Teil von der Reichswehr durchgeführt wurde"; hierbei habe sich Kunze als „zuverlässiger Kamerad gezeigt".

5 Zu Kunzes Hauptforschungsgebieten gehörten neben Arbeiten über Heliumspektren vor allem die Erforschung kosmischer Ultrastrahlung und Spektralmessungen der Höhenstrahlung in einem starken homogenen Magnetfeld mit Nebelkammerexperimenten (wozu die größte bis dahin benutzte Wilsonkammer gebaut wurde), womit Kunze die Existenz des Positrons bestätigen konnte, für dessen genaue Definition ein amerikanischer Wissenschaftler 1936 den Nobelpreis erhielt. Nachdem Kunze schon 3/1933 erstmals 10.000 RM für seine Nebelkammerexperimente erhalten hatte, erklärte er sich 6/1944 bereit, weitere Aufträge zu übernehmen und erhielt vom Reichsforschungsrat 10/1944 den Auftrag und die Mittel zum „Bau einer Nebelkammer für Ultrastrahlen"; hinzu kamen Forschungen auf dem Gebiet der Kernphysik, die zu dieser Zeit jedoch nicht als kriegswichtig galten und deshalb kaum gefördert wurden.

6 In dieser Eigenschaft hatte Kunze durch die Zuständigkeit für die Begutachtung von Forschungsanträgen nicht unerheblichen wissenschaftspolitischen Einfluß auf die physikalischen Forschungen im Reich.

7 In dieser Funktion hatte Kunze sich bei den in die „Wehrforschungs-Gemeinschaft eingegliederten Instituten ... einen hinreichenden Überblick über Umfang, Art und Dringlichkeit der laufenden ... Forschungsvorhaben sowie den gesamten, die Forschung betreffenden Personalbestand" zu verschaffen; Kunze konnte unter Bezugnahme auf einen Bormann-Erlaß von 9/1944 „zur Förderung der kriegsentscheidenden Aufgaben der Forschung" auch „Arbeitskräfte der Institute der Wehrforschungs-Gemeinschaft" von weiterem Kriegseinsatz etwa an der Heimat-Flak freistellen lassen, er hatte sich im Falle von „Schwierigkeiten" bei der Beschaffung von Materialien, Verlagerungs- und Transportraumkapazitäten, Ausweisen, Fahrkarten, Fernsprechleitungen „sofort einzuschalten".

8 Nach seiner Entlassung suchte Kunze vergessen zu machen, wie wichtig ihm vor genau zehn Jahren die SA-Mitgliedschaft für seine „staatspolitische Beurteilung" gewesen ist. In einem mit der Bitte um Wiedereinstellung verbundenen Schreiben an den Rektor führte Kunze 12/1945 an: „Ich bin 1933 als Anwärter in die SA eingetreten, und ca. April 1934 als SA-Mann aufgenommen worden ... Jeder der in die SA eintrat, wurde nach einer gewissen Bewährungsfrist in die Partei aufgenommen, falls er politisch zuverlässig war. Ich selber bin aber nie über diese Vorstufe der Partei hinausgekommen. Die Partei hielt mich, den ehemaligen Freimaurer, für politisch unzuverlässig." So sei er 7/1935 „als Freimaurer aus der SA entlassen

burg; ab 11/1946 Lehrstuhlvertretung für Experimentalphysik und kommissarischer Leiter des Physikalischen Instituts der Universität Rostock,[9] 7/1948 – 8/1958 erneut ordentlicher Professor für Experimentalphysik und Direktor des Physikalischen Instituts; ab 6/1952 Mitglied des wissenschaftlichen Beirates für die Fachrichtung Physik beim Staatssekretariat für Hochschulfragen der DDR; ab 1956 auch wissenschaftlich-technischer Rat des Amtes für Forschung und Ausnutzung der Kerntechnik der DDR; da der lange geplante Neubau des Physikalischen Instituts in Rostock, dem auch ein von Kunze konzipiertes Institut für Kernphysik angegliedert werden sollte, nicht realisiert wurde, Wechsel nach Dresden, dort ab 9/1958 Professor für Kerntechnik und Direktor des Instituts für Experimentelle Kernphysik der Technischen Hochschule in Dresden; Mitherausgeber der Zeitschriften *Kernenergie* und *Experimentelle Technik der Physik*; Mitglied des Vorstandes der Physikalischen Gesellschaft; 1960 als Hervorragender Wissenschaftler des Volkes ausgezeichnet; 8/1962 emeritiert; am 6.10.1986 in Dresden gestorben[10]

Quellen: UAR: PA Kunze; LHAS: 5.12-7/1, Nr. 1210, 1304, 1305; BA/BDC-Karteien: NSLB, REM, RFR.

[worden]. Damals schwebte gerade meine Berufung auf den Rostocker Lehrstuhl, und meine Laufbahn war durch die Entlassung aus der SA aufs stärkste gefährdet. Durch einen mir unbekannten Trick der Sturmschreibstube wurde diese Entlassung ½ Jahr später wegen angeblicher Formfehler wieder rückgängig gemacht". Diese Entlassung aus der SA habe seine „schwebende Berufungsverhandlung und damit meine wissenschaftliche Laufbahn beinahe zum Scheitern gebracht". Die örtliche NSDAP-Führung habe ihn mehrmals als politisch unzuverlässig begutachtet, damit seine Aufnahme in die Partei und die Übernahme verschiedener Ämter unmöglich gemacht. Kunze meinte, er habe „also keine eigentliche aktive politische Betätigung gehabt", und wenn die NSDAP ihn „früher als Antinazi abgelehnt" habe, dann wäre es „ein Widerspruch, mich jetzt als Nazi abzulehnen".

9 Inhaber dieses Lehrstuhles war 6/1946 Ernst Lübcke geworden, der schon 11/1946 „zu wissenschaftlichen Arbeiten in der UdSSR verpflichtet" wurde und für die Zeit seiner Tätigkeit in der Sowjetunion zunächst von der Universität Rostock als beurlaubt geführt wurde; schon 11/1947 „bezweifelte" Rektor Günther Rienäcker in „Anbetracht der Umstände der Verpflichtung" Lübckes, daß dieser „in absehbarer Zeit" sein Lehramt in Rostock wieder aufnehmen werde und empfahl, Kunze erneut zum ordentlichen Professor zu ernennen, damit dieser in Rostock gehalten werden könne. Mit einem Rest von Rechtsbewußtsein – man könne das Ordinariat des in der Sowjetunion befindlichen Lübcke nicht einfach anderweitig vergeben, zumal dieser bei seiner Rückkehr einen rechtlichen Anspruch auf seinen Lehrstuhl habe – empfahl Kurator Erich Schlesinger, einen zweiten Lehrstuhl für experimentelle Physik einzurichten und mit Kunze zu besetzen: „Ein finanzielles Risiko würde daraus für das Land nur in dem unwahrscheinlichen Fall baldiger Rückkehr des Professors Lübcke erwachsen." Die Deutsche Verwaltung für Volksbildung genehmigte jedoch 12/1947 die Berufung Kunzes auf den formal mit Lübcke besetzten Lehrstuhl; falls dieser zurückkomme, werde man ihn „anderweitig entschädigen", und die mecklenburgische Landesverwaltung ordnete 7/1948 an, daß die Besoldung Kunzes „aus der Stelle Lübcke zu erfolgen" habe.

10 In einem Nachruf hieß es, daß Kunze zu den „bedeutendsten Experimentalphysikern seiner Zeit" gehörte. Seine ab 1929 unternommenen Experimente zur Untersuchung der hochenergetischen kosmischen Strahlung seien „bleibende Bausteine in der Geschichte der Hochenergiephysik"; Kunze habe „mit Magnetfeldern von für damalige Verhältnisse außerordentlicher Stärke" gearbeitet und „als erster die Nebelkammerspur eines Antiteilchens, eines Positrons", beobachten können.

Lauprecht, Edwin Karl Heinrich

geboren am 7.9.1897 in Bremen; evangelisch; Sohn eines Apothekenbesitzers (und späteren Landwirts); Neues Gymnasium in Bremen, Marien-Gymnasium in Jever/Oldenburg; 11/1914 – 11/1918 Kriegseinsatz in der III. Matrosen-Artillerie-Abteilung und im 2. Matrosen-Artillerie-Regiment, EK II; 2/1919 Tätigkeit in den väterlichen Landwirtschaftsbetrieben in Bremen-Huchting und Kuckstorf/Uelzen; dort ab 2/1919 als Freikorps-Angehöriger „zur Waffe gegriffen"; daneben 1919 – 3/1920 Studium der Landwirtschaft an der Universität Göttingen; während des Kapp-Putsches 1920 als Angehöriger des Studenten-Zeitfreiwilligen-Bataillons „noch einmal zur Waffe gegriffen"; 4/1920 – 10/1922 erneut praktische Tätigkeit in der Landwirtschaft, zunächst auf dem Klostergut Beuren/Anhalt, später Milchkontrollbeamter beim Jeverländer Herdbuchverein in Jever, dort zuletzt Oberbeamter für die unterstellten Kontrollvereine; daneben 4/1922 Abitur am Marien-Gymnasium in Jever; ab 5/1922 Fortsetzung des Studiums der Landwirtschaft an der Universität Göttingen, dort 11/1923 Abschluß als Diplomlandwirt; 12/1924 Promotion in Göttingen;[1] ab 1/1925 Assistent am Institut für Tierzucht und Molkereiwesen der Universität Göttingen, dort später Oberassistent am Landwirtschaftlichen Institut; ab 1925 auch Mitarbeiter in der Hauptgeschäftsstelle der Deutschen Gesellschaft für Züchtungskunde, ab 1937 dort Mitglied des Beirates; 1926 Mitbegründer und Schriftleiter der wissenschaftlichen Monatsschrift *Züchtungskunde* (mit Jonas Schmidt), daneben Mitglied der Schriftleitung des *Jahrbuchs für wissenschaftliche und praktische Tierzucht einschließlich der Züchtungsbiologie*; 1/1928 Heirat,[2] später zwei Kinder; 1/1930 Habilitation,[3] ab 2/1930 Privatdozent für landwirtschaftliche Tierzucht an der Universität Göttingen; dort Eintritt in die NSDAP am 1.9.1932, Mitgliedsnummer 1.285.035; ab 7/1933 auch Mitglied der SS, Nr. 140.373, dort ab 1933 zunächst Rasse- und Siedlungs-Schulungsleiter und Mob-Sachbearbeiter, als SS-Unterscharführer ab 1936 Sachbearbeiter für 'Volkstum und Heimat'; daneben Mitglied des NS-Dozentenbundes, der NS-Volkswohlfahrt, des NS-Altherrenbundes und des Reichsluftschutzbundes; an der Universität Göttingen 1/1936 zum nichtbeamteten außerordentlichen Professor ernannt; als Abteilungsleiter am Kaiser-Wilhelm-Institut für Tierzuchtforschung in Göttingen ab Herbst 1936 Leiter eines Großversuches mit mehr als 20.000 Rindern; in Göttingen 8/1939 zum beamteten außerplanmäßigen Professor ernannt; ab 9/1939 Kriegseinsatz, u.a. als Sachbearbeiter für Tierzucht beim Chef der Militärverwaltung für Belgien und Nordfrankreich; 4/1941 als Hauptmann aus der Wehrmacht entlassen; auf eigenen Antrag Versetzung nach Rostock, hier ab 4/1941 Abteilungsleiter am Kaiser-Wilhelm-Institut für Tierzuchtforschung in Rostock-Dummerstorf; als außerplanmäßiger Professor ab 5/1941 auch Dozent für Tierzucht an der Philosophischen Fakultät der Universität Rostock; ab 2/1944 außerplanmäßiger Professor für Tierzucht an der neugegründeten landwirtschaftlichen Fakultät der Universität Ro-

1 Mit der Arbeit: Über die Scheckung des schwarzbunten Niederungsrindes und ihre Vererbung, Leipzig 1926.

2 Mit Charlotte Jung, geb. am 23.8.1905 in Greifswald; Tochter eines Professors (Gynäkologe).

3 Mit der Arbeit: Der Einfluß des Alters der Eltern auf die Fruchtbarkeit, die Zuchtleistung und das Geschlechtsverhältnis der Nachkommen beim Trakehner Pferde.

stock;[4] nach dem Krieg erneut Professor und 1946 – 1948 auch kommissarischer Direktor des von Dummerstorf nach Mariensee/Neustadt (Hannover) verlagerten und 1948 in die Max-Planck-Gesellschaft übernommenen Kaiser-Wilhelm-Instituts für Tierzuchtforschung; ab 1962 Vorsitzender des Ausschusses für genetisch-statistische Methoden in der Tierzucht der Deutschen Gesellschaft für Züchtungskunde; 1972 Ehrendoktorwürde der Universität Wien; 1975 Hermann-von-Nathusius-Medaille; am 7.7.1987 in Göttingen gestorben[5]

Quellen: UAR: PA Lauprecht; LHAS: 5.12-7/1, Nr. 2534; BA/BDC: PK, RuSHA, REM; BA/BDC-Karteien: NSDAP, NSLB, REM, RFR.

4 Lauprechts Hauptarbeitsgebiete waren die Züchtungsforschung, die Vererbungslehre und die Fütterungslehre, besonders die Haustiergenetik und die Milchwirtschaft; er erhielt vom Reichsforschungsrat zwischen 8/1934 und 6/1944 erhebliche Finanzmittel für Tierzuchtforschungen und für Untersuchungen zur Steigerung der Milchproduktion und des Fettgehalts bei Rindern.

5 Veröffentlichte u.a.: Die Fütterung der Milchkühe, Göttingen 1929; Beitrag zur Fütterung von Niederungskühen des Deutschen Rinderleistungsbuches, Berlin 1933 (mit J. Schmidt und W. Winzenburger); Untersuchungen an deutschen Niederungsrindern über die Beziehungen zwischen Milchmenge und Fettgehalt, Nürnberg 1954 (mit H. Döring); Grundlagen der Tierzüchtung, Frankfurt/M. 1960.

Lehmann, Johann Carl Christian Heinrich Emil

geboren am 7.2.1885 in Rostock/Mecklenburg-Schwerin; evangelisch; Sohn eines Kaufmanns; Große Stadtschule (Gymnasium) in Rostock, dort 9/1903 Abitur; 10/1903 – 11/1908 Medizinstudium an den Universitäten Heidelberg, Berlin und Rostock; 11/1908 Staatsexamen; anschließend Medizinalpraktikant an der Medizinischen und Chirurgischen Universitätsklinik in Rostock; 11/1909 Approbation; 1-3/1910 Schiffsarzt auf der Hamburg-Südamerika-Linie; 3/1910 Promotion in Rostock;[1] 4-9/1910 Assistenzarzt und Prosektor am Städtischen Krankenhaus in Karlsruhe; ab 10/1910 Assistenzarzt an der Chirurgischen Klinik der Universität Rostock; 8/1914 Heirat,[2] später ein Kind; 8/1914 – 12/1918 Kriegseinsatz in verschiedenen Feldlazaretten und Sanitätskompanien, zuletzt Oberarzt und Chefarzt des Feldlazaretts des IX. Reserve-Korps, EK II, EK I, EKFK; 1-3/1919 erneut Assistenzarzt, 4/1919 – 12/1928 Oberarzt der Chirurgischen Klinik der Universität Rostock; dort 6/1919 Habilitation[3] und anschließend Privatdozent für Allgemeine Pathologie und Pathologische Anatomie; 6/1923 zum außerplanmäßigen außerordentlichen Professor der Universität Rostock ernannt; 1922/23 Mitglied der Deutschvölkischen Freiheitspartei; 1/1929 – 9/1933 Chefarzt der Provinzial-Krankenpflegerinnen-Lehranstalt Clementinenhaus in Hannover; ab 7/1933 Mitglied des Stahlhelm; 10/1933 – 3/1935 Direktor der Chirurgischen Klinik des Allgemeinen Krankenhauses in Lübeck; dort ab 3/1934 Mitglied der SA; 4/1935 – 9/1936 Chefarzt der Chirurgischen Abteilung des Städtischen Krankenhauses I in Hannover; dort Dienst im Sanitätssturm der SA-Brigade 61; 6/1936 Lehrstuhlvertretung für Chirurgie und mit der vertretungsweisen Leitung der Chirurgischen Universitätsklinik in Rostock beauftragt; dort auch SA-Sanitätsrottenführer; 10/1936 – 1950 ordentlicher Professor für Chirurgie und Orthopädie sowie Direktor der Chirurgischen Klinik und Poliklinik an der Universität Rostock;[4] dort Eintritt in die NSDAP am 1.5.1937, Mitgliedsnummer 4.517.317; 11/1937 – 12/1939 auch Dekan der Medizinischen Fakultät der Universität Rostock; ab 1938 Mitglied des NS-Dozentenbundes; 8/1939 – 6/1940 Verfahren vor dem Gaugericht Mecklenburg der NSDAP und dem Obersten Parteigericht;[5] neben einge-

---

1 Mit der Arbeit: Statistisch-klinischer Beitrag zur Appendicitisfrage, auf Grund von 795 operativ behandelten Fällen der Rostocker chirurgischen Klinik, Rostock 1910.

2 Mit Margarete Evert, geb. am 3.2.1891 in Orenburg/Rußland.

3 Mit der Arbeit: Die Gefahren der Pyelographie. Klinische und experimentelle Versuche zu ihrer Verhütung, 1922.

4 Die Berufungskommission der Medizinischen Fakultät vermerkte, daß Lehmann, „obzwar nicht Mitglied der NSDAP, schon früh eine ausgesprochen zuverlässige politische Einstellung gehabt“ habe; diese Haltung sei es gewesen, „die ihm früher gelegentlich geschadet und Feinde eingebracht“ habe und dadurch seine schon für 1928 vorgesehene Berufung verhindert hätte. Lehmanns Hauptarbeitsgebiete waren verschiedene Gebiete der Chirurgie (besonders Frakturbehandlung, Gelenkresektionen, Neurochirurgie und Kriegschirurgie), Orthopädie, Urologie sowie Röntgentherapie und -diagnostik. Die von Lehmann geleitete Chirurgische Universitätsklinik gehörte zu den größeren der insgesamt 22 medizinischen Einrichtungen in Mecklenburg, an denen nach dem 7/1933 erlassenen Gesetz zur Verhütung erbkranken Nachwuchses bis mindestens 1944 Sterilisierungen vorgenommen wurden.

5 Auf Initiative des Gaudozentenbundführers Heinrich Gißel hatte Gauleiter Hildebrandt 7/1939 die Eröffnung eines Gaugerichtsverfahrens gegen Lehmann beantragt und dessen Versetzung

schränkter Weiterführung seiner universitären Tätigkeit ab 10/1939 Kriegseinsatz im Heimatkriegsgebiet; 4/1940 – 9/1943 mit kurzen Unterbrechungen Kriegseinsatz als Oberstabsarzt, Beratender Feldarzt und Chirurg im Frankreich-, Rußland- und Balkanfeldzug der Wehrmacht; 1/1941 KVK II. Kl., 9/1942 KVK I. Kl.; ab 10/1943 Kriegseinsatz als Beratender Chirurg für das Ersatzheer im Wehrkreis II, daneben zeitweise Weiterführung seiner universitären Aufgaben; der mecklenburgischen Kultusverwaltung wegen Mitgliedschaft in der NSDAP 11/1945 zur Entlassung vorgeschlagen, jedoch zunächst als kommissarischer Direktor der Chirurgischen Klinik der Universität Rostock weiterbeschäftigt;[6] ab 1947 dort regulärer Direktor und Wiederaufnahme der Lehrtä-

aus Mecklenburg gefordert, weil Lehmann als Leiter der Chirurgischen Klinik zusammen mit dem dortigen Assistenzarzt Friedrich Lichtenauer und dem 2. Oberarzt Otto Voß den 1. Oberarzt und Gaudozentenbundführer Heinrich Gißel „ehrenrührig" angegriffen haben soll. Im Eröffnungsbeschluß des Gaugerichts wurde Lehmann vorgeworfen, „den Bestrebungen der Partei zuwidergehandelt zu haben", indem er gegen den Gaudozentenbundführer Gißel, der „in der SA Ihr Sturmführer ist, in verantwortungsloser und unkameradschaftlicher Weise intrigiert" habe, „um ihn zu Fall zu bringen"; dabei habe sich Lehmann „unlauterer Mittel" bedient und „längst bekannte" und „bisher nicht beanstandete Vorgänge als Belastungsmaterial herangezogen". Nach Durchsicht des umfangreichen Anklagematerials kam das Oberste Parteigericht zu der Ansicht, daß hier zum einen wissenschaftliche Streitfragen, zum anderen aber vorwiegend betriebsinterne Querelen ausgetragen wurden, die durch regionale NSDAP-Dienststellen politisiert worden seien; es empfahl dem Gaugericht Mecklenburg der NSDAP, das Verfahren „mit dem Ziel einer Befriedung zu führen und [sich] auf solche Tatsachen zu beschränken, die ihrem Wesen nach zur Untersuchung vor den Parteigerichten geeignet sind und nicht Dinge berühren, die vorwiegend einer Prüfung und Entscheidung im Disziplinarverfahren der Universitätsbehörden unterliegen". Weil eine Reihe „am Verfahren beteiligte Parteigenossen zum Heeresdienst einberufen" waren, ist 9/1939 zunächst „das vorläufige Ruhen" und 6/1940 „mit Rücksicht auf die augenblicklichen besonderen Zeitumstände" die Einstellung des Verfahrens angeordnet worden. Lehmann wurde vom Gaugericht lediglich ermahnt und aufgefordert, „die die Volksgemeinschaft fördernden Ziele der Bewegung und ihre Bedeutung für Reich und Volk nicht nur mehr und mehr zu erkennen, sondern auch als Parteigenosse nach ihren Grundsätzen zu handeln, wie es insbesondere von den Hochschullehrern unseres nationalsozialistischen Staates gefordert werden" müsse; ein „gedeihliches Zusammenarbeiten aller Kräfte [sei] gerade jetzt ganz besonders geboten". Und das Reichserziehungsministerium teilte Lehmann 11/1939 unmißverständlich mit, daß „zumal in der gegenwärtigen Kriegszeit keine weitere Diskussion" dieser Angelegenheit geduldet werden könne; sollte bekannt werden, daß weiterhin „gegen einen im Felde stehenden Kollegen und Kameraden [Gißel] konspiriert" werde, würde der Minister dies „als Bruch der Disziplin und untragbares Verhalten" auffassen und „entsprechend verfolgen".

6 Der 'Block der Antifaschistischen Parteien' in Rostock hielt nach „eingehender" Beratung 10/1946 Lehmanns „politische Belastung für unerheblich", außerdem sei sie „durch seine persönliche Haltung während des Nazi-Regimes ausgeglichen worden"; Lehmanns Wiederzulassung müsse vor allem deshalb empfohlen werden, da es „im Interesse der Universität als auch der Studentenschaft" liege, „daß dieser hervorragende Wissenschaftler und Chirurg an der Rostocker Universität einen Lehrauftrag" wiedererhalte. Auch Rektor Günther Rienäcker befürwortete 11/1946 Lehmanns Wiederberufung mit der Begründung, daß dieser „von dem früheren Dozentenbund und dessen Führer [Heinrich Gißel, der unter Lehmann als Oberarzt fungierte] außerordentlich stark angegriffen worden" und „der Dozentenbund gegen Professor Lehmann mehrfach vorgegangen" sei. Daraus lasse sich schließen, daß „Lehmann nicht nur kein aktiver Nazi war, sondern in Gegnerschaft zum Nationalsozialismus gestanden" habe; Rienäckers zentrales und auch hier letztlich ausschlaggebendes Argument für Lehmanns Wiederberufung war jedoch, „daß an hochqualifizierten Chirurgen ein ausgesprochener Mangel in unserer Zone besteht". Zudem meinte der Dekan der Medizinischen Fakultät 8/1947, daß

tigkeit; von der Universität Rostock 1/1948 als ordentlicher Professor eingestellt, 3/1948 von der Deutschen Verwaltung für Volksbildung im Amt bestätigt; am 16.6.1950 in Rostock gestorben[7]

Quellen: UAR: PA Lehmann; LHAS: 5.12-7/1, Nr. 579, 1195, 1486, 2344, 2346, 2494; BA/BDC: OPG, PK, REM; BA/BDC-Karteien: NSDAP, REM.

Lehmann „in den zwei Jahren nach dem Waffenstillstand [!] sich unter schwierigen Verhältnissen für den Aufbau der neuen demokratischen Ordnung eingesetzt" habe, „so daß damit wohl eine gewisse Sühne gegeben" sei.

7 Veröffentlichte u.a.: Die Technik der Röntgenaufnahme, Bonn 1925.

Lohmann, Johannes Friedrich

geboren am 9.7.1895 in Diensthoop/Verden (Hannover); evangelisch; Sohn eines Bauern; Volksschule und Königliches Domgymnasium in Verden/Aller, dort 4/1914 Abitur; anschließend Tätigkeit in verschiedenen Bergwerken der Provinz Hannover; ab 8/1914 Kriegseinsatz im Ersten Weltkrieg; nach drei Verwundungen ab 1916 Lazarettaufenthalte; dort Sprachstudien, dann bis 10/1918 Einsatz als Heeresdolmetscher; 1918 – 1921 Studium der Slawistik an der Universität Berlin, dort 10/1921 Promotion;[1] anschließend bis 11/1923 weiteres Studium der Klassischen Philologie in Berlin; 1924 – 1925 Tätigkeit als Studienreferendar; 5/1924 Prüfung für das höhere Lehramt in Latein, Griechisch und Russisch; 1925 – 1929 Vorbereitung auf die Habilitation; während dieser Zeit erneutes Studium der vergleichenden Sprachwissenschaft und der finnisch-ugrischen Sprachen an der Universität Berlin; daneben Sprachstudien in Finnland, Irland und Wales; 1/1930 Habilitation in Berlin[2] und seitdem Privatdozent für vergleichende Sprachwissenschaft an der Universität Berlin; ab 10/1933 Privatdozent an der Universität Freiburg, dort 3/1938 zum nichtbeamteten außerordentlichen Professor ernannt; 3/1938 Heirat;[3] neben der Dozententätigkeit in Freiburg auch Lehraufträge für vergleichende Sprachwissenschaft an der Universität Basel; 8/1940 – 3/1943 beamteter außerordentlicher Professor für Allgemeine und Vergleichende Sprachwissenschaft an der Universität Rostock,[4] dort auch Direktor des Seminars für Vergleichende Sprachwissenschaft; ab 4/1943 außerordentlicher Professor, ab 1949 ordentlicher Professor für Allgemeine und Vergleichende Sprachwissenschaft und Direktor des Sprachwissenschaftlichen Seminars an der Universität Freiburg; ab 1949 Herausgeber der Zeitschriften *Sprachgeschichte* und *Begriffsforschung*; 1963 emeritiert; am 3.5.1983 in Freiburg gestorben[5]

Quellen: UAR: PA Lohmann; LHAS: 5.12-7/1, Nr. 1266; BA/BDC-Karteien: REM, RFR.

1 Mit der Arbeit: Das substantivum collectivum im Slavischen, Berlin 1923.

2 Mit der Arbeit: Genus und Sexus. Eine morphologische Studie zum Ursprung der indogermanischen Genus-Unterscheidungen, Göttingen 1932.

3 Mit Lioba Gürz, geb. am 20.3.1905 in Eisingen/Würzburg.

4 Die Berufungskommission der Philosophischen Fakultät der Universität Rostock hatte 1/1939 vom künftigen Lehrstuhlinhaber gefordert, daß er „aus nationalpolitischen Gründen, die sich aus der Lage unserer Universität auf deutschem Kolonialboden ergeben, in der Lage sein" müsse, „die Slavistik zu vertreten und ... praktische Kurse in der polnischen und russischen Sprache" abzuhalten; dabei stellte die Kommission Lohmanns „einzigartige Stellung in der vergleichenden Sprachwissenschaft" heraus; er sei in der Lage, „der indogermanischen Sprachwissenschaft neue Wege zu weisen" und trete „neuerdings mit Überlegungen 'Über das Verhältnis von Sprache, Rasse und Klimazone' hervor". Lohmann sei „in der Kenntnis indogermanischer Sprachen zur Zeit kaum erreicht", wäre aber zugleich auch mit den finnischen, türkischen, baskischen und kaukasischen Sprachen vertraut.

5 Veröffentlichte u.a.: Lexis. Studien zur Sprachphilosophie, Sprachgeschichte und Begriffsforschung, Lahr 1948 (als Hg.); Philosophie und Sprachwissenschaft, Berlin 1965; Musiké und Logos. Aufsätze zur griechischen Philosophie und Musiktheorie, Stuttgart 1970 (hrsg. von a. Giannarás).

Löning, George Anton

geboren am 7.3.1900 in Bremen; evangelisch; Gymnasium, Notabitur; 6-12/1918 Kriegseinsatz; Studium der Rechtswissenschaft an den Universitäten Marburg, Freiburg, Göttingen und Jena; 12/1921 erste juristische Staatsprüfung und Referendar in Bremen; 1923 Promotion in Jena;[1] ab 5/1925 Assistent am Institut für Wirtschaftsrecht der Universität Jena; 6/1926 zweite juristische Staatsprüfung und zunächst Tätigkeit als Gerichtsassessor, ab 7/1926 Rechtsanwalt in Bremen und Hamburg; etwa 1929 Heirat, später zwei Kinder; 2/1929 Habilitation in Jena;[2] ab 12/1929 Lehrauftrag für Bürgerliches, Handels- und Arbeitsrecht an der Universität Kiel; ab 1933 Mitglied der SA, zuletzt SA-Scharführer in einem SA-Reitersturm; ab 7/1934 Mitglied des NS-Lehrerbundes; ab 10/1934 planmäßiger außerordentlicher Professor an der Universität Greifswald; 1935/36 Lehrstuhlvertretung (für Schultze-von Lasaulx) für Deutsches Recht und Rechtsgeschichte an der Universität Rostock; in Greifswald Eintritt in die NSDAP am 1.5.1937, Mitgliedsnummer 3.957.770; an der Universität Greifswald 1938 zum ordentlichen Professor für Rechtsgeschichte ernannt;[3] ab 1941 ordentlicher Professor für Rechtsgeschichte, Hansische Geschichte, Bürgerliches und Handelsrecht an der Universität Münster; Kriegseinsatz als Dolmetscher beim Oberkommando der Wehrmacht; von der Partei-Kanzlei 2/1944 als Nachfolger für den verwaisten Lehrstuhl von Walter Hallstein in Rostock vorgesehen; 1945 bei Berlin in sowjetische Kriegsgefangenschaft geraten; am 15.2.1946 in einem sowjetischen Kriegsgefangenenlager bei Kuibyschew gestorben[4]

Quellen: UAR: PA Löning; BA/BDC: PK; BA/BDC-Karteien: NSLB, REM, RFR.

---

1 Mit der Arbeit: Die Grundstücksmiete als dingliches Recht, Jena 1930.

2 Mit einer Arbeit über die Rechtsgültigkeit der Arbeitnehmerkammern.

3 Anläßlich der Berufung charakterisierte die Reichsamtsleitung des NS-Dozentenbundes Löning gegenüber dem Reichserziehungsministerium 4/1938 als „wissenschaftlich und pädagogisch positiv"; politisch werde sich Löning „stets in Augenblicken, wo es darauf ankommt, zur Verfügung stellen. Das hindert nicht, daß er, wie mancher Hochschullehrer, sich zu dem, was um ihn herum vorgeht, nicht nur berufsmäßig, sondern auch aus einer gewissen menschlichen Haltung heraus, kritisch einstellt. Äußerungen in dieser Richtung zeigen aber, daß es sich dabei nicht um ein negatives Meckertum handelt, sondern daß er positiv mitarbeiten will". Löning habe sich „vornehmlich mit rechtshistorischen Arbeiten auf dem Gebiet der deutschen Rechtsgeschichte befaßt" und sich daneben „mit Fragen des modernen Rechtes, insbeondere des internationalen Privatrechts beschäftigt, dessen große Bedeutung auf familienrechtlichem Gebiet gerade durch die Rassengesetzgebung neu betont worden" sei.

4 Veröffentlichte u.a.: Stammtafeln der bremischen Familie Löning, Bremen 1927 ff.; Alfred Kühtmann als Rechtshistoriker, Bremen 1931; Das Münzrecht im Erzbistum Bremen, Weimar 1937 (mit Druckkostenzuschuß durch den Reichsforschungsrat); Festschrift für Justus Wilhelm Hedemann zum sechzigsten Geburtstag (hrsg. mit R. Freisler und H.C. Nipperdey), Jena 1938; Staat und Wirtschaft unter Heinrich dem Löwen, Jena 1938; Juden im mittelalterlichen Bremen und Oldenburg, Weimar 1938; Deutsche und Gotländer in England im 13. Jahrhundert, Weimar 1943; Das Reich und die Weltgeltung des deutschen Rechts, Münster (1943) 1987; Totschlag zu Kiel und andere Rechtsfälle aus dreieinhalb Jahrhunderten, Göttingen 1992 (hrsg. von W. Sellert).

Lösch, Friedrich Moritz

geboren am 10.12.1903 in Geislingen/Württemberg; evangelisch; Sohn eines Konditors; Volks- und Realschule in Geislingen, Oberrealschule in Göppingen, dort 3/1922 Abitur; 4/1922 – 3/1926 Studium der Mathematik und Physik an den Universitäten Berlin und Tübingen; 3/1926 erste Staatsprüfung für das höhere Lehramt, anschließend Studienreferendar an der Friedrich-Eugens-Oberrealschule in Stuttgart; 3/1927 zweite Staatsprüfung für das höhere Lehramt in Württemberg; 4/1927 – 7/1937 zunächst Assistent, dann Vollassistent am Lehrstuhl für Höhere Mathematik der Technischen Hochschule in Stuttgart; 7/1928 Promotion in Tübingen;[1] 8/1929 Heirat;[2] 9/1932 Habilitation in Stuttgart[3], anschließend Privatdozent für Mathematik an der Technischen Hochschule in Stuttgart; ab 5/1934 Mitglied der NS-Volkswohlfahrt, 3/1936 – 6/1937 Blockwalter der NSV; 1934 – 1937 Lehrstuhlvertretung für darstellende Geometrie sowie graphische und numerische Methoden an der Technischen Hochschule Stuttgart; ab 7/1934 Mitglied des NS-Lehrerbundes, 3/1936 – 7/1937 Kreisfachberater der Fachschaft I für Rechnen und Mathematik des NS-Lehrerbundes; von der Technischen Hochschule Stuttgart 8/1937 – 1/1938 für Gutachter- und Beratertätigkeiten auf dem Gebiet der Mathematik und Mechanik an der Deutschen Versuchsanstalt für Luftfahrt in Berlin-Adlershof beurlaubt, 2/1938 – 3/1939 hier festangestellter Mitarbeiter; daneben ab 11/1938 zunächst Lehrstuhlvertreter[4], 9/1939 – 3/1946 ordentlicher Professor für Angewandte Mathematik an der Universität Rostock, dort auch Mitdirektor des Instituts für Angewandte Mathematik und des Mathematischen Seminars;[5] ab 1939 Mitglied des NS-Dozentenbundes; Eintritt in die NSDAP am 1.1.1940, Mitgliedsnummer 7.917.316; wegen kriegswichtiger und vom Reichsforschungsrat mitfinanzierter Forschungen für die

1 Mit der Arbeit: Eine Verallgemeinerung der Eulerschen Reihentransformation mit funktionentheoretischen Anwendungen, Berlin 1929.

2 Mit Elsa Mailänder, geb. am 10.2.1901.

3 Mit der Arbeit: Lückensätze und Überkonvergenz bei zweifachen Potenzreihen, Berlin 1932.

4 Das Mecklenburgische Staatsministerium setzte sich ab 1938 beim Reichsministerium für Wissenschaft, Erziehung und Volksbildung stark für eine Berufung Löschs nach Rostock ein, „da sie für die geplante Zusammenarbeit mit den Dr.Heinkel-Werken in Rostock von besonderer Bedeutung" sei; zudem habe „Reichsminister Rust ... bei gelegentlicher Besprechung der Angelegenheit sein Interesse für den Ausbau dieser Beziehungen des Universitätsinstituts zu der Flugzeugindustrie ausdrücklich betont".

5 Löschs Berufung nach Rostock war letztlich ein Ergebnis intensiver Einflußnahme durch Ernst Heinkel, der in Rostock zur Unterstützung firmenspezifischer Forschungen einen Lehrstuhl für Angewandte Mathematik einrichten und finanziell fördern wollte, während die Universität einen Lehrstuhl für Reine Mathematik präferierte; auf Drängen Heinkels beim Mecklenburgischen Staatsministerium, beim Reichsministerium für Wissenschaft, Erziehung und Volksbildung sowie beim Reichsluftfahrtministerium wurde schließlich ein Lehrstuhl für Angewandte Mathematik eingerichtet, und die Heinkel-Werke konnten durch Einsichtnahme in die Berufungsunterlagen auch personalpolitischen Einfluß auf die Lehrstuhlbesetzung nehmen und ihnen genehme Forscher berufen lassen. Löschs Hauptarbeitsgebiet war die Funktionstheorie der angewandten Mathematik, besonders hinsichtlich ihrer Anwendung auf aerodynamische Probleme.

Ernst-Heinkel-Flugzeugwerke ab 1941 uk gestellt;[6] 4/1944 – 2/1945 auch Prorektor der Universität Rostock;[7] ab 5/1945 keine Lehrtätigkeit mehr an der Universität Rostock; 3/ 1946 aus dem mecklenburgischen Landesdienst entlassen; ab 1/1947 ordentlicher Professor für Mathematik und Direktor des Mathematischen Instituts an der Technischen Hochschule in Stuttgart; Herausgeber der Schriftenreihe *Ergebnisse der angewandten Mathematik*; am 9.1.1982 gestorben[8]

Quellen: UAR: PA Lösch; LHAS: 5.12-7/1, Nr. 579, 1294, 1296, 2344; BA/BDC: REM; BA/BDC-Karteien: NSDAP, NSLB, REM, RFR.

6 Unter anderem für das mit der höchsten Dringlichkeitsstufe versehene Projekt „Theorie und Praxis der konformen Abbildungen", das im Bereich der Strömungsmechanik angesiedelt war und zur Berechnung von Flügelanordnungen und -profilen diente.

7 Lösch wurde 2/1945 unter Berufung auf „dringende Wehrforschungsaufträge" auf eigenen Antrag von dieser Funktion entbunden. Nachfolger im Amt des Prorektors wurde 4/1945 Kurt Poppe.

8 Veröffentlichte u.a.: Die Fakultät und verwandte Funktionen, Leipzig 1951; Siebenstellige Tafeln der elementaren transzendenten Funktionen, Berlin u.a. 1954; Mengenlehre, Lebesguesches Maß und Integral, topologische Räume, Vektorräume, Funktionsanalysis, Integralgleichungen, Stuttgart 1973 (Einführung in die höhere Mathematik, Bd. 4, hrsg. von H. v. Mangoldt).

Löwe, Hans

geboren am 25.10.1903 in Alt Bertkow/Osterburg (Provinz Sachsen); evangelisch; Sohn eines Landwirts; Privatunterricht im Elternhaus, humanistisches Gymnasium in Stendal, dort 3/1921 Abitur; 3/1921 – 7/1922 landwirtschaftliche Ausbildung und Mitarbeit im elterlichen Betrieb; 7/1922 – 3/1923 praktische Ausbildung und Tätigkeit in einem Landwirtschaftsbetrieb in Niedertöschwitz/Steinau, 4/1923 – 4/1924 auf einem Gut in Voigtstadt/Sangerhausen; ab 1924 Studium der Landwirtschaft an der Universität Halle-Wittenberg, dort 1926 Examen als Diplomlandwirt; anschließend Materialsammlung für die Dissertation in Ostfriesland und Tierzuchtleiter in einem Landwirtschaftsbetrieb in Niedertöschwitz; 7/1929 Promotion in Halle;[1] ab 8/1929 Volontärassistent, ab 4/1931 planmäßiger Assistent, ab 11/1933 Oberassistent am Institut für Tierzucht der Universität Halle-Wittenberg; dort weitere naturwissenschaftliche Studien; erster Eintritt in die NSDAP am 1.12.1931, Mitgliedsnummer 803.701;[2] ab 11/1933 Mitglied der Motor-SA, 10/1934 Übertritt in das NS-Kraftfahrerkorps, dort 11/1935 zum NSKK-Rottenführer befördert; ab 6/1934 Mitglied des NS-Lehrerbundes; ab 1935 Mitglied des Reichsluftschutzbundes, ab 2/1937 der NS-Volkswohlfahrt; ab 1937 NSDAP-Blockleiter und ab 11/1938 Mitglied im NS-Altherrenbund; 5/1937 Heirat,[3] später ein Kind; 7/1938 Habilitation in Halle[4], dort ab 1/1939 Privatdozent für Tierzucht und Fütterung am Institut für Tierzucht und Molkereiwesen der Universität Halle; ab 4/1940 Abteilungsleiter am Kaiser-Wilhelm-Institut für Tierzuchtforschung in Rostock-Dummerstorf;[5] ab 5/1943 auch Dozent, dann außerordentlicher Professor an der neugegründeten Landwirtschaftlichen Fakultät der Universität Rostock; dort 1/1945 zum ordentlichen Professor für Tierzucht ernannt und zugleich als Professor für Tierzucht und Fütterungslehre an die Landwirtschaftliche Hochschule nach Tetschen-Liebwerd (Decin) versetzt, dort auch Direktor des Instituts für Tierzucht und Fütterungslehre; nach 1945 zunächst Lehrbeauftragter an der Universität Göttingen; 1954 – 1968 zunächst Oberregierungs- und Landwirtschaftsrat, zuletzt Regierungsdirektor am Niedersächsischen Ministerium für Ernährung, Landwirtschaft und Forsten in Hannover; am 18.11.1989 in Hannover gestorben[6]

Quellen: UAR: PA Löwe; LHAS: 5.12-7/1, Nr. 1529, 1534, 2535; BA/BDC: REM; BA/BDC-Karteien: NSDAP, NSLB, RFR.

1 Mit der Arbeit: Der prozentische Fettgehalt der Wirdumer Herden, seine züchterische Ergründung und Verbreitung, Halle 1929.

2 Wegen aus formalen Gründen ungültiger Aufnahme erneuter Eintritt in die NSDAP am 1.5.1937, Mitgliedsnummer 5.859.312.

3 Mit Ilse Druckenbrodt, geb. am 2.7.1912 in Mose.

4 Mit der Arbeit: Abhängigkeit und Vererbung der Fruchtbarkeit bei den großen landwirtschaftlichen Haustieren unter besonderer Berücksichtigung des Rindes, Halle/Berlin 1938.

5 Löwe erhielt dort zwischen 5/1943 und 6/1944 insgesamt 23.500 RM für Forschungen zur Pferdezucht.

6 Veröffentlichte u.a.: Die Beurteilungslehre des Pferdes, Berlin 1940; Pferdezucht und Pferdefütterung, Stuttgart 1974; Der Hannoveraner. Geschichte und Zucht des edlen Hannoverschen Warmblutpferdes, München u.a. 1975.

Lübtow, Ulrich Karl Ludwig **von**

geboren am 21.8.1900 in Demmin/Pommern; evangelisch; Sohn eines Steuersekretärs; Knabenschule, Vorschule und humanistisches Gymnasium in Demmin, dort 6/1918 Notabitur; 6-12/1918 Militärdienst; 1919 – 1922 Studium der Rechtswissenschaft an den Universitäten Greifswald und Freiburg; nach erster juristischer Staatsprüfung ab 7/1922 Referendar am Oberlandesgericht Stettin; 7/1926 Promotion in Greifswald;[1] 12/1926 zweite juristische Staatsprüfung; als Gerichtsassessor anschließend Hilfsrichter bei den Amtsgerichten Anklam, Demmin, Loitz und Treptow sowie beim Landgericht Greifswald und beim Arbeitsgericht Stralsund; 1/1930 zum Amts- und Landrichter ernannt; ab 1931 Lehrauftrag für Römisches Recht an der Universität Greifswald; dort 2/1933 Habilitation[2] und als Privatdozent für Römisches und Bürgerliches Recht 1933/34 Lehrstuhlvertretung an der Universität Greifswald; als Amtsrichter dort Eintritt in die NSDAP am 1.5.1933, Mitgliedsnummer 2.147.160, dann auch Block- und Zellenleiter der NSDAP; am Landgericht Greifswald 3/1934 zum Landgerichtsrat ernannt und für den Hochschuldienst beurlaubt; 1935/36 Lehrstuhlvertretung an der Universität Marburg, 1936/37 an der Universität Freiburg, 1937 – 1939 an der Universität Köln, dort 9/1939 zu außerplanmäßigen Professor ernannt; 5/1937 Heirat;[3] ab 1/1940 zunächst Lehrstuhlvertretung für Römisches Recht, Bürgerliches Recht und Zivilprozeßrecht an der Universität Rostock; 4/1940 als Landgerichtsrat aus dem Reichsjustizdienst ausgeschieden; 5/1940 – 1/1946 ordentlicher Professor für Römisches Recht, Bürgerliches Recht und Zivilprozeßrecht an der Universität Rostock, dort bis 1942 auch Leiter der Juristischen Handbibliothek, 1942 – 1946 geschäftsführender Direktor der Vereinigten Juristischen Seminare, Direktor des Seminars für Deutsches Gemeinderecht, allgemeine Rechtslehre und Rechtsvergleichung sowie Mitdirektor des Rechtshistorischen Seminars; neben seiner Rostocker Lehrtätigkeit 1943 auch Lehrstuhlvertretung für Konkurs- und Familienrecht an der Universität Greifswald; 1943/44 Beteiligung an den vom Oberkommando der Wehrmacht/Allgemeines Wehrmachtsamt, Abteilung Inland, organisierten Rednereinsätzen von Wissenschaftlern zur Truppenbetreuung;[4] wegen vorgeblicher NS-Belastung 1/1946 aus dem Universitätsdienst entlassen; ab 2/1946 Mitglied der CDU; vom 'Block der antifaschistischen Parteien' in Rostock wurden 2/1946 gegen eine Wiedereinstellung Lübtows „keine Bedenken" erhoben;[5] trotz jahrelanger Bemühungen um Wiedereinstellung an der Universität Rostock[6], der Erledigung von For-

---

1 Mit der Arbeit: Der Ediktstitel „Quod metus causa gestum erit", Greifswald 1926.

2 Mit der Arbeit: Der Ediktstitel „Quod metus causa gestum erit", Greifswald 1932.

3 Mit Ilse Corswandt; Tochter eines Kaufmanns.

4 v.Lübtow hatte sich dort mit dem Thema „Führung, Volk und Staat in Rom" zur Teilnahme gemeldet; er sah die „römische Geschichte als die beste Lehrmeisterin nicht nur für heute, sondern wohl für alle Zeiten", und hielt in seinem Vortragsexposé u.a. fest: „Kunstvoller Verfassungsneubau des Augustus unter sorgfältiger Wahrung der Tradition. Kennzeichen: Einbau eines höchsten Führeramtes in die überkommene staatliche Organisation. Im Laufe der Jahrhunderte Zunahme monarchischer Tendenzen ... Gründe des Untergangs des römischen Weltreiches: Entnationalisierung des römisch-italischen Volkstums".

5 Auch der damalige Prodekan, Wilhelm Kromphardt, bestätigte 8/1946, daß v.Lübtow 1943 durch den Rostocker NSDAP-Kreisleiter „in öffentlicher Versammlung wegen mangelnder

schungsaufträgen zur „Bewährung“[7] und zahlreichen Fürsprachen aus dem Kollegenkreis und der Bevölkerung keine Wiederverwendung in Rostock[8]; ab 1948 ordentlicher Professor für Römisches Recht, Bürgerliches Recht und Zivilprozeßrecht an der Freien Universität Berlin; dort auch Leiter des Instituts für Rechtsgeschichte sowie Mitdirektor des Instituts für Bürgerliches Handels- und Zivilprozeßrecht; 9/1968 emeritiert; am 29.4.1995 in Berlin gestorben[9]

Nazi-Haltung angeprangert“ worden sei und er, Kromphardt, habe „damals ernstlich befürchtet“, daß v.Lübtow und seine Frau, die einen Einsatz in der Rüstungsindustrie verweigert hatte, „eines Tages in ein Konzentrationslager verbracht werden könnten“.

6 v.Lübtow unternahm gegenüber der Landesregierung zahlreiche Unterwerfungsversuche, erklärte etwa 1/1947, daß sein Name nichts mit „militaristischer oder landjunkerlicher“ Herkunft zu tun habe, er in ärmlichen Verhältnissen aufgewachsen sei, daß er „zum Eintritt in die Partei gezwungen“ worden sei, vom Reichserziehungsministerium „jahraus jahrein von einer Universität an die andere als Vertreter gejagt“ wurde und wegen seiner Weigerung zur Teilnahme an den Dozentenlagern eine Reihe von Berufungsvorschlägen abgelehnt worden seien. In Rostock habe er „ein energisch betontes Ansinnen zur Mitarbeit in der Partei“ abgelehnt, was erste „Schikanen“ zur Folge hatte; seine Weigerung, dem Einsatz seiner Frau in der Kriegsindustrie zuzustimmen, habe „das Faß zum Überlaufen“ gebracht: „Jetzt begann gegen uns eine förmliche Hetzkampagne: Angriffe in öffentlicher Versammlung, Drohungen mit Disziplinarverfahren, Parteiausschluß, Anzeigen beim Volksgerichtshof wegen Sabotage am Rüstungseinsatz, Beschwerden ... wegen meiner mangelhaften Einsicht in die Gebote des totalen Krieges“. Nach v.Lübtows Auffassung habe sich „keines der Mitglieder des Rostocker Lehrkörpers während des Krieges in diesem Maße politisch exponiert“ wie er. So habe er mißliebige Studenten gefördert und promoviert, als Rechtsrat der Universität die Entziehung von Doktorentiteln verhindert und sich gegen die Überwachung der Juristischen Fakultät durch NS-Richter gewandt.

7 v.Lübtow hat „Dank der Großzügigkeit der SMA“ 1946 ein Rechtsgutachten über die „Verzerrungen und Verfälschungen der Rechtshistorie und der Rechtsdogmatik durch den Nationalsozialismus“ verfassen können; in diesem konnte er die ihn „jahrelang bedrückende Last von der Seele wälzen“, seinen „Standpunkt zur Schicksalsfrage aller Politik: Autokratie oder Demokratie“ darlegen und als „überzeugter Anhänger des Rechtsstaatsgedankens und der mit einer Demokratie unzerreißbar verknüpften Menschen- und Bürgerrechte“ seiner „Überzeugung vom unausweichbaren Untergang des Hitlerregimes“ Ausdruck verleihen. Der Kurator der Universität, Erich Schlesinger, erhob jedoch 2/1947 wegen der „politischen Belastung“ v. Lübtows Bedenken gegen dessen Wiedereinstellung.

8 Die mecklenburgische Kultusverwaltung teilte dem Kurator der Universität 12/1948 mit, daß „auch die neuen von Herrn Prof. von Lübtow an uns herangetragenen Vorschläge für einen besoldeten Forschungsauftrag von dem Herrn Minister als nicht unseren Zeitbedürfnissen entsprechend anerkannt worden“ seien, weshalb weitere Forschungsaufträge nicht mehr gewährt wurden und v.Lübtow ohne jedes Einkommen war. Wegen der nunmehr beständig verweigerten Forschungsaufträge kam die Landesentnazifizierungskommission zu dem Schluß, daß v.Lübtow „sich bis jetzt noch nicht überzeugend im Sinne des demokratischen Aufbaus nach seiner Entlassung bewährt“ habe.

9 Veröffentlichte u.a.: Schenkungen der Eltern an ihre minderjährigen Kinder und der Vorbehalt der dinglichen Rechte, Lahr 1946; Studien zum römischen und bürgerlichen Recht. Bd. 1: Beiträge zur Lehre von der Condictio nach römischem und geltendem Recht, Berlin 1952, Bd 2: Die Entwicklung des Darlehensbegriffs im römischen und im geltenden Recht, Berlin 1965; Blüte und Verfall der römischen Freiheit. Betrachtungen zur Kultur- und Verfassungsgeschichte des Abendlandes, Berlin 1953; Reflexionen über Sein und Werden in der Rechtsgeschichte, Berlin 1954; Das römische Volk. Sein Staat und sein Recht, Frankfurt/M. 1955; Autonomie und Heteronomie der Universitäten, Frankfurt/M. 1966 (mit M. Harder); Die Rechtsstellung der

Quellen: UAR: PA Lübtow; LHAS: 5.12-7/1, Nr. 1416, 2349; BA/BDC-Karteien: NSDAP, REM, RFR.

entpflichteten Professoren, Berlin 1967; Probleme des Erbrechts, Berlin 1967; Erbrecht. Eine systematische Darstellung, Berlin 1971; Untersuchungen zur lex Aquilia de damno iniuria dato, Berlin 1971; Die Freiheit, dargestellt am Beispiel des Aufstiegs und Niedergangs der römischen Libertas, Berlin u.a. 1988; Gesammelte Schriften. 4 Bde., Rheinfelden 1988; Die Bedeutung des Römischen Rechts für unsere Rechtskultur, Rheinfelden 1989; Schriften zur römischen Rechtsgeschichte. 5 Teile, Rheinfelden u.a. 1993; Die Geschichte vom Geld, Rheinfelden u.a. 1996 (mit H. Harlandt und J.M. Keynes).

Lücken, Gottfried Heinrich **von**

geboren am 27.7.1883 in Wredenhagen/Waren (Mecklenburg-Schwerin); evangelisch; Sohn eines Domänenpächters; Pädagogium in Bad Godesberg, Reformrealgymnasium der Hohenzollernschule in Berlin-Schöneberg, dort 4/1904 Abitur; 1904 – 1906 Studium der Nationalökonomie und der Rechtswissenschaft an den Universitäten Freiburg, München und Berlin, anschließend bis 1911 Studium der Archäologie und Kunstgeschichte an den Universitäten Halle, Berlin und Straßburg; dort 3/1911 Promotion;[1] 1912 Preis der Lamey-Stiftung Straßburg;[2] 1911 – 1914 Studienreisen nach Italien, Griechenland, in die Türkei, nach Frankreich und England; als Freiwilliger ab 8/1914 zunächst Militärdienst im Fußartillerie-Regiment 14 in Straßburg und im 1. Garde-Fußartillerie-Regiment, anschließend Kriegseinsatz in den Infanterie-Regimentern 330 und 404; nach schwerer Verwundung 5/1918 als Leutnant aus dem Heer entlassen, EK II, Verwundetenabzeichen in Schwarz; ab 1919 weitere archäologische Studien in Berlin, dort mehrere Patente für die verzerrungsfreie Wiedergabe griechischer Vasenbilder; 1921 Gerhard-Stipendium der Preußischen Akademie der Wissenschaften; 5/1921 Habilitation in Hamburg[3], dort kurzzeitig Privatdozent sowie Mitarbeiter am Museum für Kunst und Gewerbe; ab 10/1921 außerordentlicher Professor für Klassische Altertumswissenschaft der Universität Rostock; 4/1923 Heirat[4], später zwei Kinder; als einer der ersten deutschen Archäologen 1924 Studienreise in die Sowjetunion; als Vertreter Mecklenburgs ab 1930 ordentliches Mitglied der Zentraldirektion des Deutschen Archäologischen Instituts; 4/1930 Verleihung der Amtsbezeichnung und der akademischen Rechte eines ordentlichen Professors und seit 1932 auch Direktor des Archäologischen Instituts und des akademischen Münzkabinetts der Universität Rostock; 4/1934 – 1945 ordentlicher Professor für Archäologie an der Universität Rostock;[5] dort Mitglied des Nationalsozialistischen Reichsverbandes deutscher Kriegsopfer, später der NS-Kriegsopferversorgung; ab 8/1934 Mitglied des NS-Lehrerbunds und der NS-Volkswohlfahrt; 1938 und 1939 Studienreisen nach Athen, Pergamon, Rhodos, Kopenhagen und Paris; 1941 – 1942 Kriegseinsatz als Dolmetscher im Kriegsgefangenenlager für belgische Offiziere in Prenzlau; 3/1943 als Hauptmann aus der Wehrmacht entlassen; ab 1945 Professor mit Lehrstuhl für Archäologie an der Universität Rostock, daneben Vorlesungen über Kunstgeschichte und Archäologie an der Volkshochschule Rostock; ab 1946 Mitglied der SED; 7/1947 von der SMA als ordentlicher Professor bestätigt; ab 10/1952 Mitglied der Wissenschaftlichen Beiräte für die Fachrichtungen Archäologie und Kunstgeschichte beim Staatssekretariat für das Hochschulwesen der DDR; 1954 emeritiert; 1954 – 1965 kommissarischer Direktor des Archäologischen Instituts, 1965 – 1968

---

1 Mit der Arbeit: Die Anfänge der burgundischen Schule. Ein Beitrag zum Aufleben der Antike in der Baukunst des 12. Jahrhunderts, Basel 1914.

2 Für eine Arbeit über griechische Vasenmalerei und Plastik.

3 Mit einer Arbeit über archaische griechische Vasenmalerei und Plastik.

4 Mit Hildegard Stümpfe, geb. am 17.3.1899.

5 Zu v.Lückens Hauptarbeitsgebieten gehörte neben der Kunstgeschichte die klassische Archäologie mit stilgeschichtlichen Untersuchungen u.a. von Vasen, Friesen und Sarkophagen sowie das „Fortleben der klassischen Kunst in den nördlichen Ländern“.

kommissarischer Leiter der Abteilung Archäologie im Institut für Altertumswissenschaften der Universität Rostock; 7/1963 Ehrendoktorwürde, 1971 Ehrennadel der Universität Rostock für 50jährige Zugehörigkeit zur Hochschule; 1972 Übersiedlung nach München, dort nebenamtlicher Mitarbeiter am Zentralinstitut für Kunstgeschichte; am 11.10.1976 in München gestorben[6]

Quellen: UAR: PA Lücken; LHAS: 5.12-7/1, Nr. 1283, 2346; BA/BDC-Karteien: NSLB, REM.

6 Veröffentlichte u.a.: Griechische Vasenbilder. Ein neues Verfahren der Wiedergabe, Berlin 1921; Griechische Vasenbilder in Wien, Wien 1922; Burgundische Skulpturen des 11. und 12. Jahrhunderts, 1923; Greek Vase Paintings, Den Haag 1923; Die Entwicklung der Parthenonskulpturen, Augsburg u.a. 1930; Goethe und der Laokoon, 1930; Götter des Pergamonaltars, 1939; Kult und Abkunft des Adonis, Berlin 1962; Adonis und Ares, Rostock 1963 (MS); Schwerin, Staatliches Museum, Berlin 1972.

Mannstaedt, Heinrich Aloys August

geboren am 27.12.1872 in Nachrodt/Altena (Westfalen); Realgymnasium in Köln, dort 3/1893 Abitur; ab 4/1893 Studium der Chemie an der Universität Bonn; dort 12/1897 naturwissenschaftliche Promotion;[1] Studium der Wirtschaftswissenschaften an den Universitäten Bonn und Berlin; 9/1904 wirtschaftswissenschaftliche Promotion in Münster;[2] anschließend und bereits während und zwischen den Studien Tätigkeit in der Privatwirtschaft; 6/1905 Habilitation in Bonn[3] und 6/1905 – 3/1923 Privatdozent für Volkswirtschaftslehre an der Universität Bonn; dort 9/1916 Verleihung des Titels eines außerordentlichen Professors; wegen Dienstuntauglichkeit kein Kriegseinsatz; verheiratet,[4] ein Kind; 1922 Lehrauftrag für Kartell- und Trustwesen an der Universität Bonn; ab 4/1923 außerordentlicher Professor für Staatswissenschaften, ab 8/1924 ordentlicher Professor für Wirtschaftswissenschaften, später Nationalökonomie, an der Universität Rostock,[5] dort auch Direktor des Wirtschaftswissenschaftlichen/Staatswissenschaftlichen Seminars; 1927/28 auch Dekan der Rechts- und Wirtschaftswissenschaftlichen Fakultät; wegen Erkrankung ab 1929/30 beurlaubt (in der Lehre vertreten durch Hans Weigmann); dennoch ab 3/1932 erneut Dekan der Rechts- und Wirtschaftswissenschaftlichen Fakultät; am 25.9.1932 in Rostock gestorben[6]

Quellen: UAR: PA Mannstaedt; LHAS: 5.12-7/1, Nr. 1436, 1437.

1 Mit der Arbeit: Beiträge zur Kenntnis der Campholengruppe, Bonn 1897.

2 Mit der Arbeit: Die kapitalistische Anwendung der Maschinerie, Bonn/Jena 1905.

3 Mit einer Arbeit über die Volkswirtschaftslehre.

4 Mit Tilly Winckel.

5 Mannstaedts Hauptarbeitsgebiete waren die Wirtschafts- und Staatswissenschaften, speziell die Volkswirtschaftslehre, sowie die Wirtschaftspolitik und die Finanzwissenschaft.

6 Veröffentlichte u.a.: Die Konzentration in der Eisenindustrie und die Lage der reinen Walzwerke, Jena 1906; Ursachen und Ziele des Zusammenschlusses im Gewerbe unter besonderer Berücksichtigung der Kartelle und Trusts, Jena 1916; Preisbildung und Preispolitik im Frieden und im Kriege, Jena 1916; Hochkonjunktur und Krieg, Jena 1917; Finanzbedarf und Wirtschaftsleben. Eine theoretische Betrachtung, Jena 1922; Ein kritischer Beitrag zur Theorie des Bankkredites, Jena 1927; Die monopolistischen Bestrebungen und ihre Bedeutung für das deutsche Wirtschaftsleben vor und nach dem Kriege, Rostock 1928; Lohn- und Preissenkung im Lichte der Wirtschaftswissenschaften, Jena 1931; Versuch einer „systemgerechten“ Konjunkturtheorie, Jena 1932.

Mans, Richard Georg Paul Gottfried

geboren am 7.8.1890 in Stettin/Pommern; evangelisch; Sohn eines Pastors; Marienstift-Gymnasium in Stettin, dort 9/1909 Abitur; Medizinstudium an den Universitäten Göttingen, Marburg und Rostock; nach 1911 Heirat; ab 8/1914 Kriegseinsatz als Feldunterarzt in der Reserve-Infanterie-Division 25, im Infanterie-Regiment 168 und im Reserve-Infanterie-Regiment 83; 1/1919 als Feldhilfsarzt aus dem Heer entlassen, EK II; Weiterführung des Studiums an der Universität Rostock, 6/1920 Staatsexamen; 8/1920 Approbation; ab 8/1920 zunächst Volontärassistent, ab 1/1921 Assistenzarzt an der Universitäts-Augenklinik in Rostock; dort 3/1921 Promotion;[1] 8/1923 Facharzt für Augenheilkunde; ab 1924 Oberarzt an der Universitäts-Augenklinik in Rostock; 2/1927 Habilitation in Rostock[2] und seitdem Privatdozent für Augenheilkunde an der Universitäts-Augenklinik in Rostock; dort 3/1933 zum außerplanmäßigen außerordentlichen Professor für Augenheilkunde ernannt;[3] ab 7/1934 Mitglied des NS-Lehrerbundes, außerdem Mitglied der SA und der NS-Volkswohlfahrt; 7/1935 Aufgabe der Universitätslaufbahn, ab 8/1935 niedergelassener Facharzt für Augenkrankheiten in Schwerin; dort Eintritt in die NSDAP am 1.5.1937, Mitgliedsnummer 4.009.744;[4] ab 1938 Chefarzt des DRK-Krankenhauses in Schwerin; ab 1/1939 Mitglied des NS-Ärztebundes; 1/1939 von der Universitätsleitung unterstützter Antrag auf Wiederzulassung als Dozent für Augenheilkunde an der Universität Rostock;[5] dort 3/1939 zum außerplanmäßigen Professor ernannt und Erteilung eines Lehrauftrages; 9/1939 – 1945 Kriegseinsatz im Heeres-Standortlazarett/Heeres-Sanitätsstaffel in Schwerin, zuletzt Stabsarzt, daneben eingeschränkte Weiterführung der eigenen Praxis; am 4.9.1953 in Schwerin gestorben

Quellen: UAR: PA Mans; LHAS: 5.12-7/1, Nr. 2384, 2496; BA/BDC-Karteien: NSDAP, NSLB, NSDÄB, RFR.

1 Mit der Arbeit: Untersuchungen über das Vorkommen von Diplobazillen in der Nase und in der Mundhöhle, 1920.

2 Mit der Arbeit: Die Genese der angeborenen Hornhauttrübung, Berlin 1927.

3 Das Hauptarbeitsgebiet von Mans war die pathologische Anatomie des Auges.

4 Referierte in Schwerin 1937 über „Auge und Erbleiden“ und 1938 über „Die Gesundheitsführung im heutigen Staate“.

5 Neben der Medizinischen Fakultät begrüßte auch der Leiter der Dozentenschaft der Universität Rostock, Heinrich Gißel, 1/1939 die vorgesehene Rückkehr Mans’; dieser sei „zu allen Zeiten ein gern gesehener und beliebter Lehrer der Univ. gewesen“ und habe sich „besonders aktiv bereits auch vor der Machtergreifung für die Dozentenschaft eingesetzt“.

Maurer, Kurt Julius

geboren am 13.1.1900 in Heidelberg/Baden; evangelisch; Sohn eines Anatomieprofessors; Vorschule und Carolo-Alexandrinum-Gymnasium in Jena, dort 5/1918 Notabitur; 6-11/1918 Militärdienst im Pionier-Ersatz-Bataillon 11 in Hannoversch-Münden; 1919 – 1925 Studium der Naturwissenschaften, besonders der Chemie, an den Universitäten Heidelberg, Jena und München; 5/1925 Promotion in München;[1] 9/1925 – 10/1936 zunächst Unterrichtsassistent am Chemischen Laboratorium, dann auch Assistent am Chemischen Institut der Universität Jena, dazwischen 5-10/1927 am Kaiser-Wilhelm-Institut für Biochemie in Berlin-Dahlem; 9/1928 Heirat,[2] später drei Kinder; 12/1929 Habilitation in Jena[3] und ab 2/1930 hier Privatdozent für Chemie; zunächst Mitglied des Stahlhelm, ab 10/1933 Mitglied der SA und Dienst im SA-Sturm 32/R 153 in Jena; ab 11/1933 auch Leiter des Amtes für Wissenschaft der Dozentenschaft der Universität Jena; ab 1/1934 Mitglied des NS-Lehrerbundes, daneben Mitglied der NS-Volkswohlfahrt und des Reichsluftschutzbundes; an der Universität Jena 12/1935 zum nichtbeamteten außerordentlichen Professor für Chemie ernannt;[4] ab 1936 Mitglied des NS-Bundes Deutscher Technik; ab 11/1936 Lehrstuhlvertretung für Organische und Gerichtliche Chemie an der Universität Rostock; 4/1937 – 6/1938 persönlicher ordentlicher Professor, 7/1938 – 4/1945 planmäßiger ordentlicher Professor für Organische und Gerichtliche Chemie an der Universität Rostock[5], dort auch Mitdirektor des Chemischen Instituts; ab 1937 Mitglied des NSKK; 5/1939 – 1942 auch Dekan der Phi-

1 Mit der Arbeit: Synthese einer Isorehalose. Darstellung des (Beta-)Methylglucosides, Borna/Leipzig 1925.

2 Mit Elisabeth Geffcken, geb. am 28.11.1902.

3 Mit der Arbeit: Die Überführung von einfachen Zuckern in G-Pyron-Derivate und die Darstellung ungesättigter Anhydrozucker, Berlin 1929.

4 Der Dozentenbundführer der Universität Jena meinte 1/1936, Maurer bemühe sich „aus innerer Überzeugung heraus die Anforderungen, die das Dritte Reich an einen Hochschullehrer stellt, zu erfüllen". Und das Personalamt der Kreisleitung Jena der NSDAP stellte 9/1936 in einem politischen Gutachten fest, daß Maurer „gesinnungsmäßig früher der deutschnationalen Richtung nahe stand, ohne jedoch Mitglied der DNVP zu sein"; es werde „angenommen, daß er politisch zuverlässig ist, denn nach seinem Verhalten zu urteilen, steht er unbedingt positiv zum neuen Staat".

5 Bei den Vorschlägen zur Besetzung des Lehrstuhls wurde seitens der Rostocker Philosophischen Fakultät der „besonders schöne Erfolg" Maurers hervorgehoben, der sich „auf Grund seiner bisherigen Erfahrungen in der Zuckerchemie Versuchen zur synthetischen Gewinnung des C-Vitamins zuwandte", wobei es ihm gelungen sei, „aus dem Trauben- bzw. Rohrzucker in eleganter und durchsichtiger Reaktion eine Säure zu bereiten, die in ihrer Zusammensetzung und Reduktionskraft der Ascorbinsäure gleicht". Leider sei seine Entdekkung „von anderer, über größere Hilfsmittel verfügender Seite inzwischen mit Erfolg zur Synthese des wahren C-Vitamins ausgenutzt" worden. Im Antrag zur Ernennung zum ordentlichen Professor hob die Universitätsleitung 4/1938 hervor, daß sich Maurer „ausgezeichnet bewährt" habe, der Unterricht sei „durch ihn moderner und vielseitiger ausgestaltet" worden, die „unbestreitbare Hebung des Niveaus der Leistungen der Studenten" sei vor allem „sein Verdienst", ebenso die stetige Zunahme der Chemie-Studenten in Rostock; daneben habe Maurer „zum Besten des Ansehens" der Universität durch „eine Reihe von populären Vorträgen ... vor Parteistellen" gewirkt.

losophischen Fakultät; Eintritt in die NSDAP am 1.1.1940, Mitgliedsnummer 7.919.392; zunächst 9/1939 und erneut 3/1941 „aus zwingenden Gründen der Reichsverteidigung zur Erfüllung kriegswichtiger Aufgaben" uk gestellt;[6] bei einem Aufenthalt mit seiner Familie in seinem Elternhaus in Jena am 9.4.1945 bei einem Bombenangriff ums Leben gekommen

Quellen: UAR: PA Maurer; LHAS: 5.12-7/1, Nr. 579, 1195, 1313, 1315; BA/BDC: REM; BA/BDC-Karteien: NSDAP, NSLB, REM, RFR.

6 Maurer war seit Kriegsbeginn in chemisch-medizinische kriegswirtschaftlich wichtige Forschungen einbezogen; noch 7/1944 erhielt er vom Reichsforschungsrat eine Beihilfe von 6.000 RM für Untersuchungen über die Umsetzung ungesättigter aliphatischer Aldehyde sowie Karbonsäuren und deren Derivate sowie Forschungsaufträge zu Oxydation und Nitrierung organischer Verbindungen und zur praktischen Herstellung heparinähnlicher Verbindungen; 10/1944 forschte Maurer mit staatlicher Unterstützung an Glycerinaustauschstoffen, und noch 11/1944 erhielt er weitere 2.400 RM für Forschungen zu Anhydropentit.

Maybaum, Heinz/Heinrich Johannes Friedrich August

geboren am 19.2.1896 in Bad Doberan/Rostock-Land (Mecklenburg-Schwerin); evangelisch; Sohn eines Oberlehrers; Gymnasium in Schwerin, dort 3/1914 Abitur; ab 4/1914 Studium der Geschichte und Germanistik an der Universität Tübingen; als Freiwilliger ab 10/1914 Kriegseinsatz in den Feldartillerie-Regimentern 60 und 259; 8/1918 – 2/1920 in französischer Kriegsgefangenschaft; als Leutnant 3/1920 mit 60prozentiger Kriegsbeschädigung aus dem Heer entlassen, EK II und EK I, Verwundetenabzeichen in Schwarz; anschließend Weiterführung des Studiums der Geschichte, Germanistik und des Staatsrechts an den Universitäten Tübingen, München und Rostock; in den 20er Jahren Mitglied im Nationalverband Deutscher Offiziere und im Verband national gesinnter Soldaten; 3/1924 Promotion in Rostock;[1] 11/1924 Staatsexamen und Lehramtsprüfung für das Höhere Schulwesen; 11/1924 – 3/1926 Studienreferendar an der Großen Stadtschule/Gymnasium in Rostock; nach zweiter Staatsprüfung dort ab 4/1926 Studienassessor, 2/1927 zum Studienrat ernannt; 6/1926 Heirat,[2] später ein Kind; ab 4/1927 Kustos am Museum für Hamburgische Geschichte; 5/1927 verwitwet; 4/1930 erneute Heirat,[3] später zwei weitere Kinder; in Hamburg Eintritt in die NSDAP am 1.4.1933, Mitgliedsnummer 1.578.469; zunächst Block-, ab 8/1933 Stützpunktleiter der NSDAP in Hamburg; ab 10/1933 auch Mitglied des NS-Lehrerbundes, später der NS-Volkswohlfahrt, der NS-Kriegsopferversorgung, des NS-Altherrenbundes und des Reichsluftschutzbundes; 2/1934 Habilitation in Hamburg[4] und seitdem Privatdozent für mittelalterliche und neuere Geschichte an der Universität Hamburg; 11/1934 – 3/1935 zunächst Lehrstuhlvertretung an der Universität Rostock;[5] dort Mitglied im NS-Dozentenbund; nach massiver Einflußnahme etwa durch die Gauleitung der

1 Mit der Arbeit: Die Entstehung der Gutsherrschaft im nordwestlichen Mecklenburg. Amt Gadebusch und Amt Grevesmühlen, Stuttgart 1926.

2 Mit Dr. Hedwig Seidenschnur, geb. am 30.9.1899 in Rostock; Tochter eines Kaufmanns, Historikerin; am 25.5.1927 in Rostock gestorben.

3 Mit Erna Fries, geb. am 27.7.1904 in Flensburg; Tochter eines Kaufmanns, Kindergärtnerin; am 18.6.1989 in Flensburg gestorben.

4 Mit der Arbeit: Das Recht der Pfarrgründung und der Patronat im kolonialen Teil der Kirchenprovinz Hamburg-Bremen während des Mittelalters, veröffentlicht u.d.T.: Kirchgründung und Kirchpatronat in der Kirchenprovinz Hamburg-Bremen während des Mittelalters, 1936.

5 Eine schon für 1934 vorgesehene Berufung Maybaums scheiterte am Votum der Philosophischen Fakultät der Universität Rostock, die Maybaum vor allem aus zwei Gründen nicht auf die Berufungsliste gesetzt hatte; wie Wilhelm Schüßler 9/1934 festhielt, erscheine Maybaums „fehlende akademische Lehrerfahrung" als „ein Wagnis", für das die Fakultät „die Verantwortung vor der Universität und der akademischen Jugend nicht tragen" könne; außerdem sei Maybaum, „von einem kleinen Aufsatz abgesehen, außer durch seine Doktorarbeit wissenschaftlich noch nicht hervorgetreten", und seine ungedruckte Hamburger Habilitationsschrift zeige „deutlich eine starke Einseitigkeit seiner wissenschaftlichen Interessen, die ihn zur Durchführung eines so umfassenden Lehrauftrages ... als ungeeignet erscheinen ließ". Außerdem sei Maybaum in keinem der angeforderten auswärtigen Gutachten für die Besetzung des Rostocker Lehrstuhls „auch nur erwähnt worden", so daß schon dessen Plazierung auf einer Liste „in der ganzen wissenschaftlichen Welt das größte Aufsehen erregt"

NSDAP und den NS-Studentenbund[6] ab 11/1935 zunächst planmäßiger außerordentlicher Professor für Mittlere und Neuere Geschichte sowie historische Hilfswissenschaften an der Universität Rostock[7], dort auch Direktor des Historischen Seminars I für

hätte. Auch im Reichserziehungsministerium vermochte man einer Berufung Maybaums 10/1934 „nicht zuzustimmen, da seine bisherigen wissenschaftlichen Leistungen dies noch nicht rechtfertigen".

6 In der Folgezeit entspann sich eine heftige Kontroverse zwischen der Berufungskommission der Philosophischen Fakultät einerseits und den Vertretern des NS-Studentenbundes andererseits, die – von Maybaum geschickt instrumentalisiert – dessen Berufung unterstützten. Gerhard Kröger, Führer der Rostocker Studentenschaft und zugleich Gauführer des NS-Studentenbundes sowie Hauptstellenleiter in der Gauleitung Mecklenburg der NSDAP, und Alarich Augustin, Leiter der Fachgruppe Historiker des NS-Studentenbundes, später stellvertretender Gaustudentenführer und Hochschulgruppenführer des NS-Studentenbundes sowie Führer der Rostocker Studentenschaft, hielten in einer an Staats- und Parteistellen des Gaues und des Reiches verschickten Stellungnahme des NS-Studentenbundes 5/1935 fest, daß Maybaum „in jeder Weise auf dem Boden des revolutionären Nationalsozialismus" stehe und er es „als Wissenschaftler ausgezeichnet" verstehe, „die weltanschaulichen Ansatzpunkte für die nationalsozialistische Auffassung der Geschichte aufzuzeigen". In der Philosophischen Fakultät, die Maybaum „aus politischer und persönlicher Gegnerschaft" nicht nominiert habe, würde sich „kein einziger Nationalsozialist aus der Kampfzeit" befinden, „die Mentalität der Fakultät" sei „bürgerlich und daher auf dem besten Wege, jeden weltanschaulich-revolutionären Einfluß zu hintertreiben". Maybaums Vorgänger Hans Spangenberg hätte sich deutlich für Maybaum ausgesprochen, und bei „sämtlichen Studierenden der mittelalterlichen Geschichte" sei Maybaum „als Dozent geachtet und als Persönlichkeit und Nationalsozialist beliebt". Die NS-Studentenfunktionäre meinten, es müsse daher „jeden Nationalsozialisten auf das stärkste befremden, daß ein solcher Mann nicht von vornherein an der Spitze der Kandidaten-Liste" stehe; es sei „ein kennzeichnendes Merkmal liberalistischen Wissenschaftsbetriebes, daß man, um seine wissenschaftliche Eignung als Lehrer der studentischen Jugend nachzuweisen, der Verfasser von wissenschaftlichen Werken sein" müsse. „Die Rostocker Studentschaft" lege „nachdrücklichen Wert darauf, gerade diesen Dozenten zu behalten, ... der als Historiker seit jeher das Bauerntum nordischer Rasse als bestimmend für die Sinngebung deutscher Geschichte" vertreten habe; daran, „daß endlich hier, wo die Gelegenheit gegeben ist, eine Professur im nationalsozialistischen Sinne [zu] besetzen", müsse auch „der Staat ... das dringendste kulturpolitische Interesse haben".

7 Nach dem weiterhin starken Druck der Hochschulgruppe Rostock des NS-Studentenbundes, die schon 2/1935 behauptet hatte, es gebe „in der [Philosophischen] Fakultät keinen Parteigenossen und Nationalsozialisten", und „der innere Widerstand gegen die Weltanschauung und die Haltung des Nationalsozialismus ist noch fast allgemein", reagierte die Berufungskommission der Philospohischen Fakultät recht flexibel, und Dekan Robert Furch meinte nun, daß die Fakultät „niemals Zweifel darüber gehabt [habe], daß die Schriften des Herrn Dr. Maybaum vortreffliche Lösungen der in ihnen behandelten Probleme" bieten; zugleich monierte die Fakultät die Schmalspurigkeit der Maybaumschen Forschungen, der sich im Unterschied zu den breit ausgewiesenen Mitbewerbern bislang nicht an große historische Themen herangewagt habe. Auch alle auswärtigen Gutachter hätten sich fast einhellig gegen Maybaum ausgesprochen. „Die Unvollkommenheiten seiner wissenschaftlichen Leistungen" könnten nicht „dadurch hinweggedeutet werden", daß Maybaum „von der Gruppe der Historiker im NSDStB als ... entgegenkommender Dozent gerühmt" werde; zudem ließen auch die Schriften Maybaums „keinerlei Berührungspunkte mit spezifisch nationalsozialistischen Grundanschauungen erkennen". Und recht geschickt hob Dekan Furch hervor, erst wenn Maybaum „in wissenschaftlichen Publikationen erwiesen" habe, daß für ihn „das nationalsozialistische Gedankengut zu einem seine eigene Forschung befruchtenden, neue Einsichten eröffnenden ... Prinzip geworden" sei, könne er „als ein den Bedürfnissen der Universität und der Wissenschaft gerecht werdender Bahnbrecher einer neuen Weltanschauung gesehen werden". Der nochmals um ein Gutachten gebetene Rektor der Universität Hamburg, Adolf Rein, meinte 8/1935, daß

Mittlere und Neuere Geschichte;[8] 5/1936 – 3/1939 auch Dekan der Philosophischen Fakultät der Universität Rostock[9] und 1937 Vertreter des Rektors; 3/1938 – 5/1945 ordentlicher Professor für Mittlere und Neuere Geschichte an der Universität Rostock;[10] ab 1941 außerdem Referent für Mobilmachung und 1941 – 1945 auch Mitglied des Senats der Universität Rostock; 4/1945 Flucht aus Rostock, ab 5/1945 in Flensburg; 6/1945 wegen NS-Belastung aus dem Universitätsdienst in Rostock entlassen;[11] nach Entnazifizierungsverfahren in Flensburg als entlastet eingestuft;[12] 1950 krankheitshalber frühpensioniert; nunmehr Leiter des Flensburger Schulvereins, Deutschlehrer an einer berufsbildenden Schule und Mitglied des Kirchenvorstandes der St.Johannis-Gemeinde in Flensburg; daneben publizistische Tätigkeit und Schulbuchautor; am 25.2.1955 in Flensburg gestorben[13]

---

die wissenschaftliche Qualifikation Maybaums „als sehr gut zu bezeichnen" sei, und auch politisch sei dieser „einwandfrei nationalsozialistisch"; und der Leiter der Dozentenschaft der Universität Hamburg ergänzte, Maybaum habe sich „immer als aufrechter, innerlich überzeugter Nationalsozialist bewährt, an dessen Zuverlässigkeit und Einsatzbereitschaft kein Zweifel bestehen" könne. Der Hochschulreferent des Mecklenburgischen Staatsministeriums, Otto Dehns, hatte sich 8/1935 beim Reichserziehungsministerium für die endgültige Berufung Maybaums und die Nichtberücksichtigung von dessen Konkurrenten auch mit der Begründung eingesetzt, daß „auf die politische Zuverlässigkeit [des Lehrstuhlinhabers] bei der Bedeutung dieses Lehrstuhls für die weltanschaulich zu beeinflussenden künftigen Lehrer an den höheren Schulen besonderes Gewicht gelegt werden" müsse.

8 Maybaums Hauptarbeitsgebiete waren die „Geschichte des deutschen Ostens" und die Agrargeschichte.

9 Maybaum wurde auf eigenen Antrag aus diesem Amt entlassen.

10 Der Leiter der Dozentenschaft der Universität Rostock, Heinrich Gißel, hielt Maybaum 12/1937 trotz der geringen Zahl seiner Veröffentlichungen, die eine „unbedingte wissenschaftliche Gründlichkeit" aufwiesen, für eine ordentliche Professur geeignet, denn er sei „menschlich und charakterlich in jeder Weise positiv" und „politisch als unbedingt zuverlässig zu beurteilen". Prorektor Carl Correns assistierte und bescheinigte Maybaum 11/1937 eine „mustergültige Führung der Dekanatsgeschäfte" und meinte nun, Maybaum habe für seine fachliche Eignung „durch seine wissenschaftlichen Leistungen ... den vollen Beweis erbracht". Der Historiker Hermann Löffler, der vom Persönlichen Stab des Reichsführers SS zum SD abgeordnet wurde, um die Lage der deutschen Geschichtswissenschaft zu analysieren und die deutschen Historiker für die SS zu begutachten, hielt in einer 1938/39 erstellten Analyse fest, daß „die Zahl derjenigen Historiker, die in der Fachwissenschaft als positiv im nationalsozialistischen Sinne bezeichnet werden können, ... sehr gering" sei. Diese Gruppe „positiver Kräfte" umfasse lediglich 14 Historiker, darunter nur vier Ordinarien; mithin waren aus SD-Sicht weniger als acht Prozent der geschichtswissenschaftliche Lehrstühle besetzenden Professoren „für die nationalsozialistische Weltanschauung unbedingt einsatzfähig"; Heinz Maybaum war einer von ihnen.

11 Der Dekan der Philosphischen Fakultät, Günther Rienäcker, stellte 10/1945 – unterstützt vom Rektor Kurt Wachholder – bei der Mecklenburgischen Landesverwaltung den Antrag, die „einzigartige und wertvolle private Fachbücherei" Maybaums, „deren Erhaltung für die Zwecke der Universität von höchster Wichtigkeit" sei, „dem historischen Seminar zur Ergänzung der Seminarbücherei zuzuzweisen".

12 So attestierten die ehemaligen Rostocker Professoren- und Dekanskollegen Walter Hallstein und Robert Furch Maybaum eine „antifaschistische" Gesinnung und eine „innere Gegnerschaft" zur NSDAP.

13 Veröffentlichte u.a.: Die Münzpfennige, eine mittelalterliche Abgabe, 1930; Beiträge zur Geschichte der germanisch-deutschen Landwirtschaft, 1934; Das Erste Reich und wir (Rostok-

Quellen: UAR: PA Maybaum; LHAS: 5.12-7/1, Nr. 579, 1195, 1275, 1276, 1280, 2344, 2346; BA/BDC: PK; BA/BDC-Karteien: NSDAP, NSLB, REM.

ker Universitätsreden, 24), Rostock 1939; Grundzüge der Geschichte. Bd. 6. Vom Beginn des mittelalterlichen Kaiserreiches bis zum Ende des absolutistischen Zeitalters, Frankfurt/M. 1951 ([11]1962).

Mayer, Hellmuth Gerhard

geboren am 1.5.1895 in Würzburg/Bayern; evangelisch; Sohn eines Universitätsprofessors; Volksschule, Königliches Altes Gymnasium in Würzburg, dort 7/1914 Abitur; ab 10/1914 Studium der Rechtswissenschaft an der Universität Würzburg; mit längeren Unterbrechungen 12/1914 – 12/1918 Kriegseinsatz im 2. bayerischen Feldartillerie-Regiment, zuletzt Leutnant, EK II; ab 1/1919 Weiterführung des Studiums der Rechtswissenschaft an der Universität Würzburg; 1919 Angehöriger des Freikorps Epp; 1919 – 1922 Mitglied der Bayerischen Volkspartei; 7/1920 erste juristische Staatsprüfung; 7/1920 – 10/1922 Referendar; 1/1922 Promotion in Würzburg;[1] 1922 – 1930 Mitglied der Deutschnationalen Volkspartei, danach Mitarbeit im evangelisch-sozialen Volksdienst; 10/1923 zweites juristisches Staatsexamen und kurzzeitige Tätigkeit als Gerichtsassessor; ab 1/1924 Rechtsanwalt in Würzburg; 8/1928 Habilitation in Erlangen;[2] 8/1928 – 4/1930 Privatdozent an der Universität Erlangen, außerdem Lehrstuhlvertretung für Strafrecht an der Universität Frankfurt/M., daneben weiterhin als Rechtsanwalt tätig; 4/1930 – 3/1944 ordentlicher Professor für Straf- und Verfahrensrecht sowie Rechtsphilosophie an der Universität Rostock, dort auch Leiter des Kriminalistischen Seminars;[3] 8/1931 Heirat[4], später vier Kinder; nach 1933 Mitglied im NS-Lehrerbund, in der HJ, im Bund Nationalsozialistischer Deutscher Juristen, in der NS-Volkswohlfahrt und im Reichsluftschutzbund; außerdem Mitglied im Strafrechtsausschuß der Akademie für Deutsches Recht sowie in der Deutschen Strafrechtlichen Gesellschaft; nach Teilnahme an mehreren Militärübungen 7/1935 zum Oberleutnant, 7/1936 zum Hauptmann befördert; 9/1939 – 1/1940 Kriegseinsatz als Batteriechef im Artillerie-Regiment 12, daneben weiterhin Wahrnehmung der universitären Aufgaben; 1-9/1940 vom Wehrdienst freigestellt; 9/1940 – 3/1943 erneuter Kriegseinsatz als Personalsachbearbeiter im Stab der Heimatdienststelle Rostock der Ersatz-Division 192, dort 2/1942 zum Major befördert; für seine Lehrtätigkeit ab 3/1943 wiederholt vom Wehrdienst freigestellt; 1-4/1944 auch Dekan der Rechts- und Wirtschaftswissenschaftlichen Fakultät der Universität Rostock; 4/1944 als ordentlicher Professor für Strafverfahrens- und Zivilprozeßrecht sowie Rechtsphilosophie an die Universität Kiel versetzt; als Vertreter seines eigenen ehemaligen Lehrstuhls daneben 4/1944 – 5/1947 Vorlesungen und Übungen an der Universität Rostock; 5/1946 zum Professor für Strafrecht, Verfahrensrecht und Rechtsphilosophie an der Universität Rostock berufen;[5] bis 5/1947 auch Dekan der Rechts- und Wirtschaftswissenschaftlichen Fakultät der Universität Rostock; ab 1947

1 Mit der Arbeit: Zuchtgewalt und Strafrechtspflege. Ein grundsätzlicher Versuch, Leipzig 1922.

2 Mit der Arbeit: Der amtsrichterliche Strafbefehl.

3 Mayers Hauptarbeitsfelder lagen auf dem Gebiet des Straf- und Prozeßrechts und der Rechtsphilosophie, insbesondere der Strafrechtsgeschichte des 16. und 17. Jahrhunderts.

4 Mit Charlotte Keding, geb. am 26.11.1909.

5 Nach einem Urteil des Rektors Günther Rienäcker galt Mayer als einer der besten verfügbaren Strafrechtler; Rienäcker bat die Landesverwaltung Mecklenburg-Vorpommern, alles zu tun, um Mayer trotz dessen extrem hoher Gehaltsforderung zu halten, und bürgte für dessen „antifaschistische Gesinnung“. Mayer behielt sich die Annahme der Berufung und des daraus folgenden Wechsels von der Universität Kiel nach Rostock zunächst noch vor.

Mitglied der CDU; ab Sommersemester 1947 wieder Lehrtätigkeit an der Universität Kiel; 10/1947 endgültige Übersiedlung nach Kiel, dort wieder Professor für Strafverfahrens- und Zivilprozeßrecht sowie Rechtsphilosophie, später auch Oberlandesgerichtsrat; ab 1961 Herausgeber der *Kriminologischen Forschungen*; am 9.4.1980 gestorben[6]

Quellen: UAR: PA Mayer, LHAS: 5.12-7/1, Nr. 579, 1195, 1410, 1434; BA/BDC-Karteien: REM.

6 Veröffentlichte u.a.: Deutsch! Wehrhaft! Fromm! (Flugschriften der Deutsch-akademischen Gildenschaft, 1), Würzburg 1921; Die Untreue im Zusammenhang der Vermögensverbrechen, München 1926; Das Strafrecht des deutschen Volkes, Stuttgart 1936; Strafrecht. Allgemeiner Teil, Stuttgart/Köln 1953; Strafrechtsreform für heute und morgen, Berlin 1962; Die gesellige Natur des Menschen. Sozialanthropologie aus kriminologischer Sicht, Berlin 1977.

Meyer-Burgdorff,[1] **Hermann** Heinrich

geboren am 14.4.1889 in Hordel/Bochum (Westfalen); evangelisch; Sohn eines Landwirtes; Elementarschule und Privatschule in Kellinghusen/Holstein, Realschule in Elmshorn, Oberrealschule in Hannover, dort 4/1908 Abitur; 4/1908 – 3/1913 Medizinstudium an den Universitäten Göttingen, Kiel und Straßburg; 4/1913 medizinisches Staatsexamen in Göttingen; 10/1913 – 7/1914 Medizinalpraktikant an der Medizinischen Klinik der Universität Göttingen; ab 8/1914 Kriegsassistent an der Chirurgischen Klinik der Universität Göttingen, dort 10/1914 Approbation; anschließend Kriegseinsatz als Leiter des Kiefer-Lazaretts in Göttingen und bis 1919 ordinierender Arzt in einem Göttinger Kriegslazarett, EK II, Rot-Kreuz-Medaille III. Kl.; dazwischen 1917 Promotion in Göttingen;[2] 1919 – 1923 wieder regulärer Assistenzarzt an der Chirurgischen Klinik der Universität Göttingen; dazwischen 10/1919 – 2/1920 Assistenzarzt für Orthopädie an der Universität München und bis 1923 auch nebenamtlicher Facharzt für Chirurgie und Orthopädie im Versorgungslazarett Göttingen; 9/1920 Heirat,[3] später vier Kinder; 1/1923 Habilitation und ab 3/1924 Privatdozent für Chirurgie an der Universität Göttingen; dort später Oberarzt und ab 12/1928 Dozent für Chirurgie; in Göttingen 12/1928 zum nichtbeamteten außerordentlichen Professor ernannt; 1929 – 1931 Mitglied des Stahlhelm; 10/1930 – 3/1935 zunächst Oberarzt, zuletzt 1. Oberarzt an der Chirurgischen Universitätsklinik in Rostock; dort 11/1931 zum außerplanmäßigen außerordentlichen Professor ernannt;[4] ab 7/1933 Mitglied des Opferringes der NSDAP, ab 11/1933 Mitglied der SA und und Dienst als SA-Sanitäts-Truppführer im Sanitätssturm der SA-Brigade 111 in Rostock; ab 7/1934 auch Mitglied des NS-Lehrerbundes; ab 4/1935 Chefarzt der Chirurgischen Klinik des Allgemeinen Krankenhauses in Lübeck, damit Erlöschen der Rostocker Dozentur; nunmehr Mitglied des NS-Ärztebundes; 4/1936 Wiederzulassung als Dozent, Vorlesungen und Forschungsarbeiten an der Universität Rostock; in Lübeck Eintritt in die NSDAP am 1.5.1937, Mitgliedsnummer 4.422.655; neben Weiterführung seiner Tätigkeit als Direktor der Chirurgischen Klinik in Lübeck an der Universität Rostock 3/1940 zum außerplanmäßigen Professor für Chirurgie ernannt; dann Kriegseinsatz, so 6/1943 Unterarzt in der Sanitäts-Ersatz- und Ausbildungsabteilung 10, 7/1944 KVK II. Kl. o.S.; am 17.2.1957 in Kiel gestorben[5]

Quellen: UAR: PA Meyer-Burgdorff; LHAS: 5.12-7/1, Nr. 579, 2382, 2384, 2498; BA/BDC-Karteien: NSDAP, NSLB, NSDÄB, REM.

1 8/1930 durch den preußischen Justizminister ermächtigt, den Zweitnamen 'Burgdorff' zu führen.

2 Mit der Arbeit: Klinisches über den Tetanus an Hand eines recidivierenden Falles, Göttingen 1917.

3 Mit Gertraud Cassel, geb. am 17.4.1895 in Rasdorf/Leine.

4 Die Forschungsgebiete Meyer-Burgdorffs waren die Röntgenologie und die Röntgen-Diagnostik in der Chirurgie sowie die Orthopädie und die pathologische Physiologie des Verdauungssystems.

5 Veröffentlichte u.a.: Röntgendiagnostik in der Chirurgie und ihren Grenzgebieten, Berlin 1927; Der operierte Magen, Leipzig 1930; Anleitung zur Sprachverbesserung nach Mund-, Nasen- und Kieferkrankheiten, Berlin 1930; Untersuchungen über das Wirbelgleiten, Leipzig 1931.

Meythaler, Friedrich Wilhelm Karl

geboren am 18.3.1898 in Offenburg/Baden; evangelisch; Sohn eines Oberbaurates; Vorschule und humanistisches Gymnasium in Karlsruhe, dort 10/1916 Abitur; ab 11/1916 Kriegseinsatz, zuletzt Zugführer in einer Maschinengewehr-Kompanie, 1/1919 als Leutnant aus dem Heer entlassen; 2/1919 – 1922 Medizinstudium an den Universitäten Heidelberg und München; Ende 1922 Staatsexamen in Heidelberg; 1-7/1923 Medizinalpraktikant am St. Vincentius-Krankenhaus in Karlsruhe; 7/1923 Promotion[1] und Approbation; 10/1923 – 2/1924 Volontärassistent und 3/1924 – 9/1925 Hilfsassistent am Physiologischen Institut der Universität Heidelberg; 10/1925 – 7/1930 Assistenzarzt an der Medizinischen Universitätsklinik in Würzburg, 8/1930 – 9/1932 an der Medizinischen Universitätsklinik in Bonn; 2/1929 Heirat,[2] später fünf Kinder; 10/1932 – 6/1937 Assistenzarzt, späterer Oberarzt an der Medizinischen Klinik der Universität Rostock; dort 7/1933 Habilitation[3] und Ernennung zum Dozenten für Innere Medizin; ab 11/1933 Mitglied der SA, zuletzt SA-Sanitätssturmführer und 2. Sturmbannarzt in Rostock; ab 7/1934 Mitglied des NS-Lehrerbundes; ab 1935 beratender Sportarzt der NS-Gemeinschaft „Kraft durch Freude“ in Rostock; ab 1935 Lehrauftrag für Sportmedizin an der Universität Rostock; 4/1936 zum Oberarzt der Medizinischen Universitätsklinik ernannt und 1936 Lehrauftrag für Luftfahrtmedizin an der Universität Rostock; 5/1937 verwitwet; Eintritt in die NSDAP am 1.5.1937, Mitgliedsnummer 4.403.630; 6/1937 – 10/1938 mit der Wahrnehmung der Dienstgeschäfte des Direktors der Medizinischen Poliklinik und der Vertretung des Lehrstuhls für Innere Medizin der Universität Rostock beauftragt;[4] 10/1938 – 11/1942 Oberarzt der Medizinischen Universitätsklinik Rostock; dort 5/1939 zum beamteten außerordentlichen Professor für Innere Medizin ernannt;[5] ab 9/1939 Kriegseinsatz im Polen- und Frankreichfeldzug, zunächst als Internist in Feldlazaretten der Wehrmacht und einer Division der Waffen-SS,

---

1 Mit der Arbeit: Über einen Fall von essentieller Hämaturie.

2 Mit Dr. Hermine Baer, geb. am 1.8.1897 in Görwihl; Tochter eines Arztes; Ärztin; am 10.5.1937 gestorben.

3 Mit der Arbeit: Untersuchungen über den Mechanismus der Blutzuckerregulation bei differenzierten Gefäßanastomosen zwischen Leber und Abdominalorganen.

4 Der bisherige Lehrstuhlinhaber Georg Ganter war im Zusammenhang mit Vorwürfen wegen der medizinischen Behandlung von Juden in seiner Privatpraxis sowie nach Anfeindungen durch die Kreisleitung Rostock-Stadt der NSDAP hinsichtlich seiner politischen Einstellung als ein „innerer Gegner des Nationalsozialismus“ eingestuft und unter Berufung auf den § 6 des Gesetzes zur Wiederherstellung des Berufsbeamtentums 5/1937 in den einstweiligen, 10/1937 in den endgültigen Ruhestand versetzt worden. Der Wunsch der Medizinischen Fakultät, Meythaler auf diesen Lehrstuhl zu berufen, wurde vom Mecklenburgischen Staatsministerium mit der Begründung abgelehnt, daß es „zur Wahrung und Hebung des Ansehens der Medizinischen Fakultät ... dringend erforderlich“ sei, „einen angesehenen und bewährten Wissenschaftler, der auch als Arzt einen Ruf hat, von auswärts auf den Lehrstuhl zu berufen“. Die Berufung erhielt Hans Schulten. Die Fakultät wiederholte 6/1938 ihren Antrag auf Berufung Meythalers.

5 Zu Meythalers Hauptforschungsgebieten gehörten die Pathophysiologie und neurohormonalen Regulationen des Kohlenhydratstoffwechsels, klinische und experimentelle Arbeiten zum Leberstoffwechsel, Diabetes mellitus, Pankreasfunktion, Galle, Malaria, Poliomyelitis, Tumor-

dann als Chefarzt des Feldlazaretts einer Division der Waffen-SS; 9/1940 zur Übernahme der Leitung der Schwesternschule der NS-Volkswohlfahrt in Rostock kurzzeitig uk gestellt; Anfang 1941 Kriegseinsatz als Chefarzt eines Reservelazaretts in Kolberg, dann bis Ende 1942 Beratender Internist zunächst der Südost-Armee der Wehrmacht, dann der Armee-Sanitäts-Abteilung 695 und zuletzt der Heeresgruppe Süd auf dem Balkan; dort 1941 medizinische Versuche (Übertragung von Hepatitis) an britischen Kriegsgefangenen auf Kreta; vom Sanitätsinspekteur des Heeres 11/1942 als Stabsarzt zur Heeres-Sanitätsstaffel nach Erlangen versetzt; dort ab 12/1942 außerordentlicher Professor für Innere Medizin an der Universität Erlangen und ab 1/1943 zugleich Direktor der Medizinischen Poliklinik; nach kurzzeitiger Kriegsgefangenschaft bis 10/1945 wieder Leiter der Medizinischen Poliklinik in Erlangen; auf Befehl der amerikanischen Militärregierung 10/1945 Amtsenthebung; 8/1947 zum Stadtmedizinaldirektor, Vorstand und Leiter der II. Medizinischen Klinik des Allgemeinen Städtischen Krankenhauses in Nürnberg ernannt; daneben 5/1948 Wiedererteilung der Lehrbefugnis und erneut außerplanmäßiger Professor für Innere Medizin an der Universität Erlangen; Mitglied des Arbeitskreises Kommunales Krankenhauswesen des Deutschen Städtetages; am 17.11.1967 in Erlangen gestorben[6]

Quellen: UAR: PA Meythaler; LHAS: 5.12-7/1, Nr. 1196, 1503, 1505; BA/BDC: PK, REM; BA/BDC-Karteien: NSDAP, NSLB, RFR.

therapie und Leukämie; Meythaler erhielt über den Reichsforschungsrat zwischen 1936 und 7/1944 mehrere tausend Reichsmark und Sachbeihilfen für Untersuchungen des intermediären Kohlehydratstoffwechsels.

6 Veröffentlichte u.a.: Die Therapie der Malaria, München 1942; Klinik, Differentialdiagnose und Therapie der Malariagruppe im Kriege, Stuttgart 1944; Die Viruspneumonie des Menschen, Stuttgart 1952 (mit D. Betz); Wissenschaft für die Praxis, München 1952 (als Hg.); Balneologie und Balneotherapie, München 1955 (als Hg.); Die Erkrankungen der Leber und der Gallenwege. Ein Grundriß für Ärzte und Studierende, München 1957 (mit W. Haggenmiller); Prophylaxe, Früherkennung und vorbeugende Therapie innerer Erkrankungen, Stuttgart 1958 (als Hg.); Die Indikation zur Splenektomie, Stuttgart 1960 (mit E. Kühnlein und D. Sölla); Die infektiöse Mononukleose, Stuttgart 1962 (mit W. Häupler); Pathologie und Chemotherapie, Stuttgart 1966.

Mitteis, Heinrich Karl Ludwig

geboren am 26.11.1889 in Prag/Österreich-Ungarn; katholisch; Sohn eines Universitätsprofessors; Volksschule in Wien, Schola Thomana (Gymnasium) in Leipzig, dort 1908 Abitur; 1908 – 1912 Studium der Rechtswissenschaft an den Universitäten Leipzig, Berlin und Bonn; 9/1912 erstes juristisches Staatsexamen, anschließend bis 4/1916 Referendar am Amtsgericht Zwenkau sowie am Amts- und Landgericht Leipzig; 2/1913 Promotion in Leipzig;[1] ab 12/1915 Militärdienst im Feldartillerie-Regiment 78 in Wurzen/Leipzig, 4/1916 – 12/1918 Kriegseinsatz in den Feldartillerie-Regimentern 78 und 47, zuletzt Leutnant, EK II; 4/1919 Habilitation für Deutsches Recht in Halle und seitdem Privatdozent an der Universität Halle; 12/1919 Heirat;[2] ab 4/1920 Privatdozent mit Lehrauftrag an der Universität Köln; dort 4/1921 zum ordentlichen Professor für Deutsche Rechtsgeschichte, Deutsches, Bürgerliches und Handelsrecht ernannt; ab 10/1924 ordentlicher Professor an der Universität Heidelberg, dort 1926/27 auch Dekan der Juristischen Fakultät; ab 1926 Mitglied der Heidelberger Akademie der Wissenschaften; 1927 Mitbegründer des Deutschen Rechtshistorikertages; ab 1931 auch Mitglied der Société d' histoire du droit in Paris; 10-11/1933 erneut Dekan der Juristischen Fakultät der Universität Heidelberg; wegen seines Eintretens für einen entlassenen jüdischen Kollegen und gegen die nationalsozialistisch inspirierte Universitätsverfassung 11/1933 als Dekan abgesetzt; ab 12/1933 Mitglied des NS-Lehrerbundes sowie Mitglied der Akademie für Deutsches Recht; auf Grund seiner guten Beziehungen zu Hans Frank[3] ab 4/1934 ordentlicher Professor für deutsches Privatrecht, deutsches Bürgerliches Recht, Handels- und Wechselrecht sowie deutsche Rechtsgeschichte an der Universität München; nach politischen Schwierigkeiten[4] ab 4/1935 ordentlicher Professor für Rechts-

1 Mit der Arbeit: Rechtsfolgen des Leistungsverzuges beim Kaufvertrag nach niederländischen Quellen des Mittelalters, Heidelberg 1912.

2 Mit Mathilde Abt, geb. am 14.2.1888; Tochter eines Generalleutnants.

3 Bayerischer Staatsminister der Justiz, Reichsminister ohne Geschäftsbereich, Reichsleiter des Rechtsamtes der NSDAP, Präsident der Akademie für Deutsches Recht und Führer des NS-Juristenbundes.

4 Das Badische Unterrichtsministerium hatte Mitteis 9/1934 gegenüber dem Bayerischen Staatsminister Hans Schemm als eine „im nationalsozialistischen Staat untragbare Person" bezeichnet, der „jede Wirkungsmöglichkeit an einer deutschen Universität genommen werden müsse". Schon 6/1934 hatte der Dekan der Naturwissenschaftlichen Fakultät in Heidelberg, Vogt, gegenüber dem Führer der NS-Dozentenschaft der Universität München Mitteis als einen „ganz üblen Reaktionär" bezeichnet. Dieser habe „im Sommer vorigen Jahres [1933] erklärt, man müsse jetzt mit der passiven Resistenz beginnen", außerdem sei Mitteis „noch Ende letzten Jahres für die Juden eingetreten", deshalb habe man ihn in Heidelberg „auch als Dekan abgesägt". Mitteis' Versetzung an die Universität Wien sei auch erfolgt, um die weitere Störung seiner Vorlesungen durch nationalsozialistische Studenten abzustellen. Die um eine Auskunft bezüglich der „politischen Zuverlässigkeit" von Mitteis gebetene Leitung der Ortsgruppe Grainau/Garmisch-Partenkirchen der NSDAP (dem Wohnort Mitteis') teilte der Gauleitung München-Oberbayern mit, daß Mitteis „in Erscheinung und Haltung geradezu kriecherische Freundlichkeit gegenüber Parteimitgliedern" zeige, was „immer wieder zu Bedenken bezüglich einer rein arischen Abstammung" Anlaß gebe, so daß „die arische Abstammung einer Nachprüfung unterzogen werden" sollte. Derartige Auskünfte trugen zur Verstärkung der Schwierigkeiten bei, die Mitteis ein Verbleiben in München unmöglich machten.

geschichte an der Universität Wien, auch dort Dekan der Juristischen Fakultät; nach dem Einmarsch der Wehrmacht und dem 'Anschluß' Österreichs 3/1938 – 12/1939 von allen akademischen Ämtern suspendiert; 1/1940 – 3/1946 ordentlicher Professor für Bürgerliches Recht, Deutsches Privatrecht, Deutsche Rechtsgeschichte und Kirchenrecht an der Universität Rostock,[5] dort ab 2/1941 auch Direktor des Rechtshistorischen Seminars;[6]

5 Das Mecklenburgische Staatsministerium wurde 9/1939 durch ein vertrauliches Schreiben des Reichserziehungsministeriums informiert und gewarnt: Mitteis habe „durch seine politische Haltung sowohl im Altreich [in Heidelberg und München] ... wie aber auch während des Schuschnigg-Systems in der Ostmark gezeigt, daß er nicht rückhaltlos auf dem Boden der nationalsozialistischen Weltanschauung“ stehe, dies gehe aus seiner Einstellung zur „liberal-demokratischen Geschichtsauffassung, zur Judenfrage“ und durch seine „Mitgliedschaft in der Vaterländischen Front“ hervor. Jedoch hätten „sein Ruf als hervorragender Gelehrter und seine in der Zwischenzeit unternommenen Bemühungen, zum Nationalsozialismus ein besseres Verhältnis zu finden“, auch „den Stellvertreter des Führers veranlaßt, sich gegen die Emeritierung ... auszusprechen“; Mitteis' „Verbleiben in der Ostmark“ sei jedoch „nicht möglich“. Im Zusammenhang mit dem Verfahren zur Besetzung des seit 5/1939 vakanten, bislang von Wilhelm Ebel wahrgenommenen Lehrstuhls für Bürgerliches Recht, Deutsches Privatrecht, Kirchenrecht und Deutsche Rechtsgeschichte der Universität Rostock hatte das Reichsministerium für Wissenschaft, Erziehung und Volksbildung die Absicht zur Versetzung von Mitteis gegenüber Reichsstatthalter Hildebrandt bereits 7/1939 damit begründet, daß im „Ergebnis der Nachprüfungen ... der Reichskommissar Bürckel nach Einvernehmen mit dem Stabsleiter des Stellvertreters des Führers, Reichsleiter Bormann, persönlich entschieden [habe], daß Mitteis zwar keine zuverlässige politische Haltung bewiesen habe“, er „aber wegen seiner vorzüglichen Verdienste um die Wissenschaft und mit Rücksicht auf das aufrichtige Bestreben, ein besseres Verhältnis zum Nationalsozialismus zu finden, im Amte zu belassen sei“. Gleichzeitig habe es „der Stellvertreter des Führers für wünschenswert bezeichnet, Mitteis an eine norddeutsche Universität zu versetzen“. Der NS-Dozentenbundführer der Universität Wien hatte die Universität Rostock und den mecklenburgischen Gaudozentenbundführer Martin Mehmel 12/1939 über Mitteis informiert: „Seine politische Einstellung ist nicht nationalsozialistisch“; Mitteis sei „früher ein begeisterter Anhänger des Führers gewesen“, wollte dann aber „auf Grund von Angriffen im 'Stürmer' von München weg“. Zwar sei er in seinen Vorlesungen in Wien „nicht reichsfeindlich aufgetreten“, manche hielten in „sogar für einen Nazi“. Nach 1938 sei Mitteis zunächst beurlaubt worden und solle nun, „da die Gründe für seine Pensionierung nicht ausreichen“, an eine „weniger exponierte“ Hochschule versetzt werden; aber auch in Rostock müsse man ihm „politisch auf die Finger schauen“. Die Rechts- und Wirtschaftswissenschaftliche Fakultät der Universität Rostock, die unter normalen Umständen nicht mit einem so hochkarätigen Zugang hätte rechnen können, meinte es sich „angesichts der bisherigen Laufbahn von Mitteis ... versagen zu sollen, in eine eingehende Einzelwürdigung seiner [Mitteis'] wissenschaftlichen Leistung einzutreten“; dieser sei „ein anerkannter Meister seines Fachs von hohem Ansehen“, der „die akademische Jugend für die großen Ideen des Deutschen Rechtes zu begeistern“ wisse. Mitteis selbst empfand seine Berufung nach Rostock auch retrospektiv als „Strafversetzung“ und „Verbannung“. Mitteis' Hauptforschungsgebiete waren die deutsche und die vergleichende europäische Rechts- und Verfassungsgeschichte.

6 In einer Mitteilung der Reichsdozentenführung an den mecklenburgischen NS-Dozentenbund und den Dozentenbundführer der Universität Rostock, Kurt Neubert, hieß es noch 4/1942, Mitteis habe schon in Heidelberg „in keiner Weise den schweren Kampf der nationalen Studentenschaft“ gegen jüdische Professoren unterstützt, „sondern erging sich häufig in sarkastischen Bemerkungen über die Arbeit und die Führer der Studentenschaft und versuchte, sie lächerlich zu machen“; nach der Machtübernahme habe er „gegen die 'unrechtmäßigen Gehaltsabzüge' der nat.soz. Regierung“ protestiert, und wurde wegen des „bestehenden Mangels an geeigneten Persönlichkeiten“ sogar Dekan; in einer Senatssitzung habe er dann „in provozierender Weise“ seine „Zufriedenheit“ darüber geäußert, „daß der Nationalsozialismus jetzt auch erkannt habe, daß vor allem die Intelligenz eingeschaltet werden müsse“. Mitteis'

nach Austritt aus dem NS-Lehrerbund ab 2/1940 Mitglied des NS-Rechtswahrerbundes; ab 1942/43 publizistische Beteiligung am 'Kriegseinsatz der Geisteswissenschaften'; 1943/44 Beteiligung an den vom Oberkommando der Wehrmacht/Allgemeines Wehrmachtsamt, Abteilung Inland, organisierten Rednereinsätzen von Wissenschaftlern zur Truppenbetreuung;[7] nach dem Einmarsch der sowjetischen Truppen in Rostock 1945 Verlust erheblicher Teile seiner Bibliothek; ab 1945 korrespondierendes Mitglied der Österreichischen Akademie der Wissenschaften; 1945/46 Vorstand der Bezirksgruppe Rostock-Stadt und Rostock-Land des Kulturbundes zur demokratischen Erneuerung Deutschlands; ab 11/1945 Dekan der Rechts- und Wirtschaftswissenschaftlichen Fakultät der Universität Rostock; ab 4/1946 ordentlicher Professor für Deutsche Rechtsgeschichte an der Universität Berlin;[8] ab 7/1946 ordentliches Mitglied der Deutschen Akademie der Wissenschaften; ab 1947 auch Herausgeber der *Zeitschrift der Savigny-Stiftung für Rechtsgeschichte*; ab 4/1948 ordentlicher Professor für Rechtswissenschaft, Deutsche

---

„Eintreten für den jüdischen Professor wurde damals als maßlos unverschämt empfunden" und „sofort dem Minister gemeldet", von einer durch die Gauleitung Baden der NSDAP empfohlenen „Schutzhaft ... wurde jedoch Abstand genommen", auch „infolge des guten Ansehens, das Mitteis bei Reichsminister Dr. Frank genoß". Nach seiner Berufung nach München sei Mitteis dort bereits „nach kurzer Zeit der Mittelpunkt sämtlicher reaktionärer und schwarzer Studentenkreise" gewesen; den vom bayerischen Kultusministerium in Mitteis' Institut als Assistenten installierten SA-Mann habe Mitteis „in jeder Weise schikaniert" und „wie Luft" behandelt. Weil Mitteis beständig „in provozierender Weise gegen den nat.soz.Teil der Münchner Studentenschaft" Stellung genommen habe, und „seine Feindschaft gegenüber der nat.soz. Bewegung in seinem ganzen Verhalten klar zutage" getreten sei, mußte er „schließlich von seinen Verpflichtungen entbunden" werden. Demgegenüber beurteilte Max Milkow, Leiter des Personalamtes der Gauleitung Mecklenburg der NSDAP, Mitteis 11/1942 als „wissenschaftlich-fachlich ganz ausgezeichnet", er sei „ein hochgeschätztes Mitglied der Rechts- und Wirtschaftswissenschaftlichen Fakultät" der Universität geworden und habe mit seinen Schriften „wertvolle Beiträge zur deutschen Geschichte, Verfassung und Rechtslehre" geleistet; als Lehrer habe Mitteis „volle Anerkennung gefunden", die Studenten seien „begeistert" von dem „hohen Niveau seiner Vorlesungen", politisch habe er „völlige Zurückhaltung" gewahrt, zeige bei „kriegsbedingten Schwierigkeiten" eine „ständige Bereitschaft" und sei stets bereit, „seine Person zur Mitarbeit zur Verfügung zu stellen"; „angenehm" aufgefallen sei „seine außerordentlich positive Einstellung zu dem neuen Erlaß des Herrn Reichsmarschalls, betreffend Fernunterricht an die Luftwaffen-Studenten". Es bestehe in der mecklenburgischen Gauleitung der Eindruck, daß Mitteis, der „wiederholt an Veranstaltungen des NS-Dozentenbundes" teilgenommen habe, nunmehr „seinen Willen zur Mitarbeit dokumentieren und damit den verlorengegangenen Anschluß an die neue Zeit allmählich wieder zurückgewinnen" wolle.

7 Mitteis war bereit, „während des Semesters in Rostock und naher Umgebung, während der vorlesungsfreien Zeit nach Vereinbarung" über die Themen „Krieg und Fehde bei den alten Deutschen" sowie „Kaisertum und Reich in der Geschichte" zu sprechen; seine Vortragskonzeptionen enthielten dabei die zeitgenössisch gewünschten Schwerpunkte „Heer ist Volk in Waffen", „Fehde ist Krieg zwischen Sippen nach Rechtsregeln, durch Urfehde beendet", „Reichsgedanke schon altgermanisch", „Reichsgründungen der Germanen auf röm. Boden", „Heerkaisertum und Weltkaisertum", „europäische Mission des Reichs".

8 Rektor Günther Rienäcker stellte 6/1946 in einem Schreiben an die mecklenburgische Kultusverwaltung den Antrag zu versuchen, Mitteis auf Grund seiner engen Bindungen an Rostock zumindest zu Gastvorlesungen in Rostock zu bewegen, wodurch „eine sehr wertvolle Bereicherung des Vorlesungsplanes möglich" wäre und eine „Wiederbelebung der Rechtswissenschaften" erreicht werden könnte; Rienäcker war der Auffassung, „daß dies auch zweifellos für unsere Zone politisch sehr werbend wirken würde".

Rechtsgeschichte und Privatrecht an der Universität München, daneben Lehraufträge an der Universität Zürich; ab 1949 auch Mitglied, ab 2/1950 Präsident der Bayerischen Akademie der Wissenschaften; 5/1952 an die Universität Zürich berufen; an den Folgen eines Herzinfarkts am 23.7.1952 in München gestorben[9]

Quellen: UAR: PA Mitteis; LHAS: 5.12-7/1, Nr. 1424, 1426; BA/BDC: REM; BA/BDC-Karteien: NSLB, REM.

9 Veröffentlichte u.a.: Ratgeber für das Studium der Rechtswissenschaft, Halle 1921; Bürgerliches Recht: Familienrecht, Berlin 1923; Lehrbuch des Bürgerlichen Rechts: Sachenrecht, Jena 1924; Wege zu deutscher Staatsgesinnung, Mannheim u.a. 1926; Politische Prozesse des früheren Mittelalters in Deutschland und Frankreich, Heidelberg 1927; Zehn Jahre! Ansprache zum Gedächtnis der 10. Wiederkehr des Tages von Versailles, Heidelberg 1929; Lehrbuch des bürgerlichen Rechts, Jena 1927 (mit K. Cosack); Lehnrecht und Staatsgewalt. Untersuchungen zur mittelalterlichen Verfassungsgeschichte, Weimar 1933; Grundriß des österreichischen Urheberrechts nach dem Bundesgesetz vom 9. April 1936, Wien 1936; Die deutsche Königswahl. Ihre Rechtsgrundlagen bis zur Goldenen Bulle, Baden-Wien 1938; Der Staat des hohen Mittelalters. Grundlinien einer vergleichenden Verfassungsgeschichte des Lehnszeitalters, Weimar 1940 (^{8}1968); Vom Lebenswert der Rechtsgeschichte, Weimar 1947; Die Rechtsgeschichte und das Problem der historischen Kontinuität, Berlin 1947; Über das Naturrecht, Berlin 1948; Deutsche Rechtsgeschichte, München 1949 (^{18}1988); Die Krise des deutschen Königswahlrechts, München 1950; Deutsches Privatrecht. Ein Studienbuch, München 1950 (^{6}1972); Die Rechtsidee in der Geschichte, Weimar 1957.

Moral, Hans

geboren am 8.9.1885 in Berlin/Preußen; jüdisch; Sohn eines Kaufmanns; Königliches Wilhelmsgymnasium in Berlin, Königliches Gymnasium in Weilburg/Lahn, dort 3/1905 Abitur; ab 1905 Studium der Zahnmedizin an den Universitäten München und Berlin, anschließend Studium der Medizin an der Universität in Greifswald; 5/1908 Staatsexamen als Zahnarzt und zahnärztliche Approbation, 11/1911 medizinisches Staatsexamen; 6/1912 Doppelpromotion in Greifswald;[1] 12/1911 – 11/1912 Medizinalpraktikant am Westend-Krankenhaus in Berlin-Charlottenburg, am Anatomisch-Biologischen Institut der Universität Berlin sowie an der Poliklinik der I. Medizinischen Klinik der Charité; 12/1912 – 9/1913 Assistent am Zahnärztlichen Institut der Universität Marburg; ab 10/1913 2. Assistent am Zahnärztlichen Institut in Rostock; dort 6/1914 Habilitation[2] und seitdem Privatdozent für Zahnheilkunde an der Universität Rostock; nach Zurückstellung vom Kriegseinsatz als stellvertretender Direktor 8/1914 – 11/1918 mit der kommissarischen Leitung des Zahnärztlichen Instituts der Universität Rostock beauftragt; 7/1917 Verleihung der Amtsbezeichnung eines Professors/Titularprofessor;[3] 12/1918 – 9/1920 Oberarzt des Zahnärztlichen Instituts; 10/1920 zum außerordentlichen Professor für die gesamte Zahnheilkunde ernannt und seitdem Direktor der nunmehrigen Klinik und Poliklinik für Mund- und Zahnkrankheiten sowie des Zahnärztlichen Lehrinstituts der Universität Rostock; dort 4/1923 zum ordentlichen Professor ernannt;[4] 1924 Ehrendoktorwürde der Universität Rostock;[5] neben seiner universitären Tätigkeit 1928 – 1932 zahlreiche Vortragsreisen nach Süd- und Osteuropa sowie Skandinavien; Ehrenmitglied des Vereinsbundes bulgarischer Zahnärzte, der Federazione stomatologica Italiana, des Vereinsbundes ungarischer Zahnärzte, des Vereins Triester Zahnärzte, der Berliner Zahnärztlichen Gesellschaft, des Rigaer Zahnärztevereins, des Vereins polnischer Zahnärzte, ab 1931 Ehrenmitglied der Japanischen Dental Association und der Dänischen Odontologischen Vereinigung; 1929/30 Dekan der

1 Mit den Arbeiten: Über die ersten Entwicklungsstadien der Glandula submaxillaris, Wiesbaden 1912; Über die ersten Entwicklungsstadien der Glandula parotis, Wiesbaden 1912.

2 Mit der Arbeit: Über die Lage des Anästhesiedepots, Wiesbaden 1914. Schon anläßlich der Habilitation informierte der Vizekanzler der Universität Rostock, Gerhard von Buchka, das Großherzogliche Ministerium, daß Moral „jüdischer Herkunft und der Sohn eines wohlhabenden Kaufmanns in Berlin" sei, der „den gut situierten Schichten des dortigen Kaufmannsstandes" angehöre.

3 Der Vizekanzler der Universität, v.Buchka, begründete den Antrag auf Verleihung des Professorentitels 1917 damit, daß sich das von Johannes Reinmöller gegründete und im Kriege von Moral geleitete zahnärztliche Lehrinstitut „ungewöhnlich schnell entwickelt" habe und „jetzt zu den größten akademischen Instituten" gehöre und „in dem wohlbegründeten Rufe einer mustergültigen Anstalt" stehe; Morals Verdienst sei es, „das Institut unter den oft schwierigen Kriegsverhältnissen auf seiner Höhe erhalten und fortentwickelt zu haben"; außerdem habe Moral es „in sehr weitgehendem Umfange der wichtigen militärärztlichen Zahnpflege zur Verfügung gestellt. Er hat also etwas besonderes geleistet".

4 Morals Hauptarbeitsgebiete waren die zahnmedizinische Grundlagenforschung, zahnärztliche Pathologie und Klinik.

5 Die Verleihung erfolgte im Zusammenhang mit der Eröffnung der ersten stationären Abteilung an einer Universitäts-Zahnklinik in Deutschland.

Medizinischen Fakultät der Universität Rostock; nach erheblichen antijüdischen Ausschreitungen 3/1933 nach formal eigenem Antrag auf unbestimmte Zeit beurlaubt;[6] 4/1933 Forderung des mecklenburgischen Regierungskommissars nach Rücktritt Morals, was dieser verweigerte und statt dessen ein Disziplinarverfahren gegen sich beantragte; ab 5/1933 umfangreiches Untersuchungsverfahren gegen Moral,[7] in dessen Verlauf er – trotz zuvor mehrfach bekundeter Selbstmordabsichten[8] – wieder Hoffnung auf eine

6 Der Regierungsbevollmächtigte für die Universität Rostock, Paul Siegfried, teilte dem Mecklenburgischen Unterrichtsministerium am 31.3.1933 in einem an Perfidie kaum zu überbietenden Schreiben mit, daß Prof. Moral am 30.3.1933 durch den Dekan der Medizinischen Fakultät, Otto Steurer davon informiert worden sei, „daß die Universitäts-Poliklinik für Mund- und Zahnkrankheiten bei dem für den 1. April 1933 geplanten Abwehrkampf gegen die Greuelpropaganda des Judentums im Auslande nicht ausgenommen werde, da ihr Direktor Jude sei ... Wir alle haben geglaubt, daß eine vorübergehende Beurlaubung des Herrn Professor Dr. Dr. Moral geboten sei. Mit der ihm nach seinem Eide obliegenden alleinigen Rücksicht auf das Wohl der Universität und des auch in seinen Einnahmen betroffenen Landes“ habe Moral dann „um seine Beurlaubung gebeten“. Er wolle „zu wissenschaftlichen Vorträgen ins Ausland fahren und diese Gelegenheit benutzen, um der [angeblichen jüdischen] Greuelpropaganda entgegenzutreten ... Sobald die morgen beginnenden Abwehrmaßregeln aufhören, wird Herr Professor Dr. Dr. Moral zurückkehren.“

7 Der seinerzeitige Regierungskommisar für Mecklenburg, Friedrich Hildebrandt, hatte Moral unter Berufung auf fiktive Beschwerden aus der Bevölkerung und des NS-Ärztebundes am 5.4.1933 aufgefordert, von seinem Lehrstuhl zurückzutreten, anderenfalls werde er dessen Abberufung durch das mecklenburgische Kultusministerium veranlassen; Moral verweigerte seinen Rücktritt und beantragte am 9.4.1933 die Einleitung eines Disziplinarverfahrens gegen sich. Dies wollte der nunmehrige Reichsstatthalter Hildebrandt verhindern, und nach einer Abstimmung mit dem obersten Medizinalfunktionär des Gaues Mecklenburg und ersten NSDAP-Mitglied unter den Rostocker Professoren, Hans Reiter, ermunterte dieser die NS-Vertreter in der mecklenburgischen Zahnärzteorganisation, Material gegen Moral zusammenzustellen, woraus sich eine Anklage fabrizieren ließe, mit der dieser kriminalisiert und dann aus dem Amt entfernt werden könne; schon 1925 hatten niedergelassene Rostocker Zahnärzte gegen den erfolgreichen beamteten Dentisten geklagt, dessen Privatpraxis und universitäre Sprechstunden immer mehr Patienten anzogen, was zu finanziellen Einbußen der privaten Zahnärzte führte; Anfang Mai 1933 reichten nunmehr die Rostocker Zahnärzte Dr. Gunter Birgfeld (zugleich politischer Beauftragter des Reichszahnärzteführers für den Landesverband Ostsee im Reichsverband der Zahnärzte Deutschlands e.V.), Dr. Otto Kost und Dr. Wilhelm Scherf (zugleich Vorsitzender des Landesverbandes Ostsee im Reichsverband der Zahnärzte Deutschlands e.V. und des Vereins der mecklenburgischen Zahnärzte) beim Regierungsbevollmächtigten der Universität, dem Mecklenburgischen Staatsminister und dem Schweriner Unterrichtsministerium Beschwerde gegen Moral und – um den Anschein von Objektivität zu vermitteln – zugleich gegen Morals Oberarzt und späteren Nachfolger Matthäus Reinmöller und seinen Assistenzarzt Hans Schlampp ein; die Hauptvorwürfe betrafen angeblich unberechtigte Entnahmen von Verbrauchsmaterialien aus Klinikbeständen für die Privatpraxis Morals, Gebührenermäßigungen für Privatpatienten von bis zu 20% unter dem Normalsatz (wodurch die niedergelassenen Zahnärzte geschädigt würden) sowie unberechtigten Verkauf von Fachbüchern in der Klinik (was zu Einbußen bei den örtlichen Buchhändlern führe).

8 Bislang sind fünf Schreiben Morals bekannt geworden, die von den jeweiligen Autoren einer Moral-Biographie mit unterschiedlichem Kenntnisstand und interessengeleiteten Intentionen zumeist kurzerhand als „Abschiedsbriefe“ deklariert wurden; am eindrucksvollsten, jedoch häufig nur ausschnittweise zitiert und einseitig kontextualisiert sind die Schreiben Morals vom 16.11.1931, vom 8.3.1933 und vom 14.4.1933 an den Rektor, die Medizinische Fakultät und seinen Oberarzt Reinmöller. Zumindest die in der Zeit des Dritten Reiches verfaßten „Abschiedsbriefe“ legen jedoch auch eine bislang kaum erfolgte Prüfung der Frage nahe, ob sie vielleicht weniger als Ankündigung eines bevorstehenden Suizids, sondern vielmehr auch

Amtseinsetzung schöpfte;[9] nach der faktischen Weigerung der Universitätsleitung, vor allem der Untätigkeit der Medizinischen Fakultät, Moral durch positive Stellungnahmen beizustehen, in der Nacht 4./5.8.1933 Suizidversuch mit dem Barbiturat Veronal;[10] an dessen Folgen am 6.8.1933 in Rostock gestorben[11]

---

als Hilferufe gelesen werden sollten, als verzweifelte Aufforderung an seine Medizinische Fakultät, sich für ihn einzusetzen und seiner als beständig eskalierende Ausgrenzung empfundenen Stigmatisierung ein Ende zu bereiten.

9 Nach der am 15.7.1933 erfolgten umfangreichen Vernehmung durch Friedrich Tischbein, Gesandter des Landes Mecklenburg-Schwerin beim Reichsrat in Berlin, schöpfte Moral zunächst Hoffnung, zum einen, weil er glaubte, alle Vorwürfe widerlegt zu haben, zum anderen, weil sein Oberarzt Reinmöller und sein Assistenzarzt Schlampp sich in ähnlicher Weise geäußert hatten, und ihn zudem auch die anderen Mitarbeiter der Klinik und der Verwaltung entlastet hatten. Mit vorsichtigem Optimismus teilte Moral dem Dekan Otto Steurer und dem Altrektor Curt Elze am 22.7.1933 mit, daß er den Eindruck habe, daß in das gegen ihn geführte Untersuchungs- bzw. Disziplinarverfahren Bewegung gekommen sei, „daß meine Angelegenheit jetzt bearbeitet wird“; Moral bat Steurer und Elze, von denen er sich mit der Ankündigung seines unmittelbar bevorstehenden Todes bereits vor Monaten verabschiedet hatte, seine „Angelegenheit wohlwollend zu prüfen“. Keinesfalls auf einen bevorstehenden Selbstmord hindeutend, meinte Moral am 22.7.1933 kämpferisch, durch diese Herren seien, „solange ich denken kann, der Klinik Schwierigkeiten bereitet worden ... Jetzt, wo ich als Jude offenbar nicht mehr den Rückhalt bei der Regierung habe wie früher, glauben diese Herren gegen mich vorgehen zu sollen, weil ihnen die Klinik zu groß geworden ist und eine fühlbare Konkurrenz für sie darstellt“; er hoffe nach seiner Vernehmung durch Tischbein immer noch auf eine „Prüfung der Frage ..., ob ich im Amte bleiben darf oder nicht“. Moral wußte um die Ausnahmebestimmungen des Berufsbeamtengesetzes, nach denen zunächst auch ein jüdischer Beamter „im Amte bleiben kann, ... wenn er sich als Beamter hervorragend bewährt“ habe; dies sei bei ihm sicher der Fall; er habe den Eindruck, daß „wenn die Fakultät nicht beizeiten etwas unternimmt, die Entscheidung über mich allein auf der Eingabe der Zahnärzte fußend gefaßt“ werde; Moral bat die Fakultät inständig, ihm zu helfen und „jetzt von sich aus ein Gutachten über mich an die Regierung zu geben“. Doch diese ließ ihn im Stich, eine universitäre Stellungnahme zugunsten Morals ist nicht überliefert. Das Untersuchungsverfahren ist erst nach dem Tode Morals abgeschlossen worden; das Mecklenburgische Unterrichtsministerium kam 10/1933 nach „eingehenden Ermittlungen“ zu dem Ergebnis, daß die von der Zahnärzteschaft erhobenen Vorwürfe in keinem Fall belegt werden konnten, und drückte sein „Mißfallen“ darüber aus, „daß Vorwürfe von derartiger Schwere ohne genügende Unterlagen erhoben“ worden seien; außerdem ließ der mecklenburgische Ministerpräsident dem Verein Mecklenburger Zahnärzte 10/1933 mitteilen, daß er „nach diesem Vorfall“ eine Entschuldigung für die ungerechtfertigten Anwürfe ebenso erwarte wie „einen Wechsel in der Führung Ihrer Organisation“, da „nach dem Ergebnis der Untersuchung das notwendige Vertrauensverhältnis untergraben“ sei.

10 Für die eigentliche treibende Kraft hinter allen Angriffen, auch denen des Gauleiters, der NS-Studenten und der Zahnärzte, hielt Moral seinen Noch-Kollegen Hans Reiter, Honorarprofessor für Sozialhygiene an der Universität Rostock, der 7/1933 als Präsident des Reichsgesundheitsamtes nach Berlin wechselte; Moral am 22.7.1933 an den Altrektor Elze: „Ausschlaggebend in der ganzen Sache ist Kollege R[eiter]., der ja z.Zt. noch in Mecklenburg ist. Ich weiß, daß er mir nicht wohl will, denn seitdem er seine Ideen auf dem Rassestandpunkt aufbaut, scheint er mich nicht mehr zu schätzen ... Nach meinem Dafürhalten hängt alles davon ab, wie R. sich einstellt“. Moral, der selbst nicht mehr den Antisemitismus als Hauptgrund für seine Verfolgung und Ausgrenzung sah, meinte, es sei „die Hauptsache“, Reiter „klar zu machen, daß die Einwürfe, welche die Zahnärzte gegen mich erheben, gegenstandslos sind“. Wie der Regierungbevollmächtigte Siegfried am 7.8.1933 dem Mecklenburgischen Unterrichtsministerium mitteilte, habe Moral in seinem letzten schriftlich dokumentierten Zeugnis, einem Schreiben vom 27.7.1933 an den Rostocker Steuerberater Helmut Fischer, deutlich gemacht, daß ihn „die

Quellen: UAR: PA Moral; LHAS: 5.12-7/1, Nr. 1509, 2349, 2499.

Verleumdungen der Herren Dr. Kost, Dr. Scherff und Dr. Birgfeld in den Tod getrieben" hätten, also weniger die massiven antijüdischen Aktionen, die im Reich zu diesem Zeitpunkt bereits offiziell abgestellt worden waren. Entgegen der bisherigen weitgehend monokausalen Deutung ist für Morals Selbstmord offenkundig ein ganzes Bedingungsgefüge verantwortlich, zu dem die mit erheblichen körperlichen Schmerzen verbundenen eigenen Krankheiten und daraus resultierende Depressionen ebenso gehörten wie die ab 1932 beständig eskalierenden antijüdischen Angriffe, die auch mit Versuchen verbunden waren, ihm seine wissenschaftliche und berufliche Lebensleistung, seine moralische Integrität sowie sein als Identifaktionszentrum wichtiges Deutschtum abzusprechen; hinzu kam die daraus resultierende berufliche Aussichtslosigkeit, mißgünstige Angriffe und Verleumdungen von frei praktizierenden Berufskollegen sowie ein mangelnder Rückhalt in der Universitätsleitung und besonders der Medizinischen Fakultät, die für ihn mehr als ein Gremium darstellte und zur beruflichen und mentalen Heimat geworden war.

11 Veröffentlichte neben mehr als 80 Aufsätzen u.a.: Die Leistungsanästhesie im Ober- und Unterkiefer auf Grund der anatomischen Verhältnisse, Berlin 1910 (mit H. Bünte); Der Zahnschmerz und seine Behandlung, Berlin 1915; Einführung in die Klinik der Mund- und Zahnkrankheiten, Leipzig 1920; Alveolarpyorrhoe, Jena 1923; Atlas der Mundkrankheiten, Leipzig 1924 (mit W. Frieboes); Über Blutungen im Munde und ihrer Behandlung, Helsingfors 1929; Untersuchungen an künstlichen Zähnen, Berlin 1929.

Müller, Wilhelm Karl Friedrich Paul

geboren am 22.6.1855 in Mirador/Mexiko; Sohn eines Arztes; Progymnasium in Homburg, Gymnasium in Weilburg/Lahn, dort 3/1873 Abitur; ab 4/1873 Medizinstudium an den Universitäten Heidelberg, Leipzig, Würzburg und Göttingen; als Einjährig-Freiwilliger dazwischen 10/1875 – 3/1876 Militärdienst; 4/1878 Approbation und 1879 Promotion in Göttingen[1]; 4/1878 – 6/1879 Assistent am Pathologischen Institut, 7/1879 – 3/1880 an der Medizinischen Poliklinik der Universität Göttingen; daneben 9/1879 – 2/1880 zweiter Teil des Militärdienstes als Einjährig-Freiwilliger als Arzt im 2. Infanterie-Regiment in Göttingen; 4/1880 – 3/1881 Assistent an der Medizinischen Klinik der Universität Göttingen; 4-8/1881 freier Arztvertreter; 9/1881 – 3/1888 Assistenzarzt an der Chirurgischen Klinik der Universität Göttingen, dort 8/1884 Habilitation[2] und seitdem auch Privatdozent; 4/1888 Übernahme und bis 9/1901 Leitung der Riedel'schen Privatklinik in Aachen, daneben 10/1889 – 9/1901 dort auch Leitender Arzt der Chirurgischen Abteilung des Luisenhospitals; 7/1888 Heirat,[3] später fünf Kinder; in Aachen 12/1900 zum Titularprofessor ernannt; ab 10/1901 ordentlicher Professor für Chirurgie und Leiter der Chirurgischen Klinik der Universität Rostock, dort auch Mitdirektor des Universitäts-Krankenhauses;[4] 1905/06 auch Dekan der Medizinischen Fakultät der Universität Rostock; daneben auch Mitglied der mecklenburgischen Landesmedizinalkommission; 4/1913 zum Geheimen Medizinalrat ernannt; 1913/14 erneut Dekan der Medizinischen Fakultät der Universität Rostock; ab 1914 Vorsitzender, ab 1927 Ehrenmitglied der Deutschen Gesellschaft für Chirurgie; als Generalarzt 8/1914 – 9/1918 Kriegseinsatz als Beratender Chirurg des II. Armee-Korps (Linsingen), dort Dienst auf Hauptverbandsplätzen und in der Etappe, EK II und EK I; im Alter von 73 Jahren auf eigenen Antrag 4/1928 emeritiert, jedoch weiterhin Mitglied der Medizinischen Fakultät und der ärztlichen und zahnärztlichen Prüfungskommissionen der Universität Rostock; 1936 Übersiedlung nach Weimar; am 28.6.1937 nach einem Schlaganfall in Weimar gestorben[5]

Quellen: UAR: PA Müller; LHAS: 5.12-7/1, Nr. 1486, 2350.

1 Mit der Arbeit: Experimentelle Untersuchungen über das Verhalten der Lymphdrüsen bei der Resorption von Blutextravasaten, Göttingen 1879.

2 Mit der Arbeit: Akute Osteomyelitis der Gelenkgebiete.

3 Mit Agnes Freiin von Estorff, geb. am 8.4.1860 in Würzburg; Tochter eines niederländischen Kammerherrn.

4 Müllers Hauptarbeitsgebiete waren die akute Osteomyelitis der Gelenkgebiete und die Entstehung tuberkulöser Knochenherde.

5 Veröffentlichte u.a.: Verletzungen und Krankheiten der oberen Extremität, Leipzig 1922; Die Chirurgie der Bauchwand, Berlin/Wien 1927.

Münstermann, Hans

geboren am 18.10.1899 in Aachen/Rheinland; katholisch; Sohn eines Buchhalters; Städtische Volksschule und Kaiser-Karls-Gymnasium in Aachen; ab 6/1917 Kriegseinsatz im Ersatz-Bataillon des Infanterie-Regiments 25, in den Infanterie-Regimentern 609 und 160 sowie im Husaren-Regiment 13; als Gefreiter 5/1919 aus dem Heeresdienst entlassen; anschließend in Aachen von belgisch-französischen Besatzungstruppen verhaftet und nach mehrwöchiger Gefängnishaft in das rechtsrheinische Gebiet ausgewiesen; ab 9/1919 Hilfsarbeiter in der Metallgießerei und Armaturenfabrik Kalthoff & Brauckmann in Duisburg; 12/1919 Abitur in Aachen; 1/1920 – 10/1921 kaufmännische Lehre im Bankhaus Johann Ohligschläger in Aachen; als Werkstudent daneben Studium der Wirtschaftswissenschaften an der Technischen Hochschule in Aachen; ab 1921 Studium der Betriebs- und Volkswirtschaftslehre, sowie der Rechtswissenschaft, Philosophie und der Romanischen Philologie an den Universitäten Köln und Bonn; daneben Treuhänder und Gutachter in mehreren öffentlichen und privaten Betrieben des Rheinlandes; 7/1924 Promotion in Köln[1] und 2/1925 Examen als Diplom-Handelslehrer; anschließend selbständiger Buchsachverständiger in der Ambo-Stahlgesellschaft Mayer & Co. in Köln; 4-5/1925 zunächst Diplom-Handelslehrer an der Städtischen Kaufmännischen Schule in Düren, 6/1925 – 9/1937 Handelslehrer, später Handelsoberlehrer für Betriebswirtschaftslehre und Spanisch an der Höheren Städtischen Handelsschule in Aachen; daneben betriebswirtschaftliche Vorlesungen und Übungen an der Industrie- und Handelskammer des Regierungsbezirkes Aachen, ab 1935 Dozent für Betriebswirtschaftslehre an der Verwaltungsakademie in Aachen; 6/1927 Ergänzungsprüfung im Hauptfach Spanisch an der Universität Köln und 8/1929 Französisch-Examen an der Universität Toulouse; als Mitglied des Lehrkörpers der Fakultät für Allgemeine Wissenschaften ab 11/1932 unbesoldeter Lehrauftrag für betriebliches Rechnungswesen und Betriebswirtschaftslehre sowie Spanisch an der Technischen Hochschule Aachen; ab 4/1933 Mitglied des NS-Lehrerbundes und ab 11/1933 der SA; ab 3/1934 Mitglied des NS-Rechtswahrerbundes, ab 4/1934 der NS-Volkswohlfahrt und ab 1934 des Reichsluftschutzbundes; ab 5/1935 besoldeter Lehrauftrag für Betriebswirtschaftslehre an der Technischen Hochschule in Aachen, ab 10/1937 hier hauptamtlicher Lehrbeauftragter für industrielles Rechnungswesen und Kameralistik; Eintritt in die NSDAP am 1.5.1937, Mitgliedsnummer 5.306.616; ab 10/1937 Mitglied der NS-Studentenkampfhilfe; als SA-Rottenführer ab 11/1937 Führer der SA-Schar 10 im SA-Sturm 4/25 in Aachen; 12/1938 erneut unbesoldeter Lehrauftrag für kaufmännisches und technisches Spanisch an der Technischen Hochschule in Aachen; ab 1938 auch Mitglied des NS-Dozentenbundes; 8/1939 Habilitation in Aachen;[2] an der Technischen Hochschule in Aachen 2/1940 zum beamteten Dozenten neuer Ordnung ernannt; ab 9/1940 Lehrstuhlvertretung für Betriebswirtschaftslehre an der Universität Rostock; 12/1941 – 5/1945 außerordentlicher Professor für Betriebswirtschaftslehre an der Universität Rostock,[3] dort mit dem Aufbau der

1 Mit der Arbeit: Die Konzerne der Kaliindustrie, Leipzig 1925.

2 Mit der Arbeit: Betriebliche Dynamik und Erfolgsrechnung, Borna/Leipzig 1941.

3 Dieser Lehrstuhl wurde 1939 als ordentlicher Lehrstuhl neu errichtet und mit Münstermann als Extraordinarius besetzt; dessen Hauptforschungsgebiet war die Unternehmensbewertung.

betriebswirtschaftlichen Abteilung des Wirtschaftwissenschaftlichen Seminars beauftragt; ab Sommersemester 1943 außerdem Lehrstuhlvertretung für Betriebswirtschaft an der Universität Greifswald; 1944 in Rostock ausgebombt; 6/1945 wegen NS-Belastung aus dem Universitätsdienst entlassen,[4] sollte und wollte sich durch Erfüllung eines Forschungsauftrages rehabilitieren[5]; ab 11/1945 Mitglied der CDU; ab 8/1946 ordentlicher Professor für Betriebswirtschaftslehre an der Universität Mainz; ab 1948 Herausgeber der Zeitschrift *Betriebswirtschaftliche Forschung und Praxis* und der *Betriebswirtschaftlichen Beiträge*; später bis 1968 Professor und Leiter des Seminars für Allgemeine Betriebswirtschaftslehre und Wirtschaftsprüfung an der Universität Köln; 1986 in Köln gestorben[6]

Quellen: UAR: PA Münstermann; LHAS: 5.12-7/1, Nr. 1450, 2349; BA/BDC: REM; BA/BDC-Karteien: NSDAP, NSLB, REM, RFR.

4 Rektor Günther Rienäcker hielt auch Münstermann für einen Wissenschaftler mit geringer NS-Belastung, und wie in einer Reihe anderer Fälle hatte Rienäcker die mecklenburgische Kultusverwaltung 3/1946 darauf hingewiesen, sich mit der Wiedereinstellung Münstermanns zu beeilen; neben den Professoren Bröcker, Gerstenberg, Holtz und v.Lübtow sei auch Münstermann ein „Forscher von besonders hohem wissenschaftlichem Rang", dessen „Ruf und Bedeutung auch an anderen Hochschulen bekannt" sei, und es sollte „wirklich im ganz besonderem Interesse der Universität Rostock wie des Landes Mecklenburg-Vorpommern und der Sowjetischen Zone liegen, diese hochqualifizierten Forscher uns unter allen Umständen zu erhalten".

5 Münstermann machte 5/1946 den Vorschlag, die „Einflüsse der neuen Steuergesetze auf das betriebliche Rechnungswesen" zu untersuchen, und gab zu bedenken, daß die neu eingeführten „vierteljährlichen Steuererklärungen und die Quartalsbilanzen alle Betriebe, alle Steuer- und Wirtschaftsberater und auch die Finanzämter mit Arbeit stärker als bisher belasten" werden; außerdem wolle er erforschen, „ob und inwieweit die neuen deutschen Steuergesetze im russischen und amerikanischen Steuerrecht verankert" seien und sich dort „auf das betriebliche Rechnungswesen auswirken", um damit „einen neuen Beitrag zur vergleichenden Betriebswirtschaftslehre und Rechtswissenschaft zu liefern".

6 Veröffentlichte u.a.: Von Bilanz zu Bilanz. Lehrbuch der doppelten und einfachen Buchführung, Leipzig 1931; Buchführung für Praktiker. Ein Lehrbuch mit Übungen und Lösungen, Leipzig 1938; Einführung in die dynamische Bilanz, Leipzig 1941; Wirtschaftsstruktur der Räume Worms, Pirmasens, Idar-Oberstein, Ludwigshafen am Rhein und die Möglichkeiten ihrer wirtschaftlichen Auflockerung, Mainz 1956; Konzernbilanzen, Zürich 1958 (mit K. Käfer); Geschichte und Kapitalwirtschaft, Wiesbaden 1963; Wert und Bewertung der Unternehmung, Wiesbaden 1966; Unternehmungsrechnung. Untersuchungen zu Bilanz, Kalkulation, Planung, mit Einführung in die Matrizenrechnung, Wiesbaden 1969.

Mutén, Alexander

geboren am 11.7.1903 in Brooklyn/USA; schwedischer Staatsbürger; evangelisch; Sohn eines Hotelbesitzers; 1909 Grundschule und Realschule in Varberg, Realschule in Södertälje, höhere Realschule in Stockholm, dort 5/1923 Abitur; 1923 – 1924 Militärdienst in Schweden; ab 10/1924 Studium der deutschen und der nordischen Sprachen, Literaturgeschichte und Poetik sowie Pädagogik an der Hochschule in Göteborg; daneben 10/1925 – 1/1929 dort auch Assistent am Institutet för ortsnamns- och dialektforskning; 1927 dort filosofie kandidatexamen/Fil.Kand. (philosophisches Staatsexamen), 12/1928 filosofie magisterexamen/Mag.Fil. (Staatsexamen/Promotion) für Nordische Sprachen, Deutsch und Pädagogik; 1928 – 1931 Stipendiat der Hochschule in Göteborg; 8-12/1931 Lehrer an der Kungsbacka Kommunala Mellanskolan in Göteborg; ab 12/1932 Lektor für Schwedisch mit unter hohem bürokratischen Aufwand beständig verlängerten Lehraufträgen an der Universität Rostock; dort auch Leiter des von der Schwedenstiftung finanzierten Nordischen Instituts; 5/1934 Heirat,[1] später drei Kinder; 1935 filosofie licentiatexamen/Fil.Lic. für Nordische Sprachen, Stilistik und neuschwedische Grammatik; ab 1939 Leiter des Seminars für Schwedische Sprache und Literatur an der Universität Rostock und bis 1943 befristetes Lektorat für Schwedisch; 1939 Fertigstellung der einer deutschen Habilitation entsprechenden Arbeit an der Hochschule in Göteborg;[2] nach Intervention durch Gauleiter Hildebrandt, der eigentlich einen Lehrstuhl für Nordische Sprachen einrichten wollte, ab Wintersemester 1941 Lehrauftrag für schwedische Sprache, Literatur und Volkskunde an der Universität Rostock[3]; trotz ausdrücklichen Wunsches der Universität Rostock[4], ungeachtet der Zustimmung des Gauleiters Hildebrandt und der Befürwortung der Leiter der Dozentenschaft und Gaudozentenbundführer Heinrich Gißel und Kurt Neubert[5], trotz nachdrücklicher Befürwortung durch das Mecklenburgische Staatsministerium und der Genehmigung durch die Geheime Staatspolizei, Staatspolizeistelle Schwerin, und des Reichssicherheitshauptamtes in Berlin sowie des Oberkommandos der Wehrmacht wurde vom Reichserziehungsministerium eine Ernennung Muténs zum beamteten außerordentlichen Professor 7/1942 abgelehnt;[6] erst nach

1 Mit Rut Dahlenius, geb. am 10.5.1906.

2 Mit der Arbeit: August Bondesons folklivsberättelser. En stilundersökning.

3 Ein vom Mecklenburgischen Staatsministerium bereits 3/1939 gestellter Antrag für einen Lehrauftrag wurde vom Reichserziehungsministerium abgelehnt.

4 Laut Schreiben der Philosophischen Fakultät an das Mecklenburgische Staatsministerium von 4/1941 sei es Mutén zu verdanken, „daß das steigende Bedürfnis nach dem Unterricht in der schwedischen Sprache voll befriedigt werden konnte“; die Universität Rostock habe „die besondere Aufgabe gestellt bekommen, die Beziehungen zum nordischen Raum zu fördern und zu vertiefen“. In Rostock habe sich „der Kreis der Personen, die dem Schwedischen Interesse entgegenbringen, ständig vermehrt“, und zu „diesem Erfolge [haben] die Vorlesungen Muténs über schwedische Volks- und Landeskunde sowie über die schwedische Literatur und Geschichte“ wesentlich beigetragen.

5 Wie das Mecklenburgische Staatsministerium hervorhob, werde „gerade aus den Kreisen maßgebender Persönlichkeiten der NSDAP immer wieder betont, daß Mutén zu den wenigen Schweden gehört, die sich darum bemühen, das nationalsozialistische Deutschland zu verstehen und auch in ihrer Heimat für dieses Deutschland werbend eintreten“.

6 Das Reichserziehungsministerium verweigerte die Ernennung mit der Begründung, es könne „nicht Sinn der Tätigkeit eines [ausländischen] Lektors sein, daß er endgültig in den Lehrkörper einer deutschen wissenschaftlichen Hochschule übernommen“ werde. Auch ein neuerlicher

der durch die veränderte Kriegslage bedingten Zustimmung des Auswärtigen Amtes und des Reichsfinanzministeriums 8/1944 zum Honorarprofessor für Schwedische Sprache und Literatur an der Universität Rostock ernannt

Quellen: UAR: PA Mutén; LHAS: 5.12-7/1, Nr. 2343, 2547, 2548; BA/BDC: REM; BA/BDC-Karteien: REM.

Antrag auf Übertragung einer Honorarprofessur wurde 1/1943 abgelehnt; das Reichserziehungsministerium meinte nunmehr , „daß gegen die Berufung eines Schweden in das Beamtenverhältnis auch politische Bedenken geltend gemacht werden“ müßten; es bestehe von Seiten des Reiches „zwar ein gewisses Interesse an schwedischen Sprachkenntnissen, am Erlangen von Kenntnissen über Land und Leute in Schweden“, aber „eine unseren politischen und kulturpolitischen Interessen entsprechende Ausrichtung des Unterrichts im Nordischen Institut der Universität Rostock [könne] von einem Schweden schlechterdings nicht durchgeführt werden“.

Nagell, Hermann Oskar Julius

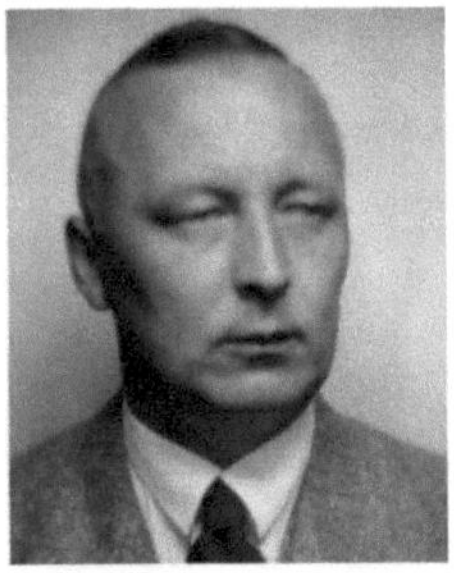

geboren am 3.3.1895 in Kassel/Hessen-Nassau; evangelisch; Sohn eines Apothekenbesitzers; Vorschule, Realgymnasien in Kassel und Papenburg; als Freiwilliger 7/1915 – 11/1918 Kriegseinsatz in verschiedenen Artillerie- und Flak-Einheiten, zuletzt Gefreiter; dazwischen Heimatkommandierung nach Düsseldorf zur Ausbildung an Spezialwaffen für die Fliegerabwehr, dort Abitur; ab 1919 Medizinstudium an den Universitäten Bonn, Göttingen, Rostock und München; 5/1922 medizinisches Staatsexamen und Promotion in Rostock;[1] 8-10/1922 Medizinalpraktikant in Hamburg-Eppendorf; 11/1922 – 9/1923 zunächst Medizinalpraktikant, dann Assistent am Hygienischen Institut der Universität Rostock; dort 6/1923 Approbation; 10/1923 – 3/1924 Schiffsarzt auf einer Reise nach Niederländisch-Indien (Indonesien); ab 4/1924 planmäßiger Assistent, ab 12/1927 Oberarzt an der Dermatologischen Klinik der Universität Rostock; dort 7/1929 Habilitation[2], dann bis 1933 Privatdozent für Haut- und Geschlechtskrankheiten; nach dem Weggang von Walter Frieboes 10/1932 – 9/1933 kommissarischer Leiter der Klinik für Haut- und Geschlechtskrankheiten der Universität Rostock und Lehrstuhlvertreter für Dermatologie, dafür zum nichtplanmäßigen außerordentlichen Professor ernannt;[3] nachdem keine Berufung nach Rostock erfolgte, von der Universität 10/1933 – 7/1934 beurlaubt, in dieser Zeit zunächst Oberarzt, ab 4/1934 nichtbeamteter außerordentlicher Professor und Dozent an der Dermatologischen Klinik der Universität Berlin/Charité; 8/1934 – 1945 Dirigierender Arzt der Dermatologischen Abteilung des Städtischen Krankenhauses Berlin-Spandau; ab 7/1938 Mitglied des NS-Ärztebundes; verheiratet; ab 9/1939 Kriegseinsatz als Dermatologe in einer Kriegslazarett-Abteilung; Eintritt in die NSDAP am 1.3.1940, Mitgliedsnummer 7.547.518; ab 7/1942 Beratender Dermatologe beim Wehrmachtsbefehlshaber Ukraine und der Heeresgruppe B, nach deren Zerschlagung ab 5/1944 Beratender Dermatologe einer anderen Heeresgruppe an der Ostfront;[4] ab 1945 Leitender Arzt am Stadtkrankenhaus in Kassel; 3/1947 Angebot zur Übernahme des Lehrstuhls für Dermatologie an der Universität Rostock, abgelehnt; statt dessen bis mindestens 1960 Chefarzt der Hautabteilung und Leitender Arzt am Städtischen Krankenhaus in Kassel; am 27.8.1969 in Kassel gestorben

Quellen: LHAS: 5.12-7/1, Nr. 2502; BA/BDC: PK.

---

1 Mit der Arbeit: Serologische und röntgenologische Ergebnisse des Ecchinokokkennachweises an Hand der Erfahrungen der chirurgischen Universitätsklinik zu Rostock in den Jahren 1919 – 1920, Rostock 1922.

2 Mit der Arbeit: Über das Vorkommen unspezifischer Hemmungen bei der Wassermannschen Reaktion, Leipzig 1930.

3 Nagells Hauptforschungsgebiet waren die Serologie und die Bakteriologie und ihre Anwendung auf die Dermatologie und deren Nachbargebiete, besonders die Geschlechtskrankheiten.

4 Beim Beauftragten für Medizinische Wissenschaft und Forschung des Bevollmächtigten für das Sanitäts- und Gesundheitswesen hielt man Nagell 12/1944 nicht mehr für die Übernahme eines Lehrstuhls geeignet, „zumal er in den letzten Jahren auch keine wesentlichen Veröffentlichungen herausgebracht hat“.

Nehring, Kurt Julius Adolf

geboren am 29.5.1898 in Posen; evangelisch; Sohn eines Landwirts und Kaufmanns; Realprogymnasium in Neidenburg, Realgymnasium in Königsberg, dort 1915 Abitur; 6/1915 – 8/1918 Kriegseinsatz als Krankenträger in den Lazarett-Abteilungen 8 und 28, Rote-Kreuz-Medaille 3. Kl., EKFK; 9/1918 – 1921 Studium der Chemie, Physik, Botanik und Geologie an den Universitäten Freiburg und Königsberg; 1919 – 1921 Mitglied der Technischen Nothilfe; 1921 Examen als Diplomchemiker und 5/1921 Promotion in Königsberg;[1] 6-10/1921 wissenschaftlicher Hilfsarbeiter, 10/1921 – 6/1923 Assistent am Agrikulturchemischen Institut der Universität Königsberg; 7/1923 – 6/1925 wissenschaftlicher Hilfsarbeiter am Pharmakologischen Institut/Laboratorium der Universität Amsterdam; 7/1925 – 4/1926 Assistent am Kulturtechnischen Institut, ab 5/1926 Assistent am Agrikulturchemischen Institut der Universität Königsberg; 8/1927 Heirat,[2] später fünf Kinder; 10/1927 Staatsexamen als Nahrungsmittelchemiker; 1928 Habilitation in Königsberg und bis 1934 Privatdozent für Agrikulturchemie an der Universität Königsberg; dort Eintritt in die NSDAP am 1.5.1933, Mitgliedsnummer 2.270.938; seit 10/1933 Mitglied des NS-Lehrerbundes, ab 11/1933 Mitglied der SA, 1934 zum SA-Rottenführer befördert; 1934/35 Lehrstuhlvertretung für Agrikulturchemie an der Universität Königsberg; dort 1/1935 zum nichtbeamteten außerordentlichen Professor für Agrikulturchemie ernannt; 1935/36 Lehrstuhlvertretung für Agrikulturchemie und Tierernährung an der Universität Jena, dort ab 12/1935 auch Leiter des Landwirtschaftlich-Chemischen Instituts sowie Leiter der Agrikulturchemischen Abteilung der Landwirtschaftlichen Versuchsstation; ab 4/1936 Direktor und Leiter des Kuratoriums der der Abteilung Landwirtschaft des Mecklenburgischen Staatsministeriums unterstehenden und vom Reichsnährstand finanzierten Landwirtschaftlichen Versuchsstation in Rostock, daneben zugleich außerordentlicher Professor mit Lehrauftrag für Agrikulturchemie an der Universität Rostock; dort 3/1940 zum beamteten außerplanmäßigen Professor ernannt; auch nach der Bildung der Landwirtschaftlichen Fakultät ab 3/1943 nach wie vor aus dem Etat des Reichsnährstands bezahlt und zunächst in der Philosophischen, dann in der im Entstehen begriffenen Landwirtschaftlichen Fakultät[3] lediglich mit den Rechten und Pflichten eines ordentlichen Professors versehen; 5/1944

1 Mit der Arbeit: Über die Bildung von Biuret und Cyanursäure aus Harnstoff und einige neue Derivate der Isocyanursäure und des Cyanamids, Königsberg 1921.

2 Mit Charlotte Bark, geb. am 10.4.1906 in Königsberg; Buchhalterin.

3 Diese Fakultät wurde offiziell 2/1944 gegründet und ihr Ausbau als kriegswichtig eingestuft. Sie war zunächst mit den ordentlichen Lehrstühlen für Landwirtschaftliche Betriebswirtschaftslehre (Asmus Petersen), für Acker- und Pflanzenbau (Werner Schulze) sowie dem außerordentlichen Lehrstuhl für Landmaschinenbau ausgestattet und wurde später ergänzt durch die Ende 1944 genehmigte Errichtung des ordentlichen Lehrstuhls für Tierzucht (Jonas Schmidt) und des vierten ordentlichen Lehrstuhls für das Gebiet der Agrikulturchemie (Kurt Nehring). Nehring erhielt zwischen 12/1933 und 11/1944 von der Deutschen Forschungsgemeinschaft/Reichsforschungsrat mehrere zehntausend Reichsmark für Boden-, Tierzucht- und Fütterungsforschungen (darunter über den „Futterwert von Laub und Reisig", die „Verdaulichkeit von Holzschliff" und die „Einsäuerung und Verfütterung von Zuckerrübenblatt") sowie für Forschungen zur landwirtschaftlichen Chemie. Nehrings Hauptarbeitsgebiete waren die Tierernährungs- und Fütterungslehre, die Pflanzenernährungslehre und die Bodenkunde.

mit der vorläufigen Leitung des Instituts für Agrikulturchemie an der Universität Rostock beauftragt; 5-10/1945 kommissarische Wahrnehmung der Dekanatsleitung; wegen NS-Belastung 10/1945 Entzug der Lehrberechtigung und Absetzung als Direktor der Landwirtschaftlichen Versuchsstation, hier jedoch weiterhin wissenschaftlicher Mitarbeiter; ab 12/1945 Mitglied des FDGB, ab 1946 Mitglied des Kulturbundes zur Demokratischen Erneuerung Deutschlands; nach intensiver Fürsprache durch den Betriebsrat der Landwirtschaftlichen Versuchsstation, des Dekans der Landwirtschaftlichen Fakultät und der mecklenburgischen Landesregierung[4] Ende 1946 – 1962 wissenschaftlicher Leiter der Landwirtschaftlichen Versuchsstation bzw. Direktor des Instituts für landwirtschaftliches Versuchs- und Untersuchungswesen; hier nahtlose Weiterführung der im Dritten Reich begonnenen Forschungen zur Tierernährung und Pflanzenzucht; ab 10/1947 Professor mit vollem Lehrauftrag für Agrikulturchemie an der Universität Rostock und nach Zustimmung durch die Landesentnazifizierungskommission ab 1/1948 Direktor des Instituts für Agrikulturchemie und Bodenkunde; 9/1951 – 9/1963 Professor mit Lehrstuhl für Agrikulturchemie und Bodenkunde an der Universität Rostock; vom Staatssekretariat für Hochschulwesen der DDR 9/1952 als Rektor der Universität Rostock vorgeschlagen;[5] 10/1951 – 1977 ordentliches Mitglied der Deutschen Akademie der Landwirtschaftswissenschaften und 1953 – 1962 dort Sekretär der Sektion für landwirt-

---

4 Der Betriebsrat meinte 8/1946, daß „die erhöhten Anforderungen der SMA und der Landesverwaltung an die Versuchsstation ... es dringend erforderlich" machten, „daß die Versuchsstation wieder eine feste Führung und Leitung erhält"; Nehring, der „bis 1945 ein bewährter Direktor und umsichtiger Leiter der Versuchsstation" gewesen sei, habe „durch seinen persönlichen Einsatz und durch sein wissenschaftliches Können bewiesen, daß er gewillt ist, tatkräftig am Aufbau des neuen demokratischen Deutschland mitzuarbeiten"; er sei als „Parteianwärter der SED ... aus den Listen der ehemaligen Pg. gestrichen". Der Dekan der Landwirtschaftlichen Fakultät, Heinz Janert, ergänzte 9/1946, daß Nehring immer „ganz in seiner wissenschaftlichen Arbeit" aufgehe und sich „niemals aktiv für politische Dinge interessiert und eingesetzt" habe; er sei „wie die jüngeren Mitglieder des Lehrkörpers im Jahre 1933 gezwungen worden, in die NSDAP oder in eine ihrer Gliederungen einzutreten". Nehring sei jedoch „niemals als Nazi aufgetreten", sondern habe sich „immer in bürgerlich-demokratischer Form gegeben". Nach 1945 habe Nehring mit ganzer Kraft versucht, „die Landwirtschaftliche Versuchsstation in Rostock zu erhalten", er habe „um jeden qm des dortigen Geländes sowie um jedes Gerät und Werkzeug der Station mit gewissen Organisationen der Besatzungsmacht gekämpft", und dabei „auf die Gefährdung seiner Person in keiner Weise Rücksicht genommen". Und nach der Wiederzulassung Nehrings als Leiter der Versuchsstation durch die SMA setzte sich die mecklenburgische Landesregierung bei der SMA 7/1947 für dessen Wiederberufung als Ordinarius für Agrikulturchemie ein, denn Nehring sei „fachlich wohl die wertvollste Kraft", die „für dieses wichtige Gebiet gegenwärtig in Deutschland zur Verfügung" stehe.

5 Mit der Begründung, Nehring gehöre „auf seinem Gebiet zu den hervorragendsten Fachkräften in Deutschland", und „in seinen Vorlesungen" würdige er „die Erfolge der sowjetischen Wissenschaft". Zwar sei Nehring „durch seine frühere Zugehörigkeit zur NSDAP und SA nicht unerheblich politisch belastet", und „seine Ungenauigkeiten in der Ausfüllung des Fragebogens [dürften eigentlich] nicht übersehen werden"; dennoch sei anhand „der alten Akten erwiesen", daß Nehring „während der Nazizeit nicht aktiv als Nazi in Erscheinung getreten" sei, und bekannt sei auch sein „persönlicher Einsatz nach dem Zusammenbruch", der die Landwirtschaftliche Versuchsstation erhalten habe. „Unter Berücksichtigung dieser Tatsachen und seiner fachlichen Bedeutung, die ihn uns praktisch unersetzlich macht, kann unseres Erachtens seine nominelle Belastung und seine Unterlassungssünden hinsichtlich der im Fragebogen [von 9/1948 und 7/1951] gemachten Angaben nicht entscheidend für seine Beurteilung ins Gewicht fallen", und seine „Wahl zum Rektor kann daher befürwortet werden".

schaftliches Versuchs- und Untersuchungswesen; 3/1952 – etwa 1956 Dekan der Landwirtschaftlichen Fakultät der Universität Rostock, während seiner Amtszeit Aufbau des Oskar-Kellner-Instituts für Tierernährung der Akademie der Landwirtschaftswissenschaften an der Universität Rostock und 1954 – 1963 dessen Direktor; 9/1952 – 12/1955 auch kommissarischer Direktor des Instituts für Kulturtechnik der Universität Rostock; 12/1952 – 9/1963 auch Direktor des Instituts für Tierernährung und Bodenkunde der Deutschen Akademie der Landwirtschaftwissenschaften in Leipzig-Möckern; 1952 Nationalpreis II. Kl. der DDR; ab 1955 Chefredakteur der *Zeitschrift für Landwirtschaftliches Versuchs- und Untersuchungswesen*; 1956 und 1965 Ehrenpromotionen der Humboldt-Universität Berlin; ab 4/1957 Mitglied der Deutschen Akademie der Naturforscher Leopoldina, daneben Auswärtiges Mitglied der Königlich Schwedischen Akademie der Land- und Forstwirtschaft in Stockholm, ab 5/1957 Ehrenmitglied der Tschechoslowakischen Akademie der Landwirtschaftswissenschaft in Prag, ab 1957 Vizepräsident der Deutschen Bodenkundlichen Gesellschaft in Göttingen; 10/1959 Vaterländischer Verdienstorden in Silber; 1961 Verdienstmedaille der DDR, 9/1963 bzw. 1965 Emeritierung; 1963 Erwin-Baur-Medaille der Deutschen Akademie der Landwirtschaftswissenschaften, 1965 Lehmann-Henneberg Preis; 5/1968 Ehrenpromotion der Universität Rostock; 1977 Internationaler Preis für Zootechnik der Universität Turin; am 29.4.1988 gestorben[6]

Quellen: UAR: PA Nehring; LHAS: 5.12-7/1, Nr. 1529, 2382; BA/BDC-Karteien: NSDAP, NSLB, REM, RFR.

6 Veröffentlichte neben mehr als 450 wissenschaftlichen Aufsätzen u.a.: Gärfutterbereitung, einfach und leicht, Berlin 1949; Lehrbuch der Tierernährung und Futtermittelkunde, Radebeul/Berlin 1950 ([9]1972); Agrikulturchemisches Praktikum. Quantitative Analyse zur Untersuchung von Dünge- und Futtermitteln, Berlin 1951; Probleme der Eiweißforschung in der Tierernährung, Leipzig 1952; Heuwerbung und Futterkonservierung, Berlin 1953; Hundert Jahre Möckern. Die Bewertung der Futterstoffe und andere Probleme der Tierernährung, Berlin 1954; 100 Jahre Landwirtschaftliche Chemie – 80 Jahre Landwirtschaftliche Versuchsstation Rostock, Berlin 1955; Das Problem der Futterbewertung und Futterwerteinheit, Berlin 1958; Agrikulturchemische Untersuchungsmethoden für Dünge- und Futtermittel, Böden und Milch, Hamburg 1960; Beiträge zum Eiweißproblem, Berlin 1963 (mit R. Schiemann); Handbuch der Futtermittel, Hamburg 1965 ff. (mit M. Becker); Futtermitteltabellenwerk, Berlin 1970; Ackerfutterpflanzen. Anbautechnik, Arbeitsaufwand, Futterwert, Nährstoffertrag, Berlin 1971 (mit F. Lüddecke).

Neubert, Kurt Karl-Friedrich

geboren am 15.8.1898 in Frankenthal/Rheinpfalz (Bayern); evangelisch; Sohn eines Richters; Volksschule in Frankenthal, humanistische Gymnasien in Aschaffenburg und Landshut, dort 1916 Kriegsabitur; als Freiwilliger ab 11/1916 Militärdienst, 3/1917 – 1918 Kriegseinsatz im 9. bayerischen Feldartillerie-Regiment; als Unteroffizier 1/1919 aus dem Heer entlassen, EK II, EKFK; 2/1919 – 1923 Medizinstudium an den Universitäten Tübingen und München; 1/1924 Staatsexamen und Promotion in Tübingen[1]; anschließend Medizinalpraktikant am Städtischen Krankenhaus in Landshut und an der Universitäts-Poliklinik in Tübingen; 10/1924 Approbation; ab 10/1924 zunächst außerordentlicher, 4/1925 – 9/1932 ordentlicher Assistent am Anatomischen Institut der Universität Tübingen; daneben 1928 Vertretung des 1. Prosektors der Anatomischen Anstalt der Universität in Würzburg; 5/1925 Heirat,[2] später sechs Kinder; 2/1930 Habilitation in Tübingen[3] und seitdem Privatdozent für Anatomie an der Universität Tübingen; ab 10/1932 Prosektor, 4/1936 – 1/1937 1. Prosektor und Dozent am Anatomischen Institut der Universität Würzburg; dort Eintritt in die NSDAP am 1.5.1933, Mitgliedsnummer 3.416.765; ab 7/1933 auch Mitglied der SA, als SA-Rottenführer Referent für weltanschauliche Schulung im SA-Sturmbann III/9 in Würzburg; dort auch Mitglied des NS-Dozentenbundes, des Reichsluftschutzbundes und der NS-Volkswohlfahrt; ab 9/1934 nebenamtlicher Mitarbeiter des Rassenpolitischen Amtes der Gauleitung Mainfranken der NSDAP, dort „Abhaltung von Schulungsvorträgen über Bevölkerungspolitik und Rassenpflege"; 1934 und 1935 Teilnahme an drei militärischen Übungen, 7/1936 zum Leutnant befördert; ab 1936 auch Amtsleiter beim NS-Dozentenbund in der Gauleitung Mainfranken in Würzburg; 7/1936 zum nichtbeamteten außerordentlichen Professor für Anatomie ernannt, ab 9/1936 beamteter Oberarzt am Anatomischen Institut der Universität Würzburg;[4] ab 2/1937 Lehrstuhlvertretung für Anatomie und stellvertretender Leiter des Anatomischen Instituts der Universität Rostock, 4/1937 dort kommissarischer Leiter; daneben SA-Scharführer im Sanitätssturm der SA-Standarte 90 in Rostock; 1/1938 persönlicher ordentlicher Professor, 11/1942 – 8/1945 planmäßiger ordentlicher Professor für Anatomie an der Universität Rostock und nunmehr regulärer Direktor des Anatomischen Instituts;[5] ab 5/1938 Leitung des Amtes für Wissenschaft und Erziehung des NS-Dozentenbundes des Gaues Mecklenburg; 9-12/1939

1 Mit der Arbeit: Der Übergang der arteriellen in die venöse Blutbahn bei der Milz, Berlin 1924; als Preisarbeit der Medizinischen Fakultät der Universität Tübingen mit dem 1. Preis ausgezeichnet.

2 Mit Margot Koch, geb. am 3.2.1902 in Eislingen/Württemberg; Tochter eines Holzhändlers.

3 Mit einer Arbeit über Anatomie.

4 Der Gaudozentenbundführer der Gauleitung Mainfranken in Würzburg stellte Neubert wissenschaftlich das beste Zeugnis aus; politisch sei Neubert schon „vor der Machtübernahme durchaus national eingestellt", er sei „politisch als unbedingt zuverlässig zu bezeichnen" und nehme es „mit seinem Nationalsozialismus sehr ernst". Im Vorfeld von Neuberts Berufung nach Rostock informierte auch der Kreisleiter des Kreises Würzburg der NSDAP 4/1937 seinen Rostocker Amtskollegen; danach bestanden über Neuberts „politische Zuverlässigkeit keine Bedenken"; Neubert trete „als Redner für rassenpolitische Vorträge auf", und „mit seinem Einsatz für den heutigen Staat ist zu rechnen".

Kriegseinsatz als Chefarzt des Reservelazaretts Saßnitz der Wehrmacht; 1940 – 1945 außerdem kommissarischer Führer des NS-Dozentenbundes des Gaues Mecklenburg und stellvertretender Führer des NS-Dozentenbundes an der Universität Rostock; wegen NS-Belastung 8/1945 aus dem mecklenburgischen Landesdienst entlassen; ab 7/1948 Professor zur Wiederverwendung, ab 1951 Honorarprofessor an der Universität in Tübingen; ab 5/1952 ordentlicher Professor für Anatomie an der Universität Würzburg; dort 1958/59 auch Dekan der Medizinischen Fakultät; ab 1961 Korrespondierendes Mitglied der Anatomical Society of Great Britain and Ireland; 8/1966 emeritiert; am 4.4.1972 in Würzburg gestorben

Quellen: UAR: PA Neubert; LHAS: 5.12-7/1, Nr. 1480, 1482; BA/DH, ZB II, Nr. 4539/5; BA/BDC: PK, REM; BA/BDC-Karteien: NSDAP, NSLB, NSDÄB, REM, RFR.

5 Neuberts Forschungsgebiete waren die mikroskopische Anatomie und die Embryologie sowie Untersuchungen des Innenohrs und zur Schallperzeption.

Niehaus, Heinrich Johann Dietrich

geboren am 27.9.1898 in Hörsten/Bersenbrück (Osnabrück); evangelisch; Sohn eines Kleinbauern; Volks- und Mittelschule, Realgymnasium in Quakenbrück, dort 1918 Abitur; 1918/19 drei Semester Studium der Naturwissenschaften und der Mathematik an der Universität Göttingen, aus wirtschaftlichen Gründen abgebrochen; anschließend anderthalb Jahre in der Landwirtschaft tätig; dazwischen im Frühjahr 1920 Einsatz mit dem Göttinger Zeitfreiwilligen-Bataillon bei der „Bekämpfung der Aufstände im Ruhrgebiet"; ab Anfang 1921 Redaktionsvolontär, ab 1922 Schriftleiter bei der *Westfälischen Landeszeitung* in Münster und beim *Lüneburger Tageblatt* in Lüneburg; daneben Besuch von Vorlesungen über Geschichte und Volkswirtschaft an der Universität Münster; 1922 – 1924 Geschäftsführer des Landbundes/der Kreisbauernschaft des Kreises Bersenbrück; dort aktive „Bekämpfung der Sozialdemokraten und Kommunisten" und „mit Vorträgen und Schriften" Einsatz gegen deren Bestrebungen, „den Klassenkampf in der Landbevölkerung zu verbreiten";[1] Herbst 1925 – Frühjahr 1927 Studium der Volkswirtschaft, Landwirtschaft, Geschichte und Philosophie an der Universität Berlin; daneben Beratertätigkeit für mecklenburg-strelitzsche Erbpächter; 7/1927 Promotion in Berlin;[2] 10/1927 – 1930 wissenschaftlicher Hilfsarbeiter im „Reichs-Enquete-Ausschuß zur Untersuchung der Erzeugungs- und Absatzbedingungen der deutschen Wirtschaft" und zugleich Assistent am Deutschen Forschungsinstitut für Agrar- und Siedlungswesen in Berlin; 9/1928 Heirat,[3] später drei Kinder; 1930 – 1934 Referent am Deutschen Institut für Agrar- und Siedlungswesen und, durch dessen Angliederung an die Universität, 1930 – 1934 auch außerplanmäßiger Assistent an der Universität Berlin; 1/1935 – 10/1937 Referent in der Forschungsstelle der Deutschen Gruppe der Internationalen Konferenz für Agrarwissenschaft in Berlin; 10/1936 Habilitation in Rostock; ab 11/1936 Lehrauftrag für Statistik und Landwirtschaftspolitik sowie kommissarischer Leiter des Instituts für Agrar- und Siedlungswesen an der Universität Rostock;[4] dort seit 4/1937 Dozent für Volkswirtschaftslehre und Agrarwissenschaft; nunmehr Mitglied im NS-Dozentenbund; ab 11/1937 Lehrstuhlvertreter, 7/1938 – 9/1942 außerordentlicher Professor für Volkswirtschaftslehre an der Universität Rostock, dort ab 2/1938 auch Leiter des Instituts für Agrar- und Siedlungswesen und ab 1940 auch Direktor des Instituts für Wirtschaftsraumforschung und Statistik;[5] ab 9/1939 Kriegseinsatz als Wachtmeister in der Fahrkolonne 5/VII der Wehrmacht; nach Verwundung 9/1941 für

1 Niehaus: „Da ich dabei zuwenig Unterstützung fand, habe ich mich 1925 unter Aufgabe meiner Stellung von der Politik ab- und der Wissenschaft zugewandt, und mich seitdem aktiv politisch nicht mehr betätigt."

2 Mit der Arbeit: Die landwirtschaftlichen Betriebsgrößen und ihre Mischung in ihrer betriebs- und volkswirtschaftlichen Bedeutung, dargelegt nach den Verhältnissen im Fürstentum Osnabrück, Langensalza 1929.

3 Mit Wilhelmine Bentlage, geb. am 29.9.1901.

4 Der Dozentenschaftsführer der Universität Berlin formulierte in einem Gutachten für die Universität Rostock 7/1936, Niehaus sei „zwar kein Parteigenosse", er werde „aber von hoher Parteiseite als politisch völlig zuverlässig bezeichnet", und seine wissenschaftlichen Arbeiten würden „sehr gelobt".

5 Niehaus' Hauptarbeitsgebiete waren die Agrarpolitik, Agrarsoziologie und Agrargeographie.

die universitäre Tätigkeit uk gestellt; ab 10/1942 zunächst Lehrstuhlvertretung für Agrarwesen und Agrarpolitik an der Reichsuniversität Posen, ab 5/1943 dort ordentlicher Professor und Direktor des Instituts für Agrar- und Siedlungswesen; nach dem Krieg ordentlicher Professor für Volkswirtschaftslehre und Agrarpolitik sowie Direktor des Instituts für Agrarwesen und Agrarpolitik, später Institut für Agrarpolitik und Marktforschung an der Universität Bonn; 1947/48 Mitherausgeber der *Hefte für Agrarwissenschaft und Agrarpolitik*; 1960 Gastprofessur an der Universität Saarbrücken; 1961/62 Rektor der Universität Bonn; Mitglied der Internationalen Konferenz für Agrarwissenschaft, des Senats und des Hauptausschusses der Deutschen Forschungsgemeinschaft, des Wissenschaftlichen Beirats des Bundesministeriums für Ernährung, Landwirtschaft und Forsten, der Gesellschaft für Agrarpolitik und Agrarsoziologie sowie des Forschungsrates für Landwirtschaft, Ernährung und Forsten; 1964 Ehrenpromotion für Agrarwissenschaften der Technischen Hochschule München; 10/1966 an der Universität Bonn emeritiert; 1966 Mitbegründer und ab 1967 Vorstandsvorsitzender der deutsch-chinesischen Gesellschaft in Bonn; am 22.2.1977 in Bornheim gestorben[6]

Quellen: UAR: PA Niehaus; LHAS: 5.12-7/1, Nr. 1196, 1446, 1447; BA/BDC-Karteien: REM.

6 Veröffentlichte u.a.: Das Heuerleutesystem und die Heuerleutebewegung, Quakenbrück 1924; Örtliche Schiedsgerichte als wirtschaftlicher und sozialer Pachtschutz im Heuerleutewesen, Quakenbrück 1925; Landwirtschaftliche Selbstverwaltung im Pachtwesen, Quakenbrück 1925; Deutsche Agrarpolitik auf geschichtlicher und landeskundlicher Grundlage, Leipzig 1934 (mit M. Sering und F. Schlömer); Theorien, Vorschläge und Gesetze zur Agrarreform, Opladen 1947; Der Bauer in der Wirtschafts- und Gesellschaftsordnung, Köln/Opladen 1948; Stellung und Aufgaben des Verbrauchers in der Ernährungswirtschaft, Frankfurt/M. 1956; Agrarpolitik in der Sozialen Marktwirtschaft, Ludwigsburg 1956; Leitbilder der Wirtschafts- und Agrarpolitik in der modernen Gesellschaft, Stuttgart 1957; Glanz und Elend der wissenschaftlichen Agrarpolitik (Rektoratsrede), Bonn 1962; Agrarstruktur und Marktstruktur in Nordrhein-Westfalen, Dortmund 1965; Aktuelle Fragen der Agrarpolitik im Rahmen der europäischen Integration, Köln/Opladen 1965.

Nieland, Hans Otto Julius Karl

geboren am 13.6.1885 in Heidelberg/Baden; evangelisch; Sohn eines Generalmajors; Volksschule in Deutsch Eylau, Gymnasien in Danzig und Halberstadt, dort 4/1905 Abitur; anschließend Ausbildung zum Seeoffizier und bis 1914 Offizier auf großer Fahrt in europäischen, amerikanischen und afrikanischen Ländern; 1914 – 1918 Kriegseinsatz im Ersten Weltkrieg, zunächst als Unterseeboot-Kommandant, dann als Admiralstabsoffizier, zuletzt Kapitänleutnant, EK II, EK I, EKFK, U-Boot-Kriegsabzeichen; 1919 Angehöriger der Kompanie Oranien des Freikorpsverbandes der Garde-Kavallerie-Schützen-Division; 1920 – 1925 Studium der Chemie, Physik, Mineralogie, Geologie, Mathematik und Philosophie an der Universität Heidelberg; dazwischen 1923 Werkstudent in einer Schwefelsäurefabrik in Gelsenkirchen; neben dem Studium auch Vertrauensmann des Wehrkreiskommandos Stuttgart für die Pfalz und Angehöriger des Grenzschutzes Baden; 1925/26 Privatassistent am Chemischen Institut und Assistent am Mineralogischen Institut der Universität Heidelberg, dort 11/1926 Promotion[1]; 1926/27 Privatassistent und ab 1928 Vollassistent am Mineralogisch-Petrographischen Institut der Universität Heidelberg; bis 1929 Mitglied der Deutschnationalen Volkspartei;[2] als Mineraloge und Petrograph 1929 zunächst Teilnehmer, zuletzt Leiter der 2. Hessischen Grönlandexpedition;[3] 1930 Habilitation in Heidelberg[4] und seitdem dort Privatdozent für Mineralogie und Petrographie; nach der nationalsozialistischen Machtübernahme ab 1933 Stadtrat der Stadt Heidelberg; daneben Vertrauensmann der NS-Dozentenschaft für Wehrfragen, Mitglied des Senats und ab 1935 Leiter der Auslandsabteilung der Universität Heidelberg; seit 11/1933 Mitglied des NS-Lehrerbundes, der NS-Kriegsopferversorgung und der NS-Volkswohlfahrt sowie Mitglied der SA, dort zuletzt SA-Obersturmführer; 6/1935 zum nichtbeamteten außerordentlichen Professor für Mineralogie und Petrographie an der Universität Heidelberg ernannt; dort Eintritt in die NSDAP am 1.5.1937, Mitgliedsnummer 4.270.908; ab 4/1939 Lehrstuhlvertretung für Mineralogie und Petrographie und stellvertretender Direktor des Mineralogisch-Petrographischen Instituts der Universität Rostock;[5] ab 1/1940 ordentlicher Professor für Mineralogie und Petrographie an der Universität Rostock, dort ab 10/1941 auch Direktor des Mineralogisch-Petrographischen Instituts; ab 4/1941 Kriegseinsatz, zunächst Referatsleiter in der Nautisch-Wissenschaftlichen Abteilung der Amtsgruppe Nautik der Seekriegsleitung im Oberkommando der Kriegsmarine in Berlin; dort 12/1941 zum Korvettenkapitän befördert und nunmehr zunächst kommissarischer Chef der Nautisch-Wissenschaftlichen Abteilung, 1/1944 – 1945 Chef der Nautisch-Wissenschaftlichen Abteilung in der Amtsgruppe Nautik der See-

1 Mit der Arbeit: Über disubstituierte Carbaminsäureazide, Heidelberg 1926.

2 Nieland: „Die unerträglichen Verhältnisse in Deutschland veranlaßten mich, meine bisher in reichem Maße ausgeübte parteipolitische Tätigkeit (DNVP) aufzugeben und mich zu bemühen, für einige Zeit ins Ausland zu kommen."

3 Veröffentlichte dazu u.a.: Beitrag zur Kenntnis der Deckenbasalte von Westgrönland, 1931.

4 Mit der Arbeit: Beiträge zur Mineralogie und Petrographie des Katzenbuckels, 1931.

5 Nielands Hauptarbeitsgebiete waren die Petrographie und die mikroskopische Mineralbestimmung, die physikalische Chemie und deren Anwendung in der Mineralogie und Petrographie sowie Lagerstättenkunde, dazu Forschungsthemen wie: „Versorgung Großdeutschlands mit mineralogischen Rohstoffen" und „Die Lagerstätten der Nutzmineralien und ihre weltpolitische Bedeutung".

kriegsleitung im Oberkommando der Kriegsmarine;[6] 5/1944 Heirat;[7] am 7.7.1946 in Heidelberg gestorben

Quellen: UAR: PA Nieland; LHAS: 5.12-7/1, Nr. 1327, 1328, 2346; BA/BDC-Karteien: NSDAP, NSLB, REM.

6 Nieland bemühte sich ab 1943, wieder an die Universität zurückkehren zu können; wie er dem Dekan der Philosophischen Fakultät 11/1943 mitteilte, mache aber seine „oberste Kommandobehörde, die praktisch niemanden mehr über sich hat, Schwierigkeiten", ihn „frei zu geben". Der „einzige Weg, der einige Erfolgsaussichten verspricht, ist der über einen kriegswichtigen Forschungsauftrag"; aber dieser Weg werde „völlig verbaut" durch „die drohende Beschlagnahme des Laboratoriums im Keller des Rostocker Instituts für Luftschutzzwecke", „ein Arbeiten im Institut ist damit ausgeschlossen, das Institut ist für die Kriegsdauer stillgelegt".

7 Mit Hildegard Ziegler, geb. am 25.3.1895 in Rastatt/Baden; Tochter eines Majors und Bataillonskommandeurs.

Paulsen, Peter Christian

geboren am 8.10.1902 in Klixbüll/Südtondern (Schleswig-Holstein); evangelisch; Sohn eines Kaufmanns; Volksschule in Westre; daneben und anschließend Tätigkeit als Landarbeiter; 1918 – 1924 Lehrerseminar in Tondern-Niebüll, 1924 Lehrerexamen; 3/1924 – 3/1926 Tätigkeit als Lehrer; ab 4/1926 Studium der Vorgeschichte, Geschichte und Kunstgeschichte an den Universitäten Berlin, Kopenhagen, Stockholm, Uppsala und Kiel;[1] dort 4/1933 Promotion;[2] ab 5/1933 Leiter der Abteilung Vorgeschichte in der Gaukulturstelle der Gauleitung Schleswig-Holstein der NSDAP und der NS-Kulturgemeinde; 7/1933 Heirat,[3] später drei Kinder; 8/1934 Habilitation in Kiel und seitdem Privatdozent für Vor- und Frühgeschichte an der Universität in Kiel; dort ab 6/1934 Mitglied des NS-Lehrerbundes; 1934 – 1935 Studienreisen „durch die Ostseeländer, die südeuropäischen Staaten und den Orient“; 1936 – 9/1937 Gaubeauftragter für Vorgeschichte im Gauschulungsamt der Gauleitung Schleswig-Holstein der NSDAP und ab 1937 auch Gausachbearbeiter für Vorgeschichte im NS-Lehrerbund; ab 10/1936 Mitglied der SS, Nr. 283.119; Eintritt in die NSDAP am 1.5.1937, Mitgliedsnummer 3.967.970; nach Beurlaubung von seiner Lehrtätigkeit an der Universität Berlin als SS-Oberscharführer 10/1937 – 12/1938 hauptamtlicher Leiter der Abteilung RA III b (Frühgeschichte) im Rassenamt des Rasse- und Siedlungshauptamtes der SS, dort 4/1938 zum SS-Untersturmführer befördert; 1/1939 – 9/1940 hauptamtlicher Referent in der Abteilung für Vorgeschichte der SS-Lehr- und Forschungsgemeinschaft Ahnenerbe; dort ab 4/1939 auch Schriftleiter der Zeitschrift *Das Bild. Monatsschrift für Deutsches Kunstschaffen in Vergangenheit und Gegenwart*; neben seiner hauptamtlichen SS-Tätigkeit ab 6/1938 Dozent für Vorgeschichte an der Universität Berlin, dort 8/1939 zum außerplanmäßigen Professor ernannt; 9/1939 Denkschrift Paulsens über „Schutzmaßnahmen für kulturgeschichtliche Denkmäler in Polen“[4], danach noch 9/1939 Arbeitsabkommen zwischen

1 Paulsen hatte „schon als Student die germanischen Länder bereist, die Museen kennengelernt und an Ausgrabungen teilgenommen“. Beeinflußt durch das „Grenzkampferlebnis“ stand er seit Studienbeginn „mit Vertretern der NSDAP in Verbindung“; „seit 1927 habe ich mich für die Partei betätigt“.

2 Mit der Arbeit: Studien zur Wikingerkultur, Neumünster/Kiel 1933.

3 Mit Charlotte Clasen, geb. am 23.2.1908 in Stuttgart; Tochter eines Möbelfabrikanten; Heilgymnastin.

4 In seiner Denkschrift behauptete Paulsen, daß Polen „die Bedeutung der Vor- und Frühgeschichte erkannt“, gefördert und versucht habe, „die 'Urslawentheorie' auch der Auslandspropaganda im politischen Sinne dienstbar zu machen“. Es komme demgegenüber aber jetzt darauf an, den überragenden „germanischen Einfluß“ in den ehemals polnischen Gebiete zu belegen, sicher auch, um die deutsche Aggression historisch zu legitimieren; dazu sei es notwendig, „die germanischen und deutschen Denkmale in Polen in Schutz zu nehmen“, denn „Bodendenkmäler, Burgen, Kirchen, Städteanlagen, Museen, Sammlungen, Galerien und Archive [seien] wichtige Dokumente gegen die 'Urslawentheorie' und die polnische Kulturpropaganda im Dienste des Panslawismus“. Paulsen plädierte für deutsche „Schutzmaßnahmen“ zunächst in Wilna, Bromberg, Thorn, Posen, Krakau, Lemberg und Warschau.

dem SD-Hauptamt und dem SS-Ahnenerbe[5]; im Auftrag des SS-Ahnenerbe 10/1939 Leiter eines „prähistorischen Bergungskommandos“ in Krakau, dort in Zusammenarbeit mit dem Reichssicherheitshauptamt „Sicherstellung“, d.h. Raub von Kunst- und Kulturschätzen, innerhalb dieser Mission „Erledigung eines Sonderauftrages“;[6] bis 12/1939 auch Leiter der Treuhandstelle Posen des Generaltreuhänders für die Sicherstellung deutschen Kulturgutes in den ehemals polnischen Gebieten; nach Kompetenzstreitigkeiten zwischen den NS-Besatzungsbehörden Rückkehr ins Reich und 1-12/1940 Lehrstuhlvertretung für Vor- und Frühgeschichte an der Universität Rostock (für den nach Posen versetzten Ernst Petersen);[7] 4/1940 zum SS-Obersturmführer befördert; ab 1/1941 Lehrstuhlvertretung für Frühgeschichte an der Universität Königsberg; 4/1941 zum SS-Hauptsturmführer befördert; 1941/42 Lehrstuhlvertretung für Frühgeschichte an der Universität Posen; ab 4/ 1942 Kriegseinsatz für das SS-Ahnenerbe in Norwegen; ab 8/1942 militärische Ausbildung im 10. SS-Artillerie-Ersatz-Regiment in München; 1942/43 erneut Lehrstuhlvertretung für Vor- und Frühgeschichte an der Universität Posen; nach dem Ausscheiden aus dem Ahnenerbe ab 4/1943 Dozent an der SS-Junkerschule in Bad Tölz, dort auch Organisator von mehreren ’Germanischen Tagungen’, die Wissenschaftler aus den von Deutschland besetzten bzw. abhängigen ’germanischen’ Ländern zusammenführten; 5/ 1944 zum SS-Sturmbannführer befördert; ab 7/1944 Leiter der in der Amtsgruppe D des SS-Hauptamtes neugeschaffenen Germanischen Führerschule der SS in Hildesheim (Haus Germanien), zugleich Leiter des Referats 1 in der Amtsgruppe C (Schulungsamt) des SS-Hauptamtes;[8] ab 4/1945 Mitglied des NS-Dozentenbundes; nach 1945 zunächst Privatgelehrter in Stuttgart; 1961 – 1967 Mitarbeiter am Württembergischen Landesmuseum; am 15.2.1985 in Ruit/Eßlingen gestorben[9]

---

5 Schon Mitte September 1939 hatte der Reichsgeschäftsführer des Ahnenerbe, Wolfram Sievers, dem Reichsführer SS mitgeteilt, daß bis zu Himmlers endgültiger Entscheidung zunächst vereinbart worden sei, „daß die Einsatzkommandos des SD auf die Männer des Ahnenerbe zurückgreifen, wenn für die Sicherung Fachleute erforderlich“ seien. Das „geplante Unternehmen“ solle „unter der Oberhoheit des SD durchgeführt werden, indem zu den Einsatzkommandos des SD Dr. Paulsen bzw. weitere Mitarbeiter des Ahnenerbes als Sonderkommissare treten“. Das Ahnenerbe schlug zur Führung dieser „Schutzkommandos“ die SS-Untersturmführer Petersen und Paulsen vor, beide später Professoren in Rostock. Himmler war mit Paulsens Berufung als Leiter der „Sicherstellung des vorgeschichtlichen Fundmaterials und der vorgeschichtlichen Denkmäler in Polen ... einverstanden“ und ordnete an, daß Paulsen „zur Durchführung dieser Aufgabe sofort SS-Gruppenführer Heydrich zugeteilt werden“ solle.

6 Unter Leitung Paulsens wurde 10/1939 ein Teil des weltberühmten Krakauer Marienaltars von Veit Stoß nach Berlin verbracht. Auf einer Besprechung der konkurrierenden NS-Kunstraubkommandos in Krakau legte Wolfram Sievers dar, „daß die vom Ahnenerbe zur Verfügung gestellten Männer [Einsatz- bzw. Sonderkommando Paulsen] in erster Linie eingesetzt seien, um auf Befehl des Reichsführers SS die die SS besonders angehenden Gegenstände der Vorgeschichte, Volkskunde und Naturwissenschaft sicherzustellen“.

7 Petersen war Spezialist für die von der SS besonders geschätzten Wikingerkunde.

8 Paulsen plante dort, die Universität Göttingen zu einer Germanischen Universität umzubauen, an der aus den „germanischen“ Ländern geflüchtete Gelehrte lehren und in Göttingen ausgebildeter wissenschaftlicher Nachwuchs am Haus Germanien eingesetzt werden sollte.

9 Veröffentlichte u.a.: Quellen zur Frage Schleswig-Haithabu im Rahmen der fränkischen, sächsischen und nordischen Beziehungen, Kiel 1930 (mit O. Scheel); Wikingerfunde in Ungarn, Budapest 1933; Der Goldschatz von Hiddensee, Leipzig 1936; Der Wikingerfund von Leckhus und seine Bedeutung für die nordwesteuropäische Frühgeschichtsforschung, Kiel 1937; Axt und

Quellen: UAR: PA Paulsen; LHAS: 5.12-7/1, Nr. 1268; BA/BDC: SSO, RuSHA, Ahnenerbe, PK, REM; BA/BDC-Karteien: NSDAP, NSLB, REM.

Kreuz bei den Nordgermanen, Berlin 1939; Schwertortbänder der Wikingerzeit. Ein Beitrag zur Frühgeschichte Osteuropas, Stuttgart 1953; Drachenkämpfer, Löwenritter und die Heinrichssage. Eine Studie über die Kirchentür von Valthjofsstad auf Island, Köln/Graz 1966; Alamannische Adelsgräber von Niederstotzingen, Stuttgart 1967.

Peters, Albert Hans Georg

geboren am 19.9.1862 in Meggen/Westfalen; evangelisch; Sohn eines Hüttendirektors; Volksschule in Siegen, Realgymnasien in Siegen und in Soest, dort 3/1880 Abitur; bis 3/1881 Gymnasialvorbereitung für das Studium der Medizin; 4/1881 – 1885 Medizinstudium an den Universitäten Bonn, Berlin und Tübingen; als Einjährig-Freiwilliger dazwischen 4-9/1882 Militärdienst beim Infanterie-Regiment 125 in Tübingen; 8/1885 Promotion[1], 1/1886 medizinisches Staatsexamen und 2/1886 Approbation in Bonn; als Arzt 3-8/1886 zweiter Teil des Militärdienstes als Einjährig-Freiwilliger beim Infanterie-Regiment 125 in Tübingen und beim Garde-Ulanen-Regiment in Berlin; 10/1886 – 9/1888 planmäßiger Assistenzarzt an der Universitäts-Augenklinik in Bonn; ab 11/1888 niedergelassener Facharzt für Augenkrankheiten in Bonn; 5/1890 Heirat,[2] später 5 Kinder; 5/1892 Habilitation in Bonn und seitdem Privatdozent für Augenheilkunde an der Universität Bonn; dort 5/1898 zum Titularprofessor ernannt; Mitglied und Vorsitzender des Vereins der rheinisch-westfälischen Augenärzte; 10/1901 – 4/1933 ordentlicher Professor für Augenheilkunde an der Universität Rostock, dort auch mit der Leitung und Verwaltung der Universitäts-Augenklinik und der Augenpoliklinik beauftragt;[3] 5-10/1906 auch vertretungsweise Leiter der Universitäts-Frauenklinik und der Hebammenschule; 1906/07 Dekan der Medizinischen Fakultät der Universität Rostock; 4/1913 zum Geheimen Medizinalrat ernannt; 1914/15 erneut Dekan der Medizinischen Fakultät der Universität Rostock; 1915 – 11/1918 Kriegseinsatz im Heimatkriegsgebiet, so als fachtechnischer Beirat für Augenheilkunde für die mecklenburgischen Truppen in Rostock, Obergutachter für den Bezirk des IX. Armee-Korps und Leiter der Abteilung Augenklinik des Reserve-Lazaretts Rostock; 7/1915 – 6/1916 auch Rektor und 1916/17 Prorektor der Universität Rostock; nach dem Krieg reguläre Weiterführung seiner Lehr- und Forschungstätigkeit; Mitglied der Deutschen Volkspartei; 3/1933 emeritiert; 4/1933 Übereignung seiner medizinischen Privatbibliothek an die Augenklinik der Universität Rostock; noch 8/1934 Eid auf Hitler;[4] am 12.5.1938 in Rostock gestorben[5]

Quellen: UAR: PA Peters; LHAS: 5.12-7/1, Nr. 1484.

---

1 Mit der Arbeit: Über die Regeneration des Epithels der Cornea, Bonn 1885.

2 Mit Johanna Cohen, geb. am 28.10.1868 in Bonn; Tochter eines Verlagsbuchhändlers.

3 Peters' Forschungsschwerpunkte waren die Anatomie des Auges, Pathologie und Therapie der Bindehauterkrankungen, insbesondere die verschiedenen Formen des grauen Stars, mikroskopische und experimentelle Studien zu Linsenveränderungen sowie die Zusammenhänge zwischen Augen- und Nasenkrankheiten.

4 Peters galt wegen seiner Ehefrau als 'jüdisch versippt'.

5 Veröffentlichte u.a.: Tetanie und Starbildung. Ein Beitrag zur Pathologie und pathologischen Anatomie der Linse, Bonn 1898; Über Kopfschmerzen in Folge von Augenstörungen. Ein Beitrag zur Lehre von der Asthenopie, Halle 1898; Über Glaukom nach Konfusionen des Auges und seine Therapie, Stuttgart 1904; Die angeborenen Fehler und Erkrankungen des Auges, Bonn 1909; Die Erkrankung des Auges im Kindesalter, Bonn 1910; Die Bedeutung der Vererbungslehre für die Augenheilkunde. Rückblicke und Ausblicke, Halle 1911; Gesundheitspflege des Auges, gemeinverständlich dargestellt, Leipzig 1913; Die Augenheilkunde in der Kriegszeit, Rostock 1916; Die sympathische Augenerkrankung, Berlin 1919; Das Glaukom, Berlin 1930; Das Trachom, Berlin 1935.

Petersen, Asmus Peter

geboren am 6.12.1900 in Kemphye/Flensburg (Schleswig-Holstein); evangelisch; Sohn eines Landwirts; Volksschulen in Gelting und Loose, Realschule in Eckernförde, Oberrealschule in Kiel, dort 2/1920 Abitur; dazwischen 6-12/1918 Kriegseinsatz als Soldat bei der Infanterie; 4/1920 – 10/1921 Landwirtschaftslehre auf dem elterlichen Hof in Loose; 1/1921 – 4/1922 Studium der Nationalökonomie an der Universität Berlin, 5/1922 – 11/1925 Studium der Landwirtschaft an der Landwirtschaftlichen Hochschule in Berlin; dazwischen 1923/24 einjähriges Praktikum als landwirtschaftlicher Beamter auf dem Lehrgut Bollhagen bei Bad Doberan/Rostock-Land; 11/1925 Examen als Diplomlandwirt; 11/1925 – 2/1926 Hilfsassistent am Institut für Betriebslehre der Landwirtschaftlichen Hochschule in Berlin; 3/1926 – 3/1927 selbständiger Wirtschaftsberater und Schätzer in Berlin; 4/1927 – 3/1928 Referent in der Abteilung Inspektion des Siedlungswesens im Reichswehrministerium in Berlin; 2/1928 Promotion;[1] 4-9/1928 Betrieb einer eigenen Wirtschaftsberatungsstelle und zugleich Hauptschriftleiter der Zeitschrift *Der Praktische Landwirt*; 10/1928 – 3/1931 wissenschaftlicher Assistent am Institut für Betriebslehre der Landwirtschaftlichen Hochschule in Berlin, dort auch Leiter der republikanischen agrarpolitischen Arbeitsgemeinschaft; 7/1930 Habilitation in Berlin[2] und Privatdozent an der Landwirtschaftlichen Hochschule Berlin; 7/1930 – 9/1934 Lehraufträge an der Technischen Hochschule und der Gartenbauschule in Berlin; als Stipendiat der Notgemeinschaft der Deutschen Wissenschaft daneben als freier Wirtschaftsberater tätig; 4/1933 Heirat;[3] als Lehrstuhlvertreter ab 11/1934 außerordentlicher Professor, 4/1935 – 10/1943 ordentlicher Professor für landwirtschaftliche Betriebslehre an der Universität Jena, dort auch Vorstand der Anstalt/Direktor des Instituts für Landwirtschaftliche Betriebslehre sowie der Landwirtschaftlichen Bibliothek mit Forschungsstelle für Landwirtschaftliches Absatzwesen;[4] ab 11/1935 auch Leiter des Pädagogischen Seminars für Landwirtschaftslehrer in Weimar; 9/1939 uk gestellt; ab 1/1942 Mitglied der NSDAP; ein vom Reichsministerium für die besetzten Ostgebiete ab 6/1943 vorgesehener Einsatz in der Ukraine wurde durch Intervention des Reichsernährungsministeriums verhindert; auf Empfehlung Herbert Backes, der als Reichsminister für Ernährung und Landwirtschaft an Konzeptionen für eine deutschgeführte Agrarpolitik im künftigen 'europäischen Großraum' arbeitete, ab 9/1943 Geschäftsführer und Vorstand der neugegründeten, von Backe und führenden NS-Agrarideologen protegierten Thünen-Gesellschaft e.V. in Rostock; gegen erhebliche Wider-

1 Mit der Arbeit: Untersuchungen über die Taxation von Wiesenländereien auf Grund des Pflanzenbestandes, Berlin 1927.

2 Mit der Arbeit: Untersuchungen über die Taxation von Ackerländereien auf Grund des natürlichen Pflanzenbestandes von Ackerland und Ackerrand, Berlin 1930.

3 Mit Waltraut Schmidt, geb. am 16.8.1909 in Hamburg; Botanikerin; 1987 gestorben.

4 Dort ab 1939 finanzielle Unterstützung der Deutschen Forschungsgemeinschaft/Reichsforschungsrat für Untersuchungen über „Agrarpolitik und Betriebslehre" und über „Sauergräser im blütenlosen Zustand" sowie Druckkostenzuschuß für die Publikation von: Die Gräser als Kulturpflanzen und Unkräuter auf Wiese, Weide und Acker.

stände des Reichserziehungsministeriums[5] ab 11/1943 ordentlicher Professor des neugeschaffenen Lehrstuhls für Landwirtschaftliche Betriebs(wirtschafts)lehre an der Universität Rostock,[6] dort auch Direktor des Instituts für Landwirtschaftliche Betriebslehre, und ab 11/1943 auch Direktor des Thünen-Archivs in Rostock;[7] neben seiner Rostocker Tätigkeit ab 5/1944 auch Lehrstuhlvertretung für landwirtschaftliche Betriebslehre sowie Leiter des gleichnamigen Instituts an der Universität Jena; 4/1945 als Dienstreise getarnte Flucht aus Rostock und bis 1946 Sicherstellung nach Schleswig-Holstein ausgelagerter Materialien des Thünen-Nachlasses; inzwischen aus dem mecklenburgischen Landesdienst entlassen; 2/1946 Rückkehr nach Rostock;[8] ab 5/1946 Neuaufbau und 1947 – 1952 auch Dekan der Landwirtschaftlichen Fakultät der Universität Rostock; dort ab 7/1946 Mitglied der SED; ab 3/1947 zunächst Vertretung des Lehrstuhls für Agrar- und Siedlungswesen und kommissarischer Direktor des Instituts für Agrar- und Siedlungswesen der Universität Rostock; 7/1947 von der SMA als ordentlicher Professor bestätigt und bis 4/1960 Professor für Grünlandforschung an der Universität Rostock; erforschte, propagierte und organisierte in der Folgezeit eine auf Großflächen orientierte, in Kombinaten und LPG organisierte Landwirtschaft in der DDR; ab 4/1948 Verwaltungsdirektor

5 Der zuständige Referent des Reichserziehungsministeriums, Maximilian Demmel, hatte noch 3/1943 in einer Beratung mit dem Rostocker Kurator Rudolf Krüger über die Ausstattung der zukünftigen Landwirtschaftlichen Fakultät die beabsichtigte Berufung Petersens rundweg abgelehnt; dieser sei „ein Außenseiter“ und habe „seit 1933 auf dem Gebiete der landwirtschaftlichen Betriebswirtschaftslehre nichts geschaffen oder veröffentlicht, was vom wissenschaftlichen oder nationalsozialistischen Standpunkt [aus] beachtenswert“ wäre. Petersen sei „alter Demokrat“, habe um 1930 in Verbindung „mit der schleswig-holsteinischen Bauernbewegung und der Bewegung“ gestanden, „die damals in Schleswig-Holstein zu den sogenannten Bombenleger-Prozessen“ geführt hätte. Petersen habe einen „offenkundigen Hang zur Opposition“ und werde – nach Rostock berufen – dann „fraglos eine Belastung der neuen Fakultät“. Weil Oberregierungsrat Demmel jedoch bald darauf zur Wehrmacht einberufen wurde, und weil sich der Dekan der Landwirtschaftlichen Fakultät, Jonas Schmidt, und der mecklenburgische Staatsminister Scharf für Petersen stark machten, konnten die Rostocker Besetzungswünsche auch gegen den Einspruch und die Bedenken des Reichserziehungsministeriums durchgesetzt und Petersen letztlich berufen werden. Zwar sei Petersen, wie Schmidt 5/1943 hervorhob, „in erster Linie Theoretiker“, er bringe aber – und dies war letztlich ausschlaggebend – als Positivum „den Willen und die Eignung mit, das Erbe Thünens wissenschaftlich auszuwerten“.

6 Ab 2/1944 eingegliedert in die seit 1942/43 geschaffene Landwirtschaftliche Fakultät, deren Ausbau als kriegswichtig galt; die Landwirtschaftliche Fakultät war zunächst mit den ordentlichen Lehrstühlen für Landwirtschaftliche Betriebswirtschaftslehre (Asmus Petersen), für Acker- und Pflanzenbau (Werner Schulze) sowie dem außerordentlichen Lehrstuhl für Landmaschinenbau ausgestattet, und wurde später ergänzt durch die Ende 1944 genehmigte Errichtung des ordentlichen Lehrstuhls für Tierzucht (Jonas Schmidt) und des vierten ordentlichen Lehrstuhls für das Gebiet der Agrikulturchemie (Kurt Nehring). Petersens Hauptarbeitsgebiete waren die landwirtschaftliche Betriebs-, Taxations- und Buchführungslehre, die Grünlandbewirtschaftung und -vegetationskunde, die Unkrautforschung, die Standortplanung der landwirtschaftlichen Produktion, die Geschichte der Agrarwissenschaften, hier besonders die Thünenforschung.

7 Das Thünen-Archiv war jedoch nach dem Wechsel von Heinrich Niehaus nach Posen ins Geheime und Hauptarchiv nach Schwerin verbracht und dort eingelagert worden.

8 Die mecklenburgische Kultusverwaltung teilte 5/1946 dem Kuratorium der Universität Rostock mit, daß nach den „vorgelegten Akten keine Veranlassung“ bestehe, Petersen „einer politischen Reinigungsaktion zu unterwerfen“, und stimmte mit der universitären Auffassung überein, daß „von einer politischen Belastung nicht gesprochen werden“ könne.

der Landwirtschaftlichen Versuchsstation in Rostock; ab 5/1948 Mitglied des Hauptausschusses der Abteilung I (Wirtschaft und Statistik) der Deutschen Landwirtschafts-Gesellschaft Berlin; 1949 auch Lehrbeauftragter an der Bauernhochschule in Paretz; ab 1949 auch Landesvorsitzender der Deutschen Landwirtschafts-Gesellschaft für Mecklenburg und Mitglied im Forschungsrat der DDR; ab 7/1949 Mitglied der Deutschen Akademie der Wissenschaften in Berlin und ab 10/1951 zugleich Gründungs- und ordentliches Mitglied der Deutschen Akademie der Landwirtschaftswissenschaften in Berlin; ab 1950 kommissarischer Direktor des neugeschaffenen Instituts für Agrarpolitik und Agrarplanung und 1952 – 1953 Prodekan der Landwirtschaftlichen Fakultät der Universität Rostock; ab 11/1952 Mitglied des Wissenschaftlichen Beirates beim Staatssekretariat für das Hoch- und Fachschulwesen der DDR; 10/1953 Nationalpreis III. Kl. der DDR für seine Arbeiten zur landwirtschaftlichen Taxation und Gräserforschung; 1952 – 1955 erhebliche politische Auseinandersetzungen um seine Ergebnisse der Thünenforschung;[9] ab 7/1957 Aufbau und bis 1962 Leiter des Instituts für Grünland- und Moorforschung der Deutschen Akademie der Landwirtschaftswissenschaften in Paulinenaue/Nauen; daneben 1956 – 9/1958 auch Direktor der Institute für Landwirtschaftliche Betriebslehre und Agrarpolitik an der Universität Rostock;[10] ab 1957 auch Sekretär der Sektion Landeskultur und Naturschutz der Deutschen Akademie der Landwirtschaftswissenschaften Berlin; ab 5/1960 nebenamtlicher Professor für Grünlandforschung an der Humboldt-Universität in Berlin und Leiter der Forschungsgemeinschaft Grünland im Forschungsrat der DDR; daneben Chefredakteur der *Zeitschrift für Landeskultur*; Alexander-von-Humboldt-Medaille; 10/1960 Vaterländischer Verdienstorden in Silber und anläßlich seines 60. Geburtstages 12/1960 Ehrenpromotion der Universität Rostock; am 4.1.1962 in Paulinenaue gestorben[11]

9 An der Universität Rostock wurden die Angriffe gegen Petersen vor allem von dem 1953 neu berufenen Politökonomen Alfred Lemmnitz, später Volksbildungsminister der DDR, und dem Prorektor Herbert Luck forciert, die vor allem aus kurzschlüssigen ideologischen Motiven versuchten, die Thünen-Forschung – und damit Petersen – als unwissenschaftlich zu diskreditieren, und die dazu u.a. in der SED-Zeitschrift *Einheit* Beiträge gegen die Rostocker Thünen-Forschung publizierten. Die Diskussionen über Petersens Forschungsergebnisse waren auch Tagesordnungspunkte der 23. und 24. Tagung des ZK der SED, in denen Erich Mückenberger und Walter Ulbricht durch deutliche Angriffe die Thünen-Forschung zum Erliegen brachten. Ein 11/1955 gegen Petersen eingeleitetes Parteiverfahren endete mit einer Mißbilligung. Mittelpunkt der ideologisch geführten Auseinandersetzung war Petersens Darstellung Thünens als utopischen Sozialisten, womit er den Widerspruch der SED-Ideologen provozierte, die Thünen einseitig als einen junkerlich-bourgeoisen Großgrundbesitzer betrachteten.

10 Auf eigenen Antrag von diesen Ämtern entbunden; daneben Umwandlung seiner Rostocker Professur in ein persönliches, nebenamtliches Ordinariat für Grünlandforschung und Feldfutterbau.

11 Veröffentlichte u.a.: Ein Weg zum Boden für alle, Berlin 1932; Grundlagen zu einer Reichsbonitierung der landwirtschaftlichen Kulturböden Deutschlands, Berlin 1934; Klee und Kleeartige als Futterpflanzen auf Acker, Wiese und Weide, Berlin 1934; Die Gräser als Kulturpflanzen und Unkräuter auf Wiese, Weide und Acker, Berlin 1936; Die fundamentale Standortslehre J.H.v. Thünens, wie sie bisher als Intensitätslandwirtschaft mißverstanden wurde und was sie wirklich besagt, Jena 1936; Die Aufgaben der Thünenforschung, Jena 1944; Thünens 'Isolierter Staat'. Die Landwirtschaft als Glied der Volkswirtschaft, Berlin 1944; Beiträge zur Thünen-Forschung, Rostock 1948 f. (mit E. Schlesinger); Die Einrichtung der Fruchtfolge und die Bodenbearbeitung in Mecklenburg, Schwerin 1950; Die Bekämpfung der Ackerunkräuter durch Kulturmaßnahmen, Berlin 1950; Die neue Rostocker Grünlandschätzung,

Quellen: UAR: PA A. Petersen; LHAS: 5.12-7/1, Nr. 1534, 1535; BA/BDC-Karteien: REM, RFR.

Berlin 1952; Die neuere Rostocker Thünen-Forschung, Berlin 1952; Albrecht Daniel Thaer. Eine kritische Würdigung zu seinem 200. Geburtstage, Leipzig 1952; Schultz-Lupitz und sein Vermächtnis, Berlin 1954; Die landwirtschaftlichen Produktionszonen als Grundlage der Agrarplanung, Berlin 1954; Das kleine Gräserbuch für den praktischen Landwirt und seine Berater, Berlin 1961.

Petersen, Ernst Louis Ferdinand Rudolph

geboren am 28.4.1905 in Berlin/Preußen; evangelisch; Sohn eines Landbau-Inspektors; Volksschule in Berlin-Steglitz, Conradinum in Danzig-Langfuhr, Staatliches Humanistisches Gymnasium in Danzig, hier 3/1923 Abitur; als Schüler vom Vater „in die völkische Bewegung eingeführt"; 6/1923 – 4/1927 Studium der Vor- und Frühgeschichte, Anthropologie, Geologie, Geographie, Kunstgeschichte und Philosophie zunächst an der Technischen Hochschule in Danzig, dann an den Universitäten München, Heidelberg und Berlin; als Student in München 10/1923 erster Eintritt in die NSDAP und die SA; 11/1923 Teilnahme am Hitlerputsch in München; ab 8/1927 zunächst wissenschaftlicher Hilfsarbeiter, ab 1929 Assistent an der Vorgeschichtlichen Abteilung des Schlesischen Museums für Kunstgewerbe und Altertümer in Breslau; 5/1929 Promotion in Berlin;[1] ab 3/1931 1. Kustos des Landesamtes für Vorgeschichte in Breslau; 4/1931 Heirat,[2] später vier Kinder; erneuter Eintritt in die NSDAP am 1.5.1932, Mitgliedsnummer 1.198.425; ab 6/1933 auch Mitglied der SS, Nr. 195.547, als SS-Unterscharführer zunächst Dienst im I. Sturmbann der 16. SS-Standarte in Breslau; ab 10/1934 Direktor des Landesamtes für Vorgeschichte in Breslau; ab 1934 zahlreiche Studienreisen durch Museen und Sammlungen in Dänemark, Deutschland, Finnland, Jugoslawien, Norwegen, Polen, Schweden, Tschechoslowakei und Ungarn; ab 1937 ehrenamtliche Tätigkeit für den SD-Oberabschnitt Südost; 3/1938 Habilitation in Breslau;[3] 6/1939 mit der Wahrnehmung des neugegründeten Lehrstuhls für Vor- und Frühgeschichte an der Universität Rostock beauftragt,[4] konnte die Professur – bis auf acht Wochen dauernde Lehrveranstaltungen – wegen seiner Einberufung zum Kriegseinsatz jedoch kaum wahrnehmen; 8/1939 zum offiziellen Mitarbeiter der SS-Lehr- und Forschungsgemeinschaft Ahnenerbe berufen und rückwirkend ab 4/1939 zum SS-Untersturmführer befördert; für 9/1939 geplanter Einsatz als leitender Kunstraubexperte der SS gescheitert;[5] 11/1939 „Kommandierung zu einem Sonderkommando des Reichsführers SS", mit diesem eine „mehrere Wochen dauernde Dienstreise im Auftrage des Reichssicherheitshauptamtes" in Polen; 11/1939 zum außerordentlichen Professor für Vor- und Frühgeschichte an der Universität Rostock ernannt, dort auch Direktor des Instituts für Vorgeschichte;[6] ab 12/

1 Mit der Arbeit: Die frühgermanische Kultur in Ostdeutschland und Polen, Berlin 1929.

2 Mit Eva-Marie Gluth.

3 Mit der Arbeit: Die Bastarnen und Skiren, veröffentlicht in: Die Vorgeschichte der deutschen Stämme, hrsg. von H. Reinert, Leipzig 1939.

4 Von der Philosophischen Fakultät war zunächst die Berufung Herbert Jankuhns auf diesen Lehrstuhl angestrebt worden, dieser sei der „geeignetste Fachmann", doch habe sich Jankuhn in den Verhandlungen entschieden geweigert, „seinen Wirkungskreis in Kiel zu verlassen". Der Reichsgeschäftsführer der SS-Wissenschaftsorganisation Ahnenerbe, Wolfram Sievers, hatte Petersen 1/1939 mitgeteilt: „Wegen der Berufung sorgen Sie sich nicht zu sehr. Sie dürfen überzeugt sein, daß wir Sie gut im Auge haben und darüber wachen, daß zur rechten Zeit auch der rechte Ruf an Sie ergeht".

5 Vom SS-Ahnenerbe – so Sievers an Petersen – war 9/1939 vorgesehen, „im Zusammenwirken mit dem SD, der entsprechende Einsatzkommandos vorbereitet, Schutzmaßnahmen für kulturgeschichtliche Denkmale in Polen" durchzuführen. Vom Oberkommando der Wehrmacht wurde Petersen jedoch nicht freigegeben.

1939 Kriegseinsatz als Feldwebel im Infanterie-Regiment 350; auf Antrag des SS-Ahnenerbe, der Haupttreuhandstelle Ost sowie des Generaltreuhänders für die Sicherstellung deutschen Kulturgutes in den ehemals polnischen Gebieten 5/1940 uk gestellt;[7] mit der formalen Wiederaufnahme seiner Rostocker Lehrtätigkeit auch ehrenamtlicher Mitarbeiter des SD-Abschnitts Schwerin, zugeteilt der SD-Außenstelle Rostock; ab 5/1940 auch geschäftsführender Vertreter des Treuhänders für die Sicherstellung deutschen Kulturgutes im besetzten Polen (Hans Schleif) und kommissarischer Verwalter des Kulturgutes im Reichsgau Wartheland mit Sitz in Posen;[8] 1/1941 zum Leiter der Treuhandstelle Posen des Generaltreuhänders berufen und Leitung zahlreicher „Sonderaktionen" und „Erfassungsfahrten" zur Beschlagnahme von Kunst- und Kulturgütern; ab 4/1941 mit der vertretungsweisen Wahrnehmung des Lehrstuhls für Vor- und Frühgeschichte an der Universität Posen beauftragt;[9] bemühte sich ab 6/1941, ein Kommando

6 Die Abteilung Wissenschaft der mecklenburgischen Landesregierung hatte sich stark für die Errichtung eines durch Petersen zu führenden Instituts für Vor- und Frühgeschichte an der Universität Rostock eingesetzt; in einem Schreiben an die den Etat verweigernde Abteilung Finanzen des Mecklenburgischen Staatsministeriums hieß es 10/1939, daß die „bisherige völlig unzureichende Vertretung dieses Faches an der Universität Rostock schon seit Jahren als ein schwerer Mangel empfunden worden" sei, der umso stärker hervortrete, „als es galt, die Arbeit der Universität auf die Forderungen des Nationalsozialismus umzustellen", zumal bekannt sei, „welches Gewicht der Nationalsozialismus auf die Erforschung der Ur- und Frühgeschichte unseres Volkes" lege. 4/1940 stellte die Philosophische Fakultät der Universität Rostock den Antrag, die außerordentliche Professur Petersens in eine ordentliche Professur umzuwandeln, weil angesichts der „bisherigen Vernachlässigung der Vorgeschichte" in Mecklenburg „ein ungewöhnlich reiches und wissenschaftlich noch nahezu völlig unerschlossenes Neuland in Mecklenburg zu bearbeiten" sei. Die mecklenburgische Kultusverwaltung unterstützte das Anliegen, weil es „bei der Bedeutung Mecklenburgs für die Vorgeschichte besonders wichtig" sei, daß die „Arbeiten des Mecklenburgischen Landesmuseums, Abteilung Vorgeschichte, in Schwerin und des Landesdenkmalpflegers durch diejenigen einer hervorragenden wissenschaftlichen Kraft auf dem Lehrstuhl für Vorgeschichte in Rostock ergänzt werden". Petersens Hauptarbeitsgebiete waren „der Werdegang der Ostgermanen bis zur Reichsgründung im Mittelmeerraum", „die germanische Kontinuität im Oder-Weichsel-Raum im Lichte der Bodenfunde" und „die Bedeutung der Wikinger im Raume östlich des Karolingerreiches und des Römischen Reiches deutscher Nation".

7 Petersen galt dem SS-Ahnenerbe als „der beste Sachkenner der Vor- und Frühgeschichte des Ostens"; er habe schon im November 1939 „an der Sicherstellung der archäologischen Sammlungen in Warschau mitgearbeitet"; er sei „unentbehrlich und unersetzlich, weil er in Deutschland z.Zt. der einzige Forscher ist, der ... den deutschen Anteil an der Kultur und Besiedlung des Ostens ... zu beurteilen und die diesbezüglichen Ansprüche der Polen wirksam zu entkräften vermag".

8 Laut Bestallungsurkunde von 5/1940 war Petersen ermächtigt, „alle Maßnahmen zu treffen, die zur Sicherstellung und Erhaltung der beschlagnahmten Werte und Gegenstände erforderlich" waren; er erhielt zu diesem Zweck von der Gestapo den roten Dienstausweis Nr. 1.151, der Reisemöglichkeiten im besetzten Gebiet und Zutritt zu allen Museen, Archiven, Bibliotheken, Schlössern und Gutshäusern ermöglichte.

9 Die Universität Rostock und das Mecklenburgische Staatsministerium bemühten sich, Petersen in Rostock zu halten und seine beabsichtigte Berufung an die Universität Posen zu verhindern; wenn auch „die Bedeutung der Universität Posen für die deutsche Kulturarbeit im Osten" nicht verkannt werden solle, so das Mecklenburgische Staatsministerium 12/1940 an das Reichsministerium für Wissenschaft, Erziehung und Volksbildung, so dürften „die im mecklenburgischen Raum auf dem Gebiete der Vorgeschichtsforschung zu erfüllenden Aufgaben keineswegs hinter den im Warthegau ... liegenden Aufgaben zurückstehen"; dies ergebe sich schon aus der „besonderen Lage Mecklenburgs im Großdeutschen Raum", denn schließlich sei Mecklenburg

für einen „kulturpolitischen Einsatz in Rußland" (Kunstraubkommando) zu erhalten; im Auftrag des SS-Ahnenerbe 7/1941 Bewertung des aus Frankreich nach Deutschland „rückzuführenden kirchlichen Kulturguts"; ab 8/1941 erneuter Kriegseinsatz; 9/1941 zum ordentlichen Professor für Vor- und Frühgeschichte und zum Direktor des Instituts für Vor- und Frühgeschichte an der Universität Posen ernannt; 4/1942 Zerstörung seiner Rostocker Wohnung durch Bombenangriff, dabei vollständige Vernichtung seiner wissenschaftlichen Unterlagen; als Oberleutnant im Stabe einer Infanterie-Division am 13.3.1944 bei Kriwoj Rog gefallen[10]

Quellen: UAR: PA E. Petersen; LHAS: 5.12-7/1, Nr. 1268, 1269; BA/BDC: Ahnenerbe, PK.

„Kontaktzone zwischen Ost- und Westgermanen [sowie] Berührungsgebiet zwischen Germanen und Slawen, zwischen Wenden und Wikingern". Petersen selbst wollte in Rostock bleiben, hatte in Gesprächen mit Staatsminister Scharf ein Mecklenburg betreffendes Forschungsprogramm entwickelt und dem Reichserziehungsministerium 2/1941 „nochmals" mitgeteilt, daß er „einen Ruf nach Posen abgelehnt" habe.

10 Veröffentlichte u.a.: Schlesien von der Eiszeit bis ins Mittelalter. Einführung in die Vor- und Frühgeschichte des Landes, Langensalza u.a. 1935; Wie unsere Urväter lebten. Eine Bilderreihe aus der Vor- und Frühgeschichte des deutschen Ostens, Leipzig 1935; Germanen in Schlesien, Breslau u.a. 1937; Deutsche Entscheidungen im Osten. Ein geschichtlicher Querschnitt, bearb. von G.A. Narciß, unter Mitarbeit von H. Aubin, E. Birke, E. Petersen u.a., Breslau 1938; Polnisch-deutsches Fachwörterbuch für die Vorgeschichte, Breslau 1938 (mit J.W. Niemann); Der ostelbische Raum als germanisches Kraftfeld im Lichte der Bodenfunde des 6. bis 8. Jahrhunderts, Leipzig 1939.

Poebel, Arno(ld)

geboren am 26.1.1881 in Eisenach/Sachsen-Weimar; evangelisch; Volksschule, Gymnasium in Eisenach, dort 3/1900 Abitur; 4/1900 – 1904 Studium der Theologie und Philologie (insbesondere indogermanische, später semitische Sprachen) an den Universitäten Heidelberg, Marburg, Jena und Zürich; 9/1904 erste theologische Staatsprüfung in Weimar; ab Herbst 1904 Vikar in Vacha/Sachsen-Weimar, jedoch sofort für die Weiterführung des Studiums an der Universität Jena beurlaubt; 1/1905 – 9/1909 Research Fellow für Assyriologie an der Universität Pennsylvania/Philadelphia (USA), dort Sommer 1906 Promotion; im Auftrag der Universität Pennsylvania 1907 wissenschaftliche Reisen nach Konstantinopel, 1908 Studien in der Vorderasiatischen Abteilung des Berliner Museums und 1909/10 an der J.P.-Morgan-Bibliothek in NewYork; 7/1910 Habilitation in Breslau[1], dann bis 9/1919 Privatdozent an der Universität Breslau; hier Herbst 1911 – Sommer 1913 für Lehrtätigkeit als Dozent für Altorientalische Geschichte an der Johns-Hopkins-Universität Baltimore und anschließend bis 5/1914 als wissenschaftlicher Bearbeiter und Herausgeber einer Publikation im Auftrag des Museums der Universität Pennsylvania beurlaubt; 4/1915 – 1917 Kriegseinsatz zunächst in einer Infanterie-Division in Rußland, dann als Dolmetscher für Türkisch und Arabisch beim Kommandeur der Flieger der Heeresgruppe F auf dem palästinensischen und türkischen Kriegsschauplatz; nach Kriegsende bis 4/1919 in der Türkei interniert; ab 10/1919 außerordentlicher Professor für Semitische und Ägyptische (später Orientalische) Philologie an der Universität Rostock[2], dort auch Herausgeber der *Rostokker Orientalischen Studien*; nach 1923 Heirat,[3] später ein Kind; 3/1925 Verleihung der Amtsbezeichnung und Rechte eines ordentlichen Professors;[4] von der Universität Rostock 6/1929, 4/1930 und erneut 3/1932 für die Ausübung einer Lehrtätigkeit an der Universität Chicago/Illinois (USA) beurlaubt; dort 4/1930 – 4/1933 Professor für Assyriologie und Sumerologie am Orientalischen Institut der Universität Chicago, von dieser mit der Leitung einer Ausgrabungsexpedition in Babylon und der Herausgabe des Assyrischen Wörterbuchs der Universität Chicago beauftragt;[5] nach Ablehnung einer weiteren

1 Mit der Arbeit: Die sumerischen Personennamen zur Zeit der Dynastie von Larsam und der ersten Dynastie von Babylon, Breslau 1910.

2 Dieser Lehrstuhl ist 1919 neu eingerichtet worden. Poebels Hauptforschungsgebiete waren die Assyriologie und die Keilschriftforschung; seine Vorlesungsgebiete waren Arabisch, Assyrisch, Hebräisch, Sumerisch, Syrisch und die nordsemitische Epigraphik.

3 Mit Friederike Martienssen.

4 Von der Philosophischen Fakultät 6/1929 unterstützter, 1/1930 erneuerter Antrag Poebels auf die Gewährung des Gehalts eines ordentlichen Professors, mit der Begründung: „Meine langjährige wissenschaftliche Tätigkeit, die mich mit an die Spitze meiner Fachwissenschaft gestellt hat, gibt mir auch den Mut, um eine Anerkennung zu bitten, wie sie durch die Bezahlung als ordentlicher Professor zum Ausdruck kommen würde." Poebel führte weiter an, daß seine „finanzielle Lage in gewissem Sinne eine verzweifelte" sei; er besitze infolge der Inflation kein Vermögen mehr, habe für seine „oft durch Krankheit heimgesuchte Familie zu sorgen" und müsse darüber hinaus für seine Eltern, seine Schwiegermutter und eine verwitwete Schwester sorgen. Poebels zeitweiser Wechsel nach Chicago und sein späteres Verbleiben in den USA resultierten also eher aus finanziellen Gründen als aus politischen Motiven, wie gelegentlich gemutmaßt wird.

Verlängerung der Beurlaubung durch die Universität Rostock und das mecklenburgische Unterrichtsministerium 4/1933 auf eigenen Antrag aus dem Rostocker Lehramt entlassen; 4/1933 – 1946 regulärer Professor für Assyriologie und Sumerologie an der Universität Chicago[6], dort bis 1946 auch Mitherausgeber des Chicago Assyrian Dictionary; am 3.3.1958 gestorben[7]

Quellen: UAR: PA Poebel; LHAS: 5.12-7/1, Nr. 1256, 1257, 2349.

5 Während Poebels Auslandsaufenthalt wurde vom Land Mecklenburg „unter dem Zwange einer sparsamen Verwaltung der öffentlichen Mittel" von einer Lehrstuhlvertretung abgesehen, da Poebels Vorlesungen im SS 1929 und im WS 1929/30 nur von jeweils vier Studenten besucht wurden.

6 Nach dem Weggang Poebels wurde in Rostock der Lehrstuhl für Semitische und Ägyptische Sprachen 'eingefroren' und dafür ab 11/1933 versucht, einen außerordentlichen Lehrstuhl für menschliche Erbkunde und Rassenkunde einzurichten, der jedoch jahrelang nicht besetzt werden konnte.

7 Veröffentlichte u.a.: Babylonian Legal and Business Documents from the time of the First Dynasty of Babylon chiefly from Nippur, Philadelphia 1909; Historical Texts, Historical and Grammatical Texts, Grammatical Texts. 3 Bde., Philadelphia 1914; Sumerische Studien, Leipzig 1921; Grundzüge der sumerischen Grammatik, Rostock 1923; Sumerische Untersuchungen, Berlin/Leipzig 1927; The Sumerian Prefix Forms e- and i- in the Time of the Earlier Princes of Lagash, Chicago 1931; Das appositionell bestimmte Pronomen der 1. Person Singular in den westsemitischen Inschriften und im Alten Testament, Chicago 1932; Studies in Akkadian Grammar, Chicago 1939; Miscellaneous Studies, Chicago 1947; The Second Dynasty of Isin according to a New King-List Tablet, Chicago 1955.

Pohrt, Otto

geboren am 7.4.1876 in Rodenpois/Riga (Lettland); evangelisch; Gymnasium, Abitur; Studium der Theologie; Promotion zum Licentiaten der Theologie; zunächst Lehrer für Hebräisch am Gymnasium in Riga; 1/1906 Heirat[1], später mindestens ein Kind; 1921-1927 Dozent, 1927 – 1939 ordentlicher Professor für Kirchengeschichte am Herder-Institut in Riga;[2] nach dem Tod seiner Frau 6/1939 Einbürgerungsantrag für Deutschland; nach der Besetzung Lettlands durch die Sowjetunion zunächst im Flüchtlingslager Köslin; ohne Unterrichtung der Theologischen Fakultät vom Reichserziehungsministerium 1/1940 mit der Lehrstuhlvertretung für Kirchenrecht/Historische Theologie und der vertretungsweisen Leitung des Kirchengeschichtlichen Seminars an der Universität Rostock beauftragt; als „baltendeutscher Rückwanderer" 2/1940 eingebürgert;[3] 3/1940 Widerruf des Lehrauftrages durch das Reichserziehungsministerium[4]

Quellen: UAR: PA Pohrt; LHAS: 5.12-7/1, Nr. 1368 BA/BDC: EWZ; BA/BDC-Karteien: REM.

1 Mit Mathilde Kiseritzky, geb. am 21.2.1878 in Riga.

2 Forschungsschwerpunkt Pohrts war die baltische Kirchengeschichte; veröffentlichte u.a.: Zur Frömmigkeitsgeschichte Livlands zu Beginn der Reformationszeit, Riga 1925; Reformationsgeschichte Livlands. Ein Überblick, Leipzig 1928; Bemerkungen zum orthodox-russischen Höhlenkloster Petschory, Riga 1931.

3 Als „vertriebener Volksdeutscher" über die Einwandererzentralstelle Nordost des Chefs der Sicherheitspolizei und des SD in Stettin zusammen mit seiner Tochter 2/1940 in Rostock eingebürgert.

4 Das Reichserziehungsministerium teilte dem 64jährigen Pohrt 3/1940 mit, daß es sich „mit Rücksicht darauf, daß die Zahl der Theologie-Studierenden an der Universität Rostock sehr gering" sei, veranlaßt sehe, den „Vertretungsauftrag ... zu widerrufen". Dennoch wurde anschließend Julius Wagenmann aus Kiel mit der Vertretung für Kirchenrecht beauftragt, der jedoch 11/1944 gefallen ist. Um Pohrt – der tatsächlich nur 3/1940 an der Universität Rostock tätig war, da ihn die Beauftragung mit der Lehrstuhlvertretung im Umsiedlerlager zu spät erreicht hatte – „vor einer drückenden Notlage zu schützen", und da es „schon aus politischen Gründen ausgeschlossen [sei], ihn dem Wohlfahrtsamt zu überweisen", bewilligte das Land Mecklenburg Pohrt noch eine zweimonatige Übergangszahlung. Bemühungen, Pohrt in der mecklenburgischen Landeskirche, im Reichskirchenministerium oder im Osteuropa-Institut der Universität Posen unterzubringen, blieben ohne Erfolg.

Poppe, Kurt Adolf

geboren am 3.5.1880 in Leipzig/Sachsen; evangelisch; Sohn eines Zinngießereibesitzers; Volksschule, Realschule und Realgymnasium in Leipzig, dort 1898 Abitur; 1898 – 1902 Studium der Veterinärmedizin an der Tierärztlichen Hochschule in Dresden und an der Universität Gießen; 1902 Approbation als Tierarzt und veterinärmedizinische Promotion in München[1]; 1902 – 1904 Studium der Naturwissenschaften, Landwirtschaft und Medizin an den Universitäten Leipzig, Berlin und Würzburg, in Leipzig auch spezielle Ausbildung in Bakteriologie und Hygiene; 1904 philosophische Promotion in Leipzig; 1904 – 1905 Assistent an der Chirurgischen Veterinärklinik der Universität Gießen und am Hygienischen Institut der Tierärztlichen Hochschule in Berlin; als Einjährig-Freiwilliger 1905 – 1906 Militärdienst im 2. bayerischen Feldartillerie-Regiment in Würzburg; 1906 – 1908 wissenschaftlicher Hilfsarbeiter am Hygienischen Institut der Universität Leipzig; 1908 – 1914 zunächst wissenschaftlicher Hilfsarbeiter, dann Laborvorsteher im Reichsgesundheitsamt in Berlin; dort 1909 Staatsprüfung als beamteter Tierarzt; 1914 – 1918 Kriegseinsatz als Stabsveterinär, Leiter einer Veterinär-Untersuchungsstelle und Veterinärhygieniker, EK II und EK I; 1919 – 1922 Abteilungsvorsteher, 1922 – 1924 stellvertretender Direktor des Bakteriologischen Instituts der Landwirtschaftskammer in Berlin; ab 3/1924 ordentlicher Professor für Tierhygiene und Tierpathologie an der Universität Rostock,[2] daneben bis 1948 auch Direktor des Mecklenburgischen Landestierseuchenamtes in Rostock; 1930/31 auch Dekan der Medizinischen Fakultät und 3/1932 – 2/1933 Rektor, 1933/34 Prorektor der Universität Rostock; bis 1933 Mitglied der Deutschen Volkspartei; ab 8/1933 Förderndes Mitglied der SS und seit 7/1934 Mitglied des NS-Lehrerbundes; ab 1935 Mitglied der Akademie der Naturforscher Leopoldina; 8/1939 Erweiterung seines Lehrauftrages um das Fachgebiet Vergleichende und experimentelle Pathologie und Physiologie; 2/1943 KVK II. Kl. o.S.; 1943 Verleihung der Robert-Koch-Plakette; von der Kaiser-Wilhelm-Gesellschaft 1943 mit dem Aufbau und der Leitung eines Deutsch-Bulgarischen Forschungsinstituts für Mikrobiologie in Sofia beauftragt;[3] daneben ab 4/1943 Aufbau und ab 9/1944 Leiter des neu errichteten, von der Wehrmacht mitfinanzierten Instituts für Mikrobiologie an der Universität Rostock, an dem neben universitärer Lehrtätigkeit auch geheime Wehr- und Zweckforschung betrieben werden sollte;[4] dazu ab 1943/44 Ernennung zum Sonder-

1 Mit der Arbeit: Zwei Fälle von Plattenepithelkrebs am dritten Augenlide des Pferdes, Leipzig 1904.

2 Die Hauptarbeitsgebiete Poppes waren die Mikrobiologie, Virusforschung, vergleichende Pathologie und die Tierkrankheiten. Poppe konzentrierte sich nach seinen Angaben darauf, „die Wichtigkeit der Tierkrankheiten für die menschliche Pathologie" nachzuweisen, und 1939 glaubte er „sagen zu können, daß ich die Stelle in Deutschland bin, die bei der diagnostischen Klärung der Zusammenhänge von Tier- und Menschenkrankheiten am häufigsten in Anspruch genommen" wird. Zwischen 1935 und 1939 erhielt Poppe von der Deutschen Forschungsgemeinschaft/Reichsforschungsrat mehrere tausend RM für die Erforschung zur Übertragung der Bangkrankheit vom Rind auf den Menschen; daneben ebenfalls finanzielle Unterstützung durch das Reichsinnenministerium und das Reichsgesundheitsamt.

3 Dieses Kaiser-Wilhelm-Institut sollte „in großangelegter Weise mikrobiologischen Forschungsarbeiten dienen".

beauftragten der Abteilung Wissenschaft des Oberkommandos der Wehrmacht, und 1944 erneute Erweiterung seines Lehrauftrages um das Gebiet Mikrobiologie; 4/1945 – 1946 erneut Prorektor der Universität Rostock;[5] 12/1945 als Professor mit Lehrstuhl für Vergleichende Pathologie, Tierhygiene und Mikrobiologie und als Direktor des Instituts für Mikrobiologie bestätigt;[6] daneben ab 1946 Gastprofessur für Vergleichende Pathologie an der Humboldt-Universität Berlin; 12/1946 Ehrendoktorwürde der Universität Rostock; 7/1947 von der SMA als ordentlicher Professor an der Medizinischen Fakultät der Universität Rostock bestätigt; aus Altersgründen 7/1948 von der Leitung des Landestierseuchenamtes entbunden; 6/1955 als Hervorragender Wissenschaftler des Volkes ausgezeichnet; nach mehrfacher Dienstzeitverlängerung 9/1956 emeritiert, jedoch weiterhin kommissarischer Leiter des Instituts für Mikrobiologie der Universität Rostock; daneben außerdem Lehrauftrag für Mikrobiologie und Leitung des Bakteriologisch-Serologischen Kurses an der Medizinischen und Naturwissenschaftlichen Fakultät der Universität Rostock sowie Fortsetzung der Gastprofessur in Berlin; ab 1956 Ehrenmitglied der Berliner Mikrobiologischen Gesellschaft; am 17.6.1960 in Berlin gestorben[7]

Quellen: UAR: PA Poppe; LHAS: 5.12-7/1, Nr. 579, 1527; BA/BDC: REM; BA/BDC-Karteien: NSLB, REM, RFR.

4 In dem 45.000 RM umfassenden Finanzierungsantrag des Mecklenburgischen Staatsministeriums an den Reichsfinanzminister hieß es 4/1943: „Das Institut für Mikrobiologie soll kriegswichtige Forschungsaufgaben durchführen, die unter den Führerbefehl betreffs Geheimhaltung fallen“, deshalb könnten „besondere Ausführungen über Art und Zweck der Forschung nicht gemacht werden“. Poppe bearbeite „seit einiger Zeit im Auftrage des OKW dieses Gebiet [Mikrobiologie]“ und erhalte „von seiten des OKW (Abt. Wissenschaft) besondere Mittel“ [20.000 RM]. „Ein Institut, das die Aufgabe hat, die mikrobiologische und biochemische Forschung unmittelbar der Kriegstechnik nutzbar zu machen, besteht bisher in Deutschland nicht“. Am Ende des Antrags wurden Poppes „Forschungsgegenstände“ zumindest kryptisch umrissen: „tierische und pflanzliche Mikroorganismen, Viren, biologische Gifte“. Die „Forschungsaufgaben“ sollten sich sowohl auf die Grundlagen- „wie auf die Zweckforschung“ erstrecken, „mit besonderer Berücksichtigung der Mikroorganismen in der Kriegswirtschaft“.

5 Sein Amtsvorgänger Friedrich Lösch hatte sich wegen dringender Wehrforschungsaufträge 3/1945 von diesem Amt entbinden lassen.

6 Poppe hatte sowohl Lehraufträge für Tierhygiene, vergleichende und experimentelle Pathologie, Tierpathologie und Mikrobiologie an der Medizinischen Fakultät als auch einen Lehrauftrag für Mikrobiologie an der Mathematisch-Naturwissenschaftlichen Fakultät der Universität Rostock erhalten. Rektor Günther Rienäcker betonte 1946, Poppe habe „keinerlei pronazistische und profaschistische Haltung irgendwie erkennen lassen“, und Gauleiter Hildebrandt hätte beim Rektorenwechsel 1933 geäußert, es sei gut, wenn Poppe abtrete, er sei „nicht mehr tragbar“; hinsichtlich Poppes Eigenschaft als Förderndes Mitglied der SS meinte Rienäcker, auch Poppe sei „einer der den Nazis verdächtigen Professoren [gewesen], die ihre Duldung durch das Einverständnis zu Geldkassierungen erkaufen mußten“, zudem habe Poppe geglaubt, das von ihm gespendete Geld würde von der SS „für sogenannte sportliche Zwecke“ verwandt.

7 Poppe veröffentlichte zahlreiche wissenschaftliche Aufsätze über Bakteriologie, hier besonders seine Forschungsergebnisse über Bangbakterien und -infektionen bei Tieren und Menschen, sowie über Serodiagnostik von Infektionskrankheiten; daneben auch: Forschung ist Gebot (Rostocker Universitäts-Reden, 15), Rostock 1932.

Preiser, Erich Arnold Richard Julius

geboren am 29.8.1900 in Gera/Sachsen-Coburg-Gotha; evangelisch; Sohn eines Oberstudienrates; Goethe-Gymnasium in Frankfurt/M., dort 7/1918 Notabitur; als Freiwilliger 7-12/1918 Militärdienst als Fahnenjunker im Feldartillerie-Regiment 49 in Ulm, EKFK; 1919 – 1923 Studium der Philologie, Philosophie, Geschichte, Soziologie und Nationalökonomie an der Universität Frankfurt/M.; dort 6/1922 Diplomprüfung für Verwaltungs- und Sozialbeamte, 3/1923 Diplomprüfung als Handelslehrer; anschließend bis 1927 Tätigkeit als Handelslehrer im Berufsschuldienst und an der Handelslehranstalt in Frankfurt/M.; dort 12/1923 Promotion;[1] 1924 auch Syndikus der Industrie- und Handelskammer Frankfurt/M.; 6/1924 Heirat,[2] später zwei Kinder; als Stipendiat des Preußischen Kultusministeriums 1925 – 1929 wissenschaftliche Weiterbildung und Vorbereitung auf die Habilitation, daneben Lehrtätigkeit an der Verwaltungsakademie in Frankfurt/M.; 1930 – 1934 Assistent am Wirtschaftsarchiv Tübingen, dort 3/1930 Habilitation[3] und seitdem Privatdozent für Privatwirtschaftslehre an der Universität Tübingen; ab 10/1931 Lehrauftrag für Geld- und Bankwesen an der Universität Tübingen, dort 11/1933 Erweiterung des Lehrauftrages auf Privatwirtschafts- und Volkswirtschaftslehre; ab 7/1933 Mitglied der SA, ab 1/1934 des NS-Rechtswahrerbundes, ab 1935 der NS-Volkswohlfahrt; 5/1934 – 1936 Leiter des Instituts für württembergische Wirtschaft an der Universität Tübingen und Leiter der Tübinger Arbeitsstelle der Arbeitsgemeinschaft Württemberg-Ostpreußen[4]; 1934/35 auch Lehrstuhlvertreter für Volkswirtschaft an der Technischen Hochschule Stuttgart; 11/1935 – 3/1937 Lehrstuhlvertretung für Wirtschaftswissenschaften an der Universität Rostock;[5] als

1 Mit der Arbeit: Die Marxsche Krisentheorie und ihre Weiterbildung. Darstellung und Kritik (MS).

2 Mit Änne Hoß, geb. am 17.3.1902.

3 Mit der Arbeit: Die Stellung der Privatwirtschaftslehre im System der Ökonomie (MS). In überarbeiteter Fassung veröffentlicht u.d.T.: Gestalt und Gestaltung der Wirtschaft. Eine Einführung in die Wirtschaftswissenschaften, Tübingen 1934.

4 Diese sollte die wissenschaftliche Grundlage für die Umgestaltung und Industrialisierung Ostpreußens erarbeiten, bei der am Beispiel Württembergs moderne Klein- und Mittelindustrie in einen traditionell ländlichen Raum eingefügt werden sollte.

5 In einer vom Führer des Dozentenbundes des Gaues Mecklenburg, Ernst-Heinrich Brill, verfaßten Beurteilung hieß es 12/1935, daß Preiser „vor der Machtergreifung ausgesprochen liberal" gewesen sei, „im Bereiche seiner Wissenschaft" jedoch „der kapitalistischen Auffassung" zuneige; es sei „aufgefallen, daß Preiser den persönlichen politischen Umschwung äußerst schnell vollzog und sich zur SA meldete, als er nach kurzer Zeit der Zurückhaltung feststellen mußte, daß ein stetiges Fortschreiten der nationalsozialistischen Bewegung unaufhaltsam sein werde. Er verhielt sich in der SA sehr diensteifrig, zog sich aber später mit der Begründung der Überlastung durch berufliche Arbeiten zurück"; der spätere Rektor Brill meinte, Preiser werde „niemals gegen den nationalsozialistischen Staat arbeiten", er werde sich „aber auch wohl nie persönlich für ihn einsetzen." Der Leiter der Dozentenschaft der Universität Rostock, Heinrich Gißel, beurteilte Preiser 9/1936 als guten Lehrer, der es verstehe, „die Erkenntnisse seines Faches in geschickter Weise vorzutragen"; politisch sei „nichts Nachteiliges über ihn bekannt", und man habe „den Eindruck gewonnen, daß er sich für die Ziele der Bewegung einsetzt", wenn auch die Beurteilung der Volkswirtschaftler „heute schwierig" sei, da die „heutige Volkswirtschaft und Wirtschaftswissenschaft noch nicht den Anschluß an die

SA-Rottenführer dort auch Dienst im SA-Reitersturm 12/12; 4/1937 zum planmäßigen außerordentlichen Professor für Volkswirtschaftslehre ernannt, ab 6/1937 Mitdirektor des Wirtschaftswissenschaftlichen Seminars und ab 10/1937 Direktor des Instituts für wirtschaftliche Raumforschung der Universität Rostock;[6] dort Eintritt in die NSDAP am 1.5.1937, Mitgliedsnummer 5.038.793; ab 5/1937 auch Mitglied des NS-Dozentenbundes; 11/1938 zum ordentlichen Professor für Volkswirtschaftslehre an der Universität Rostock ernannt;[7] ab 1939 Kriegseinsatz, dann uk gestellt; ab 1/1940 Professor für Volkswirtschaftslehre und Direktor des Wirtschaftswissenschaftlichen Seminars an der Universität Jena; dort auch Gaubeauftragter des NS-Rechtswahrerbundes für das Arbeitswerk, vertretungsweise Gaudozentenbundführer und Beisitzer im Gauehrenrat des NS-Dozentenbundes; daneben auch Mitarbeit in der Reichsarbeitsgemeinschaft für Raumforschung und Mitglied der Arbeitsgemeinschaft Volkswirtschaftslehre an der Akademie für Deutsches Recht; ab 1943 Mitherausgeber des *Jahrbuchs für Nationalökonomie und Statistik*; 1943 erneuter Kriegseinsatz, dann erneut uk gestellt; 1944 Abordnung an die Hochschule für Welthandel in Wien; 1945 Ablehnung eines Ordinariats an der Universität Leipzig, wegen NS-Belastung 1946 an der Universität Jena entlassen;[8] 1947 – 1956 Professor für Sozialwissenschaften und Leiter des Instituts für Sozial- und Staatswissenschaften an der Universität Heidelberg; 1949 – 1967 Mitglied des Wissenschaftlichen Beirats beim Bundesministerium für Wirtschaft; ab 1950 Mitherausgeber der *Enzyklopädie der Rechts- und Staatswissenschaft*; ab 1953 Mitglied der Heidelberger Akademie der Wissenschaften; 1955 – 1963 Vorsitzender des Fachausschusses Wirtschafts- und Sozialwissenschaften der Deutschen Forschungsgemeinschaft; 1956 – 1967 ordentlicher Professor für Wirtschafts- und Sozialwissenschaften an der Universität München; daneben auch Mitglied des Wissenschaftlichen Beirats des Informations-Instituts für Wirtschaftsforschung in München und ab 1959 Mitglied der Bayerischen Akademie der Wissenschaften; 1964 Ehrenpromotion der Universität Bonn; 1967 Auszeichnung mit dem Reuchlin-Preis der Stadt Pforzheim; am 16.8.1967 in München gestorben[9]

Bewegung gefunden hat, der grundsätzlich zu fordern" sei. Und der Führer der Studentenschaft der Universität, Günther Roch, meinte 8/1936, daß „an der Ehrlichkeit seiner [Preisers] nationalsozialistischen Einstellung nicht zu zweifeln" sei, und der „beste Beweis für seine tatsächliche Umstellung vom unpolitischen Wissenschaftler zum politisch und nationalsozialistisch denkenden Menschen" sei seine „selbstlose Betätigung im Rahmen der Ostpreußen-Württemberg-Arbeit im Institut für Württembergische Wirtschaft in Tübingen".

6 Das vom Reichserziehungsministerium 1934 gebilligte Institut war für die Raumforschung in der norddeutschen Wirtschaftsregion zuständig.

7 Preisers Hauptarbeitsgebiete waren die Allgemeine Wirtschaftstheorie, die Konjunkturforschung und die Wirtschaftsraumforschung, und – als Verfechter eines 'dritten Weges' zwischen Kapitalismus und Kommunismus – nach 1945 auch die Begründung und Entwicklung der Sozialen Marktwirtschaft, verstanden als durch paralysierten Klassenkampf ermöglichte Wohlstandsgesellschaft mit Gewinnbeteiligung der Arbeitnehmer.

8 Die drei ehemaligen Rostocker Professoren Gutenberg, Preiser, Schultze-von Lasaulx hatten im Herbst 1945 gemeinsam mit dem Ordinarius für Straf- und Rasserecht Richard Lange eine Denkschrift „Zur Haltung der deutschen Intelligenz gegenüber dem Nationalsozialismus und ihre Bedeutung für die Zukunft Deutschlands" verfaßt, in der sie behaupteten, die – vor allem durch die Professorenschaft repräsentierte – deutsche Intelligenz sei am Aufstieg und Sieg der NS-Bewegung schuldlos gewesen und habe sich – von wenigen Ausnahmen abgesehen – dem NS-System verweigert, in und außerhalb der NS-Organisationen aktiven und passiven Widerstand geleistet und sei deshalb zur geistigen Führung des Neuaufbaus legitimiert.

Quellen: UAR: PA Preiser; LHAS: 5.12-7/1, Nr. 1437, 1442, 1444; BA/BDC: PK; BA/BDC-Karteien: NSDAP, REM.

9 Veröffentlichte u.a.: Grundzüge der Konjunkturtheorie, Tübingen 1933; Gestalt und Gestaltung der Wirtschaft. Eine Einführung in die Wirtschaftswissenschaften, Tübingen 1934; Die württembergische Wirtschaft als Vorbild. Die Untersuchungen der Arbeitsgruppe Ostpreußen-Württemberg, Stuttgart 1937; Der Wettbewerb als Mittel volkswirtschaftlicher Leistungssteigerung und Leistungsauslese, Berlin 1942; Die Zukunft unserer Wirtschaftsordnung. Probleme und Möglichkeiten, Stuttgart 1949; Die soziale Problematik der Marktwirtschaft, München 1951; Bildung und Verteilung des Volkseinkommens. Gesammelte Aufsätze zur Wirtschaftstheorie und Wirtschaftspolitik, Göttingen 1957; Nationalökonomie heute. Eine Einführung in die Volkswirtschaftslehre, München 1959; Wachstum und Einkommensverteilung, Heidelberg 1961; Probleme der Wohlstandsgesellschaft, München 1964; Franz Oppenheimer zum Gedächtnis, Frankfurt/M. 1964; Wirtschaftspolitik heute. Grundprobleme der Marktwirtschaft, München 1967.

Quell, Gottfried

geboren am 14.6.1896 in Leipzig/Sachsen; evangelisch; Sohn eines Rechtsanwaltes; Volksschule und König-Albert-Gymnasium in Leipzig, Fürsten- und Landesschule in Grimma, dort 8/1914 Notabitur; 9-10/1914 Kriegseinsatz im Infanterie-Regiment 107; nach Verwundung 10/1914 – 7/1915 in französischer Kriegsgefangenschaft, dort Amputation des rechten Beines und als „kriegsunbrauchbar" ausgetauscht; ab 7/1915 in einem deutschen Lazarett, 2/1916 aus dem Heeresdienst entlassen, EK II; 10/1916 – 6/1919 Studium der Theologie und Orientalistik an der Universität Leipzig; dort 7/1919 erste theologische Prüfung; 1919 – 1920 Mitglied des Predigerkollegs St.Pauli in Leipzig; 4/1920 – 10/1922 Repetent für griechischen und hebräischen Elementarunterricht an der Theologischen Fakultät der Universität Rostock; 11/1922 – 9/1928 Assistent am Alttestamentlichen Seminar der Universität Leipzig, dort u.a. Leiter hebräischer Kurse und alttestamentlicher Proseminare; 4/1924 Promotion zum Lizentiaten und 11/1924 Habilitation in Leipzig,[1] anschließend Privatdozent für Alttestamentliche Wissenschaft an der Universität Leipzig; daneben Mitarbeiter der von R. Kittel neu herausgegebenen *Biblia Hebraica*; 10/1928 – 12/1958 ordentlicher Professor für Alttestamentliche Wissenschaft und hebräische Philologie an der Universität Rostock, dort auch Direktor des Alttestamentlichen Seminars;[2] 1/1929 theologische Ehrendoktorwürde der Universität Leipzig; 1933 – 1934 Dekan der Theologischen Fakultät der Universität Rostock; ab 1/1934 Mitglied der NS-Kriegsopferversorgung, ab 5/1934 der NS-Volkswohlfahrt und des Opferringes der NSDAP; ab 1945 Mitglied der CDU und des Kulturbundes zur demokratischen Erneuerung Deutschlands;[3] ab 5/1945 Neuaufbau der Theologischen Fakultät, an der er zunächst der einzige verbliebene Ordinarius war; 11/1945 – 1949 und erneut 3/1952 – 1955 auch Dekan der Theologischen Fakultät der Universität Rostock; 7/1947 von der SMA als Professor bestätigt; ab 1/1959 Professor mit Lehrstuhl für Altes Testament und Leiter der Abteilung Altes Testament des Instituts für Theologie an der Humboldt-Universität Berlin;[4] am 25.7.1976 in Berlin gestorben[5]

1 Mit der Arbeit: Das kultische Problem der Psalmen. Versuch einer Deutung des religiösen Erlebens in der Psalmendichtung Israels, Berlin u.a. 1926.

2 Quells Hauptarbeitsgebiete waren die Alttestamentliche Wissenschaft, die Allgemeine Religionsgeschichte sowie Geschichte und Religion Israels und des Judentums.

3 Rektor Günther Rienäcker hob 1946 hervor, daß Quell sich „1933/34, als die Eingriffe des Nazitums in Kirchenregierung und theologische Lehre durch die sogenannten 'Deutschen Christen' mit allen Mitteln vorangetrieben wurden und den Protest im Namen von Wahrheit und Recht den Lehrern der Theologie zur Pflicht machten", kirchenpolitisch „mehrfach öffentlich geäußert" habe. „Die Protesthaltung seiner Fakultät gegenüber der nazistischen Kirchenbehörde hat er auch für seine eigene Person vertreten und war infolgedessen ... in den Jahren 1937 und 1938 von seinem Recht, den Universitätsgottesdienst abzuhalten, ausgeschlossen"; außerdem habe Quell „in den Jahren 1937-39 mit antifaschistischen Studenten der Theologie mehrere private Arbeitsgemeinschaften über Judentum durchgeführt, um den verzerrenden Thesen des Nazismus entgegenzuwirken".

4 In einem 4/1971 von der Sektion Theologie der Universität Rostock gestellten Antrag, Quell anläßlich seines 75. Geburtstages die Ehrennadel der Universität Rostock zu verleihen, hieß es, Quell habe „fast die gesamte wissenschaftliche Lebensarbeit ... der Lehre und Forschung an unserer Universität gewidmet". Es sei von „unersetzlicher Bedeutung", was Quell „in den

Quellen: UAR: PA Quell; LHAS: 5.12-7/1, Nr. 1351, 2346, 2539; BA/BDC-Karteien: REM.

Jahren der nat.soz. Gewaltherrschaft" und nach 1945 für das Ansehen der Fakultät geleistet habe. „Während die Fakultät bis 1945 durch ministerielle Maßnahmen sowie durch Sterbefälle mehr und mehr von den Widerstandskräften gegen das NS-Regime entblößt und von NS-Parteigängern durchsetzt wurde, blieb Quell, neben dem Dozenten und späteren ao. Prof. Jepsen, schließlich allein als Vertreter der früher geschlossen antinazistischen Fakultät übrig. Er stellte somit eine der wenigen für den Wiederaufbau der Universität befähigten Kräfte dar", habe mit dem ersten Nachkriegsrektor Rienäcker und dem sowjetischen Hochschuloffizier Jessin „in vertrauensvoller Zusammenarbeit" den Grundstein für die Wiedereröffnung der Theologischen Fakultät gelegt, und man könne „ohne Übertreibung sagen, daß es sich praktisch um eine Neugründung der Fakultät handelte, die ohne Quells Tätigkeit nicht hätte erfolgen können". Hinzu komme „die geistesmächtige Wirkung" des Universitätspredigers Quell, „deren Bedeutung für die christlichen Kreise Rostocks während der nationalsozialistischen Unterdrükkung und in den schweren Jahren des Neubeginns nach 1945 [noch] gar nicht abgeschätzt werden" könne. Quell gehöre „zu den wenigen Männern, die der Universität Rostock zum Wiedererstehen aus den Trümmern des Krieges zu verhelfen im Stande waren". Diese Ehrung wurde von der Universitätsleitung 5/1971 mit der lapidaren Begründung abgelehnt, Quell habe „seit seinem Weggang aus Rostock in keiner Weise erkennen" lassen, „daß er sich mit der Universität Rostock noch irgendwie verbunden fühle".

5 Veröffentlichte u.a.: Die Auffassung des Todes in Israel, Leipzig/Erlangen 1925; seit 1929 Beiträge zu dem von R. Kittel hrsg. Theologischen Wörterbuch zum Neuen Testament; Bible key words from Kittels 'Theologisches Wörterbuch zum Neuen Testament'. Bd. 1: Love, London 1949; Wahre und falsche Propheten. Versuch einer Interpretation, Gütersloh 1952.

Reinmöller, Matthäus Max

geboren am 10.5.1886 in Bebra/Kassel (Hessen-Nassau); evangelisch; Sohn eines Lokomotivführers; Elementarschule in Bebra, Gymnasien in Hersfeld und Eisenach; als Externer 1906 Abitur in Greifswald; als Einjährig-Freiwilliger 10/1906 – 9/1907 Militärdienst im Füsilier-Regiment 90 in Rostock; 1907 – 1910 Studium der Zahnheilkunde an den Universitäten in Breslau und Rostock; 7/1910 zahnmedizinisches Staatsexamen und zahnärztliche Approbation; 8-12/1910 Assistent an der Klinik für Zahn-, Mund und Kieferkrankheiten in Rostock[1] und 1-12/1911 Vollassistent an der Universitäts-Zahnklinik in Breslau; 1/1912 – 7/1914 erneut Assistenzarzt, ab 1913 I. Assistent an der Zahnklinik in Rostock; 8/1914 Heirat,[2] später ein Kind; 8/1914 – 10/1918 Kriegseinsatz im Infanterie-Regiment 176, dort zunächst Führer der 8. Kompanie, zuletzt Oberleutnant und Führer des II. Bataillons; 1/1919 aus dem Heer entlassen, EK II, EK I; 5/1919 – 6/1921 Studium der Medizin an der Universität Rostock; 6/1921 medizinisches Staatsexamen; 6-12/1921 Medizinalpraktikant an der Medizinischen und der Zahnärztlichen Universitätsklinik in Rostock; dort 7/1921 Promotion,[3] 12/1921 medizinische Approbation; anschließend Volontärassistent an der Charité und am Krankenhaus Friedrichshain in Berlin; ab 6/1922 zunächst Assistenzarzt, ab 12/1922 Oberarzt an der Klinik für Mund- und Zahnerkrankungen der Universität Rostock; dort 11/1923 Habilitation[4] und seitdem Privatdozent für Zahnheilkunde sowie Facharzt für Zahn-, Mund- und Kieferkrankheiten; 1923 – 1933 Mitglied der Deutschnationalen Volkspartei; 6/1926 verwitwet; 3/1928 zum außerplanmäßigen außerordentlichen Professor der Zahnheilkunde ernannt; ab 4/1933 zunächst kommissarischer Leiter der Universitäts-Poliklinik für Mund- und Zahnkrankheiten (für den beurlaubten Hans Moral); 11/1933 zum ordentlichen Professor für Zahn-, Mund- und Kieferkrankheiten ernannt und nunmehr regulärer Direktor der Klinik für Zahn-, Mund- und Kieferkrankheiten der Universität Rostock;[5] ab 6/1933 Förderndes Mitglied der SS, ab 7/1933 Mitglied der SA, dort bis 5/1934 Dienst als SA-Sanitätssturmführer im SA-Sanitätssturm 111, 5/1934 in die SA-Reserve versetzt; ab 7/1934 Mitglied des NS-Lehrerbundes, ab 1935 der NS-Volkswohlfahrt; daneben auch Mitglied des Opferringes der NSDAP, des NS-Beamtenbundes, des NS-Ärztebundes, des NS-Altherrenbundes der Deutschen Studenten, des NS-Reichskrie-

1 Diese Privatklinik wurde als erste Zahnklinik dieser Art in Deutschland von M. Reinmöllers Bruder Johannes R. um 1909 gegründet und bis 1914 von ihm und während seines Kriegseinsatzes zunächst vertretungsweise von Hans Moral geführt. 1919 wurde die Klinik Bestandteil der Universität Rostock.

2 Mit Gertrud Tiedemann, geb. am 15.12.1886 in Liverpool; Tochter eines Rentiers; am 2.6.1926 an Leukämie in Rostock gestorben.

3 Mit der Arbeit: Konkrementbildung in der Kieferhöhle, Rostock 1921.

4 Mit der Arbeit: Klinische Untersuchungen über Alveolarpyorrhoe, Berlin 1925.

5 Reinmöllers Hauptarbeitsgebiete waren die klinische Zahnheilkunde, die spezielle stomatologische Chirurgie, die konservierende sowie die soziale und gerichtliche Zahnheilkunde; sein besonderes Bestreben ging dahin, die bislang als selbständiges Sonderfach behandelte Zahnmedizin als stomatologisches Nebenfach abzulösen und die Zahnheilkunde als eine medizinische Fachdisziplin neben den anderen in Ausbildung, Forschung und Praxis in die Gesamtmedizin zu überführen.

gerbundes (Kyffhäuser), des Reichsluftschutzbundes und ab 1939 des NS-Dozentenbundes; ab 1936 führende Beteiligung an Planung, Bau, Einrichtung und Organisation einer 3/1938 fertiggestellten Klinik, die bei ihrer Eröffnung als die modernste Zahnklinik Europas galt; neben eingeschränkter Weiterführung der universitären Tätigkeit ab 1939 Kriegseinsatz als Stabsarzt und Abteilungsarzt im Reservelazarett Id in Rostock (der als Lazarett für Kiefer- und Gesichtsverletzte umgerüsteten Universitäts-Zahnklinik), 11/ 1944 zum Oberfeldarzt befördert; 10/1945 zunächst entlassen, dann als Professor weiterbeschäftigt;[6] 7/1947 von der SMA als ordentlicher Professor an der Medizinischen Fakultät der Universität Rostock bestätigt; die regulär 1951 anstehende Emeritierung wurde mehrfach hinausgeschoben, 9/1955 endgültig emeritiert;[7] Vorsitzender der Medizinisch-wissenschaftlichen Gesellschaft für Zahn- und Kieferheilkunde Mecklenburgs; 7/1960 zahnmedizinische Ehrenpromotion anläßlich des 50-jährigen Berufsjubiläums; am 18.3.1977 in Rostock gestorben

Quellen: UAR: PA Reinmöller; LHAS: 5.12-7/1, Nr. 2384; BA/BDC-Karteien: NSLB, NSDÄB, REM.

---

6 In einem Entlastungsschreiben der Entnazifizierungskommission der Universität Rostock hieß es 1946, Reinmöller sei „kein aktives Mitglied der SS [gewesen und habe] nur geldliche Zuwendungen [an die SS geleistet; er sei] entlastet durch Antifa-Block"; außerdem sei er ein „gesuchter Operateur auf dem Gebiete der Kieferverletzungen" und solle unbedingt an der Universität gehalten werden. Daran anknüpfend, behauptete Rektor Günther Rienäcker 1946 auch in diesem Falle wahrheitswidrig, Reinmöller habe „der NSDAP und ihren Gliederungen nicht angehört", und rückte ihn – argumentativ geschickt – in die Nähe und auf die Ebene des unstreitig als NS-Opfer anerkannten Hans Moral. So sei Reinmöller 1922 „durch den jüdischen [!] Professor Moral als Oberarzt an die hiesige Zahnklinik berufen" worden, er sei „schon lange Jahre vor 1933 nicht nur der vertraute Mitarbeiter, sondern auch der treue Freund des jüdischen [!] Professors Moral" gewesen, und bereits vor 1933 sei „von nazistischen Kreisen in gleicher Weise gegen den Juden [!] Moral wie den Judenfreund Reinmöller gehetzt und agitiert" worden. Vor seinem Selbstmord habe Moral „seinen ganzen Einfluß geltend gemacht, um seinen Freund Reinmöller zu seinem Nachfolger zu machen". Dieser sei „ein scharfer Gegner des Naziregimes" gewesen und habe „aus dieser Gegnerschaft fast über den Rahmen des Möglichen hinaus kein Geheimnis" gemacht. Wenn Reinmöller „damals als Militärangehöriger noch dem Zugriff der Gestapo unterstanden hätte, hätte die Gestapo ihn verfolgt und festgenommen". Förderndes Mitglied der SS sei Reinmöller nur geworden, um sich vom Druck des NS-Regimes „loszukaufen". Laut Rienäcker wurden „diese Beitragszahlungen immer gerade von den Professoren erpreßt, die als 'unzuverlässig' unter starkem moralischem Druck seitens der Nazis standen". Wichtig sei 1946, daß Reinmöller „ein sehr erfolgreicher und gesuchter Arzt und Lehrer auf dem Gebiet der Zahnheilkunde und der Kieferchirurgie" war.

7 Reinmöller sollte bereits 11/1951, 6/1953 und 6/1954 emeritiert werden, doch führten Proteste von Studenten wie von Fachkollegen dazu, daß sein Lehrauftrag vom Ministerium für Volksbildung der DDR auch 1954 um ein weiteres Jahr verlängert wurde. Die Kaderabteilung der Universität Rostock monierte noch 9/1954, daß Reinmöller bei seinen Mitarbeitern zwei Gruppen unterscheide, „und zwar die, mit denen er bereits seit 1933 zusammenarbeitet, und die Mitarbeiter, die erst seit 1945 in der Klinik sind. Mit der ersten Gruppe unterhält er einen sehr guten Kontakt, während es mit der anderen keine gute Zusammenarbeit" gebe; und obgleich Reinmöller „immer wieder betont, welche Aufgaben ihm im Rahmen des Fünfjahrplanes zufallen, die er auch gerne erfüllen möchte, so ist seine tatsächliche Einstellung zu unserer Gesellschaftsordnung sehr undurchsichtig".

Reinmuth, Ernst Friedrich

geboren am 11.3.1901 in Kohlhof/Heidelberg (Baden); evangelisch; Sohn eines Obstbautechnikers; Dorfschule in Gaiberg, Volksschule und Oberrealschule in Heidelberg, dort 7/1920 Abitur; anschließend zunächst zwei Semester Studium der Botanik, Zoologie, Physik und Chemie an der Universität Heidelberg; 1921 – 1922 Landwirtschaftspraktikant auf einem Bauernhof im Odenwald und auf dem Rittergut Holzdorf/Weimar; ab 1922 Studium der Landwirtschaftswissenschaften an den Universitäten Halle und Jena, 1924 Abschluß als Diplomlandwirt und Diplom als Saatzuchtinspektor; 3/1925 – 7/1926 Leiter des landwirtschaftlichen Versuchsringes Groß Puspern/Ostpreußen; dazwischen 11/1925 – 3/1926 Lehrtätigkeit an der Landwirtschaftsschule Eppingen/Heidelberg; ab 7/1926 wissenschaftlicher Assistent an der Abteilung für Pflanzenkrankheiten der Hauptstelle für Pflanzenschutz der Landwirtschaftlichen Versuchsstation in Rostock; daneben 9/1926 – 11/1927 Studium der Naturwissenschaften an der Universität Rostock; dort 2/1929 Promotion;[1] 1/1931 mit der Leitung der Abteilung Pflanzenkrankheiten und Pflanzenschutz der Landwirtschaftlichen Versuchsstation in Rostock beauftragt; ab 1933 Förderndes Mitglied der SS; 5/1934 Heirat,[2] später vier Kinder; als Abteilungsvorsteher ab mindestens 1934 regulärer Leiter der Abteilungen Pflanzenschutz sowie Pflanzenbau und Samenkontrolle an der Landwirtschaftlichen Versuchsstation in Rostock und 1937 – 1945 Leiter des daraus hervorgegangenen Mecklenburgischen Pflanzenschutzamtes, daneben stellvertretender Leiter der Landwirtschaftlichen Versuchsstation; 6/1935 Habilitation in Rostock;[3] ab 1935/36 nebenamtlicher Landesschulungsleiter für Mecklenburg im Reichsbund der Kleingärtner und Kleinsiedler Deutschlands; ab 7/1936 Dozent für Angewandte Botanik und Pflanzenschutz an der Universität Rostock;[4] dort Eintritt in die NSDAP am 1.2.1938; 2/1940 zum Dozenten neuer Ordnung für Angewandte Botanik, besonders Pflanzenschutz, ernannt;[5] 11/1944 zum außerplanmäßigen Professor für Pflanzenbau und Angewandte Bo-

1 Mit der Arbeit: Der Kartoffelnematode (Heterodera Schachtii Schmidt). Beiträge zur Biologie und Bekämpfung, Stuttgart 1929.

2 Mit Eva Quade, geb. am 24.3.1912 in Rostock; Tochter eines Baumeisters.

3 Mit der Arbeit: Beiträge zur Frage der Gemüsesamenbeizung und zur laboratoriumsmäßigen Prüfung der Beizmittelwirkung bei Gemüsesamen, Rostock 1935. In der Beurteilung der 3/1935 absolvierten Dozentenakademie hieß es, Reinmuth sei „ein biederer, hochanständiger Charakter, der Typus eines stillen, soliden und pflichtgetreuen Arbeiters"; er sei „kein begeisternder und mitreißender Lehrer", „keine besonders schwungvolle Natur". Zur „Politik und den Problemen der Zeit" habe er „keine direkte Beziehung", als „politischer Mensch" sei er deshalb „nicht anzusprechen", jedoch „politisch einwandfrei".

4 Der Leiter der Dozentenschaft der Universität Rostock, Heinrich Gißel, attestierte Reinmuth 2/1936 eine „wissenschaftliche und pädagogische Befähigung", „charakterlich" sei er „positiv zu bewerten", und „politisch" sei „nie etwas Nachteiliges über ihn bekannt geworden", so daß er „ganz auf dem Boden des heutigen Staates" stehe.

5 Der Dekan der Philosophischen Fakultät, Kurt Maurer, und der Leiter der Landwirtschaftlichen Versuchsstation, Kurt Nehring, äußerten 7/1939 die Gewißheit, daß sich Reinmuth „für die nationalsozialistische Bewegung und für unser Volk und Staat mit ganzer Kraft" einsetzen werde.

tanik an der Universität Rostock ernannt;[6] Mitglied der Deutschen Botanischen Gesellschaft, der Gesellschaft für Angewandte Botanik sowie der Naturforschenden und Medizinischen Gesellschaft in Rostock; nach 5/1945 Entzug der Lehrerlaubnis, aber weiterhin Leiter der Abteilung Pflanzenkrankheiten der Landwirtschaftlichen Versuchsstation Rostock und des Mecklenburgischen Pflanzenschutzamtes; 10/1945 aus dem Dienst der Landwirtschaftlichen Versuchsstation entlassen; nach Zustimmung des 'Blocks der antifaschistischen Parteien' und der SMA 5/1946 – 4/1948 erneut Leiter des Mecklenburgischen Pflanzenschutzamtes an der Landwirtschaftlichen Versuchsstation Rostock; daneben 'Bewährungseinsatz' als Leiter „des für unsere Volksernährung entscheidend wichtigen Kartoffelkäferabwehrdienstes"; ab 6/1946 Mitglied der SED, ab 1948 Mitglied des Kulturbundes zur demokratischen Erneuerung Deutschlands; ab 5/1948 Professor mit vollem Lehrauftrag[7] und Direktor des neu gegründeten Instituts für Phytopathologie und Pflanzenschutz der Universität Rostock, ab 1951 dort Professor mit Lehrstuhl; 3/1952 – 12/1955 Prorektor für die wissenschaftliche Aspirantur an der Universität Rostock; ab 1952 Mitarbeiter der Sektion Pflanzenbau und Pflanzenschutz der Deutschen Akademie der Landwirtschaftswissenschaften in Berlin sowie ständiges Mitglied des Wissenschaftlichen Beirates für die Fachrichtung Landwirtschaft beim Staatssekretariat für das Hochschulwesen; 9/1956 – 3/1957 Dekan der Landwirtschaftlichen Fakultät und 4/1957 – 6/1959 Rektor der Universität Rostock; anschließend wieder Direktor des dortigen Instituts für Phytopathologie und Pflanzenschutz;[8] ab 1959 ordentliches Mitglied der Deutschen Akademie der Landwirtschaftswissenschaften, daneben ordentliches Mitglied der Society of European Nematologists, korrespondierendes Mitglied der Vereinigung der Pflanzenärzte der Bundesrepublik, Mitglied des Wissenschaftlichen Rates des Deutschen Entomologischen Instituts und des Instituts für Pflanzenzüchtung Groß Lüsewitz, Mitglied der Arbeitsgemeinschaft 'Fruchtfolgen' der Deutschen Akademie der Landwirtschaftswissenschaften Berlin; 1959 Alexander-von-Humboldt-Medaille, 10/1961 Vaterländischer Verdienstorden der DDR in Bronze; 1966 emeritiert; am 30.8.1986 gestorben[9]

6 Reinmuths Hauptarbeitsgebiete waren die Phytopathologie und der Pflanzenschutz, insbesondere die indirekten Bekämpfungsmöglichkeiten im Pflanzenschutz, die praktische Mykologie und die Bekämpfung der Kartoffelnematoden (Fadenwürmer); er erhielt zwischen 9/1935 und 12/1944 von der Deutschen Forschungsgemeinschaft/Reichsforschungsrat mehrere tausend RM für Arbeiten zum Pflanzenbau und zur Erforschung der Nematoden.

7 Die mecklenburgische Kultusverwaltung verwandte sich seit 11/1946 bei der SMA für das Land Mecklenburg-Vorpommern für eine Wiederaufnahme Reinmuths in den Lehrkörper der Universität Rostock, u.a. mit der Begründung, „daß alles, was auf dem Gebiete des Pflanzenschutzes in Mecklenburg bisher geleistet wurde, im wesentlichen sein Werk" sei. Reinmuths politische Belastung sei dagegen „unbedenklich, da er als ausgesprochene Forschernatur politischen Fragen nur wenig Beachtung" gewidmet habe und „nur gezwungenermaßen der NSDAP beitrat". Reinmuth selbst hob 10/1947 hervor, daß sein Eintritt in die NSDAP „keineswegs aus persönlicher Überzeugung, sondern unter dem Druck der äußeren Verhältnisse" erfolgt sei, „der sich insbesondere bei meiner beruflichen und dienstlichen Stellung auswirkte". Aus dem „demokratischen Süddeutschland" stammend, sei er „stets seiner demokratischen Einstellung treu geblieben", und der Kreisleiter des Kreises Rostock-Stadt der NSDAP, Otto Dettmann, habe im Herbst 1944 Reinmuths „zu geringe politische Einsatzbereitschaft" beanstandet.

8 1965 wurde dieses Einrichtung zum Leitinstitut der gesamten Nematodenforschung in der DDR und zur alleinigen Ausbildungsstätte für Diplomlandwirte der Spezialrichtung Pflanzenschutz erklärt.

9 Veröffentlichte neben mehr als 180 wissenschaftlichen Aufsätzen u.a.: Düngung, Düngemittel

Quellen: UAR: PA Reinmuth; LHAS: 5.12-7/1, Nr. 2382, 2424; BA/BDC: REM; BA/BDC-Karteien: REM, RFR.

und Pflanzenschutz, Berlin 1931; Maikäferbekämpfung, Rostock 1934; Maßnahmen gegen Krankheiten und Schädlinge, Rostock 1937; Pflanzenkrankheiten und Pflanzenschädlinge. Wege zu ihrer Bekämpfung, Berlin 1952; Phytopathologie und Pflanzenschutz. 3 Bde., Berlin 1965 – 1968 (mit M. Klinkowski und E. Mühle).

Reiter, Hans Conrad Julius

geboren am 26.2.1881 in Leipzig-Reudnitz/Sachsen; evangelisch; Sohn eines Fabrikbesitzers; Thomas-Gymnasium in Leipzig, dort 3/1900 Abitur; 4/1900 – 3/1906 Medizinstudium an den Universitäten Leipzig, Breslau und Tübingen; dort 3/1906 Staatsexamen und Approbation; 7/1906 Promotion in Leipzig;[1] Herbst 1906 – Sommer 1907 Studienreise und Arbeit am Institut Pasteur in Paris, Sommer-Herbst 1908 Studienreise ans St.Mary's-Hospital in London; 7/1908 Heirat[2], später zwei Adoptivkinder; ab Winter 1908 wissenschaftlicher Assistent und Leiter des Laboratoriums an der Universitäts-Poliklinik für Lungenleiden in Berlin; 1909 – 1911 Betrieb eines eigenen bakteriologisch-serologischen Laboratoriums in Berlin, daneben Tätigkeit in der Abteilung Immunitätsforschung des Pharmakologischen Instituts der Universität Berlin; ab 12/1911 Assistenzarzt und Leiter des Untersuchungsamtes am Hygienischen Institut der Universität Königsberg; dort 3/1913 Habilitation[3], dann Privatdozent für Bakteriologie und Hygiene an der Universität Königsberg; ab 4/1914 stellvertretender Abteilungsvorstand am Hygienischen Institut der Universität Berlin; ab 8/1914 Kriegseinsatz als Arzt, Laboratoriumsleiter und zuletzt Beratender Hygieniker der deutschen Truppen bei der 1. bulgarischen Armee; 9/1915 gemeinsam mit B. Hübener Entdeckung des Erregers der Weilschen Krankheit (1916 Beschreibung als 'Reitersche Krankheit'); Herbst 1916 – 6/1917 zur Leitung des Hygienischen Instituts nach Saarbrücken kommandiert; noch 1918 Oberarzt der Landwehr, 12/1918 aus dem Heer entlassen, EK II; am Hygienischen Institut der Universität Berlin schon 5/1918 zum nichtplanmäßigen außerordentlichen (Titular-)Professor ernannt; ab 2/1919 zunächst 1. Assistent, dann Abteilungsleiter am Hygienischen Institut der Universität Rostock, hier mit sozialbiologischen und rassehygienischen Fragen beschäftigt; ab 4/1921 Lehrauftrag für Sozialhygiene an der Universität Rostock, hier 6/1921 zum außerplanmäßigen außerordentlichen Professor für Sozialhygiene ernannt; 1919 – 1926 Mitglied der Deutschen Volkspartei, 1919 – 1923 Abgeordneter der DVP in der Rostocker Stadtverordnetenversammlung und 1921 – 1922 auch Vorsitzender der DVP in Rostock; nach Beurlaubung durch die Universität Rostock ab 4/1923 stellvertretender Abteilungsleiter, ab 10/1924 Abteilungsvorsteher am Kaiser-Wilhelm-Institut für experimentelle Therapie und Biochemie in Berlin-Dahlem; 1926 zum Obermedizinalrat ernannt und 10/1926 – 9/1933 Direktor des Mecklenburgischen Landesgesundheitsamtes in Schwerin; daneben 1/1927 – 11/1933 auch unbesoldeter außerordentlicher Honorarprofessor mit Lehrauftrag für Sozialhygiene an der Universität Rostock;[4] Eintritt in die NSDAP am 1.8.1931, Mitgliedsnummer 621.885; ab 3/1932 auch Mitglied des NS-Lehrerbundes, Mitgliedsnummer 5.024, daneben Mitglied des NS-Ärztebundes; ab 1932 Leiter der Nationalsozialistischen Führer- und Fortbildungsschule

1 Mit der Arbeit: Nephritis und Tuberkulose, Leipzig 1906.

2 Mit Lina Lautenschläger, 12.8.1883 in Koenitz/Schwarzburg-Rudolstadt.

3 Mit der Arbeit: Vaccinetherapie und Vaccinediagnostik, Stuttgart 1913.

4 Reiters Hauptarbeitsgebiete waren die Bakteriologie und die Sozialhygiene, hier insbesondere Studien zur Arbeitshygiene, unehelichen Kindern, Syphilis- und Infektionsforschung sowie zur Kriminalbiologie; daneben ab Ende der 20er Jahre vornehmlich Arbeiten und Vorlesungen über Erbkunde und Rassenhygiene.

des Gaues Mecklenburg-Lübeck der NSDAP in Schwerin;[5] ab 7/1932 Abgeordneter des Mecklenburgischen Landtags, dort Beteiligung an den Vorarbeiten zur Neuorganisation des deutschen Gesundheitswesens, der Jugenderziehung, der Reform des Studentenrechts und der Hochschulen; 1933 Obmann der Reichsfachschaft Hochschullehrer und Wissenschaftler des NS-Lehrerbundes an der Universität Rostock; ab 7/1933 kommissarischer Leiter, ab 10/1933 regulärer Präsident des Reichsgesundheitsamtes in Berlin;[6] seit 1/1934 auch Honorarprofessor für Hygiene der Universität Berlin; als NSDAP-Hauptstellenleiter ab 1/1935 Mitglied des Hauptamtes für Volksgesundheit im Stab des Stellvertreters des Führers, Mitglied des Sachverständigenbeirates für Volksgesundheit in der Reichsleitung der NSDAP sowie des Reichsausschusses für Volksgesundheit beim Reichsministerium des Innern, Vorstandsmitglied der Kriminalbiologischen Gesellschaft und der Reichszentrale für Gesundheitsführung im Reichsinnenministerium; Vorsitzender des ärztlichen Ausschusses der Deutschen Gesellschaft für Gewerbehygiene und des Deutschen Vereins für öffentliche Gesundheitspflege; ab 1935 Mitglied der Akademie der Naturforscher Leopoldina; außerdem Präsident des Reichsgesundheitsrates, Vorsitzender der Deutschen Gesellschaft für Hygiene und der Deutschen Gesellschaft für Ernährungsforschung; ab 1941 Mitglied der SA, zuletzt SA-Standartenführer; ab 1942 auch Mitglied des wissenschaftlichen Senats des Heeres-Sanitätswesens, daneben Mitglied des Großen Rates des Deutschen Roten Kreuzes, des Frauenvereins für Deutsche in Übersee und Vorsitzender zahlreicher wissenschaftlicher Gesellschaften und Arbeitsgemeinschaften; 8/1945 von der US-Armee verhaftet, 11/1946 im Nürnberger Kriegsverbrechergefängnis inhaftiert, 12/1947 entlassen; ab 1949 Arzt in der Königin-Elena-Klinik in Kassel, 1952 pensioniert; am 25.11.1969 in Kassel-Wilhelmshöhe gestorben[7]

---

5 Diese verfügte 1932 über etwa 45 Dozenten aus den Bereichen Wirtschaft, Politik und Wissenschaft; Reiter selbst referierte dort u.a. über „Der soziale Gedanke in der Wirtschaft", „Deutsche Bevölkerungspolitik", „Deutsche Rassenpflege", „Das jüdische erbbiologische Problem", „Anlage und Erziehung".

6 Das Reichsgesundheitsamt war eine dem Reichsinnenministerium unmittelbar unterstellte Reichsbehörde mit den Aufgabengebieten: Unterstützung des Ministeriums in Fragen des Medizinal- und Veterinärwesens, Vorbereitung der entsprechenden Gesetzgebung, Aufsicht über die Einhaltung der einschlägigen Medizinalbestimmungen, Führung der Medizinal- und Veterinärstatistik des Deutschen Reichs, Durchführung wissenschaftlicher Forschungen in eigenen Laboratorien. Anläßlich des Wechsels von Reiter nach Berlin stellte der Führer der Rostocker SA-Studenten und vormalige Leiter des NS-Studentenbundes an der Universität Rostock, der Medizinstudent Adolf Puls, 7/1933 heraus: „Wir Studenten haben immer wieder auf unsere Lehrer geblickt in der Hoffnung, daß Sie uns Führer in der Neugestaltung des Staates würden. Sie waren der einzige, Herr Professor Reiter, der nicht nur das nationalsozialistische Abzeichen trug, sondern der sich überall und stets für die nationalsozialistische Bewegung eingesetzt hat. Sie trugen nicht nur das braune Hemd äußerlich, Sie waren und sind uns immer das Vorbild des nationalsozialistischen Dozenten gewesen." Und Rektor Paul Schulze meinte, es sei Reiter „zu danken, daß er den Studierenden Gebiete [wie die Rassenhygiene] eröffnet habe, die heute erst voll anerkannt werden. Dank gebührt ihm auch dafür, daß er in seinen Kreisen der NSDAP die Wege geebnet habe". In seiner Eigenschaft als Präsident des Reichsgesundheitsamtes nahm Reiter durch entsprechende Interventionen und Empfehlungen bis mindestens 1944 Einfluß auf die Besetzung von medizinischen Lehrstühlen, so auch in Rostock.

7 Veröffentlichte u.a.: Kommende Heilkunst, Stuttgart 1934; Ziele und Wege des Reichsgesundheitsamtes im Dritten Reich. Zum 60jährigen Bestehen des Reichsgesundheitsamtes, Leipzig 1936; Obst und flüssiges Obst in der Volksernährung und Krankenbehandlung, Berlin 1938 (mit W. Heupke); Das Reichsgesundheitsamt 1933 – 1939. 6 Jahre nationalsozialistische Führung, Berlin 1939; Volksgesundheit und Werbung, Berlin 1939 (mit L. Conti und H.

Quellen: UAR: PA Reiter; LHAS: 5.12-7/1, Nr. 2343, 2508, 9740; BA/BDC: PK, REM, SA; BA/BDC-Karteien: NSDAP, NSLB, NSDÄB.

Hunke); Carl Flügge's Grundriß der Hygiene. Für Studierende und praktische Ärzte, Medizinal- und Verwaltungsbeamte, Berlin 1940 (als Hg. mit B. Möllers); Erb- und Rassenpflege, Leipzig 1940 (mit B. Möllers); Genußgifte. Leistung, Rasse, Berlin 1940 (mit G. Hecht); Die biologischen Gefahren des Rauchens für die Frau, Berlin 1941; Gesundheitsverwaltung des Großdeutschen Reiches, Leipzig 1941 (mit B. Möllers und W. Hallbauer); Verhütung und Bekämpfung übertragbarer Krankheiten im Großdeutschen Reich, Leipzig 1944 (mit B. Möllers und W. Hallbauer).

Rendtorff, Heinrich

geboren am 9.4.1888 in Westerland/Sylt (Preußen); evangelisch; Sohn eines Pastors und Studiendirektors; Mittelschule in Preetz, Gelehrtenschule/Gymnasium in Kiel, dort 1907 Abitur; 1907 – 1912 Studium der Theologie an den Universitäten Tübingen, Halle, Kiel und Leipzig; dort 1912 Promotion zum Lizentiaten;[1] 8/1914 – 11/1918 Kriegseinsatz bei einer Marineferngeschütz-Einheit, zuletzt Leutnant, EK II und EK I; ab 1918 Hilfsprediger in Kiel; ab 1919 Pastor in Hamwarde-Worth/Lauenburg; 9/1919 Heirat,[2] später neun Kinder; im Auftrag des Holsteinischen Landesvereins für Innere Mission ab 1921 Volksmissionar in Schleswig-Holstein; ab 11/1924 Klosterprediger und Studiendirektor am Theologischen Predigerseminar in Preetz/Holstein; 2/1926 theologische Ehrenpromotion durch die Universität Rostock; 4/1926 – 9/1930 ordentlicher Professor für Praktische Theologie an der Universität Kiel, dort zugleich mit der Abhaltung akademischer Gottesdienste beauftragt; ab 10/1930 Landesbischof der Evangelisch-lutherischen Landeskirche Mecklenburg-Schwerin, dort zunächst auch Gauführer Mecklenburg der Glaubensbewegung Deutsche Christen; Mitherausgeber der Schriftenreihe *Kirche und Gegenwart* und ab 1931 von *Glaube und Volk. Christlich-deutsche Monatsschrift/Schriftenreihe der christlich-deutschen Bewegung;* 3/1931 – 7/1934 Honorarprofessor für Praktische Theologie an der Universität Rostock;[3] Eintritt in die NSDAP am 1.5.1933, Mitgliedsnummer 2.816.993; nach Einsetzung eines Kirchenkommissars für Mecklenburg und Differenzen mit Gauleiter Friedrich Hildebrandt und Staatsminister Hans Egon Engell hinsichtlich der Rolle der nunmehr abgelehnten Deutschen Christen am 11.8.1933 als Landesbischof zurückgetreten;[4] erneuter und endgültiger Rücktritt am 6.1.1934; vom Reichsschatzmeister 2/1934 Aufnahme in

1 Mit der Arbeit: Das Gewißheitsproblem in dem theologischen System des Johannes Musaeus, Leipzig 1912.

2 Mit Hedwig Besser, geb. am 4.1.1892 in Kassel.

3 Rendtorff war von der Theologischen Fakultät der Universität Rostock bereits 1925 für die Übernahme des Ordinariats für Praktische Theologie vorgeschlagen worden.

4 In einem Schreiben an Gauleiter Hildebrandt hatte Staatsminister Engell 8/1933 mitgeteilt, daß die mecklenburgische Landesregierung im „Verhalten des Landesbischofs Rendtorff einen schweren Bruch des ihm durch die Aufnahme in die Partei geschenkten Vertrauens und einen schweren Stoß gegen die Parteidisziplin erblicken“ müsse und die Regierung es künftig ablehne, „mit ihm als Vertreter der Kirche weiterhin zu verhandeln“. Rendtorff wurde vorgeworfen, anläßlich seines Beitritt zur NSDAP in einem Rundschreiben an die mecklenburgischen Pfarrer die NS-gestützten Deutschen Christen marginalisiert und relativiert zu haben. Es sei „für die Regierung des nationalsozialistischen Landes Mecklenburg-Schwerin untragbar, daß der in die nationalsozialistische Partei aufgenommene Führer der Mecklenburg-Schwerinschen Landeskirche den Pastoren der Landeskirche ... mitteilt, er sei nicht Mitglied der Glaubensbewegung Deutscher Christen, obwohl diese Glaubensbewegung den nationalsozialistischen Geist auf religiösem Gebiet“ verkörpere. Außerdem sei „untragbar“, daß Rendtorff „nicht nur die Glaubensbewegung als eine völlig uneinheitliche darstellt, sondern daß er es wagt, die gleiche Charakteristik auf den Nationalsozialismus als solchen auszudehnen“; und „vollends untragbar“ sei es, wenn Rendtorff „der vom Führer gebilligten Glaubensbewegung nachsagt, daß sich in ihr Liberalismus und völkische Irrlehren“ versammelten.

die NSDAP für ungültig erklärt;[5] 7/1934 – 1945 Pfarrer an der Wartburggemeinde in Stettin-Braunsfelde, entwickelte sich hier zu einer der führenden Persönlichkeiten der Bekennenden Kirche Pommerns; nach Flucht zunächst Lageraufenthalt in Ostholstein; 1945 – 1956 erneut ordentlicher Professor für Praktische Theologie und Neues Testament an der Universität Kiel, dort 1948/49 auch Rektor der Universität; 1956 emeritiert; außerdem Mitglied der Kirchenregierung Schleswig-Holstein; am 18.4.1960 in Kiel gestorben[6]

Quellen: UAR: PA Rendtorff; LHAS: 5.12-7/1, Nr. 1371, 2343, 8277; LKAS: OKR, Pers. Rendtorff; BA/BDC: PK.

5 Der Wehrkreispfarrer von Stettin und Beauftragte des Reichskanzlers für die Angelegenheiten der evangelischen Kirche, Ludwig Müller, hatte dem Reichsschatzmeister der NSDAP, Franz Xaver Schwarz, noch 5/1933 mitgeteilt, das „Aufnahmegesuch [von] Landesbischof Rendtorff, Schwerin, wird von mir unterstützt und zur schnellen Erledigung empfohlen", und Schwarz hatte dem späteren Reichsbischof Müller versichert, „sobald der Aufnahmeschein von dem Landesbischof Rendtorff bei der Reichsleitung eingeht, die Aufnahme umgehend zu bestätigen".

6 Veröffentlichte u.a.: Volksmission in Schleswig-Holstein. Ein Bericht, Bordesholm 1923; Begegnungen mit Jesus für Menschen von heute ausgelegt, Berlin 1924; Pflüget ein Neues. Von der Sendung der Evangelischen Kirche an das deutsche Volk. Ein Beitrag zu den Fragen kirchlicher Volksmission, Hamburg 1924; Die Gewissenspflicht der Kirche gegenüber der Schule, Kiel 1926; Gott wartet. Reden, Berlin 1928; Kirche und Gegenwart. Praktisch-theologische Untersuchungen, Leipzig/Dresden 1928 (mit E. Stange); Konfirmation und Kirche, Dresden/Leipzig 1928; Das Leben Jesu in Radierungen und Zeichnungen Rembrandts, Berlin 1928; Der Gottesmensch. Evangelische Reden über Lebensfragen, Berlin 1929; Der Deutsche und sein Volk, Kiel 1929; Getrostes Wandern. Eine Einführung in den 1. Brief des Petrus, Berlin 1929; Die heimliche Gemeinde. Evangelische Reden, Schwerin 1930; Die Kirche des wirkenden Wortes. Vom Dienst der Kirche in der Krisis der Gegenwart, Berlin 1930; Ich weiß, an wen ich glaube. Ein evangelisches Bekenntnis vor Freund und Feind, Berlin 1932; Evangelische Lehre, Berlin 1933; Kirche im Kampf. Evangelische Rufe und Reden aus der Zeit des Kampfes um Deutschlands Erneuerung, Schwerin 1934; Gottes Aufgebot in der Welt, Berlin 1935; In der Gewalt Gottes. Evangelische Predigten für alle Sonn- und Festtage, Berlin 1936; Soldatentum und Gottesglaube. Ein Büchlein für deutsche Soldaten, Berlin 1936; Kirche geschieht heute. Ein Wort zur Besinnung der Kirche auf sich selbst, Hamburg 1948; Wege durch den Schutt, Hamburg 1948; Hörer und Täter. Eine Einführung in den Jakobusbrief, Berlin 1953; Das persönliche Leben des evangelischen Botschafters, Berlin 1958.

Rienäcker, Günther Friedrich Wilhelm

geboren 13.5.1904 in Bremen; evangelisch; Sohn eines Lehrers; Volksschule und Realgymnasium in Bremen, dort 4/1922 Abitur; 4/1922 – 1926 Studium der Chemie an der Universität München; als Zeitfreiwilliger dazwischen 1923 Militärdienst der Reichswehr; 1925 Examen als Diplom-Chemiker; 10/1926 Promotion in München;[1] 10/1926 – 1928 außerplanmäßiger Assistent am Physikalisch-Chemischen Institut, anschließend Unterrichtsassistent in der Anorganischen Abteilung des Chemischen Laboratoriums und 10/1929 – 10/1936 planmäßiger Assistent am Institut für Physikalische Chemie und am Chemischen Laboratorium der Universität Freiburg; 8/1931 Heirat,[2] später drei Kinder; ab 6/1934 Mitglied des NS-Lehrerbundes, außerdem Mitglied der NS-Volkswohlfahrt, des Reichsluftschutzbundes und im NS-Bund Deutscher Technik, später auch Mitglied im NS-Altherrenbund; 1934 drei Monate im Freiwilligen Arbeitsdienst; 5/1935 Habilitation in Freiburg;[3] 8-10/1935 militärische Ausbildung im Ergänzungs-Bataillon 29 in Villingen; ab 2/1936 Dozent für Anorganische und Analytische Chemie an der Universität Freiburg, dort auch Vertrauensmann des NS-Dozentenbundes für das Chemische und Zoologische Institut; ab 11/1936 Lehrstuhlvertretung für Anorganische, Analytische und Technologische Chemie sowie Leiter des Technologisch-Chemischen Instituts der Universität Göttingen; dort 9/1938 zum außerordentlichen Professor ernannt und bis 10/1942 auch Abteilungsvorstand für Anorganische, Analytische und Technologische Chemie am Chemischen Institut der Universität Göttingen; daneben Teilnahme an mehreren Lehrgängen zur Ausbildung von Kampfstoffuntersuchungs-Stellenleitern in Hannover, anschließend Einrichtung sowie Leitung eines Kampfstoffuntersuchungslabors in Göttingen, dort auch Mitglied der örtlichen Luftschutzleitung und Ausbilder von Entgiftungstrupps;[4] außerdem auch Leiter der Pressestelle der Universität Göttingen; ab 11/1942 zunächst Lehrstuhlvertretung für Anorga-

1 Mit der Arbeit: Neue potentiometrische Titrationsmethoden zur Bestimmung von Schwermetallen, München 1926.

2 Mit Lotte Christiansen, geb. am 17.3.1908; Damenschneiderin.

3 Mit der Arbeit: Der Zerfall des Ameisensäuredampfes an Kupfer-Gold- und Silber-Gold-Legierungen. Katalytische Untersuchungen an Legierungen, Leipzig 1936. Rienäcker hatte sich bereits im Herbst 1933 zur Habilitation gemeldet. In den in der DDR erschienenen biographischen Darstellungen über Rienäcker wurde beständig die Legende verbreitet, daß seine Habilitation aufgrund seiner „antifaschistischen" Einstellung behindert worden sei und 1935 auch nur erfolgen konnte, weil sich bekannte Professoren für ihn eingesetzt hätten. Tatsächlich jedoch – und von Rienäcker 1942 auch so vermerkt – ist die Einleitung des Verfahrens lediglich durch die Aufhebung der alten und den Erlaß einer neuen Habilitationsordnung verzögert worden. Außerdem sind seine sich auch in der Habilitationsschrift niederschlagenden Arbeiten zu Mehrschichtkatalysatoren sowohl durch das Reichsamt für Wirtschaftsausbau als auch durch die Deutsche Forschungsgemeinschaft gefördert worden und stießen in der Industrie auf großes Interesse.

4 Auf Anfrage der SD-Leitaußenstelle Göttingen attestierte die Kreisleitung Göttingen der NSDAP 10/1941, daß über Rienäcker „politisch Nachteiliges ... bisher nicht bekannt geworden" sei; sein „Leumund und seine Lebensführung" seien „ebenfalls einwandfrei", er sei beruflich „überaus tüchtig", und seine „politische Zuverlässigkeit" werde „ohne Einschränkung bejaht". Schon 6/1938 hatte der Kreisleiter des Kreises Göttingen der NSDAP das Personalamt der

nische Chemie, 2/1943 – 12/1953 ordentlicher Professor für Anorganische Chemie an der Universität Rostock[5] sowie Abteilungsvorsteher der Anorganischen Abteilung des Chemischen Instituts, ab 7/1943 dann Direktor des Chemischen Instituts der Universität Rostock; wie schon in Göttingen, nun auch in Rostock umfangreiche, teilweise geheime Forschungsarbeiten für die Rüstungsindustrie und die Wehrmacht;[6] 3/1944 KVK II. Kl.;[7] ab 6/1945 Dekan der Philosophischen Fakultät, 1/1946 – 2/1948 Rektor der Universität Rostock;[8] 3/1948 – 1949 Prorektor der Universität; ab 9/1945 Mitglied der SPD, ab 4/

Gauleitung Südhannover-Braunschweig der NSDAP darüber informiert, daß sich über Rienäckers „Einstellung vor der Machtübernahme nichts feststellen" lasse; „heute besucht er Parteiveranstaltungen und gibt auch bei Sammlungen und dgl. regelmäßig. Der Ruf ist gut".

5 Das Amt Wissenschaft beim Beauftragten des Führers für die Überwachung der gesamten geistigen und weltanschaulichen Schulung und Erziehung der NSDAP hatte sich gegenüber der Partei-Kanzlei 9/1942 befürwortend für die Berufung Rienäckers nach Rostock ausgesprochen; er sei unter den drei zur Auswahl stehenden Kandidaten noch der geeignetste. Rienäcker sei „eine Persönlichkeit von einwandfreier Lebensführung", er widme sich seinen „Berufsaufgaben mit großem Eifer" und werde „von den Studenten geschätzt"; dennoch sei er „keine ausgesprochen männliche Natur", und ihm fehle „ein politisches Empfinden, das ohne Hilfe zu sicheren Entscheidungen" komme. Von daher sei es „zu erklären, daß er weder der NSDAP noch dem NS-Dozentenbund" angehöre, was zur Folge habe, „daß er in Fragen, die über das Engfachliche hinausgehen, nicht von sich aus zum Einsatz" finde. Dennoch sei festzuhalten, „daß er guten Willens mitgeht, wenn man ihn heranzieht und ihm eine Aufgabe stellt". Anläßlich der Berufung Rienäckers nach Rostock attestierte die Kreisleitung Göttingen der NSDAP, daß „die politische Zuverlässigkeit Prof. Rienäckers bejaht" werde und erklärte, daß „sein Verhalten die Gewähr bietet, daß er jederzeit rückhaltlos für den nationalsozialistischen Staat" eintrete.

6 Rienäcker erhielt allein durch den Reichsforschungsrat bereits ab 1939 jährlich zusätzliche Finanzmittel in Höhe von 2.500 RM, ab 1943 in Höhe von 5.000 RM, für seine Forschungsarbeiten über „Wesen und besondere Wirkung von Mischkatalysatoren". Diese Untersuchungen sowie Forschungen über „Zersetzer-Kontakte für T-Stoff" und „Hydride" waren ab 1944 Bestandteil als „Geheim" deklarierter Forschungsprojekte. Angesichts des desolaten Zustandes seines nach Bombenangriffen teilweise zerstörten Instituts bat Rienäcker das Land Mecklenburg 1/1943 ultimativ um eine angemessene Ausstattung des Chemischen Instituts und wies den Kurator der Universität Rostock darauf hin, daß er „ohne weiteres die Möglichkeit [habe], von anderen Seiten ausreichende Mittel für meine Forschungsarbeiten zu erhalten"; gleichzeitig machte er darauf aufmerksam, „daß diejenigen Apparate, die ich dann von derartigen Mitteln anschaffe, dann Eigentum der betreffenden Stellen bleiben werden und bei einem Weggang von Rostock wieder dem Institut verlorengehen". Forschungen über Mischkatalysatoren bestimmten auch nach 1945 Rienäckers Arbeiten.

7 Rienäcker teilte dem Rektor der Universität 3/1944 voller Stolz mit, daß ihm auf Vorschlag des Präsidenten des Reichsforschungsrates „vom Führer" das Kriegsverdienstkreuz überreicht worden sei, und gab sich überrascht, da er „mit der Übernahme von Forschungsaufträgen [des Reichsforschungsrates] nur eine selbstverständliche Pflicht" erfülle; für ihn sei diese Ehrung ein „Ansporn, gerade auch in schwierigen Zeiten in gleicher Weise weiter zu arbeiten". Noch 10/1944 nahm Rienäcker an einer als „Geheime Reichssache" deklarierten Forschungsbesprechung in Göttingen teil, die nach seinem Bekunden „von äußerster Wichtigkeit für die Rüstung" sei.

8 In dieser Funktion bemühte sich Rienäcker – mehr noch als sein Amtsvorgänger Kurt Wachholder – durch eine extensive Entnazifizierungspolitik, den zur Wiedereröffnung der Universität notwendigen Personalbestand an Hochschullehrern zu sichern. Neben den sich sofort ab 5/1945 herausbildenden informellen 'Entnazifizierungs-Kartellen', in denen sich NS-belastete Professoren über die Grenzen der Besatzungszonen hinweg mit eidesstattlichen Erklärungen gegenseitig zu entlasten suchten – und dabei zumeist erfolgreich waren –, verwandte sich Rienäcker in amtlicher Eigenschaft in zahlreichen 'politischen Einschätzungen',

1946 Mitglied der SED; ab 1945 auch Mitglied des Kulturbundes zur demokratischen Erneuerung Deutschlands, später auch Mitglied des Präsidialrates des Kulturbundes, ab 1946 Mitglied des Landesvorstandes Mecklenburg sowie Vorsitzender der Hochschulgruppe Rostock des Kulturbundes; ab 1946 Herausgeber der *Zeitschrift für anorganische und allgemeine Chemie*, später deren verantwortlicher Redakteur; 1946 – 1951 Stadtverordneter der Stadt Rostock; 10/1946 – 1952 Abgeordneter des Landtages von Mecklenburg-Vorpommern; 10/1949 – 10/1950 Abgeordneter der Volkskammer der DDR; ab 1951 Mitglied der FDJ und der Gesellschaft für Deutsch-Sowjetische Freundschaft; 9/1951 – 1953 Dekan der Mathematisch-Naturwissenschaftlichen Fakultät und 10/1951 – 12/1953 auch Prorektor für Forschungsangelegenheiten der Universität Rostock; ab 1951 Direktor des von ihm gegründeten Instituts für Katalyseforschung der Deutschen Akademie der Wissenschaften in Rostock; ab 7/1952 Abgeordneter des Bezirkstages des Bezirkes Rostock; ab 1953 ordentliches Mitglied der Deutschen Akademie der Wissenschaften; ab 1953 auch Vorsitzender des Wissenschaftlichen Beirates für Chemie beim Staatssekretariat für das Hochschulwesen der DDR; 1953 – 1959 Vorsitzender des Zentralverbandes der Gewerkschaft Wissenschaft; 1/1954 – 1962 Professor mit Lehrstuhl für Anorganische Chemie und Direktor des I. Chemischen Instituts der Humboldt-Universität in Berlin, später des Instituts für Anorganische Katalyseforschung[9]; 1954 Fritz-Heckert-Medaille; 1955 – 1959 Mitglied des FDGB-Bundesvorstandes; 1955 Nationalpreis der DDR III. Klasse; 1957 – 1969 Generalsekretär der Deutschen Akademie der Wissenschaften der DDR; 1958 – 1963 Mitglied des Zentralkomitees der SED und erneut der Volkskammer der DDR; ab 1959 Mitglied der Akademie der Naturforscher Leopoldina, Assoziiertes Mitglied des Institut d'Egypte in Kairo; 1959 Vaterländischer Verdienstorden in Silber; ab 1960 Ehrenmitglied der Ungarischen Akademie der Wissenschaften; ab 1961 Ehrensenator der Universität Rostock, Johannes-R.-Becher-Medaille; 1963 – 1969 Forschungsdirektor am Institut für Physikalische Chemie der Deutschen Akademie der Wissenschaften; 10/1965 Vaterländischer Verdienstorden in Gold, Goldene Ehrennadel der Gesellschaft für DSF; ab 1966 Mitglied der Akademie der Wissenschaften der UdSSR; 1967 Clemens-Winkler-Medaille; ab 1968 Vorsitzender der nationalen Pugwash-Gruppe; 1969 emeritiert; 1969 Her-

---

Beurteilungen und Charakteristiken bei den Entnazifizierungsausschüssen der Universität, der Stadt Rostock und des Landes Mecklenburg-Vorpommern, bei der mecklenburgischen Kultusverwaltung, bei der Zentralverwaltung für Volksbildung der SBZ und bei der SMAD für NS-belastete Hochschullehrer und suchte deren NS-Engagement zu marginalisieren. In zahlreichen Fällen trug der selbst nicht unbelastete Rektor trotz Kenntnis der Aktenlage und der tatsächlichen Verhälnisse durch Verharmlosung, Verfälschung und Gefälligkeitsgutachten zu einer an eine Generalamnestie grenzenden Entnazifizierungspolitik bei, mit dem Ziel, möglichst viele Professoren – selbst bei starker NS-Belastung – an der von ihm geleiteten Universität Rostock zu halten, die ansonsten – und schon bei einer nur partiell konsequenten Anwendung der Befehle des Alliierten Kontrollrates – in wissenschaftlicher Hinsicht noch weiter in die provinzielle Bedeutungslosigkeit zurückgefallen wäre. Rienäcker stellte 5/1984 heraus, daß es „die größte und schönste Aufgabe meines Lebens gewesen ist, nach den schlechten Jahren des Faschismus und des 2. Weltkrieges die Universität neu eröffnen zu können".

9 Rienäckers Forschungsschwerpunkte lagen auch jetzt im Bereich der allgemeinen, anorganischen und analytischen Chemie und betrafen hier insbesondere die Ausarbeitung neuer mikrochemischer und elektrochemischer Methoden und die Metallanalyse, und im Bereich der heterogenen Katalyseforschung konzentrierte er sich auf systematische Untersuchungen über die besondere Wirkung von Mischkatalysatoren.

vorragender Wissenschaftler des Volkes, Ehrennadel und 11/1969 Ehrendoktorwürde der Universität Rostock, Medaille der Akademie der Wissenschaften der Tschechoslowakei für Verdienste um Wissenschaft und Menschheit; 1970 Kyrill-und-Methodi-Orden 1. Grades der Volksrepublik Bulgarien; 1971 – 1972 Präsident der Kommission für UNESCO-Arbeit der DDR; 10/1974 Karl-Marx-Orden; 1974 Ehrenpromotion der Technischen Hochschule Leuna-Merseburg; 1979 Stern der Völkerfreundschaft und Ehrenplakette des Ministeriums für Hoch- und Fachschulwesen der DDR; 1981 Ehrenspange der Akademie der Wissenschaften der DDR, Alexander-von-Humboldt-Medaille; 1984 Ehrenpromotion der Humboldt-Universität Berlin; am 13.6.1989 in Berlin gestorben[10]

Quellen: UAR: PA Rienäcker; LHAS: 5.12-7/1, Nr. 1307; 6.11-1, Nr. 300; 6.11-21, Nr. 154; BA, NS 15/244; BA/BDC: PK, REM; BA/BDC-Karteien: NSLB, REM, RFR.

10 Veröffentlichte u.a.: Tabellen zu den Vorlesungen über allgemeine und anorganische Chemie, Karlsruhe 1935 (mit H. Staudinger); Über Katalyse und Katalysatoren, Bremen 1943; Die demokratische Sendung der Universität. Rede bei der Wiedereröffnung der Universität Rostock am 25.2.1946, Schwerin 1946; Tabellen für allgemeine und anorganische Chemie, Karlsruhe 1946 (mit H. Staudinger); Beiträge zur Kenntnis der Wirkungsweise von Katalysatoren und Mischkatalysatoren, Berlin 1955; Über Trägerkatalysatoren, Berlin 1964.

Rosenfeld, Max Heinrich Gustav

geboren am 25.8.1871 in Königsberg/Ostpreußen; evangelisch; Sohn eines Kaufmanns; Altstädtisches Gymnasium in Königsberg, dort Abitur; als Einjährig-Freiwilliger 4-9/1892 Militärdienst beim Infanterie-Regiment 41; Medizinstudium an den Universitäten Königsberg, München und Straßburg; dazwischen 10/1896 – 4/1897 zweiter Teil des Einjährig-Freiwilligen-Militärdienstes als Arzt; 1897 Promotion in Straßburg;[1] 10/1897 – 9/1899 Assistent an der Medizinischen Klinik der Universität Straßburg; 10/1899 – 9/1901 zunächst Assistenzarzt, 10/1901 – 7/1914 Oberarzt an der Psychiatrischen und Nervenklinik der Universität Straßburg; dort 7/1903 Habilitation[2] und anschließend Privatdozent an der Universität Straßburg; 10/1903 Heirat[3], später drei Kinder; 1906 zum Titularprofessor, 10/1908 zum nichtbeamteten außerordentlichen Professor an der Universität in Straßburg ernannt; 8/1914 – 11/1918 Kriegseinsatz als Bataillonsarzt im Infanterie-Regiment 171, als Feldarzt im Feldlazarett 4 des XV. Armeekorps, zuletzt Chefarzt im Festungslazarett in Straßburg, EK II, EKFK; 2/1919 – 5/1920 Chefarzt eines Nervenlazaretts des XII. Armeekorps in Frankfurt/M.; 6/1920 – 9/1936 ordentlicher Professor für Psychiatrie und Neurologie an der Universität Rostock, dort auch Direktor der Heil- und Pflegeanstalt Rostock-Gehlsheim sowie der Psychiatrischen und Nervenklinik und der Poliklinik für Nerven- und Gemütskranke der Universität Rostock; 7/1922 – 6/1923 Dekan der Medizinischen Fakultät, 7/1923 – 6/1924 auch Rektor[4], 1924/25 Prorektor der Universität Rostock; 4/1926 zum Obermedizinalrat ernannt; vor 1933 Mitglied der Deutschen Volkspartei; ab 7/1933 Förderndes Mitglied der SS, ab 7/1934 Mitglied des NS-Lehrerbundes; 9/1936 aus Altersgründen emeritiert;[5] ab 2/1937 als Vertragsarzt an der Versorgungsärztlichen Untersuchungsstelle in Berlin tätig; daneben 2/1937 – 4/1945 wissenschaftlicher Hilfsarbeiter bei dem im Springer-Verlag in Berlin erscheinenden *Zentralblatt für die gesamte Neurologie und Psychiatrie*;[6] als 70jähriger ab 8/1941 Kriegseinsatz als Stabsarzt und Facharzt für Nervenkranke im Wehrmachtslazarett 122 in Berlin-Tempelhof, hier 6/1942 zum Oberstabsarzt befördert; 1947 Vorlesungen über Psychiatrie an der Volkshochschule Berlin-Steglitz; als Fachneurologe

1 Mit der Arbeit: Ein Beitrag zur Kenntnis des salzsauren Hämins, Leipzig 1897.

2 Mit der Arbeit: Über den Einfluß psychischer Vorgänge auf den Stoffwechsel, Straßburg 1903.

3 Mit Hedwig Leydhecker, geb. am 16.3.1877 in Straßburg; Tochter eines Zollverwaltungspräsidenten.

4 Rosenfeld war auch für das Amtsjahr 1924/25 mit Mehrheit zum Rektor gewählt worden, lehnte jedoch die Übernahme des Amtes ab; an seiner Stelle wurde Johannes Geffcken zum Rektor ernannt.

5 Die von Rosenfeld geleitete Psychiatrische und Nervenklinik gehörte wie die Heil- und Pflegeanstalt Gehlsheim zu den größeren der insgesamt 22 medizinischen Einrichtungen in Mecklenburg, an denen nach dem 7/1933 erlassenen Gesetz zur Verhütung erbkranken Nachwuchses Sterilisierungen vorgenommen wurden.

6 Obwohl vom Sachverständigen für Rasseforschung beim Reichsministerium des Innern bereits 1/1935 die „arische Abstammung“ Rosenfelds geprüft und bestätigt wurde – 6/1935 auch von der Reichsstelle für Sippenforschung -, nannte sich Rosenfeld ab 1937 wegen der weiterhin anhaltenden Nachfragen zu seiner „Abstammung von deutschem oder artverwandten Blut“ nunmehr Rosefeldt.

8/1948 – 3/1949 Vertrauensarzt und Obergutachter in der Facharzt-Zentrale der Landesversicherungsanstalt Berlin, dort Begutachtung von Rentenanträgen; am 26.8.1956 in Berlin gestorben[7]

Quellen: UAR: PA Rosenfeld; LHAS: 5.12-7/1, Nr. 1481, 1524, 2352, 10402; BA/BDC-Karteien: NSLB, REM.

7 Veröffentlichte u.a.: Der vestibuläre Nystagmus und seine Bedeutung für die neurologische und psychiatrische Diagnostik, Berlin 1911; Die Physiologie des Großhirns, Leipzig/Wien 1913; Die Phänomene des Unterbewußtseins im normalen und krankhaften Seelenleben (Rektoratsrede), Rostock 1923; Die neurologischen Störungen bei Geisteskrankheiten, Berlin 1928; Repetitorium der praktischen Psychiatrie, Leipzig 1928; Die Störungen des Bewußtseins. Klinisch-diagnostische Studie für Ärzte und Studierende, Leipzig 1929; Von der Verhütung unwerten Lebens, Bremen 1933.

Ruickoldt, Ernst Emil Christian

geboren am 9.9.1892 in Weimar/Sachsen-Weimar; evangelisch; Sohn eines Arztes; humanistisches Wilhelm-Ernst-Gymnasium in Weimar, dort 3/1911 Abitur; 4/1911 – 7/1914 Medizinstudium an den Universitäten München und Göttingen; als Freiwilliger ab 8/1914 Militärausbildung, ab 9/1914 Kriegseinsatz als Truppenarzt, als Feldhilfsarzt zuletzt Bataillonsarzt im Infanterie-Regiment 158, EK II, EK I; ab 4/1917 in russischer Kriegsgefangenschaft, 8/1917 ausgetauscht, nach erneutem Kriegseinsatz 11/1918 in englischer Kriegsgefangenschaft; 1/1919 Rückkehr nach Deutschland und Fortsetzung des Studiums an der Universität München; 4/1920 medizinisches Staatsexamen und Approbation; 4/1920 Heirat,[1] später fünf Kinder; 5/1920 – 9/1921 Volontärassistent an der Universitäts-Kinderklinik in München, dort 8/1921 Promotion[2]; 10/1921 – 9/1923 Assistent am Pathologischen Institut, 10/1923 – 3/1930 Assistent am Pharmakologischen Institut der Universität Rostock; 1922 – 1930 auch Leiter der Sportärztlichen Beratungsstelle beim Amt für Leibesübungen der Stadt Rostock; 1924 Mitbegründer des Deutschen Sportärztebundes; ab 4/1930 Assistenzarzt am Pharmakologischen Institut der Universität Göttingen; dort 7/1931 Habilitation und bis 3/1934 Privatdozent für Arzneimittellehre und 1. Assistent am Pharmakologischen Institut der Universität Göttingen; ab 1932 auch Mitglied des Centralvorstands, später 2. Vorsitzender des Deutschen Sportärztebundes; daneben auch Gas- und Luftschutz-Sachverständiger für die Stadt Göttingen und ab 7/1933 Mitglied der SA, dort zunächst Sturmbannarzt des SA-Reservesturmbannes 82 in Göttingen; 4/1934 – 10/1945 ordentlicher Professor für Pharmakologie, Toxikologie und Pharmakognosie an der Universität Rostock,[3] dort auch Direktor des Pharmakologischen Instituts;[4] daneben bis 12/1937 Landes-

---

1 Mit Hertha Faltin, geb. am 23.9.1899 in München; Tochter eines Arztes.

2 Mit der Arbeit: Über das Vorkommen hypertrophischer Muskulatur bei Hypothyreosen, München 1921.

3 Die Berufung Ruickoldts erfolgte nach deutlicher Fürsprache durch Reichsstatthalter Hildebrandt. Von der Rostocker Berufungskommission wurde Ruickoldts hervorragende Lehrbefähigung hervorgehoben; seine Vorlesungen, aber auch seine „Vorträge vor Ärzten und vor Laien über allgemein interessierende Fragen aus dem Gebiet der Pharmakologie, wie z.B. über Gasvergiftungen und Gasschutz, erfreuen sich großer Beliebtheit". Edwin Hauberrisser von der Universität Göttingen bezeichnete Ruickoldt als „Nationalsozialist[en] aus innerer Überzeugung", er dürfe „keinesfalls etwa als Konjunktur-Pg. bewertet werden"; daß Ruickoldt sich erst nach 1933 offen zur NSDAP bekannt habe, liege in den Verhältnissen der Universität Göttingen begründet, „denn die Göttinger Fakultät war vor der nationalen Erhebung ganz ... marxistisch oder wenigstens liberalistisch eingestellt, so daß es fast ... allen Privatdozenten erst nach dem Umbruch möglich war, sich offen zur Partei und zur SA zu bekennen, ohne schweren Nachteilen ausgesetzt zu werden"; Ruickoldt sei „einer der wenigen Dozenten, der den tieferen Sinn des nationalsozialistischen Universitätslehrers wirklich erfaßt" habe. Seine Rostocker Antrittsvorlesung hielt Ruickoldt 7/1934 zum Thema „Zur Steigerung der Wettkampfleistung durch Reizmittel", seine Rektoratsrede 1937 zum Thema „Wandlungen der Giftgefährdung".

4 Zwischen 1940 und 1944 wurde Ruickoldt durch Peter Holtz in der Institutsleitung vertreten; Ruickoldts Hauptarbeitsgebiete waren neben der Sportphysiologie besonders die Pharmakologie und Toxikologie und hier vor allem die pharmakologischen und toxikologischen Wirkungen von Urotropin (Hexamethylentetramin) auf Blase, Darm, Uterus, Blutdruck und Atmung sowie die forensische Blut-Alkohol-Bestimmung und Fragen des Arbeitsschutzes.

gewerbearzt von Mecklenburg; 4/1936 – 10/1937 Prorektor der Universität Rostock; dort Eintritt in die NSDAP am 1.5.1937, Mitgliedsnummer 4.071.831; 11/1937 – 6/1941 Rektor der Universität Rostock;[5] ab 1935 auch beratender Sportarzt der NS-Gemeinschaft „Kraft durch Freude"; ab 5/1934 außerdem Dienst als Erster Arzt der SA-Marine-Standarte 4, dort 4/1936 zum SA-Sanitätssturmführer, 11/1936 zum Sanitätsobersturmführer, 4/1937 zum SA-Sanitätshauptsturmführer, 11/1937 zum SA-Sanitätssturmbannführer, 4/1939 zum SA-Sanitätsobersturmbannführer befördert; außerdem Mitglied im NS-Ärztebund, in der NS-Volkswohlfahrt, im NS-Dozentenbund, im Reichsluftschutzbund, in der NS-Studentenkampfhilfe und ab 1937 im Reichsbund der Kinderreichen; neben seiner universitären Tätigkeit ab 9/1939 Kriegseinsatz als Arzt in Rostocker Reservelazaretten; 3/1940 Sturz vom Dach der Universität,[6] danach teilweise gelähmt und bis 11/1944 in Lazarettbehandlung (galt als kriegsdienstbeschädigt mit 80prozentiger Erwerbsminderung); 3-4/1945 vertretungsweise Führung der Rektoratsgeschäfte (für den mit Wehrforschungsaufträgen befaßten Kurt Wachholder); als Altrektor ab 4/1945 Mitglied des Senats der Universität Rostock; vom Präsidenten des Landes Mecklenburg-Vorpommern wegen NS-Belastung 10/1945 aus dem Universitätsdienst entlassen;[7] 11/1945 – 2/1948 Gastarzt an der Universitäts-Kinderklinik Rostock sowie beratender Arzt an der Beratungsärztlichen Dienststelle der Staatlichen Sozialversicherung;[8] 3/1948 – 9/1954

5 Ruickoldt war von seinem Amtsvorgänger Ernst-Heinrich Brill bereits 2/1937 für diese Funktion vorgeschlagen worden; nach Brill biete Ruickoldt „in menschlicher, charakterlicher und weltanschaulicher Hinsicht die volle Gewähr, daß er das Amt des Rektors mit Verantwortung im nationalsozialistischen Sinne führen" werde. In einem vertraulichen Gutachten des stellvertretenden Gauleiters des Gaues Mecklenburg der NSDAP, Gerd von Koerber, hieß es 8/1937, Ruickoldt sei schon vor 1933 „national eingestellt" gewesen; er sei zwar „etwas weich veranlagt und nicht immer die Kämpfernatur, die wir in jeder Hinsicht brauchen", aber „seine 5 Kinder sind bereits seit längerer Zeit in der HJ bzw. im BDM tätig". Der Reichsdozentenführer meinte 8/1937 dagegen, von den wenigen für die Rektoratsfunktion in Rostock geeigneten Professoren „erscheint Ruickoldt als der zuverlässigste und aktivste Nationalsozialist", der „in jeder Weise bemüht [sei], nationalsozialistisch zu handeln". Nach seinem Unfall ließ sich Ruickoldt mit Verweis auf seine noch länger andauernde Rekonvaleszenz 4/1941 auf eigenen Antrag von diesem Amt entbinden und empfahl bereits 1/1941, Otto Steurer als seinen Nachfolger zu benennen.

6 Während des Luftschutzdienstes war Ruickoldt durch ein zur Verdunkelung mit Dachpappe verkleidetes Oberlicht des Daches des Universitätshauptgebäudes gestürzt, mehr als 13 Meter tief auf eine Steintreppe gefallen und hatte sich zahlreiche Bruchverletzungen zugezogen.

7 Ruickoldt äußerte gegenüber dem Rektor, „da nicht alle früheren Parteigenossen der NSDAP entlassen worden sind", müsse er „in der gegen mich ausgesprochenen Maßregelung eine Maßnahme erblicken, die nur im Bestehen besonderer mir zu Last gelegter Verfehlungen ihren Rechtsgrund" habe könne; Ruickoldt war sich „einer solchen Verfehlung nicht bewußt" und berichtete 10/1945, er habe als Standartenarzt „mit der militärischen oder politischen Führung der SA niemals irgend etwas zu tun gehabt", auch habe er „niemals als Propagandaredner oder dergleichen in ihr gewirkt, auch nicht in Vererbungs- oder in rassepolitischen Fragen"; als oberster Arzt der SA-Marine-Standarte 4 habe er lediglich die Angehörigen der SA „regelmäßig und wiederholt sportärztlich untersucht", die „Sanitätsdienstgrade in Erster Hilfe bei Unfällen ausgebildet" und gesundheitspolitische „Vorträge vor Nichtsanitätern" gehalten. „Andere Vorträge oder Schulungen, insbesondere politischer, weltanschaulicher oder rassenpolitischer Natur, habe ich niemals gehalten, auch nicht in anderen Kreisen oder Organisationen der Partei".

8 In einem Redeentwurf für die Entnazifizierungsverhandlung sucht Ruickoldt 2/1948 zu begründen, warum und wie er sich mit dem NS-Regime eingelassen habe und behauptete, „von

niedergelassener Facharzt für Kinderheilkunde in Rostock; ab 10/1954 erneut Professor mit Lehrstuhl für Pharmakologie und Leiter des Pharmakologischen Instituts der Universität Rostock;[9] ab 1956 auch kommissarischer Leiter des Physiologisch-Chemischen Instituts der Universität Rostock; 9/1961 bzw. 1962 emeritiert; am 8.10.1972 in Rostock gestorben

Quellen: UAR: PA Ruickoldt; LHAS: 5.12-7/1, Nr. 579, 1195, 1515, 1518; 6.11-21, Nr. 153; BA/BDC: SA.

außen her hätte ich nur schimpfen können, von innen her habe ich viele Dinge so lenken und machen können, wie keiner von Ihnen, die jetzt [über mich] richten, es anders oder besser hätte machen können ... Ich bin nicht Saufkumpan, noch überhaupt Gast von irgendjemand gewesen, vom Gauleiter nicht, von Heinkel nicht, von Dettmann und Volgmann nicht. Ich habe mehrere Male ein Parteiamt abgelehnt, im Dozentenbund und in der Ärztekammer und [im] Erbgesundheitsobergericht und Ehrengericht. Ich habe den kulturpolitischen Posten des Rektors bekleidet".

9 Nachdem sich die Medizinische Fakultät 8/1954 für eine Wiederberufung Ruickoldts ausgesprochen hatte, und die älteren Fakultätsangehörigen (Brüning, Comberg, Poppe, Reinmöller, Scheel und Schilling) bezeugten, „daß Ruickoldt kein aktiver Nationalsozialist" gewesen sei und „wie andere Kollegen ... eine Rehabilitierung verdient" habe, teilte die Kaderabteilung der Universität Rostock dem Staatssekretariat für Hochschulwesen der DDR 11/1954 mit, daß „aufgrund der uns vorliegenden Informationen und aufgrund dessen, daß trotz vieler Bemühungen kein besserer Lehrstuhlinhaber für Pharmakologie gefunden" werden könne, die Kaderabteilung mit der Berufung Ruickoldts „einverstanden" sei, zumal auch „das Sekretariat der Parteileitung ... keine Einwände" erhoben habe.

Sarwey, Otto

geboren am 14.11.1864 in Stuttgart/Württemberg; evangelisch; Sohn eines Rechtsanwalts; Eberhard-Ludwigs-Gymnasium in Stuttgart, dort 4/1882 Abitur; 10/1882 – 1888 Medizinstudium an den Universitäten Tübingen, Berlin und Würzburg; als Einjährig-Freiwilliger dazwischen 10/1884 – 3/1885 Militärdienst; 2/1889 Staatsexamen, 3/1889 Approbation; 4-12/1889 zweiter Teil des Militärdienstes als Einjährig-Freiwilliger als Militärarzt; 1/1890 Promotion;[1] anschließend Volontärarzt an der v.Bergmannschen Chirurgischen Universitäts-Poliklinik in Berlin, an der Hebammenlehranstalt in Stuttgart und an der Heil- und Pflegeanstalt Winnenden/Württemberg; ab 4/1891 Assistenzarzt, dann Oberarzt an der Geburtshilflichen und Frauenklinik der Universität Tübingen; dort 7/1896 Habilitation[2] und ab 4/1896 Privatdozent für Frauenheilkunde in Tübingen; dort 7/1900 zum außerordentlichen Professor ernannt; 5/1904 Heirat,[3] später zwei Kinder; 9/1906 – 3/1934 ordentlicher Professor für Geburtshilfe und Gynäkologie an der Universität Rostock, dort ab 10/1906 auch Vorstand/Direktor der Universitäts-Frauenklinik und Direktor der Poliklinik für Geburtshilfe und Frauenkrankheiten sowie der Hebammenlehranstalt des Landes Mecklenburg;[4] 11/1912 zum Geheimen Medizinalrat ernannt; 8/1914 – 11/1918 Kriegseinsatz als ärztlicher Zivildienst im Heimatkriegsgebiet; 3/1933 aus Altersgründen emeritiert, auf eigenen Antrag unter Hinweis auf finanzielle Schwierigkeiten Verlängerung des Vertrages bis 3/1934; infolge einer metastatischen Osteomyelitis mit septischer Thrombose am 31.8.1933 in Rostock gestorben[5]

Quellen: UAR: PA Sarwey; LHAS: 5.12-7/1, Nr. 645, 1493.

---

1 Mit der Arbeit: Über die Castration der Frauen, Tübingen 1890.

2 Mit der Arbeit: Die künstliche Frühgeburt bei Beckenenge, Berlin 1896.

3 Mit Nelly Lust; Tochter eines Landgerichtsdirektors.

4 Sarweys erster und ältester Oberarzt Otto Büttner skizzierte Sarwey als einen Arzt, der „bereits 1 Jahr nach seinem Amtsantritt einer der meistbeschäftigten Gynäkologen Deutschlands geworden" sei; weniger der forschenden Wissenschaft als vielmehr der praktischen Tätigkeit des Arztes zugetan, trage Sarweys „Lebensbild keinerlei Züge des Professors vom alten Schlag, auch ist es nicht das eines modernen Professors"; Sarwey sei ein Mann „von außerordentlicher Lebenskraft, der Betätigung sucht in intensiver praktischer Arbeit", der „die Grenzen seiner Begabung kennt und in seiner innerlichen Bescheidenheit und Wahrhaftigkeit den Mut hat, sein Leben seinen Anlagen gemäß einzurichten". In Büttners Nachruf hieß es, Sarwey habe an „die Überlegenheit der operativen Behandlung geglaubt", modernen Behandlungsmöglichkeiten und allem, „was mit dem Messer nicht angreifbar war, ... skeptisch gegenüber gestanden". Ein geradezu „klassisches Beispiel für seinen Konservatismus" sei seine Neigung zum „Pfannenstiel'schen Fascienquerschnitt"; Sarwey sei „vielleicht der einzige gynäkologische Operateur Deutschlands, der *nur* diesen Schnitt anwandte, keine Kontraindikationen anerkannte und jede andere Schnittführung für überflüssig erklärte".

5 Veröffentlichte u.a.: Über die in klinischen Lehranstalten bestehende Nothwendigkeit einer geburtshilflichen Abstinenzzeit für „inficierte" Studenten, Leipzig 1895; Die Diätetik der normalen Geburt, Wiesbaden 1904; Bakteriologische Untersuchungen über Hände-Desinfektion und ihre Endergebnisse in der ärztlichen Praxis, Berlin 1905; Die künstliche Unterbrechung der Schwangerschaft, Wiesbaden 1906; Uterus-Carcinom und Schwangerschaft, Wiesbaden 1908; Anatomie und Physiologie der Schwangerschaft, Wiesbaden 1915.

Schalk, Fritz

geboren am 17.1.1902 in Wien/Österreich; evangelisch; Sohn eines Buchhändlers; Volksschule, humanistisches Gymnasium in Wien, dort 7/1921 Abitur; 1921 – 1927 Studium der Romanischen Sprachen und Literatur an den Universitäten Wien, Leipzig, Freiburg, Marburg und Paris; dazwischen ausgedehnte Forschungsreisen nach Frankreich und Spanien; 3/1927 Promotion in Wien;[1] 10/1927 – 9/1933 zunächst wissenschaftlicher Hilfsarbeiter, dann Assistent am Seminar für Romanische Sprachen und Kultur der Universität Hamburg; dort 11/1932 Habilitation[2] und bis 7/1933 Privatdozent für Romanische Philologie an der Universität Hamburg; schon ab 11/1932 Lehrstuhlvertretung für Romanische Literatur an der Universität Rostock; ab 10/1933 außerordentlicher Professor für Romanische Philologie an der Universität Rostock, dort zugleich Leiter des Romanischen Seminars;[3] ab 7/1934 Mitglied des NS-Lehrerbundes; ab 8/1935 Herausgeber der *Romanischen Forschungen. Zeitschrift für romanische Sprachen und Literaturen*; Mitglied der Société de Linguistique; nach Denunziationen und Angriffen durch die Hamburger und Rostocker Studentenschaft[4] 3/1936 Einleitung einer gegen Schalk gerichteten Untersuchung;[5] 9/1936 Antrag des Mecklenburgischen

---

1 Mit der Arbeit: Gentile, Pascal, saggio d'interpretazione storica.

2 Mit der Arbeit: Die geistesgeschichtliche Bedeutung der Diderot-d'Alembert'schen Enzyklopädie.

3 Neben dem Gesamtgebiet der romanischen Sprachen und Literaturen und des europäischen Humanismus waren Schalks besondere Forschungsschwerpunkte die italienische Renaissance, die Kultur der französischen Aufklärung, die französische Literatur des 19. und 20. Jahrhunderts und die französische Wortgeschichte und Syntax sowie das 'Goldene Zeitalter' Spaniens in Sprache und Literatur.

4 Bereits 8/1934 wies der Führer der Hamburgischen Studentenschaft das Preußische Kultusministerium darauf hin, daß „der uns sehr wenig nahestehende" Schalk nach Rostock berufen sei, dieser „politisch ... nicht als einwandfrei angesehen werden" könne und empfahl, „ein Auge" auf Schalk zu werfen. 12/1934 denunzierte Friedrich Ribke, Leiter der Philologischen Fachschaft der Hamburger Studentenschaft, Schalk bei der mecklenburgischen Kultusverwaltung und meinte, daß sich Schalk „während seiner Hamburger Zeit fast ausschließlich mit marxistischen und liberalistischen Studenten umgeben" habe. Wenn Schalk heute „den Nationalsozialisten markiere", sei „diese Wandlung nur konjunkturbedingt", und „bei seiner rein liberalistisch ästhetisierenden Literaturbetrachtung ... dürfte er äußerst ungeeignet sein, an einer Neugestaltung der Wissenschaft aktiv mitzuarbeiten". In der Folgezeit entwickelte die NS-geführte Rostocker Studentenschaft eine von 1935 bis 1936 andauernde Kampagne, innerhalb derer Schalk mehrfach öffentlich in der Zeitschrift *Der Student in Mecklenburg-Lübeck* (Nr. 6,7/1935 und 11/1936) angegriffen wurde; diese Angriffe betrafen vor allem die Inhalte von Schalks Lehr- und Forschungstätigkeit. Die vom Studenten Fritz Hartsieker informierte Schriftleitung forderte hinsichtlich der von Schalk vertretenen Romanistik „die nationalsozialistische Ausrichtung dieser Wissenschaft" und monierte, daß „von Seiten der hiesigen Fachvertreter immer noch keine ersichtlichen Ansätze gemacht worden sind, eine weltanschauliche Neuorientierung durchzuführen".

5 Innerhalb dieser vom Rektor Paul Schulze eingeleiteten, vom neuen Rektor Ernst-Heinrich Brill forciert weitergeführten Untersuchung charakterisierte der Führer der NS-Dozentenschaft, Heinrich Gißel, die wissenschaftlichen Qualitäten Schalks, der sich „politisch neutral" verhalte, zwar als „gut"; dennoch besitze Schalk „in keiner Weise die Qualitäten, die für einen Hochschullehrer des nationalsozialistischen Deutschlands notwendig" seien. Rektor Schulze

Staatsministeriums beim Reichserziehungsministerium, Schalk an eine andere Universität zu versetzen; nach Zwangsemigration des bisherigen jüdischen Lehrstuhlinhabers Leo Spitzer ab 11/1936 planmäßiger außerordentlicher Professor für Romanische Philologie an der Universität Köln, dort auch Direktor des Romanischen Seminars/Instituts; 6/1941 zum ordentlichen Professor für Romanische Philologie ernannt, nunmehr auch Direktor des Portugiesisch-Brasilianischen Instituts der Universität Köln und Direktor des deutsch-italienischen Petrarca-Instituts; ab 1941/42 publizistische Beteiligung am 'Kriegseinsatz der Geisteswissenschaften'; 1951 – 1954 und 1958/59 auch Lehrstuhlvertretung für Romanistik an der Universität Bonn; 1955 Gründer, ab 1958 Herausgeber der *Analecta Romanica. Beihefte zu den Romanischen Forschungen*; ab 2/1955 korrespondierendes Mitglied der Deutschen Akademie der Wissenschaften in Berlin, Mitglied der Akademie der Wissenschaften und Literatur in Mainz, der Arbeitsgemeinschaft für Forschung des Landes Nordrhein-Westfalen in Düsseldorf; am 20.9.1980 in Köln gestorben[6]

Quellen: UAR: PA Schalk; LHAS: 5.12-7/1, Nr. 1261; BA/BDC: RKK; BA/BDC-Karteien: NSLB, REM, RFR.

---

hielt Schalk noch für einen „durchaus nationalgesinnten Mann, der sich auch bemüht, im Sinne des Nationalsozialismus zu wirken"; er sei aber „ganz ein Gelehrter der alten Schule", und Schulze könne „die Studenten verstehen, die seine [Schalks] weiche, wenig kämpferische und wohl stark auf formelle Dinge abgestellte Persönlichkeit ablehnen". Die „junge nationalsozialistische Mannschaft" werde durch Schalk „nicht gefesselt". Rektor Brill faßte in seinen Berichten an die mecklenburgische Kultusverwaltung lediglich die gegen Schalk gerichteten Argumente zusammen, aus denen „unwiderlegbar hervorgeht, daß Prof. Schalk mit seiner Auffassung von der wissenschaftlichen Erfüllung seines Lehrstuhls die akademische Jugend in keiner Weise befriedigt"; dessen „weiche Art" mache verständlich, warum er sich „in der Bearbeitung der französischen Dekadenz" verliere, charakteristisch seien Schalks „weltbürgerliche Einstellung und liberalistische Weltanschauung"; Brill glaube „keinesfalls, daß die Angriffe gegen ... [Schalk] an unserer Universität verstummen werden. Die Universität wird nicht zur Ruhe kommen", und die Philosophische Fakultät werde „auf die Dauer schwer geschädigt"; er schlug vor, Schalk „an eine andere Universität zu versetzen", an der er beweisen könne, „daß er den Anforderungen, die an einen Hochschullehrer unserer Zeit gestellt werden, gerecht" werde.

6 Veröffentlichte u.a.: Einleitung in die Enzyklopädie der französischen Aufklärung, München 1936; Die französischen Moralisten, Leipzig 1938/40; Moralisti italiani del Rinascimento, Wien 1940; Portugal 1140 – 1640. Festschrift der Universität Köln zu den portugiesischen Staatsfeiern des Jahres 1940 (als Hg.); De Scantis Geschichte der italienischen Literatur, Leipzig 1940 (als Hg.); Montesquieu. Die Tagebücher, Antwerpen 1944 (als Hg.); Das Lächerliche in der französischen Literatur des Ancien régime, Köln/Opladen 1954; Das Publikum im italienischen Humanismus, Krefeld 1955; Somnium und verwandte Wörter in den romanischen Sprachen, Köln/Opladen 1955; Spanische Geisteswelt. Vom maurischen bis zum modernen Spanien, Baden-Baden 1957; Französische Gedichte aus sechs Jahrhunderten, Bremen 1958; Studien zur französischen Aufklärung, München 1964; Exempla romanischer Wortgeschichte, Frankfurt/M. 1966; Praejudicium im Romanischen, Frankfurt/M. 1971; Francesco Petrarca, 1304 – 1374. Beiträge zu Werk und Wirkung, Frankfurt/M. 1975 (als Hg.).

Schenk, Erich

geboren am 5.5.1902 in Salzburg/Österreich; evangelisch; Sohn eines Arztes; evangelische Volksschule und humanistisches Staatsgymnasium in Salzburg, dort 7/1920 Abitur; 10/1920 – 6/1925 Studium der Musikwissenschaft an der Universität München, am Konservatorium 'Mozarteum' in Salzburg und an der Akademie für Tonkunst in München; dort 7/1925 Promotion;[1] 1925/26 Bibliothekar und Lehrer für Musikgeschichte am Konservatorium 'Mozarteum' in Salzburg; daneben zunächst Mitarbeit im Pressebüro, 1927 Pressechef der Salzburger Festspiele; nach mehrmonatigen Studienreisen durch Italien 1928/29 Weiterführung der musikwissenschaftlichen Studien an den Universitäten Wien und Berlin; 8/1929 Habilitation in Rostock[2], seitdem Privatdozent für Musikwissenschaften an der Universität Rostock und Leiter des *collegium musicum*; eine Berufung auf einen Lehrstuhl scheiterte, weil zunächst das Land, dann das Reichserziehungsministerium die Einrichtung eines solchen verweigerten;[3] ab 5/1933 Mitglied des Opferringes der NSDAP, ab 8/1934 des NS-Lehrerbundes; vom Reichserziehungsministerium 1/1935 zum Mitglied des Ausschusses zur Betreuung der musikalischen Denkmale des Deutschen Reiches ernannt; nach 1935 Heirat;[4] nach Einrichtung eines Musikwissenschaftlichen Seminars an der Universität Rostock im Sommersemester 1935 dort 4/1936 zum nichtbeamteten außerordentlichen Professor für Musikwissenschaft ernannt;[5] ab 1936 Herausgeber der Schriftenreihe des

1 Mit der Arbeit: Guiseppe Antonio Paganelli. Sein Leben und seine Werke, nebst Beiträgen zur Musikgeschichte Bayreuths, Salzburg 1928.

2 Mit der ungedruckten Arbeit: Das Generalbaßtrio. Studien zur Geschichte der Trisonate im Deutschland des 18. Jahrhunderts (nach Corelli).

3 Die Philosophische Fakultät der Universität Rostock bemühte sich intensiv – letztlich erfolglos – um die Wiedereinrichtung des seit 1923 nicht wieder besetzten Lehrstuhls für Musikwissenschaften und teilte der mecklenburgischen Kultusverwaltung 4/1933 mit, daß Rostock „die einzige deutsche Universität [sei], an der das seit der Jahrhundertwende zu so großer geisteswissenschaftlicher Bedeutung aufgestiegene Fach der Musikwissenschaft völlig unzureichend vertreten" sei; während selbst kleinere Universitäten wie Gießen, Erlangen oder Greifswald über „z.T. ausgezeichnet ausgestattete musikwissenschaftliche Seminare" verfügten, sei „die Lage der Musikwissenschaft in Rostock ... geradezu verzweifelt". Privatdozent Schenk, „der das Fach mit Einsatz aller seiner Kräfte und bester Sachkenntnis im Sinne der heutigen Forderungen dieser Disziplin" vertrete und „auch mit seinem *collegium musicum* die seit Jahrzehnten so schmerzlich fühlbare Lücke" im Musikleben zu schließen beginne, werde „durch wirtschaftliche Verhältnisse gezwungen, Rostock zu verlassen". Erst nach einer Intervention von Hans Reiter beim damaligen mecklenburgischen Finanzminister Friedrich Scharf, seinem Parteigenossen, erklärte sich das mecklenburgische Unterrichtsministerium 10/1933 bereit, dem bislang „mit einem Hungerlohn von 68 RM" besoldeten Schenk einen mit 200 RM dotierten Lehrauftrag zu erteilen. Reiter mahnte, „daß gerade für die Ziele unserer nationalen Erziehung künftiger deutscher Lehrer die Vermittlung der Musikwissenschaft als eine unbedingte Forderung bezeichnet werden" müsse.

4 Mit Margarethe Schenk.

5 Die Ernennung kam erst zustande, nachdem Schenk eröffnet hatte, daß er ansonsten einen Ruf an die Universität Graz annehmen würde; außerdem hatte die Reichsführung der Deutschen Studentenschaft 1/1936 interveniert und sich für den Verbleib Schenks in Rostock eingesetzt; Schenk gehöre „zu den wenigen musikwissenschaftlichen Dozenten, die mit uns in einer guten

Musikwissenschaftlichen Seminars *Niederdeutsche Musik* und Mitherausgeber der Reihe *Das Erbe der deutschen Musik/Abteilung Mecklenburg und Pommern*; ab 4/1937 Direktor des Musikwissenschaftlichen Seminars an der Universität Rostock; ab 1937 auch Lektor in der Parteiamtlichen Prüfungskommission zum Schutz des NS-Schrifttums;[6] ab 9/1939 Lehrstuhlvertretung für Musikwissenschaft an der Universität Wien, ab 4/1940 dort ordentlicher Professor für Musikwissenschaft und bis 1971 Vorstand/Direktor des Musikwissenschaftlichen Instituts der Universität Wien;[7] ab 1947 Herausgeber der *Veröffentlichungen der Kommission für Musikforschung* und der *Denkmäler der Tonkunst in Österreich*; 1948 – 1949 auch Musikkritiker der *Wiener Tageszeitung*; 1950/51 Dekan der Philosophischen Fakultät der Universität Wien; ab 1952 korrespondierendes Mitglied der Accademia nazionale di Scienze, Lettere e Arti di Modena, ab 1958 dort Ehrenmitglied; ab 1955 Herausgeber der *Wiener musikwissenschaftlichen Beiträge*; 1957 – 1958 Rektor der Universität Wien; ab 1964 Präsident der Gesellschaft zur Herausgabe von Denkmälern der Tonkunst in Österreich und ab 1972 der Österreichischen Gesellschaft für Musikwissenschaft, ab 1946 Mitglied der Österreichischen Akademie der Wissenschaften, Ehrenmitglied der Franz-Schreker-Gesellschaft in Berlin, der Mozartgemeinde in Wien, der Deutschen Chopin-Gesellschaft in Berlin, der Internationalen Gesellschaft für Musikwissenschaft in Basel, der Gesellschaft für Musikforschung in Kassel, der Nederlandsche Vereniging voor Muziekwetenschap in Utrecht, der Società Italiana di Musicologia in Mailand;[8] am 11.10.1974 in Wien gestorben[9]

Zusammenarbeit stehen, und von denen wir in erster Linie eine Unterstützung in unserem Kampf um den Erhalt unserer echten deutschen Musik und die Erringung einer neuen Musikkultur, die aus dem Geiste unseres Reiches gewachsen ist, erwarten können". Die mecklenburgische Kultusverwaltung verfolgte die von der Universität Rostock mehrfach, zuletzt 7/1938 vorgeschlagene Einrichtung einer planmäßigen Professur bzw. eines ordentlichen Lehrstuhls für Musikwissenschaft nur halbherzig, was letztlich zu Schenks Wechsel nach Wien führte. Zu Schenks Hauptforschungsgebieten gehörten das deutsche und italienische Musikschaffen des 17. und 18. Jahrhunderts, insbesondere die Werke von Mozart und Beethoven, daneben die niederdeutsche Musik sowie die Bereiche der Musikerziehung und Musikorganisation.

6 Dekan Heinz Maybaum attestierte Schenk 1/1938 eine „durchaus positive" Einstellung zum Nationalsozialismus, auch Rektor Ernst Ruickoldt hatte „nicht den geringsten Grund", an Schenks „nationalsozialistisch-guter Gesinnung einen Zweifel zu hegen".

7 Schenk sorgte im Zusammenwirken mit der Gestapo 1942 dafür, daß die Bibliothek des berühmten jüdischen Musikwissenschaftlers Guido Adler (1855 – 1941), der 1898 das Musikwissenschaftliche Institut der Universität Wien begründet hatte, nach dessen Tod seinem Musikwissenschaftlichen Institut einverleibt wurde. Adlers Tochter Melanie, die sich geweigert hatte, die Bibliothek ihres Vaters herauszugeben, wurde 1942 nach Minsk deportiert und dort ermordet. Ebenfalls 1942 bot Schenk der SS-Lehr- und Forschungsgemeinschaft 'Ahnenerbe' eine Zusammenarbeit mit seinem Musikwissenschaftlichen Institut an, um „das germanische Element in der Synthese der italienischen Musik" nachzuweisen; nach ablehnendem Gutachten durch das Reichssicherheitshauptamt brach die Ahnenerbe-Führung, die Schenks vordergründig eigennützigen Motive bei der geplanten Auswertung italienischer Quellen durchaus erkannte, die Kontakte zu ihm ab.

8 Schenk erhielt zahlreiche Auszeichnungen, u.a. 1966 den Wilhelm-Hartel-Preis der Österreichischen Akademie der Wissenschaften, 1968 die Große Silberne Medaille der Mozartstadt Salzburg, die Mozartmedaille der Mozartgemeinde Wien, er war ab 1958 Komtur der italienischen Légion d'honneur und des päpstlichen St.-Gregorius-Ordens, ab 1971 Commendatore al merito della Repubblica Italiana; er erhielt 1970 das Österreichische Ehrenzeichen für Wissenschaft und Kunst, 1974 die Ehrenmedaille der Bundeshauptstadt Wien in Gold, 1957 das

Quellen: UAR: PA Schenk; LHAS: 5.12-7/1, Nr. 2384, 2554, 2556; BA/BDC: Ahnenerbe, RKK; BA/BDC-Karteien: NSLB, REM, RFR.

Große Silberne Ehrenzeichen für Verdienste um die Republik Österreich, das Rektor-Erinnerungszeichens der Universität Wien; Schenk war Ehrenbürger der Liszt-Gemeinde Raiding/Burgenland, erhielt 1969 die Ehrendoktorwürde der Universität Rostock und der Universität Brno.

9 Veröffentlichte u.a.: Zur Musikgeschichte Bayreuths, Bayreuth 1927; Alois Taux, Salzburg 1927; Johann Strauß, Potsdam 1940; Musik in Kärnten, Wien 1941; Beethoven zwischen den Zeiten, Bonn 1943; 950 Jahre Musik in Österreich, Wien 1946; Kleine Wiener Musikgeschichte, Wien 1946; Ein unbekannter Brief Leopold Mozarts. Mit Beiträgen zum Leben und Werk W.A. Mozarts, Wien 1947; Um Bruckners Persönlichkeit, Wien 1951; Wolfgang Amadeus Mozart. Eine Biographie, Zürich u.a. 1955; Zwei unbekannte Frühwerke von Franz Schmidt, Wien 1956; Musikwissenschaft als kulturpolitische Aufgabe (Rektoratsrede), Wien 1958; Das Weltbild Joseph Haydns, Wien 1960; Ein unbekanntes Klavierübungsstück Mozarts, Graz u.a. 1962; Ausgewählte Aufsätze, Reden und Vorträge, Graz u.a. 1967.

Schiller, Karl August Fritz

geboren am 24.4.1911 in Breslau/Schlesien; evangelisch; Sohn eines Ingenieurs; Volksschule in Neumühlen-Dietrichsdorf/Kiel, Hansa-Vorschule und Menzel-Realschule in Berlin, Hebbel-Reformrealgymnasium in Kiel, dort 2/1931 Abitur; als Werkstudent zunächst Tätigkeit in den Howaldts-Werken in Kiel; 1931 – 1934 Studium der Volkwirtschaft, der Soziologie und der Rechtswissenschaft an den Universitäten Kiel, Frankfurt/M., Berlin und Heidelberg; ab 7/1931 Mitglied im Sozialistischen Studentenbund; ab 1931 Stipendiat der Studienstiftung des Deutschen Volkes; 6/1933 – 1935 Mitglied des NS-Studentenbundes, 6/1933 – 1938 Mitglied der SA; 3/1934 Examen als Diplom-Volkswirt; 4/1934 – 8/1935 wissenschaftlicher Assistent am Institut für Sozial- und Staatswissenschaften der Universität Heidelberg; dort ab 9/1934 Mitglied des NS-Rechtswahrerbundes; 4/1935 Promotion in Heidelberg;[1] 9/1935 – 1/1936 Assistent in der Forschungsgruppe 'Marktordnung und Außenwirtschaft' am Institut für Weltwirtschaft der Universität Kiel, 2/1936 – 10/1939 Leiter dieser Forschungsgruppe;[2] Eintritt in die NSDAP am 1.5.1937, Mitgliedsnummer 4.663.250, seit 1938 auch Politischer Leiter; 5/1938 Heirat,[3] später zwei Kinder; 2/1939 Habilitation in Kiel;[4] ab 6/1939 Mitglied im NS-Dozentenbund; ab 8/1939 Dozent für Wirtschaftliche Staatswissenschaften an der Universität Kiel, daneben 10/1939 – 4/1941 Forschungsgruppenleiter am dortigen Institut für Weltwirtschaft;[5] als Leutnant ab 5/1941 Kriegseinsatz in der Wehrmacht, EK II, KVK II. Kl. m.S.; 5/1944 zum planmäßigen außerordentlichen Professor für Volkswirtschaftslehre an der Universität Rostock ernannt, 11/1944 auch zum Direktor des Instituts für Agrar- und Siedlungswesen der Universität Rostock bestellt[6]; konnte eine Lehrtätigkeit in Rostock offensichtlich nicht aufnehmen, da

1 Mit der Arbeit: Arbeitsverfassung und Finanzordnung in Deutschland, Berlin 1936.

2 Wie die Berufungskommission der Universität Rostock 1943 feststellte, gingen aus dieser Forschungsgruppe „eine Reihe wertvoller Arbeiten über die landwirtschaftlichen Marktregulierungen europäischer und außereuropäischer Länder hervor".

3 Mit Lie(se)-Lotte Ulmer, geb. am 1.8.1916 in Hamburg; Tochter eines Bildhauers.

4 Mit der Arbeit: Marktregulierung und Marktordnung in der Weltagrarwirtschaft. Ein zwischenstaatlicher Vergleich, verbunden mit einem Versuch zur statistischen Messung zur Reglementierung des Weltagrarhandels von 1926 bis 1936, Naumburg 1940 (auch Jena 1940, hier mit einer Einführung von G. Mackenroth).

5 Der Direktor des Instituts für Weltwirtschaft, Andreas Predöhl, bat das Reichserziehungsministerium 10/1939, Schiller diese neue Forschungsgruppe zu übertragen; dieser sei hier „mit dringlichen Fragen [beschäftigt], über die ich mich im einzelnen in diesem Zusammenhang nicht äußern darf", die aber „für die aktuellen Aufgaben des Instituts von der größten Bedeutung" seien.

6 Wie die Rostocker Berufungskommission in einem Schreiben an das Reichserziehungsministerium 1/1943 hervorhob, kam Schiller auch deshalb in die engere Wahl, weil er sich volks- und agrarwissenschaftlich „besonders ausgewiesen" habe und das Rostocker Institut „mit der Landesbauernschaft und dem Landesplanungsverband, der in Mecklenburg den Schwerpunkt seiner Tätigkeit auf agrarpolitischem Gebiet" habe, eng zusammenarbeiten sollte. Wie der Dekan der Rechts- und Wirtschaftswissenschaftlichen Fakultät Wilhelm Kromphardt 8/1943 ergänzend ausführte, würde die Universität Rostock mit Schiller „einen ungewöhnlich guten Griff tun", da dieser „auch agrarpolitisch ausgezeichnet ausgewiesen" sei; dies würde auch im

bis 1945 im Kriegseinsatz, zuletzt Oberleutnant in der Heeresnachrichtenschule I in Halle/Sa.;[7] ab 6/1945 Gastprofessor an der Universität Kiel, daneben stellvertretender Leiter der Außenstelle Hamburg des Instituts für Weltwirtschaft und Leiter der Redaktionsabteilung des Instituts; ab 1946 Mitglied der SPD; ab 4/1947 ordentlicher Professor für Wirtschaftstheorie, Wirtschaftspolitik und Außenwirtschaft an der Universität Hamburg, dort auch Direktor des Instituts für Außenhandel und Überseewirtschaft sowie des Sozialökonomischen Seminars;[8] daneben 1946 – 1947 Vorsitzender der Gutachter-Kommission des Hamburgischen Senats für den wirtschaftlichen Wiederaufbau; 10/1948 – 1953 Senator für Wirtschaft und Verkehr in Hamburg; 1949 – 1994 Mitglied des Wissenschaftlichen Beirats beim Bundesministerium für Wirtschaft; 1949 – 1957 Mitglied der Hamburger Bürgerschaft; 11/1949 – 1953 Vertreter Hamburgs im Bundesrat; 1956 – 1958 Rektor der Universität Hamburg, dort 1958 – 1960 Mitglied des Wissenschaftsrates; Mitglied des Aufsichtsrates der Dortmunder Bergbau AG und der Direktion der Hamburger Hafen- und Lagerhaus AG; 1959 wesentliche Einflussnahme auf die sich im Godesberger Programm niederschlagende wirtschaftspolitische Kursänderung der SPD („soviel Wettbewerb wie möglich, soviel Planung wie nötig"); 1961 – 1965 Senator für Wirtschaft in Berlin (unter dem Regierenden Bürgermeister Willy Brandt); 1964 – 1972 Mitglied des Parteivorstandes der SPD sowie Leiter von dessen wirtschaftspolitischem Ausschuß; 1965 – 1972 Abgeordneter des Deutschen Bundestages sowie stellvertretender Fraktionsvorsitzender und wirtschaftspolitischer Sprecher der SPD-Fraktion; 1966 – 1972 Mitglied des Präsidiums der SPD; 1966 – 1971 Bundeswirtschaftsminister, 1971 – 1972 Bundesminister für Wirtschaft und Finanzen; wegen Meinungsverschiedenheiten in der Wirtschafts- und Finanzpolitik 7/1972 Rücktritt als Minister; 8/1972 auch Ausscheiden aus dem Präsidium der SPD, 9/1972 Austritt aus der SPD; 1973 – 1979 Präsident des Verwaltungsrates der Economic Development Corporation for Equatorial and Southern Africa (EDESA) in Luxemburg und Monaco; daneben Leiter der volkswirtschaftlichen Abteilung des Springer-Verlages sowie Wirtschaftsberater von Ford und der Regierungen von Saudi-Arabien und Pakistan; 1978 Ludwig-Erhard-Preis; 1980 Wiedereintritt in die SPD und wirtschaftspolitischer Berater der saarländischen SPD; 1991 Großes Bundesverdienstkreuz mit Stern und Schulterband; am 26.12.1994 in Hamburg gestorben[9]

Interesse der gerade ins Leben gerufenen Landwirtschaftlichen Fakultät liegen, „deren Eröffnung mit einem bloßen Vertreter der landwirtschaftlichen Betriebslehre (Prof. Petersen) nicht gerade werbekräftig im Reich wirken" würde.

7 Schiller bat die Universitätsleitung 2/1945, ihm bei der Wohnungsbeschaffung in Rostock behilflich zu sein, da seine Wohnung in Kiel bei einem Luftangriff 1/1944 zerstört wurde; er denke, „dereinst in Zukunft in Rostock seinen Dienstobliegenheiten nachzukommen", und plane, „im Sommersemester [1945] von Halle aus einige Vorlesungen in Rostock" zu halten.

8 Schillers wissenschaftliche Hauptarbeitsgebiete waren vor 1945 die Agrarpolitik, die Finanzwissenschaft, die Außenhandelspolitik und die ökonomischen Theorien, nach 1945 vor allem die Probleme der Arbeitsbeschaffung, der Marktregulierung und Konjunkturstabilisierung und des wirtschaftlichen Wachstums; er plädierte für eine Synthese von marktwirtschaftlicher Selbstregulierung und Globalsteuerung durch Staatseingriffe.

9 Veröffentlichte u.a.: Thesen zur praktischen Gestaltung unserer Wirtschaftspolitik aus sozialistischer Sicht, Hamburg 1952; Aufgaben und Versuche. Zur neuen Ordnung von Gesellschaft und Wirtschaft. Reden und Aufsätze, Hamburg 1953; Sozialismus und Wettbewerb, Hamburg 1955; Die Wirtschaftsproblematik der Entwicklungsländer, Kiel 1960; Der Ökonom und die Gesellschaft. Das freiheitliche und das soziale Element in der modernen

Quellen: UAR: PA Schiller; LHAS: 5.12-7/1, Nr. 1448; BA/BDC: PK; BA/BDC-Karteien: REM.

Wirtschaftspolitik. Vorträge und Aufsätze, Stuttgart 1964; Berliner Wirtschaft und deutsche Politik. Reden und Aufsätze 1961 – 1964, Stuttgart 1964; Zwei Jahre neue deutsche Wirtschaftspolitik, Bonn 1969; Stabilität ohne Stagnation, Bonn 1969; Reden zur Wirtschaftspolitik. 10 Bde., Bonn 1972; Betrachtungen zur Geld- und Konjunkturpolitik, Hamburg 1984; Der schwierige Weg in die offene Gesellschaft. Kritische Anmerkungen zur deutschen Vereinigung, Berlin 1994.

Schilling, Viktor Theodor Adolf Georg

geboren am 28.8.1883 in Torgau/Provinz Sachsen; evangelisch; Sohn eines Militärarztes; Gymnasien in Hannover, Prenzlau und Allenstein, dort 1903 Abitur; 1904 – 1909 Medizinstudium an der militärärztlichen Kaiser-Wilhelm-Akademie in Berlin; dort 5/1909 Staatsexamen, Approbation und Promotion[1]; als Einjährig-Freiwilliger 1909/10 Militärdienst; 4/1910 – 10/1913 an das Institut für Schiffs- und Tropenkrankheiten nach Hamburg kommandiert; dazwischen 1912 Studienreise nach Brasilien; 1913/14 Ausbildung zum Korps-Hygieniker in Hannover; als Stabsarzt 8/1914 – 10/1918 Kriegseinsatz, zunächst als Chefarzt mehrerer Heereslazarette in Metz, dann als Korps-Hygieniker in Galizien und Rußland, als Armee-Etappenhygieniker in Aleppo/Syrien (dort Gründer und Leiter des Hygienischen Instituts Aleppo) und schließlich als Beratender Hygieniker im türkischen Generalstab und Leiter des Bakteriologischen Labors in Konstantinopel, EK II, EK I, Rote-Kreuz-Medaille 3. Kl., EKFK; 1/1917 Heirat,[2] später zwei Kinder; 10/1918 – 5/1919 Korps-Hygieniker des X. Armeekorps in Hannover; nach Ausscheiden aus dem Heer ab 1919 zunächst Assistenz-, dann Stationsarzt an der I. Medizinischen Klinik der Charité in Berlin; dort 1/1921 Habilitation[3] und seitdem Privatdozent sowie Facharzt für Innere Medizin; 12/1922 zum außerordentlichen Professor ernannt; ab 7/1927 Oberarzt, ab 9/1932 stellvertretender Direktor der I. Medizinischen Klinik der Charité in Berlin; als Nachfolger des in die Emigration gezwungenen Georg Klemperer 4/1933 – 9/1934 Direktor der IV. Medizinischen Klinik der Charité in Berlin-Moabit; dort Eintritt in die NSDAP am 1.5.1933, Mitgliedsnummer 3.020.512; ab 11/1933 Mitglied des NS-Lehrerbundes, später des NS-Ärztebundes; daneben auch Führer des Deutschen Nichtordinarienverbandes und Führungsmitglied der Preußischen Dozentenschaft; außerdem Vorstandsmitglied der Ärztekammer Groß-Berlin und Mitglied des Ausschusses der Deutschen Medizinischen Gesellschaft; ab 10/1934 ordentlicher Professor für Innere Medizin und Direktor der Medizinischen Klinik der Universität Münster; hier 1937 Mitbegründer, später Vorsitzender der Deutschen Gesellschaft für Hämatologie; daneben außerordentliches Mitglied des Wissenschaftlichen Senats des Heeressanitätswesens; ab 1938 Mitherausgeber der *Folia Haematologica*; mit der Einleitung eines förmlichen Dienststrafverfahrens durch das Reichserziehungsministerium 2/1938 von der Leitung der Medizinischen Universitätsklinik Münster entbunden;[4]

---

1 Mit der Arbeit: Zur Morphologie, Biologie und Pathologie der v.Kupferschen Sternzellen, besonders der menschlichen Leber, Berlin 1909.

2 Mit Franziska Hemmer, geb. am 24.9.1887 in Metz; Tochter eines Lehrers; am 18.9.1964 in Rostock gestorben.

3 Mit der Arbeit: Die Zelltheorie des Erythrocyten als Grundlage der klinischen Wertung anämischer Blutbefunde, Berlin 1921.

4 Die Schilling zur Last gelegten Delikte waren umfangreich und werfen ein bezeichnendes Licht auf die Arbeitsverhältnisse an der Medizinischen Universitätsklinik. So wurde Schilling u.a. beschuldigt, als Klinikdirektor einem auswärtigen Mediziner eine nicht vorhandene Oberarztstelle angeboten zu haben, woraufhin dieser seine alte Anstellung aufgegeben und dadurch eine „Vermögensbeschädigung" erlitten habe; neben weiterem „pflichtwidrigen Verhalten" gegenüber diesem Assistenzarzt wurde Schilling „die Überschreitung seiner Amtsbefugnisse als Klinikdirektor zum Schaden verschiedener Klinikangestellter" vorgeworfen, gegen die er

7/1939 mit einem Verweis bestraft;[5] 8/1939 Auftrag zum Aufbau des Instituts für Blutkonservierung und Bluttransfusion, als Oberstabsarzt dann bis 3/1941 Kriegseinsatz als Leiter des Zentrallaboratoriums für Bluttransfusionsfragen des Robert-Koch-Instituts, das die Versorgung der Wehrmacht mit Blutkonserven organisieren sollte, sowie Lehrer an der Militärärztlichen Akademie in Berlin; 4/1941 – 2/1946 ordentlicher Professor für Innere Medizin an der Universität Rostock;[6] 4/1941 – 8/1957 auch Direktor der

---

unbefugte und unbegründete Kündigung verhängt und weitere Angestellte mit Kündigungen bedroht hatte; hinzu kam „ehrverletzendes Verhalten" gegenüber einem Assistenzarzt, den Schilling mehreren Dienststellen gegenüber des Diebstahls bezichtigte. Während Schilling in den bislang skizzierten Fällen außerdem eine „erhebliche Verletzung der Wahrheitspflicht bei Ausübung seiner dienstlichen Pflichten" zur Last gelegt wurde, ist ihm darüber hinaus die „Abgabe unwahrer dienstlicher Erklärungen in eigener Sache" vorgehalten worden: So soll Schilling sich „zur Rechtfertigung seines Verhaltens in den vorstehenden Punkten gegenüber dem Universitätsrat auf einen selbstgefertigten Aktenauszug" berufen haben, der in „wesentlichen Punkten eine Abweichung von den Originalurkunden enthielt."

5 Obwohl sich die skizzierten und weitere Beschuldigungen im Verfahrensverlauf bestätigten und Schilling als notorischer Lügner entlarvt wurde, ist das Verfahren 7/1939 mit der Erteilung eines Verweises eingestellt worden. Das Reichserziehungsministerium begründet diese „unverhältnismäßig milde Strafe" damit, daß es zwar nahe gelegen habe, „wegen der festgestellten Verfehlungen Anschuldigung vor dem ordentlichen Dienststrafgericht zu erheben"; davon sei jedoch abgesehen worden, weil „der feststehende Sachverhalt trotz der Erschwerung, die er durch die dargestellten Persönlichkeitsmängel erhält, zur Verhängung der allerschwersten Strafe, nämlich der Dienstentlassung, voraussichtlich nicht ausgereicht" hätte. Und um die „nächst schwerere Strafe, d.h. diejenige der Gehaltskürzung bis zur Höchstdauer von fünf Jahren, herbeizuführen", hätte es „eines langwierigen weiteren Verfahrens bedurft". Schilling wurde „eine Reihe von Persönlichkeitsmängeln" attestiert, und er wurde aufgefordert, durch „stärkste Selbstbesinnung, Selbstkritik und Selbstzucht" an deren Beseitigung zu arbeiten. Durch seinen „weitgehenden Hang zur Unaufrichtigkeit", seinen „Hang zur Selbstgerechtigkeit" und zur „völligen Einsichtslosigkeit gegenüber eigenen Fehlern und begangenem Unrecht", durch den Machtmißbrauch als Klinikleiter gegenüber dem Klinikpersonal habe er die Amtspflichten „als Hochschullehrer und Klinikdirektor verletzt" und das Vertrauensverhältnis an der von ihm geleiteten Klinik „vollständig zerrüttet". Gauleiter Alfred Meyer bat 6/1939 Reichserziehungsminister Bernhard Rust, Schilling aus Münster zu versetzen, da dieser „durch seinen ausgesprochenen Mangel an Wahrheitsliebe ... an der Universität das Vertrauen der Studenten, der Dozenten und Beamten restlos verloren habe"; Schillings weitere Verwendung in Münster würde „größte Unruhe innerhalb der Universität hervorrufen". In den von Schilling nach 1945 verfaßten Lebensläufen und ausgefüllten Personalbögen stilisierte er sich zum Opfer der NS-Diktatur; unter Bezugnahme auf seine arbeitsrechtliche Maßregelung beantwortete er Fragen nach Verfolgung und Bestrafung im Dritten Reich: „1934 Ablehnung als Rektor in Münster", „1937 Disziplinarverfahren wegen berechtigter Verweigerung der Praktikantenscheine an den [NS-]Studentenführer Krüner, 1939 illegales Eingreifen des Gauleiters Meyer in Münster gegen Wiedereinsetzung in das Amt [des Klinikleiters in Münster] und illegale Versetzung nach Rostock 1941".

6 Die Medizinische Fakultät hatte ihre ablehnende Haltung gegenüber Schilling bereits vor dessen Berufung deutlich gemacht und vom zuständigen Sachbearbeiter des Reichserziehungsministeriums die ausdrückliche Zusage erhalten, daß eine Berufung Schillings nach Rostock gegen den Willen der Fakultät nicht erfolgen werde. Nach der Berufung Schillings legte der Dekan der Medizinischen Fakultät, Kurt Wachholder, in Übereinstimmung mit dem Gaudozentenführer Kurt Neubert entschiedenen Protest gegen die Versetzung Schillings an die Universität Rostock ein. Das Reichserziehungsministerium wies 2/1941 in scharfer Form darauf hin, „daß ein Protest gegen Entscheidungen des Herrn Reichswissenschaftsministers unstatthaft sei"; Proteste gegen Regierungsentscheidungen „seien der Zeit von vor 1933 angemessen, aber nicht [gegenüber] der nationalsozialistischen Staatsführung". Die Fakultäten hätten nur ein Vorschlags-, jedoch

Medizinischen Universitätsklinik und Mitdirektor des Universitäts-Krankenhaues in Rostock; nach deren weitgehender Zerstörung durch einen Bombenangriff ab 4/1942 Aufbau, Organisation und Leitung von Hilfskrankenhäusern in Rostock, Bad Sülze und Graal-Müritz; 4/1944 selbst ausgebombt; wegen NS-Belastung 2/1946 zunächst aus dem Universitätsdienst entlassen, jedoch Weiterbeschäftigung als kommissarischer Direktor der Medizinischen Universitätsklinik; daneben Bewährungseinsatz als Seuchenkommissar; 11/1946 Antrag der Medizinischen Fakultät auf Übertragung eines Forschungsauftrages;[7] ab 1948 Wiedereinsetzung als Professor mit Lehrstuhl für Innere Medizin der Universität Rostock;[8] ab 1951 Mitglied des Wissenschaftlichen Senats des DDR-Gesundheitsministeriums; 1952 Gründer und bis 1960 Vorsitzender der Hämatologischen Gesellschaft der DDR sowie Ehrenmitglied der Europäischen Gesellschaft für Hämatologie; 10/1953 Auszeichnung als Hervorragender Wissenschaftler des Volkes; 10/1955 Vaterländischer Verdienstorden in Bronze; 12/1956 Auftrag des Staatssekretariats für Hochschulwesen zum Aufbau einer Hämatologischen Forschungsabteilung „im internationalen Maßstabe" sowie einer Station für Tropenmedizin an der Medizinischen Klinik der Universität Rostock und zugleich Direktor und Leiter dieser Einrichtungen; 9/1957 emeritiert; 10/1958 Vaterländischer Verdienstorden in Silber; ab 4/1960

---

kein Ablehnungsrecht. Zu Schillings Hauptforschungsgebieten – Hämatologie und Tropenmedizin – gehörten zunächst die Blutbefunde bei Tropenkrankheiten, tropenhygienische Spezialuntersuchungen (zu Gelbfieber, Alastrim, Leishmaniosen, Chagaskrankheit, Fleckfieber, Cholera, Malaria, Denguefieber, Amöbendysenterie, Pappataci, Wurmkrankheiten), aber auch Geflügelpocken, später dann der Trialismus der leukozytären Blutsysteme, die Morphologie des Knochenmarks und die Physiologie der blutbildenden Systeme.

7 Scheinbar ganz im Gegensatz zu den sonstigen Entnazifizierungspraktiken an der Universität Rostock meinte der Dekan der Medizinischen Fakultät Karl Klinke 11/1946, da Schilling seit 1933 der NSDAP angehört habe, sei dessen „Weiterbeschäftigung an der hiesigen Fakultät unter den heutigen Verhältnissen nicht tunlich", und Schillings „Wiederbeauftragung [sei] trotz Rehabilitation durch den Antifablock Rostock kaum durchzusetzen". Klinke bat die Zentralverwaltung für Volksbildung der SBZ in Berlin, „dem verdienten Forscher eine Arbeitsmöglichkeit, wenn möglich außerhalb Rostocks", zu vermitteln. Nachdem aber eine sowjetische Kommission deutlich gemacht hatte, daß sich die Medizinische Fakultät bemühen solle, Schilling in Rostock zu halten – Klinke: „die Russen sind von dem Namen Schilling zutiefst beeindruckt" -, teilte Klinke dem Direktor der I. Medizinischen Klinik der Charité und Vizepräsidenten der Deutschen Zentralverwaltung für Volksbildung, Theodor Brugsch, schon 12/1946 die „vertrauliche Vorgeschichte" mit; danach wäre Schilling „seiner politischen Haltung nach wohl von vornherein tragbar gewesen. Wegen der häufigen Reibereien mit den Kollegen besteht aber eine gewisse Animosität gegen ihn, die sowohl von Seiten der Fakultät wie von Seiten der Landesregierung zu Vorbehalten Anlaß gaben"; außerdem sei seine Lehrtätigkeit „zu einseitig auf Hämatologie festgelegt".

8 Angesichts der prekären personellen Situation der Medizinischen Fakultät teilte Rektor Günther Rienäcker der Zentralverwaltung für Volksbildung schon 9/1947 mit, daß Schilling sich als NSDAP-Mitglied „jeglicher politisch aktiver Tätigkeit enthalten" habe, er „zahlreiche einwandfreie Entlastungszeugnisse" vorweisen könne und „vom Nationalsozialismus nicht besonders gefördert, sondern eher gehemmt worden" sei; Rienäcker wies nunmehr darauf hin, daß Schilling „ein Forscher von Weltruf" sei, er sei überzeugt, daß Schilling „im antifaschistischen Sinne wirken und lehren" werde, und setzte sich „gerade wegen des Weltrufes ... des führenden Hämatologen" für eine Wiedereinsetzung Schillings ein. Auch Dekan Klinke war – trotz Kenntnis der Aktenlage und der Vorgänge in Münster – nunmehr der Auffassung, daß Schilling „gerade mit den Parteidienststellen stets erhebliche Schwierigkeiten gehabt" habe und deshalb „von Münster nach Rostock strafversetzt" worden sei.

Ehrenpräsident der Deutschen Hämatologischen Gesellschaft;[9] am 30.5.1960 nach einem Myokardinfarkt in Rostock gestorben; 8/1968 postum Ehrendoktorwürde der Universität Rostock[10]

Quellen: UAR: PA Schilling; BA/BDC: PK, REM; BA/BDC-Karteien: NSDAP, NSLB, NSDÄB, REM.

9 Daneben Mitglied der Deutschen Gesellschaft für Innere Medizin, der Deutschen Tropenmedizinischen Gesellschaft, der Deutschen Gesellschaft für Kreislaufforschung, der Deutschen Gesellschaft für Hygiene und Mikrobiologie, des Fachausschusses für Geschwulstbekämpfung, Vorstandsmitglied der Nordwestdeutschen Gesellschaft für Innere Medizin, Vorsitzender der Medizinisch-Wissenschaftlichen Gesellschaft für Innere Medizin und Kinderkrankheiten in Rostock und Vorsitzender der Medizinischen Gesellschaft in Rostock.

10 Veröffentlichte neben mehr als 340 Aufsätzen u.a.: Das Blutbild und seine klinische Verwertung, Jena 1912 ([12]1943); Angewandte Blutlehre. Handbuch der Tropenkrankheiten, Leipzig 1914; Anleitung zur Diagnose im dicken Blutstropfen. Für Ärzte und Studierende, Berlin/Jena 1917; Praktische Blutlehre, Jena 1922 ([8]1938, [16]1959); Physiologie der blutbildenden Organe. Handbuch der normalen und pathologischen Physiologie, Berlin 1928; Blut und Trauma. Praktische und gutachtliche Anwendung der Blutuntersuchungen auf dem Gebiete der Unfall-, Gewerbe-, Versicherungs- und Versorgungsmedizin, Jena 1932; Blut und Erbe. Über die Eigenschaften des Blutes, seine Aufgaben im menschlichen Körper und über seine Rolle als Vererbungsträger mit Einschluß der erblichen Krankheiten, Hamburg 1936; Das Wesen des Blutes, Berlin 1956.

Schlampp, Hans

geboren am 22.2.1900 in Ingolstadt/Bayern; katholisch; Sohn eines städtischen Rechtsrates; Volksschule und humanistisches Gymnasium in Ingolstadt sowie königlich-bayerisches Kadettenkorps in München, dort 5/1918 Notabitur; als Fahnenjunker 5-11/1918 Kriegseinsatz beim 6. bayerischen Feldartillerie-Regiment; als Angehöriger des II. Bataillons der Baltischen Landwehr/ 'Eiserne Division' ab 1/1919 zunächst Einsatz im Baltikum, als Angehöriger des Freikorps Epp Einsätze in München und 1920 im Ruhrgebiet; ab 11/1919 Studium der Zahnheilkunde an den Universitäten München, Würzburg und Erlangen; 3/1923 zahnärztliches Staatsexamen und Approbation als Zahnarzt; 5/1923 – 4/1926 zunächst Volontärassistent, dann planmäßiger Assistent an der Zahnärztlichen Universitätsklinik in Erlangen; dort 10/1923 Promotion;[1] ab 4/1926 Assistent an der Universitätsklinik für Mund- und Zahnkrankheiten in Rostock; dort Aufbau und Leitung der Prothetisch-Orthopädischen Abteilung; 2/1929 Habilitation,[2] seitdem Privatdozent für Zahnheilkunde und ab 11/1933 Oberarzt der Klinik für Zahn-, Mund- und Kieferkrankheiten der Universität Rostock, dort auch Leiter der Prothetisch-Orthopädischen Abteilung; galt 1933 als der „einzige Kieferorthopäde Mecklenburgs";[3] ab 6/1933 Mitglied der SA, als SA-Obertruppführer Dienst im Sanitätssturm der SA-Brigade 111 in Rostock; ab 6/1933 Mitglied der NS-Volkswohlfahrt und Förderndes Mitglied der SS, ab 8/1933 Mitglied des Reichsluftschutzbundes und ab 7/1934 des NS-Lehrerbundes; an der Universität Rostock 5/1935 zum nichtbeamteten außerordentlichen Professor ernannt;[4] 3/1937 Heirat[5], später zwei Kinder; Eintritt in die NSDAP am 1.5.1937, Mitgliedsnummer 4.723.856; daneben Dienst als SA-Sanitätssturmführer, zuletzt SA-Sanitätsobersturmführer in der SA-Reiterstandarte 90 in Rostock; ab 5/1938 Mitglied des NS-Dozentenbundes; ab 9/1939 Kriegseinsatz zunächst als Leiter der Kieferabteilung im Reserve-Lazarett I in Rostock, dann im Reservelazarett III in Neustrelitz; an der Universität Rostock 12/1939 zum Dozenten neuer Ordnung, 4/1940 zum außerplanmäßigen Professor für Zahnheilkunde ernannt;[6] unter Beurlaubung vom

1 Mit der Arbeit: Theoretische Studien über die Grundlagen der Proteinkörpertherapie, Erlangen 1923.

2 Mit der ungedruckten Arbeit: Zur Funktion der Prothese des zahnlosen Kiefersystems.

3 Noch 7/1940 stellte das Mecklenburgische Staatsministerium gegenüber dem Reichserziehungsministerium heraus, Schlampp sei „der einzige Spezialist auf dem Gebiet der prothetisch-orthopädischen Zahn- und Kieferbehandlung in Mecklenburg".

4 Im Gutachten des Führers der Dozentenschaft der Universität Rostock, Heinrich Gißel, hieß es 4/1935, Schlampp habe sich „im Freikorps Epp bei den Kämpfen im Ruhrgebiet, um München, im 2. Kampfbataillon der Baltischen Landeswehr und im Kampf gegen die Bolschewisten hervorgetan"; er sei „stets national eingestellt gewesen", politisch jedoch „sehr zurückhaltend, da er lange Jahre unter einem jüdischen Chef [Hans Moral] arbeiten mußte"; unmittelbar nach dessen Suspendierung sei er jedoch in die SA eingetreten und nunmehr „eine zuverlässige Persönlichkeit, ohne sich kämpferisch im Rahmen der Bewegung auszuzeichnen".

5 Mit Hilde Garfs (gesch. Müller), geb. am 6.7.1903 in Stralsund; Tochter eines Kaufmanns.

6 Im Gutachten zur Ernennung hob die Medizinische Fakultät hervor, daß sich Schlampp „insbesondere mit der im Kriegsfalle sehr wichtigen Kieferbruchbehandlung beschäftigt und für das Feld brauchbare Schienungsmethoden" entwickelt habe. Die Schwerpunkte der Forschungen Schlampps lagen auf dem Gebiet der Prothetik, der Orthodontie, der Kieferbruchbe-

Heeresdienst ab 5/1940 Medizinstudium an der Universität Rostock zum Erwerb der ärztlichen Approbation; 12/1941 Bestallung als Arzt; 1/1942 medizinische Promotion an der Universität Rostock;[7] ab 4/1942 erneuter Kriegseinsatz als Leiter der Kieferabteilung des Reservelazaretts II in Stettin, 1943 mit der Errichtung und Leitung eines Fachlazaretts für Kiefer- und Gesichtschirurgie im Reservelazarett V in Kolberg beauftragt; in Rostock 11/1944 zum planmäßigen außerordentlichen Professor ernannt; nach Kriegsgefangenschaft und Tätigkeit in einem Lazarett in Stade nicht nach Rostock zurückgekehrt; ab 1946 zunächst Leiter des Versehrtenkrankenhauses für Kiefer- und Gesichtsverletzte in Goslar; ab 1949 außerordentlicher Professor für Zahnheilkunde und Vorstand der Prothetisch-Orthopädischen und der Konservierenden Abteilung an der Universität Würzburg, dort 1956 Verleihung der Amtsbezeichnung eines ordentlichen Professors; ab 1959 planmäßiger ordentlicher Professor der Zahnheilkunde und Direktor der Klinik und Poliklinik für Zahn-, Mund- und Kieferkrankheiten an der Universität Würzburg; am 21.7.1962 in Würzburg gestorben

Quellen: UAR: PA Schlampp; LHAS: 5.12-7/1, Nr. 1509, 2382, 2383, 2384; BA/BDC: PK, REM; BA/BDC-Karteien: NSDAP, NSLB, NSDÄB, REM.

handlung und der chirurgischen Prothese; ausgehend von einem völlig neuen Verständnis der Prothetik auf Basis der pathologischen Physiologie, das wegweisend für das gesamte Fachgebiet wurde, entwickelte er eine Reihe von neuen Methoden, so etwa den Federdruckverband nach Schlampp, die intraorale Hakenextension nach Schlampp, den Omegabügel für Gaumenfrakturen nach Schlampp, die Knopfinlayverankerung nach Schlampp und weitere mit seinem Namen verbundene Behandlungsmethoden.

7 Mit der Arbeit: Die Kieferbrüche und ihre Behandlung mit der Profilschiene. Ein System der modell- und lötungsfreien Stahlschienenversorgung, Berlin 1941.

Schlottke, Egon Herbert Dietrich

geboren am 12.8.1901 in Völtzendorf/Neustadt (Westpreußen); evangelisch; Sohn eines Lehrers; Bezirksschule in Danzig-St.Albrecht und Städtisches Gymnasium in Danzig, dort 5/1919 Abitur; 5-10/1919 Freikorpseinsatz in der 2. Freiwilligen-Batterie des Feldartillerie-Regiments 36 beim Grenzschutz Ost in Danzig; 10/1919 – 3/1925 Studium der Mathematik und der Naturwissenschaften an der Technischen Hochschule in Danzig und an der Universität Göttingen; 4/1925 – 10/1926 Assistent an der Hauptstelle für Pflanzenschutz der Landwirtschaftskammer für die Provinz Hannover in Göttingen; 6/1926 Promotion in Göttingen;[1] ab 11/1926 Assistent am Zoologischen Institut der Universität Rostock; dort 1/1931 Habilitation[2] und seitdem Privatdozent für Allgemeine Zoologie; 5/1931 Heirat,[3] später zwei Kinder; ab 10/1931 Oberassistent am Zoologischen Institut der Universität Rostock; dort ab 11/1933 Mitglied der SA, Dienst im 1. Sturm der SA-Standarte 90 in Rostock, dort 11/1934 zum SA-Rottenführer, später zum SA-Scharführer befördert; ab 1/1934 Mitglied des NS-Lehrerbundes; Eintritt in die NSDAP am 1.5.1937, Mitgliedsnummer 4.071.884, und bis 10/1938 auch Kreisbeauftragter des Rassenpolitischen Amtes der Gauleitung Mecklenburg der NSDAP für den Kreis Rostock-Stadt; an der Universität Rostock 3/1938 zum nichtbeamteten außerordentlichen Professor für Physiologie und Histologie ernannt;[4] ab 11/1938 Leiter des Zoologischen Instituts der Technischen Hochschule Danzig, dort 10/1940 zum außerplanmäßigen Professor für Zoologie ernannt;[5] ab 1942 Lehrstuhlvertretung für Zoologie an der Universität Straßburg, dort 10/1942 zum außerordentlichen Professor ernannt; als Angehöriger des Volkssturms seit dem 23.11.1944 vermißt; 12/1944 konstatierte der Reichsforschungsrat, Schlottke habe zwar „Straßburg nicht verlassen", er sei jedoch „nicht aufzufinden"[6]

1 Mit der Arbeit: Über die Variabilität der schwarzen Pigmentierung und ihre Beeinflußbarkeit durch Temperaturen bei Habrobracon juglandis Ashmead, Jena/Naumburg 1926.

2 Mit der Arbeit: Zellstudien an Hydra II. Die Cytoplasmakomponenten, Leipzig 1931.

3 Mit Theda Schnapauff, geb. am 18.6.1907.

4 Die Philosophische Fakultät hob in einer Ernennungsbeurteilung seine wissenschaftlichen Leistungen hervor und betonte, daß der „stets hilfs- und einsatzbereite" Schlottke „durchaus auf dem Boden der nationalsozialistischen Weltanschauung" stehe. Auch der Leiter der Dozentenschaft, Heinrich Gißel, meinte 6/1937, Schlottke habe sich „wissenschaftlich und auch als Lehrer in jeder Weise bewährt", und „politisch [sei] er unter allen Umständen als zuverlässig und einsatzbereit anzusehen". Schlottkes Hauptarbeitsgebiete waren die vergleichende Physiologie und Histologie vor allem bei Insekten, Vererbungslehre sowie „Parasiten und Schädlinge an Pflanzen und Tieren und am Menschen".

5 Schlottke erhielt 1938 – 1944 allein vom Reichsforschungsrat mehrere tausend RM für Untersuchungen zu Verdauungsfermenten und Fettresorption bei Fischen, Wirbeltieren und Insekten.

6 Schlottke befand sich am 23.11.1944 im Zoologischen Institut Hof in Straßburg, das er bei Beginn des Beschusses durch die Alliierten gegen 10.30 Uhr verlassen hatte; „mit seinem Tod ist zu rechnen". Veröffentlichte u.a.: Pantopoda. Dr. H.G. Bronns Klassen und Ordnungen des

Quellen: UAR: PA Schlottke; LHAS: 5.12-7/1, Nr. 2384, 2428; BA/BDC: PK; BA/BDC-Karteien: NSDAP, NSLB, REM, RFR.

Tierreichs. Bd. 5, Gliederfüßler, Leipzig 1935 (mit H. Helfer); Sterbendes oder wachsendes Volk, Danzig 1942 (=Schriften der Adolf-Hitler-Schule, Schulungsburg Danzig-Jenkau der NSDAP, H. 33).

Schmidt, Jonas Wilhelm Friedrich

geboren am 7.10.1885 in Wiesbaden/Hessen-Nassau; evangelisch; Gymnasium, 1903 Abitur; 1903 – 1907 Studium der Landwirtschaft an der Landwirtschaftlichen Hochschule Bonn-Poppelsdorf sowie an den Universitäten Bonn und Berlin; 7/1908 Promotion in Bonn;[1] nach vier Jahren landwirtschaftlicher Ausbildung und praktischer landwirtschaftlicher Tätigkeit 11/1913 Habilitation an der Landwirtschaftlichen Hochschule in Bonn;[2] 1914 – 1918 Kriegseinsatz; ab 4/1919 außerordentlicher, 1920 – 1921 ordentlicher Professor für Tierzucht und Taxation an der Universität Jena, dort auch Direktor des Landwirtschaftlichen Instituts; ab 1921 Professor für Tierzucht und Tierernährung an der Universität Göttingen;[3] ab 1924 Mitherausgeber der Zeitschrift *Tierzüchtung und Züchtungsbiologie*, ab 1926 der Monatszeitschrift *Züchtungskunde*; ab 4/1936 ordentlicher Professor für Tierzucht und Haustiergenetik an der Universität Berlin, dort bis 1945 auch Direktor des Instituts für Tierzüchtung und Haustiergenetik sowie Obmann der Reichsarbeitsgemeinschaft Tierzucht im Forschungsrat für die Landwirtschaftswissenschaft; 1936 Heirat,[4] später drei Kinder; Mitglied des NS-Dozentenbundes; ab 1938 Mitherausgeber des *Jahrbuchs für wissenschaftliche und praktische Tierzucht einschließlich der Züchtungsbiologie*; nach dem Tod von Gustav Frölich unter Beibehaltung der Berliner Professur ab 10/1940 geschäftsführender, 4/1942 – 3/1945 ordentlicher Direktor des Kaiser-Wilhelm-Instituts für Tierzuchtforschung in Dummerstorf/Rostock;[5] auf Vorschlag des Reichsernährungsministeriums 1/1942 KVK II. Kl. o.S.; ab 2/1943 zunächst mit der kommissarischen Wahrnehmung der Dekanatsgeschäfte und dem Aufbau der Landwirtschaftlichen Fakultät der Universität Rostock beauftragt, dort ab 1943 auch mit der Wahrnehmung der Professur für Tierzuchtforschung beauftragt; 1944/45 regulärer Dekan der Landwirtschaftlichen Fakultät der Universität Rostock;[6] ab 2/1944 Lehrstuhlvertretung, ab Ende 1944 ordentlicher Professor für Tier-

1 Mit der Arbeit: Beziehungen zwischen Körperform und Leistung bei den Milchkühen, Hannover 1909.

2 Mit der Arbeit: Die mitteldeutsche Rotviehzucht, Hannover 1914.

3 Schmidt forderte 1933 mit 41 anderen Professoren in einer Erklärung die „beschleunigte Durchführung der Reinigungsmaßnahmen" von jüdischen Professoren.

4 Mit Dorothea Blecher.

5 Im Kaiser-Wilhelm-Institut für Tierzuchtforschung in Dummerstorf, zu dem 1941 noch das Versuchsgut Hohen Schwarfs hinzukam, wurden zwischen Sommer 1940 und 5/1945 insgesamt 224 polnische, ukrainische, russische, kroatische, amerikanische, französische und niederländische Kriegsgefangene und Zwangsarbeiter beschäftigt, und zwar sowohl beim Aufbau als auch beim Betrieb des Instituts. Das heißt: Während in allen 1944 bestehenden 45 Kaiser-Wilhelm-Instituten nach vorsichtigen Schätzungen etwa 1.000 Personen Zwangsarbeit leisteten, beanspruchte allein das Institut in Dummerstorf ein Viertel davon. Mit 1,2 Millionen RM im Jahre 1944 verfügte das Institut für Tierzuchtforschung über den zweithöchsten Etat aller Kaiser-Wilhelm-Institute (nach dem Institut für Züchtungsforschung). Ausgehend von Schmidts Forschungen zu Rinderzwillingen wurde das Dummerstorfer Institut zur „Zentralstelle für die Bearbeitung aller Fragen der künstlichen Besamung in Großdeutschland" ausgebaut; in die entsprechenden Großversuche wurden auch Pferde, Schafe und Schweine einbezogen.

6 Diese Fakultät wurde offiziell 2/1944 eröffnet und ihr Ausbau als kriegswichtig eingestuft. Sie war zunächst mit den ordentlichen Lehrstühlen für Landwirtschaftliche Betriebs(wirtschafts)

zuchtforschung und Direktor des Instituts für Tierzucht an der Universität Rostock;[7] 3/1945 zur Übernahme eines Gutes nach Hechingen/Württemberg kommandiert; Anfang 1946 Leitung des Wiederaufbaus und bis 11/1946 erneut Direktor des Kaiser-Wilhelm-Instituts für Tierzuchtforschung im Mariensee/Niedersachsen;[8] ab 6/1946 ordentlicher Professor für Tierzucht und Tierernährung an der Landwirtschaftlichen Hochschule in Stuttgart-Hohenheim, dort auch Direktor des Instituts für Tierzuchtlehre; ab 1947 2. Vorsitzender der Tierzuchtabteilung der Deutschen Landwirtschaftsgesellschaft; 1948 – 1952 1. Vorsitzender des Landwirtschaftlichen Forschungsrates beim späteren Bundesministerium für Ernährung, Landwirtschaft und Forsten in Bonn; 1949 – 1951 Rektor der Landwirtschaftlichen Hochschule Hohenheim; ab 1/1950 korrespondierendes Mitglied der Deutschen Akademie der Wissenschaften in Berlin; ab 1950 Mitglied des Zentralausschusses der Deutschen Landwirtschaft; 1950 Goldene Hermann-von-Nathusius-Medaille; ab 1952 Vorstandsmitglied der Europäischen Vereinigung für Tierzucht in Rom; 1953 emeritiert; 1955 Ehrenpromotion der Universität Kiel; am 13.3.1958 in Wiesbaden gestorben[9]

Quellen: UAR: PA Schmidt; LHAS: 5.12-7/1, Nr. 1529, 1534, 1537; BA/BDC: PK; BA/BDC-Karteien: NSLB, REM, RFR.

---

lehre (Asmus Petersen), für Acker- und Pflanzenbau (Werner Schulze) sowie dem außerordentlichen Lehrstuhl für Landmaschinenbau ausgestattet und wurde später ergänzt durch die Ende 1944 genehmigte Errichtung des ordentlichen Lehrstuhls für Tierzucht (Jonas Schmidt) und des vierten ordentlichen Lehrstuhls für das Gebiet der Agrikulturchemie (Kurt Nehring). Schmidt, zu dessen Forschungsschwerpunkten die Vererbungsforschung an Haustieren, insbesondere an Rinderzwillingen gehörte, wurde auch während seiner Rostocker Zeit aus Etatmitteln der Kaiser-Wilhelm-Gesellschaft bezahlt.

7 Schmidt erhielt für seine Forschungsarbeiten in den verschiedensten Bereichen der Tierzuchtforschung, die ab 1940 als „vordringliche Sonderaufgabe" galt, umfangreiche Fördermittel; allein die Deutsche Forschungsgemeinschaft bzw. der Reichsforschungsrat bezuschußten seine Arbeit zwischen 2/1933 und 1/1945 mit Forschungsmitteln in Höhe von mehreren hunderttausend RM; neben Förderungen für nicht näher spezifizierte Bereiche der „Tierzuchtforschungen" erhielt Schmidt ab 8/1940 auch Mittel für „Studien über russische Forschungsstätten", ab 1943 für die „Erbwertbestimmung von Kühen und Bullen zur Steigerung der Milch- und Fettleistung", für „Schlachtbeobachtungen an Rindern", für „Kreuzungsversuche mit Edelschweinen", für „Zwillingsforschung bei verschiedenen Ernährungsverhältnissen" und „vergleichende Kälberaufzuchtversuche", für Pferdezucht, für Studien zur „Verbreitung von Tierrassen" und zur „Nutzleistung von Tierrassen".

8 Das Kaiser-Wilhelm-Institut für Tierzuchtforschung Rostock-Dummerstorf wurde Anfang 1946 auf dem Remontegut Mariensee/Neustadt (Hannover) wiedererrichtet, 1948 in die Max-Planck-Gesellschaft übernommen, 1974 an das Bundesministerium für Ernährung, Landwirtschaft und Forsten abgegeben und in die Forschungsanstalt für Landwirtschaft in Braunschweig-Völkenrode eingegliedert.

9 Veröffentlichte u.a.: Leistungsprüfungen an deutschen veredelten Landschweinen und deutschen weißen Edelschweinen, Hannover 1929; Beitrag zur Beurteilung des wachsenden Pferdes an Hand von Körpermaßen, Berlin 1932; Über die Zusammensetzung des Schweinekörpers bei Mastschweinen verschiedener Gewichtsklassen, Hannover 1933; Über die Leistungseigenschaften verschiedener Schweinerassen, Berlin 1933; Welche Aufgaben hat die Herdbuchzucht für die Landeszucht zu erfüllen, Stettin 1936; Züchtung, Ernährung und Haltung der landwirtschaftlichen Haustiere, Berlin 1939 (^{7}1956); Lehrbuch der Schweinezucht. Züchtung, Ernährung, Haltung und Krankheiten des Schweines, Berlin 1941 (mit J. Kliesch und V. Goerttler); Allgemeine Tierzuchtlehre, Berlin/Hamburg 1952 (als Hg.); Besondere Tierzuchtlehre, Berlin/Hamburg 1953 (als Hg.).

Schmieden, Curt Otto Walter

geboren am 23.6.1905 in Stargard/Pommern; evangelisch; Sohn eines Berufssoldaten (Oberstleutnant); 1914 Vorschule und humanistisches Gymnasium in Stargard, dort 4/1923 Abitur; 1923 Mitglied des Jungnationalen Bundes; 1923 – 1926 Studium der Mathematik und der Naturwissenschaften an den Universitäten Rostock und Berlin sowie an der Technischen Hochschule Danzig; 4/1926 – 12/1927 Hilfsassistent, 1/1928 – 5/1934 1. Assistent am Lehrstuhl für Mathematik der Technischen Hochschule Danzig; 3/1928 Promotion in Berlin;[1] 2/1931 Habilitation in Danzig[2] und seitdem Privatdozent für Mathematik und Mechanik an der Technischen Hochschule Danzig; ab 1932 Unterführer im Studenten-Bataillon der Danziger Einwohnerwehr; ab 7/1933 Mitglied des NS-Lehrerbundes, ab 9/1933 Mitglied der Motor-SA, dann des NS-Kraftfahrerkorps; ab 5/1934 planmäßiger außerordentlicher Professor für Angewandte Mathematik und Mitdirektor des Mathematischen Seminars der Universität Rostock;[3] dort Eintritt in die NSDAP am 1.5.1937, Mitgliedsnummer 4.203.255; neben seiner universitären Lehrtätigkeit Durchführung von Kursen für die Physiklehrer der höheren Schulen Mecklenburgs über Flugphysik und Feinmechanik, und als Außenbeauftragter der Deutschen Versuchsanstalt für Luftfahrt in Berlin-Adlershof Untersuchungen zur Landungsphysik von Wasserflugzeugen; ab Herbst 1935 außerdem Sondervorlesungen für Mitarbeiter der Ernst-Heinkel-Flugzeugwerke über Schwingungslehre, Aerodynamik und Statik von Metallkonstruktionen;[4] trotz der vom Reichserziehungsministerium der Universität Rostock 8/1937 in Aussicht gestellten Schaffung eines mit Schmieden zu besetzenden „Ordinariats für angewandte Mathematik unter Berücksichtigung des wissenschaftlichen Flugzeugbaus nebst selbständigem Institut“ Wechsel nach Darmstadt;[5]

1 Mit der Arbeit: Über den Widerstand einer in einer Flüssigkeit rotierenden Scheibe, Berlin 1929.

2 Mit der Arbeit: Die Berechnung kavitationssicherer Tragflügelprofile, Berlin 1932.

3 Rektor Paul Schulze hatte im Berufungsvorschlag 3/1934 Schmiedens SA-Mitgliedschaft und dessen „wirklich ehrliche und überzeugte positive Einstellung zum Nationalsozialismus“ hervorgehoben.Forschungsschwerpunkte Schmiedens waren vor allem die Hydrodynamik, die Aerodynamik sowie die Statik unter besonderer Berücksichtigung des Flugzeugbaus.

4 Ernst Heinkel selbst hielt in einem Schreiben an den Rektor der Universität Rostock diese Zusammenarbeit 8/1937 „für sehr wesentlich“; die sich in der Tätigkeit Schmiedens für die Ingenieure der Heinkel-Werke wiederspiegelnde Zusammenarbeit habe sich für den Flugzeugkonzern „als sehr förderlich erwiesen“; die „großen Fortschritte, die im Flugzeugbau immer weiter erzielt werden sollen“, seien „eng verbunden mit dem Fortschritt der angewandten Mathematik und Mechanik und der Fortbildung der Ingenieure auf diesem Gebiete“; Heinkel hielt es „daher [für] sehr erwünscht, daß eine Weiterschulung der Ingenieure auf dem Gebiete der angewandten Mathematik, insbesondere der höheren Statik und Aerodynamik, von wissenschaftlich befähigter Seite“ erfolge, und Schmieden habe die Zusammenarbeit zwischen den Heinkelwerken und der Universität „durch die Abhaltung von Sondervorlesungen und den Gedankenaustausch mit leitenden Mitarbeitern der EHF bereits in fruchtbare Wege geleitet“; Heinkel würde es „sehr bedauern“, wenn Schmieden „einem Rufe zu einer anderen Hochschule folgend“ Rostock verlasse.

5 In einem Gutachten hielt Heinrich Gißel, Gaudozentenbundführer und Führer der Dozentenschaft der Universität Rostock, 11/1937 fest, daß Schmieden „ein vorzüglich veranlagter Wissenschaftler“ sei, dem „jeder intellektuelle und professorale Dünkel“ fehle; Schmieden sei

dort ab 11/1937 zunächst Lehrstuhlvertretung für Mathematik, ab 8/1938 ordentlicher Professor für Mathematik an der Technischen Hochschule Darmstadt; dort ab etwa 1943 auch Direktor des Mathematischen Instituts; ab 11/1957 Rektor der Technischen Hochschule Darmstadt; am 8.2.1991 gestorben[6]

Quellen: UAR: PA Schmieden; LHAS: 5.12-7/1, Nr. 1294; BA/BDC-Karteien: NSDAP, NSLB, REM.

„politisch in jeder Weise zuverlässig", er habe sich „über sein Fach hinaus mit Problemen des Deutschen Ostens" beschäftigt, und „sein Einsatz besonders in den zahlreichen Kursen für die Luftwaffe, die Heinkelwerke u.a. [sei] vorbildlich". Und Dekan Heinz Maybaum ergänzte 12/1937, da Schmieden „Preuße von Gesinnung" sei, habe er „ein inneres Verhältnis zum Nationalsozialismus".

6 Veröffentlichte u.a.: Die Strömung einer Quellstrecke im Halbraum. Eine strenge Lösung der Navier-Stokes-Gleichungen, Köln/Opladen 1956; Zahlen und Punkte. Bemerkungen zum Kontinuum-Problem, Darmstadt 1958; Aufgaben zur Ingenieurmathematik, Mannheim 1964/66 (mit D. Laugwitz); Kontinuum und Zahlen. Neuere mathematische Überlegungen zum Unendlichen, Darmstadt 1980 (mit D. Laugwitz).

Schreiner, Helmuth Moritz

geboren am 2.3.1893 in Dillenburg/Hessen-Nassau; evangelisch; Sohn eines Seminarlehrers; Gymnasium in Dillenburg, dort 1911 Abitur; 1911 – 1914 Studium der Theologie an den Universitäten Halle, Marburg, Erlangen, Berlin und Bonn; 8/1914 erstes theologisches Examen; als Freiwilliger 10/1914 – 10/1917 Kriegseinsatz im Reserve-Jäger-Bataillon 24, zuletzt Oberleutnant, EK II; ab 10/1917 in britischer Kriegsgefangenschaft; 9/1919 nach Deutschland entlassen und Weiterführung des Studiums an der Universität Erlangen; 9/1920 zweites theologisches Examen; 8/1921 philosophische Promotion in Erlangen[1] und Ordination zum Pfarrer in Dillenburg; 8/1921 Heirat[2], später vier Kinder; 8/1921 – 5/1926 Pfarrer und Vorsteher des Vereins für Innere Mission und Leiter der Hamburger Stadtmission; dort ab 1923 auch Mitherausgeber der Zeitschrift *Zeitwende*; 7/1925 theologische Promotion in Rostock;[3] 6/1926 – 10/1931 Vorsteher des Johannisstifts der Inneren Mission in Berlin-Spandau; ab 1930 Mitbegründer, dann Vorsitzender des Verbandes evangelischer Wohlfahrtspfleger; 1931 Ehrenpromotion der Universität Berlin; ab 11/1931 ordentlicher Professor für Praktische Theologie und Direktor des Seminars für Praktische Theologie an der Universität Rostock[4], dort auch Universitäts-Pfarrer; daneben weiterhin Mitglied des

1 Mit der Arbeit: Der Begriff des Glaubens bei Friedrich Heinrich Jacobi. Ein Beitrag zum Begriff des Irrationalen in der Religionsphilosophie, Erlangen 1921.

2 Mit Anna Palmer, geb. am 9.5.1899; Sportlehrerin; am 31.12.1990 gestorben.

3 Mit der Arbeit: Aufgabe und Methode einer praktischen Apologetik, Rostock 1925.

4 Die Berufung Schreiners nach Rostock erfolgte unter nachdrücklichem Einsatz von Friedrich Brunstäd, der schon 1919 Schreiners Lehrer an der Universität Erlangen gewesen war. Schreiner wandte sich bereits am Ende der 20er Jahre gegen die radikal-eliminatorischen Strömungen der völkisch-nationalsozialistischen Rassenpolitik und schrieb etwa 1928: „Der tiefste Grund für die Ablehnung der Euthanasie liegt in dem Widerstand, den ihr das gesunde Ethos entgegensetzt. Wir haben uns unser Leben nicht selbst gegeben und haben darum auch kein Recht, es uns oder anderen zu nehmen.“ Dem 'Zeitgeist' entsprechend plädierte er zugleich jedoch für eine 'sinnvolle Verwahrung' der 'Asozialen' und einen Wandel der „ethischen Gesamthaltung“; Schreiner wandte sich 1928 auch gegen „die Gabe, die aus Mitleid wahllos an den arbeitsscheuen Bettler verschwendet wird“, gegen „das Heer unproduktiver Unterstützungen in der privaten Liebestätigkeit der freien und öffentlichen Wohlfahrtspflege“; all diese „Weichlichkeit“ sei „Vergeudung von Kraft und Opfer“. Demgegenüber stelle die Wohlfahrtspflege – „und hier nimmt sie die berechtigten Forderungen der Rassenhygiene auf – seit Jahren die Forderung: Schafft Bewahrungshäuser für vorläufige und voraussichtlich unheilbare Asoziale, damit sie in der geschlossenen Einheit einer Lebensgemeinschaft, die ihrer Eigenart gerecht wird, das wirken und schaffen können, was ihrer verkümmerten Anlage entspricht, ohne daß dadurch ein Schaden für die Gesamtheit entsteht! Es gibt kaum ein Gesetz, das sozialpolitisch und rassenhygienisch so wichtig ist wie das Bewahrungsgesetz, zu dem sich leider Reichstag und Regierung noch immer nicht entschließen können“. Dennoch sei diese „negative Hilfsmaßnahme nur Teil eines größeren Zieles“, denn der „entscheidende Grund unserer zunehmenden Volksverwahrlosung liegt in der Verwahrlosung der ethischen Gesamthaltung. Warum vermehren sich Schwachsinnige und Psychopathen in ungleich höherem Maße? ... Weil die Gesunden, und die Gebildeten in der Spitze, seit Jahrzehnten nach der Parole leben: Lieber zwei Dienstboten als ein Kind“. Zitiert nach: Schreiner, Helmuth: Vom Recht zur Vernichtung unterwertigen Menschenlebens. Eine sozial-ethische Studie zum Verhältnis von Euthanasie und Wohlfahrtspflege, Schwerin 1928, S. 12 ff. In einem formal wegen Gotteslästerung geführten,

Kuratoriums des Johannisstifts in Berlin-Spandau; 3/1932 Ehrenpromotion der Universität Berlin; 5/1933 Mitbegründer der Jungreformatorischen Bewegung; Ehrenmitglied des NS-Studentenbundes; nach Denunziation durch den Pastor Friedrich Kentmann 9/1933 vorläufig dienstenthoben, das eingeleitete Disziplinarverfahren „mit dem Ziel der Entfernung aus dem Amte" wurde 10/1933 im Stadium der Voruntersuchung eingestellt[5]; gehörte zunächst zum Kern der sich in Mecklenburg 1934/35 herausbildenden Bekennenden Kirche; 1934/35 Dekan der Theologischen Fakultät der Universität Rostock; ab 2/1935 Mitglied des Congress of Faith and Order, dort Mitglied des Ausschusses Kirche und Wort; nach erneuten Angriffen gegen Schreiner im *Niederdeutschen Beobachter* 1935 zunächst einige Unterwerfungsgesten;[6] ab 1936 Mitglied des Lutherischen Rates, parallel dazu zunehmende Distanz zur Bekennenden Kirche; nach weiteren, vom mecklenburgischen Reichsstatthalter Hildebrandt als regimekritisch empfundenen Äußerungen ab 3/1936 vom Reichserziehungsministerium und dem Mecklenburgischen Staatsministerium initiiertes, von der Gestapo unterstütztes Untersuchungsverfahren;[7] nach dessen Abschluß von Reichsstatthalter Hildebrandt 6/1937 in den Ruhestand versetzt; trotz mutiger Intervention der Theologischen Fakultät und ihres Dekans, Friedrich

---

tatsächlich jedoch politischen Prozeß gegen den Maler Georg Grosz plädiert Schreiner als Gutachter für eine Verurteilung Grosz', der die Christusfigur mit Gasmaske dargestellt hatte. Schreiners Hauptarbeitsgebiete waren die Apologetik, Homiletik, Pädagogik und Sozialethik.

5 Schreiner soll 4/1933 auf einer kircheninternen Versammlung „in Gegenwart einer größeren Zahl von Sitzungsteilnehmern" geäußert haben: „Glauben Sie noch an das Märchen von der bolschewistischen Bedrohung?", sowie „Dann glauben Sie wohl auch an die Brandstiftung im Reichstagsgebäude!"; daraufhin wurde er vom damaligen Pastor an der Heilig-Geist-Kirche in Rostock, dem NSDAP-Mitglied, späteren Domprediger und Landessuperintendenten in Güstrow, Friedrich Kentmann, beim Mecklenburgischen Unterrichtsministerium denunziert, das Schreiner nach Einleitung eines Disziplinarverfahrens zeitweilig amtsenthob, sein Diensteinkommen einbehielt und den Generalstaatsanwalt Walter Pufpaff mit weitergehenden Ermittlungen beauftragte. Parallel dazu lief auch ein kirchliches Disziplinarverfahren, das aber bereits vor Abschluß des staatlichen Verfahrens eingestellt wurde. Da alle anderen Anwesenden dieser kirchlichen Zusammenkunft die Schreiner zur Last gelegten Äußerungen nicht bestätigen wollten und dieser bestritt, „bewußt gegen die Reichsregierung gearbeitet und diese herabzusetzen versucht zu haben", mußte das Disziplinarverfahren eingestellt werden.

6 So teilte Schreiner dem Hauptschriftleiter des *Niederdeutschen Beobachters*, Friedrich Schmidt, der ihn im Auftrag Hildebrandts als „ausgesprochenen Gegner der nationalsozialistischen Weltanschauung" mehrfach öffentlich angegriffen hatte, 6/1935 mit: „Ich bin wahrhaftig kein Feind der nationalsozialistischen Weltanschauung, ... sondern das Gegenteil. Der Führer der [NS-]Dozentenschaft hat mich zu seinem Vertrauensmann für die theologische Fakultät ernannt. Der nationalsozialistische Studentenbund hat mich ... zu seinem Ehrenmitglied ernannt. Das Ministerium hat mich mit einem Sonderauftrag für Pädagogik betraut", und er, Schreiner, setze seine „Ehre daran, diese Vorlesungen von der nationalsozialistischen Weltanschauung her aufzubauen".

7 Die dem unbequemen Schreiner zur Last gelegten 'Delikte' entstanden zumeist aus einer einseitigen und interessengeleiteten Fehlunterrichtung der staatlichen Behörden, besonders des Reichsstatthalters; außerdem ist ein Aufsatz Schreiners in der von ihm herausgegebenen Zeitschrift *Zeitwende* vom Schriftleiter des NS-Studentenblattes *Die Bewegung* öffentlich böswillig mißinterpretiert worden, ebenso Äußerungen Schreiners bei einem Vortrag vor den Wehrmachtsoffizieren des Standortes Rostock; hinzu kamen unterstellte Dienstpflichtverletzungen. Ungeachtet der überzeugenden Entlastungsversuche Brunstäds, der alle gegen Schreiner gerichteten Vorwürfe entkräften und erklären konnte, waren die NS-Behörden nicht bereit, ihre Entscheidung zu revidieren.

Brunstäd, keine Rücknahme der Zwangsemeritierung[8]; 2/1938 – 1955 Pfarrer und Vorsteher des Diakonissenhauses in Münster; nach Kriegsende Aufhebung seiner Zwangspensionierung durch die Universität Rostock, jedoch Ablehnung einer Wiederberufung an die Universität aus „gesundheitlichen Gründen"; statt dessen 11/1945 – 4/1957 ordentlicher Professor für Praktische Theologie an der Universität Münster; dort am 28.4.1962 gestorben[9]

Quellen: UAR: PA Schreiner; LHAS: 5.12-7/1, Nr. 579, 1364, 1366, 2346; BA/BDC-Karteien: REM.

8 Gegenüber dem Reichserziehungsministerium und dem Mecklenburgischen Staatsministerium hatte Brunstäd 7/1937 Schreiner als geistigen Gefolgsmann Adolf Stöckers und als einen Theologen bezeichnet, der „mit innerer Notwendigkeit und Bereitschaft zu den Grundgedanken und Zielsetzungen des Nationalsozialismus" stehe. Außerdem hätten Schreiner und „die Mitglieder der Rostocker [Theologischen] Fakultät ... eine kirchliche Haltung eingenommen", die „von der strengen Treue zur Schrift und zum evangelisch-lutherischen Bekenntnis" ausgehe und damit „zu eindringendem Verständnis und tapferem Einsatz für die Aufgaben in Volk und Staat" führe. Außerdem sei Schreiner „Frontkämpfer, Langemarckfreiwilliger", und gehöre „im Sinne der Satzungen des Reichsbundes zu den Kinderreichen".

9 Veröffentlichte u.a.: Reformatorisches und revolutionäres Christentum, Herborn 1923; Der Weg zu Gott und das Wunder, Herborn 1923; Das Geheimnis des dunklen Tores, Schwerin 1924; Der Ruin der freien Wohlfahrtspflege durch ihre Freunde, Schwerin 1924; Das Christentum und die völkische Frage, Berlin 1925; Geist und Gestalt. Vom Ringen um eine neue Verkündigung, Schwerin 1926; Vom Recht zur Vernichtung unterwertigen Menschenlebens. Eine sozialethische Studie zum Verhältnis von Euthanasie und Wohlfahrtspflege, Schwerin 1928; Zur Neugestaltung der Ehe. Versuch einer evangelischen Sexualethik, Berlin 1929; Pädagogik aus Glauben, Schwerin 1930; Die Säkularisierung als Grundproblem der deutschen Kultur, Berlin 1930; Der Nationalsozialismus vor der Gottesfrage. Illusion oder Evangelium, Berlin 1931; Ethos und Dämonie der Liebe. Grundlinien einer evangelischen Ethik der Ehe, Berlin 1933; Die Nation vor Gott. Zur Botschaft der Kirche im Dritten Reich, Berlin 1933 (als Hg., mit W. Künneth); Das Kreuz Christi und die heldische Idee. Ein Problem der Verkündigung, Schwerin 1934; Ehre und Glaube. Völkischer Menschenglaube im Angriff der Christusbotschaft, Berlin 1934; Ernst Moritz Arndt. Ein deutsches Gewissen, Berlin 1935; Die Verkündigung des Wortes Gottes. Homiletik, Schwerin 1936; Das Alte Testament in der Verkündigung, Schwerin 1937; Aufgabe und Grenze der Gerichtspredigt, Berlin 1938; Kreuz und Geist. Predigten, Schwerin 1940; Unsere Predigt im Kriege, Potsdam 1940; Die Zukunft der Kirche, Gütersloh 1946; Vom Recht der Kirche. Grundsätzliches und Praktisches zur Neuordnung des evangelischen Kirchentums, Gütersloh 1947; Macht und Dienst. Adolf Stöckers Kampf um die Freiheit der Kirche, Gütersloh 1951.

Schuh, Friedrich Jakob Eduard

geboren am 8.12.1889 in Nürnberg/Franken; evangelisch; Sohn eines Fabrikbesitzers; Vorbereitungsschule der Städtischen Handelsschule, humanistisches Gymnasium und Realgymnasium in Nürnberg, dort 7/1908 Abitur; ab 1908 Studium der Naturwissenschaften und der Geologie an den Universitäten München, Freiburg, Grenoble; 5/1913 Promotion in Freiburg;[1] 6-9/1913 Studienaufenthalt an der Universität München; als Einjährig-Freiwilliger 10/1913 – 9/1914 Militärdienst im Feldartillerie-Regiment 10 in Erlangen; mit dieser Einheit ab 10/1914 Kriegseinsatz als Geschützführer, ab 1915 Batterieführer im Feldartillerie-Regiment 20, 1/1919 aus dem Heer entlassen, zuletzt Oberleutnant, EK II; 1-4/1919 zunächst an der Universität Freiburg; 4/1919 – 3/1925 Assistent am Mineralogisch-Geologischen Institut der Universität Rostock; dort 10/1920 Habilitation,[2] danach Privatdozent; ab 6/1924 außerplanmäßiger außerordentlicher Professor für Geologie an der Universität Rostock, dort 4/1925 – 10/1927 Lehrstuhlvertretung für Geologie;[3] 4/1925 mit der Leitung des Mecklenburgischen Geologischen Landesamtes beauftragt,[4] 4/1929 zum regulären Leiter der Mecklenburgischen Geologischen Landesanstalt in Rostock ernannt;[5] 7/1929 Heirat,[6] später drei Kinder; Eintritt in die NSDAP am 1.6.1932, Mitgliedsnummer 1.181.403;[7] entwickelte 7/1933 für den mecklenburgischen Reichsstatthalter ein Programm zum Ausbau der Geologischen Landesanstalt, das vor allem Forschungsarbeiten zur Erschließung von heimischen Lagerstätten (Salz, Erdöl und Kohle) beinhaltete; ab 8/1933 Mitglied des NS-Kraftfahrerkorps und Führer einer NSKK-Schar in Rostock; ab 7/1934 Mitglied des NS-Lehrerbundes, später auch des NS-Dozentenbundes; ab 4/1935 ordentlicher Professor für Geologie und Paläontologie und Direktor des Geologisch-Paläontologischen Instituts sowie des Geologischen Museums der Universität Münster; dort Referent für weltanschauliche Schulung im NSKK-Sturm 1/M 66; erneuter Eintritt in die NSDAP am

1 Mit der Arbeit: Geologische Beschreibung der Gegend von Saignelégier und les Pommerats, mit einem Anhang zur allgemeinen Juratektonik, Freiburg 1914.

2 Mit der Arbeit: Magnetische Messungen im südwestlichen Mecklenburg als Methode geologischer Forschung, Rostock 1920.

3 Die Hauptforschungsgebiete Schuhs waren die Geologie und die angewandte Geophysik, besonders die geomagnetische Vermessung Mecklenburgs sowie die saxonische und die Salztektonik von Mecklenburg; nach seinem Wechsel nach Münster erhielt Schuh von der Deutschen Forschungsgemeinschaft Fördermittel für „systematische Untersuchungen über das westfälische Diluvium".

4 Im Mecklenburgischen Geologischen Landesamt bestanden 10/1927 – 3/1929 unklare Leitungsverhältnisse; zeitweise wurde das Amt auch von Carl Wilhelm Correns geleitet.

5 In dieser Eigenschaft auch Herausgeber der *Hefte zur Verbreitung geologischen Wissens in Mecklenburg mit besonderer Betonung der Heimatkunde.*

6 Mit Margarethe Wienke, geb. am 28.4.1899 in Jördenstorf.

7 Schuh 11/1938: „Ich war Nationalsozialist von dem Augenblick ab, wo ich von den Reden und dann vom Buch des Führers Kenntnis erhielt, denn das Wollen des Führers deckte sich mit meiner Sehnsucht ... Mir schien es allein wesentlich, Anhänger des Führers zu sein und das nationalsozialistische Gedankengut bei jeder sich bietenden Gelegenheit zu vertreten, und das tat ich."

1.5.1937, Mitgliedsnummer 5.410.207;[8] 1939 – 1945 Kriegseinsatz als Wehrgeologe; 10/1946 in Münster entpflichtet und emeritiert; am 21.8.1981 (in Erlangen?) gestorben[9]

Quellen: UAR: PA Schuh; LHAS: 5.12-7/1, Nr. 2431; 5.12-3/1, 11814, 11815; BA/BDC: PK, REM; BA/BDC-Karteien: NSDAP, REM.

8 Schuh hatte sich als NSDAP-Mitglied 9/1932 „unter völliger Verkennung der Bedeutung dieses Schrittes zum Opferring [der NSDAP] überschreiben" lassen, wodurch seine Parteimitgliedschaft ungültig wurde, die er erst 5/1937 erneuern konnte.

9 Veröffentlichte u.a.: Brunnenbohrungen und ihre geologische Auswertung, Rostock 1925; Brunnenbohrungen in Mecklenburg-Schwerin, Rostock 1932; Der Aufbau unseres Erdkörpers, Rostock 1933; Geologisches aus der Umgebung von Wismar, Rostock 1933; Isanomalenkarte der magnetischen Vertikalintensität von Mecklenburg und ihre Bedeutung für geologische Erforschung des Landes, mit besonderer Berücksichtigung der Frage, ob und wo neue Bodenschätze erschlossen werden können, Rostock 1934; Die Ablagerungen auf dem Festland, Rostock 1934; Die Meeressedimente, Rostock 1934; Über Verwitterung, Rostock 1934.

Schulten, Hans Joachim

geboren am 25.7.1899 in Elberfeld/Württemberg; evangelisch; Sohn eines Arztes; humanistisches Gymnasium in Elberfeld, dort 1917 Abitur; ab 1917 Kriegseinsatz, ab Ende 1918 in englischer Kriegsgefangenschaft, Ende 1919 entlassen, EK II; 1919 – 1923 Studium der Medizin an den Universitäten Tübingen, Kiel und Erlangen; als Zeitfreiwilliger dazwischen 1920 Teilnahme „an der Niederwerfung des Kommunistenaufstandes im Ruhrgebiet"; 1923 Staatsexamen, dann Medizinalpraktikant; 5/1924 Approbation, 6/1924 Promotion in Erlangen;[1] als Rockefeller-Stipendiat 1924/25 Assistent an der Physikalisch-Chemischen Abteilung der Medizinischen Klinik und am Physiologischen Institut der Universität Kiel sowie am Pharmakologischen Institut der Universität Freiburg; ab 1925 Assistenzarzt, ab 1930 Oberarzt an der II. Medizinischen Universitätsklinik in Hamburg-Eppendorf; 1926 Heirat,[2] später fünf Kinder; 1930 Habilitation in Hamburg und seitdem dort Dozent für Innere Medizin; zunächst Mitglied des Stahlhelm, ab 8/1933 Mitglied der SA, dort SA-Scharführer; an der Universität Hamburg 7/1935 zum nichtbeamteten außerordentlichen Professor ernannt; ab 1936 auch Vertrauensarzt beim Amt für Volksgesundheit der Gauleitung Hamburg der NSDAP; dort Eintritt in die NSDAP am 1.5.1937, Mitgliedsnummer 3.987.712; zwischen 1935 und 1939 fünf militärische Übungen bei der Sanitäts-Abteilung 20 der Heeres-Sanitätsstaffel in Hamburg, zuletzt Oberarzt; ab 1937 2. Vorsitzender der Deutschen Hämatologischen Gesellschaft, daneben Mitherausgeber der Zeitschrift *Folia Haematologica*; ab 8/1938 zunächst Lehrstuhlvertretung für Innere Medizin, 10/1938 – 9/1943 außerordentlicher Professor für Innere Medizin an der Universität Rostock, dort auch Direktor der Medizinischen Poliklinik;[3] ab 1940 auch Vorsitzender der Medizinischen Gesellschaft Rostock; neben eingeschränkter Weiterführung seiner universitären Tätigkeit 9/1939 – 5/1940 Kriegseinsatz zunächst als Chefarzt des Reservelazaretts Rostock I der Wehrmacht; ab 5/1940 Kriegseinsatz in Feldlazaretten der Westfront; ab 10/1940 Leiter der Inneren Beobachtungsabteilung des Kriegslazaretts Brüssel, dann Beratender Internist beim Militärbefehlshaber für Belgien und Nordfrankreich, dort 1941 zum Stabsarzt befördert; ab 1942 Beratender Internist der 2. Panzer-Armee an der Ostfront und auf dem Balkan, 1942 KVK II. Kl. m.S.; ab 10/1943 ordentlicher Professor der Inneren Medizin und Direktor der Medizinischen Universitätsklinik in Köln sowie der Städtischen Krankenanstalt/Medizinische Poliklinik (Bürgerhospital) in Köln; daneben ab 10/1943 auch Beratender Internist und Wehrkreisarzt des Wehrkreises VI, Köln, 1943 zum Oberstabsarzt befördert; 1943 KVK I. Kl. m.S.; 1949/50 auch Dekan der Medizinischen Fakultät, 1954/55 Rektor der Universität Köln; dort Mitglied der Landesärztekammer und des Prä-

1 Mit der Arbeit: Über neutrophile Leukozyten mit veränderten Granulis bei Infektionskrankheiten im Kindesalter, Erlangen 1924.

2 Mit Margarethe Laubenburg; Tochter eines Arztes.

3 Die Hauptforschungsgebiete von Schulten waren die Pathogenese und Klinik der Blutkrankheiten sowie die Klinik der Infektionskrankheiten, der Sepsis, der Kriegsseuchen und der Nierenkrankheiten.

sidiums des Deutschen Ärztetages;[4] ab 1964 auch Mitglied der Deutschen Akademie der Naturforscher Leopoldina und Vorstand der Deutschen Gesellschaft für Bluttransfusion; am 5.3.1965 in Köln gestorben[5]

Quellen: UAR: PA Schulten; LHAS: 5.12-7/1, Nr. 1502, 1503, 2349; BA/BDC: PK, REM; BA/BDC-Karteien: NSDAP, REM.

4 Schulten wurde 2/1957 unter konspirativen Umständen nach Moskau gerufen, um den schwer erkrankten stellvertretenden sowjetischen Ministerpräsidenten und Minister für Maschinenbau, Wjatscheslaw Alexandrowitsch Malyschew (1902 – 1957), zu behandeln.

5 Veröffentlichte u.a.: Was muß der praktische Arzt von der Serologie wissen?, München 1936 (mit W. Gaehtgens); Die Sternalpunktion als diagnostische Methode, Leipzig 1937; Lehrbuch der klinischen Hämatologie, Leipzig 1939 ([5]1953); Erkennung und Behandlung der Leukämien, Stuttgart 1942; Die Hungerkrankheit, Berlin 1946; Die Stellung der Medizin im Rahmen der Universität (=Kölner Universitätsreden, NF 12), Krefeld 1955; Der Arzt, Stuttgart 1960; Differentialdiagnose und Therapie der Anämien, Stuttgart 1962; Der Medizinstudent, Köln 1963.

Schultze-von Lasaulx, Hermann Arnold

geboren am 21.10.1901 in Jena/Sachsen-Weimar; evangelisch; Sohn eines Professors; Thomas-Gymnasium in Leipzig, dort Abitur; 1920 – 1923 Studium der Rechtswissenschaft und Kunstgeschichte an den Universitäten Leipzig, Breslau und München; 12/1923 erste juristische Staatsprüfung in Leipzig und 1/1924 – 10/1927 Referendar im sächsischen Justizdienst; 3/1927 Promotion in Leipzig;[1] 10/1927 zweite juristische Staatsprüfung, anschließend Gerichtsassessor am Amtsgericht Leipzig, dort 9/1930 zum Amtsgerichtsrat ernannt; bereits ab 4/1930 Assistent an der Juristischen Fakultät der Universität Tübingen; dort 2/1931 Habilitation[2] und ab 3/1931 Privatdozent für Deutsche Rechtsgeschichte, Bürgerliches Recht und Handelsrecht an der Universität Tübingen; 2/1931 Heirat,[3] später drei Kinder; ab 10/1931 Lehrstuhlvertretung für Bürgerliches Recht, Deutsches Privatrecht, Kirchenrecht und Deutsche Rechtsgeschichte an der Universität Rostock; dort 3/1932 zum außerordentlichen Professor für Bürgerliches Recht, Deutsches Privatrecht, Kirchenrecht und Deutsche Rechtsgeschichte, 11/1934 zum ordentlichen Professor für Bürgerliches Recht, später auch für Privat-, Urheber- und Erfinderrecht ernannt und zugleich Mitdirektor der Germanistischen Abteilung des Rechtshistorischen Seminars; ab 7/1934 Mitglied des NS-Lehrerbundes, später des NS-Dozentenbundes, außerdem Mitglied der SA; 1934/35 Dekan der Rechts- und Wirtschaftswissenschaftlichen Fakultät der Universität Rostock; 2/1935 mit der überwiegenden Mehrheit der Stimmen der Professoren und Dozenten zum Rektor der Universität Rostock gewählt, vom Reichserziehungsministerium wurde jedoch 4/1935 Paul Schulze mit der Weiterführung des Rektoratsamtes beauftragt; statt dessen 4-10/1935 Prorektor der Universität Rostock;[4] Eintritt in die NSDAP am 1.5.1937, Mitgliedsnummer 4.869.266; ab 10/1935 ordentlicher Professor für Deutsches und Bürgerliches Recht, Handelsrecht, Bauernrecht und Kirchenrecht an der Universität Jena[5]; dort 12/1935 zum Oberlandesgerichtsrat ernannt; daneben auch Mitglied der Thüringischen Historikerkommission und 1940/41 Dekan der Rechts- und Wirtschaftswissenschaftlichen Fakultät der Universität Jena;[6] ab 10/1941 Professor an der Universität Breslau, da-

1 Mit der Arbeit: Fusion eingetragener Genossenschaften, Leipzig 1927.

2 Mit der Arbeit: Beiträge zur Geschichte des Wertpapierrechtes, Marburg 1931.

3 Mit Dorothea Vetters; Tochter eines Bürgermeisters.

4 Heinrich Gißel, Leiter der Dozentenschaft an der Universität Rostock und Führer des NS-Dozentenbundes des Gaues Mecklenburg, stimmte der Ernennung mit der Bemerkung zu, Schultze-von Lasaulx sei eine „einwandfreie politische Persönlichkeit, charakterlich zuverlässig, besitzt das Vertrauen der Universität und der Dozentenschaft".

5 Paul Schulze, Rektor der Universität Rostock, beurteilte Schultze-von Lasaulx im Zusammenhang mit dem Berufungsverfahren in einem Schreiben an den Rektor der Universität Jena 1935 als „persönlich untadelig"; Schultze-von Lasaulx stehe „als SA-Mann ganz auf dem Boden der nationalsozialistischen Weltanschauung. Der Leiter der Dozentenschaft beurteilt ihn ebenso. Der Leiter der Studentenschaft stellt ihm das Zeugnis eines ausgezeichneten Lehrers und Kameraden aus, der seine Vorlesungen durchaus aus neuem Gebiet heraus gestalte".

6 In einem Schreiben an den Rektor regte Schultze-von Lasaulx 5/1940 an, „von Juden verfaßte ... Kommentare", die sich noch im Bestand der Fakultätsbibliothek befanden, „durch Kommentare arischer Verfasser" zu ersetzen.

neben zeitweise Lehrtätigkeit an der Universität Jena; ab 6/1943 auch als Oberlandesgerichtsrat nach Breslau versetzt; ab 2/1945 wieder Professor an der Universität Jena, dort Ende 1946 als NS-belastet entlassen;[7] ab 1947 ordentlicher Professor für Deutsche Rechtsgeschichte, Deutsches Privatrecht, Bürgerliches Recht und Handelsrecht an der Universität Münster, initiierte dort 1951 die Gründung des Instituts für Deutsche Rechtsgeschichte; 1951 – 1970 ordentlicher Professor für Deutsche Rechtsgeschichte, Deutsches Privatrecht, Nordisches Recht, Handelsrecht und Bürgerliches Recht der Universität Hamburg; ab 1951 zugleich auch Richter/Akademischer Rat im Seerechts-Senat des Oberlandesgerichts Hamburg; 1970 emeritiert; am 1.10.1999 in Renan/Italien gestorben[8]

Quellen: UAR: PA Schultze-von Lasaulx; LHAS: 5.12-7/1, Nr. 579, 1424, 2346, 2349; BA/BDC-Karteien: NSDAP, NSLB, REM.

7 Die drei ehemaligen Rostocker Professoren Gutenberg, Preiser und Schultze-von Lasaulx hatten im Herbst 1945 gemeinsam mit dem Ordinarius für Straf- und Rasserecht Richard Lange eine Denkschrift „Zur Haltung der deutschen Intelligenz gegenüber dem Nationalsozialismus und ihre Bedeutung für die Zukunft Deutschlands“ verfaßt, in der sie behaupteten, die – vor allem durch die Professorenschaft repräsentierte – deutsche Intelligenz sei am Aufstieg und Sieg der NS-Bewegung schuldlos gewesen und habe sich – von wenigen Ausnahmen abgesehen – dem NS-System verweigert, in- und außerhalb der NS-Organisationen aktiven und passiven Widerstand geleistet und sei deshalb zur geistigen Führung des Neuaufbaus legitimiert.

8 Veröffentlichte u.a.: Die Zukunft des Kaufmannsbegriffs in der deutschen Rechtsordnung, Stuttgart 1939; Kommentierung der §§ 164-185 BGB, in: Kommentar zum BGB, Bd. I, 1959 (begr. von H.Th. Soergel); Forschungen zur deutschen Rechtsgeschichte, Köln/Graz 1960 (als Hrsg. mit H.E. Feine und H. Krause); Geschichte des Hamburgischen Notariats seit dem Ausgang des 18. Jahrhunderts, Hamburg 1961; Einleitung und Kommentierung der §§ 1-89 BGB, in: Kommentar zum BGB, Bd. I, 1967 (begr. von H.Th. Soergel); Kommentierung der §§ 705-758 BGB, in: Kommentar zum BGB, Bd. III, 1972 (begr. von H.Th. Soergel); Einleitung zum BGB. Allgemeiner Teil, §§ 1-240, Stuttgart 1967.

Schulz, Günter Viktor

geboren am 4.10.1905 in Lodz/Polen; evangelisch; Sohn eines Fabrikbesitzers; Vorschule des deutschen Gymnasiums in Lodz, Paulsen-Realgymnasium in Berlin-Steglitz, dort 3/1924 Abitur; nach kurzer Tätigkeit in der Fabrik des Vaters 10/1924 – 1929 Studium der Chemie an den Universitäten Freiburg, München und Berlin; dazwischen 1927 erstes Verbandsexamen in München, 1929 zweites Verbandsexamen in Berlin; 1929 – 1931 Doktorand am Kaiser-Wilhelm-Institut für Physikalische Chemie und Elektrochemie in Berlin-Dahlem; 7/1931 Promotion in Berlin;[1] 7/1931 – 10/1933 Volontärassistent am Kaiser-Wilhelm-Institut für Physikalische Chemie und Elektrochemie in Berlin; 4/1933 Heirat,[2] später drei Kinder; ab 10/1933 Mitglied der SA; 10/1933 – 3/1937 von der Notgemeinschaft der Deutschen Wissenschaft finanzierter Assistent im Chemischen Laboratorium der Universität Freiburg; ab 12/1934 Mitglied des NS-Lehrerbundes; 8-10/1935 Militärdienst im Ergänzungs-Bataillon des Infanterie-Regiments in Ludwigsburg; ab 10/1936 Mitglied der NS-Volkswohlfahrt; 7/1936 Habilitation in Freiburg[3] und ab 4/1937 ordentlicher Assistent und Leiter der Medizinischen Abteilung am Chemischen Laboratorium der Universität Freiburg; dort Eintritt in die NSDAP am 1.5.1937, Mitgliedsnummer 4.271.002; ab 7/1937 auch Mitglied des Reichsluftschutzbundes; ab 10/1937 Privatdozent für Kolloidchemie an der Universität Freiburg; ab 1939 Mitglied im NS-Bund Deutscher Technik; ab 2/1940 Dozent neuer Ordnung, ab 10/1941 Diätendozent; ab 4/1942 zunächst Lehrstuhlvertretung für Physikalische Chemie an der Universität Rostock, dort auch Leiter der Physikalisch-Chemischen Abteilung des Chemischen Instituts; ab 8/1943 planmäßiger außerordentlicher Professor für Physikalische Chemie und Direktor des Instituts für Physikalische Chemie der Universität Rostock;[4] 3/1945 Flucht aus Rostock nach Freiburg; nach dem Scheitern einer geplanten Wiedereinsetzung in Rostock[5] als ordentlicher Professor ab 1946 Gründungsprofessor und Direktor des Institus für Physikalische Chemie an der Universität Mainz; Mitheraus-

1 Mit der Arbeit: Die Bedeutung der Ionen für die innere Stabilität der Proteinmoleküle, Berlin 1931.

2 Mit Erika Grössler, geb. am 18.9.1908 in Bad Warmbrunn; Tochter eines Fabrikdirektors.

3 Mit der Arbeit: Osmotische Molekulargewichtsbestimmungen in polymerhomologen Reihen hochmolekularer Stoffe, Freiburg 1936.

4 Zu den Forschungsschwerpunkten von Schulz gehörten die physikalische Chemie makromolekularer Systeme, die Kinetik, die Thermodynamik kolloider Lösungen, die Reaktionsmechanismen und die Reaktionskinetik von Polymerisationsreaktionen, die Molekülstrukturen in makromolekularen Systemen sowie die Biosynthese makromolekularer Stoffe; Schulz erhielt 10/1943 vom Reichsforschungsrat zunächst 22.000 RM für Untersuchungen über die Reaktionskinetik der Emulsionspolymerisation ungesättigter Verbindungen.

5 Schulz 2/1946 an Rektor Rienäcker über seine Motivation zum Beitritt zur NSDAP: „Um die Dozentur zu erhalten, konnte ich mich dem Eintritt in die Partei nicht entziehen ... Wäre ich außerhalb der Partei geblieben, so hätte ich in die Industrie übergehen müssen ... Ich sah jedoch meinen eigentlichen Beruf in der wissenschaftlichen Forschung und Lehre"; er habe sich bei seinem Wechsel nach Rostock zwar in Freiburg bei der NSDAP ab-, in Rostock jedoch nicht wieder angemeldet; Schulz: „Überhaupt habe ich mich während meiner ganzen Rostocker Zeit an keiner einzigen Parteiveranstaltung beteiligt und auch keinen Beitrag gezahlt." Er sei in die NSDAP eingetreten, um sich „von Parteigesichtspunkten freizuhalten"; bei einer Weigerung, in die NSDAP oder in die SA einzutreten, wäre er „einer stärkeren Überwachung ausgesetzt" gewesen. „Ich habe weder in der SA noch in der Partei ein Amt übernommen, da das meiner

geber der Zeitschrift *Die makromolekulare Chemie*; 1960 Fellow der New York Academy of Sciences; 1971 Hermann-Staudinger-Preis; am 25.2.1999 in Mainz gestorben

Quellen: UAR: PA Schulz; LHAS: 5.12-7/1, Nr. 1318; BA/BDC: REM; BA/BDC-Karteien: NSDAP, NSLB.

ablehnenden Einstellung gegen die nationalsozialistische Doktrin widersprochen hätte". Schulz meinte, er habe durch seine NSDAP-Mitgliedschaft „keinerlei Förderung" erfahren, „außer daß man mich an der Universität duldete".

Schulze, Paul Leopold Ernst

geboren am 20.11.1887 in Berlin/Preußen; evangelisch; Sohn eines Nadlermeisters; Volksschule und Kaiser-Wilhelm-Realgymnasium in Berlin, dort 1906 Abitur; 10/1906 – 1910 Studium der Naturwissenschaften an der Universität Berlin; ab 7/1910 planmäßiger Assistent am Zoologischen Institut der Universität Berlin; dort 1/1911 Promotion;[1] 3/1914 Heirat[2], später zwei Kinder; ab 5/1915 Kriegseinsatz, zunächst als Soldat im Armierungs-Bataillon 42, als Beamtenstellvertreter ab 1/1916 Heeres-Veterinär an der Militärveterinär-Akademie, dann bis 11/1918 Dienst als Heeres-Zoologe, zur Erforschung der Pferdemalaria nach Mazedonien und Rumänien kommandiert, EK II, EKFK; dazwischen 1/1917 Habilitation in Berlin[3], 3/1918 zum Privatdozenten ernannt; ab 6/1922 nichtbeamteter außerordentlicher Professor für Biologie an der Universität Berlin; 10/1923 – 5/1945 ordentlicher Professor für Zoologie und Vergleichende Anatomie an der Universität Rostock, dort auch Direktor des Zoologischen Instituts und ab 1932 auch Mitdirektor des Entomologischen Seminars;[4] 1931/32 Dekan der Philosophischen Fakultät und 3/1933 – 3/1936 Rektor der Universität Rostock[5]; ab 10/1933 Mitglied und Obmann des NS-Lehrerbundes an der Universität Rostock, später Mitglied und Leiter des Amtes Wissenschaft des NS-Dozentenbundes; nach Differenzen mit Reichsstatthalter Hildebrandt 3/1936 als Rektor zurückgetreten;[6] Eintritt in die

1 Mit der Arbeit: Die Nackengabel der Papilionidenraupen, Berlin 1911.

2 Mit Helene von Prondzynski, geb. am 25.5.1890; Tochter eines Obersten.

3 Mit der Arbeit: Neue Beiträge zu einer Monographie der Gattung Hydra, Berlin 1917.

4 Schulzes Hauptarbeitsgebiete waren die Anatomie und Histologie der Wirbellosen, Parasiten (bes. Zecken) und Insekten sowie Untersuchungen zu pflanzlichen und tierischen Skelettsubstanzen.

5 Bei der Rektoratswahl des Jahres 1935 wurde Hermann Schultze-von Lasaulx mit deutlicher Stimmenmehrheit zum neuen Rektor gewählt; vom Reichserziehungsministerium wurde dieses Votum jedoch ignoriert und Paul Schulze 4/1935 erneut zum Rektor ernannt.

6 Hildebrandt hatte gegenüber dem Reichserziehungsministerium 2/1936 „Protest und Beschwerde“ gegen die „disziplinstörende, ja staatsgefährdende Wühlarbeit“ Schulzes eingelegt und gefordert, daß diesem „sofort das Rektorat abgenommen“ und Schulze „durch das Disziplinargericht vom Dienst beurlaubt“ werden müsse. Grund war ein Mißverständnis: Hildebrandt hatte auf einer Tagung des NS-Beamtenbundes in Schwerin 3/1936 über den „weltanschaulichen Kampf der NSDAP“ gesprochen und dabei u.a. gegen den Medizindozenten Arthur Jores und den Theologieprofessor Helmuth Schreiner Stellung genommen; darüber hatte der *Rostocker Anzeiger* entstellend und mißverständlich berichtet, worauf sich Schulze als Rektor verpflichtet fühlte, eine Untersuchung einzuleiten, um den tatsächlichen Sachverhalt aufzuklären. Hildebrandt fühlte sich allein schon durch die Tatsache dieser Untersuchung und die Nachprüfung seiner Äußerungen düpiert; es sei „eine unerhörte Anmaßung des Rektors ..., mich korrigieren ... und mir gegenüber die Ehre der Hochschule verteidigen zu wollen“; dies sei „ein unerhörter heimtückischer Angriff und disziplinloses Verhalten des Rektors dem Reichsstatthalter gegenüber“, der „über die Einhaltung der Richtlinien und Politik des Führers zu wachen“ habe. Er, Hildebrandt, werde in dieser Angelegenheit „vor den Führer treten“, denn es könne „nicht angehen, daß ich noch weiter im Amt bleibe, wenn die höchsten Persönlichkeiten der Wissenschaft wie hier Prof. Schulze eine derartige Aufwiegelung der gesamten Hochschullehrer vornehmen“. Schulze sei auch „national im höchsten Grade unzuverlässig“, denn es wäre seine Pflicht gewesen, „mich in meinem Weltanschauungskampf

NSDAP am 1.5.1937, Mitgliedsnummer 5.163.085, ab 1939 Blockleiter der NSDAP und ab 1942 auch NS-Schulungsleiter an der Universität Rostock; außerdem Herausgeber der *Zeitschrift für Morphologie und Ökologie der Tiere* und des *Archivs der Freunde der Naturgeschichte in Mecklenburg* sowie Mitherausgeber der *Zoologischen Bausteine*; Mitglied der Deutschen Zoologischen Gesellschaft, der Deutschen Gesellschaft für Vererbungswissenschaft, der Gesellschaft für Naturfreunde, der Deutschen Entomologischen Gesellschaft sowie Sekretär des Vereins der Freunde der Naturgeschichte in Mecklenburg; mind. 1944 Leiter des Schulungsamtes der Kreisleitung Rostock-Stadt der NSDAP; 7/1944 KVK II. Kl. m.S.; zunächst 5/1945 und vom Präsidenten des Landes Mecklenburg-Vorpommern 10/1945 nochmals aus dem Universitätsdienst entlassen[7]; Bemühungen um Wiedereinstellungen scheiterten 1947[8]; am 13.5.1949 in Rostock gestorben[9]

---

für Volk und Staat zu stützen, statt mit diesen Methoden die negativ eingestellten, ja weltanschaulich feindlichen Kräfte zu stützen". Reichsminister Rust wurde aufgefordert, „endlich ein Exempel zu statuieren", ansonsten bestehe die Gefahr, „daß die nationalsozialistische Bewegung langsam vernichtet" werde. In der nunmehr eingeleiteten, vom Mecklenburgischen Staatsministerium geführten Untersuchung konnte ein Teil der Vorwürfe geklärt werden, die sich durch gegenseitige Mißverständnisse und Fehlinterpretationen fast zu einer Staatsaffäre hochgeschaukelt hatten; Schulze erklärte, es habe ihm „völlig ferngelegen, irgendwelche Angehörige der Universität, falls sie schuldig wären, in Schutz zu nehmen. Ich möchte nur unrichtige Angriffe in der Presse richtiggestellt haben", er würde „niemals negativ eingestellte oder weltanschaulich feindliche Kräfte an der Universität stützen oder verteidigen".

7 Schulze 1946/47: „Wenn ich ... trotz aller Schwierigkeiten mit der Partei während meines Rektorats 1937 doch noch in die NSDAP eintrat, so geschah dies hauptsächlich unter dem Eindruck der Begeisterung meiner Studenten, mit denen ich mich auch menschlich immer sehr gut verstand, und der Dozentenführer Dr. Bachér und Dr. Gißel, die ich sehr schätzte. Ich glaubte als großer Idealist, daß der Nationalsozialismus wirklich die von mir ersehnte deutsche und soziale Partei sei und daß er, trotz mancher Mißstände, es schließlich doch zu Wege bringen würde, eine wirkliche deutsche Volksgemeinschaft zu schaffen. Nicht einen Augenblick habe ich an persönliche Vorteile gedacht, ich wollte nur meinem Volke dienen. Mit Schrecken habe ich erst beim Zusammenbruch erfahren, wie wir Gutgläubigen betrogen worden waren und wie unvorstellbar seelenblind ich gewesen bin, als ich einer Partei beitrat, deren Führer vor keinem Verbrechen zurückschreckte. Ein Parteifanatiker bin ich nie gewesen, ich war nur ehrlich überzeugt, habe aber auch anderen ihre Überzeugung gelassen. Das geht schon daraus hervor, daß meine Frau, mit der ich in glücklichster Ehe zusammenlebe, überzeugte Antifaschistin ist ... Nach dem Zusammenbruch habe ich nicht einen Augenblick meine Hände in den Schoß gelegt. Täglich bin ich in meine Dienststelle gegangen ... in der Überzeugung, daß ich dadurch auf meine Weise dem deutschen Volke und darüber hinaus der Menschheit am besten dienen und einen kleinen Teil der tragischen Schuld, die ich unwissentlich auf mich geladen habe, abtragen könnte. Den werdenden neuen Staat begrüße ich aufrichtig und warte sehnsüchtig darauf, daß man mir trotz meiner Verirrung irgendwie Gelegenheit gibt zur Mitarbeit am demokratischen Neuaufbau."

8 Nach einem Bericht des Rektors Günther Rienäcker von 1/1947 sei Schulze „nach zahlreichen übereinstimmenden Auskünften einer der allergrößten Nazi-Aktivisten der Universität Rostock gewesen. Er war nicht nur ... ein überzeugter Anhänger der Partei, sondern auch einer der stärksten Vertreter und Propagandisten der NS-Ideologie" und habe „nach zuverlässigen Angaben auch starken Druck auf die studentische Jugend ausgeübt, sich der Nazipartei anzuschließen". Seine Tätigkeit als Schulungsleiter habe Schulze, der „ein produktiver und durchaus anerkannter Wissenschaftler" sei, mit Überzeugung und „im NS-Sinne mit Hingabe und Aktivität ausgeübt ... Während der Zeit seines Rektorats hat er sich um möglichst gründliche Nazifizierung der Universität eifrigst bemüht", und „etwa aufgetretene Schwierigkeiten mit Parteistellen besagen nicht, daß Professor Schulze nicht bis zum Schluß überzeugter Nazi gewesen wäre". Und Erich Schlesinger, Kurator der Universität, meinte 1/1947, Schulze

Quellen: UAR: PA P. Schulze; LHAS: 5.12-7/1, Nr. 579, 1319, 1320, 1533, 2346; BA/BDC-Karteien: NSDAP, NSLB, NSDÄB.

sei „eine der übelsten Erscheinungen im Lehrkörper der Universität“ gewesen; „er ist in einer widerlichen Weise hinter den Machthabern des sogen. Dritten Reiches hergelaufen. Eine Verwendung im Landesdienst kann nicht in Frage kommen“.

9 Veröffentlichte neben zahlreichen Aufsätzen vor allem über Zecken u.a.: Biologie der Tiere Deutschlands, Berlin 1922 – 1944; Beiträge zu einer Zeckenfauna Schwedens, Göteborg 1930; Über das Wesen der Instinkte (Rostocker Universitätsreden, 19), Rostock 1933.

Schulze, Werner Hermann Friedrich

geboren am 13.9.1890 in Tappenbeck/Gifhorn (Hannover); evangelisch; Sohn eines Bauern; Dorfschule in Tappenbeck, Bürgerschule in Gifhorn, landwirtschaftliche Realschule in Helmstedt, dort 3/1908 Abitur; 4/1908 – 4/1911 Ausbildung und Tätigkeit in der praktischen Landwirtschaft in Tappenbeck und Güntersen; 4/1911 – 1914 Studium der Landwirtschaft an der Universität Jena, Abschluß als Diplomlandwirt, 5/1914 Lehramtsexamen für Landwirtschaft, 7/1914 Prüfung als Saatzuchtinspektor; 5-8/1914 Volontärassistent am Landwirtschaftlichen Institut der Universität Jena; als Freiwilliger 8/1914 – 11/1918 Kriegseinsatz, zuletzt Leutnant, EK II, EK I, EKFK; 1/1919 – 3/1921 Assistent am Landwirtschaftlichen Institut der Universität Jena, dort 2/1921 Promotion[1]; 4/1921 – 2/1929 wissenschaftliche und pflanzenbautechnische Leitung der Pflug- bzw. Peragis-Saatzucht-GmbH; ab 3/1929 Leiter der Abteilung für Acker- und Pflanzenbau an der Landwirtschaftskammer Mecklenburg-Schwerin in Rostock, dort 3/1930 zum Landwirtschaftsrat ernannt; nach Überleitung der Landwirtschaftskammer in den Reichsnährstand bis 4/1937 Leiter der Abteilung II C (Boden und Pflanze) der Landesbauernschaft Mecklenburg in Güstrow; ab 5/1937 Leiter der Reichsabteilung II C (Ackerbau, Gartenbau, Weinbau) des Reichsnährstands[2] in Berlin, dort 7/1938 zum Oberlandwirtschaftsrat ernannt; ab 5/1939 Leiter der Reichshauptabteilung II (Der Boden) des Reichsnährstandes, dort 7/1939 zum Reichslandwirtschaftsrat ernannt; ab 9/1939 Kriegseinsatz als Oberleutnant, 10/1943 zum Hauptmann befördert und aus der Wehrmacht entlassen; dann wieder Reichshauptabteilungsleiter II in der Führung des Reichsnährstands; KVK II. und I. Kl. o.S.; gegen erhebliche Widerstände des Reichserziehungsministeriums[3] 11/1944 zum ordentlichen Professor des neu errichteten Lehr-

1 Mit der Arbeit: Ein Beitrag zur Methode der Sortenprüfung unter besonderer Berücksichtigung der von Rümker'schen Vorschläge, Jena 1921.

2 Hier wurden in elf Referaten alle Gebiete der Pflanzenproduktion des Deutschen Reiches bearbeitet.

3 Der als Dekan der Landwirtschaftlichen Fakultät der Universität Rostock in Aussicht genommene Jonas Schmidt hatte Schulze beim Rektor der Universität Rostock 11/1942 für die Besetzung des Ordinariats vorgeschlagen. In einem von Schmidt verfaßten Eignungsbericht hieß es, Schulze bürge auf Grund seiner Erfahrungen und Kenntnisse dafür, „daß die Professur für Acker- und Pflanzenbau wissenschaftlich erstklassig vertreten“ werde; seine „Kenntnis der ackerbaulichen Verhältnisse des gesamten Reiches, insbesondere auch des Auslandes“, werde die „Lehr- und Forschungsarbeit an der Universität Rostock ganz besonders befruchten“. Der zuständige Referent des Reichserziehungsministeriums, Maximilian Demmel, lehnte 3/1943 in einer Beratung mit dem Rostocker Kurator Rudolf Krüger über die Ausstattung der zukünftigen Landwirtschaftlichen Fakultät die Berufung Schulzes deutlich ab; dieser sei „nicht habilitiert“, und es ständen „brauchbarere Kräfte, die habilitiert seien, für dieses Lehr- und Forschungsgebiet zur Verfügung“. Da Oberregierungsrat Demmel bald darauf zur Wehrmacht einberufen wurde, konnten die mecklenburgischen Besetzungswünsche auch gegen den Einspruch und die Bedenken des Reichserziehungsministeriums durchgesetzt werden. Die Abteilung Wissenschaft, Erziehung und Volksbildung des mecklenburgischen Staatsministeriums sicherte Schulze zu, daß es der Wille des mecklenburgischen Staatsministers sei, „die [neu zu errichtende landwirtschaftliche] Fakultät so auszubauen, daß sie zu einer tragenden Säule der Universität Rostock und zu einem maßgebenden Faktor der gesamten landwirtschaftlichen Wissenschaft werde. Die [dafür] erforderlichen Mittel würden in großzügiger Weise bereitgestellt“.

stuhls für Acker- und Pflanzenbau in der Landwirtschaftlichen Fakultät[4] der Universität Rostock ernannt, dort auch Direktor des Instituts für Acker- und Pflanzenbau; 2/1945 Amtseinführung, 4/1945 Flucht aus Rostock; Mitbegründer und 1948 – 1952 Direktor des Instituts für Pflanzenbau und Saatguterzeugung an der (Bundes-)Forschungsanstalt für Landwirtschaft in Braunschweig-Völkenrode, das unter seiner Führung zu einem Zentrum der deutschen Kartoffel-Forschung entwickelt wurde; ab 1952 Ministerialdirigent im Niedersächsischen Ministerium für Ernährung, Landwirtschaft und Forsten; ab 1955 im Ruhestand; ab 1956 Vorsitzender des neugegründeten Deutschen Maiskomitees; 1985 Errichtung der 'Professor-Werner-Schulze-Stiftung zur Förderung der Pflanzenbauwissenschaften', die Forschungsstipendien an junge Wissenschaftler vergibt; mit 102 Jahren am 17.1.1993 in Celle gestorben[5]

Quellen: UAR: PA W. Schulze; LHAS: 5.12-7/1, Nr. 1532, 1533; BA/BDC: PK; BA/BDC-Karteien: REM, RFR.

---

4 Diese Fakultät wurde offiziell 2/1944 eröffnet und ihr Ausbau als kriegswichtig eingestuft. Sie war zunächst mit den ordentlichen Lehrstühlen für Landwirtschaftliche Betriebs(wirtschafts) lehre (Asmus Petersen), für Acker- und Pflanzenbau (Werner Schulze) sowie dem außerordentlichen Lehrstuhl für Landmaschinenbau ausgestattet und wurde später ergänzt durch die Ende 1944 genehmigte Errichtung des ordentlichen Lehrstuhls für Tierzucht (Jonas Schmidt) und des vierten ordentlichen Lehrstuhls für das Gebiet der Agrikulturchemie (Kurt Nehring).

5 Veröffentlichte u.a.: Gegenwartsfragen des Getreidebaues mit besonderer Bedeutung für die Züchtung, Berlin 1928; Ratgeber für den Acker- und Pflanzenbau in Mecklenburg unter besonderer Berücksichtigung der Siedlerwirtschaft, Rostock 1932; Der Zuckerrübenanbau in Mecklenburg unter besonderer Berücksichtigung der Ergebnisse 7jähriger Versuche der Arbeitsgemeinschaft für Zuckerrübenbau, Rostock 1933; Ratgeber für den Landbau in Mecklenburg. Ackerbau, Pflanzenbau, Dauergrünland, Rostock 1937; Erzeugungsschlacht und Düngung. Forschungsdienst, Berlin 1938; Die Aufgaben der deutschen landwirtschaftlichen Pflanzenzucht. Die Neuordnung des deutschen Saatgutwesens, Berlin 1938; Die Keimstimmung der Kartoffel und ihre Bedeutung für die Züchtung und Pflanzguterzeugung, Hannover 1951.

Schüßler, Wilhelm

geboren am 12.7.1888 in Bremen; evangelisch; Sohn eines Arztes; humanistisches Altes Gymnasium in Bremen, dort 1908 Abitur; 1908 – 1913 Studium der Geschichte, Staats- und Rechtswissenschaften an den Universitäten Freiburg und Heidelberg; 1/1913 Promotion in Freiburg;[1] 1913 – 1915 Auslandsredakteur der *Hessischen Landeszeitung* in Darmstadt; 10/1915 Heirat,[2] später zwei Kinder; ab 1915 wissenschaftlicher Mitarbeiter am Hessischen Staatsarchiv in Darmstadt; 2/1919 Habilitation in Frankfurt/M.;[3] dort zunächst Lehrbeauftragter und ab 4/1919 Privatdozent an der Technischen Hochschule in Darmstadt; ab 4/1922 planmäßiger außerordentlicher Professor für Mittlere und Neuere Geschichte sowie Leiter des Archivs der Universität Rostock; dort 4/1925 Verleihung der Amtsbezeichnung und akademischen Rechte eines ordentlichen Professors; 10/1928 – 3/1935 ordentlicher Professor für Neuere Geschichte an der Universität Rostock, dort ab 1928 auch Mitdirektor, ab 1932 Direktor des Historischen Seminars I für Mittlere und Neuere Geschichte und für geschichtliche Hilfswissenschaften;[4] 1932/33 auch Dekan der Philosophischen Fakultät der Universität Rostock; ab 7/1934 Mitglied des NS-Lehrerbundes und bis 1935 auch Leiter des Landesverbandes Mecklenburg des Vereins für das Deutschtum im Ausland; 1934/35 Lehrauftrag am Herder-Institut in Riga; ab 4/1935 ordentlicher Professor für Mittlere und Neuere sowie österreichische Geschichte an der Universität Würzburg; 6/1936 – 5/1945 ordentlicher Professor für Mittlere und Neuere Geschichte an der Universität Berlin; ab 1936 auch Mitglied des Sachverständigenbeirats der Forschungsabteilung 'Geschichte der nationalsozialistischen Bewegung' im von Hans Frank geleiteten Reichsinstitut für die Geschichte des neuen Deutschlands;[5] nach Kriegsende zunächst Stiftsrat des Christopho-

1 Mit der Arbeit: Die nationale Politik der österreichischen Abgeordneten im Frankfurter Parlament, Berlin/Leipzig 1913.

2 Mit Nanna Schmidt, geb. am 21.2.1895.

3 Mit der Arbeit: Hessen-Darmstadt und die deutschen Großmächte 1850, Darmstadt 1919.

4 Schüßler war einer der führenden Bismarckforscher Deutschlands; daneben galt sein Forschungsinteresse der Geschichte Österreichs und dem Auslandsdeutschtum. Schüßler erhielt vom Reichsforschungsrat mehrere tausend RM für die Arbeiten an seinem Werk „Gesamtdeutsches Denken“ sowie für die Sammlung über die Großdeutsche Bewegung nach 1866 in Sachsen und Kurhessen.

5 Schüßler, der dem russischen Volk „anarchistische Nomadeninstinkte“ zugeschrieben hatte, begründete 1941 die neuen deutschen „Ordnungsaufgaben im Osten“ mit einer „östlichen Bedrohung“; diese habe eine „jüdisch-bolschewistische Gestalt“, was aus seiner Sicht nur den Schluß zuließ: „Diese Bedrohung ... muß zerstört werden“. Wilhelm Schüßler: Von Peter dem Großen bis Stalin, in: Das neue Europa, 1941, S. 15. Schüßler gehörte zu den Historikern, die dazu beitrugen, die nationalsozialistische Ostexpansion und den rassenideologischen Vernichtungskrieg 'wissenschaftlich' vorzubereiten, zu begleiten und zu legitimieren; so stellte er 1942 heraus: „Indem das deutsche Volk in Gestalt der Wehrmacht die dauernde Bedrohung der abendländischen Kultur durch den Bolschewismus und die vergiftende Wirkung der Anarchie zerstört, wandelt es in den Spuren der germanischen Waräger, die im 10. Jahrhundert aus ihrer skandinavischen Heimat berufen wurden, um im russischen Raum staatliche Ordnung zu schaffen.“ Obwohl sich Schüßler im Unterschied zu vielen anderen Historikern 1943/44 dem 'Kriegseinsatz der Geisteswissenschaften' verweigerte, konnte er mit dem Wohlwollen des Reichssicherheitshauptamtes rechnen; dort hielt ihn SS-Obersturmbannführer Hans Rößner vom

rus-Stifts in Hemer/Westfalen und Dozent an der dortigen Evangelischen Akademie; dann bis 1959 ordentlicher Professor an der Technischen Hochschule in Darmstadt; 1951 Mitbegründer der Ranke-Gesellschaft und Mitherausgeber von *Das Historisch-Politische Buch*; am 11.11.1965 in Bensheim gestorben[6]

Quellen: UAR: PA Schüßler; LHAS: 5.12-7/1, Nr. 1276, 2344, 2346, 2349; BA/BDC: PK, REM, RKK; BA/BDC-Karteien: NSLB, REM, RFR.

Amt III C aufgrund seiner Arbeiten, die „den großdeutschen Gedanken in den Vordergrund" stellen und „immer wieder die Notwendigkeit einer starken deutschen Vormachtstellung in Mitteleuropa und im südosteuropäischen Raum" betonen würden, noch 8/1944 für einen „der brauchbarsten und einsatzfähigsten neueren Historiker".

6 Veröffentlichte u.a.: Die Parteien, ihre Grundlagen und ihre Ziele (=Aufklärungsschriften der Deutschen Volkspartei in Hessen, H. 1), Darmstadt 1918; Das Verfassungsproblem im Habsburgerreich, Stuttgart/Berlin 1918; Was lehrt die Geschichte der Revolutionen? (=Aufklärungsschriften der Deutschen Volkspartei in Hessen, H. 2), Darmstadt 1919; Mitteleuropas Untergang und Wiedergeburt, Stuttgart/Berlin 1919; Die Tagebücher des Freiherrn Reinhard v. Dalwigk zu Lichtenfels aus den Jahren 1860-71, Stuttgart 1920 (als Hg.); Bismarcks Sturz, Leipzig 1921; Bismarck, Leipzig 1925; Österreich und das deutsche Schicksal. Eine historisch-politische Skizze, Leipzig 1925; Bismarck und der Parlamentarismus, Langensalza 1928; Otto von Bismarck. Die gesammelten Werke. 13 Bde., Berlin 1928 ff. (als Mithrsg.); Bismarcks Kampf um Süddeutschland, Berlin 1929; Aus Bismarcks Bundesrat. Aufzeichnungen des Mecklenburg-Schwerinschen 2. Bundesratsbevollmächtigten Karl Oldenburg aus den Jahren 1878 – 1885, im Auftrag seiner Familie hrsg. von W. Schüßler, Berlin 1929; Bismarck-Brevier, Leipzig 1933; Deutsche Einheit und gesamtdeutsche Geschichtsbetrachtung, Berlin 1933; Adolf Lüderitz. Ein deutscher Kampf um Südafrika 1883 – 1886. Geschichte des ersten Kolonialpioniers im Zeitalter Bismarcks, Bremen 1936; Mitteleuropa als Wirklichkeit und Schicksal (=Schriften zur völkischen Bildung), Stuttgart 1937; Deutsche Einheit und gesamtdeutsche Geschichtsbetrachtung. Reden und Aufsätze, Stuttgart 1937; Österreich. Sein geschichtlicher Weg und die deutsche Einheit, Stuttgart 1938; Deutschland zwischen Rußland und England. Studien zur Außenpolitik des Bismarckschen Reiches, Leipzig 1940; Die geschichtliche Leistung des Deutschtums im alten Österreich, Berlin u.a. 1942; Vom Reich und der Reichsidee in der deutschen Geschichte, Leipzig u.a. 1942; Rußland, Reich und Europa, Münster 1943; Bismarck und England, Potsdam 1944; Die Daily-Telegraph-Affäre. Fürst Bülow, Kaiser Wilhelm und die Krise des Zweiten Reiches 1908, Göttingen 1952; Deutschland, Christenheit und Europa, Flensburg 1952; Um das Geschichtsbild, Gladbeck 1953; Weltmachtstreben und Flottenbau, Witten 1956; Königgrätz 1866. Bismarcks tragische Trennung von Österreich, München 1958; Kaiser Wilhelm II. Schicksal und Schuld, Göttingen u.a. 1962; Preußen und Österreich in der deutschen Geschichte, Göttingen 1963; Sonne über Gewitter. Einige Erinnerungen, Darmstadt 1965.

Schwarz, Egbert Wolfgang

geboren am 23.6.1890 in Kemmern/Riga (Lettland); Sohn eines Arztes; Privatunterricht, Gymnasium in Rostock und Livländisches Landesgymnasium in Birkenruh/Lettland, dort 4/1910 Abitur; 10/1910 – 1916 Medizinstudium an den Universitäten Leipzig, Freiburg und Rostock; dort 3/1916 Staatsexamen; 4/1916 – 7/1917 Assistent am Pathologischen Institut der Universität und zugleich Assistenzarzt an der gynäkologischen Privatklinik von Prof. Otto Büttner in Rostock; dort 3/1917 Promotion;[1] 1917 eingebürgert; ab 8/1917 Assistenzarzt an der Chirurgischen Klinik der Universität Rostock; als Freiwilliger ab 12/1917 Kriegseinsatz als Unterarzt im Reserve-Infanterie-Regiment 90 und in der Maschinengewehr-Scharfschützen-Abteilung des Infanterie-Regiments 75, zuletzt als Bataillonsarzt beim Reserve-Infanterie-Regiment 93, 11/1918 als Leutnant aus dem Heer entlassen, EK II, EKFK; 8/1918 Heirat[2], später fünf Kinder; ab 12/1918 wieder Assistenzarzt, später I. Assistenzarzt an der Chirurgischen Klinik der Universität Rostock; dort 2/1921 Habilitation[3] und seitdem Privatdozent für Chirurgie an der Universität Rostock; dort 6/1926 zum außerplanmäßigen außerordentlichen Professor ernannt;[4] ab 1/1929 Oberarzt und zeitweise vertretungsweise Leiter der Chirurgischen Klinik der Universität Rostock; ab 11/1933 Mitglied der SS, Nr. 263.673; wegen persönlicher Zerwürfnisse vom Direktor der Chirurgischen Klinik, Wilhelm von Gaza, 3/1933 gekündigt, bis 3/1934 jedoch weiterhin als Oberarzt tätig[5]; 4/1934 – 1960 Chefarzt der Chirurgischen Klinik des Städtischen Krankenhauses in Erfurt;[6] dort Eintritt in die NSDAP am 1.5.1937, Mitgliedsnummer 5.104.065; 1/1937 zum SS-Untersturmführer befördert und Führer in der Sanitätsabteilung XXVII; 1/1939 zum SS-Obersturm-

---

1 Mit der Arbeit: Über Geschwulstbildungen an den Geschlechtsdrüsen und Nebennieren bei Scheinzwittern. Ein Beitrag zur Kenntnis der vorzeitigen Geschlechtsreife, Rostock 1917.

2 Mit Hedwig Müller, geb. am 11.6.1896 in Aachen; Tochter eines Arztes.

3 Mit der Arbeit: Über die anatomischen Vorgänge bei der Sehnenregeneration und dem plastischen Ersatz von Sehnendefekten durch Sehne, Fascie und Bindegewebe.

4 Die Hauptarbeitsgebiete von Schwarz waren die Osteomyelitits der Wirbelsäule, Actinomycose der Speicheldrüsen, die Regeneration der Sehnen und Muskelfasern, die Magenulcus-Chirurgie sowie die geographische Verbreitung der Ichinokokkenkrankheit; daneben auch die Röntgendiagnostik und Radiumtherapie sowie die Urologie.

5 Schwarz war 12/1932 vom Rat der Stadt Wismar in Aussicht gestellt worden, 1933 die Funktion des Chefarztes des Städtischen Krankenhauses in Wismar übernehmen zu können. Nach Intervention von Ludwig Oldach, dem damaligen Kreisleiter des Kreises Wismar der NSDAP und Leiter des Städtischen Wohlfahrtsamtes in Wismar und späteren mecklenburgischen Gestapochef, mußte die Stadt Wismar ihre Zusage jedoch zurücknehmen. Der gelernte Finanzbeamte Oldach war nach eingeholten „Erkundigungen“ der Meinung, daß Schwarz „die für einen Leiter eines Krankenhauses erforderlichen sonstigen Fähigkeiten“ nicht besitze; außerdem sei „die Stelle des hiesigen Chefarztes derart begehrt, daß wir wesentlich bessere Kräfte als Herrn Professor Schwarz bekommen können“. Aufgrund dieser Absage war der Dienstvertrag von Schwarz mit der Universität zunächst verlängert worden.

6 Rektor Paul Schulze trat schon 7/1933 beim Erfurter Oberbürgermeister „sehr warm für den Menschen Schwarz“ ein; dieser stehe „mit seinem Herzen ganz auf dem Boden des neuen Staates“ und sei „hier wegen seiner energischen und unantastbaren Persönlichkeit“ sehr beliebt. Zugleich ist Schwarz durch Rektor Schulze auch den Krankenhäusern in Hannover und Bochum empfohlen worden.

führer befördert und Führer der Sanitäts-Oberstaffel 67 in Erfurt;[7] 1939 – 1945 und erneut 1950 – 1956 Ärztlicher Direktor des Städtischen Krankenhauses bzw. der Städtischen Krankenanstalten in Erfurt; 1954 – 1959 Gründungsrektor der Medizinischen Akademie in Erfurt, dort auch Professor mit Lehrstuhl für Chirurgie; 1960 emeritiert; ab 2/1955 korrespondierendes Mitglied der Deutschen Akademie der Wissenschaften, daneben Mitglied der Sächsischen Akademie der Wissenschaften und der Deutschen Akademie der Naturforscher Leopoldina, dort zeitweilig Mitglied des Präsidiums und Sekretär der Klasse Medizin; Vaterländischer Verdienstorden in Silber, Verdienter Arzt des Volkes, 1964 Ehrenpromotion der Medizinischen Akademie Erfurt; am 23.12.1966 in Erfurt gestorben[8]

Quellen: UAR: PA Schwarz; LHAS: 5.12-7/1, Nr. 2519; BA/BDC: SSO; BA/BDC-Karteien: NSDAP.

7 In einem Personalbericht vermerkte der Führer der SS-Standarte 67, Julius Riepe, Schwarz sei „ein besonders tüchtiger Arzt", „als Führer der San-Oberstaffel im Innendienst erfahren"; Schwarz sei „ein korrekter, in jeder Beziehung einwandfreier SS-Führer" und besitze die „Fähigkeiten, höhere Dienststellen zu führen".

8 Veröffentlichte u.a.: Chirurgie und Technik, Leipzig/Jena 1954; Beiträge zur Geschichte der Universität Erfurt 1392 – 1816, Erfurt 1956 ff. (als Hg.); Die Knochenbrüche und Verrenkungen und ihre Behandlung. Ein Lehrbuch für Studierende und Ärzte, Jena 1958; Über experimentelle Untersuchungen und klinische Erfahrungen beim alloplastischen Ersatz von Blutgefäßen, Berlin 1963.

Sedlmair, Richard Ludwig

geboren am 10.8.1890 in Würzburg/Franken; evangelisch; Sohn eines Kaufmanns; Volksschule, humanistisches Altes Gymnasium in Würzburg, dort 1909 Abitur; 11/1909 – 1915 Studium der Kunstgeschichte, Archäologie, Literatur- und Musikgeschichte sowie Philosophie an den Universitäten Würzburg, Wien, Berlin und München; 3/1915 – 8/1916 staatlicher Vorbereitungsdienst als Stellvertreter des Assistenten am Kunstgeschichtlichen Museum der Universität Würzburg; dort 5/1916 Promotion;[1] als Freiwilliger 5-6/1915 Militärdienst beim 2. Feldartillerie-Regiment in der Garnison Würzburg, wegen Krankheit jedoch kein Kriegseinsatz, 7-8/1916 Heimatdienst; ab 9/1916 Assistent, ab 10/1917 Kustos und 1920 – 3/1927 Konservator am Kunsthistorisch-Archäologischen Institut und am Kunstgeschichtlichen Museum der Universität Würzburg; 6/1917 Heirat[2], später ein Kind; ab 1918 Mitglied der Deutschen Vaterlandspartei; zahlreiche Studienreisen durch Deutschland, Österreich, Belgien, Holland, Italien und Frankreich; 1/1923 Habilitation[3] und ab 3/1923 Privatdozent für Mittlere und Neuere Kunstgeschichte an der Universität Würzburg; dort auch Herausgeber der Reihe *Kunst in Franken*; 4/1927 – 6/1939 ordentlicher Professor für Kunstgeschichte und Direktor des Instituts für Kunstgeschichte der Universität Rostock;[4] ab 1927 auch Herausgeber der *Mecklenburgischen Bilderhefte*; 1933/34 auch Dekan der Philosophischen Fakultät der Universität Rostock; ab 1/1934 Mitglied des NS-Lehrerbundes; ab 1/1934 Vorstandsmitglied des Deutschen Vereins für Kunstwissenschaft in Berlin, hier Leiter der Abteilung für Ornamentgeschichte; 7/1939 – 1958 ordentlicher Professor für Kunstgeschichte und Direktor des Kunsthistorischen Instituts der Universiät Kiel; daneben auch Direktor der Kunsthalle Kiel und Vorsitzender des Schleswig-Holsteinischen Kunstvereins; ab 1940 führende Beteiligung am 'Kriegseinsatz der Geisteswissenschaften'; 1944/45 Lehrstuhlvertretung an der Universität Freiburg; 1958 emeritiert, dann in München; am 24.7.1963 in Tegernsee gestorben[5]

Quellen: UAR: PA Sedlmair; LHAS: 5.12-7/1, Nr. 1285, 2346; BA/BDC-Karteien: NSLB, REM, RFR.

---

1 Mit der Arbeit: Grundlagen der Rokoko-Ornamentik in Frankreich, Straßburg 1917.

2 Mit Irma Mögele, geb. am 1.8.1883.

3 Mit der Arbeit: Die Fürstbischöfliche Residenz zu Würzburg, München 1923.

4 Sedlmairs Hauptarbeitsgebiete waren die deutsche Barockbaukunst, die Geschichte der Ornamentik und die mittelalterliche niederdeutsche Backsteinbaukunst.

5 Veröffentlichte u.a.: Würzburger Bilder, Würzburg 1922; Die fürstbischöfliche Residenz zu Würzburg. 2 Bde., Würzburg 1923 (mit R. Pfister); Rostock, Berlin 1931; 1940 – 1944 Hrsg. der *Deutschen Geisteswissenschaften, Kunstgeschichtliche Abteilung* (mit W. Pinder); Sonderleistungen der deutschen Kunst. Gemeinschaftsarbeit deutscher Kunsthistoriker, 1943 (als Hg.); ab 1948 Hrsg. der *Arbeiten des Kunsthistorischen Instituts Kiel*; Alt-Kiel und die Kieler Landschaft, Heide 1956 (mit O. Klose).

Sedlmeyer, Karl Adalbert

geboren am 1.4.1903 in Budweis/Böhmen; katholisch; Gymnasium, Abitur; Studium; Promotion; nach Habilitation ab 1930 Privatdozent und bis 1940 Assistent am Geographischen Institut der Deutschen Universität in Prag; dort ab 1937 nichtbeamteter außerordentlicher Professor;[1] 11/1930 Heirat,[2] später zwei Kinder; Eintritt in die NSDAP am 1.4.1939, Mitgliedsnummer 7.099.141; Dozent für Geographie und ab 9/1940 außerplanmäßiger Professor an der Karls-Universität in Prag; ab 1940 Mitglied der SA, zuletzt SA-Rottenführer, und des NS-Dozentenbundes; ab 1941 publizistische Beteiligung am 'Kriegseinsatz der Geisteswissenschaften'; 11/1941 – 9/1942 Lehrstuhlvertretung für Geographie (Jessen) an der Universität Rostock;[3] da Sedlmeyer anschließend auch von den Universitäten Bonn und Leipzig abgelehnt wurde, zunächst notgedrungen Rückkehr nach Prag, wo er auch nicht erwünscht war; 1/1943 – 4/1945 Kriegseinsatz, u.a. in der Stammkompanie des Landesschützen-Ersatzbataillons 13, zuletzt Unteroffizier; 5/1945 – 3/1946 in amerikanischer Kriegsgefangenschaft; 8-12/1946 Spruchkammerverfahren in Heidenheim/Brenz;[4] ab 10/1946 Lehrbeauftragter für Geographie und Geologie an der Philosophisch-Theologischen Hochschule in Dillingen/Donau; 1988 gestorben[5]

Quellen: UAR: PA Sedlmeyer; LHAS: 5.12-7/1, Nr. 1331; StA Augsburg, Hochschule Dillingen/Rektorat, Nr. 278; BA/BDC-Karteien: NSDAP, REM.

---

1 Sedlmeyers Forschungsschwerpunkte waren die Klimatologie, Wirtschaftsgeographie, Geophysik, mathematische Geographie, Kartenkunde sowie die Länderkunde der Sudeten- und Westkarpatenländer und der Balkanhalbinsel.

2 Mit Constancia Kolaczek, geb. am 6.12.1903.

3 Im Unterschied zur sonstigen Praxis, in Anbetracht der angespannten Personalsituation die vorhandenen Lehrkräfte möglichst an der Universität zu halten, bat die Philosophische Fakultät das Mecklenburgische Staatsministerium 8/1942 „dringend" darum, von Bemühungen zu einer endgültigen Versetzung Sedlmeyers nach Rostock abzusehen; so ließen „weder die wissenschaftlichen Leistungen noch die pädagogischen Fähigkeiten" eine Etablierung Sedlmeyers in Rostock wünschenswert erscheinen; außerdem gäben dessen Auseinandersetzungen in Prag Anlaß zu der Befürchtung, daß auch in Rostock „eine harmonische Zusammenarbeit nicht gegeben" sei. Die Abteilung Wissenschaft, Erziehung und Volksbildung des Mecklenburgischen Staatsministeriums unterstützte den Antrag der Universität Rostock und ersuchte das Reichserziehungsministerium 8/1942, von der beabsichtigten Versetzung Sedlmeyers nach Rostock Abstand zu nehmen: „Die durch die Bombenangriffe ohnehin stark geschädigte Universität Rostock kann als kleinere Universität nicht mit Dozenten belegt werden, die nicht die Gewähr bieten, daß sie sich harmonisch und reibungslos dem Lehrkörper einfügen, der mit voller Kraft den Wiederaufbau der Universität betreibt."

4 Sedlmeyer wurde als Mitläufer eingestuft und zu einer Sühneleistung von 500 RM verurteilt.

5 Veröffentlichte u.a.: Charakteristiken der Temperatur der Luft und der Meeresoberflächen an der niederländischen Küste, Prag 1928; Die Seenforschung in der Hohen Tatra, Kesmark 1928; Die Seen des Mengsdorfer Tales und der Tschirmersee in der Hohen Tatra, Prag 1930; Die Zuckerrübe in Böhmen. Eine wirtschaftsgeographische und agrarmeteorologische Studie, Prag 1930; Ein Beitrag zur Klimatologie des Teiches, Neudamm 1931; Die Verteilung der Bevölkerung in Karpathorußland, Prag 1932; Die natürlichen Landschaften der Sudetenländer, Wien 1941; Die Tragfähigkeit des europäischen Lebensraumes und seine Ernährungsgrundlagen, 1941; Zur Geographie des Hungers. Eine soziologische Studie, Hagen 1962; Landeskunde der Sowjetunion, Frankfurt/M. 1968; Landeskunde der Tschecho-Slowakei, Frankfurt/M. 1973; Budweis. Budweiser und Stritschitzer Sprachinseln, Miesbach 1979.

Seraphim, Hans-Jürgen

geboren am 3.2.1899 in Sassenhof/Riga (Lettland); evangelisch; Sohn eines Schriftleiters; Deutsche Albertschule in Riga, Deutsches Ritterschaftliches Gymnasium in Mittau, Deutsches Städtisches Gymnasium in Riga, dort 7/1918 Abitur; als Freiwilliger 8-11/1918 Militärdienst im Feldartillerie-Regiment 60 in Schwerin; dort 10/1918 eingebürgert; 12/1918 – 12/1919 Freikorpseinsatz als Unteroffizier in der I. und VI. Schwadron der Baltischen Landwehr im Baltikum; 1919 – 1922 Studium der Nationalökonomie und der Geographie an den Universitäten Königsberg und Graz; 7/1922 Promotion in Königsberg;[1] 9/1922 – 7/1924 Assistent am Osteuropa-Institut und am Staatswissenschaftlichen Seminar der Universität Breslau; dort 7/1924 Habilitation[2] und seitdem Privatdozent für Nationalökonomie und bis 9/1927 Dezernent der Wirtschaftsabteilung am Osteuropa-Institut in Breslau; ab 10/1927 außerordentlicher Professor für Wirtschaftswissenschaften und Mitdirektor des Wirtschaftswissenschaftlichen Seminars der Universität Rostock; dort 8/1930 Verleihung der Amtsbezeichnung und der akademischen Rechte eines ordentlichen Professors;[3] ab mindestens 1928 auch Direktor der Abteilung Rostock des Deutschen Forschungsinstituts für Agrar- und Siedlungswesen; 10/1929 Heirat[4], später zwei Kinder; 1930 – 1935 auch Leiter des Landesverbandes Mecklenburg des Vereins für das Deutschtum im Ausland; im Auftrag des Reichsarbeitsministeriums ab 7/1932 Untersuchungen zum Siedlungswesen in Lettland; 2-4/1933 Abwehr von Angriffen, mit denen eine „jüdische Abstammung" Seraphims behauptet wurde;[5] ab 10/1933 ordentlicher Professor für Wirtschaftwissenschaft an der Universität Rostock;[6] ab 10/1933 Mitglied der SA; im Auftrag der Reichsführung des VDA 9/1934 Studienreise durch Polen, um die „wirtschaftlichen Verhältnisse der deutschen Bauernkolonien in Kongreßpolen und Wolhynien zu untersuchen", was zu einer „wesentlichen Förderung der Kenntnisse um das Deutschtum in Polen" beitragen sollte; 1934/35 auch Prorektor der Universität Rostock; ab 7/1935 ordentlicher Professor für Wirtschaftswissenschaften an der Universität Leipzig, dort auch Direktor des Instituts für

1 Mit der Arbeit: Die ländliche Besiedlung Westsibiriens durch Rußland, Königsberg 1922.

2 Mit der Arbeit: Neuere russische Wert- und Kapitalzinstheorien, Berlin/Leipzig 1925.

3 Seraphim hatte ein großzügiges Angebot zur Übernahme eines Ordinariats an der Landwirtschaftlichen Hochschule Stuttgart-Hohenheim zugunsten der Universität Rostock ausgeschlagen, woraufhin ihm das Mecklenburgische Unterrichtsministerium den Titel zuerkannte.

4 Mit Margarete Wilbrandt, geb. am 28.11.1899.

5 Seraphim unterrichtete das Mecklenburgische Staatsministerium 4/1933, daß über ihn „seit einiger Zeit in Mecklenburg ... herabsetzende und verleumderische Gerüchte in Umlauf gebracht" worden seien, die darauf abzielten, seine „arische Abstammung in Zweifel" zu ziehen; er reichte daraufhin beglaubigte Abschriften seines „Stammbaums" ein, aus denen hervorgehe, daß seine Familie seit mindestens sechs Generationen „deutschstämmig evangelisch-lutherischer bzw. evang.-reformierter Herkunft" sei. Außerdem wurde Seraphim vom Verband der Angehörigen des Kurländischen Stammadels bescheinigt, daß er „auf Grund des vom Kurländischen Ritterschafts-Komitee geführten Geschlechtsbuches ... zum Erblichen Russischen Adel des Gouvernements Kurland" gehöre.

6 Die Hauptarbeitsgebiete Seraphims waren die theoretische Volkswirtschaftslehre, die Agrar-, Wirtschafts-, Handels- und Währungspolitik ost- und südosteuropäischer Staaten, Probleme auslandsdeutscher Wirtschaftspolitik sowie die Entwicklung der russischen Volkswirtschaft.

Wirtschaftswissenschaften und Statistik und des Instituts für Mittel- und südosteuropäische Wirtschaftsforschung; daneben auch Leiter der Hochschulgruppe Leipzig der Deutschen Wirtschaftswissenschaftlichen Gesellschaft; ab 1940 Direktor des Osteuropa-Instituts in Breslau; dort Herausgeber der *Ostraum-Berichte*; ab 1946 ordentlicher Professor für Praktische Volkswirtschaftslehre an der Universität Münster, dort ab 1947 auch Direktor des Instituts für Genossenschaftswesen, der Forschungsstelle für Siedlungs- und Wohnungswesen sowie Mitdirektor des Instituts für Wirtschafts- und Sozialwissenschaften; ab 3/1952 Mitglied des Forschungsbeirates für Fragen der Wiedervereinigung Deutschlands beim Bundesministerium für gesamtdeutsche Fragen; 1956 – 1961 auch Vorsitzender des Wirtschaftspolitischen Ausschusses des Vereins für Sozialpolitik; am 11.9.1962 durch einen Autounfall in Beelen/Warendorf ums Leben gekommen[7]

Quellen: UAR: PA Seraphim; LHAS: 5.12-7/1, Nr. 1435, 1439, 1481, 2346, 2349.

7 Veröffentlichte u.a.: Die russische Währungsreform des Jahres 1924, Leipzig 1925; Treibende Kräfte der Handelspolitik im zarischen und bolschewikischen Rußland, Berlin 1926; Rußland, Breslau 1927; Johann Heinrich von Thünen zum 150. Geburtstag. Versuch der Würdigung einer Forscherpersönlichkeit, Rostock 1933 (als Hg. mit W. Seedorf); Siedlungstempo und Siedlungserfolg. Ergebnisse einer Studienreise durch Lettland, Berlin 1933; Agrarkrisis und Siedlung in Mecklenburg und Pommern, Berlin 1933; Friedrich List und wir Deutschen der Gegenwart (=Rostocker Universitätsreden, 20), Rostock 1934; Der Verkehr mit landwirtschaftlichen Erzeugnissen, Berlin 1934; Bauernschicksal in Mecklenburg. Eine wirtschaftliche Betrachtung vom Werden, Vergehen und Wiedererstehen des mecklenburgischen Bauern, Schwerin 1935; Deutsche Bauernpolitik, Berlin 1936; Die Neuschaffung von Bauerntum und die Erzeugungsschlacht der deutschen Landwirtschaft, Tübingen 1938; Rodungssiedler, Berlin 1938; Deutsche Bauern- und Landwirtschaftspolitik, Leipzig 1939; Das System der bolschewistischen Wirtschaftspolitik, Breslau 1942; Deutsch-Südosteuropäische Wirtschaftsgemeinschaft, Berlin 1943; Das Heuerlingswesen in Nordwestdeutschland, Münster 1948; Deutsches Genossenschaftswesen, Kevelaer 1949; Die Bedeutung des Genossenschaftswesens im Rahmen der deutschen Agrarpolitik, Neuwied 1951; Vom Wesen der Genossenschaften und ihre steuerliche Behandlung, Neuwied 1951; Theorie der allgemeinen Volkswirtschaftspolitik, Göttingen 1955; Probleme der Willensbildung und der wirtschaftspolitischen Führung, Berlin 1959; Zur Grundlegung wirtschaftspolitischer Konzeptionen, Berlin 1960; Deutsche Siedlungsbank 1930 – 1960, Münster 1960; Das ländliche Genossenschaftswesen in den Mitgliedstaaten der EWG, Baden-Baden 1963.

Skalweit, Wolf

geboren am 14.12.1900 in Königsberg/Ostpreußen; evangelisch; Sohn eines Regierungsbaumeisters; Vorschulen in Swinemünde und Duisburg, Realgymnasien in Duisburg und Essen, dort 5/1918 Notabitur; 6-8/1918 Kriegseinsatz als Fahnenjunker beim Rekruten-Depot des Ersatz-Bataillons des Eisenbahn-Regiments 3 in Hanau, 9-11/1918 im Lazarett, EKFK; 12/1918 – 12/1923 Medizinstudium an den Universitäten Marburg, Bonn, Würzburg, an der Medizinischen Akademie Düsseldorf und der Universität Hamburg; als Zeitfreiwilliger im Studentenkorps der Universität Marburg dazwischen 4/1920 Beteiligung an „Unternehmungen gegen Thüringer Spartakisten"; 12/1923 medizinisches Staatsexamen in Hamburg; 1-12/1924 Medizinalpraktikant an der Inneren, Psychiatrischen und Dermatologischen Abteilung der Städtischen Krankenanstalten in Essen; 1-8/1925 zunächst Medizinalpraktikant, später Volontärassistent in der Prosektur des Knappschaftskrankenhauses 'Bergmannsheil' in Bochum; 6/1925 Promotion in Hamburg,[1] 9/1925 Approbation; 9/1925 – 5/1926 Assistenzarzt am Pathologischen Institut der Städtischen Krankenanstalten in Essen; ab 6/1926 zunächst Assistenzarzt an der Heil- und Pflegeanstalt in Rostock-Gehlsheim; 8/1927 Heirat,[2] später sieben Kinder; ab 10/1932 Oberarzt an der Psychiatrischen und Nervenklinik und der Nervenpoliklinik der Universität Rostock sowie der Heil- und Pflegeanstalt in Rostock-Gehlsheim; 10/1932 zum Medizinalrat bei den Landeskrankenanstalten des Landes Mecklenburg-Schwerin ernannt; 1/1933 Habilitation[3] und seitdem Privatdozent für Neurologie und Psychiatrie an der Universität Rostock; ab 11/1933 Mitglied der SA, als SA-Truppführer Sturmbannarzt des I. Sturmbannes der SA-Standarte 90 in Rostock; 1/1934 Teilnahme an dem von Ernst Rüdin geleiteten „erbbiologisch-rassehygienischen Lehrgang" an der Deutschen Forschungsanstalt für Psychiatrie/Kaiser-Wilhelm-Institut in München; danach ab 2/1934 Vertreter des Kreismedizinalrats für das Gebiet der Erbgesundheitspflege und stellvertretender Amtsarzt des Kreises Rostock-Stadt für den Bereich Erb- und Rassenpflege;[4] 2/1934 – 8/1939 auch ärztliches Mitglied und Beisitzer des dem Oberlandesgericht Rostock angegliederten Erbgesundheitsobergerichts Rostock, auch hier führender Protagonist und Aktivist bei der Umsetzung des Gesetzes zur Verhütung erbkranken Nachwuchses und Vorsitzender des Ortsverbandes Rostock der Deutschen Gesellschaft für Rassenhygiene[5] und bis 9/1939 auch Kreisschu-

1 Mit der Arbeit: Hämogramm und Luetin-Reaktion bei Impfmalaria, Essen 1925.

2 Mit Annaliese Röpke, geb. am 3.3.1903 in Hannover; Tochter eines Kaufmanns.

3 Mit der Arbeit: Konstitution und Prozeß in der Schizophrenie. Untersuchungen mit dem Rohrbach'schen Formdeutungsversuch, Leipzig 1934.

4 Daneben war Skalweit vom Mecklenburgischen Staatsministerium 3/1934 – 7/1938 beauftragt worden, „den Amtsarzt [und Leiter des Staatlichen Gesundheitsamtes des Kreises Rostock-Stadt] auf dem Gebiete der Erbgesundheitspflege, insbesondere bei der Bearbeitung der Anträge gemäß § 3 des Gesetzes zur Verhütung erbkranken Nachwuchses zu unterstützen".

5 Anläßlich einer Tagung zur Auswertung erster Erfahrungen bei der Anwendung des Gesetzes zur Verhütung erbkranken Nachwuchses brüstete sich Skalweit damit, daß er allein schon bis 11/1934 für insgesamt 83 Personen die Sterilisierung beantragt hatte, er beklagte, daß „die Pflicht zur Anzeige aller Erbkranken, auch der zweifelhaften Fälle, ... von vielen Ärzten noch zu wenig beachtet" werde, und forderte, man dürfe bei der Entscheidung zur Sterilisierung „nicht

lungswart im Reichsbund der Kinderreichen;[6] ab 7/1934 Mitglied des NS-Lehrerbundes, des NS-Ärztebundes, des NS-Altherrenbundes und der Gesellschaft Deutscher Neurologen und Psychiater; 11/1934 – 10/1935 vom Mecklenburgischen Staatsministerium für eine einjährige Ausbildung in nationalsozialistischer Erb- und Rassenpolitik beurlaubt;[7] ab 11/1935 wieder Oberarzt an der Heil- und Pflegeanstalt Rostock-Gehlsheim[8] sowie Dozent für Psychiatrie und Neurologie an der Universität Rostock; Eintritt in die NSDAP am 1.5.1937, ab 1937 auch Mitglied des NS-Dozentenbundes; ab mindestens 1938 auch Kreisbeauftragter des Rassenpolitischen Amtes der Gauleitung Mecklenburg der NSDAP für den Kreis Rostock-Stadt; daneben als SA-Obersturmführer (S) nunmehr Sturmbannarzt des IV. Sturmbannes der SA-Standarte 90 in Rostock; 10/1939 zum außerplanmäßigen außerordentlichen Professor für Neurologie und Psychiatrie an der Universität Rostock ernannt;[9] bereits ab 9/1939 Kriegseinsatz, zunächst als Bataillonsarzt am

zu engherzig" sein. Für Skalweit lag „ein ausreichender Grund zur Sterilisierung im allgemeinen schon dann vor, wenn es sich um einen ehemaligen Hilfsschüler handelt ... Auch wenn durch die Hilfsschule schließlich noch ein leidliches praktisches Wissen hat vermittelt werden können, also wenn die Betreffenden das Ziel der Hilfsschule erreicht haben", beweise doch „die Tatsache, daß eine besondere Aufwendung von staatlichen ... Mitteln erforderlich war, allein zur Genüge die Unerwünschtheit einer Belastung des Volkes mit derartigem Erbgut".

6 Dort und auch vor anderen NS-Gliederungen sowie Ortsgruppen der NSDAP im Gau Mecklenburg zahlreiche Vorträge über Erbbiologie und Bevölkerungspolitik.

7 11/1934 – 6/1935 zunächst Teilnahme an dem von Arthur Gütt, Ministerialdirektor im Reichsinnenministerium, dem Rassenpolitischen Amt der NSDAP und dem Rasse- und Siedlungsamt der SS im Kaiser-Wilhelm-Institut für Anthropologie, menschliche Erblehre und Eugenik in Berlin-Dahlem durchgeführten Kurs zur Ausbildung von Spezialisten für Rassenhygiene und Erbkunde (dort Kurse bei Eugen Fischer, Fritz Lenz, Otmar von Verschuer und Hans Weinert); 7-10/1935 Teilnahme an dem vom Reichsausschuß für Volksgesundheitsdienst beim Reichsinnenministerium organisierten Lehrgang in der Deutschen Forschungsanstalt für Psychiatrie in München (Ernst Rüdin).

8 7/1936 hatte diese Anstalt 414 männliche und 178 weibliche, 10/1938 222 männliche und 183 weibliche Insassen/Patienten. Die von Ernst Braun geleitete Psychiatrische und Nervenklinik gehörte wie die Heil- und Pflegeanstalt zu den größeren der insgesamt 22 medizinischen Einrichtungen in Mecklenburg, an denen nach dem 7/1933 erlassenen Gesetz zur Verhütung erbkranken Nachwuchses bis mindestens 1944 Sterilisierungen vorgenommen wurden. Bis 1939 war Skalweit durch seine Tätigkeit am Erbgesundheitsobergericht, als Gutachter, aber auch als Oberarzt im praktischen Klinikalltag unmittelbar für die „Unfruchtbarmachungen" zuständig.

9 Skalweits Chef, der Direktor der Psychiatrischen und Nervenklinik der Universität Rostock, Ernst Braun, hielt 4/1939 in einem für die Ernennung zum Professor bestimmten Gutachten fest, daß „die erbgesundheitliche Gesetzgebung des nationalsozialistischen Staates" für Skalweit eine „außerordentliche Arbeitslast" gebracht habe, indem er „zum stellvertretenden Amtsarzt ernannt wurde und nunmehr mit der praktischen Durchführung des Gesetzes in ungewöhnlich hohem Grad belastet wurde". Und als Mitglied des Erbgesundheitsobergerichts habe Skalweit „einen ganz wesentlichen und in vielen Fällen ausschlaggebenden Einfluß auf die Durchführung der Erbgesundheitsgesetze im Gau Mecklenburg". Außerdem sei Skalweit „seit dem Umbruch bei der SA und ist hier einer der aktivsten Kämpfer, die ich kenne"; Skalweit habe als I. Sturmbannarzt „zahllose Abende und Tage in seinem SA-Dienst zugebracht", er sei „auch sehr beliebt als Vortragender für alle möglichen nationalsozialistischen Formationen", hier halte er „klare und ausgezeichnete Vorträge über die Probleme der Erbbiologie und Bevölkerungspolitik". Braun meinte, daß es „die Eigenart unserer Fächer" mit sich bringe, „daß unsere berufliche Arbeit, der vor allem der Schutz der Rasse vor Erbkrankheiten anvertraut ist, in besonderem Maße von nationalsozialistischen Gedanken geprägt" sein müsse, „wenn sie gut

Westwall, ab 4/1940 als Neurologe und Psychiater beim Stab einer Kriegslazarettabteilung im Westen und auf dem Balkan, ab 8/1941 Beratender Psychiater beim Stab der Panzerarmee des deutschen Afrika-Korps, 11/1941 zum Stabsarzt befördert; 1943/44 in britischer Kriegsgefangenschaft;[10] ab 2/1944 wieder Kriegseinsatz als Beratender Neurologe und Psychiater einer Armeegruppe in Italien, EK II und auf Antrag von Generalfeldmarschall Kesselring 4/1944 KVK II. und I. Kl. m.S.; 5/1945 – 5/1946 Arzt in Kriegsgefangenenlagern, bis 11/1946 im Flüchtlingslager Hersel/Bonn; ab 1947 wissenschaftlicher Mitarbeiter und Gutachter, dann Nervenarzt an der Neurologischen Station des Landeskrankenhauses Wuppertal-Ronsdorf; 3/1949 erfolglose Bewerbung bei der Deutschen Verwaltung für Volksbildung um Einstellung an einer Hochschule in der sowjetischen Besatzungszone;[11] ab 1951 Arzt an der Landesklinik für Hirnverletzte in Bonn; ab 1953 Dirigierender Arzt und stellvertretender ärztlicher Direktor an den Karl-Bonhoeffer-Heilstätten in Berlin[12]

Quellen: UAR: PA Skalweit; LHAS: 5.12-7/1, Nr. 2513, 10403; BA/BDC: PK; BA/BDC-Karteien: NSLB, NSDÄB, REM.

---

sein soll"; und Skalweit habe „seine ganzen Nebeninteressen und sein Privatleben diesem Zeichen unterstellt, und seine Opferbereitschaft und sein Leistungswillen für den nationalsozialistischen Gedanken" seien „allgemein bekannt und anerkannt". Skalweit sei „ein Hochschullehrer, wie die nationalsozialistische Universität ihn dringend braucht". Rektor Ernst Ruickoldt unterstützte den Antrag zur Ernennung Skalweits auch im Hinblick auf dessen „unermüdliche Einsatzbereitschaft in der SA sowie seiner wissenschaftlichen und beruflichen Leistung mit wärmster Befürwortung". Zu Skalweits Hauptarbeitsgebieten gehörten die neurologische Diagnostik, die psychiatrische Propädeutik, die gerichtliche Psychiatrie und die Kriminalbiologie, Erbbiologie, Rassenhygiene, Bevölkerungspolitik, aber auch Teilbereiche wie die Paralyseforschung (Pathogenese), Schizophrenie, Konstitutionsforschung, Erkrankungen des Zentralnervensystems, Zwischenhirn- und Ventrikelsyndrome.

10 Gemäß Meldung des Heimkehrerlagers Kornwestheim vom 26.10.1943 war Skalweit auf dem Wege des Gefangenenaustausches aus amerikanischer Kriegsgefangenschaft zurückgekehrt und nach Rostock entlassen worden.

11 Der um Auskunft gebetene Dekan der Medizinischen Fakultät der Universität Rostock teilte der Deutschen Verwaltung für Volksbildung 4/1949 mit, daß „die älteren Mitglieder des Lehrkörpers übereinstimmend bekundet" haben, „daß sie persönlich nichts gegen Herrn Skalweit einzuwenden" hätten; jedoch sei durch dessen „kollegial anfechtbare" gutachterliche Stellungnahme das Arztehepaar Dr. Ruhnstruck zu zweieinhalb Jahren Gefängnis verurteilt worden, und Skalweit soll „ein führendes Mitglied der SA gewesen sein"; deshalb sei es „wohl in seinem eigenen Interesse, nicht in die Ostzone zurückzukommen"; zwar habe sich Frau Skalweit in der Zeit der Kriegsgefangenschaft ihres Mannes „tapfer durchgeschlagen", aber „beiden Eheleuten Skalweit fehle das Verständnis dafür, daß und warum sie in der Ostzone nicht gern gesehen" seien. Die „wissenschaftliche Beurteilung von Skalweit" sei zwar „durchaus günstig", aber wegen seiner Vergangenheit sei eine Einstellung „an einer Hochschule unserer Zone nicht am Platze".

12 Veröffentlichte neben zahlreichen Aufsätzen zur Durchführung des Gesetzes zur Verhütung erbkranken Nachwuchses und zur Rassenhygiene u.a.: Praktische Erfahrungen bei der Durchführung des Gesetzes zur Verhütung erbkranken Nachwuchses. Nach einem Vortrag in der Jahresversammlung der Landesgruppe Mecklenburg des Deutschen Medizinal-Beamtenvereins am 4.11.1934 in Rostock, Schwerin 1935.

Spangenberg, Hans

geboren am 27.3.1868 in Berlin/Preußen; evangelisch; Sohn eines Richters; Friedrich-Wilhelm-Gymnasium in Berlin, dort 1886 Abitur; ab 10/1886 Studium der Geschichte und der klassischen Philologie an den Universitäten Freiburg, Straßburg und Berlin; dort 11/1891 Promotion;[1] 11/1892 Staatsexamen; als Einjährig-Freiwilliger 4/1893 – 3/1894 Militärdienst; 4-6/1898 Archivvolontär, ab 7/1898 Hilfsarbeiter im Staatsarchiv Osnabrück, ab 4/1900 im Geheimen Staatsarchiv Berlin, dort 7/1900 zum Archivassistenten ernannt; ab 10/1901 im Staatsarchiv Münster, ab 4/1903 im Staatsarchiv Breslau, ab 11/1905 im Staatsarchiv Königsberg; mit Übernahme in den preußischen Staatsdienst dort 2/1906 zum königlichen Archivar ernannt; 7/1906 Habilitation[2] und seitdem Privatdozent für Mittlere Geschichte an der Universität Königsberg; 5/1913 zum königlichen Archivrat ernannt und bis 10/1921 Tätigkeit im Staatsarchiv Königsberg; dazwischen ab 8/1914 Kriegseinsatz in den Infanterie-Regimentern 172, 496, 470 und 471, zunächst als Kompanieführer, zuletzt als Bataillonskommandeur, als Hauptmann 12/1918 aus dem Heer entlassen, EK II, EK I; 1915 Verleihung des Titels eines Professors (Titularprofessor) der Universität Königsberg, dort 1920 zum Honorarprofessor ernannt; ab 10/1921 ordentlicher Professor für Mittlere und Neuere Geschichte sowie Historische Hilfswissenschaften an der Universität Rostock, dort auch Direktor des Historischen Seminars I,[3] und 1924/25 Dekan der Philosophischen Fakultät; gab im Zuge der Überprüfungen im Zusammenhang mit dem Gesetz zur Wiederherstellung des Berufsbeamtentums 5/1933 an, daß seine „Mutter (Christin) von jüdischen Eltern" abstamme;[4] ab 1933/34 wegen Herzkrankheit Rückzug aus der Lehrtätigkeit, schlug den Nationalsozialisten Heinz Maybaum als seinen Nachfolger vor; 10/1934 auf eigenen Antrag aus gesundheitlichen Gründen emeritiert; nach langer Krankheit am 2.10.1936 in Rostock gestorben[5]

Quellen: UAR: PA Spangenberg; LHAS: 5.12-7/1, Nr. 1193, 1278, 1279, 2346.

---

1 Mit der Arbeit: Cangrande I. della Scala (1291 – 1321), Berlin 1891.

2 Mit der Arbeit: Die Hof- und Zentralverwaltung der Mark Brandenburg im Mittelalter, Leipzig 1908.

3 Wie Spangenberg der Rostocker Berufungskommission deutlich machen konnte, sei es „sein lebhaftester Wunsch", die „nur unter dem Druck äußerer Verhältnisse ergriffene Archivlaufbahn zu verlassen und sich uneingeschränkt dem Lehramt" zu widmen. Spangenbergs Hauptarbeitsgebiete waren die Verfassungs- und Wirtschaftsgeschichte des späten Mittelalters.

4 Obwohl Spangenberg nun offiziell als 'Vierteljude' galt, hatte die mit dieser Information verbundene neue Sachlage – die auch keiner Nachprüfung unterlag – keine Auswirkungen auf seinen Verbleib an der Universität; davon ist offensichtlich wegen seines Kriegseinsatzes im Ersten Weltkrieg und die im Hinblick auf sein Alter und seine Krankheit bevorstehende Emeritierung abgesehen worden.

5 Veröffentlichte u.a.: Beiträge zur älteren Verfassungs- und Verwaltungsgeschichte des Fürstentums Osnabrück, Osnabrück 1900; Vom Lehnstaat zum Ständestaat. Ein Beitrag zur Entstehung der landständischen Verfassung, München/Berlin 1912; Territorialwirtschaft und Stadtwirtschaft. Ein Beitrag zur Kritik der Wirtschaftsstufentheorie, München/Berlin 1932.

Steurer, Otto Friedrich

geboren am 9.11.1893 in Freudenstadt/Württemberg; evangelisch; Sohn eines Färbermeisters; Volksschule und Realschule in Freudenstadt, Oberrealschulen in Reutlingen und Eßlingen, dort Herbst 1911 Abitur; ab 10/1912 Studium der Medizin an den Universitäten Tübingen und Straßburg; als Freiwilliger 8-11/1914 Ausbildung, 11/1914 – 3/1915 Kriegseinsatz im Dragoner-Regiment 25; nach Verwundung 1915 Weiterführung des Studiums im Lazarett, 1/1917 Staatsexamen und Approbation, daneben Dienst als Feldunterarzt in einem Reservelazarett in Tübingen; 12/1917 Promotion in Tübingen;[1] ab 4/1918 erneut Kriegseinsatz als Abteilungs- und stellvertretender Regimentsarzt im Feldartillerie-Regiment 65, EK II; 12/1918 – 8/1919 Assistenzarzt an der Inneren Abteilung des Reserve-Lazaretts II in Stuttgart; 9/1919 – 8/1920 Hilfsassistent am Pathologischen Institut der Universität München, anschließend Spezialisierung auf Hals-, Nasen- und Ohrenheilkunde; 9-12/1920 zunächst Praxisvertretung bei verschiedenen HNO-Ärzten und 1/1921 – 3/1923 Assistent an der HNO-Klinik der Universität Jena; 4/1923 – 3/1926 Oberarzt an der HNO-Klinik der Universität Tübingen, hier 6/1923 Habilitation und seitdem Privatdozent; 4-9/1926 mit der vertretungsweisen Leitung der HNO-Klinik der Universität Jena beauftragt; 10/1926 – 3/1929 wieder Oberarzt an der HNO-Klinik der Universität Tübingen, dort 3/1927 zum außerordentlichen Professor ernannt; 3/1928 Heirat;[2] 4/1929 – 3/1945 ordentlicher Professor für Otiatrie, Rhinologie und Laryngologie und zugleich Direktor der HNO-Klinik und -Poliklinik der Universität Rostock;[3] dort 1933/34 auch Dekan der Medizinischen Fakultät; 1930 – 1939 Herausgeber der Zeitschrift *Der Hals-Nasen-Ohrenarzt*; ab 7/1934 Mitglied des NS-Lehrerbundes; ab 4/1937 Leiter der Vereinigung der Klinikdirektoren in Rostock; Eintritt in die NSDAP am 1.5.1937; daneben auch Mitglied im NS-Reichskriegerbund, Reichsluftschutzbund, im NS-Altherrenbund der Deutschen Studenten (NS-Studentenkampfhilfe) sowie Förderndes Mitglied der SS, ab 1940 auch Mitglied des NS-Dozentenbundes; 2/1939 – 5/1941 Prorektor, 6/1941 – 3/1944 Rektor der Universität Rostock[4]; 6/1942 KVK II. Kl. m.S.; ab 1940 Mitglied der Akademie der Naturforscher Leopoldina; unter Aufhebung seiner uk-Stellung und unter Beibehaltung seiner Stellung

1 Mit der Arbeit: Über Blutungen aus dem Ohr und den oberen Luftwegen infolge vasomotorischer Störungen, Leipzig 1918.

2 Mit Olga Baenzinger, geb. am 23.11.1905; Tochter eines Kaufmanns.

3 Zu Steurers Hauptforschungsgebieten gehörten die pathologische Anatomie und Klinik der Hals-, Nasen- und Ohrenkrankheiten, besonders die Histologie und Röntgendiagnostik des Ohres und der Nasennebenhöhlen; ab mindestens 1937 betrieb Steurer auch militärmedizinische Forschungen.

4 Auf Anforderung des Reichsführers SS und des Reichserziehungsministeriums sind unter dem Rektorat Steurers (und teilweise assistiert von Heinz Maybaum und Kurt Wachholder) mindestens sieben Personen aus rassischen Gründen die an der Universität Rostock erworbenen Doktorgrade aberkannt worden: 6/1941 Fritz Guttmann, 8/1941 David Tannenbaum, 9/1941 Matthias Futter, 9/1941 Adolf Süßmann, 9/1941 Johannes Bargsten, 10/1941 Herbert Marcuse, 11/1941 Walter Ostwald. Steurer hatte bereits 6/1943 Antrag auf Entlassung als Rektor gestellt, ist aber erst 3/1944 von seinem Amt entbunden worden. Sein Nachfolger wurde Kurt Wachholder.

als Direktor der HNO-Klinik 10/1944 zum Kriegseinsatz bei der Heeres-Sanitätsstaffel Rostock einberufen und zum Beratenden Otologen für den Wehrkreis II ernannt; noch 4/1945 mit der Wahrnehmung des HNO-Lehrstuhls an der Universität Hamburg beauftragt; ab 1946 ordentlicher Professor und Direktor der HNO-Klinik und -Poliklinik der Universität Hamburg; ab 1948 Herausgeber des *Zentralblattes für Hals-Nasen-Ohrenheilkunde*, der *Beihefte zur Zeitschrift für Hals-Nasen-Ohrenheilkunde* und ab 1949 des *Archivs für Ohren-, Nasen- und Kehlkopfheilkunde*; am 29.7.1959 in Hamburg gestorben[5]

Quellen: UAR: PA Steurer; LHAS: 5.12-7/1, Nr. 579, 1511, 2346; BA/BDC: PK; BA/BDC-Karteien: NSLB, NSDÄB, REM, RFR.

5 Veröffentlichte neben zahlreichen Aufsätzen u.a.: Lehrbuch der Ohren-, Nasen-, Rachen- und Kehlkopfkrankheiten. Nach klinischen Vorträgen für Studierende und Ärzte, München [12]1937, [15]1948 (mit O. Körner).

Stoermer, Richard Heinrich Friedrich

geboren am 15.4.1870 in Breslau/Schlesien; evangelisch; Sohn eines Apothekers; humanistisches St.Maria-Magdalena-Gymnasium in Breslau, dort 1888 Abitur; 1888 – 1893 Studium der Chemie und der Naturwissenschaften an den Universitäten Breslau, München, Leipzig und Rostock; ab 10/1893 2. Assistent am Chemischen Institut der Universität Rostock, dort 3/1894 Promotion;[1] ab 11/1896 1. Assistent am Chemischen Institut der Universität Rostock, dort 3/1897 Habilitation[2] und seitdem Privatdozent; ab 8/1899 außerordentlicher Professor mit Lehrauftrag für Analytische Chemie, ab 1900 auch für gerichtliche Chemie an der Universität Rostock; 4/1902 Heirat,[3] später drei Kinder; 9/1916 Erweiterung des Lehrauftrages um das Fachgebiet Organische Chemie und seitdem auch Direktor der Organischen Abteilung des Chemischen Instituts der Universität Rostock; ab 11/1919 zunächst ordentlicher Honorarprofessor, 4/1922 – 9/1935 ordentlicher Professor für Organische Chemie an der Universität Rostock;[4] ab 9/1922 Mitglied der Akademie der Naturforscher Leopoldina; 1928/29 auch Dekan der Philosophischen Fakultät der Universität Rostock; ab 1/1934 Mitglied des NS-Lehrerbundes und des NS-Bundes Deutscher Technik; daneben Mitglied der Deutschen Chemischen Gesellschaft, der Gesellschaft Deutscher Naturforscher und Ärzte sowie der Naturforschenden Gesellschaft in Rostock; 9/1935 emeritiert, jedoch Vertretung seines ehemaligen Lehrstuhles für Organische Chemie bis zum Sommersemester 1936; am 27.5.1940 in Rostock gestorben[5]

Quellen: UAR: PA Stoermer; LHAS: 5.12-7/1, Nr. 1314, 2343; BA/BDC-Karteien: NSLB, REM.

1 Mit der Arbeit: Über Derivate einiger Nitrile, Rostock 1894.

2 Mit der Arbeit: Über Synthesen in der Cumaronreihe, Rostock 1897.

3 Mit Magdalene Scheel, geb. am 20.9.1879.

4 Stoermers Hauptarbeitsgebiete waren die Chemie des Cumarons, die Stereochemie der ungesättigten Verbindungen, die Wirkungen ultravioletten Lichts auf anorganische Verbindungen sowie die Chemie der Truxill- und Truxinsäuren.

5 Veröffentlichte neben zahlreichen Aufsätzen u.a.: Die Oxydations- und Reduktionsmethoden der organischen Chemie. Handbuch für die praktischen Arbeiten im Laboratorium, Leipzig 1922.

Stolberg-Wernigerode, Otto Graf zu

geboren am 31.3.1893 in Wernigerode/Provinz Sachsen; evangelisch; Sohn eines Oberpräsidenten; humanistisches Gymnasium in Roßleben/Unstrut, dort 3/1913 Abitur; 3/1913 – 7/1914 Studium der Rechts- und Staatswissenschaften an den Universitäten Genf und München; 8/1914 – 11/1918 Kriegseinsatz beim Kürassier-Regiment 4, als Leutnant 4/1919 aus dem Heer entlassen, EK II, EKFK; 1919 – 1921 Studium der Geschichte und Literatur an den Universitäten München und Leipzig; dazwischen 3-4/1921 Einsatz als Zeitfreiwilliger in Leipzig; 7/1921 Promotion in München;[1] 1919 – 1923 Mitglied der Deutschnationalen Volkspartei; 8/1921 – 10/1925 Schriftleiter der *Süddeutschen Monatshefte* in München; 1925/26 Assistent am Historischen Seminar der Universität Halle; 3/1926 – 10/1927 Archivstudien im Politischen Archiv des Auswärtigen Amtes,[2] 11/1927 – 10/1928 Studienaufenthalt in den USA;[3] 7/1931 Habilitation in München[4] und ab 8/1931 von der Notgemeinschaft der Deutschen Wissenschaft finanzierter Privatdozent für Neuere Geschichte an der Universität München; 4/1932 Heirat,[5] später ein Kind; ab 6/1933 Mitglied des NS-Lehrerbundes und 11/1933 – 1938 Mitglied der SA; ab 11/1935 zunächst Lehrstuhlvertretung für Neuere Geschichte in Rostock, 4/1936 zum außerordentlichen Professor für Neuere Geschichte an der Universität Rostock ernannt; dort Eintritt in die NSDAP am 1.5.1937, Mitgliedsnummer 4.517.452; 3/1939 Erweiterung des Lehrauftrages auf das Fachgebiet der Mittleren Geschichte und bis 12/1941 auch Direktor des Historischen Seminars I für Mittlere und Neuere Geschichte und für historische Hilfswissenschaften der Universität Rostock;[6] ab

1 Mit der Arbeit: Anton Graf zu Stolberg-Wernigerode. Ein Freund und Ratgeber Friedrich Wilhelms IV. 1785 – 1854, München 1924.

2 Hier insbesondere Auswertung der „amerikanischen Akten der Bismarckzeit".

3 Dort vor allem Studien in der Kongreßbibliothek und im Archiv des State Departement in Washington, in der Public Library in New York und der Bibliothek der Cornell-Universität in Ithaca.

4 Mit der Arbeit: Deutschland und die Vereinigten Staaten von Amerika im Zeitalter Bismarcks, Berlin/Leipzig 1933.

5 Mit Yvonne Baronesse Gerschau von Flotow, geb. am 5.5.1895 in Jakobstadt/Kurland; Tochter eines russischen Gouverneurs und Hofmeisters.

6 Stolberg-Wernigerodes Hauptarbeitsgebiete waren Aspekte der vergleichenden Kultur- und Geistesgeschichte, vor allem aber die deutsche Geschichte des 19. und 20. Jahrhunderts sowie die Geschichte der USA. Stolberg, der sich 1942/43 immerhin dem 'Kriegseinsatz der Geisteswissenschaften' verweigerte, hielt es – obwohl er eher ein Neuzeit-Historiker war – noch und gerade 1939 für notwendig, den Anteil Mecklenburgs an der historischen deutschen Ostkolonisation herauszustellen und die gegenwärtige mecklenburgische Bevölkerung auf künftige, analoge Aufgaben einzustimmen; seine Argumentationslinien entsprachen weitgehend dem Tenor der zeitgenössischen Diktion: „In dem Augenblick, als sich die deutschen Stämme verselbständigten [im 13. Jahrhundert], traten sie in das Ringen um den Ostraum ein, ohne den das heutige Deutschland nicht denkbar wäre ... Ein beträchtlicher Teil des heutigen Großdeutschland wurde durch die Kolonisation in Besitz genommen ... Erst durch seine Ostsendung ist Deutschland in die Mitte Europas gerückt ... Dieser Osten ist ... die Grundlage unserer heutigen materiellen und geistigen Existenz ... Kampf um den Osten bedeutet keine zeitbedingte Konjunktur und kein Sonderziel ..., sondern ist die Gewähr für die völkische Geschlossenheit". In der Zeit der Völkerwanderung sei „die slawische Flut an der Elbe und

9/1939 Kriegseinsatz bei der Fahr-Ersatz-Abteilung 2 in Parchim; 9/1940 wegen Krankheit aus der Wehrmacht entlassen; 1/1942 – 1945 ordentlicher Professor für Mittlere und Neuere Geschichte an der Universität Rostock; 10/1943 uk gestellt; als ehemaliger Reserveoffizier 9/1945 in Rostock verhaftet, 10/1945 entlassen;[7] vom Präsidenten des Landes Mecklenburg-Vorpommern 10/1945 aus dem Universitätsdienst entlassen;[8] Bemühungen um Wiedereinstellung scheiterten schon 11/1945;[9] ab 1949 wissenschaftlicher Mitarbeiter in der Historischen Kommission der Bayerischen Akademie der Wissenschaften; daneben ab 1950 außerplanmäßiger Professor mit Lehrauftrag an der Universität München; ab 1953 Schriftleiter der *Neuen Deutschen Biographie*; ab 1955 ordentlicher Professor für Europäische Geschichte mit besonderer Berücksichtigung Westeuropas an der Universität München; daneben Mitglied des Senats der Hochschule für Politische

---

Saale zum Stehen [gebracht worden], da das fränkische Reich zur Verteidigung seiner Grenzen schon gekräftigt" gewesen sei. „Das Geheimnis des durchschlagenden Erfolges" der deutschen Ostkolonisation habe neben „der rücksichtslosen Anwendung der Gewalt" auch „in der unbestreitbaren kulturellen Überlegenheit der Deutschen" gelegen; zur selben Zeit, als „die slawischen Wohn- und Wehrbauten in primitivster Blockbautechnik mit offenen Herdfeuern" errichtet wurden, seien „am Rhein und in Mitteldeutschland schon romanische Kirchen gebaut" worden; in: Mecklenburg im Kampf um den Osten, S. 35 ff.

7 Der Rektor der Universität, Kurt Wachholder, hatte die mecklenburgische Landesverwaltung 10/1945 telegrafisch aufgefordert, „bei der russischen Administration [die] Freistellung [Stolbergs] zu erwirken und weiter Vorsorge zu treffen, daß nicht noch andere als Reserveoffiziere oder Reservesanitätsoffiziere tätig gewesene Professoren verhaftet werden, weil sonst [die] Durchführung des Lehrbetriebes bei Wiedereröffnung der Universität unmöglich" sei.

8 Stolberg beschwerte sich 11/1945 bei der mecklenburgischen Kultusverwaltung darüber, daß mit seiner fristlosen Entlassung „das Odium verknüpft" sei, er habe sich „aktiv in der NSDAP betätigt"; statt dessen sei er aber „niemals aktiver Anhänger der Partei gewesen". Er hätte seinen Austritt aus der SA, deren „herrschender Geist" ihm „zuwider" war, und einen Nichtbeitritt zur NSDAP „nur unter Aufopferung meiner beruflichen Existenz vollziehen können"; er sei in der NSDAP „nur als zahlendes Mitglied bewertet" worden, habe sich auch publizistisch „passiv" verhalten, obwohl von den Historikern die Bestätigung dafür erwartet wurde, „daß die deutsche Geschichte ihre Erfüllung im Nationalsozialismus gefunden habe". Er habe sich an den beiden Historikertagen, bei denen „der Kriegseinsatz im Rahmen der Geisteswissenschaften organisiert" wurde, nicht beteiligt und auch „keinerlei Kriegspropaganda getrieben". Seine beiden einzigen Veröffentlichungen in der Kriegszeit widersprachen „durchaus der offiziellen Version, wonach Judentum und Hochfinanz die Feindschaft [zwischen Deutschland und den USA] künstlich erzeugt haben sollen"; in seinen Vorlesungen habe er sich „von der rassischen Geschichtsauffassung selbstverständlich ferngehalten", seine Lektion zur Außenpolitik Bismarcks „enthielt sehr viel versteckte Kritik an den Nazimethoden", und wenn er sich „als Parteimitglied belastet gefühlt hätte", wäre er „wohl rechtzeitig ausgewichen" und nicht in der SBZ verblieben.

9 Rektor Kurt Wachholder informierte nach einer Beratung mit Vertretern der SMA 11/1945 die mecklenburgische Kultusverwaltung, daß das „politische Verhalten von Professor Graf Stolberg selbst nicht als so belastend empfunden" wurde, daß er „deswegen aus dem Dienst scheiden müßte"; laut SMA sei lediglich die Frage zu prüfen, ob Stolberg „dem Inhalt seiner Schriften nach für geeignet" gehalten werden könne, „weiter in dem besonders kritischen Fach der Neueren Geschichte zu dozieren". Wenn Stolbergs Schriften „wirklich so völkerverbindend und nicht militaristisch gehalten" seien, sollte „ihm die Möglichkeit weiterer wissenschaftlicher Forschungen" gegeben und er „stundenmäßig als gelernter Arbeiter entlohnt" werden. Obwohl sich auch die als unbelastet geltenden Professoren Ernst Hohl, Hermann Teuchert, Herbert Huscher, Gottfried v.Lücken, Günther Rienäcker, Heinrich Mitteis und der Bibliotheksdirektor Bruno Claußen für Stolberg einsetzten, blieb dessen Entlassung bestehen.

Wissenschaften; ab 1957 Mitglied der Bayerischen Akademie der Wissenschaften; am 5.8.1984 in München gestorben[10]

Quellen: UAR: PA Stolberg-Wernigerode; LHAS: 5.12-7/1, Nr. 1276, 1281; BA/BDC: REM; BA/BDC-Karteien: NSDAP, NSLB, REM, RFR.

10 Veröffentlichte u.a.: Wilhelm II., Lübeck 1932; Ulrich von Hutten, Lübeck 1934; Mecklenburg im Kampf um den Osten, Schwerin 1939; Robert Heinrich Graf von der Goltz, Botschafter in Paris 1863 – 1869, Oldenburg 1941; Deutsche Politik von Bismarck bis Ebert, München 1952; Geschichte der Vereinigten Staaten von Amerika, Berlin 1956; Die unentschiedene Generation. Deutschlands konservative Führungsschichten am Vorabend des Ersten Weltkriegs, München/ Wien 1968; Im Dienste Bismarcks. Die politische Karriere des Grafen Otto zu Stolberg-Wernigerode, Berlin 1984.

Tatarin-Tarnheyden[1], **Edgar** Adolf

geboren am 4.2.1882 in Riga/Lettland; evangelisch; Sohn eines Bankdirektors; Nicolai-Realschule in Bialystok, humanistisches Gymnasium in Wilna, dort 5/1899 Abitur; 8/1899 – 1906 Studium der Rechtswissenschaft an den Universitäten Dorpat, St.Petersburg und Genf; 3/1906 russisches juristisches Staatsexamen in St. Petersburg und Promotion in Dorpat;[2] 11/1906 – 3/1907 Gerichtsamtskandidat und Sekretärsgehilfe am Bezirksgericht Riga; 3/1907 – 10/1915 Rechtsanwalt in Riga, dort ab 1912 auch Syndikus der Rigaer Kaufmannskammer und Direktor der Kaufmannsbank; in Riga zum kaiserlichen Hofrat ernannt; 9/1911 Heirat,[3] später ein Kind; 11/1915 Übersiedlung nach Schweden, 9/1917 nach Deutschland; dort 9/1917 – 1919 Studium der deutschen Rechtswissenschaft an den Universitäten Berlin und Marburg; 6/1919 Promotion in Heidelberg;[4] 1920 – 1922 Vorsitzender des staatlichen Schlichtungsausschusses für die um Marburg liegenden Kreise und zugleich Vertreter des Baltischen Vertrauensrates im Gau Hessen; bis 1917 russische Staatsangehörigkeit, bis 1922 staatenlos, dann in Deutschland eingebürgert; 3/1922 Habilitation in Marburg[5], ab 4/1922 Privatdozent für Staats-, Verwaltungs- und Völkerrecht an der Universität Marburg; 10/1922 – 7/1945 ordentlicher Professor für Staats-, Verwaltungs- und Völkerrecht, Rechts- und Staatsphilosophie, Verfassungsgeschichte und Politik an der Universität Rostock, dort auch Direktor des Seminars für Staats- und Verwaltungsrecht und Mitdirektor des Seminars für Völkerrecht; 1924/25 auch Dekan der Rechts- und Wirtschaftswissenschaftlichen Fakultät; ab 1926 auch Studienleiter und Direktor, ab 1934 stellvertretender Leiter der Verwaltungsakademie Mecklenburg für Deutsche Beamte in Rostock; 1930/31 erneut Dekan der Rechts- und Wirtschaftswissenschaftlichen Fakultät der Universität Rostock; ab 12/1931 auch stellvertretender Vorsitzender der Mecklenburgischen Disziplinarkammer; ab 4/1933 Mitglied des Opferringes der NSDAP, ab 11/1933 Mitglied des Stahlhelm, ab 4/1934 der SA und ab 7/1934 des NS-Lehrerbundes; ab 1935 auch Vorlesungen über „Volk und Rasse“;[6] ab 1939 geschäftsführender Direktor des Juristischen Seminars; 1-3/1940 erneut Dekan der Rechts- und Wirtschaftswissenschaftlichen Fakultät der Universität Rostock; als 59jähriger dort Eintritt in die NSDAP am 1.10.1941, Mitgliedsnummer 8.835.802;[7] ab 1942 publizistische Beteiligung am 'Kriegseinsatz der

---

1 Das Mecklenburg-Schwerinsche Justizministerium hatte 3/1923 die Erlaubnis zur Führung des Namenszusatzes „Tarnheyden“ erteilt.

2 Mit der Arbeit: Über den Versuch mit untauglichen Mitteln nach russischem Recht.

3 Mit Johanna von Klot-Heydenfeldt, geb. am 27.1.1886 in Riga; Tochter eines Rechtsanwalts.

4 Mit der Arbeit: Legitimation des Erben nach russischem und baltischen Recht unter Vergleich mit den Bestimmungen des deutschen BGB, Stuttgart 1921.

5 Mit der Arbeit: Die Berufsstände, ihre Stellung im Staatsrecht und die deutsche Wirtschaftsverfassung, Berlin 1922.

6 Nach den vom Reichserziehungsministerium aufgestellten Richtlinien war ab 1935 vorgeschrieben, daß alle Jurastudenten in zweiten Semester eine Vorlesung über „Volk und Rasse“ zu besuchen hatten.

7 Tatarin stand laut Zeugnis des NSDAP-Ortsgruppenleiters Rolf Seemann von 1/1938 „zur Zeit der nationalsozialistischen Erhebung noch nicht in unseren Reihen“; er hatte wohl „als Universitätsprofessor Hemmungen zu überwinden, die nicht nur darauf sich gründeten, daß er

Geisteswissenschaften';[8] 1943/44 Beteiligung an den vom Oberkommando der Wehrmacht/Allgemeines Wehrmachtsamt, Abteilung Inland, organisierten Rednereinsätzen von Wissenschaftlern zur Truppenbetreuung;[9] 4/1944 ausgebombt und Übersiedlung nach Bad Doberan; 7/1945 wegen Zugehörigkeit zur NSDAP aus dem mecklenburgischen Landesdienst entlassen;[10] zur Rehabilitierung 8/1945 Auftrag, „die juristische Literatur auf dem Gebiete des Staats- und Völkerrechts auf faschistische Gedankengänge hin nachzuprüfen"; nach eindeutigem Plädoyer des Untersuchungsausschusses 10/1945 endgültig aus dem Universitätsdienst entlassen;[11] 11/1945 in Rostock verhaftet, von ei-

---

Balte ist, sondern in der Hauptsache wohl, weil die Professoren der Universitäten an sich gegen unsere Bewegung mit geistigen Vorbehalten eingestellt waren, wie sie es ja teilweise auch heute noch sind".

8 Mit einer Arbeit „über den französischen Volksbegriff und seine geschichtlichen, politischen, verfassungs- und völkerrechtlichen Auswirkungen unter dem Titel 'Volksmythos und Volkswirklichkeit in Frankreich'"; Rektor Kurt Wachholder schätzte 7/1944 ein, daß diese Arbeit „von größter Kriegswichtigkeit" sei, da sie in der Lage sei, „das Deutschland-Frankreich-Problem einer Lösung auf wissenschaftlicher Grundlage zuzuführen".

9 Tatarin hatte sich dort mit den Themen „Neue Volksauffassung und Reichsgedanke" sowie „Der Staat Friedrichs des Großen als Grundlage völkischer Erneuerung in den Freiheitskriegen" angeboten. Ausweislich seines Exposés wollte Tatarin im ersten Vortrag darlegen, daß – im Unterschied zum Reich Bismarcks und der Weimarer Republik – „die neue [nationalsozialistische] Volksauffassung auf den Wesenheiten Blut und Boden, Sprache und Kultur" beruhe; die Folge sei eine „Ungleichheit der Völker in ihrer weltpolitischen Bedeutung". Da sich der „Eigenwert" eines Volkes aber „nach dem Gewicht seines Volkstums" bemesse, komme es zu einer Modifizierung des „Reichsgedankens", dessen moderne Variante besage: „Die Rechtsstellung führender Völker [gestalte sich] auf der Grundlage ihrer Volkstumskraft und Kultur in wirtschaftlich und technisch bedingten Großräumen. Nach Großräumen aber ordnet sich das künftige Weltbild".

10 Tatarin bestritt 7/1945 sowohl die Zuständigkeit und Kompetenz des universitären Untersuchungsausschusses wie auch – zunächst – eine Zugehörigkeit zur NSDAP überhaupt, und bezeichnete sich als einen „stets starken Kritiker an den Mißständen des Nationalsozialismus". Tatarin beklagte die Ungleichbehandlung der ehemaligen Nationalsozialisten; diejenigen „150% igen Parteimitglieder, die sich hinter die Okkupationsmacht stecken", ließe man laufen, aber ihn wolle man „kreuzigen"; er habe im „nationalen Sozialismus" bis „Mitte 1938 ein Mittel zur Gleichberechtigung, Größe und Ehre des deutschen Volkes" gesehen; erst der „Judenpogrom" habe bei ihm „grundsätzliche sittliche und rechtliche Bedenken" ausgelöst; er habe sich mit seinem Optimismus hinsichtlich der positiven Gestaltungskräfte des NS „verrechnet"; Hitlers Außenpolitik sei bis 1937 „vernünftig" gewesen, wurde seit 1941 „dumm", um schließlich „in hellem Wahnsinn auszumünden"; ihm, Tatarin, sei die „rechtswidrige Eröffnung des Rußlandkrieges völlig gegen den Strich" gegangen, ebenso die „unwürdigen Verurteilungen nach dem 20. Juli 1944" und die „Greuel unverantwortlicher Kreise der Partei und ihrer Formationen", von denen er bei einem „Besuch in Litzmannstadt im Jahre 1942 Kenntnis erlangte"; er habe sich in der „Zwangslage" befunden, trotz aller innerer Widerstände „nationalsozialistisches Staatsrecht vortragen" zu müssen; er habe gehofft, „im Schutze des Parteiabzeichens viel offener" seine „wahre Meinung auszusprechen"; er sei auch Parteimitglied geworden, weil er es für „sinnlos" hielt, sich „in ein Konzentrationslager schicken" zu lassen. Tatarin bezeichnete es als seine „Tragik", daß er „nationalsozialistisches Staatsrecht noch zu einer Zeit lehren mußte, in der die Sache des Nationalsozialismus und der Partei moralisch verloren war", und bedauerte, daß „nichts von meinen staatsrechtlichen und völkerrechtlichen Hoffnungen vom Nationalsozialismus verwirklicht worden" sei.

11 Der vom Rektor Kurt Wachholder geleitete Ausschuß kam 9/1945 zu der Auffassung, daß Tatarin „sich seit 1933 in Wort und Schrift im Sinne des Nationalsozialismus betätigt" habe, „insbesondere in einer Reihe von Zeitungsartikeln, deren letzterer noch am 1. April 1945

nem Sowjetischen Militärtribunal zu zehn Jahren Zwangsarbeitslager verurteilt, 12/1953 entlassen; lebte ab 1954 in Stuttgart; dort am 30.12.1966 gestorben[12]

Quellen: UAR: PA Tatarin-Tarnheyden; LHAS: 5.12-7/1, Nr. 1407, 1408, 2346; BA/BDC: REM.

erschienen" sei; Tatarin habe sich „jahrelang um die Aufnahme in die Partei, wenn auch vergeblich, bemüht"; damit sei „sein weiteres Verbleiben als Lehrer des öffentlichen Rechts unmöglich" geworden. Im Unterschied zu anderen von ihr getroffenen Entscheidungen reagierte die mecklenburgische Volksbildungsabteilung im Falle Tatarin 10/1945 apodiktisch: „Ein Staatsrechtslehrer, der schon vor 1933 Hitlers 'Kampf' gelesen hat und nicht wußte, wohin er als Lehrer und Staatsbürger gehörte, ist jetzt nicht mehr tragbar".

12 Veröffentlichte u.a.: Das rechtliche Wesen der deutschen Selbstverwaltung und die mecklenburg-schwerinsche Verwaltungsreform. Eine juristische Studie, Rostock 1925; Staat und Recht in ihrem begrifflichen Verhältnis. Eine Studie über die Konsequenzen der Stammlerschen Rechtslehre, Berlin 1926; Rechtsgutachten zur Frage der Monopolstellung der drei herrschenden Gewerkschaftsrichtungen, Berlin 1930; Berufsverbände und Wirtschaftsdemokratie, Berlin 1930; Die Rechtsstellung des Amtshauptmanns in Mecklenburg-Schwerin in verwaltungs- und staatspolitischer Beleuchtung, Rostock 1931; Die Enteignung des deutschen Doms zu Riga, Breslau 1932; Werdendes Staatsrecht. Gedanken zu einem organischen und deutschen Verfassungsneubau, Berlin 1934; Völkerrecht und organische Staatsauffassung, Berlin 1936; Der Einfluß des Judentums in Staatsrecht und Staatslehre, Berlin 1938; Hrsg. der Deutschnordischen Schriftenreihe aus dem öffentlichen Recht, Rostock 1939 ff.

Teuchert, Hermann August

geboren am 3.3.1880 in Loppow/Landsberg (Brandenburg); evangelisch; Sohn eines Bauern; Dorfschule in Loppow, Bürgerschule und Gymnasium in Landsberg, Joachimsthalsches Gymnasium in Berlin, dort 3/1901 Abitur; 4/1901 – 1907 Studium der Klassischen Philologie und Germanistik an den Universitäten Straßburg und Berlin; als Einjährig-Freiwilliger dazwischen 10/1903 – 9/1904 Militärdienst im Garde-Grenadier-Regiment 4 in Berlin; 3/1907 Promotion in Berlin;[1] 3/1907 – 4/1908 Assistent in der Redaktion des Rheinischen Wörterbuchs in Bonn; 2/1908 Staatsexamen; als Kandidat des höheren Schulamtes 4/1908 – 3/1910 zunächst Studienreferendar und -Assessor am Gymnasium und am Paulsen-Realgymnasium in Berlin-Steglitz; 12/1909 Heirat,[2] später sechs Kinder, davon zwei gestorben; 4/1910 – 9/1920 zunächst Oberlehrer, dann Studienrat am Paulsen-Realgymnasium in Berlin-Steglitz; daneben ab 1913 Mitherausgeber der *Zeitschrift für deutsche Mundarten*, die 1924 – 1934 unter dem Namen *Theutonista. Zeitschrift für deutsche Dialektforschung und Sprachgeschichte* erschien; dazwischen 8/1914 – 5/1918 Kriegseinsatz im Reserve-Infanterie-Regiment 49, als Hauptmann 11/1918 aus dem Heer entlassen, EK II, EK I, EKFK, Verwundetenabzeichen in Silber; ab 10/1920 erster ordentlicher Professor für Niederdeutsche Sprache und Literatur sowie Niederländisch an der Universität Rostock, dort mit der Einrichtung und Leitung des Seminars für Niederdeutsche und Niederländische Sprache und Literatur beauftragt; 1923/24 Dekan der Philosophischen Fakultät der Universität Rostock; zusammen mit Richard Wossidlo 1926 Gründung eines Wörterbucharchivs und Beginn der gemeinsamen Arbeit am *Mecklenburgischen Wörterbuch*; vor 1933 Mitglied der Deutschnationalen Volkspartei; nach Rücknahme des 1920 erteilten Lehrauftrages 3/1934 – 1946 nunmehr ordentlicher Professor für Niederdeutsche Sprache und Literatur sowie Altdeutsche Literatur und deutsche Sprachgeschichte sowie Direktor des Niederdeutschen Seminars und des Seminars für Ältere deutsche Literatur und deutsche Sprache an der Universität Rostock;[3] ab 1/1934 Mitglied des NS-Lehrerbundes, der SA-Reserve, ab 1942 Mitglied des Opferringes der NSDAP, ab 1944 Mitglied des NS-Dozentenbundes; 9/1944 KVK II. Kl. o.S.; 1946 – 1954 Professor für Deutsche Sprache und Ältere deutsche Literatur sowie Niederdeutsche Sprache und Literatur an der Universität Rostock, dort auch Direktor der Abteilung für deutsche Sprache und altdeutsche Literatur, der Abteilung Niederdeutsch und Niederländisch und der Abteilung Sprechkunde des Germanistischen Instituts; 7/1947 von der SMA als ordentlicher Professor bestätigt; auf eigenen Antrag aus Altersgründen 12/1947 zunächst von Lehrverpflichtungen entbunden, 7/1948 Verlängerung des Lehrauftrages, dann in mehreren Stufen bis 6/1953 Amts-

1 Mit der Arbeit: Laut- und Flexionslehre der neumärkischen Mundart, Berlin 1907.

2 Mit Anna Jahn, geb. am 26.4.1891 in Hennef/Sieg; Tochter eine Kaufmanns.

3 Nach dem Ausscheiden von Wolfgang Golther wurden auf Antrag der Philosophischen Fakultät dessen Lehraufgaben auf die Lehrstühle von Hermann Teuchert und Willi Flemming verteilt und auch das Deutsch-Philologische Seminar den Lehraufträgen entsprechend umgebildet. Teucherts Forschungsschwerpunkte waren die Dialektforschung, niederdeutsche Mundarten (insbesondere Märkisch und Mecklenburgisch), niederdeutsche Sprache und Kultur sowie Niederländisch.

zeit verlängert, ab 2/1952 Einzelvertrag; 12/1954 emeritiert; 1954 – 1965 auch Leiter der Arbeitsstelle des *Mecklenburgischen Wörterbuchs* am Institut für Deutsche Sprache und Literatur der Deutschen Akademie der Wissenschaften in Berlin; 6/1954 Brüder-Grimm-Preis der Universität Marburg; ab 1/1955 korrespondierendes, ab 5/1969 auswärtiges Mitglied der Deutschen Akademie der Wissenschaften; 10/1961 Nationalpreis I. Klasse für Wissenschaft und Technik der DDR; 6/1964 Joost-van-den-Vondel-Preis der Universität Münster; 2/1970 Ehrenpromotion der Universität Rostock; wegen Pflegebedürftigkeit 10/1971 Übersiedlung zu seinen in Heidelberg lebenden Kindern; am 13.1.1972 in Heidelberg gestorben[4]

Quellen: UAR: PA Teuchert; LHAS: 5.12-7/1, Nr. 1259, 1481; BA/BDC-Karteien: NSLB, REM.

---

4 Veröffentlichte u.a.: John Brinckmann, Vagel Grip, Wolgast 1924 (als Hg.); John Brinckmann, Kleine Erzählungen, Greifswald 1929 (als Hg.); Der mecklenburgische Sprachraum, Rostock 1929; Niederdeutsche Mundarten. Texte aus alter und neuer Zeit, Leipzig 1935; bis Bd. 5 Hrsg. des Mecklenburgischen Wörterbuchs, 7 Bde., 1942 ff. (z.T. mit R. Wossidlo); Die Sprachreste der niederländischen Siedlungen des 12. Jahrhunderts, Neumünster 1944; Die Mundarten der brandenburgischen Mittelmark und ihres südlichen Vorlandes, Berlin 1964; Mitarbeit am Deutschen Wörterbuch von Jacob und Wilhelm Grimm, 1925 – 1965.

Thierfelder, Andreas Martin Wolfgang

geboren am 15.6.1903 in Zwickau/Sachsen; evangelisch; Sohn eines Arztes; Bürgerschule und Gymnasium in Zwickau, Fürsten- und Landesschule St.Afra in Meißen, dort 4/1922 Abitur; 4/1922 – 10/1928 Studium der Klassischen Philologie, der Alten Geschichte und Archäologie an den Universitäten Leipzig und Kiel; in den Semesterferien Werkstudent im Eisenbahnbau in Meißen; 4/1929 – 9/1930 Assistent am Philologischen Seminar und Lektor für Griechisch an der Universität Gießen; 1/1930 Promotion in Leipzig;[1] 10/1930 – 1934 Assistent am Philologischen Institut der Universität Leipzig; daneben 9-10/1931 Mitarbeiter am Thesaurus Linguae Latinae in München; ab 11/1933 Mitglied der SA und bis 12/1934 Dienst im SA-Marinesturm 25/2, ab 12/1933 Mitglied des NS-Lehrerbundes; 6/1934 Habilitation[2] und 12/1934 Privatdozent für Klassische Philologie an der Universität Leipzig;[3] dort Mitglied im NS-Dozentenbund und seit 1935 auch Blockwalter der NS-Volkswohlfahrt; 10/1934 Heirat[4], später fünf Kinder[5]; 1936 Lehrstuhlvertretung für Klassische Philologie und Griechisch an der Universität Halle; ab 4/1937 mehrfach verlängerte Lehrstuhlvertretung für Klassische Philologie an der Universität Rostock; dort Eintritt in die NSDAP am 1.5.1937, Mitgliedsnummer 5.796 261, daneben auch Blockwalter der NS-Volkswohlfahrt in Warnemünde; ab 1937 Herausgeber der *Jahresberichte über die Fortschritte der klassischen Altertumswissenschaften*; an der Universität Rostock 5/1938 zum planmäßigen außerordentlichen Professor für Klassische Philologie ernannt,[6] dort auch Mitdirektor des Klassisch-Philologischen Seminars; bereits ab 1/1941 Vertretung des Lehrstuhls für Klassische Philologie an der Universität Gießen, dort 7/1941 zum ordentlichen Professor für Klassische Philologie ernannt, daneben auch Direktor des Klassisch-Philologischen Seminars der Universität Gießen; ab 9/1943 Kriegseinsatz; dann bis Sommer 1947 Kriegsgefangenschaft; ab 1947 Lehrstuhlvertretung für Klassische Philologie an der Universität Hamburg; ab 1950 ordentlicher Professor für Klassische Philologie an der Universität Mainz; dort 1971 emeritiert; am 15.4.1986 in Mainz gestorben[7]

---

1 Mit der Arbeit: De rationibus interpolationum Plautinarum, Leipzig 1929 (in Latein).

2 Mit der Arbeit: Beiträge zur Kritik und Erklärung des Apollonius Dyscolus, Leipzig 1935.

3 In seinem Gutachten hielt Helmut Berve, Dekan der Philosophischen Fakultät der Universität Leipzig fest, daß Thierfelder zwar ein guter Lehrer sei und er „trotz starker Beanspruchung als Assistent und trotz des SA-Dienstes eine schwere, vollwertige Habilitationsschrift fertiggestellt" habe; dennoch sei Thierfelder „zweifellos nicht der Mann, der in der klassischen Altertumswissenschaft an den Aufgaben, die jetzt gestellt sind und die sie in Zukunft zu lösen haben wird, entscheidend mitarbeiten" könne; es fehle ihm dazu „die große Linie und die allgemeine Zielsetzung".

4 Mit Ilse Rietzsch, geb. am 1.12.1914 in Dresden.

5 Thierfelder mußte 1/1938 gegenüber dem Mecklenburgischen Staatsministerium erklären, warum seine Ehe noch immer kinderlos sei.

6 Für die Philosophische Fakultät der Rostocker Universität war besonders beeindruckend: Thierfelder „spricht und dichtet Lateinisch, als wäre es eine lebende Sprache". Thierfelders Hauptarbeitsgebiete waren die altlateinische Sprache und Dichtung, besonders die antike Komödie, sowie die griechischen Grammatiker.

7 Veröffentlichte u.a.: Andria, v. Publius Terentius Afer, Heidelberg 1951 (als Hg.); Menander.

Quellen: UAR: PA Thierfelder; LHAS: 5.12-7/1, Nr. 1249, 1255; BA/BDC: PK; BA/BDC-Karteien: NSLB, REM, RFR.

Menandri quae supersunt, Leipzig 1953 ff.; Repetitorium der lateinischen Syntax und Stilistik, Leverkusen 1955 (als Hg.); Repetitorium der griechischen Syntax, München 1961 (als Hg.); daneben Übersetzer und Hg. mehrerer antiker Dramen und Lustspiele, u.a. von Terentius Afer, Plautus, Hierocles.

Thomsen, Gerhard

geboren am 23.6.1899 in Hamburg; evangelisch; Sohn eines Arztes; Vorschule der Oberrealschule St.Georg in Hamburg, Gelehrtenschule des Johanneums in Hamburg, dort 6/1917 Notabitur; 10/1917 – 12/1918 Kriegseinsatz im Husaren-Regiment 8, in der Kavallerie-Fernsprech-Abteilung 9 und im Infanterie-Regiment 17; 1919 – 1923 Studium der Mathematik und der Naturwissenschaften an den Universitäten Heidelberg und Hamburg; dort 11/1922 Prüfung für das höhere Lehramt; 9/1923 Promotion in Hamburg;[1] ab 10/1923 Assistent an der Technischen Hochschule in Karlsruhe; 3/1925 – 11/1926 Assistent am Mathematischen Seminar der Universität Hamburg; 12/1926 – 10/1927 Rockefeller-Stipendiat an der Universität Rom; ab 11/1927 erneut Assistent am Mathematischen Seminar der Universität Hamburg; dort 2/1928 Habilitation[2] und seitdem Privatdozent an der Universität Hamburg; ab 10/1929 außerordentlicher Professor für Mathematik an der Universität in Rostock, dort auch Mitdirektor des Mathematischen Seminars;[3] am 4.1.1934 bei Papendorf (an der Eisenbahnlinie Rostock-Schwaan) gestorben[4]

Quellen: UAR: PA Thomsen; LHAS: 5.12-7/1, Nr. 2346, 2349.

1 Mit der Arbeit: Über konforme Geometrie. T. 1: Grundlagen der konformen Flächentheorie, Hamburg 1923.

2 Mit der Arbeit: Über die Bewegung eines kleinen starren Probekörpers in beliebig vorgegebenen Gravitationsfeldern, Berlin 1928.

3 Thomsens Hauptarbeitsgebiete waren die Differential-, Textil- und Spiegelungsgeometrie sowie die Gruppentheorie und die allgemeine Relativitätstheorie.

4 Die zeitgenössischen Berichte im *Niederdeutschen Beobachter*, im *Rostocker Anzeiger* und in der *Mecklenburgischen Zeitung* gingen übereinstimmend von einem Selbstmord aus; für diese Annahme spricht auch eine Darstellung des späteren Rektors Kurt Wachholder, der in seinem Entnazifizierungsverfahren 1946/47 von einer Sitzung des Konzils der Universität berichtete, auf der er „kurz nach seiner Berufung" [5/1933] wegen der Verweigerung des Aushangs einer politischen Verlautbarung gemaßregelt worden sei. In dieser Sitzung habe der „damalige Dozentenbundführer Prof. Bachér die Professoren schwer beschimpft. Als alle älteren Kollegen diese Beschimpfungen stillschweigend einsteckten, ergriff ich, trotzdem ich der jüngste Professor war, das Wort und wies die Beschimpfungen zurück. Meinem Beispiele folgten dann nur noch Prof. v.Fritz, der dann nach USA auswanderte, und ein anderer Kollege, dessen Namen ich vergessen habe, der tags darauf Selbstmord beging". Da von den Hochschullehrern der Universität Rostock in der Zeit des Dritten Reiches nur zwei Professoren Selbstmord begangen haben und der bereits seit 3/1933 beurlaubte Hans Moral sicher nicht mehr an einer Sitzung des Konzils teilgenommen hat, kann es sich nach Lage der Dinge bei dem von Wachholder angesprochenen Kollegen nur um Gerhard Thomsen gehandelt haben. Veröffentlichte u.a.: Differentialgeometrie der Kreise und Kugeln, Berlin 1929 (mit W. Blaschke); Grundlagen der Elementargeometrie in gruppenalgebraischer Behandlung, Leipzig 1933.

Trautz, Max Theodor

geboren am 19.3.1880 in Karlsruhe/Baden; evangelisch; Sohn eines Oberkirchenrats; humanistisches Gymnasium in Karlsruhe, dort 1898 Abitur; 1898 – 1903 Studium der Chemie an der Technischen Hochschule Karlsruhe und der Universität Leipzig; dazwischen 1899 Volontär in der sächsischen Braunkohleindustrie; 8/1903 Promotion in Leipzig;[1] 1903 – 1910 planmäßiger Assistent am Chemischen Laboratorium der Universität Freiburg, dort 2/1905 Habilitation[2] und seitdem Privatdozent für Physikalische Chemie; an der Universität Freiburg 2/1910 zum nichtplanmäßigen außerordentlichen Professor/Titularprofessor ernannt; ab 4/1910 planmäßiger außerordentlicher Professor für Physikalische Chemie an der Universität Heidelberg; 5/1912 Heirat,[3] später zwei Kinder; wegen Krankheit kein Kriegseinsatz; ab 1921 ordentliches Mitglied der Heidelberger Akademie der Wissenschaften, später auch Ehrenmitglied der Physikalischen Vereinigung Frankfurt/M.; ab 1/1927 ordentlicher Professor und ab 4/1927 auch Direktor des Instituts für Physikalische Chemie und Elektrochemie der Universität Heidelberg; dort 1929/30 sowie 4-9/1933 Dekan der Mathematisch-Naturwissenschaftlichen Fakultät; 4/1934 – 9/1936 ordentlicher Professor für Anorganische Chemie und Direktor des Chemischen Instituts der Universität Rostock, daneben auch Leiter der Anorganischen und Pharmazeutischen Abteilung sowie der Physikalisch-Chemischen Abteilung des Chemischen Instituts;[4] dort ab 7/1934 Mitglied des NS-Lehrerbundes, daneben Mitglied des Alldeutschen Verbandes, der NS-Volkswohlfahrt und Förderndes Mitglied der SS; 10/1936 – 1945 Professor für Anorganische Chemie und Direktor des Chemischen Instituts der Universität Münster;[5] dort emeritiert; ab 1949 Mitherausgeber der *Zeitschrift für anorganische Chemie*; 1952 Ehrenpromotion der Technischen Hochschule Karlsruhe; am 19.8.1960 in Karlsruhe gestorben[6]

Quellen: UAR: PA Trautz; LHAS: 5.12-7/1, Nr. 1310; BA/BDC: NSLB, REM; BA/BDC-Karteien: NSLB, RFR.

---

1 Mit der Arbeit: Zur physikalischen Chemie des Bleikammerprozesses, Leipzig 1904.

2 Mit der Arbeit: Studien über Chemilumineszenz, Leipzig 1905.

3 Mit Mona Janet Drysdale, geb. am 3.4.1885; 1971 gestorben.

4 Die Forschungsschwerpunkte von Trautz waren die Photochemie mit Studien zu Lichtreaktionen, die Reaktionsgeschwindigkeiten in der chemischen und Gaskinetik, hier vor allem die thermische und Lichtaktivierung chemischer Reaktionen und die Entwicklung neuer Methoden der Gasanalyse; daneben auch geologisch-geographische Studien und Untersuchungen zur Rohstoffbearbeitung von Erzen.

5 Trautz erhielt vom Reichsforschungsrat allein 1943/44 mehrere zehntausend RM für „Untersuchungen über das Auftreten und die Breite von Zuständen zwischen gesättigtem Dampf und Flüssigkeit einerseits und Glas und Kautschuk andererseits“ sowie für Forschungen über die „Korrosion von Metallen und Kunststoffen durch kondensierte Gase und stark angreifende Stoffe“.

6 Veröffentlichte neben mehr als 190 Aufsätzen u.a.: Praktische Einführung in die Allgemeine Chemie. Anleitung zu physikalisch-chemischem Praktikum und selbständiger Arbeit, Leipzig 1917; Galvanische Elemente. Theorie der elektro-motorischen Kräfte und der Elektrokapillarität, Leipzig 1918; Lehrbuch der Chemie. 3 Bde., Berlin/Leipzig 1922-1924.

Troitzsch, Wilhelm Heinrich

geboren am 28.1.1900 in Wismar/Mecklenburg-Schwerin; evangelisch; Sohn eines Schulrektors; Bürgerschule und Gymnasium in Wismar; 6/1917 – 3/1918 Einsatz als landwirtschaftlicher und Fabrikarbeiter im Vaterländischen Hilfsdienst, dazwischen 10/1917 Notabitur in Wismar; als Freiwilliger ab 6/1918 Militärdienst im I. Ersatz-Bataillon des Füsilier-Ersatz-Regiments 90 in Rostock, dann bis 12/1918 Kriegseinsatz im Feldrekruten-Depot der Infanterie-Reserve-Division 80; 12/1918 – 11/1921 Studium der Rechts- und Wirtschaftswissenschaft, Theologie und Philosophie sowie des Auslandsdeutschtums an den Universitäten Rostock, Marburg und Leipzig; als Student ab 1918 Mitglied des Kyffhäuserbundes, ab 1919 Mitglied des Vereins/Volksbundes für das Deutschtum im Ausland, 1919/20 Angehöriger des Freikorps 'Schwarze Brigade Sachsen' und ab 1921 Mitglied der Organisation Escherich, mit diesen „Bekämpfung der mitteldeutschen Aufstände"; 11/1921 erste juristische Staatsprüfung; als Referendar ab 1922 kommissarischer Leiter des Polizei- und Bildungsamtes der Stadt Wismar; 5/1923 Promotion in Rostock;[1] 1923 Mitglied der Brigade Roßbach, 1924/25 Redner und Rechtsberater der Deutschvölkischen Freiheitsbewegung; 11/1925 zweite juristische Staatsprüfung und als Gerichtsassessor bis 12/1929 Hilfsrichter am Amtsgericht Rostock; 1930/31 für wissenschaftliche Arbeiten aus dem Justizdienst beurlaubt; 11/1931 – 11/1934 Fakultätsassistent der Rechts- und Wirtschaftswissenschaftlichen Fakultät der Universität Rostock; dort 12/1931 Habilitation[2] und seitdem Privatdozent für Staats- und Verwaltungsrecht an der Universität Rostock; ab 1933 Mitglied des Bundes Nationalsozialistischer Deutscher Juristen/NS-Rechtswahrerbund, hier 12/1933 – 5/1937 zunächst Gaufachgruppenleiter, dann Gaugruppenwalter der Hochschullehrer im NSRB des Gaues Mecklenburg-Lübeck; ab 8/1933 Mitglied im Deutschen Luftsportverband; ab 11/1933 Mitglied der SA, als SA-Rottenführer zunächst Dienst im 12. Sturm der SA-Standarte 90 in Rostock; als Privatdozent ab 4/1934 Lehrstuhlvertretung für Öffentliches Recht an der Universität Rostock; dort ab 7/1934 Mitglied des NS-Lehrerbundes, ab 8/1934 auch Mitglied der NS-Volkswohlfahrt und des Reichsluftschutzbundes; ab 11/1934 außerordentlicher Professor für Staats- und Verwaltungsrecht, Völker- und Kirchenrecht sowie Mecklenburgisches Landesrecht an der Universität Rostock,[3] dort auch Mitdirektor des Seminars für Staats- und Verwaltungsrecht und des Seminars für Völkerrecht; ab 11/1934 Mitglied des Rechtsausschusses der Wissenschaftlichen Gesellschaft für Luftfahrt, ab 1935 auch Mitglied der Deutschen Gesellschaft für Wehrpolitik und Wehrwissenschaften, dort Mitarbeiter für Wehrrechtsfragen; 8/1935 Heirat;[4] ab 4/1937 SA-Schar-

1 Mit der Arbeit: Bundesrat und Reichsrat. Ein staatsrechtlicher und politischer Vergleich, Rostock 1923.

2 Mit der Arbeit: Das Gestaltungsrecht. Zugleich ein Beitrag zur Lehre vom subjektiven Recht. Bd. I. Grundlagen, Begriff und Arten des Gestaltungsrechts, nebst einer Erörterung über den Begriff des politischen Wahlrechts, Rostock 1931.

3 Anläßlich dieser Berufung bestätigte das Personalamt der Gauleitung Mecklenburg-Lübeck der NSDAP 10/1934, daß Troitzsch „ein eifriger Anhänger des Führers mit allen Konsequenzen" sei; er betätige sich in der SA und biete „die Gewähr, daß er sich für den nat.soz. Staat voll und ganz" einsetze.

4 Mit Dr. Ilse Gennerich; Tochter eines Ingenieurs; Juristin.

führer im Nachrichtensturm der SA-Standarte 90 in Rostock; dort Eintritt in die NSDAP am 1.5.1937, Mitgliedsnummer 4.072.001; ab 5/1937 auch Mitglied des NS-Dozentenbundes, ab 8/1937 Förderndes Mitglied des NS-Fliegerkorps, ab 12/1937 kommissarischer Gaupressewalter des NS-Rechtswahrerbundes des Gaues Mecklenburg und ab 5/1938 Mitglied des NS-Altherrenbundes; gegen den Willen der Führung des NS-Studentenbundes der Universität 10/1938 zum ordentlichen Professor für Staats- und Verwaltungsrecht sowie Völkerrecht an der Universität Rostock ernannt,[5] dort auch Rechtsrat der Universität; daneben ab mindestens 1938 Schulungsredner beim Schulungsamt der Kreisleitung Rostock-Stadt der NSDAP sowie NSDAP-Gaufachredner für Rechtsfragen; ab 11/1940 Mitglied des Ausschusses für Luftrecht der Akademie für Deutsches Recht; 12/1940 Erweiterung seines Lehrauftrages auf das Gebiet des Luftrechts[6] und nunmehr auch Direktor des Seminars für Staats-, Verwaltungs- und Völkerrecht mit der Abteilung Luftrecht an der Universität Rostock; 4/1941 – 12/1943 Dekan der Rechts- und Wirtschaftswissenschaftlichen Fakultät der Universität Rostock; ab 1941 Geschäftsführender Direktor des Seminars für Verfassungs und Verwaltungsrecht und Politik sowie Direktor des Seminars für Völkerrecht mit der Abteilung Luftrecht der Universität Rostock; auf eigenen Antrag 3/1944 nochmalige Erweiterung seines Lehrauftrages um die Fachgebiete Wehrrecht und Wehrpolitik; ab 1941 durch Kommandierungen an die Universität mehrfach unterbrochener Kriegseinsatz, zunächst als Leutnant und Zugführer, dann als Ordonnanz-Offizier eines Regiments, ab 1943 als Oberleutnant und Kompaniechef eines Füsilier-Regiments an der Ostfront, dort auch Sachbearbeiter und Gehilfe des Divisionskommandeurs für „alle Fragen der wehrgeistigen Erziehung“; als Hauptmann schließlich NS-Führungsoffizier im Stab einer Infanterie-Division[7], EK II, EK I, Infanterie-Sturmabzeichen; am 25.12.1944 in Hallschlag/Westfront gefallen[8]

---

5 NS-Studentenführer Ulrich Thomsen kritisierte 2/1938 Troitzschs „Mangel an voller Aufrichtigkeit“ und bemerkte, „daß der Verlust der Fühlungnahme mit den Studenten seit der Ernennung Professor T.s zum ao. Professor eingetreten“ sei. Troitzsch scheine „keine eigene Meinung zu haben“ und trete als „das ewig glättende Moment“ auf. Troitzschs wissenschaftliche Arbeit beschränke sich auf das „Sammeln der Meinung anderer. Eigene schöpferische Tätigkeit wird vermißt“. Auch Heinrich Gißel, Führer des NS-Dozentenbundes des Gaues Mecklenburg, bewertete Troitzschs wissenschaftliche Leistungen 10/1938 als „nicht über dem Durchschnitt“ liegend; hervorzuheben sei jedoch „sein ungeheurer Fleiß“, sein „Organisationstalent“ und seine „Schaffenskraft“; er bekomme es „fertig, neben seiner umfangreichen Hochschultätigkeit stets noch eine große Anzahl von Vorträgen im Rahmen der Partei und ihrer Gliederungen zu halten. Er spricht gut, zeigt einen klaren Aufbau seines Vortrages und richtige Erkenntnis des Nationalsozialismus im Rahmen seines Faches“; zumeist seien diese Aktivitäten aber „nicht ein inneres Bedürfnis“ und „Zug seines Wesens, sondern der Ausfluß übertriebenen Ehrgeizes und eines gewissen Geltungsbedürfnisses“; seine „Karriere [sei ihm] wichtiger als alles andere“. Troitzsch sei zwar „bemüht, eine eindeutige Stellung zum Nationalsozialismus zu finden“, präsentiere sich jedoch gelegentlich „als notorischer Schwätzer“. Troitzschs Hauptarbeitsgebiete waren das Staats-, Verwaltungs- und das vergleichende Verfassungsrecht (besonders Polizei- und Luftrecht), daneben auch das Völker- und Kirchenrecht.

6 Troitzsch hatte bereits seit 1931 Vorlesungen und Übungen zum Luftrecht abgehalten. Die Universität Rostock war die zweite Universität Deutschlands, die dieses Lehrgebiet in den Vorlesungsplan aufgenommen hatte.

7 Auf Anforderung der Partei-Kanzlei von Max Milkow, dem Leiter des Personalamtes der Gauleitung Mecklenburg der NSDAP, 6/1944 wie folgt beurteilt: „Hauptmann Troitzsch ... ist bereits als NS-Führungsoffizier bei der 12. Division eingesetzt und hat den Kursus auf der

Quellen: UAR: PA Troitzsch; LHAS: 5.12-7/1, Nr. 579, 1195, 1428, 1432; BA/BDC: PK, SA; BA/BDC-Karteien: NSDAP, NSLB, REM.

Ordensburg 'Die Falkenburg am Krössinsee' mitgemacht ... Lehrbefähigung und großer Eifer zur Sache sind vorhanden. Als Dozent ist er bei seinen Hörern nicht unbeliebt und versucht, auch einen menschlichen Kontakt mit ihnen zu bekommen. Ihn menschlich unverzerrt zu beurteilen, fällt am schwersten ... Troitzsch ist intelligent, fleißig, sehr pedantisch und zum Teil duckmäuserig veranlagt, er ist noch lange der Hörige derjenigen gewesen, durch die er in die Fakultät gekommen ist ... In seiner Arbeit für die Bewegung legt er eine auffallende Rührigkeit an den Tag, die stark den Eindruck erweckt, nicht immer mit vollkommener Uneigennützigkeit zu handeln. Seine weltanschauliche Linie ist nicht genügend gefestigt, und auch seine charakterliche Haltung ist umstritten. Bei Universitätsfragen und somit bei Auseinandersetzungen zwischen Partei und Staat wahrt er nicht immer die nat.soz. Linie. Bei Troitzsch handelt es sich um eine Persönlichkeit, die, wenn man sie entsprechend unter Druck setzt, noch etwas anfangen kann, auch wird er sich weiterhin im Rahmen der nat.soz. Bewegung betätigen und für diese eintreten, solange sie fest und unangefochten dasteht. Gegen die Einsetzung als NS-Führungsoffizier habe ich nach Vorstehendem die größten Bedenken. Ich will jedoch, noch dazu da ... Troitzsch bereits als Divisionsführungsoffizier eingesetzt ist, der dortigen Dienststelle die Entscheidung überlassen."

8 Veröffentlichte u.a.: Rechtspflege und Immunität des Abgeordneten nach dem geltenden Recht des Deutschen Reiches, der Deutschen Länder, der Freien Stadt Danzig, Rostock 1927; Zur Vereinheitlichung der Reichsverfassung, Marburg 1928; Die Polizeipflicht in politisch bewegten Zeiten, Königsberg 1933.

Ule, Wilhelm

geboren am 9.5.1861 in Halle/Merseburg (Provinz Sachsen); evangelisch; Sohn eines Privatgelehrten; Städtisches Gymnasium in Halle, dort 1882 Abitur; 10/1882 – 1887 Studium der Mathematik und Geographie an den Universitäten Berlin und Halle; dort 2/1888 Promotion,[1] 5/1889 Habilitation[2] und seitdem bis 1907 Privatdozent für Erdkunde an der Universität Halle; 1892/93 Lehrstuhlvertretung für Erdkunde an der Universität Gießen; an der Universität Halle 1897 zum Titularprofessor ernannt; 3/1897 Heirat,[3] später zwei Kinder; ab 1889 Geschäftsführer der Akademie der Naturforscher Leopoldina in Halle; 1901 – 1902 Lehrstuhlvertretung für Erdkunde an den Universitäten Gießen und Marburg; ab 4/1907 außerordentlicher Professor für Geographie an der Universität Rostock; 1909 Mitbegründer der Rostocker Geographischen Gesellschaft[4] und ab 1910 Herausgeber der *Mitteilungen der Geographischen Gesellschaft zu Rostock*; 1911 auch Gründer und Direktor des Geographischen Instituts der Universität Rostock; 1911 Teilnehmer an der deutschen Antarktis-Expedition und bis 1914 mehrere Studienreisen nach Indien, Ceylon und Südamerika; 8/1914 – 4/1919 Heimatkriegseinsatz als Lehrer an einem Realgymnasium, einer Realschule und einer Studienanstalt, ab 1/1915 außerdem Lehrer in einem Soldatenheim, ab 11/1915 auch Leiter eines Volks- und Jugendheimes und ab 1917 Lehrertätigkeit im Auftrag der Kreisbehörde Rostock; 10/1919 – 3/1933 ordentlicher Professor für Geographie an der Universität Rostock,[5] dort auch Direktor des Geographischen Instituts mit der Abteilung für Auslandsdeutschtum und Kolonien; 1921/22 auch Dekan der Philosophischen Fakultät; 3/1933 auf eigenen Antrag emeritiert, ab 4/1933 Honorarprofessor an der Universität Rostock; ab 1934 Mitglied des Reichsluftschutzbundes, ab 6/1934 der NS-Volkswohlfahrt; ab 1936 Mitglied der Akademie der Naturforscher Leopoldina; ab 1/1937 Mitglied des Reichskolonialbundes; am 13.2.1940 in Rostock gestorben[6]

Quellen: UAR: PA Ule.

1 Mit der Arbeit: Die Mansfelder Seen, Halle 1888.

2 Mit der Arbeit: Die Tiefenverhältnisse der Masurischen Seen, Berlin 1890.

3 Mit Gertrud Hochheim.

4 Die Rostocker Geographische Gesellschaft avancierte mit ihren Tochtergesellschaften in Güstrow, Schwerin und Wismar zur größten ihrer Art in Deutschland.

5 Dieser Lehrstuhl wurde im Zusammenhang mit dem 500-jährigen Jubiläum der Universität 1919 neu gegründet. Ules Hauptforschungsgebiete waren die Hydrographie und Geographie; er gilt als Erfinder des Kurvimeters und von Instrumenten zur Seenforschung.

6 Veröffentlichte u.a.: Die Erde und die Erscheinungen ihrer Oberfläche. Eine physische Erdbeschreibung, Braunschweig 1892; Zur Hydrographie der Saale, Stuttgart 1896; Lehrbuch der Erdkunde für höhere Schulen, Leipzig 1897; Beitrag zur physikalischen Erforschung der baltischen Seen, Stuttgart 1898; Geschichte der Kaiserlich Leopoldinisch-Carolinischen Deutschen Akademie der Naturforscher während der Jahre 1852 – 1887, Halle/Leipzig 1889; Die Aufgabe geographischer Forschungen an Seen, Wien 1902; Geographie von Mecklenburg, Stuttgart 1909; Grundriß der allgemeinen Erdkunde, Leipzig 1915; Das Deutsche Reich. Eine geographische Landeskunde, Leipzig 1915; Physiogeographie des Süßwassers. Grundwasser, Quellen, Flüsse, Seen, Leipzig 1925; Mecklenburg, Bielefeld/Leipzig 1930.

Ulich, Hermann Emil

geboren am 13.1.1895 in Dresden/Sachsen; evangelisch; Sohn eines Senatspräsidenten am sächsischen Oberlandesgericht; Bürgerschule und Gymnasium in Dresden, dort 3/1914 Abitur; zunächst Studium der Naturwissenschaften an der Universität Freiburg; ab 8/1914 Kriegseinsatz in den Feldartillerie-Regimentern 32 und 64, nach schwerer Verwundung (4/1918 Amputation des rechten Beines) und langwieriger Genesung 2/1920 als Leutnant aus dem Heer entlassen, EK II, EK I, Verwundetenabzeichen in Schwarz; 4/1919 – 10/1922 Studium der Chemie an der Technischen Hochschule Dresden und an der Universität Rostock; dort 11/1922 Promotion;[1] 12/1922 – 3/1923 Assistent am Anorganisch-Chemischen Institut der Technischen Hochschule Dresden; 4/1923 Heirat;[2] ab 4/1923 1. Assistent für Unterricht in der Physiko-Chemischen Abteilung des Chemischen Instituts der Universität Rostock; dort 2/1926 Habilitation[3] und ab 3/1926 Privatdozent für physikalische Chemie an der Universität Rostock; dort 3/1930 zum außerplanmäßigen außerordentlichen Professor für Physikalische Chemie ernannt;[4] ab 4/1934 Mitglied des NS-Lehrerbundes; ab 10/1934 ordentlicher Professor für Physikalische Chemie an der Technischen Hochschule in Aachen, dort auch Leiter des Instituts für Theoretische Hüttenkunde und Physikalische Chemie; Eintritt in die NSDAP am 1.5.1937, Mitgliedsnummer 4.065.305; ab 1940 Lehrstuhlvertretung, ab 8/1941 ordentlicher Professor für Physikalische Chemie an der Technischen Hochschule Karlsruhe;[5] am 14.4.1945 in Karlsruhe gestorben (Suizid)[6]

Quellen: UAR: PA Ulich; LHAS: 5.12-7/1, Nr. 2435; BA/BDC: REM; BA/BDC-Karteien: NSDAP, NSLB, REM, RFR.

---

1 Mit der Arbeit: Leitfähigkeitsmessungen bei 0, 18 und 100 Grad Celsius an verdünnten wässrigen Lösungen von Salzen einwertiger Ionen, Rostock 1922.

2 Mit Elisabeth von Gersdorff; Tochter eines Bankdirektors.

3 Mit der Arbeit: Über die Beweglichkeit der elektrolytischen Ionen, Berlin 1926.

4 Im Mittelpunkt der Forschungen Ulichs standen Experimentalarbeiten über elektrolytische Leitfähigkeit, Dielektrizitätskonstanten und Salzschmelzen; er entwickelte neue Methoden zur Messung der elektrischen Leitfähigkeit etwa von Salzlösungen und führte Näherungsverfahren zur Berechnung chemischer Gleichgewichte ein.

5 Ulich erhielt vom Reichsforschungsrat umfangreiche Finanzmittel für Forschungen zur Thermochemie und für „Untersuchungen über metallurgische Gleichgewichte".

6 Veröffentlichte u.a.: Lehrbuch der Thermodynamik, Berlin 1929 (mit W. Schottky und C. Wagner); Chemische Thermodynamik. Einführung in die Lehre von den ehemaligen Affinitäten und Gleichgewichten, Dresden 1930; Kurzes Lehrbuch der physikalischen Chemie, Dresden/Leipzig 1938 ([18]1973).

Ullrich, Otto Julius

geboren am 7.1.1894 in Werdau/Sachsen; evangelisch; Sohn eines Tuchfabrikbesitzers; Realgymnasium in Zwickau, dort 4/1912 Abitur; 1912 – 1920 Medizinstudium an den Universitäten Heidelberg und München; dazwischen ab 9/1914 Militärausbildung beim Infanterie-Regiment 133 in Zwickau, 9/1915 – 11/1918 Kriegseinsatz als Feldhilfsarzt, EK II, EKFK; 7/1920 medizinisches Staatsexamen, Approbation und 8/1920 Promotion in München[1]; ab 9/1920 Volontärarzt an der Universitäts-Kinderklinik und 5-12/1921 am Hygienischen Institut der Universität München; ab 1/1922 zunächst Assistenzarzt an der Münchener Universitäts-Kinderklinik, dort ab 12/1922 Leiter des Ambulatoriums; ab 1923 Freikorpsangehöriger und Mitglied des Bundes Oberland in München; als Facharzt für Kinderheilkunde 5/1925 zum Oberarzt und stellvertretenden Direktor der Universitäts-Kinderklinik München ernannt; 2/1929 Habilitation[2] und seitdem Privatdozent an der Medizinischen Poliklinik der Universität München; 9/1929 Heirat[3], später zwei Kinder; an der Universität München 1/1934 zum nichtbeamteten außerordentlichen Professor für Kinderheilkunde ernannt; 1-6/1934 Ärztlicher Direktor des Kaiserin-Auguste-Krankenhauses in Berlin-Charlottenburg; ab 3/1934 Mitglied der SA und des NS-Ärztebundes, Mitglied des NS-Reichskriegerbundes und des NS-Altherrenbundes; 7/1934 – 7/1939 Chefarzt der Kinderklinik der Städtischen Krankenanstalten in Essen; daneben ab 6/1937 nichtbeamteter außerordentlicher Professor für Kinderheilkunde an der Universität Münster;[4] 8/1939 – 9/1943 ordentlicher Professor für Kinderheilkunde an der Universität Rostock, dort auch Direktor der Universitäts-Kinderklinik und Poliklinik;[5] 9-10/1939 Kriegseinsatz als Chefarzt eines Reservelazaretts; ab 1940 Herausgeber der *Zeitschrift für Kinderheilkunde*; ab mindestens 1941 auch Gaufachberater der Reichsarbeitsgemeinschaft „Mutter und Kind" im Reichsausschuß für Volksgesundheitsdienst e.V. beim Reichsministerium des Innern; ab 10/1943 Professor für Kinderheilkunde und Direktor der Kinderklinik der Universität Bonn;[6] ab 1945 Herausgeber der *Medizinischen Monatsschrift* und ab 1947 der *Monats-*

1 Mit der Arbeit: Ein Fall von Elephantitis der Augenlider auf traumatischer Grundlage, München 1920.

2 Mit der Arbeit: Experimentelle Beiträge zur Pathogenese der rachitischen Ossificationsstörung bei Mensch und Tier, München 1929.

3 Mit Eveline Ayrer, geb. am 29.4.1899 in Guben.

4 Der Leiter der Dozentenschaft der Universität Münster und die Gauleitung Essen der NSDAP meinten 7/1938 in einer politischen Beurteilung für die Universität Rostock, Ullrich sei „zwar nicht Pg., aber hinsichtlich der politischen Zuverlässigkeit bestehen keine Bedenken", und „eine Betätigung in konfessionellen Verbänden" habe „nie vorgelegen".

5 Ullrichs Forschungsschwerpunkte waren die Erbbiologie, Konstitution und Phänogenetik multipler Abartungen, Stoffwechselpathologie und Hauterkrankungen im Kindesalter; dazu mehrere nach ihm benannte Entdeckungen, wie Ullrich-Turner-Syndrom, Ullrich-Bonnevie-Syndrom, Ullrich-Syndrom, Ullrich-Fremerey-Dolma-Syndrom, Ullrich-Feichtinger-Syndrom.

6 Veröffentlichte u.a.: Über genetisch-entwicklungsphysiologische Problemstellungen in der Erbpathologie des Menschen, Bonn 1943 (Antrittsvorlesung).

schrift für Kinderheilkunde; ab 1952 Mitglied der Akademie der Naturforscher Leopoldina; am 22.10.1957 in Bonn gestorben

Quellen: UAR: PA Ullrich; BA/BDC: PK, REM.

Unshelm, Egon Ernst August

geboren am 2.3.1900 in Berlin/Preußen; evangelisch; Sohn eines Arztes; humanistisches Humboldt-Gymnasium und Königliches Wilhelms-Gymnasium in Berlin, dort 6/1918 Notabitur; als Freiwilliger 6-11/1918 Fahnenjunker im Feldartillerie-Regiment 27 in Mainz; ab 11/1918 Medizinstudium an der Universität Berlin; als Angehöriger des Zeitfreiwilligen-Regiments des Generals Walter Reinhard 3/1920 Teilnahme am Kapp-Putsch; 10/1923 Staatsexamen; 10/1923 – 12/1924 Medizinalpraktikant an der Universitäts-Kinderklinik, an der I. Medizinischen Klinik der Charité in Berlin und 1-4/1925 am Pathologischen Institut des Krankenhauses Berlin-Westend; 5/1925 Approbation; 5-8/1925 Volontärassistent am Pathologischen Institut des Krankenhauses Berlin-Westend; 9/1925 – 7/1927 von der Rockefeller-Stiftung finanzierter Ausbildungsassistent am Physiologisch-Chemischen Institut der Universität Leipzig; 2/1927 Promotion in Bonn;[1] 8/1927 – 9/1931 Assistent an der Universitäts-Kinderklinik in Hamburg; dort 7/1931 Gründung und bis 9/1931 Obmann einer NS-Betriebszelle; 10/1931 – 2/1935 wissenschaftlicher Assistent an der Kinderklinik der Universität Köln; 11/1930 Heirat,[2] später zwei Kinder; Eintritt in die NSDAP am 1.8.1931, Mitgliedsnummer 625.219, ab 9/1931 Blockwart einer Ortsgruppe der NSDAP in Köln; als HJ-Bannführer 9/1933 – 2/1934 Obergebietsarzt des HJ-Obergebietes West in Köln;[3] 2-7/1935 Oberarzt an der Kinderklinik der Medizinischen Akademie in Düsseldorf; 3/1935 Habilitation in Köln;[4] als Privatdozent für Kinderheilkunde 7/1935 nach Rostock versetzt, dort 8/1935 – 10/1942 auch Oberarzt der Universitäts-Kinderklinik in Rostock; ab 1935 Mitglied des NS-Ärztebundes, des NS-Dozentenbundes, des Reichsluftschutzbundes und der NS-Volkswohlfahrt; 9/1939 – 2/1941 Kriegseinsatz als Assistenzarzt der Luftwaffe, zuletzt Oberarzt im Flugabwehrbereich Brüssel; 3/1940 zum Dozenten neuer Ordnung ernannt; 2/1941 uk gestellt, 3/1941 aus der Wehrmacht entlassen und seitdem wieder Oberarzt der Universitäts-Kinderklinik in Rostock; ab 4/1942 auch Kreisamtsleiter für Volksgesundheit und Rassenpolitik der Kreisleitung Rostock-Stadt der NSDAP; nach den Bombenangriffen auf Rostock ab 4/1942 als Vertreter des Gauamtsleiters für Volksgesundheit auch Angehöriger des Sonderstabes des Gauleiters; an der Universität Rostock 10/1942 zum außerplanmäßigen Professor für Kinderheilkunde ernannt;[5] nach Beurlaubung durch das Mecklenburgische Staatsministerium ab 11/1942 zunächst kommissarischer, dann regulärer Direktor der Kinderabteilung des Städtischen Krankenhauses in

1 Mit der Arbeit: Ein klinisch bemerkenswerter Fall von Pseudohermaphroditismus masculinus competus, Berlin 1927.

2 Mit Ella Richter, geb. am 9.5.1902.

3 Dort 3/1934 wegen „Einstellung zur Monarchie“ aus der HJ ausgeschlossen und in die 'Schwarze Liste' der NSDAP eingetragen.

4 Mit der Arbeit: Über das Glykogen im Blut des Menschen, Berlin 1935.

5 Im Ernennungsantrag der Medizinischen Fakultät der Universität Rostock hieß es 6/1942, Unshelm habe „eine größere Anzahl wertvoller wissenschaftlicher Arbeiten veröffentlicht“; dennoch müsse „eine gewisse Einseitigkeit in den [Forschungs- und Veröffentlichungs-]Themen der letzten Jahre“ konstatiert werden, was aber durch Unshelms häufigen Arbeitsplatzwechsel bedingt sei; er sei aber „ein gewissenhafter und befähigter Kliniker“ sowie „ein guter Lehrer“, und „besonders hervorzuheben“ sei „sein Einsatz auf politischem Gebiet“; so habe er sich „seit

Karlsruhe; daneben ab 4/1944 auch außerplanmäßiger Professor für Kinderheilkunde an der Universität Straßburg[6]

Quellen: UAR: PA Unshelm; LHAS: 5.12-7/1, Nr. 579, 2382, 2524; BA/BDC: PK, REM; BA/BDC-Karteien: NSDAP, NSDÄB, REM.

1931 [als] Mitglied der NSDAP frühzeitig und mit Energie und unter mancherlei persönlichen Opfern für den Nationalsozialismus eingesetzt" und habe „als Obmann, Blockwart, in der HJ und in der Dozentenschaft wertvolle Aufbauarbeit geleistet".

6 In einer Beurteilungsnotiz des Bevollmächtigten für das Sanitäts- und Gesundheitswesen hieß es 1/1944: „Die wissenschaftlichen Leistungen von Unshelm reichen für ein Ordinariat nicht aus. Nach der Übernahme der Kinderklinik in Karlsruhe hat er sich bisher nicht durchzusetzen vermocht. Vor allen Dingen fand er nicht die Anerkennung der maßgebenden Karlsruher Ärzte."

Voß, Otto Hinrich

geboren am 3.2.1902 in Altona/Preußen; evangelisch; Sohn eines Eisenbahn-Oberinspektors; Gymnasium Christianeum in Hamburg-Altona, dort 4/1920 Abitur; anschließend Medizinstudium an den Universitäten Tübingen, Kiel, München und Hamburg; 1925 medizinisches Staatsexamen, 6/1926 Approbation und Promotion in Hamburg;[1] 10/1926 – 12/1927 Assistent an den Physiologischen Instituten der Universitäten Tübingen und Berlin; 1-12/1928 Assistent an der Medizinischen Klinik der Universität Köln; 1-4/1929 Schiffsarzt auf der Hamburg-Südamerika-Linie; 4/1929 – 3/1931 planmäßiger außerordentlicher Assistent an der Chirurgischen Klinik der Universität Frankfurt/M.; 3/1931 – 11/1935 planmäßiger Assistent an der Chirurgischen Universitätsklinik in Hamburg, dort ab 4/1933 Facharzt für Chirurgie; 1933 Lehrauftrag für Chirurgische Propädeutik an der Chirurgischen Universitätsklinik Hamburg; ab 4/1933 Mitglied des NS-Ärztebundes; Eintritt in die NSDAP am 1.5.1933, Mitgliedsnummer 3.279.028; 7/1933 Habilitation in Hamburg[2] und seitdem Privatdozent für Chirurgie an der Universität Hamburg; ab 8/1933 Mitglied der SS, Nr. 207.795, als SS-Unterscharführer zunächst Sturmbannarzt des III. Sturmbannes der SS-Standarte 28 in Hamburg, ab 1/1936 Dienst in der SS-Sanitäts-Abteilung XV; ab 1933 Vertrauensarzt im Amt für Volksgesundheit der Gauleitung Hamburg der NSDAP; 1935 und 1936 für mehrere Monate Hospitant an der auf Hirnchirurgie spezialisierten Neurochirurgischen Klinik der Universität Stockholm; ab 11/1935 Assistenzarzt an der Neurologischen Klinik der Universität Hamburg, dort ab 1936 Leiter der Neurochirurgischen Abteilung der Universitäts-Nervenklinik in Hamburg-Eppendorf; 4/1936 Heirat,[3] später ein Kind; ab 2/1938 2. Oberarzt an der Chirurgischen Universitätsklinik und Privatdozent für Chirurgie an der Universität Rostock; 8/1939 – 6/1940 Verfahren vor dem Gaugericht Mecklenburg der NSDAP und dem Obersten Parteigericht;[4] an der Universität Rostock 2/1940 zum

1 Mit der Arbeit: Graphische Darstellung der Head'schen Zonen und ausstrahlende Schmerzen für den klinischen Unterricht, Altona 1925.

2 Mit der Arbeit: Beiträge zur Klinik des Morbus Basedow, 1934.

3 Mit Dr. Ursula Fischer, geb. am 1.11.1907 in Görlitz; Tochter eines Lehrers; Zahnärztin.

4 Gauleiter Hildebrandt hatte 7/1939 die Eröffnung eines Gaugerichtsverfahrens gegen Voß beantragt, weil dieser mit dem Leiter der Chirurgischen Klinik, Johann Carl Lehmann, und dem dortigen Assistenzarzt Friedrich Lichtenauer den 1. Oberarzt und Gaudozentenbundführer Heinrich Gißel „ehrenrührig" angegriffen habe. Im Eröffnungsbeschluß des Gaugerichts wurde Voß vorgeworfen, daß er „den Bestrebungen der Partei zuwidergehandelt" habe, indem er sich an den Angriffen Lichtenauers und Lehmanns gegen den Gaudozentenbundführer beteiligt habe. Nach Durchsicht des umfangreichen Anklagematerials kam das Oberste Parteigericht zu der Ansicht, daß hier vor allem betriebsinterne, karrierebezogene Querelen ausgetragen wurden, die durch regionale NSDAP-Dienststellen politisiert worden seien; es empfahl dem Gaugericht Mecklenburg, das Verfahren „mit dem Ziel einer Befriedung zu führen und [sich] auf solche Tatsachen zu beschränken, die ihrem Wesen nach zur Untersuchung vor den Parteigerichten geeignet sind und nicht Dinge berühren, die vorwiegend einer Prüfung und Entscheidung im Disziplinarverfahren der Universitätsbehörden unterliegen". Weil eine Reihe „am Verfahren beteiligte Parteigenossen zum Heeresdienst einberufen" waren, ist 9/1939 zunächst „das vorläufige Ruhen" und 6/1940 „mit Rücksicht auf die augenblicklichen besonderen Zeitumstände" die Einstellung des Verfahrens angeordnet worden. Voß wurde vom Gaugericht

außerplanmäßigen Professor für Chirurgie ernannt;[5] 10/1941 – 7/1943 Lehrauftrag für Hirnchirurgie an der Universität Rostock; 4/1942 zum SS-Untersturmführer befördert und Führer in der SS-Sanitäts-Abteilung XXXIII; ab mindestens 1943 Stellvertretender Direktor der Chirurgischen Klinik der Universität Rostock; 6/1945 aus dem Rostocker Universitätsdienst entlassen; am 23.8.1968 in Hamburg gestorben

Quellen: UAR: PA Voß; LHAS: 5.12-7/1, Nr. 1489, 2342, 2382, 2384, 2526; BA/BDC: SSO, RuSHA, REM; BA/BDC-Karteien: NSDAP, NSDÄB.

lediglich ermahnt und aufgefordert, „die die Volksgemeinschaft fördernden Ziele der Bewegung und ihre Bedeutung für Reich und Volk nicht nur mehr und mehr zu erkennen, sondern auch als Parteigenosse nach ihren Grundsätzen zu handeln, wie es insbesondere von den Hochschullehrern unseres nationalsozialistischen Staates gefordert werden“ müsse; ein „gedeihliches Zusammenarbeiten aller Kräfte [sei] gerade jetzt ganz besonders geboten“.

5 Die Hauptarbeitsgebiete von Voß waren die Chirurgie der Extremitäten und der Basedowschen Krankheit sowie die Hirnchirurgie.

Wachholder, Kurt Otto Eduard

geboren am 23.3.1893 in Oberhausen/Rheinland; Sohn eines Bergwerkdirektors; Städtisches Realgymnasium in Düsseldorf, dort 1912 Abitur; ab 1912 Medizinstudium an den Universitäten Freiburg und Bonn; dazwischen 8/1914 – 11/1918 Kriegseinsatz als Feldhilfsarzt im Reserve-Feldartillerie-Regiment 59 und beim Reserve-Feldlazarett 103 der Reserve-Infanterie-Division 77, EK II; ab 1/1919 Weiterführung des Medizinstudiums an der Universität Bonn; 4/1920 medizinisches Staatsexamen, 6/1920 Approbation und 9/1920 Promotion in Bonn;[1] ab 10/1920 Assistenzarzt am Physiologischen Institut der Universität Breslau; 12/1920 Heirat,[2] später drei Kinder; 3/1923 Habilitation[3] und seitdem Privatdozent für Physiologie an der Universität Breslau; dort 7/1928 zum nichtbeamteten außerordentlichen Professor ernannt; 1929 Lehrstuhlvertretung für Physiologie an der Universität Zürich; ab 5/1933 ordentlicher Professor für Physiologie und Direktor des Physiologischen Instituts der Universität Rostock;[4] ab 6/1933 Förderndes Mitglied der SS, Mitglied des Reichsluftschutzbundes und der NS-Volkswohlfahrt, ab 7/1934 Mitglied des NS-Lehrerbundes, ab 1937 des NS-Beamtenbundes, ab 1939 des NS-Dozentenbundes;[5] ab 9/1939 Kriegseinsatz als Stabsarzt im Reservelazarett Groß Born/Pommern der Wehrmacht; zur Weiterführung der universitären Tätigkeit 1/1940 zur Wehrkreislehrküche der Wehrmachtssanitätsstaffel nach Rostock versetzt; 1/1940 – 5/1941 Dekan der Medizinischen Fakultät, 6/1941 – 3/1944 Prorektor der Universität Rostock; 1943 mit „wehrwirtschaftlich wichtigen" Forschungsarbeiten beauftragt,[6] 11/1944 zum Oberfeldarzt befördert; 4/1944 – 12/1945 Rektor der Univer-

---

1 Mit der Arbeit: Über den Wischreflex des Frosches. Ein Beitrag zur Analyse der Reflexfunktionen des Rückenmarks, Jena 1920.

2 Mit Felicitas Baetzner, geb. am 21.2.1890 in Pallanza/Italien; zunächst Krankenschwester, später wissenschaftliche Mitarbeiterin Wachholders am Physiologischen Institut; am 12.3.1964 in Bonn gestorben.

3 Mit der Arbeit: Untersuchungen über die Innervation und Koordination der menschlichen Bewegungen mit Hilfe der Aktionsströme, Breslau 1923.

4 In seinem Berufungsvorschlag hatte der Dekan der Medizinischen Fakultät, Wilhelm von Gaza, damit seine Pseudokenntnis des Rassenantisemitismus offenbarend, 11/1932 herausgestellt, daß Wachholder „übrigens nicht jüdischer Abkunft ist, wie man nach dem Namen etwa vermuten könnte". Wachholders Hauptarbeitsgebiete waren die Physiologie der Bewegung und Muskelphysiologie, die physiologischen Grundlagen der Neurologie, die Arbeits- und Sportphysiologie, Stoffwechselforschungen und der Bereich der Ernährungsphysiologie, hier besonders Vitaminforschungen.

5 Der Gauführer des NS-Dozentenbundes, Heinrich Gißel, artikulierte 9/1938 seinen Eindruck, daß Wachholder sich „in jeder Weise mit den nationalsozialistischen Ideen beschäftigt und sich voll und ganz eingeordnet" habe; Wachholder werde zwar „niemals ein politischer Aktivist werden, aber stets ein unbedingt zuverlässiger Mitarbeiter", den man „ohne weiteres und ohne jede Bedenken zu jeder Tätigkeit heranziehen" könne.

6 Bereits seit 1937 unternahm Wachholder mit finanzieller Unterstützung des Reichsforschungsrates Untersuchungen zur Landwirtschaftlichen Chemie sowie Vitaminforschungen für die Wehrmacht; parallel dazu verlagerte er seine Forschungen immer stärker auf das Gebiet der Arbeits- und Wehrphysiologie; in Zusammenarbeit mit dem Heereswaffenamt 1943 auch „Untersuchungen über die derzeitige Ernährungslage". Wachholder hat laut Beauftragtem für medizinische Wissenschaft und Forschung beim Bevollmächtigten für das Sanitäts- und

sität Rostock;[7] 5/1945 vom sowjetischen Ortskommandanten mit der Wiedereröffnung der Universität beauftragt; 1/1946 zunächst entlassen, ab 9/1946 wieder Direktor des Physiologischen Instituts der Universität Rostock;[8] ab 1946 Herausgeber der *Zeitschrift der gesamten inneren Medizin*; 1947 Wiedererteilung der Lehrbefugnis als Professor für Physiologie;[9] nach politischen Auseinandersetzungen im Zusammenhang mit der 'Zwei-

---

Gesundheitswesen (Paul Rostock) „auf der Ernährungstagung der Wehrmacht [Ende 1944] einen sehr guten Vortrag über Vitaminbedarf gehalten". Und anläßlich eines Vortrages zur 525-Jahr-Feier der Universität Rostock betonte Wachholder noch 11/1944 „ausdrücklich", daß wesentliche Teile der Forschungen seines Instituts „entstanden sind aus den Anregungen, welche wir bei ganz speziellen kriegsbedingten Forschungsaufgaben gewonnen haben"; seine Arbeiten zeigten, wie notwendig es sei, „nicht nur alle unsere Leistungen zum Höchsteinsatz zu steigern, sondern uns auch auf dem Höchststande unserer Leistungsfähigkeit [zu] erhalten"; dieses sei, „unserem Führer folgend, die Forderung des Tages", und er hoffe, daß „auch alle andere, vielfach noch weit direkter kriegseingestellte wissenschaftliche und auch praktische Arbeit an unserer Rostocker Universität sich als fruchtbar für unser Volk erweisen möge".

7 In einer Aktennotiz für den Mecklenburgischen Staatsminister hielt der Leiter der Abteilung Wissenschaft, Erziehung und Volksbildung des Mecklenburgischen Staatsministeriums und Kurator der Universität Rostock, Rudolf Krüger, schon 8/1943 fest, daß Gauleiter Hildebrandt „der Entwicklung der Universität mit schwerer Sorge entgegensehe, wenn, wie beabsichtigt, ein Mann wie der Professor Dr. Wachholder im Oktober dieses Jahres Rektor der Universität Rostock werde". Wachholder sei „kein Parteigenosse und auch sonst in jeder Beziehung für dieses Amt ungeeignet". Der amtierende Rektor, Otto Steurer, der Wachholder vorgeschlagen hatte, erklärte jedoch auf Nachfrage Krügers, „daß der Vorschlag, Professor Dr. Wachholder zu seinem Nachfolger zu bestellen, gerade von dem Leiter der Dozentenschaft, Professor Dr. Gißel, gemacht" worden sei. Erst als kein geeignetes NSDAP-Mitglied für die Rektoratsfunktion gefunden werden konnte, stimmte Hildebrandt der Ernennung Wachhholders 1944 zu. Wachholder bat den Mecklenburgischen Staatsminister 2/1945, ihn vorübergehend vom Amt des Rektors zu entbinden, da er bis 4/1945 einen „dringenden Wehrforschungsauftrag" für das Oberkommando des Heeres zu erfüllen habe; da Wachholder seinen etatmäßigen Stellvertreter Friedrich Lösch ebenfalls wegen „dringender Wehrforschungsaufträge" bereits 2/1945 vom Amt des Prorektors hatte entbinden müssen, kam dieser für die Übernahme des Rektorats nicht in Frage; schließlich wurde der ehemalige Rektor Ernst Ruickoldt beauftragt, 3-4/1945 die Rektoratsgeschäfte zu übernehmen.

8 Wachholder meinte 1946, er habe die Fördernde Mitgliedschaft in der SS „als eine Art Lösegeld" betrachtet, „mit dem ich mich gegenüber stärkeren Anknüpfungsversuchen seitens der Partei loskaufen konnte". Nach der Schilderung von seinen „schweren Auseinandersetzungen" mit dem NSDAP-Kreisleiter und dem Gaustudentenbundführer kam Wachholder zu dem Fazit, er habe „von 1933 an bis zum Schluß des Naziregimes stets offen opponiert und aktiv angekämpft gegen den Einfluß, den die Partei auf die Universität zu nehmen sich bemühte". Dagegen betonte die Entnazifizierungskommission der Stadt Rostock 6/1946, Wachholder sei „dadurch bekannt, daß er mehrfach Proklamationen auf seinen 'geliebten Führer' öffentlich vor dem Universitätsgebäude zu Gehör brachte"; wenn er auch nicht Mitglied der Partei gewesen sei, so habe er sich „doch aktiv für die Ziele der NSDAP eingesetzt und war ein eifriger Verfechter der faschistischen Ideologie und ein treuer Anhänger Hitlers". Im Unterschied dazu gelangte der 'Block der Antifaschistischen Parteien' der Stadt Rostock 7/1946 „zu der Überzeugung", daß Wachholder „durch seine persönliche Haltung und seine Handlungen ... als Antifaschist" zu bezeichnen sei.

9 Rektor Günther Rienäcker setzte sich 1/1947 bei der mecklenburgischen Landesregierung stark für seinen Amtsvorgänger ein; Wachholder sei „als ausgesprochener Wissenschaftler im Grunde unpolitisch" und „niemals Mitglied einer politischen Partei" gewesen; nachdem er sich geweigert habe, einen politischen Anschlag im Physiologischen Institut auszuhängen, sei er „als politisch ganz unzuverlässig beurteilt" worden, weshalb Berufungen an andere Universitäten gescheitert seien. Wachholder habe sich ab 1945 „in ganz besonders aktiver Weise für die

ten Hochschulreform',[10] nicht eingehaltenen Zusagen des Staatssekretariats für Hochschulwesen der DDR und den Folgerungen des 17. Juni etwa 9/1953 Übersiedlung in die Bundesrepublik;[11] ab 10/1953 ordentlicher Professor für Physiologie und Direktor des Physiologischen Instituts der Universität Bonn; 3/1961 emeritiert; am 7.8.1961 in Bonn gestorben[12]

Quellen: UAR: PA Wachholder; LHAS: 5.12-7/1, Nr. 579, 1195, 1521, 2346; BA/BDC: PK; BA/BDC-Karteien: NSLB, RFR.

Erhaltung der Universität, der Kliniken, für den Wiederaufbau des Lehrkörpers der Universität und für die Wiedereröffnung der Medizinischen Fakultät eingesetzt". Zudem sei Wachholder „als Physiologe völlig unersetzlich". Falls er den an ihn ergangenen Ruf an die Universität Leipzig annehme, sei Wachholders Lehrstuhl „einfach nicht wieder zu besetzen", da es Physiologen oder auch nur geeignete Vertreter für diesen Lehrstuhl „einfach nicht gibt". Die Regierung solle Wachholder, der bis jetzt nicht endgültig bestätigt sei, definitiv berufen.

10 Wachholder hatte mit weiteren Professoren der Rostocker Universität in einem Memorandum 3/1952 die Korrektur einer Reihe von Maßnahmen gefordert, die im Zusammenhang mit der Zweiten Hochschulreform 1952 beschlossen worden waren.

11 Wachholder teilte dem Dekan der Medizinischen Fakultät der Universität Rostock 9/1953 mit, daß er einen Ruf an die Universität Bonn angenommen und Rostock verlassen habe. Er begründete diesen Schritt, der ihm „nicht leicht gewesen ist", u.a. mit der Nichteinhaltung von Zusagen des Staatssekretariats für Hochschulwesen hinsichtlich der materiellen und räumlichen Ausstattung seines Instituts. Das Staatsekretariat habe ihn „in den letzten Jahren derart schlecht behandelt", daß er „jedes Vertrauen zu ihm und damit zu einem erfolgreichen Arbeiten-Können in der DDR verloren" habe. Hinzu komme, daß er „nach dem 17. Juni wie ein Gefangener behandelt" worden sei; man habe „den Haupteingang des Institutsgebäudes [in dem sich Wachholders Wohnung befand] abgeschlossen", so daß er „tagsüber unter dauernder Kontrolle", jeden Tag ab 18 Uhr sowie „von Sonnabend Mittag bis Montag früh von der Außenwelt völlig abgeschnitten" gewesen sei. Und gegenüber dem Staatssekretariat für Hochschulwesen der DDR führte Wachholder 9/1953 aus, daß „wenn nach dem 17. Juni erklärt worden ist, das Staatssekretariat werde einem Fortgehen [bei Berufungen nach Westdeutschland] grundsätzlich keine Schwierigkeiten entgegenstellen, behalte sich aber im Einzelfalle eine 'Diskussion' vor, mit dem Ziele, den betreffenden Hochschullehrer der DDR zu erhalten", so sei dies „für Jeden, der die Verhältnisse in der DDR kennt, nur eine versteckte Verhinderung der Freizügigkeit. Da das Staatssekretariat seine in dem mit mir abgeschlossenen Einzelvertrag eingegangenen Verpflichtungen nicht einhält, sehe ich mich auch meinerseits nicht an die im Einzelvertrage ausgemachte Kündigungsfrist gebunden." Wachholder hatte 1947, 1950 und 1952 Rufe an die Universitäten Leipzig, Jena und Istanbul abgelehnt.

12 Veröffentlichte neben mehr als 140 wissenschaftlichen Aufsätzen u.a.: Histologische Struktur und optische Eigenschaften der Muskeln, Berlin 1925; Willkürliche Haltung und Bewegung, insbesondere im Lichte elektrophysiologischer Untersuchungen, München 1928; Die Arbeitsfähigkeit des Menschen in ihrer Abhängigkeit von der Funktionsweise des Muskel- und Nervensystems, Berlin 1930; Vitamine und Hormone in ihren Beziehungen zur Augenheilkunde, Basel/Leipzig 1938 (mit W. Kyrieleis und R. Braun); Die Bedeutung der Massage für die Leistungsfähigkeit unserer Muskeln, Stuttgart 1939; Überlieferung, Instinkt und Wissenschaft einer richtigen naturgemäßen Ernährung (Rostocker Univeritätsreden, 25), Rostock 1939.

Wagenmann, Julius Karl Adolf Wilhem

geboren am 15.2.1901 in Bleckede/Hannover; evangelisch; Sohn eines Konsistorialrates; Volksschule in Bleckede, humanistisches Gymnasium Johanneum in Lüneburg, humanistisches Kaiser-Wilhelm-Gymnasium in Hannover, dort 4/1919 Abitur; ab 4/1919 Studium der Germanistik, Geschichte, Philologie und Theologie an den Universitäten Heidelberg und Göttingen; 3/1923 erstes theologisches Examen in Hannover; 1924/25 Predigerseminar am Kloster Loccum/Hannover; 12/1924 Promotion, 5/1925 Habilitation in Heidelberg[1] und seitdem Privatdozent für Kirchengeschichte an der Universität Heidelberg; 9/1925 Heirat,[2] später zwei Kinder; ab 8/1933 Mitglied des Opferrings der NSDAP und des Reichsluftschutzbundes, ab 1/1934 Mitglied des NS-Lehrerbundes, ab 10/1934 der NS-Volkswohlfahrt, ab 7/1935 Förderndes Mitglied des NS-Fliegerkorps; 1935/36 Lehrstuhlvertretung für Kirchengeschichte an der Universität Gießen;[3] 1936/37 Lehrstuhlvertretung für Kirchengeschichte an der Universität Göttingen; ab 3/1937 Lehrstuhlvertretung an der Universität Kiel;[4] dort 11/1937 zum außerordentlichen Professor für Kirchen- und Dogmengeschichte ernannt[5], daneben auch Direktor der Kirchen- und Dog-

---

1 Mit der (für die Habilitation erweiterten) Arbeit: Die Darstellung des Apostels Paulus neben den Zwölf in den ersten zwei Jahrhunderten, Gießen 1926.

2 Mit Klara-Johanna Menge, geb. am 30.7.1899.

3 Eine vom Reichserziehungsministerium 1936 erwogene Berufung an die Universität Gießen scheiterte an den ablehnenden Gutachten; so meinte der Dekan der Theologischen Fakultät der Universität Gießen, E. Hirsch, daß Wagenmann unter den „jungen Kirchenhistorikern keinesfalls an erster Stelle" stehe; es würde „unter wissenschaftlichem Gesichtspunkt stark auffallen, wenn Wagenmann ein Ordinariat ... erhielte"; und Prof. Lother aus Breslau urteilte 1/1937, Wagenmann habe in den zehn Jahren nach seiner Habilitation nichts veröffentlicht, außer einem Aufsatz, „der aber nichts als eine populäre Zusammenstellung bekannter Tatsachen" enthalte; ungeachtet seiner „wissenschaftlich unzureichenden Leistungen" sei Wagenmann „aber ungeheuer von sich selbst eingenommen und von seiner Bedeutung überzeugt". Der Leiter der theologischen Fachschaft der Gießener Studentenschaft rühmte jedoch Wagenmanns Lehrveranstaltungen, durch die man „wieder Freude an der Kirchengeschichte" bekomme; außerdem habe Wagenmann „den politischen Umschwung begrüßt" und nehme „innerlich freudig teil an dem Neuwerden unseres Volkes".

4 Wie der zuständige Referent im Reichserziehungsministerium, Eugen Mattiat, dem Rektor der Universität Heidelberg, Ernst Krieck, 3/1937 mitteilte, sei eine Berufung Wagenmanns auf einen planmäßigen Lehrstuhl bislang nicht möglich gewesen, „da jede Fakultät, die ihn kennenlernt, ihn auch wieder loszuwerden wünscht. Er gilt als außerordentlich langweilig und unproduktiv"; bei seinen Lehrstuhlvertretungen habe er „bisher weitgehend versagt", und seine gegen den Willen der Theologischen Fakultät erfolgte Beauftragung mit dem Lehrstuhl für Kirchengeschichte in Kiel erfolge „in erster Linie mit Rücksicht auf die wirtschaftliche Lage Wagenmanns. Gelingt es ihm auch in Kiel nicht, sich durchzusetzen, so ist es immerhin fraglich, ob er für die Hochschullehrerlaufbahn weiter in Frage" komme.

5 Die Reichsdozentenbundführung hatte sich 8/1937 beim Reichserziehungsministerium für eine Berufung Wagenmanns eingesetzt; dieser sei „ein ordentlicher, sauberer und zuverlässiger Charakter", der auf der einen Seite als „unfruchtbar und überaus schwerfällig" bezeichnet, auf der anderen Seite als „guter Lehrer" geschildert werde, der „bei den Studenten beliebt" sei; Wagenmann „schwankte in seiner politischen Auffassung vor der Machtübernahme zwischen der DVP und der DNVP"; jetzt sei er „ein charakterlich durchaus anständiger Volksgenosse, der sich heute politisch nicht betätigt" und sich „auch im Kirchenkampf in keiner Weise hervorgetan" habe. Wagenmanns Hauptarbeitsgebiete waren die Kirchengeschichte der neueren Zeit und der moderne Katechismus.

mengeschichtlichen Abteilung des Theologischen Seminars und Direktor des Kirchlich-Archäologischen Seminars der Universität Kiel; ab 4/1940 Lehrstuhlvertretung für Kirchengeschichte und Historische Theologie an der Universität Rostock; ab 2/1941 Kriegseinsatz in der Wehrmacht; als Feldwebel am 11.8.1944 an der Westfront gefallen[6]

Quellen: UAR: PA Wagenmann; BA/BDC: REM; BA/BDC-Karteien: NSLB, REM.

6 Veröffentlichte u.a.: Die Entstehung des römischen Primats, Heidelberg 1925; Entwicklungsstufen des ältesten Mönchtums, Tübingen 1929.

Walden, Paul

geboren am 26.7.1863 im Vorwerk Pipen bei Schloß Rosenbeck/Riga (Lettland); evangelisch; Sohn eines Gutsbesitzers; deutsche Mittelschule in Wenden, Oberrealschule in Riga, dort Abitur; ab 1882 Studium der Physik, Mathematik und Chemie am Baltischen Polytechnikum in Riga; ab 7/1885 Assistent für Physik, 9/1888 – 5/1892 für Chemie an der Baltischen Hochschule/Polytechnikum in Riga; 1889 Diplom-Ingenieur-Chemiker in Riga; 1890 – 1891 Studium der Chemie an der Universität Leipzig; dort 9/1891 Promotion;[1] 1892 Magister der Chemie an der Universität Odessa; ab 6/1892 Dozent an der Baltischen Hochschule in Riga; dazwischen 1893 Studium der Chemie an der Universität München; ab 9/1894 außerordentlicher Professor für Physikalische und Analytische Chemie, ab 7/1896 ordentlicher Professor für Allgemeine Chemie an der Baltischen Hochschule/Polytechnikum in Riga, dort ab 1899 auch Direktor des Chemischen Instituts; 1898 Heirat,[2] später zwei Kinder; 1899 Promotion in St.Petersburg;[3] 1901 – 1906 Rektor der Baltischen Hochschule/Polytechnikum in Riga; ab 5/1910 zugleich Direktor des Chemischen Laboratoriums der Kaiserlichen Akademie der Wissenschaften und daneben auch ordentliches Mitglied der Kaiserlichen Akademie der Wissenschaften in St.Petersburg; dort zum Wirklichen Staatsrat und zur Russischen Exzellenz ernannt; ab 1912 Ehrenmitglied der Chemical Society in London; 1914 für den Nobelpreis nominiert;[4] leitete 1915 die Evakuierung des Baltischen Polytechnikums nach Moskau und 10/1918 dessen Rückführung nach Riga; 1915 – 1918 auch Dozent für Chemie an der Universität Moskau; ab 10/1918 wieder ordentlicher Professor an der nunmehr reichsdeutschen Baltischen Hochschule/Universität in Riga, 5/1919 auch stellvertretender Rektor; 1919 Leiter des Departements für Wissenschaft und Hochschulen des Ministeriums für Aufklärung der Republik Lettland; „nach viermonatl. Bolschewistenherrschaft“ und „Auflösung der einstigen Baltischen Hochschule“ im Sommer 1919 „fluchtartige Übersiedlung“ nach Deutschland; 10/1919 – 3/1934 ordentlicher Professor für Anorganische Chemie und Direktor des Chemischen Instituts der Universität Rostock, dort auch Leiter der Anorganischen und Pharmazeutischen Abteilung sowie der Physiko-Chemischen Abteilung des Chemischen Instituts;[5] 7/1922 – 6/1923 auch Dekan der Philosophischen Fakultät der Universität Rostock; 1927/28 Gastprofessur an der Cornell-University in Ithaka/New York; ab 4/1928 Ehrenmitglied der

1 Mit der Arbeit: Über die Affinitätsgrößen einiger organischer Säuren und ihre Beziehungen zur Konstitution derselben, Leipzig 1891.

2 Mit Wanda von Lutzau, geb. 1878, gest. 1950.

3 Mit der Arbeit: Materialien zum Studium der optischen Isometrie, St.Petersburg 1898.

4 Weitere Nominierungen erfolgten 1918, 1920, 1927, 1928 und 1934.

5 Waldens Hauptarbeitsgebiete waren die physikalische und organische (Stereo-)Chemie, besonders Forschungen zur Elektrolyse, Osmose, Oberflächenspannung und zur Chemie der freien Radikale; er fand gemeinsam mit W. Ostwald eine Methode zur Ermittlung der Basizität von Säuren und entdeckte 1896 das Phänomen des optischen Drehungsvermögens chemischer Substituenten des asymmetrischen Kohlenstoffatoms, wonach sich mit anorganischen Reagenzien eine optisch aktive Substanz sowohl in ihr Spiegelbild verwandeln als auch erhalten läßt, das als Waldensche Umkehrung in die Wissenschaft eingegangenen ist; daneben Forschungen zu ideengeschichtlichen Zusammenhängen und zur Wissenschaftsgeschichte.

Akademie der Wissenschaften in St.Petersburg/Leningrad; ab 5/1928 Mitglied der Königlichen Akademie der Wissenschaften zu Stockholm, daneben korrespondierendes Mitglied der wissenschaftlichen Akademien in Paris, Genf und Göttingen; ab 5/1929 Ehrenmitglied des Vereins Deutscher Chemiker; 5/1929 Ehrenpromotion (Dr.ing.) der Technischen Hochschule Stuttgart; ab 7/1931 Ehrenmitglied der Gesellschaft für Geschichte der Naturwissenschaften, Medizin und Technik in Berlin; ab 7/1932 Ehrenmitglied der finnischen Akademie der Wissenschaften, daneben Vizepräsident der Deutschen Chemischen Gesellschaft in Berlin; ab 5/1932 auch Mitglied der Akademie für Naturforscher Leopoldina; 1932 Ehrenpromotion (Dr. med.) an der Universität Rostock; nach Erreichen der Altersgrenze 3/1933 emeritiert, jedoch bis 3/1934 mit der Verwaltung seines Lehrstuhls und des Chemischen Instituts beauftragt; daneben auch Honorarprofessor für Chemie an der Universität Rostock; ab 1/1934 Mitglied des NS-Lehrerbundes, außerdem Förderndes Mitglied der SS; 3/1934 Ehrenpromotion der Universitäten Halle und Madrid; 3/1934 Goethe-Medaille für Wissenschaft und Kunst; nach Wiederaufnahme der wissenschaftlichen Kontakte zur Sowjetunion ab 10/1940 Vertrauensmann des Reichserziehungsministeriums für deutsch-russische Wissenschaftsbeziehungen auf dem Gebiet der Chemie; in Rostock 4/1942 ausgebombt und Umzug in das Harnack-Haus des Kaiser-Wilhelm-Instituts in Berlin-Dahlem; Mitglied im Großen Rat des Vereins Deutscher Chemiker; 1942 – 1944 Gastvorlesungen zur Geschichte der Chemie in Frankfurt/M.; ab 1943 Ehrenmitglied der Deutschen Akademie der Naturforscher Leopoldina; 1943 Übersiedlung nach Bühl/Schwarzwald; ab 1944 Vorlesungen über die Geschichte der Chemie an der Universität Tübingen; dort 1947 und 1950 – 1953 Gastprofessur; 1950 verwitwet; 1950 Ehrenpromotion (Dr. rer.nat.) der Universität Tübingen; am 22.1.1957 in Gammertingen/Württemberg gestorben[6]

Quellen: UAR: PA Walden; LHAS: 5.12-7/1, Nr. 1309, 1316, 2346; BA/BDC-Karteien: NSLB, REM.

6 Veröffentlichte u.a.: Wilhelm Ostwald, Leipzig 1904; Optische Umkehrerscheinungen (Waldensche Umkehrung), Braunschweig 1919; Die Pflege der Chemie in den baltischen Ländern, Berlin u.a. 1919; Geschichte der organischen Chemie, Berlin 1920; Molekulargrößen von Elektrolyten in nichtwässrigen Lösungsmitteln, Dresden/Leipzig 1923; Handbuch der allgemeinen Chemie. Bd. 4. Das Leitvermögen der Lösungen, Leipzig 1924; Chemie der freien Radikale, Leipzig 1924; Maß, Zahl und Gewicht in der Chemie der Vergangenheit, Stuttgart 1931; Goethe und die Naturwissenschaften, Bremen u.a. 1933; Geschichte der organischen Chemie seit 1880, Berlin 1941; Goethe als Chemiker und Techniker, Berlin 1943; Drei Jahrtausende Chemie, Berlin 1944; Geschichte der Chemie, Bonn 1947; Chronologische Übersichtstabelle zur Geschichte der Chemie von den ältesten Zeiten bis zur Gegenwart, Berlin u.a. 1952; Wege und Herbergen. Mein Leben, Wiesbaden 1974 (hrsg. von G. Kerstein).

Walsmann, Hans Julius August Berthold

geboren am 13.12.1877 in Rostock/Mecklenburg-Schwerin; evangelisch; Sohn eines Realschullehrers; Vorschule der Höheren Bürgerschule und Gymnasium in Rostock, dort 3/1896 Abitur; 4/1896 – 1899 Studium der Rechtswissenschaft an den Universitäten Leipzig, Heidelberg und Rostock; 12/1899 erste juristische Staatsprüfung und seitdem bis 2/1904 Referendar im mecklenburgischen Justizdienst, so am Landgericht und bei der Staatsanwaltschaft Rostock; dazwischen 10/1900 Promotion in Rostock;[1] als Einjährig - Freiwilliger 10/1900 – 9/1901 Militärdienst im Füsilier-Regiment 90 in Rostock; 2/1904 zweite juristische Staatsprüfung; 2/1904 – 9/1906 Gerichtsassessor, zur Fertigstellung seiner Habilitationsschrift jedoch bereits ab 2/1904 aus dem Justizdienst beurlaubt; 5/1905 Habilitation in Göttingen[2] und seitdem bis 9/1908 Privatdozent für Bürgerliches, Römisches und Zivilprozeßrecht an der Universität Göttingen; 10/1908 – 3/1910 Lehrstuhlvertretung an der Universität Greifswald; 3/1910 Heirat,[3] später ein Kind, 3/1911 verwitwet; ab 4/1910 außerordentlicher Professor, ab 10/1916 ordentlicher Professor für Römisches, Bürgerliches und Zivilprozeßrecht an der Universität Rostock, dort auch Direktor der Juristischen Handbibliothek;[4] dazwischen ab 8/1914 Kriegseinsatz in den Infanterie-Regimentern 76 und 386, als Leutnant 1/1919 aus dem Heer entlassen, EK II, EK I, Verwundetenabzeichen in Silber, EKFK; vor 1914 Mitglied der Nationalliberalen Partei, nach 1919 Mitglied der Deutschen Volkspartei; 1920/21 Dekan der Juristischen Fakultät der Universität Rostock; 2/1921 erneute Heirat,[5] später zwei weitere Kinder; 5/1922 – 6/1923 Rektor[6] und 1923/24 Prorektor der Universität Rostock; 1928/29 erneut Dekan der Rechts- und Wirtschaftswissenschaftlichen Fakultät; ab 11/1931 auch juristischer Beisitzer der Mecklenburgischen Disziplinarkammer; ab 10/1933 Mitglied des Rechtswahrerbundes, ab 5/1934 der NS-Volkswohlfahrt, ab 7/1934 des NS-Lehrerbundes und des Reichsluftschutzbundes; 1934 Untersuchungsverfahren wegen „genossenschaftlicher Untreue";[7] 1935/36 erneut Dekan der Rechts- und Wirt-

1 Mit der Arbeit: Compensatio lucri cum damno, Rostock 1900.

2 Mit der Arbeit: Die streitgenössische Nebenintervention, Leipzig 1905;

3 Mit Elisabeth Stampa; gest. am 18.3.1911.

4 Walsmanns Hauptarbeitsgebiete waren das Zivilprozeßrecht, das Bürgerliche und das Römische Recht.

5 Mit Paula Zeiß, geb. am 13.4.1889, gest. am 20.7.1972 in Erfurt.

6 Der turnusmäßig 3/1922 zum Rektor gewählte Johannes Hermann war 5/1923, zum Zeitpunkt des Amtsantritts, einem Ruf an die Universität Münster gefolgt, weshalb eine Neuwahl erforderlich wurde, die Walsmann für sich entschied.

7 Als Angehöriger eines Konsortiums aus Bankdirektoren, Großgrundbesitzern, Wirtschaftsführern und Verwaltungsbeamten, die Vorstand und Aufsichtsrat einer Bank bildeten, ist Walsmann 1934 beschuldigt worden, „in genossenschaftlicher Untreue" unrechtmäßig mit Wechseln und Grundschulden gehandelt zu haben; obwohl die Strafkammer des Mecklenburgischen Landgerichts in der Voruntersuchung festgestellt hatte, daß das Verhalten der Beschuldigten „rechtswidrig" gewesen sei („Vergehen gegen § 266 StGB alter, § 47 StGB neuer Fassung"), wurde die Anklage auf Antrag des Generalstaatsanwalts Walter Pufpaff 12/1934 niedergeschlagen und die Beschuldigten „außer Verfolgung" gesetzt.

schaftswissenschaftlichen Fakultät der Universität Rostock;[8] ab 11/1937 auch Rechtsrat der Universität Rostock;[9] am 13.4.1939 in Rostock gestorben[10]

Quellen: UAR: PA Walsmann; LHAS: 5.12-7/1, Nr. 579, 1413; 5.12-6/1, Nr. 3331.

8 Heinrich Gißel, Leiter der Dozentenschaft und Führer des NS-Dozentenbundes an der Universität Rostock, stimmte der Ernennung mit Einschränkungen zu; Walsmann werde zwar vom Rektor positiv, von der Dozentenschaft aber „vorsichtiger“ bewertet, einstweilen seien jedoch „keine positiven Gründe gegen ihn anzuführen“.

9 Walsmann bezeichnete sich 1938 als „dienstältesten Professor der Universität“.

10 Veröffentlichte u.a.: Der Irrtum im Prozeßrecht. Ein Beitrag zur Lehre von den Prozeßhandlungen, Tübingen 1904; Die Voraussetzung der Zwangsvollstreckung in das Eingebrachte und das Gesamtgut, Leipzig 1904; Der Verzicht. Allgemeine Grundlagen einer Verzichtslehre und Verzicht im Privatrecht, Leipzig 1912; Eideszuschiebung und Eid über Tatsachen, welche Gegenstand der Wahrnehmung des Gegners gewesen sind, Mannheim 1921; Die persönliche Freiheit im Rechte der Zwangsvollstreckung, Rostock 1922; Die zivilrechtliche Bedeutung der Geldentwertung, Rostock 1923; Die Anschlußberufung. Zugleich ein Beitrag zur Lehre von der Berufung, insbesondere Grundlagen und Zulässigkeitsvoraussetzungen der Berufung, Leipzig 1928; Kommentar zur Zivilprozeßordnung. 2 Bde. und Nachträge, München 1932-1935; Rechtsstreit und Vollstreckung, Leipzig 1936.

Walter, Johannes Wilhelm von

geboren am 7./8.11.1876[1] in St. Petersburg/Rußland; evangelisch; Sohn eines Pfarrers; Privatunterricht und Gymnasium der St.Katharinen-Schule in St.Petersburg, dort 1893 Abitur; 1893 – 1894 Missionars-Seminar in Neuendettelsau/Bayern; 8/1894 – 1901 Studium der Geschichte und Theologie an den Universitäten Dorpat, Leipzig und Göttingen; dort 11/1901 Lizentiat der Theologie, daneben 12/1901 zugleich Promotion und Habilitation in Göttingen;[2] ab 12/1901 Privatdozent für Kirchengeschichte an der Universität Göttingen; 8/1903 Heirat,[3] später drei Kinder; ab 10/1909 außerordentlicher Professor an der Universität Breslau, seitdem deutsche Reichsangehörigkeit; 12/1913 Ehrendoktorwürde der Universität Göttingen; ab 8/1914 Kriegseinsatz im Kriegspresseamt der Kommandantur in Breslau, dort „Bearbeitung der russischen Presse"; 6-11/1917 militärische Ausbildung im Rekruten-Depot des 1. Ersatz-Bataillons des Grenadier-Regiments 11 in Breslau, dort auch Leiter der „vaterländischen Aufklärungsarbeit" in diesem Truppenteil, EKFK; ab 12/1917 ordentlicher Professor an der Universität Wien, seitdem österreichische Staatsbürgerschaft, ab 10/1921 wieder deutsche Reichsangehörigkeit; 1917 – 1925 Herausgeber der Zeitschrift *Biblische Zeit- und Streitfragen des Glaubens, der Weltanschauung und Bibelforschung;* ab 1918 Mitglied des Osteuropa-Instituts in Breslau; 10/1921 – 1/1940 ordentlicher Professor für Kirchengeschichte und Historische Theologie sowie Direktor des Kirchengeschichtlichen Seminars der Universität Rostock;[4] dort 1923/24 auch Dekan der Theologischen Fakultät, 3/1925 – 2/1926 Rektor und 1926/27 Prorektor der Universität Rostock; 1929/30 erneut Dekan der Theologischen Fakultät; 1929 – 1935 Vorsitzender der Evangelischen Arbeitsgemeinschaft in Mecklenburg; ab 6/1934 Mitglied der NS-Volkswohlfahrt, ab 7/1934 des NS-Lehrerbundes, ab 1936 Mitglied des Reichsluftschutzbundes und des NS-Dozentenbundes; 1935/36 erneut Dekan der Theologischen Fakultät;[5] am 5.1.1940 nach einer Krankheit in Bad Nauheim gestorben[6]

---

1 In verschiedenen von v.Walter selbst ausgefüllten Fragebögen wird sowohl der 7.11.1876 als auch der 8.11.1876 als Geburtsdatum genannt; Lexika erwähnen darüber hinaus auch den 5.11.1876.

2 Mit der Arbeit: Das Leben Roberts von Abrissel. Studie zur Geschichte des Mönchtums, Göttingen 1901, veröffentlicht u.d.T. Die ersten Wanderprediger Frankreichs, Bd. 1. Robert von Abrissel, Leipzig 1903; Bd. 2. Bernard von Thurai, Vitalis von Savigny, Girald von Salles, Norbert von Xanten, Heinrich von Lausanne, Leipzig 1906.

3 Mit Agnes von Schwartz, geb. am 26.8.1880.

4 Die Hauptarbeitsgebiete v.Walters waren die Kirchengeschichte des Mittelalters und der Reformation.

5 Heinrich Gißel, Leiter der Dozentenschaft und Führer des NS-Dozentenbundes an der Universität Rostock, stimmte der Ernennung nur mit erheblichen Einschränkungen zu; v.Walter werde „von der Dozentenschaft mit äußerster Vorsicht bewertet; auch von Seiten des Rektors bestehen gewisse Bedenken, die bei den übrigen Vertretern der Theologie jedoch in mindestens demselben Maße vorhanden" seien.

6 Veröffentlichte u.a.: Das Wesen der Religion nach Erasmus und Luther, Leipzig 1906; Die Absolutheit des Christentums und der Mission, Leipzig 1906; Franz von Assisi und die Nachfolger Christi, Berlin 1911; Frauenlos und Frauenarbeit in der Geschichte des Christentums, Berlin 1911; Alt- und neuprotestantische Stellung zu Christus, Leipzig 1913; Die

Quellen: UAR: PA Walter; LHAS: 5.12-7/1, Nr. 579, 1369, 2346; BA/BDC-Karteien: NSLB, REM.

Sklaverei im Neuen Testament, Berlin 1915; Unser evangelischer Glauben im Geisteskampf der Gegenwart, Berlin 1919; Die Kirche Österreichs am Vorabend der Reformation, Wien 1921; Luther in Worms, Wien/Breslau 1921; Der religiöse Entwicklungsgang des jungen Luther, Schwerin 1925; Friedrich der Weise und Luther, Rostock 1925; Deutschtum und Christentum, Langensalza 1926; Die Depeschen des Venezianischen Gesandten Nicolò Tiepolo über die Religionsfrage auf dem Augsburger Reichstage, Berlin 1928; Luther und Melanchthon während des Augsburger Reichstags, Gütersloh 1931; Die Einführung der Reformation in Mecklenburg, Rostock 1931; Geschichte des Christentums. 4 Bde., Gütersloh 1932 – 1938; Die Theologie Luthers, Gütersloh 1940.

Wasielewski, Theodor Karl Wilhelm Nicolaus **von**

geboren am 6.12.1868 in Neustadt/Westpreußen; evangelisch; Sohn eines Berufssoldaten (Major); Großherzogliches Wilhelm-Ernst-Gymnasium in Weimar, dort 3/1888 Abitur; 4/1888 – 1892 Medizinstudium an der Kaiser-Wilhelm-Akademie für das Militärärztliche Bildungswesen in Berlin; 5/1892 Promotion in Berlin;[1] 1892 – 5/1907 hauptberuflich Militärarzt, so 1892 – 1893 Dienst als Unterarzt an der Charité; 5/1894 medizinisches Staatsexamen und Approbation in Berlin; 6/1894 als Unterarzt in die Garnison Halle kommandiert, dort truppenärztlicher Dienst im Füsilier-Regiment 36; daneben 8/1897 – 9/1899 auch Assistenzarzt am Hygiene-Institut der Universität Halle; 10/1899 – 3/1900 militärärztlicher Truppendienst beim Infanterie-Regiment 79 in Hildesheim; 4/1900 – 2/1904 zum Hygiene-Institut Berlin kommandiert; dort 2/1903 Habilitation und seitdem Privatdozent für Hygiene an der Universität Berlin; 3/1904 – 4/1906 Bataillonsarzt beim Infanterie-Regiment 113 in Freiburg, dort zugleich Leiter der bakteriologischen Untersuchungsstelle beim Disvisionsarzt; 7/1905 Heirat,[2] später ein Kind; 9/1905 – 2/1906 Studienreise zur Erforschung der Malaria nach Rom; ab 4/1906 Privatdozent für Hygiene und ab 7/1906 zugleich Abteilungsvorstand der Parasitologischen Abteilung am Institut für Krebsforschung der Universität Heidelberg; dort ab 4/1906 zugleich auch Bataillonsarzt im Infanterie-Regiment 110; 5/1907 zum außerordentlichen Professor für Hygiene an der Universität Heidelberg ernannt und als Oberstabsarzt zugleich aus dem Militärdienst ausgeschieden; ab 4/1913 Abteilungsvorsteher/Leiter der wissenschaftlichen Abteilung des Instituts für Krebsforschung in Heidelberg; ab 8/1914 Kriegseinsatz als Hygieniker bei der Kriegslazarett-Abteilung des 14. Armeekorps, als Oberstabsarzt ab 9/1914 Beratender Korpshygieniker beim Oberkommando der Armeeabteilung Falkenhausen, dort Organisation der Seuchenbekämpfung und Überwachung des Gesundheitsdienstes; 10/1916 zum ordentlichen Professor für Hygiene an der Universität Rostock ernannt, zunächst jedoch weiterhin Kriegseinsatz; erst 2/1917 nach Rostock versetzt und zunächst teilweise Übernahme des Lehrstuhls für Hygiene; daneben ab 6/1917 Kriegseinsatz als Leiter der neben dem Landesgesundheitsamt eingerichteten 'Untersuchungsstelle Rostock für die bakteriologische Untersuchung bei Pestverdacht' und 8/1917 – 1/1919 auch fachärztlicher Beirat für Hygiene für beide Mecklenburg in Rostock, als solcher Inspizient der Garnisonen und Kriegsgefangenenlager, EK II, Rote-Kreuz-Medaille III. Kl.; als Professor für Hygiene bis 2/1935 auch Direktor des Hygienischen Instituts der Universität Rostock;[3] daneben auch Direktor des von Schwerin nach Rostock verlegten Mecklenburgischen Landesgesundheitsamtes; 1919/20 auch Dekan der Medizinischen Fakultät der Universität Rostock; dort seit 1/1934 Mitglied des NS-Lehrerbundes, des Opferringes der NSDAP, der NS-Volkswohl-

1 Mit der Arbeit: Herpes Zoster, Weimar 1892.

2 Mit Johanna Gröndahl, geb. am 9.11.1874.

3 v.Wasielewskis Hauptarbeitsgebiete waren die Hygiene, Mikrobiologie (Geschwulst- und Pockenforschung) sowie die Parasitologie (zellschmarotzende Mikroben, Blutzellenschmarotzer, Variola-Vakzine-Erreger).

fahrt, der NS-Kulturgemeinde und des Kampfbundes für deutsche Kultur; 4/1935 emeritiert; am 30.1.1941 in München gestorben[4]

Quellen: UAR: PA v. Wasielewski; LHAS: 5.12-7/1, Nr. 1499, 2344, 2346, 9740; BA/BDC-Karteien: NSLB, REM, RFR.

4 Veröffentlichte u.a.: Sporozoenkunde. Ein Leitfaden für Ärzte, Tierärzte und Zoologen, Jena 1896; Studien und Mikrophotogramme zur Kenntnis der pathogenen Protozoen. 2 Bde., 1904/08; Zur Kenntnis der Orientbeule und ihres Erregers, Leipzig 1909 (mit S. Bettmann); Untersuchungen über Kulturamöben, Heidelberg 1910 (mit L. Hirschfeld); Die Hämoproteus-Infektion des Turmfalken, Leipzig 1918 (mit G. Wülker); Alkohol und Volksernährung, Berlin 1926.

Weddigen, Walter

geboren am 13.2.1895 in Kiel/Schleswig-Holstein; evangelisch; Sohn eines Regierungs- und Baurates; Realgymnasium am Zwinger in Breslau, dort 3/1914 Abitur; 4/1914 – 1921 Studium der Rechts-, Staats- und Wirtschaftswissenschaften an den Universitäten Heidelberg und Breslau; als Freiwilliger dazwischen 8/1914 Kriegseinsatz, zuletzt Leutnant; 1-3/1919 Angehöriger des Freikorps Paulsen im Schlesischen Grenzschutz, dann Weiterführung des Studiums; daneben wissenschaftlicher Assistent beim Syndikus der Linke-Hofmann-Werke in Breslau; 11/1920 und 1/1921 Promotionen in Breslau;[1] nach erster juristischer Staatsprüfung ab 10/1921 Gerichtsreferendar in Breslau; nach zweiter juristischer Staatsprüfung ab 12/1924 Gerichtsassessor im höheren preußischen Justizdienst, zunächst kommissarischer Amtsrichter in Zobten/Breslau, Landrichter in Breslau sowie Stellvertreter eines Rechtsanwalts und Notars; 3/1926 Heirat,[2] später sechs Kinder; 11/1926 Habilitation in Breslau und seitdem bis 5/1928 Privatdozent für Nationalökonomie an der Universität Breslau; 5/1928 – 11/1931 Privatdozent der Wirtschaftlichen Staatswissenschaften an der Universität München; 12/1931 – 9/1933 beamteter außerordentlicher Professor für Rechts- und Staatswissenschaften an der Universität Innsbruck; ab 10/1933 außerordentlicher Professor für Wirtschaftswissenschaften an der Universität Rostock, dort auch Mitdirektor des Wirtschaftswissenschaftlichen Seminars;[3] 4/1934 – 1939 ordentlicher Professor für Wirtschafts- und Sozialwissenschaften und Leiter der Wirtschaftswissenschaftlichen Abteilung der Rechts- und Wirtschaftswissenschaftlichen Fakultät der Universität Jena;[4] daneben 4/1936 – 1939 auch Leiter der Hochschularbeitsgemeinschaft für Raumforschung der Universität Jena; ab 1934 Mitglied der SA, später des NS-Rechtswahrerbundes und des NS-Dozentenbundes; Eintritt in die NSDAP am 1.5.1937, Mitgliedsnummer 5.374.191; daneben Mitglied der Arbeitsgemeinschaft Sozialpolitik der Akademie für Deutsches Recht; 1939 – 1941 ordentlicher Professor an der Technischen Hochschule Dresden, dort auch Leiter des Amtes Wissenschaft des NS-Dozentenbundes; 1941 – 1945 Professor an der Wirtschaftshochschule in Berlin; ab 1947 ordentlicher Professor für Volkswirtschaftslehre und Sozialpolitik an der Hochschule für Wirtschafts- und Sozialwissenschaften in Nürnberg, dort auch Leiter des Volkswirtschaftlichen Seminars sowie Studienleiter der Verwaltungsakademie; daneben ab 1947 auch Lehrbeauftragter an der Philosophisch-Theologischen Hochschule Bamberg; daneben auch Vorsitzender des Sozialpolitischen Ausschusses des Vereins für Sozialpolitik; am 26.5.1978 in Gauting/München gestorben[5]

1 Mit den Arbeiten: Lohn und Leistung deutscher Großstadtarbeiter während der Jahre 1917, 1918 und 1919, untersucht in einem Großbetrieb der Waggonindustrie, Breslau 1920; Die Unterhaltsverbindlichkeit des unehelichen Erzeugers und ihre Reform, Breslau 1922.

2 Mit Luise Goebel; Tochter eines Medizinprofessors.

3 Weddigens Hauptarbeitsgebiete waren die Wirtschaftstheorie, Volkswirtschafts- und Sozialpolitik, Finanz- und Versicherungswissenschaft.

4 Als namhafter Vertreter der völkischen Volkswirtschaftslehre und Sozialpolitik wurde Weddigen von der Deutschen Forschungsgemeinschaft unterstützt; so erhielt er vom Reichsforschungsrat schon 1936 einen Druckkostenzuschuß für die Arbeit: „Die Wirkungen der Wirtschaftskrise auf die Heimarbeit in Thüringen" und noch 1943 Forschungsmittel für die Studie „Das Verhältnis von Mieten und Löhnen im Deutschen Reich".

5 Veröffentlichte u.a.: Theorie des Ertrages, Jena 1927; Einigungs- und Schiedsgrundsatz. Begriffliches, Kritisches und Positives zum Schlichtungsproblem, München u.a. 1930;

Quellen: UAR: PA Weddigen; LHAS: 5.12-7/1, Nr. 1440; BA/BDC: PK; BA/BDC-Karteien: REM, RFR.

Grundfragen der Sozialversicherungsreform. Ein Beitrag zur Theorie und Technik der Sozialversicherung, Jena 1931; Sozialpolitik. Eine Einführung in ihre Theorie und Praxis, Jena 1933; Grundriß der Wirtschaftstheorie unter besonderer Berücksichtigung der Volkswirtschaft, Jena 1934; Deutsche Sozialpolitik, Berlin 1935; Die thüringische Heimarbeit in der Wirtschaftskrise. Die Krisenwirkungen und ihre Bekämpfung durch den Nationalsozialismus, Leipzig 1937; Allgemeine Finanzwissenschaft. Finanztheorie, Leipzig 1938; Grundfragen der deutschen Brauwirtschaft, Leipzig 1939; Theoretische Volkswirtschaftslehre als System der Wirtschaftstheorie, Meisenheim 1948; Untersuchungen zur sozialen Gestaltung der Wirtschaftsordnung, Berlin 1950 (als Hg.); Wirtschaftsethik. System humanitärer Wirtschaftsmoral, Berlin 1951; Die Behandlung der saisonalen Arbeitslosigkeit im Rahmen des Versicherungsschutzes gegen Arbeitslosigkeit, Berlin 1957; Grundzüge der Sozialpolitik und Wohlfahrtspflege, Stuttgart 1957; Die wirtschaftlichen Folgen des Investivlohns, unter besonderer Berücksichtigung der Belastung des gewerblichen Mittelstandes, Berlin 1964; Grundzüge der Gewerbepolitik. Handwerks-, Industrie und Energiewirtschaftspolitik, Berlin 1967; Grundzüge der Handelspolitik. Binnenhandel und Außenhandel, Berlin 1968.

Weigmann, Hans Theodor Werner

geboren am 22.9.1897 in Kiel/Schleswig-Holstein; evangelisch; Sohn eines Universitätsprofessors; Königliches Gymnasium in Kiel; 9/1914 – 11/1918 Kriegseinsatz im Infanterie-Regiment 31 und im Füsilier-Regiment 86, zuletzt Leutnant, EK II und EK I, Verwundetenabzeichen in Schwarz; dazwischen 8/1918 Notabitur in Lille; 11/1918 – 2/1920 in französischer Kriegsgefangenschaft; 1920 – 1923 Studium der Wirtschaftswissenschaften an den Universitäten Halle und Kiel; daneben Mitglied im Freikorps Loewenfeld und in der Organisation Consul; 1/1923 Promotion in Kiel;[1] ab 3/1923 Assistent am Wirtschaftswissenschaftlichen Seminar der Universität Rostock; 9/1925 Heirat,[2] später zwei Kinder; 10/1925 Habilitation in Rostock[3] und seit 11/1925 Privatdozent für Wirtschaftswissenschaften an der Universität Rostock; dort ab 12/1927 Lehraufträge für Sozialpolitik, Soziologie und Statistik; ab 10/1928 Assistent 1. Klasse; 12/1929 zum außerplanmäßigen außerordentlichen Professor für Wirtschaftswissenschaft ernannt und weiterhin mit Lehrstuhlvertretungen an der Universität Rostock beauftragt; ab 10/1931 Oberassistent am Wirtschaftswissenschaftlichen Seminar der Universität Rostock; ab 10/1933 Mitglied der SA, zuletzt SA-Rottenführer; ab 7/1934 Mitglied des NS-Lehrerbundes und zunächst des NSDAP-Opferrings; ab 5/1934 planmäßiger außerordentlicher Professor für Wirtschaftswissenschaften an der Universität Rostock,[4] dort mit dem Aufbau und der Leitung des Instituts für Wirtschaftliche Raumforschung beim Wirtschaftswissenschaftlichen Seminar beauftragt;[5] 7/1936 – 9/1937 ordentlicher Professor für

1 Mit der Arbeit: Die Idee der Autarkie im deutschen Merkantilismus, Rendsburg 1923.

2 Mit Gertrud Buschmann, geb. am 31.8.1901.

3 Mit der Arbeit: Kritischer Beitrag zur Theorie des internationalen Handels, Jena 1926.

4 In einer politischen Beurteilung der Kreisleitung Rostock-Stadt der NSDAP und des Gau-Kulturwarts der NSDAP hieß es 4/1934, Weigmann „dürfte die Gewähr bieten, sich im Sinne der nat.soz. Bewegung zu betätigen und sich jederzeit rückhaltlos für den nat.soz. Staat einzusetzen“, und weil er sich „stets national betätigt“ habe, sei zu erwarten, „daß seine Wissenschaft in der Weise für die Jugend lebendig wird, wie es unsere nat.soz. Weltanschauung“ verlange. 7/1935 hielt das Personalamt der Gauleitung Mecklenburg der NSDAP fest, daß man Weigmann zunächst als Fachredner für die Schulung der Politischen Leiter des Gaues vorgesehen, ihn dann aber „wieder fallen lassen“ habe, da er „für sein Institut Lampen in dem jüdischen Warenhaus Wertheim gekauft“ habe, dies mit der Begründung, „dort habe man sie ihm billiger und mit größerer Zahlungsfrist angeboten“. Aus diesem Grunde bestehe „die Befürchtung, daß Weigmann nicht den geradlinigen nat.soz. Weg einschlagen“ werde, sondern „nur den, der für ihn am vorteilhaftesten“ sei; man müsse es „daher der Regierung überlassen“, ob sie Weigmann „für tragbar hält oder nicht“. Und einen Monat später meinte das Gaupersonalamt der NSDAP, daß man „die Frage, ob er [Weigmann] sich jederzeit rückhaltlos für den nationalsozialistischen Staat einsetzt, auf Grund seiner ganzen Charakterveranlagung nicht unbedingt bejahen“ könne.

5 Die Initiative zur Institutsgründung ging von Weigmann aus, der sich dazu im Frühjahr 1934 der Unterstützung des Wirtschaftsberaters des Stellvertreters des Führers, Rudolf Heß, versichert hatte; wie Weigmann dem Rektor der Universität Rostock, Paul Schulze, mitteilte, habe ihn die Reichsleitung der NSDAP gebeten, „sofort anzufangen und nicht darauf zu warten, bis das neue Ministerium Rust auf dem umständlichen Wege der Verwaltung irgendwelche Pläne in dieser Beziehung vorbereitet“; die NSDAP-Führung meinte, „die Wirtschaftsführung brauche Material, und es sei an uns, die Initiative zu ergreifen“. Mit einer derartigen Initiative könne die Wissenschaft beweisen, daß sie „nicht weltfremd sei und an den drängenden Problemen der Gegenwart vorbeigehe“.

Volkswirtschaftslehre an der Universität Rostock, nunmehr auch regulärer Direktor des Instituts für Wirtschaftliche Raumforschung, des Instituts für Agrar- und Siedlungswesen sowie des Wirtschaftswissenschaftlichen Seminars;[6] daneben auch Leiter der Mecklenburgischen Arbeitsgemeinschaft für Raumforschung in Rostock; Eintritt in die NSDAP am 1.5.1937, Mitgliedsnummer 4.072.036; ab 1937 auch Mitglied der NS-Volkswohlfahrt, des NS-Dozentenbundes und des NS-Juristenbundes; ab 10/1937 Professor für Wirtschaftswissenschaften an der Universität Berlin, dort 1937 – 1938 auch Dekan der Rechts- und Staatswissenschaftlichen Fakultät; ab 1939 Kriegseinsatz, zuletzt Major und NS-Führungsoffizier im Stab der 383. Infanterie-Division; 6/1944 als im Raum Bobruisk vermißt gemeldet[7]

Quellen: UAR: PA Weigmann; LHAS: 5.12-7/1, Nr. 1406, 1435, 1437, 1441; BA/BDC-Karteien: NSDAP, NSLB, REM, RFR.

6 Weigmanns Hauptarbeitsgebiete waren die Weltwirtschaftslehre, Statistik, Sozialpolitik, Soziologie sowie die regionale Konjunktur- und Wirtschaftsforschung (=wirtschaftliche Raumforschung). Weigmann erhielt ab 10/1934 von der Deutschen Forschungsgemeinschaft/ Reichsforschungsrat mehrere tausend RM für Arbeiten zur Bodenkartierung Mecklenburgs sowie für Studien zur mecklenburgischen Infrastruktur.

7 Weigmann soll nach Aussagen von Kameraden dort 7/1944 verstorben sein. Veröffentlichte u.a.: Ideen zu einer Theorie der Raumwirtschaft. Ein Versuch zur Begründung einer realistischen Wirtschaftstheorie, Tübingen 1931; Siedlung und sozialer Aufstieg der Landarbeiter, Berlin 1934; Gutachten über das Projekt eines Kanals von Güstrow zum Plauer See, Rostock 1935; Politische Raumordnung. Gedanken zur Neugestaltung des deutschen Lebensraums, Hamburg 1935; Unser Rostocker Institut für wirtschaftliche Raumforschung, in: Rostocker Universitätsführer, Bd. 1935/36, S. 31 ff.; Grundzüge einer Theorie der Staatlichen Wirtschaftspolitik unter besonderer Berücksichtigung der Agrarpolitik, Tübingen 1935; Mensch und Wirtschaft Mecklenburgs und ihre geschichtliche Entwicklung, Berlin 1936; Hrsg. des Archivs für Wirtschaftsplanung, Berlin 1941 ff.

Weisgerber, Leo Johann

geboren am 25.2.1899 in Metz/Elsaß-Lothringen; katholisch; Sohn eines Hauptlehrers; St.Vincenz-Elementarschule, St.Arnulf-Domschule und Lyzeum in Metz, dort 1917 Abitur; ab 6/1917 Kriegseinsatz im Fußartillerie-Regiment 8, 11/1918 als Unteroffizier aus dem Heer entlassen, EKFK; 1918 – 1923 Studium der Indogermanistik, Vergleichenden Sprachwissenschaft, Germanistik, Romanistik und Keltologie an den Universitäten Bonn, München und Leipzig; 6/1923 Prüfung für das Lehramt an höheren Schulen für die Fächer Deutsch, Französisch und Vergleichende Sprachwissenschaft; 6/1923 auch Promotion in Bonn;[1] 4/1925 – 3/1926 Studienreferendar an der Städtischen Oberrealschule in Bonn; 5/1925 Habilitation in Bonn[2] und neben dem Referendariat 5/1925 – 3/1927 Privatdozent für Allgemeine und Indogermanische Sprachwissenschaft und 1926/27 auch Leiter des Sprachwissenschaftlichen Seminars an der Universität Bonn; 10/1925 Heirat,[3] später vier Kinder; 2/1926 zweite Staatsprüfung für das Lehramt an höheren Schulen; als Studienassessor 4/1926 – 3/1927 beamteter Dozent für Deutschunterricht und Volkskunde an der Staatlichen Pädagogischen Akademie in Bonn; daneben 1926/27 auch Lehrstuhlvertretung für Vergleichende Sprachwissenschaft an der Universität Bonn; 4/1927 – 9/1930 außerordentlicher Professor, 10/1930 – 3/1938 ordentlicher Professor für Vergleichende Sprachwissenschaft und Sanskrit an der Universität Rostock, dort auch Direktor des Seminars für Vergleichende Sprachwissenschaft;[4] 1934/35 auch Dekan der Philosophischen Fakultät der Universität Rostock;[5] ab 1932 Herausgeber der Zeitschrift *Wörter und Sa-*

---

1 Mit der Arbeit: Die Handschriften des Peredur ab Efrawc in ihrer Bedeutung für die kymrische Sprach- und Literaturgeschichte, Bonn 1924.

2 Mit der Arbeit: Sprache als gesellschaftliche Erkenntnisform. Eine Untersuchung über das Wesen der Sprache als Einleitung zu einer Theorie des Sprachwandels, Bonn 1925.

3 Mit Maria Lamberta von den Driesch, geb. am 3.5.1891.

4 Weisgerbers Lehr- und Forschungsschwerpunkte waren die Sprachtheorie, die allgemeine und vergleichende Sprachwissenschaft, Indogermanistik, Keltologie, Sprachpädagogik, Sprach- und Grammatiktheorie, die Wechselwirkungen von Sprache und Gesamtkultur, die geschichtliche Wirksamkeit der Sprache, der inhaltliche Aufbau der Sprachen sowie Leben und Wirken Wilhelm von Humboldts.

5 Der Führer des NS-Dozentenbundes des Gaues Mecklenburg, Ernst-Heinrich Brill, meinte 3/1935, Weisgerber müsse „außerordentlich vorsichtig beurteilt" werden, seine „Stellungnahme zum Nationalsozialismus" sei „sehr undurchsichtig"; Weisgerber sei „streng katholisch", scheine „starke katholische Bindungen zu haben" und soll nach der Verurteilung des von Rostocker Studenten bei der Gestapo denunzierten Prälaten Wilhelm Leffers „als Betreuer der damals verwaisten katholischen Gemeinde Rostocks fungiert haben"; Weisgerber könne „vom nationalsozialistischen Standpunkt ... nicht für uns positiv eingesetzt werden", vor ihm sei zu „warnen". Der NS-Studentenschaftsführer an der Universität Rostock, Günther Roch, hob 1/1936 hervor, daß Weisgerber „keinesfalls als politisch zuverlässig gelten" könne; er habe im Leffers-Prozeß gegen den studentischen Hauptbelastungszeugen Schinke Stellung genommen und sei möglicherweise „Beauftragter der katholischen Aktion"; Weisgerber bemühe sich, nach Bonn versetzt zu werden, „weil er sich hier in Rostock kaltgestellt fühlt und seine Tätigkeit in einer erzkatholischen Gegend fortzusetzen" wünsche. Weisgerber stehe „der nationalsozialistischen Bewegung und ihrer Weltanschauung völlig wesensfremd und gegnerisch gegenüber". Dagegen stellte der Rektor Paul Schulze 1/1936 „die hohe Auffassung" Weisgerbers

chen; ab 4/1932 korrespondierendes Mitglied des Archäologischen Instituts des Deutschen Reiches in Berlin; ab 4/1934 auch Mitglied des Wissenschaftlichen Rates des Deutschen Auslands-Instituts in Stuttgart; ab 7/1934 Mitglied des NS-Lehrerbundes, außerdem Mitglied des NS-Rechtswahrerbundes (Reichsfachschaft Dolmetscherwesen), der NS-Volkswohlfahrt, 1936 des Reichsluftschutzbundes, später auch des NS-Dozentenbundes; ab 11/1936 korrespondierendes Mitglied der Akademie der Wissenschaften in Göttingen; ab 4/1938 ordentlicher Professor für Allgemeine und Indogermanische Sprachwissenschaft der Universität Marburg, dort auch Direktor des Seminars für Allgemeine indogermanische Sprachwissenschaft; mit Unterbrechungen für die universitäre Tätigkeit ab 9/1939 Kriegseinsatz; 7/1940 – 1944 Sonderführer (Z) bei der Wehrmachtpropaganda-Abteilung Frankreich, hier u.a. Mitarbeiter beim Keltischen Institut der Bretagne und beim deutschen Sendedienst in bretonischer Sprache im Funkhaus in Rennes; dazwischen 9/1940 – 9/1941 aktiver Kriegseinsatz; 9/1941 mit der Auflage uk gestellt, bis zu zehn Tagen monatlich für Wehrmachtsaufgaben der Propaganda-Abteilung Frankreich und beim Verwaltungsstab des Militärbefehlshabers in Frankreich zur Verfügung zu stehen; ab 1941 publizistische Beteiligung am 'Kriegseinsatz der Geisteswissenschaften'; ab 3/1942 erster ordentlicher Professor für Keltische Sprache und Kultur an der Universität Bonn; daneben 1942 und 1944/45 Vertretung seines ehemaligen Lehrstuhles in Marburg; 1944 – 1945 Kriegseinsatz als Angehöriger des Volkssturms; 2/1947 – 3/1967 erneut Professor für Allgemeine Sprachwissenschaft, Keltische Sprache und Kultur an der Universität Bonn, dort auch Direktor des Keltischen Seminars, Mitdirektor des Sprachwissenschaftlichen Seminars sowie Gründer und Direktor des Instituts für Allgemeine Sprachwissenschaft; außerdem Leiter der Abteilung für Siedlungs- und Kulturgeschichte der rheinischen Frühzeit am Institut für geschichtliche Landeskunde der Rheinlande in Bonn; ab 1948 Herausgeber der *Rheinischen Vierteljahrsblätter*; ab 1/1954 Mitglied der Arbeitsgemeinschaft für Forschung des Landes Nordrhein-Westfalen; 1956 Initiator und bis 1965 Leiter des Arbeitskreises „Sprache und Gemeinschaft" der Deutschen Forschungsgemeinschaft; 7/1960 – 1963 stellvertretender Leiter des Instituts für Phonetik und Kommunikationsforschung an der Universität Bonn; ab 1960 Mitglied des wissenschaftlichen Beirates der Dudenredaktion; 1961 Konrad-Duden-Preis der Stadt Mannheim, 2/1965 Ehrenpromotion für Philosophie und Literatur der Universität Löwen; 3/1967 emeritiert; Ehrenmitglied des Wissenschaftlichen Rates des Instituts für Deutsche Sprache in Mannheim; 6/1975 Verdienstkreuz 1. Klasse des Verdienstordens der Bundesrepublik; am 8.8.1985 in Bonn gestorben[6]

„von den Pflichten eines Forschers und Universitätslehrers besonders seinem Volke gegenüber" heraus; Weisgerber sei „ein zuverlässiger und ehrlicher Mensch", der sich „niemals im Sinne des politischen Katholizismus betätigt" habe.

6 Veröffentlichte u.a.: Muttersprache und Geistesbildung, Göttingen 1929; Die Sprache der Festlandkelten, Frankfurt/M. 1931; Die Stellung der Sprache im Aufbau der Gesamtkultur, Heidelberg 1934; Deutsches Volk und deutsche Sprache, Frankfurt/M. 1935; Die volkhaften Kräfte der Muttersprache, Frankfurt/M. 1939; Das Bretonentum nach Raum, Zahl und Lebenskraft, Halle 1940; Die keltischen Völker im Umkreis von England, Marburg 1941; Deutsch und Welsch. Die Anfänge des Volksbewußtseins in Westeuropa, Bonn 1944; Die Entdeckung der Muttersprache im europäischen Denken, Lüneburg 1948; Der Sinn des Wortes „Deutsch", Göttingen 1949; Von den Kräften der deutschen Sprache. 4 Bde., Düsseldorf 1949 – 1950; Das Tor zur Muttersprache, Düsseldorf 1951; Die sprachliche Zukunft Europas, Lüneburg 1953; Die Grenzen der Schrift, Köln 1955; Die Ordnung der Sprache im persönlichen und öffentlichen Leben, Köln 1955; Sprachenrecht und europäische Einheit, Köln 1959;

Quellen: UAR: PA Weisgerber; LHAS: 5.12-7/1, Nr. 2346; BA/BDC: REM, Ahnenerbe; BA/BDC-Karteien: REM, RFR.

Vertragstexte als sprachliche Aufgabe, Bonn 1961; Die vier Stufen in der Erforschung der Sprachen, Düsseldorf 1963; Zweimal Sprache. Deutsche Linguistik/Energetische Sprachwissenschaft, Düsseldorf 1973.

Werdermann, Hermann Gottfried Ferdinand

geboren am 12.6.1888 in Friedersdorf/Niederlausitz; evangelisch; Sohn eines Pastors; Internat der Franckeschen Stiftungen in Halle, dort 1906 Abitur; Theologiestudium an den Universitäten Halle und Straßburg; 1911 erste theologische Prüfung; 2/1911 – 3/1913 Zivilerzieher an der Kadettenanstalt in Naumburg; anschließend zweite theologische Prüfung; ab 6/1913 Studieninspektor am Predigerseminar in Soest; 11/1913 theologische Promotion in Halle;[1] 8-12/1914 Kriegseinsatz; nach schwerer Verwundung 1-8/1915 Soldat in der Garnison; als Militärbeamter 9/1915 – 12/1917 Lazarett- und Divisionspfarrer in Gnesen; 1916 philosophische Promotion;[2] ab 1918 Pfarrer im Kirchendienst, zunächst 1/1918 – 2/1922 Pfarrer in Gransee/Mark; 7/1918 Heirat,[3] später vier Kinder; 3/1922 – 12/1926 Pfarrer in Löwenberg/Mark und 1/1927 – 3/1929 Seelsorger am Lazaruskrankenhaus in Berlin; neben der Tätigkeit als Pfarrer 1923 Habilitation in Berlin und 7/1923 – 3/1929 Privatdozent für Praktische Theologie an der Universität in Berlin; 5-7/1925 auch Lehrstuhlvertretung für Praktische Theologie an der Universität Rostock; 1925/26 Exchange Professor in St.Louis/USA; 4/1929 – 3/1932 außerordentlicher Professor für Religionspädagogik an der Pädagogischen Akademie/Hochschule in Hannover; aufgrund der Zweiten Sparverordnung 4/1932 in den einstweiligen Ruhestand versetzt und zunächst Pfarrer am Stephanstift in Hannover; ab 5/1933 Lehrauftrag für Religion und Religionsunterricht, ab 10/1934 planmäßiger Professor für Evangelische Religionslehre und Methodik des Religionsunterrichts an der Pädagogischen Akademie/Hochschule für Lehrerbildung in Dortmund;[4] ab 5/1933 Mitglied des NS-Lehrerbundes; ab 11/1933 Mitglied der SA, ab 2/1934 Fürsorgereferent des SA-Reserve-Sturmbannes I/189, als SA-Scharführer ab 11/1934 Fürsorgereferent des SA-Reserve-Sturmbannes III/R 98 in Dortmund; ab 1933 zunächst Kreisabschnittswart, ab 1934 Kreisschulungsleiter des Reichsbundes der Kinderreichen für den Kreis Dortmund und Redner des Landesverbandes Westfalen-Süd des RDK; als Angehöriger der Glaubensbewegung Deutsche Christen auch Mitglied des 'Instituts zur Erforschung (und Beseitigung) des jüdischen Einflusses auf das deutsche kirchliche Leben' in Weimar; Eintritt in die NSDAP am 1.5.1937, Mitgliedsnummer 4.446.808; 4/1939 Niederschlagung eines Gaugerichtsverfahrens durch das Oberste Parteigericht;[5] ab mind. 1939 auch

1 Mit der Arbeit: Die Irrlehren des Judas- und 2. Petrusbriefes, Gütersloh 1913 (=Beiträge zur Förderung der christlichen Theologie 17).

2 Mit einer nicht gedruckten Arbeit über die Pädagogik und den Religionsunterricht A.H. Franckes.

3 Mit Ilse Hentschel; geb. am 18.7.1894; am 1.12.1975 gestorben.

4 Der dortige Rektor beurteilte Werdermann ambivalent: Einerseits sei sein Lehransatz wegen „seiner streng kirchlichen Einstellung immer und notwendig dogmatisch"; wegen seiner „sachlichen und offenen Art" finde Werdermann „bei aller Gegensätzlichkeit, die notwendig zwischen einem Dogmatiker und einer stürmisch den neuen Gedanken eines nordischen Christentums andrängenden Jugend bestehe", einen Ausgleich. „Eine bewußte Gegnerschaft" zur Kirchenpolitik des Nationalsozialismus sei nicht vorhanden, seine Arbeit als Hochschullehrer sei „einwandfrei und positiv"; Werdermann gehöre der Bewegung der deutschen Christen an, „er bejaht den heutigen nationalsozialistischen Staat, was auch dadurch zum Ausdruck kommt, daß er der Partei als Referent eines SA-Sturmes beigetreten ist".

5 Werdermann hatte am 12.11.1938 eine Maßnahme des Gauamtsleiters des NSLB für den Gau Westfalen-Süd kritisiert; dieser hatte nach dem Attentat auf den Diplomaten Ernst vom Rath durch Herschel Grynszpan am 11.11.1938 von den Lehrern des Gaues in aktionistischer Weise

Mitarbeiter des Rassenpolitischen Amtes der Kreisleitung Dortmund der NSDAP; nach der reichsweiten Schließung der Hochschulen für Lehrerbildung 7/1942 in den Wartestand versetzt; ab 11/1942 erneut Lehrstuhlvertretung für Praktische Theologie an der Universität Rostock, daneben auch mit der Verwaltung des Seminars für Praktische Theologie beauftragt sowie Verwalter des Universitätspredigeramtes; 1945 wegen NS-Belastung entlassen; 1945 – 1949 Pfarramtsvertretungen in Hanau, Göttingen und Witten; 7/1949 wegen Krankheit pensioniert; am 9.8.1954 in Bad Soden/Taunus gestorben[6]

---

und effektheischendem vorauseilenden Gehorsam verlangt, „auf Grund des gemeinen Meuchelmordes in Paris den Religionsunterricht spontant nieder[zu]legen", da sie „nicht mehr in der Lage seien, Lehren und Gestalten eines Volkes zu verherrlichen, das allein vom Haß gegen Deutschland" lebe. Werdermann wandte sich daraufhin in einem Schreiben an den Reichserziehungsminister und an den Reichsamtsleiter des NS-Lehrerbundes, weil er sich „vor seinem amtlichen Gewissen und um der Seele ... des deutschen Volkes willen verpflichtet [fühle] zu fragen, welche Logik darin liege, wenn um der Schandtat eines Juden willen der christliche Religionsunterricht in der deutschen Schule niedergelegt werden solle, da Christentum [doch] die schärfste Gegenopposition des Judentums sei". Als Werdermann deshalb auf einer Parteiversammlung gerügt wurde, wandte er sich in einem Offenen Brief an den Gauamtsleiter und die Versammlungsteilnehmer und untermauerte seinen Standpunkt zur Weiterführung des Religionsunterrichtes als antijüdische Maßnahme. Diese Stellungnahme gegen den Gauamtsleiter des NSLB wurde von den Gauinstanzen als Insubordination ausgelegt und ein Parteiverfahren eingeleitet. Werdermann beschwerte sich beim Obersten Parteigericht – und erhielt auf ganzer Linie Recht. Das OPG erneuerte seine Auffassung, daß die NSDAP „jedem Nationalsozialisten absolute Glaubens- und Gewissensfreiheit" gewähre, und die Parteiführung verlange von ihren Parteigenossen, „daß sie die nötige Achtung vor dem Glaubensbekenntnis eines anderen wahren". Partei und Staat würden „jedes Bekenntnis schützen, das der sittlichen und moralischen Auffassung des deutschen Volkes nicht zuwiderläuft", mische sich aber nicht in religiöse Streitigkeiten ein. Daß Werdermann sich an den Reichserziehungsminister und den Reichsamtsleiter gewandt habe, sei „nicht zu ahnden", denn „er hatte den staatlichen Lehrauftrag für Religion und handelte richtig, wenn er über ihm unverständliche Maßnahmen amtliche Aufklärung erbat"; und in seinem Brief an die Versammlungsteilnehmer habe er nicht den Gauamtsleiter „in dessen Eigenshaft als Parteiführer, sondern wegen dessen [falscher] Einstellung zum Christentum" gerügt. Werdermann solle aber in Zukunft von Offenen Briefen absehen und künftig versuchen, „von Mann zu Mann Streitigkeiten über religiöse Dingen durch offene Aussprache zu bereinigen". Dem Gaugericht Westfalen-Süd der NSDAP wurde daraufhin die Durchführung eines Parteigerichtsverfahrens gegen Werdermann untersagt.

6 Veröffentlichte u.a.: Katechetisches Pflichtbewußtsein, Gütersloh 1918; Wir Pastoren! Eine Gegenwartskritik und ein Zukunftsideal, Gütersloh 1919; Elternspiegel für alle, die ihre Kinder gut erziehen wollen, Witten 1919; Hausreligion. Wie Eltern auch für die Seele ihrer Kinder sorgen sollten, Witten 1920; Ich weiß Bescheid. Ein Kampfbüchlein gegen die Freidenker, Witten 1921; Mehr katechetisches Pflichtbewußtsein. Aufruf an das Gewissen des Pfarrerstandes, Gütersloh 1921; Seelsorge an Seelsorgern. Ein Notruf und Aufruf zur Hilfe und Selbsthilfe, Gütersloh 1921; Ehebüchlein. Wie Mann und Frau eine rechte Ehe führen, Witten 1922; Geschichte des Religionsunterrichts an preußischen Gymnasien im 19. Jahrhundert, Gütersloh 1923; Die evangelischen Pfarrer in Geschichte und Gegenwart. Ein Rückblick auf 400 Jahre, Leipzig 1925; Das religiöse Angesicht Amerikas. Einzeleindrücke und Charakterzüge, Gütersloh 1926; Luthers Wittenberger Gemeinde, wiederhergestellt aus seinen Predigten, Gütersloh 1929; Pfarrerstand und Pfarramt im Zeitalter der Orthodoxie in der Mark Brandenburg, Berlin 1929; Zur Gemeindepredigt der Gegenwart. Anregungen von Luther her, Gütersloh 1930; Du und deine Bibel. Ein Führer für solche, die den Weg zu Gottes Wort finden möchten, Witten 1932; Luther als Erzieher und die Religionspädagogik der Gegenwart, Gütersloh 1933; Die deutsche evangelische Pfarrfrau. Ihre Geschichte in vier Jahrhunderten, Witten 1935; Christliche Persönlichkeiten unserer Zeit im Religionsunterricht der Volksschule,

Quellen: UAR: PA Werdermann; LHAS: 5.12-7/1, Nr. 1364; BA/BDC: OPG, NSLB; BA/BDC-Karteien: NSDAP, NSLB, REM.

Leipzig 1936; Religionspädagogische Schulungsbriefe, Leipzig 1936; Martin Luther und Adolf Hitler. Ein geschichtlicher Vergleich, Gnadenfrei 1936; Der Totalitätsanspruch der nationalsozialistischen Weltanschauung und der Absolutheitsanspruch des Christentums, Bonn 1937; Käthe Luther und ihre Bedeutung für das evangelische Pfarrhaus, Berlin 1939; Jesu Gleichnisse, Frankfurt/M. 1939; Die Worte Jesu, Witten 1950.

Will, Ludwig Friedrich August

geboren am 17.1.1861 in Wismar/Mecklenburg-Schwerin; evangelisch; Sohn eines Gerichtsvollziehers; Realgymnasium in Schwerin, dort 4/1880 Abitur; ab 4/1880 Studium der Naturwissenschaften und der Zoologie an den Universitäten Leipzig und Würzburg; 10/1882 – 5/1883 am Zoologisch-Zootomischen Institut der Universität Würzburg; dort 7/1883 Promotion;[1] 8/1883 – 1894 Assistent am Zoologischen Institut der Universität Rostock; ab 11/1884 korrespondierendes Mitglied der Academy of Natural Sciences of Philadelphia; 1886 Studienaufenthalt an der Zoologischen Station in Neapel; 1886/87 Militärdienst als Einjährig-Freiwilliger; 4/1888 Habilitation in Rostock[2] und seitdem Privatdozent für Zoologie an der Universität Rostock; dort 1/1894 zum außerordentlichen Professor für Zoologie ernannt; verheiratet,[3] drei Kinder; ab 7/1905 besoldeter außerordentlicher Professor an der Universität Rostock; 1907 – 1908 Lehrstuhlvertretung für Zoologie und vertretungsweise Leiter des Zoologischen Instituts an der Universität Rostock; neben der Weiterführung seiner universitären Tätigkeit 8/1914 – 3/1919 Heimatskriegseinsatz als Oberlehrer am Realgymnasium in Rostock; daneben ab 4/1915 wiederholt verlängerte Lehraufträge über die mecklenburgische Fauna und die Entwicklungsgeschichte der Tiere; ab 11/1919 ordentlicher Honorarprofessor an der Universität Rostock;[4] dort auch Herausgeber der *Sitzungsberichte und Abhandlungen der Rostoker Naturforschenden Gesellschaft*; 10/1930 auf eigenen Antrag emeritiert; noch bis etwa 1938 weiterhin als Honorarprofessor für Zoologie an der Universität Rostock tätig; am 18.4.1946 in Rostock gestorben[5]

Quellen: UAR: PA Will; LHAS: 5.12-7/1, Nr. 1321; BA/BDC-Karteien: REM.

---

1 Mit der Arbeit: Zur Bildung des Eies und des Blastoderms bei den viviparen Aphiden, Wiesbaden 1883.

2 Mit der Arbeit: Entwicklungsgeschichte der viviparen Aphiden, Jena 1888.

3 Mit Käthe Andersen, geb. am 26.6.1885 in Lübeck; am 20.1.1970 in Rostock gestorben.

4 Obwohl die eigene Philosophische Fakultät Wills „große Verdienste um das zoologische Institut" und seine „Vorlesungen und praktischen Übungen" anerkannte, sein „anspruchloses, zuvorkommendes Wesen" rühmte und registrierte, daß er wegen „seiner von allen Nebenabsichten freien wissenschaftlichen Gesinnung allgemeine Sympathie und Achtung" genieße, scheiterte eine Berufung Wills zum Ordinarius regelmäßig am Votum dieser Fakultät; nach deren Meinung lag er stets „nach allgemeinem Urteil der Fachgenossen hinter den in Frage kommenden Zoologen in Bezug auf den Wert seiner wissenschaftlichen Leistungen ganz erheblich zurück", außerdem habe er „seit zehn Jahren überhaupt nichts mehr publiziert"; und was er neuerdings veröffentlicht habe, sei „nach dem übereinstimmenden Urteil der Fachgenossen weder nach Umfang noch nach Bedeutung geeignet", ihm den zoologischen Lehrstuhl zu übertragen, zumal „eine größere Anzahl von ungleich bedeutenderen Gelehrten zur Auswahl" stehe. 1923 bat die Fakultät, Will, „der seit 29 Jahren Extraordinarius ist" und sich weiterhin am unteren Ende der ohnehin geringen Gehaltsskala befand, wenigstens eine Gehaltserhöhung zu gewähren.

5 Veröffentlichte u.a.: Beiträge zur Entwicklungsgeschichte der Reptilien, Jena 1892 – 1895; Kolloidale Substanz als Energiequelle für die mikroskopischen Schußwaffen der Coelenteraten, Berlin 1914.

Winkler, Friedrich Wolfgang

geboren am 30.8.1890 in Dresden/Sachsen; evangelisch; Sohn eines Arztes; VI. Bürgerschule und Königliches Gymnasium in Dresden-Neustadt, dort 1911 Abitur; als Einjährig-Freiwilliger 1911/12 Militärdienst im Leibgrenadier-Regiment 8 in Frankfurt/O.; ab 1912 Medizinstudium an den Universitäten Leipzig und Freiburg; ab 8/1914 Kriegseinsatz als Unteroffizier, Unterarzt und Feldhilfsarzt in der Abteilung für Haut- und Geschlechtskrankheiten des Reserve-Lazaretts Leipzig, beim Beratenden Chirurgen des XIX. Armeekorps in Leipzig, in der Lungenheilanstalt Mühlhausen, im Reserve-Lazarett Wurzen, ab 9/1916 im Feldlazarett 408 sowie in Lazaretten der Infanterie-Regimenter 415 und 182, EK II; ab 2/1919 Weiterführung des Medizinstudiums in Leipzig; 2/1920 Heirat,[1] später drei Kinder; 6/1920 Staatsexamen, 7/1920 Approbation, 8/1920 Promotion in Leipzig;[2] ab 6/1920 Volontär, ab 9/1920 Assistent an der Serologischen Abteilung des Robert-Koch-Instituts für Infektionskrankheiten, im Reichsarbeitsministerium und am Kaiser-Wilhelm-Institut für Zellforschung in Berlin; ab 4/1922 Assistent, später 1. bzw. Oberassistent am Hygienischen Institut der Universität Rostock; dort 12/1923 Habilitation[3] und seitdem Privatdozent für Hygiene und Bakteriologie an der Universität Rostock; 1926/27 Forschungsaufenthalt am Institut für Rassebiologie in Uppsala/Schweden (bei Prof. Lundborg) zum „Studium der dort besonders entwickelten Einrichtungen für Rassenforschung und Vererbungslehre“;[4] 3/1928 zum außerplanmäßigen außerordentlichen Professor für Hygiene an der Universität Rostock ernannt[5]; Mitglied der Naturforschenden Gesellschaft in Rostock; die vom Mecklenburgischen Unterrichtsministerium und der Universität Rostock zunächst bestehende Absicht, Winkler 1933 auf den neu zu schaffenden Lehrstuhl für Rassenkunde und Eugenik zu berufen, mußte nach negativen Gutachten aufgegeben werden;[6] ab 3/1934

1 Mit Margarete Voigt, geb. am 5.11.1897 in Düsseldorf; Tochter eines Hüttendirektors; Sozialbeamtin.

2 Mit der Arbeit: Über die Ausflockungsreaktionen zur Luesdiagnose nach Sachs-Georgi, Meinecke und Lesser, Leipzig 1920.

3 Mit der Arbeit: Studien zur Variola- und Vakzineimmunität, 1924.

4 Winklers Studienaufenthalt ist vom Direktor des Hygienischen Instituts der Universität Rostock, Theodor v. Wasielewski, befürwortet und beantragt worden. Laut v.Wasielewski habe sich Winkler bereits „seit Jahren mit diesen für die Volksgesundheitslehre, insbesondere für die Lehre von der Volksvermehrung und Volksaufwertung wichtigen Sondergebieten der Hygiene aus eigenem Antrieb mit besonderem Eifer beschäftigt“. Seine diesbezüglichen „Vortragsreihen in der Volkshochschule und in Vereinen sowie aus Anlaß der Lehrer-Schulungswochen fanden regen Beifall und boten mannigfache Anregung zu eingehenderer Beschäftigung mit diesen für Deutschlands Zukunft lebenswichtigen Fragen“.

5 In der Begründung der Medizinischen Fakultät hieß es 11/1927, neben zahlreichen serologischen und bakteriologischen Forschungen habe sich Winkler „in rassenhygienische Untersuchungen eingearbeitet“, dazu „wertvolle Beiträge ... rassenhygienischer Art geliefert“, und „mit Unterstützung des Ministeriums ... eine rassenbiologische Untersuchung des mecklenburgischen Volkes in Angriff genommen“. Winklers Hauptarbeitsgebiete waren zunächst die Bakteriologie und Geschlechtskrankheiten, dann die 'National- und Sozialbiologie', besonders die Rassenbiologie und die Sozialhygiene.

6 Winkler hatte sich mit einem Aufsatz über „Rassenmischung als Krankheitsursache“ 1933

Abteilungsvorstand und Medizinalrat im Mecklenburgischen Landesgesundheitsamt in Rostock; an der Universität Rostock daneben vertretungsweise mit rassekundlichen Lehrveranstaltungen beauftragt; 1934 – 1938 Angehöriger der Glaubensbewegung Deutsche Christen; 1/1937 zunächst an das Staatliche Gesundheitsamt nach Neustrelitz, 12/1937 an die Landesstelle für öffentliche Gesundheitspflege nach Dresden versetzt; 1938 aus der Medizinischen Fakultät der Universität Rostock ausgeschieden; mit Übernahme in die Wehrmacht ab 4/1939 Professor und Oberstabsarzt an der Militärärztlichen Akademie in Berlin; ab 9/1939 aktiver Militärarzt bei der Heeressanitätsinspektion in Berlin; daneben ab 6/1940 auch außerordentlicher Professor mit Lehrbefugnis für Hygiene an der Medizinischen Fakultät der Universität Berlin; Kriegseinsatz als Beratender Hygieniker im Generalgouvernement, dann in einer Heeresgruppe, KVK I. Kl. m.S.; ab 2/1945 Dienst in der Sanitätsabteilung Leipzig der Wehrmacht; ab 4/1945 Sonderbeauftragter für Seuchenbekämpfung in Dresden, ab 11/1945 Leiter der Zentralstelle für Hygiene beim Landesgesundheitsamt Sachsen, dann bis 1948 kommissarischer Leiter der Hauptabteilung Gesundheitswesen der Landesregierung Sachsen; 1946 – 1950 Mitglied der LDPD; ab 1948 Lehrauftrag an der Universität Halle, dort 1949 zum Professor mit Lehrstuhl für Hygiene ernannt; 1951 auch Dekan der Medizinischen Fakultät der Universität Halle; 1957 emeritiert; nach Übersiedlung in die Bundesrepublik am 18.7.1972 in Kleve gestorben[7]

Quellen: UAR: PA Winkler; 5.12-7/1, Nr. 2384, 2530.

---

nachdrücklich für diesen Lehrstuhl empfohlen. Der Dekan der Medizinischen Fakultät, Otto Steurer, meinte 8/1933, weil Winkler Rassebiologie in Uppsala studiert und „anschließend umfassende rasse- und sozialbiologische Erhebungen an der Bevölkerung Mecklenburgs ... vorgenommen“ habe, wäre es für die Universität und „die Rassenkunde und -pflege Mecklenburgs sehr vorteilhaft, wenn der weitere Ausbau der Rassenforschung Mecklenburgs in seinen Händen bliebe“; die aus Mecklenburg stammenden Mediziner Hans Reiter und Kurt Blome, die ab 1933 in die Führung des Reichsgesundheitsamtes bzw. der Reichsärztekammer und des NS-Ärztebundes aufrückten und einen ihnen genehmen Ordinarius etablieren wollten, wandten sich Ende 1933 nachdrücklich gegen eine Beauftragung Winklers mit einem Lehrauftrag bzw. der Zuerkennung eines Lehrstuhls, da Winkler zwar Rassenhygiene lehre, aber „seine politische Einstellung [sei] alles andere als nationalsozialistisch“, wenn er auch „in den letzten Monaten versucht [habe], den Anschluß zu finden“. Hans Reiter, der bis zu seinem Wechsel nach Berlin die „Vorlesungen über Rassenhygiene, Bevölkerungspolitik und erbbiologisch-sozialhygienische seminaristische Übungen“ in Rostock gehalten hatte, teilte der mecklenburgischen Landesregierung 11/1933 mit, daß es „sehr zweifelhaft“ sei, ob Winkler „in der Lage ist, seine Vorlesungen in einer Weise durchzuführen, die unserer nationalsozialistischen Weltanschauung entspricht“. Winkler entspreche nicht den Anforderungen, „die wir an einen Dozenten gerade dieses, für einen nationalsozialistischen Staat so wichtigen Stoffes unbedingt und ohne Konzessionen stellen müssen“.

7 Veröffentlichte u.a.: Bevölkerungspolitische Zukunftsfragen Europas, 1927; National- und Sozialbiologie, Leipzig 1928.

Wöhlbier, Werner Fritz Joachim

geboren am 13.10.1899 in Seggerde/Gardelegen (Provinz Sachsen); evangelisch; Sohn eines Schulrektors; Mittelschule in Genthin, Bürgerschule und Gymnasium in Eisleben; als Oberprimaner ab 6/1917 Kriegseinsatz im Feldartillerie-Regiment 14, zuletzt als Unteroffizier, EK II; 2/1919 Abitur zuerkannt; 5/1919 – 4/1921 landwirtschaftliche Lehre in der Zuckerrübenwirtschaft auf dem Gut Holze in Hornburg; 1921 – 1924 Studium der Landwirtschaft, Agrikulturchemie und Zoologie an der Universität Halle; während des 'Hölz-Putsches' als Zeitfreiwilliger der Schutzpolizei Teilnahme an der „Erstürmung der Leunawerke bei Merseburg"; während des Studiums als Werkstudent tätig, so als Transportarbeiter und Hilfsschlosser in einer Lokomotiv-Reparaturwerkstätte, und während der Semesterferien 1921/22 Leiter der Felddüngungsversuche bei der Treuhandgesellschaft Berlin-Dessau, 1923 bei der Moorversuchsanstalt Neuhammerstein der Landwirtschaftskammer Pommern; 2/1924 Examen als Diplomlandwirt; 3/1924 – 12/1925 Leiter eines landwirtschaftlichen Versuchsringbetriebes in Greifenberg/Pommern; 5/1925 naturwissenschaftliche Promotion in Halle;[1] ab 1/1926 Volontärassistent im bodenkundlichen Laboratorium des Instituts für Ackerbau der Universität Halle; 10/1926 – 8/1928 Studium der Chemie an der Universität Breslau; 12/1926 Heirat;[2] ab 9/1928 Assistent an der Landwirtschaftlichen Versuchsstation in Rostock-Barnstorf; 1/1929 philosophische Promotion in Breslau;[3] 3/1930 Habilitation in Rostock[4] und seitdem Privatdozent an der Universität Rostock; ab 4/1931 Abteilungsvorsteher der wissenschaftlichen Abteilung der Landwirtschaftlichen Versuchsstation in Rostock; 1931 Lehrstuhlvertretung für Agrikulturchemie an der Unversität Halle; ab 7/1934 Mitglied des NS-Lehrerbundes, außerdem Mitglied der SA; an der Universität Rostock 10/1934 zum nichtbeamteten außerordentlichen Professor für Agrikulturchemie ernannt und seitdem Direktor der Landwirtschaftlichen Versuchsstation in Rostock; obwohl die Universität wie die mecklenburgische Staatsregierung Wöhlbier halten wollten[5], waren in den jeweiligen Etats keine Mittel für die Errichtung eines Ordinariats verfügbar; ab 4/1936 ordentlicher Professor für Chemie und Tierernährung an der Landwirtschaftlichen Hochschule in Stuttgart-Hohenheim, dort auch Aufbau und Leitung des Chemischen Instituts, Direktor des Instituts für Tierernährung und der Landesversuchsanstalt für landwirtschaftliche Chemie;[6] Eintritt in die NSDAP am 1.5.1937, Mitgliedsnummer 5.251.039; 1938 – 1945 Mitherausgeber der *Zeitschrift für Tierernährung*

1 Mit der Arbeit: Die Abhängigkeit der Stickstoffumsetzungen, insbesondere der Nitrifikation, von dem Säuregrad in einigen typischen Bodenarten, Halle 1925.

2 Mit Mathilde Holze, geb. am 9.9.1901; Tochter eines Gutsbesitzers.

3 Mit der Arbeit: Stoffwechselversuche zum Eiweißansatz bei saugenden Ferkeln, Breslau 1929.

4 Mit der Arbeit: Die Bestimmung der Verdaulichkeit des Rohproteins mittels Tierversuch und auf künstlichem Wege, Rostock 1930.

5 So betonte Dekan Robert Furch 12/1935, daß das wiederholte Eintreten der Philosophischen Fakultät für Wöhlbier „seine Begründung in dem Interesse des ganzen Landes" finde, Wöhlbier, „der es ganz besonders verstand, die Verbindung zwischen der Bevölkerung Mecklenburgs und seiner Universität herzustellen", an der Universität zu halten.

6 Wöhlbier erhielt zwischen 9/1935 und 12/1944 mehrere zehntausend RM für Forschungen zur Fütterung und Tierzucht, zur landwirtschaftlichen Chemie und zum Eiweißersatz.

und Futtermittelkunde, ab 1949 Herausgeber der Zeitschrift *Landwirtschaftliche Forschungen* und ab 1958 der *Zeitschrift für Tierphysiologie, Tierernährung und Futtermittelkunde*; 1957 Max-Eyth-Medaille der Deutschen Landwirtschaftsgesellschaft in Silber, 1965 in Gold; 1964 Ehrenpromotion der Universität Leipzig; 1965 emeritiert; 1966 Ehrenpromotion der Technischen Hochschule München; am 26.4.1984 in Stuttgart gestorben[7]

Quellen: UAR: PA Wöhlbier; LHAS: 5.12-7/1, Nr. 2442; 5.12-4/2, Nr. 73/1; BA/BDC-Karteien: NSDAP, NSLB, REM, RFR.

7 Veröffentlichte u.a.: Bericht über die Tätigkeit der Landwirtschaftlichen Versuchsstation Rostock i.M. für die Zeit von 1. April 1933 bis 31. März 1934, Rostock 1934; Die Farmwirtschaft in Deutsch-Südwestafrika. Ihre biologischen Grundlagen. T. 4: Der Nährwert südwestafrikanischer Gräser und Futterbüsche, Berlin 1941 (mit H. Walter); Einführung in die Fütterungslehre der landwirtschaftlichen Nutztiere, Stuttgart u.a. 1949; Die Technik des Tierversuchs, Radebeul/Berlin 1953 (mit G. Eggers); Aktuelle Probleme der Tierernährung, Berlin 1961 (mit K.-H. Bartsch und F. Gramatzki); Die Futtermittel. Ein Taschenbuch für Beratung, Unterricht und Praxis, Frankfurt/M. 1963; Gesamtschau Futtermittel tierischer Herkunft, Fette und Öle, Zusatzstoffe, Stuttgart 1977 (als Hg.).

Wolgast, Ernst Johannes Christoph

geboren am 6.6.1888 in Kiel/Schleswig-Holstein; evangelisch; Sohn eines Lehrers; Gymnasium in Kiel, dort 1908 Abitur; 1908 – 1912 Studium der Rechtswissenschaft und Nationalökonomie an den Universitäten Kiel und München; 1912 – 1914 Mitglied des Wandervogel; nach erster juristischer Staatsprüfung 7-9/1912 und 10/1913 – 3/1914 Referendar beim Amtsgericht Rantzau und 4/1914 – 6/1915 beim Landgericht Kiel; als Einjährig-Freiwilliger dazwischen 10/1912 – 9/1913 Militärdienst im Infanterie-Regiment 85; 7/1915 Wechsel in den diplomatischen Dienst des Auswärtigen Amtes nach Berlin, 1917 – 5/1921 Tätigkeit an der Deutschen Gesandtschaft in Oslo, dort 2/1919 zum Legationssekretär ernannt; dazwischen 1/1917 Promotion,[1] 3/1918 Habilitation[2] in Kiel; etwa 1921 Heirat,[3] später ein Kind; 1921 – 1924 Privatdozent für das gesamte öffentliche Recht an der Universität Kiel, dort 4/1922 – 10/1923 auch Fakultätsassistent an der Rechtswissenschaftlichen Fakultät; ab 10/1923 Lehrstuhlvertretung an der Universität Königsberg; dort 4/1924 zum außerordentlichen Professor ernannt; 1925 Lehrstuhlvertretung am Herder-Institut in Riga; 11/1926 – 3/1928 Lehrstuhlvertretung an der Universität Bonn; ab 4/1929 außerordentlicher Professor, 10/1929 – 3/1934 ordentlicher Professor für internationales Privatrecht, Kirchen- und Völkerrecht sowie Rechtsphilosophie an der Universität Rostock, dort auch Direktor des Seminars für Völkerrecht sowie Mitdirektor des Seminars für Staats- und Verwaltungsrecht;[4] 1933/34 auch Dekan der Rechts- und Wirtschaftswissenschaftlichen Fakultät[5] sowie Leiter des Vereins 'Studentenheim e.V. zu Rostock'; ab 1933 mitunter skurrile Versuche, in der internationalen Politik zu reüssieren;[6] ab 1934 Herausgeber der *Öffentlich-Rechtlichen Vorträge und*

---

1 Mit der Arbeit: Die rechtliche Stellung des schleswig-holsteinischen Konsistoriums. Ein Beitrag zur Beurteilung des Verhältnisses der Landeskirche zum Staate, Kiel 1916.

2 Mit der ungedruckten Arbeit: Das demokratische Prinzip und die rechtliche Stellung des Königs in Norwegen.

3 Mit Frieda Nehlsen; Tochter eines Fabrikanten.

4 In einer Beurteilung für das Mecklenburgische Unterrichtsministerium hielt der Führer der NS-Dozentenschaft an der Universität Rostock, Franz Bachér, 1/1934 fest, daß Wolgasts „hervorstechendster, sein Handeln völlig beherrschender Charakterzug eine übersteigerte Eitelkeit" sei, die ihn veranlasse, „sich in jeder Lage vorzudrängeln"; die „Sorge um sein Geltungsbedürfnis" verbiete Wolgast „das Einschlagen und Halten einer Richtung". Im „Mittelpunkt seines Handelns" stehe „immer er selbst, seine jeweilige Einstellung ist abhängig von der seines Gegenüber und daher ... stets doppelzüngig", „für eine Idee zu kämpfen ist ihm völlig fremd". Seine „persönliche Eitelkeit und der Wunsch, Karriere zu machen", seien „Richtschnur seines Handelns", er habe „weder vor dem 30.1.33 irgend ein inneres Verhältnis zum Nationalsozialismus gehabt noch heute". Wolgast sei eine „nicht gerade sehr erfreuliche Erscheinung auf dem Katheder einer Hochschule des neuen Deutschland".

5 Wolgast schlug 3/1933 vor, „in Rostock ein Universitätsinstitut zu schaffen, in das z.B. SA und SS zum Unterricht in nordischer Kultur usw. abkommandiert werden könnte".

6 Wolgast hatte sich Anfang 1934 beim Reichsstatthalter Hildebrandt um eine Genehmigung bemüht, an „einer großen Propagandaaktion des *Matin* (Paris) mitarbeiten" zu dürfen, „um das französische Volk in für Deutschland günstigem Sinne zu beeinflussen". Aus diesem Grunde und anläßlich des Wechsels von Wolgast nach Würzburg teilte Hildebrandt dem Reichspropagandaminister Joseph Goebbels und seinem Amtskollegen, dem bayerischen Reichsstatthalter Franz Ritter von Epp, mit, daß er Wolgast „für einen kautschukartigen, charakterlich unkorrekten und ungefestigten Menschen" halte; die Rostocker Parteigenossen aus „den akademischen Berufsständen lehnen ihn stark ab. Wolgast ist neben seinem Beruf als

Schriften, 1934 – 1945 Mitherausgeber der *Zeitschrift für öffentliches Recht* und der *Zeitschrift für Völkerrecht*; ab 4/1934 Professor für Kirchenrecht, Völkerrecht, internationales Privatrecht, Rechtsphilosophie und Rechtsenzyklopädie an der Universität Würzburg; dort Eintritt in die NSDAP am 1.5.1937, Mitgliedsnummer 5.161.224; daneben auch Mitglied des NS-Rechtswahrerbundes, der NS-Volkswohlfahrt, des NS-Altherrenbundes, des Reichsluftschutzbundes, Förderndes Mitglied der SS, Mitglied der Akademie für Deutsches Recht und der Nordischen Gesellschaft; Wolgast bestürmte Hitler und den fränkischen Gauleiter Julius Streicher 1936 – 1938 mit außenpolitische Fragen berührenden Aufsätzen und Denkschriften etwa über die vermeintliche Rechtsungültigkeit des Versailler Vertrages und dem daraus abzuleitenden rechtlichen Anspruch Deutschlands auf Kolonien;[7] nach der infolge des Münchener Abkommens weitgehenden Nichtberücksichtigung der Wolgastschen Expertisen durch die NS-Politik geriet dieser in politische Schwierigkeiten,[8] die sich nach dem Überfall auf die Sowjetunion zunächst

---

Universitätsprofessor in noch stärkerem Maße Geschäftsmann". Seit 1933 versuche Wolgast ihn, Hildebrandt, „in geradezu hysterischer Art zu beeindrucken". Wolgast habe „gelegentlich vom Auswärtigen Amt einen bestimmten konkreten Auftrag bei der Nordischen Konferenz in Oslo erhalten und hat sich später in einem Eigenbericht ziemlich lobend über sich selbst ausgelassen". Wolgasts „Wesen ist gewandt, berechnend und gerissen, er ist innerlich unwahrhaftig", so daß er ihn „für eine engere Mitarbeit ... nicht eingespannt" habe. Ob man Wolgast in der Auslandspropaganda einsetzen könne, solle Goebbels selbst entscheiden: „Oftmals ist ja selbst durch solche Charaktere in der Außenpolitik manches zu erreichen."

7 So teilte der Chef der Reichskanzlei, Hans-Heinrich Lammers, Wolgast 3/1936 mit, daß er „Gelegenheit gehabt [habe], dem Führer den wesentlichen Inhalt Ihres bemerkenswerten Briefes ... vorzutragen. Der Führer läßt Ihnen für Ihre wertvollen Anregungen bestens danken" und habe „angeordnet, daß auch der Herr Reichsminister des Auswärtigen mit Ihren Darlegungen befaßt wird". 11/1937 suchte Wolgast den Reichskanzler über Gauleiter Streicher mit der Ausarbeitung „Hitler und Talleyrand – zwei Europäer" zu beeindrucken, die auf der Auswertung einer Denkschrift Talleyrands für Napoleon von 1805 basierte und Hitlers Europapolitik in großraumpolitischer Hinsicht inspirieren sollte. Für noch wichtiger hielt Wolgast seine 'Entdekkung' eines erheblichen Rechtsfehlers im Versailler Vertrag – die angebliche Unterdrückung des deutsch-amerikanischen Waffenstillstands*vor*vertrages, der sog. Lansing-Note, in den amtlichen Dokumenten; deren Nichtberücksichtigung würde den darauf aufbauenden eigentlichen Versailler Vertrag entwerten und diesen – „bei dem formaljuristischen Wesen der Amerikaner, Engländer und Franzosen", die das nicht ignorieren könnten – unwirksam machen. Nach Wolgasts Auffassung wäre es „von ungemeinem Werte, daß der Führer dies öffentlich sagte ... Hieran hängt das gesamte Versailler System. Es wird rechtlich aus den Angeln gehoben, wenn der Führer den Ausspruch tut". Streicher wollte Hitler für Wolgasts 'Entdeckung' interessieren und bestellte bei diesem zugleich einen Aufsatz, mit dem er im *Stürmer* unter seinem Namen den Auftakt zu einer neuen Anti-Versailles-Kampagne geben und in einem ersten Schritt die ehemaligen deutschen Kolonien zurückfordern wollte.

8 So teilte der mainfränkische Gauleiter Otto Hellmuth dem Beauftragten des Führers für die Überwachung der gesamten geistigen und weltanschaulichen Erziehung der NSDAP 3/1939 mit, Wolgast sei „zwar als nationaler Mann zu bezeichnen", gehöre aber „zu jenen Intellektuellen, die niemals ... eine nationalsozialistische Persönlichkeit werden". In seinen Vorlesungen und Vorträgen würde Wolgast „außenpolitische Vorgänge nach seiner Empfindung beurteilen"; das gehe soweit, daß Wolgast „außenpolitische Reden des Führers kritisiert und zerpflückt", und unterstelle, man habe „den Führer nicht genügend ... unterrichtet", oder er behaupte, „daß der Führer sich Argumenten bedient habe, die er [Wolgast] in Schriftsätzen an das Außenpolitische Amt ... dargelegt habe". Hellmuth hielt Wolgast nicht für geeignet, „in irgendeiner nationalsozialistischen Organisation Eingang zu finden, um sich dort als Redner ... zu betätigen". Und der Leiter des Rechtsamtes der Gauleitung Franken der NSDAP teilte dem Reichsrechtsamt der NSDAP 5/1939 mit, Wolgast sei „politisch wie auch wissenschaftlich

egalisierten;[9] 1941 auch Lehrstuhlvertretung an der Universität München; ab mindestens 1943 auch Leiter des Seminars für Außerstaatliches Recht und Seegeltung an der Universität Würzburg; daneben auch Stützpunktleiter der Deutschen Gesellschaft für Wehrwissenschaft und Wehrpolitik im Wehrkreis Nürnberg-West; vom Polizeipräsidenten Würzburgs 9/1944 zum Schanzeinsatz am Westwall notdienstverpflichtet, nach unerlaubter Entfernung zunächst Gestapohaft, dann Einleitung eines Parteiverfahrens;[10] vom Kreisgericht Würzburg der NSDAP 11/1944 aus der Partei ausgeschlossen;[11] 1/1945 zur Kriegsmarine einberufen; ab 1948 Professor für öffentliches Recht an der Hochschule für Wirtschafts- und Sozialwissenschaften in Nürnberg; dort 4/1954 emeritiert; am 26.4.1959 in Nürnberg gestorben[12]

---

außerordentlich rührig. Seine politische Betätigung, die vor allem in der Abhaltung öffentlicher Vorträge liegt, entspringt aber weniger einer selbstlosen Einsatzbereitschaft für die Belange der Bewegung als vielmehr einem bei ihm festzustellenden hochgradigen persönlichen Ehrgeiz". Der Gaudozentenbundführer der Universität Würzburg wiederum meinte 7/1940, es sei „bedauerlich", daß Wolgast sich „bisweilen schwätzend oft in den dümmsten Ansichten" auslasse; diese „Schwätzereien" würden „einer gewissen Dummheit entspringen", seine „Redereien" seien „Ausflüsse einer ausgesprochenen Wichtigtuerei".

9 Wolgast offenbarte nach einem von der Reichsstudentenführung in München organisierten Vortrag dem Leiter des Kulturamtes des NS-Studentenbundes und SD-Führer Friedwart Schulze-Berghof 7/1941 seine Vision eines kolonialisierten Rußlands; danach könne man „aus den Randgebieten staatsartige Gebilde entwickeln", während „für das eigentliche Rußland nichts anderes übrig bleiben" werde „als die Lösung" einer „dünnen germanischen Herrenschicht ohne connubium und Verkehr mit der Bevölkerung". Wolgast hatte „freudige Stimmungslagen" bei dem Gedanken, daß in den „Weiten Rußlands ... den 100 Millionen Germanen als Herren" alsbald „über 160 Millionen 'Sklaven'"zur Verfügung stehen werden. Und für alle anderen galt laut Wolgast: „Allen Nationen des uns erreichbaren Festlandes, die nicht mit uns gehen, werden wir vor allem die Waffen nehmen müssen, selbst aber eine ständig fahrbereite Luftflotte zu halten haben, um Aufstände zu bannen". Schon 1940 war Wolgast im Auftrag des Wehrmachtsbefehlshabers für Belgien und Nordfrankreich, General Erich von Falkenhayn, an der Ausarbeitung der „Flamenverordenung" beteiligt worden, „auf ihr beruht seither unsere Politik in Belgien".

10 Wolgast hatte sich unter Angabe von Krankheitsgründen ohne klare Genehmigung aus dem Transport entfernt und war wieder nach Hause gefahren. Der Kreisleiter des Kreises Würzburg der NSDAP war trotz der Vorlage eines ärztlichen Attestes der Auffassung, Wolgast habe „die Hosen gestrichen voll", und bat die Außendienststelle Würzburg der Gestapo, „energische staatspolizeiliche Maßnahmen einzuleiten". Da Wolgast „in gehobener sozialer Stellung" stehe, könne man erwarten, „daß er gegenüber der Notwendigkeit und dem Ernst der Lage die erforderliche Einsicht" aufbringe; außerdem wirke Wolgasts „schlechtes Beispiel auf die Haltung demoralisierend", weshalb er aus der NSDAP ausgeschlossen werden sollte.

11 Wolgast wurde u.a. „mangelndes Ehrempfinden" vorgeworfen, „denn die Ehre gebietet, sich ohne Rücksicht auf sein eigenes Leben einzusetzen". Außerdem habe er die ihm „aus seiner Zugehörigkeit zur Partei erwachsenden höheren Pflichten ... schuldhaft verletzt. Parteigenosse sein bedeutet, Kämpfer zu sein für die Ziele der Bewegung. Diese sind gleichzusetzen mit dem Kampf um die Lebensinteressen des Volkes". Ein Parteimitglied habe aber „einsatzfreudig in der vordersten Front zu stehen, selbstlos sich aufzuopfern und in allem beispielhaft zu wirken". Die „übertriebene Selbsteinschätzung und persönliche Weichheit und willensmäßige Schwäche" Wolgasts haben zu dessen „wirklichkeitsfremder Einstellung" geführt; sein „in allem parteischädigendes Verhalten" bedinge „entsprechende Sühne".

12 Veröffentlichte u.a.: Schleswig-Holsteinische Kirchenverfassung in Vergangenheit und Gegenwart, Kiel 1922; Der Wimbledonprozeß vor dem Völkerbundgerichtshof, Berlin 1926; Die Auslieferungsgesetze Norwegens, Schwedens und Finnlands, mit einer systematischen Darstellung der Grundzüge des nordischen Auslieferungsrechts im Hinblick auf den Erlaß

Quellen: UAR: PA Wolgast; LHAS: 5.12-7/1, Nr. 1431, 2346, 2349; BA/BDC: PK, OPG, REM.

eines deutschen Auslieferungsgesetzes, Berlin 1928; Die Kampfregierung. Ein Beitrag zur Lehre von der Kabinettsbildung nach der Weimarer Verfassung, Königsberg 1929; Zum deutschen Parlamentarismus. Der Kampf um Artikel 54 der Deutschen Reichsverfassung. Eine staatsrechtliche Studie, Berlin 1929; Europa, seine Grenzen und sein Wesen in sozialer Hinsicht, Königsberg 1932; Die Färöerfrage. Die Färinger, eine nordische Minderheit und ein norrönes Volk, Königsberg 1932; Grenzen – Bewußtsein, innere Raumgestaltung, Verhältnisse zur Welt (Rostocker Universitätsreden, 18), Rostock 1933; Völkerrecht. Mit einem systematischen Verzeichnis der völkerrechtlichen Kollektivverträge, Berlin 1934; Lex Regia. Das dänische und das deutsche Staatsführungsgesetz, Würzburg 1935; Seemacht und Seegeltung. Entwickelt an Athen und England, Berlin 1944; Die Rückständigkeit der Staatslehre. Studien zur auswärtigen Gewalt des Staates, Wiesbaden 1956.

Zenker, Rudolf Friedrich

geboren am 17.8.1862 in Dresden/Sachsen; evangelisch; Sohn eines Anatomieprofessors; Elementarunterricht in Privatinstituten, Gymnasium in Erlangen, dort 1880 Abitur; zunächst Studium der Klassischen Philologie und Orientalischen Sprachen an der Universität Erlangen, dann Studium der Philologie, Germanistik und Anglistik an den Universitäten Erlangen, Leipzig, Berlin und Straßburg; 8/1886 Promotion in Erlangen;[1] als Einjährig-Freiwilliger 10/1886 – 9/1887 Militärdienst im Infanterie-Regiment 5 in Erlangen; 8/1889 Habilitation[2] und 9/1889 – 9/1897 Privatdozent für Romanische Philologie an der Universität Würzburg; als Stipendiat des Reiches dazwischen 1894/95 und 1895/96 Studienaufenthalte in Italien, Frankreich und der Schweiz; ab 10/1897 außerordentlicher Professor, ab 4/1905 ordentlicher Professor für Romanische Philologie an der Universität Rostock, dort auch Direktor der Romanischen Abteilung des Romanisch-Englischen Seminars und später des Romanischen Seminars;[3] als Oberleutnant ab 8/1914 Kriegseinsatz als Kompanieführer im 10. bayerischen Infanterie-Regiment, 10/1915 als Hauptmann aus dem Heeresdienst entlassen, dann ziviler Kriegsdienst; 1914/15 sowie 1917/19 auch Dekan der Philosophischen Fakultät der Universität Rostock; ab 11/1932 keine Lehrveranstaltungen mehr, 4/1933 emeritiert; ab 7/1934 Mitglied des NS-Lehrerbundes; später Honorarprofessor; Herausgeber der *Romanischen Forschungen*; am 16.2.1941 gestorben[4]

Quellen: UAR: PA Zenker; BA/BDC-Karteien: NSLB, REM.

1 Mit der Arbeit: Die provenzalische Tenzone. Eine literarhistorische Abhandlung, Leipzig 1888 (mit vollem Preis dotierte Preisaufgabe der Philosophischen Fakultät Erlangen).

2 Mit der Arbeit: Über die Echtheit zweier dem Raoul von Houdenc zugeschriebener Werke, Erlangen 1889.

3 Zenkers Hauptarbeitsgebiete waren die altfranzösische und provenzalische Literatur.

4 Veröffentlichte u.a.: Die Gedichte des Folquet von Romans, Halle 1896 (als Hg.); Das Epos von Isembard und Gormund. Sein Inhalt und seine historischen Grundlagen, Halle 1896; Die Lieder Peires von Auvergne, Erlangen 1900 (als Hg.); Boeve-Amlethus. Das altfranzösische Epos von Boeve de Hamtone und der Ursprung der Hamletsage, Berlin 1905; Zur Mabinogionfrage. Eine Antikritik, Halle 1912; Forschungen zur Artusepik, Halle 1921.

Anhang

Amtsträger der NS-Hochschulpolitik

Leiter der Kultusverwaltung des Landes Mecklenburg, Regierungsbevollmächtigte bzw. Kuratoren, NS-Dozentenbundführer und NS-Studentenbundführer der Universität Rostock 1932 – 1945[1]

Minister für Unterricht, Kunst, geistliche und Medizinalangelegenheiten[2]

7/1932 – 6/1933	Friedrich Scharf
7-8/1933	Walter Granzow
8-12/1933	Hans Egon Engell
12/1933 – 1940	Wilhelm Bergholter
1941 – 1945	Rudolf Krüger

Regierungsbevollmächtigter bzw. Kurator der Universität Rostock

1929 – 1934	Paul Siegfried
1934 – 1943	Otto Dehns (ab 4/1938 Kurator)
1943 – 1945	Rudolf Krüger

Führer des NS-Dozentenbundes des Gaues Mecklenburg der NSDAP/Gaudozentenbundführer

1935 – 1937	Ernst-Heinrich Brill
1937 – 1944	Heinrich Gißel
1939/40	Martin Mehmel (in Vertretung)
1940 – 1945	Kurt Neubert (in Vertretung, ab 1944 kommissarisch)

Führer der Hochschulgruppe Rostock des NS-Dozentenbundes/ Dozentenbundführer[3]

1935	Heinrich Gißel
1936	Enno Freerksen
1936 – 1944	Heinrich Gißel
1940 – 1945	Kurt Neubert (in Vertretung, ab 1944 kommissarisch)

---

1 Die Kurzbiographien dieser Funktionsträger folgen im Anschluß; wenn sie zugleich Professoren an der Universität Rostock waren, stehen sie im Lexikon-Teil dieses Bandes.

2 Nach Umwandlung der bislang eigenständigen Landesministerien in Abteilungen ab 12/1934: Leiter der Abteilung Unterricht, Kunst, geistliche und Medizinalangelegenheiten im Mecklenburgischen Staatsministerium; ab 1943: Leiter der Abteilung Wissenschaft, Erziehung und Volksbildung beim Mecklenburgischen Staatsminister.

3 Ab 1936 war der Führer der Hochschulgruppe Rostock des NS-Dozentenbundes in Personalunion zugleich Führer der Dozentenschaft der Universität Rostock.

Führer der Dozentenschaft der Universität Rostock[4]

1932/33	Hans Reiter
1933/34	Gustav Haselhorst
1934	Franz Bachér
1934 – 1944	Heinrich Gißel
1940	Martin Mehmel (in Vertretung)
1941 – 1945	Kurt Neubert (in Vertretung, ab 1944 kommissarisch)

Gauführer des NS-Studentenbundes des Gaues Mecklenburg(-Lübeck)

1932 ff.	?
1934 – 1937	Gerhard Kröger
1937 – 1944	Karl-Otto Geffken
1944 – 1945	Hans-Joachim Theil

Führer des NS-Studentenbundes bzw. NS-Hochschulgruppenführer an der Universität Rostock[5]

1929	Hermann Bergengruen
1929/30	Adolf Puls
1930	Kurt Maßmann
1930/31	Hans Schoelkopf
1930/31	Hans Walter Faull (Stellvertreter)
1931 – 1933	Werner Rühberg
1932/33	Werner Trumpf
1933 – 1934	Enno Freerksen
1933	Hans-Joachim Theil (Stellvertreter)
1934 – 1935	Gerhard Kröger
1935	Helmut Kreul
1935 – 1936	Günther Roch
1937 – 1938	Ulrich Thomsen
1939 – 1940	Alarich Augustin
1941	Werner Sturm
1941/42	Helmuth Carl
1942/43	Erich Warnstädt
1943 – 1945	Udo Deterts

4 Ab 1936 war der Führer der Dozentenschaft der Universität Rostock in Personalunion zugleich Führer der Hochschulgruppe Rostock des NS-Dozentenbundes.

5 Ab 1936 war der Führer des NS-Studentenbundes auch amtlicherseits in Personalunion zugleich Führer der Studentenschaft der Universität.

Kurzbiographien

Augustin, Alarich

geboren am 2.3.1912 in Bochum/Westfalen; Sohn eines Studienrates; Vorschule und Gymnasium in Detmold, dort 1930 Abitur; ab 1930 Studium der Geschichtswissenschaft, Leibeserziehung, Volkskunde, Völkerkunde, Germanistik und Philosophie an den Universitäten Marburg und Rostock; dort Eintritt in die NSDAP am 1.9.1931, Mitgliedsnummer 639.264; 4-12/1932 Mitglied der SA; 1932 – 1939 Mitglied des NS-Studentenbundes; seit 4/1933 Mitglied der SS, Nr. 113.337; als SS-Oberscharführer Dienst als Zugführer und als stellvertretender Sturmführer des 11. Sturmes der 22. SS-Standarte sowie Schulungsbeauftragter im III. Sturmbann der 22. SS-Standarte in Rostock; 1935 – 1937 Leiter der Fachgruppe Historiker des NS-Studentenbundes, 1936 – 1938 stellvertretender Gaustudentenführer des Gaues Mecklenburg(-Lübeck) und 1938 – 1939 Hochschulgruppenführer des NS-Studentenbundes sowie Führer der Rostocker Studentenschaft; 1937 Staatsexamen im Fach Volkskunde;[6] 1937/38 Promotion in Rostock über die indogermanischen Vorläufer der Olympischen Spiele;[7] nach dem Sportlehrerexamen Assistent am Institut für Leibesübungen der Universität und Studienreferendar in Rostock; ab 1937 intensive Zusammenarbeit mit der SS-Lehr- und Forschungsgemeinschaft „Ahnenerbe“, die seine Forschungen auch auf Anregung Himmlers förderte; ab 11/1939 – 5/1940 Kriegseinsatz in der 2. Verstärkten SS-Totenkopf-Standarte in Oranienburg; 5-6/1940 auf der SS-Junkerschule in Braunschweig; ab 6/1940 Kriegseinsatz als SS-Panzergrenadier im Ersatz-Bataillon der SS-Leibstandarte „Adolf Hitler“; 7/1940 für den Persönlichen Stab des Reichsführers SS uk gestellt zur Fortführung der Assistententätigkeit an der Universität Rostock; ab 1/1943 Ausbilder im Ersatz-Bataillon der SS-Leibstandarte „Adolf Hitler“; als „letzter Sohn“ 5/1943 zur Stabsabteilung der Waffen-SS beim Persönlichen Stab des Reichsführers SS versetzt, von dort zum Amt Ahnenerbe kommandiert; 6/1943 zum SS-Untersturmführer (F) und Fachführer in der Fachgruppe Presse und Kriegswirtschaft der Waffen-SS ernannt; in Personalunion zugleich Leiter der Dienststelle Flandern und Wallonien des Germanischen Wissenschaftseinsatzes des Amtes Ahnenerbe sowie Leiter des Referats Kulturpolitik bei der Dienststelle SS-Gruppenführer Jungclaus (Germanische Freiwilligenleitstelle Flandern) in Brüssel;[8] 6/

6 Veröffentlicht u.d.T. Germanische Sinnbilder als Hofgiebelzeichen. Das Schwanengiebelzeichen in Niederländisch-Friesland, Berlin 1942 (im Verlag der Ahnenerbe-Stiftung).

7 Mit der Arbeit: Sport bei Indogermanen und Germanen. Beiträge zur Geschichte der Rennbahnen, der Rennspiele und der kultischen Feiern.

8 Der von Himmler inspirierte Auftrag umfaßte nach einem Jahresbericht Augustins das Ziel, eine den Interessen der SS dienende „geistige Tiefen- und Breitenwirkung besonders in den Intelligenzschichten Flanderns und Walloniens“ zu erzielen; zu den Aufgaben Augustins gehörte, einen „Einbruch zu schaffen in die liberalistisch-humanistische Bildungsfront durch Gewinnung von Inhabern geistiger Schlüsselstellungen“, den „Gedanken der großgermanischen Reichsgemeinschaft“ zu popularisieren und eine „Wiederbelebung des germanischen Volks- und Kulturbewußtseins zu fördern mit dem äußerst wirkungsvollen, weil neutral getarnten politischen Propagandamittel der Wissenschaft“; dabei sei eine „engste Zusammenarbeit mit dem SD“ unumgänglich. Ziel war die „Erfassung, Beeinflussung und Bindung der Inhaber geistiger Schlüsselstellungen“.

1943 Heiratsbefehl durch Reichsführer SS, 12/1943 Heirat,[9] später ein Kind; nach Evakuierung der Dienststelle Flandern des Germanischen Wissenschaftseinsatzes 10/1944 Rückkehr ins Reich; als SS-Panzergrenadier ab 12/1944 Militärausbildung im SS-Panzer-Grenadier-Ausbildungs- und Ersatz-Bataillon 5 in Ellwangen; dann als Ausbilder tätig; nach 1945 Studienrat in Wuppertal; daneben bis in die 80er Jahre führendes Mitglied der 1946 gegründeten Deutschen Unitarier Religionsgemeinschaft, einer sektenähnlichen NS-Tarnorganisation, und Autor in deren Zeitschrift *Glaube und Tat*

Quellen: BA/BDC: SSO, RusHA, Ahnenerbe; BA/BDC-Karteien: NSDAP.

Bergengruen, Hermann Heinrich Alexander

geboren am 18.1.1907 in Riga/Lettland; Sohn eines Pastors und Schuldirektors; Privatunterricht im Elternhaus, dann Gymnasium in Riga; nach der Ermordung des Vaters 1920 Flucht nach Deutschland, dort Baltenschule bei Wollin und Gymnasien in Zehlendorf und Anklam, dort 1925 eingebürgert und 4/1926 Abitur; 1926 – 1931 Studium der Staats- und Rechtswissenschaft an den Universitäten Riga, Kiel (dort seit 1927 Mitglied des NS-Studentenbundes und Tätigkeit in der Landwirtschaftskammer Kiel zur Finanzierung des Studiums), Rostock (dort ab 1929 erster Hochschulgruppenführer des NS-Studentenbundes von Rostock) und Königsberg; in Rostock Eintritt in die NSDAP am 1.9.1929, Mitgliedsnummer 150.355; 1930 – 8/1933 auch Mitglied der SA; in Königsberg 6/1931 erste juristische Staatsprüfung; zunächst Referendar am Landgericht Frankfurt/M.; daneben Einsatz als Rechtsberater bei der Gauleitung Hessen-Nassau-Süd der NSDAP, was zum erzwungenen Abbruch des Referendariats führte; ab Ende 1931 wieder in Rostock, dort 7/1932 Promotion;[10] als Referendar anschließend Sachbearbeiter für Entschuldungssachen bei der Landschaftlichen Bank in Rostock; daneben auch NSDAP-Kreisredner, und ab 1932 auch Dozent an der Nationalsozialistischen Führer- und Fortbildungsschule des Gaues Mecklenburg-Lübeck der NSDAP, referierte dort u.a. über „Arbeitsrechtliche Fragen"; 10/1934 Heirat,[11] später zwei Kinder; 10/1934 – 5/1936 nebenamtlicher Vorsitzender des Kreisgerichts Rostock-Land der NSDAP; 6/1935 zweite juristische Staatsprüfung, danach bis 5/1936 Leiter der landwirtschaftlichen Abteilung in der Hauptstelle Rostock der Central-Landwirtschaftsbank Berlin; ab 6/1936 zunächst Assessor beim Landratsamt in Wismar, ab 12/1936 beim Landratsamt in Rostock, dort 3/1937 zum Regierungsassessor ernannt; 1937 kurzzeitig stellvertretender Landrat des Kreises Wismar; 8-10/1937 Militärdienst, zuletzt Kanonier; ab 10/1937 Referent in der Abteilung Inneres des Mecklenburgischen Staatsministeriums in Schwerin; seit 1937 Mitglied der SS, Nr. 290.230; als SS-Scharführer zunächst nebenamtlicher Dienst im Stab des SS-Abschnitts XXXIII in Schwerin, ab 11/1937 Angehöriger des SD-Unterabschnitts Mecklenburg in Schwerin; ab 11/1938 auch Leiter des Arbeitsausschusses Bauwirtschaft in der Arbeitsgemeinschaft Hausverwaltung der Gauwaltung Mecklenburg der DAF; 8/1938 zum Regierungsrat, 3/1943 zum Oberregierungsrat ernannt; 1943 uk ge-

9 Mit Erika Bartel, geb. am 7.10.1916 in Schossow/Demmin; Tochter eines Lehrers ab 1939 DRK-Schwesternhelferin in Heimatlazaretten, dann Wehrmachts-Nachrichtenhelferin in Brüssel.

10 Mit der Arbeit: Zum öffentlichen Namensrecht natürlicher Personen in Deutschland, Lippstadt 1932.

11 Mit Jane Tatarin-Tarnheyden, geb. am 9.8.1912; Tochter eines Universitätsprofessors.

stellt und bis 5/1945 Leiter der Preisbildungs- und Preisüberwachungsstelle in der Abteilung Innere Verwaltung beim Mecklenburgischen Staatsminister; ab 1944 Kriegseinsatz; auf Anordnung der Alliierten Militärregierung 6/1945 wegen SS- und NSDAP-Mitgliedschaft aus dem mecklenburgischen Landesdienst entlassen; noch bis mindestens 1947 im Internierungslager Nr. 72 in Ludwigsburg

Quellen: BA/BDC: SSO, RuSHA; BA/BDC-Karteien: NSDAP; LHAS: 6.11-11, Nr. 15298.

Bergholter, Wilhelm Rudolf Albrecht Hermann Ludwig Friedrich

geboren am 22.3.1897 in Güstrow/Mecklenburg-Schwerin; evangelisch; Sohn eines Gymnasialprofessors; Privatschule und Gymnasium in Güstrow, dort 8/1914 Kriegsabitur; als Freiwilliger ab 8/1914 Ausbildung, ab 10/1914 Kriegseinsatz in den Feldartillerie-Regimentern 24, 66 und 43; 12/1918 aus dem Heer entlassen, zuletzt Vizewachtmeister und Offiziersaspirant, EK II, EKFK; 2/1919 – 1921 Studium der Rechtswissenschaft an den Universitäten Jena, München (dort 1920 erster Eintritt in die NSDAP) und Rostock; 3/1922 erste juristische Staatsprüfung und zunächst Referendar bei der Staatsanwaltschaft Güstrow; ab 12/1923 Mitglied der Deutschvölkischen Freiheitsbewegung in Mecklenburg; 12/1923 Promotion in Rostock;[12] 12/1925 zweite juristische Staatsprüfung, ab 1/1926 im mecklenburgischen Justizdienst; als Gerichtsassessor ab 5/1926 Amtsanwalt, seit 9/1926 Hilfsrichter und seit 6/1928 Amtsgerichtsrat beim Amtsgericht Güstrow; als eines der ersten Mitglieder der neu gegründete Ortsgruppe Güstrow der NSDAP Eintritt in die Partei am 1.1.1928, Mitgliedsnummer 73.961; ab 2/1932 Vorsitzender des Amtsgerichts und des Arbeitsgerichts in Güstrow; ab 3/1932 Mitglied des NS-Rechtswahrerbundes, Mitgliedsnummer 25; ab 4/1933 auch Vorsitzender des Untersuchungs- und Schlichtungsausschusses des Kreises Güstrow der NSDAP; auf Wunsch von Gauleiter Hildebrandt ab 4/1933 Personalreferent im Mecklenburgischen Justizministerium, dort 6/1933 zum Oberregierungsrat, 12/1933 zum Ministerialdirektor ernannt; 12/1933 mit der Leitung der Geschäfte des Mecklenburgischen Ministeriums für Unterricht, Kunst, geistliche und Medizinalangelegenheiten beauftragt,[13] später Leiter der Abteilung Unterricht, Kunst, geistliche und Medizinalangelegenheiten im Mecklenburgischen Staatsministerium; 1/1934 Goldenes Ehrenzeichen der NSDAP; ab 12/1934 auch Gaubeauftragter der NSDAP für die Sachgebiete Wissenschaft, Universitäts- und Hochschulfragen; seit 3/1934 Mitglied der SS, Nr. 207.686; zunächst Angehöriger des Stabes der 22. SS-Standarte in Schwerin, dort 4/1937 zum SS-Untersturmführer befördert und nunmehr Führer beim Stab des Abschnitts XXXIII in Schwerin; ab 2/1935 auch Vorsitzender des Gauehrengerichts des NS-Rechtswahrerbundes im Gau Mecklenburg-Lübeck der NSDAP, daneben auch Gaufachgruppenwalter der Fachgruppe Verwaltungsjuristen im Gau Mecklenburg des NSRB und ab 6/1936 auch Mitglied der Gauarbeitskammer Mecklenburg der DAF; 7/1937 Heirat;[14] ab spätestens 1938 auch Vertreter des Mecklenburgischen Staatsministers Friedrich Scharf; 4/1939 zum SS-Obersturmführer, 9/1939 zum SS-Hauptsturmführer befördert;[15] 1940 Dienstauszeichnungen der NSDAP in Bronze und Silber; 10/1940 – mindestens 3/1945 Ministerialdirektor im

12 Mit der Arbeit: Die Gefangenenbefreiung, Rostock 1923.

13 Hier „im Auftrage des Gauleiters Bearbeitung von Einzelfragen".

14 Mit Else Ebel, geb. am 19.8.1898 in Berlin; Kindergärtnerin.

Reichsministerium für Wissenschaft, Erziehung und Volksbildung in Berlin; SS-mäßig nunmehr Führer im SD; ab 2/1945 auch bevollmächtigter Vertreter des Reichsministers für Wissenschaft, Erziehung und Volksbildung im von Joseph Goebbels geleiteten interministeriellen Luftkriegsschädenausschuß

Quellen: BA/BDC: SSO, RuSHA; BA/BDC-Karteien: NSDAP.

Carl, Helmuth B. W.

geboren am 14.12.1914 in Salzwedel/Altmark (Provinz Sachsen); Gymnasium in Salzwedel, dort Abitur; als Schüler Eintritt in die NSDAP am 1.5.1933, Mitgliedsnummer 2.007.296; Medizinstudium an der Universität Rostock; 10/1936 – 3/1938 Wehrmacht; ab 5/1938 wieder in Rostock, seitdem Mitglied des NS-Studentenbundes, daneben Mitglied der SS; dort 2/1941 – 1/1942 Leiter der Studentenschaft und Führer des NS-Studentenbundes an der Universität Rostock; 2/1943 Approbation, Promotion in Rostock;[16] verheiratet; ab 4/1943 Kriegseinsatz als Oberleutnant, ab 8/1943 Assistenzarzt (in Rostock)

Quellen: BA/BDC-Karteien: NSDAP, NSLB, NSDÄB.

Dehns, Otto Heinrich Hans Berthold Heino Ernst

geboren am 13.11.1876 in Woserin/Güstrow (Mecklenburg-Schwerin); evangelisch; Sohn eines Domänenpächters; Gymnasium, Abitur; Studium der Rechtswissenschaft; ab 9/1899 Referendar; als Einjährig-Freiwilliger dazwischen 10/1899 – 9/1900 Militärdienst beim Füsilier-Regiment 90; ab 6/1904 Amtsassessor im Mecklenburgischen Finanzministerium, Abteilung Domänen und Forsten, sowie in den Ämtern Warin, Gadebusch, Lübz, Hagenow; 7/1907 Heirat,[17] später fünf Kinder; ab 10/1907 Amtsverwalter des Amtes Hagenow; ab 5/1911 Hilfsarbeiter im Mecklenburgischen Justizministerium, dort 10/1911 zum Ministerialassessor, 4/1913 zum Ministerialrat ernannt; anschließend bis 1943 ohne Beförderung Dienst in verschiedenen Abteilungen des Mecklenburgischen Staatsministeriums; ab 10/1913 zunächst Rechtsbeistand bei der Oberpostdirektion in Schwerin; ab 8/1914 Kriegseinsatz, zuletzt Leutnant, EK II, EKFK; bis 1919 Mitglied der Deutschnationalen Volkspartei, dann Angehöriger der Volkskonservativen Vereinigung; ab 1929 Leiter des Referats Universität und Hochschulen im Mecklenburgischen Staatsministerium; ab 1934 Dezernatsleiter für Hochschulangelegenheiten im Mecklenburgischen Ministerium für Unterricht, Kunst, geistliche und Medizinalangelegenheiten, dort auch Vertreter des Ministers/Leiters; daneben ab 6/1934 auch kommissarischer Regierungsbevollmächtigter an der Universität Rostock, ab 4/1938 Kurator der Landesuniversität Rostock; ab 7/1934 Mitglied der SA, später des NS-Beamtenbundes; im Auftrag des Staatsministeriums ab 10/1936 auch Vorstandsmitglied der Bärensprung'-

15 Der Führer des SS-Abschnitts XXXIII, Waldemar Wappenhans, begründete die Notwendigkeit der Beförderung 6/1939 damit, daß Bergholter „als Ehrenführer der SS [ein] würdiger Vertreter" der SS sei; da er „Vertreter des Staatsministers ist, müßte er in einen höheren Dienstrang vorrücken".

16 Mit der Arbeit: Über das Blutbild beim Diabetes mellitus, o.O. 1942.

17 Mit Christine Bierstedt, geb. am 7.1.885 in Ribnitz; Tochter eines Landdrosten und späteren Präsidenten des Oberkirchenrates der evangelisch-lutherischen Landeskirche Mecklenburgs.

schen Stiftung, ab 3/1939 auch Vorstand der von Bergholtz'schen Stiftung für Studierende; neben seiner Tätigkeit als Hochschulreferent in der Abteilung Unterricht des Mecklenburgischen Staatsministeriums ab 12/1939 auch Sachbearbeiter für Haushaltsangelegenheiten der Zentralverwaltung sowie der Abteilungen Unterricht und Medizinalangelegenheiten des Mecklenburgischen Staatsministeriums; Eintritt in die NSDAP am 1.4.1940, Mitgliedsnummer 7.571.474; ab 1941 Leiter des Dezernats VII (Universität) der Abteilung Wissenschaft, Erziehung und Volksbildung des Mecklenburgischen Staatsministeriums; am 2.2.1943 gestorben

Quellen: BA/BDC: PK; BA/BDC-Karteien: NSDAP, NSLB; LHAS: 5.12-7/1, Nr. 215a, 594.

Deterts, Udo

geboren am 18.6.1921 in Köhlen/Hannover; Gymnasium in Wesermünde, dort Abitur; als Schüler Eintritt in die NSDAP am 1.9.1939, Mitgliedsnummer 7.113.408; Studium der Medizin an der Universität Rostock; 1943 – 1945 Leiter der Studentenschaft und Führer des NS-Studentenbundes an der Universität Rostock; dazwischen Kriegseinsatz in der Wehrmacht, 1944 Feldwebel, dann Unterarzt; in den 50er Jahren in der Inneren Abteilung des Knappschafts-Krankenhauses in Gelsenkirchen[18]

Quellen: BA/BDC-Karteien: NSDAP.

Engell, Hans Egon Theodor Otto Martin

geboren am 15.11.1897 in Hof Selmsdorf/Schönberg (Mecklenburg-Strelitz); Sohn eines Domänenpächters; Gymnasien in Berlin und Rostock; als Freiwilliger ab 8/1914 Militärdienst im Großherzoglich-Mecklenburgischen Dragoner-Regiment 18; ab Frühjahr 1915 Kriegseinsatz, ab 9/1915 in russischer Kriegsgefangenschaft, zuletzt Gefreiter, EK II, EKFK; nach Entlassung 1920 Abitur in Berlin; Studium der Staatswissenschaften an den Universitäten Berlin, Leipzig und München, Abbruch nach vier Semestern; nach Übernahme des väterlichen Gutes ab 1921 Gutsbesitzer in Granzow/Malchin; außerdem Schulze in Granzow; 5/1921 erste, später erneute Heirat,[19] insgesamt vier Kinder; Eintritt in die NSDAP am 1.2.1931, Mitgliedsnummer 457.918; Betätigung als Gauredner der NSDAP und im Agrarpolitischen Apparat, dort zugleich stellvertretender landwirtschaftlicher Gaufachberater der Partei; ab 11/1931 Amtsvertreter und stellvertretender Amtshauptmann im Amt Malchin; 2/1932 – 10/1933 Mitglied des Landtages von Mecklenburg-Schwerin, dort stellvertretender Fraktionsführer der NSDAP und stellvertretender Landtagsvorsitzender; ab mindestens 1932 auch Dozent an der Nationalsozialistischen Führer- und Fortbildungsschule des Gaues Mecklenburg-Lübeck der NSDAP, referierte dort u.a. über „Besonderes aus dem Gebiete der Volkswirtschaftslehre und Gesellschaftslehre"; 5/1933 zum Staatsrat, 6/1933 zum Minister für Landwirtschaft, Domänen und Forsten ernannt; 8/1933 – 10/1934 Mecklenburgischer Ministerpräsident, daneben auch Minister für Unterricht, Kunst, geistliche und Medizinalangelegenheiten sowie Minister des Äußeren; später Staatsminister; seit 11/1933 Mitglied der SS, Nr. 251.075;[20] 12/1933 zum SS-Standartenführer, 4/1934 zum SS-Oberführer befördert und

18 Veröffentlichte u.a.: Über den Kaliumstoffwechsel, Uetersen 1956.

19 Mit Hilda-Louise Adeneuer, geb. am 17.2.1894 in Köln.

zV-Führer der 22. SS-Standarte in Schwerin;[21] am 25.10.1934 durch Hildebrandt erzwungene Amtsniederlegung als Ministerpräsident;[22] danach wieder als selbständiger Landwirt auf seinem Gut in Granzow tätig; 11/1936 Beginn eines Parteiausschlußverfahrens,[23] das auf Anordnung des OPG ab 9/1939 ruhte; 11/1936 als Führer beim Stab des SS-Abschnitts XXXIII unter Dienstanzugsverbot vom SS-Dienst beurlaubt;[24] 6/1939 wegen „Interessenlosigkeit" aus der SS entlassen; als SS-Hauptsturmführer 9/1941 Wiederaufnahme in die SS, unter Beibehaltung seiner alten SS-Nummer; Kriegseinsatz als Hauptmann und Batteriechef in einem Artillerieregiment der SS-Polizei-Division; 1945 enteignet und ausgewiesen; 1946 Gründer der Interessengemeinschaft der Vertriebenen im Kreis Hildesheim; als Angestellter der Kreissiedlungsgesellschaft bzw. beim Lastenausgleichsamt in Hildesheim 1949 – 1953 Siedlungsbeauftragter der Treuhandstelle für Flüchtlingssiedlungen in Hildesheim; 1952 – 1968 Abgeordneter des Kreistages Hildesheim-Marienburg, dort zeitweilig stellvertretender Landrat; 1953 – 1957 Mitglied des Bundestages für den Gesamtdeutschen Block/BHE; seit 1/1956 stellvertretender Vorsitzender des Ausschusses für Angelegenheiten der inneren Verwaltung des Bundestages; am 16.8.1978 in Bad Salzdetfurth gestorben

Quellen: BA/BDC: SSO, RuSHA; BA/BDC-Karteien: NSDAP; LHAS: 5.12-1/1, Nr. 62.

Faull, Hans Walter

geboren am 11.6.1910 in Rostock/Mecklenburg-Schwerin; Gymnasium, Abitur; Studium der Rechtswissenschaft an der Universität Rostock; dort Eintritt in die NSDAP am 1.12.1930, Mitgliedsnummer 393.873; 10/1930 – 3/1931 Kassenwart und stellvertretender Hochschulgruppenführer des NS-Studentenbundes an der Universität Rostock; 6/1931 – 3/1932 Organisations- und Stabsleiter des Gauverbandes Nord des NS-Schüler-

20 Der Engells Aufnahme befürwortende Führer der SS-Gruppe Nord, Curt Wittje, hatte Himmler 10/1933 mitgeteilt: „Mit Rücksicht darauf, daß die zahlenmäßig sehr schwache SS Mecklenburgs gegenüber der dort besonders starken SA nicht immer einen leichten Stand hat, würde die Verleihung der SS-Uniform und des SS-Dienstgrades an den Ministerpräsidenten Engell für die dortige SS eine wesentliche Stärkung ihrer Position bedeuten."

21 Der Führer des SS-Oberabschnitts Nord, Werner Lorenz, begründete die Beförderung 3/1934 damit, daß Engell als Ministerpräsident von Mecklenburg „die Schutzstaffel finanziell in jeder Hinsicht weitgehendst unterstützt" habe.

22 Engell hatte sich u.a. in der Röhm-Affäre gegen den Gauleiter und die Partei gestellt und auch schon vorher bei Auseinandersetzungen zwischen Staat und Partei zumeist die Position des Staates vertreten.

23 1937 und 1938 Verfahren vor dem Gaugericht Mecklenburg der NSDAP, dann Ausschlußverfahren vor dem OPG, bei dem das Gaugericht Mecklenburg die Voruntersuchungen gegen Engell zu führen hatte; ermittelt wurde u.a. wegen undurchsichtiger Verwendung seines Dispositionsfonds, seiner Reisekostenabrechnungen und seiner Verwicklung in die Röhmaffäre. Im Untersuchungsverfahren wurde vom Gaugericht und vom Staatsministerium u.a. festgestellt, daß Engell zwischen dem 7.4.1933 und dem 10.10.1934 insgesamt 20.500 RM an die SS gezahlt hatte, gestückelt in Beträge zwischen 500 und 2.250 RM.

24 Schon 12/1936 stellte Himmlers Adjutant, Karl Wolff, fest, daß „der Reichsführer SS auf die weitere Zugehörigkeit des SS-Oberführers Engell zur SS keinen Wert" lege; 3/1939 befürwortete auch der Führer des SS-Abschnitts XXXIII, Waldemar Wappenhans, die Entlassung Engells aus der SS; dieser sei „SS-mäßig gesehen ... nicht in Erscheinung getreten; er ist praktisch für die SS ohne jede Bedeutung".

bundes; 12/1931 – 5/1932 auch Stabsleiter des Gebietes Ost der HJ; 5-8/1932 Gaupropagandaleiter des HJ-Gebietes Mecklenburg-Lübeck; als Unterbannführer 8/1932 – 7/1933 zbV-Führer des HJ-Gebietes Ostsee; 8/1933 – 12/1934 stellvertretender Führer des HJ-Bannes Rostock-Stadt; Goldenes Ehrenzeichen der HJ; 1-8/1935 Adjutant des Kreisleiters Rostock-Stadt der NSDAP; 9/1935 – 4/1936 Mitarbeiter des Kreisstabes der Kreisleitung Rostock-Stadt der NSDAP; 5/1936 – 4/1937 auch Ortsgruppenamtsleiter einer Ortsgruppe der NSDAP in Rostock; ab 4/1936 zunächst Mitarbeiter in der Geschäftsstelle des Gauamtes für Kommunalpolitik der Gauleitung Mecklenburg der NSDAP, dort 12/1935 zum Gaustellenleiter, später zum Gauhauptstellenleiter ernannt;[25] 6/1940 Dienstauszeichnung der NSDAP in Bronze; ab 9/1939 Kriegseinsatz, zuletzt Leutnant und Bataillonsadjutant; laut Nachruf am 9.9.1944 „im Kampf gegen den Bolschewismus gefallen“

Quellen: BA/BDC: PK; BA/BDC-Karteien: NSDAP.

Freerksen, Enno Gerhard Anton

geboren am 11.9.1910 in Emden/Ostfriesland (Hannover); evangelisch; Sohn eines Sparkassendirektors; Volksschule in Emden, Gymnasium in Aurich, dort 1929 Abitur; 1929 – 1934 Studium der Medizin und der Naturwissenschaften an der Universität Rostock; dort zunächst Mitglied des Wingolf, ab 1930 Mitglied des NS-Studentenbundes und 1933 – 1934 Hochschulgruppenführer des NS-Studentenbundes und Führer der Rostocker Studentenschaft; Eintritt in die NSDAP am 1.5.1932, Mitgliedsnummer 1.092.860; 2/1933 naturwissenschaftliche Promotion in Rostock;[26] 5/1933 – 11/1937 Mitglied der SA, zuletzt SA-Oberscharführer im Stab des I. Sturmbanns der SA-Standarte 90 in Rostock; 10/1934 medizinisches Staatsexamen, 11/1935 medizinische Promotion[27] und Approbation in Rostock; 6/1935 Heirat,[28] später drei Kinder; 1935/36 Assistent am Anatomischen Institut der Universität Rostock; dort ab 1/1936 Dozentenbundführer der Universität Rostock; zusammen mit Prof. Curt Elze Wechsel nach Gießen, dort ab 11/1936 zunächst Oberassistent, später Prosektor am Anatomischen Institut der Universität Gießen; dort im Herbst 1937 Habilitation;[29] 1/1938 zum Dozentenbundführer und Leiter der Dozentenschaft an der Universität Gießen sowie zum Gaudozentenbundführer des Gaues Hessen-Nassau ernannt, als solcher 1938 – 1939 Gauhauptstellenleiter in der Gauleitung Hessen-Nassau der NSDAP;[30] seit 2/1939 Mitglied der SS, Nr. 347.327, zunächst Dienst in der SS-Sanitätsstaffel I/83; in Gießen 1/1939 zum Dozenten ernannt; 6-10/1939

25 Faull war dort für die Bearbeitung der Personalakten der mecklenburgischen Landräte, Oberbürgermeister, Bürgermeister, der Beigeordneten sowie der Ratsherren der Städte, Flecken und Ostseebäder zuständig.

26 Mit der Arbeit: Ein neuer Beweis für das rhythmische Wachstum der Kerne durch vergleichende volumetrische Untersuchungen an Zellkernen von Meerschweinchen und Kaninchen, Berlin 1933.

27 Mit der Arbeit: Selbstregulierungen des Gebisses, Berlin 1935.

28 Mit Edith Prussas, geb. am 2.2.1910 in Karstädt/Potsdam; Tochter eines Reichsbahnobersekretärs.

29 Mit der Arbeit: Die Venen des menschlichen Handrückens, Berlin 1937.

30 Freerksen in dieser Eigenschaft 1938: „Mein besonderes Interesse gilt der Rassenkunde und der Rassenhygiene sowie den damit in Zusammenhang stehenden weltanschaulichen Fragen.“

Gastdozent an der Universität Zürich; 11/1939 – 1/1940 Kriegseinsatz als Sanitätssoldat in der Sanitäts-Ersatz-Abteilung 9; ab 1940 Erster Prosektor am Anatomischen Institut der Universität Kiel, dort ab 1941 außerordentlicher Professor für Anatomie; ab 1941 auch Dozentenbundführer der Universität Kiel, 5/1941 – 1944 Gauführer des NS-Dozentenbundes des Gaues Schleswig-Holstein und ab 11/1942 Gauamtsleiter in der Gauleitung Schleswig-Holstein der NSDAP; 5/1941 zum SS-Untersturmführer, 9/1942 zum SS-Obersturmführer, 6/1944 zum SS-Hauptsturmführer befördert und Führer im SD-Hauptamt bzw. Reichssicherheitshauptamt; 1/1945 zum ordentlichen Professor für Anatomie und Geschichte der Medizin an der Universität Kiel ernannt; 1950 – 1978 Direktor des 1947 gegründeten Forschungsinstituts für Experimentelle Biologie und Medizin in Borstel; daneben ab 1967 erneut ordentlicher Professor für Experimentelle Biologie und Medizin an der Universität Kiel; am 4.10.2001 gestorben

Quellen: BA/BDC: SSO, RuSHA; BA/BDC-Karteien: NSDAP, NSDÄB, REM, RFR; LHAS: 5.12-7/1, Nr. 2478.

Geffken, Karl Otto

geboren am 22.1.1908 in Geversdorf/Hadeln (Hannover); evangelisch; Sohn eines Lehrers; Dorf-, Mittel- und Oberschule, Oberrealschule Cuxhaven, dort 4/1927 Abitur; Studium der Chemie, Biologie und Physik an den Universitäten Göttingen und Rostock; 11/1930 – 12/1942 Mitglied der SA, zuletzt SA-Obersturmführer; als Student in Rostock Eintritt in die NSDAP am 1.12.1930, Mitgliedsnummer 385.329; 1934 Promotion in Rostock;[31] nach erster Staatsprüfung für das Lehramt an höheren Schulen ab 4/1935 Studienreferendar im Schuldienst in Osnabrück; nach zweiter Staatsprüfung als Studienassessor 3/1936 – 12/1937 Lehraufträge für die Blücher- und Große Stadtschule in Rostock; 9/1936 – 1/1938 Mitglied des NS-Lehrerbundes; ab 1936 zunächst Mitarbeiter in der Führung des NS-Studentenbundes des Gaues Mecklenburg in Rostock; 5/1937 – 1944 Gauführer des NS-Studentenbundes Mecklenburg in Rostock, als solcher Gauhauptstellenleiter in der Gauleitung Mecklenburg der NSDAP, ab 11/1942 im Range eines NSDAP-Oberabschnittsleiters; 8/1937 Heirat,[32] später vier Kinder; 1/1938 – 4/1940 wissenschaftlicher Assistent am Botanischen Institut der Universität Rostock;[33] 9/1939 – 4/1940 Kriegseinsatz in der leichten Reserve-Flak-Batterie 201, zuletzt Gefreiter, KVK II. Kl.; nach uk-Stellung ab 5/1940 hauptamtlicher Lehrgangsleiter des Langemarckstudiums in Rostock; auf Vorschlag der Partei-Kanzlei und der Reichsstudentenführung 9/1942 KVK II. Kl. o.S.;[34] ab 3/1943 Mitglied der SS, Nr. 469.019;[35] 6/1943 erneuter Kriegseinsatz in der Wehrmacht; 7/1943 sofort zum SS-Obersturmführer befördert und

31 Mit der Arbeit: Zur Bestimmungsmethodik biologisch wichtiger Kohlenhydrate in Pflanzenmaterial, Leipzig 1934.

32 Mit Marie Joeben, geb. am 9.8.1911 in Rostock.

33 In dieser Stellung wurde Geffken vom Reichserziehungsministerium mit einer monatlichen Beihilfe „zur Förderung seiner wissenschaftlichen Bestrebungen“ finanziert.

34 In der Begründung hieß es, Geffken stehe „gegenwärtig als Führer einer Gruppe von Flamen und Niederländern im bäuerlichen Einsatz im Gau Wartheland. Die ihm unterstellten Männer sind sämtlich Langemarck-Studenten. Seine Aufgabe ist besonders schwierig und verlangt einen restlosen persönlichen Einsatz. Durch Bewährung in zahlreichen früheren Einsätzen hat Geffken gezeigt, daß er ihr vollauf gewachsen ist.“

zunächst Führer beim Stab des SS-Hauptamtes, ab 5/1944 Führer im Stab der 22. SS-Standarte in Schwerin; 1945 – 1948 in englischer Kriegsgefangenschaft

Quellen: BA/BDC: SSO, PK; BA/BDC-Karteien: NSDAP, NSLB, REM; LHAS: 5.12-7/1, Nr. 2479.

Granzow, Walter

geboren am 13.8.1887 in Schönhagen/Ostprignitz (Brandenburg); Sohn eines Landwirtes; Dorfschule in Schönhagen, Mittelschule in Pritzwalk und Höhere Landwirtschaftsschule in Dahme/Mark; anschließend landwirtschaftlicher Lehrling in Wolfshagen/Westprignitz, danach landwirtschaftlicher Arbeiter in Semlin/Westprignitz; 10/1907 – 3/1908 Studium am Landwirtschaftlichen Institut der Universität Halle, ohne Abschluß; ab 4/1908 landwirtschaftlicher Beamter auf dem Gut Kötzlin; 10/1908 – 9/1909 Militärdienst als Einjährig-Freiwilliger im 1. Garde-Fußartillerie-Regiment in Berlin-Spandau, zuletzt Unteroffizier; 10/1909 – 5/1910 landwirtschaftlicher Beamter in Eggersdorf/Pritzwalk; 6/1910 Übernahme und bis 1922 Bewirtschaftung des väterlichen Hofs in Geestgottberg/Osterburg-Altmark; 6/1911 Heirat,[36] später drei Kinder; 8/1914 – 4/1917 Kriegseinsatz im Reserve-Fußartillerie-Regiment 26, 11/1918 aus dem Heer entlassen, zuletzt Oberleutnant und Regimentsadjutant, EK II, EKFK; anschließend Führer der zur Organisation Escherich gehörenden Einwohnerwehren des Kreises Osterburg/Altmark; 1919 bis 1922 Deichhauptmann des Wischedeich-Verbandes der Elbniederung; außerdem Mitglied des Kreistages Osterburg; 1922 – 1933 Verwalter des der Industriellenfamilie Quandt gehörenden, 1.157 ha großen Gutes Severin bei Parchim;[37] Eintritt in die NSDAP am 1.3.1931, Mitgliedsnummer 482.923; ab 4/1931 Leiter der Abteilung Agrarpolitik in der Gauleitung Mecklenburg-Lübeck der NSDAP, 5/1931 – 8/1933 Landwirtschaftlicher Gaufachberater für den Gau Mecklenburg-Lübeck der NSDAP, ab 10/1932 Leiter der Hauptabteilung Agrarpolitik der Gauleitung Mecklenburg-Lübeck der NSDAP; außerdem bis 7/1933 Landesbauernführer des Gaues Mecklenburg-Lübeck; 6/1932 – 7/1933 Abgeordneter der NSDAP im Mecklenburgischen Landtag; 14.7.1932 – 1.8.1933 Ministerpräsident und Minister des Äußeren von Mecklenburg-Schwerin; 7/1932 – 7/1933 auch Minister der Finanzen und Minister für Landwirtschaft, Domänen und Forsten von Mecklenburg-Schwerin; 7-8/1933 Minister für Unterricht, Kunst, geistliche und Medizinalangelegenheiten; seit 5/1933 SS, Nr. 128.801; zunächst Führer im Stab der 22. SS-Standarte in Schwerin; als Vertrauensmann Darrés ab 7/1933 Beauftragter für die Neubildung deutschen Bauerntums beim Reichsminister für Ernährung und Landwirtschaft, ab 8/1933 auch Reichssiedlungskommissar, als solcher 1935/36 Ständiger

35 Der Chef des SS-Hauptamtes, Gottlob Berger, hatte Geffkens Aufnahme in die SS und dessen sofortige Beförderung zum SS-Obersturmführer mit der Begründung befürwortet, Geffken sei „Lehrgangsleiter des Langemarck-Studiums", und „um die SS-mäßige Ausrichtung des Lehrganges in jeder Beziehung zu gewährleisten", sei es „erwünscht, daß Geffken seinen Dienst als SS-Führer ausübt".

36 Mit Gertrud Ewald, geb. am 17.3.1890 in Pritzwalk.

37 Granzow: „1931 lernte ich den Führer kennen und hatte die Freude, ihn des öfteren als Gast in meinem Hause zu haben". Granzow fungierte auf Gut Severin mehrfach als Quartiergeber für Hitler, der von hier aus Propagandafahrten nach Rostock, Parchim, Schwerin und Wismar unternahm. 12/1931 heirateten Joseph Goebbels und Magda Quandt, eine Schwägerin von Granzow, auf Gut Severin.

Vertreter des Leiters der Abteilung VII im Reichsministerium für Ernährung und Landwirtschaft; 10/1933 zum SS-Sturmbannführer befördert, 12/1933 – 9/1937 Führer im Stab des Rasse- und Siedlungshauptamtes, hier 4/1934 zum SS-Obersturmbannführer, 8/1934 zum SS-Standartenführer befördert, 9/1935 zum SS-Oberführer befördert; 11/1933 – 3/1943 Mitglied des Reichstages; 11/1933 – 5/1945 hauptamtlicher Präsident der Deutschen Rentenbank in Berlin; ab Herbst 1933 außerdem Vorsitzender des Verwaltungs- bzw. Aufsichtsrates der Rentenbank-Kreditanstalt (Landwirtschaftliche Zentralbank), Vorsitzender des Kuratoriums für Technik in der Landwirtschaft, Vorsitzender des Verwaltungsrates der Deutschen Siedlungsbank, Vorsitzender des Aufsichtsrats der Deutschen Bergin AG für Holzhydrolyse in Mannheim-Rheinau, Vorsitzender des Aufsichtsrats der Getreide-Kreditbank AG Berlin, Vorsitzender des Aufsichtsrats der Deutschen Pachtbank, Vorsitzender des Aufsichtsrats der Hauptgenossenschaftsbank, Vorsitzender des Aufsichtsrates der Saatgut-Erzeugungs-Gesellschaft mbH, Vorsitzender des Verwaltungsrates der Süddeutschen Holzverzuckerungswerke AG Regensburg, stellvertretender Vorsitzender des Aufsichtsrates der Deutschen Genossenschaftsbank-Hypothekenbank AG, Ordentliches Mitglied des Reichsbauernrates, Vorsitzender des Ehrengerichts des Deutschen Reichsbauernrates, Mitglied der Akademie für Deutsches Recht in München, dort Vorsitzender des Ausschusses für Genossenschaftsrecht, später auch Leiter der Wirtschaftsgruppe Kreditgenossenschaften in der Reichsgruppe Banken; bis 1935 auch Beauftragter der Reichsleitung der NSDAP für den „Reichsbund Volkstum und Heimat“ (1935 dessen Liquidator); 1935 Leiter der Hauptabteilung II (Ansetzung) im Siedlungsamt des Rasse- und Siedlungshauptamtes; 11/1936 zum SS-Brigadeführer befördert; 1937 auch Leiter des Großen Schiedhofes des RuSHA, und ab 9/1937 Führer beim Stab des Reichsführers SS;[38] ab 9/1935 auch Amtsleiter des Amtes für Agrarpolitik in der Reichsleitung der NSDAP, 1938 enthoben (Ursache war Granzows Forderung nach einer Absetzung Darrés, die jedoch erst 5/1942 erfolgte); 1945 – 1948 interniert; anschließend als Wirtschaftsberater und als Verkäufer für eine Margarinefabrik tätig; am 3.12.1953 in Bad Schwartau gestorben

Quellen: BA/BDC: SSO; BA/BDC-Karteien: NSDAP; LHAS: 5.12-1/1, Nr. 61.

Kreul, Helmut

geboren am 7.3.1914 in Zittau/Sachsen; Sohn eines Oberlandesgerichtsrates; Gymnasium, Abitur; Studium der Rechtswissenschaft an den Universitäten Hamburg, München, Rostock und Greifswald; als Student in Hamburg Eintritt in die NSDAP am 1.10.1932, Mitgliedsnummer 1.349.620; seit 11/1932 auch Mitglied der SA; 1932 juristischer Fachschaftsleiter an der Universität Hamburg, 1932/33 Zellenwart der NSDAP an der Universität München; 1933 zunächst persönlicher Referent des NS-Studentenschafts- und Hochschulgruppenführers der Universität Rostock, 1934 Organisationsleiter der NS-Hochschulführung, 1935 stellvertretender Führer des NS-Studentenbundes Rostock,

38 Granzow 12/1942 an Himmler: „Mit Ihnen und Ihrer Aufgabe fühle ich mich eng verbunden, deshalb danke ich Ihnen für die Kameradschaft ... Mein Wunsch ist es, daß niemand und nichts dieses Vertrauen stören wird. Wenn für meinen gefallenen Sohn Gerhard mein Ältester Kurt ... vom Hauptstumführer der SA einmal in die SS übertreten könnte, würde ein weiterer Wunsch erfüllt sein. Kurt ist ... Kreislandwirt im Kreise Warschau-Land ... später sollte er wie meine Enkel in der SS stehen“.

dann selbst Hochschulgruppenführer; als Student in Greifswald 1936/37 Führer des NS-Studentenbundes des Gaues Pommern der NSDAP, als solcher auch Gauhauptstellenleiter in der Gauleitung Pommern der NSDAP in Stettin; 1936/37 auch Gebietsbeauftragter Nord des Reichsstudentenführers; als SA-Sturmführer 6-11/1937 hauptberuflicher Referent im Stab der SA-Gruppe Pommern; 11/1937 zur Wehrmacht einberufen, seit 9/1939 im Kriegseinsatz, 1942 Leutnant

Quellen: BA/BDC: PK; BA/BDC-Karteien: NSDAP.

Kröger, Gerhard Karl Alexander Hermann

geboren am 17.4.1910 in Dietrichstein/Westpreußen; evangelisch; Sohn eines Pfarrers; Gymnasium, Abitur; ab 1929 Studium der Theologie an der Universität Jena; ab 5/1931 Medizinstudium an der Universität Rostock; dort Eintritt in die NSDAP am 1.6.1931, Mitgliedsnummer 564.310; ab 5/1931 auch Mitglied im NS-Studentenbund, außerdem SA-Truppführer in Rostock; 11/1932 wegen Beitragsunpünktlichkeit als Mitglied der NSDAP gestrichen, 3/1935 durch das Kreisgericht Rostock-Stadt der NSDAP Streichung rückgängig gemacht und Erteilung einer Verwarnung; 6/1934 – 4/1935 NS-Studentenführer der Universität Rostock; 9/1934 – 4/1937 auch Führer des NS-Studentenbundes Mecklenburg/Gaustudentenführer und zugleich Hauptstellen-, später Abteilungsleiter des Amtes Studenten in der Gauleitung Mecklenburg(-Lübeck) der NSDAP; 3/1939 medizinisches Staatsexamen, danach Medizinalpraktikant an der Hautklinik und an der Kinderklinik der Universität Rostock; 9/1939 Approbation; ab 9/1939 Kriegseinsatz als Truppenarzt in Polen; 1940 Hilfsarzt bei Prof. Otto Steurer im HNO-Reservelazarett in Rostock und in der Inneren Abteilung in Schwerin; 12/1940 – 1/1943 Kriegseinsatz als Abteilungs-Arzt in einer Fernkampf-Artillerie-Abteilung an der Ostfront, danach in Frankreich; 1943 Promotion in Hamburg;[39] ab 1/1943 Bataillons-Arzt in einem Grenadier-Regiment an der Ostfront; als Oberarzt KVK II. Kl. m.S.

Quellen: BA/BDC: PK, OPG; BA/BDC-Karteien: NSDAP.

Krüger, Rudolf Georg Karl

geboren am 25.1.1898 in Hagenow/Mecklenburg-Schwerin; evangelisch; Sohn eines Kaufmanns; Volks- und Stadtschule in Hagenow, Realgymnasium in Ludwigslust und Schwerin, dort 1918 Abitur; 1918 – 1921 Studium der germanischen Sprachen, Geschichte und Philosophie an den Universitäten Rostock und Heidelberg, aus wirtschaftlichen Gründen abgebrochen; anschließend Hauslehrer in Moltenow/Schwerin-Land; 1923 Mittelschullehrerprüfung für Deutsch und Englisch; anschließend zunächst Lehrer an der Volksschule in Neustadt-Glewe, ab 1924 an der Mittelschule in Goldberg/Parchim; 6/1925 Heirat;[40] ab 1928 Mitglied der Stadtverordnetenversammlung in Goldberg; dort Eintritt in die NSDAP am 1.1.1931, Mitgliedsnummer 425.101; ab 1/1931 auch Mitglied des NS-Lehrerbundes, Nr. 1.003; 4/1931 – 8/1932 Leiter der Ortsgruppe Goldberg der NSDAP; ab 1/1932 auch Mitglied der Amtsversammlung und des Amtsausschusses im

39 Mit der Arbeit: Über Lymphadenose und Lymphosarkomakose der Haut mit normalem Blutbefund und miliaren Lymphocythemen, o.O. 1943.

40 Mit Emmy Minna Schütz, geb. am 2.4.1900 in Damshagen; Tochter eines Müllers.

Amt Parchim; 6/1932 – 10/1933 Abgeordneter der NSDAP im Mecklenburgischen Landtag, dort auch Direktor beim Landtag, dann Landtagspräsident; daneben SA-Sturmführer; 1932 zum Regierungsrat und zum Landesschulrat ernannt;[41] im Kontext der Durchsetzung der nationalsozialistischen Personalpolitik 4/1933 zunächst zum Korreferenten, dann zum Referenten für Personalfragen im Mecklenburgischen Ministerium für Unterricht, Kunst, geistliche und Medizinalangelegenheiten ernannt;[42] dort ab etwa 1934 Leiter des Dezernats VIII, zuständig für etwa 3.000 mecklenburgische Lehrer; 1933 gemeinsam mit Otto Lemke, Rektor in Dassow, Verfasser des für Mecklenburg offiziell eingeführten Schulbuches „Deutsches Bauerntum";[43] ab 1933 auch Mitglied des Programmbeirats der auch für Mecklenburg zuständigen Norddeutschen Rundfunk AG in Hamburg; ab 1935 auch Amtsleiter der Hilfskasse bzw. Gauhilfskassenobmann und Gaubeauftragter der Gauleitung Mecklenburg(-Lübeck) der NSDAP; 4/1936 zum Oberregierungsrat ernannt; ab 6/1936 Leiter des Gauamtes für Erzieher der Gauleitung Mecklenburg der NSDAP und zugleich Gauwalter des NS-Lehrerbundes Mecklenburg;[44] 9/1939 – 9/1941 Osteinsatz als Leiter der Kultusabteilung bei der Regierung des Generalgouvernements in Warschau;[45] 6/1940 Dienstauszeichnung der NSDAP in Bronze; als Vertreter von Wilhelm Bergholter ab 10/1941 kommissarischer, ab 5/1943 regulärer Leiter der Abteilung Wissenschaft, Erziehung und Volksbildung des Mecklenburgischen Staatsministeriums, dort 2/1943 zum Ministerialrat und zum Kurator der Universität Rostock ernannt; auf Vorschlag des Mecklenburgischen Staatsministeriums 1942 KVK II. Kl. o.S.;[46] ab 7/1943 auch Schulbeauftragter für die Erweiterte Kinderlandverschickung in Mecklenburg; ab 12/1944 auch Leiter der mecklenburgischen Lehrerbildungsanstalten; auf Anordnung der Alliierten Militärregierung 6/1945 aus dem mecklenburgischen Landesdienst entlassen

Quellen: BA/BDC: PK; BA/BDC-Karteien: NSDAP, NSLB; LHAS: 5.12-7/1, Nr. 594; 6.11-11, Nr. 15504.

41 Nach eigenen Worten erlebte Krüger bereits „um die Jahreswende 1932/33 ... das Glück ..., zu den wenigen Schulmännern zu gehören, die bereits in einem Länderministerium an der nationalsozialistischen Gestaltung der Schule arbeiten durften".

42 2/1933 Verfasser des Gesetzes über die Entwicklung und Verwaltung ländlicher Fortbildungsschulen.

43 Krüger, Rudolf/Lemke, Otto: Deutsches Bauerntum, Langensalza 1933; 1937 bereits in 4. Auflage. Im Gutachten der Reichsstelle zur Förderung des deutschen Schrifttums hieß es u.a.: „Das auf Mecklenburg zugeschnittene Buch ... darf als eines der besten Beispiele dieser Art genannt werden", es sei „ein hohes und zugleich erdnahes Lied vom deutschen Bauerntum, Heimat, Volkstum, Geschichte, Gesittung, Arbeit und Pflicht", und „zahlreiche Stellen aus Werken und Reden des Führers und führenden Männern der Bewegung geben dem Buch bleibenden Wert."

44 Krüger wurde vom Gauleiter Hildebrandt in einem Dossier 1937 als „grundanständiger, geradliniger und ehrlicher Mensch" charakterisiert; Krüger mache sich „sehr viel Schwierigkeiten durch seine konsequente Haltung" und werde „daher leider von niemandem geliebt"; er sei „im Ministerium und in der Ministerialbürokratie eingeengt und wird von allen Seiten umgarnt und bespioniert ... Wie lange er ... gegen diesen bürokratischen Klüngel aufkommen kann, insbesondere seine schwere Arbeit für den NS-Lehrerbund und seine dienstliche Tätigkeit durchhält, wird sich zeigen. Es bleibt nicht aus, daß er hier und da einmal Fehlgriffe tun wird, was die anderen ausnutzen werden, um ihm dann das Genick zu brechen".

Maßmann, Kurt Ernst August (Pseud. Erdmann Krafft)

geboren am 22.8.1910 in Hannover; Gymnasium, Abitur; Studium der Volkswirtschaft an den Universitäten Hamburg und Rostock; als Student seit 6/1929 Mitglied der SA; Eintritt in die NSDAP am 1.2.1930, Mitgliedsnummer 212.791; 1930 Hochschulgruppenführer des NS-Studentenbundes an der Universität Rostock; ab 1933 freier Schriftsteller und Journalist in Hannover, ab 1937 in Berlin; etwa 1938 Heirat,[47] später zwei Kinder; 1939 – 1942 Leiter des Kultur- und Nachrichtenamtes der Stadt Heidelberg; dort auch NSDAP-Gauredner für den Gau Baden; als SA-Hauptsturmführer daneben im Auftrag des Kulturkreises der SA Herausgeber der NS-Halbmonatsschrift *Wille zum Reich* und Mitglied der Kameradschaft der Frontdichter in der NS-Kriegsopferversorgung; 1941/42 Kriegseinsatz als Kriegsberichter in Nordafrika; nach Verletzung ab Anfang 1942 Schriftleiter der *NS-Korrespondenz* und Mitarbeiter der Reichspressestelle in Berlin; auf Vorschlag der Reichspressestelle 1944 KVK II. Kl.[48]

Quellen: BA/BDC: RKK; BA/BDC-Karteien: NSDAP.

---

45 Krüger hatte 8/1939 ursprünglich gebeten, sich „freiwillig zur Wehrmacht melden zu dürfen. Im gegenwärtigen Augenblick, wo alle wehrfähigen Lehrkräfte der mir unterstellten Schulen zu den Waffen eilen, ist es für mich ein unerträglicher Gedanke, zurückzubleiben".

46 Mit der Begründung, Krüger leite eine „Reihe kriegswichtiger Sachgebiete, deren schwierige und umsichtige Verwaltung unter den Kriegsverhältnissen besondere Anerkennung" verdiene; so unterstehe ihm „die Verwaltung der zahlreichen Universitätskliniken in Rostock, deren reibungsloser Betrieb für die ärztliche Versorgung und Betreuung sowohl der Wehrmacht wie der Zivilbevölkerung ... von großer Bedeutung" sei; ebenso habe sich Krüger „große Verdienste um die kriegswichtigen Aufgaben der Schulverwaltung erworben", die „infolge der Einberufung zahlreicher Lehrer zum Wehrdienst und der Inanspruchnahme vieler Schulgebäude für militärische Zwecke ... unter ganz besonders schwierigen Verhältnissen" arbeite und „durch die Heranziehung sowohl der Lehrer wie der Schuljugend zu zahlreichen kriegswichtigen Notwendigkeiten Kriegsaufgaben von besonderer Bedeutung zu erfüllen" habe; Krüger habe sich „um die Aufrechterhaltung einer geordneten Schulverwaltung wie auch um die Erfüllung der an die Schule gestellten kriegswichtigen Aufgaben besondere Verdienste erworben".

47 Mit Erika Sandering, geb. am 6.2.1910 in Lübeck.

48 Mit der Begründung, Maßmann habe „gerade in den letzten Terrormonaten seine Aufgabe in der *NSK* und im *Parteipresse-Sonderdienst* in einer Weise erfüllt, die diese Anerkennung vollauf rechtfertigt. Er hat mehr als seine Pflicht getan und gerade durch eine große Anzahl vorzüglicher Leitartikel wesentliche Beiträge im publizistischen Kriegseinsatz geleistet". Veröffentlichte u.a.: Wir Jugend. Ein Bekenntnisbuch der deutschen Nachkriegsgeneration. Mit einem Geleitwort von Baldur von Schirach, Berlin 1933; Hitlerjugend – Neue Jugend. Vom Wege der Jugend in die deutsche Zukunft, Breslau 1933; Ewiges Deutschland. Hymnen der jungen Nation, Breslau 1934; Nationalpolitisches Lesebuch, Breslau 1935 (als Hg.); Nationalpolitische Lesestoffe, Breslau 1936 (als Hg.); Die Revolution geht weiter. Vom unsterblichen SA-Geist, Breslau 1936; Trotz Hölle, Tod und Teufel. Deutsches Bekenntnis, Breslau 1938; Wir Verschworenen. Lieder, Sprüche, Hymnen, Eisenach 1938; Reichstagung in Nürnberg 1938. Der Parteitag Großdeutschland, Berlin 1939 (mit Hanns Kerrl); Die alten Männer wollten Krieg. Englands Kampf gegen ein neues Europa, Berlin 1939; Große Liebe zu Heidelberg. Preislied deutscher Dichter auf eine deutsche Stadt, Heidelberg 1941 (als Hg.); Der Ostermontag. Schauspiel, Berlin 1944.

Mehmel, Martin Franz

geboren am 5.12.1903 in Leipzig/Sachsen; evangelisch; Sohn eines Lokomotivoberheizers; Bürger-, Real- und Oberrealschule in Leipzig, dort 3/1923 Abitur; 4/1923 – 5/1926 zunächst Studium der Chemie und Physik, 5/1926 – 3/1930 Studium der Mineralogie, Geologie und Mathematik an der Universität Leipzig; 4/1930 – 5/1933 unbezahlter, 6/1933 planmäßiger Hilfsassistent in der physikalisch-chemischen Abteilung des Instituts für Mineralogie und Petrographie der Universität Leipzig; dort Eintritt in die NSDAP am 1.5.1933, Mitgliedsnummer 2.995.054; ab 11/1933 Mitglied der SA; 2/1934 Promotion in Leipzig;[49] ab 7/1933 planmäßiger Hilfsassistent, ab 3/1935 planmäßiger Vollassistent am Mineralogisch-geologischen Institut der Universität Rostock; 5/1934 Heirat,[50] später ein Kind; ab 7/1934 auch Mitglied des NSLB; 4/1936 zum SA-Scharführer befördert, ab 5/1936 Fürsorgereferent im I. Sturmbann der SA-Standarte 90 in Rostock; ab 5/1937 Referent für die „Hitler-Freiplatz-Spende“ im Stab der SA-Standarte 90, dort auch Verbindungsmann zur NSV; 7/1937 Habilitation[51] und 3/1938 zum Dozenten für Mineralogie und Petrographie ernannt;[52] 1938/39 Lehrstuhlvertretung für Mineralogie und Petrographie in Rostock; 3/1939 zum Oberassistenten ernannt; 9/1939 Kriegseinsatz in einer verstärkten Polizeischutz-Einheit; 10/1939 – 1940 auch kommissarischer Gaudozentenbundführer des Gaues Mecklenburg der NSDAP; 3/1940 zum Dozenten neuer Ordnung ernannt; 4/1942 als Dozent für Mineralogie und Petrographie an die Technische Hochschule Danzig abgeordnet; dort 1944/45 außerplanmäßiger Professor für Mineralogie und Petrographie; ab 1948 Leiter des Keramischen Forschungslabors der Siemens-Schuckert-Werke in Redwitz; ab 1959 außerordentlicher Professor an der Technischen Hochschule in München; an 27.4.1966 in München gestorben[53]

Quellen: BA/BDC-Karteien: NSDAP, NSLB; LHAS: 5.12-7/1, Nr. 2349, 2382, 2383, 2418.

Puls, Adolf

geboren am 8.5.1909 in Bünde/Herford (Westfalen); Gymnasium, Abitur; Medizinstudium an den Universitäten Rostock und Wien; Eintritt in die NSDAP am 1.5.1928, Mitgliedsnummer 88.504; 1928 – 1931 zunächst Führer des ersten SA-Sturmes in Rostock; 1929 Mitbegründer des NS-Studentenbundes in Rostock, 1929/30 Hochschulgruppenführer des NS-Studentenbundes in Rostock; 1933/34 Leiter des SA-Hochschulamtes an der Universität Hamburg; 1/1934 Goldenes Ehrenzeichen der NSDAP; ab 5/1934 Medizinalpraktikant in Hamburg; dort 12/1934 Approbation; 1936 Referent für weltanschauliche Schulung der SA-Gruppe Hansa in Hamburg; 12/1936 Promotion in

49 Mit der Arbeit: Mineralogisch-feinbauliche Studie am Borazit, Leipzig 1933.

50 Mit Ilse Weigand, Tochter eines Lehrers.

51 Mit der Arbeit: Ab- und Umbau am Biotit, Naumburg 1937.

52 Nach der obligatorischen Teilnahme am Gemeinschaftslager der NS-Dozentenakademie wurde Mehmel als „viel zu bedächtig und phlegmatisch“ beurteilt; er sei mehr „ein sachlicher Forscher“ und weniger „ein mitreißender geistiger Führer der zu schöpferischem Erleben anregt“; politisch werde er „weder positiv noch negativ wirksam hervortreten, denn er liebt die Ruhe und geht dem Kampf gern aus dem Wege“; er sei ein „ehrlicher und harmloser Kamerad, der zu revolutionären Entschlüssen mangels genügender seelischer Spannkraft nie fähig ist, sondern der Führung und Anregung bedarf“.

53 Veröffentlichte u.a.: Datensammlung zum Mineralbestimmen mit Röntgenstrahlen; Berlin 1939.

Hamburg;[54] 1937 zum SA-Obersturmbannführer befördert; ab 8/1938 niedergelassener Allgemeinpraktiker in Hamburg; verheiratet, ein Kind; ab 11/1939 Kriegseinsatz als Oberstabsarzt der Wehrmacht

Quellen: BA/BDC: PK; BA/BDC-Karteien: NSDAP, NSDÄB.

Roch, Günther Paul Erwin

geboren am 25.11.1912 in Bautzen/Sachsen; Gymnasium, Abitur; Medizinstudium an der Universität Rostock; dort Eintritt in die NSDAP am 1.5.1932, Mitgliedsnummer 1.092.795; daneben auch Mitglied der SA und des NS-Studentenbundes; 1935/36 Führer der Studentenschaft der Universität Rostock; 11/1938 Approbation und zunächst Volontärarzt an der Chirurgischen Klinik der Universität Rostock; dort 1942 Promotion;[55] ab 1943 Arzt in Lübz/Parchim; durch die Abteilung K 5/B 1 des mecklenburgischen Landeskriminalamtes auf Grundlage des Befehls 201 der SMAD 11/1947 in Rostock verhaftet mit der Begründung: „Verbrechen gegen die Menschlichkeit“

Quellen:BA/BDC-Karteien: NSDAP, NSDÄB.

Rühberg, Werner Paul Karl

geboren am 15.12.1907 in Neubrandenburg/Mecklenburg-Strelitz; Gymnasium in Neubrandenburg, dort Abitur; Medizinstudium an der Universität Rostock; dort Eintritt in die NSDAP am 1.12.1930, Mitgliedsnummer 393.862; 1931 – 1933 NS-Hochschulgruppenführer und Führer des NS-Studentenbundes an der Universität Rostock, dort 5/1933 Mitorganisator der Bücherverbrennung;[56] 8/1933 Promotion in Rostock;[57] ab 10/1933 in Dresden, 1934 in Berlin, 1935 in Rostock, 1936 wieder in Berlin, dort Sektion Gauleitung

Quellen: BA/BDC-Karteien: NSDAP, NSDÄB.

---

54 Mit der Arbeit: Über die Wirksamkeit einiger aliphatisch-aromatischer Amine, einiger Isochinolinderivate sowie eines Chinolinabkömmlings und einer Barbitursäure auf die Erreger der Schlafkrankheit bei Tieren, Gütersloh 1936.

55 Mit der Arbeit: Zur Differentialdiagnose der Gefäßgeschwülste des Gehirns, Rostock 1942.

56 In einem Aufsatz der *Rostocker Universitäts-Zeitung* von 6/1933 skizzierte Rühberg, der wenige Wochen zuvor zu den Initiatoren der Aufstellung eines Bücherschandpfahls vor dem Hauptgebäude der Rostocker Universität und der wenige Tage darauf erfolgenden Bücherverbrennung gehört hatte, noch einmal die „großen Aufgaben der Deutschen Studentenschaft“ als „Wahrer der Kulturwerte des deutschen Volkes“; ihr Kampf richte sich zunächst „besonders gegen artfremde Erzeugnisse in der Literatur“; es müsse durch die Säuberung der Bibliotheken verhindert werden, daß das „minderwertige Schrifttum ... weiterhin in den breiten Massen des Volkes Eingang“ finde. Die Rostocker Studentenschaft habe zwar bereits „zwei eindrucksvolle Kundgebungen“ veranstaltet (Schandpfahl und Bücherverbrennung), müsse aber weiter „darüber wachen, daß diese Kulturschädlinge [gemeint waren die Autoren der dort angeprangerten Bücher] nirgends im deutschen Volk mehr zu Ehren kommen“, und Rühberg empfahl, auch die künftigen Verlagsproduktionen und Spielpläne von Lichtspieltheatern zu überwachen.

57 Mit der Arbeit: Über eine Hefeinfektion bei Daphina magna, Naumburg 1933.

Scharf, Friedrich Joachim Ludwig Christian

geboren am 25.8.1897 in Penzin/Güstrow (Mecklenburg-Schwerin); Sohn eines Erbpächters; Realgymnasium in Bützow, dort 1917 Abitur; 4/1917 – 4/1918 Kriegseinsatz im Marinekorps Flandern, zuletzt als Obermatrose, EKFK; danach Studium der Rechts- und Staatswissenschaften an den Universitäten Kiel und Rostock; 3/1922 erste juristische Staatsprüfung, danach als Referendar an mehreren mecklenburgischen Gerichten und Verwaltungsbehörden tätig; 1/1924 Promotion in Rostock;[58] 2/1926 zweites juristisches Staatsexamen, danach Gerichtsassessor an den Amtsgerichten in Bützow und Warin; als Mitglied der Deutschnationalen Volkspartei 6/1926 – 12/1931 Bürgermeister und Stadtrichter der Stadt Teterow; 8/1927 Heirat,[59] später ein Kind; Eintritt in die NSDAP am 1.12.1931, Mitgliedsnummer 851.780; ab 11/1931 Amtshauptmann/Landrat des Amtes Güstrow (auf der Liste der Wirtschaftsverbände); 7/1932 – 9/1934 Innen- und Justizminister, 8/1932 – 6/1933 auch Minister für Unterricht, Kunst, geistliche und Medizinalangelegenheiten und bis 9/1934 auch Finanzminister von Mecklenburg; 1933 auch Gauamtsleiter für Staats- und Kommunalverwaltung in der Gauleitung Mecklenburg-Lübeck der NSDAP; 10/1934 – 5/1945 alleiniger Staatsminister von Mecklenburg;[60] ab mindestens 1935 auch Leiter der Verwaltungsakademie e.V. in Rostock (Zweigstelle des Reichsverbandes der Deutschen Verwaltungsakademien) und Gaubeauftragter der Gauleitung Mecklenburg(-Lübeck) der NSDAP für Beamte; SS seit 9/1937 (eine frühere Aufnahme scheiterte am Widerstand des Gauleiters Hildebrandt), SS-Nr. 284.123, sofort zum SS-Standartenführer befördert und Führer beim Stab des SS-Abschnitts XXXIII in Schwerin, dort 4/1939 zum SS-Oberführer befördert; ab mindestens 1939 auch Vorsitzender der Mecklenburgischen Landgesellschaft GmbH; ab 7/1941 auch Vorsitzender des Aufsichtsrates der neu gegründeten Hansewerft in Wismar; 1/1942 KVK II. Kl. o.S.; in Schwerin Anfang Mai 1945 kurzzeitig in amerikanischer Gefangenschaft; ab 6/1945 zunächst Tätigkeit als Kaufmann in Krefeld; im Entnazifizierungsverfahren in Düsseldorf 1948 als „unbelastet" eingestuft, danach 1952 – 1968 Rechtsanwalt in Krefeld; am 31.12.1974 in Kempen gestorben

Quellen: BA/BDC: SSO, RuSHA; BA/BDC-Karteien: NSDAP; LHAS: 5.12-3/1, Nr. 6277.

Schoelkopf, Hans K. (Pseud. Walter Ohlsen)

geboren am 4.6.1906 in Neumünster/Schleswig-Holstein; Sohn eines Kaufmanns; Gymnasien in Neumünster und Plön, dort Abitur; anderthalb Jahre kaufmännische Lehre in Neumünster und Berlin; ab 1925 Studium der Volkswirtschaft an den Universitäten Berlin und München; dort ab 1928 Mitglied des NS-Studentenbundes; Eintritt in die NSDAP am 1.8.1929, Mitgliedsnummer 142.010; ab 9/1929 Reichsgeschäftsführer des NS-Studentenbundes und Mitbegründer der ersten NSDStB-Zeitung *Die Bewegung*; ab 6/

58 Mit der Arbeit: Das Nachvermächtnis nach dem Recht des Bürgerlichen Gesetzbuches, Güstrow 1923.

59 Mit Clara Finck, geb. am 3.6.1903; Tochter eines Erbpächters.

60 Von Gauleiter Hildebrandt – der ihn loswerden wollte, aber nicht konnte – sehr kritisch gesehen: „Scharf ... opfert für die Bewegung überhaupt nichts im Gau, lehnt strikt die Übernahme von Versammlungen ab, obwohl er früher für die Deutschnationalen in jedem Wahlkampf Abend für Abend gesprochen hat ... Er ist ein berechnender, abwägender Typ, der nicht immer mit ganz korrekten Mitteln arbeitet".

1930 mit Promotionsabsicht in Rostock, dort 1930/31 Hochschulgruppenführer des NS-Studentenbundes an der Universität Rostock, 1931 Vorsitzender der Rostocker Studentenschaft; daneben kommissarischer Führer des NS-Schülerbundes; ab 8/1931 erneut Reichsgeschäftsführer des NS-Studentenbundes in München; 8/1931 – 1/1932 Verlags- und Schriftleiter des Schulungsorgans der NS-Jugendbewegung *Die deutsche Zukunft. Monatshefte der nationalsozialistischen Jugend* (später *Wille und Macht*); 1-5/1932 Abwicklung des Konkurses der väterlichen Firma in Neumünster; 5/1932 Heirat,[61] später drei Kinder; ab Sommer 1932 Gründer und Inhaber einer NS-Buchhandlung in München, 12/1932 Konkurs; anschließend Tätigkeit im Kampfbund für Deutsche Kultur in Darmstadt und Schriftleiter der Zeitschrift *Deutsche Bühne*; ab 8/1934 Landesbeauftragter Süd für Jugendarbeit des Kampfundes für Deutsche Kultur; wegen mehr als zweijährigen Beitragsrückstandes 1933 als Mitglied der NSDAP gestrichen; 9/1935 – 4/1936 Mitarbeiter der Amtsleitung der NS-Kulturgemeinde in Berlin, dort Geschäftsführer der Abteilung Jugend für den Gau Berlin, dann wegen Umstrukturierung (Gründung des Kulturamtes der Reichsjugendführung) entlassen; nach Zahlung der rückständigen Beiträge 1/1937 Wiederaufnahme in die NSDAP mit der alten Mitgliedsnummer

Quellen: BA/BDC: PK, RKK; BA/BDC-Karteien: NSDAP.

Siegfried, Paul

geboren am 26.11.1872 in Rostock/Mecklenburg-Schwerin; evangelisch; Sohn eines Rechtsanwalts; Gymnasium in Rostock, Abitur; als Einjährig-Freiwilliger 10/1890 – 9/1891 Militärdienst im Füsilier-Regiment 90 in Rostock; Studium der Rechtswissenschaft an den Universitäten Rostock, Heidelberg und Berlin; 4/1895 erste juristische Staatsprüfung, anschließend Referendar im Mecklenburg-Schwerinschen Justizdienst in Rostock, Boizenburg, Schwerin und Ludwigslust; 1/1899 zweite juristische Staatsprüfung, danach Gerichtsassessor an den Amtsgerichten Rostock, Boizenburg und Schwerin, bei der Staatsanwaltschaft und am Landgericht in Schwerin; 4/1900 Heirat,[62] später drei Kinder; 8/1903 – 9/1907 Hilfsarbeiter im mecklenburgischen Justizministerium; dort 4/1904 zum Amtsrichter ernannt; 10/1907 – 9/1910 Amtsrichter am Amtsgericht Ludwigslust; 10/1910 – 9/1913 Landrichter am Landgericht Schwerin; 10/1913 zum Ersten Staatsanwalt am Landgericht Schwerin ernannt; ab 8/1914 Kriegseinsatz als Hauptmann und Kompanieführer im Infanterie-Regiment 76, nach Verwundung bis 12/1917 Etappenkommandant an der Ostfront, EK I; als Ministerialrat ab 1/1918 Personaldezernent des mecklenburgischen Justizministeriums in Schwerin; 12/1924 verwitwet; ab 1/1927 Generalstaatsanwalt beim Oberlandesgericht Rostock; weil dienstlich nicht ausgelastet, ab 10/1929 auch Regierungsbevollmächtigter an der Universität Rostock sowie Staatskommissar bei der Verwaltungsbehörde für die Finanzen der Universität; wegen seiner für die NS-Behörden unangenehmen Ermittlungen in der Affäre um den 4/1933 ermordeten mecklenburgischen SA-Führer Andreas von Flotow von Reichsstatthalter Hildebrandt als Generalstaatsanwalt 9/1933 in den einstweiligen Ruhestand, unter Anwendung des § 6 des Gesetzes zur Wiederherstellung des Berufsbeamtentums 3/1934 in den dauernden

61 Mit Anna Maria Lautz, geb. am 10.7.1902 in Darmstadt; Tochter eines Zahnarztes; Eintritt in die NSDAP am 1.9.1931, Mitgliedsnummer 632.256.

62 Mit Helene Jenssen.

Ruhestand versetzt; 5/1934 auch als Regierungsbevollmächtigter an der Universität abgelöst; 5/1934 erneute Heirat;[63] am 12.10.1943 in Rostock gestorben

Quellen: LHAS: 5.12-6/4, Nr. 205a, 205b; 5.12-7/1, Nr. 593; AHR PA Siegfried.

Sturm, Werner

geboren am 3.3.1909 in Dresden/Sachsen; Gymnasium, Abitur; Studium der Zahnmedizin an der Universität Rostock; 1941 Leiter der Studentenschaft und Führer des NS-Studentenbundes an der Universität Rostock

Theil, Hans-Joachim Martin Reinhold

geb. am 27.2.1909 in Schwerin; Sohn eines Sergeanten; humanistisches Gymnasium in Waren und Große Stadtstchule in Rostock, dort 4/1928 Abitur; Studium der Geschichte und Germanistik an den Universitäten Wien, München und Rostock; 1932/33 auch Wehramtsleiter der Studentenschaft der Universität Rostock; dort ab mind. 1933 stellvertretender Hochschulgruppenführer des NS-Studentenbundes; ab 1936 Lehrgangsleiter des Langemarckstudiums in Rostock; 1/1937 Promotion in Rostock[64]; ab mind. 1938/39 auch Leiter des Studentenwerkes Rostock, Dienststelle des Reichsstudentenwerkes; ab 1939 daneben auch stellvertretender Leiter des Beratungsdienstes des Reichsstudentenwerks; 3/1940 Heirat,[65] später mind. ein Kind; 4/1940 - 11/1943 Kriegseinsatz, zuletzt Leutnant; nach schwerer Verwundung in der Sowjetunion 11/1943 aus dem Heer entlassen; danach zunächst Dienst in der Annahmestelle für Unteroffiziersnachwuchs beim Generalkommando in Stettin; ab mind. 1/1944 Leiter des Studentenwerks in Rostock und als Gaustudentenführer 1944/45 Leiter des NSD-Studentenbundes Mecklenburg/Gaustudentenführer; als Gauamtsleiter der NSDAP in Mecklenburg Ende des Krieges in Niederschlesien eingesetzt, hat sich 3-4/1945 unerlaubt entfernt; die Partei-Kanzlei forderte ein Standgerichtsurteil; nach 1945 zunächst Landarbeiter auf Poel/Wismar; ab 1947 kurzzeitig erneut Leiter des Studentenwerks Rostock, dann Mitarbeiter am Mecklenburgischen Landestheater; ab 1953 Dramaturg und Vize-Intendant am Theater in Putbus/Rügen; ab 1963 Mitarbeiter am Volkstheater in Rostock, dort zuletzt stellvertretender Chefdramaturg; daneben auch Vorsitzender des künstlerisch-wissenschaftlichen Beirats des Mecklenburgischen Folklorezentrums; ab 1972 Mitglied im Bezirksvorstand Rostock des FDGB; 1972 Kulturpreis der Stadt Rostock, 1979 Kulturpreis des Rates des Bezirkes Rostock; am 25.10.1985 in Rostock gestorben

Quelle: UAR, PA Theil.

Thomsen, Ulrich

geboren am 30.6.1914 in Berlin/Preußen; Gymnasium, Abitur; als Schüler in Penzlin/-Waren 9/1928 – 11/1932 Mitglied der HJ; Eintritt in die NSDAP am 1.8.1932, Mitgliedsnummer 1.236.134; ab 11/1932 auch Mitglied der SA, dort 11/1934 zum SA-

63 Mit Margarete Roß.

64 Mit der Arbeit: Die reichsdeutsche Presse und Publizistik und das österreichisch-ungarische Verfassungs- und Nationalitätenproblem in den Jahren 1903 - 1906, Rostock 1936.

65 Mit Ilse Weu.

Truppführer befördert; Studium an den Universitäten Wien und Rostock; ab 11/1935 Mitglied des NS-Studentenbundes und zunächst Adjutant des NS-Studentenführers der Universität Rostock (G. Roch); 6/1937 – 10/1938 selbst Leiter der Studentenschaft und Führer des NS-Studentenbundes an der Universität Rostock; 11/1937 zum SA-Obertruppführer befördert und zugleich Verbindungsführer zum NS-Studentenbund im Stab der SA-Standarte 90 in Rostock; ab 1939 Leiter des Organisations- und Personalamtes in der Gaustudentenführung der Gauleitung Mecklenburg der NSDAP; ab 9/1939 Kriegseinsatz; als einiger Sohn und Kriegswaise aus der kämpfenden Truppe zurückgezogen, zuletzt Leutnant; 3/1941 Referendarexamen; 12/1942 – 3/1943 Studienurlaub zur Referendarausbildung am Staatlichen Studienseminar in Rostock; 4/1943 zum Studienassessor ernannt; ab 6/1943 Militärdienst in der Ausbildungs-Abteilung 10 in Hamburg

Quellen: BA/BDC: PK; BA/BDC-Karteien: NSDAP.

Trumpf, Werner

geboren am 7.5.1910 in Rostock/Mecklenburg-Schwerin; Sohn eines Obersteuersekretärs; Gymnasium, Abitur; Studium der Geschichte und Rechtswissenschaft an den Universitäten Rostock und Berlin; als Student in Rostock Eintritt in die NSDAP am 1.4.1932, Mitgliedsnummer 1.027.874; ab 1932 auch Mitglied der SA; 1932/33 Hochschulgruppenführer und Führer des NS-Studentenbundes in Rostock; ab 1933 auch 2. Vorsitzender, ab 4/1933 1. Vorsitzender des Vorstands der Rostocker Studentenschaft; ab 7/1933 Kreisleiter Westdeutschland der Deutschen Studentenschaft; 1934/35 Adjutant des Leiters des neugegründeten SA-Hochschulamtes (Heinrich Bennecke) in München; 5/1936 – 5/1937 hauptamtlicher Führer der SA-Standarte 207 in Bernau; ab 1936 Leiter des Verbindungsamtes der Reichsstudentenführung in Berlin; 1936/37 Gebietsbeauftragter für Berlin/Kurmark des Reichsstudentenführers; 1937 Gaustudentenführer des Gaues Kurmark der NSDAP; 1937 zum SA-Standartenführer befördert; ab 10/1937 Bereichsführer Berlin der Reichsstudentenführung; 1939/40 geschäftsführender Stabsführer der Reichsstudentenführung; Kriegseinsatz, 1944 Leutnant im Stab einer Panzerdivision; 5/1944 von der Partei-Kanzlei als NS-Führungsoffizier vorgesehen;[66] ab 1945 in alliierter Kriegsgefangenschaft; ab 1950 kaufmännischer Angestellter in Düsseldorf; ab 1952 Mitglied des Bundes der Heimatvertriebenen und Entrechteten (BHE) und Angehöriger des Naumann-Kreises; ab 1955 Mitglied der FDP; bis 1971 Leiter des Verkaufsbüros der Thyssen-Industrie GmbH in Nordrhein-Westfalen; 1961 – 1971 Mitglied des Stadtrates in Düsseldorf, dort 1969 – 1971 Fraktionsvorsitzender der FDP; 1969 – 1971 auch Mitglied des Kuratoriums der Universität Düsseldorf; dort am 28.4.1971 gestorben

Quellen: BA/BDC: PK; BA/BDC-Karteien: NSDAP.

---

66 Laut Max Milkow, Leiter des Personalamtes der Gauleitung Mecklenburg der NSDAP, habe sich Trumpf „als geistig wendiger, aufgeschlossener und weltanschaulich zuverlässiger Parteigenosse bewährt. Trumpf hat sich bei den Kämpfen der Studentenschaft gegenüber den reaktionären Elementen in den eigenen Reihen nach der Machtübernahme als ein kompromißloser Nationalsozialist bewährt und sich gegenüber allen Widerständen konsequent durchgesetzt. Trumpf wird als geeignet zur Verwendung im Stab einer Division angesehen".

Warnstädt, Erich

geboren am 8.6.1917 in Dahlhausen/Ostprignitz (Brandenburg); Gymnasium, Abitur; als Schüler Eintritt in die NSDAP am 1.11.1936, Mitgliedsnummer 2.969.475; 10/1937 – 9/1938 Wehrdienst; Studium der Medizin an der Universität Rostock; 1942/43 Leiter der Studentenschaft und Führer des NS-Studentenbundes an der Universität Rostock; dort 1943 Promotion[67]

Quellen: BA/BDC-Karteien: NSDAP.

67 Mit der Arbeit: Über das Vorkommen negativer Serodiagnose im Blute und positiver Liquordiagnose bei Spätsyphilis, o.O. 1943.

Rektoren, Prorektoren und Dekane der Universität Rostock 1932 – 1945

Jahr	**Rektor**	**Prorektor**	**Dekan** Theologische Fakultät	**Dekan** Rechts-u. Wirtsch. wiss. Fakultät	**Dekan** Medizinische Fakultät	**Dekan** Philosophische Fakultät	**Dekan** Landwirtsch. Fakultät
3/1932	Poppe	Elze	Brunstäd	Mannstaedt	von Gaza	Schüßler	
1932/33	Poppe (bis 2/1933)	Elze	Brunstäd	Mannstaedt (bis 9/1932)	von Gaza	Schüßler	
1933	Schulze (ab 12/1932)	Poppe	Quell	Wolgast	Steurer	Sedlmaier	
1933/34	Schulze	Poppe	Quell	Wolgast	Steurer	Sedlmaier	
1934	Schulze	Seraphim	Quell	Wolgast	Steurer	Sedlmaier	
1934/35	Schulze	Seraphim	Schreiner	Schultze-von Lasaulx	Comberg	Weisgerber	
1935	Schulze	Seraphim	Schreiner	Schultze-von Lasaulx	Comberg	Weisgerber	
1935/36	Schulze	Schultze-von Lasaulx, ab 10/1935 Brill	von Walter	Walsmann	Comberg	Furch	
1936	Schulze (bis 3/1936)	Brill (bis 3/1936)	von Walter	Walsmann	Comberg	Furch	
1936/37	Brill (ab 4/1936)	Ruickoldt	Brunstäd	Hallstein	Comberg	Maybaum (ab 5/1936)	
1937	Brill	Ruickoldt (bis 10/1937)	Brunstäd	Hallstein	Kollath	Maybaum	
1937/38	Brill (bis 10/1937	Correns (ab 11/1937)	Brunstäd (bis 12/1937)	Hallstein	Kollath (bis 11/1937)	Maybaum	
1938	Ruickoldt (ab 11/1937)	Correns	Büchsel (ab 1/1938)	Hallstein	Lehmann (ab 11/1937)	Maybaum	

Jahr	Rektor	Prorektor	**Dekan** Theologische Fakultät	**Dekan** Rechts-u.Wirtsch. wiss. Fakultät	**Dekan** Medizinische Fakultät	**Dekan** Philosophische Fakultät	**Dekan** Landwirtsch. Fakultät
1938/39	Ruickoldt	Correns (bis 1/1939)	Büchsel	Hallstein	Lehmann	Maybaum (bis 4/1939)	
1939	Ruickoldt	Steurer (ab 2/1939)	Büchsel	Hallstein	Lehmann	Maurer (ab 5/1939)	
1939/40	Ruickoldt	Steurer	Büchsel	Hallstein	Lehmann	Maurer	
1940/1.TM	Ruickoldt	Steurer	Büchsel	Tatarin-Tarnheyden (i.V.)	Lehmann	Maurer	
1940/2.TM	Ruickoldt	Steurer	Büchsel	Hallstein	Wachholder	Maurer	
1940/3.TM	Ruickoldt	Steurer	Büchsel	Hallstein	Wachholder	Maurer	
1941/1.TM	Ruickoldt	Steurer	Büchsel	Hallstein	Wachholder	Maurer	
1941/SS	Ruickoldt (bis 6/1941)	Steurer (bis 5/1941)	Büchsel	Hallstein	Wachholder (bis 5/1941)	Maurer	
1941/1942	Steurer (ab 6/1941)	Wachholder (ab 6/1941)	Büchsel	Troitzsch	Haselhorst (ab 6/1941)	Maurer	
1942	Steurer	Wachholder	Büchsel	Troitzsch	Haselhorst	Maurer	
1942/43	Steurer	Wachholder	Büchsel	Troitzsch	Haselhorst	Bröcker	Schmidt (m.d.F.b.)
1943	Steurer	Wachholder	Büchsel	Troitzsch	Haselhorst	Bröcker	Schmidt (m.d.F.b.)
1943/44	Steurer (bis 3/1944)	Wachholder (bis 3/1944)	Büchsel	Troitzsch (bis 1/1944)	Haselhorst	Bröcker	Schmidt (m.d.F.b.)
1944	Wachholder (ab 4/1944)	Lösch (ab 4/1944)	Büchsel	Mayer (1-5/1944)	Braun (ab 4/1944)	Bröcker	Schmidt (m.d.F.b.)
1944/45	Wachholder	Lösch, ab 4/1945 Poppe	Büchsel	Gerhardt (m.d.F.b.)	Braun	Bröcker	Schmidt (m.d.F.b.)

Besetzung der Lehrstühle der Universität Rostock 1932 – 1945[1]

I. Theologische Fakultät

Altes Testament

1928 – 1958	Gottfried Quell

Kirchengeschichte/Historische Theologie

1921 – 1940	Johannes von Walter
2/1940	unbesetzt
3/1940	Otto Pohrt (in Vertretung)
1940 – 1941	Julius Wagenmann (in Vertretung)
1941 – 1945	unbesetzt

Neues Testament

1918 – 1945	Friedrich Büchsel

Praktische Theologie

1931 – 1937	Helmuth Schreiner
1937 – 1938	unbesetzt
1938 – 1942	Wilhelm Knevels (mit der Verwaltung beauftragt)
1942 – 1944	Hermann Werdermann (in Vertretung)
1-5/1945	unbesetzt

Systematische Theologie

1925 – 1944	Friedrich Brunstäd
1944 – 1945	unbesetzt

II. Rechts- und Wirtschaftswissenschaftliche Fakultät

Deutsches Recht, Bürgerliches Recht, Handelsrecht und Kirchenrecht

1931 – 1935	Hermann Schultze-von Lasaulx (bis 3/1932 in Vertretung)
1935 – 1936	George Löning (in Vertretung)
1936 – 1937	unbesetzt
1937 – 1939	Wilhelm Ebel (bis 8/1938 in Vertretung)
1940 – 1946	Heinrich Mitteis

---

1 Zahlreiche Professoren führten ihre Lehrstühle – zumeist mit einer Unterbrechung 1945/46 – auch nach Kriegsende weiter; dies ist aus den einzelnen Biographien zu ersehen. Der Zeitspanne des vorliegenden Lexikons entsprechend, werden in dieser Übersicht jedoch nur Lehrstuhlbesetzungen bis 1945 dokumentiert, mit Ausnahme derjenigen Professoren, die ihren Lehrstuhl bruchlos bis in die Nachkriegszeit weiterführten, und derjenigen, die ihren Lehrstuhl bereits vor 1932 übernommen haben, ihn jedoch im Untersuchungszeitraum auch weiterhin innehatten.

Deutsches Recht, Bürgerliches Recht, Handels- und Wirtschaftsrecht, Arbeitsrecht, Internationales Privatrecht, Mecklenburgisches Landesrecht

1930 – 1941	Walter Hallstein
1941 – 1945	unbesetzt

Römisches Recht, Bürgerliches Recht

1923 – 1941	Rudolf Henle
1941 – 1945	unbesetzt

Römisches Recht, Bürgerliches Recht, Zivilprozessrecht

1916 – 1939	Hans Walsmann
1940 – 1946	Ulrich von Lübtow (bis 4/1940 in Vertretung)

Staats-, Verwaltungs- und Völkerrecht, Kirchenrecht und Luftrecht sowie Mecklenburgisches Landesrecht

1929 – 1934	Ernst Wolgast
1934 – 1944	Wilhelm Troitzsch
1-5/1945	unbesetzt

Staats-, Verwaltungs- und Völkerrecht, Rechtsphilosophie, Arbeitsrecht

1922 – 1945	Edgar Tatarin-Tarnheyden

Strafrecht, Verfahrensrecht und Rechtsphilosophie

1930 – 1945	Hellmuth Mayer (ab 4/1944 in Vertretung)

Wirtschaftswissenschaften,
ab 1941 **Volkswirtschaftslehre** (ordentlicher Lehrstuhl)

1923 – 1932	Heinrich Mannstaedt
1933 – 1935	Hans-Jürgen Seraphim
1935 – 1936	unbesetzt
1936 – 1937	Hans Weigmann
1938 – 1939	Erich Preiser
1940 – 1941	unbesetzt
1941 – 1945	Wilhelm Kromphardt

Wirtschaftswissenschaften/Volkswirtschaftslehre (1. außerordentlicher Lehrstuhl)

1927 – 1933	Hans-Jürgen Seraphim
1933 – 1934	Walter Weddigen
1934 – 1936	Hans Weigmann
1937 – 1938	Erich Preiser (bis 3/1937 in Vertretung)
1937 – 1941	Wilhelm Kromphardt (bis 10/1938 in Vertretung)
1941 – 1945	Johannes Gerhardt

Wirtschaftswissenschaften/Volkswirtschaftslehre
(2. außerordentlicher Lehrstuhl, 1936 eingerichtet)

1937 – 1942	Heinrich Niehaus (bis 6/1938 in Vertretung)
1944 – 1945	Karl Schiller

Betriebswirtschaftslehre (1939 eingerichtet)

1939 – 1940	Erich Gutenberg
1941 – 1945	Hans Münstermann

III. Medizinische Fakultät

Anatomie

1921 – 1936	Curt Elze
1936 – 1937	unbesetzt
1937 – 1945	Kurt Neubert (bis 12/1937 in Vertretung)

Chirurgie, Orthopädie, Röntgendiagnostik

1901 – 1928	Wilhelm Müller
1928 – 1936	Wilhelm von Gazen
1936 – 1945	Johann Carl Lehmann

Chirurgie und Orthopädie
(umgewandelt aus dem nichtplanmäßigen außerordentlichen Lehrstuhl für Innere Medizin – Meythaler)

1943 – 1944	Heinrich Gißel

Dermatologie

1919 – 1932	Walter Frieboes
1932 – 1933	Hermann Nagell (kommissarisch)
1933 – 1945	Ernst-Heinrich Brill

Gynäkologie und Geburtshilfe, ab 1935/36 nur noch **Gynäkologie**

1906 – 1933	Otto Sarwey
1933 – 1945	Gustav Haselhorst

Hygiene und Mikrobiologie, ab 1935 **Hygiene und Bakteriologie**

1916 – 1935	Theodor von Wasielewski
1935 – 1945	Werner Kollath

Innere Medizin (ordentlicher Lehrstuhl)

1921 – 1940	Hans Curschmann
1941 – 1946	Viktor Schilling

Innere Medizin (außerordentlicher Lehrstuhl)

1926 – 1937	Georg Ganter
1938 – 1943	Hans Schulten
1944 – 1945	Albert Anthony

Innere Medizin
(nichtplanmäßiger, außerordentlicher Lehrstuhl, 1939 eingerichtet durch Umwandlung einer Oberarztstelle)

1939 – 1942	Friedrich Meythaler

Kinderheilkunde

1909 – 1939	Hermann Brüning
1939 – 1943	Otto Ullrich
1944 – 1947	Karl Klinke

Ophthalmologie/Augenheilkunde

1901 – 1933	Albert Peters
1933 – 1945	Wilhelm Comberg

Oto-, Rhino-, Laryngologie

1901 – 1929	Otto Körner
1929 – 1945	Otto Steurer

Pathologie

1922 – 1946	Walther Fischer

Pharmakologie
ab 1935/36 **Pharmakologie und Toxikologie, Pharmakognosie**

1930 – 1933	Eduard Keeser
1934 – 1945	Ernst Ruickoldt

Physiologie und physiologische Chemie

1927 – 1932	Wilhelm Fröhlich
1933 – 1946	Kurt Wachholder

Physiologische Chemie (1938 eingerichtet)

1938 – 1945	Peter Holtz

Psychiatrie und Neurologie, 1935/36 nur **Psychiatrie**

1920 – 1936	Max Rosenfeld
1937 – 1945	Ernst Braun (bis 6/1937 in Vertretung)

Rassenhygiene/Rassenkunde und Vererbungslehre

1933 eingerichtet, dafür Wegfall des Lehrstuhles für Semitische und Ägyptische Philologie; bis 1938 unbesetzt; ab 1942 gesperrt für neu eingerichteten Lehrstuhl für Physikalische Chemie

1938 – 1942	Hermann Boehm
1944 – 1945	Hans Grebe

Tierhygiene, Tierpathologie

1924 – 1956	Kurt Poppe

Zahnheilkunde

1923 – 1933	Hans Moral
1933 – 1955	Matthäus Reinmöller

IV. Philosophische Fakultät

Allgemeine und vergleichende Sprachwissenschaft

1927 – 1938	Leo Weisgerber
1938 – 1939	unbesetzt
1940 – 1943	Johannes Lohmann
1943 – 1945	Hans Jensen (bis 4/1944 in Vertretung)

Archäologie und Kunstgeschichte

1921 – 1954	Gottfried von Lücken

Botanik

1923 – 1945 Hermann von Guttenberg

Chemie, ab 1936/37 Anorganische Chemie

1919 – 1934	Paul Walden
1934 – 1936	Max Trautz
1936 – 1942	Ulrich Hofmann (bis 11/1936 in Vertretung)
1942 – 1953	Günter Rienäcker

Englische Philologie (außerordentlicher, ab 1943 ordentlicher Lehrstuhl)

1929 – 1950	Herbert Huscher

Experimentelle Psychologie und Pädagogik (1933 geschlossen)

1919 – 1933	David Katz

Germanistik

(ab 1934/35 geteilt in Neuere deutsche Literaturgeschichte und systematische Literaturwissenschaft sowie Deutsche Sprache und ältere deutsche Literatur, Niederdeutsche Sprache und Literatur)

1895 – 1934	Wolfgang Golther

Geologie
(außerordentlicher Lehrstuhl, 1936 neu eingerichtet nach Teilung des Lehrstuhles Mineralogie und Geologie)

1936 – 1946	Kurd von Bülow
1943 – 1944	Sergius von Bubnoff (in Vertretung)

Geographie

1919 – 1933	Wilhelm Ule
1933 – 1946	Otto Jessen

Geschichte, ab 1936/37 **Alte Geschichte**

1919 – 1949	Ernst Hohl

Klassische Philologie (Griechisch) (ab 1942/43 außerordentlicher Lehrstuhl)

1907 – 1933	Johannes Geffcken
1933 – 1935	Kurt von Fritz
1935 – 1937	unbesetzt
1937 – 1941	Hans Diller
1941 – 1943	unbesetzt
1943 – 1945	Hermann Kleinknecht (bis 2/1944 in Vertretung)

Klassische Philologie (Latein)

1909 – 1937	Rudolf Helm
1937 – 1941	Andreas Thierfelder (bis 3/1938 in Vertretung)
1941 – 1945	Wolf-Hartmut Friedrich

Mathematik, ab 1937 **Reine und angewandte Mathematik**

1926 – 1945	Robert Furch

Mathematik, ab 1937 **Angewandte Mathematik**

1929 – 1934	Gerhard Thomsen
1934 – 1938	Curt Schmieden
1939 – 1946	Friedrich Lösch

Mineralogie und Geologie, ab 1936 nur noch **Mineralogie**
(1936 in die eigenständigen Lehrstühle Geologie und Mineralogie geteilt)

1927 – 1938	Carl Correns
1939 – 1945	Hans Nieland (bis 12/1939 in Vertretung)

Mittelalterliche Geschichte

1921 – 1934	Hans Spangenberg
1934 – 1945	Heinz Maybaum (bis 1935 in Vertretung)

Mittlere und Neuere Geschichte (außerordentlicher Lehrstuhl)

1922 – 1935 Wilhelm Schüßler
1935 – 1945 Otto Graf zu Stolberg-Wernigerode

Mittlere und Neuere Kunstgeschichte

1927 – 1939 Richard Sedlmair
1939 – 1940 unbesetzt
1940 – 1945 Karl Heinz Clasen

Neuere deutsche Literaturgeschichte und systematische Literaturwissenschaft (nach Teilung des Lehrstuhles Germanistik 1934 eingerichtet)

1934 – 1946 Willi Flemming

Niederdeutsche Sprache und Literatur

nach Teilung des Lehrstuhles Germanistik 1934 unbenannt in **Deutsche Sprache und ältere deutsche Literatur, Niederdeutsche Sprache und Literatur**

1920 – 1954 Hermann Teuchert

Nordische Sprachen (1942 eingerichtet)

1942 – 1945 unbesetzt

Organische Chemie (außerordentlicher, ab 1942/43 ordentlicher Lehrstuhl)

1899 – 1935 Richard Stoermer
1936 – 1945 Kurt Maurer (bis 3/1937 in Vertretung)

Philosophie (1934/35 **Philosophie und Pädagogik**)

1930 – 1940 Julius Ebbinghaus
1940 – 1945 Walter Bröcker (bis 7/1941 in Vertretung)

Physikalische Chemie

(1942 neu errichtet im Tausch mit dem unbesetzten Lehrstuhl für Rassenhygiene)

1942 – 1946 Günter Schulz (bis 7/1943 in Vertretung)

Physik / Experimentalphysik

1922 – 1935 Christian Füchtbauer
1936 – 1945 Paul Kunze

Romanische Philologie

1897 – 1933 Rudolf Zenker
1933 – 1936 Fritz Schalk
1937 – 1946 Walter Gottschalk

Semitische und Ägyptische/Orientalische Philologie

(1933 zugunsten des Lehrstuhls für Rassenhygiene geschlossen)

1919 – 1933 Arnold Poebel

Theoretische Physik

1929 – 1944	Pascual Jordan
1944 – 1945	unbesetzt

Vorgeschichte (1939 als außerordentlicher Lehrstuhl eingerichtet)

1939 – 1941	Ernst Petersen
1-12/1940	Peter Paulsen (in Vertretung)
1941 – 1942	unbesetzt
1942 – 1945	Herbert Jankuhn

Zoologie, ab 1936/37 **Zoologie und vergleichende Anatomie**

1923 – 1945	Paul Schulze

V. Landwirtschaftliche Fakultät (1942 gegründet)

Acker- und Pflanzenbau (ab 1942)

1942 – 1944	unbesetzt
1944 – 1945	Werner Schulze

Agrikulturchemie (ab 1944)

1943 – 1945	Kurt Nehring

Landwirtschaftliche Betriebslehre (ab 1942)

1943 – 1945	Asmus Petersen

Tierzuchtlehre (ab 1943)

1944 – 1945	Jonas Schmidt (in Vertretung)

Werkstoffe- und Landmaschinen (ab 1942)

1942 – 1945	unbesetzt

Direktoren der Institute und Seminare der Universität Rostock 1932 – 1945[1]

I. Theologische Fakultät

Alttestamentliches Institut

1928 – 1958	Gottfried Quell

Kirchengeschichtliches Seminar

1921 – 1940	Johannes von Walter
2/1940	unbesetzt
3/1940	Otto Pohrt (in Vertretung)
1940 – 1941	Julius Wagenmann (in Vertretung)
1941 – 1945	unbesetzt
1942 – 1945	Friedrich Büchsel (beauftragt)

Neutestamentliches Seminar

1918 – 1945	Friedrich Büchsel

Praktisch-Theologisches Seminar

1931 – 1937	Helmuth Schreiner
SS 1937	unbesetzt
1937 – 1938	Fritz Engelke (in Vertretung, nicht Professor)
1939 – 1942	Wilhelm Knevels
5-10/1942	unbesetzt
1942 – 1944	Hermann Werdermann
1-5/1945	unbesetzt

Seminar für allgemeine und vergleichende Religionswissenschaft

1922 – 1933	Johannes Geffcken
1933 – 1935	Kurt von Fritz
1935 – 1938	Friedrich Büchsel
1939 – 1945	Friedrich Büchsel (beauftragt)

Seminar für systematische Theologie

1925 – 1944	Friedrich Brunstäd
1944 – 1945	unbesetzt

1 Zahlreiche Professoren leiteten die von ihnen geführten Institute/Seminare – zumeist mit einer Unterbrechung 1945/46 – auch nach Kriegsende weiter; dies ist aus den einzelnen Biographien zu ersehen. Der Zeitspanne des vorliegenden Lexikons entsprechend, werden in dieser Übersicht jedoch nur die Instituts- und Seminardirektoren bis 1945 dokumentiert, mit Ausnahme derjenigen Professoren, die ihr Institut/Seminar bruchlos bis in die Nachkriegszeit weiterführten, und derjenigen, die ihr Institut/Seminar bereits vor 1932 übernommen haben, es jedoch im Untersuchungszeitraum auch weiterhin leiteten.

II. Rechts- und Wirtchaftswissenschaftliche Fakultät

Institut für Agrar- und Siedlungswesen

1935 – 1936	Hellmut Wollenweber
1936 – 1937	Hans Weigmann
1938 – 1943	Heinrich Niehaus
1943 – 1945	unbesetzt

Institut für wirtschaftliche Raumforschung,
ab 1939 **Institut für Wirtschaftsraumforschung und Statistik**

1934 – 1937	Hans Weigmann
1937 – 1939	Erich Preiser
1940 – 1941	unbesetzt
1941 – 1945	Wilhelm Kromphardt

Juristische Handbibliothek (bis WS 1942/43 eigenständig)

1916 – 1939	Hans Walsmann
1939 – 1940	unbesetzt
1940 – 1941	Walter Hallstein
1941 – 1942	Ulrich von Lübtow

Juristisches Seminar,
ab 1942 **Vereinigte Juristische Seminare**

1939 – 1942	Edgar Tatarin-Tarnheyden (geschäftsführend)
1942 – 1946	Ulrich von Lübtow (geschäftsführend)

Kriminalistisches Seminar

1930 – 1944	Hellmuth Mayer
1944 – 1945	unbesetzt

Rechtshistorisches Seminar

1923 – 1941	Rudolf Henle (Mitdirektor)
1932 – 1935	Hermann Schultze- von Lasaulx (Mitdirektor)
1935 – 1941	Walter Hallstein (Mitdirektor)
1941 – 1946	Heinrich Mitteis (Mitdirektor)
1941 – 1942	unbesetzt
1942 – 1946	Ulrich von Lübtow (Mitdirektor)

Seminar für Deutsches Gemeinrecht, allgemeine Rechtslehre und Rechtsvergleichung (1942 eingerichtet)

1942 – 1946	Ulrich von Lübtow

Seminar für Staats- und Verwaltungsrecht, ab 1941/42 **Seminar für Verfassungs- und Verwaltungsrecht und Politik mit Nordischer Abteilung**

1922 – 1929	Edgar Tatarin-Tarnheyden
1929 – 1934	Ernst Wolgast (Mitdirektor)
1929 – 1938	Edgar Tatarin-Tarnheyden (Mitdirektor)
1934 – 1935	Wilhelm Troitzsch (Mitdirektor)
1935 – 1938	Wilhelm Troitzsch (geschäftsführend)
1938 – 1940	Edgar Tatarin-Tarnheyden (geschäftsführend)
1941 – 1944	Wilhelm Troitzsch (geschäftsführend)
1941 – 1945	Edgar Tatarin-Tarnheyden (Mitdirektor)

Seminar für Völkerrecht, ab 1938 mit Abteilung Luftrecht

1929 – 1935	Edgar Tatarin-Tarnheyden (Mitdirektor)
1929 – 1934	Ernst Wolgast (Mitdirektor)
1934 – 1938	Wilhelm Troitzsch (Mitdirektor)
1935 – 1938	Edgar Tatarin-Tarnheyden (geschäftsführend)
1938 – 1939	Wilhelm Troitzsch (geschäftsführend)
1940 – 1944	Wilhelm Troitzsch (Mitdirektor)
1940 – 1945	Edgar Tatarin-Tarnheyden (geschäftsführend)

Wirtschaftswissenschaftliches Seminar

1923 – 1932	Heinrich Mannstaedt (Mitdirektor)
1927 – 1935	Hans-Jürgen Seraphim (Mitdirektor)
1933 – 1934	Walter Weddigen (Mitdirektor)
1934 – 1937	Hans Weigmann (Mitdirektor)
1937 – 1939	Erich Preiser
1940 – 1941	unbesetzt
1941 – 1945	Wilhelm Kromphardt

III. Medizinische Fakultät

Anatomisches Institut

1921 – 1936	Curt Elze
1936 – 1937	Günther Hertwig (kommissarisch)
1937 – 1945	Kurt Neubert

Augenklinik und Poliklinik

1901 – 1933	Albert Peters
1933 – 1958	Wilhelm Comberg

Chirurgische Klinik und Poliklinik,
ab 1939 **Chirurgische und Orthopädische Poliklinik**

1928 – 1936	Wilhelm von Gaza
5-9/1936	unbesetzt
1936 – 1950	Johann Carl Lehmannn

Dermatologische Klinik und Poliklinik

1914 – 1932	Walter Frieboes
1932 – 1933	Hermann Nagell (kommissarisch)
1933 – 1945	Ernst-Heinrich Brill

Frauenklinik mit Landeshebammenanstalt

1906 – 1933	Otto Sarwey
1933 – 1945	Gustav Haselhorst

Gerichtsärztliches Museum

1922 – 1946	Walther Fischer

Hygienisches Institut

1916 – 1935	Theodor von Wasielewski
1935 – 1945	Werner Kollath

Institut für Erbbiologie (1944 gegründet)

1944 – 1945	Hans Grebe

Kinderklinik und Poliklinik

1919 – 1938	Hermann Brüning
4-10/1938	unbesetzt
1938 – 1939	Hermann Brüning (in Vertretung)
1939 – 1943	Otto Ullrich
1943 – 1944	Hermann Brüning (in Vertretung)
1944 – 1947	Karl Klinke

Klinik und Poliklinik für Hals-, Nasen- und Ohrenkrankheiten

1929 – 1945	Otto Steurer

Klinik und Poliklinik für Nerven- und Gemütskranke

1920 – 1936	Max Rosenfeld
1936 – 1946	Ernst Braun (bis 7/1937 in Vertretung)

Medizinische Klinik, ab 1942 mit den Kliniken Dierkow und Gehlsheim

1921 – 1941	Hans Curschmann (ab 11/1940 kommissarisch)
1941 – 1946	Viktor Schilling

Medizinische Poliklinik

1926 – 1937	Georg Ganter
1937 – 1938	Friedrich Meythaler (in Vertretung)
1938 – 1943	Hans Schulten
1943 – 1945	unbesetzt

Pathologisches Institut

1922 – 1946	Walther Fischer

Pharmakologisches Institut

1930 – 1933	Eduard Keeser
1933 – 1934	unbesetzt
1934 – 1945	Ernst Ruickoldt
1940 – 1945	Peter Holtz (kommissarisch)

Physiologisches Institut

1927 – 1932	Wilhelm Fröhlich
1932 – 1933	unbesetzt
1933 – 1953	Kurt Wachholder

Physiologisch-Chemisches Institut

(bis 1939 eine Abteilung im Physiologischen Institut)

1939 – 1946	Peter Holtz

Poliklinik für Geburtshilfe und Frauenkrankheiten

1906 – 1933	Otto Sarwey
1933 – 1945	Gustav Haselhorst

Poliklinik für Mund- und Zahnkrankheiten

ab 4/1937 Klinik für Zahn-, Mund- und Kieferkrankheiten, ab 1937/38 Klinik und Poliklinik für Zahn- Mund- und Kieferkrankheiten

1914 – 1933	Hans Moral (bis 1919 kommissarischer, bis 1923 Leiter des zahnärztlichen Instituts)
1933 – 1955	Matthäus Reinmöller (bis 10/1933 in Vertretung)

Psychiatrische und Nervenklinik

1920 – 1936	Max Rosenfeld
1936 – 1946	Ernst Braun (bis 6/1937 in Vertretung)

Universitätskrankenhaus

1901 – 1928	Wilhelm Müller (Mitdirektor)
1914 – 1932	Walter Frieboes (Mitdirektor)
1921 – 1940	Hans Curschmann (Mitdirektor, bis 1936 geschäftsführend)
1933 – 1945	Ernst-Heinrich Brill (Mitdirektor, ab 1936 geschäftsführend)
1941 – 1957	Viktor Schilling (Mitdirektor)

IV. Philosophische Fakultät

Archäologische Sammlungen/Archäologisches Institut

1932 – 1954	Gottfried Lücken

Atelierraum

1932 – 1945	Oskar Gehrig

Botanischer Garten und Botanisches Institut

1923 – 1957	Hermann von Guttenberg

Chemisches Laboratorium, ab 1932 **Chemisches Institut**

1919 – 1933	Paul Walden
1933 – 1934	Paul Walden (mit der Verwaltung beauftragt)
1934 – 1936	Max Trautz
1936 – 1937	unbesetzt
1937	Ulrich Hofmann (in Vertretung)
1938 – 1942	Ulrich Hofmann (Mitdirektor)
1938 – 1945	Kurt Maurer (Mitdirektor)
1943 – 1953	Günther Rienäcker (Mitdirektor)

Anorganische und Pharmazeutische Abteilung,
ab 1938/39 **Anorganische Abteilung des Chemischen Instituts**

1919 – 1933	Paul Walden
1933 – 1934	Paul Walden (mit der Verwaltung beauftragt)
1934 – 1936	Max Trautz
1936 – 1937	unbesetzt
1937	Ulrich Hofmann (in Vertretung)
1938 – 1942	Ulrich Hofmann
1942 – 1943	unbesetzt
1943 – 1945	Günther Rienäcker

Organische Abteilung, 1938/39 **Organische und Pharmazeutische Abteilung,** ab 1940 **Organische Abteilung des Chemischen Instituts**

1916 – 1935	Richard Stoermer
1935 – 1936	Richard Stoermer (in Vertretung)
1938 – 1945	Kurt Maurer

Physiko-Chemische Abteilung, 1933 – 1943 **Physikalisch-Chemische Abteilung des Chemischen Instituts**

1919 – 1933	Paul Walden
1933 – 1934	Paul Walden (mit der Verwaltung beauftragt)
1934 – 1936	Max Trautz
1936 – 1937	unbesetzt
1937	Ulrich Hofmann (in Vertretung)
1938 – 1942	Ulrich Hofmann
1939 – 1942	Kurt Neumann (in Vertretung, nicht Professor)
1942 – 1943	Günter Schulz

Deutsch-Philologisches Seminar

1895 – 1934	Wolfgang Golther

Englisches Seminar

1929 – 1950	Herbert Huscher

Entomologisches Seminar
(bis 1938 im Zoologischen Institut, 1939 – 1942 eigenständig)

1927 – 1938	Karl Friederichs (Mitdirektor)
1932 – 1938	Paul Schulze (Mitdirektor)
1939 – 1941	Karl Friederichs

Geographisches Institut mit Abteilung für Auslandsdeutschtum und Kolonien

1919 – 1933	Wilhelm Ule
1933 – 1946	Otto Jessen

Geologisch-Paläontologisches Institut

1939 – 1941	unbesetzt
1941 – 1946	Kurd von Bülow

Historisches Seminar I für Mittlere und Neuere Geschichte und für geschichtliche Hilfswissenschaften

1921 – 1934	Hans Spangenberg (Mitdirektor)
1928 – 1935	Wilhelm Schüßler (Mitdirektor)
1934 – 1935	unbesetzt
1935 – 1938	Heinz Maybaum (in Vertretung)
1935 – 1945	Otto Graf zu Stolberg-Wernigerode (Mitdirektor)
1938 – 1945	Heinz Maybaum (Mitdirektor)

Historisches Seminar II für Alte Geschichte

1929 – 1949	Ernst Hohl

Institut für Angewandte Mathematik

1940 – 1941	unbesetzt
1941 – 1945	Robert Furch (Mitdirektor)
1941 – 1945	Friedrich Lösch (Mitdirektor)

Institut für Mittlere und Neue Kunstgeschichte,
ab 1936 **Institut für Kunstgeschichte**

1927 – 1939	Richard Sedlmaier
7-12/1939	unbesetzt
1940 – 1945	Karl Heinz Clasen
1940 – 1941	Hermann Beenken (in Vertretung)

Institut für Leibesübungen und körperliche Erziehung

1932 – 1945	Klemens Wildt (nicht Professor)

Institut für Musikwissenschaft (1940 gegründet)

1940 – 1941	unbesetzt
1941 – 1946	Walter Gerstenberg

Institut für Physikalische Chemie (1943 gegründet)

1944 – 1946	Günter Schulz

Institut für Vorgeschichte
(1939 mit dem Lehrstuhl für Vorgeschichte neu geschaffen)

1939 – 1941	Ernst Petersen
1941 – 1942	unbesetzt
1942 – 1945	Herbert Jankuhn

Klassisch-Philologisches Seminar
ab 1942 **Seminar für Klassische Philologie**

1907 – 1933	Johannes Geffcken (Mitdirektor)
1909 – 1935	Rudolf Helm (Mitdirektor)
1933 – 1935	Kurt von Fritz (Mitdirektor)
1935 – 1937	Rudolf Helm
4-9/1937	unbesetzt
1937 – 1939	Hans Diller
1938 – 1941	Andreas Thierfelder (Mitdirektor)
1939 – 1941	Hans Diller (Mitdirektor)
1941 – 1942	Hans Diller
1942 – 1946	Wolf-Hartmut Friedrich

Luftwarte (ab 1945 Landeswetterwarte)

1922 – 1953	Günther Falckenberg

Mathematisches Seminar

1928 – 1938	Robert Furch (Mitdirektor)
1929 – 1934	Gerhard Thomsen (Mitdirektor)
1934 – 1938	Kurt Schmieden (Mitdirektor)
1938 – 1940	Robert Furch
1939 – 1946	Friedrich Lösch (Mitdirektor)
1941 – 1945	Robert Furch (Mitdirektor)

Mineralogisch-Geologisches Institut mit dem Geologischen Landesmuseum,
ab 1938/39 **Mineralogisch-Petrographisches Institut**

1927 – 1938	Carl Correns
1938 – 1939	Carl Correns (kommissarisch)
1939 – 1945	Hans Nieland (bis 1940 in Vertretung)

Münzkabinett

1921 – 1954 Gottfried von Lücken

Musikwissenschaftliches Seminar (bestand 1935 – 1940)

1935 – 1940 Erich Schenk

Niederdeutsches Seminar

1920 – 1946 Hermann Teuchert

Philosophisches Seminar

1930 – 1940 Julius Ebbinghaus
1940 – 1945 Walter Bröcker (bis 1942 in Vertretung)

Physikalisches Institut

1922 – 1935 Christian Füchtbauer
1935 – 1945 Paul Kunze (bis 1936 kommissarisch)

Physikalisches Seminar (bis 1932)

1922 – 1932 Christian Füchtbauer

Psychologisches Institut

1919 – 1933 David Katz
1933 – 1934 Hans Keller (in Vertretung)
1934 – 1939 Julius Ebbinghaus
1939 – 1945 Hans Koch (in Vertretung, nicht Professor)

Romanisches Seminar
(zunächst: Romanische Abteilung im Romanisch-Englischen Seminar)

1905 – 1933 Rudolf Zenker
5-9/1933 unbesetzt
1933 – 1936 Fritz Schalk
1936 – 1937 unbesetzt
1937 – 1945 Walter Gottschalk

Seminar für deutsche Sprache und altdeutsche Literatur (1934 eingerichtet)

1934 – 1946 Hermann Teuchert

Seminar für Neue deutsche und Allgemeine Literaturwissenschaft
(1934 eingerichtet)

1934 – 1946 Willi Flemming

Seminar für Schwedische Sprache und Literatur (1939 eingerichtet)

1939 – 1945 Alexander Mutén

Seminar für Vergleichende Sprachwissenschaft

1932 – 1938	Leo Weisgerber
1938 – 1939	unbesetzt
1939	Kurt Stegmann (in Vertretung, nicht Professor)
1-3/1940	unbesetzt
1940 – 1943	Johannes Lohmann (bis 1941 in Vertretung)
1943 – 1945	Hans Jensen (in Vertretung)

Universitätsbibliothek

1907 – 1933	Wolfgang Golther
1933 – 1934	unbesetzt
1934 – 1945	Bruno Claussen (nicht Professor)

Zoologisches Institut (bis 1938 mit Entomologischem Seminar)

1923 – 1945	Paul Schulze

V. Landwirtschaftliche Fakultät (1942 gegründet)

Institut für Acker- und Pflanzenbau

1944 – 1945	Werner Schulze

Institut für Agrikulturchemie

1944/45	Kurt Nehring (mit der Wahrnehmung beauftragt)

Institut für landwirtschaftliche Betriebslehre

1943 – 1945	Asmus Petersen

Institut für Tierzucht

1944 – 1945	Jonas Schmidt

VI. Direktoren der der Universität angegliederten selbstständigen Einrichtungen

Institut für Mikrobiologie (1943 gegründet)

1944 – 1956	Kurt Poppe (ab 1956 kommissarisch)

Kaiser-Wilhelm-Institut für Tierzuchtforschung (1939 gegründet)

1939 – 1940	Gustav Frölich
1940 – 1944	Jonas Schmidt

Landesgesundheitsamt, ab 1940 Medizinaluntersuchungsamt

1916 – 1935	Theodor von Wasielewski
1935 – 1946	Werner Kollath

Landestierseuchenamt

1924 – 1952	Kurt Poppe

Landwirtschaftliche Versuchsstation

1908 – 1934	Franz Honcamp
1934 – 1936	Werner Wöhlbier
1936 – 1945	Kurt Nehring

Studierende an allen deutschen Universitäten und an der Universität Rostock 1932 – 1941[1]

Semester	**Studierende an allen deutschen Universitäten**	Entwicklung zum vorherigen Semester, in %	**Studierende an der Universität Rostock**	Entwicklung zum vorherigen Semester, in %	Anteil der Rostocker Studenten an der Gesamtzahl aller Studenten, in %
SS 1932	98.852	–	2.686	–	2,7
WS 1932/33	92.601	-6,3	1.924	-28,4	2,0
SS 1933	88.930	-4,0	2.686	+39,0	3,0
WS 1933/34	81.968	-7,8	1.917	-28,6	2,3
SS 1934	71.889	-13,0	2.212	+15,4	3,0
WS 1934/35	68.148	-5,2	1.484	-32,9	2,2
SS 1935	57.001	-16,4	1.372	-7,6	2,4
WS 1935/36	60.148	+5,5	1.067	-22,5	1,8
SS 1936	52.581	-12,6	1.243	+16,5	2,4
WS 1936/37	48.688	-7,4	790	-36,5	1,6
SS 1937	44.468	-8,7	1.015	+28,5	2,3
WS 1937/38	43.388	-2,4	638	-37,1	1,5
SS 1938	41.069	-5,4	851	+33,9	2,1
WS 1938/39	41.227	+0,4	549	-35,5	1,3
SS 1939	40.716	-1,2	613	+11,7	1,5
TM 1939	28.696	-29,5	–[1)]	-[1)]	-[1)]
1.TM 1940	38.317	+33,5	482	-21,4	1,3
2.TM 1940	30.351	-20,8	488	+1,3	1,6
3.TM 1940	39.640	+30,6	547	+12,1	1,4
1.TM 1941	37.093	-6,4	493	-9,9	1,3

1 Die Universität Rostock war im Herbst-Trimester 1939 (1.10. - 31.12.1939) kriegsbedingt geschlossen.

Studierende an der Universität Rostock nach Fakultäten 1932 – 1944

	Studierende gesamt		davon an der **Theologischen Fakultät**		davon an der **Rechts- und Wirtschaftswiss. Fakultät**		davon an der **Medizinischen Fakultät**		davon an der **Philosophischen Fakultät**				davon an der **Landwirtschaftl. Fakultät**
Semester		davon weibl.		davon weibl.		davon weibl.		davon weibl.	davon **Geisteswiss.**	davon weibl.	davon **Naturwiss.**	davon weibl.	
SS 1932	2.686	466	225	6	442	36	1.391	269	371	119	256	36	-
WS 1932/33	1.924	295	195	8	291	20	923	160	280	78	234	29	
SS 1933	2.686	508	244	11	409	36	1.487	308	307	115	239	38	-
WS 1933/34	1.917	318	188	8	244	16	991	181	269	76	225	37	-
SS 1934	2.212	384	211	6	274	25	1.302	246	232	73	192	33	-
WS 1934/35	1.484	227	175	5	188	13	771	136	177	40	173	33	-
SS 1935	1.372	269	132	5	150	9	834	187	126	45	130	23	-
WS 1935/36	1.067	176	130	3	138	10	561	111	120	34	118	18	-
SS 1936	1.243	193	131	1	164	2	728	144	114	27	106	19	-
WS 1936/37	790	117	93	4	124	2	411	77	91	26	71	8	-
SS 1937	1.015	168	133	6	118	6	631	125	69	20	64	11	-
WS 1937/38	638	93	69	2	79	1	384	71	50	12	56	7	-
SS 1938	851	145	50	1	86	1	597	119	47	12	71	12	-
WS 1938/39	549	80	28	-	72	2	345	57	47	8	57	13	-
SS 1939	613	94	29	-	74	1	415	69	43	10	52	14	-
TM 1939[1]	–	–	–	–	–	–	–	–	–	–	–	–	–

1 Die Universität Rostock war im Herbst-Trimester 1939 (1.10. – 31.12.1939) kriegsbedingt geschlossen.

	Studierende gesamt		davon an der **Theologischen Fakultät**		davon an der **Rechts- und Wirtschaftswiss. Fakultät**		davon an der **Medizinischen Fakultät**		davon an der **Philosophischen Fakultät**				davon an der **Landwirtschaftl. Fakultät**
Semester		davon weibl.		davon weibl.		davon weibl.		davon weibl.	davon **Geisteswiss.**	davon weibl.	davon **Naturwiss.**	davon weibl.	
1.TM 1940	482	60	4	-	40	2	355	31	41	17	42	10	-
2.TM 1940	488	113	5	-	55	5	321	58	62	34	45	16	-
3.TM 1940	547	149	8	-	43	4	385	88	55	33	56	24	-
1.TM 1941	493	136	5	-	43	2	358	86	38	25	49	23	-
SS 1941 – SS 1943[2]	–	–	–	–	–	–	–	–	–	–	–	–	–
WS 1943/44	638	171	–	–	38	10	518	110	27	22	51	29	4
SS 1944 – WS 1944/45[3]	–	–	–	–	–	–	–	–	–	–	–	–	–

2 Für diesen Zeitraum sind keine Studentenzahlen überliefert.

3 Für diesen Zeitraum sind keine Studentenzahlen überliefert.

Studierende und Professoren an der Universität Rostock 1932 – 1945

Semester	**Studierende** an der Universität Rostock gesamt	davon männlich	davon weiblich	Anteil der weibl.Stud in %	**Professoren** an der Universität Rostock gesamt	davon ordentliche Professoren	davon beamtete außerordentl. Professoren	davon Honorar-Professoren	davon nichtbeamtete außerordentl. Professoren	davon entbundene Professoren
SS 1932	2.686	2220	466	17,3	82	52	3	4	20	3
WS 1932/33	1.924	1629	295	15,3	84	51	3	3	23	4
SS 1933	2.686	2178	508	18,9	84	46	3	3	24	8
WS 1933/34	1.917	1599	318	16,6	86	47	4	3	25	7
SS 1934	2.212	1828	384	17,4	85	47	3	2	24	9
WS 1934/35	1.484	1257	227	15,3	85	48	5	1	22	9
SS 1935	1.372	1103	269	19,6	80	46	6	–	18	10
WS 1935/36	1.067	891	176	16,5	74	44	5	–	15	10
SS 1936	1.243	1050	193	15,5	74	44	5	–	15	10
WS 1936/37	790	673	117	14,8	70	43	5	–	11	11
SS 1937	1.015	847	168	16,6	76	40	6	–	19	11
WS 1937/38	638	545	93	14,6	75	41	8	–	17	9
SS 1938	851	706	145	17,0	75	41	8	1	17	8
WS 1938/39	549	469	80	14,6	75	40	8	1	17	9
SS 1939	613	519	94	15,3	75	40	9	3	14	9
TM 1939	–[1]	–[1]	–[1]	–[1]	78	42	10	3	15	8
1.TM 1940	482	422	60	12,4	77	42	10	3	13	9
2.TM 1940	488	375	113	23,2	84	42	11	3	20	8

1 Die Universität Rostock war im Herbst-Trimester 1939 (1.10. - 31.12.1939) kriegsbedingt geschlossen.

Semester	**Studierende** an der Universität Rostock gesamt	davon männlich	davon weiblich	Anteil der weibl.Stud in %	**Professoren** an der Universität Rostock gesamt	davon ordentliche Professoren	davon beamtete außerordentl. Professoren	davon Honorar-Professoren	davon nichtbeamtete außerordentl. Professoren	davon entbundene Professoren
3.TM 1940	547	398	149	27,2	85	43	13	3	19	7
1.TM 1941	493	357	136	27,6	82	42	11	3	19	7
SS 1941					82	43	11	3	19	6
WS 1941/42					83	41	11	3	22	6
SS 1942					80	43	11	2	18	6
WS 1942/43					84	44	10	2	22	6
SS 1943					83	44	11	1	21	6
WS 1943/44	638	467	171	26,8	86	47	10	1	22	6
SS 1944					83	46	10	1	20	6
WS 1944/45					83	47	11	1	18	6

Abkürzungsverzeichnis

ADV	Alldeutscher Verband
AG	Aktiengesellschaft
AHR	Archiv der Hansestadt Rostock
AStA	Allgemeiner Studentenausschuß
BA	Bundesarchiv
BA/BDC	Bundesarchiv/Berlin Document Center
BA/DH	Bundesarchiv/Dahlwitz-Hoppegarten
BDM	Bund Deutscher Mädel
BHE	Bund der Heimatvertriebenen und Entrechteten
BVP	Bayerische Volkspartei
CDU	Christlich-Demokratische Union Deutschlands
DAF	Deutsche Arbeitsfront
DDP	Deutsche Demokratische Partei
DDR	Deutsche Demokratische Republik
DHP	Deutsch-Hannoversche Partei
DNVP	Deutschnationale Volkspartei
DRK	Deutsches Rotes Kreuz
DSF	Gesellschaft für Deutsch-Sowjetische Freundschaft
DVFP	Deutschvölkische Freiheitspartei
DVP	Deutsche Volkspartei
e.V.	eingetragener Verein
EK	Eisernes Kreuz
EKFK	Ehrenkreuz für Frontkämpfer
em.	emeritiert
EWZ	Einwandererzentralstelle
FDGB	Freier Deutscher Gewerkschaftsbund
FDJ	Freie Deutsche Jugend
FDP	Freie Demokratische Partei
Gestapo	Geheime Staatspolizei
GmbH	Gesellschaft mit beschränkter Haftung
HJ	Hitlerjugend
HNO-	Hals-Nasen-Ohren-
KPD	Kommunistische Partei Deutschlands
KVK m.S.	Kriegsverdienstkreuz mit Schwertern
KVK o.S.	Kriegsverdienstkreuz ohne Schwerter
LDPD	Liberal-Demokratische Partei Deutschlands
LHAS	Landeshauptarchiv Schwerin
LKAS	Landeskirchenarchiv Schwerin
MG	Maschinengewehr
Mot.	motorisiert
NS	Nationalsozialismus/nationalsozialistisch
NSDÄB	Nationalsozialistischer Deutscher Ärztebund
NSDAP	Nationalsozialistische Deutsche Arbeiterpartei

NSDDB	Nationalsozialistischer Deutscher Dozentenbund
NSDStB	Nationalsozialistischer Deutscher Studentenbund
NSFK	Nationalsozialistisches Fliegerkorps
NSK	Nationalsozialistische Parteikorrespondenz
NSKK	Nationalsozialistisches Kraftfahr(er)korps
NSLB	Nationalsozialistischer Lehrerbund
NSRB	Nationalsozialistischer Rechtswahrerbund
NSV	Nationalsozialistische Volkswohlfahrt
OKR	Oberkirchenrat
OKW	Oberkommando der Wehrmacht
OPG	Oberstes Parteigericht der NSDAP
PA	Personalakte
PK	Parteikorrespondenz der NSDAP
RDK	Reichsbund der Kinderreichen (Deutschlands zum Schutze der Familien e.V.)
REM	Reichserziehungsministerium/Reichsministerium für Wissenschaft, Erziehung und Volksbildung
RFR	Reichsforschungsrat
RGBl.	Reichsgesetzblatt
RKK	Reichskulturkammer
RM	Reichsmark
RuSHA	Rasse- und Siedlungs-Hauptamt der SS
SA	Sturmabteilung der NSDAP
SBZ	Sowjetische Besatzungszone
SD	Sicherheitsdienst der SS
SED	Sozialistische Einheitspartei Deutschlands
SMA(D)	Sowjetische Militäradministration (in Deutschland)
SPD	Sozialdemokratische Partei Deutschlands
SS	Schutzstaffel der NSDAP
SS	Sommersemester
Tbc	Tuberkulose
TH	Technische Hochschule
TM	Trimester
UAR	Universitätsarchiv Rostock
UB	Universitätsbibliothek
UdSSR	Union der Sozialistischen Sowjetrepubliken
uk	unabkömmlich
UNESCO	United Nations Educational, Scientific and Cultural Organization
VDA	Verein (ab 1933:) Volksbund für das Deutschtum im Ausland
VEB	Volkseigener Betrieb
WS	Wintersemester
zbV.	zur besonderen Verfügung/Verwendung

Bei Fragen zur Produktsicherheit wenden Sie sich bitte an:
If you have any questions regarding product safety,
please contact:

Walter de Gruyter GmbH
Genthiner Straße 13
10785 Berlin
productsafety@degruyterbrill.com